Frohn/Oberthür/Siedler/Zastrow

Elektronik II · Bauelemente · Lehrbuch

HPI-Fachbuchreihe ELEKTRONIK

Projektleitung: W. Oberthür, Hannover

ELEKTRONIK II
Bauelemente

Lehrbuch

Autoren

MANFRED FROHN · WOLFGANG OBERTHÜR

HANS-JOBST SIEDLER · PETER ZASTROW

Leiter des Arbeitskreises II

WOLFGANG OBERTHÜR

3., verbesserte Auflage

mit 568 Abbildungen

Richard Pflaum Verlag KG · München

CIP-Kurztitelaufnahme der Deutschen Bibliothek

Elektronik. – München: Pflaum
(HPI-Fachbuchreihe Elektronik)

2. Bauelemente / Leiter d. Arbeitskreises II
Wolfgang Oberthür.
Lehrbuch / Autoren Manfred Frohn . . . – 3., verb. Aufl. – 1986.
ISBN 3-7905-0486-6
NE: Oberthür, Wolfgang [Hrsg.]; Frohn, Manfred [Mitverf.]

ISBN 3-7905-0486-6

Gesamtherstellung: Friedrich Pustet, Regensburg

Vorwort zur 3. Auflage

Die bundeseinheitliche, praxisorientierte Elektronikschulung, nach dem Schulungsprogramm und den Richtlinien des Heinz-Piest-Instituts, ist seit ihrer Einführung im Herbst 1969 zu einem festen Begriff im Bereich der beruflichen Erwachsenenbildung geworden. Auf freiwilliger Basis arbeiten inzwischen über 180 Anerkannte Elektronik-Schulungsstätten nach diesem Programm. Es besteht aus drei Grundlehrgängen, sowie einer Reihe von Fachlehrgängen, und dient zur Anpassung an die schnelle technische Entwicklung auf dem Gebiet der Elektronik.
Der Elektronik-Paß, als zugehöriger Qualifikationsnachweis, hat bereits eine weitgehende Anerkennung in Wirtschaft und Verwaltung gefunden. In jedem Jahr verlassen etwa 20000 bis 22000 weitere erfolgreiche Teilnehmer an den HPI-Lehrgängen die Schulungsstätten. Sie können die erworbenen Kenntnisse und Fertigkeiten dann unmittelbar an ihrem Arbeitsplatz nachweisen und nutzbringend einsetzen.
Um sicherzustellen, daß bei diesen umfangreichen Schulungsmaßnahmen auch voll auf Inhalt und Zielsetzung der einzelnen Lehrgänge ausgerichtete Lehrbücher und Lernmittel zur Verfügung stehen, erschien es unbedingt notwendig, eine eigene Fachbuchreihe herauszugeben. Hierzu wurden Arbeitskreise gebildet, in denen zusammen mit langjährigen und in der HPI-Elektronikschulung erfahrenen Praktikern Lehrbücher, Prüfungsaufgaben und Arbeitsblätter entwickelt worden sind.
Der hier vorliegende Band wurde primär für den Einsatz in dem Elektronik-Lehrgang II »Bauelemente der Elektronik« konzipiert. Er bildet zusammen mit den weiteren Bänden II »Prüfungsaufgaben« und »Arbeitsblätter« das Lehrmaterial für diesen Lehrgang. Darüber hinaus sind alle Bände aber auch bestens für vertiefende Übungen, selbständige Wiederholung oder Erarbeitung des Lehrstoffes sowie als übersichtliches Nachschlagewerk für die tägliche Arbeit geeignet.
Die bisher erschienenen Auflagen dieses Bandes II »Bauelemente-Lehrbuch« wurden inzwischen in über 1200 Lehrgängen eingesetzt. Dabei zeigte sich, daß die didaktische und methodische Aufbereitung des Lehrstoffes für den Einsatz in den HPI-Lehrgängen sowie für die selbständige Erarbeitung auch in der 3. Auflage unverändert beibehalten werden kann. Die Überarbeitung für diese 3. Auflage beschränkte sich daher nur auf einige kleine Korrekturen und Verbesserungen.
Unser besonderer Dank gilt den Autoren, die sich mit fundierter Sachkenntnis und großem Einsatz der Aktualisierung des Lehrganges II »Bauelemente der Elektronik« sowie der Entwicklung der zugehörigen Fachbücher gewidmet haben. Auch dem Verlag und seinen Mitarbeitern sei Dank gesagt für die sorgfältige Bearbeitung und Produktion dieser Fachbücher.

Hannover, Januar 1986

Heinz-Piest-Institut für Handwerkstechnik an der Universität Hannover

Dr.-Ing. Delventhal
Institutsleiter

Dipl.-Ing. Oberthür
Projektleiter

Die Autoren

Dipl.-Ing. (FH) **MANFRED FROHN**, Jahrgang 1948, studierte nach Abschluß einer Lehre als Physiklaborant an der Fachhochschule Aachen Elektrotechnik mit der Fachrichtung Nachrichtentechnik. Nach dem Studium folgte eine mehrjährige Tätigkeit als Planungsingenieur bei einer Rundfunkanstalt. 1975 begann Herr Frohn als Fachlehrer für Elektrotechnik und Elektronik bei der Handwerkskammer Aachen und führte dort neben den HPI-Lehrgängen vor allem Umschulungsmaßnahmen im Bereich der Elektronik durch. Heute ist Herr Frohn für die gesamte Aus- und Weiterbildung auf dem Gebiet der Elektrotechnik, Elektronik sowie der Radio- und Fernsehtechnik bei der Handwerkskammer Aachen als Referent zuständig. Im Rahmen dieser Tätigkeit befaßte er sich in Zusammenarbeit mit dem HPI auch mit der Weiterentwicklung des HPI-Elektronik-Schulungsprogramms.

Dipl.-Ing. **WOLFGANG OBERTHÜR**, Jahrgang 1930, absolvierte nach dem Abitur eine Lehre als Radio- und Fernsehtechniker und war anschließend mehrere Jahre als Servicetechniker in einem Handwerksbetrieb sowie im Technischen Büro eines Gerätehersteller tätig. 1955 begann er das Studium der HF- und Nachrichtentechnik an der Technischen Hochschule Braunschweig, das mit einer Diplomarbeit auf dem Gebiet der Elektronischen Meßtechnik abgeschlossen wurde. Nach einer Tätigkeit als Entwicklungsingenieur bei einem Elektrokonzern trat Herr Oberthür als Wissenschaftlicher Mitarbeiter in das Heinz-Piest-Institut ein und befaßte sich dort u. a. auch mit aktuellen Fragen praxisnaher Aus- und Weiterbildung zur Anpassung an den technischen Fortschritt. In diesem Zusammenhang entwickelte er die technischen und organisatorischen Konzepte der HPI-Elektronikschulung mit dem Elektronik-Paß als Qualifikationsnachweis. 1970 übernahm Herr Oberthür die Leitung der Abteilung Elektrotechnik/Elektronik, von der aus dann das System der bundeseinheitlichen, praxisorientierten Elektronikschulung nach den Richtlinien des HPI aufgebaut wurde. Seit 1979 ist er gleichzeitig auch Leiter der Hauptabteilung II des HPI und einer der beiden Vertreter des Institutsleiters.

Dipl.-Ing. **HANS-JOBST SIEDLER**, Jahrgang 1941, studierte Physik an den Universitäten Würzburg und Marburg sowie Hochfrequenztechnik an der Technischen Universität Hannover. Eine praktische Ausbildung auf dem Gebiet der Feinmechanik und der Werkstoffprüfung erfolgte in verschiedenen Großfirmen. Neben dem Studium war Herr Siedler mehrere Jahre an Hochschulinstituten auf dem Gebiet der physikalischen Meßtechnik tätig. Seit 1972 ist er Wissenschaftlicher Mitarbeiter in der Abteilung Elektrotechnik-Elektronik des Heinz-Piest-Institutes für Handwerkstechnik an der Universität Hannover und dort im Rahmen des HPI-Schulungsprogrammes maßgeblich mit an Entwicklungen auf dem Gebiet der Meß- und Regelungstechnik, der Digital- und Mikroprozessortechnik beteiligt.

Dipl.-Ing. **PETER ZASTROW**, Jahrgang 1942, war nach seiner Ausbildung zum Radio- und Fernsehtechniker zunächst als Fachlehrer in Rehabilitationslehrgängen für Radio- und Fernsehtechnik und Elektronik in Hamburg tätig. Nach Ablegung der Meisterprüfung im Jahre 1965 folgte eine Lehrtätigkeit an einer Hamburger Berufsfachschule. 1971 nahm Herr Zastrow ein Hochschulstudium in der Fachrichtung Nachrichtentechnik in Lübeck auf, das er mit einer Diplomarbeit über die Fernsehtechnik abschloß. Er wechselte danach zur Universität Hamburg über und setzte dort sein Studium in der Elektrotechnik, der Mathematik sowie den Erziehungswissenschaften fort. Nach seinem Staatsexamen ist Herr Zastrow heute als Studienrat einer staatlichen Berufs- und Berufsfachschule in Bad Segeberg tätig. Bereits seit 1969 leitet er HPI-Elektronik-Lehrgänge sowie Meistervorbereitungslehrgänge für Elektroberufe und ist darüber hinaus auch als Koordinator in den anerkannten Elektronik-Schulungsstätten der Handwerkskammer Lübeck tätig. Schon im Alter von 25 Jahren veröffentlichte Herr Zastrow sein erstes Buch, dem inzwischen weitere Fach- und Lehrbücher auf dem Gebiete der Radio- und Fernsehtechnik folgten.

Inhaltsverzeichnis

1. Oszilloskope

1.1 Allgemeines

Das Oszilloskop ist zwar kein Bauelement der Elektronik, aber ein wichtiges Meßgerät für den Elektroniker. Ohne eine grundlegende Kenntnis seiner Bedienung und seiner Funktion sind heute meßtechnische Untersuchungen von Bauelementen und Schaltungen der Elektronik nicht mehr möglich. Aus diesem Grund wurde eine Beschreibung des Oszilloskops und seiner Bedienung an den Anfang dieses Bandes »Bauelemente« gestellt.

Der besondere Vorteil des Oszilloskops gegenüber anderen üblichen Meßgeräten liegt darin, daß der zeitliche Verlauf von Spannungen sichtbar gemacht werden kann. Anders als bei Spannungsmessern mit einer Zeiger- oder Ziffernanzeige werden vom Oszilloskop auch die Augenblickswerte von Wechsel- und Mischspannungen angezeigt. Die Darstellung derartiger Funktionen $U = f(t)$ ist zwar das Haupteinsatzgebiet für das Oszilloskop, aber eigentlich nur ein spezieller Fall. Oszilloskope lassen sich nämlich auch dann einsetzen, wenn beliebige andere technische Funktionen – also die Zusammenhänge von zwei oder mehreren technischen Größen – sichtbar gemacht werden sollen. Dieser Vorteil wird z. B. auch bei der Kennliniendarstellung vieler elektronischer Bauelemente und Schaltungen ausgenutzt. Ströme und nichtelektrische Größen müssen allerdings zunächst immer erst in proportionale elektrische Spannungen umgewandelt werden.

Bild 1.1 zeigt das stark vereinfachte Blockschaltbild eines Oszilloskops. Anzeigeorgan ist stets eine Elektronenstrahlröhre. Sie wird auch als Katodenstrahlröhre oder – nach ihrem Erfinder – als Braunsche Röhre bezeichnet. Von ihrem Aufbau und ihrer Funktion her hat die Elektronenstrahlröhre eine große Ähnlichkeit mit einer Fernsehbildröhre. Der im Kolben der evakuierten Elektronenstrahlröhre erzeugte Elektronenstrahl trifft auf dem Leuchtschirm auf und bewirkt an dieser Stelle ein punktförmiges Aufleuchten der Leuchtschicht. Der Strahl kann durch zwei senkrecht zueinanderstehende Ablenkplattenpaare auf jeden Punkt des Bildschirmes ausgelenkt werden.

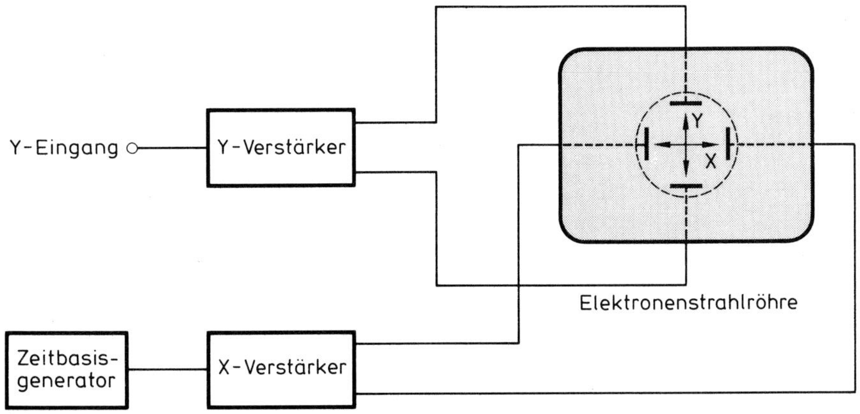

Bild 1.1 Stark vereinfachtes Blockschaltbild eines Oszilloskops

Entsprechend der Achsenbezeichnung eines Koordinatensystems wird die horizontale Achse des Bildschirmes als X-Achse und damit die Ablenkung des Elektronenstrahles in waagerechte Richtung als X-Ablenkung bezeichnet. Bei der vertikalen, also der senkrechten Auslenkung wird von der Y-Ablenkung gesprochen.
Die Ablenkung des Elektronenstrahles in horizontaler Richtung wird von einem internen Zeitbasisgenerator gesteuert. Er ist so ausgelegt, daß sich der Elektronenstrahl in mehreren Einstellbereichen jeweils mit konstanter Geschwindigkeit von links nach rechts über den Leuchtschirm bewegt. Weil der Schirm etwas nachleuchtet und der Vorgang ständig wiederholt wird, entsteht ohne Meßspannung ein waagerechter, leuchtender Strich.
Die zu messende Spannung wird auf den Eingang des Y-Verstärkers gegeben. Sie bewirkt eine Auslenkung des Elektronenstrahles in vertikaler Richtung. Da sich beide Ablenkvorgänge überlagern, entsteht auf dem Bildschirm eine Darstellung der Meßspannung als Funktion der Zeit. **Bild 1.2** zeigt die auf diese Weise entstandene Abbildung einer sinusförmigen Spannung auf dem Leuchtschirm einer Elektronenstrahlröhre.

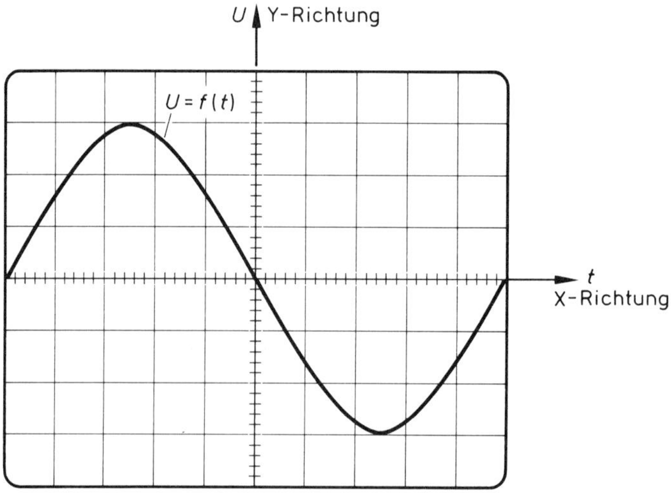

Bild 1.2 Abbildung einer sinusförmigen Spannung auf dem Leuchtschirm einer Elektronenstrahlröhre

Das Oszilloskop ist nicht nur ein vielseitiges, sondern von seinem Aufbau und seinen internen Funktionen her auch ein sehr kompliziertes elektronisches Meßgerät. Es enthält eine größere Zahl verschiedenartiger elektronischer Schaltungen, die exakt aufeinander abgestimmt sein müssen und deren technische Daten sich auch über längere Zeiträume nicht verändern dürfen. Für den Anwender ist aber weder eine genaue Kenntnis der im Oszilloskop verwendeten Bauelemente noch eine Kenntnis der unterschiedlichsten elektronischen Schaltungen erforderlich, aus denen das Gerät aufgebaut ist. Unabdingbar notwendig für einen sinnvollen Einsatz des Oszilloskops als elektronisches Meßgerät ist jedoch eine genaue Kenntnis der Funktion der zahlreichen Bedienungselemente, die jeweils auf der Frontplatte angeordnet sind.

Die Zahl dieser Bedienungselemente sowie ihre Anordnung auf der Frontplatte kann sich je nach Hersteller und Typ sehr stark unterscheiden. Bezüglich der wichtigsten Bedienungselemente und ihrer Funktionen bestehen bei allen Oszilloskopen aber doch große Gemeinsamkeiten und Übereinstimmungen. So sind inzwischen die Bezeichnungen der einzelnen Schalter und Knöpfe weitgehend vereinheitlicht. Auf den Frontplatten werden sie jedoch sehr oft nur als Abkürzungen angegeben, die aus den englisch-amerikanischen Bezeichnungen abgeleitet sind.
Alle Bedienungselemente lassen sich jeweils einem bestimmten Block des Blockschaltbildes zuordnen. In **Bild 1.3** ist ein gegenüber Bild 1.1 erweitertes, aber immer noch vereinfachtes Blockschaltbild für Oszilloskope dargestellt.

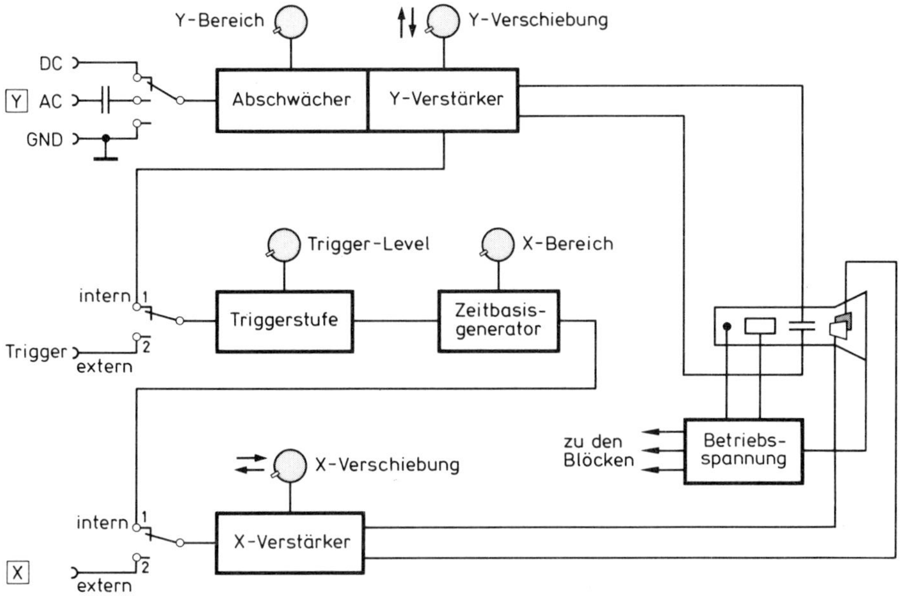

Bild 1.3 Vereinfachtes Blockschaltbild des Oszilloskops

In dem Blockschaltbild nach Bild 1.3 sind die wichtigsten Bedienungselemente den einzelnen Blöcken bereits zugeordnet. Ihre Funktion wird im Kapitel 1.2 anhand dieses Blockschaltbildes näher erläutert.
Neben den bisher kurz beschriebenen Einstrahloszilloskopen werden in der Elektronik zunehmend auch Zweistrahl- oder Zweikanal-Oszilloskope eingesetzt. Sie haben den Vorteil, daß auf dem Bildschirm nicht nur eine Funktion $U = f\,(t)$, sondern gleichzeitig zwei Funktionen $U_1 = f\,(t)$ und $U_2 = f\,(t)$ auch in einem zeitlich richtigen Zusammenhang zueinander dargestellt werden können. So ist es mit diesen Oszilloskopen möglich, z. B. die Eingangsspannung und die Ausgangsspannung einer Schaltung direkt untereinander aufzuzeichnen, so daß ein Vergleich der beiden Spannungen miteinander oder eine meßtechnische Auswertung wesentlich erleichtert wird. Auf ihre Arbeitsweise und ihre Bedienung wird in Kapitel 1.3 näher eingegangen.

1.2 Einstrahl-Oszilloskope

1.2.1 Die Elektronenstrahlröhre

Die Elektronenstrahlröhre ist das Anzeigeorgan des Oszilloskops. In ihrem evakuierten Glaskolben befinden sich jeweils ein Elektrodensystem zur Erzeugung, zur Beschleunigung, zur Bündelung und zur Ablenkung des Elektronenstrahles sowie ein Leuchtschirm. **Bild 1.4** zeigt das Aufbauprinzip einer Elektronenstrahlröhre.

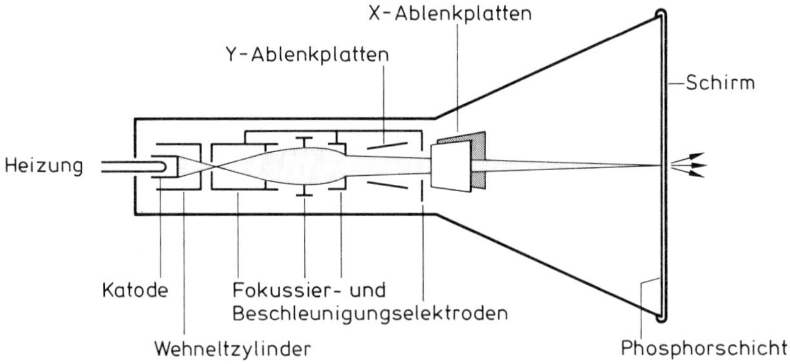

Bild 1.4 Aufbauprinzip einer Elektronenstrahlröhre

Die erforderlichen, frei beweglichen Elektronen werden durch eine beheizte Katode erzeugt. Die Katode ist von einem Wehneltzylinder umgeben, durch dessen Spannung gegenüber der Katode die Zahl der durch ein kleines Loch austretenden Elektronen gesteuert werden kann. Die Elektronen werden dann durch mehrere Elektroden, die auf einem hohen positiven Potential liegen, in Richtung des Leuchtschirmes beschleunigt. Dabei müssen sie das Fokussiersystem durchlaufen. Die dadurch zu einem schmalen, scharfen Strahl gebündelten Elektronen durchfliegen auf dem Weg zum Leuchtschirm noch das X- und Y-Ablenksystem. Je nach Spannung an diesen Plattenpaaren kann der Strahl auf jeden Punkt des Leuchtschirmes abgelenkt werden. Der Punkt, auf den der Elektronenstrahl auftrifft, beginnt zu leuchten. Da der Leuchtschirm stets etwas nachleuchtet, entsteht bei schneller Ablenkung des Elektronenstrahles kein einzelner Leuchtfleck mehr, sondern eine Leuchtspur auf dem Bildschirm.
Bild 1.5 zeigt die der Elektronenstrahlröhre zugeordneten Einstell- und Bedienelemente. Je nach Hersteller oder Typ des Oszilloskops sind diese Elemente an den unterschiedlichsten Stellen der Frontplatte angeordnet. Für die Schaltfunktionen werden die verschiedensten Arten von Schaltern eingesetzt, also Drehschalter, Kippschalter, Schiebeschalter oder Tastenschalter. Als Bedienungselemente für eine kontinuierliche Einstellung sind überwiegend Drehpotentiometer aber auch Schiebepotentiometer zu finden.

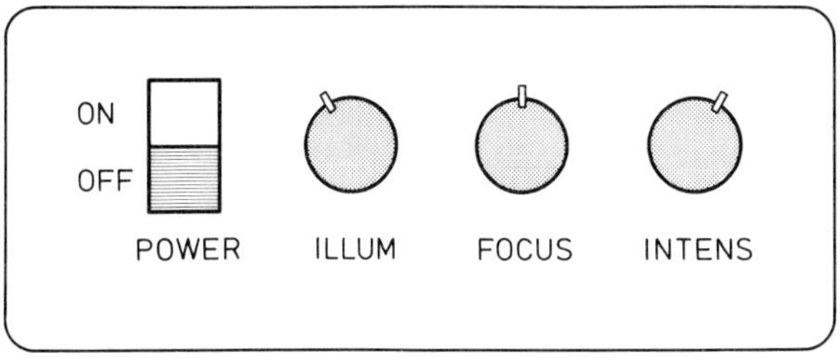

Bild 1.5 Zur Elektronenstrahlröhre gehörende Bedienungselemente

POWER (On – Off), Netz (Ein – Aus)
Mit diesem Schalter wird die Netzspannung ein- und ausgeschaltet. Der Einschaltzustand wird zusätzlich meistens noch durch eine kleine Signallampe angezeigt. Als Drehschalter ist der Netzschalter oft auch mit einem der folgenden Einstellelemente kombiniert.

INTENS, Helligkeit
Mit diesem Potentiometer läßt sich die Helligkeit (Intensität) des Leuchtstriches stufenlos verändern. Sie sollte stets so eingestellt werden, daß der Leuchtstrich gerade noch gut sichtbar ist. Eine zu große Helligkeit verringert die Lebensdauer der Elektronenstrahlröhre und kann zu einer Beschädigung der Leuchtschicht führen. Eine zu geringe Helligkeit erschwert dagegen die Ablesung des Bildes. Die Helligkeit muß relativ oft nachgestellt werden. Die optimale Einstellung hängt sowohl von der Ablenkgeschwindigkeit des Strahles als auch vom auffallenden Umgebungslicht ab.

FOCUS, Schärfe
Mit Hilfe dieses Potentiometers kann die Fokussierung, d. h. die Bündelung des Elektronenstrahles so nachgestellt werden, daß auf dem Bildschirm ein möglichst schmaler scharfer Leuchtstrich oder – bei abgeschalteter X-Ablenkung – ein möglichst kleiner, scharfer Bildpunkt auftritt. Zur Erreichung der optimalen Grundeinstellung ist es gegebenenfalls erforderlich, Intensität und Focus wechselseitig mehrfach nachzustellen.

ILLUM, Beleuchtung
Bei nahezu allen Oszilloskopen befindet sich in der Abdeckhaube für die Elektronenstrahlröhre auf einer Kunststoff- oder Glasplatte ein Raster, das meist eingefärbt ist. Dieses Raster erleichtert das Ablesen und das genaue Ermitteln der angezeigten Meßwerte ganz wesentlich. Bei vielen Oszilloskopen wird diese Rasterscheibe von der Seite her beleuchtet, so daß die einzelnen Striche besonders deutlich erkennbar sind. Die optimale Einstellung hängt von der Raumhelligkeit und der Helligkeit des Leuchtstriches ab.

1.2.2 Die Vertikal- oder Y-Ablenkung

Die zu messende Spannung wird auf die Y-Eingangsbuchse des Oszilloskops gegeben und gelangt von dort zunächst auf einen Abschwächer. Dieser ist in der Regel als Drehschalter ausgebildet. Er besitzt eine feste Stufeneinteilung, die bei modernen Geräten eine 1-2-5-Folge hat. Vom Abschwächer wird das Meßsignal auf den eigentlichen Y-Verstärker geführt, an dessen Ausgang die Y-Ablenkplatten angeschlossen sind. Die Amplitude des auf dem Leuchtschirm erscheinenden Signals hängt von der Amplitude des Meßsignals und der Stellung des Abschwächers ab. Der Abschwächer bestimmt dabei die Spannungsskala der Y-Achse. **Bild 1.6** zeigt die der Vertikal- oder Y-Ablenkung direkt zugeordneten Buchsen und Bedienungselemente.

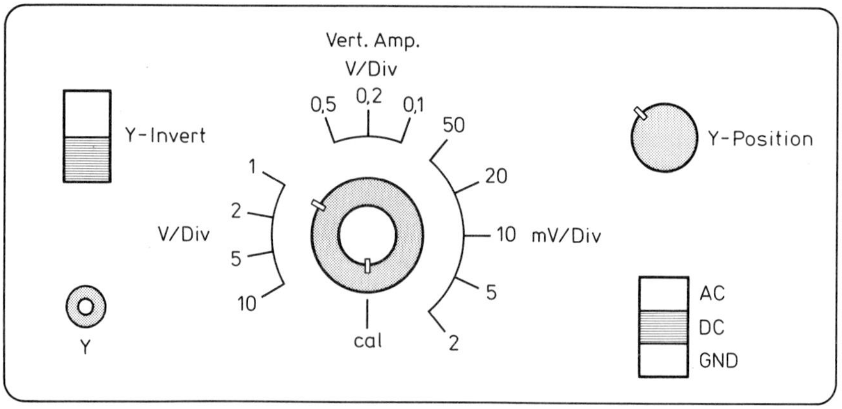

Bild 1.6 Bedienungselemente für die Y-Ablenkung

Y-Eingang; Vert.-Input; Y;

Die Eingangsbuchse für die Meßspannung trägt die Bezeichnung Y-Eingang, Vert.-Input (Vertikal-Eingang) oder Y. Bei einigen Oszilloskoptypen fehlt jedoch auch eine Bezeichnung. Die Eingangsbuchse ist aber auch dann durch ihre unmittelbare Zuordnung zum Abschwächer leicht zu identifizieren.
Moderne Oszilloskope haben eine Eingangsimpedanz von 1 MΩ ‖ 30 pF, wobei aber die Kapazitätswerte je nach Typ zwischen etwa 20 pF und 50 pF liegen können. Diese Eingangsimpedanz besagt, daß die Signalspannungsquelle bei Anschluß des Oszilloskops so belastet wird, als ob eine Parallelschaltung aus $R = 1$ MΩ und $C = 30$ pF angeschlossen ist.
Der Y-Eingang enthält eine BNC-Buchse, an die nur zugehörige Meßkabel mit BNC-Stecker angeschlossen werden können. Bei diesen Meßkabeln handelt es sich um abgeschirmte Leitungen, bei denen die Abschirmung die Masseverbindung zwischen Meßobjekt und Oszilloskop herstellt. Beim Einstecken des BNC-Steckers in die BNC-Buchse werden gleichzeitig die Signalleitung und Masseleitung angeschlossen. In der Nähe der Y-Eingangsbuchse befindet sich aber meistens noch eine gesonderte Massebuchse für Bananenstecker, die durch ein Masse- oder Erdungssymbol gekennzeichnet ist. Zu beachten ist, daß bei einigen Oszilloskoptypen diese Massebuchse direkt mit dem Schutzleiter des Netzanschlusses verbunden ist.

Vert. Amp.; Amplitude; Y-Verst.

Der Abschwächer trägt entweder die Bezeichnung Vert. Amp. (= Vertikal-Verstärker), Amplitude oder Y-Verst. (= Y-Verstärker). Er ist in der Regel ein Drehschalter mit mehre-

ren Schaltstellungen. Diese haben eine 1-2-5-Folge und sind mit Amplitudeneinheiten pro Div. (= Division = Rasterteilung) oder - wenn das Bildschirmraster eine cm-Einteilung hat - auch als Amplitudeneinheit pro cm beschriftet.
Üblich sind Angaben in µV/Div. bzw. µV/cm, mV/Div. bzw. mV/cm und V/Div. bzw. V/cm. Der jeweils kleinste Wert, z. B. µV/Div liegt am rechten Anschlag, der größte Wert in V/Div am linken Anschlag des Drehschalters. Der kleinste Wert wird auch als Empfindlichkeit des Oszilloskopes bezeichnet.
Mit der Einstellung des Abschwächers auf eine bestimmte Schaltstellung wird der jeweilige Y-Ablenkkoeffizient festgelegt. Bei einer Einstellung auf z. B. 5 V/Div beträgt der Ablenkkoeffizient Y ≙ 5 V/Div. Er besagt dann, daß eine Auslenkung des Elektronenstrahles um eine Rasterteilung in Y-Richtung einer Eingangsspannung von $U = 5$ V entspricht. Mit Hilfe des auf dem Abschwächer eingestellten Y-Ablenkkoeffizienten kann für jeden auf dem Leuchtschirm angezeigten Momentanwert der zugehörige Spannungswert ermittelt werden.
Diese Aussage gilt allerdings nur, wenn ein Meßkabel ohne Abschwächer-Tastkopf verwendet wird. Meßkabel mit Abschwächer-Tastkopf haben in ihrem Eingang einen zusätzlichen Spannungsteiler, durch den die Signalspannung im Verhältnis 10 : 1 herabgesetzt wird, bevor sie auf die Y-Eingangsbuchse gelangt. Bei Gebrauch eines 10 : 1-Tastkopfes ist der Y-Ablenkfaktor 10fach größer als der Wert, auf den der Abschwächer eingestellt ist. So wird also aus einer Einstellung des Abschwächers auf z. B. Y ≙ 50 mV/Div ein Ablenkkoeffizient Y ≙ 500 mV/Div, wenn ein 10 : 1-Meßkabel angeschlossen ist. Verwendet werden auch Abschwächer-Tastköpfe mit einem Verhältnis 100 : 1, so daß z. B. aus einem eingestellten Wert Y ≙ 50 mV/Div ein Ablenkkoeffizient Y ≙ 5 V/Div wird. Bei Verwendung eines Abschwächer-Tastkopfes steigt der Eingangswiderstand des Y-Eingangs aber im gleichen Verhältnis, wie die Eingangsspannung herabgesetzt wird. So erhöht sich der Eingangswiderstand R_Y von 1 MΩ auf 10 MΩ, wenn ein 10 : 1-Tastkopf angeschlossen wird. Diese Eigenschaft kann auch ausgenutzt werden, wenn eine Meßspannungsquelle nur sehr gering belastet werden darf.
Bei einer vorgegebenen Meßspannung sollte der Abschwächer stets so eingestellt werden, daß eine möglichst große Y-Amplitude auf dem Bildschirm erscheint. Sie kann dann genauer abgelesen werden. Andererseits darf der Elektronenstrahl aber auch nicht nach oben oder unten über den Bildschirmrand abgelenkt werden, weil dann keine Ermittlung der Amplitude mehr möglich ist.

Cal.

In der Mitte des Abschwächer-Drehknopfes befindet sich bei vielen Oszilloskopen ein weiterer Drehknopf, der entweder eine zusätzliche Schaltstellung oder eine deutlich spürbare Raststellung hat. Diese ist meistens mit Cal. (kalibriert) bezeichnet. Nur wenn der Knopf auf diese Stellung eingestellt ist, gilt der auf dem Abschwächer eingestellte Y-Ablenkkoeffizient.
In dem gesamten anderen Einstellbereich des Drehknopfes ist eine stufenlose Veränderung des Y-Ablenkkoeffizienten zwischen zwei festen Stufen des Abschwächers möglich. Damit kann dann z. B. bei Vergleichsmessungen die Y-Amplitude auf einen beliebigen, besonders gut ablesbaren Wert eingestellt werden. Eine genaue Aussage über die Größe der Eingangsspannung ist in diesem Fall aber nicht mehr möglich. Vor jeder Spannungsmessung muß daher nochmals kurz überprüft werden, ob dieser Drehknopf in Stellung »Cal.« steht.

AC/DC/GND (≈/═/⊥)

In Stellung DC (= direct-current = Gleichstrom) wird das an der Y-Eingangsbuchse liegende Signal direkt auf den Abschwächer-Eingang geführt und daher der Verlauf der Eingangsspannung auf dem Bildschirm unverändert wiedergegeben. Diese übliche Einstellung ist immer dann nachteilig, wenn eine kleinere Wechselspannung einer größeren Gleichspannung überlagert ist. Die Amplitude der Wechselspannung kann dann nur so klein abgebildet werden, daß sie – wegen der Einstellung des Abschwächers auf die große Gleichspannung – kaum mehr sichtbar oder meßbar ist.

Soll in einem solchen Fall der Wechselspannungsanteil betrachtet oder gemessen werden, so wird der Umschalter auf AC (= alternating-current = Wechselstrom) eingestellt. In dieser Stellung liegt ein Kondensator zwischen der Y-Eingangsbuchse und dem Abschwächer-Eingang. Er blockt den Gleichspannungsanteil ab, so daß nur das Wechselspannungssignal gemessen wird. Dieses kann dann mit einer wesentlich größeren Amplitude als in der Stellung DC auf dem Bildschirm dargestellt werden. In **Bild 1.7** sind die Zusammenhänge am Beispiel einer Mischspannung mit einem Gleichspannungsanteil von $U_{=} = 5$ V und überlagerten Wechselspannung $U_{SS} = 1{,}5$ V dargestellt.

In der Stellung GND (= ground = Erde) wird die Verbindung zwischen der Eingangsbuchse und dem Y-Verstärker unterbrochen und dieser intern direkt an Masse gelegt. Dadurch ist es sehr einfach möglich, die Lage der Nullinie auf dem Bildschirm zu überprüfen oder sie einzustellen, ohne daß das Meßkabel vom Meßobjekt abgeklemmt werden muß.

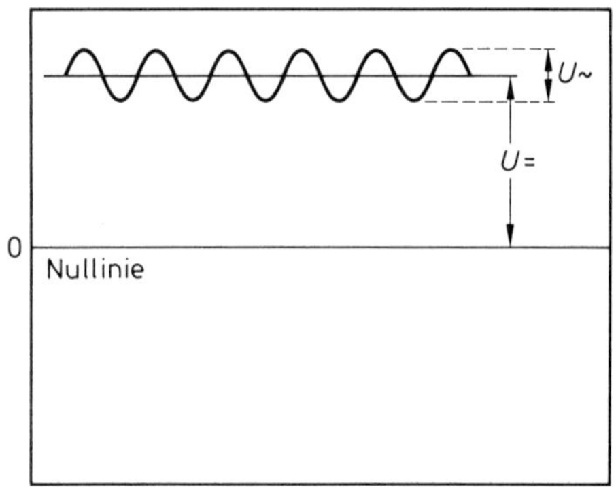

a)

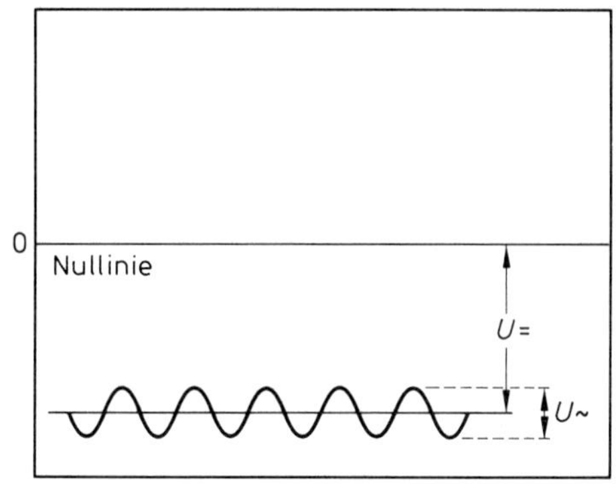

b)

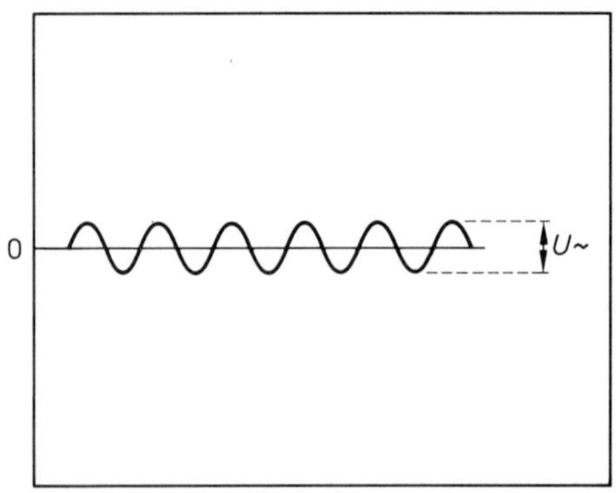

c)

a) Positive Mischspannung
Stellung: DC
Vert. Amp.: 5 V/Div

b) Negative Mischspannung
Stellung: DC
Vert. Amp.: 5 V/Div

c) Positive oder negative Mischspannung
Stellung: AC
Vert. Amp.: 5 V/Div

Bild 1.7 Messung von Mischspannungen in DC- und AC-Stellung

Y-Position

Der Y-Ablenkung ist stets noch ein stufenlos einstellbares Bedienungselement mit der Bezeichnung Y-Position zugeordnet. Mit diesem Drehknopf läßt sich die Spannungs-Nullinie in vertikaler Richtung über den gesamten Bildschirm verschieben. Die Grundeinstellung wird vorgenommen, indem bei kurzgeschlossenem Eingang des Meßkabels die Nullinie genau auf die in der Mitte des Bildschirmes angegebene X-Achse eingestellt wird. Eine positive Amplitude der Meßspannung liegt dann stets oberhalb, eine negative Amplitude stets unterhalb der X-Achse.
Besitzt das Oszilloskop einen Umschalter mit der Einstellung GND, so kann die Grundeinstellung der Spannungs-Nullinie in der Schaltstellung GND auch vorgenommen werden, wenn das Meßkabel an einen Meßpunkt angeschlossen ist. Die Einstellung kann aber auch bei offenem Eingang erfolgen.
Zum genauen Ablesen einer positiven Spannung ist es oft zweckmäßig, die Spannungs-Nullinie auf eine untere, waagerechte Rasterlinie zu verschieben. Dann kann der Abschwächer so eingestellt werden, daß die gesamte Schirmhöhe ausgenutzt wird. Bei negativer Meßspannung wird die Nullinie entsprechend an den oberen Bildschirmrand verschoben. Die Zusammenhänge sind in **Bild 1.8** dargestellt.

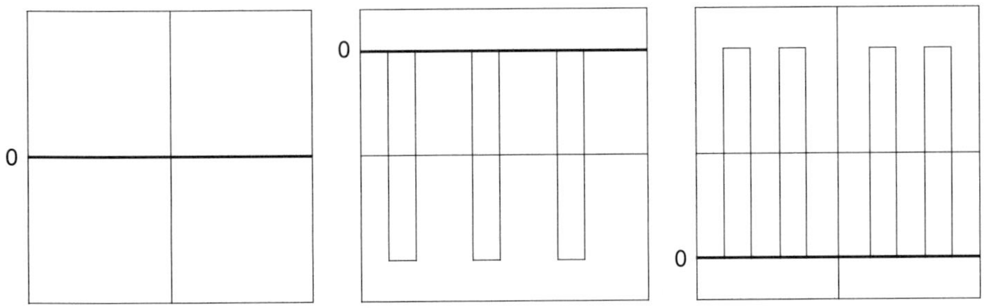

a) Normale Einstellung

b) Einstellung bei großer negativer Amplitude

c) Einstellung bei großer positiver Amplitude

Bild 1.8 Einstellung der Spannungs-Nullinie

Um Ablesefehler zu vermeiden, ist es zweckmäßig, sich vor jeder Spannungsmessung über die Lage der Spannungs-Nullinie zu vergewissern bzw. sie mit Hilfe der Y-Position-Einstellung auf die gewünschte Lage einzustellen. Wird in Stellung DC eine Wechselspannung oder in Stellung AC eine Mischspannung gemessen, so orientiert sich die Abbildung auf dem Bildschirm immer an der eingestellten Spannungs-Nullinie als Mittellinie. Ist die Nullinie nicht auf die Mittelachse eingestellt, kann leicht der Eindruck entstehen, daß anstelle einer tatsächlich gemessenen Wechselspannung eine Mischspannung vorliegt.

Y-Invert

Viele neuentwickelte Oszilloskope haben noch einen zum Y-Eingang gehörenden Umschalter, der mit Y-Invert bezeichnet ist. Befindet sich dieser Schalter in der Stellung »Invert« (= invertieren = umkehren), so wird eine negative Eingangsspannung mit positiver Amplitude, also nach oben gerichteter Ablenkung angezeigt. Eine positive Eingangsspannung erscheint dagegen mit negativer, nach unten gerichteter Amplitude auf dem Bildschirm. Ist ein Y-Invert-Schalter vorhanden, sollte vor Beginn der Messungen stets seine Stellung überprüft werden.

1.2.3 Die Horizontal- oder X-Ablenkung

Soll der Verlauf einer Signalspannung am Y-Eingang in Abhängigkeit von der Zeit dargestellt werden, so muß sich der Elektronenstrahl zusätzlich mit gleichbleibender Geschwindigkeit von links nach rechts über den Leuchtschirm bewegen. Die hierfür notwendige Ablenkspannung wird in einem internen Zeitbasisgenerator erzeugt und in dem X-Verstärker, von dessen Ausgang die X-Ablenkplatten angesteuert werden, auf erforderliche Spannungswerte verstärkt.
Um den Elektronenstrahl mit konstanter Geschwindigkeit von links nach rechts über den Bildschirm abzulenken, muß der Zeitbasisgenerator eine Ablenkspannung mit einem sägezahnförmigen Verlauf erzeugen. Als sägezahnförmig wird eine Spannung bezeichnet, die langsam linear ansteigt und nach Erreichen des Höchstwertes sehr schnell wieder auf den Anfangswert zurückläuft. **Bild 1.9** zeigt den Verlauf der erforderlichen Ablenkspannung für die X-Ablenkung.

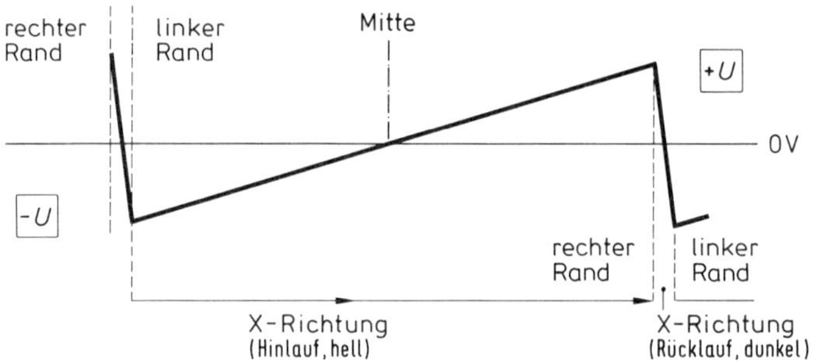

Bild 1.9 Sägezahnspannung für die X-Ablenkung

Die Zeit, die bei der Sägezahnspannung für den Anstieg und das Zurückspringen auf den Anfangswert benötigt wird, ist die Periodendauer der Zeitablenkung. Während des langsamen Anstiegs wird der Elektronenstrahl hellgesteuert, während des kurzen Rücklaufs dagegen dunkel, so daß er während dieser Zeit auf dem Leuchtschirm nicht sichtbar ist. In **Bild 1.10** ist der Zusammenhang zwischen der Periodendauer eines sinusförmigen Y-Signals und der Periodendauer der Sägezahnspannung dargestellt, wobei $T_Y = T_X$ ist und somit eine Periode der Sinusspannung abgebildet wird.

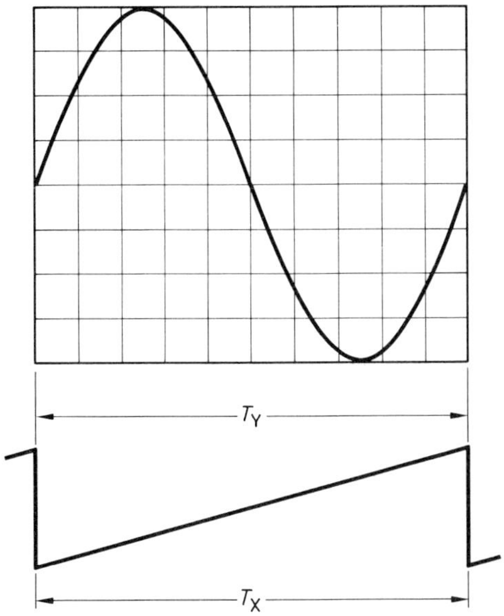

Bild 1.10 Zusammenhang zwischen T_Y und T_X bei vernachlässigter Rücklaufzeit

Die Zeit, d. h. die Periodendauer T_X des Zeitbasisgenerators kann mit einem Drehschalter auf der Frontplatte des Oszilloskops verändert werden. Dieser Schalter, der mit »Time« oder »Time-Base« bezeichnet wird, bestimmt also den Zeitmaßstab der X-Achse. Die einzelnen Schalterstellungen sind mit Zeiteinheiten pro Div. oder Zeiteinheiten pro cm angegeben.

Zur X-Ablenkung bzw. zum Zeitbasisgenerator gehört noch die Triggereinrichtung (triggern = auslösen). Durch sie wird der Zeitbasisgenerator und damit die Ablenkung des Elektronenstrahles in X-Richtung gestartet. Bei der internen Triggerung wird der Triggerimpuls von der Meßspannung U_Y abgeleitet. Bei der externen Triggerung kann das Triggersignal von außen und damit unabhängig vom Meßsignal zugeführt werden. In **Bild 1.11** sind die wichtigsten, der X-Ablenkung zugeordneten Buchsen und Bedienungselemente dargestellt.

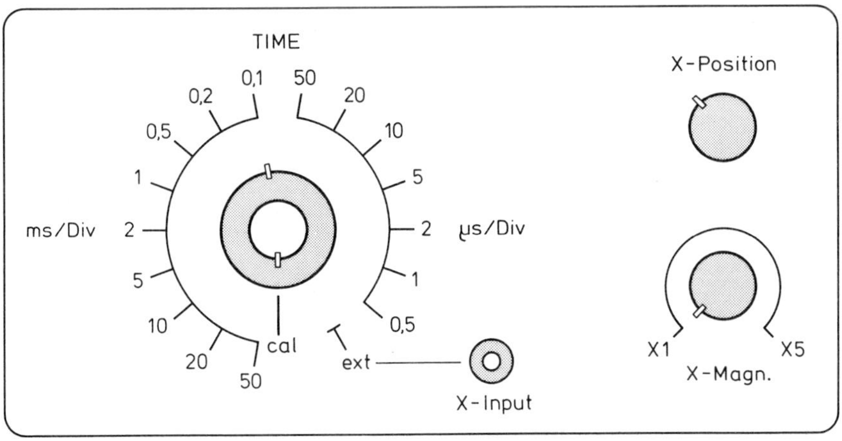

Bild 1.11 Bedienungselemente für die X-Ablenkung

TIME, Time-Base, Zeitbasis

Der Zeitbasisschalter trägt entweder die Bezeichnung TIME (Zeit), Time-Base (Zeit-Basis) oder Zeitbasis. Er ist, wie der Abschwächer der Y-Ablenkung, in der Regel als Drehschalter ausgebildet und hat eine 1-2-5-Folge. Die Schalterstellungen haben die Bezeichnungen Zeiteinheit pro Div. oder bei einem cm-Raster Zeiteinheit pro cm. Je nach Ausführung des Oszilloskops gehen die Bereiche von µs/Div. bzw. µs/cm bis ms/Div. bzw. ms/cm oder s/Div. bzw. s/cm. Auch hier liegt der jeweils kleinste Wert am rechten, der größte am linken Anschlag des Drehschalters.
Mit der Einstellung der Zeitbasis auf eine bestimmte Schalterstellung wird der jeweilige X-Ablenkkoeffizient festgelegt. Er gibt an, in welcher Zeiteinheit der Elektronenstrahl um 1 cm bzw. 1 Div. in horizontaler Richtung abgelenkt wird. So bedeutet z. B. $X \triangleq 0{,}5$ ms/Div, daß der Strahl sich bei dieser Einstellung in 0,5 ms um eine Rasterteilung nach rechts bewegt. Aus der Einstellung des Zeitbasisgenerators kann also die Periodendauer T ermittelt und daraus die Frequenz f der Signalspannung mit $f = \frac{1}{T}$ berechnet werden. In **Bild 1.12** sind die Zusammenhänge für eine Rechteckspannung dargestellt.
Da sich die Einstellbereiche immer gut überlappen, ist es möglich, die Zahl der auf dem Leuchtschirm abgebildeten Perioden stets so einzustellen, daß eine genaue Ablesung möglich ist.

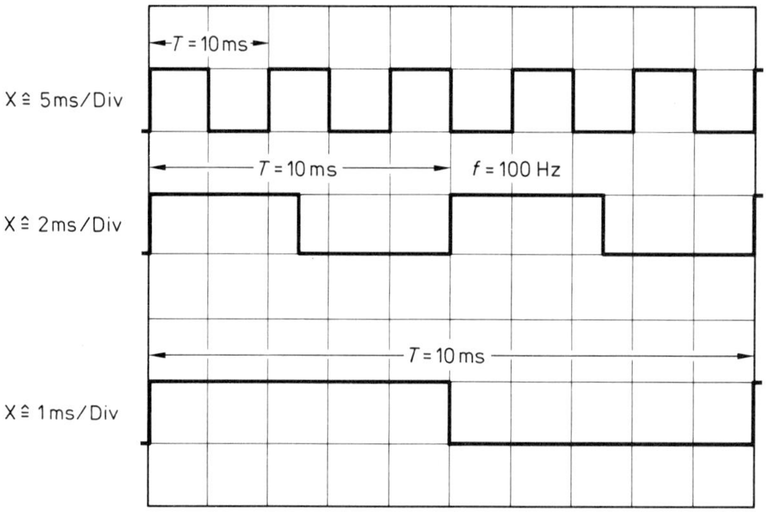

Bild 1.12 *T* und *f* bei verschiedenen Einstellungen der Zeitbasis

Cal.

In der Mitte des Zeitbasisschalters befindet sich meistens noch ein Drehknopf mit einer Schalt- oder Raststellung, für die die Bezeichnung »Cal« angegeben ist. Nur wenn der Knopf in der Stellung »Cal« steht, gilt der eingestellte X-Ablenkkoeffizient genau. Im

gesamten anderen Einstellbereich erfolgt eine stufenlose Veränderung des X-Ablenkkoeffizienten zwischen zwei festen Stufen des Zeitbasisschalters. In diesem Fall ist eine genaue Zeitablesung auf dem Raster nicht möglich.
Diese nicht kalibrierte Einstellung hat aber für Vergleichsmessungen oder bei Beobachtung des Kurvenverlaufes durchaus Vorteile, weil dann z. B. die Nulldurchgänge oder die Höchstwerte genau auf senkrechte Rasterlinien eingestellt werden können. Vor jeder genauen Messung oder Ablesung der Periodendauer muß geprüft werden, ob er in der Stellung »Cal« steht. Nur so lassen sich Fehler vermeiden.

X-Position

Mit Hilfe dieses Drehknopfes kann die Leuchtspur auf dem Leuchtschirm in horizontaler Richtung verschoben werden. Die Grundeinstellung wird vorgenommen, indem die Leuchtspur so verschoben wird, daß sie in einem kleinen Abstand vom linken Leuchtschirmrand beginnt und im gleichen Abstand vom rechten Leuchtschirmrand endet.

X-Magn., Dehnung

Mit dem Drehknopf X-Magn. (X-Vergrößerung), der auch als »Dehnung« bezeichnet wird, läßt sich die Leuchtlinie in ihrer Länge verändern. Bei einer Einstellung auf den Anschlag mit der Bezeichnung »x1« liegt die Grundeinstellung vor. Mit der Drehung in Richtung auf die Endstellung mit der Bezeichnung »x5« oder auch »x10« wird die Lichtlinie vom Bildschirmmittelpunkt ausgehend immer mehr vergrößert, so daß nur noch ein kleiner Ausschnitt, aber gedehnt auf die volle Leuchtschirmbreite, sichtbar ist.
Der mit dem Zeitbasisschalter eingestellte X-Ablenkkoeffizient ändert sich entsprechend der eingestellten Dehnung um den Faktor »5« bzw. »10«. Sind z. B. auf dem Zeitbasisschalter X ≙ 10 ms/Div und die Dehnung auf »x5« eingestellt, so beträgt der tatsächliche X-Ablenkfaktor X ≙ 2 ms/Div.
In der Endstellung »x5« hätte bei einem Bildschirmdurchmesser von etwa 10 cm die Auslenkung des Elektronenstrahles in X-Richtung dann eine Länge von ca. 50 cm. Davon sind aber die Bereiche von 0 bis 20 cm und von 30 bis 50 cm nicht sichtbar und nur der Ausschnitt von 20 bis 30 cm erscheint auf dem Bildschirm. Mit Hilfe des Drehknopfes X-Position kann aber der sichtbare Ausschnitt zusätzlich über den gesamten Bereich von 50 cm verschoben werden. Auf diese Weise ist es möglich, bestimmte Abschnitte des Y-Signals wie mit einer Lupe zu betrachten.
Der Drehknopf X-Magn. wird nur relativ wenig benutzt. Daher sollte er bei üblichen Messungen immer in Stellung »x1« stehen oder ein Schalter X-Magn. nicht betätigt sein. Bei einer Reihe von Oszilloskopen sind die Bedienungselemente X-Position und X-Magn. zu einem Doppelknopf zusammengefaßt.

1.2.4 Die Triggerung

Ein ruhig stehendes Bild ist nur dann zu erreichen, wenn die Aufzeichnung durch den Elektronenstrahl immer wieder exakt an der gleichen Stelle im periodischen Ablauf der Signalspannung beginnt. Daher hat jedes Oszilloskop heute eine Triggerung (to trigger = auslösen, starten). Sie steuert den Zeitbasisgenerator so, daß die erzeugte Sägezahnspannung für die X-Ablenkung immer wieder an der gleichen Stelle der periodischen Signalspannung startet. Die Triggerung ist somit von ihrer Funktion her der X-Ablenkung zuzuordnen.
Bei der Triggerung muß grundsätzlich zwischen einer internen und einer externen Triggerung unterschieden werden. Bei der internen Triggerung wird das Triggersignal für den Zeitbasisgenerator intern aus dem Y-Signal gewonnen. Bei der externen Triggerung muß dagegen ein zusätzliches Triggersignal von außen zugeführt werden. **Bild 1.13** zeigt die üblichen Bedienungselemente für die Triggerung.

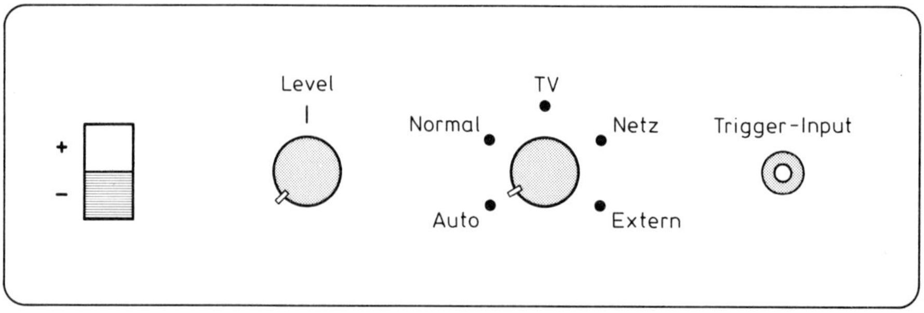

Bild 1.13 Bedienungselemente für die Triggerung

Trigger, Triggerung

Wichtigstes Bedienungselement für die Triggerung ist der Trigger-Wahlschalter. Je nach Typ und Ausführung des Oszilloskops ist er als Drehschalter oder auch als Tastenschalter ausgebildet und hat meistens mehrere Stellungen.
In der Stellung *»Auto« bzw. »AT«* erfolgt die Triggerung automatisch. Das Triggersignal wird aus dem anliegenden Y-Signal gewonnen und so aufbereitet, daß ohne eine weitere Einstellung immer ein stehendes Bild auftritt. Ist kein Y-Signal vorhanden, so läuft der Zeitbasisgenerator frei und erzeugt einen waagerechten Leuchtstrich. Die Einstellung der Triggerung auf automatischen Betrieb ist die übliche Einstellung. Zu beachten ist dabei aber, daß bei Ablenkfrequenzen kleiner etwa 50 Hz die automatische Triggerung häufig nicht mehr einwandfrei arbeitet.
In der Stellung *»NORM«* (= normal) wird der Triggerimpuls zum Starten der Sägezahnspannung ebenfalls aus dem Y-Signal gewonnen. Liegt kein Signal an, erfolgt aber auch keine Ablenkung des Elektronenstrahles in X-Richtung. Bei der normalen Triggerung sind jedoch die beiden weiteren Bedienungselemente LEVEL und +/– wirksam.
Mit dem Drehknopf *LEVEL* bzw. *NIVEAU* läßt sich die Spannungshöhe einstellen, mit der

die Darstellung des Y-Signals beginnen soll. In **Bild 1.14** sind die Zusammenhänge und der Einfluß der LEVEL-Einstellung für 3 verschiedene Einstellungen dargestellt.

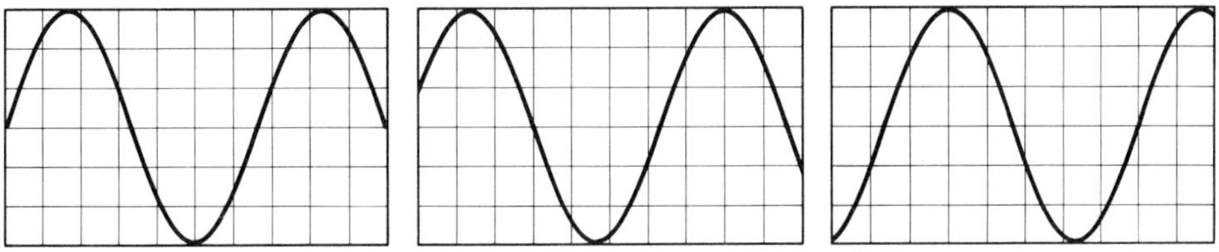

a) b) c)

Bild 1.14 Einfluß der LEVEL-Einstellung

Im Fall a) beginnt der Start des Kurvenzuges im Nulldurchgang, im Fall b) bei einer bestimmten positiven Spannung und im Fall c) in der Nähe der maximalen negativen Amplitude. Die Zwischenwerte lassen sich kontinuierlich einstellen.
Mit dem *Umschalter +/−* wird festgelegt, ob der Triggerimpuls bei ansteigender oder abfallender Spannung des Y-Signals die X-Ablenkung starten soll. In der Stellung »+« wird bei steigender Flanke, in Stellung »−« bei abfallender Flanke getriggert. So ist es mit der LEVEL-Einstellung und dem Umschalter +/− möglich, die Abbildung der Y-Eingangsspannung zu sehr unterschiedlichen Zeitpunkten einer Periode beginnen zu lassen.
Die Stellung *»TV«* des Trigger-Wahlschalters ist bei neuen Oszilloskoptypen immer häufiger zu finden. Sie erleichtert die Fehlersuche in Fernsehgeräten (= Television = TV) erheblich, weil dann bei den Stellungen 50 µs/cm bis 0,5 s/cm des Time-Schalters das Oszilloskop auf die Bildwechselimpulse getriggert wird. Bei den Stellungen 0,2 µs/cm bis 20 µs/cm des Time-Schalters triggert dagegen das Oszilloskop auf die Zeilenimpulse des Fernsehsignals.
In der Stellung *»Mains«* bzw. »Netz« wird das Triggersignal für Netzfrequenz aus der Sekundärspannung des Netztransformators gewonnen. Diese Einstellung erleichtert die Bedienung, wenn das Y-Signal in einem festen Zusammenhang mit der 50-Hz-Netzfrequenz steht.
Wird der Trigger-Wahlschalter in die Stellung *»extern«* gebracht, so erfolgt die Triggerung nicht mehr durch das Signal am Y-Eingang, sondern durch eine andere, mit dem zu messenden Y-Signal aber verknüpfte Triggerspannung. Sie muß meistens über eine BNC-Buchse mit der Bezeichnung *»Trigger-Input«* von außen zugeführt werden. Diese externe Triggerung kann bei der meßtechnischen Untersuchung von elektronischen Schaltungen erhebliche Vorteile und Vereinfachungen bringen.
Die Buchse »Trigger-Input« hat oft auch die Bezeichnung *»X-Input«*. Dann kann über diese Buchse auch ein externes Signal für die X-Ablenkung zugeführt werden, wenn der Time-Schalter auf *»extern«* bzw. *»X-Defl«* eingestellt ist. Der interne Zeitbasisgenerator ist dann abgeschaltet und die Ablenkung des Elektronenstrahles erfolgt durch eine von außen zugeführte Ablenkspannung. Derartige Messungen mit dem Oszilloskop werden als XY-Messungen bezeichnet. Sie werden vorgenommen, wenn keine zeitabhängigen Funktionen darzustellen sind, wie z. B. bei der Kennliniendarstellung von Bauelementen.

1.3 Zweistrahl- und Zweikanal-Oszilloskope

Bei meßtechnischen Untersuchungen von elektronischen Schaltungen ist es oft von großem Vorteil, wenn zwei Spannungsverläufe in zeitlich richtiger Zuordnung zueinander gleichzeitig auf dem Leuchtschirm eines Oszilloskops betrachtet werden können. Hierfür wurden die Zweistrahl-Oszilloskope und die Zweikanal-Oszilloskope entwikkelt. Obwohl beide Arten sich in ihrer technischen Konzeption unterscheiden, bieten sie annähernd gleiche Einsatzmöglichkeiten.

1.3.1 Zweistrahl-Oszilloskope

Bei den Zweistrahl-Oszilloskopen werden Elektronenstrahlröhren verwendet, die zwei getrennte Strahlerzeugungs-Ablenksysteme in einem gemeinsamen Röhrenkolben enthalten. Beide Elektronenstrahlen lassen sich daher unabhängig voneinander fokussieren, in ihrer Strahlintensität verändern sowie ablenken. **Bild 1.15** zeigt das stark vereinfachte Blockschaltbild, in dem aber das Grundprinzip der Arbeitsweise eines Zweistrahl-Oszilloskops gut erkennbar ist.

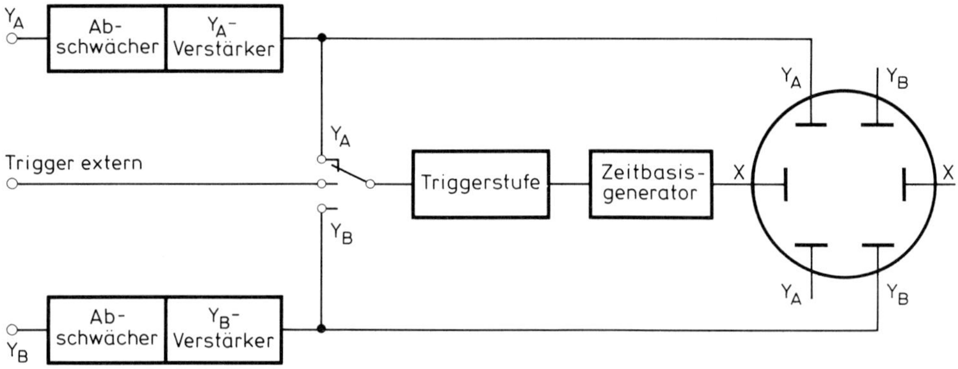

Bild 1.15 Stark vereinfachtes Blockschaltbild eines Zweistrahl-Oszilloskops

Zweistrahl-Oszilloskope haben zwei völlig gleichartig aufgebaute Y-Verstärker. Sie werden meistens als Y_A und Y_B oder auch nur als A und B bezeichnet. Alle Bedienungselemente für die Y-Ablenkung, also Vert.-Input, Vert.-Amp., Y-Position, AC/DC und Y-Invert sind zweifach vorhanden und auf der Frontplatte immer so angeordnet, daß ihre Zugehörigkeit zu Y_A oder Y_B eindeutig erkennbar ist.
In der Regel haben Zweistrahl-Oszilloskope aber nur einen gemeinsamen Zeitbasisgenerator. Er kann über einen Umschalter entweder vom Y_A-Signal, vom Y_B-Signal oder extern getriggert werden. Wegen des gemeinsamen Zeitbasisgenerators lassen sich zwei stehende Bilder immer nur dann erreichen, wenn beide Signalspannungen frequenzgleich sind oder in einem ganzzahligen Frequenzverhältnis zueinander stehen.
In einfacheren Zweistrahl-Oszilloskopen wird eine Sonderform der Zweistrahl-Elektro-

nenröhre verwendet. Sie hat nur ein Strahlerzeugungssystem. Der erzeugte Strahl wird in zwei Strahlen »aufgespalten«, die dann zwei voneinander unabhängige Y-Ablenksysteme durchlaufen. Derartige Elektronenstrahlröhren werden als Split-beam-Röhren (=Spalt-Strahl-Röhren) bezeichnet. Die Intensität der beiden Strahlen läßt sich bei dieser Zweistrahl-Elektronenröhre dann aber nur noch gemeinsam ändern.

1.3.2 Zweikanal-Oszilloskope

Zweikanal-Oszilloskope haben eine normale Einstrahl-Elektronenröhre. Die Ablenkung an den Y-Platten kann aber durch einen elektronischen Schalter fortlaufend von einem Signal auf das andere umgeschaltet werden. Dadurch sind die Lichtspuren beider Signale auf dem Leuchtschirm gleichzeitig sichtbar. **Bild 1.16** zeigt das stark vereinfachte Blockschaltbild eines Zweikanal-Oszilloskops.

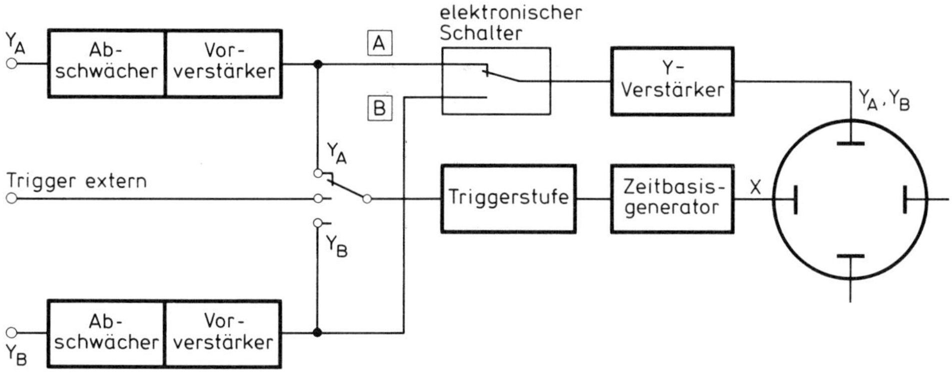

Bild 1.16 Stark vereinfachtes Blockschaltbild eines Zweikanal-Oszilloskops

Der Zeitbasisgenerator ist mit seiner Triggereinrichtung genauso aufgebaut wie bei einem Zweistrahl-Oszilloskop. Daher kann eine Triggerung mit dem Y_A-Signal, dem Y_B-Signal oder einem externen Triggersignal erfolgen. Das Y_A-Signal gelangt über einen Abschwächer und einen Vorverstärker auf den einen Eingang des elektronischen Umschalters. Für das Y_B-Signal ist ein gleichartiger Kanal zum zweiten Eingang des elektronischen Umschalters vorhanden. Dieser läßt sich mit einem Dreh- oder Tastenschalter auf meistens vier verschiedene Betriebsarten einstellen. In **Bild 1.17** ist der Betriebsartenschalter als Drucktastenschalter dargestellt.

Bild 1.17 Betriebsartenschalter für den elektronischen Umschalter

Ist der *Schalter A* gedrückt, so wird eine konstante Verbindung zwischen der Y_A-Eingangsbuchse über den Abschwächer und den Vorverstärker zum Y-Verstärker hergestellt. Dadurch ist nur der A-Kanal in Betrieb und das Zweikanal-Oszilloskop arbeitet wie ein normales Einstrahl-Oszilloskop für ein Signal am Y_A-Eingang.
Bei gedrücktem *Schalter B* ist der A-Kanal abgeschaltet und nur der Kanal B in Betrieb. Ein am Y_B-Eingang liegendes Signal wird wie bei einem Einstrahl-Oszilloskop angezeigt.
Bei der Betriebsart *»ALT«* (= alternate = abwechselnd) wird der elektronische Umschalter vom Zeitbasisgenerator gesteuert. Die Umschaltfrequenz ist dabei gleich der Frequenz der Sägezahn-Ablenkspannung. Auf diese Weise wird erreicht, daß z. B. in der 1., 3. und 5. Periode der Sägezahn-Ablenkspannung das Y_A-Signal und in der 2., 4. und 6. Periode das Y_B-Signal auf dem Leuchtschirm erscheint. Ist die Ablenkfrequenz des Zeitbasisgenerators groß genug, sind auf dem Leuchtschirm beide Signale gleichzeitig sichtbar. Die Nullinien der beiden Signale lassen sich mit den beiden Bedienungselementen Y_A-Position und Y_B-Position auf dem Leuchtschirm unabhängig voneinander in vertikaler Richtung verschieben.
Bei kleiner Ablenkfrequenz des Zeitbasisgenerators hat die Betriebsart »alternate« aber den Nachteil, daß wegen der beschränkten Nachleuchtdauer des Leuchtschirmes die Helligkeit nur noch gering ist und die beiden Leuchtspuren bereits stark flimmern.
In der Betriebsart *»CHOP«* (=chopped=zerhackt) erfolgt die Umschaltung des elektronischen Schalters mit einer festen Frequenz, also unabhängig von der gerade am Zeitbasisgenerator eingestellten Ablenkfrequenz. Die Umschaltfrequenz liegt etwa zwischen 100 kHz und 500 kHz, ist also in der Regel groß gegenüber der Frequenz des zu messenden Signals. Daher wird jeweils abwechselnd immer nur ein kleiner Ausschnitt des Y_A-Signals und des Y_B-Signals nacheinander auf dem Bildschirm abgebildet. **Bild 1.18** zeigt die Entstehung der beiden Signale bei Chopper-Betrieb.

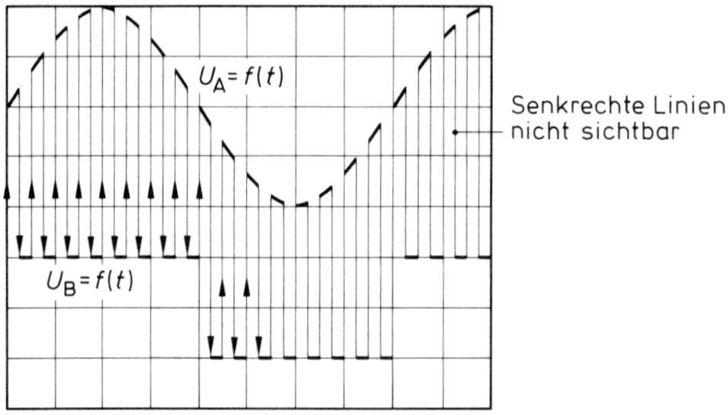

Bild 1.18 Entstehung der beiden Signale bei Chopper-Betrieb

Welche der beiden Betriebsarten »ALT« oder »CHOP« für die jeweilige Messung besser geeignet ist, läßt sich auf dem Leuchtschirm sehr leicht erkennen. Bei manchen Oszilloskopen ist noch eine Stellung *»ADD«* vorhanden. In dieser Stellung erfolgt die Y-Ablenkung durch die Summe der Signale von Kanal A und Kanal B. Dies ist für spezielle Messungen von Vorteil.

2 Passive Zwei- und Vierpole

2.1 Allgemeines

Einzelne Bauelemente, Schaltungsteile oder auch Schaltungen werden in der Elektronik häufig als Zweipole oder Vierpole bezeichnet. Diese Begriffe sind aus der Anzahl der jeweils vorhandenen Anschlußklemmen abgeleitet, die in diesem Zusammenhang auch als Pole bezeichnet werden. Durch die Rückführung auf Gebilde mit nur zwei oder vier Anschlußklemmen ergeben sich für eine allgemeine technische Beschreibung sowie für die Berechnung oder auch meßtechnische Untersuchung wesentliche Vorteile. So können auch dann genaue Aussagen über das Verhalten und die Funktion von Zwei-und Vierpolen gemacht werden, wenn ihr interner schaltungstechnischer Aufbau nicht näher bekannt ist.
Zweipole haben nur zwei Anschlußklemmen und sind daher vergleichsweise einfach zu untersuchende und zu beschreibende Gebilde. Grundsätzlich muß dabei unterschieden werden zwischen aktiven und passiven Zweipolen. Aktive Zweipole enthalten stets eine Spannungsquelle. **Bild 2.1** zeigt einfache Beispiele für einen aktiven und einen passiven Zweipol sowie die allgemeine Darstellungsform.

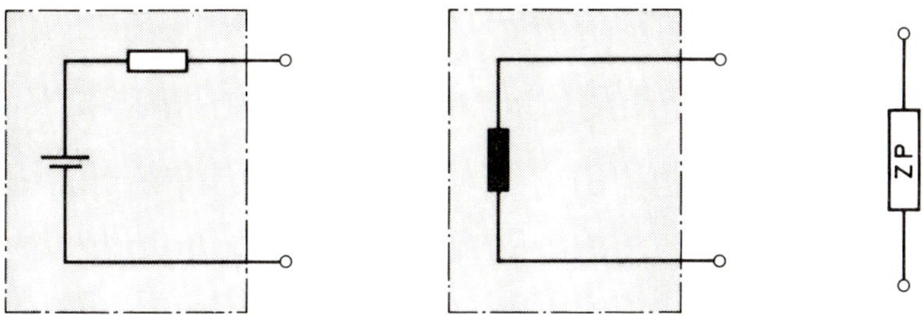

a) b) c)

Bild 2.1 Beispiele für Zweipole

a) aktiver Zweipol (Spannungsquelle mit Innenwiderstand)
b) passiver Zweipol (Spule) Kondensator, Widerstand
c) allgemeine Darstellungsform eines Zweipols

Bei den Bauelementen wie ohmsche Widerstände, Kondensatoren und Spulen handelt es sich um einfache, passive Zweipole. Ihre wesentlichen Eigenschaften werden bereits in Band I »Elektronische Grundlagen« behandelt. Durch Reihen- oder Parallelschaltung von Kondensatoren und Spulen mit ohmschen Widerständen ergeben sich neue Zweipole, die in ihrer Gesamtfunktion schon den Charakter komplexer Bauelemente haben. Hierzu gehören dann z. B. auch die realen, d. h. mit Verlusten behafteten Kondensatoren und Spulen.
Besteht ein Zweipol aus der Zusammenschaltung eines Kondensators und einer Spule, so wird er auch als Schwingkreis oder Resonanzkreis bezeichnet. Je nach Art der

Zusammenschaltung ergeben sich Reihen- oder Parallelschwingkreise mit ihrem sehr unterschiedlichen Verhalten. Sie werden überwiegend in der Nachrichtentechnik oder zusammen mit einem verstärkenden Bauelement als frequenzbestimmende Glieder in Generatorschaltungen eingesetzt.
Bauelemente, Schaltungsteile oder Schaltungen mit vier Anschlußklemmen werden als Vierpole bezeichnet. Die vier Klemmen sind jeweils aufgeteilt in zwei Eingangsklemmen und zwei Ausgangsklemmen. Hierbei tritt jedoch häufig der Fall ein, daß eine Eingangsklemme mit einer Ausgangsklemme direkt verbunden ist und dann für Eingang und Ausgang als gemeinsame Masse oder gemeinsames Bezugspotential dient. Auch bei den Vierpolen muß zwischen passiven und aktiven unterschieden werden. Aktive Vierpole enthalten verstärkende Bauelemente, die auch als Spannungs- oder Stromquellen betrachtet werden können. **Bild 2.2** zeigt einfache Beispiele für aktive und passive Vierpole sowie die allgemeine Darstellungsform eines Vierpoles.

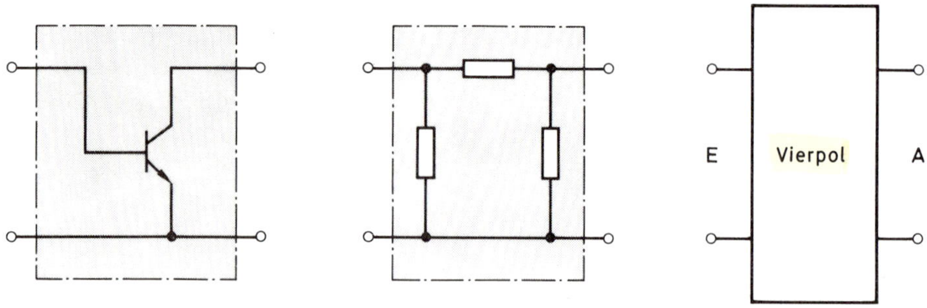

a) b) c)

Bild 2.2 Beispiele für einfache Vierpole

a) aktiver Vierpol (Transistor)
b) passiver Vierpol (π-Glied)
c) allgemeine Darstellungsform eines Vierpols

Die mathematische Erfassung und Berechnung von Vierpolen ist recht schwierig. So wurden spezielle Verfahren entwickelt, mit deren Hilfe die Funktion von Vierpolen in allgemeiner Form behandelt werden kann. Die praktische Anwendung dieser Vierpoltheorie mit ihren zugehörigen Vierpolgleichungen setzt aber bereits umfangreiche und spezielle mathematische Vorkenntnisse voraus. Daher wird auf die Vierpoltheorie nicht weiter eingegangen.
Auch die exakte meßtechnische Untersuchung von Vierpolen basiert auf den Gleichungen der Vierpoltheorie. So müssen zur Erfassung der einzelnen Vierpolparameter die Eingangs- und Ausgangsströme sowie die Eingangs- und Ausgangsspannungen jeweils unter fest vorgegebenen Bedingungen gemessen werden.
Die einfachsten passiven Vierpole lassen sich aber auch noch ohne die Methoden der Vierpoltheorie berechnen oder meßtechnisch untersuchen. Dieses gilt insbesondere für die in der Elektronik in großer Zahl eingesetzten Hochpässe und Tiefpässe. Sie

bestehen in ihrer Grundform lediglich aus der Reihenschaltung eines ohmschen Widerstandes mit einem Kondensator oder eines ohmschen Widerstandes mit einer Spule.
In **Bild 2.3** sind die vier schaltungstechnischen Möglichkeiten dargestellt.

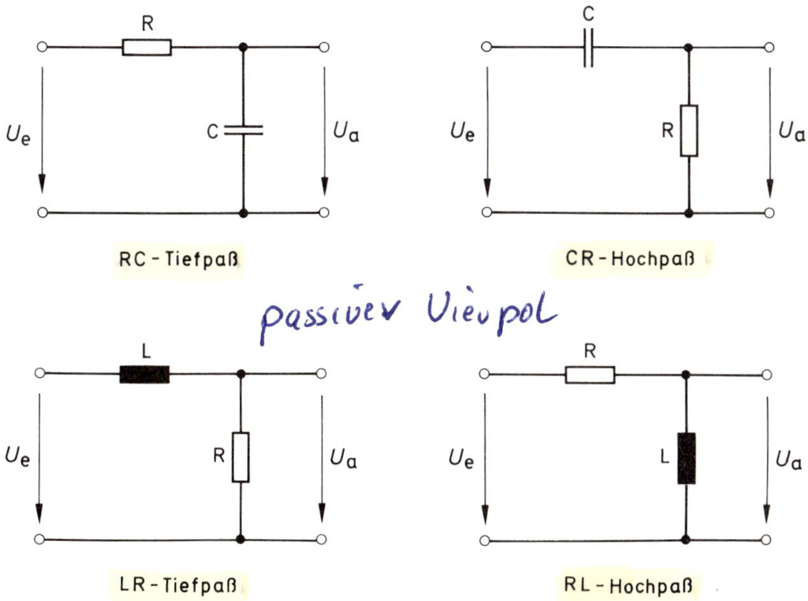

Bild 2.3 Einfachste Ausführungen von Tiefpässen und Hochpässen

Bei den dargestellten Hoch- und Tiefpässen handelt es sich um frequenzabhängige Spannungsteiler. Ein Tiefpaß dämpft Signale von 0 Hz bis zu seiner charakteristischen Frequenz, der Grenzfrequenz, nur unwesentlich. Alle Frequenzen, die höher als diese Grenzfrequenz sind, werden dagegen stark bedämpft. Ein Hochpaß hat die umgekehrten Eigenschaften. Alle Frequenzen unterhalb seiner Grenzfrequenz werden stark, Frequenzen oberhalb seiner Grenzfrequenz dagegen nur unwesentlich bedämpft. Die jeweilige Grenzfrequenz ist daher ein charakteristischer Kennwert von Hoch- und Tiefpässen. Sie läßt sich relativ einfach berechnen oder durch entsprechende Dimensionierung der beiden Bauelemente in weiten Grenzen variieren.
Die Abhängigkeit der Ausgangsspannung U_a von der Frequenz wird meistens in Form eines Diagrammes angegeben und als Frequenzgang des Hoch- oder Tiefpasses bezeichnet. In Abhängigkeit von der Frequenz tritt aber auch eine Phasenverschiebung zwischen der Ausgangs- und Eingangsspannung auf. Dieser Phasengang wird ebenfalls in Form eines Diagrammes dargestellt.
Insbesondere in der Nachrichtentechnik gibt es zahlreiche Anwendungsfälle, bei denen nur in einem bestimmten Frequenzbereich keine Dämpfung erwünscht ist, außerhalb dieses Bereiches aber eine starke Dämpfung erforderlich ist. Ein Vierpol mit derartigen Eigenschaften wird als Bandpaß bezeichnet. Eine Bandsperre zeigt ein

genau umgekehrtes Verhalten. Hier werden Signale innerhalb eines bestimmten Frequenzbandes stark, außerhalb dieses Bereiches aber nur geringfügig bedämpft. Auch Bandpässe und Bandsperren lassen sich in ihren einfachsten Formen lediglich aus zwei Widerständen und zwei Kondensatoren aufbauen.
Weitere Grundschaltungen von Vierpolen sind T-Glieder und π-Glieder, die jeweils aus mindestens drei Bauelementen aufgebaut sind. Durch sie können je nach verwendeten Bauelementen Eingangssignale frequenzabhängig oder frequenzunabhängig beeinflußt werden. Ihre Berechnung ist jedoch nur noch mit Hilfe der Vierpoltheorie möglich.
Wird an einen Tiefpaß anstelle einer sinusförmigen eine rechteckförmige Eingangsspannung gelegt, so steht der Verlauf der Ausgangsspannung in einem bestimmten mathematischen Zusammenhang mit dem Verlauf der Eingangsspannung. Entsprechend einer Rechenoperation der höheren Mathematik wird dieser Zusammenhang als »Integrieren« bezeichnet und daraus abgeleitet ein Tiefpaß in der Impulstechnik als Integrierglied bezeichnet.
Ein völlig anderes Verhalten zeigt ein Hochpaß, wenn auf seinen Eingang eine Rechteckspannung gegeben wird. Hier liegt ein mathematischer Zusammenhang vor, der nach einer Rechenoperation der höheren Mathematik als »Differenzieren« bezeichnet wird. Ein Hochpaß wird daher in der Impulstechnik Differenzierglied genannt. Sowohl beim Integrierglied als auch beim Differenzierglied hängt der Verlauf der Ausgangsspannung ganz wesentlich von ihrer Zeitkonstanten τ und dem Impuls-Pausen-Verhältnis t_i/t_p der rechteckförmigen Eingangsspannung ab. Integrier- und Differenzierglieder haben in der Impuls- und Digitaltechnik eine wesentliche Bedeutung. Eine genaue Kenntnis ihrer Eigenschaften ist daher unbedingt erforderlich.

2.2 Zweipole

2.2.1 Ideale Wirk- und Blindwiderstände

Die einfachsten Zweipole sind die idealen Wirk- und Blindwiderstände. Bei einem ohmschen Widerstand als idealem Wirkwiderstand sind Spannung und Strom stets in Phase. Der Phasenwinkel beträgt daher $\varphi = 0°$. Ohmsche Widerstände können bis zum Betrieb mit hohen Frequenzen als ideale Widerstände angesehen werden.
Bei einer idealen, also als völlig verlustfrei betrachteten Spule eilt die Spannung dem Strom um 90° voraus und die Phasenverschiebung beträgt somit $\varphi = +90°$. Der Blindwiderstand X_L ist frequenzabhängig und steigt linear mit der Frequenz an. Bei einem idealen Kondensator beträgt die Phasenverschiebung dagegen $\varphi = -90°$, weil die Spannung dem Strom um 90° nacheilt. Auch der Blindwiderstand X_C eines Kondensators ist frequenzabhängig. Er wird mit zunehmender Frequenz kleiner. In **Bild 2.4** sind Schaltzeichen, Widerstände, Zeigerdiagramme, Liniendiagramme und Frequenzabhängigkeit für ideale ohmsche Widerstände, Spulen und Kondensatoren zusammengefaßt dargestellt.

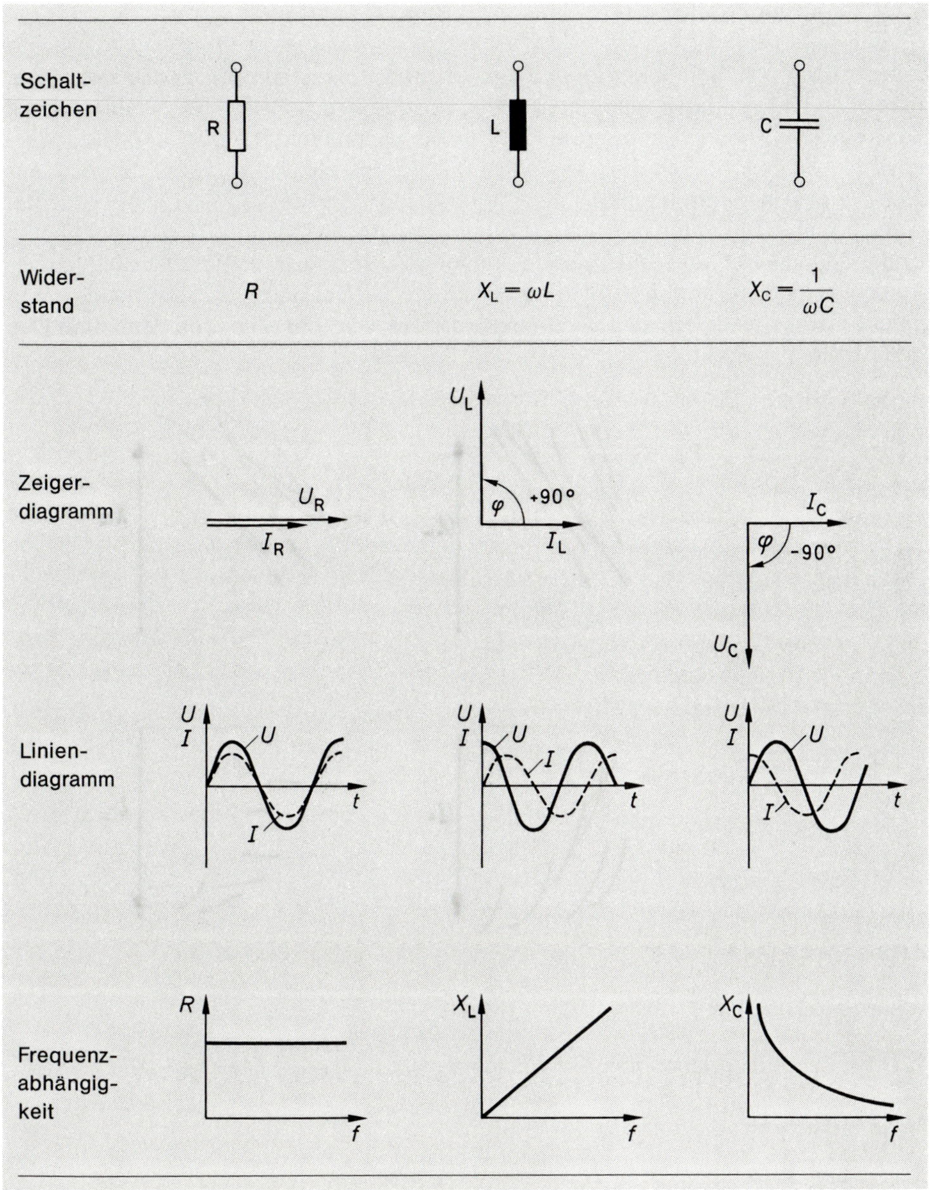

Bild 2.4 Ideale Wirk- und Blindwiderstände als Zweipole

2.2.2 Reihenschaltung von Wirk- und Blindwiderstand

In elektronischen Schaltungen sind Spulen und Kondensatoren häufig mit einem ohmschen Widerstand in Reihe geschaltet. Komplexere Schaltungen lassen sich auf diese einfachen Grundformen zurückführen. Der so entstandene Zweipol ist frequenzabhängig, so daß der Scheinwiderstand Z und der Phasenwinkel φ sehr unterschiedliche Werte annehmen können.

In **Bild 2.5** sind die beiden möglichen Reihenschaltungen mit ihren Zeigerdiagrammen für die Spannungen und Widerstände angegeben. Bezugszeiger für das Spannungsdreieck ist bei einer Reihenschaltung der Strom I, weil er durch beide Widerstände in gleicher Größe fließt. Für das Widerstandsdreieck wird der ohmsche Widerstand als Bezugszeiger gewählt.

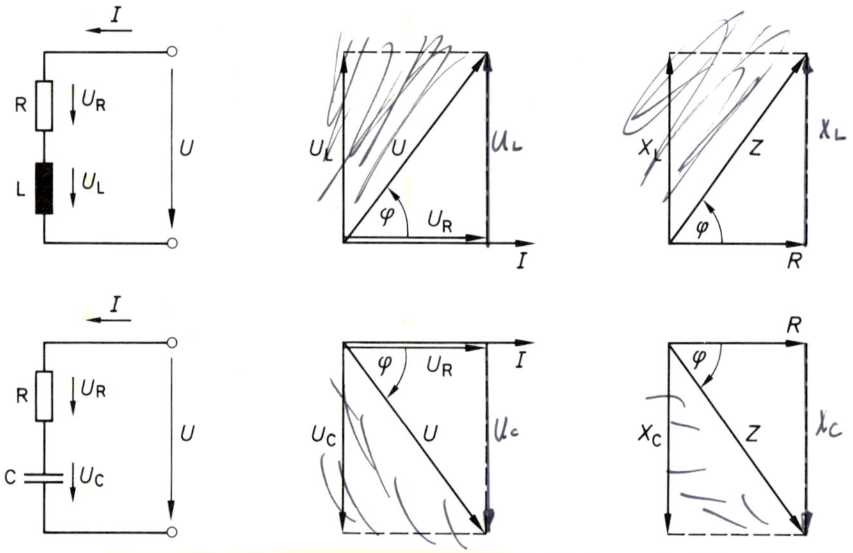

Bild 2.5 Zeigerdiagramme für Reihenschaltungen von R und L sowie R und C

Aus den Zeigerdiagrammen in Bild 2.5 lassen sich folgende Gleichungen ableiten:

Reihenschaltung von *R* und *L*

$$U = \sqrt{U_L^2 + U_R^2}; \qquad \tan\varphi = \frac{U_L}{U_R}$$

$$Z = \sqrt{X_L^2 + R^2}; \qquad \tan\varphi = \frac{X_L}{R}$$

Reihenschaltung von *R* und *C*

$$U = \sqrt{U_C^2 + U_R^2}; \qquad \tan\varphi = -\frac{U_C}{U_R}$$

$$Z = \sqrt{X_C^2 + R^2}; \qquad \tan\varphi = -\frac{X_C}{R}$$

2.2.3 Parallelschaltung von Wirk- und Blindwiderstand

Bei der Parallelschaltung von Widerstand und Spule oder Widerstand und Kondensator liegen die beiden Bauelemente an der gleichen Spannung. Es ergibt sich daher ein Zeigerdiagramm für die Ströme mit der anliegenden Spannung als Bezugszeiger. Werden die in der Parallelschaltung fließenden Ströme durch die gemeinsame Spannung U dividiert, so lassen sich der Scheinleitwert Y, der Wirkleitwert G und die Blindleitwerte B_L bzw. B_C ermitteln. Sie werden dann im Leitwertdiagramm dargestellt.
Bild 2.6 zeigt die Diagramme für die Ströme und Leitwerte der Parallelschaltung von Wirk- und Blindwiderstand.

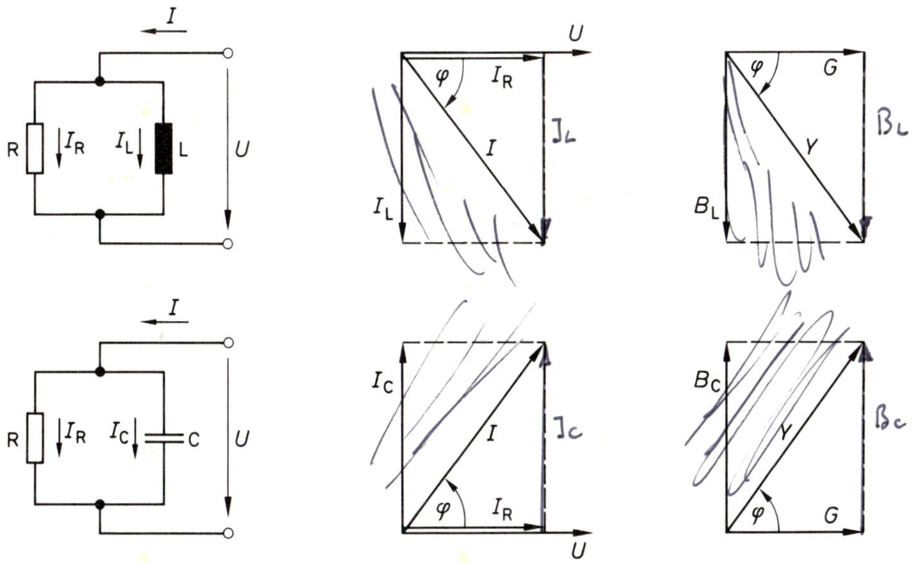

Bild 2.6 Zeigerdiagramme für Parallelschaltungen von R und L sowie R und C

Aus den Zeigerdiagrammen in Bild 2.6 lassen sich die folgenden Gleichungen ermitteln:

Parallelschaltung von *R* und *L*

$I = \sqrt{I_L^2 + I_R^2}$; $\quad \tan\varphi = -\frac{I_L}{I_R}$

$Y = \sqrt{B_L^2 + G^2}$; $\quad \tan\varphi = -\frac{B_L}{G}$

Parallelschaltung von *R* und *C*

$I = \sqrt{I_C^2 + I_R^2}$; $\quad \tan\varphi = \frac{I_C}{I_R}$

$Y = \sqrt{B_C^2 + G^2}$; $\quad \tan\varphi = \frac{B_C}{G}$

2.2.4 Reale Spulen und Kondensatoren

Ideale Blindwiderstände gibt es in der Praxis nicht. So hat jede Spule infolge des ohmschen Widerstandes ihrer Drahtwicklung auch noch einen Verlustwiderstand R_V. Bei einem Kondensator tritt dagegen der ohmsche Widerstand des Dielektrikums als Verlustwiderstand auf. Das Ersatzschaltbild einer realen Spule besteht aus einer Reihenschaltung eines induktiven Blindwiderstandes X_L mit einem ohmschen Widerstand R_V, während beim Ersatzschaltbild eines realen Kondensators ein kapazitiver Blindwiderstand X_C mit einem ohmschen Widerstand R_P parallel geschaltet ist. Diese Form der Ersatzschaltung ist die vereinfachte Darstellung eines komplizierten Sachverhalts, der jedoch für einen großen Frequenzbereich ausreichend genau die Wirkungsweise der Bauelemente beschreibt. Lediglich für sehr niedrige und sehr hohe Frequenzen müssen andere Ersatzschaltbilder verwendet werden. Reale Spulen und Kondensatoren haben somit einen Scheinwiderstand Z bzw. einen Scheinleitwert Y. In **Bild 2.7** sind das Ersatzschaltbild und die zugehörigen Zeigerdiagramme für reale Spulen und Kondensatoren angegeben.

Aus zeichnerischen Gründen sind hier jedoch die Anteile des Verlustwiderstandes R_V und des Verlustleitwertes G_P übertrieben groß dargestellt.

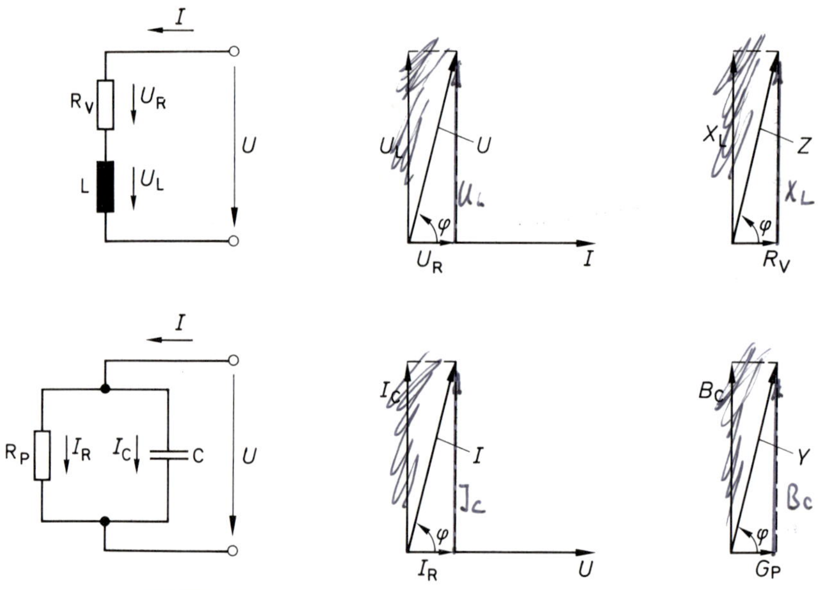

Bild 2.7 Ersatzschaltbilder und Zeigerdiagramme für reale Spulen und Kondensatoren

Die Zeigerdiagramme der realen Spulen sind identisch mit denen einer Reihenschaltung von R und L gemäß Abschnitt 2.2.2, so daß sich folgende Gleichungen ergeben:

$U = \sqrt{U_L^2 + U_R^2}$; $\qquad Z = \sqrt{X_L^2 + R_V^2}$; $\qquad \tan\varphi = \frac{X_L}{R_V}$

Zur Beurteilung der Verluste der realen Spule wird der Verlustfaktor $\tan\delta = \frac{R_V}{X_L}$ ange-

geben. Für geringe Verluste ($R_V \ll X_L$) wird der Verlustfaktor ebenfalls sehr klein. Zu beachten ist, daß der Verlustfaktor frequenzabhängig ist und diese Abhängigkeit von den Bauelementeherstellern häufig in Diagrammen angegeben wird.
Der reale Kondensator entspricht in seinem Verhalten der Parallelschaltung von R und C gemäß Abschnitt 2.2.3, so daß sich folgende Gleichungen ergeben:

$$I = \sqrt{I_C^2 + I_R^2}; \qquad Y = \sqrt{B_C^2 + G_P^2}; \qquad \tan\varphi = \frac{B_C}{G_P} = \frac{R_P}{X_C}$$

Auch hier werden die Verluste durch den Verlustfaktor $\tan\delta = \frac{X_C}{R_P}$ angegeben und sind ebenfalls frequenzabhängig. Für geringe Verluste ($R_P \gg X_C$) wird der Verlustfaktor $\tan\delta$ sehr klein.
In vielen praktischen Anwendungsfällen können die Verlustwiderstände von Spule und Kondensator vernachlässigt werden. Unter dieser Voraussetzung lassen sich dann auch reale Spulen und Kondensatoren als ideale Blindwiderstände betrachten.

2.2.5 Schwingkreise

Wird eine Spule mit einem Kondensator zusammengeschaltet, so entsteht ein Schwingkreis. Bei Reihenschaltung der beiden Blindwiderstände ergibt sich ein Zweipol, der als Reihenschwingkreis bezeichnet wird. Ein Zweipol, bei dem Spule und Kondensator parallelgeschaltet sind, wird Parallelschwingkreis genannt. In beiden Fällen muß aber jeweils der als Verlustwiderstand der Bauelemente auftretende Wirkwiderstand mit berücksichtigt werden.

2.2.5.1 Reihenschwingkreis

Ein Reihenschwingkreis entsteht durch die Reihenschaltung von Spule und Kondensator. Da sowohl Spulen als auch Kondensatoren verlustbehaftete Bauelemente sind, treten im Schwingkreis auch Wirkwiderstände auf, die meistens in einem gemeinsamen ohmschen Widerstand zusammengefaßt werden.
Bild 2.8 zeigt das Schaltbild eines Reihenschwingkreises.

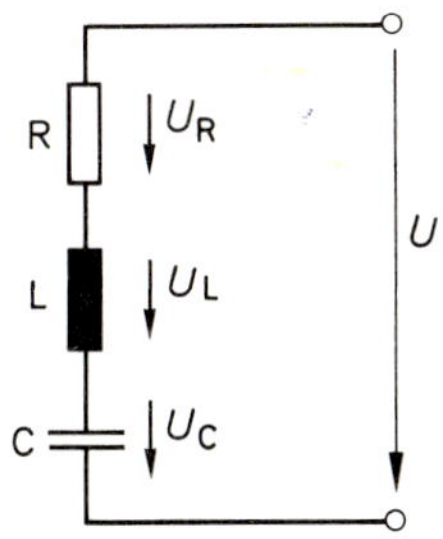

Bild 2.8 Realer Reihenschwingkreis

Sein Verhalten läßt sich durch die an den Klemmen anliegende Spannung U und den in die Schaltung hineinfließenden Strom beschreiben.
In **Bild 2.9** sind die Zeigerdiagramme für die Spannungen und Widerstände angegeben.

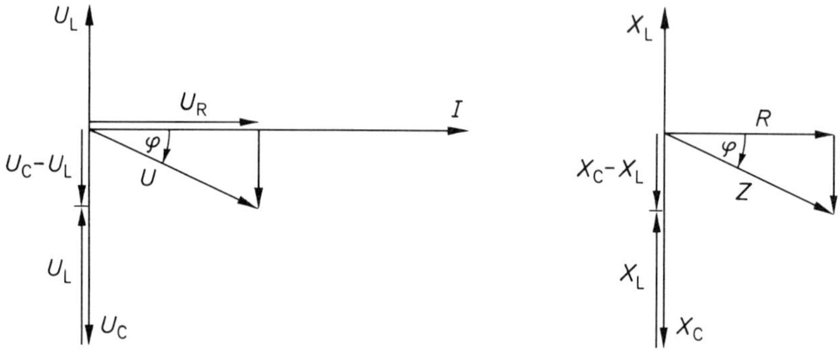

Bild 2.9 Zeigerdiagramme des Reihenschwingkreises für $U_C > U_L$

Bezugszeiger in dem linken Zeigerdiagramm in Bild 2.9 ist der allen Bauteilen gemeinsame Strom I. Aus dem Zeigerdiagramm für die Spannungen lassen sich für zwei prinzipielle Fälle folgende Gleichungen ableiten:

Fall 1: $U_C > U_L$; $\quad X_C > X_L$

$$U = \sqrt{U_R^2 + (U_C - U_L)^2}; \qquad \tan\varphi = -\frac{U_C - U_L}{U_R}$$

$$Z = \sqrt{R^2 + (X_C - X_L)^2}; \qquad \tan\varphi = -\frac{X_C - X_L}{R}$$

Fall 2: $U_L > U_C$; $\quad X_L > X_C$

$$U = \sqrt{U_R^2 + (U_L - U_C)^2}; \qquad \tan\varphi = \frac{U_L - U_C}{U_R}$$

$$Z = \sqrt{R^2 + (X_L - X_C)^2}; \qquad \tan\varphi = \frac{X_L - X_C}{R}$$

Mit Hilfe dieser Gleichungen können alle wichtigen Größen des Reihenschwingkreises berechnet werden.

Besonders interessant und von Bedeutung ist die Frequenzabhängigkeit dieser Schaltung. So tritt bei einer bestimmten Frequenz der Fall ein, daß die Blindwiderstände X_L und X_C gleich groß werden und sich dann in ihrer Gesamtwirkung gegenseitig aufheben. Das gleiche gilt dann auch für die Teilspannungen U_L und U_C. Dieser Sonderfall wird als Resonanz des Schwingkreises und die zugehörige Frequenz als Resonanzfrequenz f_0 bezeichnet.

Für den Resonanzfall des Reihenschwingkreises gilt:

$$X_L = X_C \quad \rightarrow \quad \omega_0 L = \frac{1}{\omega_0 C} \quad \rightarrow \quad \omega_0^2 = \frac{1}{L \cdot C}$$

Hieraus läßt sich die Gleichung für die Resonanzfrequenz ermitteln.

$$f_0 = \frac{1}{2\pi \cdot \sqrt{L \cdot C}}$$

Diese wichtige Gleichung wird als Thomsonsche Schwingungsgleichung bezeichnet.

Beispiel

Welche Resonanzfrequenz f_o hat ein Reihenschwingkreis mit $R = 10\ \Omega$, $L = 10$ mH und $C = 1\ \mu F$?

$$f_o = \frac{1}{2\pi \cdot \sqrt{L \cdot C}} = \frac{1}{2\pi \cdot \sqrt{10 \cdot 10^{-3}\ H \cdot 1 \cdot 10^{-6}\ F}} = \frac{1}{2\pi \cdot \sqrt{100 \cdot 10^{-10}\ H \cdot F}}$$

$f_o = 1592$ Hz

Die elektrischen Größen U, I und Z des Reihenschwingkreises werden häufig als Funktion der Frequenz in Form von Diagrammen dargestellt.
Bild 2.10 zeigt als Beispiel die Resonanzkurve des Scheinwiderstandes $Z = f(f)$ für einen Reihenschwingkreis mit der Resonanzfrequenz $f_o = 600$ Hz.

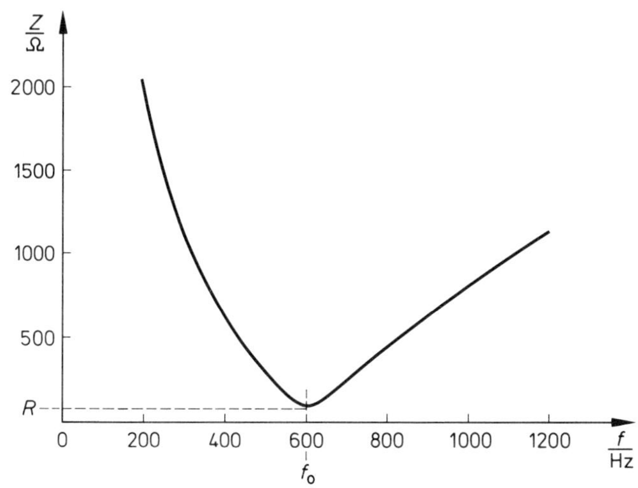

Bild 2.10 Resonanzkurve des Scheinwiderstandes $Z = f(f)$ für einen Reihenschwingkreis mit $f_o = 600$ Hz

Bei der Resonanzfrequenz f_o hat die Kurve in Bild 2.10 und damit der Scheinwiderstand Z ein Minimum. Die Blindwiderstände X_L und X_C sind bei f_o vom Betrage her zwar gleich groß, sie heben sich aber auf, so daß der Scheinwiderstand Z real wird und den Wert $Z = R$ annimmt. Im Resonanzfall ist also nur noch ein ohmscher Widerstand R vorhanden. Bei Frequenzen kleiner f_o ist $X_C > X_L$, und der Schwingkreis wirkt kapazitiv. Bei Frequenzen größer f_o ist $X_L > X_C$, und er wirkt induktiv.
Wird der Reihenschwingkreis von einem Frequenzgenerator mit kleinem Innenwiderstand gespeist, ist die Klemmenspannung des Schwingkreises im gesamten Frequenzbereich trotz des sehr unterschiedlichen Scheinwiderstandes konstant. Unter dieser Voraussetzung führt die frequenzabhängige Änderung des Scheinwiderstandes Z zu

einer ebenfalls frequenzabhängigen, aber umgekehrt proportionalen Stromänderung. Sie ist in **Bild 2.11** dargestellt. Bei konstanter Klemmenspannung ist also der Strom I umgekehrt proportional zum Scheinwiderstand Z.
Da der Scheinwiderstand Z bei der Resonanzfrequenz ein Minimum hat, tritt bei Resonanz ein Maximum des Stromes I auf. Im Resonanzfall gilt daher

$$I = \frac{U}{Z} = \frac{U}{R} \quad \text{(bei Resonanzfrequenz } f_0\text{)}$$

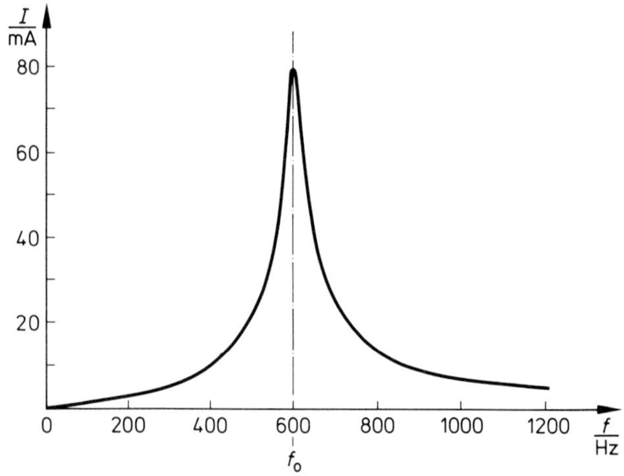

Bild 2.11 Resonanzkurve $I = f\,(f)$ für einen Reihenschwingkreis mit $f_0 = 600$ Hz bei konstanter Klemmenspannung

Der in einem Reihenschwingkreis auftretende Höchstwert des Stromes wird also ausschließlich durch die Größe des als Verlustwiderstand von Spule und Kondensator auftretenden Wirkwiderstandes R bestimmt. Würden Spule und Kondensator hier als verlustfrei betrachtet, müßte im Resonanzfall der Strom $I = \infty$ werden.
Durch den großen Strom bei Resonanz entstehen an Spule und Kondensator große Spannungsabfälle, denn es gilt

$$U_L = I \cdot X_L;$$

$$U_C = I \cdot X_C$$

Diese Teilspannungen sind bei Resonanz wesentlich größer als die an den Klemmen des Zweipols eingespeiste Spannung U. Sie können die Bauteile gefährden oder sogar zerstören. Weil an Spule und Kondensator eine Spannungsüberhöhung auftritt, wird beim Reihenschwingkreis auch von einer Spannungsresonanz gesprochen.
Bild 2.12 zeigt die Verläufe der Teilspannungen U_L, U_C und U_R eines Reihenschwingkreises in Abhängigkeit von der Frequenz.

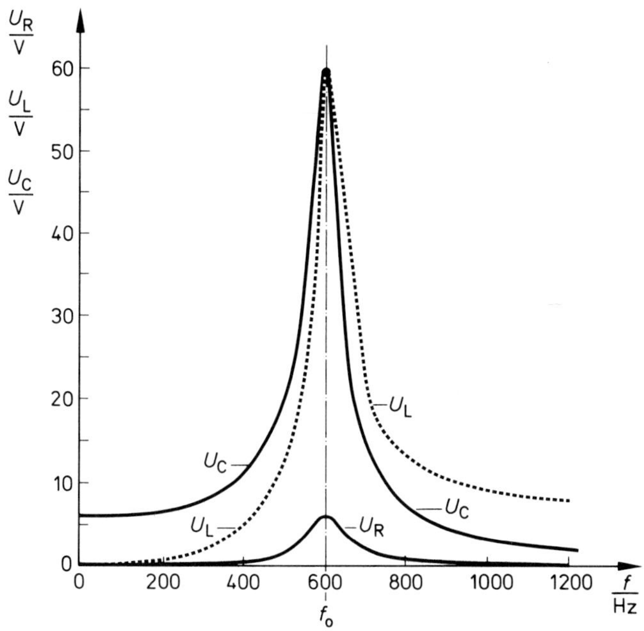

Bild 2.12 U_L, U_C und $U_R = f\,(f)$ für einen Reihenschwingkreis mit $f_0 = 600$ Hz

Die Maximalwerte des Stromes I und damit auch der Teilspannungen U_L und U_C hängen nur von der Größe des Wirkwiderstandes des Reihenschwingkreises ab. Ein direktes Maß für die Spannungsüberhöhung bei Resonanz ist der Gütefaktor Q des Schwingkreises. Er ist das Verhältnis von Blindspannung zu Wirkspannung im Resonanzfall.

$$Q = \frac{U_L}{U_R} = \frac{U_C}{U_R} \qquad \text{(bei Resonanzfrequenz } f_0\text{)}$$

Da die Widerstände den Spannungen proportional sind, folgt daraus:

$$Q = \frac{X_L}{R} = \omega_0 \cdot \frac{L}{R}; \qquad Q = \frac{X_C}{R} = \frac{1}{\omega_0 \cdot R \cdot C}$$

Wird die Thomsonsche Schwingungsgleichung nach ω_0 aufgelöst, also

$$\omega_0 = \frac{1}{\sqrt{L \cdot C}}$$

und in die beiden Gleichungen für den Gütefaktor Q eingesetzt, so ergibt sich:

$$Q = \frac{1}{\sqrt{L \cdot C}} \cdot \frac{L}{R} = \frac{1}{R} \cdot \sqrt{\frac{L}{C}} \qquad \text{oder}$$

$$Q = \frac{1}{\frac{1}{\sqrt{L \cdot C}} \cdot \mathrm{R} \cdot \mathrm{C}} = \frac{1}{R} \cdot \sqrt{\frac{L}{C}}$$

Der Gütefaktor Q eines Reihenresonanzkreises läßt sich aus den Werten der drei in Reihe geschalteten Bauelemente berechnen. Ist dieser Gütefaktor Q ermittelt, so kann die auftretende Spannungsüberhöhung bei Resonanz mit Hilfe der folgenden Gleichungen berechnet werden:

$$U_L = I \cdot X_L = \frac{U}{R} \cdot X_L = \frac{X_L}{R} \cdot U = Q \cdot U$$

und

$$U_C = I \cdot X_C = \frac{U}{R} \cdot X_C = \frac{X_C}{R} \cdot U = Q \cdot U$$

Der Gütefaktor Q eines Reihenschwingkreises gibt somit an, wieviel mal größer bei Resonanz die Spannung an der Spule oder am Kondensator als die angelegte Klemmenspannung ist. **Bild 2.13** zeigt den charakteristischen Verlauf der Resonanzkurven des Stromes für verschiedene Gütefaktoren.

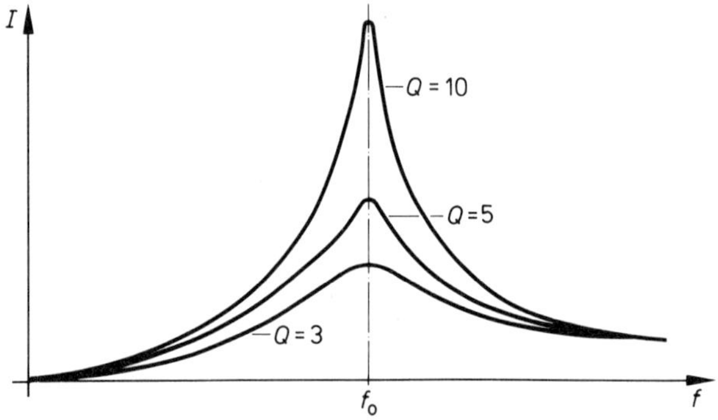

Bild 2.13 Einfluß des Gütefaktors Q auf den Verlauf der Resonanzkurve $I = f\ (f)$

Zur besseren Beurteilung und exakten Beschreibung des Verlaufes der Resonanzkurven wurden die Begriffe untere Grenzfrequenz f_{gu} und obere Grenzfrequenz f_{go} eingeführt. Als Grenzfrequenz ist die Frequenz festgelegt, bei der $X = R$ wird.
Für die untere Grenzfrequenz f_{gu} ergibt sich

$$R = X = X_C - X_L$$

und für die obere Grenzfrequenz f_{go}

$$R = X = X_L - X_C$$

Aus den Zeigerdiagrammen in Bild 2.9 kann abgeleitet werden, daß diese beiden Fälle jeweils bei einem Phasenwinkel $\varphi = 45°$ auftreten. Bei der unteren Grenzfrequenz zeigt der Schwingkreis ein kapazitives Verhalten und damit wird $\varphi = -45°$. Bei der oberen Grenzfrequenz hat der Schwingkreis jedoch ein induktives Verhalten und somit wird $\varphi = +45°$.

Bei einem Phasenwinkel $\varphi = -45°$ oder $\varphi = +45°$ ist der Scheinwiderstand um den Faktor $\sqrt{2}$ größer als der Wirkwiderstand.

$$Z = \sqrt{2} \cdot R \quad \text{(bei } f_{gu} \text{ und } f_{go}\text{)}$$

Da bei konstanter Klemmenspannung der Scheinwiderstand Z und der Strom I umgekehrt proportional zueinander sind, gilt für den Strom I bei den beiden Grenzfrequenzen:

$$I_{(f_{gu};\, f_{go})} = \frac{U}{Z} = \frac{U}{\sqrt{2} \cdot R} = \frac{1}{1{,}414} \cdot \frac{U}{R} = 0{,}707 \cdot \frac{U}{R}$$

Bei der unteren Grenzfrequenz f_{gu} und bei der oberen Grenzfrequenz f_{go} ist also der Strom I auf 70,7 % des Maximalwertes, der bei Resonanz auftritt, abgesunken. In **Bild 2.14** sind die beiden Grenzfrequenzen des Reihenresonanzkreises eingetragen. Die Differenz zwischen oberer und unterer Grenzfrequenz wird als Bandbreite b bezeichnet.

$$b = f_{go} - f_{gu}$$

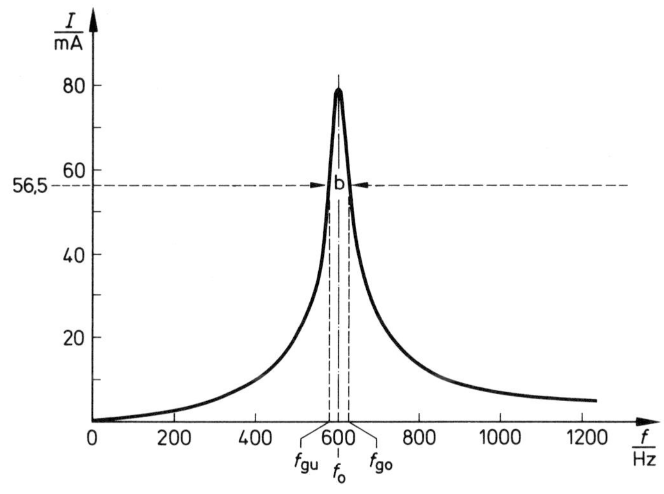

Bild 2.14 Grenzfrequenzen beim Reihenschwingkreis

Bei größeren Gütefaktoren Q verläuft die Resonanzkurve im Bereich der Resonanzfrequenz im kapazitiven und induktiven Bereich nahezu symmetrisch. Daher kann näherungsweise angenommen werden:

$$f_{go} - f_o = \frac{b}{2} \text{ bzw. } f_o - f_{gu} = \frac{b}{2}$$

Mit einigem rechnerischen Aufwand läßt sich daraus eine weitere Gleichung für die Bandbreite b eines Reihenschwingkreises ermitteln, und zwar

$$b = \frac{f_o}{Q}$$

Aus dieser Gleichung ist zu erkennen, daß die Bandbreite eines Schwingkreises umso kleiner wird, je größer sein Gütefaktor Q ist.

Beispiel

Die Bauelemente eines Reihenschwingkreises haben die Werte $L=1$ mH, $C=100$ nF und $R=10\,\Omega$. Wie groß sind f_o, Q, $Z_{(f_o)}$, $Z_{(f_{gu})}$, $Z_{(f_{go})}$, b, f_{go} und f_{gu}?

$$f_o = \frac{1}{2\pi\sqrt{L \cdot C}} = \frac{1}{2\pi \cdot \sqrt{1 \cdot 10^{-3}\,\text{Vs/A} \cdot 100 \cdot 10^{-9}\,\text{As/V}}} = 15{,}90\ \text{kHz}$$

$$Q = \frac{1}{R} \cdot \sqrt{\frac{L}{C}} = \frac{1}{10\,\Omega} \cdot \sqrt{\frac{1 \cdot 10^{-3}\,\text{Vs/A}}{100 \cdot 10^{-9}\,\text{As/V}}} = 10$$

$$Z_{(f_o)} = R = 10\,\Omega$$

$$Z_{(f_{gu})} = Z_{(f_{go})} = \sqrt{2} \cdot R = \sqrt{2} \cdot 10\,\Omega = 14{,}14\,\Omega$$

$$b = \frac{f_o}{Q} = \frac{15{,}9 \cdot 10^3\,\text{Hz}}{10} \approx 1{,}6\,\text{kHz}$$

$$f_{go} = f_o + \frac{b}{2} = 15{,}9 \cdot 10^3\,\text{Hz} + 0{,}8 \cdot 10^3\,\text{Hz} = 16{,}7\,\text{kHz}$$

$$f_{gu} = f_o - \frac{b}{2} = 15{,}9 \cdot 10^3\,\text{Hz} - 0{,}8 \cdot 10^3\,\text{Hz} = 15{,}1\,\text{kHz}$$

Reihenschwingkreise werden überwiegend in der Nachrichtentechnik eingesetzt. Ein Beispiel zeigt **Bild 2.15**.

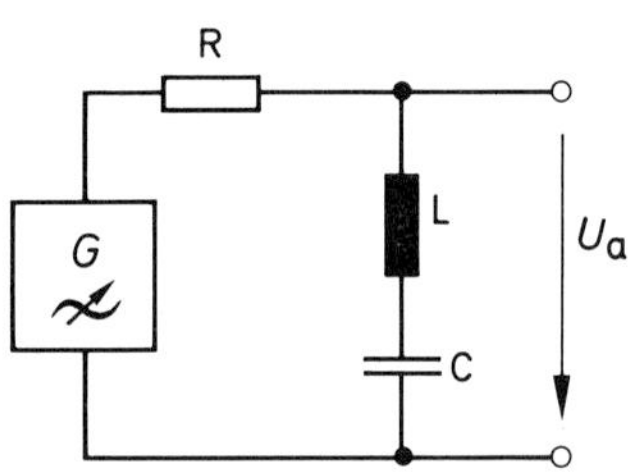

Bild 2.15 Reihenschwingkreis als Saugkreis

Die Spannung U_a des Reihenschwingkreises nach Bild 2.15 wird bei Resonanz zu $U_a \approx 0$ V, da sich die entgegengesetzten Teilspannungen U_L und U_C aufheben. In dieser Anwendung wird der Reihenschwingkreis auch als Saugkreis bezeichnet. Die Schaltung kann sich aber auch wie eine Bandsperre verhalten, auf die jedoch erst in Abschnitt 2.3.3 näher eingegangen wird.

2.2.5.2 Parallelschwingkreis

Bei einem Parallelschwingkreis sind Spule, Kondensator und Verlustwiderstand parallelgeschaltet. Zur Bestimmung des Verlustwiderstandes R muß der Reihenverlustwiderstand der Spule in einen Parallelverlustwiderstand umgerechnet werden. Der Parallelverlustwiderstand des Kondensators ist stets sehr viel hochohmiger als der umgerechnete Spulenverlustwiderstand und kann daher in der Praxis vernachlässigt werden.
In **Bild 2.16** ist ein realer Parallelschwingkreis dargestellt.

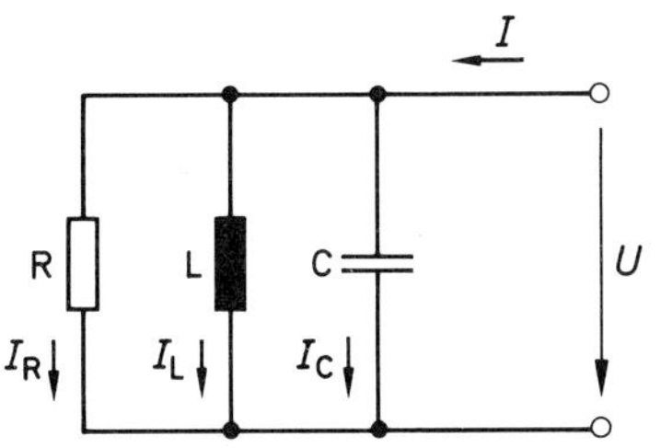

Bild 2.16 Realer Parallelschwingkreis

Auch der Parallelschwingkreis kann als Zweipol betrachtet werden. Sein Verhalten wird durch die anliegende Klemmenspannung und durch den in die Schaltung fließenden Strom eindeutig beschrieben. Die in **Bild 2.17** angegebenen Zeigerdiagramme veranschaulichen die Zusammenhänge.

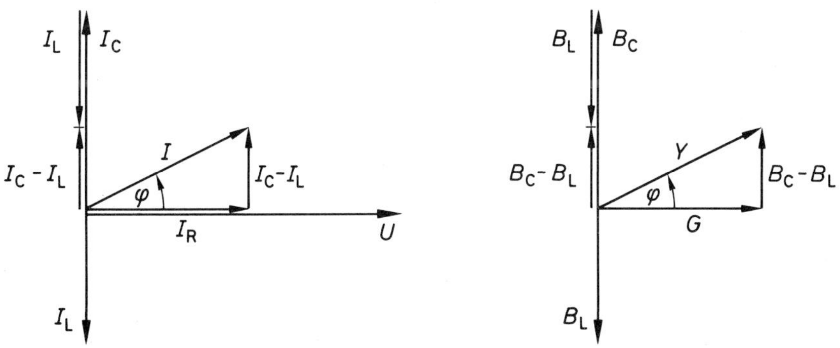

Bild 2.17 Zeigerdiagramme des realen Parallelschwingkreises für $X_C < X_L$

Bezugszeiger ist in dem linken Diagramm in Bild 2.17 die an allen Bauteilen gemeinsam anliegende Spannung U. Aus den Zeigerdiagrammen lassen sich für die Ströme und die Leitwerte für zwei prinzipielle Fälle folgende Gleichungen ableiten:

Fall 1:

$I_C > I_L; \qquad X_C < X_L$

$I = \sqrt{I_R^2 + (I_C - I_L)^2}; \qquad \tan\varphi = \frac{I_C - I_L}{I_R}$

$Y = \sqrt{G^2 + (B_C - B_L)^2}; \qquad \tan\varphi = \frac{B_C - B_L}{G}$

Fall 2:

$I_L > I_C; \qquad X_L < X_C$

$I = \sqrt{I_R^2 + (I_L - I_C)^2}; \qquad \tan\varphi = -\frac{I_L - I_C}{I_R}$

$Y = \sqrt{G^2 + (B_L - B_C)^2}; \qquad \tan\varphi = -\frac{B_L - B_C}{G}$

Mit Hilfe dieser Gleichungen lassen sich alle wichtigen Größen des Parallelschwingkreises berechnen. Genau wie beim Reihenschwingkreis tritt auch beim Parallelschwingkreis eine Resonanzfrequenz f_o auf. Hierfür gilt:

$$B_L = B_C \quad \rightarrow \quad \frac{1}{\omega_o L} = \omega_o C \quad \rightarrow \quad \omega_o^2 = \frac{1}{L \cdot C}$$

Hieraus läßt sich die Resonanzfrequenz ermitteln:

$$f_o = \frac{1}{2\pi\sqrt{L \cdot C}}$$

Diese Gleichung stimmt mit der Gleichung für die Resonanzfrequenz eines Reihenschwingkreises völlig überein. Die Thomsonsche Schwingungsgleichung ist somit für den Reihen- und Parallelschwingkreis gleich.

Die elektrischen Größen *U*, *I* und *Z* bzw. *Y* werden genau wie beim Reihenschwingkreis als Funktion der Frequenz in Diagrammen dargestellt. **Bild 2.18** zeigt die Abhängigkeit des Scheinwiderstandes *Z* und des Scheinleitwertes *Y* von der Frequenz.

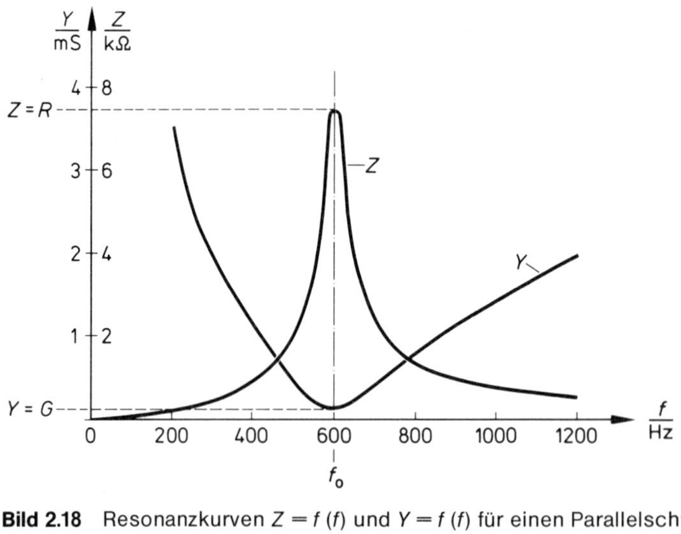

Bild 2.18 Resonanzkurven $Z = f(f)$ und $Y = f(f)$ für einen Parallelschwingkreis mit $f_o = 600$ Hz

Bei der Resonanzfrequenz f_0 hat die Kurve $Y = f(f)$ ein Minimum und die Kurve $Z = f(f)$ ein Maximum. Die beiden Blindwiderstände X_L und X_C sind in diesem Fall vom Betrag her gleich groß, heben sich aber in ihrer Wirkung gegenseitig auf. Damit ist bei Resonanz nur noch der Widerstand R bzw. der Leitwert G wirksam. Bei Frequenzen kleiner f_0 ist $X_L < X_C$ und damit hat der Schwingkreis induktives Verhalten. Oberhalb der Resonanzfrequenz ist $X_C < X_L$ und er wirkt daher kapazitiv.
Zur optimalen Ausnutzung der Eigenschaften eines Parallelschwingkreises muß in den Zweipol ein möglichst konstanter Strom I eingespeist werden. Dieses ist der Fall, wenn die speisende Spannungsquelle einen hochohmigen Innenwiderstand hat. Die frequenzabhängige Widerstandsänderung des Zweipols führt dann zu einer Änderung der Klemmenspannung, wie sie als Beispiel in **Bild 2.19** dargestellt ist.

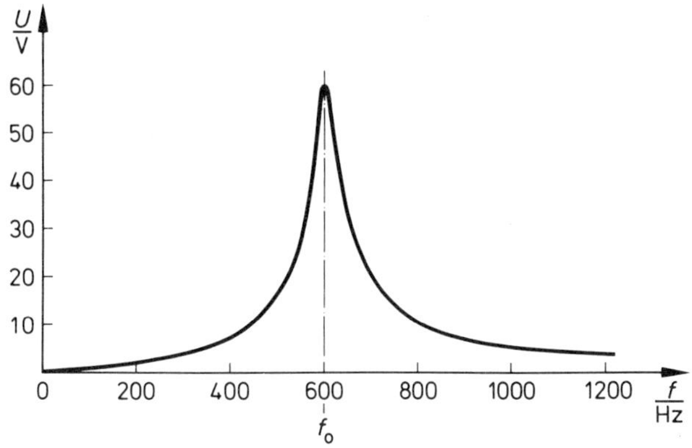

Bild 2.19 Resonanzkurve $U = f(f)$ eines Parallelschwingkreises mit $f_0 = 600$ Hz bei I = const.

Bei Einspeisung eines konstanten Stromes ist die Klemmenspannung proportional dem Scheinwiderstand Z. Bei Resonanz hat daher auch die Spannung U ein Maximum und es gilt:

$$U = I \cdot Z = I \cdot R \qquad \text{(bei Resonanzfrequenz } f_0\text{)}$$

Unter der Voraussetzung, daß der Innenwiderstand R_i der Spannungsquelle auch noch bei Resonanz wesentlich hochohmiger als der Resonanzwiderstand des Schwingkreises ist, wird die Klemmenspannung U durch die Größe des Wirkwiderstandes R bestimmt. U kann daher nicht unendlich groß werden.
Die auftretende hohe Klemmenspannung bewirkt größere Ströme in den Blindwiderständen, und zwar unabhängig vom eingespeisten konstanten Strom. Die Energie pendelt ständig zwischen den beiden Blindwiderständen hin und her. Wegen dieser großen Ströme im Resonanzfall wird beim Parallelschwingkreis auch von einer Stromresonanz gesprochen. Für die Ströme gilt:

$$I_C = \frac{U}{X_C}; \qquad I_L = \frac{U}{X_L}; \qquad I_R = \frac{U}{R}$$

Bild 2.20 zeigt den charakteristischen Verlauf der Teilströme in einem Parallelschwingkreis als Funktion der Frequenz.

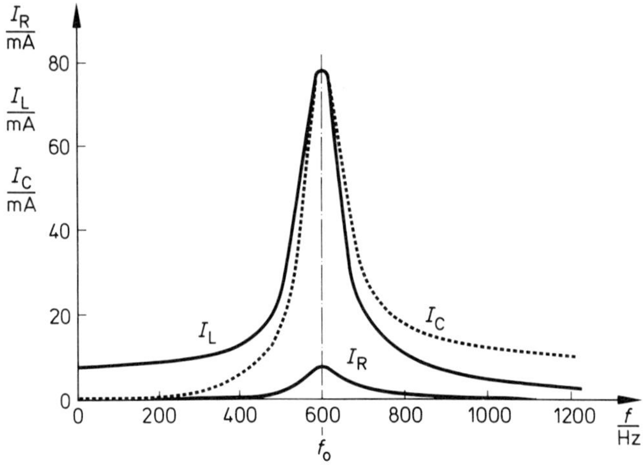

Bild 2.20 I_C, I_L und $I_R = f(f)$ für einen Parallelschwingkreis mit $f_0 = 600$ Hz

Ein direktes Maß für die auftretende Stromüberhöhung ist auch hier wieder die Güte Q des Kreises, die sich aus dem Verhältnis von Blindstrom zu Wirkstrom im Resonanzfall ergibt.

$$Q = \frac{I_L}{I_R} = \frac{I_C}{I_R}$$

Da die Ströme den Widerständen umgekehrt proportional sind, folgt daraus:

$$Q = \frac{B_L}{G} = \frac{R}{X_L} = \frac{R}{\omega_0 L}$$

oder

$$Q = \frac{B_C}{G} = \frac{R}{X_C} = \omega_0 \cdot R \cdot C$$

Wird die nach ω_0 aufgelöste Thomsonsche Schwingungsgleichung eingesetzt, so ergibt sich:

$$Q = \frac{R}{\frac{1}{\sqrt{L \cdot C}} \cdot L} = R \cdot \sqrt{\frac{C}{L}}$$

oder

$$Q = \frac{1}{\sqrt{L \cdot C}} \cdot R \cdot C = R \cdot \sqrt{\frac{C}{L}}$$

Diese Gleichung für die Güte Q eines Parallelschwingkreises enthält zwar dieselben Faktoren, unterscheidet sich aber doch wesentlich von der entsprechenden Gleichung für den Reihenschwingkreis.
Ist die Güte eines Parallelschwingkreises bekannt, so kann die Stromüberhöhung mit folgenden Gleichungen berechnet werden:

$$I_L = \frac{U}{X_L} = \frac{I \cdot R}{X_L} = \frac{R}{X_L} \cdot I = Q \cdot I$$

$$I_C = \frac{U}{X_C} = \frac{I \cdot R}{X_C} = \frac{R}{X_C} \cdot I = Q \cdot I$$

Die Güte Q gibt bei einem Parallelschwingkreis also an, wievielmal größer bei Resonanz der Strom durch die Spule und durch den Kondensator als der in den Zweipol eingespeiste Strom ist. **Bild 2.21** zeigt den charakteristischen Verlauf der Resonanzkurven für die Klemmspannung U bei verschiedener Güte.

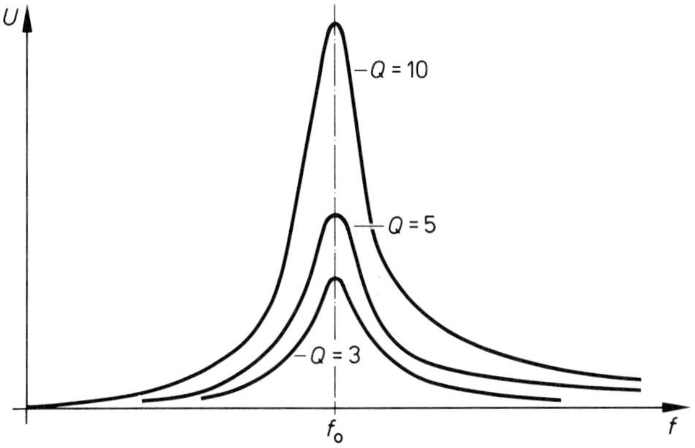

Bild 2.21 Einfluß der Güte Q auf den Verlauf der Resonanzkurve $U = f\,(f)$

Auch beim Parallelschwingkreis sind zur Beurteilung des Verlaufes der Resonanzkurve die obere Grenzfrequenz f_{go} und die untere Grenzfrequenz f_{gu} festgelegt. Es sind jeweils die Frequenzen, bei denen $B = G$ wird.
Für die untere Grenzfrequenz f_{gu} gilt:

$$G = B = B_L - B_C; \quad \varphi = -45°; \quad Y = \sqrt{2}\ G$$

Für die obere Grenzfrequenz f_{go} gilt:

$$G = B = B_C - B_L; \quad \varphi = +45°; \quad Y = \sqrt{2}\ G$$

Die Differenz zwischen f_{go} und f_{gu} wird wieder als Bandbreite b bezeichnet:

$$b = f_{go} - f_{gu}$$

Für Bandbreite, Resonanzfrequenz und Güte bestehen beim Parallelschwingkreis die gleichen Zusammenhänge wie beim Reihenschwingkreis:

$$b = \frac{f_0}{Q}$$

Beispiel

Die Bauelemente eines Parallelschwingkreises haben die Werte $L = 1\,\text{mH}$, $C = 100\,\text{nF}$, $R = 10\,\text{k}\Omega$.
Wie groß sind f_o, Q, $Z_{(f_o)}$, $Z_{(f_{gu})}$, $Z_{(f_{go})}$, b, f_{go} und f_{gu}?

$$f_o = \frac{1}{2\pi\sqrt{L \cdot C}} = \frac{1}{2\pi \cdot \sqrt{1 \cdot 10^{-3}\,\text{Vs/A} \cdot 100 \cdot 10^{-9}\,\text{As/V}}} = 15{,}9\,\text{kHz}$$

$$Q = R \cdot \sqrt{\frac{C}{L}} = 10 \cdot 10^3\,\Omega \cdot \sqrt{\frac{100 \cdot 10^{-9}\,\text{As/V}}{1 \cdot 10^{-3}\,\text{Vs/A}}} = 100$$

$$Z_{(f_o)} = R = 10\,\text{k}\Omega$$

$$Z_{(f_{gu})} = Z_{(f_{go})} = \frac{R}{\sqrt{2}} = \frac{10 \cdot 10^3\,\Omega}{\sqrt{2}} = 7{,}07\,\text{k}\Omega$$

$$b = \frac{f_o}{Q} = \frac{15{,}9 \cdot 10^3\,\text{Hz}}{100} \approx 160\,\text{Hz}$$

$$f_{go} = f_o + \frac{b}{2} = 15\,900\,\text{Hz} + 80\,\text{Hz} = 15{,}98\,\text{kHz}$$

$$f_{gu} = f_o - \frac{b}{2} = 15\,900\,\text{Hz} - 80\,\text{Hz} = 15{,}82\,\text{kHz}$$

Parallelschwingkreise haben in der Elektronik und Nachrichtentechnik eine größere Bedeutung als Reihenschwingkreise. So werden sie z. B. als frequenzbestimmende Glieder in Frequenzgeneratoren oder in Filterschaltungen eingesetzt. Wegen ihres hohen Resonanzwiderstandes eignen sie sich als Sperrkreise. **Bild 2.22** zeigt eine derartige Schaltung.

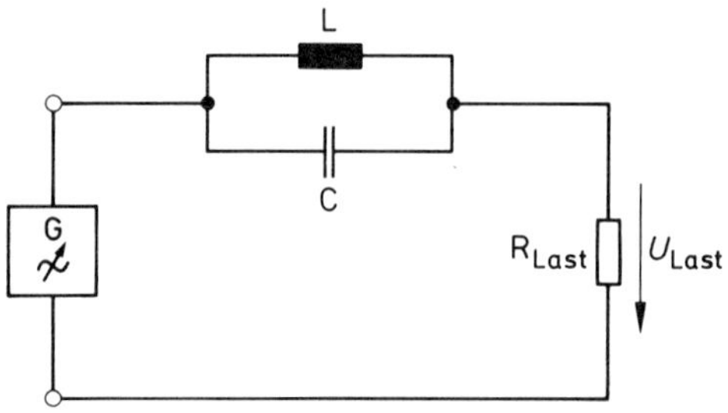

Bild 2.22 Parallelschwingkreis als Sperrkreis

Bei der Schaltung nach Bild 2.22 liegt der Schwingkreis in Reihe mit einem Verbraucherwiderstand R_{Last}. Die an diesem Widerstand auftretende Spannung U_{Last} ist frequenzabhängig. Bei f_o hat der Schwingkreis den größten Widerstand. Der Spannungsabfall am Schwingkreis hat ein Maximum und demzufolge die Spannung am Verbraucherwiderstand ein Minimum. In dieser Anwendung werden Parallelschwingkreise als Sperrkreise bezeichnet. Die Schaltung nach Bild 2.22 verhält sich genau wie die Schaltung mit einem Reihenschwingkreis entsprechend Bild 2.15, und zwar wie eine Bandsperre. Auf derartige Schaltungen wird noch in Abschnitt 2.3.3 eingegangen.
Die wichtigsten Eigenschaften und Gleichungen für Reihenschwingkreise und Parallelschwingkreise sind in **Bild 2.23** nochmals zusammengefaßt und gegenübergestellt.

	Reihenschwingkreis	Parallelschwingkreis
Schaltung	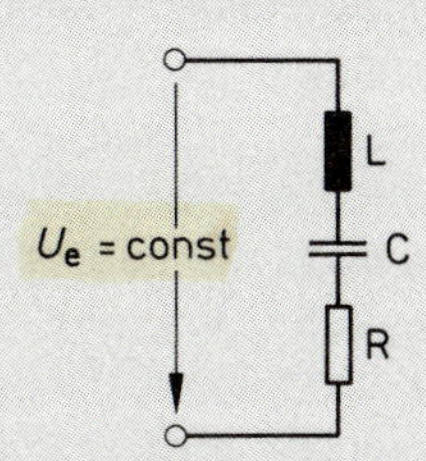	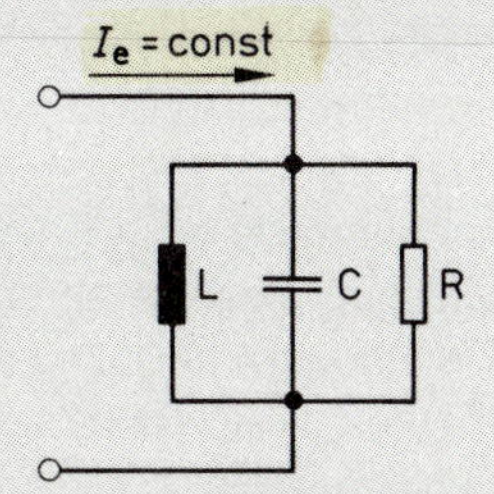
Frequenzabhängigkeit bei konstanter Speisespannung bzw. konstantem Speisestrom	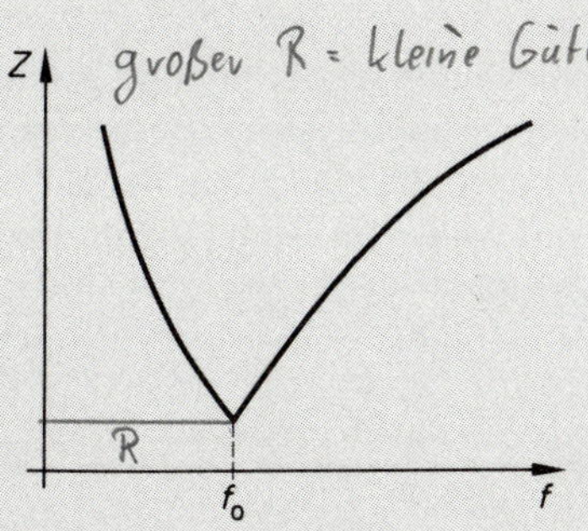	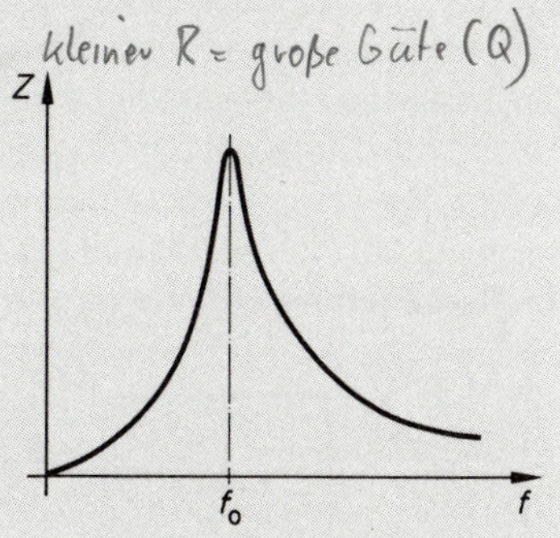
Resonanzfrequenz	$f_0 = \frac{1}{2\pi \cdot \sqrt{L \cdot C}}$	$f_0 = \frac{1}{2\pi \cdot \sqrt{L \cdot C}}$
Güte	$Q = \frac{1}{R} \cdot \sqrt{\frac{L}{C}} = \frac{U_C}{U} = \frac{U_L}{U}$	$Q = R \cdot \sqrt{\frac{C}{L}} = \frac{I_C}{I} = \frac{I_L}{I}$
Bandbreite	$b = f_{go} - f_{gu}$ $b = \frac{f_0}{Q}$	$b = f_{go} - f_{gu}$ $b = \frac{f_0}{Q}$

Bild 2.23 Gegenüberstellung der wichtigsten Eigenschaften und Gleichungen für Reihen- und Parallelschwingkreise

2.3 Vierpole

2.3.1 Grundprinzip der Vierpoltheorie

Vierpole sind Schaltungsteile oder Schaltungen mit zwei Eingangsklemmen und zwei Ausgangsklemmen, also mit insgesamt vier Anschlußklemmen. Für ihre mathematische Behandlung wurde die Vierpoltheorie entwickelt. Sie betrachtet jeden Vierpol als eine »Black Box«, also als einen unzugänglichen »Kasten« mit vier herausgeführten Anschlußklemmen. Dabei ist es ohne Bedeutung, welchen internen schaltungstechnischen Aufbau dieses Gebilde hat. Vierpole dieser Art können nur von außen her über die Anschlußklemmen meßtechnisch untersucht werden. Die Beschreibung der technischen Eigenschaften von Vierpolen erfolgt durch festgelegte Kenngrößen, die auch als Vierpolparameter bezeichnet werden.

Bild 2.24 zeigt einen allgemeinen Vierpol mit den eingetragenen Zählpfeilen von Spannungen und Strömen. Die Eingangsgrößen erhalten jeweils den Index 1, die Ausgangsgrößen den Index 2. Außerdem wird bei den Strömen zunächst immer angenommen, daß sie in den Vierpol hineinfließen. Fließt bei einem realen Vierpol dann ein Strom aus den Klemmen heraus, so wird er mit $-i_1$ bzw. $-i_2$ bezeichnet.

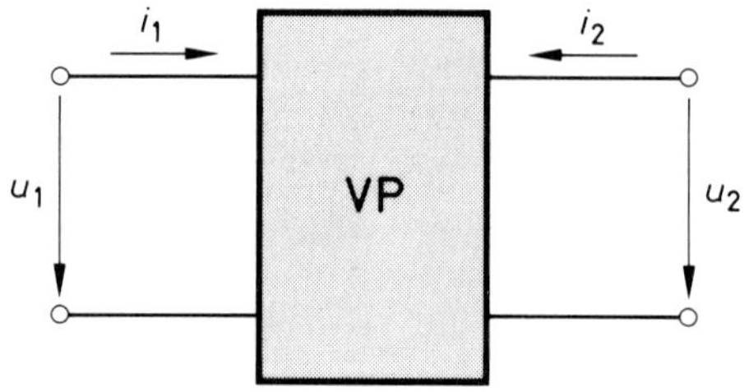

Bild 2.24 Spannungen und Ströme beim allgemeinen Vierpol

Das Verhalten von Vierpolen läßt sich mit Hilfe der Vierpoltheorie mathematisch beschreiben. Dazu werden Gleichungssysteme aufgestellt, deren Kenngrößen die sogenannten Vierpolparameter bzw. Vierpolkoeffizienten sind. Sie lassen sich aus den Eingangs- und Ausgangsgrößen eines Vierpols auf verschiedene Weise ermitteln. Dabei treten als Vierpolkoeffizienten Widerstände, Leitwerte oder Faktoren auf.

Wird aus Eingangsspannung und Eingangsstrom der Quotient u_1/i_1 sowie aus der Ausgangsspannung und dem Ausgangsstrom der Quotient u_2/i_2 gebildet, so ergeben sich Widerstandsparameter (r-Parameter). Diese Vierpolgleichungen werden dann als Widerstandsform bezeichnet.

Die Kehrwerte der Widerstandsparameter, also die Quotienten i_1/u_1 und i_2/u_2, führen zu Leitwerten und damit zu Leitwertparametern (y-Parameter). Diese Form der Vierpolgleichungen wird als Leitwertform bezeichnet.

Eine weitere Möglichkeit ergibt sich, wenn die Quotienten u_1/u_2 und i_1/i_2 gebildet werden. Es treten dann reine Faktoren auf, also dimensionslose Größen.

Von praktischer Bedeutung ist eine Mischform aus Widerstandsparameter, Leitwertparameter und Faktoren. Sie wird als Hybridform (hybrid = Mischling) bezeichnet und dementsprechend wird von Hybridparametern (h-Parameter) gesprochen.

Die Bestimmung der Vierpolparameter eines unbekannten Vierpols erfolgt durch Messung der Ströme und Spannungen und Bildung der gewünschten Quotienten. Mit Hilfe spezieller mathematischer Verfahren lassen sich dann die Eigenschaften eines unbekannten Vierpols bestimmen. Zur Lösung solcher Vierpolgleichungen sind jedoch erhebliche mathematische Kenntnisse erforderlich, so daß hier auf eine weitere Behandlung dieser Zusammenhänge verzichtet werden muß.
Die Hersteller elektronischer Bauelemente verwenden die Vierpolparameter auch zur Beschreibung bestimmter Eigenschaften der Bauelemente. Dieses gilt insbesondere für Transistoren, für die überwiegend h-Parameter angegeben werden. Eine konkrete Definition der dabei verwendeten Größen erfolgt jeweils bei der Behandlung der entsprechenden Bauelementen.
In der Elektronik gibt es eine Reihe wichtiger Vierpole, deren Eigenschaften sich bei Kenntnis des Schaltungsaufbaues auch mit geringerem mathematischen Aufwand bestimmen lassen. Derartige Vierpole werden nachfolgend behandelt.

2.3.2 Tief- und Hochpässe

Bei den Tief- und Hochpässen handelt es sich um frequenzabhängige Spannungsteiler. Sie bestehen in ihren einfachsten Ausführung aus der Reihenschaltung eines ohmschen Widerstandes mit einer Spule oder einem Kondensator. An dieser Reihenschaltung liegt die Eingangsspannung U_e. Die Ausgangsspannung wird dagegen je nach erwünschter Funktion am Wirkwiderstand oder am Blindwiderstand abgegriffen, so daß insgesamt ein Vierpol vorliegt.
Derartige Vierpole werden aber nur dann als Tiefpaß oder Hochpaß bezeichnet, wenn sinusförmige Eingangsspannungen anliegen. Ein Tiefpaß läßt alle Signale mit Frequenzen, die kleiner als die Grenzfrequenz sind, nahezu unbedämpft »passieren«, alle höheren Frequenzen werden dagegen stark bedämpft. Bei einem Hochpaß werden dagegen alle Signale oberhalb der Grenzfrequenz nur wenig, alle Signale unterhalb der Grenzfrequenz dagegen stark bedämpft. Der Übergang im Bereich der Grenzfrequenz ist aber stets fließend.
Durch Kombination eines ohmschen Widerstandes mit einer Spule oder einem Kondensator ergeben sich vier verschiedene Vierpole, die auch als RC-Glied, CR-Glied, RL-Glied und LR-Glied bezeichnet werden. Die Bezeichnungen sind dabei jeweils so gewählt, daß das Bauelement, an dem die Ausgangsspannung abgegriffen wird, an zweiter Stelle steht. Auf diese Weise ist unabhängig von der Funktion als Hochpaß oder Tiefpaß ein eindeutiger Hinweis auf den schaltungstechnischen Aufbau des Vierpols gegeben.

2.3.2.1 RC-Tiefpaß

Bild 2.25 zeigt einen RC-Tiefpaß. Der Wirkwiderstand R und der Blindwiderstand X_C sind in Reihe geschaltet und liegen an der Eingangsspannung U_e. Die Ausgangsspannung wird an X_C abgegriffen.

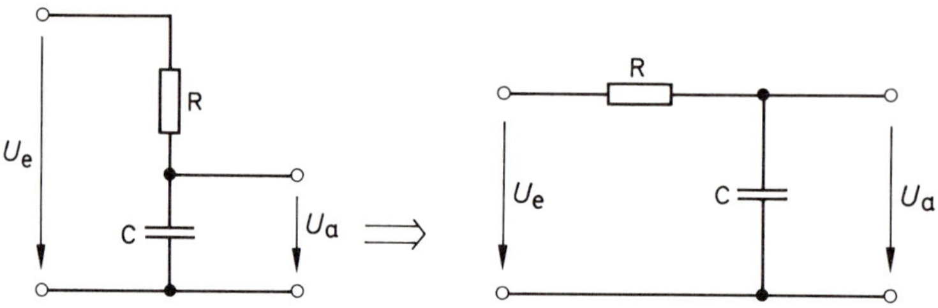

Bild 2.25 RC-Tiefpaß

Die wichtigsten Zusammenhänge lassen sich aus dem Zeigerdiagramm für den RC-Tiefpaß ableiten. In **Bild 2.26** sind die Zeigerdiagramme für die Widerstände und die Spannungen angegeben.

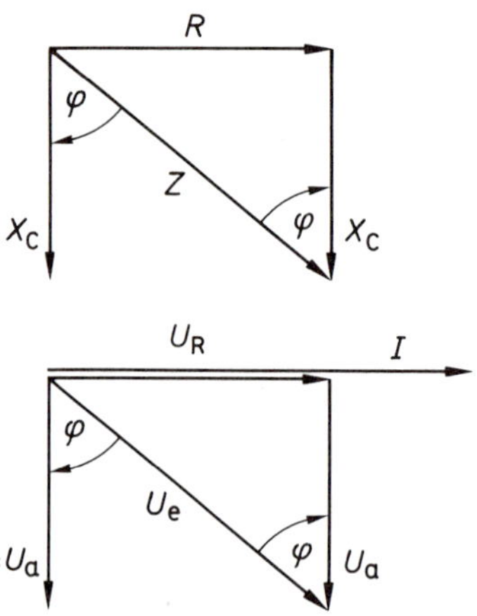

Bild 2.26 Zeigerdiagramme für den RC-Tiefpaß

Aus den Zeigerdiagrammen in Bild 2.26 ergeben sich folgende formelmäßige Zusammenhänge für den RC-Tiefpaß:

$$\frac{U_a}{U_e} = \frac{X_C}{Z} = \frac{\frac{1}{\omega C}}{\sqrt{R^2 + \left(\frac{1}{\omega C}\right)^2}} = \frac{X_C}{\sqrt{R^2 + X_C^2}}$$

$$U_a = U_e \cdot \frac{1}{\omega C \cdot \sqrt{R^2 + \left(\frac{1}{\omega C}\right)^2}} = U_e \cdot \frac{X_C}{\sqrt{R^2 + X_C^2}}$$

Da X_C mit zunehmender Frequenz niederohmiger wird, wird der Faktor für U_e und damit die Ausgangsspannung U_a mit zunehmender Frequenz kleiner. Dieser Zusammenhang wird meistens in Form eines Diagrammes $\frac{U_a}{U_e} = f(f)$ dargestellt und dieser Kurvenverlauf als Frequenzgang bezeichnet.

Bild 2.27 zeigt den Frequenzgang eines RC-Tiefpasses in linear-logarithmischem Maßstab.

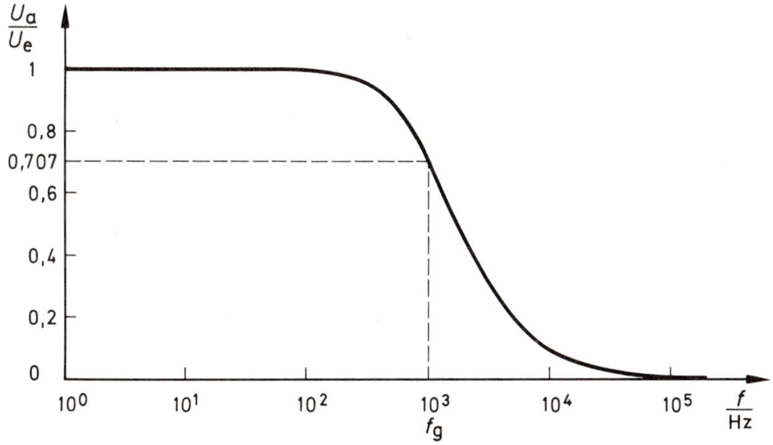

Bild 2.27 Frequenzgang eines RC-Tiefpasses

In Bild 2.27 ist auf der *Y*-Achse das Verhältnis U_a zu U_e aufgetragen. Sind U_a und U_e gleich groß, so ergibt sich das Verhältnis 1 ≙ 100 %. Wie aus dem Frequenzgang zu ersehen ist, sind bei tiefen Frequenzen (bis etwa 100 Hz) die Ausgangs- und Eingangsspannungen etwa gleich groß. Mit steigender Frequenz nimmt U_a immer stärker ab und nähert sich dem Wert Null.

Zur Beurteilung eines Tiefpasses reicht eine so allgemeine Aussage nicht aus. Notwendig ist hier eine exaktere Aussage über den Frequenzbereich, in dem die Ausgangsspannung U_a stärker abnimmt. Daher wurde bei den Tief- und Hochpässen der Begriff der Grenzfrequenz eingeführt und definiert. Danach hat ein Tiefpaß dort seine obere Grenzfrequenz, wo das Verhältnis U_a/U_e auf den Faktor $1/\sqrt{2} = 0{,}707$ abgesunken ist. Bei der Grenzfrequenz ist also die Ausgangsspannung U_a auf 70,7 % der Eingangsspannung U_e abgesunken. In Bild 2.27 ist die Grenzfrequenz bereits eingetragen.

Wird das Zeigerdiagramm für den Fall der Grenzfrequenz aufgezeichnet, so ergibt sich, daß

$$U_a = U_C = U_R = \frac{U_e}{\sqrt{2}} \quad \text{und somit}$$

$$R = X_C$$

ist. Aufgrund dieser Beziehung kann die Grenzfrequenz f_g aus den Werten der beiden vorhandenen Bauteile ermittelt werden.

$$R = X_C = \frac{1}{2\pi \cdot f_g \cdot C}$$

$$f_g = \frac{1}{2\pi \cdot R \cdot C} \qquad \text{(RC-Tiefpaß)}$$

Beispiel

Ein Tiefpaß soll die obere Grenzfrequenz $f_g = 100\,\text{Hz}$ erhalten.
Wie groß muß der Widerstand R gewählt werden, wenn ein Kondensator $C = 150\,\text{nF}$ verwendet wird?

$$f_g = \frac{1}{2\pi \cdot R \cdot C} \quad \rightarrow \quad R = \frac{1}{2\pi \cdot f_g \cdot C}$$

$$R = \frac{1}{2\pi \cdot 100\,\text{Hz} \cdot 150 \cdot 10^{-9}\,\text{As/V}}$$

$R = 10{,}61\,\text{k}\Omega$; gewählt: $R = 10\,\text{k}\Omega$

Beim RC-Tiefpaß ist die Ausgangsspannung stets kleiner als die Eingangsspannung, es liegt also eine Dämpfung des Eingangssignals vor. Ein Maß für diese Dämpfung ist der Dämpfungsfaktor D.

$$D = \frac{U_e}{U_a} \quad \text{(Dämpfungsfaktor)}$$

Es ist aber nicht üblich, direkt mit dem Dämpfungsfaktor D zu arbeiten, sondern mit seinem Logarithmus. Dabei wird dann ein logarithmisches Maß verwendet und die Dämpfung (a) in Dezibel (dB) angegeben.
Definitionsgemäßt gilt hierfür:

$$a = 20\,\lg \frac{U_e}{U_a} \quad \text{(Dämpfung } a \text{ in dB)}$$

Auf den Fall der Grenzfrequenz bezogen ergibt sich dann:

$$U_a = 0{,}707 \cdot U_e \quad \rightarrow \quad \frac{U_e}{U_a} = \frac{1}{0{,}707} = 1{,}414$$

$$a = 20\,\lg \frac{U_e}{U_a} = 20\,\lg 1{,}414$$

$$a = 3\,\text{dB}$$

Bei der Grenzfrequenz beträgt der Dämpfungsfaktor $a = 3\,\text{dB}$. Die Ausgangsspannung ist gegenüber tiefen Frequenzen ($a \approx 0\,\text{dB}$) bei der Grenzfrequenz um den Faktor $a = 3\,\text{dB}$ abgesunken.
Häufig wird die Dämpfung jedoch als negativer Wert einer Verstärkung angegeben. Aus der Definition der Verstärkung $V = U_a/U_e$ ergibt sich dann für die Grenzfrequenz:

$$V = 20 \cdot \lg \frac{U_a}{U_e} = 20\,\lg 0{,}707 = -3\,\text{dB}.$$

Im Fall der Grenzfrequenz liegt somit eine Verstärkung mit dem Verstärkungsfaktor $V = -3\,\text{dB}$ vor.
Neben dem Frequenzgang $\frac{U_a}{U_e} = f\,(f)$ ist die Phasenverschiebung zwischen U_a und U_e als Funktion der Frequenz von Bedeutung. Dieser Zusammenhang $\varphi = f\,(f)$ wird als Phasengang des RC-Tiefpasses bezeichnet. Auch er läßt sich mit Hilfe des Zeigerdiagrammes für jede Frequenz grafisch ermitteln. Für den RC-Tiefpaß gilt:

$$-\tan \varphi = \frac{R}{X_C} = R \cdot \omega C$$

Bild 2.28 zeigt den Phasengang eines RC-Tiefpasses mit $f_g = 1\,\text{kHz}$.

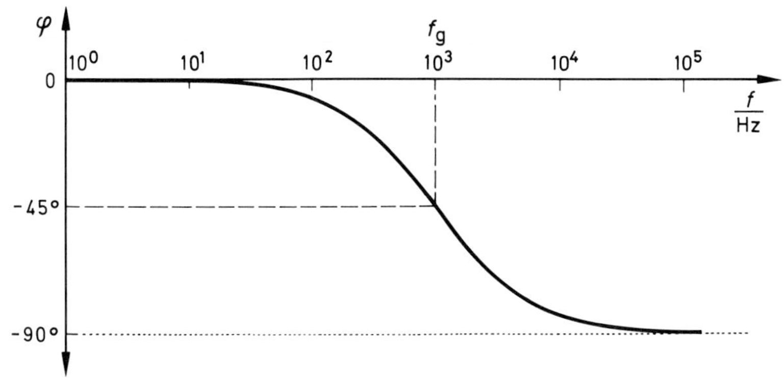

Bild 2.28 Phasengang eines RC-Tiefpasses mit $f_g = 1\,\text{kHz}$

Bei der Grenzfrequenz beträgt der Phasenwinkel $\varphi = -45°$. Das Zeigerdiagramm ist für diesen Fall nochmals in **Bild 2.29** angegeben.

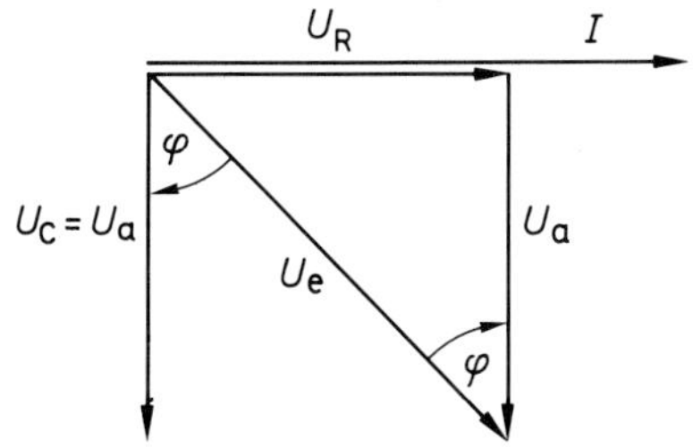

Bild 2.29 Zeigerdiagramm für die Grenzfrequenz eines RC-Tiefpasses

Der Betrag der Phasenverschiebung bei der Grenzfrequenz läßt sich rechnerisch recht einfach ermitteln, denn bei f_g ist $X_C = R$

$$\tan \varphi = \frac{R}{X_C} = \frac{R}{R} = 1$$

$$\varphi = 45°$$

Wird als Bezugsgröße für den Phasenwinkel die Eingangsspannung U_e gewählt, so ist der Phasenwinkel φ negativ, da die Ausgangsspannung U_a nacheilt. Für den RC-Tiefpaß gilt daher

$$\varphi_{(fg)} = -45° \quad \text{(RC-Tiefpaß)}$$

2.3.2.2 LR-Tiefpaß

Wird eine Spule mit einem ohmschen Widerstand in Reihe geschaltet, so ergibt sich ebenfalls ein Tiefpaß. **Bild 2.30** zeigt die Schaltung und **Bild 2.31** das Zeigerdiagramm für die Spannungen eines LR-Tiefpasses.

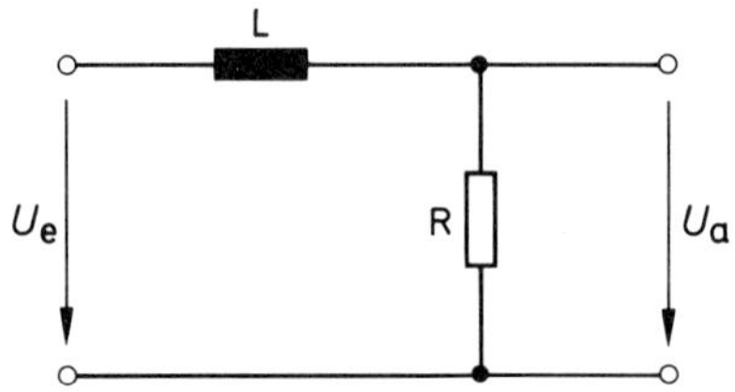

Bild 2.30 LR-Tiefpaß

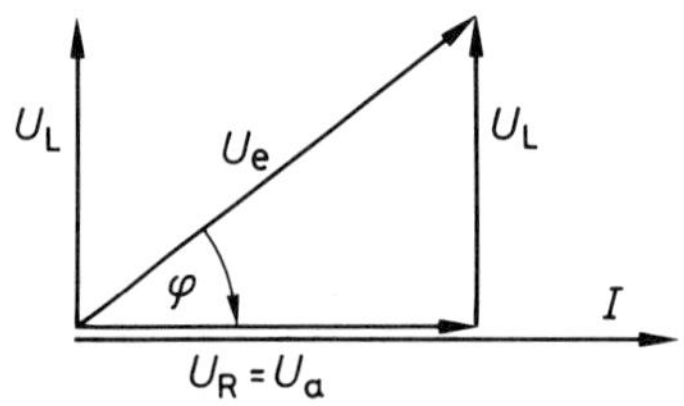

Bild 2.31 Zeigerdiagramm des LR-Tiefpasses

Frequenzganz und Phasengang für einen LR-Tiefpaß stimmen mit denen eines RC-Tiefpasses völlig überein. In **Bild 2.32** sind der Frequenzgang und in **Bild 2.33** der Phasengang für einen LR-Tiefpaß mit einer Grenzfrequenz $f_g = 1$ kHz dargestellt.

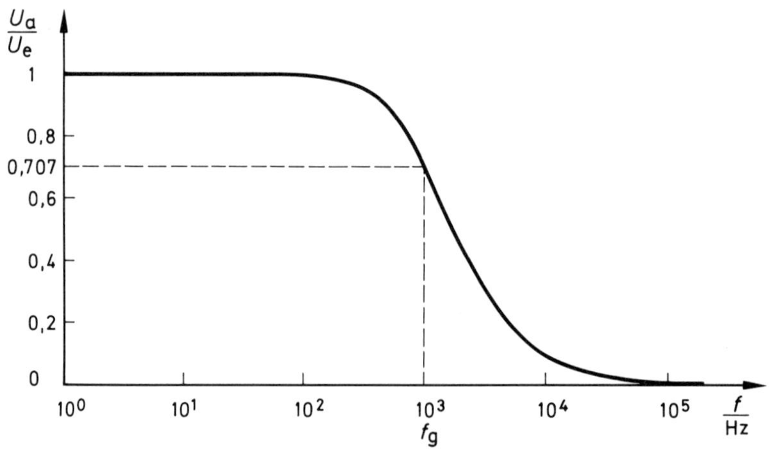

Bild 2.32 Frequenzgang des LR-Tiefpasses

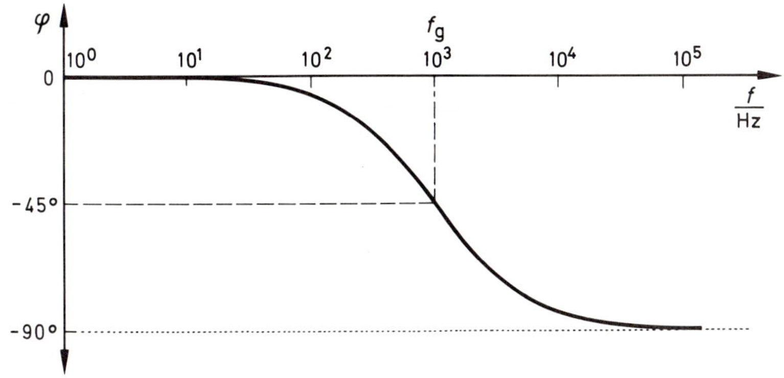

Bild 2.33 Phasengang des LR-Tiefpasses

Für die obere Grenzfrequenz eines LR-Tiefpasses gilt folgender Zusammenhang:

$$R = X_L = 2\pi \cdot f_g \cdot L$$

$$f_g = \frac{1}{2\pi \cdot \frac{L}{R}} \qquad \text{(LR-Tiefpaß)}$$

Aus dem Zeigerdiagramm nach Bild 2.31 kann die Phasenverschiebung ermittelt werden

$$-\tan \varphi = \frac{X_L}{R}$$

Da bei der Grenzfrequenz $X_L = R$ ist, hat die Phasenverschiebung des LR-Tiefpasses bei der Grenzfrequenz den Wert

$$\varphi_{(f_g)} = -45° \qquad \text{(LR-Tiefpaß)}$$

Beispiel

Ein LR-Tiefpaß soll eine Grenzfrequenz $f_g = 1$ kHz erhalten.
Wie groß muß die Induktivität L gewählt werden, wenn $R = 100\,\Omega$ beträgt?

$$f_g = \frac{1}{2\pi \cdot \frac{L}{R}} \rightarrow L = \frac{R}{2\pi \cdot f_g}$$

$$L = \frac{100\,\Omega}{2\pi \cdot 10^3\,\text{Hz}}$$

$$L = 15{,}9\,\text{mH}$$

2.3.2.3 CR-Hochpaß

Ein CR-Hochpaß besteht aus einer Reihenschaltung von Kondensator und Widerstand. Die Ausgangsspannung wird hierbei am Widerstand abgegriffen.
Bild 2.34 zeigt die Schaltung eines CR-Hochpasses.

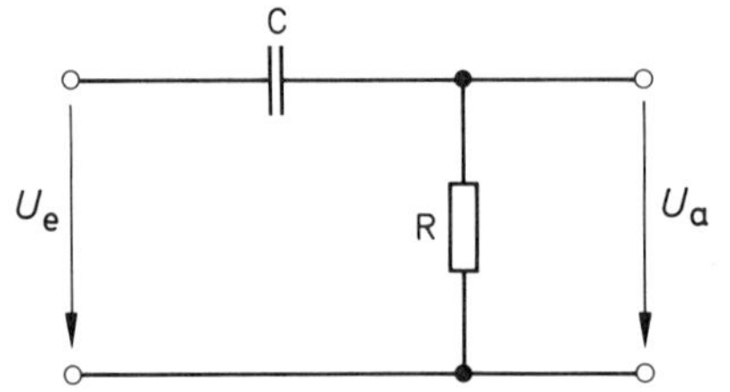

Bild 2.34 CR-Hochpaß

Die Zeigerdiagramme für die Widerstände und die Spannungen eines CR-Hochpasses sind in **Bild 2.35** zusammengefaßt.

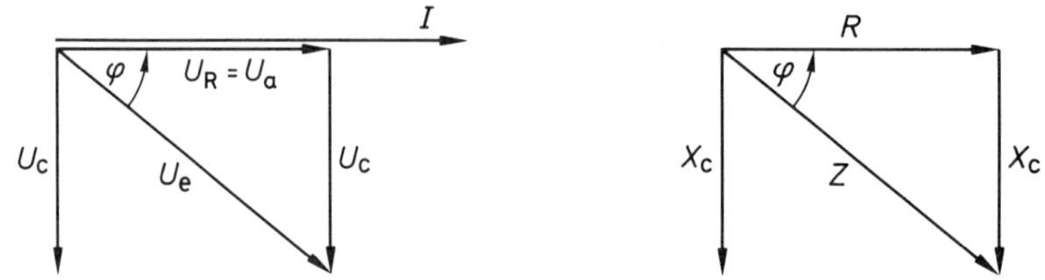

Bild 2.35 Zeigerdiagramme des CR-Hochpasses

Aus den Zeigerdiagrammen kann für den CR-Hochpaß abgeleitet werden:

$$\frac{U_a}{U_e} = \frac{R}{Z} = \frac{R}{\sqrt{R^2 + X_C^2}}$$

$$U_a = U_e \cdot \frac{R}{\sqrt{R^2 + X_C^2}} \quad \text{(CR-Hochpaß)}$$

Bild 2.36 zeigt den Frequenzgang eines CR-Hochpasses mit einer Grenzfrequenz $f_g = 1$ kHz. Bei hohen Frequenzen wird $U_a \approx U_e$. Die Dämpfung dieses Vierpols ist also bei hohen Frequenzen gering, sie wird jedoch mit kleiner werdender Frequenz größer.

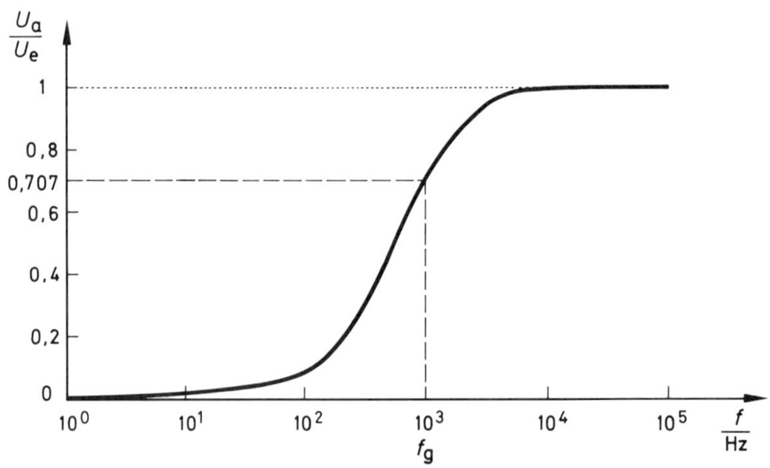

Bild 2.36 Frequenzgang eines CR-Hochpasses mit $f_g = 1$ kHz

Auch beim Hochpaß ist die Grenzfrequenz ein charakteristischer Wert für den Frequenzgang. Die Ermittlung von f_g erfolgt wie beim Tiefpaß.

$$R = X_C \rightarrow R = \frac{1}{2\pi \cdot f_g \cdot C}$$

$$f_g = \frac{1}{2\pi \cdot R \cdot C} \qquad \text{(CR-Hochpaß)}$$

Bei der Grenzfrequenz hat die Dämpfung den Wert $a = 3$ dB bzw. die Verstärkung beträgt $V = -3$ dB.
Beim CR-Hochpaß eilt die Ausgangsspannung U_a, entsprechend dem Zeigerdiagramm in Bild 2.35, der Eingangsspannung U_e voraus, so daß sich, bezogen auf U_e, stets ein positiver Phasenwinkel φ ergibt. Für einen CR-Hochpaß gilt dann allgemein:

$$\tan \varphi = \frac{X_C}{R} = \frac{1}{R \cdot \omega C} \qquad \text{(CR-Hochpaß)}$$

Da bei der Grenzfrequenz $R = X_C$ ist, beträgt die Phasenverschiebung bei f_g

$$\varphi_{(f_g)} = +45° \qquad \text{(CR-Hochpaß)}$$

In **Bild 2.37** ist der Phasengang für einen CR-Hochpaß mit einer Grenzfrequenz f_g =1 kHz dargestellt.

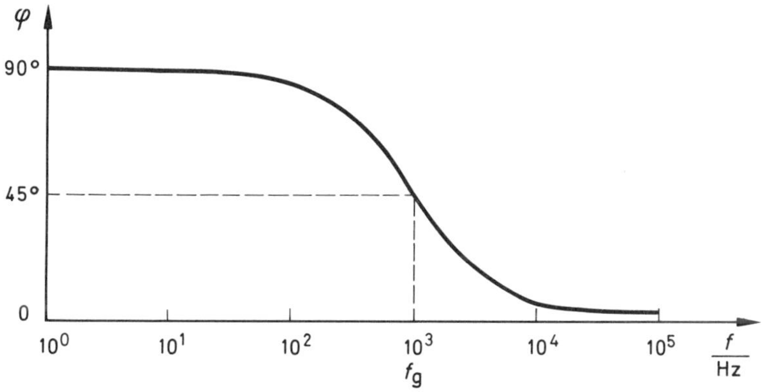

Bild 2.37 Phasengang eines CR-Hochpasses mit $f_g = 1$ kHz

Beispiel

Ein CR-Hochpaß ist aus einem Kondensator $C = 100$ nF und einem Widerstand $R = 1\,\text{k}\Omega$ aufgebaut.
Wie groß ist seine Grenzfrequenz f_g und die Phasenverschiebung φ bei $f = 1$ kHz?

$$f_g = \frac{1}{2\pi \cdot R \cdot C} = \frac{1}{2\pi \cdot 1 \cdot 10^3\,\Omega \cdot 100 \cdot 10^{-9}\,\text{As/V}}$$

$$f_g = 1{,}59\ \text{kHz}$$

$$\tan \varphi = \frac{X_C}{R} = \frac{1}{R \cdot \omega C}$$

$$\tan \varphi_{(f=1\,kHz)} = \frac{1}{1 \cdot 10^3\,\Omega \cdot 2\pi \cdot 10^3\,Hz \cdot 100 \cdot 10^{-9}\,As/V} = 1{,}59$$

$$\varphi_{(f=1\,kHz)} = 58^\circ$$

2.3.2.4 RL-Hochpaß

Auch eine Reihenschaltung aus Spule und ohmschem Widerstand zeigt Hochpaßverhalten, wenn die Ausgangsspannung U_a an der Spule abgegriffen wird.
In **Bild 2.38** sind Schaltbild und zugehöriges Zeigerdiagramm dargestellt.

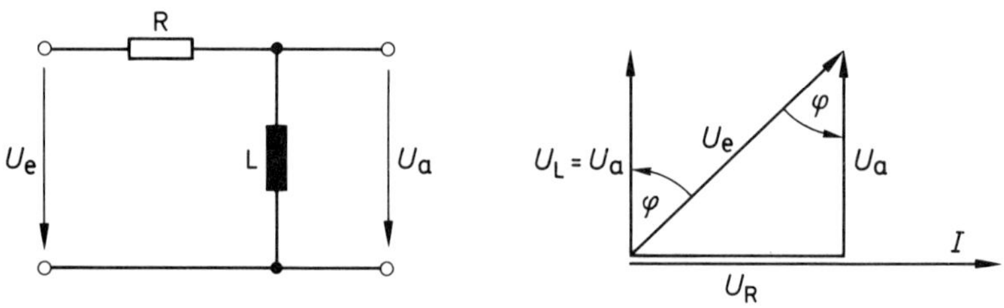

Bild 2.38 Schaltbild und Zeigerdiagramm eines RL-Hochpasses

Aus dem Zeigerdiagramm können wieder Frequenzgang und Phasengang des RL-Hochpasses ermittelt werden. Sie sind in **Bild 2.39** und **Bild 2.40** für einen Hochpaß mit der Grenzfrequenz $f_g = 1$ kHz dargestellt.

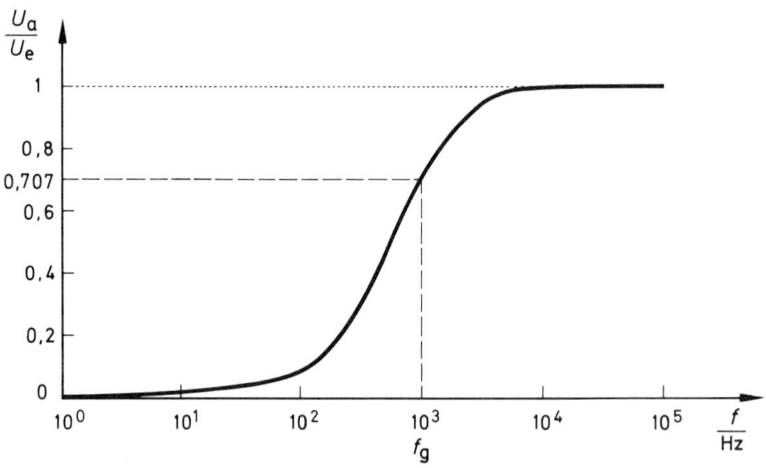

Bild 2.39 Frequenzgang eines RL-Hochpasses mit $f_g = 1$ kHz

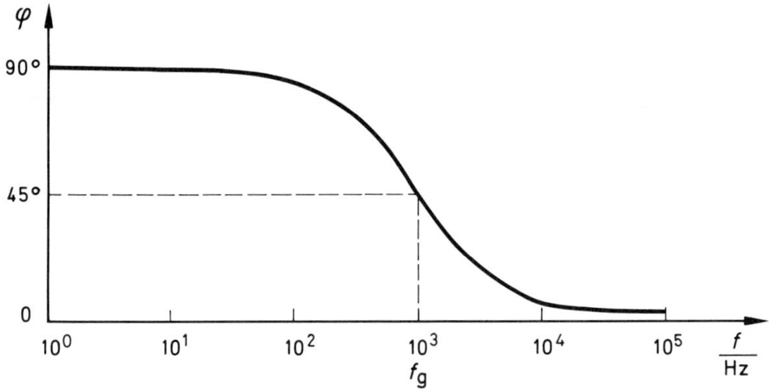

Bild 2.40 Phasengang eines RL-Hochpasses mit $f_g = 1$ kHz

Bild 2.39 stimmt mit Bild 2.36 und Bild 2.40 mit Bild 2.37 völlig überein. CR-Hochpaß und RL-Hochpaß zeigen also das gleiche Verhalten.
Für die Grenzfrequenz und die Phasenverschiebung eines RL-Hochpasses ergibt sich:

$$f_g = \frac{1}{2\pi \cdot \frac{L}{R}} \quad \text{(RL-Hochpaß)}$$

$$\tan \varphi = \frac{R}{X_L} \quad \text{(RL-Hochpaß)}$$

Bei der Grenzfrequenz beträgt die Phasenverschiebung $\varphi = +45°$.

$$\varphi_{(f_g)} = +45° \quad \text{(RL-Hochpaß)}$$

Beispiel

Ein RL-Hochpaß ist mit einem Widerstand $R = 1{,}5$ kΩ und einer Spule $L = 100$ mH aufgebaut. Wie groß ist die Grenzfrequenz f_g und die Phasenverschiebung φ bei $f = 5$ kHz?

$$f_g = \frac{1}{2\pi \cdot \frac{L}{R}} = \frac{R}{2\pi L} = \frac{1{,}5 \cdot 10^3\,\Omega}{2\pi \cdot 100 \cdot 10^{-3}\,\text{Vs/A}}$$

$f_g = 2{,}38$ kHz

$$\tan \varphi_{(f = 5\,\text{kHz})} = \frac{R}{\omega L} = \frac{1{,}5 \cdot 10^3\,\Omega}{2\pi \cdot 5 \cdot 10^3\,\text{Hz} \cdot 100 \cdot 10^{-3}\,\text{Vs/A}}$$

$\tan \varphi_{(f = 5\,\text{kHz})} = 0{,}477$
$\varphi_{(f = 5\,\text{kHz})} = 25{,}5°$

2.3.2.5 Zusammenfassung

In der Tabelle nach **Bild 2.41** sind die einfachsten frequenzabhängigen, passiven Vierpole mit ihren wichtigsten Gleichungen und Kennwerten noch einmal zusammengefaßt. Bei der Darstellung von Frequenz- und Phasengang hat die x-Achse eine logarithmische Teilung.

	Tiefpässe		Hochpässe	
	RC-Tiefpaß	LR-Tiefpaß	CR-Hochpaß	RL-Hochpaß
Schaltung	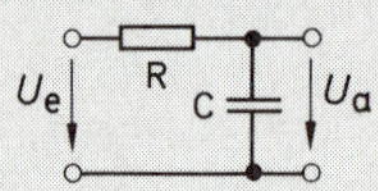	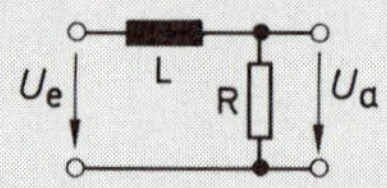	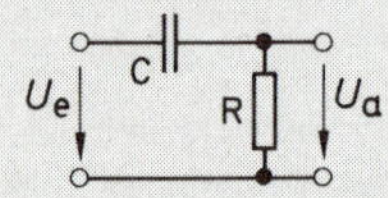	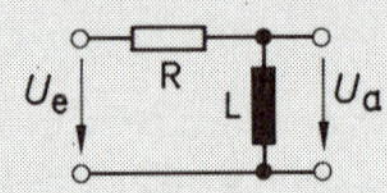
Frequenzgang	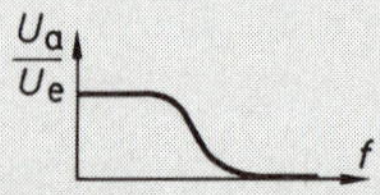	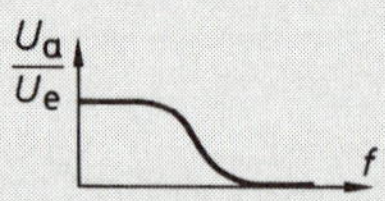	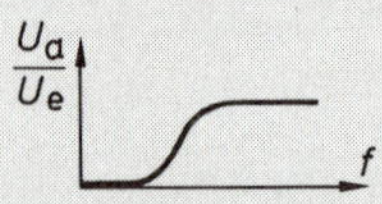	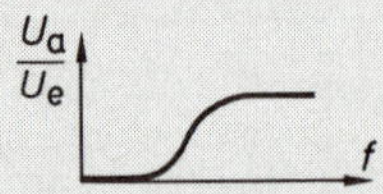
Phasengang	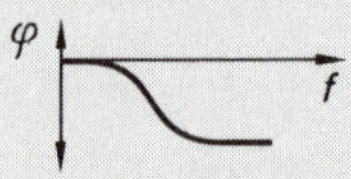	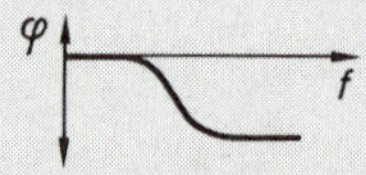	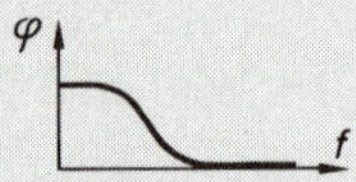	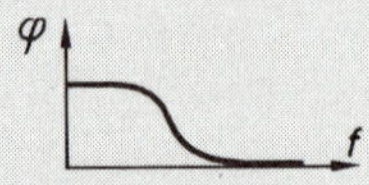
Grenzfrequenz	$f_g = \frac{1}{2\pi \cdot R \cdot C}$	$f_g = \frac{1}{2\pi \cdot \frac{L}{R}}$	$f_g = \frac{1}{2\pi \cdot R \cdot C}$	$f_g = \frac{1}{2\pi \cdot \frac{L}{R}}$
Phasenwinkel bei Grenzfrequenz	$\varphi_{(f_g)} = -45°$	$\varphi_{(f_g)} = -45°$	$\varphi_{(f_g)} = +45°$	$\varphi_{(f_g)} = +45°$

Bild 2.41 Gleichungen und Kennwerte für einfache Tief- und Hochpässe

2.3.3 Bandpaß und Bandsperre

Tiefpässe dämpfen Signale von 0 Hz bis zur Grenzfrequenz nur unwesentlich. Hochpässe verhalten sich umgekehrt, weil nur alle Frequenzen oberhalb der Grenzfrequenz fast unbedämpft übertragen werden. Es gibt in der Elektronik aber auch zahlreiche Anwendungsfälle, bei denen in einem bestimmten Frequenzbereich, einem Frequenzband, keine oder nur eine geringe Dämpfung erwünscht ist. Signalfrequenzen außerhalb dieses Frequenzbandes sollen dagegen stark bedämpft werden. Ein Vierpol, der diese Eigenschaften aufweist, wird als Bandpaß bezeichnet.
Bild 2.42 zeigt den Frequenzgang eines idealen Bandpasses, dessen Durchlaßfrequenzen zwischen 100 Hz und 10 kHz liegen.

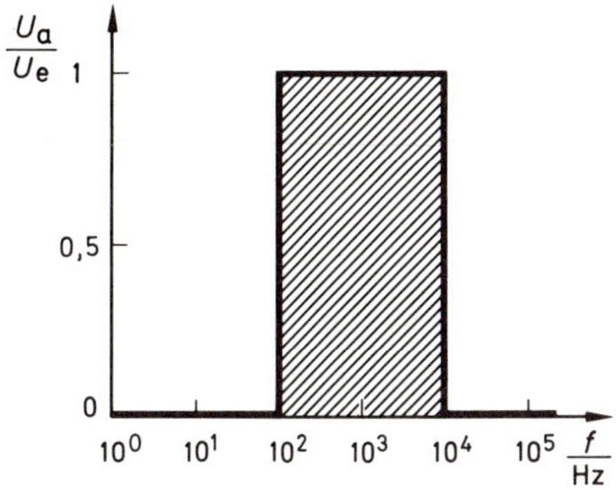

Bild 2.42 Frequenzgang eines idealen Bandpasses

Das in Bild 2.42 dargestellte ideale Verhalten läßt sich mit einfachen passiven Vierpolen nicht realisieren. Ist das zu übertragende Frequenzband klein, können jedoch auch Schwingkreise als Bandpässe verwendet werden. Bei manchen Anwendungsfällen ist ein sehr steiler Verlauf des Frequenzbandes an den Bandgrenzen nicht unbedingt erforderlich. Dann können auch einfache Bandpässe nur aus Widerständen und Kondensatoren aufgebaut werden. Es handelt sich im Prinzip um die Zusammenschaltung eines CR-Hochpasses mit einem RC-Tiefpaß. **Bild 2.43** zeigt einen derartigen Bandpaß.

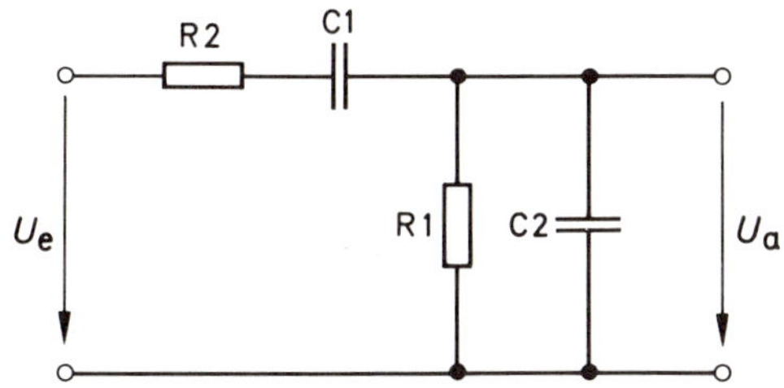

Bild 2.43 Einfacher Bandpaß

Durch den CR-Hochpaß mit den Bauelementen C1 und R1 wird die untere Grenzfrequenz festgelegt. Die Baulemente R2 und C2 bilden dagegen einen RC-Tiefpaß, durch den die obere Grenzfrequenz bestimmt wird. **Bild 2.44** zeigt den Frequenzgang eines derartigen Bandpasses und **Bild 2.45** den Phasengang. Dabei ist zu erkennen, daß Frequenzgang und Phasengang jeweils aus den entsprechenden Verläufen eines Hochpasses und eines Tiefpasses zusammengesetzt sind.

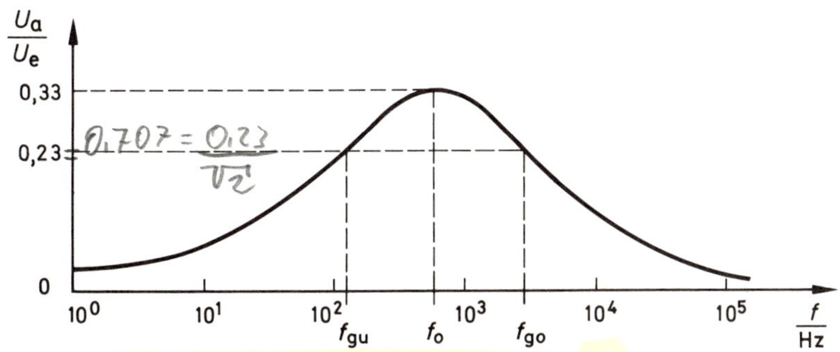

Bild 2.44 Frequenzgang eines Bandpasses nach Bild 2.43

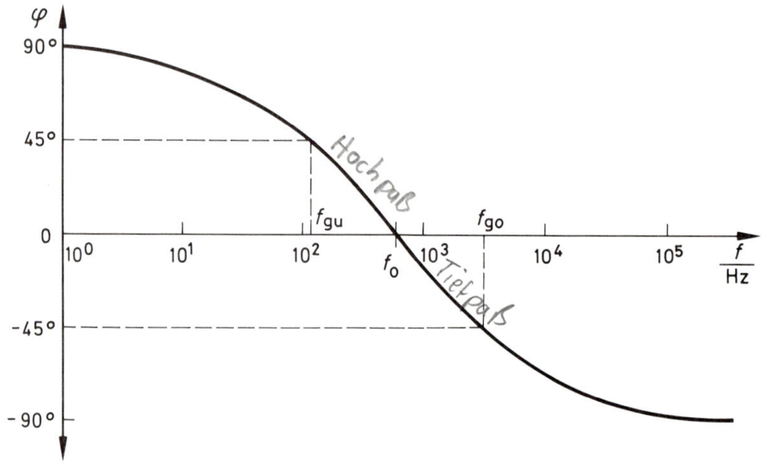

Bild 2.45 Phasengang eines Bandpasses nach Bild 2.43

Die Differenz zwischen f_{go} und f_{gu} wird wie bei einem Schwingkreis als Bandbreite b bezeichnet.

$$b = f_{go} - f_{gu}$$

Daraus kann die Mittenfrequenz f_o ermittelt werden

$$f_o = \frac{f_{go} + f_{gu}}{2} = f_{gu} + \frac{b}{2} = f_{go} - \frac{b}{2}$$

Bei einem symmetrisch aufgebauten Bandpaß ist $R1 = R2 = R$ und $C1 = C2 = C$. Damit ergibt sich die Mittenfrequenz

$$f_o = \frac{1}{2\pi \cdot R \cdot C}$$

Die bei dieser Mittenfrequenz auftretende Phasenverschiebung beträgt $\varphi = 0°$.
Soll ein Signal innerhalb eines bestimmten Frequenzbandes möglichst stark und außerhalb dieses Frequenzbandes nicht oder nur geringfügig gedämpft werden, so werden Bandsperren eingesetzt. In **Bild 2.46** ist der Frequenzgang einer idealen Bandsperre dargestellt.

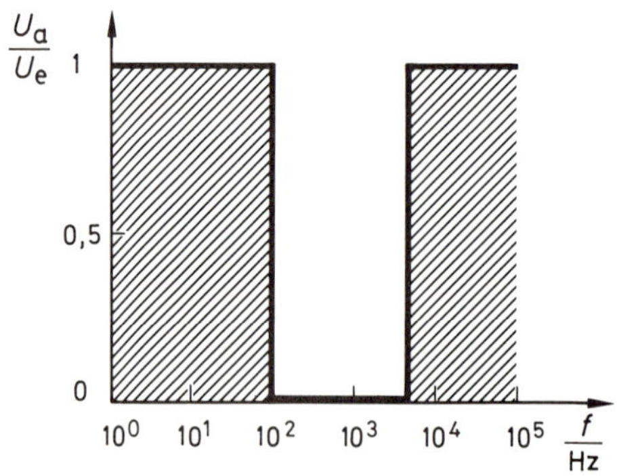

Bild 2.46 Frequenzgang einer idealen Bandsperre

Eine Bandsperre, die nur aus Widerständen und Kondensatoren aufgebaut ist, ist in **Bild 2.47** angegeben. Diese Schaltung ist unter dem Namen Wien-Robinson-Brücke bekannt.

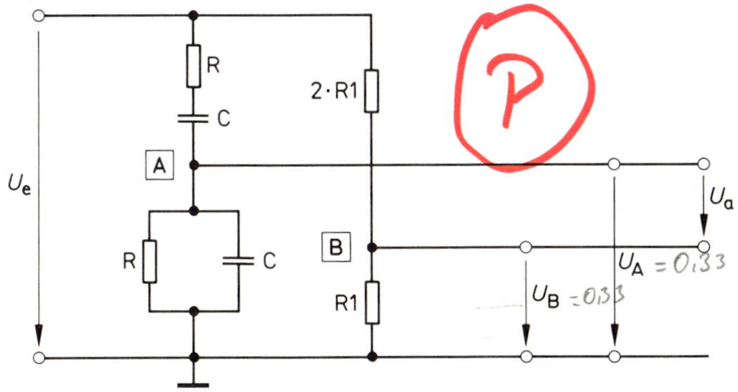

Bild 2.47 Wien-Robinson-Brücke als Bandsperre

Der linke Brückenzweig besteht aus einem Bandpaß entsprechend Bild 2.43. Die Dimensionierung erfolgt in der Regel mit gleich großen Widerständen und gleich großen Kondensatoren. Der rechte Brückenzweig ist als ohmscher Spannungsteiler mit einem Teilerverhältnis 2 : 1 aufgebaut. Die Spannung am Brückenpunkt B bezogen auf Masse ist frequenzunabhängig und beträgt

$$U_B = \frac{1}{3}\,U_e = \text{const.}$$

Die Spannung U_A ist dagegen frequenzabhängig entsprechend dem Frequenzgang in Bild 2.44. Bei der Mittenfrequenz f_o steigt die Spannung U_A auf $U_A = \frac{1}{3}\,U_e$ an, so daß die Brückenspannung $U_a = 0$ wird. **Bild 2.48** zeigt den Frequenzgang einer als Wien-Robinson-Brücke ausgebildeten Bandsperre.

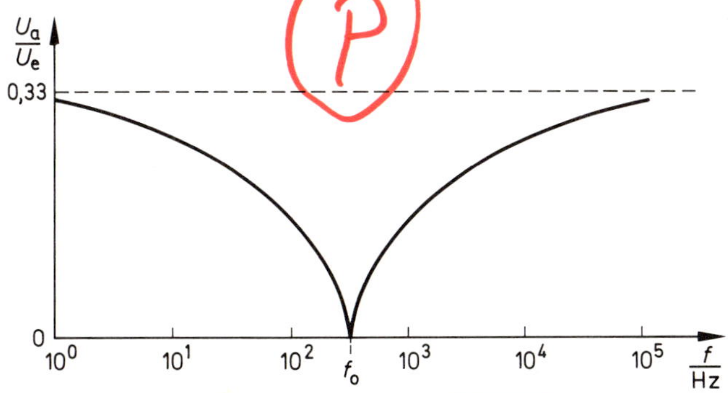

Bild 2.48 Frequenzgang einer Wien-Robinson-Brücke

2.3.4 T-Glieder und π-Glieder

Bei den bisher behandelten Vierpolen lag eine Frequenzabhängigkeit der Ausgangsspannung vor. Vierpole lassen sich aber auch nur mit ohmschen Widerständen aufbauen. Es besteht keine Frequenzabhängigkeit und diese Glieder lassen sich dann zur frequenzunabhängigen Anpassung von Signalpegeln verwenden. In **Bild 2.49** sind die typischen Grundschaltungen derartiger Vierpole angegeben. Sie werden entsprechend ihrer zeichnerischen Darstellung als T-Glied oder als π-Glied bezeichnet.

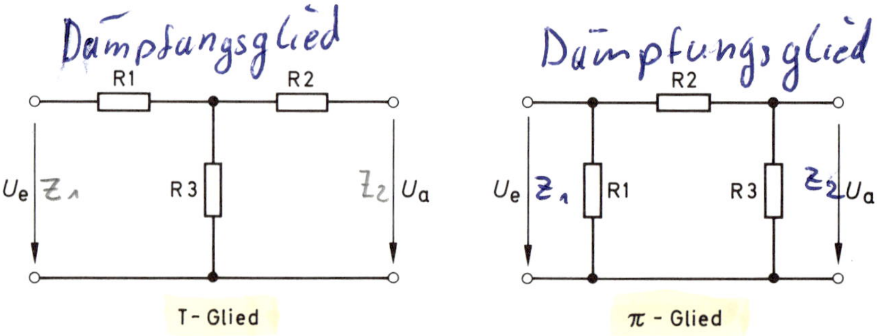

Bild 2.49 Frequenzunabhängige Vierpol-Grundglieder

Ist eine Frequenzabhängigkeit gefordert, so lassen sich die in Bild 2.49 angegebenen T-Glieder und π-Glieder in vielfacher Weise durch die Verwendung von Spulen und Kondensatoren abwandeln. In **Bild 2.50** sind nur zwei einfache Möglichkeiten dargestellt. In Beispiel a) handelt es sich um einen Tiefpaß in T-Glied-Ausführung und im Beispiel b) um einen Hochpaß in π-Glied-Ausführung.

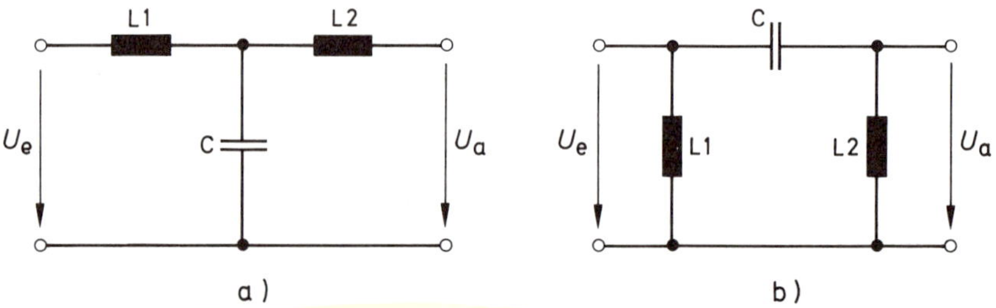

Bild 2.50 **a)** Tiefpaß in T-Glied-Ausführung **b)** Hochpaß in π-Glied-Ausführung

Die Berechnung der in Bild 2.50 angegebenen und der zahlreichen, sich daraus ergebenden Abwandlungen von T-Gliedern und π-Gliedern ist nur noch mit Hilfe der Vierpoltheorie möglich. Soll daher der Frequenzgang solcher Schaltungen ermittelt werden, so empfiehlt sich eine meßtechnische Untersuchung. Dabei muß aber gegebenenfalls beachtet werden, daß die Meßergebnisse durch Einflüsse des speisenden Generators oder des Innenwiderstandes des Meßgerätes verfälscht werden können.

2.3.5 Impulsformer

Bei allen bisher behandelten Vierpolen wurde grundsätzlich davon ausgegangen, daß die Eingangsspannungen einen sinusförmigen Verlauf haben. In der Elektronik wird aber nicht nur mit sinusförmigen Signalspannungen gearbeitet. So treten insbesondere in der gesamten Digitaltechnik überwiegend rechteckförmige Signalspannungen auf.
Wird anstelle einer Sinusspannung eine Rechteckspannung auf den Eingang eines Tiefpasses gegeben, so entsteht eine Verformung des Rechtecksignals. Dieser Vorgang wird in Anlehnung an eine Rechenoperation der höheren Mathematik als »Integrieren« und daraus abgeleitet ein Tiefpaß in der Impulstechnik als Integrierglied bezeichnet.
Eine wesentlich andere Verformung tritt dagegen auf, wenn eine Rechteckspannung auf den Eingang eines Hochpasses gegeben wird. Hier liegt ein Zusammenhang vor, der, ebenfalls in Anlehnung an eine Rechenoperation der höheren Mathematik, »Differenzieren« genannt wird. Daher wird ein Hochpaß in der Impulstechnik als Differenzierglied bezeichnet. Von Bedeutung als Differenzierglied ist das CR-Glied und als Integrierglied das RC-Glied. Daher werden hier auch nur diese beiden Arten von Impulsformern behandelt.

2.3.5.1 RC-Integrierglied

Bild 2.51 zeigt die Schaltung eines RC-Integriergliedes.

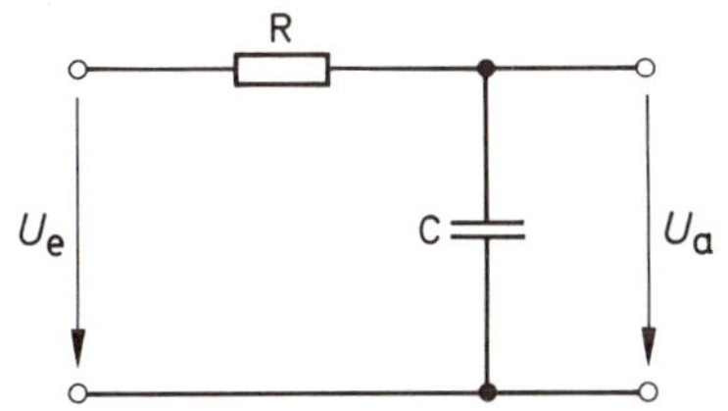

Bild 2.51 RC-Integrierglied

Wird an den Eingang eines RC-Integriergliedes nach Bild 2.51 eine Rechteckspannung gelegt, so tritt eine Verformung dieser Rechteckspannung auf. In **Bild 2.52** sind die Zusammenhänge für ein bestimmtes Impuls-Pausen-Verhältnis dargestellt.
Zum Zeitpunkt t_0 steigt die Eingangsspannung U_e in Bild 2.52 sprunghaft an. Weil der Kondensator zum Zeitpunkt t_0 einen Kurzschluß darstellt, ist in diesem Augenblick auch $U_a = 0$ V.
Im Bereich von t_0 bis t_1 ist die Amplitude der Eingangsspannung konstant. Die Schaltung verhält sich jetzt so, als ob sie an eine Gleichspannung angeschlossen ist. Daher wird der Kondensator nach einer e-Funktion aufgeladen. Die Aufladezeit hängt vom Widerstand R und von der Kapazität C ab. Ihre Zeitkonstante $\tau = R \cdot C$ ist definiert als die Zeit, die vergeht, bis die Spannung am Kondensator auf 63 % der Maximalspannung angestiegen ist. Diese Maximalspannung, auf die der Kondensator hier aufgeladen werden kann, beträgt $\hat{U}_e$. Sie wird angenähert nach Ablauf von 5τ erreicht.
Zum Zeitpunkt t_1 springt die Eingangsspannung auf $U_e = 0$ V. Der Eingang ist jetzt unter der Voraussetzung, daß der Innenwiderstand R_i des Generators viel niederohmiger als

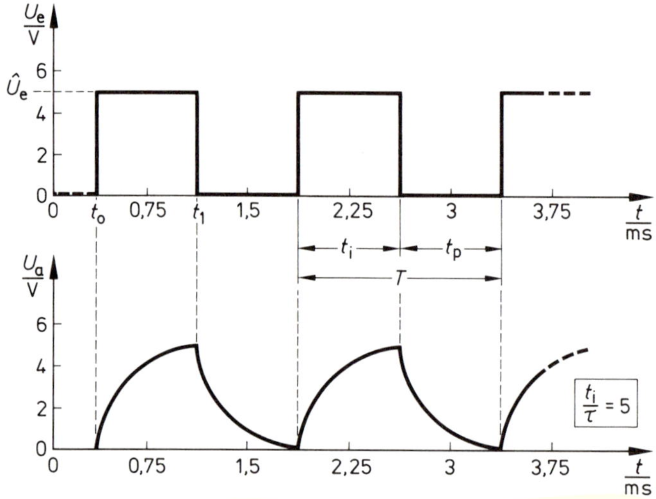

Bild 2.52 Verformung einer Rechteckspannung durch ein Integrierglied

der Widerstand R des Integriergliedes ist, nahezu kurzgeschlossen. Der auf $\hat{U}_e$ aufgeladene Kondensator wird über den Widerstand R entladen. Auch dieses geschieht nach einer e-Funktion, bis nach ebenfalls etwa $5\,\tau$ die Ausgangsspannung $U_a = 0$ wird. Während der Zeitdauer jedes weiteren Impulses t_i wird der Kondensator neu aufgeladen und während der nachfolgenden Impulspausen t_p jeweils wieder entladen.

Aus Bild 2.52 ist zu ersehen, daß bei vorgegebenen Werten für R und C und damit einer festliegenden Zeitkonstanten τ des Integriergliedes der Verlauf der Ausgangsspannung U_a nicht nur von der Periodendauer T der Eingangsspannung, sondern auch vom Impuls-Pausen-Verhältnis t_i/t_p abhängen muß. Ist z. B. $t_i < 5\,\tau$, so kann der Kondensator während er Impulsdauer nicht auf den Maximalwert von U_e aufgeladen werden. Ist dagegen $t_p < 5\,\tau$, so kann keine Entladung mehr bis auf $U_a = 0$ V erfolgen. Um auch diese Zusammenhänge besser zu erfassen, wird das Verhältnis von Impulsdauer zur Zeitkonstanten t_i/τ als Kennwert für die auftretende Verformung angegeben. Zur Vereinfachung der Betrachtungen wird hier grundsätzlich davon ausgegangen, daß die rechteckförmige Eingangsspannung mit t_i/t_p stets symmetrisch ist, also das Verhältnis $t_i/t_p = 1$ beträgt.

In **Bild 2.53** ist der Verlauf der Ausgangsspannung eines Integriergliedes für verschiedene typische Fälle des Verhältnisses t_i/τ dargestellt.

In Bild 2.53 ist deutlich zu erkennen, daß die Verformung des rechteckförmigen Eingangssignals umso stärker wird, je kleiner das Verhältnis t_i/τ ist. Bei $t_i/\tau \approx 20$ sind nur die Anstiegs- und Abfallflanken etwas verschliffen. Bei $t_i/\tau = 1$ ist aus der rechteckförmigen Eingangsspannung fast schon ein dreieckförmiger Verlauf entstanden und bei $t_i/\tau \approx 1/5$ nähert sich die Ausgangsspannung bereits einer Gleichspannung. Die Übergänge zwischen diesen drei als Beispiel gewählten Verhältnissen sind fließend. Mit kleiner werdendem Verhältnis t_i/τ wird aber auch die Amplitude der Ausgangsspan-

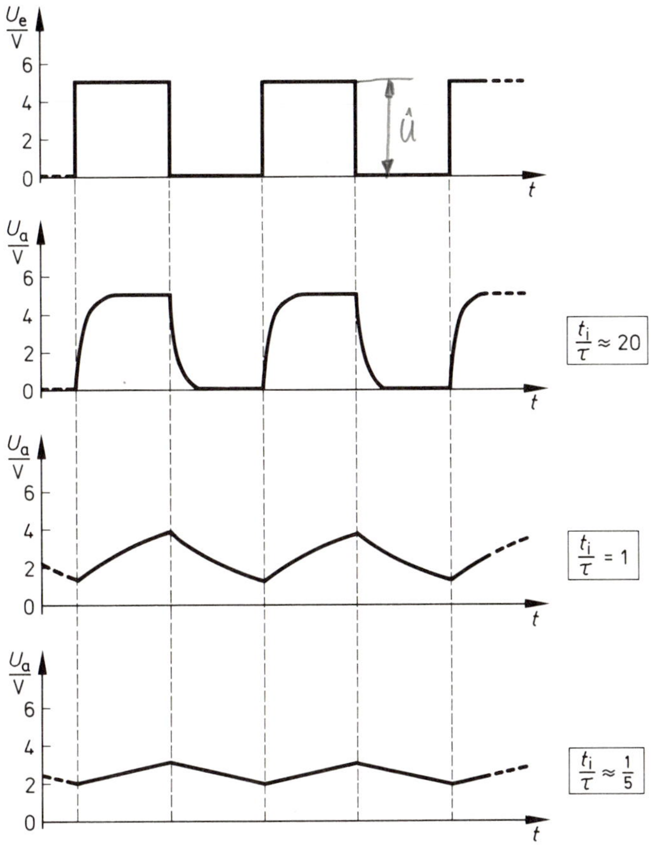

Bild 2.53
Impulsverformung durch Integrierglied

nung kleiner. Bei sehr kleinen Werten für t_i/τ liegt am Ausgang fast eine Gleichspannung, deren Amplitude etwa $\frac{1}{2}\,\hat{U}_e$ beträgt. Es stellt sich dann also angenähert der arithmethische Mittelwert der Eingangsspannung am Ausgang ein.

Beispiel

Eine symmetrische Rechteckspannung $\hat{U}_e = 10\,\text{V}/1\,\text{kHz}$ wird durch ein Integrierglied verformt. Welche Zeitkonstante τ muß das RC-Glied mindestens haben, wenn die Ausgangsspannung $\hat{U}_a = 6{,}3\,\text{V}$ nicht unterschreiten darf?

$$t_i = t_p = \frac{T}{2} = \frac{1}{2 \cdot f} = \frac{1}{2 \cdot 1000\,\text{Hz}} = 0{,}5\,\text{ms}$$

$$\frac{\hat{U}_a}{\hat{U}_e} = \frac{6{,}3\,\text{V}}{10\,\text{V}} = 0{,}63 \;\hat{=}\; 63\,\%$$

Dieser Fall liegt vor, wenn $\tau = t_i$.

$\tau = t_i = 0{,}5\,\text{ms}$

In **Bild 2.54** ist der Zusammenhang für ein sehr kleines Verhältnis t_i/τ nochmals dargestellt.

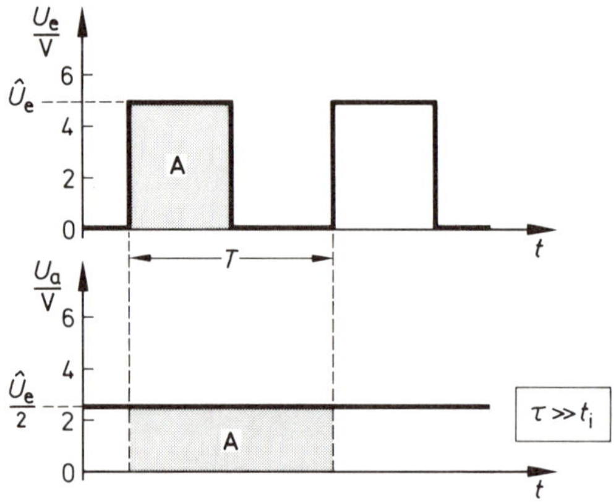

Bild 2.54 Bildung des arithmetischen Mittelwertes mit einem Integrierglied

In Bild 2.54 hat sich die Amplitude der Ausgangsspannung so eingestellt, daß die beiden Flächen *A* gleich groß sind. Auch bei der mathematischen Integration handelt es sich um die Ermittlung von Flächeninhalten, so daß hieraus ein Zusammenhang für die Bezeichnung »Integrierglied« abgeleitet wurde. Ein RC-Glied kann unter bestimmten Voraussetzungen Ergebnisse liefern, die näherungsweise der mathematischen Operation des Integrierens entsprechen.

2.3.5.2 CR-Differenzierglied

Bild 2.55 zeigt ein CR-Differenzierglied. Es ist schaltungstechnisch genauso wie ein CR-Hochpaß aufgebaut.

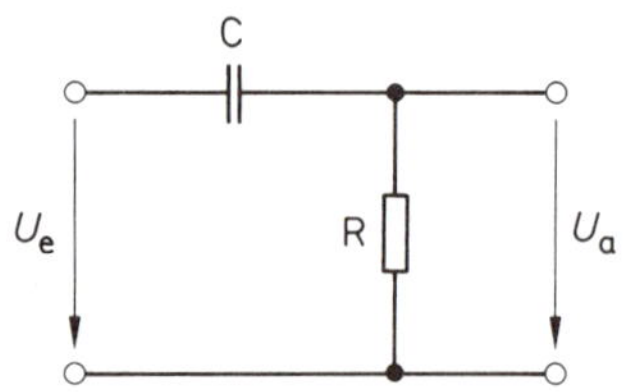

Bild 2.55 Differenzierglied

Wird an den Eingang eines Differenziergliedes eine Rechteckspannung gelegt, so tritt ebenfalls eine Verformung der Rechtecke auf. Diese Verformung folgt aber anderen Gesetzmäßigkeiten als beim Integrierglied. In **Bild 2.56** sind die Zusammenhänge für einen bestimmten Fall dargestellt.

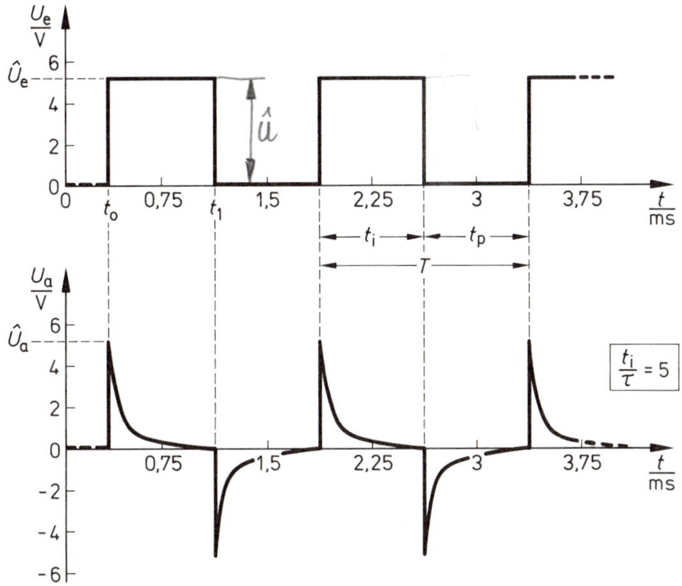

Bild 2.56 Verformung eines Rechteckimpulses durch ein Differenzierglied

Zum Zeitpunkt t_0 steigt die Eingangsspannung U_e sprunghaft an. Der Kondensator stellt daher einen Kurzschluß für U_e dar, so daß die Eingangsspannung direkt auf den Ausgang übertragen wird. Daher ist $\hat{U}_a = \hat{U}_e$.
Während der Zeit zwischen t_0 und t_1 liegt das Differenzierglied an der Gleichspannung $\hat{U}_e$ und der Kondensator wird nach einer e-Funktion aufgeladen. Maßgebend hierfür ist die Zeitkonstante $\tau = R \cdot C$. Als Folge der Kondensatoraufladung sinkt die Spannung am Widerstand und damit die Ausgangsspannung U_a nach einer e-Funktion ab. Nach Ablauf der Zeitkonstanten τ ist die Ausgangsspannung auf $U_a = 0{,}37\ \hat{U}_e$ (37 %) und nach Ablauf von etwa 5τ auf $U_a = 0$ V abgesunken. Voraussetzung ist dabei, daß der Innenwiderstand des Rechteckgenerators sehr viel niederohmiger als der Widerstand R ist.
Zum Zeitpunkt t_1 ändert sich die Eingangsspannung sprunghaft auf $U_e = 0$ V. Da der Kondensator aber voll aufgeladen war und an ihm die Spannung $U_C = \hat{U}_e$ liegt, wirkt er wie eine Spannungsquelle für den Widerstand R. In **Bild 2.57** sind die Zusammenhänge für diesen Zeitpunkt angegeben.

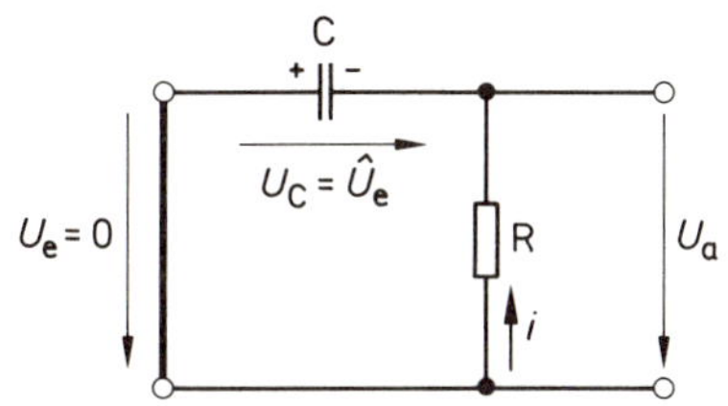

Bild 2.57 Verhalten des Differenziergliedes zum Zeitpunkt t_1

Vom Zeitpunkt t_1 ab entlädt sich der Kondensator über den Widerstand R. Die Stromrichtung ist jetzt aber gegenüber dem Aufladevorgang umgekehrt. Daher tritt als Ausgangsspannung ebenfalls eine entgegengesetzte, also negative Spannung auf. Sie verläuft von $U_a = -\hat{U}_e$ nach einer e-Funktion gegen $U_a = 0\,\text{V}$.
Auch bei der Impulsverformung durch Differenzierglieder ist das Verhältnis t_i/τ von Bedeutung. In **Bild 2.58** sind als Beispiel wieder vier typische Fälle dargestellt. Zur Vereinfachung wird wieder angenommen, daß $t_i = t_p$ ist, also eine symmetrische Rechteckspannung vorliegt.

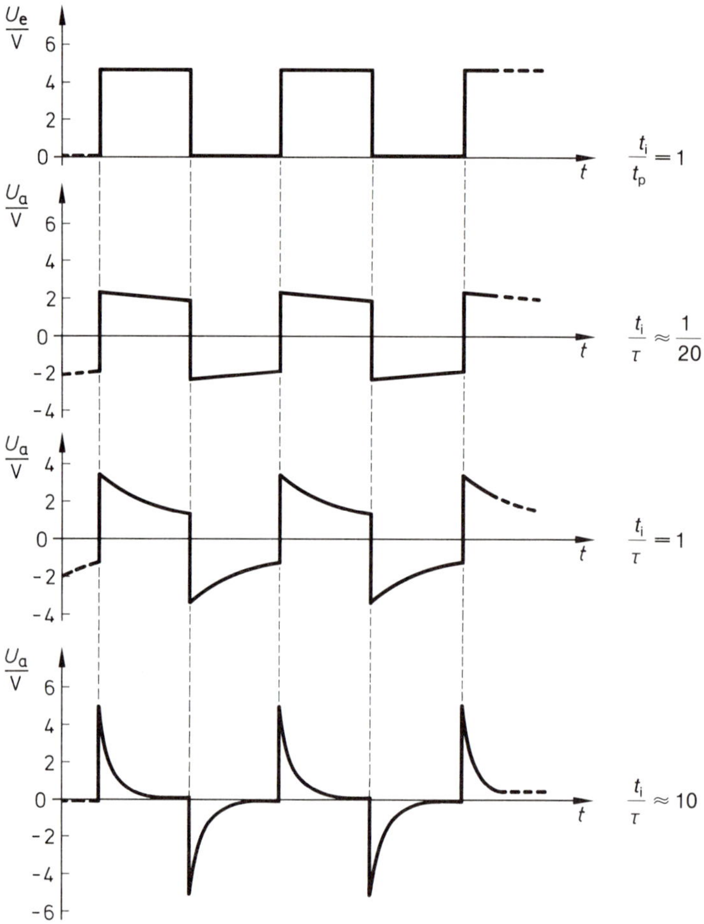

Bild 2.58 Impulsverformung durch Differenzierglied

Bei einem Differenzierglied wird die Impulsverformung umso größer, je größer das Verhältnis t_i/τ wird. Bei $t_i/\tau \approx 1/20$ zeigt sich die Verformung nur in einem leichten Abfall der positiven und negativen Ausgangsspannung. Bei $t_i/\tau \approx 10$ treten dagegen nur noch schmale Nadelimpulse auf. Durch entsprechende Wahl des Verhältnisses t_i/τ läßt sich jede andere Übergangsform zwischen den beiden aufgeführten Extremen erreichen. Besonders bemerkenswert beim Differenzierglied ist die Tatsache, daß trotz einer positiven Rechteckspannung am Eingang, am Ausgang der Schaltung negative Spannungen auftreten. Dadurch wird der arithmetische Mittelwert des Ausgangssignals immer Null. Gleichspannungsanteile der Eingangsspannung werden beim Differenzierglied also nicht auf den Ausgang übertragen.

Beispiel

Eine symmetrische Rechteckspannung mit der Frequenz $f = 5$ kHz soll mit Hilfe eines Differenziergliedes so verformt werden, daß am Ausgang nur noch Nadelimpulse mit einer maximalen Impulsbreite von 10 µs entsprechend **Bild 2.59** auftreten.
Welche Kapazität muß der Kondensator haben, wenn ein Widerstand $R = 180\ \Omega$ verwendet werden soll?

$10\ \mu s \approx 5\tau = 5 \cdot R \cdot C$

$C \approx \frac{10\ \mu s}{5 R} = \frac{10 \cdot 10^{-6}\ s}{5 \cdot 180\ \Omega}$

$C \approx 11{,}1$ nF; gewählt: $C = 10$ nF

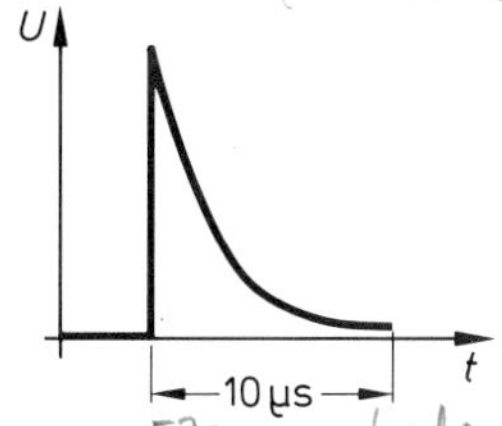

Bild 2.59 Im Beispiel geforderte Impulsbreite

In Bild 2.58 ist auch zu erkennen, daß immer nur die sprunghaften Änderungen der Eingangsspannung unverändert auf den Ausgang übertragen werden, und zwar unabhängig vom Verhältnis t_i/τ. Aufgrund dieser Eigenschaft besteht ein Zusammenhang des CR-Gliedes mit der Rechenoperation des Differenzierens und daraus abgeleitet die Bezeichnung Differenzierglied.
Ein besonderer Betriebsfall liegt vor, wenn die Eingangsspannung eines Differenziergliedes eine zur Nullinie symmetrische Rechteckspannung ist. In **Bild 2.60** ist der dabei vorhandene Zusammenhang zwischen Eingangs- und Ausgangsspannung dargestellt.

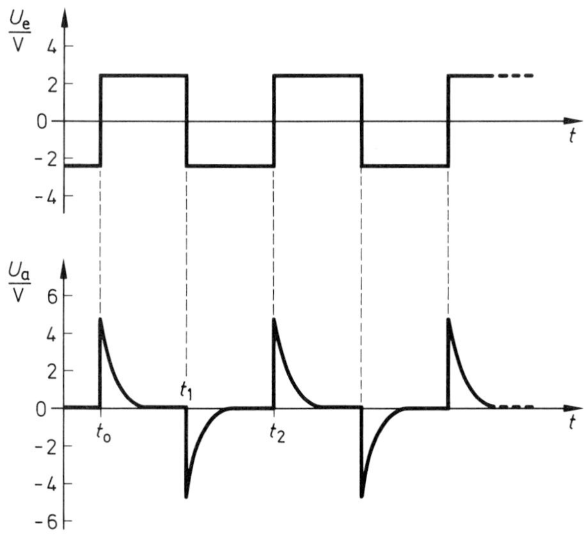

Bild 2.60 $U_a = f(U_e)$ bei einer zur Nullinie symmetrischen Rechteckspannung

Liegt eine zur Nullinie symmetrische Rechteckspannung am Eingang und ist das Differenzierglied so dimensioniert, daß $t_i \gg \tau$ ist, so erreicht die Ausgangsspannung den doppelten Wert der Eingangsspannung, und es gilt

$$\hat{U}_a = 2 \cdot \hat{U}_e$$

Dieses Verhalten ergibt sich, weil bei dem Spannungssprung von $+\hat{U}_e$ nach $-\hat{U}_e$ die Signalspannungsquelle und der auf die Spannung $\hat{U}_e$ aufgeladene Kondensator in Reihe geschaltet sind.
Bild 2.61 zeigt diesen Zusammenhang.

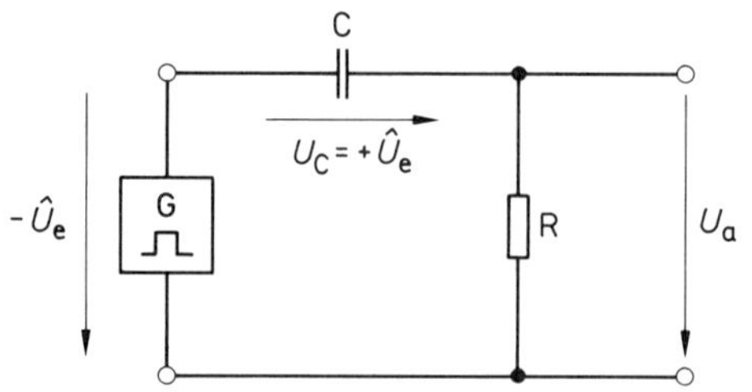

Bild 2.61
Spannungsverhältnisse zum Zeitpunkt t_1 in Bild 2.60

Nach der Kirchhoff'schen Regel ergibt sich für einen Maschenumlauf zum Zeitpunkt t_1:

$$-\hat{U}_e - U_a - U_C = 0$$
$$-\hat{U}_e - U_a - \hat{U}_e = 0$$
$$-U_a = -2\,\hat{U}_e$$

Zum Zeitpunkt t_2 erfolgt ein Spannungssprung von $-\hat{U}_e$ nach $+\hat{U}_e$. Hier ist der Kondensator auf die Spannung $-\hat{U}_e$ aufgeladen. Zum Zeitpunkt t_2 lautet die Maschengleichung:

$$+\hat{U}_e - U_a + U_C = 0$$
$$+\hat{U}_e - U_a + \hat{U}_e = 0$$
$$U_a = 2 \cdot \hat{U}_e$$

Der genaue Verlauf der Ausgangsspannungen von Differenziergliedern und Integriergliedern läßt sich nur näherungsweise berechnen. Wird in der Praxis eine bestimmte Impulsformung verlangt, so werden die Werte für die erforderlichen Widerstände und Kondensatoren zweckmäßigerweise durch Versuche ermittelt. Dabei läßt sich zunächst anhand der Bilder 2.53 und 2.58 grob klären, welches Verhältnis t_i/τ vorliegen muß. Bei vorgegebener Frequenz bzw. Impulsdauer t_i kann dann die erforderliche Zeitkonstante $\tau = R \cdot C$ bestimmt werden. Mit Hilfe dieser Zeitkonstanten τ lassen sich daraus geeignete Werte für R und C finden. Zu beachten ist beim Entwurf oder bei der meßtechnischen Untersuchung von Integrier- und Differenziergliedern aber stets, daß sich der Innenwiderstand R_i des Signalgenerators auf den Kurvenverlauf der Ausgangsspannung auswirken kann.

3 Halbleiterdioden

3.1 Allgemeines

Dioden sind elektronische Bauelemente, durch die der elektrische Strom nur in einer Richtung fließen kann. Sie werden daher in großem Umfang als Gleichrichter, elektronische Schalter, Impulsformer sowie als Schutzorgan eingesetzt. Die Bezeichnung Diode ist aus der griechischen Silbe »*di*« (= zwei) und der Endung des Wortes »Elektr*ode*« zusammengesetzt. Dieses Kunstwort weist darauf hin, daß die Dioden zwei Elektroden, also zwei elektrische Anschlüsse besitzen.

Die heute in elektronischen Schaltungen eingesetzten Dioden werden aus Halbleiterwerkstoffen hergestellt. Es handelt sich hierbei um Materialien mit einem spezifischen Widerstand, der in dem Bereich zwischen dem spezifischen Widerstand von metallischen Leitern und dem von Isolatoren liegt. **Bild 3.1** gibt einen Überblick über die Einteilung in Leiter, Halbleiter und Isolatoren aufgrund des spezifischen Widerstandes bzw. des spezifischen Leitwertes. Für die einzelnen Bereiche sind jeweils einige Werkstoffe angegeben, die in der Elektrotechnik und Elektronik häufig verwendet werden.

Bezeichnung	spez. Widerstand ρ (Ω cm)	spez. Leitfähigkeit $\kappa \left(\frac{1}{\Omega \text{ cm}}\right)$	Werkstoff
Isolatoren	10^{20}	10^{-20}	Bernstein
	10^{18}	10^{-18}	Paraffin
	10^{16}	10^{-16}	Polystyrol
	10^{14}	10^{-14}	Kohlenstoff Glimmer
	10^{12}	10^{-12}	Hartporzellan
	10^{10}	10^{-10}	PVC
	10^{8}	10^{-8}	Marmor Glas
Halbleiter	10^{6}	10^{-6}	Selen
	10^{4}	10^{-4}	Silizium, rein
	10^{2}	10^{-2}	
	10^{0}	10^{0}	Germanium, rein
	10^{-2}	10^{2}	Indiumarsenid Galliumarsenid
Leiter	10^{-4}	10^{4}	
	10^{-6}	10^{6}	Kupfer
	10^{-8}	10^{8}	Silber
	10^{-10}	10^{10}	Supraleitung

Bild 3.1 Einteilung von Werkstoffen in Leiter, Halbleiter und Isolatoren.

Die wichtigsten Halbleiterwerkstoffe sind heute das Silizium (Si) und das Germanium (Ge). Reines Silizium und reines Germanium haben unter normalen Bedingungen nur wenige frei bewegliche Elektronen. Sie sind daher als schlechte elektrische Leiter zu bezeichnen. Durch gezielte Verunreinigungen des reinen Ausgangsmaterials lassen sich aber Halbleiter herstellen, die entweder einen Überschuß an negativen Ladungsträgern (Elektronen) oder einen Überschuß an positiven Ladungsträgern (Löchern) haben. Durch diese Verunreinigungen beim Herstellungsprozeß ist es möglich, Art, Anzahl sowie Beweglichkeit der Ladungsträger und damit auch den spezifischen Widerstand von Halbleitermaterial in weiten Grenzen zu variieren.
Diese Halbleiter-Werkstoffe werden entsprechend ihrem Leitungsmechanismus als n-Halbleiter (mit *n*egativen Ladungsträgern) und p-Halbleiter (mit *p*ositiven Ladungsträgern) bezeichnet. Sowohl in den n-Halbleitern als auch in den p-Halbleitern hängt aber die Stromrichtung wie bei einem metallischen Leiter nur von der Polarität der angelegten Betriebsspannung ab. Wird jedoch ein n-Halbleiter mit einem p-Halbleiter stoßstellenfrei zusammengefügt, so entsteht ein elektronisches Bauelement, durch das der Strom nur noch in eine Richtung fließen kann, also eine Halbleiterdiode. Der Anschluß an das p-Material wird als Anode, der Anschluß an das n-Material als Katode bezeichnet.
Die Hersteller von Halbleiterdioden geben zu jedem Diodentyp ein Datenblatt heraus, in dem die wichtigsten Kennwerte und Grenzwerte sowie mehrere Kennlinien enthalten sind. Grenzwerte dürfen auf keinen Fall überschritten werden, weil die Diode sonst zerstört wird und damit nicht mehr funktionsfähig ist. Kennwerte sind Daten, mit denen die Diode im normalen Einsatz betrieben werden soll. Diese Werte werden auch als charakteristische oder typische Kennwerte bezeichnet. Die Kenn- und Grenzwerte reichen aber nicht aus, um das Verhalten und die Eigenschaften der entsprechenden Diode bei den unterschiedlichsten Betriebsbedingungen ausführlich genug zu beschreiben. Daher sind in jedem Datenblatt auch noch mehrere Kennlinien angegeben, in denen die gegenseitigen Abhängigkeiten von zwei oder drei Variablen dargestellt sind.
Die Typenvielfalt ist bei den Halbleiterdioden außerordentlich groß. So gibt es Halbleiterdioden für Ströme von wenigen Milliampere, die dann aber besonders gut für einen Einsatz bei sehr hohen Frequenzen geeignet sind. Andererseits werden aber auch Leistungsdioden für Ströme von mehreren 1000 Ampere gefertigt. Schon hieraus ergeben sich zwangsläufig sehr unterschiedliche Bauformen von Dioden. Aber auch die Technologie und die Herstellungsverfahren der Dioden unterscheiden sich beträchtlich. So werden Spitzendioden für den Einsatz in Hochfrequenzschaltungen gefertigt. Flächendioden eignen sich dagegen wegen ihrer größeren Eigenkapazitäten nur für niederfrequente Gleichrichterschaltungen. Die meisten der heute eingesetzten Dioden werden in Planartechnik hergestellt und lassen sich sowohl in Gleichrichterschaltungen als auch in Impulsschaltungen verwenden. Bei den großen Leistungsdioden für Netzgleichrichter sind dagegen wieder andere Herstellungsverfahren notwendig.
Außer den Halbleiterdioden für die Gleichrichtung und für Schaltbetrieb wurden aber auch noch eine Reihe von Halbleiterdioden mit speziellen Eigenschaften entwickelt, wie z. B. Z-Diode, Kapazitätsdiode, Schottky-Diode, Tunneldiode, PIN-Diode, Fotodiode und Leuchtdiode.

Bild 3.2 zeigt die genormten Schaltzeichen der Halbleiterdioden. Auf die Fotodioden und die Leuchtdioden wird jedoch erst in Abschnitt 6 näher eingegangen.

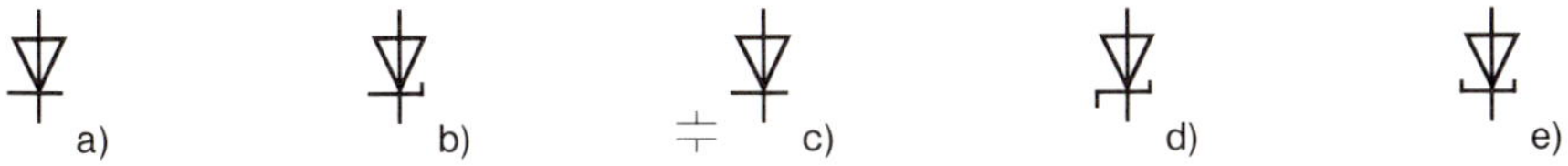

a) Gleichrichterdiode **b)** Z-Diode **c)** Kapazitatsdiode (Varaktordiode)
d) Schottky-Diode (nicht genormt) **e)** Tunneldiode

Bild 3.2 Schaltzeichen von Halbleiterdioden

Z-Dioden werden zur Konstanthaltung oder Stabilisierung von Gleichspannungen eingesetzt. Haupteinsatzgebiet der Kapazitätsdioden ist die Ab- oder Nachstimmung von Schwingkreisen. Sie sind heute in fast allen Geräten der Unterhaltungselektronik zu finden. Schottky-Dioden werden aufgrund ihrer speziellen Eigenschaften als schnelle Schalter eingesetzt. Die Kennlinie von Tunneldioden weicht stark von den Kennlinien aller anderen Halbleiterdioden ab. Sie wird zur Schwingungserzeugung im Mikrowellenbereich ($\rhd$ 1 GHz) benutzt. PIN-Dioden haben im Bereich von 10 MHz bis 1 GHz einen nahezu idealen ohmschen Widerstand. Aufgrund dieser Eigenschaft werden sie als regelbare Hochfrequenz-Abschwächer in Fernseh-Kanalwählern eingesetzt. Da es sich bei den Tunnel- und PIN-Dioden um Spezialdioden handelt, die nur in der Hoch- und Höchstfrequenztechnik eingesetzt werden, wird hier jedoch nicht näher auf sie eingegangen.
Die Typenbezeichnung von Halbleiterdioden erfolgt entweder nach dem »JEDEC«- oder dem »Pro-Electron«-Bezeichnungsschema. In beiden Fällen werden sowohl Buchstaben als auch Ziffern zur Typenbezeichnung verwendet. Bei den kleineren Diodengehäusen erfolgt die Typenangabe meistens durch eine zugehörige Farbringcodierung.

3.2 Halbleiterphysik

3.2.1 Halbleiterwerkstoffe

In der Elektrotechnik wird üblicherweise die elektrische Leitfähigkeit als Kriterium für die Einteilung der Festkörperstoffe verwendet. So erfolgte von Anfang an eine Einteilung der Werkstoffe aufgrund ihrer spezifischen Leitwerte in elektrische Leiter und Isolatoren. Als »halbleitend« werden heute jedoch diejenigen Werkstoffe bezeichnet, deren spezifischer Leitwert zwischen dem von metallischen Leitern und dem echter Isolatoren liegt. Bereits im Bild 3.1 ist ein Überblick über die Zuordnung der Bereiche

Periode	Schale	1. Gruppe	2. Gruppe	3. Gruppe	4. Gruppe	5. Gruppe	6. Gruppe	7. Gruppe	Edelgase
Wertigkeit gegen Wasserstoff		1	2	3	4	3	2	1	0
1.		1 H Wasserstoff							2 He Helium
	K	1 1,00797							2 4,0026
2.		3 Li Lithium	4 Be Beryllium	5 B Bor	6 C Kohlenstoff	7 N Stickstoff	8 O Sauerstoff	9 F Fluor	10 Ne Neon
	K	2 6,939	2 9,0122	2 10,811	2 12,011	2 14,007	2 15,999	2 18,998	2 20,183
	L	1	2	3	4	5	6	7	8
3.		11 Na Natrium	12 Mg Magnesium	13 Al Aluminium	14 Si Silizium	15 P Phosphor	16 S Schwefel	17 Cl Chlor	18 Ar Argon
	K	2 22,990	2 24,312	2 26,982	2 28,086	2 30,974	2 32,064	2 35,453	2 39,948
	L	8	8	8	8	8	8	8	8
	M	1	2	3	4	5	6	7	8
4.		19 K Kalium	20 Ca Calcium	21 Sc Scandium	22 Ti Titan	23 V Vanadium	24 Cr Chrom	25 Mn Mangan	
	K	2 39,102	2 40,08	2 44,956	2 47,90	2 50,942	2 51,996	2 54,938	
	L	8	8	8	8	8	8	8	
	M	8	8	9	10	11	13	13	
	N	1	2	2	2	2	1	2	
		29 Cu Kupfer	30 Zn Zink	31 Ga Gallium	32 Ge Germanium	33 As Arsen	34 Se Selen	35 Br Brom	36 Kr Krypton
	K	2 63,54	2 65,37	2 69,72	2 72,59	2 74,922	2 78,96	2 79,909	2 83,80
	L	8	8	8	8	8	8	8	8
	M	18	18	18	18	18	18	18	18
	N	1	2	3	4	5	6	7	8
5.		37 Rb Rubidium	38 Sr Strontium	39 Y Yttrium	40 Zr Zirkonium	41 Nb Niob	42 Mo Molybdän	43 Tc Technetium	
	K	2 85,47	2 87,62	2 88,905	2 91,22	2 92,906	2 95,94	2	
	L	8	8	8	8	8	8	8	
	M	18	18	18	18	18	18	18	
	N	8	8	9	10	12	13	14	
	O	1	2	2	2	1	1	1	
		47 Ag Silber	48 Cd Cadmium	49 In Indium	50 Sn Zinn	51 Sb Antimon	52 Te Tellur	53 J Jod	54 Xe Xenon
	K	2 107,87	2 112,40	2 114,82	2 118,69	2 121,75	2 127,60	2 126,90	2 131,30
	L	8	8	8	8	8	8	8	8
	M	18	18	18	18	18	18	18	18
	N	18	18	18	18	18	18	18	18
	O	1	2	3	4	5	6	7	8

Bild 3.3 Ausschnitt aus dem Periodischen System der Elemente

zum spezifischen Widerstand gegeben. Danach ergibt sich ganz grob folgende Einteilung:

Leiter: 1,5 $\cdot 10^{-6}\,\Omega$cm (Silber) bis ca. 5 $\cdot 10^{-5}\,\Omega$cm (Stahl)
Halbleiter: 10^{-2} ... 1,0 Ωcm (dotiertes Si) bis 2 $\cdot 10^{5}\,\Omega$cm (reines Si)
Isolatoren: $10^{8}\,\Omega$cm (Holz) bis $10^{20}\,\Omega$cm (Bernstein)

Dieser Einteilung entsprechend handelt es sich bei den Halbleitern um Elemente oder Verbindungen, die unter normalen Bedingungen nur wenig freie Elektronen besitzen. Die wichtigsten Halbleiterwerkstoffe sind heute das Silizium (Si) und das Germanium (Ge). Selen (Se) wird dagegen nur noch zur Herstellung kleinerer Netzgleichrichter verwendet. Hinzu kommen jedoch noch als sogenannte »intermetallische Verbindungen« Gallium-Arsenid (GaAs), Gallium-Phosphid (GaP) und Indium-Arsenid (InAs). Die Kristallgemische GaAs und GaP werden hauptsächlich zur Herstellung von Fotohalbleitern (siehe Abschnitt 6) und InAs zur Herstellung von Hallgeneratoren (siehe Abschnitt 7) verwendet.
Bild 3.3 zeigt als Ausschnitt eine Tabelle des Periodischen Systems der Elemente. Die beiden wichtigsten Halbleiterelemente Silizium und Germanium befinden sich in der 4. Gruppe und haben demnach vier Elektronen auf ihrer äußersten Schale. Wegen dieser vier Valenzelektronen werden Si und Ge als vierwertig bezeichnet.
Im **Bild 3.4** sind die im Periodensystem angegebenen Zahlen für das Siliziumatom näher erläutert.

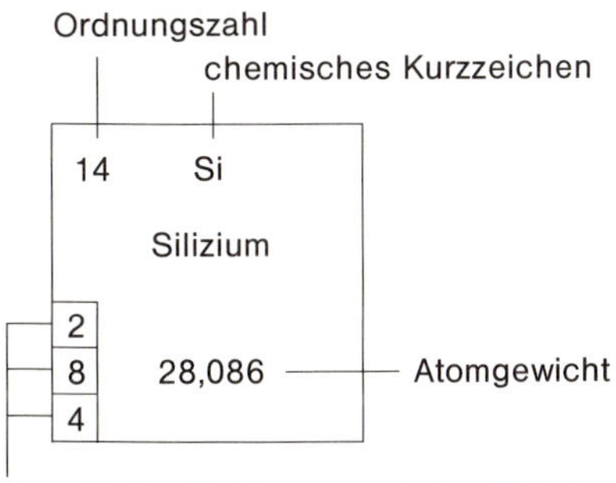

Bild 3.4 Ausschnitt aus dem Periodensystem für das Si-Atom

Die Herstellung von Halbleiterbauelementen ist außerordentlich langwierig und kompliziert. Zunächst muß das Ausgangsmaterial einen sehr hohen Reinheitsgrad haben. So hat das in einem Lichtbogenofen aus Quarzsand und Kohlenstoff hergestellte Rohsilizium nur einen Reinheitsgrad von etwa 98 %. Aus diesem Rohsilizium werden dann in mehreren Reinigungsschritten polykristalline Siliziumstäbe mit einem Reinheitsgrad von 99,9999 % $\triangleq 10^{6}$ gewonnen. In weiteren Bearbeitungsgängen, dem sogenannten

Zonenziehen, entsteht monokristallines Reinstsilizium, ebenfalls in Stabform. Dieses Reinstsilizium muß einen Reinheitsgrad von 10^{10} besitzen, d. h. auf 10^{10} Si-Atome darf höchstens noch ein Fremdatom kommen. Dieses Verhältnis entspricht etwa der Verschmutzung eines mit sauberem Wasser gefüllten Schwimmbecken mit den Ausmaßen 20 m × 10 m × 2 m durch nur einen einzigen Farbtropfen von 4 mm Durchmesser.
Die erzeugten Reinstsiliziumstäbe werden in sehr dünne Scheiben (Wafer) geschnitten, aus denen schließlich in vielen weiteren Bearbeitungsgängen die unterschiedlichsten Halbleiterbauelemente und integrierten Schaltungen hergestellt werden. Die Herstellungsverfahren für Bauelemente aus Silizium und Germanium ähneln sich weitgehend.
Außer Edelgasen haben alle Elemente das Bestreben, durch Eingehen von Verbindungen mit anderen Elementen die Zahl der Elektronen auf der äußersten Schale so zu verändern, daß diese äußerste Schale voll besetzt ist. Um diesen Zustand zu erreichen, können die vierwertigen Si-oder Ge-Atome entweder ihre vier Valenzelektronen abgeben oder Valenzelektronen von Nachbaratomen aufnehmen.
Wegen des hohen Reinheitsgrades des Reinstsiliziums – bzw. des Reinstgermaniums haben die Atome keine Möglichkeit, Verbindungen mit benachbarten Fremdatomen einzugehen, um so ihre äußere Schale voll besetzt zu bekommen. Sie gehen daher untereinander Atombindungen ein, die auch als kovalente Bindungen bezeichnet werden. Diese Bindungsart zwischen zwei Atomen ist in **Bild 3.5** dargestellt.

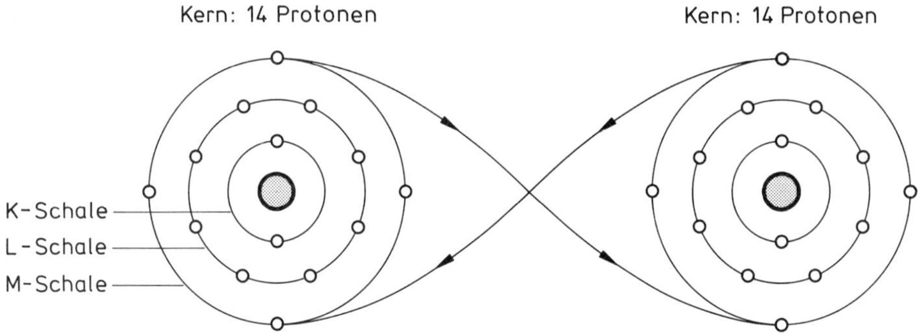

Bild 3.5 Atombindung zwischen zwei Si-Atomen

In der Prinzipdarstellung nach Bild 3.5 ist zu erkennen, daß die beiden Atomkerne auch jeweils von einem Valenzelektron des Nachbaratoms umkreist werden. Bei beiden Atomen ist daher für jeweils eine kurze Zeitdauer ein Valenzelektron mehr vorhanden. Damit die vier auf der äußersten Schale fehlenden Elektronen besetzt werden, gehen die vierwertigen Si- oder Ge-Atome mit jeweils vier weiteren Atomen des gleichen Elementes eine kovalente Bindung ein. Fünf derartige Atome schließen sich daher zusammen und bilden eine regelmäßige Anordnung, wie sie in **Bild 3.6** dargestellt ist. Die Kugeln symbolisieren die Atome, die Säulen die Bindungen zwischen den Valenzelektronen.

Ein Silizium-Atom in einer Elementarzelle

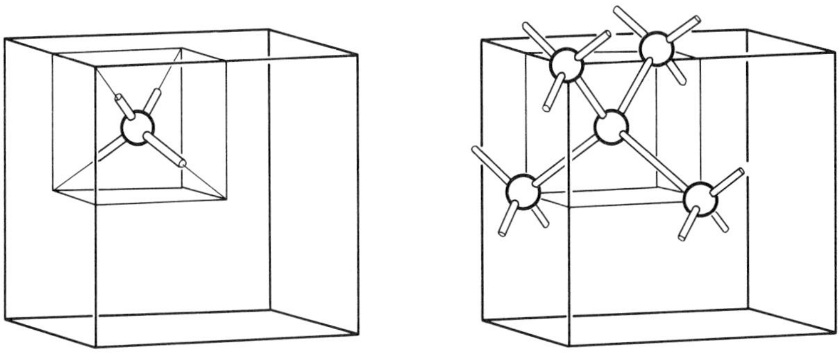

Bild 3.6 Räumliche Anordnung von Si-Atomen zu einem Kristallgitter

Da sich jedes Atom in der Mitte eines Würfels befindet, wird eine derartige Anordnung als kubischraumzentriertes Kristallgitter bezeichnet. Jedes Atom der Würfelecke ist wiederum Raummittelpunkt eines weiteren Würfels. Daher entsteht ein völlig regelmäßiger Aufbau des Kristallgitters entsprechend **Bild 3.7**.

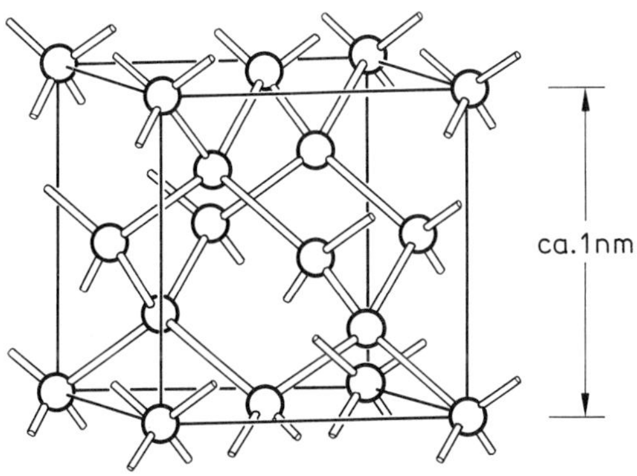

Bild 3.7 Si-Kristallgitter

Die räumliche Darstellung eines Kristallgitters ist schwierig zu zeichnen und auch für die weiteren Betrachtungen weniger anschaulich. Aus diesen Gründen wird meistens eine zweidimensionale Darstellung entsprechend **Bild 3.8** verwendet. Hier sind dann zusätzlich auch die Elektronen auf den inneren vollbesetzten Schalen der Atome weggelassen, weil diese Elektronen keinerlei Einfluß auf die Bindung haben.

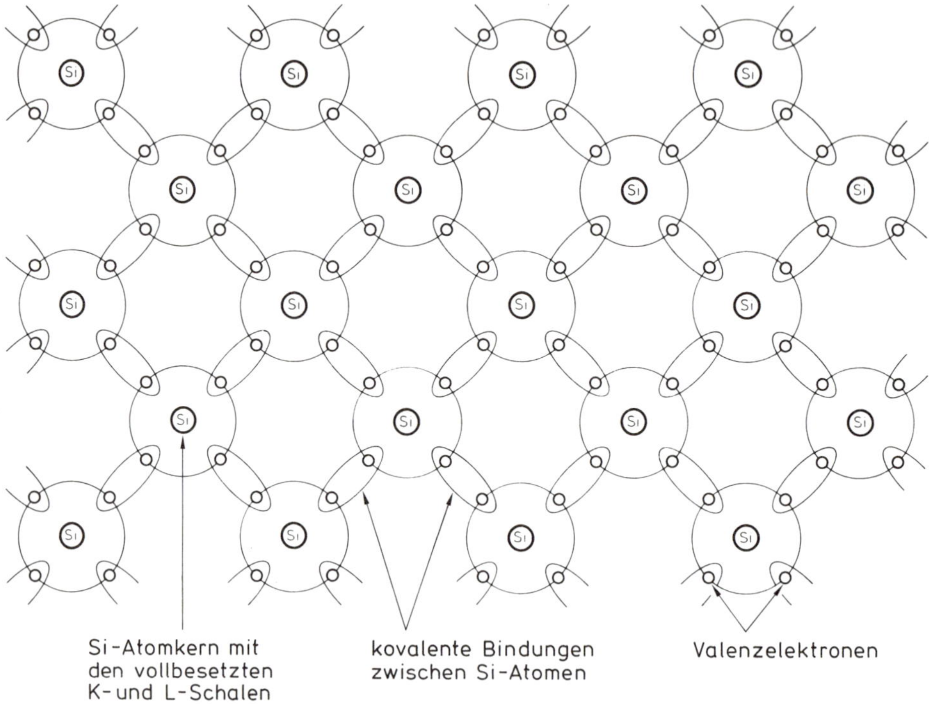

Bild 3.8 Zweidimensionale Darstellung eines Halbleiterkristalls aus Si-Atomen

3.2.2 Eigenleitfähigkeit

Bei einem Reinheitsgrad von 10^{10} bilden die Germanium- bzw. Siliziumatome ein Kristallgitter, bei dem alle vorhandenen Valenzelektronen der Halbleiteratome zum Aufbau benötigt werden. Bei einem solchen störungsfreien Kristallgitteraufbau und beim absoluten Nullpunkt von 0 K (Kelvin) $= -273$ °C befinden sich alle Atome im Ruhezustand und die an der Kristallbindung beteiligten Valenzelektronen sind fest an die benachbarten Atome gebunden. Daher sind keine freien Ladungsträger vorhanden. Die Leitfähigkeit des Halbleitermaterials ist unter den genannten Bedingungen gleich Null und damit ist das Material ein absoluter Nichtleiter.

Wird einem solchen Halbleiterkristall jedoch Energie in Form von Wärme oder Licht zugeführt, so beginnen die Atome zu schwingen. Diese Schwingungen werden als thermische Eigenbewegung der Atome bezeichnet. Durch die Schwingungen vergrößert sich der Abstand zwischen Atomkern und Valenzelektronen. Die Bindekraft zwischen Kern und Elektronen wird kleiner. Aus diesem Grund können einige Valenzelektronen aus der Kristallbindung herausspringen und werden damit zu freien Elektronen. Wird jetzt eine Spannung an den Kristall gelegt, so ist infolge des elektrischen Feldes ein Stromfluß im Kristall möglich.

An der Stelle, an der ein Valenzelektron aus seiner ursprünglichen Bindung herausgesprungen ist, fehlt jedoch eine negative Ladung. Es bleibt daher im betreffenden Atom eine positive Ladung zurück, die als »Defektelektron« oder kurz als »Loch« bezeichnet wird. Das Entstehen eines freien Elektrons und eines Loches wird als »Generation« oder »thermische Paarbildung« bezeichnet. Bei ständiger Energiezufuhr werden fortlaufend Elektronen frei. Sie wandern auf scheinbar regellosen Bahnen durch den Kristall, bis sie auf ein Loch treffen und dort wieder in einen festen Atomverband zurückspringen. Dieser Vorgang wird »Rekombination« genannt. In **Bild 3.9** sind die Zusammenhänge bei der Paarbildung und Rekombination sehr vereinfacht dargestellt.

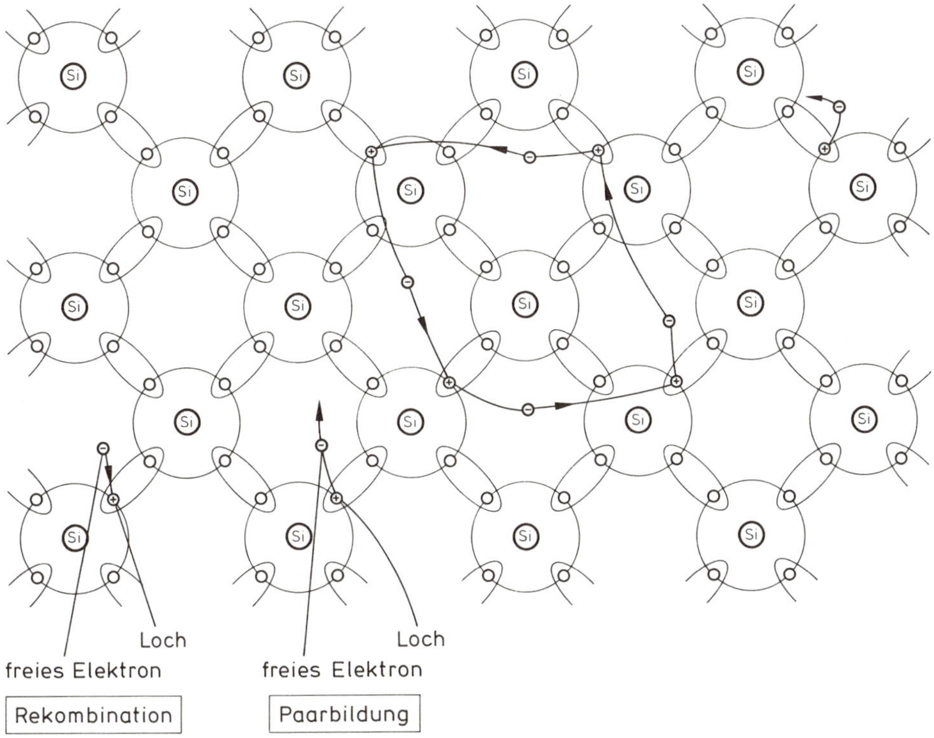

Bild 3.9 Paarbildung und Rekombination in einem Si-Kristall

Paarbildung und Rekombination sind stets im Gleichgewicht. Die Anzahl der verfügbaren Ladungsträger hängt aber von der Temperatur ab und wird mit steigender Temperatur größer. Allerdings ist auch bei Raumtemperatur (20 °C ≙ 293 K) von 10^9 Bindungen nur jeweils eine aufgerissen, d. h. es kommt auf eine Milliarde Atome nur ein Ladungsträgerpaar. Im Bereich der Raumtemperatur verdoppelt sich die Anzahl der Ladungsträgerpaare etwa, wenn eine Temperaturerhöhung um 10 K vorgenommen wird.

Bei reinen Halbleitermaterialien werden also mit steigender Temperatur mehr Valenzelektronen frei. Dadurch wird die elektrische Leitfähigkeit größer, bzw. der elektrische Widerstand wird kleiner. Halbleitermaterialien sind bezüglich ihrer Leitfähigkeit oder ihres Widerstandes wesentlich temperaturabhängiger als metallische Leiter. Sie haben im Gegensatz zu den Metallen auch einen negativen Temperaturbeiwert. In **Bild 3.10** ist der spezifische Widerstand in Abhängigkeit von der Temperatur für Silizium, Germanium und Kupfer aufgetragen.

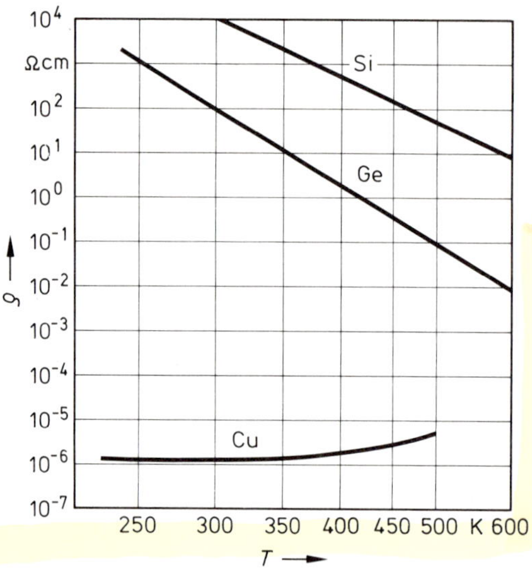

Bild 3.10 Spezifischer Widerstand von Silizium, Germanium und Kupfer in Abhängigkeit von der Temperatur

Beim Anlegen einer Spannung entsteht im Halbleiterkristall ein elektrisches Feld. Dadurch werden die Elektronen, die aufgrund der thermischen Paarbildung frei geworden sind, zum Pluspol der Spannungsquelle gezogen. Sie springen auf ihrem Weg dahin immer von einem Loch zum anderen. Damit wandern die Löcher aber scheinbar vom Pluspol der Spannungsquelle zum Minuspol. Diese Vorgänge bei der Elektronen-und Löcherwanderung unter Einfluß eines elektrischen Feldes sind in **Bild 3.11** veranschaulicht.

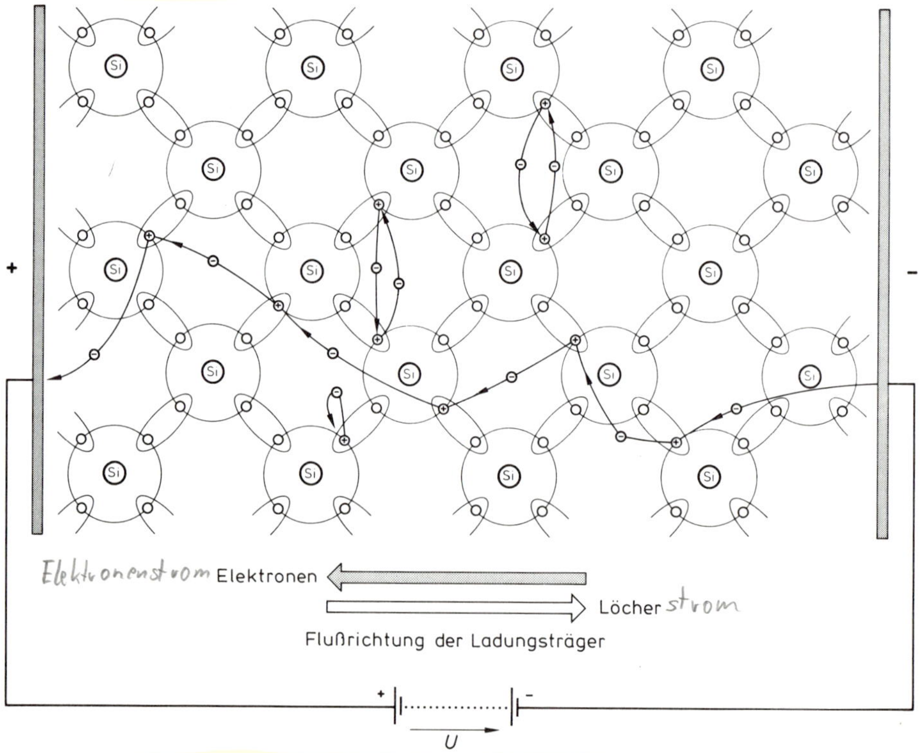

Bild 3.11 Elektronen- und Löcherwanderung im Si-Kristall unter Einfluß eines elektrischen Feldes

Die elektrische Leitfähigkeit eines Halbleiters, die allein aufgrund der thermischen Paarbildung entstanden ist, wird als »Eigenleitfähigkeit« oder »Intrinsicleitfähigkeit« (intrinsic = im Innern) bezeichnet.
Dabei führen die freien Ladungsträger im Kristall thermische Schwirrbewegungen aus. Durch das elektrische Feld erhalten die freien Ladungsträger aber eine gleiche Bewegungsrichtung. Diese gleiche Bewegungsrichtung wird als »Drift« bezeichnet. Sie ist der wärmebedingten Zick-Zack- oder Schwirrbewegung überlagert. In **Bild 3.12** sind die Vorgänge veranschaulicht.

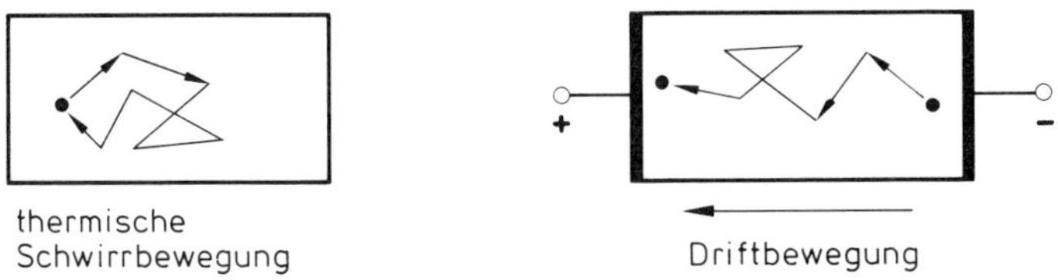

Bild 3.12 Schwirr- und Driftbewegung von Ladungsträgern in einem Halbleitermaterial

In jedem Halbleitermaterial stehen also zum Ladungstransport sowohl Elektronen als auch Löcher zur Verfügung. Dieser bipolare Leitungsmechanismus ist in **Bild 3.13** im Modell dargestellt.

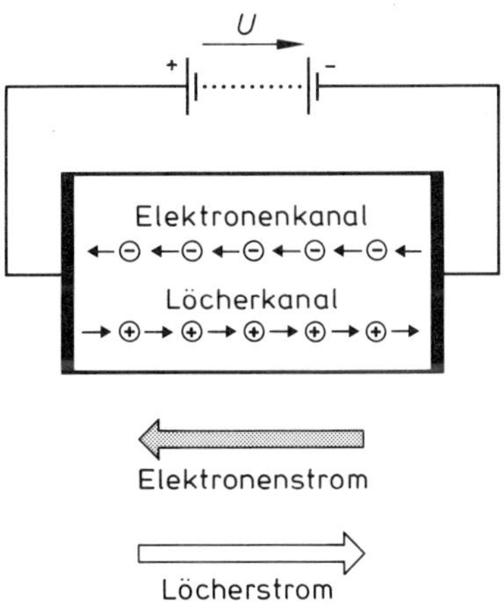

Bild 3.13 Ladungsträgerströme in einem Halbleiter

Bei Raumtemperatur hat der Löcherkanal z. B. bei Germanium einen spezifischen Widerstand ρ (rho) ≈ 250 Ωcm und der Elektronenkanal einen spezifischen Widerstand von ρ ≈ 150 Ωcm. Da beide Leitungskanäle parallel liegen, ergibt sich ein spezifischer Gesamtwiderstand von ρ ≈ 100 Ωcm. Der höhere spezifische Widerstand des Löcherkanals tritt auf, weil bei der Elektronenwanderung nicht jedes Loch von einem Elektron aufgefüllt wird. Manche Elektronen überspringen einfach die nächstliegende Lochstelle.

3.2.3 Dotierte Halbleiter

3.2.3.1 Störstellenleitfähigkeit

Die Leitfähigkeit eines reinen Halbleiters hängt von der Temperatur und dem Halbleitermaterial ab. Sie kann aber auch unabhängig vom Temperatureinfluß durch den Einbau von Fremd- oder Störatomen in das Kristallgitter stark verändert werden. Ein derartiger Einbau von Fremdatomen in das Kristallgitter von reinen Halbleitern wird als »Dotieren« oder »Dopen« bezeichnet.
Zum Dotieren von Silizium- und Germaniumkristallen sind Stoffe geeignet, die entweder ein Valenzelektron mehr oder ein Valenzelektron weniger besitzen. Da Si und Ge zur 4. Gruppe im periodischen System gehören, kommen Elemente der 5. Gruppe mit ihren 5 Valenzelektronen oder Elemente der 3. Gruppe mit ihren 3 Valenzelektronen in Frage.
Dem Bild 3.3 ist zu entnehmen, daß die Elemente Phosphor, Arsen und Antimon fünfwertig sind und damit ein Elektron mehr als Germanium und Silizium haben. Durch Verunreinigung mit diesen Fremdatomen entsteht im Kristallgitter ein Elektronenüberschuß. Daher werden die höherwertigen Fremdatome als »Donatoren« (Elektronenspender) bezeichnet.
Wird dagegen mit Bor, Aluminium, Gallium oder Indium dotiert, so entsteht im Kristallgitter ein Elektronenmangel, weil die Atome dieser Stoffe nur drei Valenzelektronen und damit ein Elektron weniger als Germanium und Silizium haben. Diese niederwertigen Fremdatome werden daher als »Akzeptoren« (Elektronenempfänger) bezeichnet.
Die Leitfähigkeit eines dotierten Halbleiters hängt vom Grad der Verunreinigung ab. Diese durch gezielte Verunreinigung bewirkte Leitfähigkeit wird »Störstellenleitfähigkeit« genannt. Sie ist maßgebend für die Leitfähigkeit aller dotierten Halbleitermaterialien.
Die Verunreinigung eines reinen Halbleiterkristalls darf jedoch nicht beliebig stark vorgenommen werden. Sonst könnte der Fall eintreten, daß sich der gesamte Kristallaufbau nach den Fremdatomen mit ihren fünf oder drei Valenzelektronen ausrichtet. So darf die Störstellendichte nur etwa $1:10^6$ betragen, d. h. auf 10^6 Si- oder Ge-Atome ist maximal ein Fremdatom zulässig.

3.2.3.2 n-Halbleiter

Beim Dotieren eines reinen Halbleitermaterials mit 5wertigen Stoffen wie Phosphor, Arsen oder Antimon können vier der fünf Valenzelektronen eine wechselseitige Bindung mit den benachbarten Si- oder Ge-Atomen eingehen. Das fünfte Valenzelektron des Fremdatoms findet jedoch keinen Partner und löst sich daher relativ leicht von den Bindekräften des eigenen Atoms. Bei Raumtemperatur steht somit je eingebautem Fremdatom ein freies Elektron für den Ladungstransport zur Verfügung. In **Bild 3.14** sind diese Zusammenhänge veranschaulicht.
Hat sich ein Elektron vom Donatoratom gelöst, so bleibt in seinem Kern jedoch eine positive Ladung zurück. Sie versucht, wieder ein frei bewegliches Elektron einzufangen, damit im Atom wie ursprünglich gleich viele Elektronen wie Protonen vorhanden sind. Unter dem Einfluß eines elektrischen Feldes wandern die freien Elektronen, von Loch zu Loch springend, in Richtung des Pluspoles der Spannungsquelle.

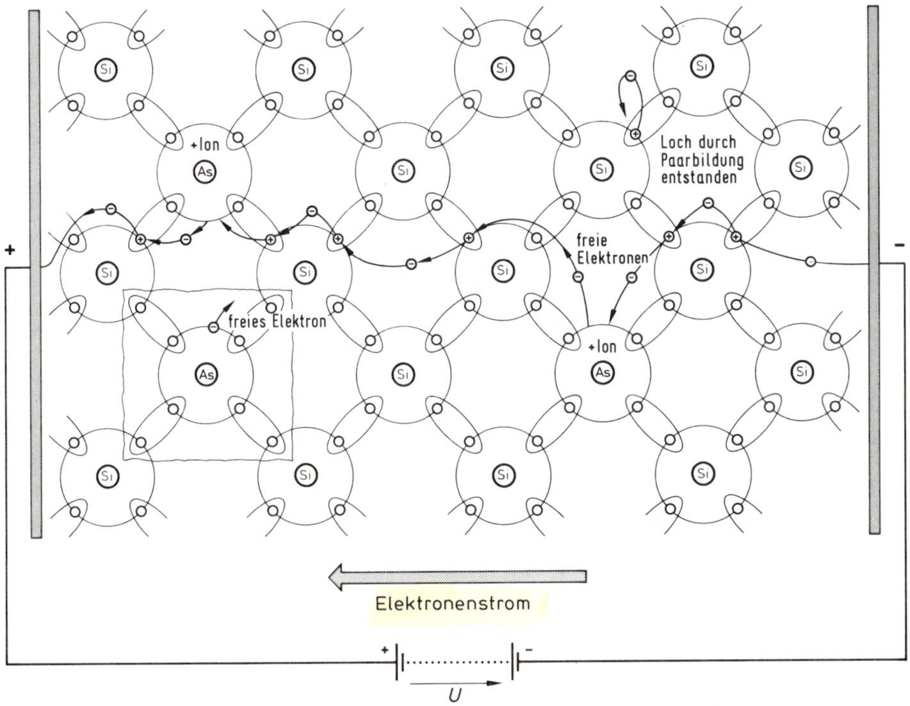

Bild 3.14 Kristallaufbau und Leitungsmechanismus eines n-Halbleiters

Da der Ladungstransport in einem mit Donatoren dotierten Halbleitermaterial durch freie Elektronen erfolgt, wird ein derartiger Halbleiter als »n-leitendes Material« (=negativ leitend) bezeichnet. Ähnlich wie bei den metallischen Leitern bewegen sich die freien Elektronen mit einer Geschwindigkeit von etwa 3800 cm^2/Vs durch den n-Halbleiter. Die Einheit cm^2/Vs ergibt sich aus dem Zusammenhang zwischen der Einheit der Feldstärke V/cm und der Einheit der Geschwindigkeit cm/s der frei beweglichen Elektronen, denn

$$\frac{cm^2}{Vs} = \frac{cm}{s} \cdot \frac{1}{V/cm}$$

Die Leitfähigkeit eines n-Halbleiters wird auch »Elektronenleitfähigkeit« genannt.

3.2.3.3 p-Halbleiter

Auch beim Dotieren eines reinen Halbleitermaterials mit einem 3wertigen Stoff wie Bor, Aluminium, Gallium oder Indium wird ein Halbleiteratom im Kristallaufbau durch ein Fremdatom ersetzt. Da dieses Fremdatom aber nur drei Valenzelektronen besitzt, fehlt jetzt in der Kristallbindung ein Elektron. Durch das Dotieren ist daher ein Loch oder Defektelektron entstanden. Dieses Primärloch wird jedoch durch ein bei der thermischen Paarbildung freigewordenes Elektron eines Nachbaratoms aufgefüllt. Dadurch ist aber im Nachbaratom ein neues Loch, ein sogenanntes Sekundärloch, entstanden, das wiederum von einem Elektron des Nachbaratoms besetzt wird. Auf diese Weise wandern die Löcher als positive Elementarladungen unter dem Einfluß eines elektrischen Feldes zum negativen Pol der Spannungsquelle. In **Bild 3.15** ist dieser Vorgang dargestellt.

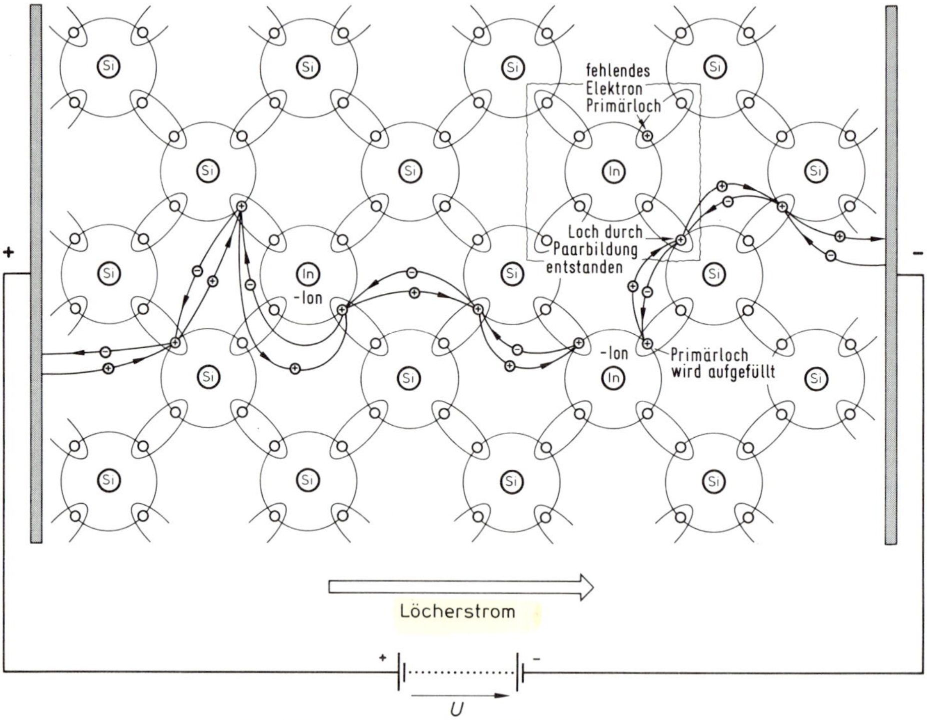

Bild 3.15 Kristallaufbau und Leitungsmechanismus eines p-Halbleiters

In einem p-Halbleiter übernehmen positive Elementarladungen den Ladungstransport. Dieses Halbleitermaterial wird daher als »p-leitend« und seine Leitfähigkeit als »Lochleitfähigkeit« bezeichnet. Die Geschwindigkeit, mit der sich die Löcher in einem p-Halbleitermaterial bewegen, ist mit etwa 1800 cm^2/Vs wesentlich geringer als die Geschwindigkeit der freien Elektronen in einem n-Halbleiter, weil die Elektronen häufig Löcher überspringen.

3.2.4 pn-Übergang

3.2.4.1 Herstellung eines pn-Überganges

Die meisten Halbleiterbauelemente besitzen sowohl Zonen aus reinem p-Material als auch aus reinem n-Material. Zwischen ihnen tritt zwangsläufig eine Übergangszone auf. Dieser pn-Übergang ist für die Funktion der Bauelemente von besonderer Bedeutung.

Um eine einwandfreie Arbeitsweise des pn-Überganges zu erreichen, müssen das p-Material und das n-Material stoßstellenfrei ineinander übergehen.
Diese Stoßstellenfreiheit wird herstellungstechnisch durch Diffusionsvorgänge erreicht. Hierbei wird z. B. eine kleine Indiumpille auf ein Stück n-Silizium gesetzt und die so vorbereitete Scheibe in einem Ofen auf ca. 600 °C aufgeheizt. Bei dieser Temperatur dringen Indiumatome in das n-Silizium ein und überschwemmen es mit 3-wertigen Fremdatomen. Dieser Vorgang wird als »Eindiffundieren« bezeichnet. In **Bild 3.16** ist dieses Herstellungsprinzip eines pn-Überganges dargestellt.

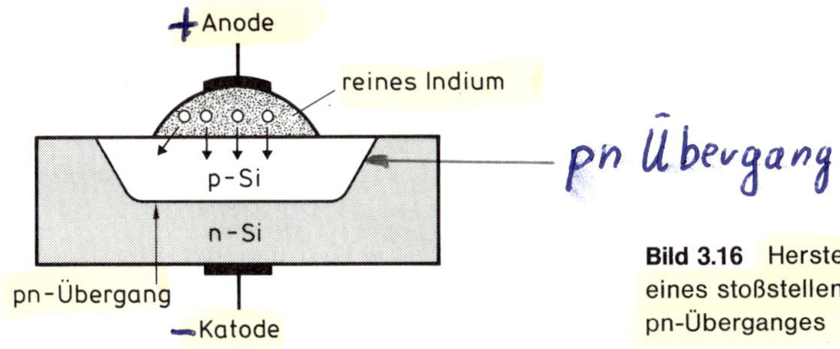

Bild 3.16 Herstellungsprinzip eines stoßstellenfreien pn-Überganges

Durch das Eindiffundieren der 3wertigen Fremdatome in das n-Silizium entsteht um die Indiumpille herum eine Zone, in der mehr Löcher als freie Elektronen vorhanden sind. Das ursprünglich in dieser Zone vorhandene n-Silizium wird somit in p-Silizium umdotiert. Die Vorgänge laufen bei diesem Verfahren so ab, daß der Übergang zwischen dem p- und dem n-Material stoßstellenfrei ist.

3.2.4.2 pn-Übergang ohne angelegte Spannung

Infolge der thermischen Eigenbewegungen der Atome werden bei einem pn-Übergang die jeweils freien Ladungsträger auch über die Grenzfläche hinwegwandern. Auf diese Weise gelangen Elektronen aus dem n-dotierten Material in das p-Gebiet sowie Löcher aus dem p-dotierten Material in das n-Gebiet. Dieser Vorgang wird als »Diffusion« bezeichnet. Er ist in **Bild 3.17** dargestellt.

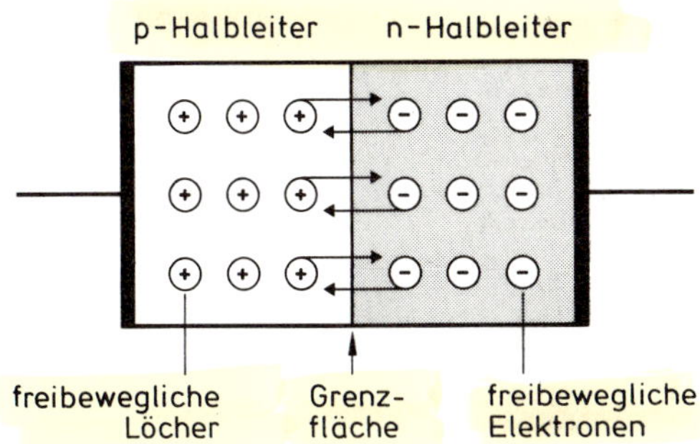

Bild 3.17 Diffusion in einem pn-Übergang

Da die aus dem n-Gebiet kommenden Elektronen im p-Gebiet genügend freie Löcher und die aus dem p-Gebiet kommenden Löcher genügend freie Elektronen vorfinden, kommt es in der Nähe der Grenzfläche in beiden Kristallabschnitten zu Rekombinatio-

nen. Dabei vereinigen sich dann die aus dem n-dotierten Kristall kommenden Elektronen mit den im p-Kristall schon vorhandenen Löchern und die aus dem p-Kristall kommenden Löcher mit den im n-Kristall bereits vorhandenen Elektronen.
Als Folge dieser Diffusion entsteht somit zu beiden Seiten der Grenzfläche eine Zone, die praktisch frei von beweglichen Ladungsträgern ist. Sie hat wegen der fehlenden beweglichen Ladungsträger eine wesentlich schlechtere Leitfähigkeit als das jeweils angrenzende p- und n-Material und wird daher als »Sperrschicht« bezeichnet. Diese Sperrschicht hat nur eine Dicke von ca. 1 bis 1,5 µm. Alle beschriebenen Vorgänge von Diffusion, Rekombination und Ausbildung der Sperrschicht vollziehen sich bereits während des Herstellungsprozesses des pn-Überganges.
Reines n-Halbleitermaterial und reines p-Halbleitermaterial sind nach außen hin elektrisch neutral, weil auch nach dem Einbringen von Fremdatomen in reines Halbleitermaterial in dem Kristallgitter noch immer die gleiche Anzahl von Protonen und Elektronen vorhanden sind. Während des Diffusionsvorganges wandern aber negative Ladungsträger aus dem elektrisch neutralen n-dotierten Kristall in den vorher ebenfalls elektrisch neutralen p-dotierten Kristall. Somit fehlen in der Umgebung der Sperrschicht im n-Material die von den eingebauten Fremdatomen stammenden Elektronen. In dieser Zone tritt daher eine positive Ladung auf.
Die in den p-dotierten Teil der Sperrschicht eingewanderten Elektronen füllen dagegen die bei den dort vorhandenen, von den Fremdatomen stammenden Löcher auf. Dadurch erhält diese Zone eine negative Ladung. Infolge dieser Vorgänge baut sich zu beiden Seiten der Grenzfläche eine Raumladung auf, die im n-dotierten positiv und im p-dotierten Teil negativ ist. In **Bild 3.18** sind diese Zusammenhänge dargestellt.

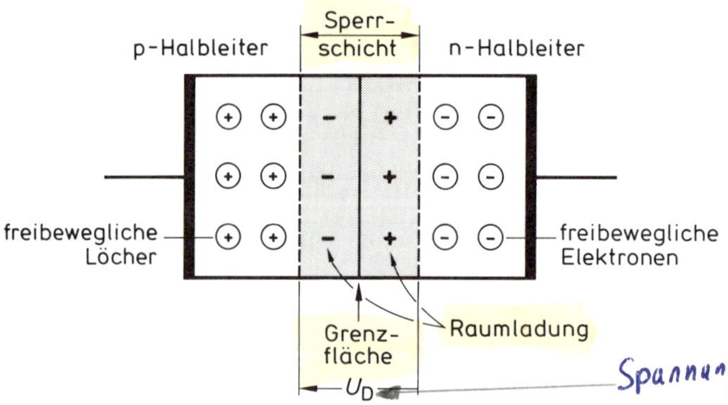

Bild 3.18 Sperrschicht und Raumladung bei einem pn-Übergang

Die durch die Diffusionsvorgänge entstandene Raumladung kann aber nicht unbegrenzt wachsen. Je mehr Elektronen von der n-Schicht in die p-Schicht wandern, desto größer wird die negative Raumladung in der p-Schicht. Sie wirkt dem Eindringen weiterer Elektronen entgegen. Die gleiche Behinderung tritt auch für die aus dem p-Kristall kommenden Löcher infolge der immer größer werdenden positiven Raumladung im n-Kristall auf. Sobald die Raumladungen einen bestimmten Wert erreicht haben, ist eine weitere Diffusion nicht mehr möglich und es tritt ein Gleichgewichtszustand ein. Der Spannungswert, bei dem die Diffusion aufhört, wird als »Diffusions-

spannung U_D« bezeichnet. Eigentlich müßte diese Spannung Anti-Diffusionsspannung heißen, weil sie der weiteren Diffusion entgegenwirkt.
Weil die Diffusionsspannung nur unmittelbar an der Sperrschicht auftritt, kann sie von außen nicht direkt gemessen werden. Sie läßt sich aber durch eine indirekte Messung ermitteln, indem sie durch eine gleichgroße, aber entgegengesetzte äußere Spannung kompensiert wird. Diese Kompensationsspannung wird hier »Schleusenspannung« genannt.
Die Größe der entstehenden Diffusionsspannung hängt im wesentlichen vom verwendeten Halbleitermaterial ab. Sie beträgt bei

Germanium: $U_D \approx 0{,}2$ bis 0,4 V und bei
Silizium: $U_D \approx 0{,}5$ bis 0,8 V

Die genauen Zwischenwerte innerhalb der beiden Bereiche werden vom jeweiligen Dotierungsgrad sowie von der Temperatur der Sperrschicht bestimmt.

3.2.4.3 pn-Übergang in Durchlaßrichtung

In **Bild 3.19** ist eine äußere Spannungsquelle so an einen Halbleiterkristall mit pn-Übergang angeschlossen, daß der Minuspol an dem n-dotierten Material und der Pluspol am p-dotierten Material liegt. Unter dem Einfluß des dann im Halbleiterkristall auftretenden elektrischen Feldes wandern sowohl die im n-Halbleiter vorhandenen freien Elektronen als auch die im p-Halbleiter vorhandenen freien Löcher in Richtung Sperrschicht. Sie dringen dabei in die durch Diffusion entstandene, vor Anlegen der äußeren Spannung ladungsträgerfreie Zone ein. Dadurch wird die ursprüngliche Breite dieser Zone kleiner.

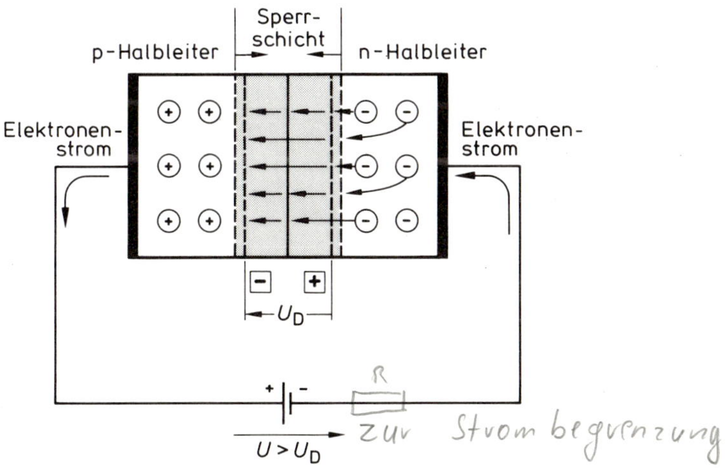

Bild 3.19 pn-Übergang in Durchlaßrichtung

Bei einer ausreichend großen äußeren Spannung ist die Sperrschicht fast vollständig abgebaut. Dadurch ist auch der Widerstand dieser Zone klein und es kann ein von der Spannungsquelle getriebener Strom durch den Halbleiterkristall fließen. Der pn-Über-

gang wird also in Durchlaßrichtung betrieben, wenn der negative Pol der äußeren Spannungsquelle am n-Material liegt.
In Bild 3.19 ist auch zu erkennen, daß bei Durchlaßbetrieb die angelegte Spannung der inneren Diffusionsspannung entgegengerichtet ist. Ein Strom kann daher erst durch den pn-Übergang fließen, wenn die Diffusionsspannung durch die entgegengerichtete äußere Spannung kompensiert ist. Der dazu erforderliche Spannungswert der Spannungsquelle ist die Schleusenspannung U_S. Sie ist genau so groß wie die Diffusionsspannung, aber dieser entgegengerichtet. Die Größe der Schleusenspannung hängt genau wie die Diffusionsspannung vom Halbleitermaterial und der Sperrschichttemperatur ab. Die Schleusenspannung beträgt daher bei

Germanium: $U_S \approx 0{,}2$ bis $0{,}4\,V$ und bei
Silizium: $U_S \approx 0{,}5$ bis $0{,}8\,V$.

3.2.4.4 pn-Übergang in Sperrichtung

In **Bild 3.20** liegt der Pluspol einer Spannungsquelle am n-Material und der Minuspol am p-Material eines Halbleiterkristalls mit pn-Übergang. Infolge des auftretenden elektrischen Feldes im Kristall bewegen sich jetzt die freien Elektronen im n-Halbleiter zum Pluspol und die Löcher im p-Halbleiter zum Minuspol der Spannungsquelle. Die an den Grenzen des pn-Überganges vorhandenen freien Ladungsträger wandern daher von der Grenzfläche weg. Dadurch wird die von Ladungsträgern freie Zone breiter. Ein Stromfluß durch den Kristall ist nicht möglich, weil die wegen fehlender Ladungsträger ohnehin mit einem großen Widerstand behaftete Sperrschicht nur noch breiter wird. Ein pn-Übergang wird also in Sperrichtung betrieben, wenn der positive Pol der Spannungsquelle am n-Halbleiter liegt. In diesem Fall sind Diffusionsspannung und äußere Spannung gleichgerichtet.

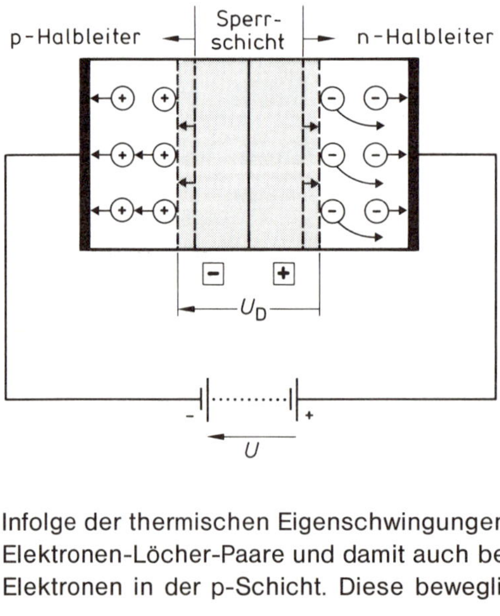

Bild 3.20 pn-Übergang in Sperrichtung

Infolge der thermischen Eigenschwingungen entstehen im gesamten Kristall ständig Elektronen-Löcher-Paare und damit auch bewegliche Löcher in der n-Schicht sowie Elektronen in der p-Schicht. Diese beweglichen Ladungsträger werden jeweils als

Minoritäts- oder Minderheitsträger bezeichnet. Die Elektronen der p-Schicht und die Löcher der n-Schicht wandern als Minoritätsträger aufgrund der angelegten Spannung auch durch die in Sperrichtung betriebene pn-Grenzschicht und verursachen einen kleinen Strom, der als »Sperrstrom I_R« bezeichnet wird. Er ist stark temperaturabhängig und hat bei Raumtemperatur Werte von:

$I_R \approx 10$ bis 500 µA für Germanium und
$I_R \approx 5$ bis 500 nA für Silizium

Die Spannung an einem in Sperrichtung betriebenen pn-Übergang darf aber nicht beliebig groß gemacht werden. Wird ein bestimmter Wert überschritten, so wird die Kraftwirkung des elektrischen Feldes größer als die Bindungskräfte der Valenzelektronen. Es fließt dann schlagartig ein großer Strom, der ohne Begrenzung zur Zerstörung des pn-Überganges führt.
Ein pn-Übergang in Sperrichtung hat noch eine weitere Eigenschaft, die technisch ausgenutzt wird. Wegen der fehlenden Ladungsträger wirkt die Sperrschicht wie ein Dielektrikum, an das sich auf beiden Seiten gut leitendes Material anschließt. Ein in Sperrichtung betriebener pn-Übergang wirkt daher wie ein Kondensator. Dieser hat allerdings nur eine relativ kleine Kapazität, die als »Sperrschichtkapazität« bezeichnet wird. Ihre Größe ist von der Größe der angelegten Sperrspannung abhängig. Je größer die Sperrspannung wird, desto breiter wird die Sperrschicht. Dies entspricht einer Vergrößerung des Plattenabstandes beim Kondensator. Die Sperrschichtkapazität wird also mit steigender Sperrspannung kleiner. Diese spezielle Eigenschaft eines pn-Überganges wird in der Kapazitätsdiode praktisch ausgenutzt und in Abschnitt 3.6 eingehend behandelt.

3.3 Gleichrichter- und Schaltdioden

3.3.1 Kennlinien

Bei den Gleichrichter- und Schaltdioden handelt es sich um die einfachste praktische Nutzanwendung der Halbleiterphysik. Dioden bestehen aus einem Halbleiterkristall mit einem n-dotierten und einem p-dotierten Teil, zwischen denen sich ein pn-Übergang befindet. Da durch diesen pn-Übergang Strom nur in einer Richtung fließen kann, gehören die Gleichrichter- und Schaltdioden zu den stromrichtungsabhängigen Bauelementen.
Dioden werden in Durchlaßrichtung betrieben, wenn der Pluspol der Spannungsquelle am p-dotierten Teil und der Minuspol der Spannungsquelle am n-dotierten Teil des Halbleiterkristalls liegt. Ein Betrieb in Sperrichtung liegt dagegen vor, wenn der Minuspol an der p-dotierten und der Pluspol an der n-dotierten Zone der Diode angeschlossen ist.
Von der Durchlaßrichtung sind die Bezeichnungen der Diodenanschlüsse abgeleitet. So wird die Elektrode, an der der p-dotierte Kristall angeschlossen ist, als Anode [(griech.) = Eingang, Aufweg] und die am n-dotierten Kristall liegende Elektrode als Katode [(griech.) = Hinabweg] bezeichnet.

In **Bild 3.21** sind die schematische Darstellung und das genormte Schaltzeichen für Gleichrichterdioden nebeneinandergestellt. Auch bei dem Schaltzeichen weist die Spitze des Dreiecks auf die Durchlaßrichtung des Stromes (technische Stromrichtung) hin.

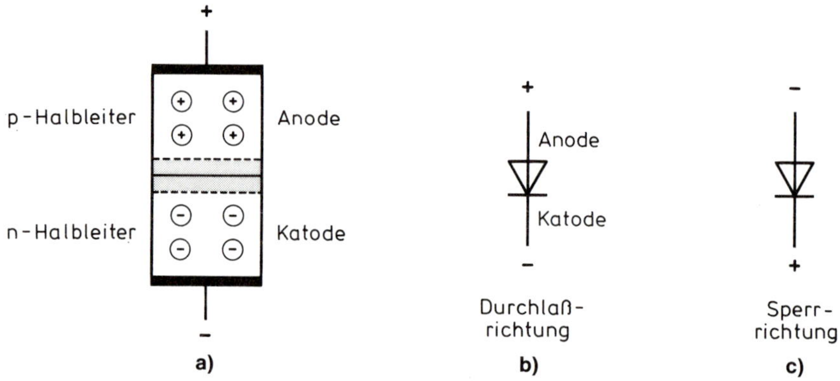

Bild 3.21 Schematische Darstellung und Schaltzeichen für Gleichrichterdioden

Das Verhalten von Dioden bei den verschiedenen Werten der Betriebsspannungen wird in Form von Kennlinien dargestellt. Der Verlauf dieser Kennlinien ist im Durchlaß- und Sperrbereich sehr unterschiedlich. **Bild 3.22** zeigt die charakteristischen Durchlaß- und Sperrkennlinien für Si- und Ge-Gleichrichterdioden. Im Durchlaßbereich haben die X- und Y-Achsen die Bezeichnungen U_F und I_F. Der Index »F« ist aus der englischen Bezeichnung »*F*orward direction« = Vorwärtsrichtung = Durchlaßrichtung abgeleitet. Für den Sperrbereich wird dagegen der Index »R« verwendet, der aus der englischen Bezeichnung »*R*everse direction« = Rückwärtsrichtung = Sperrichtung übernommen worden ist.

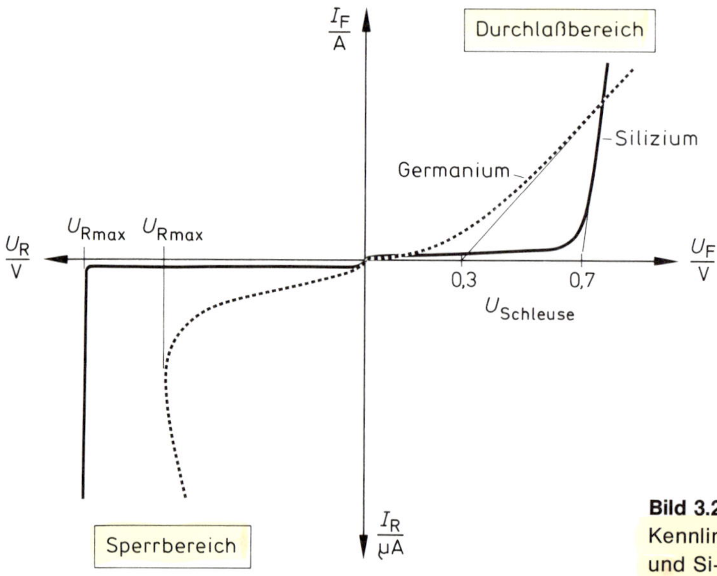

Bild 3.22 Charakteristische Kennlinien für Ge- und Si-Gleichrichterdioden

Aus dem Kennlinienverlauf in Bild 3.22 ist zu erkennen, daß im Durchlaßbereich erst dann ein nennenswerter Stromfluß einsetzt, wenn die Durchlaßspannung größer als die Diffusionsspannung wird. Diese Mindestspannung der Durchlaßspannung wird als Schleusenspannung bezeichnet. Der Übergang vom geringen zum großen Stromfluß unterscheidet sich bei Ge- und Si-Dioden. So liegt bei Germanium-Dioden die Schleusenspannung bei $U_s \approx 0{,}3\,V$ und der Übergang vom kleinen zum großen Stromfluß erfolgt allmählich. Bei den Silizium-Dioden tritt nach Überschreiten der Schleusenspannung von $U_s \approx 0{,}7\,V$ dagegen fast schlagartig ein großer Stromfluß auf. Die Durchlaßkennlinie der Si-Diode ist daher stark geknickt.

Auch im Sperrbereich unterscheiden sich die Kennlinien von Si- und Ge-Dioden. Wird bei der Si-Diode die höchstzulässige Sperrspannung U_{Rmax} überschritten, steigt der Sperrstrom $I_R = I_{Rest}$ plötzlich stark an und es entsteht ein scharfer Kennlinienknick. Bei den Ge-Dioden gibt es keinen so ausgeprägten Kennlinienknick beim Übergang in den Durchbruchbereich. Die Kennlinie der Ge-Diode zeigt sogar eine Umkehr nach Überschreiten von U_{Rmax}. Die Sperrspannung U_{Rmax} darf aber bei beiden Dioden nicht überschritten werden, weil sonst der pn-Übergang und damit die Dioden zerstört werden. Die maximal zulässige Sperrspannung U_{Rmax} hängt vom Halbleitermaterial ab und beträgt

$U_{Rmax} \approx 80$ bis ca. 1500 V bei Si-Dioden sowie

$U_{Rmax} \approx 40$ bis ca. 100 V bei Ge-Dioden.

Die maximal zulässige Sperrspannung liegt also bei Si-Dioden wesentlich höher als bei Ge-Dioden. Dieser Unterschied ist auf den etwas andersartigen Atomaufbau von Germanium und Silizium zurückzuführen.

Auch bei den kleinen Restströmen, also den Strömen, die bei Betrieb in Sperrichtung fließen und auf die Eigenleitfähigkeit des Halbleiterkristalls zurückzuführen sind, gibt es wesentliche Unterschiede zwischen Ge- und Si-Dioden. So liegen die Restströme in den Bereichen

$I_{Rest} \approx 5$ bis 500 nA bei Si-Dioden und

$I_{Rest} \approx 10$ bis 500 µA bei Ge-Dioden.

In dem Diagramm nach Bild 3.22 ist daher der Durchlaßstrom I_F in Ampere und der Sperrstrom I_R in Mikroampere angegeben.

Die Durchlaß- und Sperrkennlinien von Gleichrichterdioden können statisch oder dynamisch ermittelt werden. **Bild 3.23** zeigt eine Meßschaltung zur punktweisen Ermittlung der Durchlaß- und Sperrkennlinien. Beide Schaltungen unterscheiden sich nur durch die unterschiedlichen Anordnungen der Spannungs- und Strommeßgeräte. Dadurch werden bei der Durchlaß- und Sperrkennlinie die Meßfehler infolge der Innenwiderstände der Meßgeräte möglichst klein gehalten.

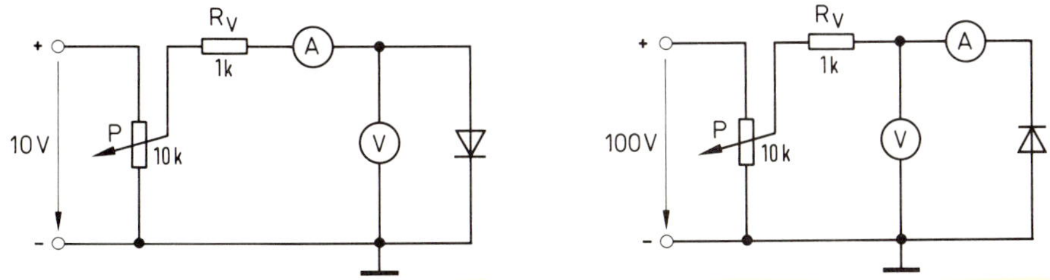

a) Zur Aufnahme der Durchlaßkennlinie **b)** Zur Aufnahme der Sperrkennlinie

Bild 3.23 Schaltungen zur statischen Aufnahme von Diodenkennlinien

Bei der statischen Kennlinienaufnahme nach Bild 3.23 müssen die jeweils zueinander gehörenden Spannungs- und Stromwerte punktweise in das Diagramm eingetragen und dann durch eine Linie miteinander verbunden werden. Die statische Kennlinienaufnahme ist zwar recht zeitaufwendig, liefert aber sehr genaue Werte.
Mit Hilfe der Schaltung nach **Bild 3.24** lassen sich die Durchlaß- und Sperrkennlinien von Dioden in einfacher Weise auf dem Bildschirm eines Oszilloskops darstellen. Infolge der als Betriebsspannung angelegten Wechselspannung werden beide Teile der Diodenkennlinie ständig durchlaufen, so daß ein stabiles Bild erscheint. Diese dynamische Messung eignet sich gut zur optischen Darstellung und zum Vergleich von Kennlinien, aber weniger zur exakten Ermittlung einzelner Meßwerte.

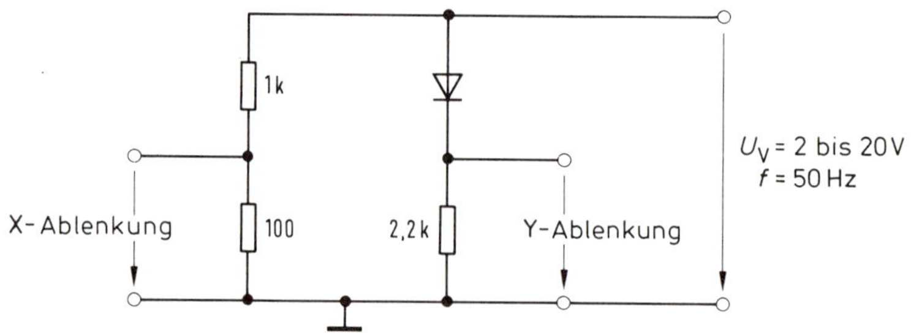

Bild 3.24 Schaltung zur Darstellung von Diodenkennlinien mit dem Oszilloskop

Die im Bild 3.22 angegebene charakteristische Kennlinie von Gleichrichterdioden reicht zur Information des Anwenders in keiner Weise aus. Daher geben die Hersteller zu jedem Diodentyp Datenblätter heraus, in denen eine größere Zahl spezieller Kennlinien enthalten ist. Hierbei handelt es sich meistens um Ausschnitte der wichtigsten Kennlinienbereiche. Zur besseren Darstellung wird dabei oft von dem doppelt-linearen Maßstab abgewichen und ein linear-logarithmischer oder auch doppelt-logarithmischer Maßstab gewählt. Dadurch erhalten die Kennlinien dann meistens ein Aussehen, das wesentlich von den charakteristischen Kennlinien in Bild 3.22 abweicht. Einige Original-Kennlinien von Gleichrichterdioden werden noch im folgenden Abschnitt ausführlicher behandelt.

3.3.2 Kennwerte

Aus den Diodenkennlinien lassen sich viele wichtige Daten für den Einsatz und das Verhalten der einzelnen Diodentypen in elektronischen Schaltungen ermitteln. Dies ist oft sehr zeitaufwendig. Daher geben die Hersteller in den Datenblättern zur schnellen Information über bestimmte Eigenschaften eine Reihe von Kennwerten an. Diese Dioden-Kennwerte sind meistens getrennt nach Grenzdaten und Kenndaten.
Grenzdaten sind Werte, die auf keinen Fall überschritten werden dürfen, weil das Bauelement sonst zerstört wird. Hierbei sind auch Schwankungen der Betriebsspannung und die Toleranzen anderer Bauelemente zu berücksichtigen. Ein einzelner Grenzwert darf aber auch dann nicht überschritten werden, wenn andere Grenzwerte nicht voll ausgenutzt sind.
Als Kenndaten werden Eigenschaften des Halbleiterbauelementes angegeben, die das Verhalten in bestimmten Arbeitspunkten kennzeichnen. Die Kenndaten werden in statische und dynamische unterteilt. Statische Kenndaten beschreiben das Gleichstromverhalten, dynamische Kenndaten informieren dagegen über das Verhalten bei Wechselstrom- und Impulsbetrieb.

3.3.2.1 Grenzdaten

Eine Diode kann auf verschiedene Arten elektrisch überbeansprucht werden:
1. Durch einen zu großen Durchlaßstrom I_F.
2. Durch eine zu hohe Sperrspannung U_R.
3. Durch eine zu große, in ihr umgesetzte Verlustleistung P_V.
4. Durch eine zu hohe Umgebungstemperatur T_U.

Die Hersteller geben daher für jede dieser Beanspruchungsarten Grenzwerte an, deren Formelzeichen gewöhnlich mit dem Index M = maximal gekennzeichnet sind. Eine nennenswerte Überschreitung dieser Grenzdaten hat meistens eine sofortige oder vorzeitige Zerstörung des Bauteiles zur Folge. Da die Dioden meistens in umfangreichen elektronischen Schaltungen und Geräten eingesetzt sind, können durch Überbeanspruchung und der dadurch eintretenden Funktionsuntüchtigkeit leicht weitaus schwerwiegendere Folgeschäden eintreten.

Grenzwerte für U_R und I_F

Die Datenblätter enthalten in der Regel Strom- und Spannungswerte mit folgenden Bedeutungen:

U_R = maximale Gleichspannungen in Sperrichtung
U_{RM} = höchstzulässige Spitzensperrspannung. Dies ist der Scheitelwert einer Wechselspannung in Sperrichtung für eine Betriebsfrequenz größer 20 Hz.
I_F = maximaler Strom in Durchlaßrichtung als Gleich- oder Effektivwert.
I_0 = Richtstrom als arithmetischer Mittelwert des Diodenstromes
I_{FM} = höchstzulässiger periodischer Spitzendurchlaßstrom. Dies ist der Scheitelwert eines Wechselstromes in Durchlaßrichtung für eine Betriebsfrequenz größer 20 Hz.
I_{FS} = Höchstwert des Stromes, der für maximal 1 Sekunde fließen darf. Bei periodischer Wiederholung treten Schäden auf.

In **Bild 3.25** sind die aufgeführten Stromgrenzwerte zur besseren Veranschaulichung nochmals grafisch dargestellt.

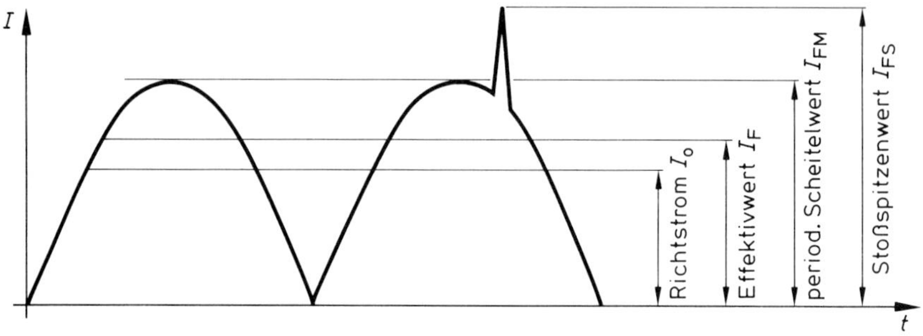

Bild 3.25 Stromgrenzwerte bei Halbleiterdioden

Grenzwerte für Impulsbelastung

Wird eine Diode nicht mit einer sinusförmigen, sondern mit einer rechteckförmigen Betriebsspannung betrieben, so muß die in **Bild 3.26** angegebene zulässige Impulsbelastbarkeit beachtet werden.

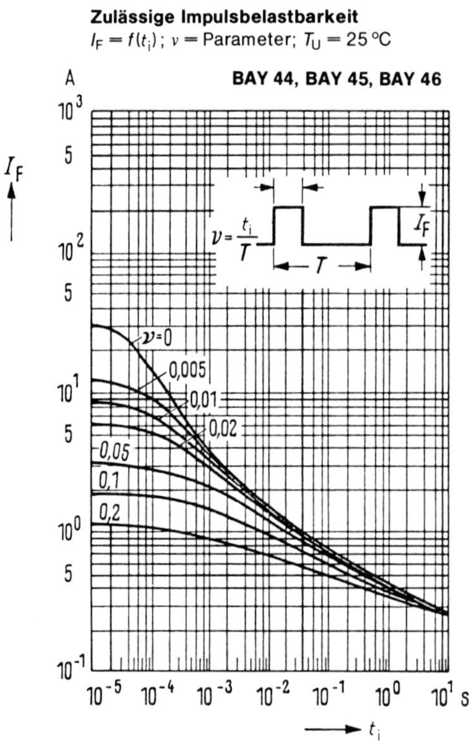

Bild 3.26 Zulässige Impulsbelastbarkeit von Dioden

In dem Diagramm nach Bild 3.26 ist die Abhängigkeit des zulässigen Durchlaßstromes I_F von der Impulsdauer t_i für die Diodentypen BAY 44, BAY 45 und BAY 46, die hier als Beispiele ausgewählt wurden, aufgetragen. Als Parameter ist das Verhältnis $v = \frac{t_i}{T}$ angegeben. Je größer der Wert von v wird, desto kleiner ist der maximal zulässige Strom in Durchlaßrichtung.

Grenzwerte für Verlustleistung P_{tot}

Bei Betrieb einer Diode in Durchlaßrichtung liegt an den Anschlüssen die Durchlaßspannung U_F und es fließt ein bestimmter Durchlaßstrom I_F. Das Produkt aus Strom und Spannung ergibt die Verlustleistung P_V.

$$P_V = U_F \cdot I_F$$

Diese Verlustleistung P_V führt zur Erwärmung des Halbleiterkristalls.
Die größte zulässige Verlustleistung wird als totale Verlustleistung P_{tot} vom Hersteller für bestimmte Temperaturbedingungen angegeben. Grundsätzlich gilt:

$$P_V \leqq P_{tot}$$

Die schon erwähnte Diode BAY 45 hat z. B. eine totale Verlustleistung von $P_{tot} = 250\,\text{mW}$ bei der Umgebungstemperatur $T_U = 25\,°\text{C}$. Diese Angabe besagt, daß z. B. bei einer Durchlaßspannung $U_F = 1\,\text{V}$ ein Strom von

$$I_F \leqq \frac{P_{tot}}{U_F} = \frac{250\,\text{mW}}{1\,\text{V}} = 250\,\text{mA}$$

fließen darf, sofern die Temperaturbedingungen dabei eingehalten werden.
Auch bei Betrieb einer Diode in Sperrichtung tritt eine Verlustleistung auf, die sich aus der anliegenden Sperrspannung U_R und dem fließenden Reststrom I_R ergibt. Wegen des sehr kleinen Sperrstromes ist die Verlustleistung bei Betrieb in Sperrichtung vernachlässigbar klein. So tritt bei der Diode BAY 45 bei Sperrbetrieb nur eine Verlustleistung

$$P_V = U_R \cdot I_R = 150\,\text{V} \cdot 0{,}02\,\mu\text{A} = 3\,\mu\text{W}$$

auf.

Grenzwerte für Sperrschichttemperatur T_{Jmax}

Im wesentlichen durch die Verlustleistung bei Durchlaßbetrieb entsteht in der Sperrschicht Wärme, durch die sich die Sperrschichttemperatur erhöht. Diese Sperrschichttemperatur T_J darf bestimmte Werte nicht überschreiten, weil der Kristall dann seine Halbleitereigenschaften stark verändert und die Diode zerstört wird. Die zulässige Sperrschichttemperatur hängt vom Halbleitermaterial ab und beträgt

$T_{Jmax} \approx 70°$ bis $90\,°\text{C}$ bei Germaniumdioden sowie
$T_{Jmax} \approx 150°$ bis $200\,°\text{C}$ bei Siliziumdioden.

Grenzwerte für Umgebungstemperatur T_{Umax}

Einige Hersteller geben anstelle der maximalen Sperrschichttemperatur auch die höchste Umgebungstemperatur T_{Umax} als Grenzwert an. T_{Umax} ist dann stets kleiner als T_{Jmax}.
Besteht die Gefahr, daß die höchstzulässige Sperrschichttemperatur infolge der Verlustleistung und der Umgebungstemperatur überschritten werden kann, so muß die Diode gekühlt werden. Auf Fragen der Kühlung von Dioden wird in Abschnitt 3.3.2.3 näher eingegangen.

3.3.2.2 Kenndaten

Bild 3.27 zeigt die Durchlaßkennlinien der schon erwähnten Dioden BAY 44, BAY 45 und BAY 46, wie sie in den zugehörigen Datenblättern enthalten sind. Die Durchlaßspannung U_F ist in dieser Darstellung in einem linearen Maßstab, der Durchlaßstrom I_F dagegen im logarithmischen Maßstab aufgetragen. Dadurch ergibt sich auch für den dargestellten Bereich in der Nähe der Schleusenspannung ein völlig anderes Aussehen als bei einer doppelt-linearen Darstellung entsprechend Bild 3.22.

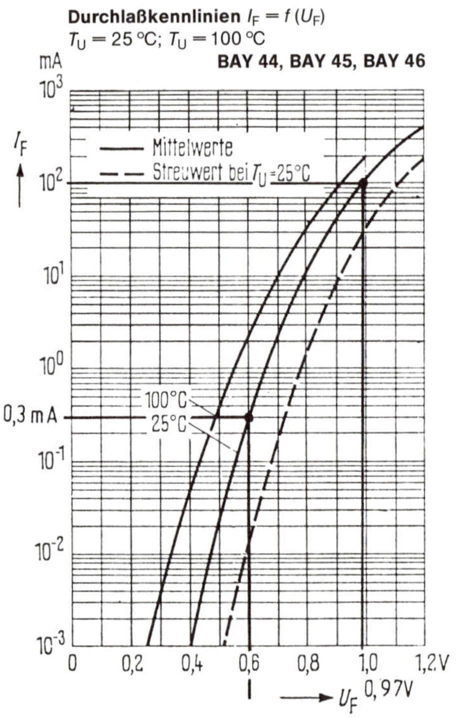

Bild 3.27 Durchlaßkennlinien für die Dioden BAY 44, BAY 45 und BAY 46 für den Bereich der Schleusenspannung mit zusätzlicher Eintragung von zwei Arbeitspunkten

Bild 3.27 enthält neben der Kennlinie für die Umgebungstemperatur $T_U = 25$ °C auch noch eine entsprechende Kennlinie für $T_U = 100$ °C. Die weiter vorhandene gestrichelte Kennlinie gibt den Streuwert bei $T_U = 25$ °C an. Die tatsächlichen Kennlinien der gelieferten Dioden eines Typs können zwischen den beiden Kurven für $T_U = 25$ °C verlaufen.

Statischer Durchlaßwiderstand R_F

In das Diagramm nach Bild 3.27 wurden zusätzlich zwei Arbeitspunkte eingetragen. Für $I_F = 100\,\text{mA}$ ergibt sich z. B. eine Durchlaßspannung $U_F = 0{,}97\,\text{V}$. Aus diesen beiden Werten kann der statische Durchlaßwiderstand R_F ermittelt werden.

$$R_F = \frac{U_F}{I_F} = \frac{0{,}97\,\text{V}}{0{,}1\,\text{A}} = 9{,}7\,\Omega$$

RF möglichst klein

Für den zweiten gewählten Arbeitspunkt $I_F = 0{,}3\,\text{mA}$ mit $U_F = 0{,}6\,\text{V}$ ergibt sich

$$R_F = \frac{0{,}6\,\text{V}}{0{,}3\,\text{mA}} = 2\,\text{k}\Omega$$

Der statische Durchlaßwiderstand ist der Gleichstromwiderstand einer Diode. Er ist nicht konstant, sondern hängt vom gewählten Arbeitspunkt ab.
Oberhalb der Schleusenspannung ist R_F sehr klein, unterhalb aber bereits relativ groß. In **Bild 3.28** ist der aus Bild 3.27 ermittelte statische Durchlaßwiderstand nochmals gesondert dargestellt.

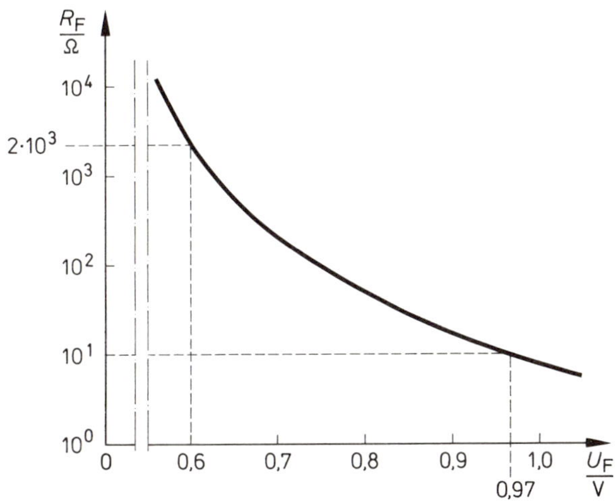

Bild 3.28 Statischer Durchlaßwiderstand für die Dioden BAY 44, BAY 45 und BAY 46 im Bereich der Schleusenspannung

Dynamischer Durchlaßwiderstand r_F

Für den dynamischen Durchlaßwiderstand wird das Formelzeichen r_F verwendet. Er läßt sich aus der Stromänderung ΔI_F infolge einer Spannungsänderung ΔU_F für einen bestimmten Arbeitspunkt ermitteln. In **Bild 3.29** ist in das gleiche Kennlinienfeld wie in Bild 3.27 eine Arbeitspunktverschiebung eingetragen.

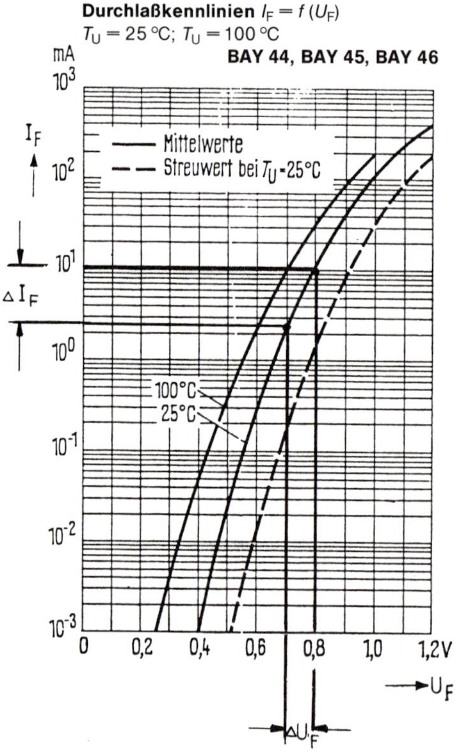

Bild 3.29 Durchlaßkennlinien für die Dioden BAY 44, BAY 45 und BAY 46 mit zusätzlicher Eintragung von zwei Arbeitspunkten

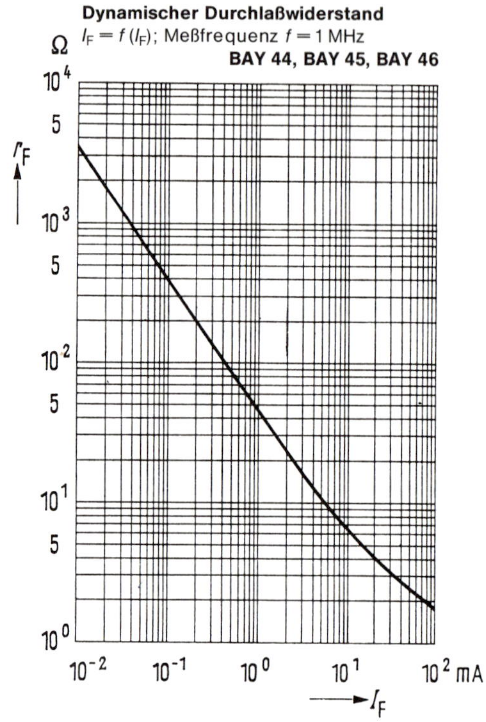

Bild 3.30 Dynamischer Durchlaßwiderstand für die Dioden BAY 44, BAY 45 und BAY 46

Aus Bild 3.29 kann der dynamische oder differentielle Durchlaßwiderstand r_F für die gewählten Arbeitspunkte ermittelt werden, indem das Verhältnis von Spannungsänderung ΔU_F zur Stromänderung ΔI_F gebildet wird.

$$r_F = \frac{\Delta U_F}{\Delta I_F} = \frac{0{,}8\,\text{V} - 0{,}7\,\text{V}}{10\,\text{mA} - 2{,}5\,\text{mA}} = \frac{0{,}1\,\text{V}}{7{,}5\,\text{mA}} = 13{,}3\,\Omega$$

Auch der dynamische Durchlaßwiderstand r_F hängt stark vom Arbeitspunkt ab, in dem die Diode betrieben wird. Er wird mit steigendem Durchlaßstrom kleiner. In **Bild 3.30** ist der dynamische Durchlaßwiderstand für die schon genannten Dioden im doppeltlogarithmischen Maßstab als Kennlinie aufgetragen.

Statischer Sperrwiderstand R_R

Auch für den Sperrbetrieb von Dioden werden in den Datenblättern Kennlinien angegeben. **Bild 3.31** zeigt die Sperrkennlinien für die Diode BAY 45 für $T_U = 25$ °C und $T_U = 100$ °C. Die Streuwerte sind wieder gestrichelt eingezeichnet.

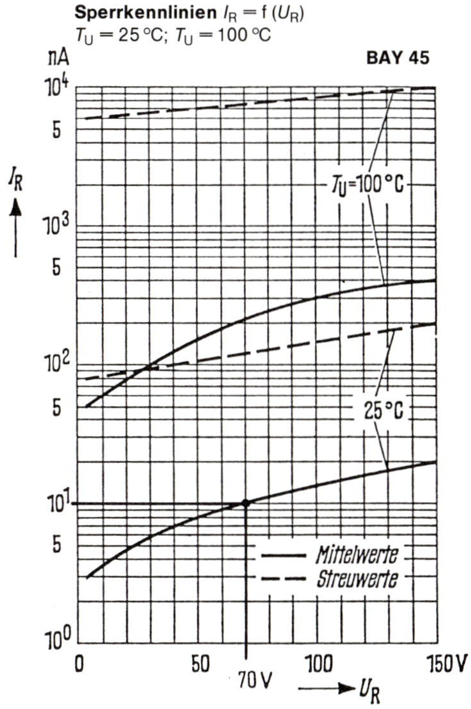

Bild 3.31 Sperrkennlinie der Diode BAY 45

Aus der Sperrkennlinie nach Bild 3.31 kann der statische Sperrwiderstand ermittelt werden.

$$R_R = \frac{U_R}{I_R} = \frac{70\,V}{10\,nA} = 7\,G\Omega$$

Der Sperrwiderstand R_R ist im gesamten zulässigen Sperrbereich sehr groß. Er ändert sich auch nur relativ wenig in Abhängigkeit von der Sperrspannung. Kommt es jedoch nach Überschreiten der höchstzulässigen Spitzensperrspannung U_{RM} zu einem Durchbruch, so wird der Sperrwiderstand plötzlich sehr klein. Die Diode ist damit nicht mehr funktionsfähig. Ein dynamischer Sperrwiderstand r_R wird nur selten angegeben, weil er für den praktischen Betrieb von Dioden weitgehend ohne Bedeutung ist.

Diodenkapazität C_D

Die Sperrschicht, die sich zwischen dem p-dotierten und dem n-dotierten Material ausbildet, wirkt wie ein Dielektrikum, an das sich auf beiden Seiten ein gut leitendes Material anschließt. Jede Diode besitzt daher auch ohne angelegte Spannung eine Sperrschichtkapazität. Sie wird mit zunehmender Sperrspannung kleiner, weil die Breite der Sperrschicht größer wird.

Aus der Sperrschichtkapazität und der zwischen den Anschlüssen der Diode und dem Gehäuse auftretenden Kapazität ergibt sich die Diodenkapazität C_D. In **Bild 3.32** ist die Abhängigkeit der Diodenkapazität von der Sperrspannung für die Dioden BAY 44, BAY 45 und BAY 46 dargestellt.

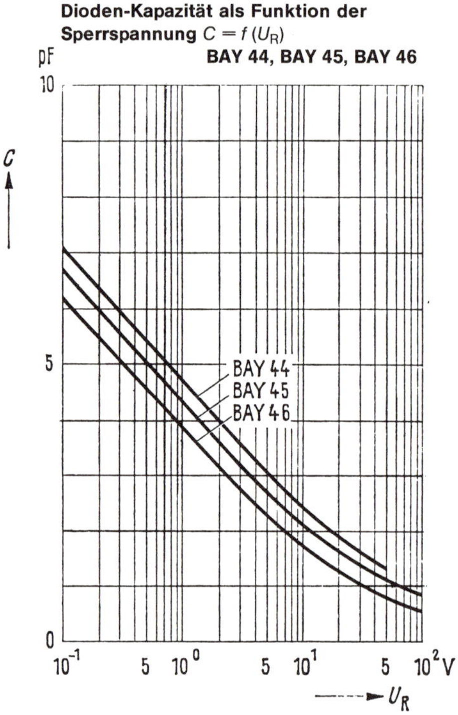

Bild 3.32 Diodenkapazität in Abhängigkeit von der Sperrspannung für die Dioden BAY 44, BAY 45 und BAY 46

Obwohl diese Diodenkapazität C_D einen relativ kleinen Wert hat, kann sie beim praktischen Einsatz von Dioden sehr störend wirken. So kann entsprechend **Bild 3.33** aus der Diodenkapazität zusammen mit einem Vorwiderstand der äußeren Schaltung ein RC-Glied entstehen, das eine bestimmte Zeitkonstante hat.

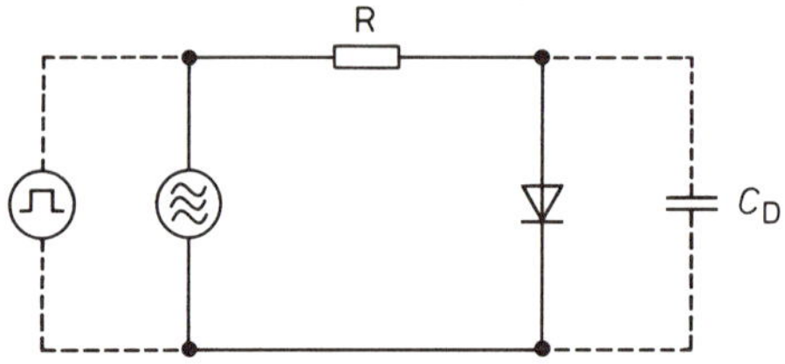

Bild 3.33 RC-Glied aus der Diodenkapazität und einem Vorwiderstand

Bei Betrieb mit einer Wechselspannung sehr hoher Frequenz wirkt das RC-Glied als Tiefpaß, bei Impulsbetrieb als Integrierglied, durch das eine Impulsverformung auftritt. Bei sehr hohen Frequenzen oder im Impulsbetrieb, wie z. B. in der Digitaltechnik, müssen Dioden mit möglichst kleiner Diodenkapazität ausgewählt werden.

Sperrverzögerungszeit t_{rr}

Wird eine Diode in Durchlaßrichtung betrieben, so ist die Sperrschicht abgebaut, und es befinden sich zahlreiche Ladungsträger im Bereich der Grenzschicht zwischen dem p- und dem n-Material. Bei schlagartigem Umpolen der äußeren Spannung (Übergang

von Durchlaß- in Sperrbetrieb) kann eine Sperrwirkung des pn-Übergangs erst dann entstehen, wenn alle Ladungsträger aus der Grenzschicht abgeflossen sind.
In **Bild 3.34** ist die Übergangsphase vom Durchlaß- in den Sperrbetrieb schematisch dargestellt. Zu erkennen ist, daß noch eine bestimmte Zeit nach dem Umpolen ein großer Strom in Sperrichtung fließt. Die Zeit, die das Ausräumen der Ladungsträger aus der Grenzschicht erfordert, wird *Sperrverzögerungszeit* oder *Rückwärtserholzeit* t_{rr} genannt. Der Index »rr« ist wiederum aus dem englischen Sprachgebrauch übernommen und von »*r*everse *r*ecovery time« abgeleitet.

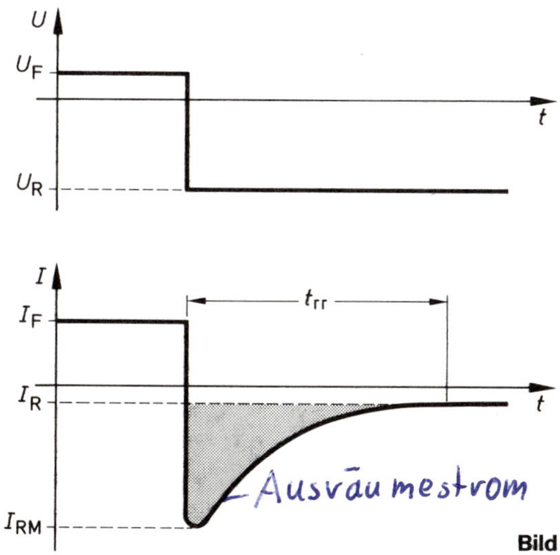

Bild 3.34 Sperrverzögerungszeit

In den Datenblättern wird die Sperrverzögerungszeit immer für bestimmte Bedingungen angegeben. So wird meistens der Durchlaßstrom I_F vor dem Umschalten und die angelegte Sperrspannung U_R für den Zeitpunkt nach dem Umschalten genannt. Bei der Diode BAY 45 ist z. B. der in Sperrichtung fließende Strom bei $U_R = 10$ V nach $t_{rr} = 4{,}5$ µs auf $I_R = 2$ mA zurückgegangen, wenn vorher in Durchlaßrichtung ein Strom $I_F = 5$ mA geflossen ist. Der sich anschließend endgültig einstellende Sperrstrom ist dann kleiner als 20 nA.
Die Sperrverzögerungszeit soll aus mehreren Gründen möglichst klein sein. So kann unmittelbar nach dem Umschalten vom Durchlaß- in den Sperrbereich bereits eine hohe Sperrspannung U_R anliegen, während noch für eine gewisse Zeit der relativ große Ausräumstrom I_{RM} fließt. Kurzzeitig ergibt sich dadurch eine hohe Verlustleistung P_V, durch die die Diode zerstört werden kann. Weiterhin begrenzt die Sperrverzögerungszeit aber auch die höchste Frequenz, die mit der betreffenden Diode noch gleichgerichtet werden kann. Eine Gleichrichtung ist nur möglich, wenn die Dauer der zu sperrenden Halbwelle größer als die Sperrverzögerungszeit ist.
Dioden mit besonders kleinen Sperrverzögerungszeiten werden als »schnelle Schaltdioden« bezeichnet und nach speziellen Verfahren hergestellt. Bei ihnen liegt die Sperrverzögerungszeit weit unterhalb einer Nanosekunde. Bei größeren Gleichrichterdioden kann der Wert für t_{rr} dagegen einige Mikrosekunden betragen.

Temperaturabhängigkeit

Wird einer Halbleiterdiode von außen Energie in Form von Wärme zugeführt, so reißen mehr Kristallbindungen auf und die Eigenleitfähigkeit wird größer. Dadurch fließen bei gleichen Spannungswerten sowohl in Durchlaß- als auch in Sperrichtung größere Ströme. In **Bild 3.35** ist die Temperaturabhängigkeit des Durchlaßstromes erkennbar.

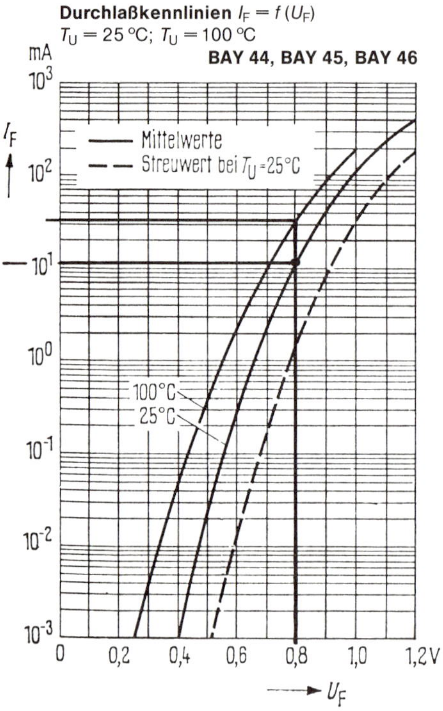

Bild 3.35 Durchlaßkennlinien für die Dioden BAY 44, BAY 45 und BAY 46

Wird z. B. bei den genannten Dioden bei einer Spannung $U_R = 0{,}8\,V$ die Umgebungstemperatur von $T_U = 25\,°C$ auf $T_U = 100\,°C$ erhöht, so steigt der Durchlaßstrom von $I_F = 10\,mA$ auf $I_F = 35\,mA$ an.

Bild 3.36 zeigt die Temperaturabhängigkeit des Sperrstroms I_R für die Dioden BAY 44, BAY 45 und BAY 46. Aufgetragen ist hier der Sperrstrom als Funktion der Temperatur bei maximal zulässiger Sperrspannung. Für die beiden gekennzeichneten Arbeitspunkte ist abzulesen, daß der Sperrstrom von $I_R = 20\,nA$ bei $T_U = 30\,°C$ auf $I_R = 430\,nA$ bei $T_U = 100\,°C$ ansteigt. Wegen der Temperaturabhängigkeit von I_F und I_R geben die Diodenhersteller in den Datenblättern die Kenn- und Grenzdaten immer für bestimmte Umgebungstemperaturen an.

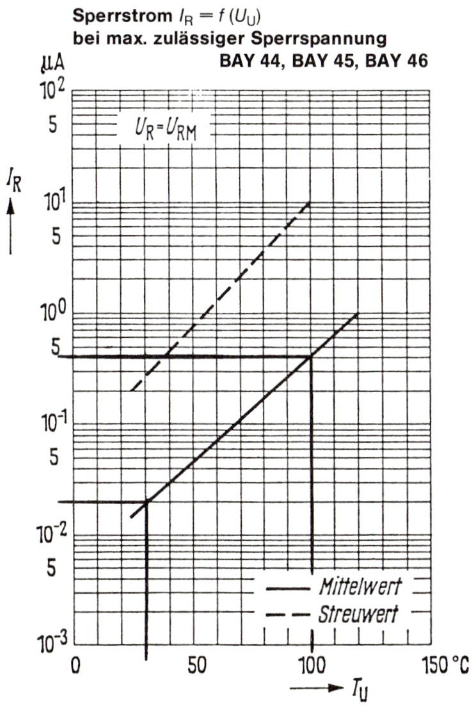

Bild 3.36 Temperaturabhängigkeit des Sperrstromes für die Dioden BAY 44, BAY 45 und BAY 46

3.3.2.3 Wärmewiderstand

Bei Betrieb einer Diode wird die in der Sperrschicht auftretende Verlustleistung P_V in Wärme umgewandelt. Diese Wärme muß über das den Kristall umschließende Gehäuse aus Metall, Kunststoff oder Glas an die Umgebungsluft abgeführt werden. Aufgrund der thermischen Gesetze erfolgt dieses umso besser, je größer die Temperaturdifferenz zwischen Sperrschicht und Umgebungsluft ist und je ungehinderter die Ableitung der erzeugten Wärme erfolgen kann. Wie gut die Wärme von der Sperrschicht durch das Material an die Luft abgeführt wird, wird durch den Wärmewiderstand R_{thJU} (th = thermisch; J = junction = Sperrschicht; U = Umgebung) angegeben. In **Bild 3.37** ist dieser Zusammenhang in einem Ersatzschaltbild dargestellt.

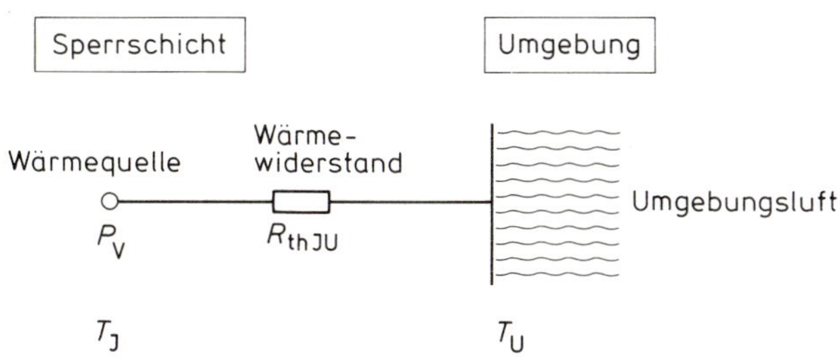

Bild 3.37 Ersatzschaltbild für den Wärmewiderstand R_{thJU}

Der Wärmewiderstand R_{thJU} ist definiert als

$$R_{thJU} = \frac{T_J - T_U}{P_V} \text{ in } \frac{K}{W} \quad \text{(Kelvin pro Watt)}$$

mit T_J = Sperrschichttemperatur
T_U = Umgebungstemperatur
P_V = Elektrische Leistung, die in der Sperrschicht in Wärme umgesetzt wird.

Aus der Gleichung ergibt sich, daß eine umso größere Wärmemenge aus der Sperrschicht abgeführt werden kann, je kleiner der Wärmewiderstand ist. Beträgt z. B. die Temperaturdifferenz 50 K und der Wärmewiderstand hat einen Wert $R_{thJU} = 50$ K/W, so wird eine Leistung $P_V = 1$ W abgeführt, ohne daß sich der Halbleiter weiter erwärmt. Bei $\Delta T = 50$ K und $R_{thJU} = 10$ K/W kann bereits eine Leistung $P_V = 5$ W abgeleitet werden. Die für eine Diode geltende totale Verlustleistung P_{tot} ist daher nicht nur von der maximalen Sperrschichttemperatur, sondern auch vom Wärmewiderstand R_{thJU} abhängig.
Bei Dioden mit Verlustleistungen $P_V < 1$ W genügt in der Regel die Wärmeableitung über die Oberfläche des Gehäuses. Der Wärmewiderstand R_{thJU} umfaßt, wie in Bild 3.37 angegeben, den Weg von der Sperrschicht über das Gehäuse an die Umgebungsluft.
Bei Verlustleistungen $P_V > 1$ W reicht die Wärmeableitung nur über das Gehäuse aber nicht mehr aus, weil die Oberfläche des Gehäuses zu klein ist. Die abstrahlende Oberfläche läßt sich jedoch erheblich vergrößern, wenn die Diode einen zusätzlichen Kühlkörper erhält. Hierfür eignen sich Bleche oder besonders ausgebildete Rippenprofile aus Kupfer, Aluminium sowie Stahl, weil diese Werkstoffe eine gute Wärmeleitfähigkeit haben.
Werden Dioden mit einem zusätzlichen Kühlkörper betrieben, dann setzt sich der gesamte Wärmewiderstand R_{thU} aus einer Reihenschaltung von drei Teilwiderständen zusammen und es gilt:

$$R_{thU} = R_{thJG} + R_{thGK} + R_{thK}$$

mit
R_{thJG} = Wärmewiderstand zwischen Sperrschicht und Gehäuse
R_{thGK} = Wärmewiderstand zwischen Gehäuse und Kühlkörper
R_{thK} = Wärmewiderstand des Kühlkörpers

Bild 3.38 veranschaulicht die Zusammenhänge.

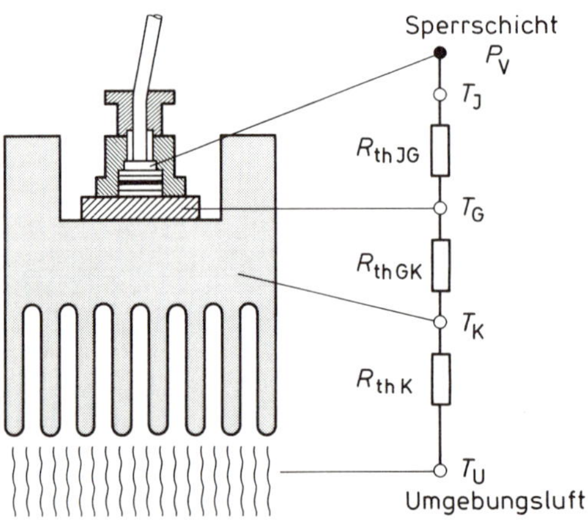

Bild 3.38 Ersatzschaltbild des Wärmewiderstandes bei Halbleitern mit Kühlkörper

Bei der in Bild 3.38 dargestellten Montageart ist jedoch zu beachten, daß trotz der Reihenschaltung der Teil-Wärmewiderstände der gesamte Wärmewiderstand R_{thU} zwischen Sperrschicht und Umgebungsluft wegen der großen Oberfläche kleiner ist als der Wärmewiderstand R_{thJU}, der für das Halbleiterbauelement ohne Kühlkörper gilt.

Die Verlustleistung P_V einer Diode mit Kühlkörper läßt sich mit Hilfe der Gleichung

$$P_V = \frac{T_J - T_U}{R_{thJG} + R_{thGK} + R_{thK}}$$

berechnen.

Beispiel 1

Eine Si-Diode hat eine Sperrschichttemperatur $T_J = 150\,°C$ und einen Wärmewiderstand zwischen Sperrschicht und Umgebungsluft $R_{thJU} = 60\,K/W$.
Welcher Strom I_F darf durch die Diode fließen, wenn die Umgebungstemperatur $T_U = 40\,°C$ und die Durchlaßspannung $U_F = 0{,}8\,V$ betragen?

$$P_V = \frac{T_J - T_U}{R_{thJU}} = \frac{150\,°C - 40\,°C}{60\,K/W} = \frac{110\,K}{60\,K/W} = 1{,}83\,W$$

$$I_F = \frac{P_V}{U_F} = \frac{1{,}83\,W}{0{,}8\,V} = 2{,}29\,A$$

Beispiel 2

Die in Beispiel 1 genannte Diode wird mit einem Kühlkörper versehen, so daß sich folgende Teil-Wärmewiderstände ergeben: $R_{thJG} = 10\,K/W$; $R_{thGK} = 2\,K/W$; $R_{thK} = 20\,K/W$.
Welcher Strom darf jetzt durch die Diode fließen?

$$P_V = \frac{T_J - T_U}{R_{thJG} + R_{thGK} + R_{thK}} = \frac{150\,°C - 40\,°C}{10\,K/W + 2\,K/W + 20\,K/W} = \frac{110\,K}{32\,K/W} = 3{,}44\,W$$

$$I_F = \frac{P_V}{U_F} = \frac{3{,}44\,W}{0{,}8\,V} = 4{,}3\,A$$

Der Wärmewiderstand R_{thK} eines Kühlkörpers ist aber nicht nur von der Größe der Oberfläche, sondern auch vom Material abhängig. Diese Materialabhängigkeit wird meistens in einem Diagramm angegeben. **Bild 3.39** zeigt ein derartiges Diagramm.

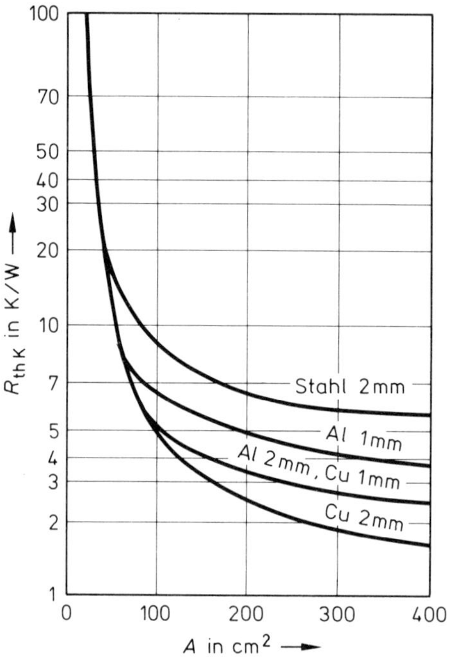

Bild 3.39 Wärmewiderstand verschiedener Kühlbleche

Die in Bild 3.39 angegebenen Kennlinien gelten für quadratische, blanke, senkrecht freistehende Kühlbleche aus den verschiedenen Materialien. Durch Schwärzen der Bleche kann die Wärmeleitfähigkeit weiter verbessert werden. Dann sind die in Bild 3.39 ablesbaren Werte des Wärmewiderstandes oder die Fläche A des Kühlbleches mit dem Faktor 0,7 zu multiplizieren.

Bei waagerechter Anordnung der Kühlbleche muß dagegen einer der beiden abgelesenen Werte mit dem Faktor 1,7 multipliziert werden, weil die Wärmeabstrahlung nicht mehr so günstig ist.

Beispiel

Die Si-Diode BY 195 hat laut Datenblatt die Werte: $T_J = 150\,°C$; $R_{thJG} = 5$ K/W; $R_{thGK} = 1{,}5$ K/W. Sie soll bei einer Umgebungstemperatur $T_U = 50\,°C$ und einer Durchlaßspannung $U_F = 1$ V einen Durchlaßstrom $I_F = 10$ A liefern.

Welche Größe muß das Kühlblech haben, wenn geschwärztes, 2 mm starkes Aluminiumblech verwendet werden soll.

$$R_{thK} = \frac{T_J - T_U}{P_V} - (R_{thJG} + R_{thGK})$$

$$= \frac{150\,°C - 50\,°C}{1\,V \cdot 10\,A} - (5\,K/W + 1{,}5\,K/W) = 3{,}5\,K/W$$

Aus dem Diagramm in Bild 3.39 läßt sich die Fläche für ein 2-mm-Al-Blech ermitteln zu

$A \approx 200\,cm^2$

Da das Kühlblech geschwärzt sein soll, verringert sich die Fläche um den Faktor 0,7. Damit ergibt sich die erforderliche Kühlfläche zu

$A \approx 200\,cm^2 \cdot 0{,}7 = 140\,cm^2$

Heute werden in zunehmendem Umfang Rippenkühlkörper verwendet. Sie sind meistens aus einer Aluminiumlegierung gefertigt. Es gibt sie sowohl als Einzelstücke wie auch als Meterware. Die Oberfläche ist entweder mattgebeizt oder matteloxiert. Für die Leistungsdioden und Thyristoren gibt es auch fertige Kühlblöcke nach DIN. In **Bild 3.40** sind einige Kühlkörper abgebildet.

Kühlkörper als Meterware

Wärmewiderstand bei 50-mm-Abschnitten und freier Konvektion

$R_{thK} = 4{,}7$ K/W

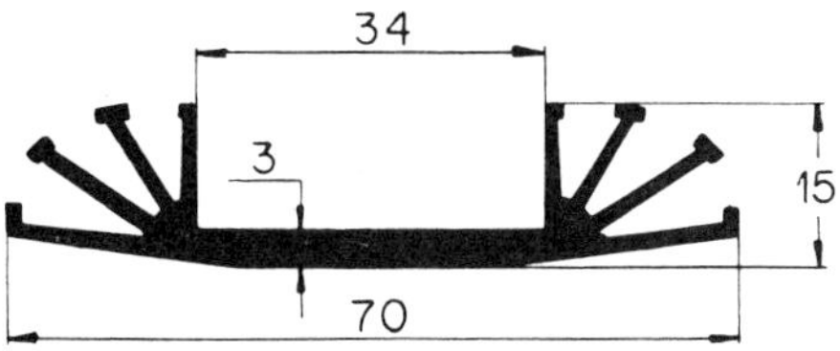

$R_{thK} = 2{,}3$ K/W

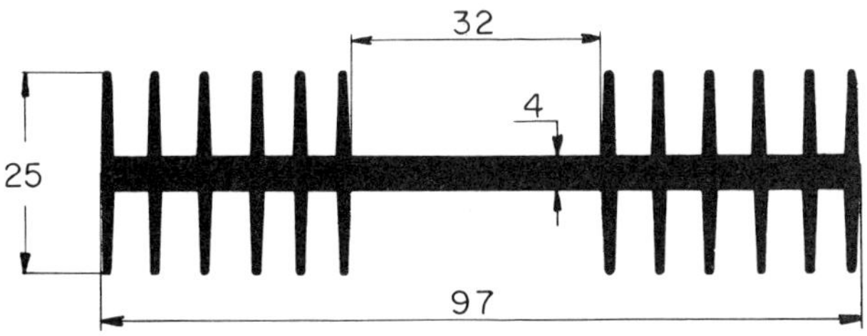

Druckguß-Kühlkörper

nach DIN 41 882

$R_{thK} = 1{,}1$ K/W

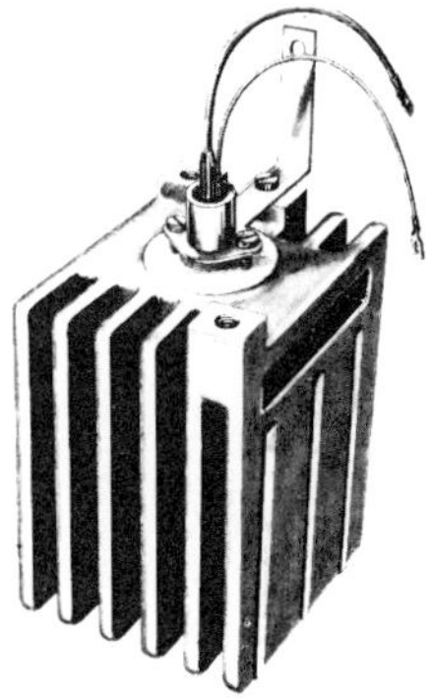

Bild 3.40 Rippenkühlkörper

Zwischen dem Gehäuse des Bauelementes und dem Kühlkörper soll ein sehr enger Kontakt bestehen, damit der Wärmewiderstand R_{thGK} möglichst klein wird. Dies läßt sich mit einer Wärmeleitpaste aus Siliconfett erreichen.

In bestimmten Fällen darf zwischen dem Metallgehäuse des Bauelementes und dem Kühlkörper keine elektrische Verbindung bestehen. Als Isolationsmaterial werden dann Glimmer- oder Kunststoffscheiben als Zwischenlage verwendet. Zu beachten ist dabei jedoch, daß sich dadurch der Wärmewiderstand R_{thGK} um 0,25 K/W bis 1,5 K/W erhöht. Dieser größere Wärmewiderstand läßt sich durch Verwendung von Wärmeleitpaste nicht wieder herabsetzen.

Werden Dioden im Impulsbetrieb betrieben, so darf die jeweils während des Impulses auftretende Verlustleistung größer als die im Dauerbetrieb sein, weil während der Impulspause wieder eine Abkühlung erfolgt. Um die Berechnung zu vereinfachen, ist in den Datenblättern anstelle des Wärmewiderstandes R_{thJG} oft ein Impuls-Wärmewiderstand r_{thJG} in Form von Kennlinien angegeben. Als Parameter wird, wie bereits in Bild 3.26, das Tastverhältnis $v = \frac{t_i}{T}$ benutzt. **Bild 3.41** zeigt das Diagramm für den Impuls-Wärmewiderstand r_{thJG}.

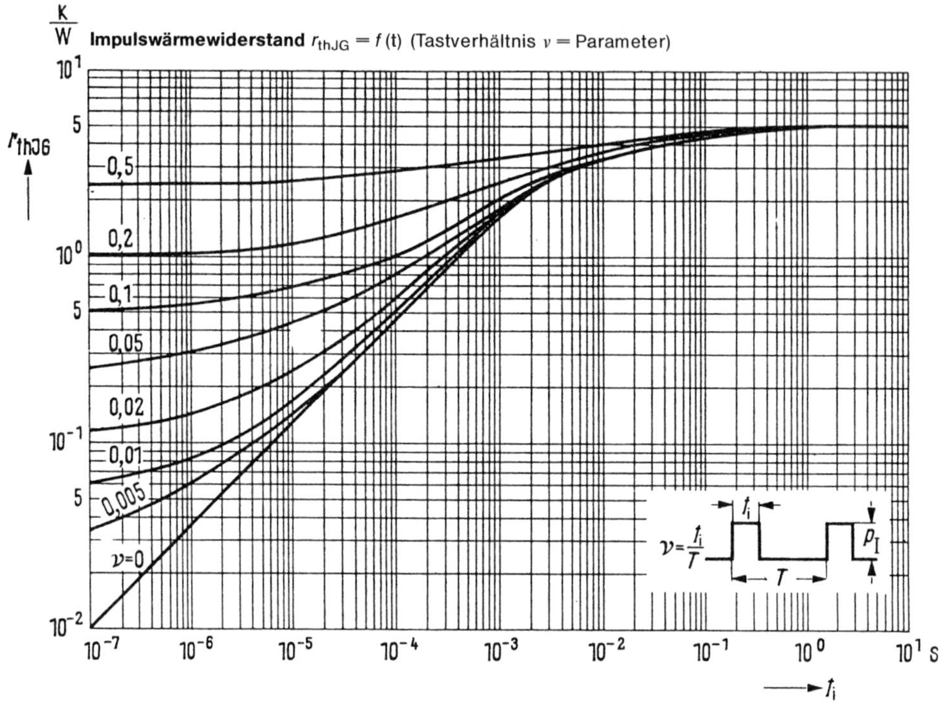

Bild 3.41 Impuls-Wärmewiderstand r_{thJG}

Beispiel

Eine Si-Diode hat bei Dauerbetrieb mit Kühlkörper und $T_J = 150\,°C$ sowie $T_U = 50\,°C$ eine Verlustleistung $P_V = 12{,}5\,W$.
Welche Verlustleistung ist zulässig, wenn diese Diode bei Impulsbetrieb mit einer Impulsfrequenz $f = 10\,kHz$ und einer Impulsdauer $t_i = 10\,\mu s$ betrieben werden soll?

$$T = \frac{1}{f} = \frac{1}{1 \cdot 10^4\,Hz} = 1 \cdot 10^{-4}\,s$$

$$v = \frac{t_i}{T} = \frac{1 \cdot 10^{-5}\,s}{1 \cdot 10^{-4}\,s} = 0{,}1$$

Aus dem Diagramm in Bild 3.41 kann für $t_i = 1 \cdot 10^{-5}\,s$ und $v = 0{,}1$ der Wert $r_{thJG} = 0{,}7\,K/W$ abgelesen werden.

$$P_V = \frac{T_J - T_U}{r_{thJG}} = \frac{150\,°C - 50\,°C}{0{,}7\,K/W} = \frac{100\,K}{0{,}7\,K/W}$$

$$P_V = 142{,}85\,W$$

Diese wesentlich größere Leistung bei der angegebenen Impulsfrequenz darf aber jeweils nur maximal $10\,\mu s$ lang an der Diode auftreten.

3.3.3 Beispiele für Original-Datenblätter

Die folgenden Datenblätter für die Si-Schaltdiode 1N4148 **(Bild 3.42)** und die Si-Diode BY 259 **(Bild 3.43)** sollen als Beispiele dienen. Je nach Diodentyp und Hersteller können zahlreiche weitere Grenz- und Kenndaten sowie Kennlinien angegeben sein.

Silizium-Schaltdiode **1N4148**

Die Silizium-Diode **1N4148** im Glasgehäuse (DO-35) eignet sich allgemein zum Einsatz als Schaltdiode. Sie hat eine kurze Rückwärtserholzeit und eine kleine Kapazität.

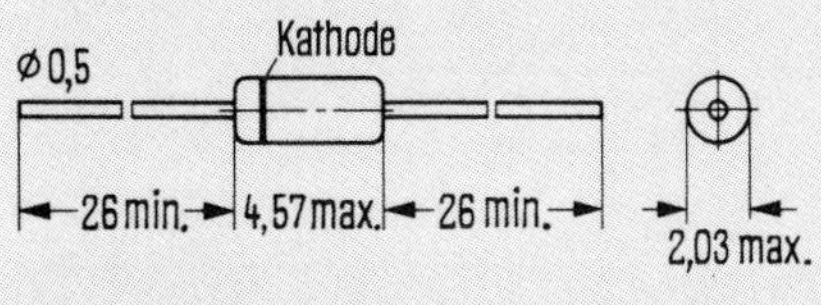

Gewicht etwa 0,18 g
Maße in mm

Grenzdaten (T_U = 25 °C)

Sperrspannung	U_R	75	V
Richtstrom	I_O	75	mA
Richtstrom bei 150 °C	I_O	20	mA
Durchlaßstrom	I_F	200	mA
Stoßstrom ($t < 1$ s)	I_{FS}	500	mA
Sperrschichttemperatur	T_j	200	°C
Umgebungstemperatur	T_U	– 65 bis + 200	°C
Verlustleistung (T_U = 60 °C)	P_{tot}	400	mW

Statische Kenndaten (T_U = 25 °C)

Durchbruchspannung (I_R = 100 µA)	U_R	≧ 100	V
Durchlaßspannung (I_F = 10 mA)	U_F	≦ 1	V
Sperrstrom (U_R = 20 V)	I_R	≦ 25	nA
Sperrstrom (U_R = 75 V)	I_R	≦ 5	µA
Sperrstrom (U_R = 30 V; T_U = 150 °C)	I_R	≦ 50	µA

Dynamische Kenndaten (T_U = 25 °C)

Diodenkapazität (U_R = 0 V)	C_D	≦ 4	pF
Schaltzeit (I_F = 10 mA; U_R = 6 V; Erholzeit auf 1 mA)	t_{rr}	≦ 4	ns
Schaltzeit ($I_F = I_R$ = 10 mA; Erholung auf 1 mA)	t_{rr}	≦ 8	ns

Temperaturabhängigkeit der zulässigen Gesamtverlustleistung
$P_{tot} = f(T_U)$

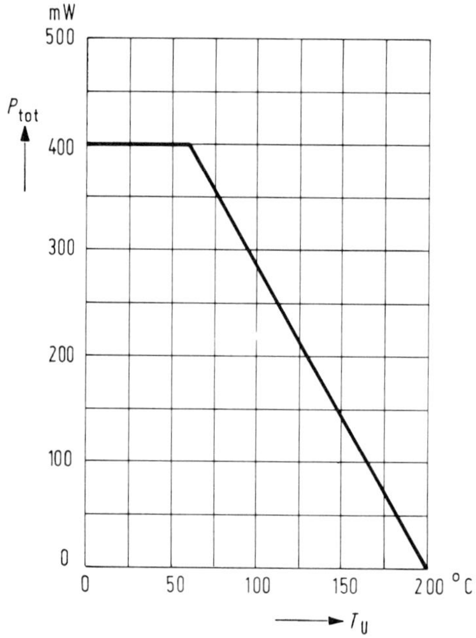

Durchlaßkennlinie $I_F = f(U_F)$

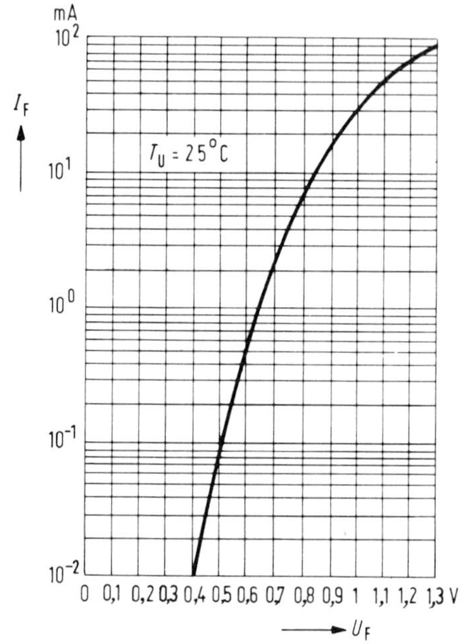

Sperrstrom $I_R = f(T_U)$
$U_R = 20$ V

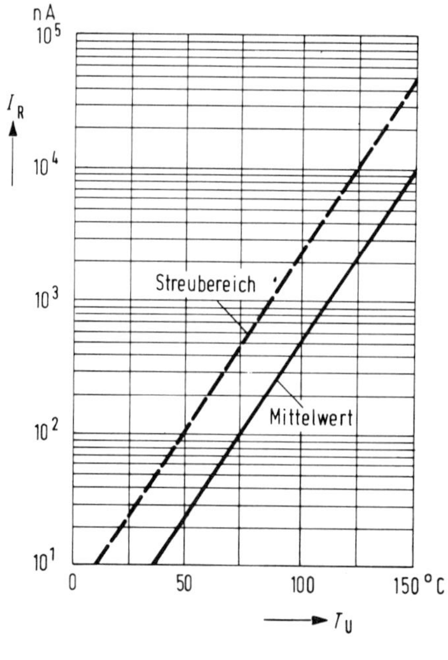

Bild 3.42 Datenblatt für Si-Diode 1N4148

Silizium-Gleichrichter **BY 259**

Hochsperrende Gleichrichterdiode für 150 V bis 1000 V, 4,0 A[3])

Applikation	vorwiegend für Netzbetrieb
Tablette	Silizium, diffundiert
Gehäuse	kunststoffumpreßt, Gehäuse ähnlich JEDEC DO-26
Anschlüsse	axiale Anschlußdrähte
Polarität	Kathode = Farbring

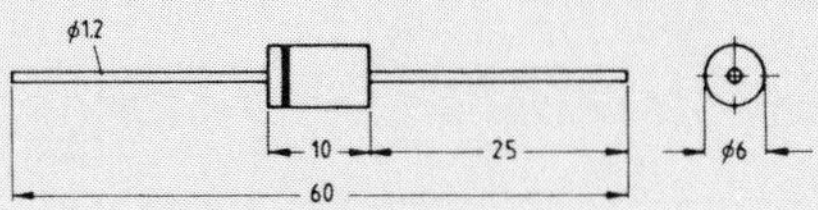

Bestellbezeichnung

Typ	Periodische Spitzensperrspannung U_{RRM}
BY 259/150	150 V
BY 259/300	300 V
BY 259/600	600 V
BY 259/900	900 V
BY 259/1000	1000 V

Grenzgleichströme I_{FAV} bei Netzbetrieb 40 bis 1000 Hz, Widerstandslast

Einsatz	Kühlart[1])	Kühlmittel-temperatur ϑ_A	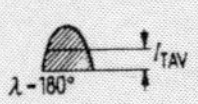	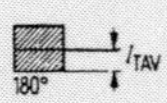	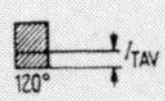	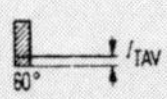	Kondensatorlast Formfaktor 3,0
Leiterplatte[2])	S	45 °C	2,1 A	2,2 A	2,0 A	1,7 A	1,5 A

[1]) Luftselbstkühlung (S)
[2]) Volle Anschlußdrahtlänge; Sperrverluste sind berücksichtigt
[3]) Die Temperatur der Anschlußdrähte muß in 10 mm Abstand vom Gehäuse auf Umgebungstemperatur $T_U = 95\,°C$ gehalten werden.

Sperrichtung

			Nebenbedingungen
Sperrstrom	I_R	0,4 mA	$T_j = 175\,°C$, bei U_{RRM}
		0,05 mA	$= 25\,°C$, bei U_{RRM}

Durchlaßrichtung

Dauergrenzstrom	I_{FAV}	2,4 A	$T_U = 25\,°C$, $f = 40$ Hz bis 1000 Hz
Dauergleichstrom (DC)	I_{Fdc}	2,9 A	$= 25\,°C$
Grenzeffektivstrom	I_{FRMS}	8 A	
Stoßstrom (Mindestpause 5 s)	I_{FSM}	100 A	$T_j = 25\,°C$ } Sinushalbwelle
		80 A	$= 175\,°C$ } 50 Hz

Grenzlastintegral	$\int I^2\,dt$	$34\,A^2s$	$T_j = 25\,°C$	$t = 1$ bis 5 ms
		$20\,A^2s$	$= 175\,°C$	
Durchlaßspannung	u_F	1,15 V (max)	$T_j = 25\,°C$ $I_F = 6\,A$	
		1,08 V (typ)		
Schleusenspannung	u_{TO}	0,75 V	$T_j = 175\,°C$	für Verlust-
Differentieller Widerstand	r_F	53 mΩ	$= 175\,°C$	rechnung

Thermische Werte

Höchste, dauernd zulässige Sperrschichttemperatur	T_j	175 °C	
Betriebstemperaturbereich		− 25 °C ... + 175 °C	
Lagertemperaturbereich	T_s	− 25 °C ... + 175 °C	
Wärmewiderstand (Leiterplatte)	R_{thJA}	57 K/W	$P_{tot} = 2\,W$

Mechanische Werte

Kriechstrecke/Luftstrecke		ca. 14,8 mm	
Gewicht	G	ca. 1,2 g	
Schwingfestigkeit		$100\,m/s^2$	bei 50 Hz
Feuchteklasse		F	Nach DIN 40040

Sonstige Werte

Mittlere Nullkapazität	C_{NULL}	70 pF	bei 1 MHz
Zul. Frequenz	f	40 Hz bis 10 kHz	bei Netzbetrieb mit Grenzdaten
Zul. Löttemperatur	$T_{Löt}$	≦ 350 °C	Lötzeit: 3 s

Einsatzempfehlungen

Anschlußspannung (Widerstandslast)	U_{RMS}	60 V (30 V)	BY 259/150	(Klammer-Werte
		125 V (60 V)	BY 259/300	bei E-Schaltung
		250 V (125 V)	BY 259/600	und C-Last)
		380 V (190 V)	BY 259/900	
		500 V (250 V)	BY 259/1000	
TSE-Beschaltung			für Netzbetrieb 40 Hz bis 60 Hz	
			$u_K = 2$ bis 8 %	
Kondensator				
B 37819-A 7153-M 3	C	0,015 µF	$U_{RMS} \leqq 500\,V$	
QBX 619	C	0,010 µF	$U_{RMS} \geqq 500\,V$	

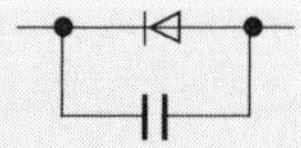

Durchlaßkennlinien
Parameter: Sperrschichttemperatur ϑ_j

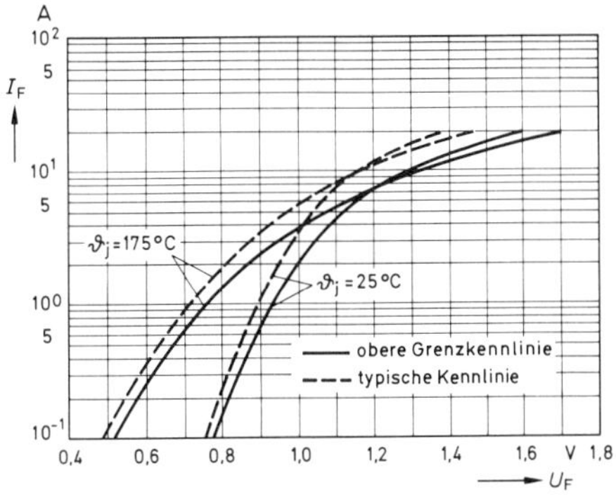

Durchlaßverlustkennlinien
Parameter: Formfaktor f

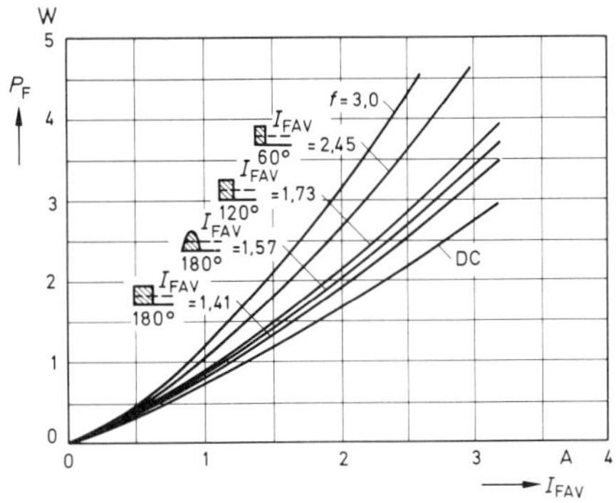

Durchlaßverlustkennlinien, Überstrombereich
Parameter: Formfaktor f

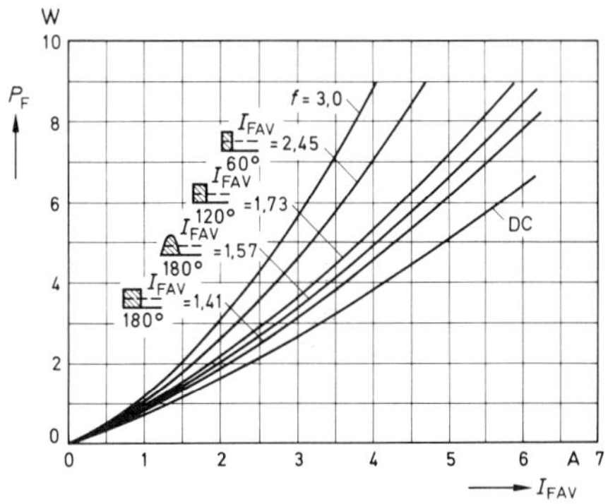

Notwendiger Vorwiderstand
R_{VOR} bei C-Last in Abhängigkeit von der Anschlußspannung U_{eff}

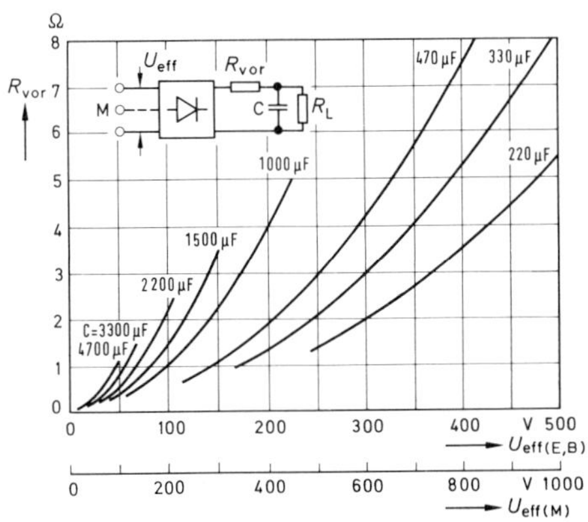

Grenzgleichströme I_{FAV} bei Leiterplattenmontage in Abhängigkeit von der Umgebungstemperatur ϑ_A, Netzbetrieb 40 bis 1000 Hz, Parameter: Formfaktor f

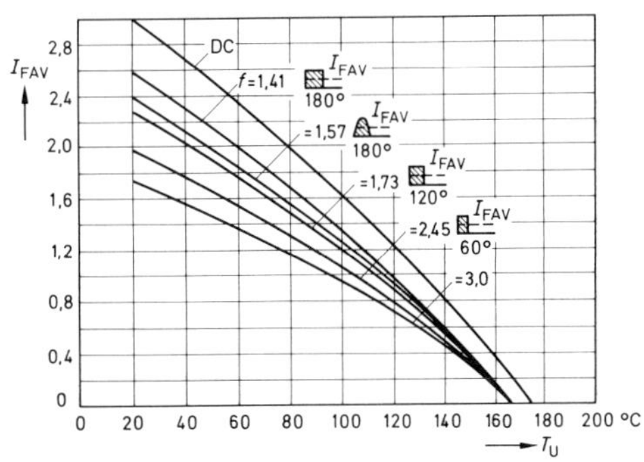

Bild 3.43 Datenblatt für die Si-Diode BY 259

3.3.4 Charakteristische Eigenschaften von Si-, Ge- und Se-Dioden

In der Tabelle nach **Bild 3.44** sind die charakteristischen Eigenschaften von Silizium-Dioden, Germanium-Dioden und Selen-Dioden zusammengefaßt und gegenübergestellt. Die Angaben können als grobe Orientierung bei der Auswahl von Dioden aufgrund bestimmter technischer Anforderungen sehr hilfreich sein.

Eigenschaft	Siliziumdiode	Germaniumdiode	Selendiode
Schleusenspannung U_s	0,5 V–0,8 V	0,2 V–0,4 V	0,6 V
max. Sperrspannung $U_{R\,max}$	80 V–1500 V	40 V–100 V	20 V–30 V pro Platte
Höchstzulässige Stromdichte in der Halbleiterschicht	100 A/cm^2	50 A/cm^2	0,1 A/cm^2
Sperrstrom I_{Rest}	5 nA–500 nA	10 µA–500 µA	100 µA–500 µA
max. Sperrschichttemperatur $T_{J\,max}$	150 °C–200 °C	70 °C–90 °C	60 °C–80 °C
Temperaturabhängigkeit des Sperrstromes	Verdopplung bei 8 K Temperaturerhöhung	Verdopplung bei 10 K Temperaturerhöhung	Verdopplung bei 5 K Temperaturerhöhung
Zulässige Verlustleistung $P_{V\,max}$	groß (wegen der höheren Sperrschichttemperatur)	mittel	mittel
Kennlinienverlauf	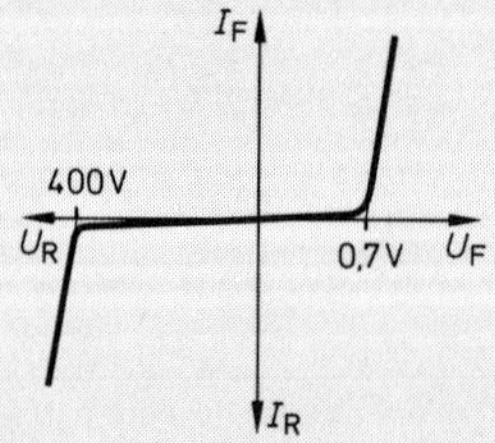 	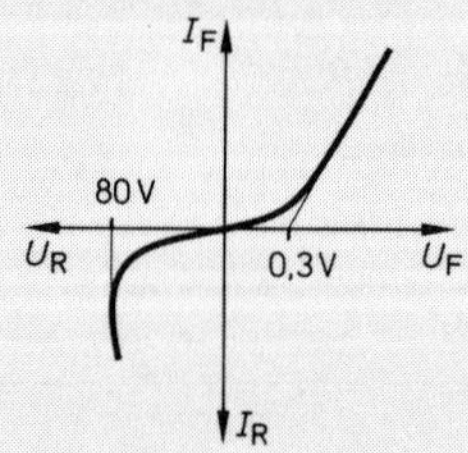 	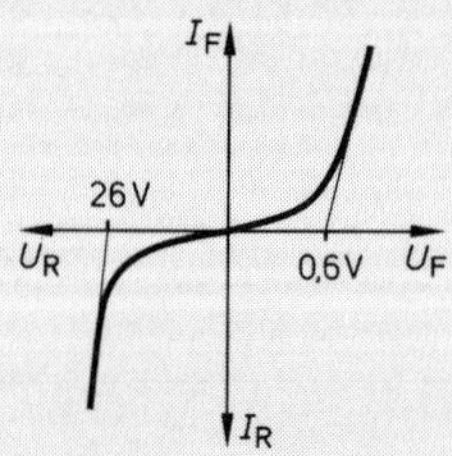
Anwendung	Gleichrichtung aller Art Schalterbetrieb	HF-Gleichrichtung	Netzgleichrichtung

Bild 3.44 Charakteristische Eigenschaften von Si-, Ge- und Se-Dioden

3.3.5 Kennzeichnung von Dioden

Bei der Typenbezeichnung von Halbleiterdioden benutzen europäische Hersteller überwiegend den »Pro-Electron«-Typenschlüssel, die amerikanischen und japanischen Hersteller dagegen meistens den »JEDEC«-Typenschlüssel. In beiden Fällen werden Buchstaben und Ziffern verwendet. Da viele Diodentypen jedoch nur geringe Ausmaße haben, ist ein Gehäuseaufdruck mit der Angabe von Buchstaben und Ziffern zwangsläufig sehr klein und seine Ablesung daher sehr schwierig. Auch die Verwischungs- und Verwechselungsgefahr ist recht groß. Aus diesen Gründen wird heute bei kleinen Dioden der jeweilige Diodentyp oft nicht mit Ziffern und Buchstaben, sondern, ähnlich wie bei den Widerständen, durch Farbringe auf dem Gehäuse angegeben.

3.3.5.1 Kennzeichnung nach »JEDEC«

Die JEDEC-Typenbezeichnung für Dioden besteht aus einer Kombination von »1N« und einer vierstelligen Zahl. Die grundsätzliche Angabe »1N« weist auf das Vorhandensein von »1 pn«-Übergang hin. Es folgt dann eine vierstellige Zahl, die auf dem Gehäuse aufgedruckt oder mit Hilfe von Farbringen angegeben wird. Der erste Farbring ist stets doppelt so breit wie die anderen drei Ringe. Durch ihn wird gleichzeitig der Katodenanschluß der Diode gekennzeichnet. Für die Zuordnung der Farbe zu den zehn Ziffern gilt die gleiche Zuordnung wie beim Farbcode für Widerstände, und zwar:

Schwarz	≙ 0	Grün	≙ 5
Braun	≙ 1	Blau	≙ 6
Rot	≙ 2	Violett	≙ 7
Orange	≙ 3	Grau	≙ 8
Gelb	≙ 4	Weiß	≙ 9

Die Kennzeichnung der bereits in Abschnitt 3.3.3 angegebenen Si-Diode vom Typ 1N4148 ist in **Bild 3.45** dargestellt.

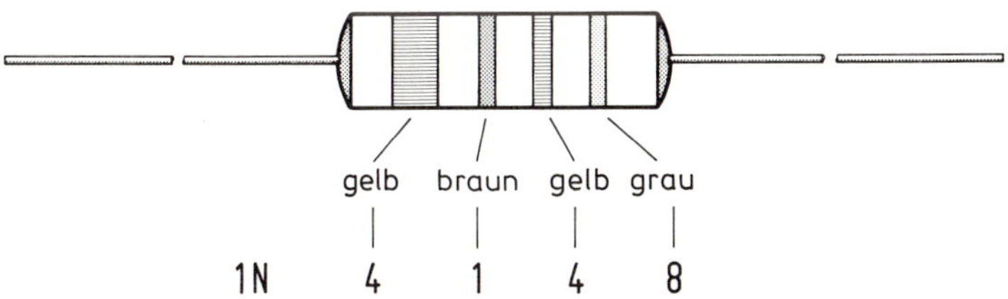

Bild 3.45 Farbkennzeichnung der Si-Diode 1N4148 nach JEDEC

3.3.5.2 Kennzeichnung nach »Pro Electron«

Der »JEDEC«-Typenschlüssel hat den großen Nachteil, daß aus der Diodenbezeichnung keinerlei Hinweise über Art und Einsatzmöglichkeit der betreffenden Diode entnommen werden können. Bei der »Pro Elektron«-Bezeichnung wird dagegen die Diodentype weiter differenziert. So gibt der erste Buchstabe das Halbleitermaterial an.

Der zweite Buchstabe kennzeichnet die Hauptfunktion und ein eventuell vorhandener dritter Buchstabe weist auf eine kommerzielle Verwendung hin. Es folgen dann nur noch 2 oder 3 Ziffern.
Bei der Kennzeichnung von Dioden nach »Pro Electron« gibt der *1. Buchstabe* Auskunft über das Halbleitermaterial:

A = Germanium
B = Silizium.

Durch den *2. Buchstaben* wird die Hauptfunktion näher beschrieben:

A = Allgemeine Kleinsignalgleichrichtung, Schaltdiode
B = Kapazitätsdiode
E = Tunneldiode
G = Oszillatordiode für HF-Anwendung
H = Diode, die auf ein Magnetfeld anspricht
X = Vervielfacherdiode
Y = Leistungsdiode für Netzgleichrichter
Z = Z-Diode; Referenzdiode

Der *3. Buchstabe* wird zur Kennzeichnung von kommerziellen Typen benutzt. Verwendet werden hier überwiegend die Buchstaben X und Y sowie auch Z.

Die *Standard-Diodentypen* haben eine Typenbezeichnung, die aus

2 Buchstaben und 3 Ziffern

besteht, während die Diodentypen für den kommerziellen Einsatz

3 Buchstaben und 2 Ziffern

haben.
Buchstaben und Ziffern werden auf den Gehäusen aufgedruckt oder mit einer Farbring-codierung entsprechend der Tabelle in **Bild 3.46** angegeben. Der erste und zweite Farbring sind in doppelter Breite ausgeführt und kennzeichnen wiederum den Katodenanschluß.

Breite Farbringe		Schmale Farbringe
1. und 2. Buchstabe	3. Buchstabe	Ziffern
Braun = AA	Weiß = Z	Schwarz = 0
Rot = BA	Grau = Y	Braun = 1
	Schwarz = X	Rot = 2
	Blau = W	Orange = 3
	Grün = V	Gelb = 4
	Gelb = T	Grün = 5
	Orange = S	Blau = 6
		Violett = 7
		Grau = 8
		Weiß = 9

Bild 3.46 Farbschlüssel für die Diodenkennzeichnung nach »Pro Electron«

Bild 3.47 zeigt als Beispiel die Farbkennzeichnung der Diode BAY 93. Es handelt sich dabei um eine Si-Diode (1. Buchstabe B) für Kleinsignalgleichrichtung oder für Schaltaufgaben (2. Buchstabe A) als kommerzieller Typ, (3. Buchstabe Y) mit der Seriennummer 93.

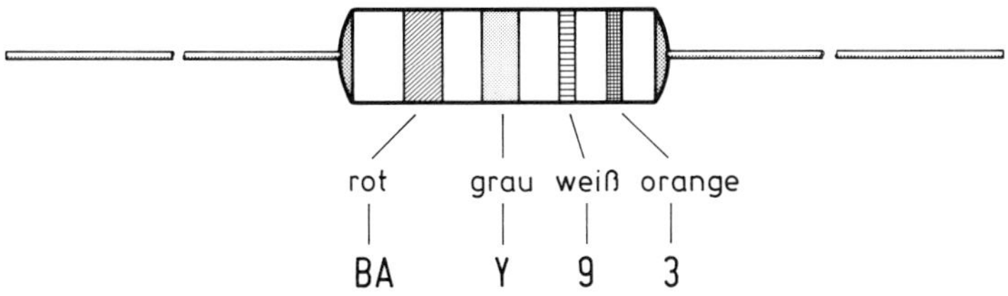

Bild 3.47 Farbkennzeichnung der Diode BAY 93 nach dem »Pro-Electron«-Typenschlüssel

Bei den kommerziellen Si-Dioden gibt es noch die Möglichkeit, daß die Buchstabenkombination durch die Gehäusefarbe gekennzeichnet wird. Dabei gilt dann:

Hellgrün = BAV
Hellblau = BAW
Schwarz = BAX

Die nachfolgende Seriennummer wird wie üblich durch Farbringe angegeben. Der breite erste Farbring liegt auf der Katodenseite der Diode. In **Bild 3.48** ist eine derartige Kennzeichnung für die Diode BAW 62 als Beispiel dargestellt.

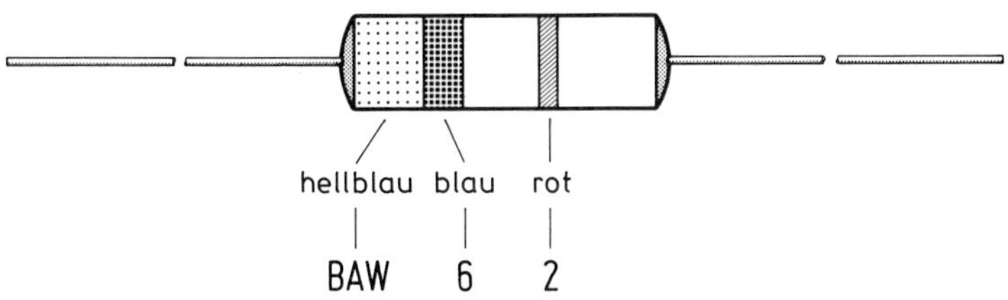

Bild 3.48 Farbkennzeichnung der Diode BAW 62

Es sind auch Dioden zu finden, deren Kennzeichnung von den beiden genannten Typenschlüsseln abweicht. So können die Farbringe alle die gleiche Breite haben, aber eindeutig an ein Diodenende gerückt sein. Dann ist dieses Ende die Katodenseite. Sie wird oft auch durch einen Farbpunkt oder durch ein aufgedrucktes Diodensymbol gekennzeichnet.

3.3.6 Herstellungsverfahren von Dioden

Dioden werden je nach Einsatzgebiet nach unterschiedlichen Verfahren hergestellt. Die wichtigsten Herstellungstechniken sind das Dotieren durch Legieren, durch Diffundieren und durch Implantation. Außerdem werden Germaniumdioden auch als Punktkontaktdioden gefertigt.

Germanium-Punktkontaktdioden werden auch Germanium-Spitzendioden genannt. Sie bestehen aus einem n-dotierten Ge-Kristall, auf den ein zugespitzter Wolfram- oder Bronzedraht federnd aufsitzt. Diese Ausführung ähnelt den aus der Anfangszeit der Rundfunkempfangstechnik her bekannten Kristalldetektoren. Ein Formierungsstrom verschweißt die Metallspitze mit dem Germanium und verleiht dieser Verbindung eine Gleichrichterwirkung. Der pn-Übergang entsteht dabei jedoch nur mit einem Radius von etwa 1 µm um die Spitze herum.

Bild 3.49 zeigt den Schnitt durch eine Ge-Spitzendiode sowie eine Ausschnittvergrößerung der Punktkontaktstelle.

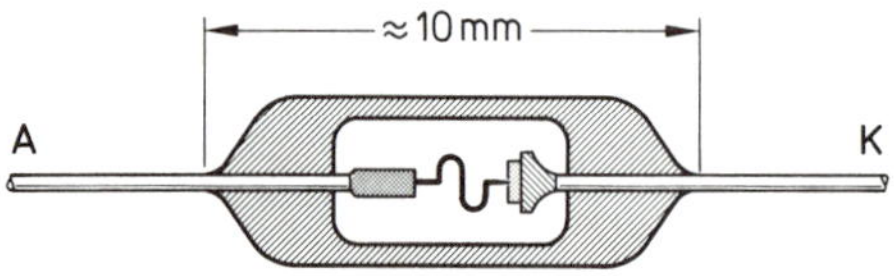

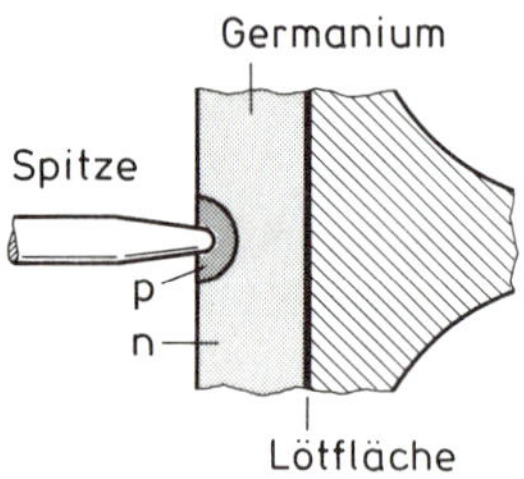

Bild 3.49 Schnitt durch eine Ge-Spitzendiode und Ausschnittvergrößerung der Punktkontaktstelle

Aufgrund des in Bild 3.49 dargestellten Aufbaues haben Ge-Spitzendioden eine sehr geringe Kapazität. Sie sind daher besonders zur Gleichrichtung von Höchstfrequenz-Spannungen geeignet. Der zulässige Durchlaßstrom $I_{F\,max}$ ist aber sehr klein. Ein weiterer Nachteil dieser Spitzendiode ist ihre Stoßempfindlichkeit. Bereits durch Herabfallen aus einer Höhe von ca. 20 cm können sich ihre technischen Daten wesentlich ändern. Diese Tatsache muß besonders beachtet werden, wenn vom Hersteller in ihren Daten zusammenpassende Diodenpaare oder Dioden-Quartette geliefert werden. Schon das Ausschütten aus der Versandtüte kann die Sortierarbeit des Lieferanten zunichte machen.

Ein Herstellungsverfahren für *Flächendioden* wurde bereits in Abschnitt 3.2.4.1 kurz beschrieben. Bei diesem *Legierungsverfahren* wird p-Material in Form eines kleinen Indium-Kügelchens auf einen n-Kristall aufgesetzt und mit diesem verschmolzen. Nach dem Abkühlen befinden sich im ursprünglichen n-Kristall in der Nähe der Übergangsstelle eine große Zahl von Indium-Atomen, so daß dieser Bereich in p-Material umdotiert ist.

Bild 3.50 zeigt einen Schnitt durch eine derartige Flächendiode sowie eine Ausschnittsvergrößerung der Übergangsstelle.

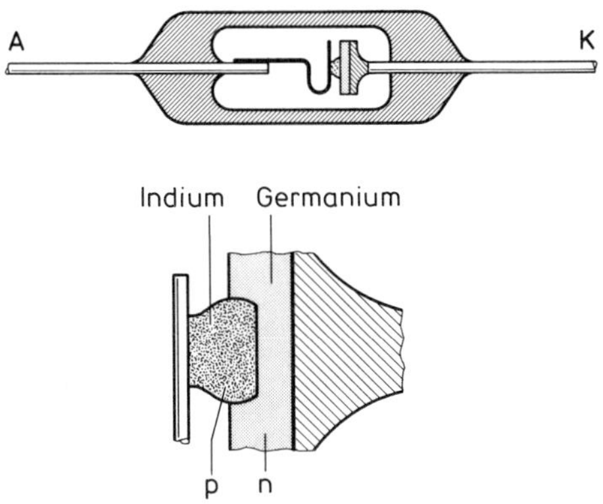

Bild 3.50 Schnitt durch eine Flächendiode und Ausschnittsvergrößerung der Übergangsstelle

Das in Bild 3.50 angedeutete Legierungsverfahren hat den Nachteil, daß der pn-Übergang nicht den heutigen Anforderungen entsprechend exakt und eng toleriert genug hergestellt werden kann. Dies ist aber beim Verfahren des Diffundierens möglich, bei dem das Dotierungsmaterial in Gasform auf das Ausgangsmaterial aufgebracht wird. Dieses Herstellungsverfahren ist nicht nur für Dioden, sondern auch für Transistoren und hochintegrierte Schaltungen geeignet. Es wird als Planartechnik bezeichnet. Der Herstellungsprozeß einer diffundierten Planardiode läuft nach dem in **Bild 3.51** (Seiten 131–133) beschriebenen Verfahren ab.

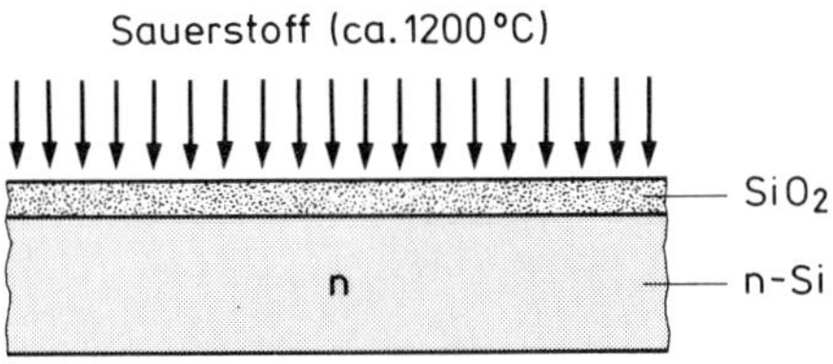

1. Eine etwa 0,2 mm dicke, n-leitende, polierte Si-Scheibe (Wafer) mit einem Durchmesser von 30 bis 70 mm wird oxidiert. Bei 1200 °C bildet sich in der Sauerstoffatmosphäre eine ca. 0,5 µm dicke Siliziumdioxidschicht. Diese SiO_2-Schicht schützt den Si-Kristall gegen jedes Eindringen von Fremdatomen auch bei hohen Temperaturen.

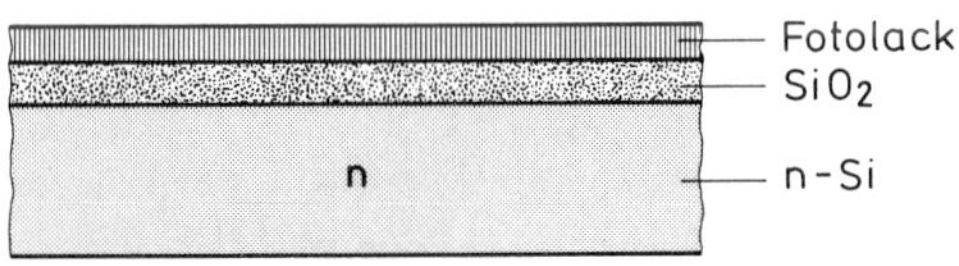

2. Auf die SiO_2-Schicht wird ein lichtempfindlicher Lack aufgebracht.

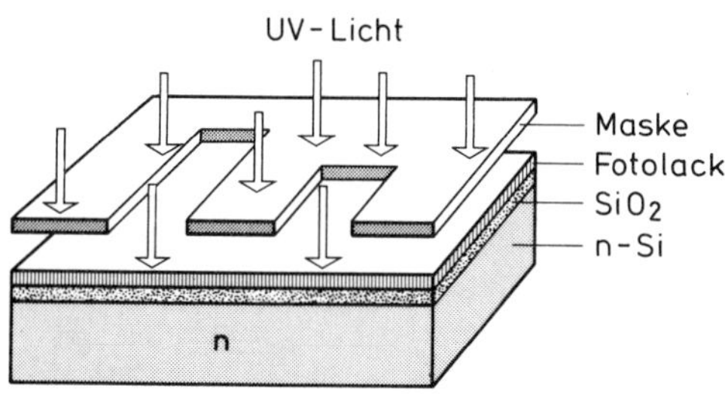

3. Durch eine Maske, die die Struktur der Diode, des Transistors oder der Integrierten Schaltung hat, wird der Fotolack belichtet. Die aus einer Glasplatte bestehende Maske enthält viele Hundert nebeneinander angeordnete Diodensysteme.

Bild 3.51 Herstellungsverfahren der Planartechnik.
(Fortsetzung auf der nächsten Seite)

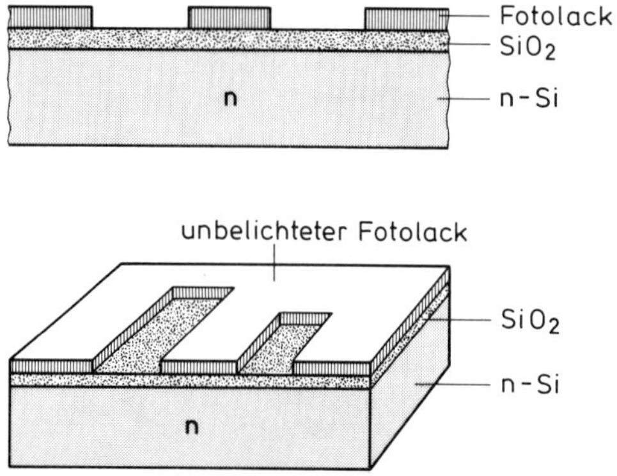

4. Der Fotolack wird entwickelt und dabei die jeweils belichtete Stelle chemisch entfernt. Die unbelichteten Stellen bleiben als Schutz gegen die anschließende Ätzung auf dem Oxid zurück.

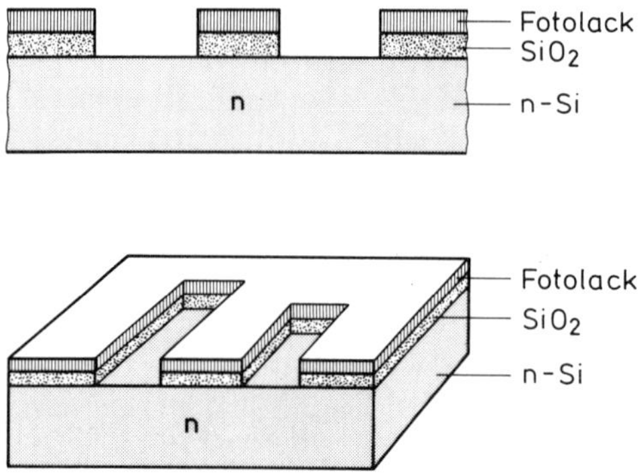

5. Das Oxid wird an den fotolackfreien Stellen weggeätzt.

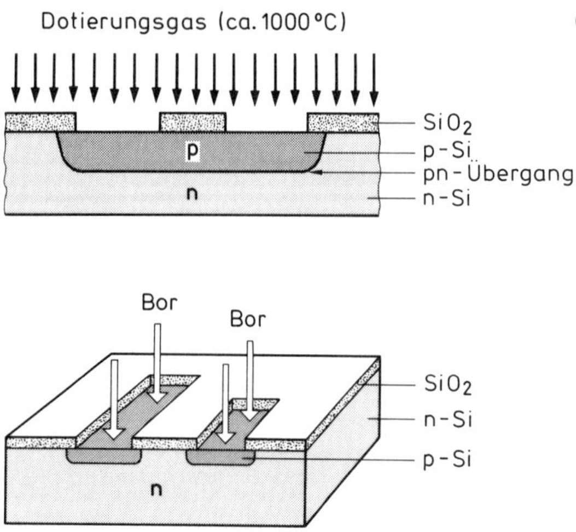

6. Der restliche Fotolack wird mit Lösungsmitteln entfernt. Das verbleibende Oxid wirkt als Maske für die nachfolgende Diffusion. Dabei wird die Si-Scheibe bei ca. 1000 °C einem Dotierungsgas ausgesetzt, das Fremdatome, z. B. Bor enthält. Diese dringen in den n-Kristall ein und werden in das Kristallgefüge eingebaut. Dieser Diffusionsvorgang muß so lange dauern, bis das n-dotierte Silizium in einer bestimmten Breite und Tiefe an der Öffnungsstelle in p-dotiertes Silizium umdotiert worden ist.
Bei Transistoren wird diese Foto-und Diffusionstechnik 2 bis 3mal mit verschiedenen Masken, bei Integrierten Schaltungen bis 10mal wiederholt.

Bild 3.51 Herstellungsverfahren der Planartechnik.
(Fortsetzung auf der nächsten Seite)

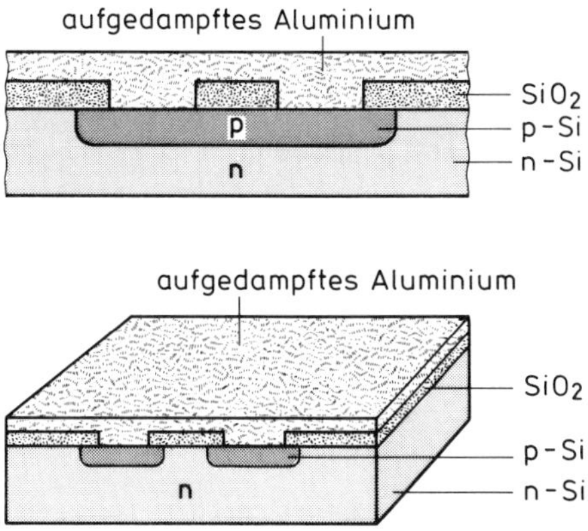

7. Zur Metallisierung der Leiterbahnen und Kontaktstellen wird ganzflächig Aluminium aufgedampft.

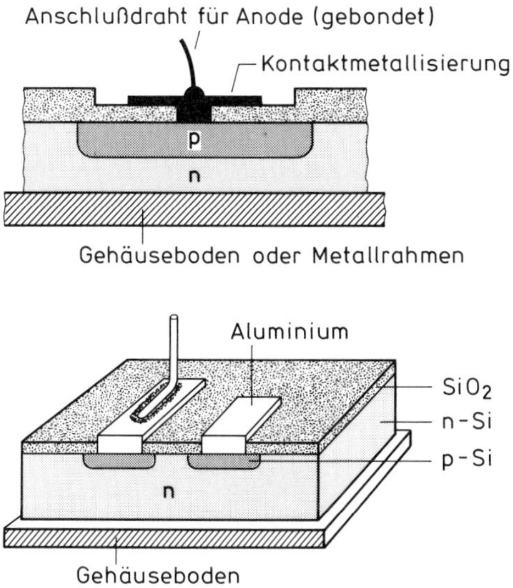

Bild 3.51 Herstellungsverfahren der Planartechnik

8. Mit Hilfe der Fototechnik werden die nicht benötigten Aluminiumstellen wieder entfernt. Bei Integrierten Schaltungen entstehen dabei die metallischen Leiterbahnen, die die einzelnen Elemente einer Schaltung verbinden.
Die fertigen Wafer werden an den Grenzen der Einzelelemente mit einem Diamanten geritzt und auseinandergebrochen. Die n-dotierte Schicht des Chips wird meistens auf dem Gehäuseblock aufgelötet. Dadurch wird eine bessere Ableitung der durch die Verlustleistung entstehenden Wärme erreicht. Der p-Anschluß der Diode erfolgt über einen angelöteten oder gebondeten Draht.

Der Name »Planartechnik« ist von der flächenhaften Anordnung der übereinanderliegenden p- und n-Schichten abgeleitet [planum (lat.) = eben].
Die Planartechnik hat den entscheidenden Vorteil, daß die p- und n-dotierten Schichten mit einer sehr widerstandsfähigen und gasdichten SiO_2-Haut überzogen sind. Dadurch wird das unkontrollierte Eindringen von Fremdatomen in den Kristall und damit später auch eine allmähliche Veränderung der Halbleitereigenschaften ausgeschlossen.

Ein heute immer mehr verwendetes Verfahren zur Herstellung von Planardioden ist das Epitaxie-Verfahren [= Epitaxie (griech.) hier = Aufbringen einer dünnen Schicht]. In **Bild 3.52** ist der Herstellungsvorgang schematisch dargestellt.

1. Ausgangswerkstoff ist ein Wafer aus stark n-dotiertem Silizium (n^+). Diese Schicht dient bei der fertigen Diode nur als gut leitender Übergang zwischen Kristall und Gehäuseboden.

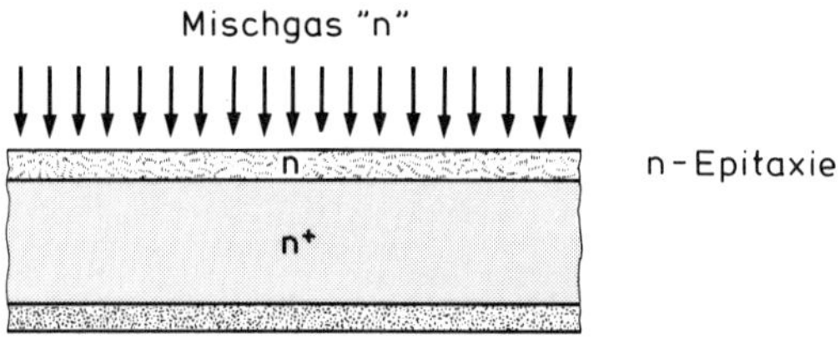

2. Auf die n^+-Schicht wird die eigentliche n-dotierte Schicht durch Epitaxie aufgebracht.

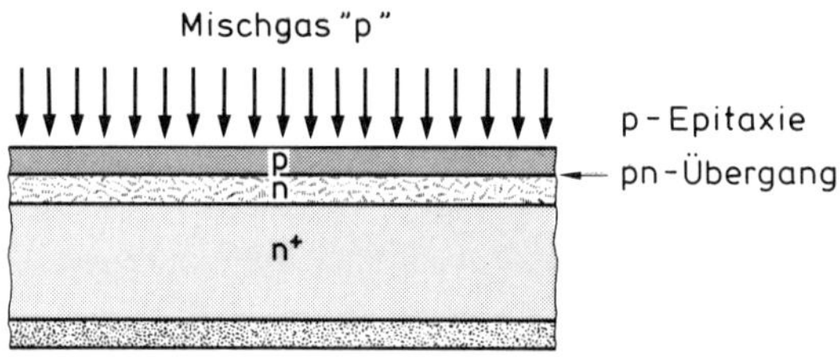

3. Ebenfalls durch ein Mischgas wird auf die n-Schicht die p-dotierte Schicht durch Epitaxie aufgebracht. Im Gegensatz zur diffundierten Planardiode ist der Übergang von der p- zur n-Zone sehr schroff.

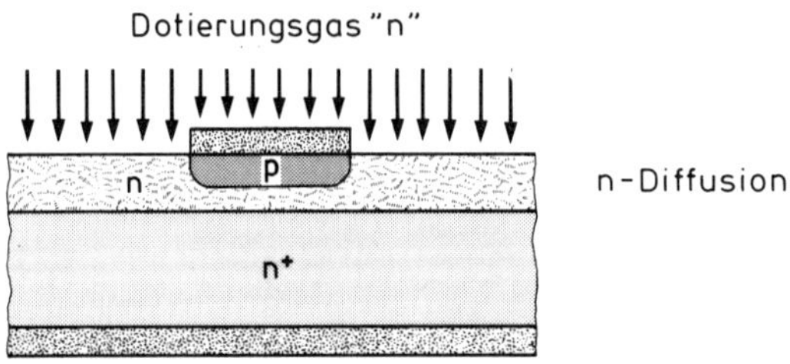

4. Ein Teil der p-Schicht wird durch eine SiO_2-Schicht abgedeckt. Der übrige Teil wird mit Hilfe eines Dotierungsgases von p- in n-Silizium umdotiert.

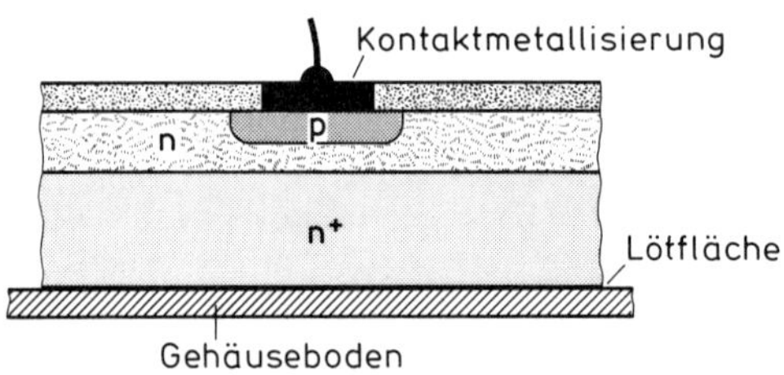

5. Der p-Teil erhält für den Anschluß eine Metallisierung, der übrige Bereich eine SiO_2-Schutzschicht.

Bild 3.52 Herstellung einer Epitaxie-Planardiode

Bei Leistungsdioden, die in Gleichrichterschaltungen der Leistungselektronik eingesetzt werden, muß wegen der großen Verlustleistung für eine gute Wärmeableitung gesorgt werden. Diese meistens in Planartechnik hergestellten Dioden haben deshalb ein Metallgehäuse und der Halbleiterkristall wird vollflächig auf kompakte Metallflächen aufgelötet. Eine derartige Ausführung einer Leistungsdiode ist in **Bild 3.53** im Schnitt dargestellt.

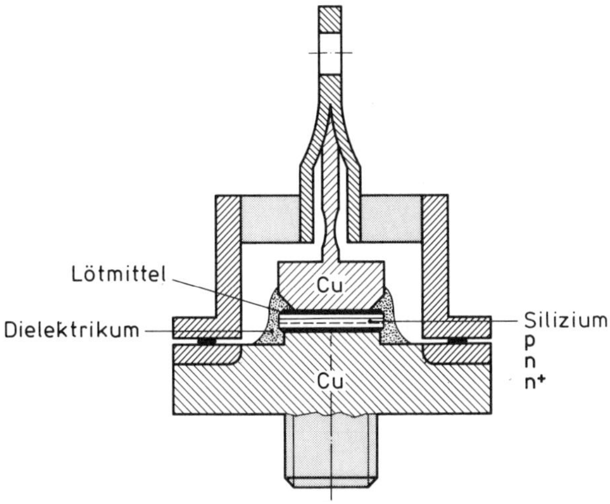

Bild 3.53 Schnitt durch eine Leistungsdiode

Zunehmend werden Halbleiterwerkstoffe auch durch Implantation ((lat.) = Einpflanzung) dotiert. Hierzu wird der Dotierungswerkstoff ionisiert. Durch Hochspannung können diese Ionen dann sehr stark beschleunigt und in dem Halbleiterkristall eingeschossen werden. Dabei läßt sich die Eindringtiefe und somit die Schichtdicke des dotierten Materials sehr genau bestimmen.

3.3.7 Gehäuseform von Dioden

Dioden werden in einer Vielzahl verschiedener Gehäuseformen gefertigt. Art und Größe der Gehäuse hängen im wesentlichen von der zulässigen Verlustleistung ab. So haben Hochfrequenzdioden und andere Dioden für kleine Leistungen meistens ein kleines Glas- oder Kunststoffgehäuse. Netzgleichrichterdioden und Dioden für die Leistungselektronik werden dagegen wegen der besseren Wärmeableitung mit einem Metallgehäuse versehen. Die Gehäuseformen der Dioden sind nach DIN oder JEDEC genormt. In **Bild 3.54** sind eine Reihe von Gehäuseformen als Beispiele angegeben.

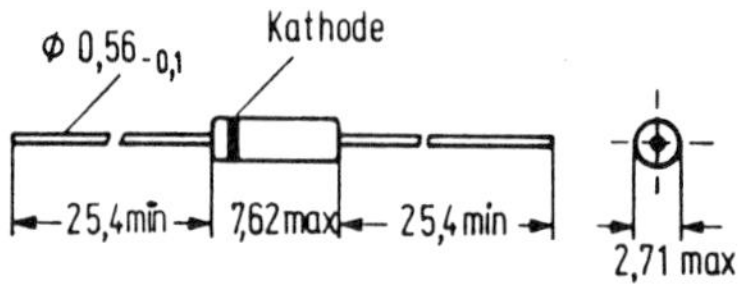

Glasgehäuse DO-7
51 A 2 nach DIN 41 880
Gewicht ca. 0,2 g

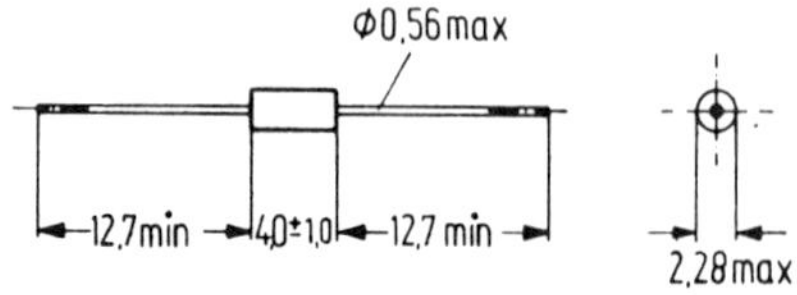

Glasgehäuse DO-35
54 A 2 nach DIN 41 880
Gewicht ca. 0,13 g

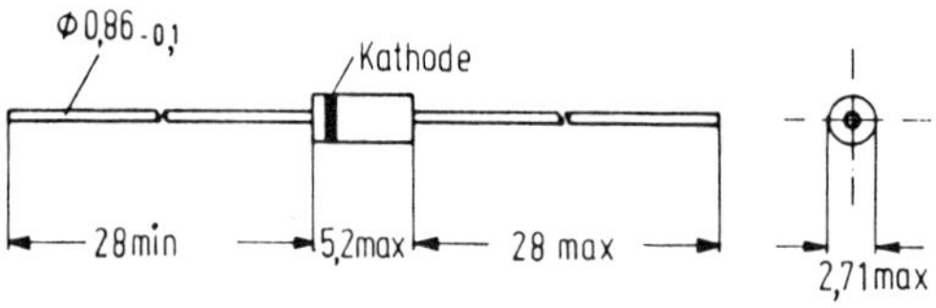

Glasgehäuse DO-41
51 A 2 nach DIN 41 880
Gewicht ca. 0,4 g

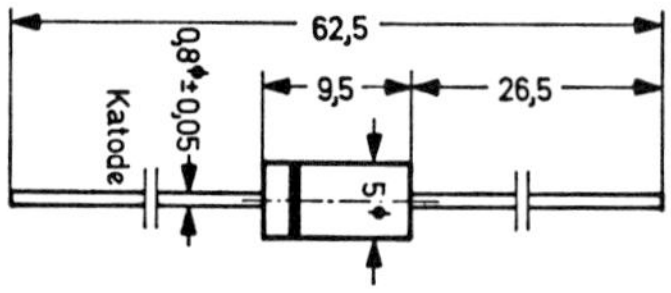

Kunststoffgehäuse DO-13
56 A 2 nach DIN 41 883
Gewicht ca. 0,6 g

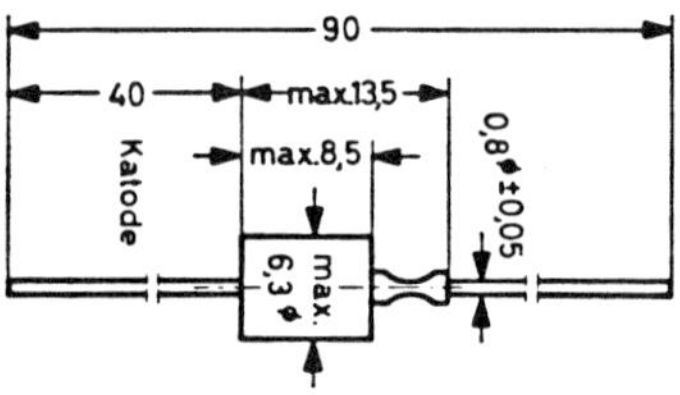

Metallgehäuse DO-13
56 A 2 nach DIN 41 883
Gewicht ca. 1,4 g

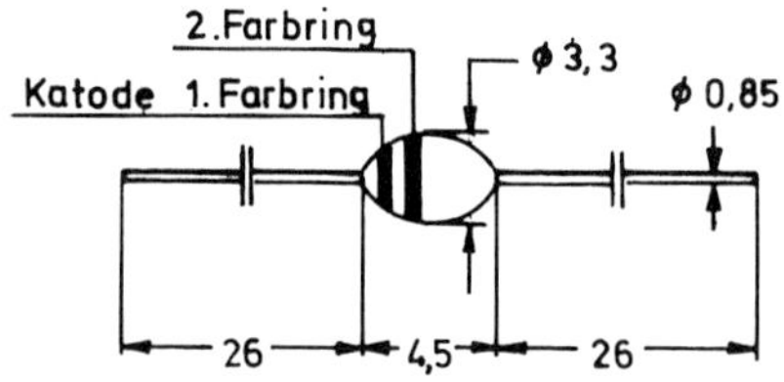

Sinterglasgehäuse DOM 22
Gewicht ca. 0,5 g

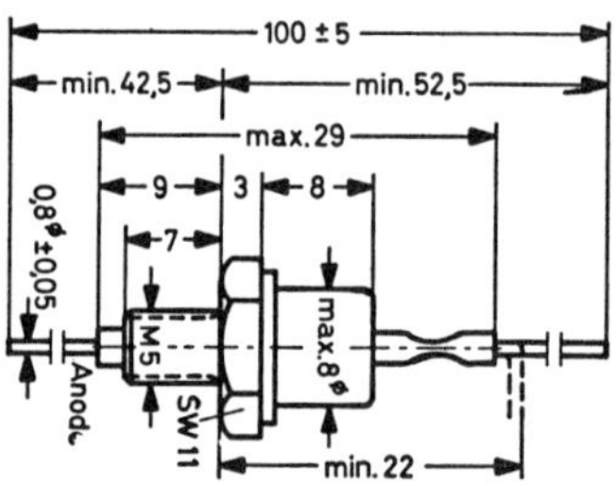

Metallgehäuse 101 A 2
nach DIN 41 885
Gewicht ca. 6 g

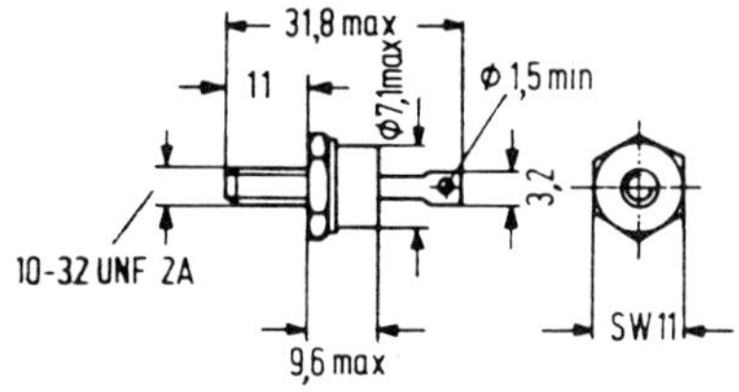

Metallgehäuse DO-4
Gewicht ca. 7,5 g

Bild 3.54 Gehäuseformen von Dioden

3.4 Anwendungsbeispiele für Gleichrichter- und Schaltdioden

Gleichrichterdioden lassen sich in Klein- und Leistungsgleichrichterdioden unterteilen.
Als Kleingleichrichterdioden werden in der Regel Dioden mit höchstzulässigen Durchlaßströmen von einigen mA bis zu etwa 5 A bezeichnet. Der Bereich der Leistungsgleichrichterdioden erstreckt sich von etwa 5 bis 2000 A. Haupteinsatz der Klein- und Leistungsgleichrichterdioden ist die Gleichrichtung niederfrequenter Wechselspannungen, insbesondere von Netzspannungen. Für die Gleichrichtung von hochfrequenten Wechselspannungen werden wegen ihrer sehr kleinen Sperrschichtkapazität überwiegend Germanium-Spitzendioden eingesetzt. Sie werden daher auch als Hochfrequenzdioden bezeichnet. Schaltdioden haben besonders kleine Sperrverzögerungszeiten. Sie ermöglichen ein schnelles Schalten bei Impulsbetrieb und werden deshalb in großem Umfang in der Digitaltechnik verwendet. Universaldioden lassen sich als Kleingleichrichterdioden sowie als Hf-Dioden bis zu Frequenzen von einigen MHz einsetzen. Sie sind aber auch als Schaltdioden verwendbar, sofern keine so kleinen Schaltzeiten wie bei speziellen Schaltdioden notwendig sind.

3.4.1 Gleichrichterschaltungen

Im allgemeinen benötigen elektronische Schaltungen als Stromversorgung eine oder mehrere Gleichspannungsquellen. Bei höherem Energiebedarf ist die Verwendung von Batterien unwirtschaftlich und es erfolgt eine Speisung aus dem Wechselspannungsnetz. Hierbei ist neben einer Abwärtstransformation auch eine Gleichrichtung der Wechselspannung erforderlich. Halbleiterdioden sind hierfür wegen ihrer kleinen Durchlaßspannung, ihrer hohen Belastbarkeit und ihres großen Verhältnisses zwischen Sperrwiderstand und Durchlaßwiderstand sehr gut geeignet. Für mittlere Spannungs- und Belastungswerte werden neben den Si-Dioden auch noch Selengleichrichter eingesetzt, für große Spannungs- und Belastungswerte dagegen überwiegend Silizium-Gleichrichterdioden.
Für die Dimensionierung von Gleichrichterschaltungen ist die Kenntnis des mittleren Durchlaßstromes, des Spitzenstromes und der maximalen Sperrspannung unbedingt erforderlich. Diese Werte hängen u. a. auch davon ab, ob die Gleichrichtung mit Hilfe einer Einweggleichrichterschaltung oder einer Zweiweggleichrichterschaltung erfolgt.

3.4.1.1 Einweggleichrichterschaltung

Bei der in **Bild 3.55** angegebenen Schaltung ist die Diode nur während der positiven Halbwellen der vom Transformator gelieferten Wechselspannung leitend. Daher fließt auch nur während der positiven Halbwellen ein Strom durch den Lastwiderstand. An diesem Lastwiderstand kann aber nur dann eine Spannung auftreten, wenn der Spitzenwert der Wechselspannung größer als die Schleusenspannung der Diode ist.

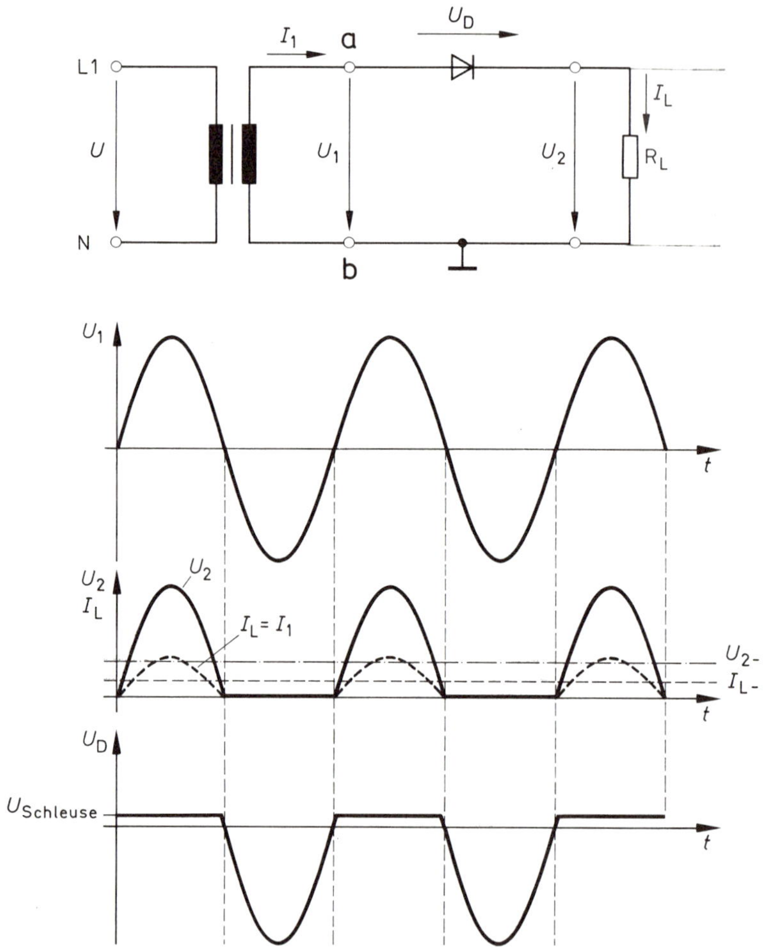

Bild 3.55 Schaltung und Spannungsverläufe bei einer Einweggleichrichterschaltung mit ohmscher Last

Der Spannungsverlauf am Lastwiderstand R_L entspricht der positiven Halbwelle der Transformatorspannung, vermindert jedoch um die Schleusenspannung der Diode. Da die Diode während der negativen Halbwelle der Wechselspannung gesperrt ist, liegt während dieser negativen Halbwelle die gesamte Transformatorspannung U_1 an der Diode. Wird die Diode in der Schaltung nach Bild 3.55 umgepolt, so ist sie während der positiven Halbwelle gesperrt und in der negativen Halbwelle leitend. Die Spannung am Lastwiderstand ist dann negativ gegenüber Masse, da der Strom in anderer Richtung durch R_L fließt.

In Bild 3.55 sind weiterhin die Verläufe der Transformatorspannung U_1, der Spannung am Lastwiderstand U_2 und der Spannung an der Diode U_D für die Schaltung phasenrichtig zueinander aufgezeichnet. Außerdem ist der Verlauf des Stromes I_L eingetragen. Die am Lastwiderstand auftretende Spannung U_2 ist eine pulsierende Gleichspannung.

Wird sie mit einem Gleichspannungs-Meßinstrument (Drehspulinstrument) gemessen, so bildet dieses den arithmetischen Mittelwert U_{2-} aus der pulsierenden Spannung. Das Instrument zeigt dann einen Spannungswert

$$U_{2-} = 0{,}318 \cdot \hat{u}_2 \quad \text{(Einweggleichrichterschaltung)}$$

an. Dabei bedeuten

U_{2-} = Arithmetischer Mittelwert der Spannung U_2
$\hat{u}_2$ = Spitzen- oder Scheitelwert der Spannung U_2.

Da die Transformatorausgangsspannung U_1 gesucht oder gegeben ist, ergeben sich durch Umrechnung und bei Vernachlässigung des Spannungsabfalls an der Diode folgende Beziehungen:

$U_{2-} = 0{,}45 \cdot U_1$ (Einweggleichrichterschaltung)
oder $U_1 = 2{,}22 \cdot U_{2-}$ (Einweggleichrichterschaltung)
mit U_{2-} = Arithmetischer Mittelwert der Spannung U_2
und U_1 = Effektivwert der Transformatorausgangsspannung.

Aus den Spannungsverläufen in Bild 3.55 ist zu erkennen, daß während der negativen Halbwelle der Scheitelwert der Trafospannung als Höchstwert der Sperrspannung an der Diode auftritt. Die Diode muß daher eine periodische Spitzensperrspannung

$$U_{RM} \geq \sqrt{2} \cdot U_1 \quad \text{(Einweggleichrichterschaltung)}$$

haben.
Der durch den Lastwiderstand fließende Strom I_L ist ein pulsierender Gleichstrom. Sein arithmetischer Mittelwert I_{L-} ergibt sich zu

$$I_{L-} = 0{,}318 \cdot \hat{i}_L$$

Dabei bedeuten

I_{L-} = Arithmetischer Mittelwert des Laststromes I_L
$\hat{i}_L$ = Spitzen- oder Scheitelwert des Laststromes I_L.

Der arithmetische Mittelwert I_{L-} des pulsierenden Laststromes ergibt sich aus dem Effektivwert des Transformatorausgangsstromes I_1 zu

$I_{L-} = 0{,}637 \cdot I_1$ (Einweggleichrichterschaltung)
oder $I_1 = 1{,}57 \cdot I_{L-}$ (Einweggleichrichterschaltung).

Hierin bedeuten

I_{L-} = Arithmetischer Mittelwert des Stromes I_L
I_1 = Effektivwert des Transformatorausgangsstromes.

Während der positiven Halbwelle der Trafospannung ist die Diode jeweils leitend und es fließt ein periodischer Strom durch die Diode. Der periodische Spitzendurchlaßstrom beträgt daher

$I_{FM} = \sqrt{2} \cdot I_1$ (Einweggleichrichterschaltung)
mit I_{FM} = Periodischer Spitzendurchlaßstrom
und I_1 = Effektivwert des Transformatorausgangsstromes.

Beispiel

Eine Einweggleichrichterschaltung mit ohmscher Last, entsprechend Bild 3.55, soll bei $U_2 =$ 100 V einen Laststrom $I_{L-} = 500$ mA liefern.
Welche Daten muß die Diode haben und für welche Werte von U_1 und I_1 muß der Trafo ausgelegt sein?

$$U_1 = U_{2-} \cdot 2{,}22 = 100\,V \cdot 2{,}22 = 222\,V$$
$$I_1 = 1{,}57 \cdot I_{L-} = 1{,}57 \cdot 0{,}5\,A = 0{,}785\,A$$
$$U_{RM} = \sqrt{2} \cdot U_1 = \sqrt{2} \cdot 222\,V = 313{,}96\,V$$
$$I_{FM} = \sqrt{2} \cdot I_1 = \sqrt{2} \cdot 0{,}785\,A = 1{,}11\,A$$

Die Ausgangsspannung U_2 einer Einweggleichrichterschaltung nach Bild 3.55 pulsiert so stark, daß sie in der Regel zur Spannungsversorgung von elektronischen Geräten nicht geeignet ist. Aus diesem Grund muß dafür gesorgt werden, daß auch während der Sperrzeit der Diode ein Strom durch den Lastwiderstand fließt. Dieses ist möglich, wenn ein Kondensator C_L mit großer Kapazität parallel zum Lastwiderstand geschaltet wird. **Bild 3.56** zeigt eine derartige Schaltung.

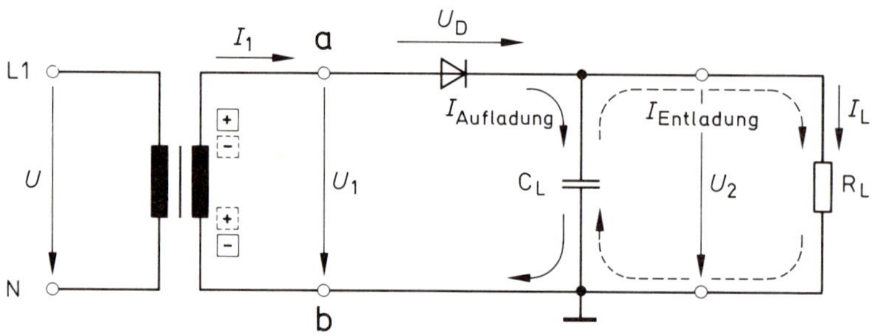

Bild 3.56 Einweggleichrichterschaltung mit Ladekondensator und Lastwiderstand

Der Kondensator C_L wirkt in der Schaltung nach Bild 3.56 als Speicher. Er wird aufgeladen, wenn in der positiven Halbwelle die Diode leitend ist. Es fließen dann gleichzeitig ein Ladestrom für den Kondensator und ein Laststrom durch den Lastwiderstand. In den negativen Halbwellen, in denen die Diode gesperrt ist, liefert der Ladekondensator den Strom und die Spannung für den Lastwiderstand, indem er sich über R_L entlädt. Wie gut der Ladekondensator C_L die stark pulsierende Gleichspannung glättet, hängt im wesentlichen von zwei Bedingungen ab, und zwar

1. Von der Kapazität des Ladekondensators C_L. Je kleiner seine Kapazität ist, desto stärker wird er während der negativen Halbwelle entladen. Damit wird die Welligkeit größer und der arithmetische Mittelwert der Ausgangsgleichspannung kleiner.
2. Von der Größe des Lastwiderstandes R_L. Je hochohmiger der Lastwiderstand ist, desto geringer ist der durch ihn fließende Laststrom und umso weniger wird der Kondensator bei gesperrter Diode entladen. Fehlt der Lastwiderstand, also bei $R_L = \infty$, wird der Kondensator etwa auf den Spitzenwert der Trafoausgangsspannung aufgeladen, weil während der Sperrzeiten keine Entladung mehr erfolgt.

In **Bild 3.57** sind die Spannungsverläufe bei einer Einweggleichrichterschaltung mit Ladekondensator für zwei derartige Fälle dargestellt.

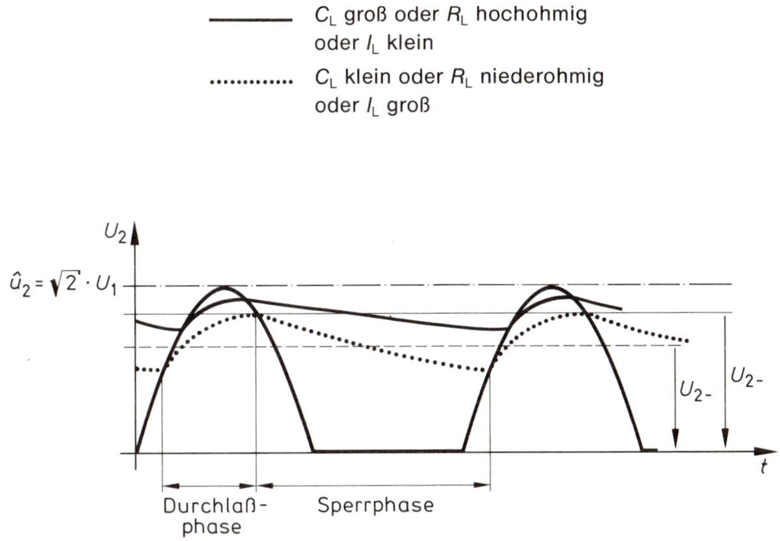

Bild 3.57 Spannungsverläufe bei einer Einweggleichrichterschaltung mit Ladekondensator

Die Größe der Ausgangsgleichspannung U_{2-} ist sehr stark abhängig von der Kapazität des Ladekondensators C_L und vom Laststrom I_L. Bei üblichen Netzgeräten kann für Überschlagsrechnungen als mittlerer Wert für die Größe des Ladekondensators eine

Kapazität von 1 µF je 1 mA Laststrom

eingesetzt werden. Unter dieser Voraussetzung läßt sich zur überschlägigen Berechnung ein festes Verhältnis zwischen der Ausgangsgleichspannung U_{2-} und der Trafoausgangswechselspannung U_1 angeben. Es gilt dann

$$U_{2-} \approx 1{,}2 \cdot U_1$$

Für die Leerlauf-Ausgangsspannung, also bei $R_L = \infty$, gilt:

$$U_{2-\,\text{Leer}} = \sqrt{2} \cdot U_1 - U_{\text{Schleuse}}$$

In einer Einweggleichrichterschaltung mit Ladekondensator ist die Diode nicht mehr während einer gesamten Halbwelle, sondern nur noch während eines kurzen Zeitabschnittes leitend. Dieser Zeitabschnitt hängt von den Augenblickswerten der Spannungsdifferenz zwischen Katode und Anode ab. Die Nachladung des Ladekondensators beginnt jeweils während der positiven Halbwelle der Trafospannung zu dem Zeitpunkt, in dem die Spannung an der Anode um etwa 0,6 V größer wird als die Spannung an der Katode. Die Nachladung wird beendet, sobald die Spannung an der Anode wieder unter die Spannung an der Katode, also unter die Kondensatorspannung, abgesunken ist. In **Bild 3.58** sind die Zusammenhänge dargestellt.

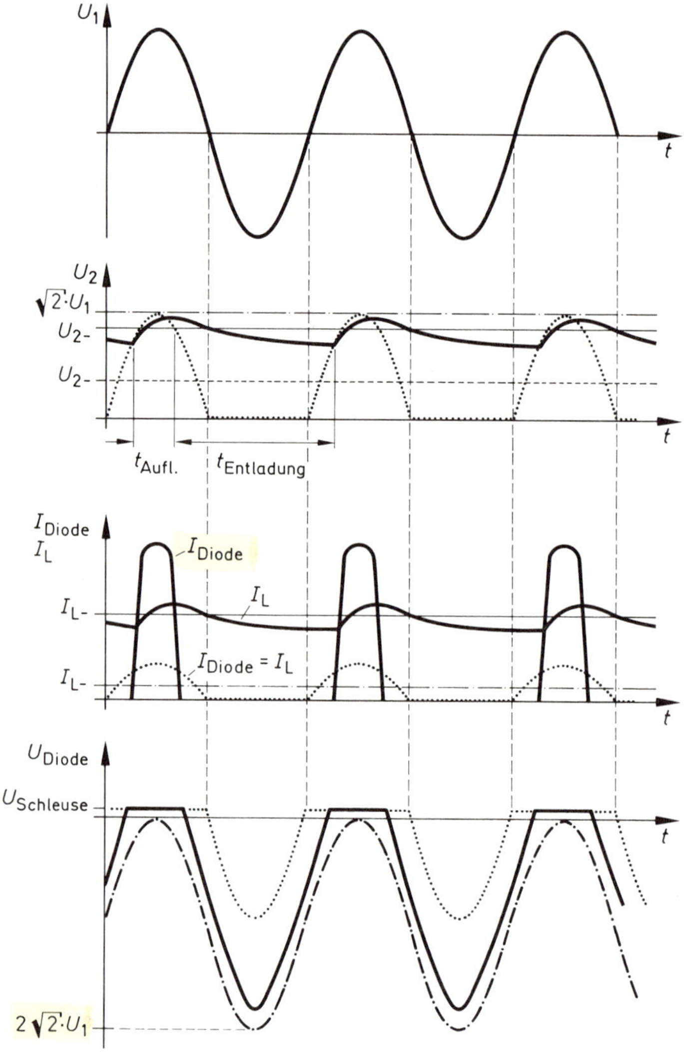

········· mit R_L ohne C_L
—— mit R_L und mit C_L
– · – ohne R_L, mit C_L

Bild 3.58 Spannungs- und Stromverläufe bei einer Einweggleichrichterschaltung mit Ladekondensator

Damit die Ausgangsspannung möglichst konstant bleibt, muß dem Ladekondensator C_L in der kurzen Aufladezeit genau soviel Energie zugeführt werden, wie während der wesentlich längeren Entladezeit über den Lastwiderstand abgegeben wird. Aus diesem Grunde ist der durch die Diode fließende Nachladestrom je nach Netzteil und Lastauslegung um den Faktor 5 bis 12mal größer als der entnommene Gleichstrom. Je größer der Ladekondensator ist, desto größer werden auch die Durchlaßströme, weil wegen der geringen Entladung für die Nachladung nur noch eine immer kürzere Zeit zur Verfügung steht. Daher geben die Hersteller von Gleichrichterdioden in den Datenblättern oft auch einen Höchstwert für den Ladekondensator an.

Aber auch beim ersten Einschalten eines Netzgerätes ist die Diode gefährdet, weil der noch völlig ungeladene Kondensator praktisch einen Kurzschluß darstellt. Daher muß der Einschaltstrom begrenzt werden. Bei Gleichrichterschaltungen, die über einen Transformator betrieben werden, reicht der Drahtwiderstand der Trafowicklung meistens schon als Begrenzungswiderstand aus. Bei Netzgleichrichterschaltungen ohne Transformator muß jedoch ein Schutz- oder Begrenzungswiderstand in Reihe mit der Diode vorgesehen werden. Ein solcher Widerstand kann einen Wert bis maximal etwa 5 Ω haben.

Der Ausgangsgleichstrom einer Einweggleichrichterschaltung mit Ladekondensator ergibt sich zu

$$I_{L-} \approx 0{,}5 \cdot I_1 \quad \text{(Einweggleichrichterschaltung)}$$

Weil die Diode bei einer Gleichrichterschaltung mit Ladekondensator nur noch während einer kurzen Zeit leitend ist, steigt auch die an ihr liegende Sperrspannung an. Der Höchstwert der Sperrspannung tritt im Leerlauf auf und beträgt entsprechend Bild 3.58

$$U_{RM} = 2 \cdot \sqrt{2} \cdot U_1 \quad \text{(Einweggleichrichterschaltung)}$$

In der Praxis wird noch mit einem Sicherheitsfaktor von etwa 1,5 gearbeitet, so daß bei der Auswahl einer Diode von einer geforderten maximalen Sperrspannung

$$U_{RM} \approx 3 \cdot \sqrt{2} \cdot U_1 \quad \text{(Einweggleichrichterschaltung)}$$

auszugehen ist.

Wegen der fortlaufenden Auf- und Entladung des Ladekondensators ist der mittleren Ausgangsgleichspannung U_{2-} immer noch eine Wechselspannung überlagert. Diese Restwelligkeit hat bei Betrieb einer Gleichrichterschaltung mit Netzfrequenz auch eine Frequenz von $f = 50$ Hz. Da sie z. B. in einem Lautsprecher als tiefes Brummen gut hörbar ist, wird diese überlagerte Wechselspannung auch als Brummspannung bezeichnet. Die Brummspannung entsprechend **Bild 3.59** hat aber keinen sinusförmigen Verlauf.

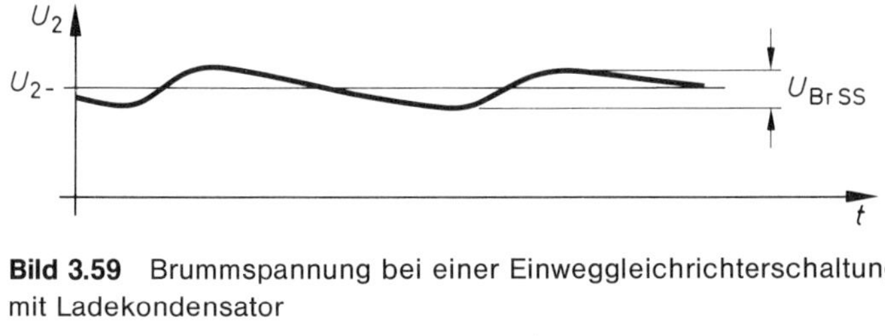

Bild 3.59 Brummspannung bei einer Einweggleichrichterschaltung mit Ladekondensator

Die Größe der Brummspannung U_{BrSS} hängt im wesentlichen von

- der Kapazität des Ladekondensators C_L,
- der Größe des Laststromes I_{L-} sowie
- einer schaltungsspezifischen Konstanten K

ab. Bei der Einweggleichrichterschaltung hat diese Konstante den Wert

$$K \approx 4{,}8 \cdot 10^{-3}\,\text{s} \qquad \text{(Einweggleichrichterschaltung)}$$
(gilt nur, wenn $U_{2-} \gg U_{Br}$ ist)

Für den Effektivwert der Brummspannung gilt:

$$U_{Br} \approx 4{,}8 \cdot 10^{-3}\,\text{s} \cdot \frac{I_{L-}}{C_L} \qquad \text{(Einweggleichrichterschaltung)}$$

und für den Spitzen-Spitzenwert der Brummspannung

$$U_{BrSS} \approx 14 \cdot 10^{-3}\,\text{s} \cdot \frac{I_{L-}}{C_L} \qquad \text{(Einweggleichrichterschaltung)}$$

Beispiel

Eine Einweggleichrichterschaltung mit Ladekondensator soll eine Ausgangsgleichspannung $U_{2-} = 24\,\text{V}$ und einen Ausgangsgleichstrom $I_{L-} = 250\,\text{mA}$ liefern. Welche technischen Daten müssen die Diode und der Transformator bei Betrieb an Netzspannung haben und wie groß ist die auftretende Brummspannung U_{Br}?

Ladekondensator

$C_L = 250\,\mu\text{F}$ (Nach Faustformel: 1 µF für je 1 mA)

Diode

$I_{FM} \approx 5$ bis $12 \cdot I_{L-}$ (Hier gewählt Faktor 8,5)

$I_{FM} = 8{,}5 \cdot 250\,\text{mA} = 2{,}1\,\text{A}$

$$U_1 \approx \frac{U_{2-}}{1{,}2} = \frac{24\,\text{V}}{1{,}2} = 20\,\text{V}$$

$$U_{RM} \approx 3 \cdot \sqrt{2} \cdot U_1 = 3 \cdot \sqrt{2} \cdot 20\,\text{V} = 84{,}9\,\text{V}$$

Transformator

$$ü = \frac{U}{U_1} = \frac{220\,\text{V}}{20\,\text{V}} = 11:1$$

$$I_1 \approx \frac{I_{L-}}{0{,}5} = \frac{250\,\text{mA}}{0{,}5} = 0{,}5\,\text{A}$$

$$I_{primär} \approx \frac{I_1}{ü} = \frac{0{,}5\,\text{A}}{11} = 45{,}5\,\text{mA}$$

Brummspannung

$$U_{Br} \approx K \cdot \frac{I_{L-}}{C_L} = 4{,}8 \cdot 10^{-3}\,\text{s} \cdot \frac{250 \cdot 10^{-3}\,\text{A}}{250 \cdot 10^{-6}\,\text{As/V}} = 4{,}8\,\text{V}$$

3.4.1.2 Zweiweggleichrichterschaltungen

Wegen der großen Welligkeit der Ausgangsgleichspannung sind Einweggleichrichterschaltungen trotz Ladekondensator nur dann vertretbar, wenn Lastströme bis etwa 50 mA auftreten und keine besonderen Forderungen nach einer möglichst geringen Brummspannung bestehen. Zur Stromversorgung von elektronischen Schaltungen werden daher überwiegend Zweiweggleichrichterschaltungen verwendet, bei denen dann beide Halbwellen der Eingangswechselspannung ausgenutzt werden. Bei den Zweiweggleichrichterschaltungen ist zwischen der Mittelpunktschaltung (M) und der Brückenschaltung (B) zu unterscheiden.
Eine Mittelpunktschaltung entsteht, wenn zwei Einweggleichrichterschaltungen entsprechend **Bild 3.60** zusammengeschaltet werden.

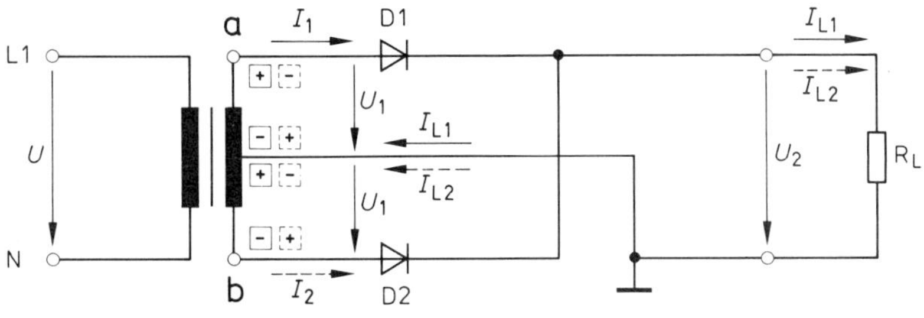

Bild 3.60 Mittelpunktschaltung (M)

Bei einer Mittelpunktschaltung nach Bild 3.60 muß der Transformator eine Mittelanzapfung besitzen. Dieser Mittelpunkt der Sekundärwicklung liegt an Masse und dient als Bezugspunkt.
Die obere Trafowicklung bildet zusammen mit der Diode D1 eine Einwegschaltung für positive Ausgangsspannung, die untere Trafowicklung zusammen mit der Diode D2 eine zweite Einwegschaltung für positive Ausgangsspannung. Ist während einer Halbwelle der Punkt a positiv gegenüber Punkt b, so fließt ein Strom I_{L1} in der in Bild 3.60 angegebenen Richtung durch den Lastwiderstand R_L. Die Diode D2 ist während dieser Zeit gesperrt. In der nächsten Halbwelle ist der Punkt b positiv gegenüber Punkt a, und es fließt der gestrichelt eingezeichnete Strom I_{L2} in der gleichen Richtung wie I_{L1} durch den Lastwiderstand. In **Bild 3.61** ist der Verlauf der Ausgangsspannung U_2 dargestellt. An R_L treten nur noch positive Halbwellen mit einer Frequenz $f = 100$ Hz auf.

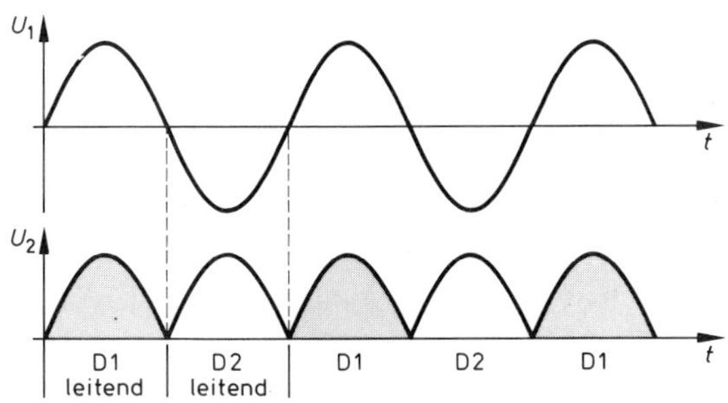

Bild 3.61 Spannungsverlauf bei einer Zweiweggleichrichterschaltung ohne Ladekondensator

Genau wie bei einer Einweggleichrichterschaltung kann auch bei der Mittelpunktschaltung ein Ladekondensator parallel zu R_L geschaltet und damit die pulsierende Ausgangsspannung geglättet werden. Die Mittelpunktschaltung wird heute jedoch nur noch relativ wenig eingesetzt, weil der erforderliche Transformator eine Sekundärwicklung mit Mittelanzapfung haben muß und daher unnötig teuer ist.
Die am häufigsten verwendete Zweiweggleichrichterschaltung ist die Brückenschaltung (B). Sie kommt mit einer Transformatorwicklung ohne Anzapfung auf der Sekundärseite aus, benötigt aber 4 Dioden. In **Bild 3.62** ist die Brückenschaltung in zwei verschiedenen zeichnerischen Darstellungen angegeben.

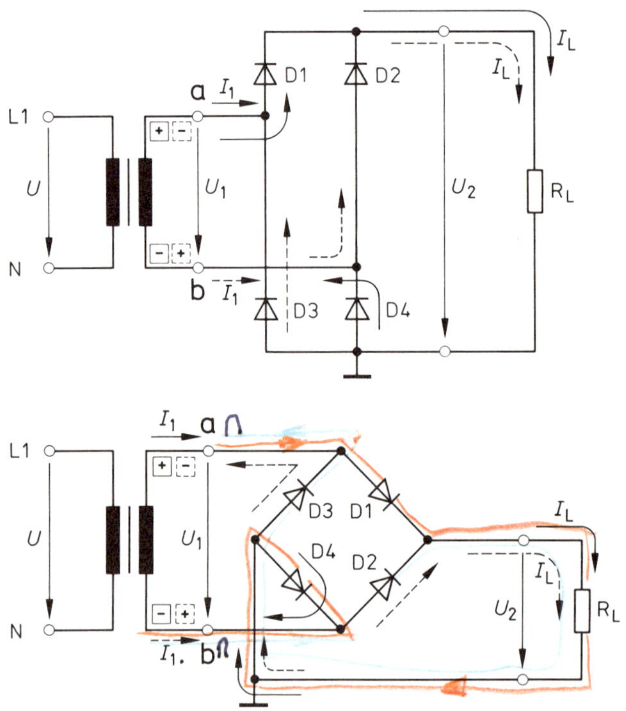

Bild 3.62 Brückenschaltung (B)

Wenn bei der Brückenschaltung nach Bild 3.62 der Punkt a positiv gegenüber Punkt b ist, so fließt durch die Dioden D1 und D4 ein Strom in der eingezeichneten Richtung durch den Lastwiderstand R_L. Die Dioden D2 und D3 sind bei dieser Halbwelle gesperrt. In der nächsten Halbwelle ist der Punkt b positiv gegenüber Punkt a. Dann sind die Dioden D1 und D4 gesperrt und die Dioden D2 und D3 leitend. Durch den Lastwiderstand fließt daher ein Strom in der gleichen Richtung wie bei der ersten Halbwelle und die Ausgangsspannung U_2 hat den gleichen Verlauf wie bei der Mittelpunktschaltung in Bild 3.61.
Für die Mittelpunktschaltung (M) nach Bild 3.60 und die Brückenschaltung (B) nach Bild 3.62 ergeben sich bei Betrieb ohne Ladekondensator folgende Spannungs- und Stromwerte:

Arithmetischer Mittelwert der Ausgangsspannung

$U_{2-} = 0{,}637 \cdot \hat{u}_1 = 0{,}9 \cdot U_1$ (für Mittelpunkt- und Brückenschaltung)

Periodische Spitzensperrspannung einer Diode

$U_{RM} = 2\sqrt{2} \cdot U_1$ (Mittelpunktschaltung)
$U_{RM} = \sqrt{2} \cdot U_1$ (Brückenschaltung)

Bei der Brückenschaltung liegen stets zwei Dioden in Reihe. Daher ist die Sperrspannung für eine Diode nur halb so groß wie bei der Mittelpunktschaltung.

Periodischer Spitzendurchlaßstrom einer Diode

$I_{FM} = \sqrt{2} \cdot I_1$ (Mittelpunkt- und Brückenschaltung)

Arithmetischer Mittelwert des Laststromes

$I_{L-} = 1{,}28 \cdot I_1$ (Mittelpunktschaltung)
$I_{L-} = 0{,}9 \cdot I_1$ (Brückenschaltung)

Die am Lastwiderstand einer Zweiweggleichrichterschaltung auftretende pulsierende Gleichspannung wird durch Parallelschalten eines Ladekondensators C_L geglättet. In **Bild 3.63** sind eine Brückenschaltung mit Ladekondensator sowie der zugehörige Verlauf der Ausgangsspannung angegeben.

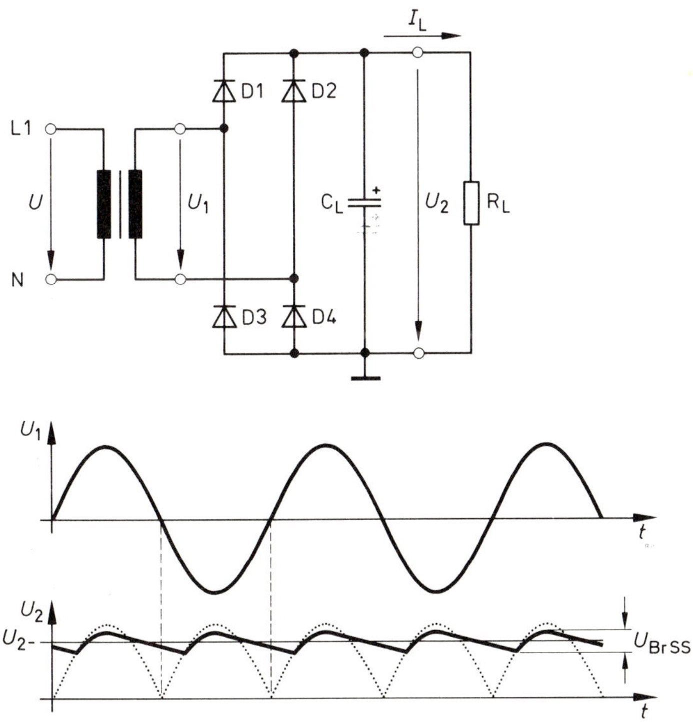

Bild 3.63 Brückenschaltung mit Ladekondensator und Verlauf der Ausgangsspannung U_2

Auch bei der Brückenschaltung wirkt der Ladekondensator als Energiespeicher, der bei $R_L = \infty$ bis etwa auf den Spitzenwert der Trafoausgangsspannung aufgeladen wird. Bezüglich der Auflade- und Entladevorgänge ergeben sich ähnliche Verhältnisse wie bei der Einweggleichrichterschaltung, jedoch erfolgt bei der Brückenschaltung die Aufladung und Entladung des Kondensators in jeder Halbwelle.
Auch bei der Brückenschaltung kann mit der Faustformel für die Kapazität des Ladekondensators

1 µF je 1 mA Laststrom

gearbeitet werden. Unter Berücksichtigung des Innenwiderstandes des Transformators und der Durchlaßwiderstände der Dioden in Form eines Zuschlagfaktors ergeben sich folgende Werte für die Mittelpunktschaltung mit Ladekondensator und die Brückenschaltung mit Ladekondensator:

Ausgangsgleichspannung

$$U_{2\text{-Leer}} = \sqrt{2} \cdot U_1 - 0{,}7\,\text{V} \qquad \text{(Mittelpunktschaltung)}$$
$$U_{2\text{-Leer}} = \sqrt{2} \cdot U_1 - 1{,}4\,\text{V} \qquad \text{(Brückenschaltung)}$$

Bei Vernachlässigung der Diodenspannungen gilt:

$$U_{2-} \approx 1{,}3 \cdot U_1 \qquad \text{(Mittelpunkt- und Brückenschaltung)}$$

Ausgangsgleichstrom

$$I_{L-} = 0{,}9 \cdot I_1 \qquad \text{(Mittelpunktschaltung)}$$
$$I_{L-} = 0{,}6 \cdot I_1 \qquad \text{(Brückenschaltung)}$$

Periodische Spitzensperrspannung einer Diode

$$U_{RM} = 2 \cdot \sqrt{2} \cdot U_1 \qquad \text{(Mittelpunktschaltung)}$$
$$U_{RM} = \sqrt{2} \cdot U_1 \qquad \text{(Brückenschaltung)}$$

In der Praxis wird mit einem Sicherheitsfaktor von etwa 1,5 gearbeitet.
Auch bei einer Zweiweggleichrichterschaltung mit Ladekondensator hat die Ausgangsgleichspannung noch eine Restwelligkeit. Sie entsteht durch die ständige Auf- und Entladung des Ladekondensators und hat eine Frequenz von $f = 100$ Hz (doppelte Netzfrequenz). Die Größe der Brummspannung hängt wie bei der Einwegschaltung im wesentlichen von der Kapazität des Ladekondensators, der Größe des Laststromes sowie von der schaltungsspezifischen Konstanten K ab. Für die Zweiweggleichrichterschaltungen gelten die folgenden Werte:

Schaltungstechnische Konstante

$$K = 1{,}8 \cdot 10^{-3}\,\text{s} \qquad \text{(Mittelpunkt- und Brückenschaltung)}$$
(gilt nur, wenn $U_{2-} \gg U_{Br}$ ist.)

Brummspannung

$$U_{Br} \approx 1{,}8 \cdot 10^{-3}\,\text{s} \cdot \frac{I_{L-}}{C_L} \qquad \text{(Mittelpunkt- und Brückenschaltung)}$$
$$U_{BrSS} \approx 7 \cdot 10^{-3}\,\text{s} \cdot \frac{I_{L-}}{C_L} \qquad \text{(Mittelpunkt- und Brückenschaltung)}$$

Beispiel 1

Eine Brückengleichrichterschaltung mit Ladekondensator soll eine Ausgangsgleichspannung $U_{2-} = 24\,V$ und einen Ausgangsgleichstrom $I_{L-} = 250\,mA$ liefern.
Welche technischen Daten müssen die Dioden und der Transformator bei Betrieb an Netzspannung haben und wie groß ist die auftretende Brummspannung U_{Br}?

Ladekondensator

$C_L = 250\,\mu F$ (Nach Faustformel: 1 µF für je 1 mA)

Dioden

$I_{FM} \approx 5 \text{ bis } 12 \cdot I_{L-}$ (Hier gewählt Faktor 8,5)

$I_{FM} = 8{,}5 \cdot 250\,mA = 2{,}1\,A$

$$U_1 \approx \frac{U_{2-}}{1{,}3} = \frac{24\,V}{1{,}3} = 18{,}5\,V$$

$U_{RM} \approx 1{,}5 \cdot \sqrt{2} \cdot U_1 = 1{,}5 \cdot \sqrt{2} \cdot 18{,}5\,V = 39{,}2\,V$

Transformator

$$ü = \frac{220\,V}{18{,}5\,V} = 11{,}9:1$$

$$I_1 = \frac{I_{L-}}{0{,}6} = \frac{250\,mA}{0{,}6} = 0{,}42\,A$$

$$I_{primär} \approx \frac{I_1}{ü} = \frac{0{,}42\,A}{11{,}9} = 35{,}3\,mA$$

Brummspannung

$$U_{Br} \approx K \cdot \frac{I_{L-}}{C_L} = 1{,}8 \cdot 10^{-3}\,s \cdot \frac{250 \cdot 10^{-3}\,A}{250 \cdot 10^{-6}\,As/V}$$

$U_{Br} \approx 1{,}8\,V$

Ein Vergleich mit dem Beispiel für die Einweggleichrichterschaltung in Abschnitt 3.4.1.1 zeigt, daß bei gleichen Ausgangsdaten und gleichem Ladekondensator $C_L = 250\,\mu F$ die Brummspannung bei der Brückenschaltung mit $U_{Br} = 1{,}8\,V$ um 3 V kleiner als die Brummspannung bei der Einweggleichrichterschaltung ist.

Beispiel 2

Bei einer Brückenschaltung entsprechend Beispiel 1 darf die Brummspannung am Verbraucher bei Vollast den Wert $U_{Br} = 0{,}5\,V$ nicht überschreiten.
Wie groß muß in diesem Fall der Ladekondensator gewählt werden?

$$C_L \approx 1{,}8 \cdot 10^{-3}\,s \cdot \frac{I_{L-}}{U_{Br}} = 1{,}8 \cdot 10^{-3}\,s \cdot \frac{250 \cdot 10^{-3}\,A}{0{,}5\,V}$$

$C_L \approx 900\,\mu F$

Es müßte ein Normwert $C_L = 1000\,\mu F$ eingesetzt werden.

Um den Aufbau von Gleichrichterschaltungen zu vereinfachen, bieten die Hersteller komplette Gleichrichtersätze in einem Kunststoff- oder Metallgehäuse an. **Bild 3.64** zeigt zwei Bauformen.

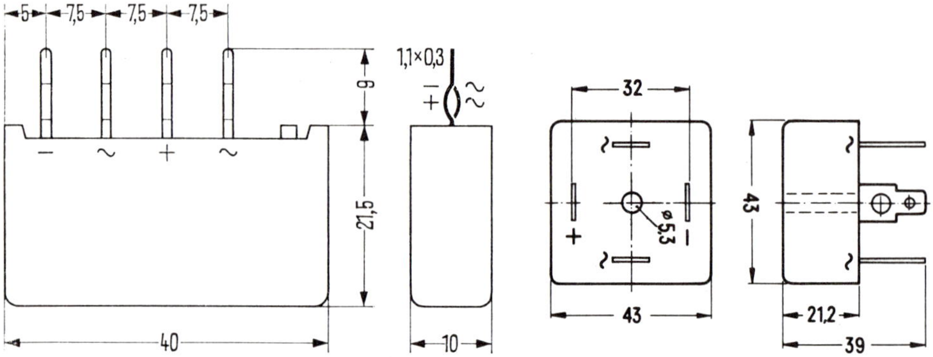

Bild 3.64 Bauformen von Gleichrichtersätzen

Lieferbar sind verschiedene Baureihen, deren Typenbezeichnungen nach der in **Bild 3.65** angegebenen Tabelle aufgebaut sind.

1. Buchstabe	1. Zahl	2. Buchstabe	2. Zahl
E (= Einwegschaltung) M (= Mittelpunktschaltung) B (= Brückenschaltung)	Effektivwert der Nennanschluß-spannung	C Kennzeichnung für kapazitive Belastung	Nennausgangs-gleichstrom in mA

Bild 3.65 Kennzeichnungsschema für Gleichrichtersätze

Eine Typenbezeichnung von z. B. B40C1000 gibt also an, daß es sich um einen Brükkengleichrichter für 40 V Eingangswechselspannung, für Ladekondensatorbetrieb und einen Ausgangsgleichstrom von 1000 mA handelt. Als Beispiel einer Baureihe sind in **Bild 3.66** die wichtigsten Daten der Baureihe B40Cxxxx zusammengestellt. Sind für I_{L-} zwei Werte angegeben, so gelten die kleinen Werte für einen Betrieb ohne Kühlblech.

Typ	U_1	I_L	Strombegrenzungs-widerstand (R_i)	C_{Lmax}
B 40 C 800	40 V	0,8 A	1 Ω	2500 µF
B 40 C 1000	40 V	1,0 A	1 Ω	2500 µF
B 40 C 1500/1000	40 V	1,5 A/1 A	1 Ω	2500 µF
B 40 C 3200/2200	40 V	3,2 A/2,2 A	0,6 Ω	5000 µF
B 40 C 5000/3300	40 V	5,0 A/3,3 A	0,5 Ω	10000 µF

Bild 3.66 Technische Daten der Baureihe B40Cxxxx

Aus der Typenbezeichnung geht nicht hervor, welchen maximal zulässigen Wert der Ladekondensator haben darf. Dieses wird von den Herstellern jedoch in den zugehörigen Datenblättern angegeben. Bei Einhaltung dieses Wertes ist sichergestellt, daß der zulässige periodische Spitzendurchlaßstrom I_{FM} der einzelnen Dioden nicht überschritten wird. Im Datenblatt ist weiterhin oft noch ein Strombegrenzungswiderstand angegeben. Bei Einhaltung dieses Wertes ist u. a. gewährleistet, daß der sehr große Einschaltstrom beim ersten Aufladen des Kondensators in den für den Gleichrichtersatz zulässigen Grenzen bleibt. Ein zusätzlicher Strombegrenzungs- oder Schutzwiderstand ist aber meistens nicht erforderlich, weil ein leistungsmäßig richtig ausgewählter Transformator einen ausreichend großen, ohmschen Widerstand der Sekundärwicklung hat.

In **Bild 3.67** sind die wichtigsten Kennwerte von Gleichrichterschaltungen in einer Tabelle zusammengefaßt. Für die Angabe in der zweiten Zeile gilt wiederum, daß ein mittleres Verhältnis von 1 µF je mA Laststrom vorliegt.

	Einwegschaltung	M-Schaltung	Brückenschaltung
Leerlaufspannung $U_{2-} = \hat{u}_1$	$\sqrt{2} \cdot U_1$	$\sqrt{2} \cdot U_1$	$\sqrt{2} \cdot U_1$
Ausgangsspannung U_{2-} bei Belastung	$1{,}2 \cdot U_1$	$1{,}3 \cdot U_1$	$1{,}3 \cdot U_1$
Ausgangsgleichstrom I_{L-}	$0{,}5 \cdot I_1$	$0{,}9 \cdot I_1$	$0{,}6 \cdot I_1$
Max. Sperrspannung U_{RM}	$2 \cdot \sqrt{2} \cdot U_1$	$2 \cdot \sqrt{2} \cdot U_1$	$\sqrt{2} \cdot U_1$
Brummspannung U_{Br}	$4{,}8 \cdot 10^{-3}\,\text{s} \cdot \frac{I_L}{C_L}$	$1{,}8 \cdot 10^{-3}\,\text{s} \cdot \frac{I_L}{C_L}$	$1{,}8 \cdot 10^{-3}\,\text{s} \cdot \frac{I_L}{C_L}$
Frequenz von U_{Br}	50 Hz	100 Hz	100 Hz

Bild 3.67 Kennwerte von Gleichrichterschaltungen

3.4.1.3 Siebung der Ausgangsspannung

Bei Belastung einer Gleichrichterschaltung tritt am Ladekondensator eine Brummspannung auf. Ihre Größe hängt im wesentlichen von der Größe des Laststromes, vom Kapazitätswert des Ladekondensators sowie von der Schaltungskonstanten K ab. Die Brummspannung läßt sich bei vorgegebenem Laststrom nicht beliebig verringern, weil aus schaltungstechnischen Gründen nicht beliebig große Ladekondensatoren eingesetzt werden können.

Eine zu große Brummspannung kann die Funktion der angeschlossenen elektronischen Schaltung gegebenenfalls erheblich stören. Es ist daher in den meisten Fällen erforderlich, der Gleichrichterschaltung noch eine Schaltung zur Reduzierung der Brummspannung nachzuschalten. Für diese Aufgabe können Siebglieder eingesetzt werden. Sie sollen den Brummspannungsanteil möglichst stark, den Gleichspannungsanteil der am Ladekondensator liegenden Mischspannung dagegen möglichst wenig reduzieren. Siebglieder müssen daher die Eigenschaften eines Tiefpasses haben.

Die Wirkung eines Siebgliedes wird durch den Glättungsfaktor G, oft auch Siebfaktor S genannt, beschrieben. Er gibt das Verhältnis der Brummspannung am Eingang des Siebgliedes U_{Br1} zur Brummspannung am Ausgang des Siebgliedes U_{Br2} an. Die Brummspannung am Ausgang des Siebgliedes wird oft auch als Restwelligkeit bezeichnet:

$$G = \frac{U_{Br1}}{U_{Br2}}$$

Wichtig ist hierbei, daß für U_{Br1} und U_{Br2} gemeinsam entweder Spitzenwerte, doppelte Spitzenwerte oder auch die Effektivwerte eingesetzt werden.
Werden mehrere Siebglieder hintereinander geschaltet, so ergibt sich der Gesamtglättungsfaktor aus dem Produkt der einzelnen Glättungsfaktoren, also

$$G_{ges} = G_1 \cdot G_2 \cdot G_3 \ldots .$$

Zur Siebung der Ausgangsspannung von Gleichrichterschaltungen werden *RC-Siebglieder* oder *LC-Siebglieder* eingesetzt.
Bild 3.68 zeigt ein *RC-Siebglied.* Am Eingang liegt die Ausgangsspannung des Gleichrichters, also die Spannung am Ladekondensator. Es handelt sich dabei um eine Mischspannung mit dem Gleichspannungsanteil U_{2-} und dem Wechselspannungsanteil U_{Br1}. Die Frequenz der Brummspannung hängt von der vorgeschalteten Gleichrichterschaltung ab. Sie beträgt bei Einwegschaltung $f = 50$ Hz und bei Mittelpunkt- sowie Brückenschaltung $f = 100$ Hz, wenn die Netzfrequenz 50 Hz beträgt.

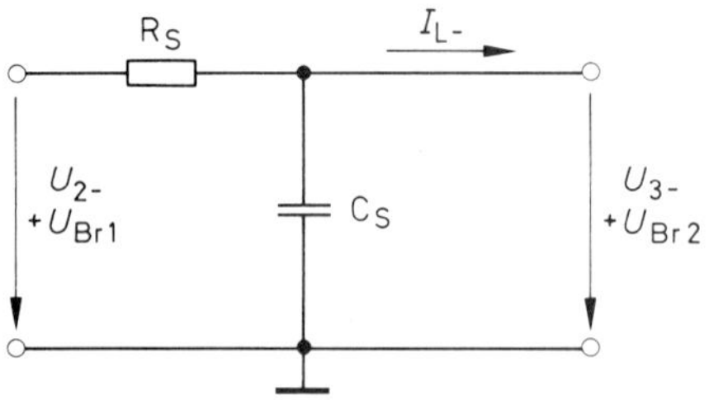

Bild 3.68 RC-Siebglied

Die Eingangsspannung des Siebgliedes liegt an einer Reihenschaltung von R_S und dem kapazitiven Widerstand X_C des Siebkondensators. Die Ausgangsspannung liegt dagegen nur an X_C. Da sich die Brummspannung U_{Br1} zu U_{Br2} wie der Gesamtwiderstand zum kapazitiven Widerstand verhält, kann für den Glättungsfaktor geschrieben werden:

$$G = \frac{U_{Br1}}{U_{Br2}} = \frac{\sqrt{R_S^2 + X_C^2}}{X_C} = \sqrt{\frac{R_S^2}{X_C^2} + 1} .$$

Unter der Voraussetzung, daß bei einem Siebglied R_S groß gegenüber X_C ist, kann die Gleichung vereinfacht werden zu

$$G \approx \frac{R_S}{X_C} .$$

Mit $X_C = \dfrac{1}{\omega_{Br} \cdot C_S}$ ergibt sich für den Glättungsfaktor:

$$G \approx \omega_{Br} \cdot R_S \cdot C_S .$$

Mit RC-Siebgliedern lassen sich Glättungsfaktoren von etwa 10 bis 20 erreichen, d. h. die Brummspannung U_{Br2} erniedrigt sich auf

$$U_{Br2} \approx 0{,}05\, U_{Br1} \ldots 0{,}1\, U_{Br1}.$$

Aus der Gleichung $G \approx \omega_{Br} \cdot R_S \cdot C_S$ ist zu erkennen, daß der Glättungsfaktor G direkt proportional der Frequenz der Brummspannung, der Größe des Siebwiderstandes und der Kapazität des Siebkondensators ist. Die Frequenz ist durch die Art der Gleichrichterschaltung vorgegeben. Je größer also R_S und C_S sind, desto größer ist auch der Glättungsfaktor G.

Bei der Dimensionierung eines Siebgliedes muß bezüglich der Größe des Siebwiderstandes R_S stets ein Kompromiß getroffen werden. Um einen großen Glättungsfaktor G zu erreichen, soll R_S nämlich möglichst groß sein. Andererseits soll R_S aber auch möglichst klein sein, damit durch den Spannungsabfall an R_S die Gleichspannung so wenig wie möglich reduziert wird, denn hierfür gilt

$$U_{3-} = U_{2-} - R_S \cdot I_{L-}.$$

Ein in der Praxis brauchbarer Kompromiß liegt vor, wenn R_S so gewählt wird, daß an R_S etwa 1/10 der Ausgangsgleichspannung U_{3-} abfällt, d. h.

$$U_{R_S} \approx 0{,}1 \cdot U_{3-}.$$

Die Größe des Widerstandes R_S kann also nicht frei gewählt werden.

Aus diesen Gründen kann das RC-Siebglied nur bei relativ kleinen Lastströmen eingesetzt werden. Sind dagegen kleine Brummspannungen gefordert, so ist es günstiger, auf ein RC-Siebglied zu verzichten und an den Ausgang der Gleichrichterschaltung einen integrierten Spannungsregler anzuschließen.

Die Nachteile des RC-Siebgliedes lassen sich vermeiden, wenn anstelle des Siebwiderstandes R_S eine Siebdrossel L_S eingesetzt wird. Ihr ohmscher Widerstand R_L ist klein, so daß auch der Gleichspannungsabfall an der Siebdrossel klein bleibt und meistens vernachlässigt werden kann. **Bild 3.69** zeigt ein *LC-Siebglied.*

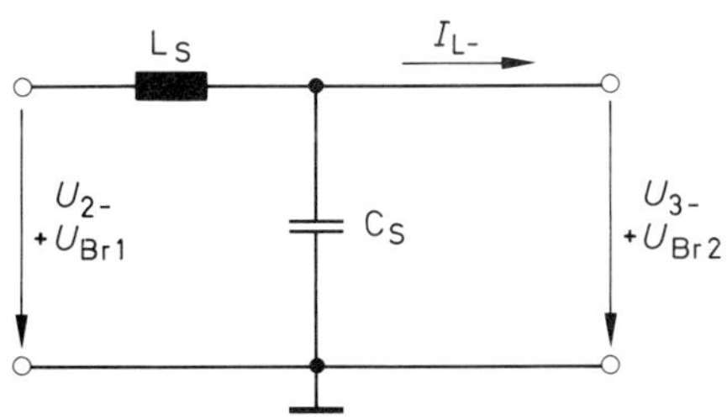

Bild 3.69 LC-Siebglied

Bei Vernachlässigung von R_L gilt für das LC-Siebglied:

$$G = \frac{U_{Br1}}{U_{Br2}} = \frac{X_L - X_C}{X_C} = \frac{X_L}{X_C} - 1.$$

Da X_L/X_C bei einem Siebglied viel größer als 1 ist, kann die Gleichung vereinfacht werden zu

$$G \approx \frac{X_L}{X_C}.$$

Mit $X_L = \omega_{Br} \cdot L_S$ und $X_C = 1/\omega_{Br} \cdot C_S$ ergibt sich:

$$G \approx \omega_{Br}^2 \cdot L_S \cdot C_S.$$

Wegen des vernachlässigbar kleinen ohmschen Widerstandes der Siebdrossel kann bei gleichem Glättungsfaktor der Laststrom I_{L-} bei einem LC-Siebglied wesentlich größer als bei einem RC-Siebglied sein. LC-Siebglieder haben andererseits den Nachteil, daß eine Drossel mit entsprechender Induktivität bereits ein großes Gewicht und Volumen hat und gegenüber dem Siebwiderstand sehr viel teurer ist. Außerdem sind Drosseln mit den gewünschten technischen Daten meistens serienmäßig nicht lieferbar. Aus diesen Gründen ist der Einsatz von integrierten Spannungsreglern anstelle von LC-Siebgliedern viel günstiger.

Beispiel

Am Ausgang einer Brückengleichrichterschaltung tritt bei $U_{2-} = 24\,V$ am Ladekondensator eine Brummspannung $U_{Br} = 0{,}5\,V/100\,Hz$ auf, wenn die Schaltung mit einem Laststrom $I_{L-} = 250\,mA$ belastet wird. Durch ein RC-Siebglied soll diese Brummspannung auf $U_{Br} = 0{,}1\,V$ reduziert werden.
Wie groß muß der Glättungsfaktor G sein und welchen Wert muß der Siebwiderstand R_S haben, wenn ein Siebkondensator $C_S = 1000\,\mu F$ verwendet werden soll?

Glättungsfaktor

$$G = \frac{U_{Br1}}{U_{Br2}} = \frac{0{,}5\,V}{0{,}1\,V} = 5$$

Siebwiderstand

$$R_S \approx G \cdot X_C = \frac{G}{2\pi f \cdot C_S} = \frac{5}{2 \cdot 3{,}14 \cdot 100\,\frac{1}{s} \cdot 1 \cdot 10^{-3} \cdot \frac{As}{V}} = 8\,\Omega$$

Ausgangsgleichspannung

$$U_{3-} = U_{2-} - R_S \cdot I_{L-} = 24\,V - 8\,\Omega \cdot 0{,}25\,A = 22\,V$$

3.4.2 Diodenschalter

In der Elektrotechnik und Elektronik haben Schalter die Aufgabe, Stromkreise zu schließen oder zu unterbrechen. Daher muß ein Schalter in seiner Stellung »geschlossen« einen möglichst kleinen Widerstand und in seiner Stellung »offen« einen möglichst großen Widerstand haben. Mit mechanischen Schaltern lassen sich die idealen Werte $R = 0\,\Omega$ bzw. $R = \infty\,\Omega$ weitgehend erreichen, bei elektronischen Schaltern jedoch nur näherungsweise.
Einfachster elektronischer Schalter ist die Diode, wenn ihr kleiner Durchlaßwiderstand R_F und ihr großer Sperrwiderstand R_R als Schalterfunktionen ausgenutzt werden. Der Schaltzustand der Diode und damit auch des Diodenschalters hängt von der Polarität der angelegten Betriebsspannung ab. **Bild 3.70** zeigt das Grundprinzip eines Diodenschalters.

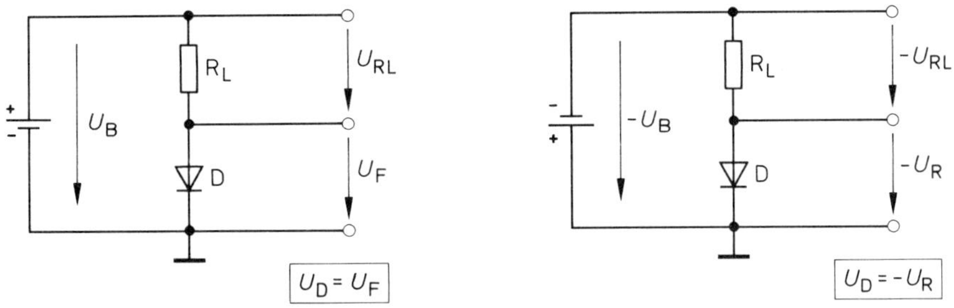

Diode leitend
(Schalter geschlossen)

Diode gesperrt
(Schalter geöffnet)

Bild 3.70 Diodenschalter

Bei einem Diodenschalter sind die Diode D und der Lastwiderstand R_L in Reihe geschaltet. Durch beide Bauteile fließt daher der gleiche Strom und es gilt die Gleichung

$$U_B = U_D + U_{RL}$$

Ist bei dem Diodenschalter nach Bild 3.70 die angelegte Betriebsspannung positiv gegenüber Masse, so ist die Diode D leitend. Ihr Durchlaßwiderstand R_F ist niederohmig und infolge des fließenden Durchlaßstromes I_F ist der Spannungsabfall an R_L groß. Bei negativer Betriebsspannung ist die Diode gesperrt und es fließt nur der sehr kleine Sperrstrom I_R. Der Spannungsabfall an R_L ist daher sehr klein und fast die gesamte Betriebsspannung liegt an der Diode. In **Bild 3.71** sind die Spannungszustände für einen Diodenschalter nach Bild 3.70 dargestellt.

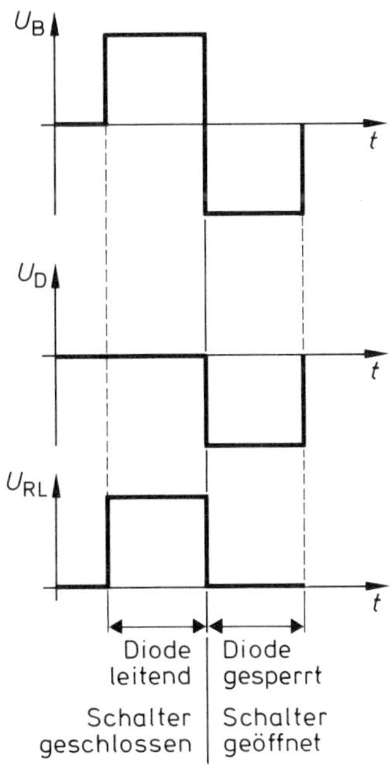

Bild 3.71 Spannungszustände für den Diodenschalter nach Bild 3.70

Für einen Diodenschalter gelten die Gleichungen

$$U_B = I_F \cdot R_L + U_F \qquad \text{(Schalter geschlossen)}$$
$$U_B = I_R \cdot R_L + U_R \qquad \text{(Schalter offen)}$$

Wird der Lastwiderstand R_L als Widerstandsgerade in das Kennlinienfeld einer Diode eingetragen, so können die jeweils auftretenden Spannungen und Ströme abgelesen und die zugehörigen Leistungen ermittelt werden. In **Bild 3.72** sind die Widerstandsgeraden für einen Lastwiderstand R_L in einem Diodenkennlinienfeld eingetragen. Sie schneiden die Spannungsachsen jeweils bei U_B und die Stromachsen bei dem Wert $I = U_B/R_L$, denn für jeden Punkt der Geraden gilt die Gleichung $R_L = U/I$.

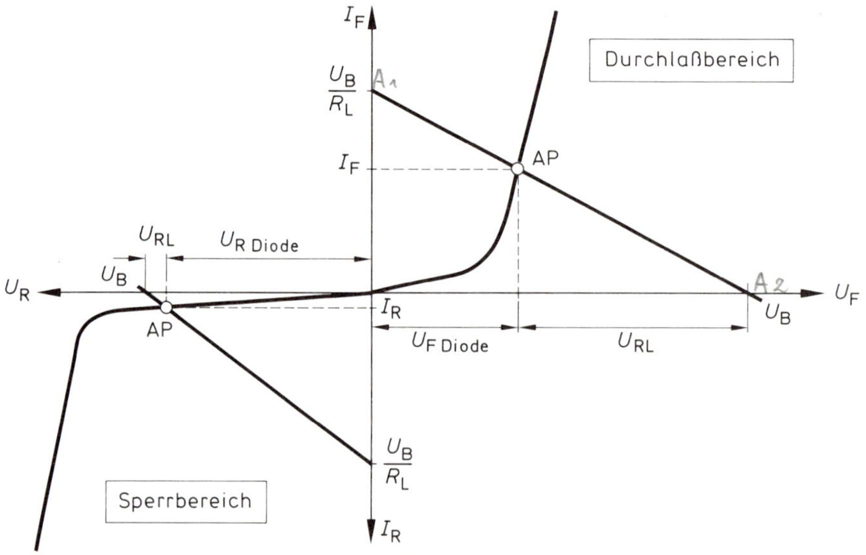

Bild 3.72 Kennlinienfeld einer Diode mit Widerstandsgeraden

Die Schnittpunkte der Durchlaß- und Sperrkennlinie mit den Widerstandsgeraden ergeben die sich einstellenden Arbeitspunkte bei leitender Diode (≙ Schalter geschlossen) und gesperrter Diode (≙ Schalter offen).

In Diodenschaltern werden entweder Universaldioden oder spezielle Schaltdioden verwendet. Stört die bei Si-Dioden relativ große Schleusenspannung, so können auch Ge-Spitzendioden eingesetzt werden, sofern die kleineren Durchlaßströme ausreichen. Weiterhin ist bei der Auswahl einer Diode für den Schalterbetrieb auch zu beachten, daß die folgenden Grenzdaten nicht überschritten werden:

1. Maximale Sperrspannung U_{RM}
2. Maximaler Durchlaßstrom I_{FM}
3. Maximale Sperrschichttemperatur $T_{J\,max}$
4. Maximale Verlustleistung P_{tot}
5. Minimale Sperrverzögerungszeit $t_{rr\,min}$

Die in einer im Schaltbetrieb arbeitenden Diode auftretende Verlustleistung ist nicht nur von der anliegenden Spannung und dem durchfließenden Strom, sondern auch von dem Verhältnis $v = \frac{t_i}{T}$ der anliegenden Spannung abhängig. Es gilt daher:

$$P_V = U_F \cdot I_F \cdot v = U_F \cdot I_F \cdot \frac{t_i}{T} \qquad \text{(Verlustleistung im Schaltbetrieb)}$$

mit t_i = Einschaltdauer und
T = Periodendauer.

Die Schaltleistung P_S, die mit einer Diode geschaltet werden kann, ist wesentlich größer als die zulässige Verlustleistung der Diode. Diese Schaltleistung hängt praktisch nur von der Betriebsspannung ab.

$$P_{S\,max} = U_{RL} \cdot I_{F\,max} = (U_B - U_F) \cdot \frac{P_{tot}}{U_F}$$

$$P_{S\,max} = \left(\frac{U_B}{U_F} - 1\right) \cdot P_{tot} \qquad \text{(Schaltleistung)}$$

Der bei bestimmter Diode und vorgegebener Betriebsspannung minimale Lastwiderstand $R_{L\,min}$ kann mit der Gleichung

$$R_{L\,min} = \frac{U_{RL}^2}{P_{S\,max}} = \frac{(U_B - U_F)^2}{P_{S\,max}} \qquad \text{(Minimaler Lastwiderstand)}$$

berechnet werden.

Beispiel

Eine Diode mit $P_{tot} = 0{,}5$ W hat eine Kennlinie entsprechend **Bild 3.73**. Sie wird über einen Lastwiderstand $R_L = 1$ kΩ an einer Betriebsspannung $U_B = 10$ V betrieben.
Wie groß ist die Schaltleistung $P_{S\,max}$ und welchen Wert muß ein Lastwiderstand $R_{L\,min}$ mindestens haben?

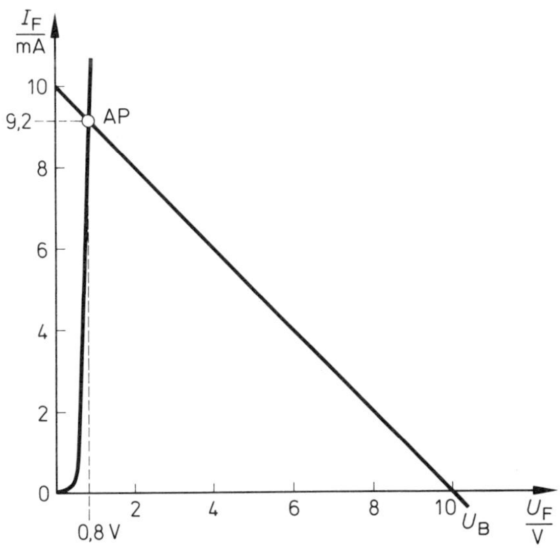

Bild 3.73 Diodenkennlinie zum Beispiel

Aus Bild 3.73 ist zu entnehmen

$I_F \approx 9{,}2\,\text{mA}; \quad U_F \approx 0{,}8\,\text{V}; \quad U_{RL} \approx 9{,}2\,\text{V}$

Schaltleistung

$$P_{S\,max} = \left(\frac{U_B}{U_F} - 1\right) \cdot P_{tot} = \left(\frac{10\,\text{V}}{0{,}8\,\text{V}} - 1\right) \cdot 0{,}5\,\text{W}$$

$$P_{S\,max} = 5{,}75\,\text{W}$$

Minimaler Lastwiderstand

$$R_{L\,min} = \frac{U_{RL}^2}{P_{S\,max}} = \frac{(9{,}2\,\text{V})^2}{5{,}75\,\text{W}}$$

$$R_{L\,min} = 14{,}7\,\Omega$$

Ein wichtiges Einsatzgebiet von Diodenschaltern sind die Begrenzerschaltungen. Diese haben die Aufgabe, Spannungsamplituden oberhalb und unterhalb eines bestimmten Pegels durchzulassen oder zu unterdrücken.
Bild 3.74 zeigt das Prinzip einer derartigen Begrenzerschaltung zur Unterdrückung von Störspannungsspitzen.

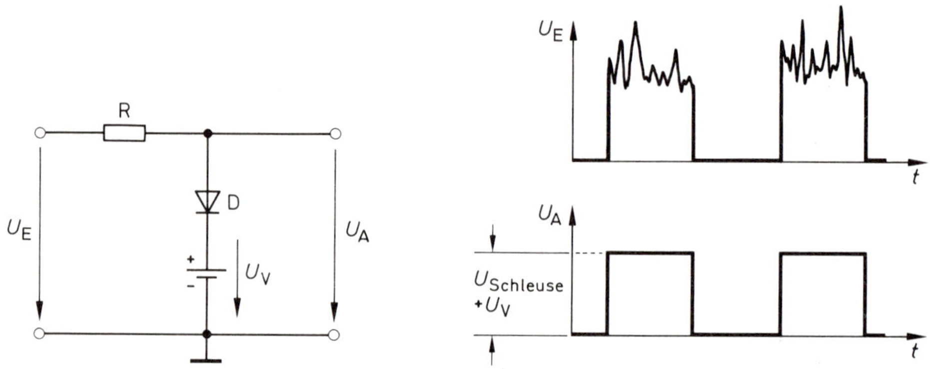

Bild 3.74 Begrenzerschaltung für Störspannungsspitzen

Wird bei der Schaltung nach Bild 3.74 das Eingangssignal größer als die Summe aus der Vorspannung U_V und der Schleusenspannung der Diode, so leitet die Diode. Am Ausgang der Schaltung tritt dann nur eine Spannung mit der Amplitude von $U_V + U_{Schleuse}$ auf. Die Eingangsimpulse werden also auf diesen Wert begrenzt. Durch Wahl einer entsprechenden Vorspannung kann der Pegel festgelegt werden, bei dem die Begrenzung einsetzen soll. Anstelle einer separaten Batterie werden meistens mehrere Dioden in Reihe geschaltet. Die Begrenzung setzt dann bei der Summe der Schleusenspannungen ein.
Auch bei der in **Bild 3.75** angegebenen Schaltung handelt es sich um eine Begrenzerschaltung. Hier erfolgt die Begrenzung jedoch bei kleineren Spannungspegeln. Eine derartige Schaltung wird oft auch als Klipperschaltung bezeichnet.

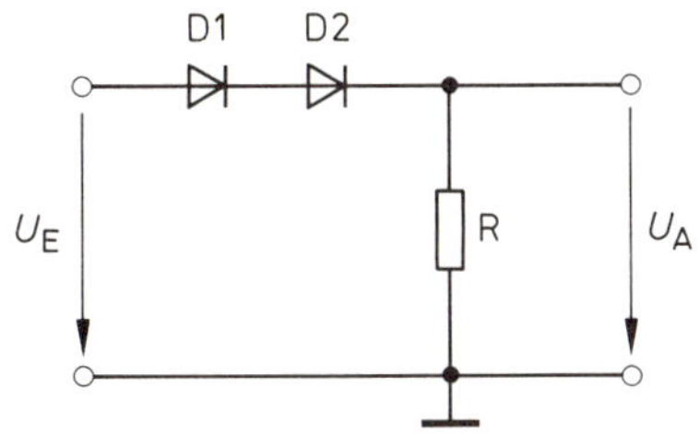

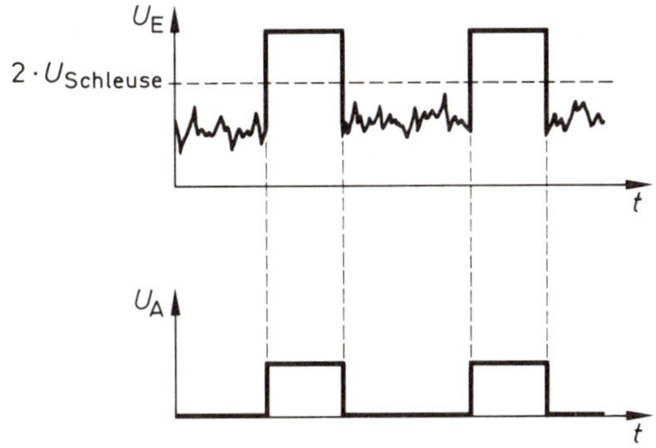

Bild 3.75 Klipperschaltung

Das am Eingang der Schaltung nach Bild 3.75 liegende Signal ist durch ein Rauschen überlagert. Als Rauschen werden in der Rundfunk- und Fernsehtechnik Störspannungen bezeichnet, die auch einem Nutzsignal überlagert sein können. Sie machen sich besonders bei kleinen Amplituden des Nutzsignals störend bemerkbar und können mit der angegebenen Klipperschaltung unterdrückt werden. Die beiden in Reihe geschalteten Dioden lassen nämlich am Widerstand R_L nur dann ein Signal auftreten, wenn die Eingangsspannung größer als die Summe der Schleusenspannungen der beiden Dioden ist. Daher kann das besonders in den Impulspausen störende Rauschen nicht auf den Ausgang gelangen.

Diodenschalter lassen sich auch zur Impulsformung einsetzen. **Bild 3.76** zeigt eine derartige Schaltung mit den zugehörigen Impulsdiagrammen.

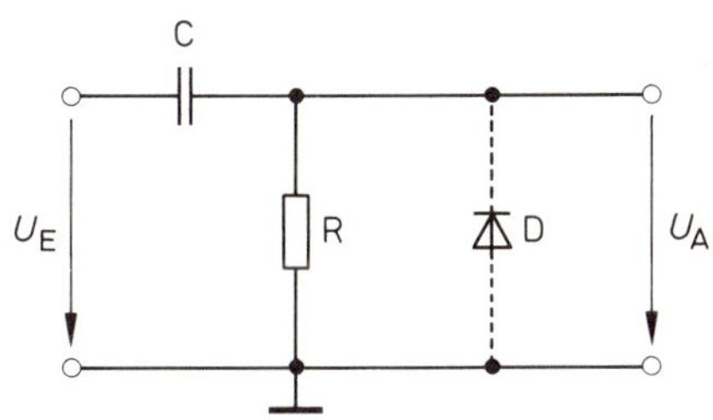

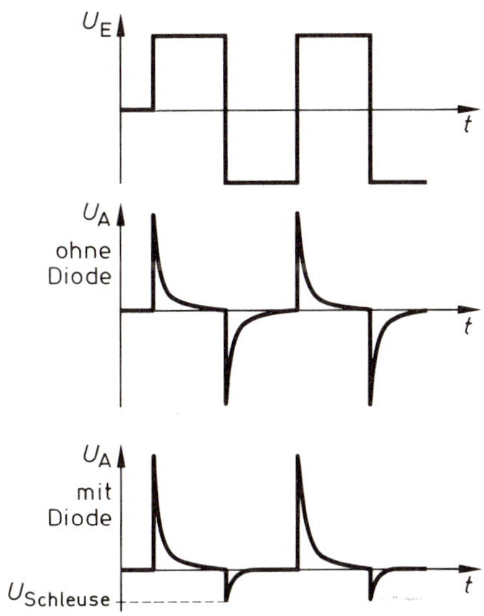

Bild 3.76 Impulsformerschaltung

Kondensator und Widerstand der Schaltung nach Bild 3.76 bilden ein Differenzierglied. Es soll so ausgelegt sein, daß bei einer bestimmten Frequenz der Eingangsspannung am Ausgang schmale positive und negative Nadelimpulse auftreten, solange die Diode nicht angeschlossen ist. Wird die Diode in der angegebenen Polarität angeschlossen, wird sie durch den negativen Nadelimpuls leitend und begrenzt diesen auf die Schleusenspannung. Durch Umpolen der Diode läßt sich in gleicher Weise auch der positive Nadelimpuls begrenzen. Mit einer Schaltung nach Bild 3.76 ist es daher möglich, aus einer Rechteckspannung je nach Polung der Diode nur positive oder negative Nadelimpulse zu erzeugen. Derartige Impulsformerschaltungen werden sehr oft in elektronischen Zählschaltungen eingesetzt.

3.5 Z-Dioden

3.5.1 Grundprinzip und Arbeitsweise

Wird bei einer Siliziumdiode die Sperrspannung noch über den zulässigen Wert $U_{R\,max}$ hinaus weiter erhöht, so setzt nach Überschreiten eines bestimmten Spannungswertes, der Durchbruchspannung, plötzlich ein stark ansteigender Strom ein. Bei den Gleichrichter- und Schaltdioden liegt diese Durchbruchspannung je nach Typ oberhalb von etwa 80 V bis 1500 V.
Durch eine entsprechend höhere Dotierung kann aber die sich bei der Herstellung von Si-Dioden ausbildende Sperrschicht zwischen dem n- und p-Kristall auch so schmal gemacht werden, daß der Durchbruch bereits bei wesentlich kleineren Sperrspannungen von etwa 1 V bis 50 V auftritt. Diese speziellen Ausführungen von Si-Dioden werden als Z-Dioden bezeichnet. Ihr Name ist von dem Wissenschaftler C. *Zener* abgeleitet, der den für Z-Dioden charakteristischen Effekt entdeckte.
Z-Dioden werden stets in Sperrichtung betrieben. Da ihr Arbeitspunkt im Bereich der Durchbruchspannung liegt, ist zur Strombegrenzung unbedingt ein Vorwiderstand (R_V) erforderlich. Wegen ihres charakteristischen Kennlinienverlaufs im Bereich der Durchbruchspannung, die hier als Z-Spannung bezeichnet wird, lassen sich die Z-Dioden zur Stabilisierung oder Begrenzung kleiner Gleichspannungen einsetzen. **Bild 3.77** zeigt die einfachste Ausführung einer Spannungsstabilisierungsschaltung mit Z-Diode.

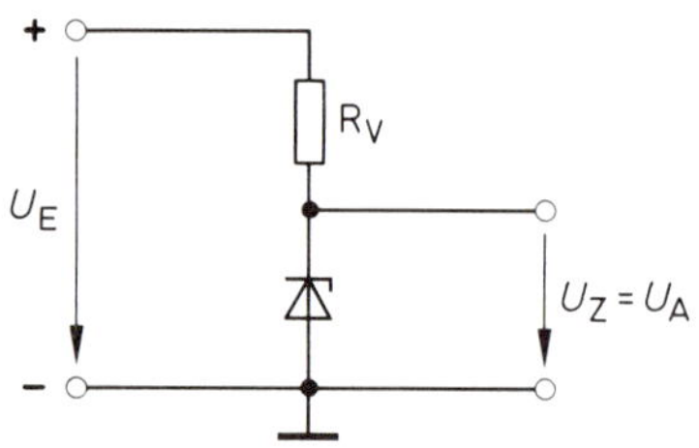

Bild 3.77 Spannungsstabilisierungsschaltung mit Z-Diode

Bei den Z-Dioden überlagern sich im Bereich der Durchbruchspannungen zwei unterschiedliche physikalische Effekte. So tritt bei Z-Dioden mit einer Z-Spannung von etwa $U_Z < 5$ V eine innere Feldemission auf, die als Zener-Effekt bezeichnet wird. Bei Z-Dioden mit etwa $U_Z > 6$ V erfolgt dagegen der Durchbruch aufgrund des Lawineneffektes. Dieser führt entsprechend **Bild 3.78** zu einem sehr scharfen Abknicken der Sperrkennlinien 3, 4 und 5, während die Kennlinien 1 und 2 für Z-Spannungen < 5 V einen weicheren Übergang haben.

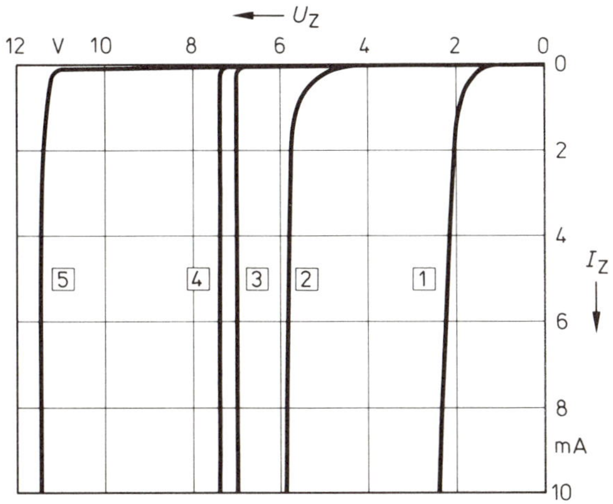

Bild 3.78 Durchbruchkennlinien verschiedener Z-Dioden

Zener-Effekt und Lawinen-Effekt beruhen auf zwei unterschiedlichen physikalischen Durchbruchmechanismen. Ein Durchbruch aufgrund des Zener-Effektes erfolgt, weil beim Überschreiten einer Feldstärke von etwa 200 bis 500 kV/cm beim Silizium Elektronen aus dem Gitterverband herausgelöst werden. Diese so entstandenen freien Elektronen vergrößern zusammen mit den dabei ebenfalls entstandenen Löchern die Zahl der frei beweglichen Ladungsträger und damit die Leitfähigkeit. Dadurch steigt der Sperrstrom, der hier als Z-Strom I_Z bezeichnet wird, stark an.

Bei Z-Dioden mit $U_Z > 6$ V wird der Lawinen-Effekt wirksam. Hierbei ist die Geschwindigkeit der vorhandenen beweglichen Ladungsträger infolge der hohen Feldstärke so groß, daß sie beim Zusammenstoß mit den Atomen des Kristallgitters neue bewegliche Ladungsträger (Elektronen und Löcher) herausschlagen. Diese neu auftretenden Ladungsträger werden durch das anliegende elektrische Feld ebenfalls beschleunigt und schlagen nun wieder weitere neue Ladungsträger aus dem Atomverband heraus. Weil der Strom dadurch sehr schnell anwächst, wird dieser Vorgang als Lawinen-Effekt oder Lawinendurchbruch (engl.: avalanche breakdown) bezeichnet. Wegen des sehr starken Stromanstieges entsteht ein schärferer Kennlinienknick beim Übergang vom normalen Sperrstrom zum Z-Strom als beim Zener-Effekt. Zwischen etwa $5\,V < U_Z < 6\,V$ liegt ein Gebiet, in dem sich Zener-Effekt und Lawinen-Effekt überlagern.

Weil bei Dioden mit $U_Z > 6$ V der Lawinen-Effekt weitaus überwiegt, müßten alle Z-Dioden mit $U_Z > 6$ V eigentlich als Lawinen-Dioden bezeichnet werden. Unabhängig von der Durchbruchspannung und damit auch von ihrem physikalischen Durchbruchmechanismus werden alle derartigen Dioden aber doch einheitlich Z-Dioden genannt.

Solange die Grenzwerte der Z-Dioden, insbesondere die maximale Sperrschichttemperatur, nicht überschritten werden, sind der Zener-Effekt und der Lawinen-Effekt reversible, also wiederholbare Vorgänge. Der Arbeitspunkt wandert daher bei Erhöhung und Verringerung der Sperrspannung auf der gleichen Kennlinie entlang.

3.5.2 Kennwerte

3.5.2.1 Kennlinien

In **Bild 3.79** ist die charakteristische Strom-Spannungs-Kennlinie einer Z-Diode mit $U_Z \approx 8\,V$ dargestellt. Im Durchlaßbereich besteht kein Unterschied gegenüber einer normalen Si-Diode. Bis zu einer Durchlaßspannung von $U_F \approx 0{,}6\,V$ ist der Durchlaßstrom I_F sehr klein und nahezu konstant. Bei $U_F > 0{,}6\,V$ steigt der Durchlaßstrom stark an. Wird eine Z-Diode im Durchlaßbereich betrieben, so muß auf jeden Fall der Durchlaßstrom durch einen Vorwiderstand begrenzt werden. Der zulässige Strom in Durchlaßrichtung ist jedoch viel größer als der zulässige Z-Strom in Sperrichtung.

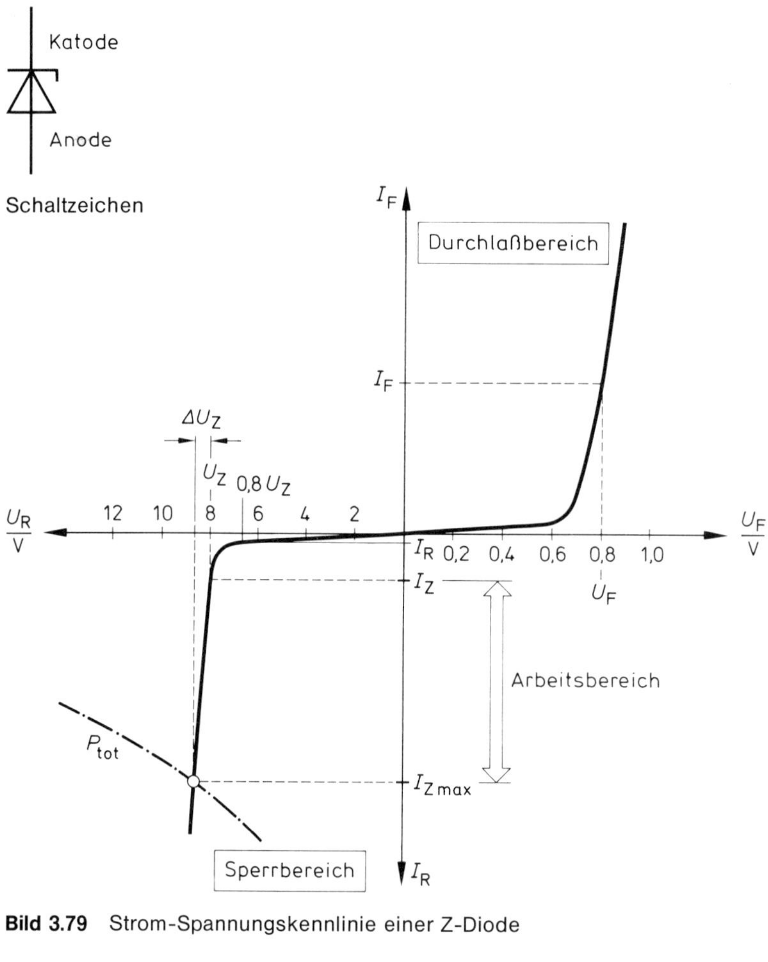

Bild 3.79 Strom-Spannungskennlinie einer Z-Diode

Im Sperrbereich hat die Kennlinie im Bereich der Z-Spannung einen sehr steilen Verlauf. Der höchstzulässige Strom, der in Sperrichtung fließen darf, wird als $I_{Z\,max}$ bezeichnet. In diesem Punkt schneidet die Verlustleistungskurve P_{tot} die Sperrkennlinie der Z-Diode.
Z-Dioden werden in einem Arbeitsbereich betrieben, der zwischen dem Stromwert $I_{Z\,max}$ und einem Wert I_Z liegt. Als Strom I_Z wird ein Wert unmittelbar hinter dem scharfen Kennlinienbereich gewählt. In Bild 3.79 ist deutlich erkennbar, daß sich wegen der starken Steigung der Kennlinie die Z-Spannung U_Z in diesem Arbeitsbereich nur wenig ändert.

Weil alle Z-Dioden auch trotz ihrer unterschiedlichen Z-Spannungen das gleiche Durchlaßverhalten aufweisen, geben die Hersteller meistens nur eine einzige Durchlaßkennlinie für eine Baureihe von Z-Dioden an. **Bild 3.80** zeigt eine solche Durchlaßkennlinie im üblichen linear-logarithmischen Maßstab.

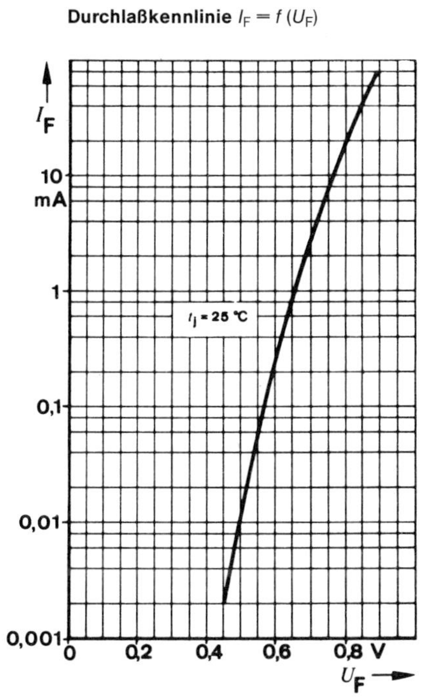

Bild 3.80 Durchlaßkennlinie von Z-Dioden

Im Idealfall sollte bis zum Erreichen der Durchbruchspannung im Sperrbereich kein Strom fließen. Wegen Verunreinigungen des Halbleitermaterials ist jedoch stets ein geringer Rest- oder Sperrstrom I_R vorhanden. In den Datenblättern wird von den Herstellern der Wert des Reststromes I_R für 0,8 bis 0,9 U_Z angegeben.
Bild 3.81 zeigt die Verläufe von Sperrkennlinien für eine Baureihe von Z-Dioden. Im linken Diagramm ist der untere Bereich, im rechten der Bereich für höhere Z-Spannungen dargestellt. Zu beachten ist weiterhin, daß es sich gegenüber der sonst üblichen Darstellung im 3. Quadranten auch hier um den Sperrbereich handelt.

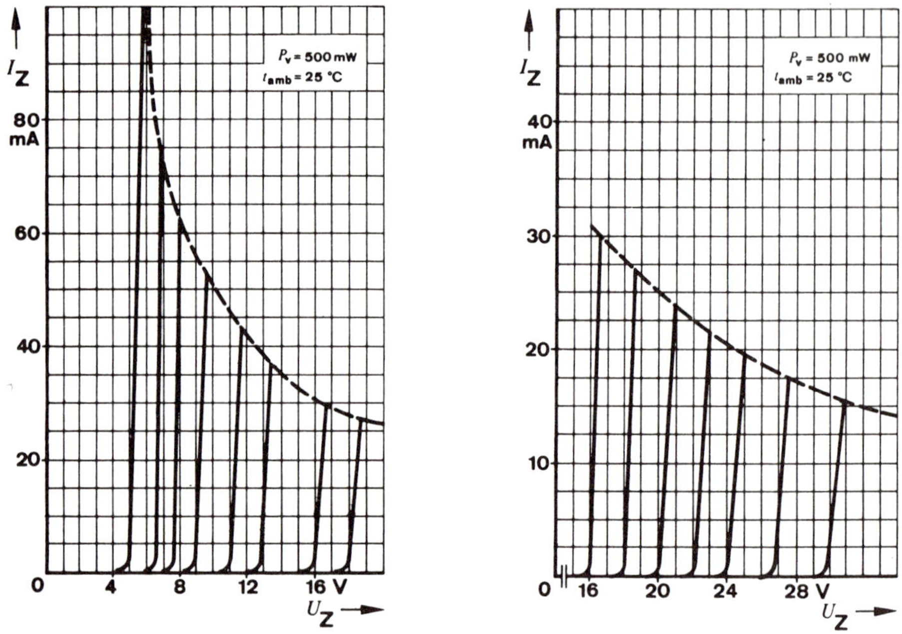

Bild 3.81 Sperrkennlinien für eine Baureihe von Z-Dioden

3.5.2.2 Spannungsbereiche

Die für eine Z-Diode angegebene Z-Spannung gilt meistens für einen Strom von $I_Z = 5\,mA$. Lieferbar sind heute Z-Dioden mit Z-Spannungen zwischen $U_Z \approx 2{,}4\,V$ und $U_Z \approx 47\,V$. Leistungs-Z-Dioden werden jedoch auch für Z-Spannungen bis $U_Z \approx 200\,V$ gefertigt. Die Abstufung zwischen den einzelnen Z-Spannungen der Dioden einer Baureihe entspricht meistens der E24-Reihe, d. h. es gibt nur Z-Dioden mit Z-Spannungen von 2,4 V; 2,7 V; 3,0 V; 3,3 V; 3,6 V usw. Die angegebene Z-Spannung hat dabei jedoch noch eine gewisse Toleranz, die je nach Güteklasse der Z-Diode zwischen 1 % und 10 % liegen kann.

Um die verschiedenen Spannungsgruppen mit den dazugehörigen Toleranzen von Z-Dioden eines Grundtyps unterscheiden zu können, werden an die Typenbezeichnung des Grundtyps (z. B. BZX 83) Zusatzbuchstaben angehängt. Die verschiedenen Buchstaben haben dabei nach dem Pro-Elektron-System folgende Bedeutung:

A $\triangleq \pm 1\%$; B $\triangleq \pm 2\%$; C $\triangleq \pm 5\%$; D $\triangleq \pm 10\%$.

An diese Toleranzangabe schließt sich die Angabe des mittleren Wertes der Z-Spannung in Volt an. Handelt es sich dabei um Werte, die zwischen zwei ganzen Zahlen liegen, z. B. 6,8 V, so wird anstelle des Kommas ein »V« gesetzt, also 6V8.

Hat z. B. eine Z-Diode die Typenbezeichnung BZX 83 C 6V8, so lassen sich daraus folgende Informationen ablesen:

BZX 83	C	6V8
Grundtyp	Toleranz	Z-Spannung
B ≙ Silizium	C ≙ ± 5 %	6,8 V Nennwert
Z ≙ Z-Diode		
X ≙ Industrietyp		
83 ≙ Registriernummer		

Aufgrund dieses Bezeichnungsschemas ist es sehr leicht möglich, die wichtigsten Eigenschaften einer vorliegenden Z-Diode zu erkennen. Die Katodenseite ist immer durch einen Farbring gekennzeichnet.

3.5.2.3 Temperaturverhalten

Bei Z-Dioden mit einer Durchbruchspannung $U_Z < 6$ V erfolgt der Durchbruch aufgrund des Zener-Effektes. Eine Temperaturerhöhung bewirkt hier eine verstärkte Feldemission. Ein bestimmter Durchbruchstrom kann daher bei höherer Temperatur schon bei einer kleineren anliegenden Spannung erreicht werden. Die Spannung, bei der der Durchbruch erfolgt, wird also mit zunehmender Temperatur kleiner. Z-Dioden mit einer Durchbruchspannung $U_Z < 5$ V haben daher für die Durchbruchspannung einen negativen Temperaturkoeffizient. In dem Diagramm nach **Bild 3.82** ist der Kennlinienverlauf für $T_U = 50$ °C gestrichelt eingetragen.

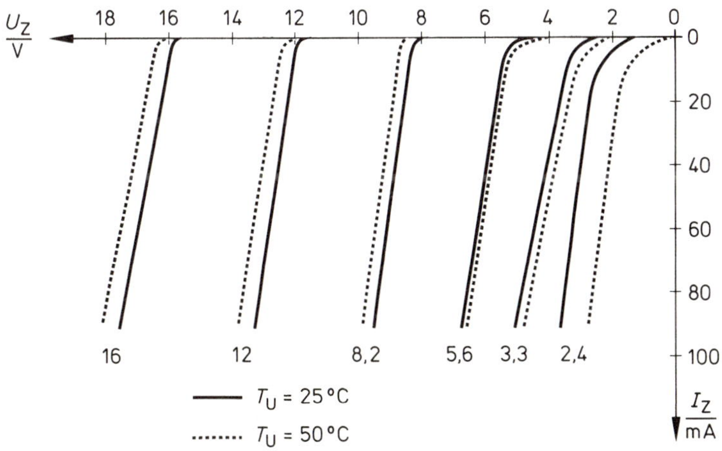

Bild 3.82 Temperaturabhängigkeit der Durchbruchkennlinie von Z-Dioden

Bei Z-Dioden mit einer Durchbruchspannung $U_Z > 6$ V erfolgt der Durchbruch aufgrund des Lawineneffektes. Mit zunehmender Temperatur wird hier die freie Weglänge der Ladungsträger kleiner. Um den gleichen Durchbruchstrom zu erzielen, sind bei höheren Temperaturen größere Sperrspannungen notwendig. Daher haben Z-Dioden mit $U_Z > 6\,V$ einen positiven Temperaturbeiwert für die Z-Spannung. In Bild 3.82 sind die Einflüsse der unterschiedlichen Temperaturbeiwerte gut zu erkennen. Im Spannungsbereich zwischen $U_Z = 5\,V$ und $U_Z = 6\,V$ erfolgt ein Übergang zwischen dem negativen und dem positiven Temperaturbeiwert. Dieser Übergang ist fließend, so daß kein exakter Wert angegeben werden kann, bei dem der Temperaturbeiwert *TK* genau Null beträgt, also keinerlei Temperaturabhängigkeit der Z-Spannung mehr vorhanden ist. In **Bild 3.83** ist der Temperaturbeiwert *TK* als Funktion der Z-Spannung U_Z aufgetragen. Da dieser Temperaturbeiwert auch von der Größe des Durchbruchstromes abhängt, ist in Bild 3.83 der Wert $I_Z = 5\,mA$ als Parameter angegeben.

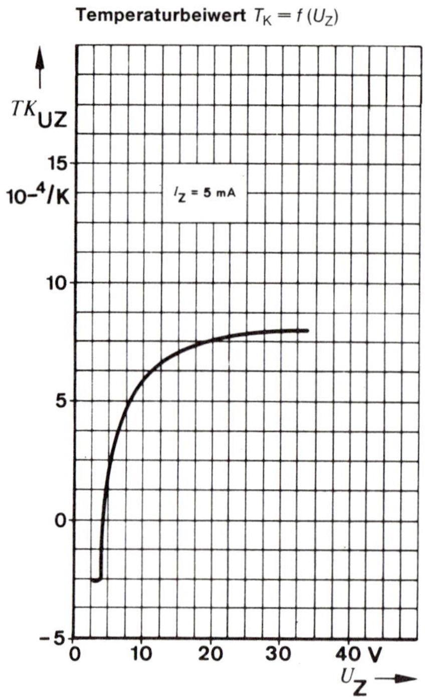

Bild 3.83 Temperaturbeiwert von Z-Dioden in Abhängigkeit von der Z-Spannung

Die Z-Spannung einer Z-Diode bei einer Temperaturerhöhung läßt sich nach folgender Gleichung ermitteln:

$$U_{Z\,warm} = U_Z + U_Z \cdot TK_{UZ} \cdot \Delta T$$
$$= U_Z\,(1 + TK_{UZ} \cdot \Delta T)$$

mit $U_{Z\,warm}$ = Z-Spannung bei höherer Temperatur als + 25 °C
U_Z = Nennspannung der Z-Diode
TK_{UZ} = Temperaturbeiwert der Z-Diode
ΔT = Temperaturänderung

Beispiel

Die Z-Diode von Typ BZX 55 C 9V1 hat einen Temperaturbeiwert $TK_{UZ} = 9 \cdot 10^{-4} \frac{1}{K}$.
Wie groß ist die Z-Spannung, wenn die Umgebungstemperatur 80 °C beträgt?

$$\Delta T = 80\,°C - 25\,°C = 55\,°C \mathrel{\hat{=}} 55\,K$$

$$U_{Z\,warm} = U_Z\,(1 + TK_{UZ} \cdot \Delta T) = 9{,}1\,V \left(1 + 9 \cdot 10^{-4} \frac{1}{K} \cdot 55\,K\right)$$

$$U_{Z\,warm} = 9{,}55\,V$$

Für besonders hohe Anforderungen an die Temperaturabhängigkeit der Z-Spannung wurden die temperaturkompensierten Referenzdioden entwickelt. Sie werden in Kurzform auch Z-TK-Dioden bezeichnet. Referenzdioden bestehen aus zwei oder auch mehreren in Reihe geschalteten pn-Übergängen. Die Polarität ist dabei aber so gerichtet, daß einer dieser Übergänge in Sperrichtung, d. h. als Z-Diode betrieben wird, die weiteren Übergänge jedoch in Durchlaßrichtung. Die Temperaturbeiwerte aller Dioden haben den gleichen Betrag, aber in Abhängigkeit vom Durchlaß- oder Sperrbetrieb unterschiedliche Vorzeichen. Insgesamt ergibt sich dadurch eine Z-Diode, deren Z-Spannung nahezu unabhängig von einer Temperaturänderung ist. Wichtig ist dabei jedoch, daß der positive und negative Temperaturbeiwert jeweils einen gleichartigen Verlauf haben, damit auch in einem größeren Temperaturbereich ein guter Gleichlauf erreicht werden kann.
In **Bild 3.84** sind drei verschiedene Kombinationen von Z-Dioden und Kompensationsdioden für unterschiedliche Referenzspannungen angegeben.

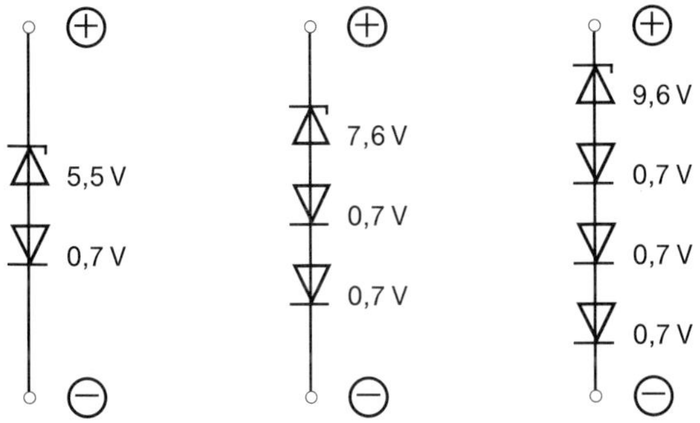

$U_Z = 6{,}2\,V$ 1N 821-Reihe | $U_Z = 9{,}0\,V$ 1N 935-Reihe | $U_Z = 11{,}7\,V$ 1N 941-Reihe

Bild 3.84 Aufbauschema für Referenzdioden

Je größer die gewünschte Referenzspannung ist, desto mehr zusätzliche Kompensationsdioden sind erforderlich, weil mit größerem U_Z auch der positive TK_{UZ} einer Z-Diode größer wird. Während sich die Z-Spannung einer Z-Diode z. B. um 4 mV/K ändert, lassen sich mit Referenzdioden gleicher Z-Spannung die Temperaturänderungen auf Werte von nur etwa 0,18 mV/K verringern.
Oft werden die in einem Gehäuse untergebrachten Kombinationen aus Z-Diode und Kompensationsdioden statt Referenzdioden auch als Referenzelement bezeichnet und als Spannungsnormal oder Vergleichsspannung verwendet.

3.5.2.4 Differentieller Widerstand r_Z

In **Bild 3.85** ist die charakteristische Kennlinie einer Z-Diode nochmals dargestellt. Sie besitzt im Arbeitsbereich eine nahezu konstante Steilheit. Je steiler sie verläuft, desto geringer ist die Spannungsänderung ΔU_Z bei einer bestimmten Stromänderung ΔI_Z. Wird das Verhältnis ΔU_Z zu ΔI_Z gebildet, so ergibt sich ein Widerstand

$$r_Z = \frac{\Delta U_Z}{\Delta I_Z}.$$

Dieser Widerstand wird als differentieller Widerstand oder auch als dynamischer Durchbruchwiderstand der Z-Diode bezeichnet.

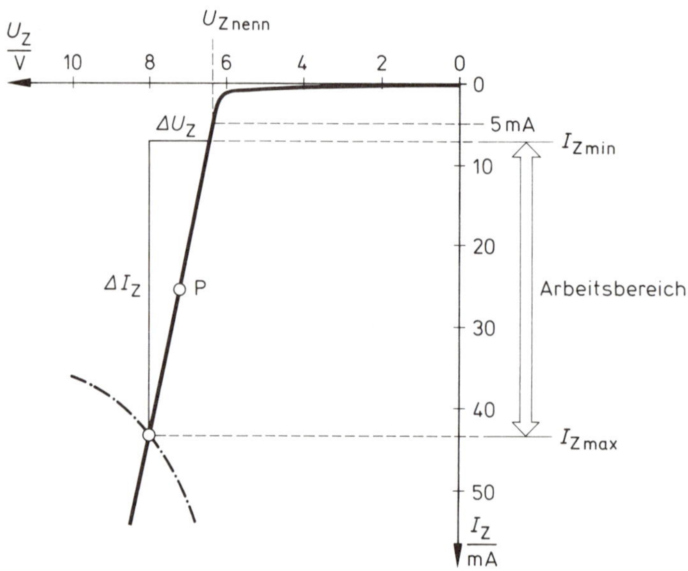

Bild 3.85 Ermittlung von r_Z für den Arbeitspunkt P einer Z-Diode

Je kleiner der Wert von r_Z ist, desto weniger ändert sich die Z-Spannung bei einer Änderung des Z-Stromes. Der differentielle Widerstand r_Z liefert also eine Aussage über den Stabilisierungsgrad einer Z-Diode.

r_Z ist aber nicht völlig konstant, sondern wegen der doch etwas gekrümmten Kennlinie vom Z-Strom abhängig. Weil bei kleineren Z-Strömen der Arbeitspunkt kurz unter dem Durchbruchknick liegt, ist die Steilheit der Kennlinie in diesem Übergangsgebiet kleiner und damit r_Z größer als in dem in Bild 3.85 eingezeichneten Arbeitspunkt.

Neben der Abhängigkeit des differentiellen Widerstandes r_Z vom Strom I_Z besteht noch eine Abhängigkeit von der Spannung U_Z. Diese Abhängigkeit ist in dem Diagramm nach **Bild 3.86** zu erkennen. Die kleinsten Werte für r_Z liegen danach bei Z-Spannungen von $U_Z \approx 7\,\text{V}$.

Differentieller Widerstand
$r_Z = f(U_Z)$

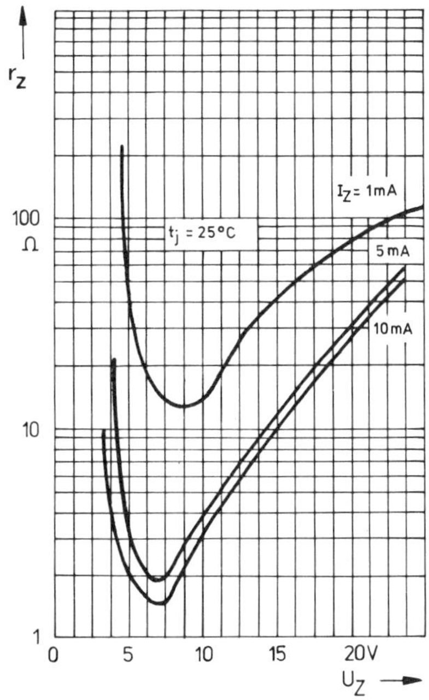

Bild 3.86 Differentieller Widerstand r_Z in Abhängigkeit von U_Z

Beispiel

Eine Z-Diode hat bei $I_Z = 10$ mA eine Spannung $U_Z = 8{,}2$ V. Wird der Strom auf $I_Z = 5$ mA verringert, so beträgt $U_Z = 8{,}19$ V.

Welchen Wert hat der differentielle Widerstand r_Z in dem angegebenen Arbeitsbereich?

$$r_Z = \frac{\Delta U_Z}{\Delta I_Z} = \frac{8{,}2\,\text{V} - 8{,}19\,\text{V}}{10\,\text{mA} - 5\,\text{mA}} = \frac{10\,\text{mV}}{5\,\text{mA}}$$

$$r_Z = 2\,\Omega$$

3.5.2.5 Kenn- und Grenzdaten

Von den Herstellern werden für die Z-Dioden gleiche Grenzdaten wie bei den Gleichrichter- und Schaltdioden angegeben:

Maximale Sperrschichttemperatur	$T_{J\,max}$
Maximale Verlustleistung	P_{tot}
Max. Durchlaßstrom	$I_{F\,max}$
Wärmewiderstand	$R_{th\,JU}$
Lagertemperatur	T_S

Entsprechend dem Arbeitsbereich beziehen sich dagegen die Kenndaten von Z-Dioden im wesentlichen auf den Sperrbetrieb. So sind in den Datenblättern meistens folgende Kenndaten aufgeführt:

Nennspannung	U_Z bei $I_Z = 5$ mA
Differentieller Widerstand	r_Z bei $I_Z = 5$ mA und 1 mA
Sperrstrom	I_R bei 0,8 bis 0,9 U_Z
Durchlaßspannung	U_F bei einem bestimmten I_F.

Die maximale Verlustleistung ergibt sich aus

$$P_V = U_Z \cdot I_Z \leqq P_{tot}$$

$$P_V = \frac{T_{J\,max} - T_U}{R_{th\,JU}}$$

Beispiel

Die Z-Diode BZX 83 C 9V1 hat laut Datenblatt eine maximale Sperrschichttemperatur $T_{J\,max} = 175\,°C$ und einen Wärmewiderstand $R_{th\,JU} = 250\,K/W$.
Welcher Strom darf bei $T_U = 60\,°C$ durch diese Diode fließen?

$$P_V = \frac{T_{J\,max} - T_U}{R_{th\,JU}} = \frac{175\,°C - 60\,°C}{250\,K/W} = 0{,}46\,W$$

$$I_{Z\,max} = \frac{P_V}{U_Z} = \frac{0{,}46\,W}{9{,}1\,V} = 50{,}5\,mA$$

3.5.3 Beispiele für Original-Datenblätter

Als Beispiel für Datenblätter von Z-Dioden wurde die Baureihe BZX 83 C... ausgewählt. In der Tabelle nach **Bild 3.87** sind die wichtigsten technischen Daten aufgeführt.

Z-Dioden 0,5 W im Glasgehäuse **BZX 83 C ...**

BZX 83 ... ist eine epitaktische Silizium-Planar-Z-Diode im Glasgehäuse 56 A2 DIN 41 883 (DO-35). Sie dient zur Stabilisierung und Begrenzung von Spannungen im Bereich von 0,78 bis 47 V sowie zur Erzeugung von Vergleichsspannungen bei kleinem Leistungsbedarf. Durch die moderne Technologie wird ein besonders scharfer Abbruch der Sperrkennlinie, ein niedriges Rauschen und ausgezeichnete zeitliche Stabilität der elektrischen Daten gesichert. Die Kathodenseite wird durch einen Farbring gekennzeichnet.

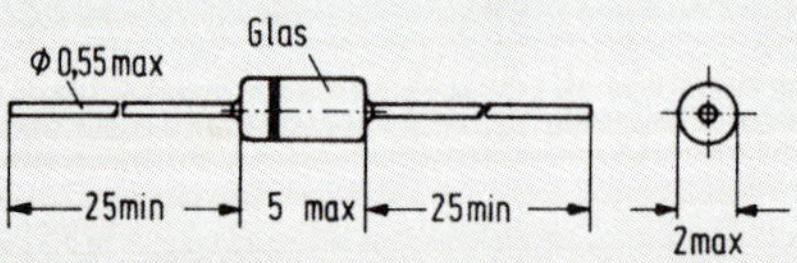

Gewicht ca. 0,5 g **Maße in mm**

Grenzdaten ($T_U = 25\,°C$)

Lagertemperatur	T_s	− 55 bis + 175	°C
Sperrschichttemperatur	T_j	max. 175	°C
max. Durchlaßstrom	$I_{F\,max}$	400	mA
Maximale Verlustleistung	P_{tot}	500[1])	mW
Wärmewiderstand Sperrschicht/Lötstelle	R_{thJL}	≦ 250	K/W

[1]) Diese Werte gelten, wenn die Anschlußdrähte in 6 mm Abstand vom Gehäuse auf 50 °C gehalten werden.

BZX 83 C...

Kenndaten bei $T_L = 25\,°C$

Typ	Nenn-spannung U_z (V)	Durchbruch-spannungs-bereich $I_z = 5$ mA U_z (V)	dyn. Widerstand $f = 1000$ Hz $I_z = 5$ mA r_z (Ω)	$I_z = 1$ mA r_z (Ω)	Sperrstrom I_R(μA)	bei U_R(V)	Maximal zulässiger Z-Strom $I_{z\,max}$ (mA)	*TK* der U_z bei I_z $\alpha U_z \cdot 10^{-4}$/K	Durchlaß-spannung bei $I_F = 50$ mA U_F (V)
BZX83 C0V8	0,78	0,73 bis 0,83	<10	–	–	–	–	–	–
BZX83 C2V4	2,4	2,28 bis 2,56	<90	<600	<120	1	<155	-8	<1
BZX83 C2V7	2,7	2,5 bis 2,9	<90	<600	<100	1	<135	-7	<1
BZX83 C3V0	3,0	2,8 bis 3,2	<90	<600	<60	1	<125	-7	<1
BZX83 C3V3	3,3	3,1 bis 3,5	<90	<600	<30	1	<115	-6	<1
BZX83 C3V6	3,6	3,4 bis 3,8	<90	<600	<20	1	<105	-6	<1
BZX83 C3V9	3,9	3,7 bis 4,1	<90	<600	<10	1	<95	-5,5	<1
BZX83 C4V3	4,3	4,0 bis 4,6	<85	<600	<5	1	<90	-4,5	<1
BZX83 C4V7	4,7	4,4 bis 5,0	<80	<600	<2	1	<85	2	<1
BZX83 C5V1	5,1	4,8 bis 5,4	<60	<550	<1	1	<75	2	<1
BZX83 C5V6	5,6	5,2 bis 6,0	<40	<450	<1	1	<70	3	<1
BZX83 C6V2	6,2	5,8 bis 6,6	<10	<200	<1	2	<64	4	<1
BZX83 C6V8	6,8	6,4 bis 7,2	<8	<150	<1	3	<58	4,5	<1
BZX83 C7V5	7,5	7,0 bis 7,9	<7	<50	<1	3,5	<53	5	<1
BZX83 C8V2	8,2	7,7 bis 8,7	<7	<50	<1	4	<47	5,5	<1
BZX83 C9V1	9,1	8,5 bis 9,6	<10	<50	<1	5	<43	6	<1
BZX83 C10	10	9,4 bis 10,6	<15	<70	<1	6	<40	6,5	<1
BZX83 C11	11	10,4 bis 11,6	<20	<70	<1	7	<36	7	<1
BZX83 C12	12	11,4 bis 12,7	<20	<90	<1	8	<31	7	<1
BZX83 C13	13	12,4 bis 14,1	<25	<110	<1	9	<29	7,5	<1
BZX83 C15	15	13,8 bis 15,6	<30	<110	<1	11	<27	7,5	<1
BZX83 C16	16	15,3 bis 17,1	<40	<170	<1	11	<24	8	<1
BZX83 C18	18	16,8 bis 19,1	<55	<170	<1	12	<21	8	<1
BZX83 C20	20	18,8 bis 21,2	<55	<220	<1	14	<20	8	<1
BZX83 C22	22	20,8 bis 23,3	<60	<220	<1	15	<18	8,5	<1
BZX83 C24	24	22,8 bis 25,6	<80	<220	<1	16	<16	8,5	<1
BZX83 C27	27	25,1 bis 28,9	<80	<220	<1	18	<14	8,5	<1
BZX83 C30	30	28 bis 32	<90	<220	<1	20	<13	9	<1
BZX83 C33	33	31 bis 35	<90	<220	<1	22	<12	9	<1
BZX83C36	36	34 bis 38	<90	<250	<1	25	<11	9	<1
BZX83 C39	39	37 bis 41	<100	<600	<1	27	<10	9	<1
BZX83 C43	43	40 bis 46	<100	<700	<1	30	<9,2	9	<1
BZX83 C47	47	44 bis 50	<120	<1000	<1	33	<8,5	9	<1

Bild 3.87 Datenblatt für die Dioden-Baureihe BZX 83 C . . .

In der Spalte »Nennspannung« ist die Abstufung der E24-Reihe zu erkennen. Die in der 1. Zeile aufgeführte Diode mit $U_Z = 0{,}78$ V ist eigentlich keine Z-Diode, sondern eine normale Gleichrichterdiode, die etwas oberhalb der Schleusenspannung in Durchlaßrichtung betrieben wird. Daher ist in der zugehörigen Zeile kein Sperrstrom angegeben. Der kleinste dynamische Widerstand r_Z liegt bei Z-Spannungen von 7,5 V und 8,2 V. Bei $I_Z = 5$ mA beträgt der kleinste Wert $r_{Z\,min} = 7\,\Omega$ und bei $I_Z = 1$ mA ist $r_{Z\,min} = 50\,\Omega$. Der Sperrstrom ist bei $U_Z > 5{,}1$ V stets kleiner 1 µA.

Da für sämtliche Typen dieser Baureihe $P_{tot} = 0{,}5$ W gilt, wird der maximal zulässige Z-Strom $I_{Z\,max}$ bei den Typen mit höherer Z-Spannung immer kleiner. In der Spalte *TK* ist zu erkennen, daß der Übergang vom negativen zum positiven Temperaturbeiwert zwischen $U_Z = 4{,}3$ V und $U_Z = 4{,}7$ V auftritt und damit etwas niedriger als bei anderen Baureihen von Z-Dioden liegt.

In dem **Bild 3.88** sind die für die Baureihe BZX 83 C . . . im Datenblatt angegebenen Kennlinien zusammengefaßt.

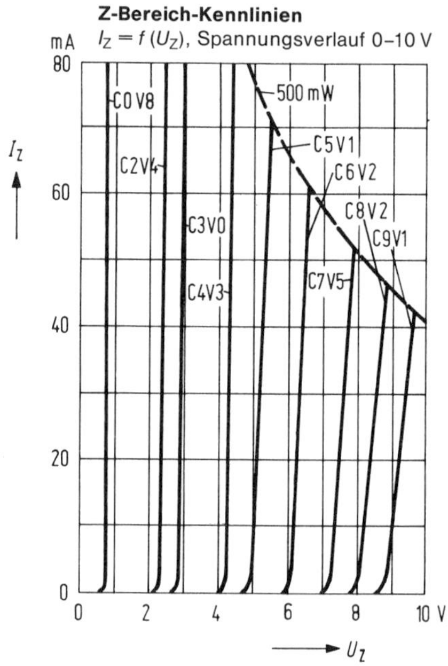

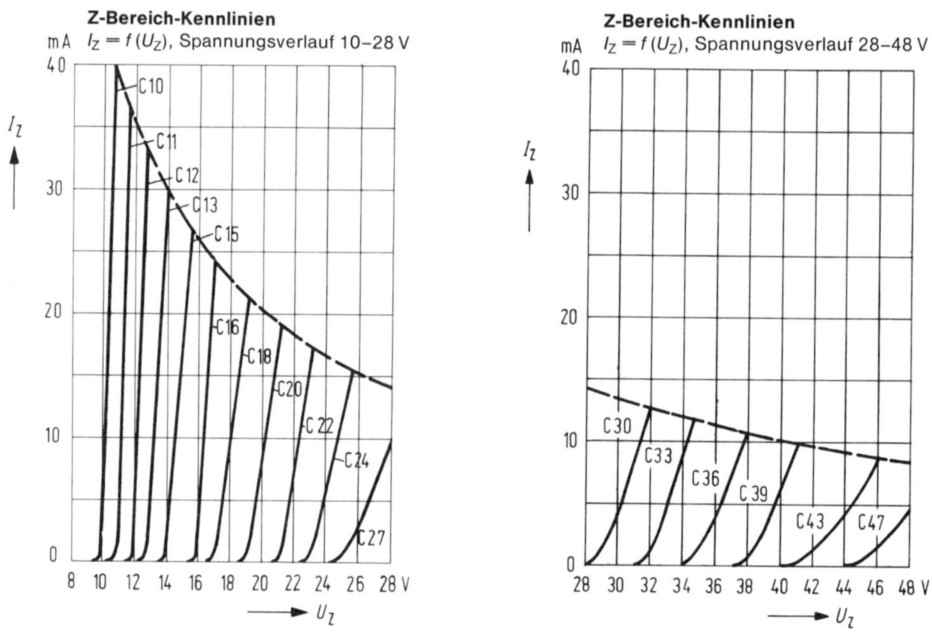

Bild 3.88 Kennlinien für die Dioden-Baureihe BZX 83 C . . .
(Fortsetzung auf der nächste Seite)

Zulässige Gesamtverlust-Leistung
$P_{tot} = f(T)$

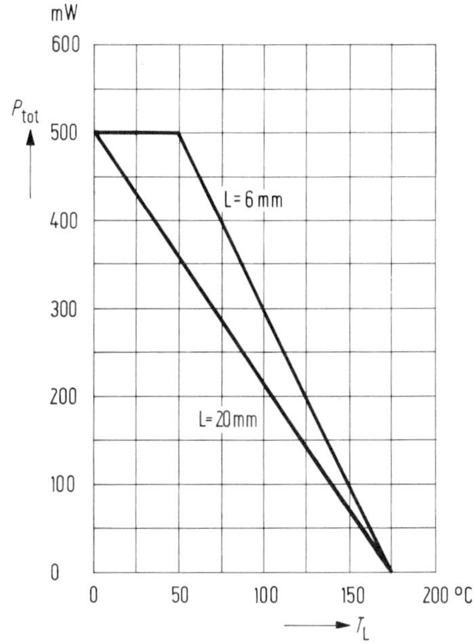

(T_L = Temperatur der Lötstelle)
(L = Abstand zwischen Lötstelle und Gehäuse)

Durchlaßspannung
$I_F = f(U_F)$

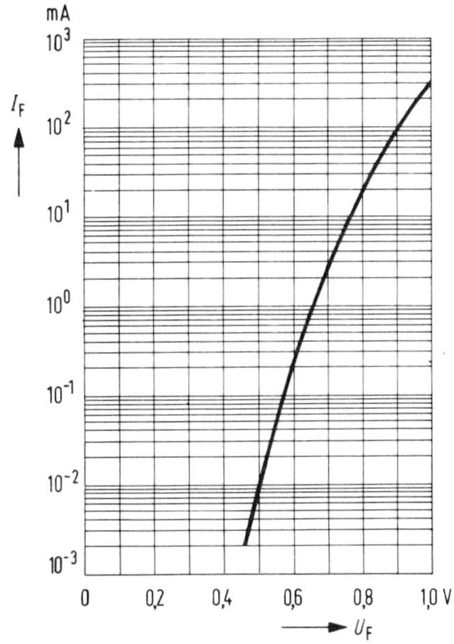

Temperaturkoeffizient
$TK = f(U_Z)$

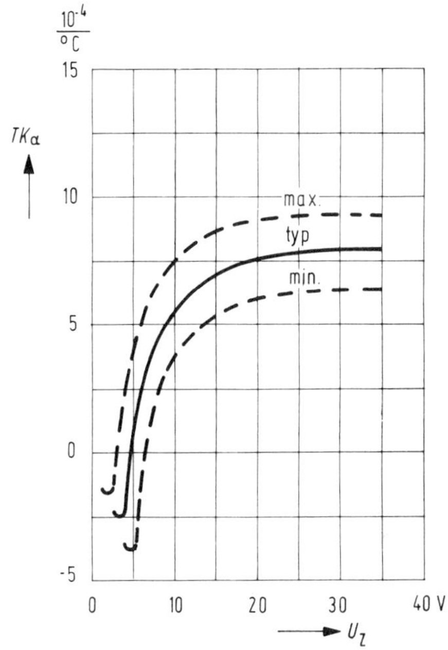

Dynamischer Widerstand
$r_Z = f(U_Z)$

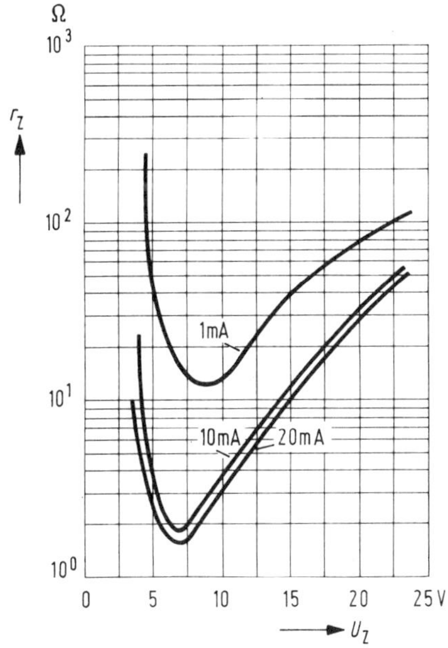

Bild 3.88 Kennlinien für die Dioden-Baureihe BZX 83 C . . .

3.5.4 Anwendungsbeispiele

3.5.4.1 Spannungsstabilisierung

Bild 3.89 zeigt die Grundschaltung für die Spannungsstabilisierung mit Hilfe einer Z-Diode. Als stabilisierte Ausgangsspannung tritt die an der Z-Diode liegende Spannung auf. Im zulässigen Arbeitsbereich bleibt sie sowohl bei einer Änderung der Eingangsspannung U_E als auch bei einer Änderung des Laststromes I_{Last} nahezu konstant.

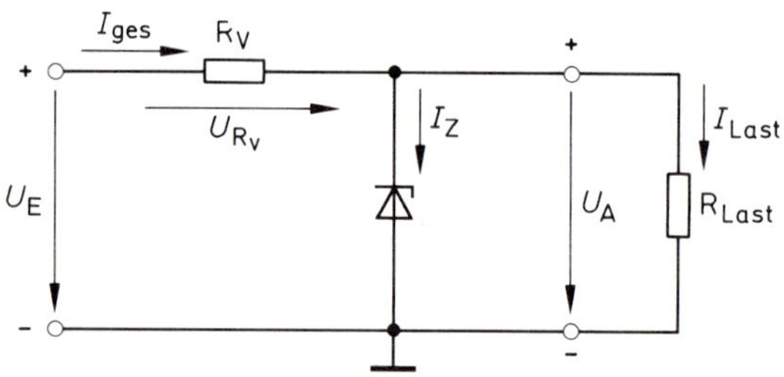

Bild 3.89 Schaltung zur Spannungsstabilisierung mit Z-Diode

Zum leichteren Verständnis der Arbeitsweise der Stabilisierungsschaltung nach Bild 3.89 ist es zweckmäßig, die Vorgänge bei einer Änderung von U_E und I_{Last} getrennt zu betrachten und dabei jeweils die andere Größe als Konstante anzusetzen. Damit ergeben sich zwei Fälle:

1. Konstante Eingangsspannung U_E, aber veränderlicher Laststrom I_{Last}, sowie
2. Konstanter Laststrom I_{Last}, aber veränderliche Eingangsspannung U_E.

Bild 3.90 zeigt das Kennlinienfeld für den Fall 1. Für $U_E = \text{const.}$ ist die Arbeitsgerade des Vorwiderstandes R_V in das Kennlinienfeld einer Z-Diode eingezeichnet. Die Eingangsspannung U_E teilt sich in U_{RV} und U_Z auf und der in die Schaltung fließende Gesamtstrom I_{ges} in I_Z und I_{Last}. Daher gelten generell die beiden Gleichungen:

$$U_E = U_{RV} + U_Z \qquad I_{ges} = I_Z + I_{Last}$$

Hat der in Bild 3.89 eingezeichnete Lastwiderstand den Wert $R_{Last} = \infty\,\Omega$, so kann kein Laststrom fließen und es gilt:

$$I_{ges} = I_Z.$$

Die Z-Diode wird dabei im Arbeitspunkt A1 betrieben und der fließende Strom kann mit Hilfe der Gleichung

$$I_{ges} = I_Z = \frac{U_E - U_A}{R_V} \qquad \text{mit } U_A = U_Z$$

ermittelt werden.

Wird die Schaltung jedoch belastet, d. h. $R_{Last} < \infty\,\Omega$, so fließt ein Laststrom. Es gilt daher

$$I_{ges} = I_Z + I_{Last}$$

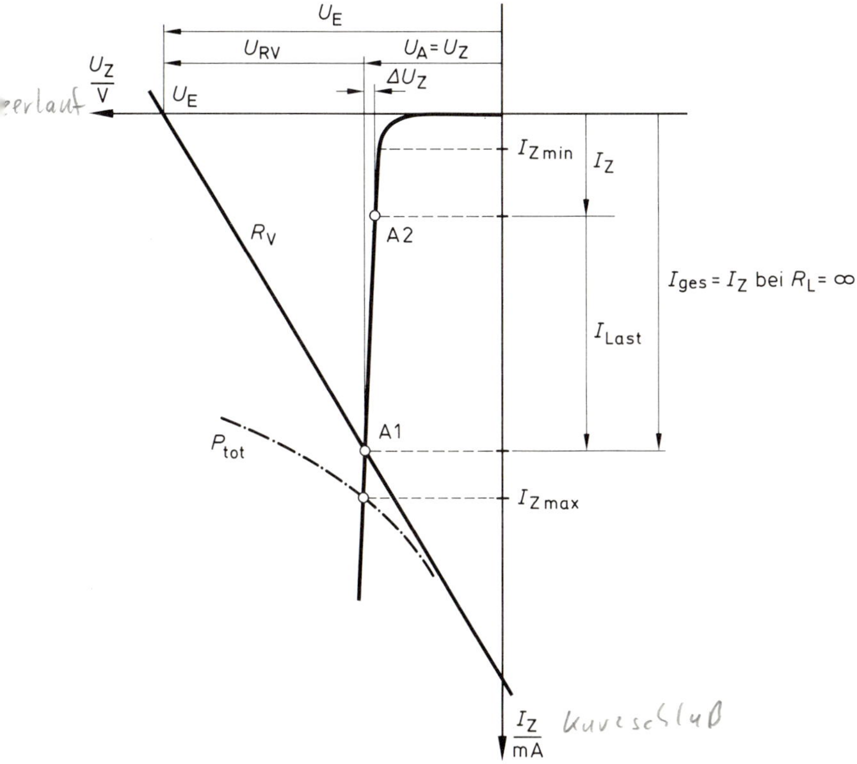

Bild 3.90 Kennlinienfeld einer Z-Diode mit eingetragener Arbeitsgerade für Vorwiderstand R_V

Weil sich aufgrund des steilen Verlaufes der Kennlinie der Z-Diode die Spannung an der Z-Diode nur geringfügig ändern kann, muß auch der Spannungsabfall am Vorwiderstand R_V nahezu konstant bleiben. Das ist aber nur möglich, wenn auch der Gesamtstrom I_{ges} konstant bleibt. Dieser Fall kann nur eintreten, wenn der Z-Strom um den gleichen Betrag kleiner wird wie der Laststrom größer. Der Arbeitspunkt der Z-Diode wandert daher auf der Durchbruchkennlinie in Richtung zum Arbeitspunkt A2.
Infolge der steilen Kennlinie der Z-Diode ändert sich die Ausgangsspannung nur um den kleinen Betrag ΔU_Z, d. h. U_A bleibt nahezu konstant, wenn sich der Laststrom I_{Last} ändert. Je größer I_{Last} wird, desto kleiner wird I_Z. Wird dabei jedoch $I_Z < I_{Z\,min}$, so beginnt der Arbeitspunkt der Z-Diode in den waagerechten Bereich der Kennlinie zu wandern und $U_Z = U_A$ ändert sich sehr stark. Die Stabilisierungsschaltung wird dann nicht mehr in ihrem zulässigen Arbeitsbereich betrieben.
Sind für eine bestimmte Stabilisierungsschaltung die konstante Eingangsspannung U_E, die zu stabilisierende Ausgangsspannung U_A sowie der maximale Laststrom $I_{Last\,max}$ vorgegeben, so kann der erforderliche Vorwiderstand mit Hilfe der Gleichung

$$R_V = \frac{U_E - U_A}{I_{Z\,min} + I_{Last\,max}}$$

ermittelt werden.

Die stärkste Belastung der Z-Diode tritt auf, wenn die Schaltung ohne Lastwiderstand betrieben wird, weil dann $I_Z = I_{Zmax}$ wird. Die Verlustleistung der Diode läßt sich mit Hilfe der Gleichung

$$P_V = I_{Z\,max} \cdot U_Z$$

berechnen.
In Fall 2 ändert sich die Eingangsspannung U_E bei konstantem Laststrom. Die Zusammenhänge sind im **Bild 3.91** dargestellt.

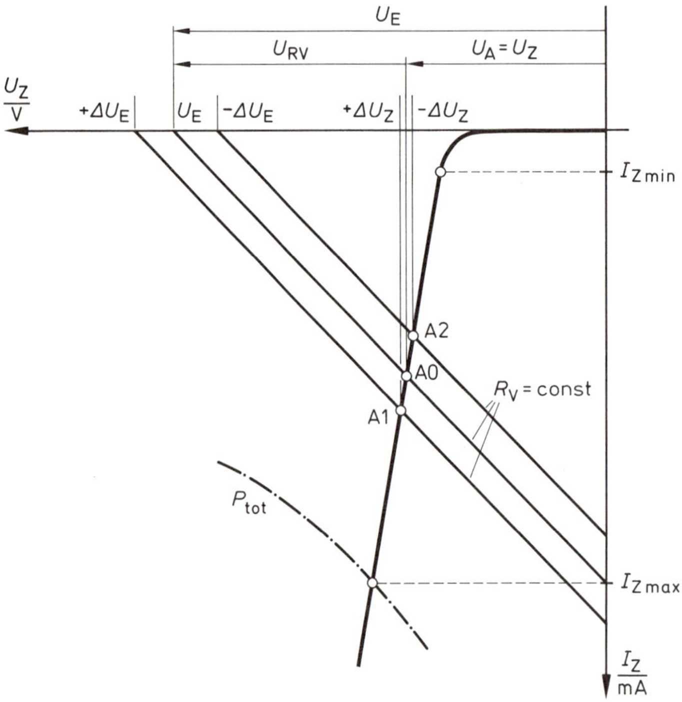

Bild 3.91 Kennlinienfeld einer Z-Diode mit eingetragenen Arbeitsgeraden für Vorwiderstand R_V

In Bild 3.91 schneidet die Arbeitsgerade für R_V die Kennlinie der Z-Diode im Arbeitspunkt A0, wenn die Eingangsspannung U_E anliegt. Wird jetzt U_E z. B. um den Betrag ΔU_E größer, so verschiebt sich die Arbeitsgerade und die Z-Diode wird im Arbeitspunkt A1 betrieben. Wegen der steilen Kennlinie der Z-Diode ist ΔU_Z sehr viel kleiner als ΔU_E, so daß die Ausgangsspannung U_A nahezu konstant bleibt. Die Schaltung nach Bild 3.89 ist also in der Lage, die Ausgangsspannung U_A sowohl bei Schwankungen des Laststromes als auch bei Schwankungen der Eingangsspannung zu stabilisieren. Beim praktischen Einsatz der Spannungsstabilisierungsschaltungen überlagern sich beide Fälle häufig, so daß eine exakte Trennung kaum noch möglich ist.
Das Verhältnis der Änderung der Eingangsspannung ΔU_E zur Änderung der Ausgangsspannung ΔU_A wird als Glättungsfaktor G bezeichnet.

$$G = \frac{\Delta U_E}{\Delta U_A} \qquad \text{(Glättungsfaktor)}$$

Ein weiterer Kennwert einer Spannungsstabilisierungsschaltung ist der Relative Stabilisierungsfaktor S. Er gibt das Verhältnis der relativen Änderung der Eingangsspannung $\Delta U_E/U_E$ zur relativen Änderung der Ausgangsspannung $\Delta U_A/U_A$ an.

$$S = \frac{\Delta U_E/U_E}{\Delta U_A/U_A} \qquad \text{(Relativer Stabilisierungsfaktor)}$$

Je größer die Faktoren G und S sind, desto wirksamer ist die Spannungsstabilisierung. Bei einer vorgegebenen Schaltung lassen sich G und S meßtechnisch relativ einfach ermitteln.

Soll eine Spannungsstabilisierungsschaltung dimensioniert werden, so ist es erforderlich, die Steilheit der zu verwendenden Z-Diode durch ihren differentiellen Widerstand r_Z zu berücksichtigen. Da in jedem Fall $R_V \gg r_Z$, kann für den Glättungsfaktor geschrieben werden:

$$G = \frac{\Delta U_E}{\Delta U_A} = 1 + \frac{R_V}{r_Z} \qquad \text{(Glättungsfaktor)}$$

Für den Stabilisierungsfaktor S ergibt sich damit:

$$S = \frac{\Delta U_E/U_E}{\Delta U_A/U_A} = G \cdot \frac{U_A}{U_E} = \left(1 + \frac{R_V}{r_Z}\right) \cdot \frac{U_A}{U_E}$$

Bei der Dimensionierung einer Stabilisierungsschaltung müssen noch einige weitere wichtige Voraussetzungen berücksichtigt werden. So wird die Stabilisierung bei einer vorgegebenen Z-Diode umso besser, je größer die Eingangsspannung U_E gewählt wird. Nachteilig wirkt sich die Tatsache aus, daß die Verlustleistung an R_V schneller zunimmt als der Relative Stabilisierungsfaktor S. In der Praxis muß daher stets ein Kompromiß zwischen einem möglichst großen Wert für S und einer nicht zu großen Verlustleistung P_{RV} gesucht werden. Ein geeigneter Kompromiß liegt vor, wenn

$$U_E \approx 2 \text{ bis } 4 \cdot U_A \quad \text{und}$$
$$U_{E\,min} \approx 1{,}2 \text{ bis } 2 \cdot U_A$$

gewählt wird.

Damit der Arbeitspunkt der Z-Diode nicht zu sehr in die Nähe des Kennlinienknickes verschoben werden kann, sollte die Bedingung

$$I_{Z\,min} \approx 0{,}1 \cdot I_{Z\,max}$$

nicht unterschritten werden. Davon ausgehend kann als maximaler Laststrom

$$I_{Last\,max} \approx 0{,}9 \cdot I_{Z\,max}$$

zugelassen werden.

Für $U_E = \text{const.}$ und $I_{Last} = \text{const.}$ läßt sich der Vorwiderstand mit Hilfe der Gleichung

$$R_V = \frac{U_E - U_A}{I_Z + I_{Last}}$$

ermitteln. Da jedoch Änderungen von U_E und I_{Last} berücksichtigt werden müssen, ergeben sich zwei Gleichungen, mit denen sich die Extremfälle $R_{V\,min}$ und $R_{V\,max}$ näherungsweise berechnen lassen.

$$R_{V\,min} \approx \frac{U_{E\,max} - U_Z}{I_{Z\,max} + I_{Last\,min}}$$

$$R_{V\,max} \approx \frac{U_{E\,min} - U_Z}{I_{Z\,min} + I_{Last\,max}}$$

Der erforderliche Vorwiderstand R_V muß zwischen $R_{V\,min}$ und $R_{V\,max}$ liegen. $R_{V\,max}$ darf nicht überschritten werden, weil sonst die Z-Diode nicht mehr im steilen Teil ihrer Kennlinie betrieben wird. $R_{V\,min}$ darf dagegen nicht unterschritten werden, weil sonst der zulässige Z-Strom überschritten wird. Üblicherweise wird ein Wert für den Vorwiderstand R_V gewählt, der mehr in der Nähe von $R_{V\,max}$ liegt. S und G werden dann groß und die Verlustleistung der Z-Diode bleibt klein.

Beispiel

Eine Schaltung zur Spannungsstabilisierung mit Z-Diode ist für folgende Bedingungen zu dimensionieren:

$U_A = 4{,}7\,V$; $I_{Last\,max} = 45\,mA$; $U_E = 2{,}6 \cdot U_A$; $\Delta U_E = \pm 1\,V$.

Wahl der Z-Diode

Aus der Tabelle in Bild 3.87 wird als geeignete Z-Diode der Typ BZX C 4V7 gewählt mit den Daten: $U_{Z\,Nenn} = 4{,}7$ V; $r_Z = 80\ \Omega$ bei $I_Z = 5$ mA; $r_Z = 4\ \Omega$ bei $I_Z = 10$ mA (aus Kennlinie in Bild 3.88); $I_{Z\,max} < 85$ mA; $P_{tot} = 0{,}5$ W

Vorwiderstand R_V

$$U_E = 2{,}6 \cdot U_A = 2{,}6 \cdot 4{,}7\,V = 12\,V$$
$$U_{E\,max} = U_E + 1\,V = 13\,V$$
$$U_{E\,min} = U_E - 1\,V = 11\,V$$

$$I_{Z\,min} = 0{,}1 \cdot I_{Z\,max}$$
$$I_{Z\,min} = 0{,}1 \cdot 85\ mA = 8{,}5\ mA$$

$$R_{V\,min} \approx \frac{U_{E\,max} - U_Z}{I_{Z\,max} + I_{Last\,min}} = \frac{13\ V - 4{,}7\ V}{85\ mA + 0\ mA} = \frac{8{,}3\ V}{85\ mA} = 97{,}6\ \Omega$$

$$R_{V\,max} \approx \frac{U_{E\,min} - U_Z}{I_{Z\,min} + I_{Last\,max}} = \frac{11\ V - 4{,}7\ V}{8{,}5\,mA + 45\,mA} = \frac{6{,}3\ V}{53{,}5\ mA} = 117{,}8\ \Omega$$

Aus der E24-Reihe wird ein Widerstand $R_V = 110\ \Omega \pm 5\%$ gewählt.

$$P_{RV} = \frac{(U_{E\,max} - U_A)^2}{R_V} = \frac{(13\ V - 4{,}7\ V)^2}{110\ \Omega} = 0{,}63\ W$$

Für den Widerstand R_V kann eine Ausführung mit $P_{RV} = 1$ W verwendet werden.

Kleinster Lastwiderstand $R_{Last\,min}$

$$R_{Last\,min} = \frac{U_A}{I_{Last\,max}} = \frac{4{,}7\ V}{45\ mA} = 104{,}4\ \Omega$$

Glättungsfaktor G

$$G = 1 + \frac{R_V}{r_Z} \qquad (r_Z \approx 4\,\Omega \text{ bei } I_Z = 10\,\text{mA})$$

$$G = 1 + \frac{110\,\Omega}{4\,\Omega} = 28{,}5$$

Relativer Stabilisierungsfaktor S

$$S = \left(1 + \frac{R_V}{r_Z}\right) \cdot \frac{U_A}{U_E} = 28{,}5 \cdot \frac{4{,}7\,\text{V}}{12\,\text{V}} = 11{,}2$$

Verlustleistung der Diode

$P_V = U_Z \cdot I_{Z\,max} = 4{,}7\,\text{V} \cdot 85\,\text{mA} = 399{,}5\,\text{mW}$

Somit wird die totale Verlustleistung der Diode nicht überschritten.

In **Bild 3.92** ist die Schaltung mit den berechneten Werten angegeben.

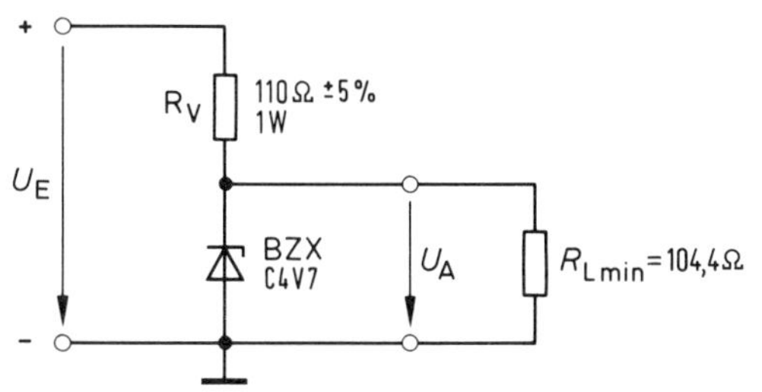

Bild 3.92 Stabilisierungsschaltung mit Z-Diode zum Rechenbeispiel

Wird eine noch höhere Stabilisierung der Ausgangsspannung gefordert, so können zwei Stabilisierungsschaltungen entsprechend Bild 3.89 hintereinander geschaltet werden. **Bild 3.93** zeigt eine derartige Stabilisierungsschaltung.

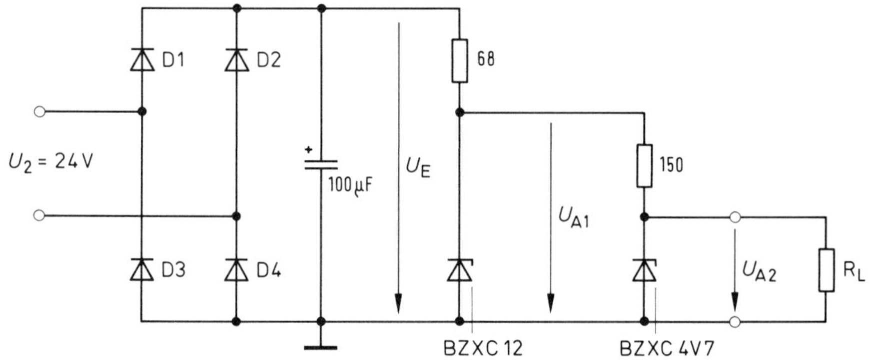

Bild 3.93 Präzisionsstabilisierung mit Z-Dioden

Voraussetzung für eine einwandfreie Funktion der Schaltung nach Bild 3.93 ist, daß etwa die folgenden Spannungswerte eingehalten werden:

$$U_{A1} = 2 \text{ bis } 4 \cdot U_{A2}$$
$$U_E = 2 \text{ bis } 4 \cdot U_{A1}$$

Der gesamte Glättungsfaktor G_{ges} bzw. Stabilisierungsfaktor S_{ges} ergibt sich aus den Produkten der einzelnen Faktoren. Es gilt daher

$$G_{ges} = G1 \cdot G2 \text{ sowie}$$
$$S_{ges} = S1 \cdot S2.$$

3.5.4.2 Spannungsbegrenzung

Z-Dioden lassen sich nicht nur zur Stabilisierung von Gleichspannungen, sondern auch zur Begrenzung von Gleich- und Wechselspannungen verwenden. Dabei wird ihre Eigenschaft ausgenutzt, daß die anliegende Spannung nicht über die charakteristische Z-Spannung ansteigen kann. **Bild 3.94** zeigt eine einfache Schaltung zur Begrenzung der Amplituden einer Wechselspannung.

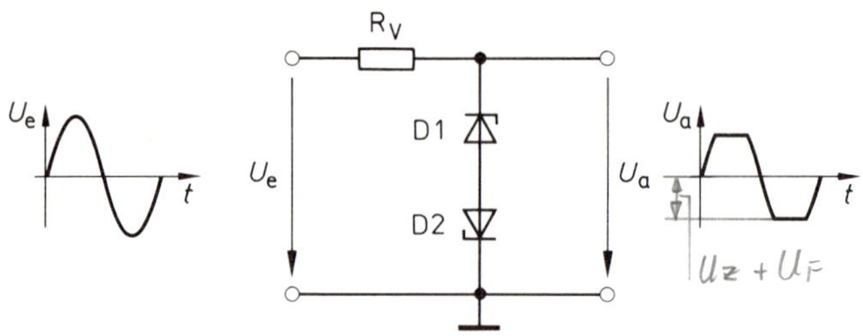

Bild 3.94 Amplitudenbegrenzer

Bei dem Amplitudenbegrenzer nach Bild 3.94 sind zwei Z-Dioden gegeneinandergeschaltet. Während der positiven Halbwelle der Eingangsspannung U_e wird D1 in Sperrrichtung und D2 in Durchlaßrichtung betrieben, während der negativen Halbwelle jedoch D1 in Durchlaßrichtung und D2 in Sperrichtung. Solange jeweils $U_e < U_Z$ fließt kein Strom durch die beiden Z-Dioden und die Ausgangsspannung hat den gleichen Verlauf wie die Eingangsspannung. Sobald jedoch $U_e > U_Z$, wird eine der beiden Z-Dioden im Durchbruchgebiet betrieben. Es fließt dann ein Z-Strom durch die Dioden, der einen Spannungsabfall an R_V bewirkt. Dadurch wird die Amplitude der Eingangsspannung auf den Wert der Z-Spannungen begrenzt. Ist $U_e \gg U_Z$, dann hat die Ausgangsspannung U_A einen fast rechteckförmigen Verlauf. Daher läßt sich diese Schaltung unter bestimmten Bedingungen auch zur Erzeugung von Rechteckspannungen aus Sinusspannungen einsetzen.

Bild 3.95 zeigt einen Brückengleichrichter, bei dem die sonst verwendeten Gleichrichterdioden durch Z-Dioden ersetzt sind.

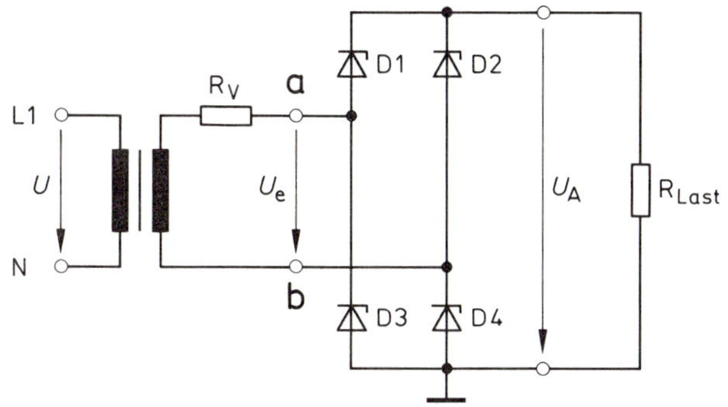

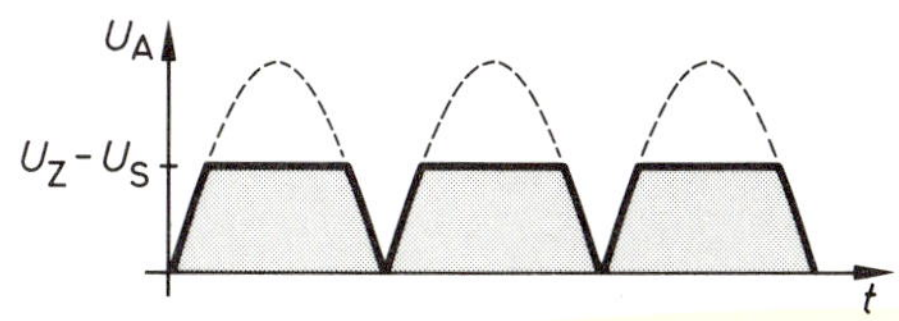

Bild 3.95 Amplitudenbegrenzung mit Brückengleichrichter

Ist in der Schaltung nach Bild 3.95 der Punkt a positiv gegenüber Punkt b, so werden nach Überschreiten der Schleusenspannung $U_{Schleuse} \approx 0{,}7\,V$ die Dioden D1 und D4 leitend. Es fließt ein Strom durch R_{Last} und der Verlauf von U_A entspricht zunächst der positiven Halbwelle der Eingangswechselspannung U_e. Sobald $U_e > U_Z$ wird, arbeitet die Z-Diode D2 im Bereich ihrer Durchbruchspannung. Dadurch wird die Ausgangsspannung U_A auf $U_{Z\,(D2)} - U_{S\,(D4)}$ begrenzt. Wenn in der anderen Halbwelle der Punkt a negativ gegenüber Punkt b ist, sind zunächst D2 und D3 leitend. Wird jetzt $U_e > U_Z$, so wird die Z-Diode D4 im Bereich ihrer Durchbruchspannung betrieben und die Ausgangsspannung auf $U_{Z\,(D4)} - U_{S\,(D2)}$ begrenzt. Somit entsteht der in Bild 3.95 ebenfalls angegebene Spannungsverlauf an R_{Last}.
Ein weiteres Anwendungsbeispiel für Z-Dioden zeigt **Bild 3.96**. Hier ist eine Z-Diode parallel zum Meßwerk eines Spannungsmessers geschaltet und wirkt dabei als Überlastungsschutz.

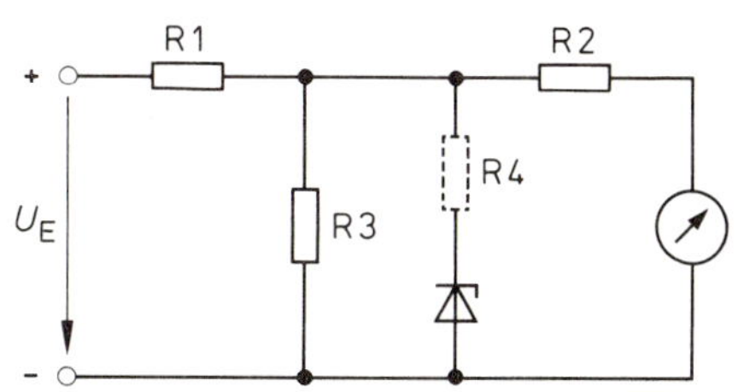

Bild 3.96 Überlastungsschutz bei einem Gleichstrommeßinstrument

Wird bei der Schaltung nach Bild 3.96 der Spannungsabfall an R2 und dem Meßwerk größer als die Z-Spannung, so fließt wegen des kleineren dynamischen Widerstandes der Z-Diode der Hauptanteil des Stromes über die Z-Diode. Auf diese Weise ist das Meßwerk sicher vor einer Überspannung und damit vor einer Überlastung geschützt.

Bis zu $U_E \approx U_Z$ hat die Skala einen normalen Verlauf. Danach, d. h. im oberen Bereich, ist sie zusammengedrängt. Mit Hilfe der Widerstände R1, R2, R3 und R4 kann der Skala des Meßinstrumentes ein gewünschter, nichtlinearer Verlauf gegeben werden.
Wechselspannungsmesser können in gleicher Weise vor Überlastung geschützt werden, indem zwei Z-Dioden gegeneinander geschaltet werden.
Bild 3.97 zeigt eine Schaltung, bei der erst dann ein Strom durch das Meßwerk fließt, wenn $U_E > U_Z$ ist. Auf diese Weise entsteht eine Nullpunktunterdrückung. Mit einem Widerstand R2 parallel zur Z-Diode geschaltet, wird ein zusammengedrängter Skalenverlauf vom Nullpunkt bis zum Wert von U_Z erreicht. Die Skala hat dann bis zum Endwert einen regelmäßigen Verlauf.

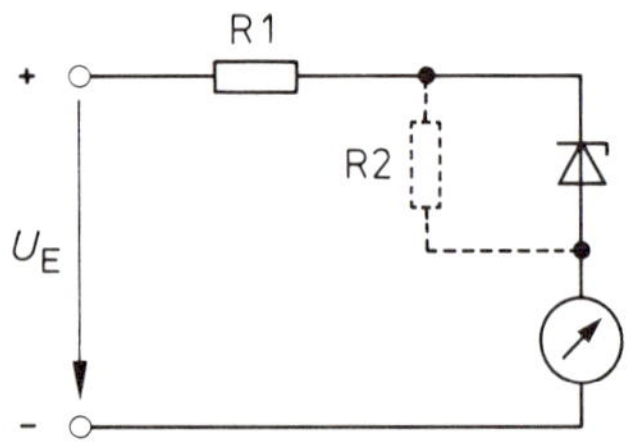

Bild 3.97 Nullpunktunterdrückung bei einem Gleichstrommeßinstrument

Die angeführten Anwendungsbeispiele sind nur eine kleine Auswahl aus den vielfältigen Einsatzmöglichkeiten von Z-Dioden. So gibt es noch zahlreiche andere Beispiele für den Einsatz von Z-Dioden, auf die hier jedoch nicht weiter eingegangen werden kann.

3.6 Kapazitätsdioden

3.6.1 Grundprinzip und Arbeitsweise

In den Abschnitten 3.2.4.4 und 3.3.2.2 wurde bereits erläutert, daß jeder in Sperrichtung betriebene pn-Übergang eine Sperrschichtkapazität hat. Sie entsteht, weil zwischen dem p-Kristall und dem n-Kristall eine an Ladungsträgern verarmte Zone auftritt, die wie das Dielektrikum eines Kondensators wirkt. Obwohl diese Sperrschichtkapazität relativ klein ist, macht sie sich bei den Gleichrichter- und Schaltdioden störend bemerkbar und begrenzt ihre Einsatzmöglichkeiten in Richtung höherer Frequenzen. Bei den Kapazitätsdioden wird diese Sperrschichtkapazität und die Abhängigkeit ihrer Größe von der anliegenden Sperrspannung aber als spezielle Eigenschaft ausgenutzt.
Eine in Sperrichtung betriebene Kapazitätsdiode kann mit einem Plattenkondensator verglichen werden. Seine Kapazität hängt vom Dielektrikum, der Plattenfläche sowie dem Plattenabstand ab und es gilt:

$$C = \frac{\varepsilon_0 \cdot \varepsilon_r \cdot A}{d}$$

Bei einer Kapazitätsdiode sind die Konstanten ε_0 und ε_r sowie die Fläche *A* durch den mechanischen Aufbau der Diode fest vorgegeben. Die Breite der Sperrschicht, d. h. hier der Plattenabstand, kann durch die Größe der Sperrspannung variiert werden. So wird mit zunehmender Sperrspannung die Breite der Sperrschicht größer und damit, der angeführten Kondensatorgleichung entsprechend, die Sperrschichtkapazität kleiner. In **Bild 3.98** sind die Zusammenhänge dargestellt.

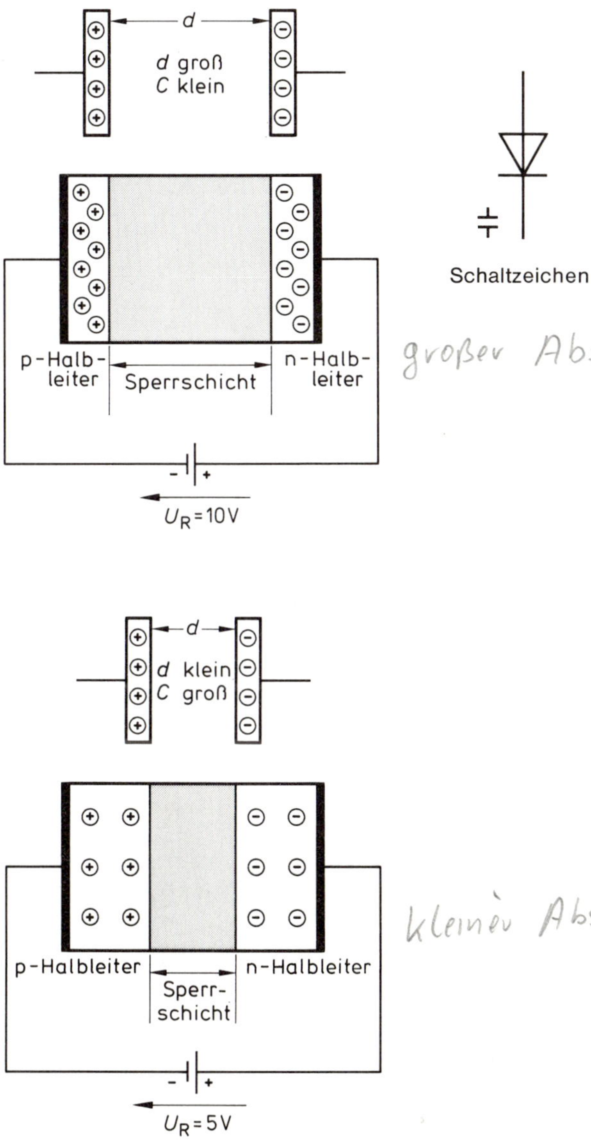

großer Abstand kleines C

kleiner Abstand - große Kapazität (C)

Bild 3.98 Zusammenhang zwischen Sperrspannung, Sperrschichtbreite und Kapazität sowie Schaltzeichen einer Kapazitätsdiode

Der Zusammenhang zwischen der Diodenkapazität C_D und der Sperrspannung U_R wird stets in Form von Kennlinien angegeben. In **Bild 3.99** ist diese charakteristische Abhängigkeit sowohl in doppeltlinearem als auch in linear-logarithmischem Maßstab wiedergegeben.

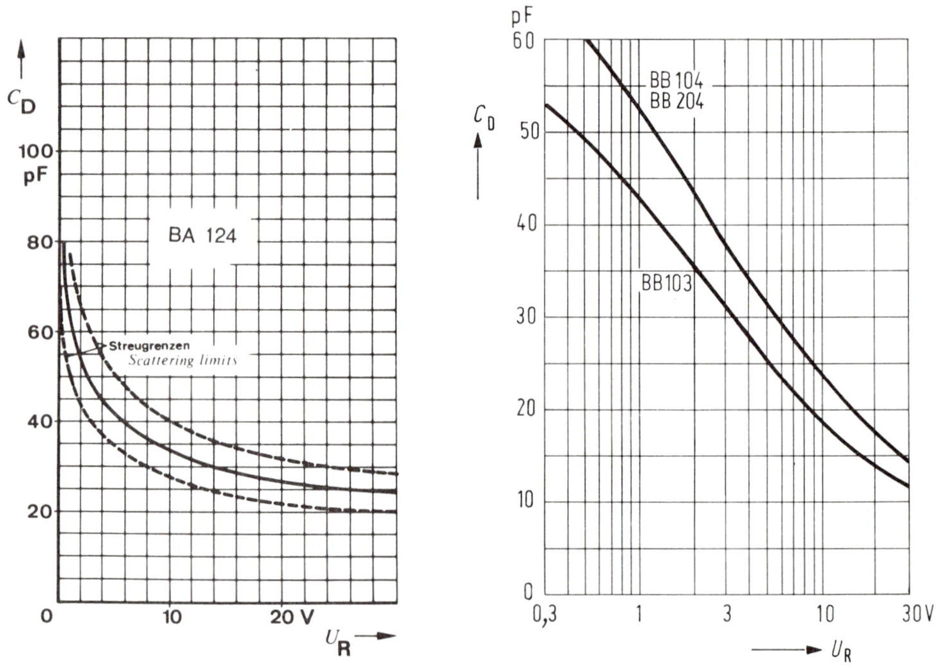

Bild 3.99 C_D als Funktion von U_R bei Kapazitätsdioden

3.6.2 Kennwerte

Alle bereits bei den Gleichrichter- und Schaltdioden angegebenen Grenzwerte wie

Max. Sperrschichttemperatur	$T_{J\,max}$
Max. Lagertemperatur	T_S
Max. Verlustleistung	P_{tot}
Max. Sperrspannung	$U_{R\,max}$
Max. Durchlaßstrom	$I_{F\,max}$

gelten auch für die Kapazitätsdioden.
Bei den Kenndaten ist die Nennkapazität von wesentlicher Bedeutung. Sie wird in den Datenblättern stets für bestimmte Sperrspannungen angegeben.
Die heute lieferbaren Kapazitätsdioden lassen sich grob in drei Änderungsbereiche unterteilen

$C_D \approx$ 3 bis 10 pF
$C_D \approx$ 20 bis 50 pF
$C_D \approx$ 50 bis 200 pF.

Es sind inzwischen schon einige Typen mit noch höherer Diodenkapazität und noch größerem Variationsbereich auf dem Markt.
Die Sperrschicht bildet keinen idealen kapazitiven Blindwiderstand. Vereinfacht ergibt sich ein Ersatzschaltbild, das aus der Sperrschichtkapazität C_S, einem Bahnwiderstand R_S sowie einer Induktivität L_O der Zuleitungen besteht. Bei Frequenzen bis etwa 100 MHz kann L_O vernachlässigt werden. Damit besteht das vereinfachte Ersatzschaltbild entsprechend **Bild 3.100** nur noch aus C_S und R_S, für das auch das zugehörige Zeigerdiagramm angegeben ist.

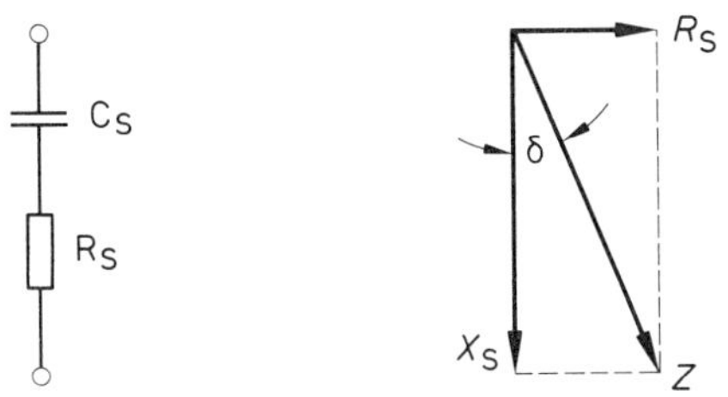

Bild 3.100 Vereinfachtes Ersatzschaltbild einer Kapazitätsdiode mit zugehörigem Zeigerdiagramm

Aus Bild 3.100 kann der Verlustfaktor tan δ des realen Kondensators abgelesen werden.

$$\tan \delta = \frac{R_S}{X_S}$$

Der Kehrwert des Verlustfaktors ist die Güte Q eines realen Kondensators:

$$Q = \frac{1}{\tan \delta} = \frac{X_S}{R_S} = \frac{1}{2\pi f \cdot C_S \cdot R_S}$$

Neben der Kapazität C_D ist auch die Güte Q einer Kapazitätsdiode beim praktischen Einsatz in HF-Schwingkreisen von Bedeutung. Sie soll möglichst groß sein und läßt sich für beliebige Frequenzen mit Hilfe der angegebenen Gleichung ermitteln. Hierzu wird von den Herstellern der Bahn- oder Serienwiderstand R_S in den Datenblättern angegeben. R_S wird jedoch mit wachsender Sperrspannung kleiner.
Die Diodenkapazität wird dagegen mit steigender Temperatur größer. Für diesen Zusammenhang geben die Hersteller meistens ein Diagramm mit der normierten Kapazität C_D (T_U) / C_D (25 °C) als Funktion der Temperatur an. Darüber hinaus besteht aber auch noch eine Temperaturabhängigkeit der Diodenkapazität von der Sperrspannung. Der entsprechende Temperaturbeiwert beträgt etwa $\alpha_D \approx 4 \cdot 10^{-4}$ 1/K bei $U_R = 3$ V. Er wird mit steigender Sperrspannung kleiner.
Um diese Temperaturabhängigkeit so gering wie möglich zu halten, ist es zweckmäßig, die Kapazitätsdioden immer mit möglichst hoher Sperrspannung zu betreiben.
In **Bild 3.101** ist für einige Kapazitätsdioden das Datenblatt mit Grenz- und Kenndaten sowie zwei Diagrammen wiedergegeben.

Silizium-Kapazitätsdioden

BB105A
BB105B
BB105G

für den UHF/VHF-Bereich

BB105A, BB105B und **BB105G** sind doppeltdiffundierte epitaktische Silizium-Kapazitätsdioden in Planartechnik mit Kunststoffumhüllung (SOD-23). Sie eignen sich besonders zur Verwendung als Abstimmdioden in Fernseh-Kanalwählern.
Die Kathode ist durch einen weißen Farbstrich gekennzeichnet.

BB105A für UHF-Kanalwähler bis 790 MHz

BB105B für UHF-Kanalwähler bis 860 MHz

BB105G für VHF-Kanalwähler, ist durch einen zusätzlichen grünen Farbstrich gekennzeichnet

Grenzdaten		**BB105A**	**BB105B**	**BB105G**	
Sperrspannung	U_R	28	28	28	V
Sperrspannung Scheitelwert	U_{RM}	30	30	30	V
Durchlaßstrom ($T_U \leq 60$ °C)	I_F	20	20	20	mA
Umgebungstemperatur	T_U		− 55 bis + 100		°C

Kenndaten ($T_U = 25$ °C)					
Sperrstrom ($U_R = 28$ V; $T_U = 25$ °C)	I_R	≦ 50	≦ 50	≦ 50	nA
Sperrstrom ($U_R = 28$ V; $T_U = 60$ °C)	I_R	≦ 0,5	≦ 0,5	≦ 0,5	μA
Kapazität ($U_R = 1$ V; $f = 500$ kHz)	C_D	17	17,5	17,5	pF
Kapazität ($U_R = 3$ V; $f = 500$ kHz)	C_D	11,5	11,5	11,5	pF
Kapazität ($U_R = 25$ V; $f = 500$ kHz)	C_D	2,3 bis 2,8	2,0 bis 2,3	1,8 bis 2,8	pF
Kapazitätsverhältnis ($f = 500$ kHz)	$\frac{C_{D3V}}{C_{D25V}}$	4 bis 5	4,5 bis 6	4 bis 6	–
Serienwiderstand ($f = 470$ MHz; $C_D = 9$ pF)	R_s	0,6 (≦ 0,8)	0,7 (≦ 0,8)	0,9 (≦ 1,2)	Ω

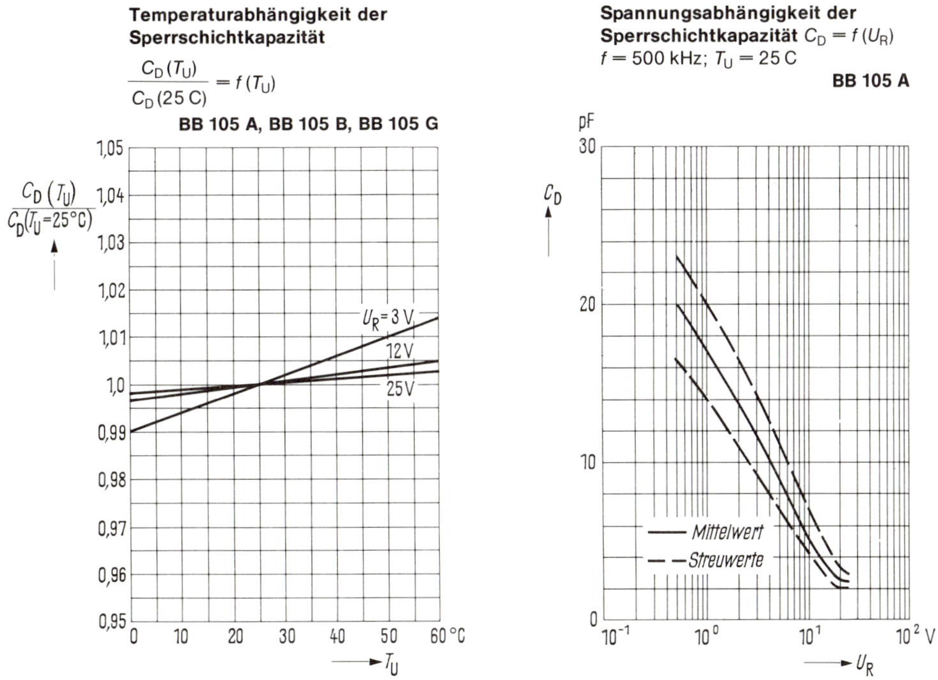

Bild 3.101 Datenblatt für Kapazitätsdioden

3.6.3 Anwendungsbeispiel

Wegen ihrer relativ kleinen Kapazitäten werden Kapazitätsdioden überwiegend als Schwingkreiskapazitäten in der Hochfrequenztechnik eingesetzt. Sie haben in Radio- und Fernsehgeräten den früher üblichen mechanischen Drehkondensator weitgehend verdrängt. **Bild 3.102** zeigt das Grundprinzip der Nachstimmschaltung für einen Schwingkreis.

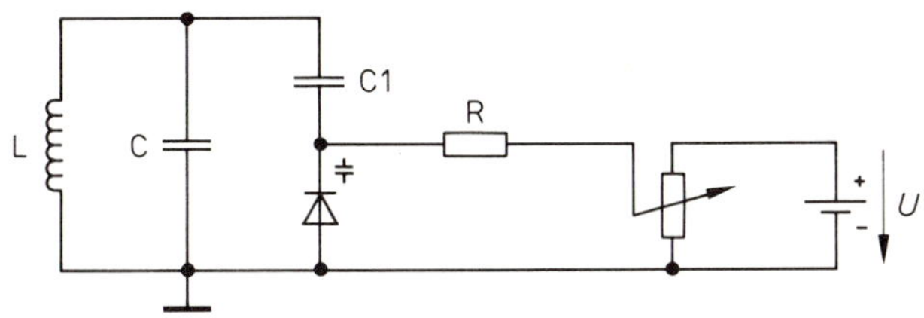

Bild 3.102 Nachstimmschaltung mit einer Kapazitätsdiode

für Rundfunk + Fernsehen

Die Kapazität der Kapazitätsdiode ist in den Nachstimmschaltungen meistens nur eine Teilkapazität. Durch Ansteuern mit einer veränderbaren Gleichspannung wird die Sperrschichtkapazität und damit auch die Resonanzfrequenz des Schwingkreises verändert.

3.7 Schottky-Dioden

Unter gewissen Bedingungen stellt sich eine Gleichrichterwirkung auch zwischen einer Si-n-Zone und einer darauf aufliegenden Metallelektrode ein. Dieser Effekt wurde nach seinem Entdecker »Schottky-Effekt« benannt. In **Bild 3.103** ist der Prinzipaufbau einer Schottky- oder Metall/Halbleiterdiode dargestellt.

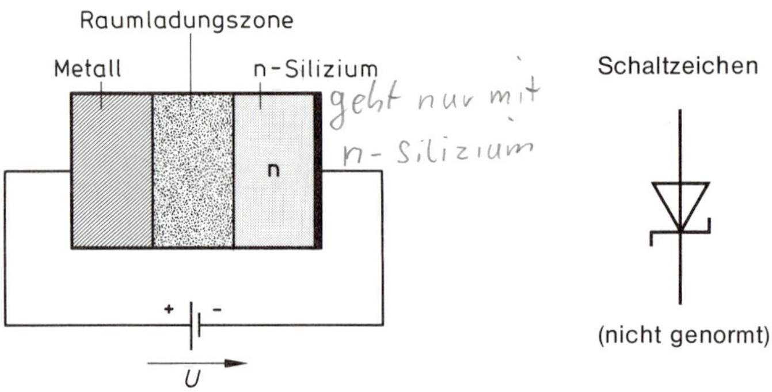

Bild 3.103 Prinzipaufbau einer Schottky-Diode mit Batteriepolung in Durchlaßrichtung und Schaltzeichen (nicht genormt)

Bei einer Schottky-Diode berührt eine Metallzone eine n-Si-Zone. Weil die Elektronen im n-Silizium einen höheren Energiezustand haben als die Elektronen im Metall, wandern Elektronen aus dem n-Silizium in das Metall. Dadurch entsteht in der Grenzschicht eine Raumladungszone.
Wird die Diode in Durchlaßrichtung gepolt, erreichen die frei beweglichen Elektronen des n-Siliziums eine so hohe Energie, daß sie aus der n-Si-Zone in das Metall hineinwandern. Die frei beweglichen Elektronen des Metalls können dagegen bei Raumtemperatur das Metall nicht verlassen. Daher kann auch bei Umpolen der angelegten Spannung kein Elektronenfluß in den Si-Kristall zustandekommen.
Die Elektronen im Si-Kristall werden wegen ihres höheren Energiezustandes gegenüber den Elektronen im Metall »heiße Ladungsträger« genannt. Daraus abgeleitet wird die Schottky-Diode auch als »Hot-Carrier-Diode« (engl. = heiße Ladungsträger-Diode) bezeichnet.
Der Übergang vom Durchlaßzustand in den Sperrzustand erfolgt bei der Schottky-Diode sehr schnell, weil keine Ladungsträger wie bei den reinen Halbleiterdioden ausgeräumt werden müssen. Auch der Übergang vom gesperrten in den leitenden Zustand

erfolgt außerordentlich rasch, weil die Sperrschicht schnell abgebaut wird. Die Schaltzeiten von Schottky-Dioden sind daher sehr klein und liegen bei nur etwa 100 ps.
In **Bild 3.104** ist die Kennlinie einer Schottky-Diode angegeben und zum Vergleich auch die Kennlinie einer Ge-Spitzendiode mit eingezeichnet.

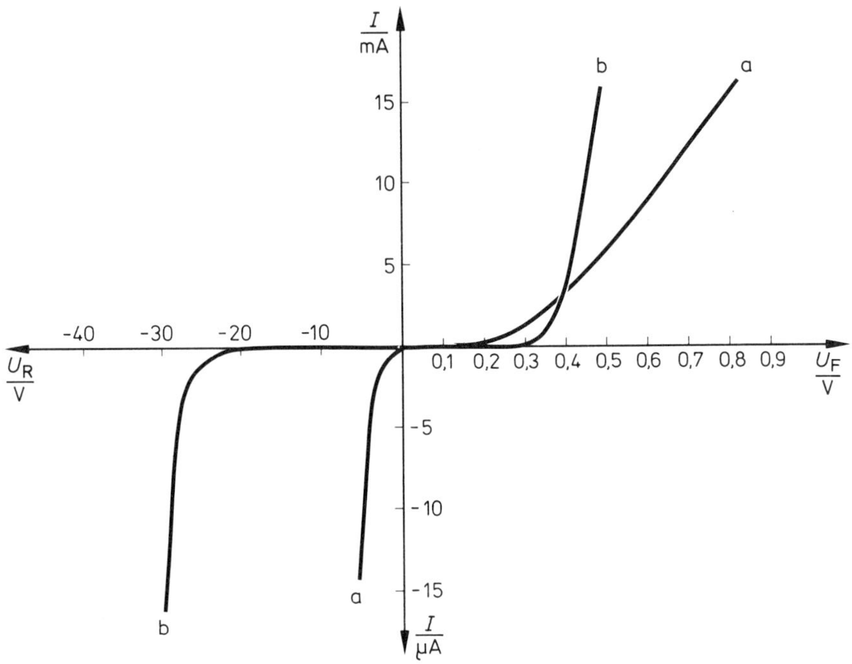

a) Ge-Spitzendiode, **b)** Schottky-Diode

Bild 3.104 Kennlinie einer Schottky-Diode und einer Ge-Spitzendiode

Der Kennlinienknick bei der Schottky-Diode ist wesentlich schärfer ausgeprägt als bei der ihr funktionsmäßig verwandten Spitzendiode. Die Schleusenspannung liegt bei Schottky-Dioden zwischen 0,3 V bis 0,4 V und ist somit nur halb so groß wie bei Si-Dioden.
Die wichtigsten Grenzwerte von Schottky-Dioden betragen je nach Typ:

Sperrspannung:	U_R	≈ 5 V bis 100 V
Durchlaßstrom:	I_F	≈ 10 mA bis 400 mA
Verlustleistung:	P_{tot}	≈ 0,1 W bis 0,4 W
Sperrschichttemperatur:	T_J	≈ 100 °C

Als wichtige Kennwerte werden von den Herstellern angegeben:

Einschaltverzögerungszeit:	t_{fr}	≈ 50 ps
Ausschaltverzögerungszeit:	t_{rr}	≈ 100 ps
Diodenkapazität:	C_D	≈ 10 pF
Sperrstrom:	I_R	≈ 5 µA.

Aufgrund ihrer speziellen Eigenschaften können Schottky-Dioden als extrem schnelle Schalter eingesetzt werden. Ein Haupteinsatzgebiet ist daher die Höchstfrequenz- und Mikrowellentechnik mit $f > 15$ GHz. Wegen ihres scharfen Kennlinienknickes und ihres schnellen Schaltvermögens werden Schottky-Dioden aber zunehmend auch in integrierten Schaltungen der Digitaltechnik und getakteten Schaltnetzteilen eingesetzt. Als Beispiel ist in **Bild 3.105** das Original-Datenblatt der Si-Schottky-Diode vom Typ BYS 21 wiedergegeben.

Silizium-Schottky-Gleichrichterdioden **BYS 21**

Schottky-Dioden für 45 V; 1,0 A

Applikation	vorwiegend für den Einsatz in getakteten Niedervolt-Stromversorgungen (5 V bis 12 V) und DC/DC-Wandlern.
Tablette	Silizium, diffundiert
Gehäuse	Kunststoff umpreßt
Kennzeichnung	Kathode = Farbring
	Spannungsklasse 45 V = silber

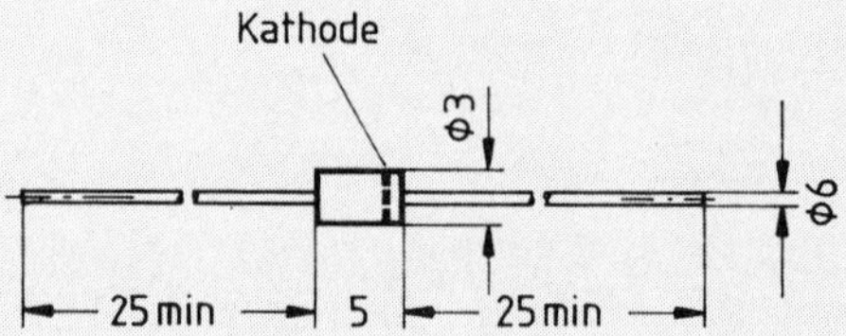

Technische Daten			Nebenbedingungen
Periodische Spitzensperrspannung	U_{RRM}	45 V	
Stoßspitzensperrspannung	U_{RSM}	48 V	
Sperrstrom	I_R	max. 2 mA	bei U_{RRM}
Dauergrenzstrom	I_{FAV}	1,0 A	$T_{amb} = 25\,°C$
Stoßstrom	I_{FSM}	50 A	Sinus 50 Hz, bei Nennlast
Durchlaßspannung	U_F	max. 0,55 V	$i_F = 1{,}0$ A
Betriebstemperaturbereich	T_j	−40 °C bis +125 °C	
Lagertemperaturbereich	T_{stg}	−40 °C bis +125 °C	

Dauergrenzstrom
in Abhängigkeit von der
Umgebungstemperatur T_{amb}

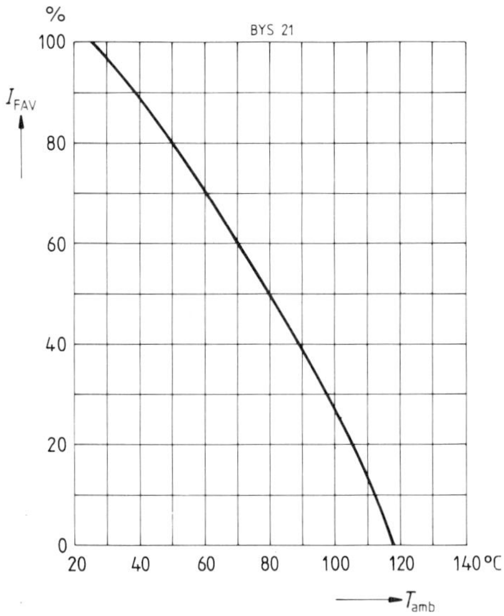

Durchlaßkennlinie

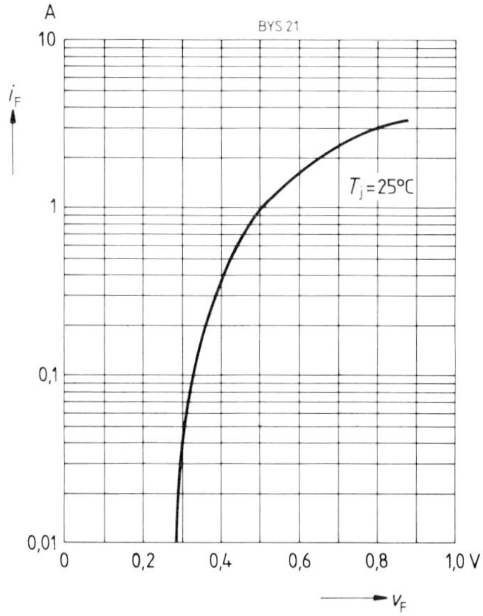

Sperrkennlinien
Parameter: Sperrschichttemperatur

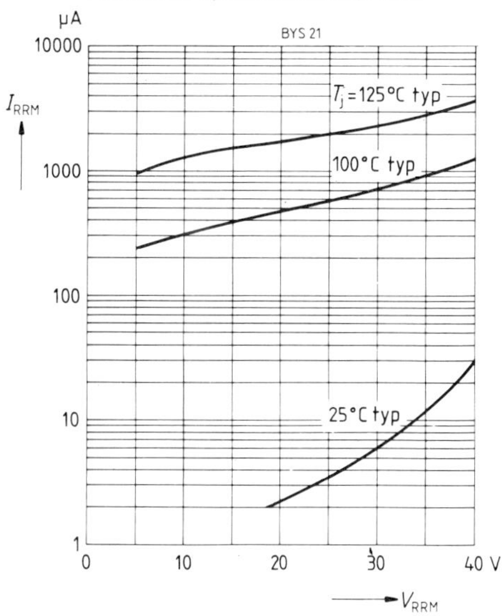

Bild 3.105 Datenblatt für die Schottky-Diode BYS 21

4 Bipolare Transistoren

4.1 Allgemeines

Bei den bipolaren Transistoren handelt es sich um aktive Halbleiter-Bauelemente. Sie besitzen zwei pn-Übergänge und damit drei aufeinanderfolgende Schichten aus unterschiedlich dotierten Halbleitermaterial. Je nach Schichtfolge wird bei den bipolaren Transistoren grundsätzlich unterschieden zwischen NPN-Transistoren und PNP-Transistoren. **Bild 4.1** zeigt die Schichtfolgen und die zugehörigen Schaltzeichen dieser beiden Arten von bipolaren Transistoren.

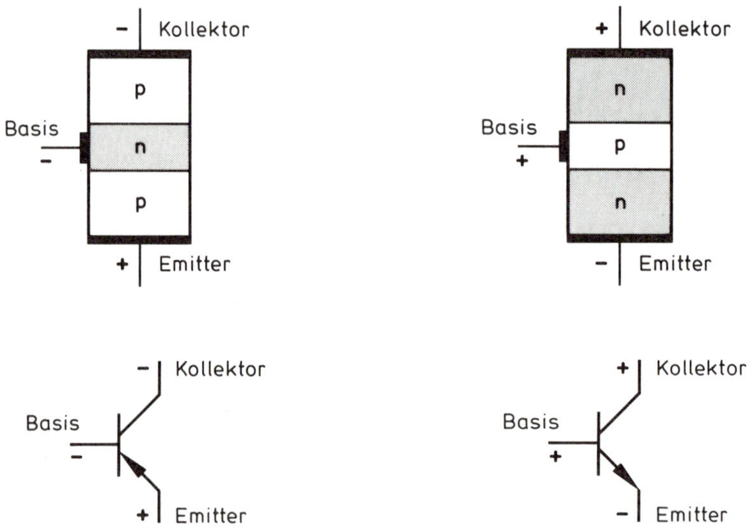

PNP-Transistor NPN-Transistor

Bild 4.1 Schichtfolgen und Schaltzeichen von bipolaren NPN-Transistoren und PNP-Transistoren

Die drei Schichten und ihre zugehörigen Anschlüsse werden bei den bipolaren Transistoren als Emitter, Basis und Kollektor bezeichnet. Der Emitter (emittere (lat.) = hervorbringen) liefert die Ladungsträger. Der Kollektor (collector (lat.) = Sammler) sammelt sie wieder ein. Die Basis (basis (lat.) = Grundlage) ist das Steuerorgan und war bei früheren Herstellungsverfahren auch die Grundzone für die beiden pn-Übergänge.

Um eine verstärkende Wirkung zu erreichen, muß die Emitter-Basis-Sperrschicht in Durchlaßrichtung und die Basis-Kollektor-Sperrschicht in Sperrichtung betrieben werden. Dann läßt sich mit einem kleinen, in die Basis fließenden Steuerstrom ein wesentlich größerer, über den Kollektor fließender Hauptstrom beeinflussen. Das Verhältnis der Änderung des Kollektorstromes ΔI_C zur Änderung des Basisstromes ΔI_B wird als Stromverstärkung β bezeichnet.

$$\beta = \frac{\Delta I_C}{\Delta I_B}$$

Durch einen in die Kollektorleitung eingeschalteten ohmschen Widerstand kann nicht nur der Kollektorstrom begrenzt, sondern auch die Stromverstärkung in eine Spannungsverstärkung V_u umgewandelt werden. Damit ist es möglich, eine kleine Signalspannung ΔU_e am Eingang des Transistors in eine wesentlich größere Signalspannung ΔU_a am Ausgang umzuwandeln.

$$V_u = \frac{\Delta U_a}{\Delta U_e}$$

Die Bezeichnung »Transistor« ist ein Kunstwort, das aus den englischen Wörtern *trans*fer = übertragen und res*istor* = Widerstand zusammengesetzt wurde. Die Bezeichnung »bipolar« (bi = zwei) soll dagegen darauf hinweisen, daß der Hauptstrom durch zwei unterschiedliche Halbleiterzonen fließt. Im allgemeinen Sprachgebrauch werden die bipolaren Transistoren aber meistens nur als Transistoren bezeichnet. Im Gegensatz zu den bipolaren Transistoren fließt bei den Unipolar-Transistoren (unum = eins) der Hauptstrom nur durch eine einzige Zone von entsprechend dotiertem Halbleitermaterial. Unipolar-Transistoren werden unter der Bezeichnung Feldeffekt-Transistoren jedoch erst in Abschnitt 5 behandelt.
Eine genaue Kenntnis der Eigenschaften und des Verhaltens der einzelnen Transistortypen ist auch für den Anwender von großer Bedeutung. Daher geben die Hersteller zu jedem Transistortyp ausführliche Kennwerte und Kennlinien in Form von Datenblättern heraus. Sie enthalten, genau wie bei den Halbleiterdioden, Kenndaten und Grenzdaten sowie Kennlinien.
Da es sich bei einem Transistor um einen Vierpol mit zwei Eingangselektroden und zwei Ausgangselektroden handelt, ist die Zahl der notwendigen Kennwerte und Kennlinien aber wesentlich größer als bei den Halbleiterdioden. Am Beispiel der vielseitig einsetzbaren Transistortypen BC107, BC108 und BC109 werden im Abschnitt 4.3 die zahlreichen Transistor-Kennlinien näher erläutert.
Bipolare Transistoren werden aus Germanium und Silizium als Ausgangsmaterial gefertigt. Wegen ihrer besseren Eigenschaften haben Si-Transistoren heute aber eine wesentlich größere Bedeutung als Ge-Transistoren.

Die Einteilung der zahlreichen Transistortypen kann nach mehreren Gesichtspunkten erfolgen. So ist bezüglich der Bauarten eine grundsätzliche Unterteilung in Kleinsignal-Transistoren und Leistungs-Transistoren möglich. Eine derartige Unterteilung nach Bauarten ist in **Bild 4.2** dargestellt.

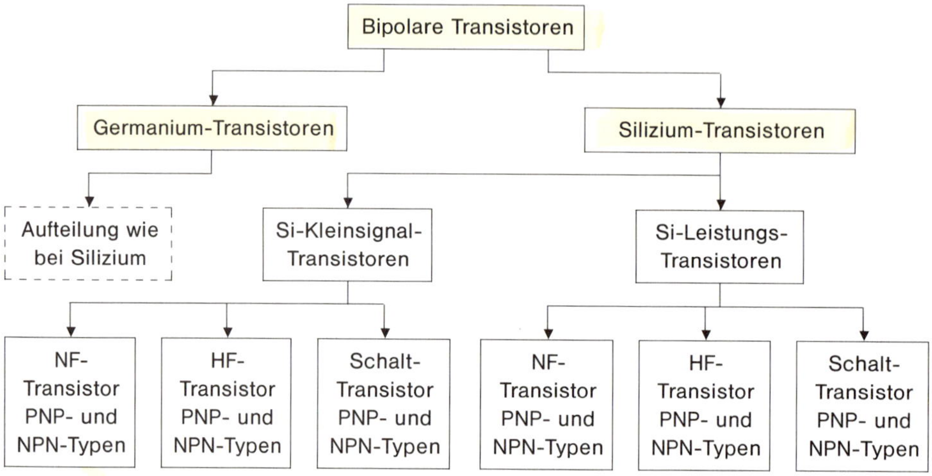

Bild 4.2 Bauarten von Transistoren

Kleinsignal-Transistoren werden überwiegend zur Verstärkung kleiner Wechselstromsignale eingesetzt. Sie werden dann meistens in einem festen Arbeitspunkt betrieben und um diesen Arbeitspunkt herum nur wenig ausgesteuert. Kleinsignal-Transistoren lassen sich auch als elektronische Schalter einsetzen. Dann erfolgt eine Durchsteuerung über den gesamten Kennlinienbereich.
Leistungs-Transistoren sind für große Ströme und auch für höhere Spannungen ausgelegt. Sie haben ein relativ großes Gehäuse, damit die im Kristall entstehende Wärme schnell abgeführt werden kann. Leistungs-Transistoren werden meistens als Großsignalverstärker in Leistungs- und Endstufen oder als elektronische Schalter eingesetzt.
Zur besseren Unterscheidung der verschiedenen Transistortypen haben die Transistor-Hersteller ein Bezeichnungsschema eingeführt. Bei den europäischen Herstellern wird hauptsächlich die »Pro-Electron«-Kennzeichnung verwendet, die aus einer Buchstaben- und Ziffernkombination besteht.
Damit ein Transistor ordnungsgemäß arbeiten kann, muß ihm nicht nur eine Kollektor-Emitter-Spannung, sondern auch eine ausreichende Basisspannung angeboten werden. Dabei spielt die thermische Arbeitspunktstabilisierung eine besondere Rolle. Sie ist erforderlich, weil sonst mit steigender Umgebungstemperatur auch die Transistorströme ansteigen. Als Folge davon erwärmt sich der Kristall immer mehr und seine Leitfähigkeit steigt, was wiederum zu höheren Strömen führt. Auf diese Weise steigt die Verlustleistung immer weiter und der Transistor würde schließlich infolge thermischer Selbstzerstörung unbrauchbar werden.
Transistoren können in drei verschiedenen Grundschaltungen betrieben werden. Es sind dieses die Emitterschaltung, die Basisschaltung und die Kollektorschaltung. Sie sind jeweils nach derjenigen Elektrode benannt, die für ein eingespeistes Wechselspannungssignal als gemeinsamer Pol für Eingang und Ausgang der Verstärkerstufe wirksam ist. Jede dieser Grundschaltungen hat ihre Vor- und Nachteile. Die Emitterschaltung wird am häufigsten eingesetzt. Die Kollektorschaltung kann zur Impedanzwandlung verwendet werden und die Basisschaltung hat ihre besondere Bedeutung in der Hochfrequenztechnik.

Für den praktischen Einsatz müssen die Transistoren, jeweils ausgehend von einer der drei Grundschaltungen, noch weiter beschaltet werden. Die Art der zusätzlichen Beschaltung mit ohmschen Widerständen und Kondensatoren richtet sich im wesentlichen nach der Aufgabe, die ein Transistor in einer elektronischen Schaltung erfüllen soll. Hierbei wird unterschieden zwischen Gleichspannungsverstärkern, Wechselspannungsverstärkern, Leistungsverstärkern und Schaltverstärkern.

Gleichspannungsverstärker werden immer dort eingesetzt, wo auch Gleichspannungen oder Spannungsschwankungen mit sehr niedriger Frequenz verstärkt werden müssen. Typisches Beispiel ist z. B. der Y-Verstärker eines Oszilloskops. Damit Gleichspannungsverstärker ihre Aufgabe erfüllen können, dürfen keine frequenzabhängigen Bauteile, wie z. B. Kondensatoren, Einfluß auf die Verstärkung haben. Mit Wechselspannungsverstärkern können dagegen je nach Transistortyp und Schaltungsdimensionierung Wechselspannungen mit der Frequenz von einigen Hertz bis zu einigen Giga-Hertz verstärkt werden, aber keine Gleichspannungen. Kondensatoren sind bei diesen Verstärkern wichtige Bauelemente. Leistungsverstärker sollen eine möglichst große Signalleistung an einen Verbraucher abgeben. Dieser Verbraucher kann z. B. ein Lautsprecher, eine Sendeantenne oder ein Motor sein. An einen Schaltverstärker werden wiederum andere Anforderungen als an die Gleich- und Wechselspannungsverstärker gestellt. Schaltverstärker sollen möglichst schnell vom Schaltzustand »Ein« in den Schaltzustand »Aus« umgeschaltet werden können und umgekehrt. Dabei spielen neben der Schaltungsdimensionierung auch die Transistorkapazitäten eine wichtige Rolle.

4.2 Grundprinzip

4.2.1 Wirkungsweise von NPN- und PNP-Transistoren

Die ersten Transistoren wurden im Legierungsverfahren als eine Weiterentwicklung von Halbleiterdioden hergestellt. Um die zwei pn-Übergänge zu erzeugen, wurde auf beiden Seiten eines dotierten Ausgangsmaterials eine Fremdatompille entsprechend **Bild 4.3** aufgesetzt. Beim Herstellungsprozeß diffundieren die Fremdatome dann von beiden Seiten in das Ausgangsmaterial ein. Die mittlere Schicht wird dabei sehr schmal und besitzt wesentlich weniger freie Ladungsträger als die beiden äußeren Schichten. Je nach verwendeten Ausgangsmaterialien kann eine npn- oder pnp-Schichtfolge erreicht werden.

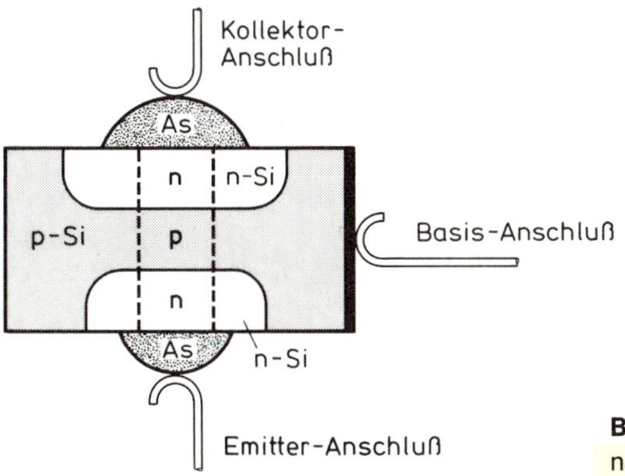

Bild 4.3 Herstellung eines NPN-Transistors nach dem Legierungsverfahren

In **Bild 4.4** sind der Aufbau eines NPN-Transistors und eines PNP-Transistors mit ihren zwei pn-Übergängen nochmals schematisch dargestellt. Zum Betrieb eines Transistors wird zwischen Basis und Emitter eine Spannungsquelle so angeschlossen, daß der untere pn-Übergang in Durchlaßrichtung betrieben wird. Hierzu muß beim NPN-Transistor die Basis positiv gegenüber dem Emitter, beim PNP-Transistor aber die Basis negativ gegenüber dem Emitter sein. Die erforderliche Basis-Emitterspannung bei Si-Transistoren liegt mit $U_{BE} \approx 0{,}7$ V in der Größenordnung der Diffusionsspannung von Si-Dioden. Die eingezeichneten Stromrichtungen kennzeichnen die Richtung des Elektronenstromes.

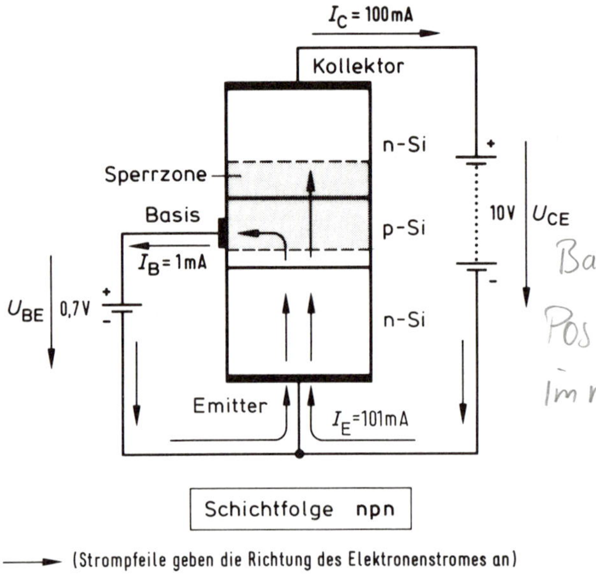

NPN-Transistor

Basis → Emitter immer positiv als Diode immer im Durchlaß

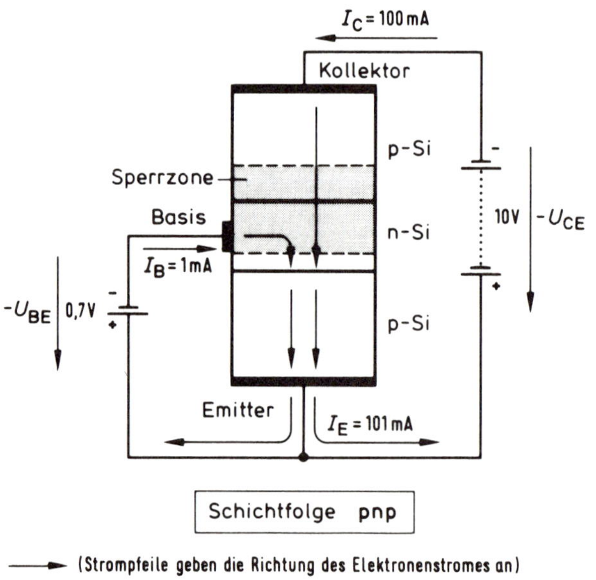

PNP-Transistor

Bild 4.4 Aufbau von NPN- und PNP-Transistoren

Der obere pn-Übergang wird dagegen in Sperrichtung betrieben. Die Spannungsquellen sind daher so angeschlossen, daß beim NPN-Transistor der Kollektor positiv gegenüber dem Emitter, beim PNP-Transistor aber negativ gegenüber dem Emitter ist. Der untere pn-Übergang stört hierbei nicht, weil er bereits in Durchlaßrichtung betrieben wird. Die Kollektor-Emitterspannung U_{CE} ist wesentlich größer als die Basis-Emitterspannung U_{BE}. Im Beispiel nach Bild 4.4 ist $U_{CE} = 10\,V$ gewählt.
Infolge der angelegten Spannungen wird der untere pn-Übergang in Durchlaßrichtung, der obere pn-Übergang in Sperrichtung betrieben. Es bildet sich daher in der mittleren und oberen Schicht eine Sperrzone aus. Sie erstreckt sich fast über die gesamte Breite der mittleren Schicht, weil diese sehr schmal ist und nur wenige Ladungsträger besitzt.
Da der untere pn-Übergang in Durchlaßrichtung gepolt ist, überschwemmen die aus der Emitterschicht kommenden Ladungsträger die Sperrzone in der mittleren Schicht. Diese Sperrzone wird dadurch abgebaut und ihr Widerstand wird kleiner. Daher können die aus dem Emitter kommenden Ladungsträger durch die abgebaute Sperrzone hindurch in die Kollektorschicht eindringen und zur Batterie abfließen.
Weil die Ladungsträger aus der unteren Schicht kommen, wird diese als Emitter (emittere (lat.) = hervorbringen) bezeichnet. Die mittlere Schicht ist der Ausgangspunkt für die beiden pn-Übergänge und wird daher Basis genannt. Die obere Schicht sammelt alle nicht über die Basis abgeflossenen Ladungsträger ein und hat die Bezeichnung Kollektor (Collector (lat.) = Sammler) erhalten.
Der über die Basis abfließende Basisstrom I_B ist wesentlich kleiner als der über die abgebaute Sperrzone fließende Kollektorstrom I_C. Fließt z. B. bei einer Basisspannung $U_{BE} \approx 0{,}7\,V$ ein Basisstrom $I_B = 1\,mA$, so tritt ein Kollektorstrom von $I_C \approx 100\,mA$ auf. Wird I_B durch geringfügige Vergrößerung von U_{BE} auf z. B. $I_B = 2\,mA$ erhöht, gelangen mehr Ladungsträger vom Emitter in die Sperrzone. Sie wird weiter abgebaut und der Kollektorstrom steigt auf $I_C \approx 200\,mA$ an. Bei Verkleinerung von U_{BE} und damit auch von I_B wird der Sperrwiderstand größer und der Kollektorstrom I_C kleiner. Basisstrom I_B und Kollektorstrom I_C verhalten sich dabei in weiten Grenzen proportional zueinander. Bei einem Transistor läßt sich also mit einem kleinen Basisstrom I_B als Eingangsstrom ein viel größerer Kollektorstrom I_C als Ausgangsstrom steuern. Dieser Zusammenhang wird als Stromverstärkung β des Transistors bezeichnet.

$$\text{Stromverstärkung } \beta = \frac{\text{Änderung des Ausgangsstromes}}{\text{Änderung des Eingangsstromes}} = \frac{\Delta I_C}{\Delta I_B}$$

NPN-Transistoren und PNP-Transistoren unterscheiden sich grundsätzlich durch ihre Schichtfolgen. Sie bedingen eine unterschiedliche Polarität der Basis- und Kollektorspannungen. In **Bild 4.5** sind die in Bild 4.4 nur schematisch dargestellten Zusammenhänge nochmals unter Verwendung der zugehörigen Transistorsymbole angegeben.
Bei den Spannungsangaben U_{BE} und U_{CE} gibt der letzte Buchstabe immer die Bezugselektrode an. Bezugselektrode ist hier der Emitter E. Bei der Festlegung der Stromrichtung wird von der technischen Stromrichtung ausgegangen. Alle in den Transistor hineinfließenden Ströme sind positiv, alle herausfließenden Ströme erhalten negative Vorzeichen. Die in den Transistorsymbolen eingezeichneten Emitterpfeile kennzeichnen ebenfalls die technische Stromrichtung. Damit ein Transistor arbeitet, muß grundsätzlich die Basis-Emitterstrecke in Durchlaßrichtung, die Basis-Kollektorstrecke aber in Sperrichtung betrieben werden.

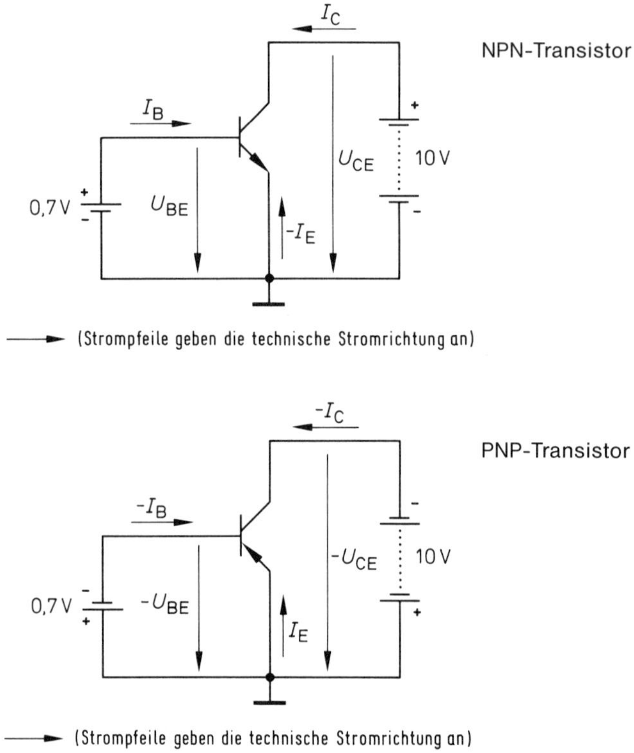

Bild 4.5 Betriebsspannungen und -ströme bei NPN- und PNP-Transistoren

In **Bild 4.6** ist zwischen dem Kollektoranschluß und der Batterie noch ein Kollektorwiderstand R_C als Arbeitswiderstand eingefügt. Er begrenzt nicht nur den Kollektorstrom, sondern er wandelt auch die im Transistor entstandene Stromverstärkung in eine Spannungsverstärkung um. Transistor und Kollektorwiderstand bilden dabei einen Spannungsteiler für die Betriebsspannung $U_B = +10\,V$. Bei $I_C = 5\,mA$ und $R_C = 1\,k\Omega$ fällt am Kollektorwiderstand eine Spannung

$$U_{RC} = 5 \cdot 10^{-3}\,A \cdot 1 \cdot 10^{3}\,\Omega = 5\,V$$

ab. Damit wird die Kollektor-Emitterspannung als Ausgangsspannung des Transistors zu

$$U_{CE} = U_B - U_{RC} = 10\,V - 5\,V = 5\,V.$$

Wird die stets erforderliche Basis-Emitterspannung U_{BE} durch eine von dem eingezeichneten Generator gelieferte Wechselspannung auf z. B. $U_{BE} = 0{,}71\,V$ vergrößert, so steigt der Basisstrom an. Ein größerer Basisstrom bewirkt einen größeren Kollektorstrom, der z. B. von $I_C = 5\,mA$ auf $I_C = 6{,}5\,mA$ ansteigt. Dieser größere Kollektorstrom ruft

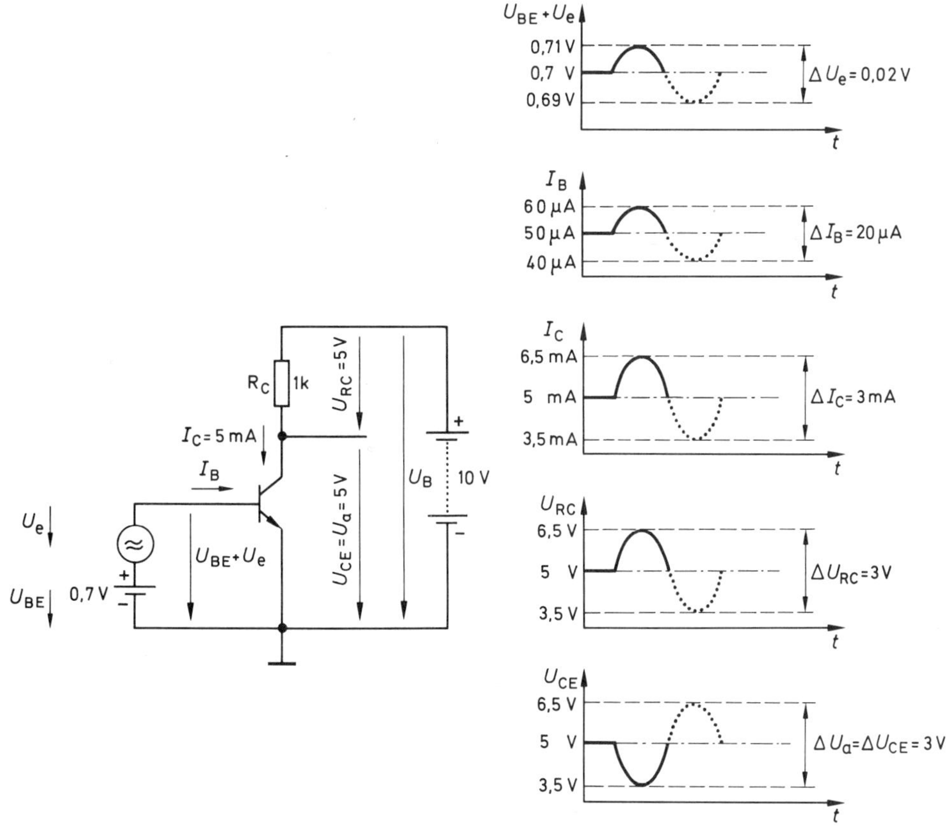

Bild 4.6 Spannungsverstärkung mit einem NPN-Transistor

am Kollektorwiderstand R_C einen größeren Spannungsabfall von

$$U_{RC} = 6{,}5 \cdot 10^{-3}\,\text{A} \cdot 1 \cdot 10^{3}\,\Omega = 6{,}5\,\text{V}$$

hervor. Dadurch muß zwangsläufig die Kollektor-Emitterspannung des Transistors von $U_{CE} = 5$ V auf $U_{CE} = 3{,}5$ V absinken. In der negativen Halbwelle der Generatorspannung wird I_B kleiner und daher auch I_C. Als Folge davon steigt die Kollektor-Emitterspannung U_{CE} des Transistors an. Die Liniendiagramme der Spannungs- und Stromverläufe sind zusammen mit der zugehörigen Transistorschaltung in Bild 4.6 dargestellt.
Der an der Basis des Transistors liegende Generator bewirkt eine Änderung des Basisstromes von $\Delta I_B = 20$ µA. Diese Basisstromänderung erzeugt wegen der Stromverstärkung des Transistors eine Änderung des Kollektorstromes von $\Delta I_C = 3$ mA.
Daraus ergibt sich für den angenommenen Fall eine Stromverstärkung des Transistors

$$\beta = \frac{\Delta I_C}{\Delta I_B} = \frac{3 \cdot 10^{-3}\,\text{A}}{20 \cdot 10^{-6}\,\text{A}} = 150$$

Die Spannungsverstärkung V_u einer Transistorschaltung ist ähnlich definiert wie die Stromverstärkung.

$$\text{Spannungsverstärkung } V_u = \frac{\text{Änderung der Ausgangsspannung } (U_a)}{\text{Änderung der Eingangsspannung } (U_e)}$$

$$V_u = \frac{U_a}{U_e} = \frac{\Delta U_{CE}}{\Delta U_{BE}}$$

Die Spannungsverstärkung hängt außer von der Größe der Stromverstärkung des Transistors auch noch von der Größe des Kollektorwiderstandes ab. In dem Beispiel bewirkt eine Eingangswechselspannung $\Delta U_{BE} = 0{,}02\,V$ eine Ausgangswechselspannung $\Delta U_{CE} = 3\,V$. Daher beträgt in diesem Fall die Spannungsverstärkung

$$V_u = \frac{3\,V}{0{,}02\,V} = 150$$

Durch den Kollektorwiderstand R_C wird also die als Transistoreigenschaft auftretende Stromverstärkung in eine Spannungsverstärkung umgewandelt.

4.2.2 Gegenüberstellung von Ge- und Si-Transistoren

Genau wie bei den Halbleiterdioden kann auch bei den Transistoren sowohl Germanium als auch Silizium als Ausgangsmaterial verwendet werden. Ge-Transistoren und Si-Transistoren unterscheiden sich u. a. in den folgenden wesentlichen Punkten:

	Ge-Transistor	Si-Transistor
Basis-Emitterspannung		
für $I_C < 20\,mA$	$U_{BE} \approx 0{,}2\,V$	$U_{BE} \approx 0{,}6\,V$
für $I_C > 20\,mA$	$U_{BE} \approx 0{,}3\,V$	$U_{BE} \approx 0{,}7\,V$
max. Sperrschichttemperatur	$T_{J\,max} \approx 90\,°C$	$T_{J\,max} \approx 150\,°C$
max. Kollektor-Emitterspannung	$U_{CE\,max} \approx 90\,V$	$U_{CE\,max} \approx 150\,V$

Wegen ihrer vielen besseren Eigenschaften werden heute überwiegend Si-Transistoren gefertigt und eingesetzt.

4.2.3 Herstellungsverfahren

Auch die Transistoren werden nach unterschiedlichen Verfahren hergestellt. Das *Legierungsverfahren* wird vornehmlich bei der Fertigung von Germanium-Transistoren eingesetzt. Das einzulegierende Material, bei PNP-Ge-Transistoren 3wertiges Indium (In), wird auf beide Seiten des Kristalls als Pille aufgesetzt oder aufgedampft. Durch Erhitzen auf 500 bis 600 °C löst sich ein Teil des Dotierungsstoffes und dringt in den Ge-Kristall ein. Der vorher n-leitende Ge-Kristall wird an diesen Stellen dann p-leitend. Bei normalen Verstärkertransistoren hat die Basis noch eine Dicke von ca. 25 µm, bei Leistungstransistoren von ca. 40 µm. **Bild 4.7** zeigt einen Schnitt durch einen Legierungstransistor mit einer pnp-Schichtfolge.

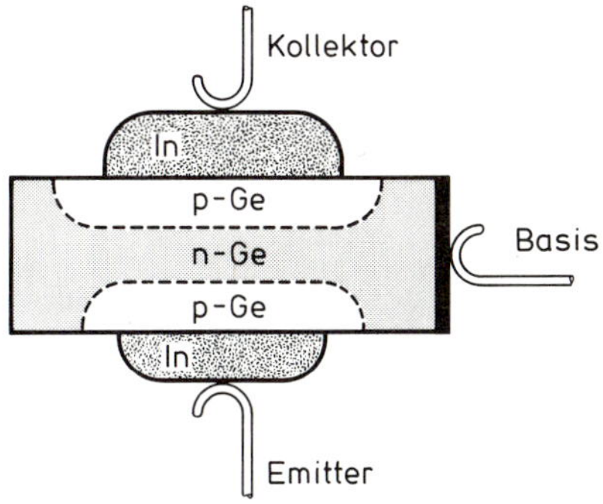

Bild 4.7 Schnitt durch einen Legierungstransistor mit pnp-Schichtfolge

Legierungstransistoren haben wegen ihrer großflächigen Kollektorschicht eine recht große Sperrschichtkapazität. Außerdem benötigen die Ladungsträger zum Durchwandern des Basisschicht eine relativ lange Zeit. Wegen dieser beiden Eigenschaften lassen sich Legierungstransistoren vorwiegend nur im Niederfrequenzbereich einsetzen.

Mesa-Transistoren werden im Kristall nur von einer Seite her aufgebaut. Dieser Aufbau hat die Form eines Tafelberges (Mesa (span.) = Tisch oder Tafelberg). Er ist in **Bild 4.8** dargestellt.

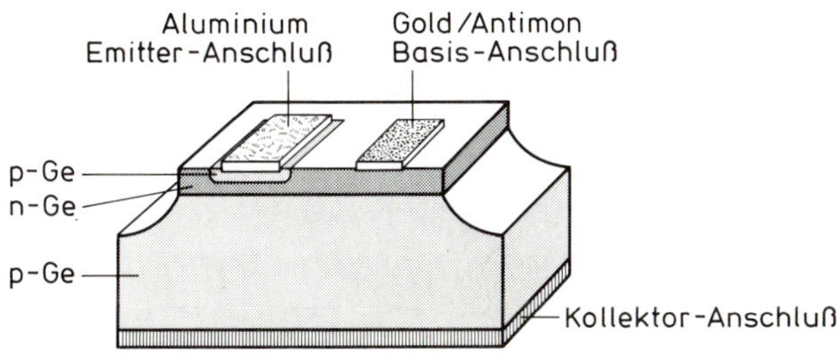

Bild 4.8 Aufbau eines Mesa-Transistors

Beim Mesa-Transistor wird ein p-Germaniumplättchen als Ausgangsmaterial benutzt. Zunächst wird von einer Seite her Antimon in einer Stärke von ca. 2 µm eindiffundiert. Dabei entsteht eine n-dotierte Basiszone mit zum Kollektor abnehmender Störstellendichte. Anschließend wird auf die Oberfläche in einem Abstand von ca. 10 µm je ein Streifen aus Aluminium und Gold/Antimon aufgedampft und danach einlegiert. Im Bereich des Aluminiumstreifens entsteht beim Legierungsvorgang eine p-dotierte Schicht, die etwa 1 µm in die n-Zone hineinreicht. Der Aluminiumstreifen ergibt daher die Emitterelektrode. Der Gold/Antimonstreifen bildet dagegen beim Legierungsvorgang einen sperrschichtfreien Kontakt zur Basiszone und somit die Basiselektrode. In weiteren Arbeitsgängen wird das Germaniumplättchen mit einer Goldlegierung auf eine Grundplatte für den Kollektoranschluß aufgelötet und die Randpartie abgeätzt. Schließlich werden noch ca. 10 µm dicke Golddrähte als Anschlüsse für Emitter und Basis angebracht.

Wegen der sehr dünnen Basisschicht haben die Ladungsträger nur sehr kurze Laufzeiten und durch die sehr kleinen Emitter- und Basisflächen ergeben sich auch sehr geringe Sperrschichtkapazitäten. Aus diesen Gründen liegt das Hauptanwendungsgebiet von Mesa-Transistoren im Hochfrequenzbereich bis etwa 1000 MHz.
Die weitaus wichtigste Technologie zur Herstellung von Transistoren ist aber die Planar-Technik. Die Herstellung eines *Planar-Transistors* erfolgt nach dem gleichen Verfahren wie bei der Herstellung von Planardioden. Dieses wurde bereits ausführlich in Abschnitt 3.3.6 beschrieben. Beim Planartransistor muß lediglich noch eine weitere Schicht als Emitterschicht eindiffundiert werden. **Bild 4.9** zeigt einen Schnitt durch einen Planartransistor.

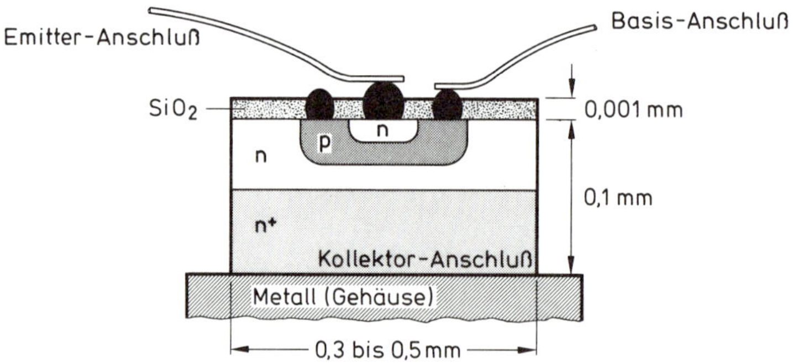

Bild 4.9 Schnitt durch einen Planartransistor

Planartransistoren sind besonders zuverlässig, weil die Si-Oxidschicht das unkontrollierte Eindringen von Fremdatomen in die p- und n-Schicht verhindert. Damit wird auch eine spätere, allmähliche Veränderung der Halbleitereigenschaften verhindert. Wegen der kleinen Abmessungen sind Planartransistoren auch gut für einen Einsatz bei hohen Frequenzen geeignet. Ein weiterer ganz wesentlicher Vorteil ist ihre billige Herstellung, weil Tausende von Transistorsystemen auf einer Scheibe gleichzeitig gefertigt werden können. Meistens erhalten Planartransistoren noch eine Epitaxie-Schicht, deren Herstellung ebenfalls in Abschnitt 3.3.6 beschrieben ist. Wegen ihrer guten Eigenschaften lassen sich Planartransistoren in allen Anwendungsbereichen als Verstärkerelemente einsetzen.

4.3 Kennlinien

Die speziellen Eigenschaften eines Transistortyps lassen sich nur durch Kennlinien sehr genau angeben. Um das Verhalten bei verschiedenen Spannungen und Stromwerten zu erfassen, sind beim Transistor im Gegensatz zur Diode mehrere Kennlinien erforderlich. So müssen zur eindeutigen Beschreibung beim Transistor die gegenseitigen Abhängigkeiten folgender vier Größen in Kennlinien dargestellt werden:

Basisspannung	U_{BE}	Kollektorspannung	U_{CE}
Basisstrom	I_B	Kollektorstrom	I_C

4.3.1 Eingangskennlinie

Mit einer Schaltung nach **Bild 4.10** läßt sich die Abhängigkeit des Basisstromes I_B von der Basis-Emitterspannung U_{BE} ermitteln. Bedingung hierbei ist, daß der Transistor auch eine Kollektor-Emitterspannung U_{CE} erhält, die während der Kennlinienaufnahme konstant gehalten werden muß.

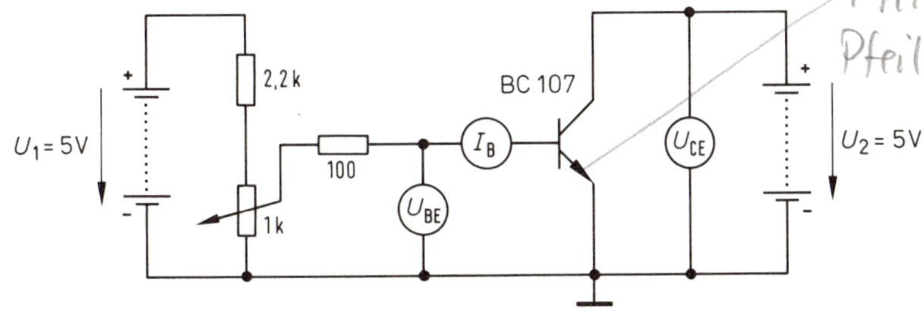

Pfeil nach außen NPN
Pfeil nach innen PNP

Bild 4.10 Schaltung zur Aufnahme der Eingangskennlinie

Der Zusammenhang $I_B = f\,(U_{BE})$ bei U_{CE} = const. wird als Eingangskennlinie des Transistors bezeichnet. Sie hat den gleichen Verlauf wie die Durchlaßkennlinie einer Si-Diode. In **Bild 4.11** ist diese Eingangskennlinie eines Si-Transistors sowohl im doppelt-linearen als auch im linear-logarithmischen Maßstab dargestellt. In den Datenblättern der Hersteller ist meistens nur eine Darstellung im linear-logarithmischen Maßstab zu finden. Der charakteristische Kennlinienknick in der doppelt-linearen Darstellung ist aber in der linear-logarithmischen Darstellung nicht mehr erkennbar.

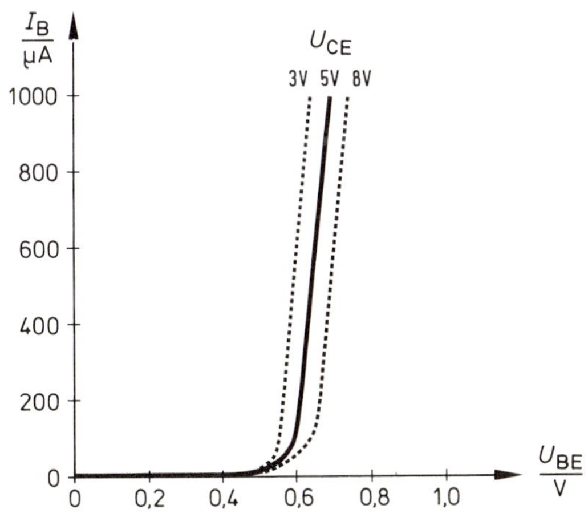

a) im doppelt-linearen Maßstab

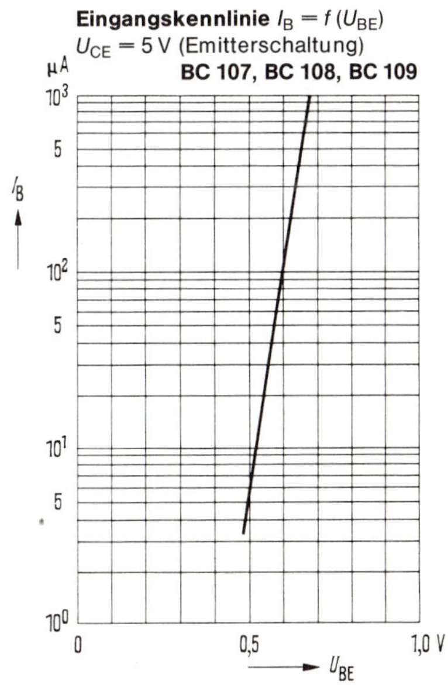

Bild 4.11 Eingangskennlinie eines Si-Transistors **b)** im linear-logarithmischen Maßstab

4.3.2 Stromverstärkungskennlinie

Bild 4.12 zeigt eine Schaltung zur Aufnahme der Stromverstärkungskennlinie eines Transistors. Es handelt sich hierbei um die Funktion $I_C = f(I_B)$ bei $U_{CE} = \text{const.}$

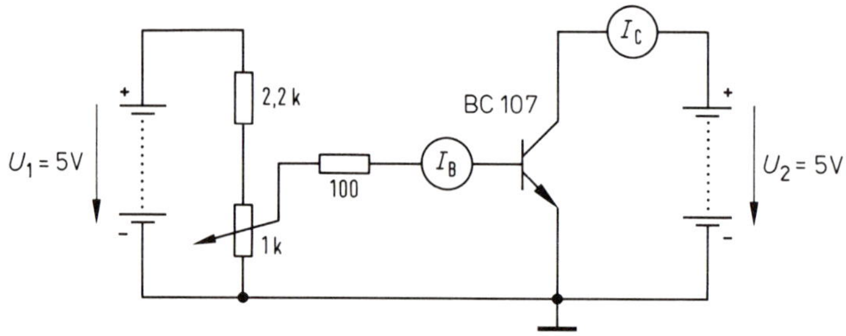

Bild 4.12 Schaltung zur Aufnahme der Stromverstärkungskennlinie

Die Stromverstärkungskennlinie in **Bild 4.13** zeigt im unteren Bereich einen linearen Zusammenhang zwischen I_B und I_C.

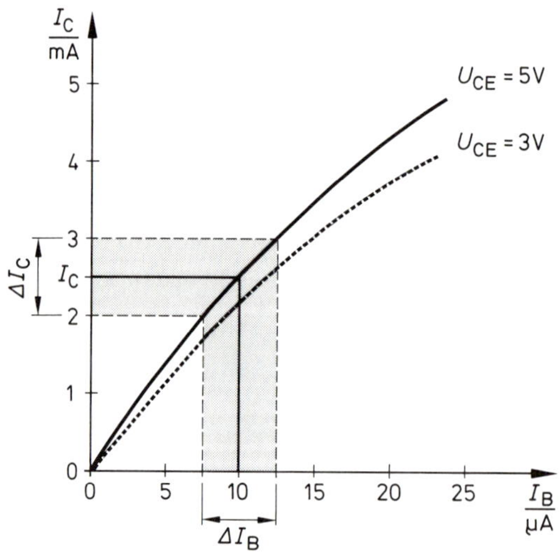

Bild 4.13 Stromverstärkungskennlinie

Aus der Stromverstärkungskennlinie kann die Stromverstärkung des Transistors ermittelt werden. Dabei ist zu unterscheiden zwischen der

dynamischen Stromverstärkung $\beta = \frac{\Delta I_C}{\Delta I_B}$ und der

Gleichstromverstärkung $B = \frac{I_C}{I_B}$

Aus Bild 4.13 läßt sich ablesen, daß für den zugehörigen Transistor im angegebenen Arbeitspunkt

$$B = \frac{I_C}{I_B} = \frac{2{,}5 \cdot 10^{-3}\,\text{A}}{10 \cdot 10^{-6}\,\text{A}} = 250 \quad \text{und} \quad \beta = \frac{\Delta I_C}{\Delta I_B} = \frac{1 \cdot 10^{-3}\,\text{A}}{5 \cdot 10^{-6}\,\text{A}} = 200$$

beträgt.
Weil der Aussagewert der Stromverstärkungskennlinie nicht sehr groß ist, geben die Hersteller meistens die Gleichstromverstärkung B in Abhängigkeit vom Kollektorstrom an. Dieser Zusammenhang ist in **Bild 4.14** dargestellt.

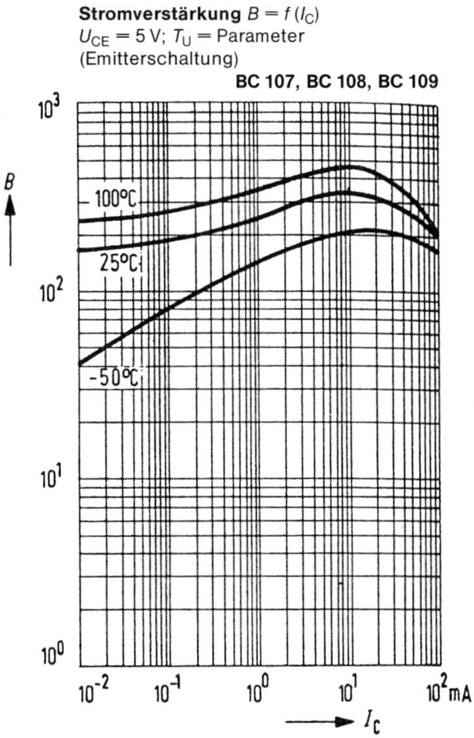

Bild 4.14 Gleichstromverstärkung $B = f(I_C)$ bei U_{CE} = const.

Aus der Kennlinie in Bild 4.14 ist zu entnehmen, daß die Stromverstärkung B vom Kollektorstrom abhängig ist. Aufgrund der physikalischen Eigenschaften nimmt bei großen Kollektorströmen die Stromverstärkung ab. Zusätzlich ist auch die Temperaturabhängigkeit der Stromverstärkung erkennbar.

4.3.3 Ausgangskennlinie

Mit der Schaltung nach **Bild 4.15** läßt sich die Abhängigkeit des Kollektorstromes von der Kollektor-Emitterspannung ermitteln.

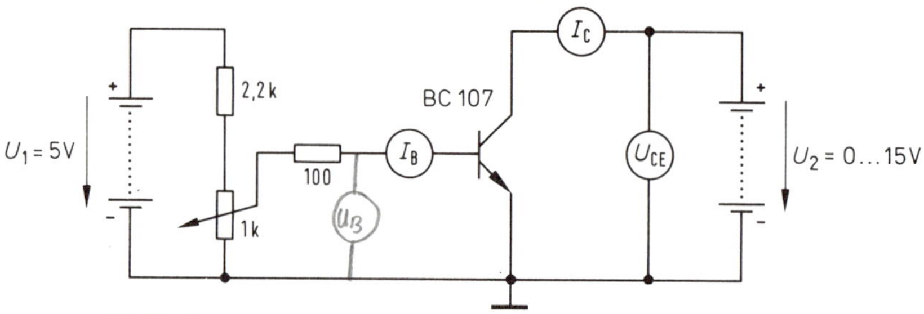

Bild 4.15 Schaltung zur Aufnahme der Ausgangskennlinie

Damit überhaupt ein Kollektorstrom fließen kann, muß zunächst ein Basisstrom eingestellt werden. In dem Diagramm nach **Bild 4.16** ist daher der Kollektorstrom nicht nur von der Kollektor-Emitterspannung, sondern auch in Abhängigkeit vom Basisstrom dargestellt. Diese Kennlinien $I_C = f(U_{CE})$ mit I_B = const. werden als Ausgangskennlinie bezeichnet.

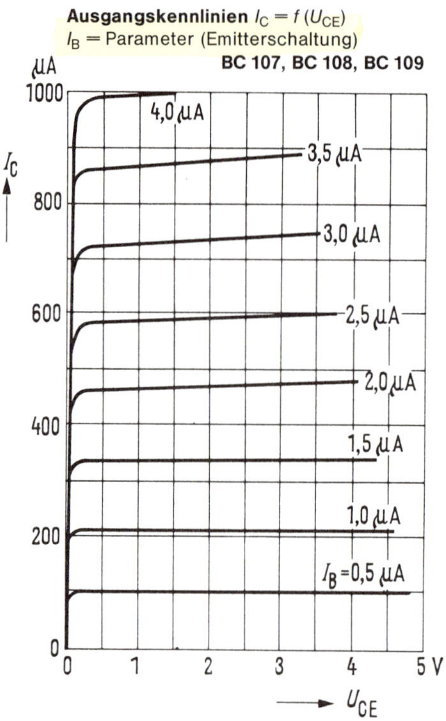

Bild 4.16 Ausgangskennlinie
$I_C = f(U_{CE})$; I_B = const.

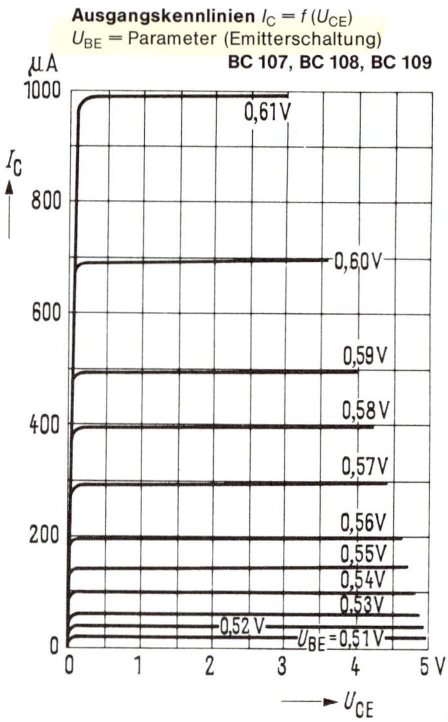

Bild 4.17 Ausgangskennlinie
$I_C = f(U_{CE})$; U_{BE} = const.

Weil aber nur ein Basisstrom fließen kann, wenn eine entsprechende Basis-Emitterspannung vorhanden ist, geben die Hersteller die Ausgangskennlinie wahlweise auch mit U_{BE} = const. als Parameter an. Diese Ausgangskennlinie ist in **Bild 4.17** gezeigt.

Bei beiden Ausgangskennlinien ist sehr gut zu erkennen, daß von einem bestimmten Wert an die Größe der Kollektor-Emitterspannung fast keinen Einfluß mehr auf die Größe des Kollektorstromes hat. Der Kollektorstrom ist also »gesättigt«. Weil der Spannungswert $U_{CE\,sat}$, bei dem der Kollektorstrom in die Sättigung übergeht, aus den Ausgangskennlinien nicht eindeutig abgelesen werden kann, geben die Hersteller noch die in **Bild 4.18** wiedergegebene Kennlinie der Sättigungsspannung an. Die Sättigungsspannung wird mit zunehmender Temperatur größer.

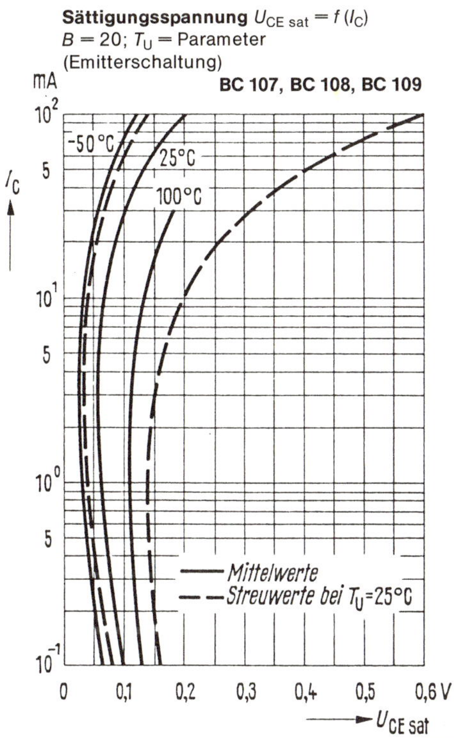

Bild 4.18 Kennlinie der Sättigungsspannung $U_{CE\,sat} = f\,(I_C)$; T_U = const.

4.3.4 Rückwirkungskennlinie

Mit der in **Bild 4.19** angegebenen Schaltung kann die Abhängigkeit der Basis-Emitterspannung U_{BE} von der Kollektor-Emitterspannung U_{CE} ermittelt werden.

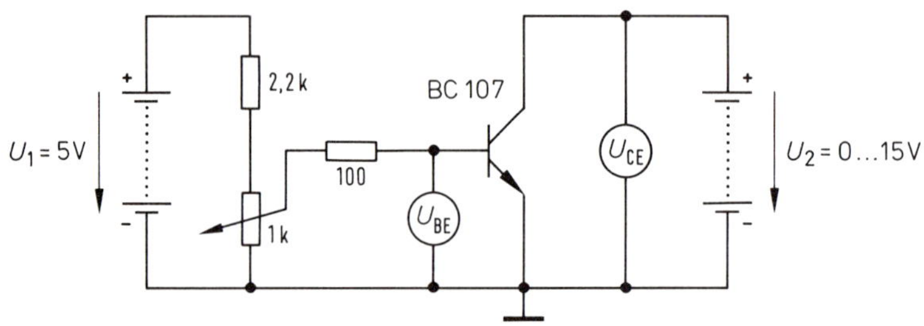

Bild 4.19 Schaltung zur Aufnahme der Rückwirkungskennlinie

Wird die Kollektor-Emitterspannung geändert, so ändert sich der Kollektorstrom ebenfalls, jedoch nur geringfügig. Da Kollektorstrom und Basisstrom sich nahezu proportional verhalten, tritt also bei Änderung der Kollektorspannung nur eine sehr kleine Änderung des Basisstromes auf.
Der Zusammenhang $U_{BE} = f\ (U_{CE})$ mit I_B = const. wird als Rückwirkungskennlinie bezeichnet und ist in **Bild 4.20** dargestellt. Aus dieser Kennlinie ist zu entnehmen, daß eine Änderung der Kollektor-Emitter-Spannung fast keinen Einfluß auf die Eingangsspannung U_{BE} hat.

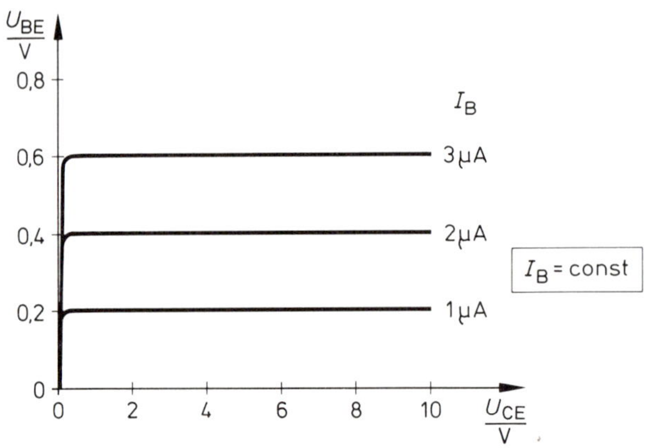

Bild 4.20 Rückwirkungskennlinie $U_{BE} = f\ (U_{CE})$; I_B = const.

Da die Rückwirkungskennlinien fast waagerecht verlaufen, ist eine genaue Ablesung schwierig. Dieses Kennlinienfeld wird deshalb in den Datenblättern meistens nicht angegeben. Die Hersteller nennen aber in den Kenndaten einen entsprechenden Wert.

4.3.5 Steuerkennlinie

Bei der Steuerkennlinie handelt es sich um eine Kombination aus der Eingangskennlinie und der Stromverstärkungskennlinie eines Transistors. Diese Steuerkennlinie $I_C = f(U_{BE})$ mit $U_{CE} = \text{const.}$ ist in **Bild 4.21** im linearen Maßstab und in **Bild 4.22** im üblichen linear-logarithmischen Maßstab dargestellt.

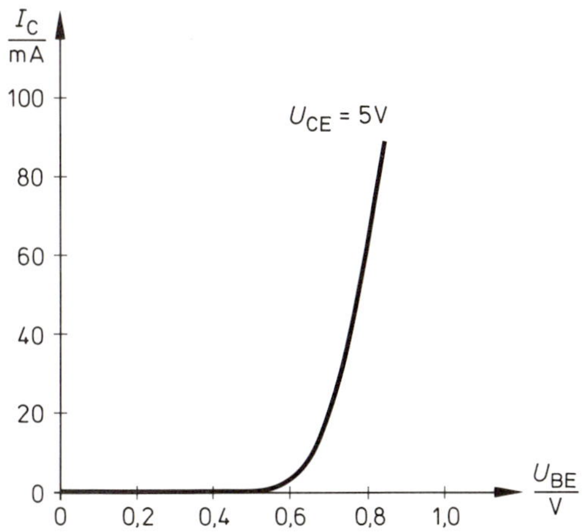

Bild 4.21 Steuerkennlinie $I_C = f(U_{BE})$; $U_{CE} = \text{const.}$ im linearen Maßstab

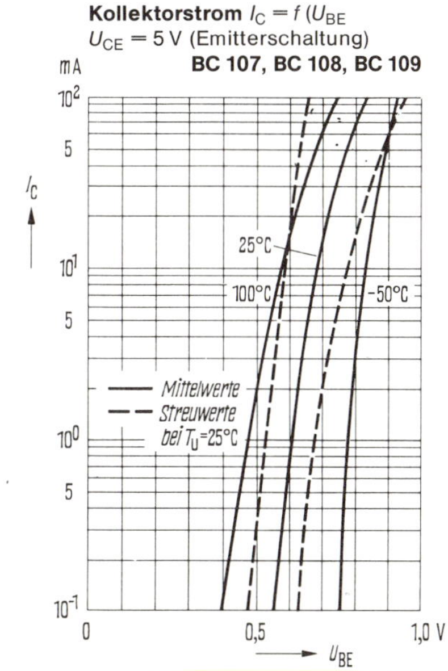

Bild 4.22 Steuerkennlinie $I_C = f(U_{BE})$; $U_{CE} = \text{const.}$ im linearlogarithmischen Maßstab

Die Steuerkennlinie ist bei der Betrachtung der Steuerwirkung und der Wahl des günstigsten Arbeitspunktes von besonderem Vorteil. Sie kann mit der in **Bild 4.23** angegebenen Schaltung ermittelt werden.

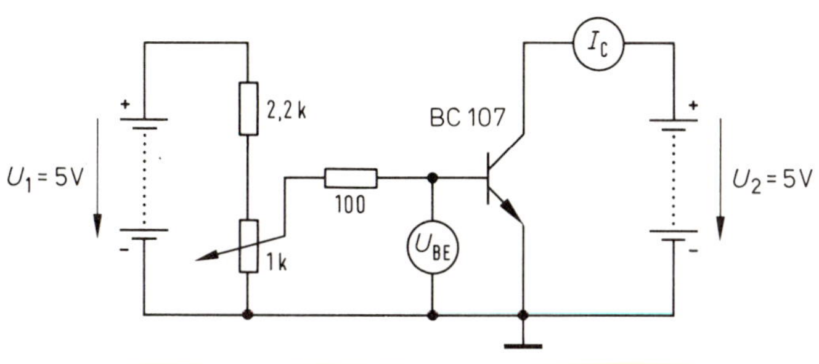

Bild 4.23 Schaltung zur Aufnahme der Steuerkennlinie $I_C = f(U_{BE})$; $U_{CE} = \text{const.}$

4.3.6 Vierquadranten-Kennlinienfeld

Werden alle bisher beschriebenen Kennlinien in getrennte Koordinatensysteme eingetragen, so ist es schwer, Zusammenhänge zwischen den einzelnen Kennlinien zu erkennen oder Daten aus dem einen Kennlinienfeld in ein anderes zu übertragen. Daher werden vier wichtige Kennlinien von Transistoren zu einem Vierquadranten-Kennlinienfeld zusammengefaßt. In ihm sind dann vier unterschiedliche Kennlinienschare in ein gemeinsames Koordinatensystem gezeichnet. **Bild 4.24** zeigt das Vierquadranten-Kennlinienfeld des Transistors.

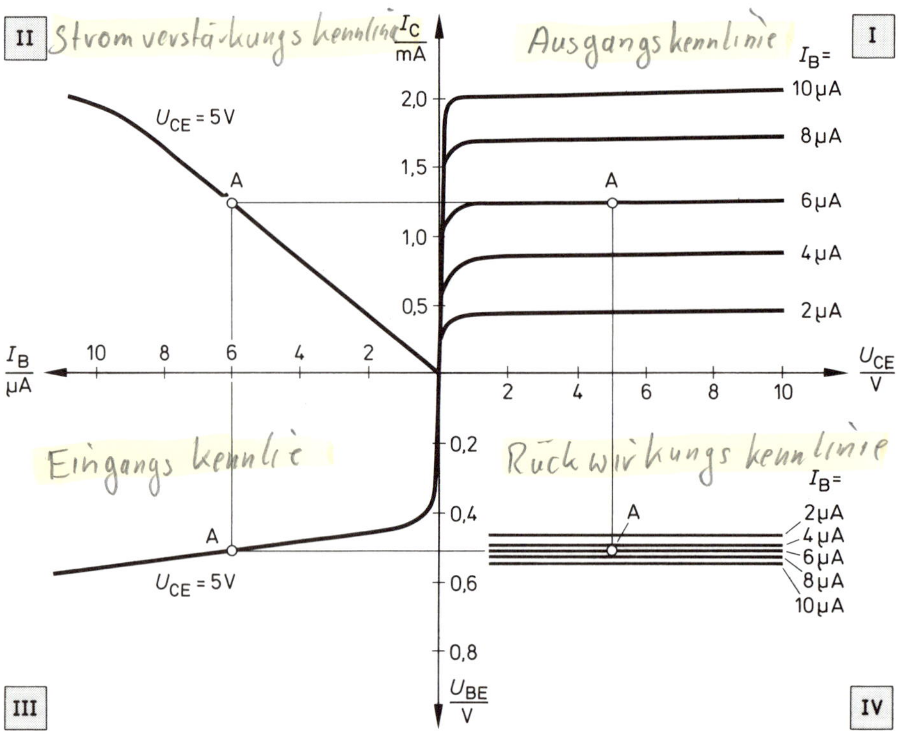

Bild 4.24 Vierquadranten-Kennlinienfeld

Der besondere Vorteil des Vierquadranten-Kennlinienfeldes liegt darin, daß bestimmte Daten von einem Quadranten direkt in einen anderen Quadranten, also von einem Kennlinienfeld in ein anderes übertragen werden können. Daher läßt sich die Verstärkerwirkung eines Transistors im Vierquadranten-Kennlinienfeld besonders gut darstellen und erläutern. In **Bild 4.25** sind die Zusammenhänge für die angegebene Verstärkerschaltung in ein Vierquadranten-Kennlinienfeld eingetragen.

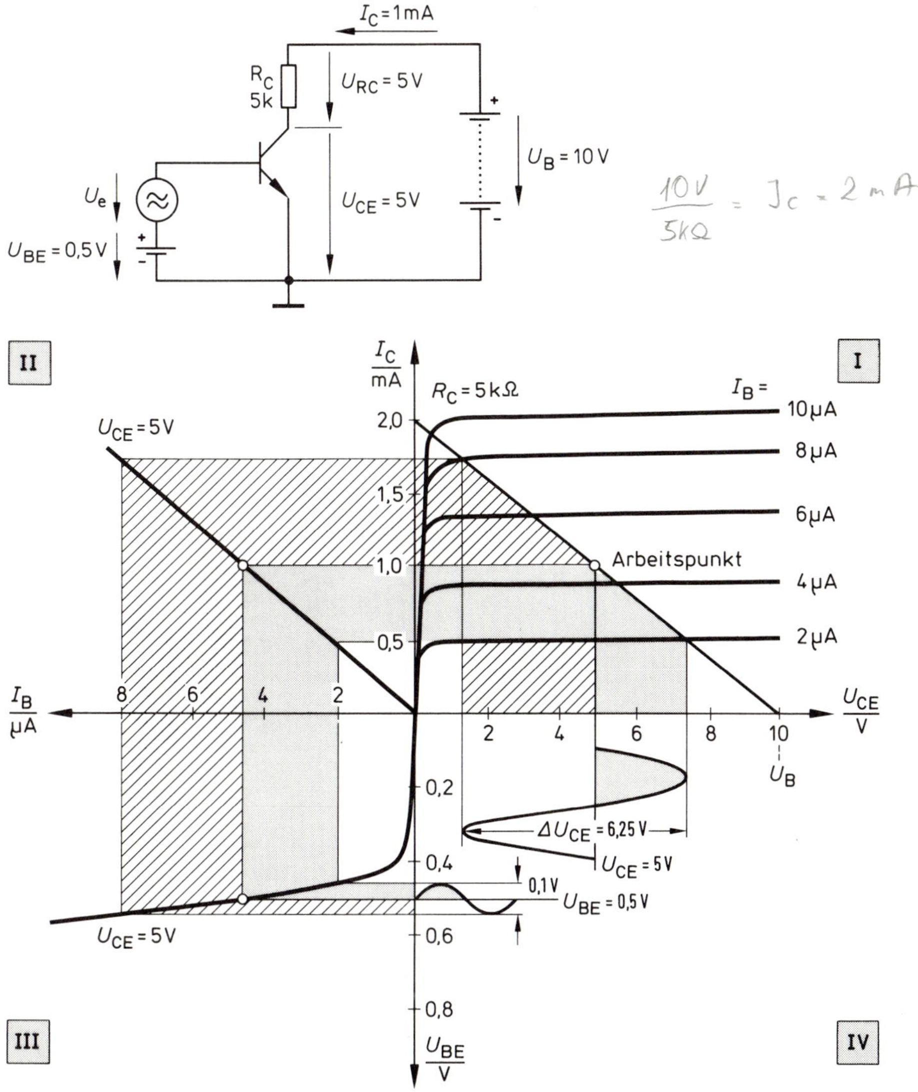

Bild 4.25 Darstellung der Verstärkerwirkung einer Transistorschaltung im Vierquadranten-Kennlinienfeld

Zunächst muß die Arbeitsgerade des Kollektorwiderstandes $R_C = 5\,k\Omega$ in das Ausgangskennlinienfeld eingezeichnet werden. Sie endet auf der X-Achse bei $U_B = 10\,V$ und auf der Y-Achse bei dem Stromwert $I_C = \frac{10\,V}{5\,k\Omega} = 2\,mA$. Wird jetzt ein Arbeitspunkt durch die Basis-Emitterspannung $U_{BE} = 0{,}5\,V$ gewählt, so kann im III. Quadranten abgelesen werden, daß ein Basisstrom von $I_B = 5\,\mu A$ fließen wird. Übertragen in den II. Quadranten führt $I_B = 5\,\mu A$ zu einem Kollektorstrom $I_C = 1\,mA$. Damit fällt am Kollektorwiderstand R_C eine Spannung von $U_{RC} = 5\,V$ ab. Die Kollektor-Emitterspannung beträgt daher $U_{CE} = U_B - U_{RC} = 10\,V - 5\,V = 5\,V$.

Wird nun der Transistor mit einer Eingangswechselspannung $U_e = 0{,}1$ V angesteuert, so tritt eine Änderung des Basisstromes um $\Delta I_B = 6\,\mu A$ auf. Sie bewirkt eine Änderung des Kollektorstromes um $\Delta I_C = 1{,}25$ mA. Damit hat der Transistor eine Stromverstärkung von

$$\beta = \frac{\Delta I_C}{\Delta I_B} = \frac{1{,}25 \cdot 10^{-3}\ A}{6 \cdot 10^{-6}\ A} = 208$$

Die Änderung des Kollektorstromes ruft am Kollektorwiderstand R_C eine Spannungsänderung hervor, so daß sich die Kollektor-Emitterspannung um $\Delta U_{CE} = 6{,}25$ V ändert. Bei einer Änderung der Eingangsspannung um $\Delta U_e = 0{,}1$ V ergibt sich bei diesem Transistor eine Änderung der Ausgangsspannung von $\Delta U_a = \Delta U_{CE} = 6{,}25$ V und damit eine Spannungsverstärkung von

$$V_u = \frac{\Delta U_a}{\Delta U_e} = \frac{\Delta U_{CE}}{\Delta U_{BE}} = \frac{6{,}25\ V}{0{,}1\ V} = 62{,}5$$

Die Transistorhersteller geben heute in ihren Datenblättern aber keine Vierquadranten-Kennlinienfelder mehr an, weil immer nur ein kleiner Bereich der Kennlinien dargestellt werden kann. Die Ermittlung der Spannungsverstärkung V_u erfolgt dann meist auf rechnerischem Weg.

4.4 Kennwerte

4.4.1 Allgemeines

Aus den verschiedenen Transistor-Kennlinien lassen sich viele wichtige Daten für den Einsatz und das Verhalten der einzelnen Transistortypen ermitteln. Die Kennlinien sind besonders wichtig, wenn Transistoren als Großsignalverstärker, z. B. in Leistungs- und Endstufen eingesetzt werden, weil dann die Kennlinien voll durchgesteuert werden. Für die Wahl eines günstigen Arbeitspunktes ist das Vierquadranten-Kennlinienfeld besonders gut geeignet.
Werden Transistoren jedoch als Kleinsignalverstärker, z. B. in Vorverstärkerstufen, eingesetzt, dann sind die Spannungs- und Stromamplituden des Eingangssignals klein gegenüber den Spannungs- und Stromwerten des Arbeitspunktes. Wegen der geringen Aussteuerung haben die verschiedenen Kennlinien dann keine so große Bedeutung mehr. Die Hersteller geben daher für den Einsatz von Transistoren als Kleinsignalverstärker bestimmte Kennwerte an, die den Anwender über das Verhalten des Transistors ausreichend informieren.

Die Transistor-Kennwerte sind genau wie bei den Halbleiterdioden grundsätzlich in Grenzdaten und Kenndaten unterteilt. Grenzdaten sind Werte, die auf keinen Fall überschritten werden dürfen, weil der Transistor sonst zerstört wird. Als Kenndaten werden Eigenschaften des Transistors angegeben, die das Verhalten in bestimmten Arbeitspunkten kennzeichnen.
Diese Kenndaten sind nochmals unterteilt in statische und dynamische Kenndaten. Die statischen Kenndaten beschreiben das Gleichstromverhalten, die dynamischen Kenndaten geben dagegen Auskunft über das Verhalten bei Wechselstrom- und Impulsbetrieb.

4.4.2 Grenzdaten

Transistoren können auf verschiedene Art elektrisch überbeansprucht werden:

1. Durch eine zu hohe Kollektor-Emitterspannung $U_{CE} > U_{CE\,max}$
2. Durch einen zu großen Kollektorstrom $I_C > I_{C\,max}$
3. Durch eine zu große Basis-Emitterspannung $U_{BE} > U_{BE\,max}$
4. Durch einen zu großen Basisstrom $I_B > I_{B\,max}$
5. Durch eine zu große Verlustleistung $P_V > P_{tot}$
6. Durch eine zu große Umgebungstemperatur $T_U > T_{U\,max}$

4.4.2.1 Grenzwerte für Spannungen und Ströme

Oberhalb einer bestimmten, vom Basisstrom abhängigen Kollektor-Emitterspannung wächst der Kollektorstrom plötzlich sehr stark mit U_{CE} an. Dieses Verhalten wird als »2. Durchbruch« bezeichnet. In diesem Durchbruchgebiet darf ein Transistor selbstverständlich nicht mehr betrieben werden. In den Datenblättern werden deshalb maximal zulässige Kollektor-Emitterspannungen als Funktion eines zwischen Basis und Emitter liegenden Widerstandes angegeben. Dieser Widerstand ist in der Meßschaltung nach **Bild 4.26** mit R_{BE} bezeichnet.

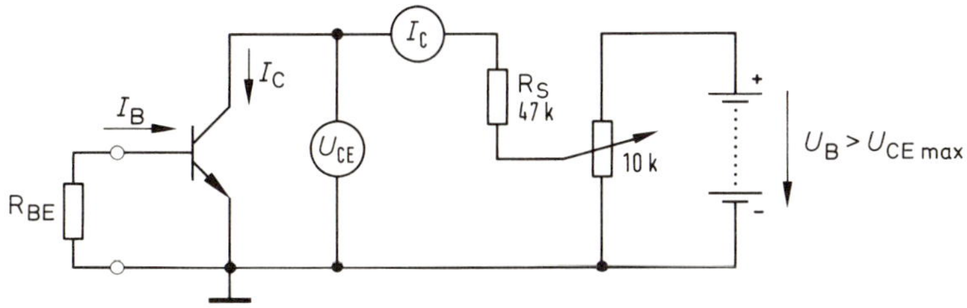

Bild 4.26 Schaltung zur Ermittlung der maximalen Kollektor-Emitterspannung eines Transistors

Je nach Beschaltung des Transistoreinganges mit unterschiedlich großem R_{BE} ergeben sich die in **Bild 4.27** gezeigten Kennlinien.

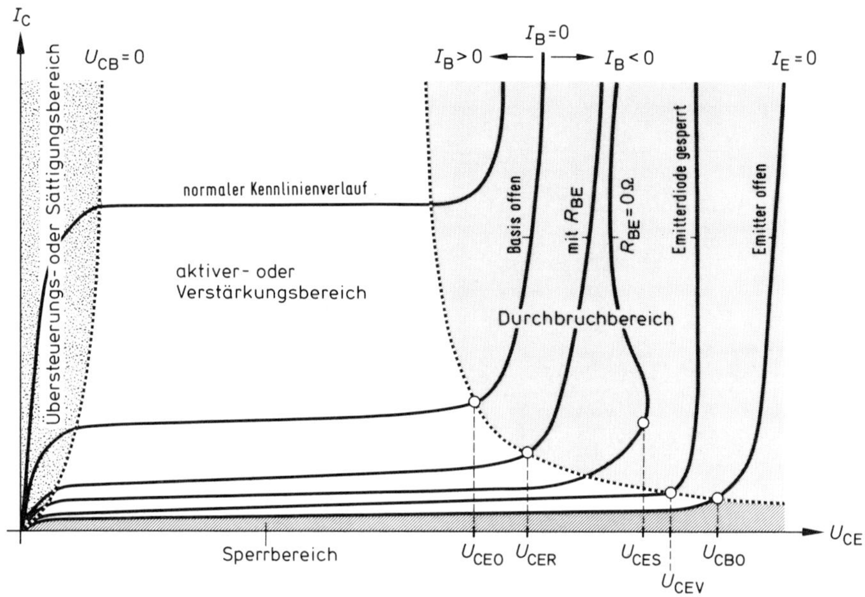

Bild 4.27 Ausgangskennlinienfeld eines Transistors mit verschiedenen Grenzwerten der Kollektor-Emitterspannung

Im einzelnen haben die Durchbruchspannungen folgende Bedeutung:

U_{CEO} = Wert, wenn die Basis offen ist. $I_B = 0$; $R_{BE} = \infty$
U_{CER} = Wert, wenn ein Widerstand zwischen Basis und Emitter liegt und $I_B < 0$
U_{CES} = Wert, wenn Basis und Emitter kurzgeschlossen sind. $R_{BE} = 0$; $I_B < 0$
U_{CEV} = Wert, wenn die Emitterdiode gesperrt ist. $I_B < 0$
U_{CBO} = Wert, wenn der Emitter offen ist. $I_E = 0$

Für den Leistungstransistor vom Typ 2N3055 geben die Hersteller z. B. folgende Grenzwerte an:

$U_{CEO} = 60\,V$; $U_{CER} = 70\,V$ mit $R_{BE} = 100\,\Omega$
$U_{CES} = 80\,V$; $U_{CEV} = 90\,V$
$U_{CBO} = 100\,V$.

Aus diesen Daten sowie auch aus den Kennlinien in Bild 4.27 ist zu entnehmen, daß die höchste Durchbruchspannung bei offenem Emitter, die kleinste Durchbruchspannung bei offener Basis auftritt. Für alle Transistoren gilt daher die Beziehung

$$U_{CEO} < U_{CER} < U_{CES} < U_{CEV} < U_{CBO}$$

Auch für den zwischen Basis und Emitter liegenden pn-Übergang geben die Hersteller

einen Spannungsgrenzwert an. Er wird als U_{EBO} bezeichnet und gibt die höchstzulässige Sperrspannung dieser Emitterdiode bei offenem Kollektor an.
Bei den Grenzwerten für die Kollektor- und Basisströme wird mit I_C bzw. I_B in der Regel der höchstzulässige Gleichstrom bzw. der Mittelwert des Stromes bei periodischen Änderungen oder aber auch der höchstzulässige Scheitelwert als I_{CM} bzw. I_{BM} aufgeführt.

4.4.2.2 Grenzwerte für die Verlustleistung

Bei Betrieb eines Transistors liegt am Kollektor und an der Basis eine Spannung, und es fließt nicht nur ein Kollektorstrom, sondern auch ein Basisstrom. Die Produkte aus den zueinander gehörenden Spannungen und Strömen ergeben eine elektrische Leistung, die zur Erwärmung des gesamten Halbleiterkristalls führen. Die auftretende Verlustleistung P_V darf die vom Hersteller angegebene Verlustleistung P_{tot} nicht überschreiten. Es gilt:

$$P_V = U_{CE} \cdot I_C + U_{BE} \cdot I_B \leqq P_{tot}$$

Das Produkt $U_{BE} \cdot I_B$ kann wegen der kleinen Spannung und des kleinen Stromes gegenüber dem Produkt $U_{CE} \cdot I_C$ vernachlässigt werden. Daher gilt für die Verlustleistung beim bipolaren Transistor mit genügender Genauigkeit

$$P_V \approx U_{CE} \cdot I_C \leqq P_{tot}$$

Der bereits erwähnte Transistor BC107 hat eine Verlustleistung von $P_{tot} = 300\,\text{mW}$ bei einer Umgebungstemperatur von $T_U = 25\,°\text{C}$. Diese Angabe besagt, daß z. B. bei $U_{CE} = 5\,\text{V}$ höchstens ein Kollektorstrom von

$$I_C = \frac{P_{tot}}{U_{CE}} = \frac{300\,\text{mW}}{5\,\text{V}} = 60\,\text{mA}$$

fließen darf, sofern $T_U = 25\,°\text{C}$ gewährleistet werden kann.

4.4.2.3 Grenzwerte für die Sperrschichttemperatur T_J

Im wesentlichen durch die Verlustleistung bei Dauerbetrieb entsteht in der Sperrschicht Wärme, durch die sich die Sperrschichttemperatur erhöht. Diese Sperrschichttemperatur T_J darf bestimmte Werte nicht überschreiten, weil der Kristall seine Halbleitereigenschaften stark verändert und der Transistor zerstört wird. Die zulässige Sperrschichttemperatur hängt vom Halbleitermaterial ab und beträgt

$T_J \approx 90\,°\text{C}$ bei Germaniumtransistoren sowie
$T_J \approx 150\,°\text{C}$ bis $200\,°\text{C}$ bei Siliziumtransistoren.

4.4.2.4 Grenzwerte für die Umgebungstemperatur T_U

Einige Hersteller geben anstelle der maximalen Sperrschichttemperatur auch die höchste Umgebungstemperatur T_U als Grenzwert an. T_U ist dann stets kleiner als T_J. Zu diesen beiden Angaben ist in den Datenblättern meistens aber noch ein Diagramm entsprechend **Bild 4.28** zu finden, in dem die Temperaturabhängigkeit der höchstzulässigen Gesamtverlustleistung aufgetragen ist.

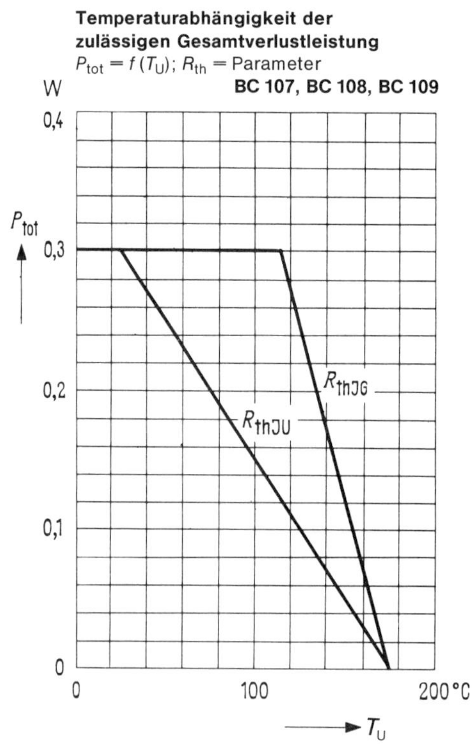

Bild 4.28 Temperaturabhängigkeit der höchstzulässigen Gesamtverlustleistung $P_{tot} = f(T_U)$ mit R_{th} = const.

Aus dem Diagramm in Bild 4.28 kann dann unmittelbar entnommen werden, wie hoch die Verlustleistung bei einer bestimmten Umgebungstemperatur sein darf. Als Parameter ist der Wärmewiderstand R_{th} des Transistors aufgetragen. Wird nämlich durch einen Kühlkörper oder durch eine Montage auf ein Chassis die im Transistor erzeugte Wärme besser abgeführt, so ist die Gesamtverlustleistung auch noch bei höheren Umgebungstemperaturen zulässig. Auf Probleme der Kühlung wird jedoch in Abschnitt 4.4.4 noch näher eingegangen.

4.4.2.5 Zulässiger Arbeitsbereich

Die angeführten Grenzdaten begrenzen den zulässigen Arbeitsbereich eines Bipolartransistors. In das Ausgangskennlinienfeld eines Transistors sind in **Bild 4.29** die Grenzwerte $I_{C\,max}$, U_{CEO} und P_{tot} eingetragen.

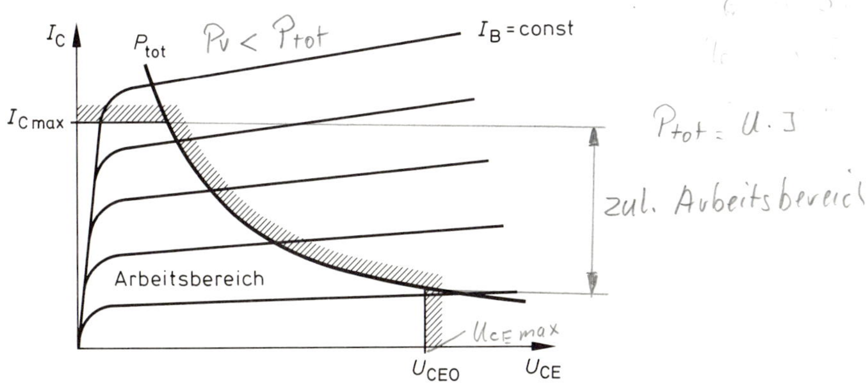

Bild 4.29 Arbeitsbereich eines Transistors

Die Verlustleistung P_{tot} ergibt beim Einzeichnen in das Ausgangskennlinienfeld die sogenannte Verlustleistungshyperbel. Der Arbeitsbereich wird durch U_{CEO}, P_{tot} und $I_{C\,max}$ zu jeweils größeren Werten hin begrenzt. Der Arbeitspunkt muß stets so gewählt werden, daß er in dem erlaubten Arbeitsbereich zu liegen kommt.

4.4.3 Kenndaten

4.4.3.1 Statische Kenndaten

Die statischen Kenndaten geben Auskunft über das Gleichstromverhalten eines Transistors. Auch ohne Ansteuerung hat der Transistor nämlich bestimmte Eigenschaften, die durch Kennlinien nicht erfaßt werden können. In den Datenblättern sind daher stets folgende statische Kenndaten angegeben:

1. Die Gleichstromverstärkung
2. Die Sättigungsspannung
3. Die Restströme

Die *Gleichstromverstärkung B* gibt das Verhältnis von Kollektorgleichstrom zu Basisgleichstrom an. Sie wird auch als statische Stromverstärkung B bezeichnet.

$$B = \frac{I_C}{I_B}$$

Die Gleichstromverstärkung ist aber nicht nur von der Größe des Kollektorstromes (Bild 4.14), sondern auch von der Umgebungstemperatur abhängig. Diese Abhängigkeit ist in **Bild 4.30** dargestellt.

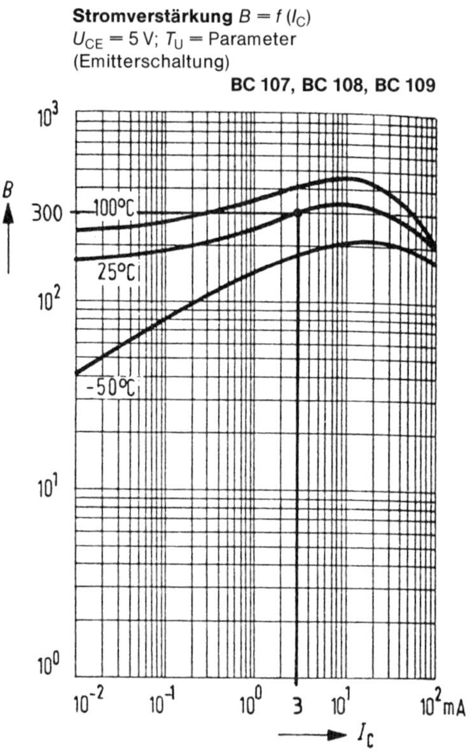

Bild 4.30 Gleichstromverstärkung $B = f\,(I_C)$ mit $U_{CE} = 5\,V$ und T_U als Parameter

In Bild 4.30 ist als Beispiel ein Arbeitspunkt $I_C = 3\,mA$ bei $T_U = 25\,°C$ eingetragen. Aus dem Diagramm kann abgelesen werden, daß $B = 300$ beträgt. Aus diesen Werten läßt sich dann die Größe des Basisgleichstromes ermitteln.

$$I_B = \frac{I_C}{B} = \frac{3 \cdot 10^{-3}\,A}{300} = 1 \cdot 10^{-5}\,A = 10\,\mu A$$

Die Hersteller gruppieren einige Transistortypen nach ihrer Gleichstromverstärkung ein und kennzeichnen sie dann mit den Zusatzbuchstaben A, B oder C. Eine solche Gruppierung ist in der Tabelle nach **Bild 4.31** für die Transistoren BC107, BC108 und BC109 für $U_{CE} = 5\,V$ angegeben.

B-Gruppe	**A**	**B**	**C**
Typ	**BC107** **BC108** -	**BC107** **BC108** **BC109**	- **BC108** **BC109**
I_C mA	B I_C/I_B	B I_C/I_B	B I_C/I_B
0,01	90	150	270
2	170 (120 bis 220)	290 (180 bis 460)	500 (380 bis 800)
100[1])	120	200[1])	400[1])

[1]) Meßwerte gelten nicht für BC109

Bild 4.31 Gruppierung von Transistortypen nach ihrer Stromverstärkung

Sättigungsspannung

Die Sättigungsspannung $U_{CE\,sat}$ wird auch Kniespannung oder Restspannung $U_{CE\,Rest}$ genannt. Sie ist als die Kollektor-Emitterspannung an der Übersteuerungsgrenze für einen bestimmten Kollektorstrom I_C definiert. Die Übersteuerungsgrenze beginnt an dem Kennlinienpunkt, an dem der aufsteigende Teil der Ausgangskennlinie in den horizontal verlaufenden Teil übergeht. In **Bild 4.32** ist die Sättigungsspannung $U_{CE\,sat}$ für einen bestimmten Kollektorstrom besonders gekennzeichnet.

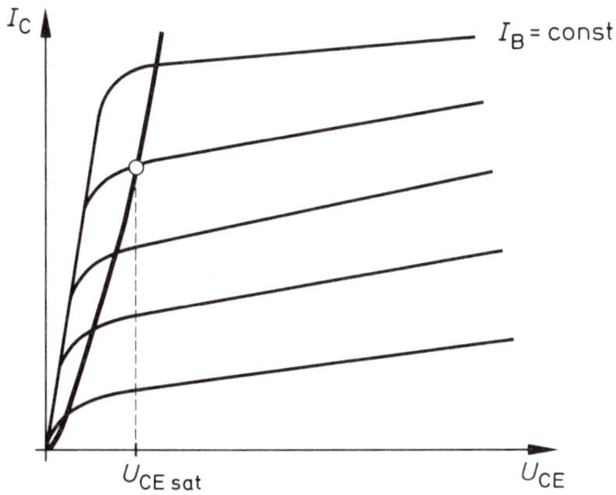

Bild 4.32 Sättigungsspannung

Die Sättigungsspannung ist also die kleinste Kollektor-Emitterspannung eines Transistors, die noch vorhanden sein muß, damit der Kollektorstrom noch überwiegend vom Basisstrom beeinflußt werden kann. Sie ist also auch die Kollektor-Emitterspannung, die unterschritten werden muß, wenn der Transistor voll durchgesteuert werden soll. Die Sättigungsspannung ist daher von besonderer Bedeutung, wenn ein Transistor im Schalterbetrieb eingesetzt wird.
In Bild 4.32 ist zu erkennen, daß die Sättigungsspannung von der Größe des Kollektorstromes abhängig ist. Daher geben die Hersteller die Sättigungsspannungen für verschiedene Kollektorströme an. In der Tabelle nach **Bild 4.33** sind die Herstellerangaben für die schon genannten drei Transistortypen als Beispiel gebracht.

Typ	**BC107/BC108/BC109**			
I_C mA	U_{BE} V	I_C mA	I_B mA	$U_{CE\,sat}$ V
0,1	0,55	10	0,5	0,07 (< 0,2)
2	0,62 (0,55 bis 0,7)			
100[1])	0,83[1])	100[1])	5	0,2 (< 0,6)[1])

[1]) Meßwerte gelten nicht für BC109

Bild 4.33 Sättigungsspannungen für die Transistortypen BC107, BC108 und BC109

Restströme

Wird ein pn-Übergang in Sperrichtung betrieben, so fließt ein Reststrom. Da ein Transistor zwei pn-Übergänge hat, treten unterschiedliche Restströme auf. Sie werden als I_{CER}, I_{CEO}, I_{CBO}, I_{CEV}, I_{EBO} und I_{CES} bezeichnet. Ihre meßtechnische Ermittlung ist in **Bild 4.34** angegeben.

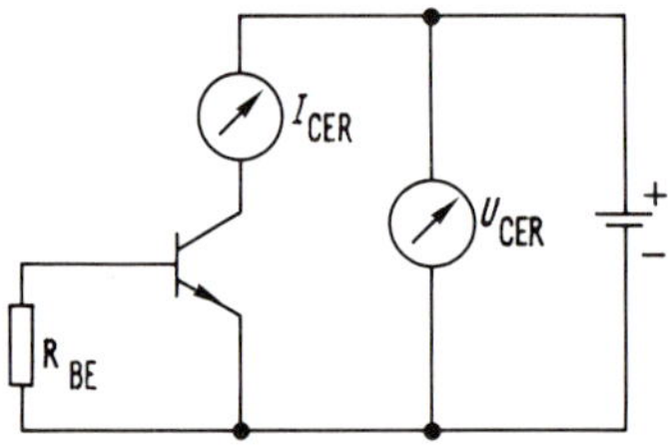

U_{CER} (I_{CER})
Kollektor-Emitter-Sperrspannung (Kollektor-Emitter-Reststrom) mit einem Widerstand zwischen Basis und Emitter. Der maximal zulässige Wert des Widerstandes R_{BE} ist in den Datenblättern angegeben. Bei höheren Werten von R_{BE} gilt die Sperrspannung U_{CEO}

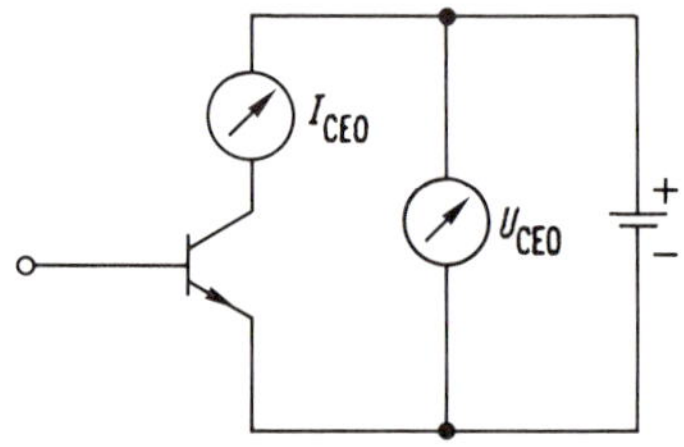

U_{CEO} (I_{CEO})
Kollektor-Emitter-Sperrspannung (Kollektor-Emitter-Reststrom) bei offener Basis; $I_B = 0$. Der Zustand $I_B = 0$ kann z. B. im Schalterbetrieb auch dann kurzzeitig auftreten, wenn zwischen Basis und Emitter ein Widerstand angeordnet ist

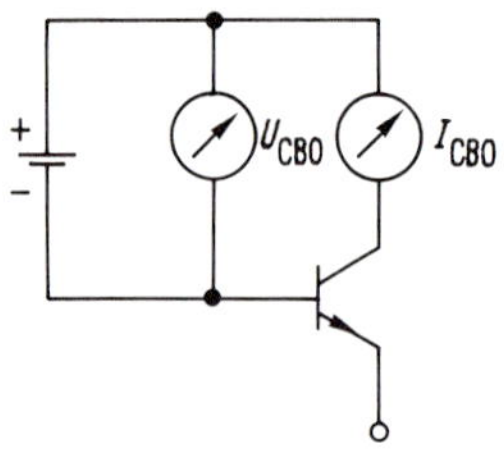

U_{CBO} (I_{CBO})
Kollektor-Basis-Sperrspannung (Kollektor-Basis-Reststrom) bei offenem Emitter; $I_E = 0$

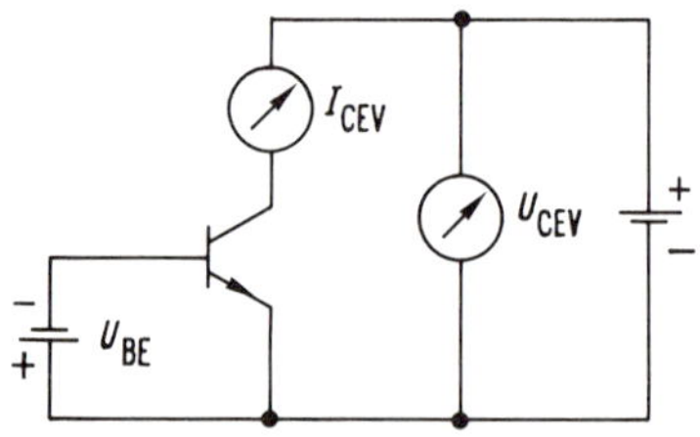

U_{CEV} (I_{CEV})
Kollektor-Emitter-Sperrspannung (Kollektor-Emitter-Reststrom) bei gesperrter Emitterdiode, d. h. Vorspannung in Sperrichtung zwischen Basis und Emitter

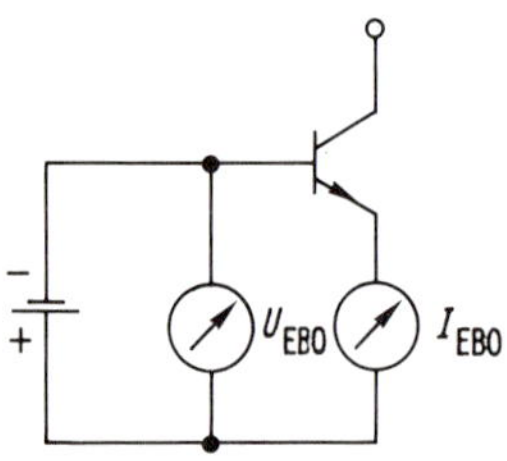

U_{EBO} (I_{EBO})
Emitter-Basis-Sperrspannung (Emitter-Basis-Reststrom) bei offenem Kollektor; $I_C = 0$

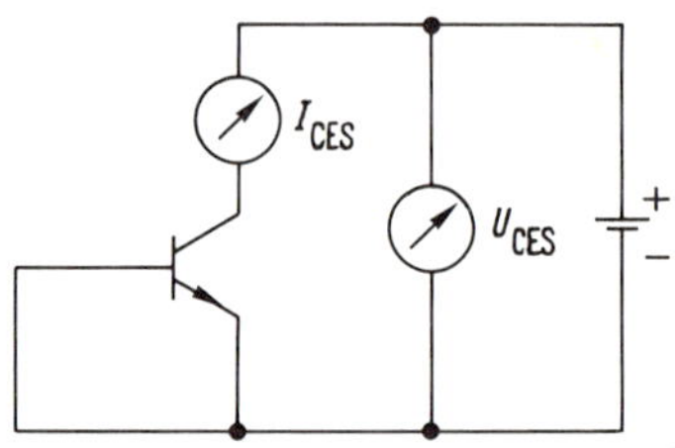

U_{CES} (I_{CES})
Kollektor-Emitter-Sperrspannung (Kollektor-Emitter-Reststrom) bei kurzgeschlossener Emitterdiode; $U_{BE} = 0$

Bild 4.34 Meßschaltungen zur Ermittlung der Restströme

Wegen der Temperaturabhängigkeit des Halbleitermaterials ist die Größe der Restströme ebenfalls von der Umgebungstemperatur abhängig. In **Bild 4.35** ist, wiederum als Beispiel, die Temperaturabhängigkeit des Reststromes $I_{CBO} = f\ (T_U)$ dargestellt. Gerade bei kleinen Kollektorströmen machen sich die Restströme und deren Temperaturabhängigkeit störend bemerkbar.

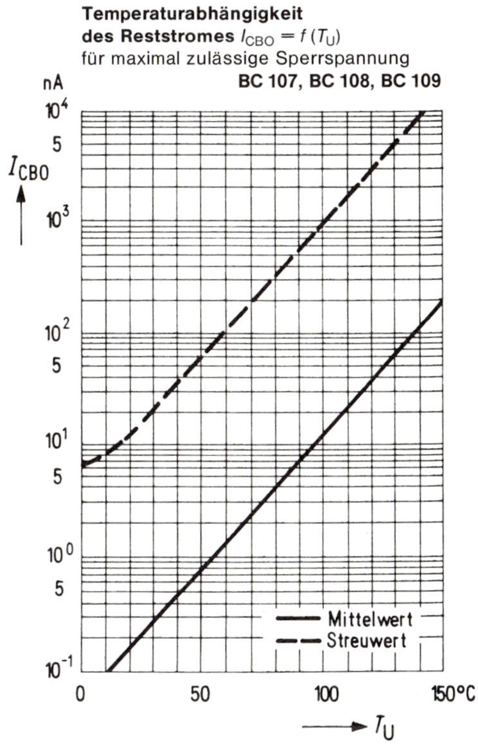

Bild 4.35 Temperaturabhängigkeit des Reststromes $I_{CBO} = f\ (T_U)$

4.4.3.2 Dynamische Kenndaten

Vierpolparameter

Wird ein Transistor nur wenig um seinen Arbeitspunkt ausgesteuert, so arbeitet er als Kleinsignalverstärker. Die Aussteuerung erfolgt dabei auf einem Kennlinienabschnitt, der als linear betrachtet werden kann. Der gesamte übrige Kennlinienverlauf ist in diesem Fall ohne Bedeutung. Bei der Kleinsignalverstärkung interessieren im wesentlichen die dynamischen Kenngrößen, also die Wechselstromkennwerte oder Signalgrößen. Sie gelten stets nur für einen bestimmten Arbeitspunkt und für eine bestimmte Frequenz.

Wie bereits in Abschnitt 2.3.1 erläutert, hat ein Vierpol stets zwei Eingangsklemmen und zwei Ausgangsklemmen. **Bild 4.36** zeigt einen Transistor in Vierpoldarstellung.

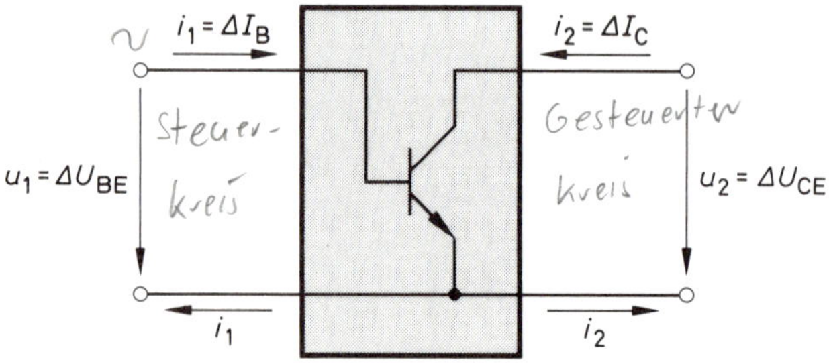

Bild 4.36 Transistor als Vierpol

Das Verhalten eines Transistors als Kleinsignalverstärker läßt sich mit Hilfe der Vierpolparameter bzw. der Vierpolkoeffizienten sehr gut beschreiben. Die Eingangsklemmen erhalten dabei stets die Kennziffer 1, die Ausgangsklemmen die Kennziffer 2. Der Strom $i_1 \triangleq \Delta I_B$ wird von der Spannung $u_1 \triangleq \Delta U_{BE}$ getrieben. Er fließt in die obere Eingangsklemme des Vierpols hinein und aus der unteren Eingangsklemme wieder heraus. Auch der von der Ausgangsspannung $u_2 \triangleq \Delta U_{CE}$ getriebene Strom $i_2 \triangleq \Delta I_C$ fließt in die obere Ausgangsklemme des Transistors hinein und aus der unteren wieder heraus. Daher hat dieser Vierpol sowohl einen Eingangskoeffizienten als auch einen Ausgangskoeffizienten. Gleichzeitig haben die Eingangsgrößen aber auch einen Einfluß auf Ausgangsgrößen und die Ausgangsgrößen haben Rückwirkungen auf die Eingangsgrößen. Somit ergeben sich vier Koeffizienten, mit denen sich das Verhalten des Transistor-Vierpols beschreiben läßt. Jeder Koeffizient bezeichnet dabei das Verhältnis zweier Größen zueinander.

Wird der Quotient u/i gebildet, ergibt sich ein Widerstand, beim Quotienten i/u ein Leitwert. Es gibt aber auch die Möglichkeit, einen Quotienten i_2/i_1 zu bilden, so daß nur ein Faktor entsteht.

Je nach Bildung der Quotienten wird bei der Beschreibung der Kenngrößen eines Vierpols unterschieden zwischen:

r – oder Widerstandsparameter (nur Quotienten u/i)
y – oder Leitwertparameter (nur Quotienten i/u)
h – oder Hybridparameter (Widerstände, Leitwerte und Faktoren)
(Hybrid von hybrida (lat.) = Mischling)

Die so gebildeten Vierpolparameter sind also nur eine besondere Ausdrucksform für die Transistor-Signalkenngrößen. Im NF-Bereich werden die Transistor-Kenndaten meistens als *h*-Parameter, im HF-Bereich und bei den Feldeffekttransistoren als *y*-Parameter angegeben. In **Bild 4.37** sind die Zusammenhänge für die *h*-Parameter eines Transistors dargestellt.

Die Angaben »Leerlauf« oder »Kurzschluß«, also $i = 0$ oder $u = 0$, weisen darauf hin, daß der betreffende Wechselstrom- oder Wechselspannungswert gleich Null ist. Dabei muß selbstverständlich stets die Gleichspannungsversorgung gewährleistet sein. »Ausgang kurzgeschlossen« ($u_2 = 0$) bedeutet also, daß keine Wechselspannung am Ausgang auftritt und somit die Spannung am Ausgang des Vierpols konstant ist.

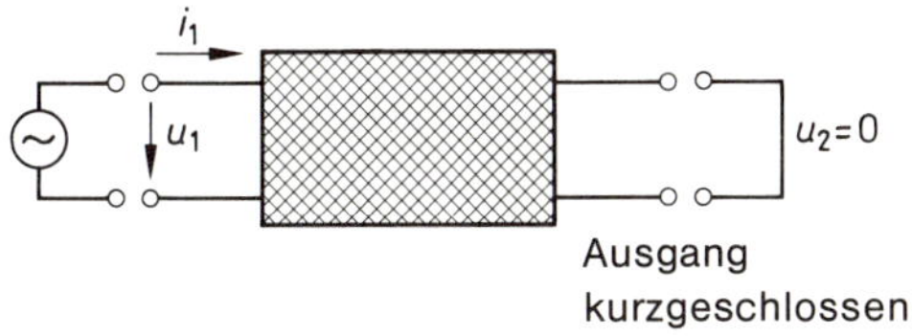

Kurzschlußeingangswiderstand

$$r_e = h_{11} = \frac{u_1}{i_1} \text{ für } u_2 = 0$$

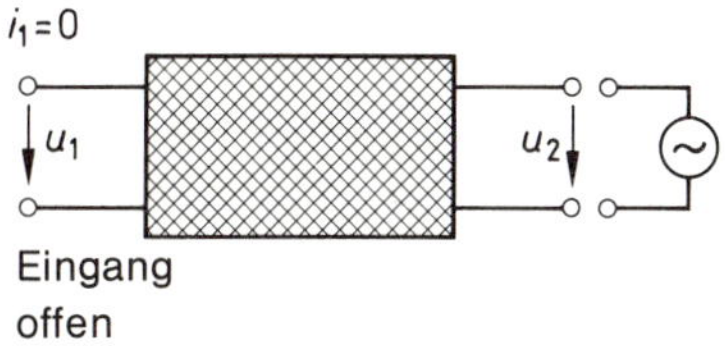

Leerlauf-Spannungsrückwirkung

$$D_u = h_{12} = \frac{u_1}{u_2} \text{ für } i_1 = 0$$

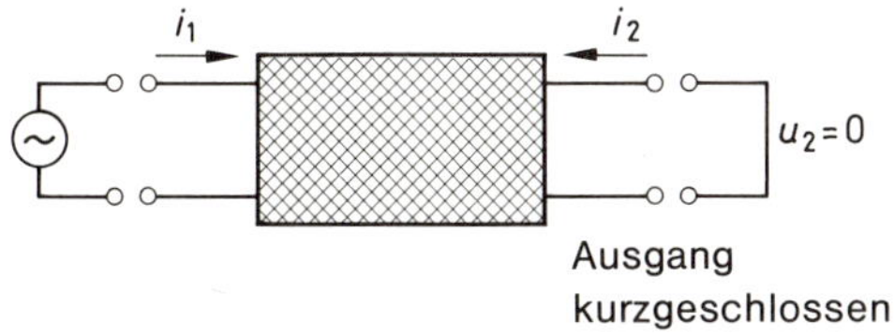

Kurzschluß-Stromverstärkung

$$\beta = h_{21} = \frac{i_2}{i_1} \text{ für } u_2 = 0$$

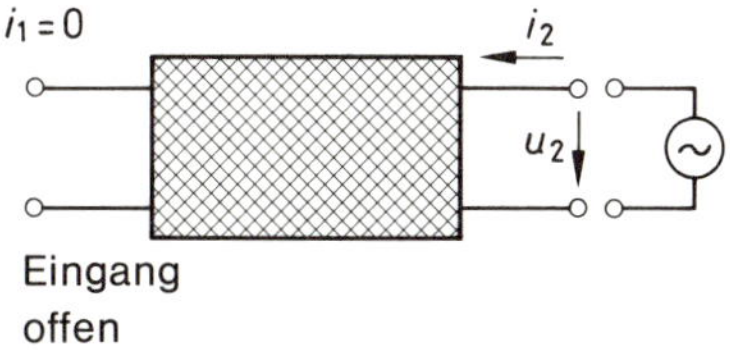

Leerlauf-Ausgangsleitwert

$$1/r_a = h_{22} = \frac{i_2}{u_2} \text{ für } i_1 = 0$$

Bild 4.37 Ermittlung der *h*-Parameter für einen Transistor

In der Tabelle nach **Bild 4.38** sind die *h*-Parameter eines Transistors nochmals übersichtlich zusammengefaßt. Der Index e weist auf die Emitterschaltung hin, auf die noch im Abschnitt 4.7.1 eingegangen wird.

allgemein	Transistorkenndaten (Emitterschaltung)	Bezeichnung
$h_{11} = \frac{u_1}{i_1}$ bei $u_2 = 0$	$h_{11e} = \frac{\Delta U_{BE}}{\Delta I_B}$ bei $U_{CE} = \text{const.}$	r_{BE} = Kurzschlußeingangswiderstand in Ω
$h_{12} = \frac{u_1}{u_2}$ bei $i_1 = 0$	$h_{12e} = \frac{\Delta U_{BE}}{\Delta U_{CE}}$ bei $I_B = \text{const.}$	D_U = Leerlaufspannungsrückwirkung (dimensionslos)
$h_{21} = \frac{i_2}{i_1}$ bei $u_2 = 0$	$h_{21e} = \frac{\Delta I_C}{\Delta I_B}$ bei $U_{CE} = \text{const.}$	β = Kurzschlußstromverstärkung (dimensionslos)
$h_{22} = \frac{i_2}{u_2}$ bei $i_1 = 0$	$h_{22e} = \frac{\Delta I_C}{\Delta U_{CE}}$ bei $I_B = \text{const.}$	$\frac{1}{r_{CE}}$ = Leerlaufausgangsleitwert in S = 1/Ω

Bild 4.38 *h*-Parameter eines Transistors

Die h-Parameter als dynamische Kenndaten eines Transistors lassen sich auch aus den einzelnen Kennlinien ermitteln. Bedingung hierfür ist aber, daß die Spannungs- und Stromänderungen entsprechend klein sind und damit die Kennlinien in den fraglichen Bereichen als linear betrachtet werden können. In **Bild 4.39** sind die dynamischen Kenndaten in das Vierquadranten-Kennlinienfeld eines Transistors eingetragen.

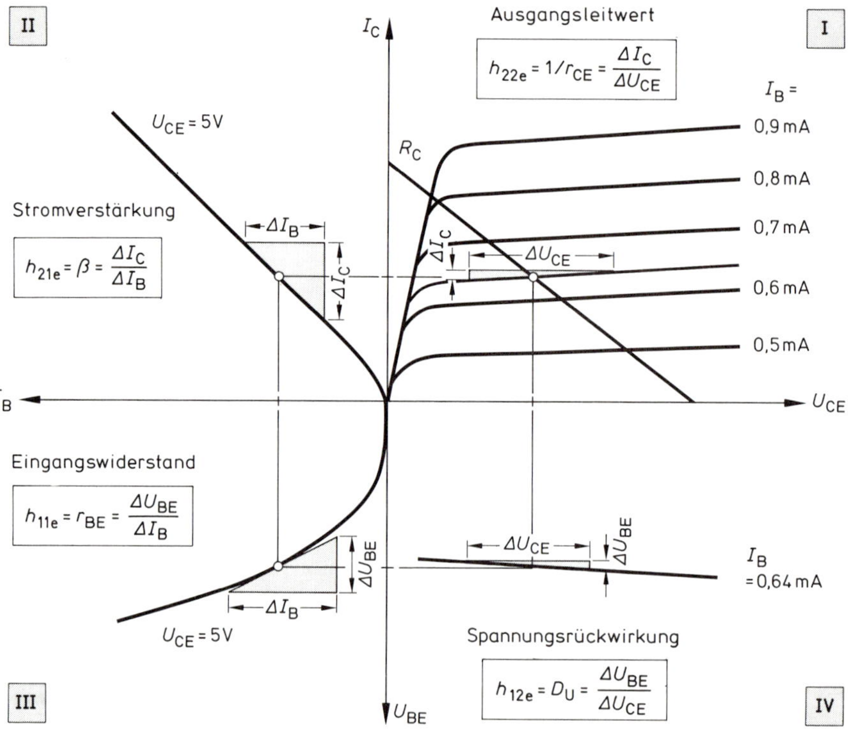

Bild 4.39 Vierpolparameter im Vierquadranten-Kennlinienfeld

Für den Transistor BC107B werden von den Herstellern z. B. folgende h-Parameter als Mittelwerte angegeben:

$h_{11e} = r_{BE} = 4{,}5\,\text{k}\Omega$ (Kurzschlußeingangswiderstand)

$h_{12e} = D_U = 2 \cdot 10^{-4}$ (Leerlaufspannungsrückwirkung)

$h_{21e} = \beta = 330$ (Kurzschlußstromverstärkung)

$h_{22e} = \frac{1}{r_{CE}} = 30\,\mu\text{S}$ (Leerlaufausgangsleitwert)

Diese Parameter gelten für eine Umgebungstemperatur $T_U = 25\,°\text{C}$, einen Kollektorstrom $I_C = 2$ mA, eine Kollektorspannung $U_{CE} = 5$ V und eine Frequenz $f = 1$ kHz, also insgesamt für einen genau festgelegten Arbeitspunkt.

Die h-Parameter eines Transistors können aber auch für andere Arbeitspunkte entweder aus den Kennlinien, wie in Bild 4.39, ermittelt oder meßtechnisch erfaßt werden.

Beispiel

Bei einem Transistor wird bei $U_{CE} = 6\,V = const.$ die Basisspannung um $\Delta U_{BE} = 5\,mV$ geändert. Als Folge davon tritt eine Änderung des Basisstromes um $\Delta I_B = 25\,\mu A$ auf, die eine Änderung des Kollektorstromes um $\Delta I_C = 1{,}5\,mA$ bewirkt.
Bei $I_B = 20\,\mu A = const.$ werden die Werte $\Delta I_C = 0{,}5\,mA$, $\Delta U_{CE} = 2{,}5\,V$ sowie ebenfalls bei $I_B = 20\,\mu A = const.$ die Werte $\Delta U_{CE} = 4\,V$ und $\Delta U_{BE} = 5\,\mu V$ gemessen.
Aus diesen Meßwerten lassen sich die dynamischen Kennwerte des entsprechenden Transistors berechnen:

Eingangswiderstand

$$r_{BE} = h_{11e} = \frac{\Delta U_{BE}}{\Delta I_B} \text{ bei } \Delta U_{CE} = const. = 6\,V$$

$$h_{11e} = \frac{5\,mV}{25\,\mu A} = \frac{5 \cdot 10^{-3}\,V}{25 \cdot 10^{-6}\,A} = 2 \cdot 10^2\,\Omega = 200\,\Omega$$

Stromverstärkung

$$\beta = h_{21e} = \frac{\Delta I_C}{\Delta I_B} \text{ bei } U_{CE} = const. = 6\,V$$

$$h_{21e} = \frac{1{,}5\,mA}{25\,\mu A} = \frac{1{,}5 \cdot 10^{-3}\,A}{25 \cdot 10^{-6}\,A} = 0{,}6 \cdot 10^2 = 60$$

Ausgangsleitwert

$$\frac{1}{r_{CE}} = h_{22e} = \frac{\Delta I_C}{\Delta U_{CE}} \qquad \text{bei } I_B = 20\,\mu A = const.$$

$$h_{22e} = \frac{0{,}5\,mA}{2{,}5\,V} = \frac{0{,}5 \cdot 10^{-3}\,A}{2{,}5\,V} = 2 \cdot 10^{-4}\,S = 0{,}2\,mS$$

Spannungsrückwirkung

$$D_U = h_{12e} = \frac{\Delta U_{BE}}{\Delta U_{CE}} \qquad \text{bei } I_B = 20\,\mu A = const.$$

$$h_{12e} = \frac{5\,\mu V}{4\,V} = \frac{5 \cdot 10^{-6}\,V}{4\,V} = 1{,}25 \cdot 10^{-6}$$

Die in den Datenbüchern angegebenen h-Parameter gelten immer nur für einen ganz bestimmten, zusätzlich angegebenen Arbeitspunkt. Soll der Transistor in einem anderen Arbeitspunkt betrieben werden, so müssen die h-Parameter für diesen Arbeitspunkt umgerechnet werden. Dieses ist dann mit Hilfe der in **Bild 4.40** angegebenen Diagramme recht einfach möglich. Sie gelten wiederum für die Transistoren BC107, BC108 und BC109.

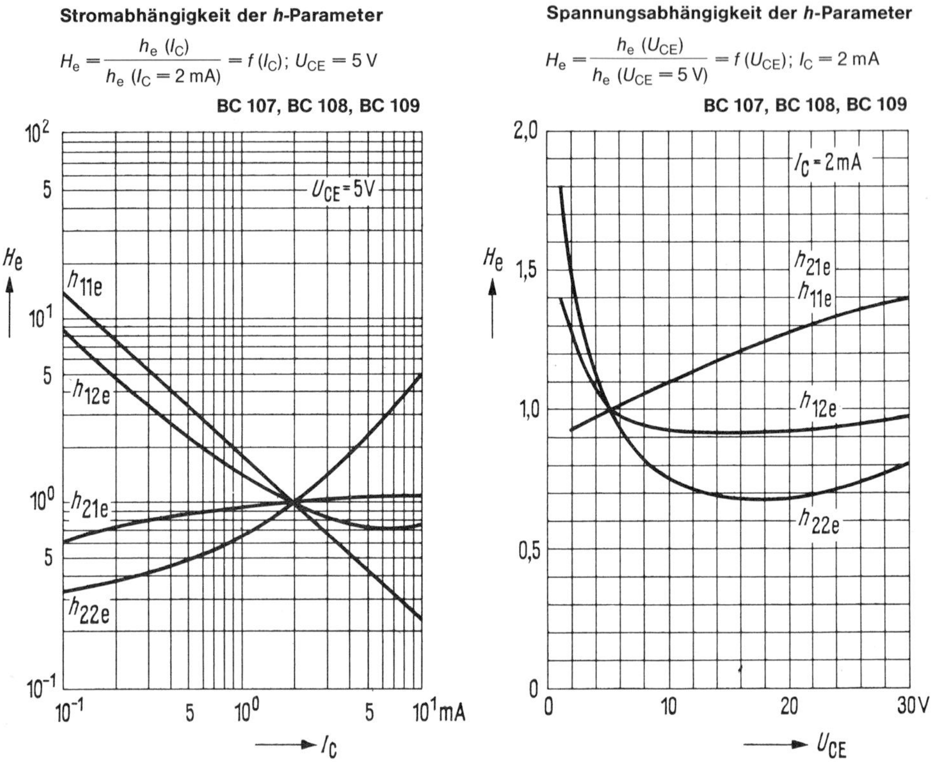

a) Stromabhängigkeit der h-Parameter **b)** Spannungsabhängigkeit der h-Parameter

Bild 4.40 Kennlinien zur Umrechnung der h-Parameter für die Transistoren BC107, BC108 und BC109

Aus den Diagrammen nach Bild 4.40 läßt sich der Faktor H_e für den neugewählten Kollektorstrom bzw. für die neugewählte Kollektorspannung ablesen. Um die h-Parameter für diesen neuen Arbeitspunkt zu bestimmen, müssen die gegebenen h-Parameter mit dem gefundenen Faktor H_e multipliziert werden.

Beispiel

Der Transistor BC107B hat laut Datenbuch für den Arbeitspunkt $U_{CE} = 5$ V, $I_C = 2$ mA und $f = 1$ kHz folgende dynamische Kenndaten:

$h_{11e} = 4{,}5\,k\Omega$; $h_{12e} = 2 \cdot 10^{-4}$
$h_{21e} = 330$; $h_{22e} = 30\,\mu S$

Der Transistor soll aber nicht in dem o. g. Arbeitspunkt, sondern in dem einen Fall im Arbeitspunkt

a) $U_{CE} = 5$ V, $I_C = 10$ mA, $f = 1$ kHz

und in einem weiteren Fall im Arbeitspunkt

b) $U_{CE} = 10$ V, $I_C = 2$ mA, $f = 1$ kHz

betrieben werden.

Aus den Kennlinien in Bild 4.40 ergeben sich die angegebenen Vierpolparameter für die zwei neuen Arbeitspunkte.

	h-Parameter-Wert für			
	$I_C = 10\,mA$		$U_{CE} = 10\,V$	
dynamischer Eingangswiderstand $r_{BE} = h_{11e}$	$H_e = 0{,}25$	$h_{11e} = H_e \cdot h_{11e\,2mA}$ $h_{11e} = 0{,}25 \cdot 4{,}5\,k\Omega$ $h_{11e} = 1{,}125\,k\Omega$	$H_e = 1{,}1$	$h_{11e} = H_e \cdot h_{11e\,5V}$ $h_{11e} = 1{,}1 \cdot 4{,}5\,k\Omega$ $h_{11e} = 4{,}95\,k\Omega$
Spannungsrückwirkung $D_U = h_{12e}$	$H_e = 0{,}8$	$h_{12e} = H_e \cdot h_{12e\,2mA}$ $h_{12e} = 0{,}8 \cdot 2 \cdot 10^{-4}$ $h_{12e} = 1{,}6 \cdot 10^{-4}$	$H_e = 0{,}9$	$h_{12e} = H_e \cdot h_{12e\,5V}$ $h_{12e} = 0{,}8 \cdot 2 \cdot 10^{-4}$ $h_{12e} = 1{,}8 \cdot 10^{-4}$
Stromverstärkung $\beta = h_{21e}$	$H_e = 1$	$h_{21e} = H_e \cdot h_{21e\,2mA}$ $h_{21e} = 1 \cdot 330$ $h_{21e} = 330$	$H_e = 1{,}1$	$h_{21e} = H_e \cdot h_{21e\,5V}$ $h_{21e} = 1{,}1 \cdot 330$ $h_{21e} = 363$
Ausgangsleitwert $\frac{1}{r_{CE}} = h_{22e}$	$H_e = 5$	$h_{22e} = H_e \cdot h_{22e\,2mA}$ $h_{22e} = 5 \cdot 30\,\mu S$ $h_{22e} = 150\,\mu S$	$H_e = 0{,}75$	$h_{22e} = H_e \cdot h_{22e\,5V}$ $h_{22e} = 0{,}75 \cdot 30\,\mu S$ $h_{22e} = 22{,}5\,\mu S$

Kapazitäten

Bei einem Transistor wird die Kollektor-Basis-Strecke in Sperrichtung betrieben. Daher ist auch eine Sperrschichtkapazität C_{CB} vorhanden, die nicht vernachlässigt werden kann. Sie liegt je nach Transistortyp zwischen etwa 0,5 pF und 50 pF. Wird auch die Emitter-Basis-Strecke in Sperrichtung betrieben, so tritt hier ebenfalls eine Sperrschichtkapazität C_{EB} auf. Weiterhin besitzt jeder Transistor auch noch eine Kapazität C_{CE} zwischen Kollektor und Emitter. In **Bild 4.41** sind die Transistorkapazitäten als reale Kapazitäten eingezeichnet.

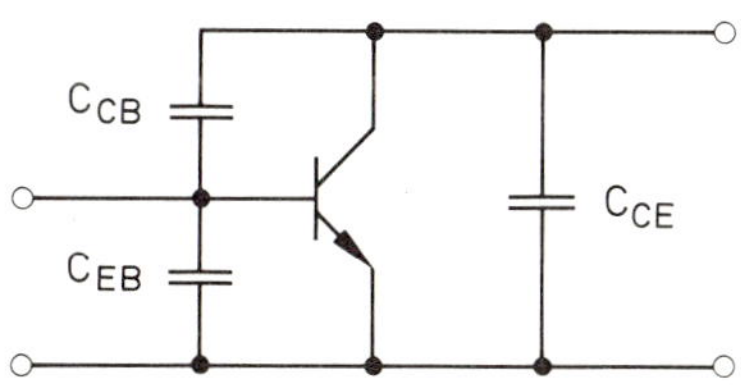

Bild 4.41 Transistorkapazitäten

Beim Betrieb eines Transistors als Kleinsignalverstärker wird die Emitter-Basis-Strecke in Durchlaßrichtung betrieben, so daß in diesem Fall nur die Kollektor-Basis-Kapazität C_{CB} wirksam ist. Die Hersteller geben in den Datenblättern daher nur die beiden Transistorkapazitäten C_{CB} und C_{EB} an. Da der Wert dieser Sperrschichtkapazitäten von den angelegten Sperrspannungen abhängig ist, wird diese Abhängigkeit wie bei den Dioden in einer Kennlinie dargestellt. In **Bild 4.42** ist die Abhängigkeit der Transistorkapazitäten für die Transistoren BC107, BC108 und BC109 in einem Diagramm dargestellt.

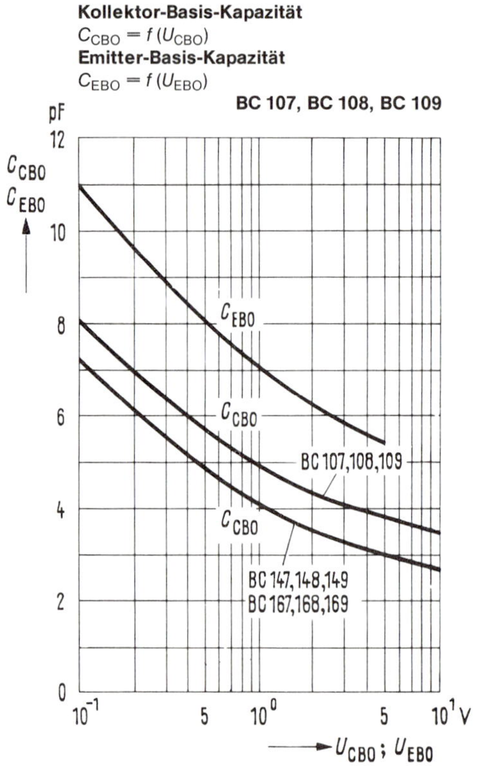

Bild 4.42 Spannungsabhängigkeit der Transistorkapazitäten für die Transistoren BC107, BC108 und BC109

Transitfrequenz

Da jeder Transistor eine Kollektor-Basis-Kapazität C_{CB} hat, entsteht in Verbindung mit dem Ausgangswiderstand des Transistors ein Tiefpaß für die Signalfrequenz. Zusätzlich macht sich aber bei höheren Frequenzen auch die Laufzeit der Ladungsträger durch den Transistor bemerkbar. Aus diesen Gründen wird die Stromverstärkung $\beta = h_{21e}$ des Transistors mit zunehmender Frequenz kleiner. Dieser Zusammenhang ist in **Bild 4.43** dargestellt.

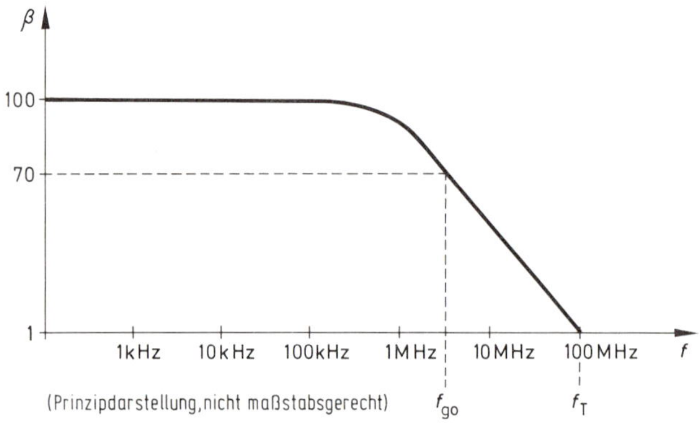

Bild 4.43 Frequenzabhängigkeit der Stromverstärkung eines Transistors

In Bild 4.43 ist die Stromverstärkung bei niedrigen Frequenzen mit 100 % angesetzt. Als *Grenzfrequenz* f_{go} des Transistors wird diejenige Frequenz bezeichnet, bei der die Stromverstärkung auf $1/\sqrt{2} \approx 70{,}7\,\%$ der Stromverstärkung bei niedrigen Frequenzen abgesunken ist. Eine Verstärkerwirkung ist aber auch noch oberhalb f_{go} vorhanden. Erst bei $\beta = 1$ kann keine Verstärkung auftreten. Die Frequenz, bei der $\beta = 1$ ist, wird als *Transitfrequenz* f_T bezeichnet und von den Herstellern in den Datenblättern angegeben. Diese Transitfrequenz hängt auch von der Größe des Kollektorstromes ab, so daß eine Darstellung entsprechend **Bild 4.44** erfolgt.

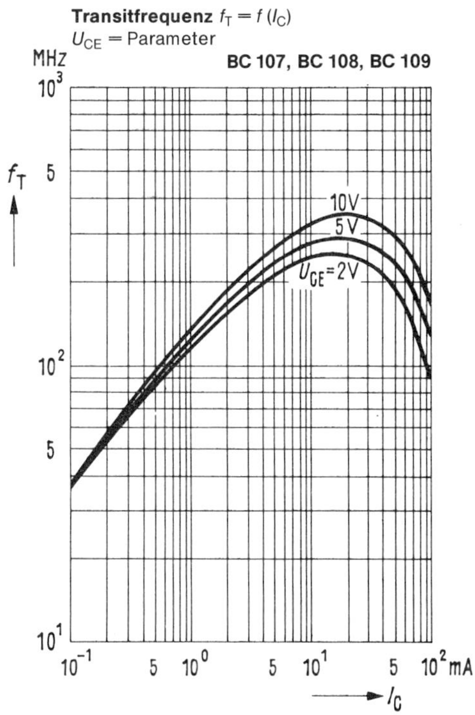

Bild 4.44 Transitfrequenz in Abhängigkeit vom Kollektorstrom für die Transistoren BC107, BC108 und BC109

Zwischen Transitfrequenz, Grenzfrequenz und Stromverstärkung eines Transistors gilt folgender Zusammenhang:

$$f_T = f_{go} \cdot \beta \qquad \text{(mit } \beta \text{ bei } f = 1\,\text{kHz)}$$

Daraus ergibt sich bei f_T = const., daß die Grenzfrequenz eines Transistors um so kleiner ist, je größer die Stromverstärkung β ist.

Beispiel

Für den Transistor BC107 werden $f_T = 250\,\text{MHz}$ und $\beta = 330$ (bei $f = 1\,\text{kHz}$) angegeben. Die Grenzfrequenz dieses Transistortyps beträgt daher

$$f_{go} = \frac{f_T}{\beta} = \frac{250\,\text{MHz}}{330} = 757\,\text{kHz}$$

Rauschzahl

Jede unregelmäßige thermische Eigenbewegung der Ladungsträger in einem Leiter oder Halbleiter erzeugt eine unerwünschte Wechselspannung. Sie wird als Rauschen bezeichnet und erstreckt sich über einen großen Frequenzbereich. Mit zunehmender Temperatur wird die thermische Eigenbewegung und damit auch die Rauschspannung größer.

Ein Maß für das in einem Transistor erzeugte Rauschen ist die Rauschzahl F, die in den Datenblättern meistens im logarithmischen Maß in dB angegeben wird. Mit Hilfe dieser Rauschzahl F läßt sich bei einer gegebenen Verstärkerschaltung die Mindestnutzspannung berechnen, die am Eingang anliegen muß, damit am Ausgang des Verstärkers das Nutzsignal um einen bestimmten Faktor größer als das Rauschen ist.

Je größer die Rauschzahl F eines Transistors ist, desto geringer ist seine Eingangsempfindlichkeit. Zur Bestimmung der Rauschzahl muß jeweils der Generatorwiderstand R_G und die Bandbreite mit angegeben werden.

Wie aus **Bild 4.45** zu ersehen ist, hängt die Rauschzahl F auch vom Kollektorstrom ab. Sie steigt mit zunehmendem Kollektorstrom, weil infolge eines größeren Kollektorstromes auch die Verlustleistung und damit auch die Temperatur ansteigt.

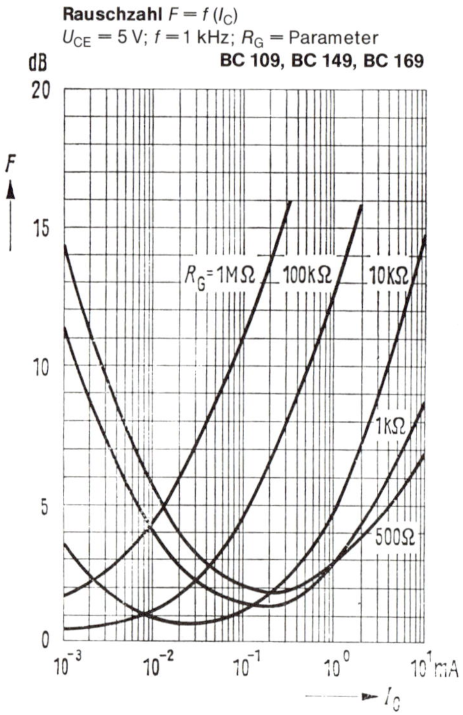

Bild 4.45 Stromabhängigkeit der Rauschzahl F für den Transistor BC109

Schaltverhalten

Die bisher betrachteten dynamischen Kennwerte der Transistoren gelten sowohl für den Gleichspannungs- als auch für den Wechselspannungsbetrieb, sofern hierbei die Signalfrequenzen nicht allzu hoch sind. Werden Transistoren jedoch als Hochfrequenz- und Breitbandverstärker oder im Schalterbetrieb eingesetzt, dann müssen noch einige weitere Kennwerte beachtet werden. Die wichtigsten davon sind die Schaltzeiten. Sie geben eine zusätzliche Auskunft über den zeitlichen Zusammenhang zwischen Eingangs- und Ausgangsstrom. In **Bild 4.46** ist ein derartiger Zusammenhang dargestellt.

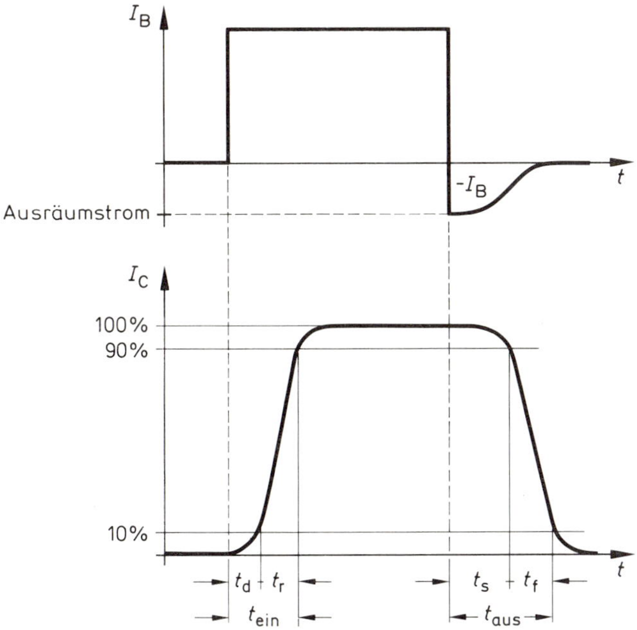

Bild 4.46 Schaltzeiten eines Transistors

Die Bezeichnungen und die Definitionen für die einzelnen Zeiten sind einheitlich festgelegt.

Verzögerungszeit t_d

Als Verzögerungszeit t_d (engl.: delay time) wird die Zeit bezeichnet, die vom Augenblick des Einschaltens des Basisstromes I_B bis zum Anstieg des Kollektorstromes auf 10 % seines Endwertes vergeht. Diese Verzögerungszeit tritt auf, weil die Emitter-Basis-Sperrschichtkapazität C_{EB} zunächst umgeladen und die Emitterdiode in Durchlaßrichtung gepolt werden muß. Je größer der Steuerstrom I_B bei einem Transistortyp ist, desto kleiner wird die Verzögerungszeit.

Anstiegszeit t_r

Die Anstiegszeit t_r (engl.: rise time) gibt an, wieviel Zeit der Kollektorstrom benötigt, um von 10 % auf 90 % seines Endwertes anzusteigen. Sie entsteht, weil über den Steuerstrom erst eine entsprechende Anzahl von Ladungsträgern in den Basisraum eindringen muß.

Einschaltzeit t_{ein}
Die Einschaltzeit t_{ein} ergibt sich aus der Summe von Verzögerungszeit und Anstiegszeit; t_{ein} wird mit zunehmendem Basisstrom kleiner.

Speicherzeit t_s
Die Speicherzeit t_s (engl.: storage time) wird durch die Sperrschichtkapazität zwischen Kollektor und Basis bestimmt. Sie gibt an, in welcher Zeit nach Abschalten des Basisstromes der Kollektorstrom auf 90% seines Endwertes abgesunken ist.

Abfallzeit t_f
Die Abfallzeit t_f (engl.: fall time) gibt an, welche Zeit der Kollektorstrom braucht, um von 90% auf 10% seines Maximalwertes abzusinken.

Ausschaltzeit t_{aus}
Die Speicherzeit und die Abfallzeit ergeben zusammen die Ausschaltzeit t_{aus}. Sie ist umso größer, je größer der Basisstrom I_B vor dem Ausschalten war. Bei schnellen Transistorschaltern wird die Ausschaltzeit verkürzt, indem der Basisstrom nicht nur abgeschaltet, sondern umgepolt wird. Es fließt dann ein Ausräumstrom $-I_B$, der die Ausschaltzeit verkürzt.
Die Periodendauer der höchsten Frequenz, mit der ein Schalttransistor betrieben werden kann, ergibt sich aus der Summe der Einschalt- und Ausschaltzeit eines Transistors. Für die höchste Frequenz gilt daher

$$f_{max} = \frac{1}{t_{ein} + t_{aus}}$$

Beispiel

Für den Schalttransistor BSS 81 sind im Datenblatt folgende Schaltzeiten angegeben:

$t_d = 10\,\text{ns}$; $t_r = 10\,\text{ns}$ $t_s = 225\,\text{ns}$; $t_f = 60\,\text{ns}$.

Wie groß sind die Ein- und Ausschaltzeiten und wie groß ist die höchste Schaltfrequenz dieses Transistors?

$$t_{ein} = t_d + t_r = 10\,\text{ns} + 10\,\text{ns} = 20\,\text{ns}$$
$$t_{aus} = t_s + t_f = 225\,\text{ns} + 60\,\text{ns} = 285\,\text{ns}$$
$$f_{max} = \frac{1}{t_{ein} + t_{aus}} = \frac{1}{20\,\text{ns} + 285\,\text{ns}} = \frac{1}{305\,\text{ns}} = 3{,}28\,\text{MHz}$$

4.4.4 Wärmewiderstand

Bei Betrieb eines bipolaren Transistors wird die in der Sperrschicht zwischen Basis und Kollektor auftretende Verlustleistung in Wärme umgewandelt. Diese Wärme muß über das den Kristall umschließende Gehäuse aus Metall oder Kunststoff an die Umgebungsluft abgeführt werden. Aufgrund der thermischen Gesetze erfolgt dieses umso besser, je größer die Temperaturdifferenz zwischen der Sperrschicht und der Umgebungsluft ist und je ungehinderter die Ableitung der erzeugten Wärme erfolgen kann. Damit treten beim Transistor die gleichen wärmetechnischen Zusammenhänge wie bei den Halbleiterdioden auf. Daher sind auch die Berechnungsmethoden gleich.

So ist der Wärmewiderstand beim Transistor ebenfalls definiert als

$$R_{thJU} = \frac{T_J - T_U}{P_V} \quad \text{in } \frac{K}{W} \quad \text{(Kelvin pro Watt)}$$

mit T_J = Sperrschichttemperatur
T_U = Umgebungstemperatur
P_V = Elektrische Leistung, die in der Sperrschicht in Wärme umgesetzt wird.

Bei Transistoren mit einer Verlustleistung $P_{tot} < 0{,}5\,W$ geben die Hersteller in der Regel einen Wärmewiderstand zwischen Sperrschicht und Umgebung mit R_{thJU} an. Damit ergeben sich die in **Bild 4.47** dargestellten Verhältnisse.

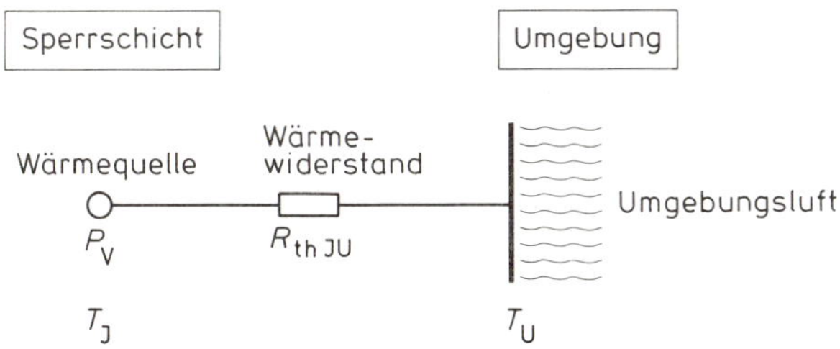

Bild 4.47 Ersatzschaltbild für den Wärmewiderstand R_{thJU}

Bei Transistoren mit einer Verlustleistung $P_{tot} > 0{,}5\,W$ reicht im allgemeinen die Wärmeabfuhr nur über das Transistorgehäuse nicht aus, weil die Oberfläche zu klein ist. Genau wie bei den Halbleiterdioden läßt sich die abstrahlende Oberfläche jedoch durch Montage auf ein Chassisblech oder durch einen Kühlkörper erheblich vergrößern. Werden Transistoren mit einem zusätzlichen Kühlkörper betrieben, dann setzt sich der gesamte Wärmewiderstand R_{thU} aus einer Reihenschaltung von drei Teilwiderständen zusammen und es gilt entsprechend **Bild 4.48**

$$R_{thU} = R_{thJG} + R_{thGK} + R_{thK}$$

mit R_{thJG} = Wärmewiderstand zwischen Sperrschicht und Gehäuse
R_{thGK} = Wärmewiderstand zwischen Gehäuse und Kühlkörper
R_{thK} = Wärmewiderstand des Kühlkörpers

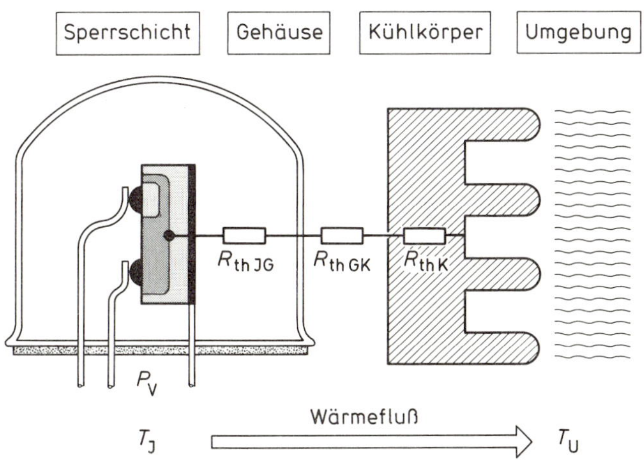

Bild 4.48 Ersatzschaltbild des Wärmewiderstandes bei Transistoren mit Kühlkörper

Bei dieser Montageart ist jedoch zu beachten, daß trotz der Reihenschaltung der Teil-Widerstände der gesamte Wärmewiderstand R_{thU} zwischen der Sperrschicht und der Umgebungsluft wegen der wesentlich vergrößerten Oberfläche kleiner ist als der Wärmewiderstand R_{thJU}, der für den Transistor ohne Kühlkörper gilt.

So hat z.B. der Transistor BC140 laut Datenblatt einen Wärmewiderstand $R_{thJU} = 200$ K/W. Der Wärmewiderstand zwischen Sperrschicht und Gehäuse beträgt bei diesem Typ $R_{thJG} = 35$ K/W. Zu diesem wesentlich niedrigerem Wert muß noch der Wärmewiderstand $R_{thGK} \approx 2$ K/W sowie der Wärmewiderstand des Kühlkörpers je nach Ausführung mit z.B. $R_{thK} \approx 10$ K/W addiert werden. Hieraus ist ersichtlich, daß trotz der Reihenschaltung der gesamte Wärmewiderstand einschließlich Kühlkörper mit $R_{thU} \approx 47$ K/W wesentlich kleiner als der Wärmewiderstand des Transistors ohne Kühlkörper mit $R_{thJU} = 200$ K/W ist.

Die Verlustleistung P_V eines Transistors mit Kühlkörper läßt sich mit Hilfe der Gleichung

$$P_V = \frac{T_J - T_U}{R_{thJG} + R_{thGK} + R_{thK}}$$

ermitteln.

Wie bereits in Abschnitt 3.3.2.3 bei den Halbleiterdioden ausführlich behandelt, ist der Wärmewiderstand R_{thK} eines Kühlkörpers nicht nur von der Größe der Oberfläche, sondern auch vom Material und der Montageart abhängig.

Heute werden für Transistoren in zunehmendem Umfang Feder-Kühlkörper, Finger-Kühlkörper und Rippen-Kühlkörper verwendet. Diese drei charakteristischen Bauformen von Kühlkörpern sind in **Bild 4.49** dargestellt.

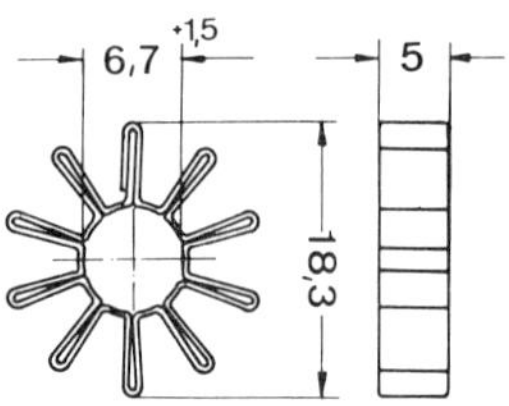

$R_{thK} = 60$ K/W

a) Feder-Kühlkörper

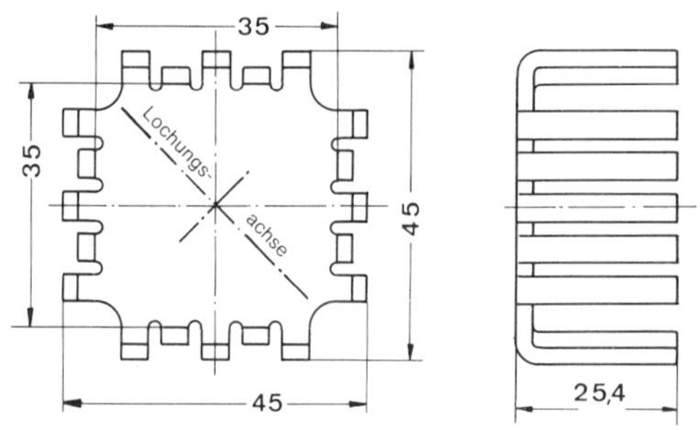

$R_{thK} = 6$ K/W

b) Finger-Kühlkörper

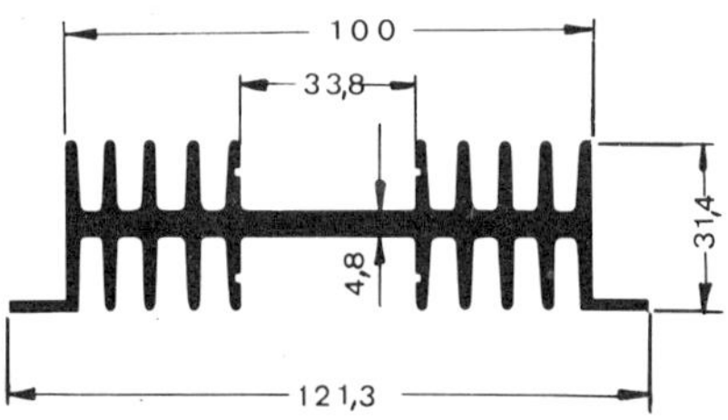

$R_{thk} = 2,5$ bis $1,6$ K/W

c) Rippen-Kühlkörper

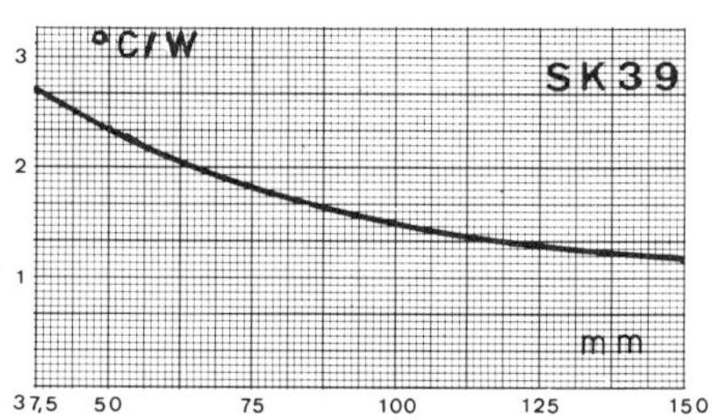

Bild 4.49 Charakteristische Bauformen von Kühlkörpern

Feder- und Finger-Kühlkörper werden meistens aus Zinnbronze oder Federmessing, Rippen-Kühlkörper dagegen aus Aluminiumlegierung hergestellt. Rippen-Kühlkörper gibt es sowohl als Einzelstücke wie auch als Meterware. Die Oberfläche ist entweder mattgebeizt oder mattschwarz eloxiert.
Zwischen dem Gehäuse des Transistors und dem Kühlkörper soll ein sehr enger Kontakt bestehen, damit der Wärmewiderstand R_{thGK} möglichst klein wird. Für diesen Wärmewiderstand gelten etwa folgende Werte:

Feder-Kühlkörper $R_{thGK} \approx 5\,K/W$ bis $2\,K/W$

Finger- und Rippen-Kühlkörper je nach Berührungsfläche $R_{thGK} \approx 1\,K/W$ bis $0{,}5\,K/W$.

Durch eine Wärmeleitpaste aus Siliconfett lassen sich die angegebenen Werte noch auf etwa die Hälfte herabsetzen.
Darf zwischen Metallgehäuse des Transistors und dem Kühlkörper keine elektrische Verbindung bestehen, so muß als Isoliermaterial eine Glimmerscheibe oder Kunststofffolie als Zwischenlage verwendet werden. Dabei ist dann jedoch zu beachten, daß sich durch diese Zwischenlage der Wärmewiderstand R_{thGK} um 0,25 K/W bis 1,5 K/W erhöht. Dieser größere Wärmewiderstand läßt sich auch durch Verwendung von Wärmeleitpaste nicht herabsetzen.

Beispiel 1

Für den Transistor BC107 werden folgende Werte angegeben:
$R_{thJU} = 500\,K/W$; $R_{thJG} = 200\,K/W$; $T_J = 175\,°C$.
Er soll bei $U_{CE} = 5\,V$ und bei einer Umgebungstemperatur $T_U = 45\,°C$ betrieben werden.

Welcher Kollektorstrom darf fließen bei

a) Betrieb ohne Kühlkörper,
b) Betrieb mit Federkühlkörper mit $R_{thGK} = 5\,K/W$ und $R_{thK} = 60\,K/W$ ohne Wärmeleitpaste?

a) $$P_V = \frac{T_J - T_U}{R_{thJU}} = \frac{175\,°C - 45\,°C}{500\,K/W} = \frac{130\,K}{500\,K/W} = 0{,}26\,W$$

$$I_C = \frac{P_V}{U_{CE}} = \frac{0{,}26\,W}{5\,V} = 52\,mA$$

b) $$P_V = \frac{T_J - T_U}{R_{thJG} + R_{thGK} + R_{thK}} = \frac{175\,°C - 45\,°C}{200\,K/W + 5\,K/W + 60\,K/W}$$

$$P_V = 0{,}49\,W$$

$$I_C = \frac{P_V}{U_{CE}} = \frac{0{,}49\,W}{5\,V} = 98\,mA$$

Beispiel 2

Für den Leistungstransistor 2N3055 werden folgende Werte angegeben: $T_J = 200\,°C$; $R_{thJG} = 1{,}5\,K/W$. Er soll bei einer Umgebungstemperatur $T_U = 45\,°C$ und einer Verlustleistung $P_V = 30\,W$ betrieben und auf einen Rippen-Kühlkörper nach Bild 4.49c montiert werden. Durch Verwendung von Wärmeleitpaste ergibt sich dabei ein Wärmewiderstand von $R_{thGK} = 0{,}25\,K/W$. Aus Sicherheitsgründen soll nicht von $T_J = 200\,°C$, sondern nur von $T_J = 175\,°C$ ausgegangen werden.

Welche Länge muß der Kühlkörper nach Bild 4.49c haben, damit die auftretende Wärme abgeführt wird?

$$R_{thU} = \frac{T_J - T_U}{P_V} = \frac{175\,°C - 45\,°C}{30\,W} = \frac{130\,K}{30\,W} = 4{,}3\,K/W$$

$$R_{thK} = R_{thU} - R_{thJG} - R_{thGK} = 4{,}3\,K/W - 1{,}5\,K/W - 0{,}25\,K/W$$

$$R_{thK} = 2{,}6\,K/W$$

Aus dem Diagramm in Bild 4.49c läßt sich ablesen, daß der Rippen-Kühlkörper eine Länge von etwa 40 mm haben muß, damit $R_{thK} = 2{,}6\,K/W$ beträgt.

Werden Transistoren im Impulsbetrieb betrieben, so darf die jeweils während des Impulses auftretende Verlustleistung größer als die Verlustleistung im Dauerbetrieb sein, weil während der Impulspause bereits wieder eine Abkühlung erfolgt. Um die hier sehr komplizierte Berechnung zu vereinfachen, wird in den Datenblättern anstelle des Wärmewiderstandes R_{thJU} oder R_{thJG} oft ein Impuls-Wärmewiderstand r_{thJG} in Form einer Kennlinie angegeben. Diese Kennlinien sind für die Transistoren BC107, BC108 und BC109 in **Bild 4.50** angegeben. Als Parameter wird hier das Verhältnis $\nu = \frac{t_i}{T}$ benutzt.

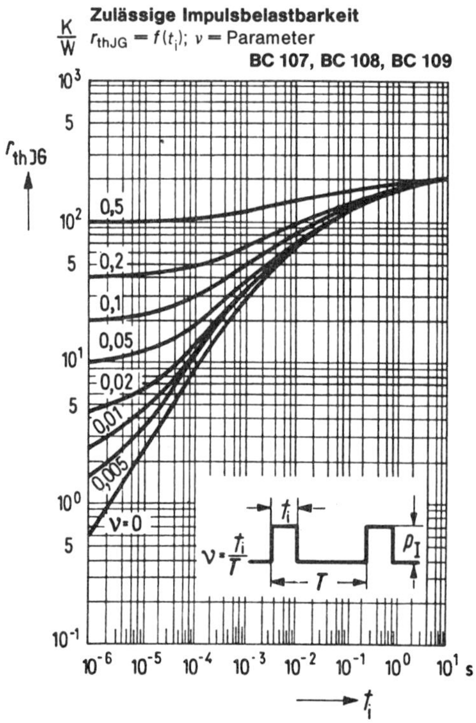

Bild 4.50
Impuls-Wärmewiderstand r_{thJG} für die Transistoren BC107, BC108 und BC109

Beispiel

Ein Transistor BC107 hat eine Sperrschichttemperatur $T_J = 175\,°C$ und soll bei $T_U = 45\,°C$ betrieben werden. Er hat einen Wärmewiderstand $R_{thJG} = 200\,K/W$ und soll mit einem Feder-Kühlkörper ohne Verwendung von Wärmeleitpaste gekühlt werden. Dafür gelten folgende Werte:
$R_{thGK} = 5\,K/W$ und $R_{thK} = 60\,K/W$.

Welche Verlustleistung hat der Transistor

a) bei Dauerbetrieb,

b) bei Impulsbetrieb, wenn er mit einer Impulsfrequenz $f = 1\,kHz$ und einer Impulsdauer $t_i = 100\,\mu s$ betrieben werden soll?

a) $$P_V = \frac{T_J - T_U}{R_{thJG} + R_{thGK} + R_{thK}} = \frac{175\,°C - 45\,°C}{200\,K/W + 5\,K/W + 60\,K/W} = \frac{130\,K}{265\,K/W}$$

$$P_V = 0{,}49\,W$$

b) $$T = \frac{1}{f} = \frac{1}{1 \cdot 10^3\,Hz} = 1 \cdot 10^{-3}\,s$$

$$v = \frac{t_i}{T} = \frac{1 \cdot 10^{-4}\,s}{1 \cdot 10^{-3}\,s} = 0{,}1$$

Aus dem Diagramm in Bild 4.50 kann für $t_i = 1 \cdot 10^{-4}\,s$ und $v = 0{,}1$ der Wert $r_{thJG} = 30\,K/W$ abgelesen werden.
Damit wird

$$P_V = \frac{T_J - T_U}{r_{thJG} + R_{thGK} + R_{thK}} = \frac{175\,°C - 45\,°C}{30\,K/W + 5\,K/W + 60\,K/W} = \frac{130\,K}{95\,K/W}$$

$$P_V = 1{,}37\,W$$

Bei dem angegebenen Impulsbetrieb darf also während der Impulsdauer fast die dreifache Leistung wie bei Dauerbetrieb auftreten.

4.5 Transistorausführungen

4.5.1 Transistorarten

Bipolare Transistoren lassen sich zunächst nach ihrem Ausgangsmaterial in Germanium-Transistoren und Silizium-Transistoren unterteilen. Ein weiteres Unterscheidungskriterium ist die im Transistor umgesetzte Leistung. Sie führt zur Aufteilung in Kleinsignal-Transistoren und Leistungs-Transistoren. Eine solche Untergliederung der Transistoren ist bereits in Bild 4.2 dargestellt.
Leistungstransistoren sind für größere Ströme und meistens auch für höhere Spannungen ausgelegt. Sie haben eine hohe Verlustleistung, die noch wesentlich gesteigert werden kann, wenn die in der Sperrschicht entstehende Wärme durch zusätzliche Kühlflächen schnell an die Umgebungsluft abgeführt wird. Mit Leistungstransistoren können Signalleistungen von wenigen Watt bis ca. 100 Watt erzeugt werden. Im unteren Bereich ist die leistungsmäßige Abgrenzung zu den Kleinsignal-Transistoren aber fließend.

Kleinsignal-Transistoren haben im wesentlichen die Aufgabe, kleine und kleinste Wechselspannungssignale zu verstärken. Sie sollen dabei selbst nur möglichst wenig Störsignale wie z. B. Rauschen erzeugen. Um eine große Verstärkung zu erreichen, haben die Kleinsignal-Transistoren auch eine große Gleichstromverstärkung *B*, die in der Regel erheblich größer als 100 ist. Mit den sehr zahlreichen Typen von Kleinsignal-Transistoren lassen sich nahezu alle Verstärkungsaufgaben erfüllen.
Eine weitere Unterteilung der Transistoren ist nach ihren Einsatzgebieten möglich. So sind NF-Transistoren nur für einen Einsatz im Niederfrequenzbereich bis etwa 50 kHz vorgesehen. Die Verstärkung von Hochfrequenzsignalen erfordert spezielle HF-Transistoren. Ihre Sperrschichtkapazitäten müssen möglichst klein sein, damit durch sie die hochfrequenten Signale nicht kurzgeschlossen werden.
Schalttransistoren sollen ein schnelles Umschalten vom leitenden in den gesperrten Zustand und umgekehrt ermöglichen. Sie sind daher so ausgelegt, daß die Schaltzeiten t_{ein} und t_{aus} möglichst klein sind. Darüber hinaus haben sie im leitenden Zustand nur sehr kleine Rest- oder Sättigungsspannungen. Auch dürfen im gesperrten Zustand nur sehr kleine Restströme in der Größenordnung von nA fließen.
Alle angeführten Transistorarten werden sowohl in NPN-Ausführungen als auch in PNP-Ausführungen gefertigt. Zwei zueinander gehörende Typen von NPN- und PNP-Transistoren mit weitgehend gleichen technischen Daten werden als Komplementär-Transistoren bezeichnet. Entsprechend zusammengeschaltet sind sie z. B. in fast allen NF-Leistungsendstufen zu finden.

4.5.2 Bezeichnungsschema für Halbleiter

Europäische Hersteller verwenden zur Kennzeichnung der verschiedenen Halbleiterbauelemente das »Pro-Electron«-Bezeichnungsschema. Es ist bereits in Abschnitt 3.3.5.2 für die Kennzeichnung von Dioden angegeben und in der folgenden Aufstellung auf Transistoren sowie bereits auf die erst in Kapitel 9 behandelten Thyristoren erweitert, so daß sich eine Gesamtübersicht ergibt.
Nach »Pro Electron« erfolgt die Bezeichnung von Halbleiterbauelementen mit

3 Buchstaben und 2 Ziffern.

Abweichend hiervon werden aber Typen, die vorwiegend in Rundfunk-, Fernseh- und Magnettongeräten eingesetzt werden, mit

2 Buchstaben und 3 Ziffern

gekennzeichnet.

Der *erste Buchstabe* gibt Auskunft über das Ausgangsmaterial. Es bedeuten:

A = Ausgangsmaterial Germanium
B = Ausgangsmaterial Silizium
C = Ausgangsmaterial wie Gallium-Arsenid usw.
R = Ausgangsmaterial für Fotohalbleiter und Hallgeneratoren.

Der *zweite Buchstabe* kennzeichnet die Hauptfunktion des Bauelementes. Es bedeuten dabei:

A = Diode für Kleinsignal-Gleichrichtung; Schaltdiode
B = Kapazitätsdiode
C = NF-Transistor
D = NF-Leistungstransistor
E = Tunneldiode
F = HF-Transistor
G = Oszillatordioden für HF-Anwendung
H = Hall-Feldsonde (Kap. 7)
L = HF-Leistungstransistor
N = Optokoppler (Kap. 6)
P = Fotodiode, Fotoelement (Kap. 6)
Q = Leuchtdiode (Kap. 6)
R = Thyristor (Kap. 9)
S = Schalttransistor
T = Thyristor (Kap. 9)
U = Leistungs-Schalttransistor
X = Vervielfacher-Diode
Y = Leistungsdiode
Z = Z-Diode

Als *dritter Buchstabe* werden nur X, Y und Z verwendet. Sie weisen lediglich auf den kommerziellen Einsatz dieser Typen hin.
Die nachfolgenden *zwei oder drei Ziffern* geben nur eine Registriernummer an, haben also keine besondere technische Aussage.
Nach dem JEDEC-Schema werden Dioden durch eine Kombination von »1N« und einer vierstelligen Zahl angegeben. »1N« weist darauf hin, daß das betreffende Bauelement einen pn-Übergang hat. Demzufolge beginnt die Bezeichnung von Transistoren wegen ihrer zwei pn-Übergänge mit »2N«. Die nachfolgende vierstellige Zahl ist nur eine Registriernummer.
Außer Halbleiterbauelementen mit diesen beiden Kennzeichnungsschlüsseln gibt es noch zahlreiche Transistortypen, bei denen nur firmenspezifische Kennzeichnungen verwendet werden.

4.5.3 Gehäuseformen von Transistoren

Transistoren werden in einer Vielzahl verschiedener Gehäuseformen gefertigt. Art und Größe hängen dabei im wesentlichen von der zulässigen Verlustleistung ab. Transistoren für kleine Verlustleistungen haben meistens ein Kunststoffgehäuse. Leistungstransistoren werden dagegen wegen der besseren Wärmeableitung in Metallgehäusen mit möglichst großer Oberfläche oder sogar mit einem Kühlblech versehen gefertigt. Die Gehäuseformen von Transistoren sind nach DIN oder JEDEC genormt. In **Bild 4.51** sind eine Reihe von Gehäuseformen als Beispiele angegeben.

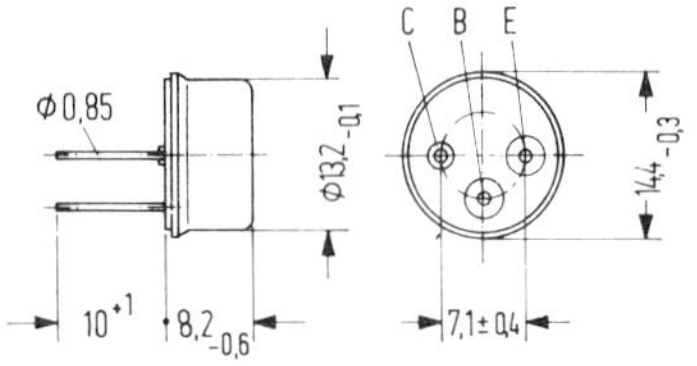

8A3 DIN 41878
(TO-8)

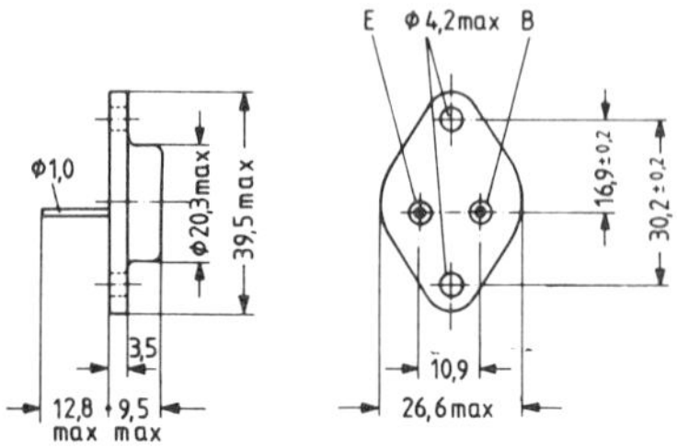

3A2 DIN 41472
(TO-3)

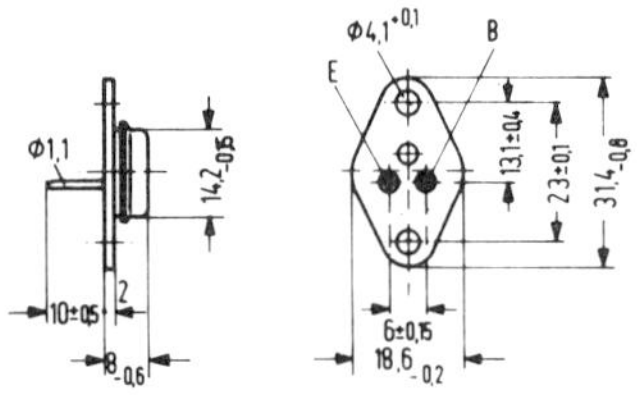

SOT-9

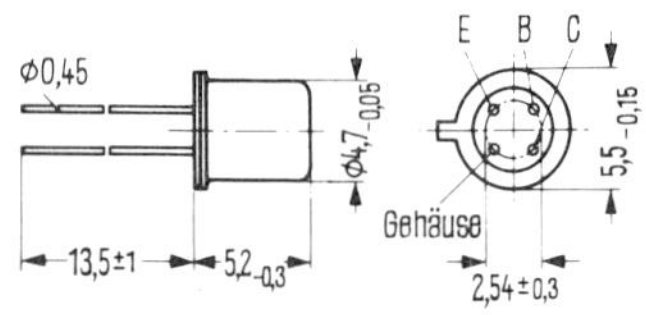

18B4 DIN 41876
(TO-72)

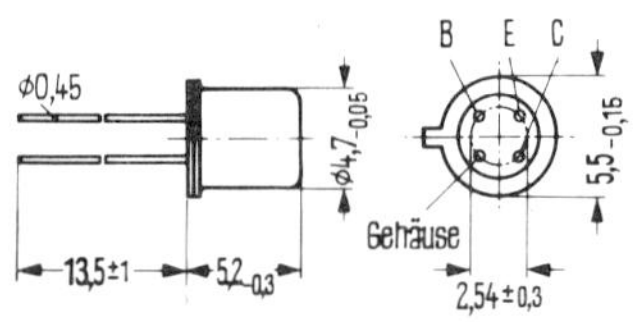

18B4 DIN 41876
(TO-72)

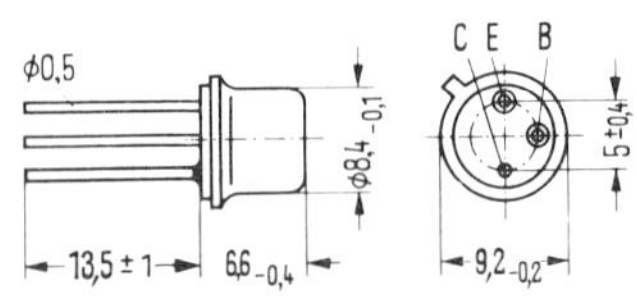

5C3 DIN 41873
(TO-39)

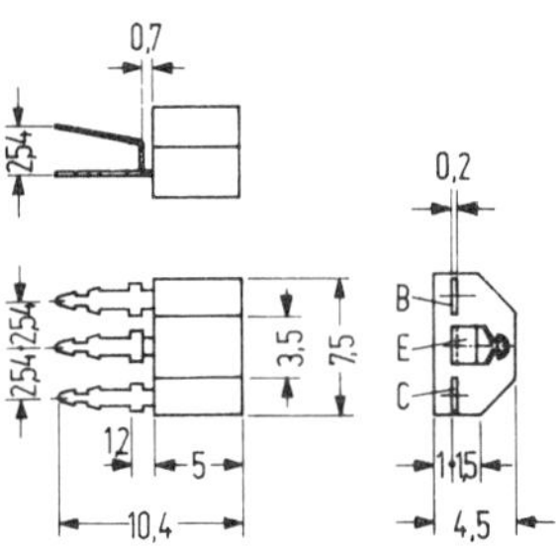

SOT-25

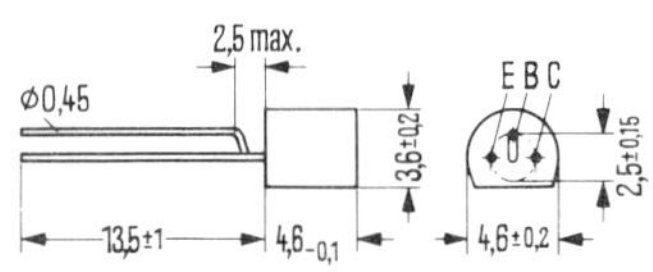

Montagehinweis Befestigungsbohrung ⌀ 0,6

10A3 DIN 41868
(TO-92)

Bild 4.51 Gehäuseformen von Transistoren. (Fortsetzung auf der nächsten Seite)

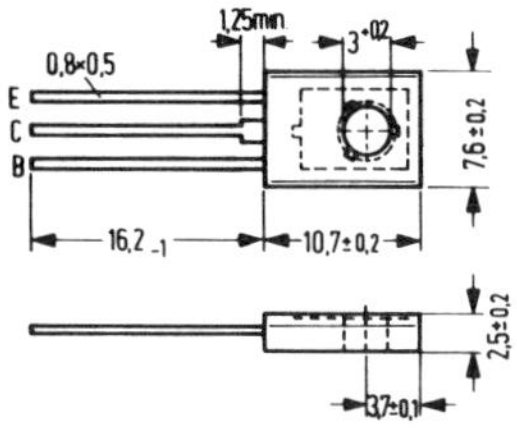

12A3 DIN 41869
(TO-126)

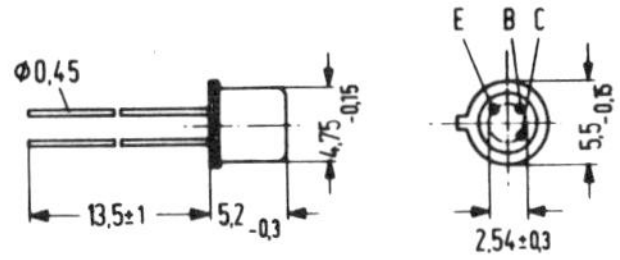

18A3 DIN 41876
(TO-18)

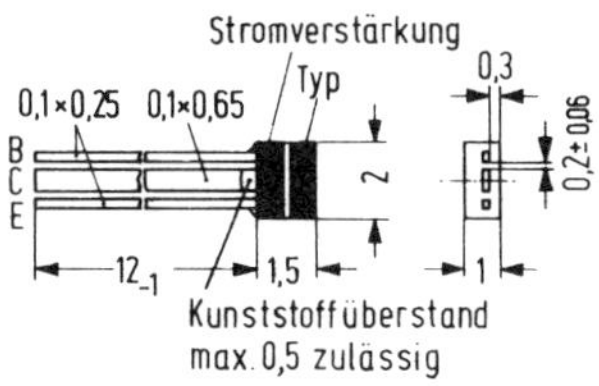

U-32

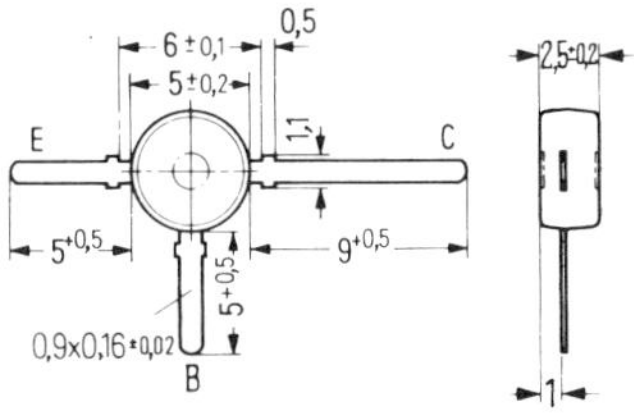

50B3 DIN 41867
(TO-50)

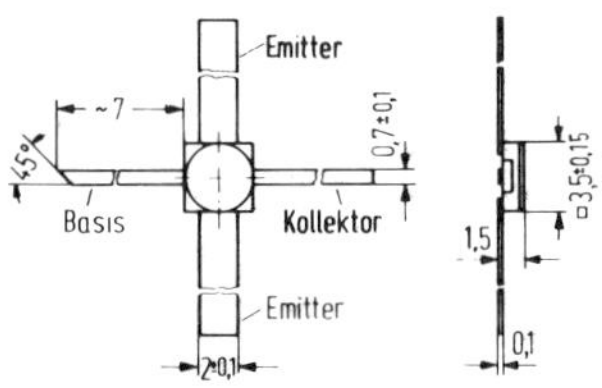

Keramik-
Bandleitungsgehäuse

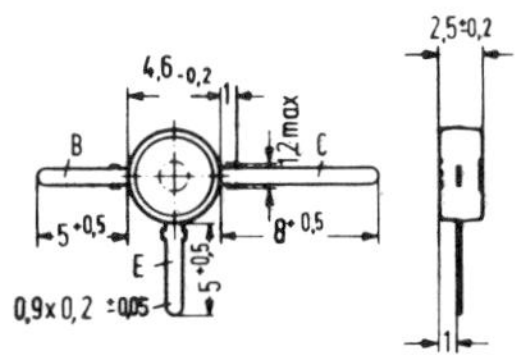

Keramik-
Bandleitungsgehäuse

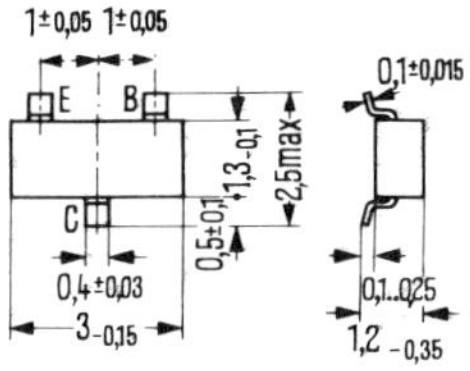

23A3 DIN 41869
(TO-236)

Bild 4.51 Gehäuseformen von Transistoren

4.5.4 Beispiele für Original-Datenblätter

Die folgenden vier Datenblätter sind lediglich als charakteristische Beispiele gedacht. Ausgewählt wurde der Germanium-HF-Transistor vom Typ AF240 **(Bild 4.52)**, der weitverbreitete Silizium-NF-Transistor BC107/108/109 **(Bild 4.53)**, der Silizium-Schalttransistor BSY34/58 **(Bild 4.54)** sowie der Silizium-Leistungstransistor 2N3055 **(Bild 4.55)**. Je nach Transistortyp und Hersteller können neben den hier angeführten Hauptdaten noch zahlreiche weitere Grenz- und Kenndaten sowie Kennlinien in den Datenblättern angeführt sein.
Bei HF-Transistoren geben die Hersteller bei den dynamischen Kenndaten *g*- und *y*-Parameter für die Basisschaltung (Abschnitt 4.7.3) an. Diese Vierpolparameter berücksichtigen besser die HF-Eigenschaften der Transistoren als die *h*-Parameter.

PNP-Germanium-HF-Transistor **AF 240**

für Misch- und Oszillatorstufen bis 900 MHz
AF240 ist ein PNP-Germanium-Transistor im Gehäuse 18 A 4 DIN 41 876 (TO-72). Die Anschlüsse sind vom Gehäuse elektrisch isoliert.

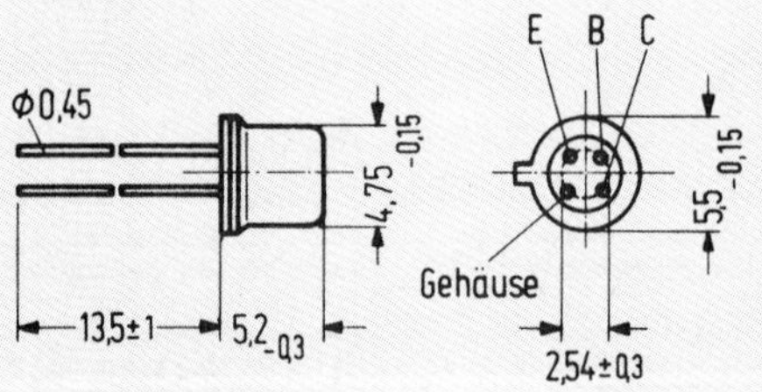

Gewicht etwa 0,4 g Maße in mm

Grenzdaten

Kollektor-Emitter-Spannung	$-U_{CEO}$	15	V
Kollektor-Emitter-Spannung	$-U_{CES}$	20	V
Emitter-Basis-Spannung	$-U_{EBO}$	0,3	V
Kollektorstrom	$-I_C$	10	mA
Emitterstrom	I_E	11	mA
Basisstrom	$-I_B$	1	mA
Sperrschichttemperatur	T_j	90	°C
Lagertemperatur	T_s	− 30 bis + 75	°C
Gesamtverlustleistung ($T_U \leqq 45$ °C)	P_{tot}	60	mW

Wärmewiderstand

Kollektorsperrschicht – Luft	R_{thJU}	$\leqq$ 750	K/W
Kollektorsperrschicht – Transistorgehäuse	R_{thJG}	$\leqq$ 400	K/W

Statische Kenndaten ($T_U = 25\,°C$)

$-U_{CE}$ V	$-I_C$ mA	$-I_B$ µA	B I_C/I_B	$-U_{BE}$ mV
10	2	80	25 (> 10)	370

Kollektor-Emitter-Reststrom ($-U_{CES} = 20\,V$)	$-I_{CES}$	0,5 (< 8)	µA
Kollektor-Emitter-Reststrom ($-U_{CEO} = 15\,V$)	$-I_{CEO}$	< 500	µA
Emitter-Basis-Reststrom ($-U_{EBO} = 0,3\,V$)	$-I_{EBO}$	< 100	µA

Dynamische Kenndaten ($T_U = 25\,°C$)

Transitfrequenz ($-I_C = 2\,mA$; $-U_{CE} = 10\,V$; $f = 100\,MHz$)	f_T	500	MHz
Kurzschluß-Rückwirkungskapazität ($-I_C = 1\,mA$; $-U_{CE} = 10\,V$; $f = 1\,MHz$)	$-C_{12e}$	0,26	pF
Leistungsverstärkung ($-I_C = 2\,mA$; $-U_{CE} = 10\,V$; $f = 800\,MHz$; $R_L = 2\,k\Omega$)	V_{pb}	13	dB
Leistungsverstärkung ($-I_C = 2\,mA$; $-U_{CE} = 10\,V$; $f = 800\,MHz$; $R_L = 500\,\Omega$)	V_{pb}	11	dB
Rauschmaß ($-I_C = 2\,mA$; $-U_{CE} = 10\,V$; $f = 800\,MHz$; $R_G = 60\,\Omega$)	F	6,5	dB
($-I_C = 2\,mA$; $-U_{CE} = 10\,V$; $f = 200\,MHz$; $R_G = 60\,\Omega$)	F	3	dB

Vierpolparameter: (Anschlußlänge $L = 1\,mm$)

Arbeitspunkt: $-I_C = 3\,mA$; $-U_{CE} = 10\,V$;

$f = 800\,MHz$:

$g_{11b} = 4,8\,mS$	$\lvert y_{12b}\rvert = 0,31\,mS$	$\lvert y_{21b}\rvert = 22\,mS$	$g_{22b} = 0,5\,mS$
$b_{11b} = -25\,mS$	$\varphi_{12b} = -108°$	$\varphi_{21b} = 25°$	$b_{22b} = 5,2\,mS$

$f = 400\,MHz$:

$g_{11b} = 30\,mS$	$\lvert y_{12b}\rvert = 0,25\,mS$	$\lvert y_{21b}\rvert = 51\,mS$	$g_{22b} = 0,2\,mS$
$b_{11b} = -46\,mS$	$\varphi_{12b} = -90°$	$\varphi_{21b} = 85°$	$b_{22b} = 2,5\,mS$

Temperaturabhängigkeit der zulässigen Gesamtverlustleistung
$P_{tot} = t(T)$; T_{th} = Parameter

AF 240

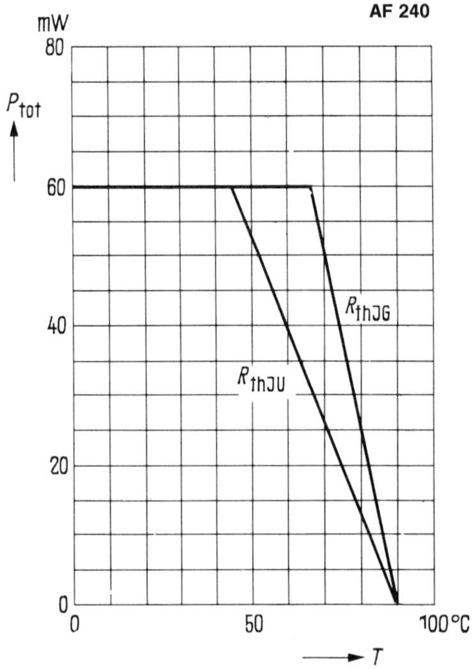

Ausgangskennlinien $I_C = f(U_{CE})$
I_B = Parameter

AF 240

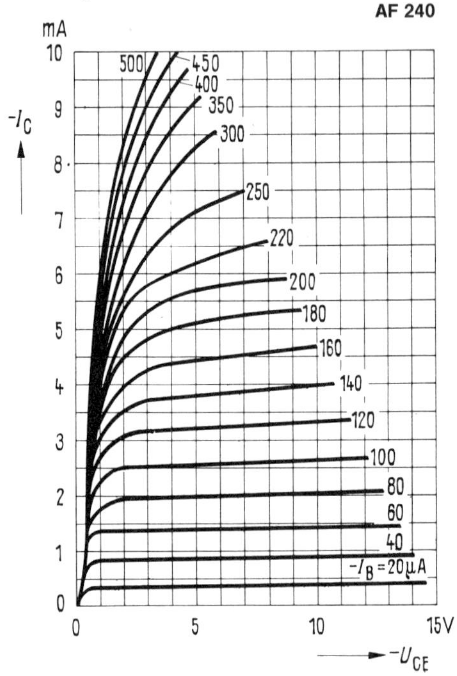

Temperaturabhängigkeit des Reststromes $I_{CBO} = f(T_U)$
$-U_{CBO} = 20$ V

AF 240

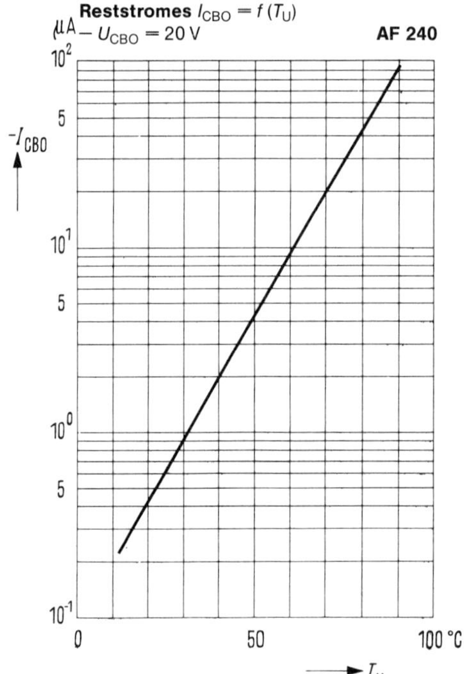

Transitfrequenz $f_T = f(I_C)$
U_{CE} = Parameter; f = 100 MHz

AF 240

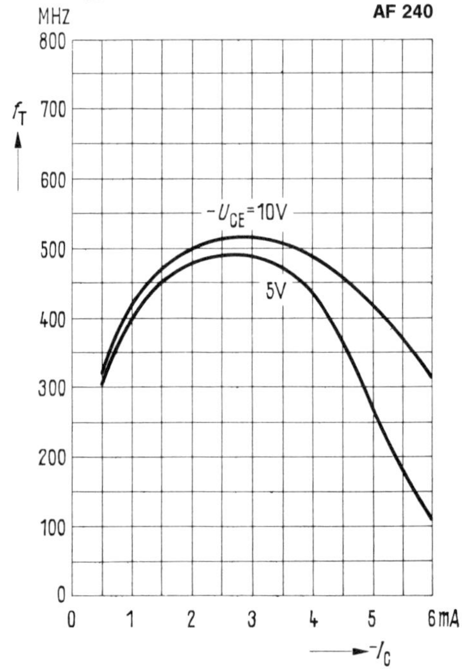

Bild 4.52 Datenblatt des HF-Transistors AF 240

NPN-Silizium-Transistoren

BC107
BC108
BC109

BC107, BC108 und BC109 sind epitaktische NPN-Silizium-Planar-Transistoren im Metall-Gehäuse 18 A 3 DIN 41 876 (TO-18). Der Kollektor ist elektrisch mit dem Gehäuse verbunden. Die Transistoren eignen sich besonders für NF-Vor- und Treiberstufen.

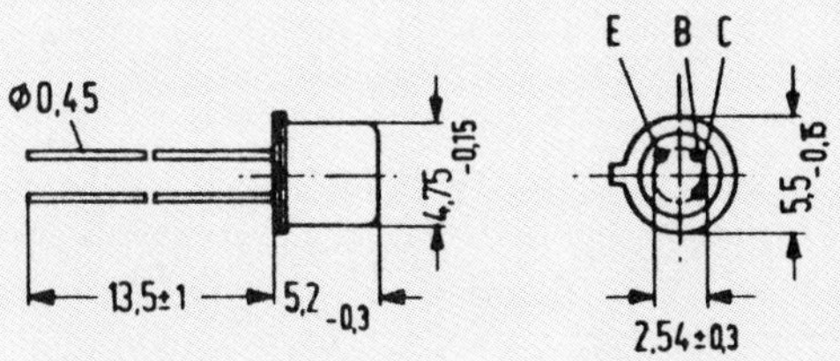

Gewicht etwa 0,4 g   Maße in mm

Grenzdaten		**BC107**	**BC108**	**BC109**	
Kollektor-Emitter-Spannung	U_{CES}	50	30	30	V
Kollektor-Emitter-Spannung	U_{CEO}	45	20	20	V
Emitter-Basis-Spannung	U_{EBO}	6	5	5	V
Kollektorstrom	I_C	100	100	50	mA
Kollektor-Spitzenstrom	I_{CM}	200	200	–	mA
Basisstrom	I_B	50	50	5	mA
Sperrschichttemperatur	T_j	175	175	175	°C
Lagertemperatur	T_s		−55 bis +175		°C
Gesamtverlustleistung	P_{tot}	300	300	300	mW
Wärmewiderstand					
Kollektorsperrschicht – Luft	R_{thJU}	$\leqq$ 500	$\leqq$ 500	$\leqq$ 500	K/W
Kollektorsperrschicht – Transistorgehäuse	R_{thJG}	$\leqq$ 200	$\leqq$ 200	$\leqq$ 200	K/W

Statische Kenndaten (T_U = 125 °C). Die Transistoren werden nach der statischen Stromverstärkung B gruppiert und mit A, B, C gekennzeichnet. Bei U_{CE} = 5 V und untenstehenden Kollektorströmen gelten die nachfolgenden Werte:

B-Gruppe	**A**	**B**	**C**
Typ	**BC107**	**BC107**	–
	BC108	**BC108**	**BC108**
	–	**BC109**	**BC109**
I_C	B	B	B
mA	I_C/I_B	I_C/I_B	I_C/I_B
0,01	90	150	270
2	170 (120 bis 220)	290 (180 bis 460)	500 (380 bis 800)
100²)	120	200²)	400²)

BC107 BC108 BC109

I_C mA	U_{BE} V	I_C mA	I_B mA	U_{CEsat} [1]) V	U_{BEsat} [1]) V
0,1	0,55	10	0,5	0,07 (< 0,2)	0,73 (< 0,83)
2	0,62 (0,55 bis 0,7)				
100[2])	0,83[2])	100[2])	5	0,2 (< 0,6)[2])	0,87 (< 1,05)[2])

1) Der Transistor ist so weit übersteuert, daß die statische Stromverstärkung auf einen Wert von $B = 20$ abgesunken ist.
2) Meßwerte gelten nicht für BC109.

Statische Kenndaten
($T_U = 25\,°C$)

		BC107	BC108	BC109	
Kollektor-Emitter-Reststrom ($U_{CES} = 50\,V$)	I_{CES}	0,2 (< 15)	–	–	nA
Kollektor-Emitter-Reststrom ($U_{CES} = 30\,V$)	I_{CES}	–	0,2 (< 15)	0,2 (< 15)	nA
Kollektor-Emitter-Reststrom ($U_{CES} = 50\,V$; $T_U = 125\,°C$)	I_{CES}	0,2 (< 4)	–	–	μA
Kollektor-Emitter-Reststrom ($U_{CES} = 30\,V$; $T_U = 125\,°C$)	I_{CES}	–	0,2 (< 4)	0,2 (< 4)	μA
Emitter-Basis-Durchbruchspannung ($I_{EBO} = 1\,\mu A$)	$U_{(BR)EBO}$	> 6	> 5	> 5	V
Kollektor-Emitter-Durchbruchspannung ($I_{CEO} = 2\,mA$)	$U_{(BR)CEO}$	> 45	> 20	> 20	V

Dynamische Kenndaten ($T_U = 25\,°C$)

		BC107	BC108	BC109	
Transitfrequenz ($I_C = 0,5\,mA$; $U_{CE} = 3\,V$)	f_T	85	85	85	MHz
Transitfrequenz ($I_C = 10\,mA$; $U_{CE} = 5\,V$; $f = 100\,MHz$)	f_T	250 (> 150)	250 (> 150)	300 (> 150)	MHz
Kollektor-Basis-Kapazität ($U_{CBO} = 10\,V$; $f = 1\,MHz$)	C_{CBO}	3,5 (< 6)	3,5 (< 6)	3,5 (< 6)	pF
Emitter-Basis-Kapazität ($U_{EBO} = 0,5\,V$; $f = 1\,MHz$)	C_{EBO}	8	8	8	pF
Rauschzahl ($I_C = 0,2\,mA$; $U_{CE} = 5\,V$; $R_G = 2\,k\Omega$; $\Delta f = 30\,Hz$ bis $15\,kHz$)	F	–	–	< 4	dB
Rauschzahl ($I_C = 0,2\,mA$; $U_{CE} = 5\,V$; $R_G = 2\,k\Omega$; $f = 1\,kHz$; $\Delta f = 200\,Hz$)	F	2 (< 10)	2 (< 10)	< 4	dB

Dynamische Kenndaten ($T_U = 25\,°C$)

$I_C = 2\,mA$; $U_{CE} = 5\,V$; $f = 1\,kHz$

B-Gruppe	**A**	**B**	**C**	
Typ	**BC107** **BC108** **-**	**BC107** **BC108** **BC109**	**-** **BC108** **BC109**	
h_{11e}	2,7 (1,6 bis 4,5)	4,5 (3,2 bis 8,5)	8,7 (6 bis 16)	kΩ
h_{12e}	1,5	2	3	10^{-4}
h_{21e}	220	330	600	-
h_{22e}	18 (< 30)	30 (< 60)	60 (< 110)	µS

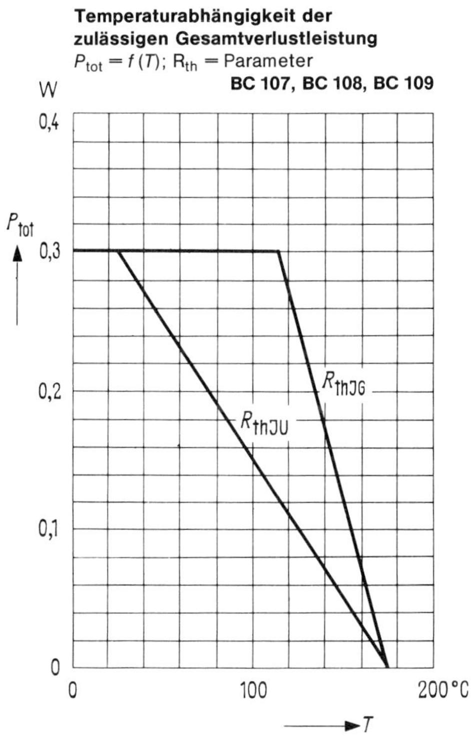

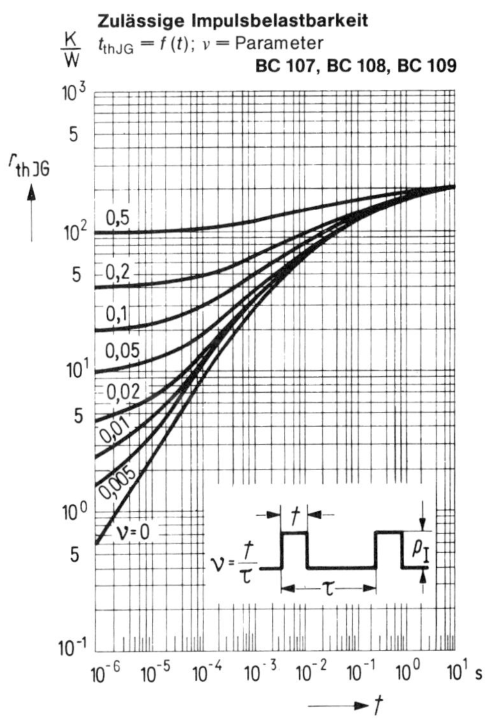

Bild 4.53 Datenblatt der NF-Transistoren BC107, BC 108 und BC 10.
(Fortsetzung auf der nächsten Seite)

Kollektorstrom $I_C = f(U_{BE})$
$U_{CE} = 5$ V (Emitterschaltung)
BC 107, BC 108, BC 109

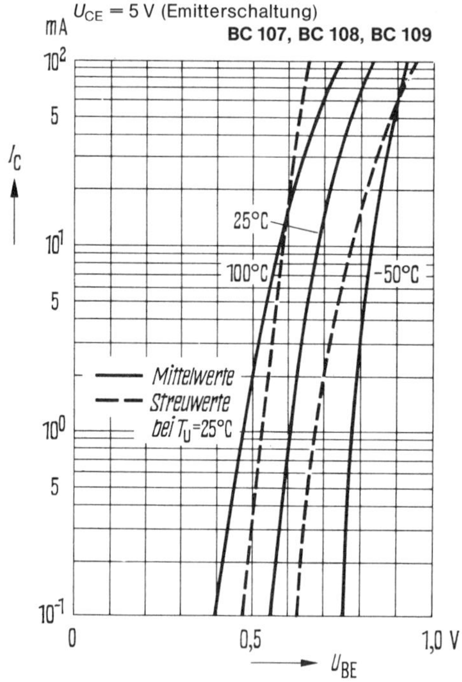

Eingangskennlinie $I_B = f(U_{BE})$
$U_{CE} = 5$ V (Emitterschaltung)
BC 107, BC 108, BC 109

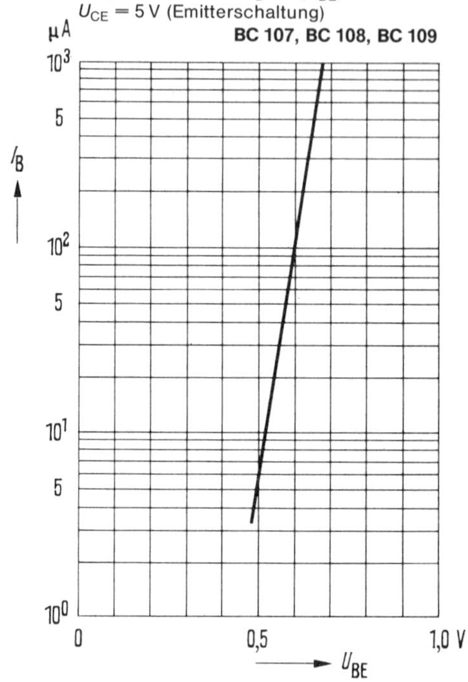

Ausgangskennlinien $I_C = f(U_{CE})$
I_B = Parameter (Emitterschaltung)
BC 107, BC 108, BC 109

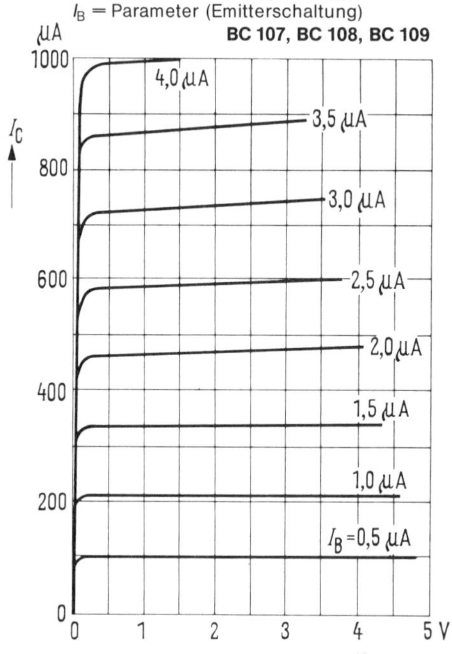

Ausgangskennlinien $I_C = f(U_{CE})$
U_{BE} = Parameter (Emitterschaltung)
BC 107, BC 108, BC 109

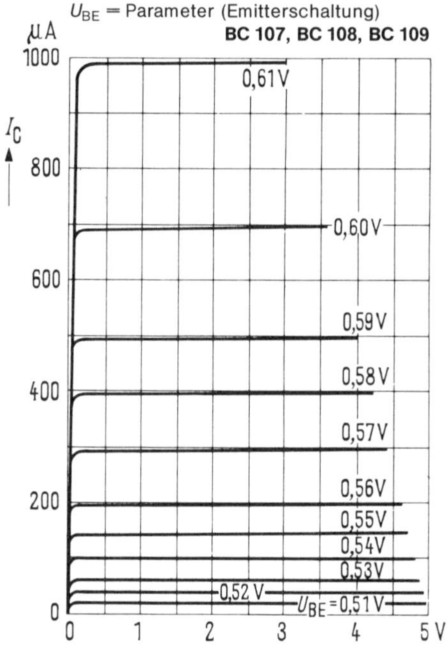

Bild 4.53 Datenblatt der NF-Transistoren BC107, BC108 und BC109.
(Fortsetzung auf der nächsten Seite)

Sättigungsspannung $U_{CE\,sat} = f\,(I_C)$
$B = 20$; T_U = Parameter
(Emitterschaltung)
BC 107, BC 108, BC 109

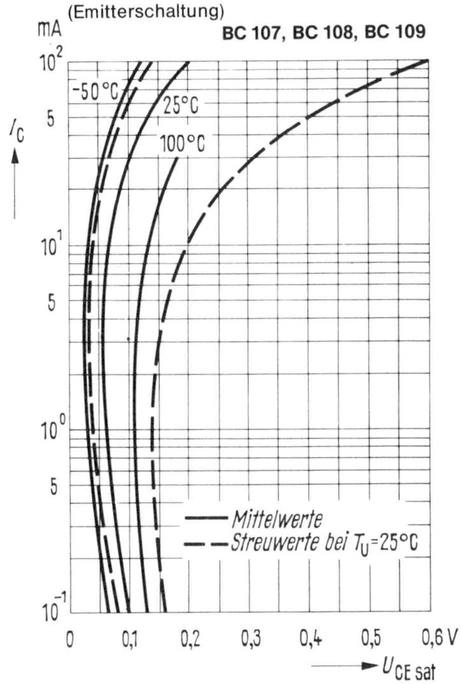

Sättigungsspannung $U_{BE\,sat} = f\,(I_C)$
$B = 20$; T_U = Parameter
(Emitterschaltung)
BC 107, BC 108, BC 109

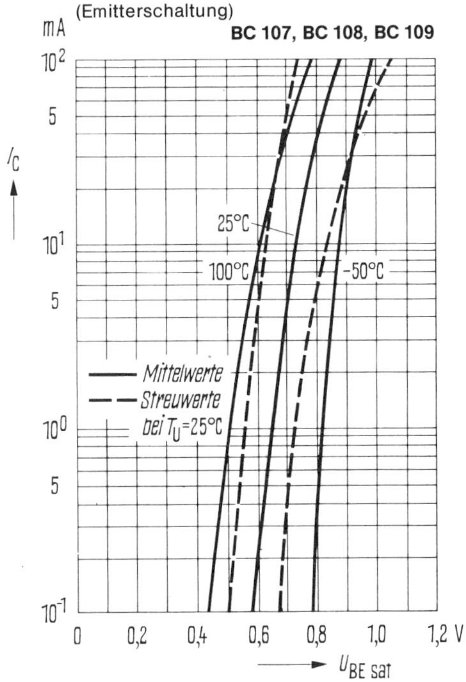

Temperaturabhängigkeit
des Reststromes $I_{CBO} = f\,(T_U)$
für maximal zulässige Sperrspannung
BC 107, BC 108, BC 109

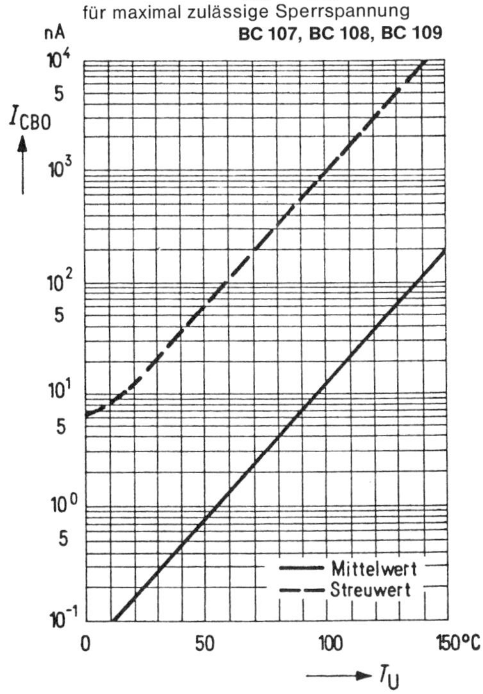

Bild 4.53 Datenblatt der NF-Transistoren BC107, BC108 und BC109.
(Fortsetzung auf der nächsten Seite)

Stromverstärkung $B = f(I_C)$
$U_{CE} = 5$ V; T_U = Parameter
(Emitterschaltung)
BC 107, BC 108, BC 109

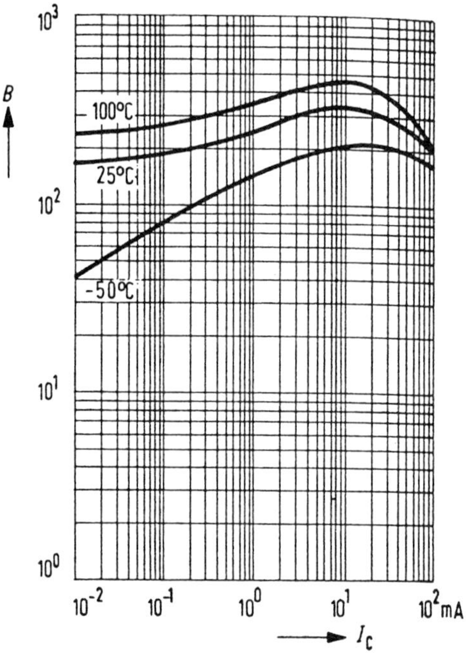

Transitfrequenz $f_T = f(I_C)$
U_{CE} = Parameter
BC 107, BC 108, BC 109

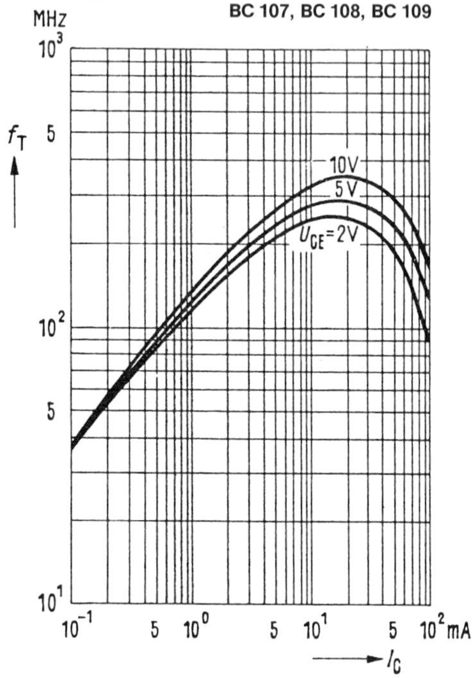

Kollektor-Basis-Kapazität
$C_{CBO} = f(U_{CBO})$
Emitter-Basis-Kapazität
$C_{EBO} = f(U_{EBO})$
BC 107, BC 108, BC 109

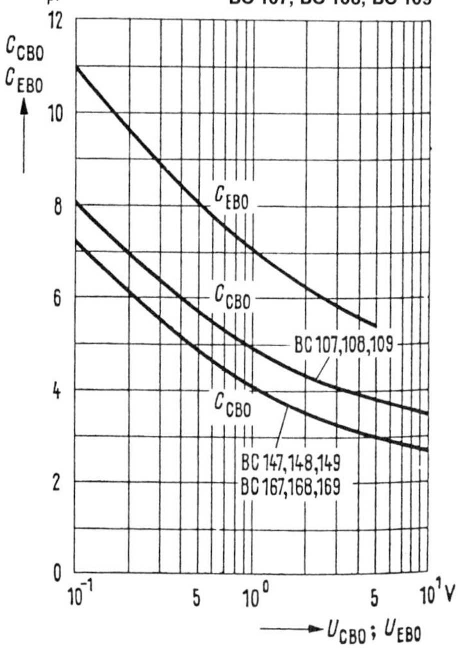

Bild 4.53 Datenblatt der NF-Transistoren BC107, BC108 und BC109
(Fortsetzung auf der nächsten Seite)

Stromabhängigkeit der *h*-Parameter

$$H_e = \frac{h_e\,(I_C)}{h_e\,(I_C = 2\,\text{mA})} = f\,(I_C);\; U_{CE} = 5\,\text{V}$$

BC 107, BC 108, BC 109

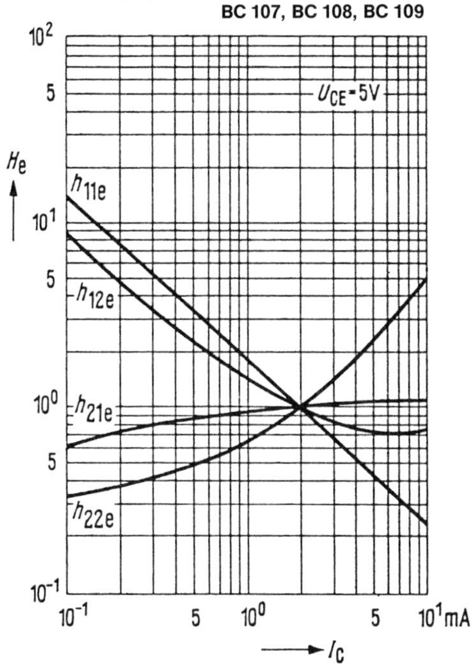

Spannungsabhängigkeit der *h*-Parameter

$$H_e = \frac{h_e\,(U_{CE})}{h_e\,(U_{CE} = 5\,\text{V})} = f\,(U_{CE});\; I_C = 2\,\text{mA}$$

BC 107, BC 108, BC 109

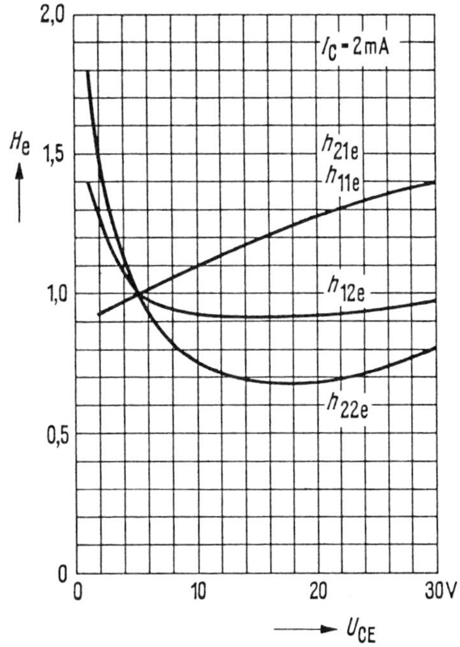

Rauschmaß $F = f\,(I_C)$
$U_{CE} = 5$ V; $f = 120$ Hz;
R_G = Parameter

BC 109

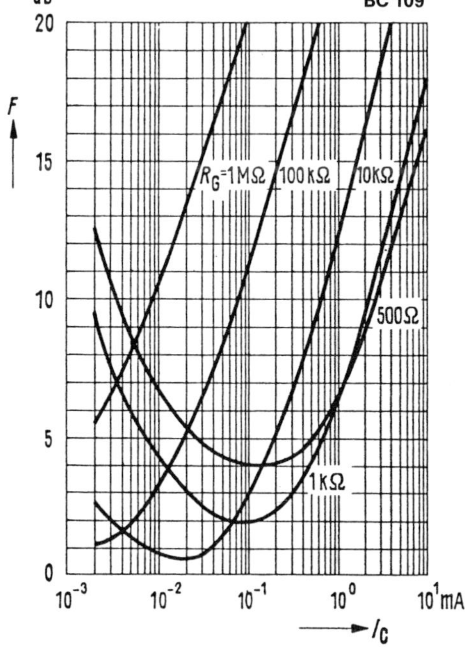

Bild 4.53 Datenblatt der NF-Transistoren BC107, BC108 und BC109

NPN-Silizium-Planar-Transistoren

BSY 34
BSY 58

BSY 34 und BSY 58 sind doppeltdiffundierte epitaktische NPN-Silizium-Transistoren in Planartechnik im Gehäuse 5 C3 DIN 41 873 (TO-39). Der Kollektor ist mit dem Gehäuse elektrisch verbunden.
Die Transistoren BSY 34 und BSY 58 sind für den Einsatz als schnelle Schalter und besonders als Kerntreiber geeignet.

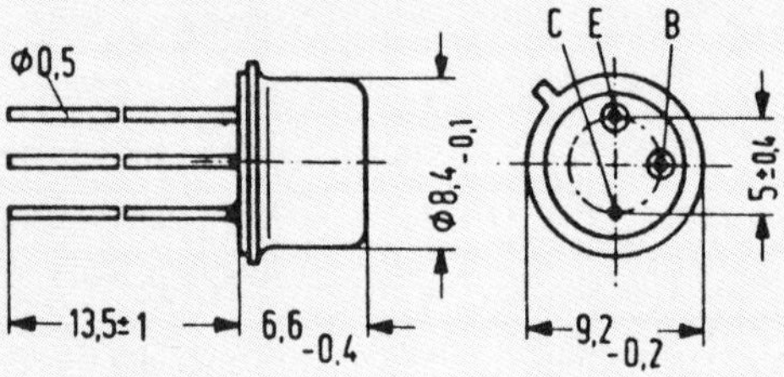

Gewicht etwa 1,5 g

Maße in mm

Grenzdaten		**BSY 34**	**BSY 58**	
Kollektor-Emitter-Spannung	U_{CEO}	40	25	V
Kollektor-Emitter-Spannung	U_{CES}	60	50	V
Kollektor-Basis-Spannung	U_{CBO}	60	50	V
Emitter-Basis-Spannung	U_{EBO}	5	5	V
Kollektorstrom	I_C	600	600	mA
Basisstrom	I_B	200	200	mA
Sperrschichttemperatur	T_j	200	200	°C
Lagertemperatur	T_s	− 65 bis + 200	− 65 bis + 200	°C
Gesamtverlustleistung ($T_G \leqq 45$ °C)	P_{tot}	2,6	2,6	W
Wärmewiderstand				
Kollektorsperrschicht - Luft	R_{thJU}	$\leqq 220$	$\leqq 220$	K/W
Kollektorsperrschicht - Transistorgehäuse	R_{thJG}	$\leqq 60$	$\leqq 60$	K/W

Statische Kenndaten ($T_U = 25$ °C; $U_{CE} = 1$ V)

Typ		**BSY 34**		**BSY 58**		
I_C	B	U_{BEsat} [1])	U_{CEsat} [1])	B	U_{BEsat} [1])	U_{CEsat} [1])
mA	I_C/I_B	V	V	I_C/I_B	V	V
1	23	0,62	–	23	0,62	–
10	37	0,7	–	37	0,7	–
100	42 (> 25)*	0,85	0,17	42 (> 17)*	0,85	0,17
500	25 (> 10)	1,2 (< 1,5)*	0,6 (< 1)*	25	1,2 (< 1,5)*	0,6 (< 1,5)*

1) Der Transistor ist so weit übersteuert, daß die statische Stromverstärkung auf einen Wert von $B = 10$ abgesunken ist.
* AQL = 0,65 %

Statische Kenndaten		**BSY 34**		**BSY 58**	
	T_U	150	25	25	°C
Kollektor-Basis-Reststrom ($U_{CBO} = 50$ V)	I_{CBO}	$< 7 \cdot 10^4$	< 70*	< 120*	nA
Kollektor-Emitter-Durchbruchspannung ($I_{CEO} = 10$ mA)	$U_{(BR)CEO}$		> 40	> 25	V
Kollektor-Emitter-Durchbruchspannung ($I_{CES} = 10\ \mu$A)	$U_{(BR)CES}$		> 60	> 50	V
Kollektor-Basis-Durchbruchspannung ($I_{CBO} = 100\ \mu$A)	$U_{(BR)CBO}$		> 60	> 50	V
Emitter-Basis-Durchbruchspannung ($I_{EBO} = 100\ \mu$A)	$U_{(BR)EBO}$		> 5	> 5	V

Dynamische Kenndaten ($T_U = 25$ °C)				
Transitfrequenz ($I_C = 30$ mA; $U_{CE} = 10$ V; $f = 100$ MHz)	f_T	400 (> 250)	400 (> 250)	MHz
Kollektor-Basis-Kapazität ($U_{CBO} = 10$ V)	C_{CBO}	4,5 (< 6)	4,5 (< 6)	pF
Emitter-Basis-Kapazität ($U_{EBO} = 1$ V)	C_{EBO}	22	22	pF
Schaltzeiten				
Arbeitspunkt:				
$I_C = 150$ mA; $I_{B1} = 15$ mA	t_{ein}	30	35	ns
$-I_{B2} = 15$ mA; $R_L = 150\ \Omega$	t_{aus}	50	60	ns
Arbeitspunkt:				
$I_C = 500$ mA; $I_{B1} = 50$ mA;				
$-I_{B2} = 25$ mA; $U_E = 15$ V				
$R_L = 80\ \Omega$ für BSY 34 ($U_{CC} = 40$ V)	t_{ein}	30 (< 50)	35 (< 65)	ns
$R_L = 50\ \Omega$ für BSY 58 ($U_{CC} = 25$ V)	t_{aus}	65 (< 95)	65 (< 110)	ns

Temperaturabhängigkeit der zulässigen Gesamtverlustleistung
$P_{tot} = f(T)$; R_{th} = Parameter

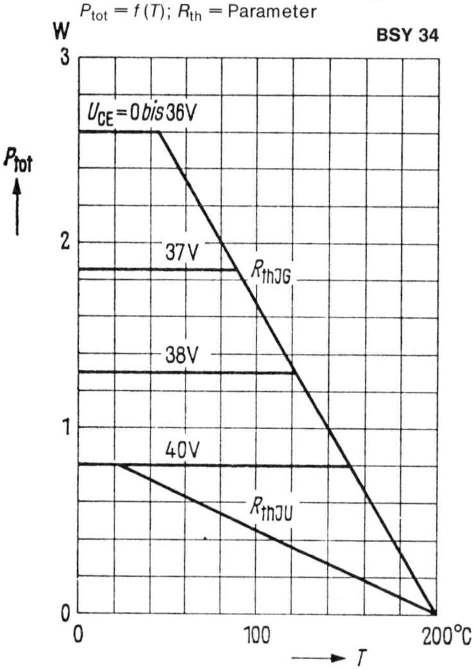

Temperaturabhängigkeit der zulässigen Gesamtverlustleistung
$P_{tot} = f(T)$; R_{th} = Parameter

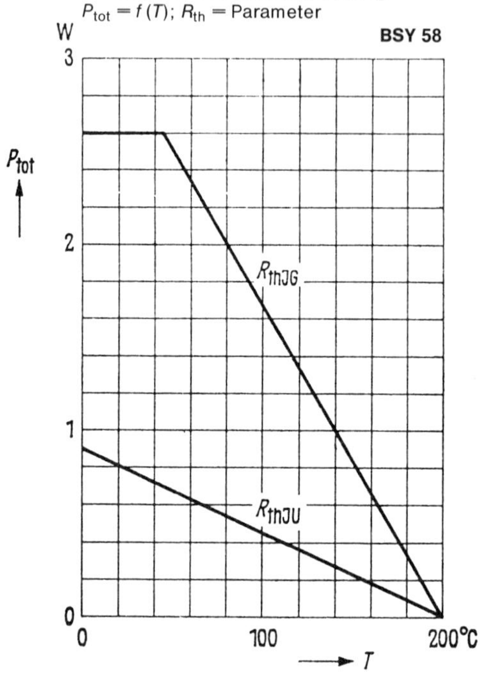

Zulässige Impulsbelastbarkeit
$r_{thJG} = f(t)$; v = Parameter

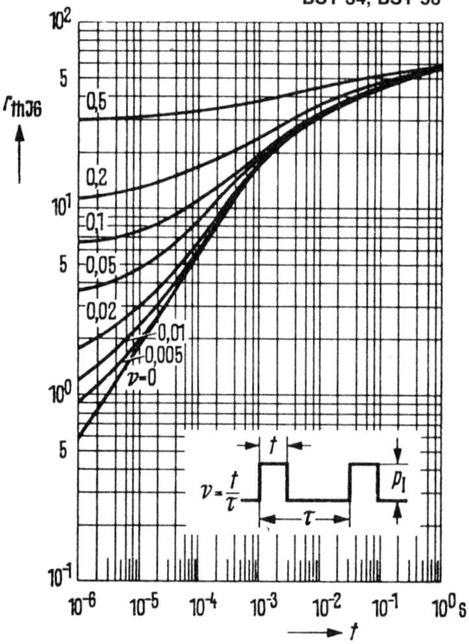

Ausgangskennlinien $I_C = f(U_{CE})$
I_B = Parameter (Emitterschaltung)

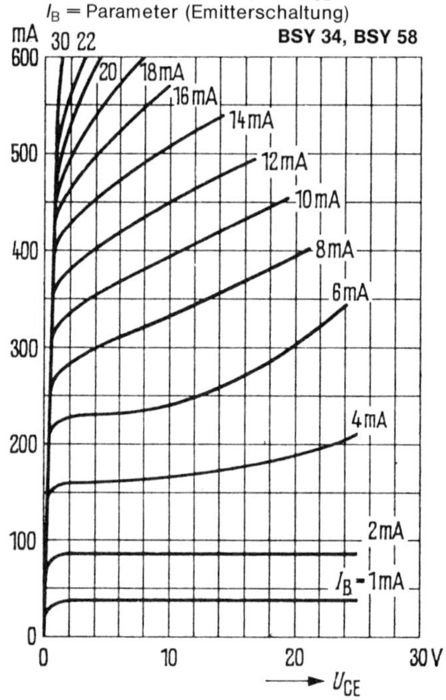

Bild 4.54 Datenblatt der Schalttransistoren BSY34 und BSY58.
(Fortsetzung auf der nächsten Seite)

Temperaturabhängigkeit des Reststromes $I_{CBO} = f(T_U)$
$U_{CBO} = 60$ V **BSY 34**

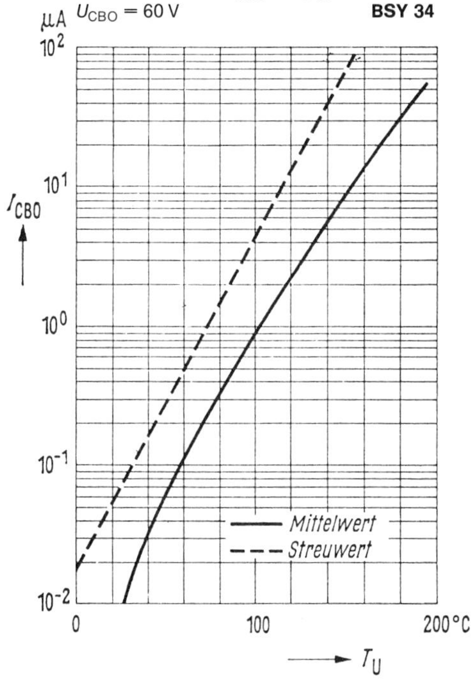

Temperaturabhängigkeit des Reststromes $I_{CBO} = f(T_U)$
$U_{CBO} = 50$ V **BSY 58**

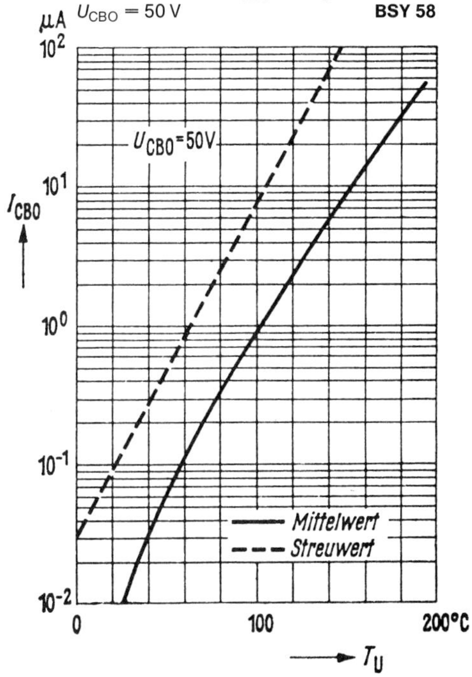

Kollektorstrom $I_C = f(I_B)$; $U_{CE} = 1$ V
(Emitterschaltung) **BSY 34, BSY 58**

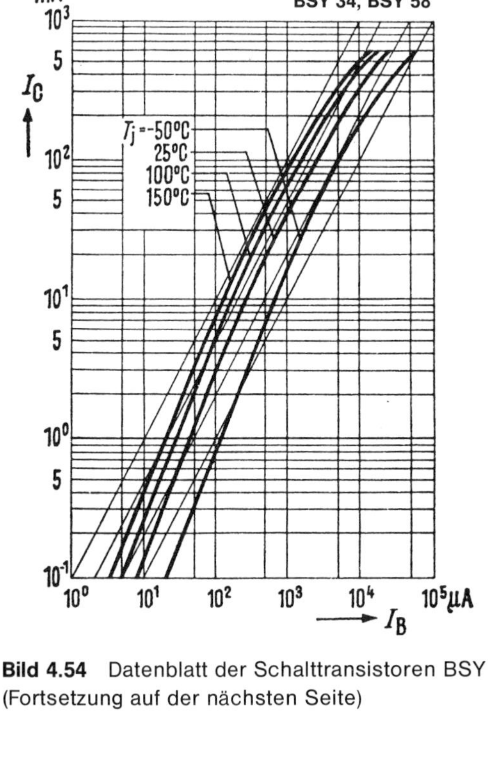

Eingangskennlinien $I_B = f(U_{BE})$
$U_{CE} = 1$ V (Emitterschaltung) **BSY 34, BSY 58**

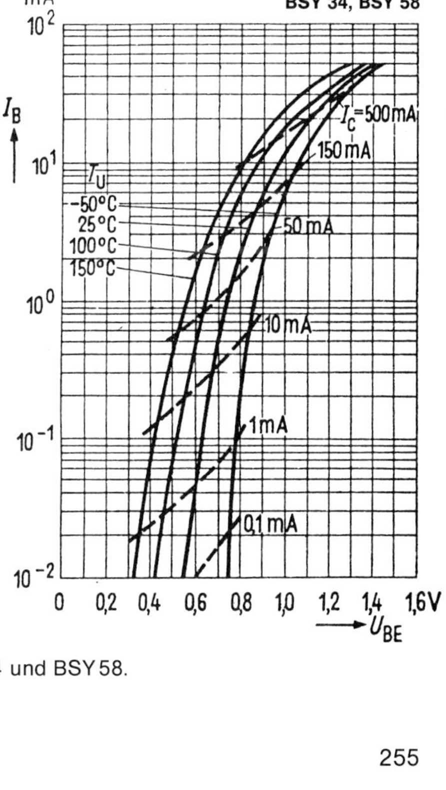

Bild 4.54 Datenblatt der Schalttransistoren BSY 34 und BSY 58.
(Fortsetzung auf der nächsten Seite)

Kollektor-Basis-Kapazität $C_{CBO} = f(U_{CBO})$
Emitter-Basis-Kapazität $C_{EBO} = f(U_{EBO})$
BSY 34, BSY 58

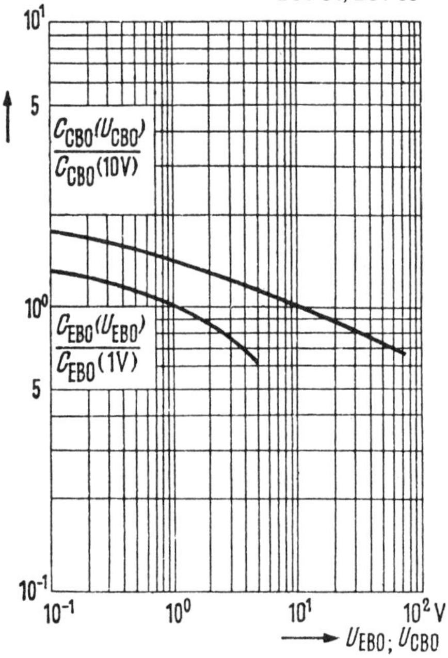

Sättigungsspannungen
$U_{CE\,sat} = f(I_C)$; $B = 10$
$U_{BE\,sat} = f(I_C)$; $B = 10$
mA T_U = Parameter **BSY 34, BSY 58**

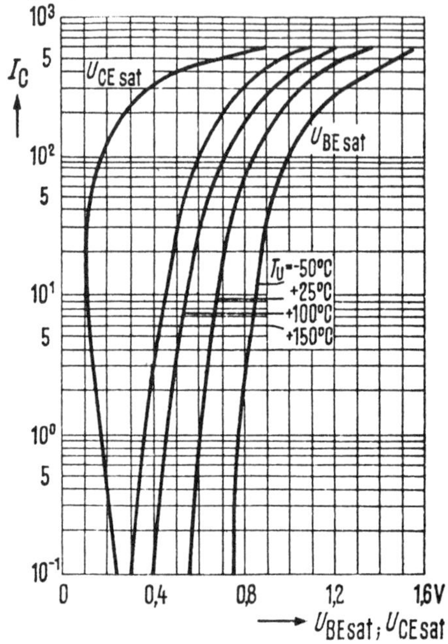

Verzögerungszeit t_d
$I_C = 150$ mA; $U_{CC} = 40$ V
BSY 34

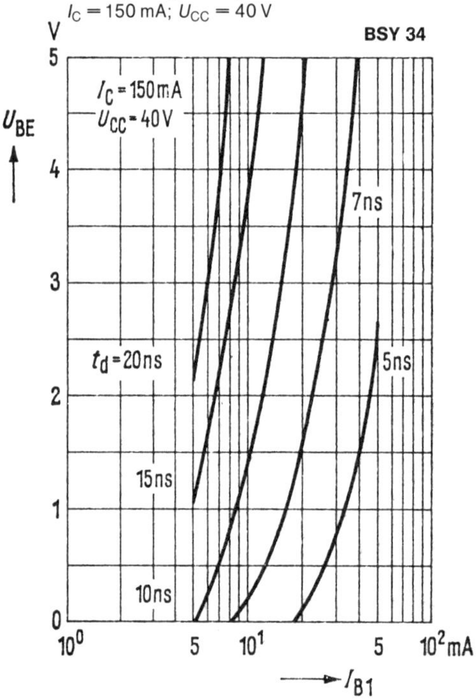

Anstiegszeit t_r
$U_{CC} = 40$ V
BSY 34

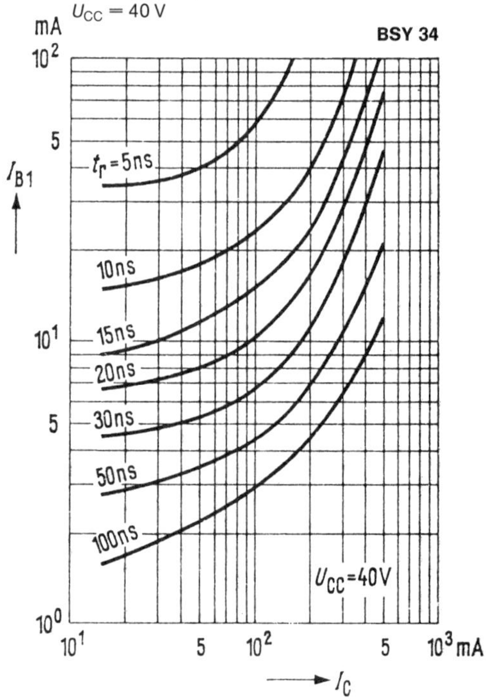

Bild 4.54 Datenblatt der Schalttransistoren BSY34 und BSY58.
(Fortsetzung auf der nächsten Seite)

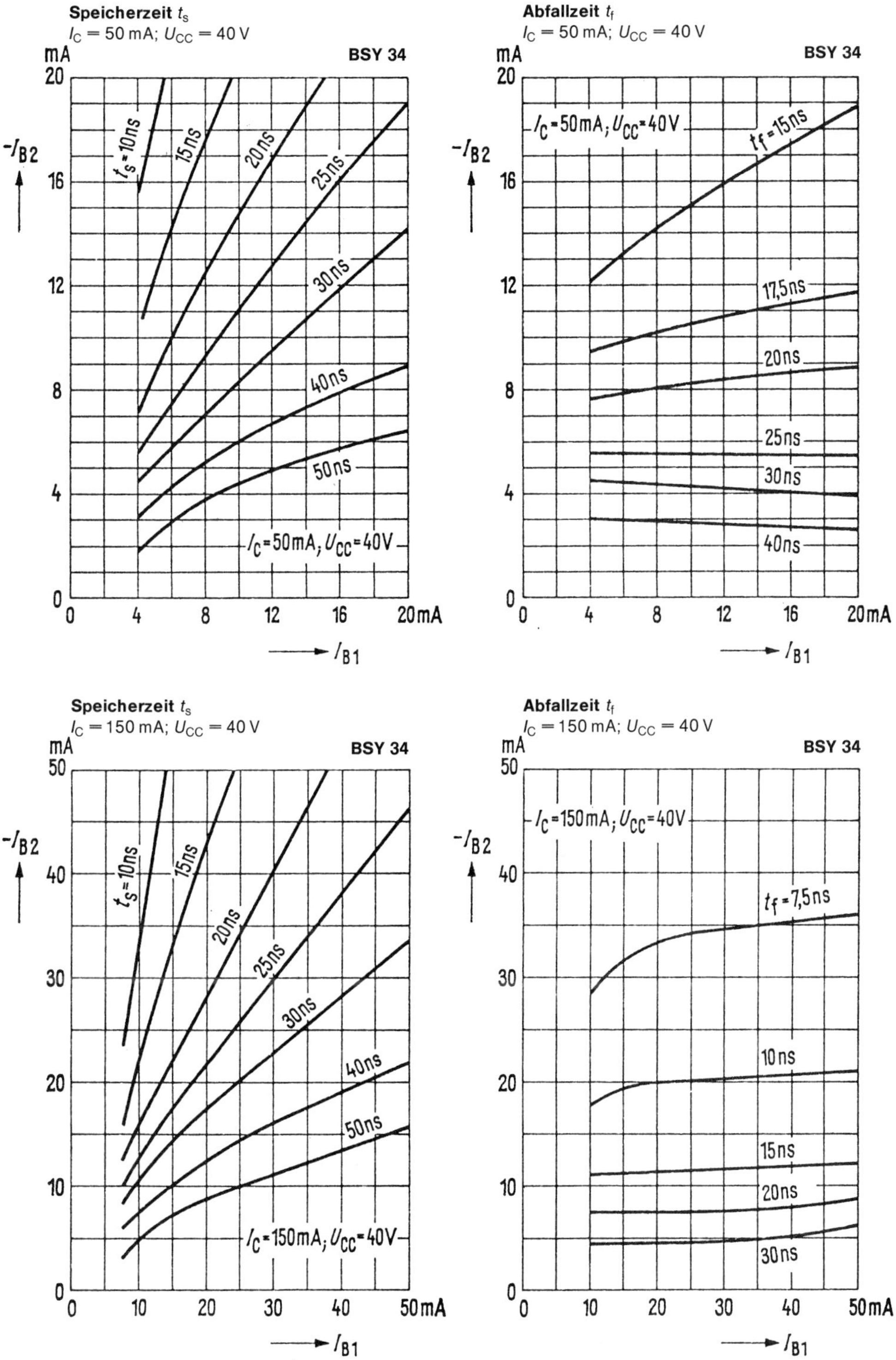

Bild 4.54 Datenblatt der Schalttransistoren BSY 34 und BSY 58.
(Fortsetzung auf der nächsten Seite)

Speicherzeit t_s

$I_C = 500$ mA; $U_{CC} = 40$ V

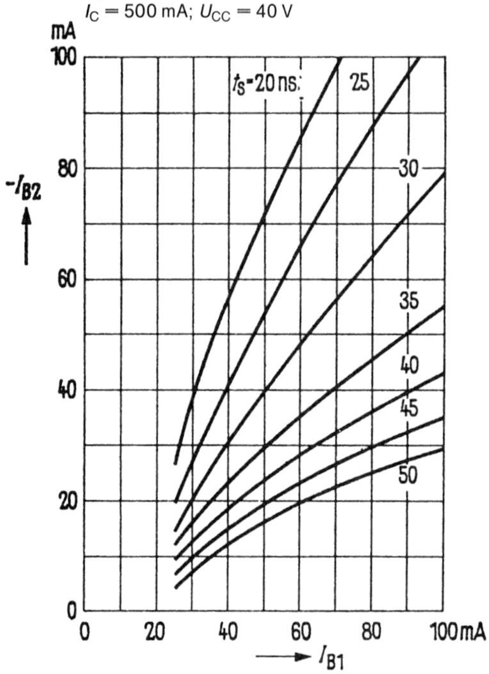

Abfallzeit t_f

$I_C = 500$ mA; $U_{CC} = 40$ V

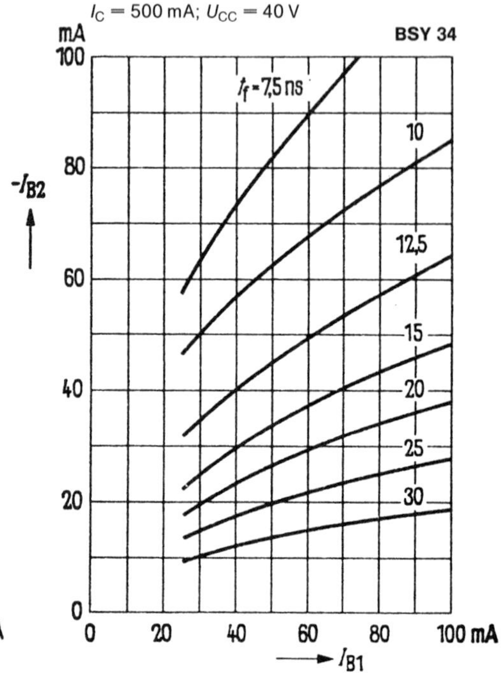

Schaltzeiten in Abhängigkeit von der Gehäusetemperatur

$t = f(T_G)$

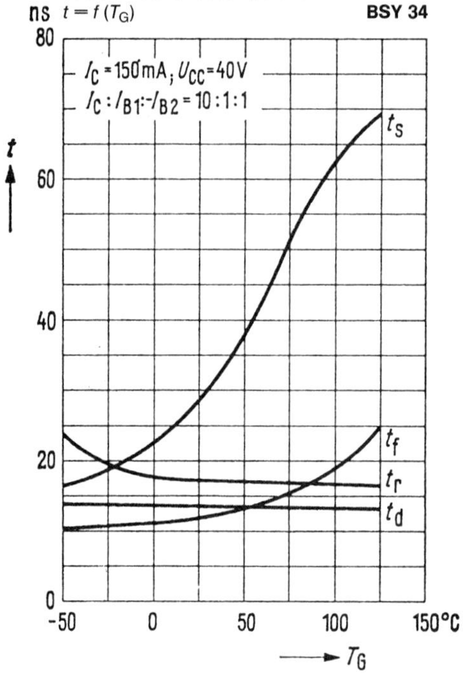

Schaltzeiten in Abhängigkeit vom Kollektorstrom $t = f(I_C)$

$U_{CC} = 40$ V

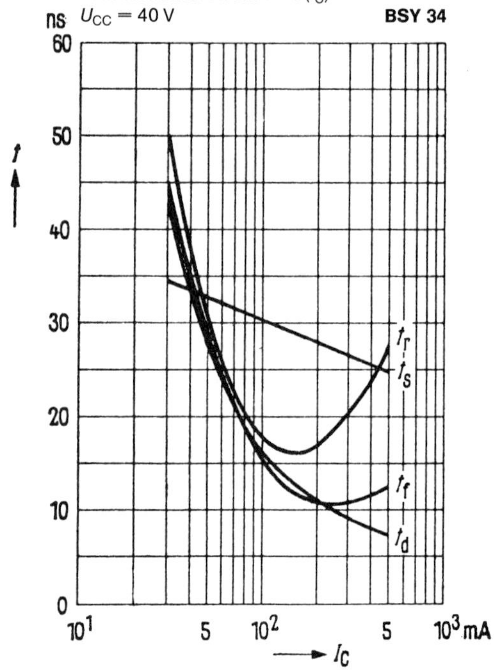

Bild 4.54 Datenblatt der Schalttransistoren BSY 34 und BSY 58

NPN-Transistor für leistungsstarke NF-Endstufen — 2N3055

2N3055 ist ein einfachdiffundierter NPN-Silizium-Transistor im Gehäuse 3A2 DIN 41872 (TO-3). Der Kollektor ist mit dem Gehäuse elektrisch verbunden. Der Transistor ist besonders für den Einsatz in leistungsstarken NF-Endstufen und in stabilisierten Netzgeräten geeignet. Für die isolierte Befestigung dieses Transistors auf einem Chassis sind 1 Glimmerscheibe und 2 Isoliernippel vorgesehen.

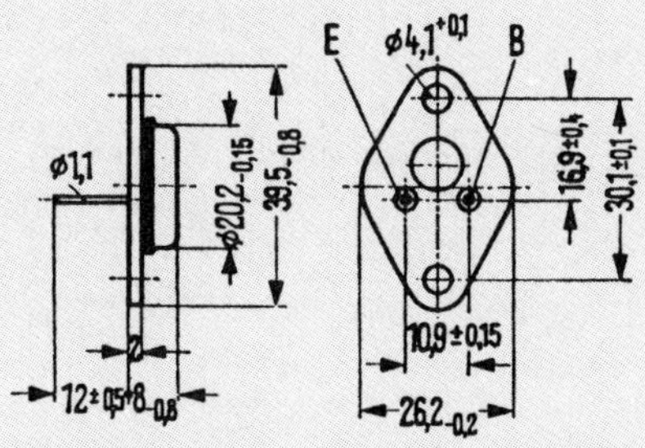

Gewicht etwa 16,5 g — Maße in mm

Grenzdaten

Kollektor-Basis-Spannung	U_{CBO}	100	V
Kollektor-Emitter-Spannung ($U_{BE} = -1{,}5$ V; $I_C = 10$ mA)	U_{CEV}	90	V
Kollektor-Emitter-Spannung ($R_{BE} = 100\ \Omega$; $I_C = 200$ mA)	U_{CER}	70	V
Kollektor-Emitter-Spannung	U_{CEO}	60	V
Emitter-Basis-Spannung	U_{EBO}	7	V
Kollektorstrom	I_C	15	A
Basisstrom	I_B	7	A
Sperrschichttemperatur	T_j	200	°C
Lagertemperatur	T_s	− 65 bis + 200	°C
Gesamtverlustleistung ($T_G = 25$ °C)	P_{tot}	115	W
Wärmewiderstand			
Kollektorsperrschicht – Transistorgehäuse	R_{thJG}	≦ 1,5	K/W

Statische Kenndaten ($T_G = 25$ °C)

Kollektor-Emitter-Reststrom ($U_{CE} = 30$ V)	I_{CEO}	< 0,7	mA
Kollektor-Emitter-Reststrom ($U_{CEV} = 100$ V; $U_{BE} = -1{,}5$ V)	I_{CEV}	< 5	mA
Kollektor-Emitter-Reststrom ($U_{CEV} = 100$ V; $U_{BE} = -1{,}5$ V; $T_G = 150$ °C)	I_{CEV}	< 30	mA
Emitter-Basis-Reststrom ($U_{EBO} = 7$ V)	I_{EBO}	< 5	mA
Kollektor-Emitter-Durchbruchspannung ($I_C = 200$ mA)	$U_{(BR)CEO}$	> 60	V

Kollektor-Emitter-Durchbruchspannung ($I_C = 100$ mA; $U_{BE} = -1{,}5$ V)	U_{CEV}	> 90	V
Kollektor-Emitter-Durchbruchspannung ($I_C = 200$ mA; $R_{BE} = 100\,\Omega$)	U_{CER}	> 70	V
Basis-Emitter-Spannung ($I_C = 4$ A; $U_{CE} = 4$ V)	U_{BE}	$< 1{,}8$	V
Kollektor-Emitter-Sättigungsspannung ($I_C = 4$ A; $I_B = 0{,}4$ A)	U_{CEsat}	$< 1{,}1$	V
($I_C = 10$ A; $I_B = 3{,}3$ A)	U_{CEsat}	< 8	V
Statische Stromverstärkung ($I_C = 4$ A; $U_{CE} = 4$ V)	B	20 bis 70	–
Dynamische Kenndaten ($T_G = 25\,°C$)			
Transitfrequenz ($I_C = 1$ A)	f_T	$> 0{,}8$	MHz
Grenzfrequenz ($I_C = 1$ A; $U_{CE} = 4$ V)	f_β	> 10	kHz

Zulässiger Betriebsbereich

$I_C = f(U_{CE})$; $T_G = 80\,°C$; $v = 0{,}01$

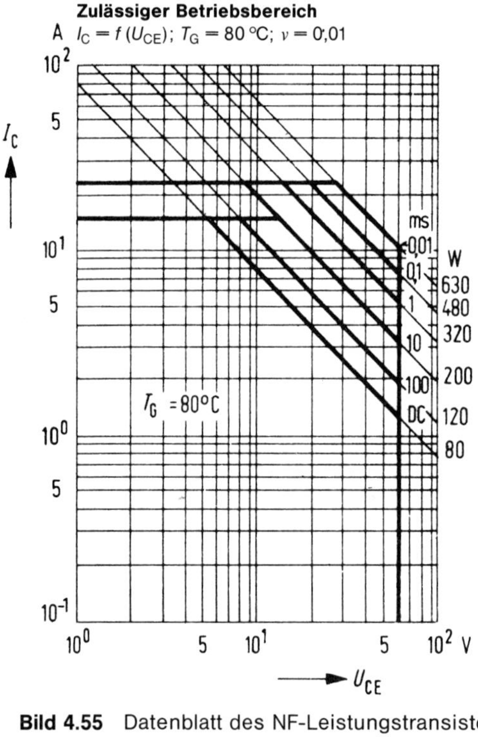

Temperaturabhängigkeit der zulässigen Gesamtverlustleistung

$P_{tot} = f(T_G)$

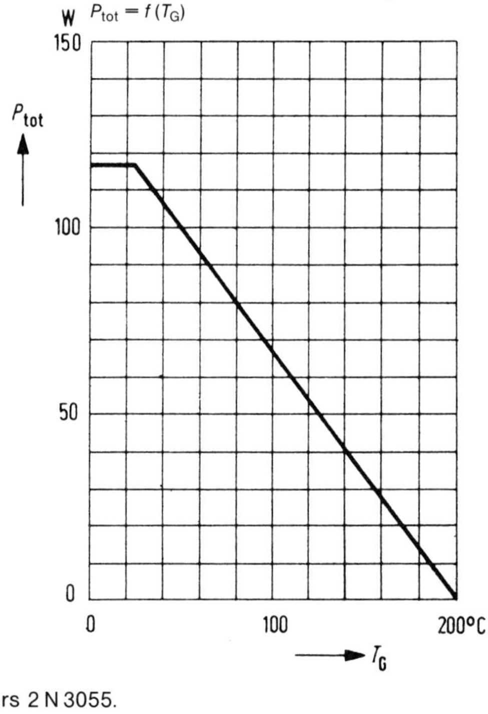

Bild 4.55 Datenblatt des NF-Leistungstransistors 2 N 3055.
(Fortsetzung auf der nächsten Seite)

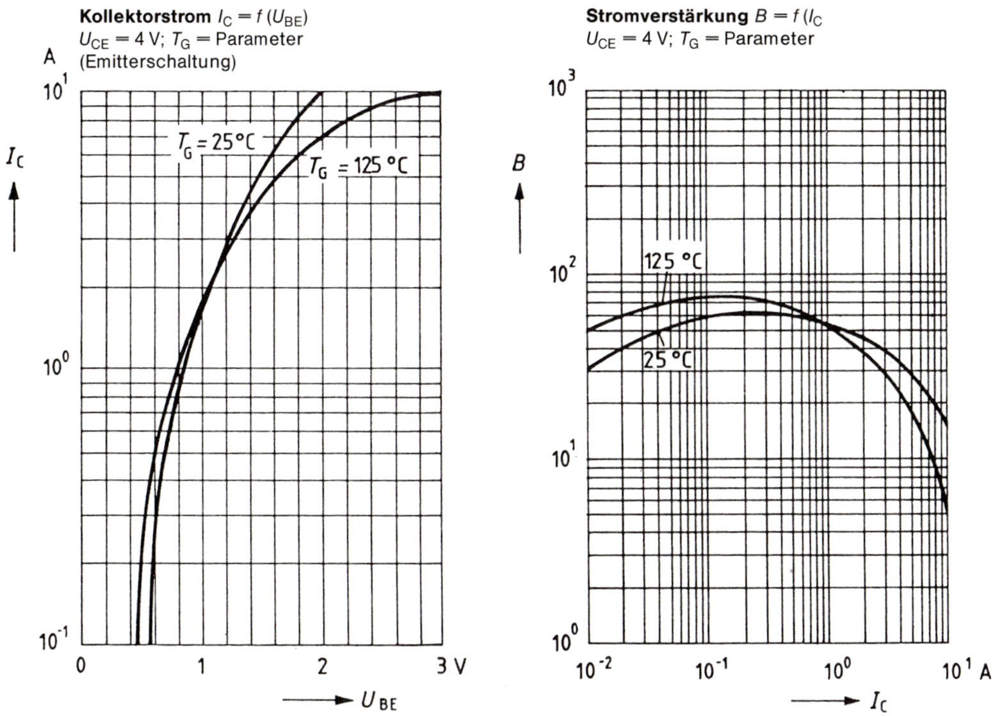

Bild 4.55 Datenblatt des NF-Leistungstransistors 2 N 3055

4.6 Einstellung und Stabilisierung des Arbeitspunktes

4.6.1 Bestimmung des Kollektorwiderstandes R_C

Die Emitterschaltung ist die am häufigsten eingesetzte Grundschaltung. Der Emitter ist bei dieser Schaltung die gemeinsame Elektrode für den Eingang und den Ausgang des Transistors. Zum Betrieb eines Transistors in Emitterschaltung ist außer der Spannungsversorgung auch ein Widerstand in der Kollektorleitung erforderlich. **Bild 4.56** zeigt eine Verstärkerstufe in Emitterschaltung.

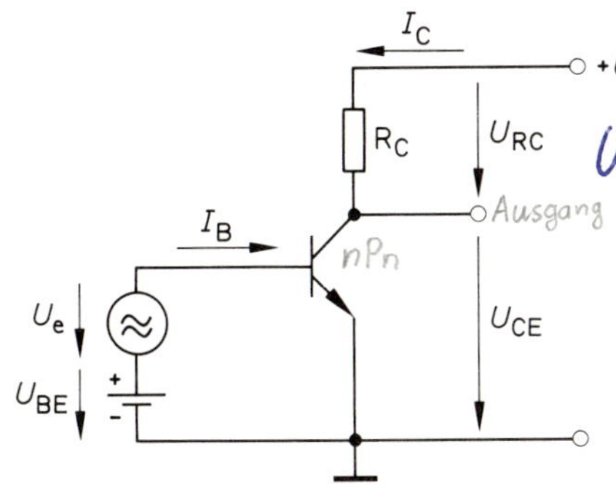

= Betriebsspannung immer Gleichsp.
$U_B = U_{RC} + U_{CE}$

Bild 4.56 Verstärkerstufe in Emitterschaltung

Der Kollektorwiderstand R_C hat zwei Aufgaben zu erfüllen:

1. den Kollektorstrom I_C zu begrenzen und
2. die im Transistor auftretende Stromverstärkung β in eine Spannungsverstärkung V_U umzuwandeln.

Der Transistor muß in einem bestimmten Arbeitspunkt betrieben werden. Dieser Arbeitspunkt wird durch $U_{CE(A)}$ und $I_{C(A)}$ festgelegt. Bei vorgegebener Betriebsspannung U_B ergibt sich der Kollektorwiderstand R_C zu

$$R_C = \frac{U_B - U_{CE(A)}}{I_{C(A)}}$$

Wird der Kollektorwiderstand in das Ausgangskennlinienfeld des Transistors eingetragen, so ergibt sich eine Gerade, die zwischen den Punkten U_B und $I = \frac{U_B}{R_C}$ verläuft.

In **Bild 4.57** ist die Widerstandsgerade in das Ausgangskennlinienfeld eines Transistors eingetragen.

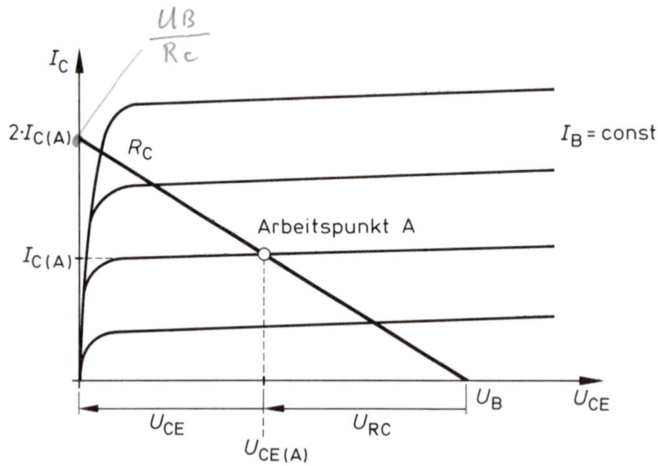

Bild 4.57 Ausgangskennlinienfeld mit Widerstandsgerade

In Bild 4.57 sind zusätzlich auch die Spannungsabfälle am Transistor und am Kollektorwiderstand eingetragen. Sie ergeben zusammen die Betriebsspannung U_B.

$$U_B = U_{CE} + U_{RC}$$

Je hochohmiger der Kollektorwiderstand R_C bei gleicher Betriebsspannung und gleicher Kollektor-Emitterspannung gewählt wird, desto kleiner wird der mögliche Kollektorstrom. Dieser Zusammenhang ist in **Bild 4.58** zu erkennen.

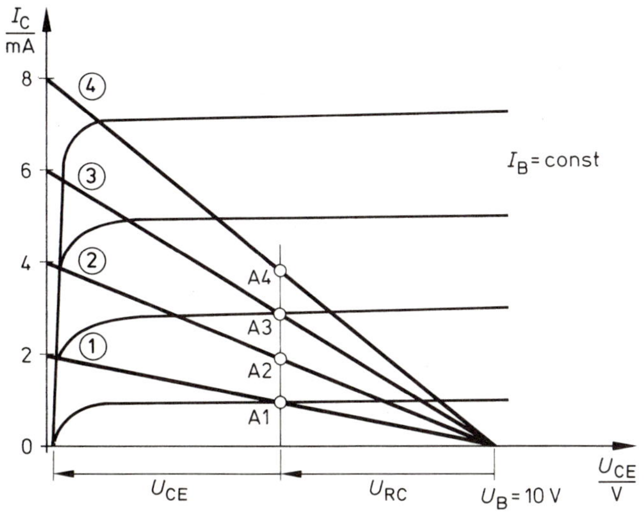

Bild 4.58
Ausgangskennlinienfeld mit verschieden großen Kollektorwiderständen

Für die Widerstandsgerade 1 in Bild 4.58 ergibt sich ein Kollektorwiderstand

$$R_{C1} = \frac{U_B}{I_C} = \frac{10\,V}{2\,mA} = 5\,k\Omega$$

und für die Widerstandsgerade 4

$$R_{C4} = \frac{U_B}{I_C} = \frac{10\,V}{8\,mA} = 1{,}25\,k\Omega$$

Der Arbeitspunkt eines Transistors sollte möglichst in der Mitte der Widerstandsgeraden liegen. Dadurch wird vermieden, daß bei Ansteuerung ein Signal infolge der Kennlinienkrümmungen unsymmetrisch verstärkt wird. Bei Ansteuerung des Transistors mit einem Basiswechselstrom ΔI_B ändert sich der Kollektorstrom um ΔI_C. Die Zusammenhänge sind noch einmal in **Bild 4.59** dargestellt.

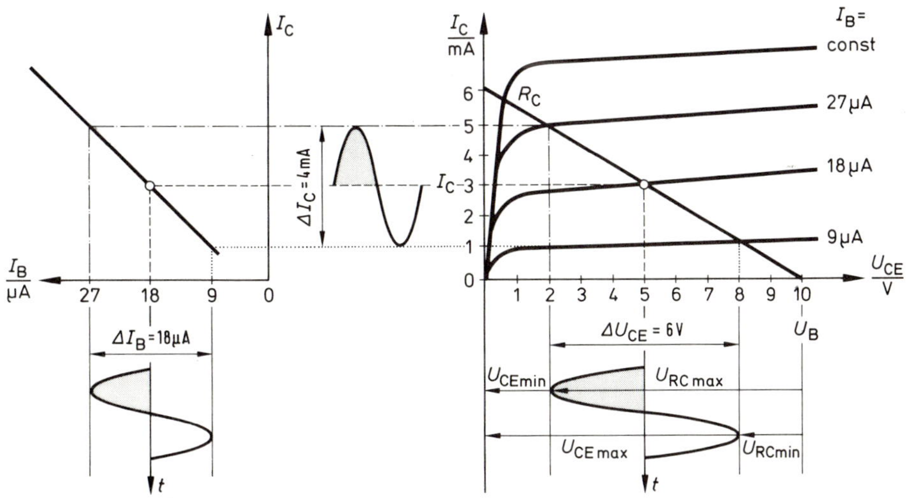

Bild 4.59 Änderung von U_{CE} durch R_C

Die Änderung des Kollektorstromes ist um den Faktor β größer als die Änderung des Basisstromes. Aus Bild 4.59 läßt sich die Stromverstärkung des verwendeten Transistors ablesen.

$$\beta = \frac{\Delta I_C}{\Delta I_B} = \frac{4\,\text{mA}}{18\,\mu\text{A}} = 220$$

Der sich bei Aussteuerung ändernde Kollektorstrom bewirkt eine Änderung der Kollektor-Emitterspannung. Sie beträgt in diesem Fall $\Delta U_{CE} = 6\,\text{V}$. Durch R_C wird also die auftretende Änderung des Kollektorstromes in eine Änderung der Kollektor-Emitterspannung umgesetzt.

4.6.2 Erzeugung der Basisvorspannung

Damit ein Transistor verstärken kann, muß seine Basis-Emitter-Sperrschicht in Durchlaßrichtung betrieben werden. Dieses erfolgt durch eine Basisvorspannung U_{BE}. Sie muß mindestens so groß sein wie die Schleusenspannung der Basis-Emitter-Diode und ihre Größe hängt daher vom Ausgangsmaterial des Transistors ab. Die erforderliche Basisvorspannung beträgt:

$U_{BE} \approx 0{,}2\,\text{V}$ bis $0{,}3\,\text{V}$ bei Ge-Transistoren und
$U_{BE} \approx 0{,}6\,\text{V}$ bis $0{,}7\,\text{V}$ bei Si-Transistoren.

Bild 4.60 zeigt die einfachste Schaltung zur Erzeugung der erforderlichen Basisvorspannung mit Hilfe eines Basisvorwiderstandes.

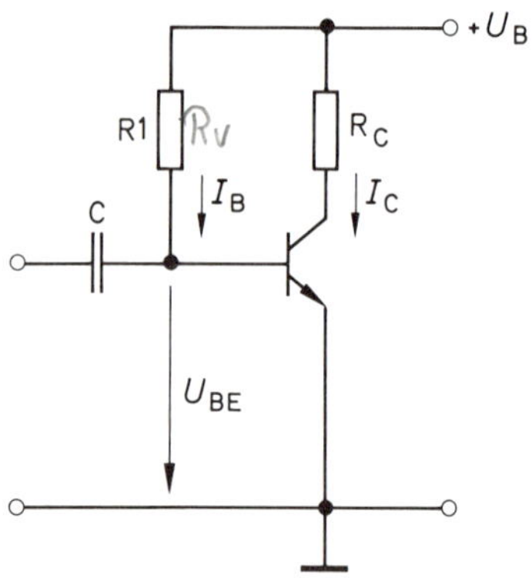

Bild 4.60 Einfachste Schaltung zur Erzeugung der Basisvorspannung mit Basisvorwiderstand

Der Basisstrom fließt durch den Widerstand R1 und ruft einen Spannungsabfall an ihm hervor. Dieser Spannungsabfall muß so groß sein, daß die erforderliche Vorspannung zwischen Basis und Emitter auftritt. Die Größe des Basisvorwiderstandes kann daher mit Hilfe der Gleichung

$$R1 = \frac{U_B - U_{BE}}{I_B}$$

ermittelt werden.

Beispiel

Ein Transistor BC107 hat eine Gleichstromverstärkung $B = 170$. Er soll mit $U_B = 10$ V betrieben werden. Damit ein Kollektorstrom $I_C = 2$ mA fließt, muß die Basisvorspannung $U_{BE} = 0{,}62$ V betragen. Sie soll durch einen Basiswiderstand entsprechend Bild 4.60 erzeugt werden.
Welchen Wert muß der Basiswiderstand R1 haben?

$$I_B = \frac{I_C}{B} = \frac{2\,\text{mA}}{170} = 11{,}77\ \mu\text{A}$$

$$R1 = \frac{U_B - U_{BE}}{I_B} = \frac{10\,\text{V} - 0{,}62\,\text{V}}{11{,}77\ \mu\text{A}} = 796{,}9\ \text{k}\Omega$$

Gewählt wird der Normwert $R1 = 820$ kΩ.

Die Erzeugung der Basisvorspannung mit Hilfe eines Basisvorwiderstandes entsprechend Bild 4.60 hat sowohl Vorteile als auch Nachteile. Von Vorteil ist der stets sehr hochohmige Widerstand, weil dadurch der Generator für die Signalspannung nur gering belastet wird. Weiterhin bleibt die Basisvorspannung auch bei Schwankungen der Betriebsspannung oder bei Temperaturänderungen nahezu konstant. Will nämlich der Basisstrom ansteigen, so fällt an R1 auch eine höhere Spannung ab, so daß U_{BE} kleiner wird und daher der Basisstrom annähernd auf seinen ursprünglichen Wert zurückgeht.
Von Nachteil ist dagegen, daß bei jeder einzelnen Verstärkerstufe oder nach Auswechseln eines Transistors wegen der Exemplarstreuungen der Basisstrom abgeglichen werden muß. Verwendbar ist daher nur eine Schaltung nach **Bild 4.61**. Sie enthält einen zusätzlichen Trimmer, so daß die notwendige Anpassung der Basisvorspannung für den jeweiligen Transistor möglich ist. Der Kondensator hat in den beiden Schaltungen nach Bild 4.60 und 4.61 die Aufgabe, zu verhindern, daß die Basisvorspannung durch den meistens sehr niederohmigen Gleichstrom-Innenwiderstand des Generators kurzgeschlossen wird oder der Generator durch die Basisvorspannung gegebenenfalls zerstört werden kann.

R1 = zur Begrenzung von IB

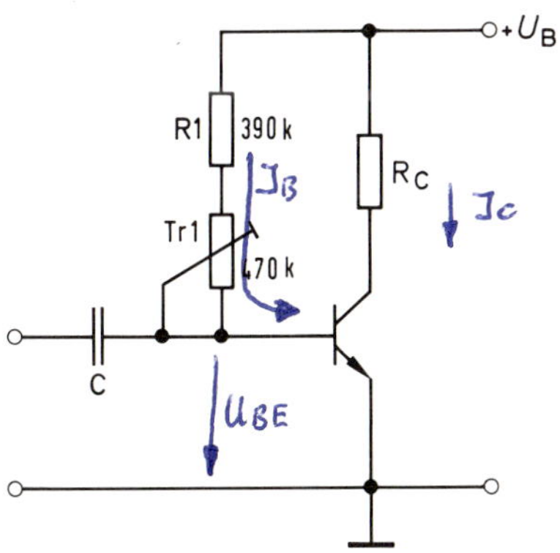

Bild 4.61 Einstellung von U_{BE} mit Trimmer Tr1

Der Nachteil der Basisvorspannungserzeugung mit Hilfe eines Basiswiderstandes entsprechend Bild 4.61 kann durch Einsatz eines Basisspannungsteilers vermieden werden. **Bild 4.62** zeigt die Erzeugung der Basisvorspannung mit Hilfe eines Spannungsteilers.

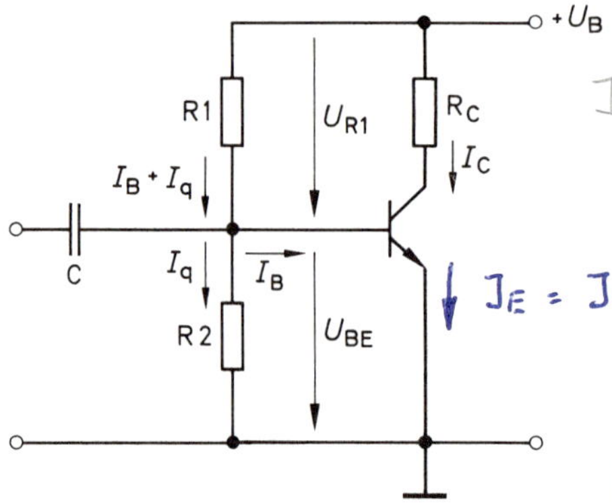

Bild 4.62 Erzeugung der Basisvorspannung durch einen Spannungsteiler

Damit die Schaltung nach Bild 4.62 einwandfrei arbeitet, wird der Querstrom I_q, das ist der durch den Spannungsteiler fließende Strom, groß gegenüber dem auch durch R1 zusätzlichen fließenden Basisstrom I_B gewählt.

$$I_q \approx 2 \cdot I_B \text{ bis } 10 \cdot I_B$$

Damit ist der Widerstand R2 wesentlich niederohmiger als der Gleichstromwiderstand der leitenden Basis-Emitter-Diode und die Basisvorspannung wird im wesentlichen nur noch von den Spannungsteilerwiderständen R1 und R2 bestimmt. Von Vorteil ist daher bei dieser Schaltung, daß bei kleineren Betriebsspannungsänderungen oder beim Auswechseln des Transistors keine neue Einstellung von U_{BE} erforderlich wird.
Die feste Basisvorspannung durch einen Basisspannungsteiler hat aber auch einen Nachteil. Steigt die Umgebungstemperatur, so steigt der Kollektorstrom sowie auch der Basisstrom des Transistors und der Arbeitspunkt verschiebt sich. Da U_{BE} aber konstant gehalten wird, tritt keine thermische Arbeitspunktstabilisierung wie bei der Schaltung nach Bild 4.61 auf.
Die Werte der Spannungsteilerwiderstände lassen sich mit folgenden Gleichungen berechnen:

$$R1 = \frac{U_B - U_{BE}}{I_q + I_B} \qquad \text{mit } I_q \approx 2 \cdot I_B \div 10 \cdot I_B$$

$$R2 = \frac{U_{BE}}{I_q}$$

Beispiel

Für eine Schaltung nach Bild 4.62 mit einem Transistor BC107 A sind folgende Werte gegeben:

$U_B = 10\,\text{V}$; $I_q = 5 \cdot I_B$; $B = 170$; $U_{BE} = 0{,}62\,\text{V}$; $I_C = 2\,\text{mA}$.

Welche Werte müssen die Spannungsteilerwiderstände R1 und R2 erhalten?

$$I_B = \frac{I_C}{B} = \frac{2\,\text{mA}}{170} = 11{,}77\,\mu\text{A}$$

$$I_q = 5 \cdot I_B = 5 \cdot 11{,}77\,\mu\text{A} = 58{,}85\,\mu\text{A}$$

$$R2 = \frac{U_{BE}}{I_q} = \frac{0{,}62\,\text{V}}{58{,}85\,\mu\text{A}} = 10{,}54\,\text{k}\Omega$$

Gewählt wird der Normwert $R2 = 10\,\text{k}\Omega$

$$R1 = \frac{U_B - U_{BE}}{I_Q + I_B} = \frac{10\,\text{V} - 0{,}62\,\text{V}}{58{,}85\,\mu\text{A} + 11{,}77\,\mu\text{A}} = 132{,}82\,\text{k}\Omega$$

Gewählt wird der Normwert $R1 = 120\,\text{k}\Omega$

4.6.3 Thermische Arbeitspunktstabilisierung

4.6.3.1 Stabilisierung durch NTC-Widerstand

Die Erzeugung der Basisvorspannung mit Hilfe eines Basisspannungsteilers hat den Nachteil, daß bei Temperaturschwankungen der Arbeitspunkt des Transistors nicht konstant gehalten wird. Eine einfache Möglichkeit zur thermischen Arbeitspunktstabilisierung zeigt die Schaltung nach **Bild 4.63**.

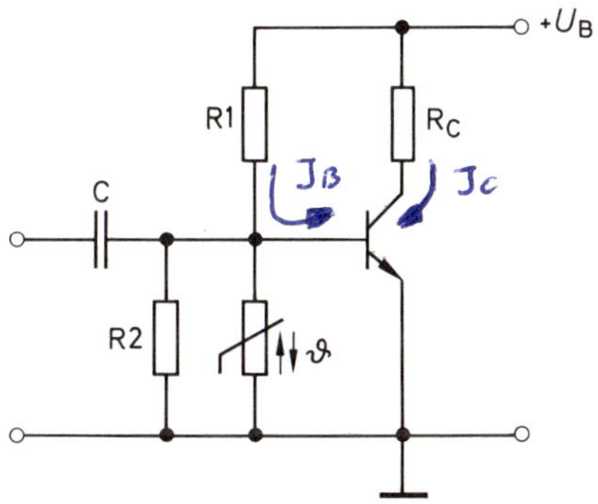

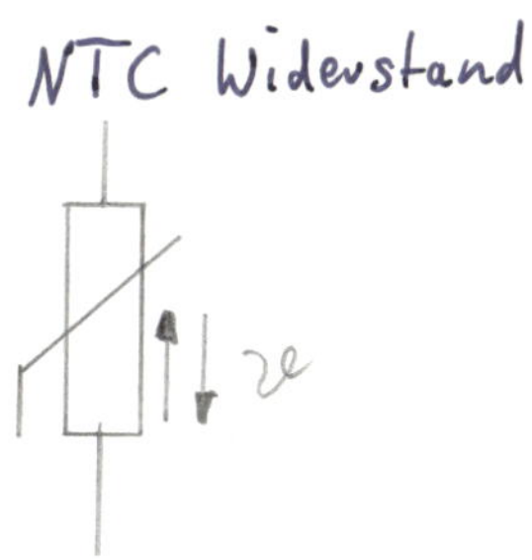

Bild 4.63 Thermische Arbeitspunktstabilisierung mit einem NTC-Widerstand

Bei der Schaltung nach Bild 4.63 ist zwischen Basis und Emitter, und damit parallel zum Spannungsteilerwiderstand R2, ein NTC-Widerstand (NTC = Negativ Temperatur Coeffizient) geschaltet. NTC-Widerstände haben die Eigenschaft, daß ihr Widerstandswert mit zunehmender Temperatur kleiner wird. Auf diese Art von Widerständen wird in Abschnitt 7.3.1 noch näher eingegangen. Der NTC-Widerstand wird unmittelbar an das Transistorgehäuse bzw. an seinen Kühlkörper, also in gutem Wärmekontakt mit dem Transistor, befestigt. Sein Einfluß auf die Basisspannung U_{BE} ist in **Bild 4.64** zu erkennen.

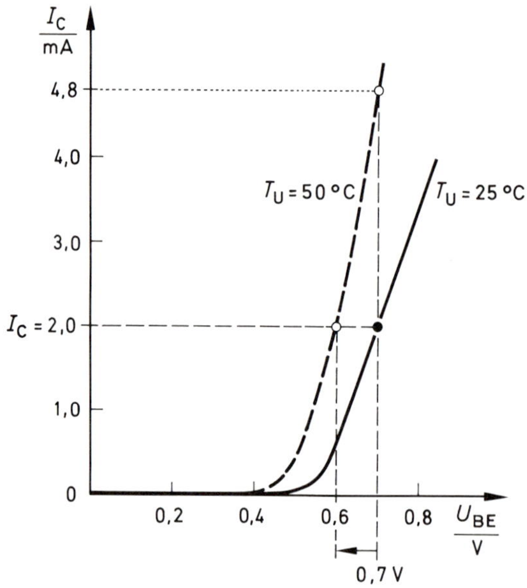

Bild 4.64 Wirkungsweise der thermischen Arbeitspunktstabilisierung durch einen NTC-Widerstand

In Bild 4.64 ist der Arbeitspunkt des Transistors bei $T_U = 25\,°C$ mit $U_{BE} = 0{,}7\,V$ und $I_C = 2\,mA$ angegeben. Bei Erhöhung der Umgebungstemperatur auf $T_U = 50\,°C$ würde sich der Arbeitspunkt bei $U_{BE} = 0{,}7\,V$ auf $I_C = 4{,}8\,mA$ verschieben. Da bei der höheren Temperatur der NTC-Widerstand niederohmiger wird, ändert sich auch das Basisspannungsteilerverhältnis und U_{BE} wird kleiner. Bei richtiger Dimensionierung sinkt bei $T_U = 50\,°C$ die Basisspannung auf $U_{BE} = 0{,}6\,V$, so daß wieder ein Basisstrom von $I_C = 2\,mA$ fließt. Auf diese Weise wird der Arbeitspunkt des Transistors auch bei Temperaturschwankungen stabil gehalten. Da NTC-Widerstände eine gewisse Trägheit haben, ist diese Art der thermischen Arbeitspunktstabilisierung nur bei Leistungstransistoren einzusetzen. größeres Gehäuse

4.6.3.2 Stabilisierung durch Emitterwiderstand

Eine weitaus wirkungsvollere thermische Arbeitspunktstabilisierung läßt sich durch Einbau eines Emitterwiderstandes R_E entsprechend **Bild 4.65** erreichen.

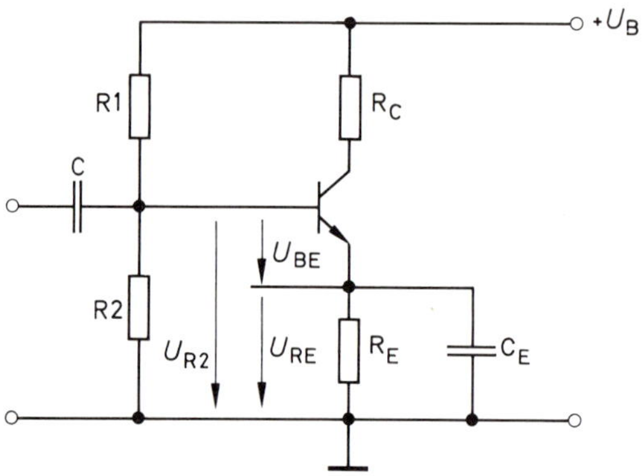

Bild 4.65 Thermische Arbeitspunktstabilisierung durch einen Emitterwiderstand

Durch den Emitterstrom I_E entsteht am Emitterwiderstand R_E ein Spannungsabfall. Die Schaltung wird meistens so ausgelegt, daß je nach Höhe der Betriebsspannung dieser Spannungsabfall etwa zwischen $U_{RE} = 1$ V und $U_{RE} = 3$ V liegt. Damit nun die erforderliche Basis-Emitterspannung $U_{BE} \approx 0{,}7$ V erhalten bleibt, muß der Basisspannungsteiler so dimensioniert sein, daß

$$U_{R2} = U_{RE} + U_{BE}$$

beträgt. Bei Änderung der Umgebungstemperatur tritt ein Regelungsvorgang auf, der anhand von **Bild 4.66** beschrieben wird.

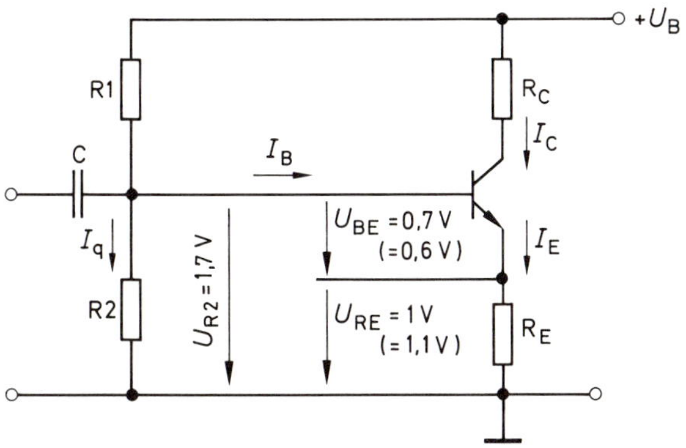

Re soll sein 0,1...0,3 · Rc
Xce soll sein 0,1...0,3 · Re

Bild 4.66 Wirkungsweise der thermischen Arbeitspunktstabilisierung durch Emitterwiderstand

Will sich der Arbeitspunkt des Transistors aufgrund einer Änderung der Umgebungstemperatur verschieben, so ändert sich augenblicklich der Emitterstrom und damit auch der Spannungsabfall an R_E. Bei Erhöhung der Temperatur wird I_E ansteigen. Dadurch steigt aber auch der Spannungsabfall an R_E z. B. von $U_{RE} = 1$ V auf $U_{RE} = 1{,}1$ V. Da der Spannungsabfall an R2 mit $U_{R2} = 1{,}7$ V aber konstant ist, muß sich die Basisvorspannung U_{BE} um 0,1 V verringern. Entsprechend der Kennlinie in Bild 4.64 wandert der Arbeitspunkt dadurch aber wieder auf den ursprünglichen Wert des Kollektorstromes zurück.

Da sich die Basis-Emitterspannung U_{BE} bei jeder kleinsten Emitterstromänderung sofort mit verändert, wird die thermische Arbeitspunktstabilisierung mit Hilfe eines Emitterwiderstandes wegen ihrer großen Wirksamkeit in fast allen Verstärkerschaltungen angewandt. Sie wird auch als Stromgegenkopplung bezeichnet. Diese Schaltungsmaßnahme bewirkt gleichzeitig, daß die Exemplarstreuungen von Transistoren auf den Arbeitspunkt ohne Einfluß bleiben.

Infolge des Emitterwiderstandes tritt eine Gegenkopplung auf, durch die die Verstärkung der Transistorstufe herabgesetzt wird. Bei Ansteuerung des Transistors mit einem Wechselspannungssignal ändert sich der Kollektorstrom und damit auch der Emitterstrom im Rhythmus des Ansteuersignals. Liegt am Eingang z. B. die positive Halbwelle, so fließt, weil U_{BE} größer wird, ein größerer Basisstrom und daher auch ein größerer Emitterstrom. An R_E fällt somit eine höhere Spannung ab und die wirksame Steuerspannung wird dadurch kleiner. Die Zusammenhänge sind in **Bild 4.67** gesondert dargestellt.

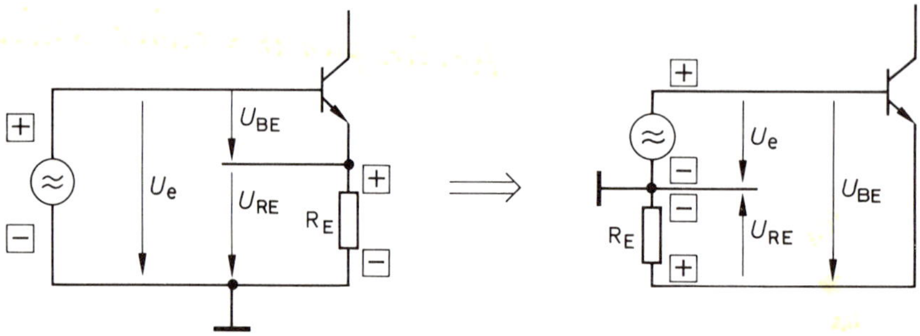

Bild 4.67 Wirkungsweise der Gegenkopplung durch R_E

Die am Emitterwiderstand R_E auftretende Wechselspannung ist stets gegenphasig zur Eingangswechselspannung. Dieser schaltungstechnische Zusammenhang wird daher als Gegenkopplung bezeichnet. Sie bewirkt, daß die Spannungsverstärkung V_U einer Transistorstufe mit Emitterwiderstand kleiner ist als bei einer Stufe ohne diesen Emitterwiderstand.
Dieser wesentliche Nachteil kann durch einen Emitterkondensator C_E parallel zu R_E beseitigt werden. Bei ausreichender Kapazität von C_E ist R_E dann für die Wechselspannungssignale kurzgeschlossen. An R_E tritt daher kein Wechselspannungsabfall mehr auf und die gegenkoppelnde Wirkung von R_E ist für Wechselspannungen aufgehoben.

Der Kapazitätswert des Emitterkondensators richtet sich nach der unteren Grenzfrequenz, die die Verstärkerstufe haben soll und den Widerständen, über die der Kondensator auf- bzw. entladen wird. Dieses sind der Innenwiderstand des Transistors und der Generatorwiderstand R_i. Die erforderliche Größe des Emitterkondensators kann nach folgender Gleichung berechnet werden:

$$C_E = \frac{h_{21e}}{2\pi \cdot f_u \cdot (h_{11e} + R_i)}$$

mit h_{21e} = Stromverstärkung des Transistors
h_{11e} = Eingangswiderstand des Transistors
R_i = Innenwiderstand des Generators
f_u = untere Grenzfrequenz der Verstärkerstufe

Beispiel

Die in **Bild 4.68** angegebene Verstärkerstufe soll dimensioniert werden. Folgende Werte sind vorgegeben:
$U_B = 10\,V$; $U_{RE} = 1\,V$; $I_q = 5\,I_B$; $f_u = 30\,Hz$; $R_i = 1\,k\Omega$.
Der verwendete Transistor BC107 A hat die Daten: $h_{11e} = 2{,}7\,k\Omega$; $h_{21e} = 220$; $B = 170$. Er soll im Arbeitspunkt $U_{CE} = 5\,V$; $I_C = 2\,mA$ und $U_{BE} = 0{,}62\,V$ betrieben werden.

Arbeitspunkt = reiner Gleichstrom

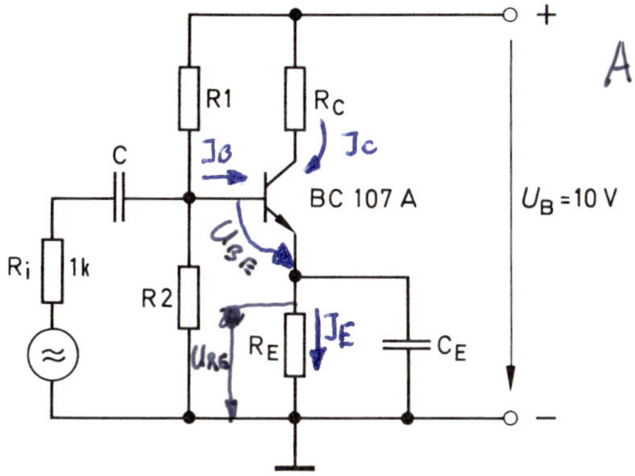

Bild 4.68 Verstärkerstufe mit Transistor BC107 A

$$R_C = \frac{U_B - U_{CE} - U_{RE}}{I_C} = \frac{10\,V - 5\,V - 1\,V}{2\,mA} = 2\,k\Omega$$

Gewählt: Normwert $R_C = 2{,}2\,k\Omega$

$$I_B = \frac{I_C}{B} = \frac{2\,mA}{170} = 11{,}77\,\mu A$$

$$R_E = \frac{U_{RE}}{I_C + I_B} \approx \frac{U_{RE}}{I_C} = \frac{1\,V}{2\,mA} = 500\,\Omega$$

Gewählt: Normwert $R_E \approx 470\,\Omega$

$$R2 = \frac{U_{RE} + U_{BE}}{I_q} = \frac{1\,V + 0{,}62\,V}{5 \cdot 11{,}77\,\mu A} = 27{,}5\,k\Omega$$

Gewählt: Normwert $R2 = 27\,k\Omega$

$$R1 = \frac{U_B - U_{RE} - U_{BE}}{I_q + I_B} = \frac{10\,V - 1\,V - 0{,}62\,V}{6 \cdot 11{,}77\,\mu A} = 118{,}7\,k\Omega$$

Gewählt: Normwert $R1 = 120\,k\Omega$

$$C_E = \frac{h_{21e}}{2\pi \cdot f_u\,(h_{11e} + R_i)} = \frac{220}{2\pi \cdot 30\,\frac{1}{s}\,(2{,}7\,k\Omega + 1\,k\Omega)}$$

$C_E = 315{,}44\,\mu F$

Gewählt: Normwert $C_E = 330\,\mu F$

Die durch die gewählten Normwerte für die Widerstände auftretende geringfügige Verschiebung des Arbeitspunktes liegt im Toleranzfeld des Transistors und braucht deshalb nicht weiter berücksichtigt zu werden.

4.6.3.3 Stabilisierung durch Spannungsgegenkopplung

Eine weitere Möglichkeit zur thermischen Arbeitspunktstabilisierung zeigt die Schaltung in **Bild 4.69**.

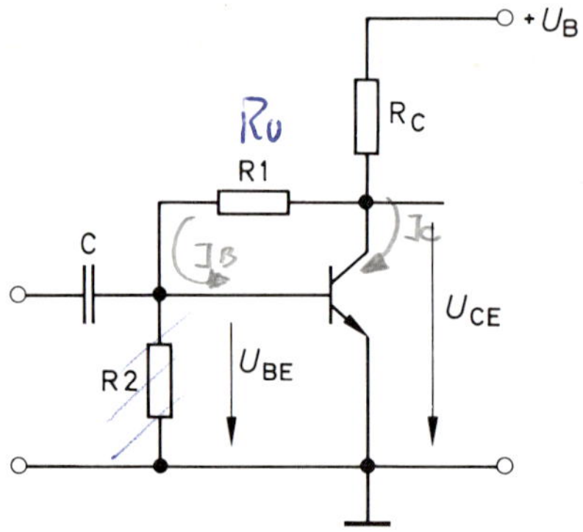

Bild 4.69 Thermische Arbeitspunktstabilisierung durch Spannungsgegenkopplung

Bei der Schaltung nach Bild 4.69 wird die Spannung für den Basisspannungsteiler vom Kollektor des Transistors abgegriffen. Daher lauten die Gleichungen zur Berechnung der Teilerwiderstände R1 und R2:

$$R1 = \frac{U_{CE} - U_{BE}}{I_q + I_B} \qquad \text{mit } I_q = 2 \cdot I_B \div 10 \cdot I_B$$

$$R2 = \frac{U_{BE}}{I_q} \qquad R_V = \frac{U_{CE} - U_{BE}}{I_B}$$

Bei einer Temperaturänderung oder bei Exemplarstreuungen ändert sich der eingestellte Kollektorstrom und damit auch die Kollektor-Emitterspannung U_{CE} und als Folge davon auch die Basisvorspannung. Will z. B. infolge einer Temperaturerhöhung der Kollektorstrom ansteigen, so wird U_{CE} kleiner und damit auch U_{BE}. Dadurch wird der Arbeitspunkt, wie in Bild 4.64 dargestellt, konstant gehalten.
Auch bei dieser Schaltung wird bei Aussteuerung des Transistors mit einem Wechselspannungssignal die Basisvorspannung über R1 gegensinnig zum Generatorsignal beeinflußt. Es tritt also eine Gegenkopplung für das Eingangssignal auf. Eine einfache und wirkungsvolle Schaltungsmaßnahme zur Aufhebung dieser Gegenkopplung wie durch einen Emitterkondensator in Schaltungen nach Bild 4.65 ist bei einer Schaltung nach Bild 4.69 nicht möglich. Daher wird diese Schaltung zur thermischen Arbeitspunktstabilisierung nicht so häufig eingesetzt.

Beispiel

Ein Transistor BC107 A mit $B = 170$ soll in einer Verstärkerstufe entsprechend Bild 4.69 im Arbeitspunkt $U_{CE} = 5\,V$, $I_C = 2\,mA$, $U_{BE} = 0{,}62\,V$ betrieben werden. Die Betriebsspannung beträgt $U_B = 10\,V$.
Welche Werte müssem die Widerstände R_C, R1 und R2 haben?

$$R_C \approx \frac{U_B - U_{CE}}{I_C} = \frac{10\,V - 5\,V}{2\,mA} = 2{,}5\,k\Omega$$

Gewählt: Normwert $R_C = 2{,}7\,k\Omega$

$$I_B = \frac{I_C}{B} = \frac{2\,\text{mA}}{170} = 11{,}77\,\mu\text{A}$$

$$R1 = \frac{U_{CE} - U_{BE}}{I_q + I_B} = \frac{5\,\text{V} - 0{,}62\,\text{V}}{6 \cdot 11{,}77\,\mu\text{A}} = 62\,\text{k}\Omega$$

Gewählt: Normwert $R1 = 68\,\text{k}\Omega$

$$R2 = \frac{U_{BE}}{I_q} = \frac{0{,}62}{5 \cdot 11{,}77\,\mu\text{A}} = 10{,}5\,\text{k}\Omega$$

Gewählt: Normwert $R2 = 10\,\text{k}\Omega$

4.7 Transistor-Grundschaltungen

Ein Verstärker hat stets zwei Anschlüsse für den Eingang und zwei Anschlüsse für den Ausgang. Transistoren haben aber nur drei Anschlüsse. Wird daher ein Transistor als Verstärker eingesetzt, so muß eine dieser Elektroden sowohl zu den Eingangsanschlüssen als auch zu den Ausgangsanschlüssen gehören. Damit ergeben sich drei Möglichkeiten, Transistoren als Verstärker einzusetzen. Diese drei Schaltungen werden als Transistor-Grundschaltungen bezeichnet und sind in **Bild 4.70** angegeben. Die jeweilige Bezeichnung der Transistor-Grundschaltung ist von derjenigen Elektrode abgeleitet, die gemeinsamer Bezugspunkt für das Eingangs- und Ausgangssignal ist.

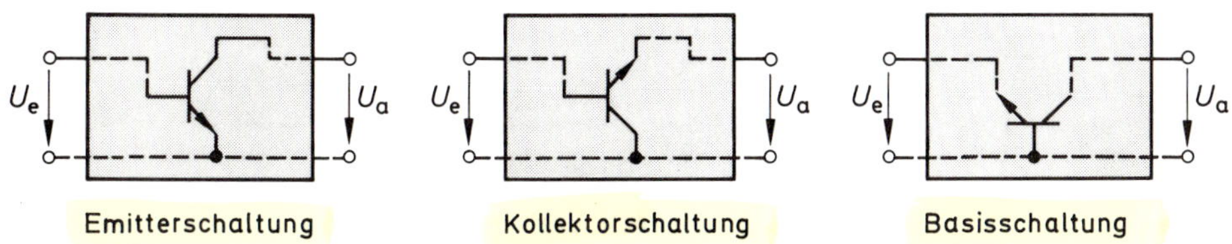

Bild 4.70 Prinzip der Transistor-Grundschaltungen

Aufgrund der Wirkungsweise eines Transistors hat jede der drei Grundschaltungen besondere Eigenschaften. Diese technischen Eigenschaften von Transistor-Grundschaltungen werden durch eine Reihe von Kenngrößen näher beschrieben. Die wichtigsten dieser Verstärker-Kenngrößen sind:

Wechselstromeingangswiderstand	r_e
Wechselstromausgangswiderstand	r_a
Spannungsverstärkung	V_u
Stromverstärkung	V_i
Leistungsverstärkung	V_p
Phasendrehung des Signals	φ
Grenzfrequenz der Schaltung	f_g

4.7.1 Emitterschaltung

Ein Transistor wird in Emitterschaltung betrieben, wenn der Emitter Bezugspunkt für das Eingangs- und Ausgangssignal ist. **Bild 4.71** zeigt einen Transistor in Emitterschaltung.

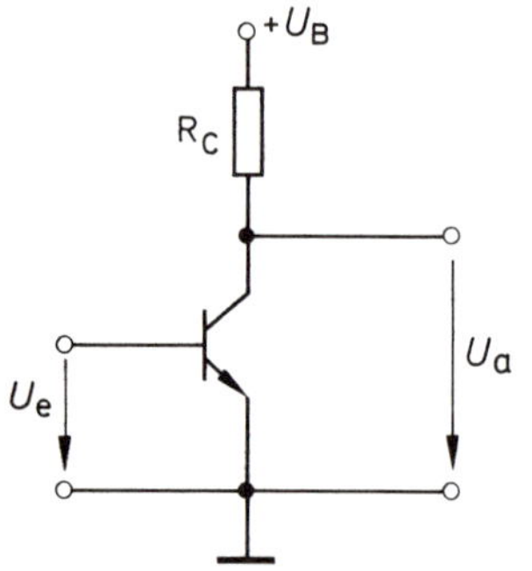

Bild 4.71 Prinzip der Emitterschaltung

In **Bild 4.72** ist eine vollständige Verstärkerstufe mit Wechselspannungsgenerator für das Eingangssignal, Basisvorspannungserzeugung, Lastwiderstand R_L, Stabilisierung des Arbeitspunktes sowie Eingangs- und Ausgangskondensator dargestellt. Der Transistor wird hier in Emitterschaltung betrieben. Daher wird auch die vollständige Verstärkerstufe meistens als Emitterschaltung bezeichnet.

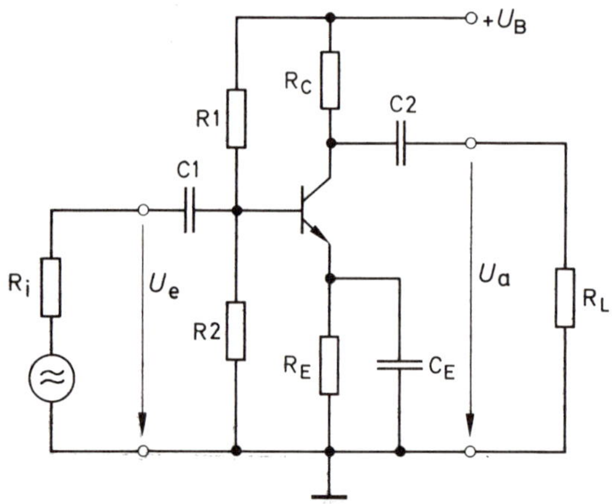

Bild 4.72 Verstärkerstufe in Emitterschaltung

In der Schaltung nach Bild 4.72 wird die Basisvorspannung durch den Spannungsteiler aus R1 und R2 erzeugt. Die Stabilisierung des Arbeitspunktes erfolgt durch den Emitterwiderstand R_E. Er ist wechselstrommäßig durch den Emitterkondensator C_E überbrückt. Der Eingangskondensator C1 verhindert einen möglichen Kurzschluß der Basisvorspannung durch den Signalgenerator. Der Ausgangskondensator C2 trennt den Lastwiderstand gleichspannungsmäßig von der Kollektorspannung ab. Beide Kondensatoren müssen eine so große Kapazität haben, daß an ihrem kapazitiven Widerstand kein nennenswerter Spannungsabfall auftritt. Zur Herleitung der Kennwerte einer Emitterschaltung wird von der Schaltung in Bild 4.72 nur das zugehörige Wechselstrom-Ersatzschaltbild benötigt. Es ist in **Bild 4.73** angegeben.

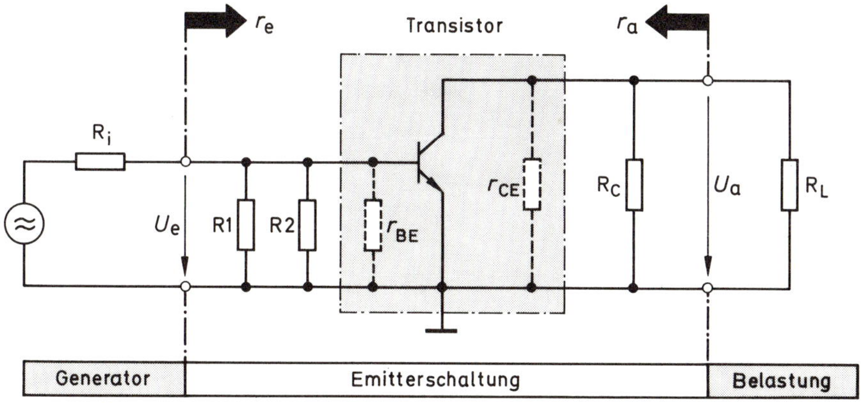

Bild 4.73 Wechselstrom-Ersatzschaltbild für die Emitterschaltung

Da die Spannungsquelle der Betriebsspannung U_B einen Kurzschluß für die Wechselspannung des Eingangssignals darstellt, können im Ersatzschaltbild der Widerstand R1 des Basisspannungsteilers und der Kollektorwiderstand R_C direkt an Masse angeschlossen werden. Der Emitterwiderstand R_E kann in der Ersatzschaltung entfallen, weil er durch den Emitterkondensator wechselspannungsmäßig überbrückt ist. Entfallen können auch die beiden Kondensatoren C1 und C2, da sie für das Wechselspannungssignal einen Kurzschluß darstellen. Zusätzlich in das Wechselstrom-Ersatzschaltbild sind der Innenwiderstand R_i des Generators und ein Lastwiderstand R_L eingezeichnet.

Aus dem Wechselstrom-Ersatzschaltbild nach Bild 4.73 lassen sich die verschiedenen Kennwerte der Emitterschaltung ermitteln.

Wechselstrom-Eingangswiderstand r_e

Der Wechselstrom-Eingangswiderstand ist derjenige Widerstand, mit dem die Verstärkerschaltung die Signalquelle belastet. Er setzt sich entsprechend Bild 4.73 aus der Parallelschaltung von R1, R2 und r_{BE} zusammen.

$$r_e = R1 \parallel R2 \parallel r_{BE}$$

Da $R1$ und $R2$ in der Regel sehr viel größer als r_{BE} sind, gilt in Näherung:

$r_e \approx r_{BE}$ (Wechselstrom-Eingangswiderstand bei Emitterschaltung)

Der Eingangswiderstand r_e wird bei der Emitterschaltung also im wesentlichen durch den dynamischen Eingangswiderstand r_{BE} des Transistors bestimmt.

Wechselstrom-Ausgangswiderstand r_a

Der Wechselstrom-Ausgangswiderstand ist derjenige Widerstand, der als Innenwiderstand der Verstärkerstufe für einen Lastwiderstand R_L wirksam ist. Er setzt sich zusammen aus der Parallelschaltung von R_C und r_{CE}.

$r_a = R_C \parallel r_{CE}$

Da r_{CE} in der Regel groß gegenüber R_C ist, gilt näherungsweise:

$r_a \approx R_C$ (Wechselstrom-Ausgangswiderstand bei Emitterschaltung)

Der Wechselstrom-Ausgangswiderstand wird bei der Emitterschaltung also im wesentlichen durch den Kollektorwiderstand R_C bestimmt.

Spannungsverstärkung V_u

Für die Spannungsverstärkung gilt grundsätzlich:

$$V_u = \frac{\text{Ausgangswechselspannung } U_a}{\text{Eingangswechselspannung } U_e}$$

$$V_u = \frac{U_a}{U_e} = \frac{\Delta U_{CE}}{\Delta U_{BE}} \quad \text{mit} \quad \Delta U_{CE} = \Delta I_C \cdot (r_{CE} \parallel R_C) \text{ und } \Delta U_{BE} = \Delta I_B \cdot r_{BE}$$

$$V_u = \frac{\Delta I_C \cdot (r_{CE} \parallel R_C)}{\Delta I_B \cdot r_{BE}} \quad \text{mit} \quad \frac{\Delta I_C}{\Delta I_B} = \beta \quad (= \text{dynamische Stromverstärkung})$$

$$\text{und} \quad r_{CE} \parallel R_C = \frac{r_{CE} \cdot R_C}{r_{CE} + R_C}$$

$$V_u = \frac{\beta}{r_{BE}} \cdot \frac{r_{CE} \cdot R_C}{r_{CE} + R_C}$$

Da $r_{CE} \gg R_C$ ergibt sich als Näherungsgleichung:

$$V_u \approx \frac{\beta}{r_{BE}} \cdot R_C \quad \text{oder}$$

$$V_u \approx \frac{h_{21e}}{h_{11e}} \cdot R_C$$

(Näherungsgleichungen für die Spannungsverstärkung einer Emitterstufe ohne Lastwiderstand)

Ist ein Lastwiderstand vorhanden, so liegt er parallel zu R_C. Daraus folgt:

$$V_u \approx \frac{h_{21e}}{h_{11e}} \cdot R_C \parallel R_L \quad \text{oder}$$

$$V_u \approx \frac{h_{21e}}{h_{11e}} \cdot \frac{R_C \cdot R_L}{R_C + R_L}$$

(Näherungsgleichungen für die Spannungsverstärkung einer Emitterschaltung mit Lastwiderstand R_L)

Stromverstärkung V_i

Für die Stromverstärkung gilt grundsätzlich:

$$V_i = \frac{\text{Ausgangswechselstrom } I_a}{\text{Eingangswechselstrom } I_e}$$

ΔI_C wird bei einer Emitterschaltung durch r_{CE} und R_C begrenzt. Für ΔI_B gilt:

$$\Delta I_B = \frac{\Delta I_C}{\beta}$$

mit β = Stromverstärkung ohne R_C, d. h. hier wird ΔI_C nur durch r_{CE} begrenzt.

Weil sich die Ströme umgekehrt wie die Widerstände verhalten, besteht die Proportionalität

$$\Delta I_C \sim \frac{1}{r_{CE} + R_C} \;;\quad \Delta I_B \sim \frac{1}{\beta \cdot r_{CE}}$$

$$V_i = \frac{\Delta I_C}{\Delta I_B} = \beta \cdot \frac{r_{CE}}{r_{CE} + R_C} \quad \text{oder}$$

$$V_i = h_{21e} \frac{1/h_{22e}}{1/h_{22e} + R_C} = \frac{h_{21e}}{1 + h_{22e} \cdot R_C}$$

Ist ein Lastwiderstand vorhanden, so liegt dieser parallel zu R_C. Daraus folgt:

$$V_i = \frac{h_{21e}}{1 + h_{22e}\,(R_C \parallel R_L)}$$

Wird $\Delta I_C = \frac{U_a}{r_a}$ und $\Delta I_B = \frac{U_e}{r_e}$ gesetzt, so ergibt sich als Näherungsgleichung

$$V_i \approx \frac{\Delta I_C}{\Delta I_B} = \frac{U_a}{U_e} \cdot \frac{r_e}{r_a} = V_u \cdot \frac{r_e}{r_a}$$

Werden in diese Gleichungen noch die Näherungsgleichung $r_e \approx r_{BE} = h_{11e}$, $r_a \approx R_C$ und $V_u \approx \frac{h_{21e}}{h_{11e}} \cdot R_C$ eingesetzt, so gilt:

$$V_i \approx \frac{h_{21e} \cdot R_C}{h_{11e}} \cdot \frac{h_{11e}}{R_C}$$

$V_i \approx h_{21e} = \beta$ (Näherungsgleichung für die Stromverstärkung V_i einer Emitterschaltung. Sie gilt auch, wenn $R_L \gg R_C$ ist)

Leistungsverstärkung V_p

Die Leistungsverstärkung V_p ist das Produkt aus der Spannungsverstärkung V_u und der Stromverstärkung V_i

$$V_p = V_u \cdot V_i$$

Phasendrehung φ des Signals

Wird der Transistor mit der positiven Halbwelle angesteuert, so erhöht sich die Basisspannung. Dadurch fließt ein größerer Kollektorstrom, durch den am Kollektorwiderstand ein größerer Spannungsabfall auftritt, so daß U_{CE} kleiner wird. Bei positiver Halbwelle am Eingang tritt also die negative Halbwelle am Ausgang auf. Die Phasendrehung zwischen Eingangs- und Ausgangsspannung beträgt daher bei der Emitterschaltung

$$\varphi = 180°$$

Grenzfrequenz f_{go}

Die höchste, übertragbare Signalfrequenz wird im wesentlichen bestimmt durch die Frequenzabhängigkeit der Spannungsverstärkung V_u und durch den Einfluß der Kapazitäten des Schaltungsaufbaues. Der Zusammenhang zwischen der Spannungsverstärkung V_u und der Frequenz ist in **Bild 4.74** aufgetragen.

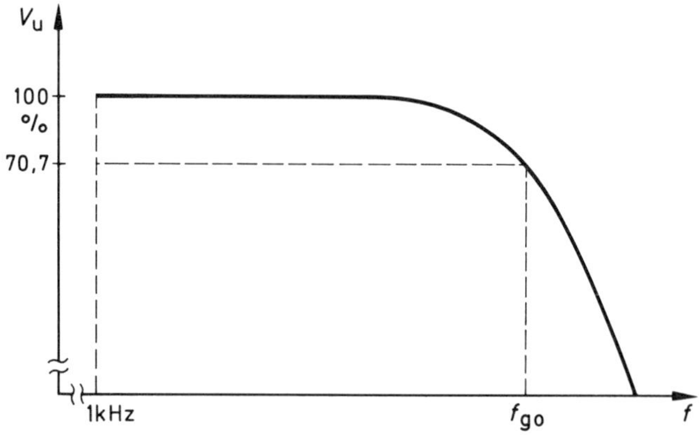

Bild 4.74 Frequenzabhängigkeit der Spannungsverstärkung V_u

Als Grenzfrequenz ist die Frequenz festgelegt, bei der die Spannungsverstärkung V_u auf 70,7 % der Verstärkung bei niedriger Frequenz abgesunken ist.
Eine genauere Berechnung der Grenzfrequenz ist wegen des stets vorhandenen Einflusses von Schaltungskapazitäten nicht möglich. Sie kann daher nur meßtechnisch ermittelt werden.

Charakteristische Eigenschaften

Die Emitterschaltung hat eine große Spannungsverstärkung und eine große Stromverstärkung. Daraus ergibt sich auch eine große Leistungsverstärkung. Aus diesen Gründen wird die Emitterschaltung als Standardschaltung in NF-Verstärkern und HF-Verstärkern eingesetzt.

Beispiel

Ein Transistor BC107 A wird entsprechend **Bild 4.75** in Emitterschaltung betrieben. Er hat im Arbeitspunkt U_{CE} = 5 V; I_C = 2 mA; U_{BE} = 0,62 V folgende Daten: h_{11e} = 2,7 kΩ; h_{21e} = 220; h_{22e} = 18 µS, B = 170. Zusätzlich vorgegeben sind die Werte: U_B = 10 V; U_{RE} = 1 V und $I_q = 5 \cdot I_B$.

Wie groß sind V_u, V_i, V_p, r_e und r_a bei dieser Emitterschaltung, wenn
a) kein Lastwiderstand und

b) ein Lastwiderstand R_L = 1 kΩ angeschlossen ist?

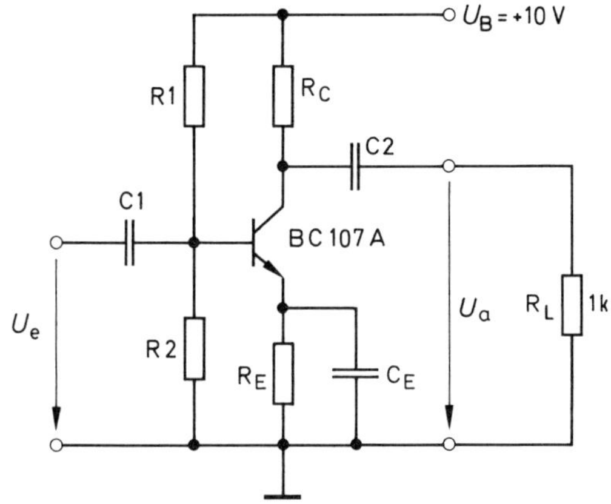

Bild 4.75 Verstärkerstufe in Emitterschaltung

$$R_C = \frac{U_B - U_{CE} - U_{RE}}{I_C} = \frac{10\,V - 5\,V - 1\,V}{2\,mA} = 2\,k\Omega$$

Gewählt: Normwert $R_C = 2{,}2\,k\Omega$

$$I_B = \frac{I_C}{B} = \frac{2\,mA}{170} = 11{,}77\,\mu A$$

$$R2 = \frac{U_{RE} + U_{BE}}{I_q} = \frac{1\,V + 0{,}62\,V}{5 \cdot 11{,}77\,\mu A} = 27{,}5\,k\Omega$$

Gewählt: Normwert $R2 = 27\,k\Omega$

$$R1 = \frac{U_B - U_{BE} - U_{RE}}{I_q + I_B} = \frac{10\,V - 0{,}62\,V - 1\,V}{6 \cdot 11{,}77\,\mu A} = 118{,}7\,k\Omega$$

Gewählt: Normwert $R1 = 120\,k\Omega$

Spannungsverstärkung V_u

a) ohne R_L

$$V_u \approx \frac{\beta \cdot R_C}{r_{BE}} = \frac{220 \cdot 2{,}2\,k\Omega}{2{,}7\,k\Omega} = 179{,}3$$

b) mit $R_L = 1\,k\Omega$

$$V_u \approx \frac{\beta}{r_{BE}} \cdot \frac{R_C \cdot R_L}{R_C + R_L} = \frac{220}{2{,}7\,k\Omega} \cdot \frac{2{,}2\,k\Omega \cdot 1\,k\Omega}{2{,}2\,k\Omega + 1\,k\Omega} = 56$$

Die niederohmige Belastung mit $R_L = 1\,k\Omega$ verkleinert die Spannungsverstärkung auf ca. ein Drittel.

Stromverstärkung V_i

a) ohne R_L

$$V_i = \frac{h_{21e}}{1 + h_{22e} \cdot R_C} = \frac{220}{1 + 18\,\mu S \cdot 2{,}2\,k\Omega} = 211{,}6$$

b) mit $R_L = 1\,k\Omega$

$$V_i = \frac{h_{21e}}{1 + h_{22e} \cdot (R_C \parallel R_L)} = \frac{220}{1 + 18\,\mu S \cdot \frac{2{,}2\,k\Omega \cdot 1\,k\Omega}{2{,}2\,k\Omega + 1\,k\Omega}} = 217{,}3$$

Der Einfluß des Lastwiderstandes R_L auf die Stromverstärkung V_i ist wesentlich geringer als sein Einfluß auf die Spannungsverstärkung V_u.

Leistungsverstärkung V_p

a) ohne R_L
$V_p = V_u \cdot V_i = 179{,}3 \cdot 211{,}6 = 37940$

b) mit $R_L = 1\,k\Omega$
$V_p = V_u \cdot V_i = 56 \cdot 217{,}3 = 12168{,}8$

Wechselstrom-Eingangswiderstand r_e

$r_e = R1 \parallel R2 \parallel r_{BE} = 120\,k\Omega \parallel 27\,k\Omega \parallel 2{,}7\,k\Omega$
$r_e = 2{,}4\,k\Omega$
Näherungswert: $r_e \approx r_{BE} = 2{,}7\,k\Omega$

Wechselstrom-Ausgangswiderstand r_a

$$r_a = R_C \parallel r_{CE} = 2{,}2\,k\Omega \parallel \frac{1}{18\,\mu S}$$

$r_a = 2{,}1\,k\Omega$
Näherungswert: $r_a \approx R_C = 2{,}2\,k\Omega$

4.7.2 Kollektorschaltung

Bei der Kollektorschaltung ist der Kollektor gemeinsamer Bezugspunkt für das Eingangs- und Ausgangssignal. Das Grundprinzip einer Kollektorschaltung ist in **Bild 4.76** dargestellt.

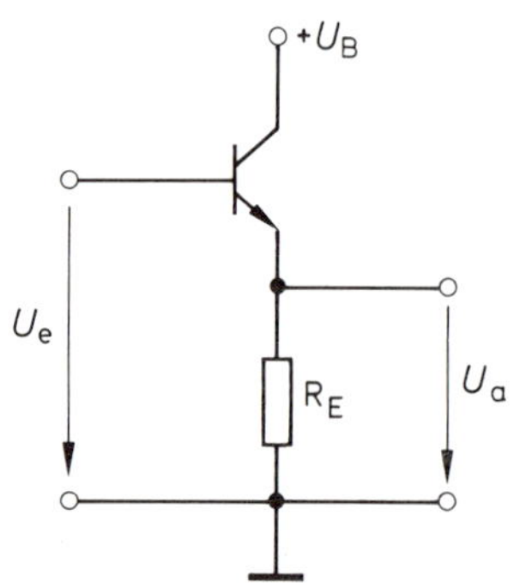

Bild 4.76 Prinzip der Kollektorschaltung

Bild 4.77 zeigt die vollständige Schaltung einer Verstärkerstufe in Kollektorschaltung mit Generator, Basisvorspannungserzeugung und Lastwiderstand.

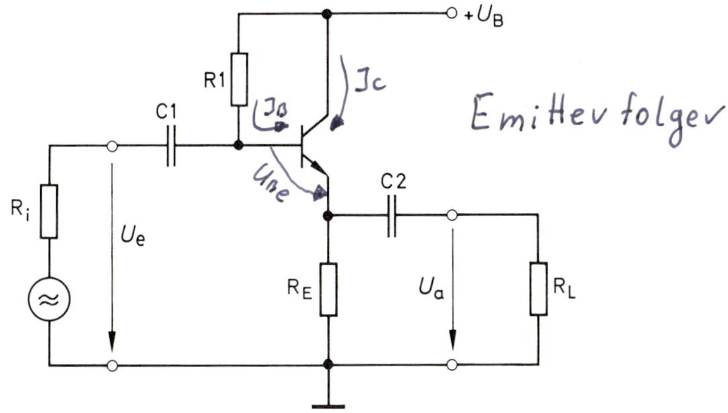

Bild 4.77 Verstärkerstufe in Kollektorschaltung

Bei der Schaltung nach Bild 4.77 wird die Basisvorspannung durch den Vorwiderstand R1 erzeugt und der Arbeitspunkt durch den Emitterwiderstand R_E stabilisiert. Dieser Emitterwiderstand darf aber bei der Kollektorschaltung nicht durch einen Kondensator überbrückt werden, weil an R_E das Ausgangssignal abgenommen wird. Der Kondensator C1 hat die Aufgabe, einen möglichen Kurzschluß der Basisvorspannung durch den Generator zu verhindern. Der Kondensator C2 trennt den Lastwiderstand gleichspannungsmäßig von der Emitterspannung ab. Beide Kondensatoren müssen eine so große Kapazität haben, daß an ihnen kein nennenswerter Wechselspannungsabfall entsteht.

Die Kennwerte einer Kollektorschaltung lassen sich aus dem Wechselstrom-Ersatzschaltbild der Kollektorschaltung herleiten. Es ist in **Bild 4.78** dargestellt.

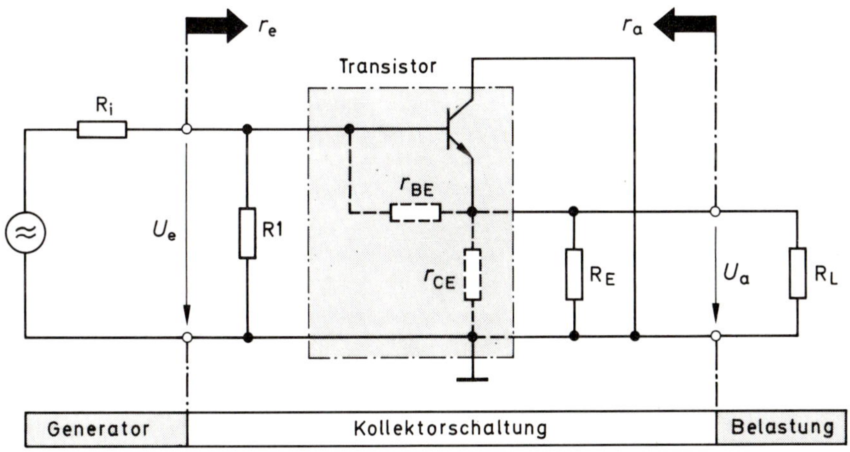

Bild 4.78 Wechselstrom-Ersatzschaltbild der Kollektorschaltung

Wechselstrom-Eingangswiderstand r_e

Der Wechselstrom-Eingangswiderstand r_e einer Kollektorschaltung setzt sich zusammen aus r_{BE} und dem mit der Stromverstärkung β multiplizierten Emitterwiderstand R_E sowie dem parallelgeschalteten Basisvorwiderstand R1.

$$r_e = (r_{BE} + \beta \cdot R_E \parallel r_{CE}) \parallel R1$$ (Wechselstrom-Eingangswiderstand der Kollektorschaltung)

Da $r_{CE} \gg R_E$ gilt:

$$r_e \approx (r_{BE} + \beta \cdot R_E) \parallel R1$$

Der Wechselstrom-Eingangswiderstand der Kollektorschaltung ist somit hochohmiger als der Wechselstrom-Eingangswiderstand einer Emitterschaltung.
Ist ein Lastwiderstand R_L vorhanden, dann ist dieser dem Emitterwiderstand R_E parallelgeschaltet. Die Gleichung lautet dann

$$r_e \approx \left(r_{BE} + \beta \cdot \frac{R_E \cdot R_L}{R_E + R_L}\right) \parallel R1$$ (Wechselstrom-Eingangswiderstand der Kollektorschaltung mit Lastwiderstand R_L)

Wechselstrom-Ausgangswiderstand r_a

Der Wechselstrom-Ausgangswiderstand r_a einer Kollektorschaltung ergibt sich aus der Parallelschaltung des Emitterwiderstandes mit der um die Stromverstärkung β verkleinerten Reihenschaltung aus r_{BE} und dem Innenwiderstand R_i des Generators.

$$r_a = R_E \parallel \frac{r_{BE} + R_i}{\beta}$$ (Wechselstrom-Ausgangswiderstand der Kollektorschaltung)

Der Wechselstrom-Ausgangswiderstand der Kollektorschaltung ist niederohmiger als der Wechselstrom-Ausgangswiderstand einer Emitterschaltung.

Spannungsverstärkung V_u

$$V_u = \frac{U_a}{U_e} = \frac{\Delta U_{RE}}{\Delta U_{RE} + \Delta U_{BE}} < 1$$

Die Ausgangsspannung ist bei der Kollektorschaltung um den Betrag der Basis-Emitterspannung kleiner als die Eingangsspannung. Aus diesem Grunde muß die Spannungsverstärkung bei der Kollektorschaltung immer kleiner 1 sein.
Mit den Transistor- und Schaltungsgrößen lautet die Gleichung:

$$V_u = \frac{\beta \cdot R_E}{\beta \cdot R_E + r_{BE}}$$ (Spannungsverstärkung der Kollektorschaltung)

Bei Berücksichtigung eines Lastwiderstandes ergibt sich:

$$V_u = \frac{\beta \cdot (R_E \parallel R_L)}{\beta \cdot (R_E \parallel R_L) + r_{BE}}$$ (Spannungsverstärkung der Kollektorschaltung mit Lastwiderstand)

Stromverstärkung V_i

$$V_i = \frac{I_a}{I_e} = \frac{\Delta I_E}{\Delta I_B} = \frac{\Delta I_C + \Delta I_B}{\Delta I_B} = \beta + 1$$

$V_i \approx \beta$ (Näherungsgleichung für die Stromverstärkung der Kollektorschaltung)

Genauerer Wert:

$$V_i = \frac{r_{CE} \cdot (1 + \beta)}{R_E + r_{CE}}$$ (Stromverstärkung der Kollektorschaltung)

Leistungsverstärkung V_p

Die Leistungsverstärkung ergibt sich aus dem Produkt von V_u und V_i. Daher gilt:

$$V_p = V_u \cdot V_i$$

Weil bei der Kollektorschaltung $V_u \approx 1$ und $V_i \approx \beta$, kann näherungsweise gesetzt werden

$V_p \approx V_i \approx \beta$ (Näherungsgleichung für die Leistungsverstärkung der Kollektorschaltung)

Phasendrehung φ des Signals

Wird die Basis des Transistors einer Kollektorschaltung mit der positiven Halbwelle angesteuert, so erhöht sich nicht nur die Basisvorspannung, sondern auch der Basisstrom und damit auch der Kollektorstrom. Bei größerem Kollektorstrom steigt auch der Emitterstrom an und erzeugt an R_E einen größeren Spannungsabfall. Damit tritt auch beim Ausgangssignal die positive Halbwelle auf. Bei einer Kollektorschaltung entsteht somit keine Phasenverschiebung zwischen dem Eingangs- und Ausgangssignal.

$\varphi = 0°$ (Phasenverschiebung zwischen U_e und U_a der Kollektorschaltung)

Weil bei der Kollektorschaltung das Signal am Emitter ohne Phasenverschiebung dem Eingangssignal folgt, wird die Kollektorschaltung oft auch als Emitterfolger bezeichnet.

Grenzfrequenz f_{go}

Die Grenzfrequenz einer Kollektorschaltung unterscheidet sich nicht wesentlich von der Grenzfrequenz einer Emitterschaltung, weil die gleichen Größen in gleicher Weise Einfluß auf das Frequenzverhalten ausüben.

Charakteristische Eigenschaften

Die Kollektorschaltung hat einen hochohmigen Eingangswiderstand und einen niederohmigen Ausgangswiderstand. Sie eignet sich daher besonders gut als Eingangsschaltung für mehrstufige Verstärkerschaltungen, weil sie den Signalgenerator nur wenig belastet. Die Kollektorschaltung wird daher im NF-Bereich häufig zur Anpassung eines Verstärkereinganges an den Innenwiderstand einer Signalquelle eingesetzt, auch wenn ihre Spannungsverstärkung kleiner 1 ist. Hierbei wird dann die Kollektorschaltung auch als Impedanzwandler bezeichnet.

Beispiel

Der Transistor BC107 A wird entsprechend **Bild 4.79** in Kollektorschaltung betrieben. Dieser Transistor hat im Arbeitspunkt $U_{CE} = 5\,V$; $I_C = 2\,mA$ und $U_{BE} = 0{,}62\,V$ folgende Daten: $r_{BE} = 2{,}7\,k\Omega$; $\beta = 220$; $r_{CE} = 55{,}6\,k\Omega$; $B = 170$.
Welche Kennwerte r_e; r_a; V_u; V_i und V_p hat diese Kollektorschaltung ohne und mit einem Lastwiderstand $R_L = 1\,k\Omega$?

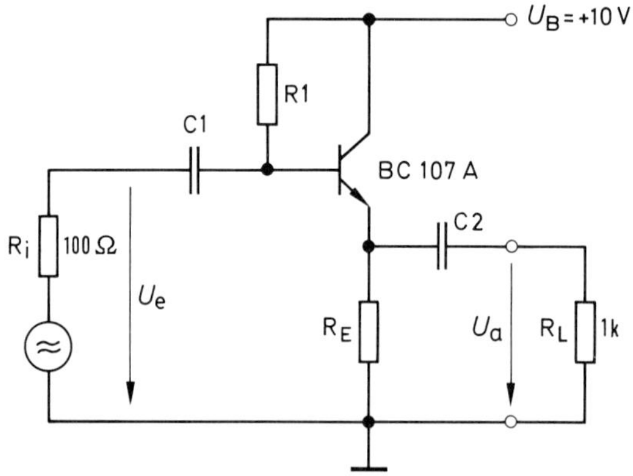

Bild 4.79 Verstärkerstufe in Kollektorschaltung

$$R_E = \frac{U_B - U_{CE}}{I_E} \approx \frac{U_B - U_{CE}}{I_C} = \frac{10\,V - 5\,V}{2\,mA} = 2{,}5\,k\Omega$$

Gewählt: Normwert $R_E = 2{,}7\,k\Omega$

$$I_B = \frac{I_C}{B} = \frac{2\,mA}{170} = 11{,}77\,\mu A$$

$$R1 = \frac{U_B - U_{BE} - U_{RE}}{I_B} = \frac{10\,V - 0{,}62\,V - 5\,V}{11{,}77\,\mu A} = 372\,k\Omega$$

Gewählt: Normwert $R1 = 390\,k\Omega$

Wechselstrom-Eingangswiderstand r_e

a) ohne Lastwiderstand

$$r_e \approx (r_{BE} + \beta \cdot R_E) \parallel R1 = (2{,}7\,k\Omega + 220 \cdot 2{,}7\,k\Omega) \parallel 390\,k\Omega$$

$$r_e \approx 235\,k\Omega$$

b) mit Lastwiderstand $R_L = 1\,k\Omega$

$$r_e \approx (r_{BE} + \beta\,(R_E \parallel R_L)) \parallel R1 = (2{,}7\,k\Omega + 220\,(2{,}7\,k\Omega \parallel 1\,k\Omega)) \parallel 390\,k\Omega$$

$$r_e \approx 115\,k\Omega$$

Wechselstrom-Ausgangswiderstand r_a

$$r_a = R_E \parallel \frac{r_{BE} + R_i}{\beta} = 2{,}7\,k\Omega \parallel \frac{2{,}7\,k\Omega + 100\,\Omega}{220}$$

2700 ‖ 12,72

$$r_a = 12{,}67\,\Omega$$

Spannungsverstärkung V_u

a) ohne Lastwiderstand

$$V_u = \frac{\beta \cdot R_E}{\beta \cdot R_E + r_{BE}} = \frac{220 \cdot 2{,}7\,k\Omega}{220 \cdot 2{,}7\,k\Omega + 2{,}7\,k\Omega}$$

$$V_u = 0{,}995$$

b) mit Lastwiderstand $R_L = 1\,k\Omega$

$$V_u = \frac{\beta \cdot (R_E \parallel R_L)}{\beta\,(R_E \parallel R_L) + r_{BE}} = \frac{220\ (2{,}7\,k\Omega \parallel 1\,k\Omega)}{220\ (2{,}7\,k\Omega \parallel 1\,k\Omega) + 2{,}7\,k\Omega}$$

$V_u = 0{,}983$

Stromverstärkung V_i

$V_i \approx \beta \approx 220$ (Näherungswert)

Genauerer Wert:

$$V_i = \frac{r_{CE}\,(1+\beta)}{R_E + r_{CE}} = \frac{55{,}6\,k\Omega\ (1+220)}{2{,}7\,k\Omega + 55{,}6\,k\Omega}$$

$V_i = 210{,}8$

Leistungsverstärkung V_p

a) ohne Lastwiderstand

$V_p = V_u \cdot V_i = 0{,}995 \cdot 210{,}8$

$V_p = 209{,}7$

b) mit Lastwiderstand $R_L = 1\,k\Omega$

$V_p = V_u \cdot V_i = 0{,}983 \cdot 210{,}8$

$V_p = 207{,}2$

4.7.3 Basisschaltung

Bei der Basisschaltung ist die Basis gemeinsamer Bezugspunkt für das Eingangs- und Ausgangssignal. Das Grundprinzip einer Basisschaltung ist in **Bild 4.80** dargestellt.

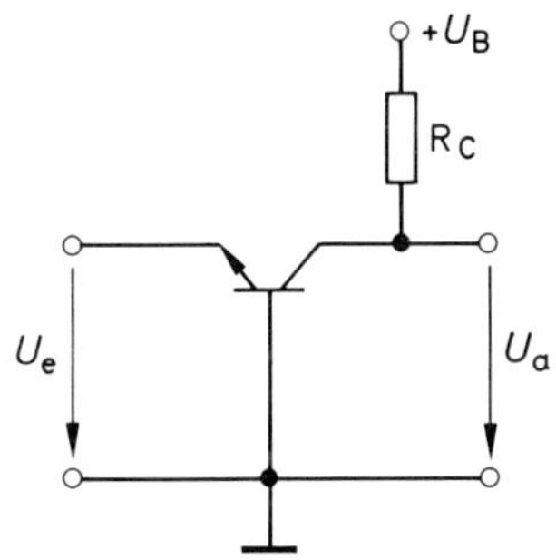

Bild 4.80 Prinzip der Basisschaltung

Bild 4.81 zeigt die vollständige Schaltung einer Verstärkerstufe in Basisschaltung mit Generator, Basisvorspannungserzeugung und Lastwiderstand.

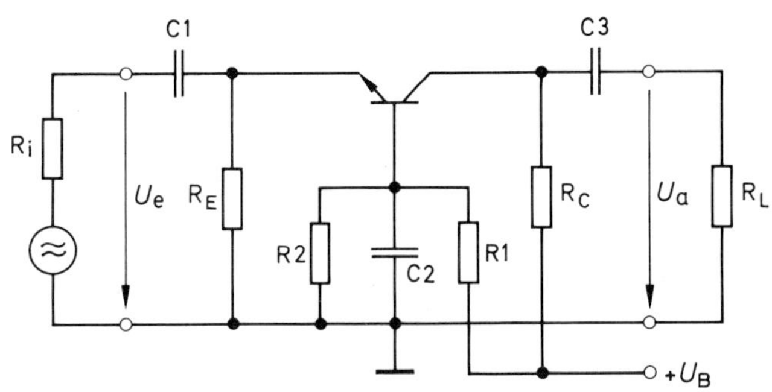

Bild 4.81 Verstärkerstufe in Basisschaltung

Bei der Basisschaltung nach Bild 4.81 wird die Basisvorspannung durch den Spannungsteiler aus R1 und R2 erzeugt. Der Arbeitspunkt ist durch den Emitterwiderstand R_E stabilisiert. Damit die Basis wechselspannungsmäßig an Masse liegt, muß der Kondensator C2 eingebaut sein. Der Kondensator C1 verhindert einen möglichen Kurzschluß der am Emitter stehenden Gleichspannung durch den Generator. Der Kondensator C3 trennt den Lastwiderstand gleichspannungsmäßig von der Kollektorspannung ab. Alle drei Kondensatoren müssen eine so große Kapazität haben, daß an ihnen kein nennenswerter Wechselspannungsabfall auftritt.

Bild 4.82 zeigt das Wechselstrom-Ersatzschaltbild der Basisschaltung, aus dem sich die einzelnen Kennwerte herleiten lassen.

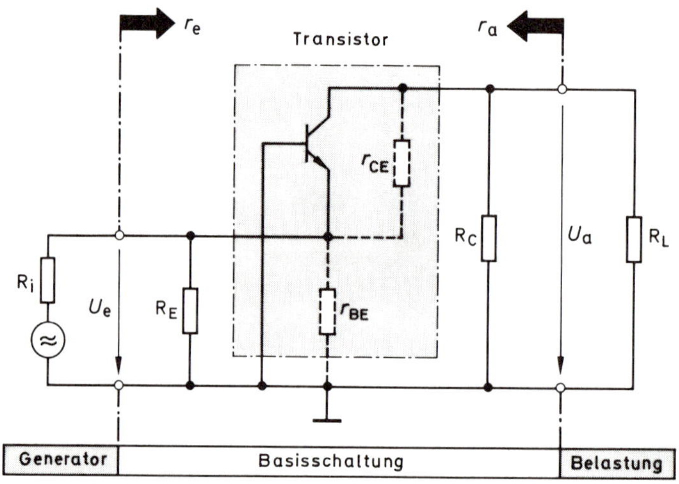

Bild 4.82 Wechselstrom-Ersatzschaltbild der Basisschaltung

Wechselstrom-Eingangswiderstand r_e

Der Wechselstrom-Eingangswiderstand ergibt sich zu

$$r_e = \frac{r_{BE}}{\beta} \parallel R_E \qquad \text{(Wechselstrom-Eingangswiderstand der Basisschaltung)}$$

Der Wechselstrom-Eingangswiderstand einer Basisschaltung ist wesentlich niederohmiger als die Wechselstrom-Eingangswiderstände der Emitterschaltung und der Kollektorschaltung.

Wechselstrom-Ausgangswiderstand r_a

Der Wechselstrom-Ausgangswiderstand einer Basisschaltung wird im wesentlichen durch die Parallelschaltung von r_{CE} und R_C bestimmt.

$$r_a \approx r_{CE} \parallel R_C \qquad \text{(Wechselstrom-Ausgangswiderstand der Basisschaltung)}$$

Hat der Emitterwiderstand eine nicht zu vernachlässigende Größe gegenüber r_{CE}, so gilt:

$$r_a = (r_{CE} + R_E) \parallel R_C \qquad \text{(Wechselstrom-Ausgangswiderstand der Basisschaltung mit } R_E\text{)}$$

Spannungsverstärkung V_u

Für die Spannungsverstärkung einer Basisschaltung ergeben sich die gleichen Zusammenhänge wie bei einer Emitterschaltung.

$$V_u \approx \frac{\Delta U_{CE}}{\Delta U_{BE}} = \frac{\beta}{r_{BE}} \cdot \frac{r_{CE} \cdot R_C}{r_{CE} + R_C}$$ (Spannungsverstärkung der Basisschaltung)

In der Regel ist bei der Basisschaltung $r_{CE} \gg R_C$. Dann gilt:

$$V_u \approx \frac{\beta \cdot R_C}{r_{BE}}$$ (Näherungsgleichung für die Spannungsverstärkung der Basisschaltung)

Ist ein Lastwiderstand R_L vorhanden, so liegt dieser parallel zu R_C. Er muß dann in den beiden Gleichungen entsprechend berücksichtigt werden.

Stromverstärkung V_i

$$V_i = \frac{I_a}{I_e} = \frac{\Delta I_C}{\Delta I_E} = \frac{\Delta I_C}{\Delta I_C + \Delta I_B}$$

Aus dieser Gleichung ist zu erkennen, daß die Stromverstärkung V_i einer Basisschaltung stets kleiner 1 sein muß. Oft ist bei der Basisschaltung anstelle der Bezeichnung V_i auch die Bezeichnung α zu finden.
Der genaue Wert ergibt sich zu

$$V_i = \alpha = \frac{\Delta I_C}{\frac{\Delta I_C + \Delta I_B}{\Delta I_B} \cdot \Delta I_B} = \frac{\Delta I_C}{\Delta I_B} \cdot \frac{\Delta I_B}{\Delta I_C + \Delta I_B}$$

$$V_i = \alpha = \frac{\beta}{\beta + 1} \approx 1$$ (Stromverstärkung der Basisschaltung)

Leistungsverstärkung V_p

$$V_p = V_u \cdot V_i \approx V_u \cdot 1$$

$$V_p = V_u \approx \frac{\beta \cdot R_C}{r_{BE}}$$ (Leistungsverstärkung der Basisschaltung)

Phasendrehung φ des Signals

Wird der Transistor am Emitter mit der positiven Halbwelle des Signals angesteuert, so verringert sich die Basisvorspannung. Bei kleinerer Basisspannung sinkt der Kollektorstrom und die Kollektorspannung steigt an. Am Ausgang tritt damit ebenfalls eine positive Halbwelle auf. Es besteht also keine Phasendrehung zwischen Eingangs- und Ausgangssignal.

$$\varphi = 0°$$ (Phasendrehung der Basisschaltung)

Grenzfrequenz f_{go}

Bei der Basisschaltung wird die höchste übertragbare Frequenz nicht wie bei der Emitterschaltung durch die Kollektor-Basis-Kapazität beeinflußt. Da die Basis an Masse liegt, kann über die interne Kapazität C_{CB} das Ausgangssignal nicht auf den Eingang zurückgeführt werden. Die Grenzfrequenz der Basisschaltung liegt daher höher als bei der Emitterschaltung. In **Bild 4.83** sind die Zusammenhänge dargestellt.

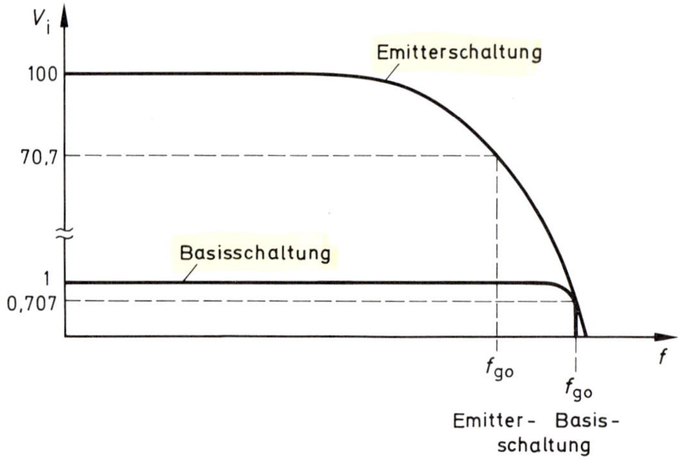

Bild 4.83 Grenzfrequenz der Emitterschaltung und der Basisschaltung

Die Grenzfrequenz einer Basisschaltung errechnet sich zu

$$f_{go} = \beta \cdot f_{go\ Emitter} \qquad \text{(Grenzfrequenz der Basisschaltung)}$$

Charakteristische Eigenschaften

Wegen der hohen Grenzfrequenz wird die Basisschaltung fast ausschließlich in Hoch- und Höchstfrequenzschaltungen eingesetzt. Sie ist meistens als Eingangsstufe für Signalfrequenzen größer 100 MHz zu finden. In Rundfunk- und Fernsehschaltungen ergibt sich als weiterer Vorteil der niedrige Eingangswiderstand, der eine sehr gute und einfache Anpassung an die niederohmige Antennenimpedanz von $Z = 75\,\Omega$ ermöglicht.

Beispiel

Der Transistor BC107A wird entsprechend **Bild 4.84** in Basisschaltung betrieben. Dieser Transistor hat im Arbeitspunkt $U_{CE} = 5\,V$; $I_C = 2\,mA$ und $U_{BE} = 0{,}62\,V$ folgende Daten: $h_{11e} = 2{,}7\,k\Omega$; $h_{21e} = 220$; $h_{22e} = 18\,\mu S$ und $B = 170$. Weiter vorgegeben werden die Spannungen $U_B = 10\,V$ und $U_{RE} = 1\,V$.
Welche Kennwerte r_e; r_a; V_u; V_i und V_p hat diese Basisschaltung?

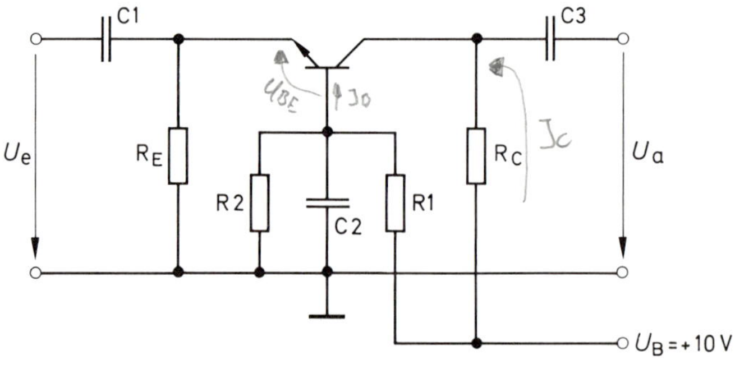

Bild 4.84 Verstärkerstufe in Basisschaltung

$$R_C = \frac{U_B - U_{CE} - U_{RE}}{I_C} = \frac{10\,V - 5\,V - 1\,V}{2\,mA} = 2\,k\Omega$$

Gewählt: Normwert $R_C = 2{,}2\,k\Omega$

$$R_E = \frac{U_{RE}}{I_E} \approx \frac{U_{RE}}{I_C} = \frac{1\,V}{2\,mA} = 500\,\Omega$$

Gewählt: Normwert $R_E = 470\,\Omega$

$$I_B = \frac{I_C}{B} = \frac{2\,mA}{170} = 11{,}77\,\mu A$$

$$R2 = \frac{U_{RE} + U_{BE}}{I_q} = \frac{1\,V + 0{,}62\,V}{5 \cdot 11{,}77\,\mu A} = 27{,}5\,k\Omega$$

Gewählt: Normwert $R2 = 27\,k\Omega$

$$R1 = \frac{U_B - U_{BE} - U_{RE}}{I_q + I_B} = \frac{10\,V - 0{,}62\,V - 1\,V}{6 \cdot 11{,}77\,\mu A} = 118{,}7\,k\Omega$$

Gewählt: Normwert $R1 = 120\,k\Omega$

Wechselstrom-Eingangswiderstand

$$r_e = \frac{r_{BE}}{\beta} \parallel R_E = \frac{2{,}7\,k\Omega}{220} \parallel 470\,\Omega = 11{,}96\,\Omega$$

Wechselstrom-Ausgangswiderstand

$$r_a = (r_{CE} + R_E) \parallel R_C = \left(\frac{1}{18\,\mu S} + 470\,\Omega\right) \parallel 2{,}2\,k\Omega = 2{,}1\,k\Omega$$

Spannungsverstärkung

$$V_u = \frac{\beta \cdot R_C}{r_{BE}} = \frac{220 \cdot 2{,}2\,k\Omega}{2{,}7\,k\Omega} = 179{,}3$$

Stromverstärkung

$$V_i = \frac{\beta}{1 + \beta} = \frac{220}{1 + 220} = 0{,}995$$

Leistungsverstärkung

$$V_p = V_u \cdot V_i = 179{,}3 \cdot 0{,}995 = 178{,}5$$

4.7.4 Zusammenfassung und Gegenüberstellung

In **Bild 4.85** sind die Berechnungsformeln und die typischen Kennwerte der drei Transistorgrundschaltungen zusammengefaßt und gegenübergestellt.

		Emitterschaltung	Kollektorschaltung	Basisschaltung
Schaltung		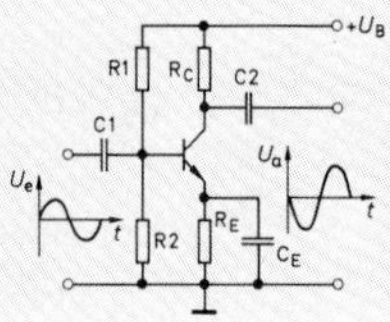	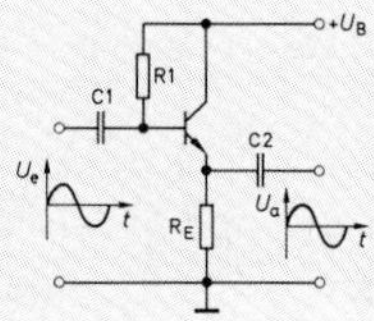	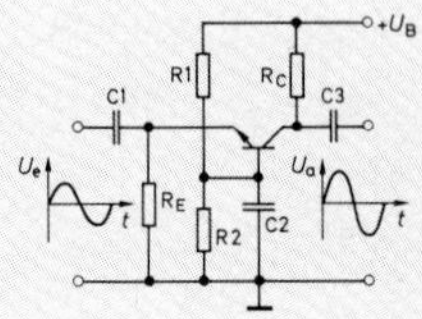
Wechselstromeingangswiderstand	Gleichung	$r_e = r_{BE} \parallel R_1 \parallel R_2$ $r_e \approx r_{BE}$	$r_e = (r_{BE} + \beta \cdot R_E) \parallel R_1$	$r_e = \frac{r_{BE}}{\beta} \parallel R_E$
	typ. Werte	0,4 kΩ ... 5 kΩ	200 kΩ ... 500 kΩ	50 Ω ... 200 Ω
Wechselstromausgangswiderstand	Gleichung	$r_a = R_C \parallel r_{CE}$ $r_a \approx R_C$	$r_a = \frac{r_{BE} + R_i}{\beta} \parallel R_E$	$r_a = R_C \parallel r_{CE}$ $r_a \approx R_C$
	typ. Werte	10 kΩ ... 100 kΩ	100 Ω ... 500 Ω	50 kΩ ... 200 kΩ
Spannungsverstärkung	Gleichung	$V_u = \frac{\beta}{r_{BE}} \cdot \frac{r_{CE} \cdot R_C}{r_{CE} + R_C}$ $V_u \approx \frac{\beta \cdot R_C}{r_{BE}}$	$V_u = \frac{\beta \cdot R_E}{\beta \cdot R_E + r_{BE}}$ $V_u \approx 1$	$V_u = \frac{\beta}{r_{BE}} \cdot \frac{r_{CE} \cdot R_C}{r_{CE} + R_C}$ $V_u \approx \frac{\beta \cdot R_C}{r_{BE}}$
	typ. Werte	100 ... 1000	<1	100 ... 1000
Stromverstärkung	Gleichung	$V_i = \frac{\beta \cdot r_{CE}}{R_C + r_{CE}}$ $V_i \approx \beta$	$V_i = \frac{r_{CE}(1 + \beta)}{R_E + r_{CE}}$ $V_i \approx \beta$	$V_i = \frac{\beta}{1 + \beta}$ $V_i \approx 1$
	typ. Werte	20 ... 500	20 ... 500	<1
Leistungsverstärkung	Gleichung	$V_p = V_u \cdot V_i$ $V_p \approx \beta^2 \cdot \frac{R_C}{r_{BE}}$	$V_p = V_u \cdot V_i$ $V_p \approx \beta$	$V_p = V_u \cdot V_i$ $V_p \approx V_u$
	typ. Werte	2000 ... 50 000	20 ... 500	100 ... 1000
Phasendrehung (tiefe Frequenzen)		$\varphi = 180°$	$\varphi = 0°$	$\varphi = 0°$
Anwendung		Standardschaltung für NF- und HF-Schaltungen	Impedanzwandler NF-Eingangsstufen	HF-Verstärker besonders bei $f > 100$ MHz

Bild 4.85 Zusammenfassung und Gegenüberstellung der wichtigsten Kennwerte der drei Transistorgrundschaltungen

4.8 Anwendungsbeispiele

Der Einsatz von bipolaren Transistoren hat der modernen Elektronik ganz entscheidend zum Durchbruch verholfen. Obwohl integrierte Schaltkreise die bisherigen diskreten Schaltungen und Transistoren immer mehr verdrängen, wird der bipolare Transistor auch in Zukunft noch in vielen elektronischen Schaltungen seine erhebliche Bedeutung behalten. Dieses gilt insbesondere auch für die Lösung von Anpassungsproblemen an Eingängen und Ausgängen von integrierten Schaltkreisen sowie für Leistungsverstärker.

Beim Einsatz von bipolaren Transistoren in Verstärkerschaltungen ist im wesentlichen zu unterscheiden zwischen Gleichspannungsverstärkern, Wechselspannungsverstärkern, Leistungsverstärkern und Schaltverstärkern. Gleichspannungsverstärker werden immer dann eingesetzt, wenn Gleichspannungen oder Spannungsschwankungen sehr niedriger Frequenz verstärkt werden müssen. Mit Wechselspannungsverstärkern lassen sich Signale mit Frequenzen von einigen Hertz bis zu einigen Gigahertz verstärken. Gleichspannungsänderungen werden nicht übertragen. Leistungsverstärker sollen eine möglichst große Signalleistung an einen Verbraucher abgeben. Eingesetzt werden hierfür meistens Transistoren mit hohen Kollektorströmen und Verlustleistungen. Schaltverstärker haben zwei sehr unterschiedliche Arbeitspunkte. Die Ansteuerung von Schaltverstärkern erfolgt mit rechteckförmigen Signalspannungen. Die Wahl der Transistoren erfolgt hier im wesentlichen nach der Größe der zu schaltenden Ströme und der Schaltgeschwindigkeit.

4.8.1 Gleichspannungsverstärker

Damit auch Gleichspannungsänderungen übertragen werden können, dürfen Gleichspannungsverstärker keine frequenzabhängigen Bauteile wie z. B. Kondensatoren enthalten. **Bild 4.86** zeigt die Schaltung eines Gleichspannungsverstärkers.

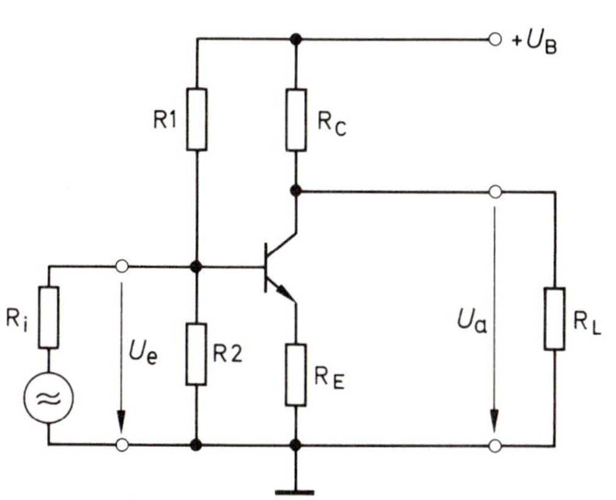

Bild 4.86 Schaltung eines Gleichspannungsverstärkers

Die Basisvorspannung des Gleichspannungsverstärkers nach Bild 4.86 wird durch den Spannungsteiler aus R1 und R2 erzeugt. Um eine wirksame thermische Stabilisierung des Arbeitspunktes zu erhalten, wird ein Emitterwiderstand R_E benutzt. Damit die Verstärkung aber frequenzunabhängig bleibt, darf der Emitterwiderstand hier nicht durch einen Emitterkondensator überbrückt werden. Ohne diesen Emitterkondensator liegt jedoch eine Gegenkopplung vor, wie sie bereits in Abschnitt 4.6.3 beschrieben wurde.

Für eine Emitterschaltung mit Emitterkondensator gilt bei $r_{CE} \gg R_C$ entsprechend Abschnitt 4.7.1.

$$V_u \approx \frac{\beta \cdot R_C}{r_{BE}} \approx \frac{\beta \cdot R_C}{r_e}$$

Da bei einem Gleichspannungsverstärker kein Emitterkondensator vorhanden ist, geht der um den Faktor β vergrößerte Emitterwiderstand in den Eingangswiderstand mit ein. Daher wird

$$r_e = r_{BE} + \beta \cdot R_E$$

Für die Spannungsverstärkung einer Emitterschaltung ohne Emitterkondensator entsprechend Bild 4.86 gilt daher

$$V_u = \frac{\beta \cdot R_C}{r_{BE} + \beta \cdot R_E}$$

Beispiel

Der Transistor BC107A hat für den Arbeitspunkt $U_{CE} = 5\,V$, $I_C = 2\,mA$ und $U_{BE} = 0{,}62\,V$ folgende Daten: $h_{11e} = 2{,}7\,k\Omega$; $h_{21e} = 220$. Der Kollektorwiderstand wurde mit $R_C = 2{,}2\,k\Omega$ und der Emitterwiderstand $R_E = 470\,\Omega$ gewählt.
Wie groß ist die Spannungsverstärkung, wenn ein nach Bild 4.86 aufgebauter Verstärker
a) als Wechselspannungsverstärker mit Emitterkondensator und
b) als Gleichspannungsverstärker ohne Emitterkondensator
betrieben wird?

a) $$V_u = \frac{\beta \cdot R_C}{r_{BE}} = \frac{220 \cdot 2{,}2\,k\Omega}{2{,}7\,k\Omega} = 179$$

b) $$V_u = \frac{\beta \cdot R_C}{r_{BE} + \beta \cdot R_E} = \frac{220 \cdot 2{,}2\,k\Omega}{2{,}7\,k\Omega + 220 \cdot 470\,\Omega} = 4{,}56$$

In diesem Beispiel ist deutlich zu erkennen, daß ein Gleichspannungsverstärker eine sehr viel kleinere Spannungsverstärkung als ein gleichartig aufgebauter Wechselspannungsverstärker hat. Um eine ausreichend große Spannungsverstärkung auch bei Gleichspannungsverstärkern zu erzielen, müssen in der Regel mehrere Verstärkerstufen hintereinander geschaltet werden. Dabei ergeben sich aber erhebliche schaltungstechnische Schwierigkeiten wegen der Potentialanpassung der Eingangs- und Ausgangssignale und der thermischen Arbeitspunktverschiebungen. Auf diese Probleme wird jedoch erst in Band III »Grundschaltungen« eingegangen.
Eine andere Möglichkeit, die Verstärkung eines Gleichspannungsverstärkers zu erhöhen, bietet der Darlington-Transistor. Sein Grundprinzip und sein Schaltzeichen sind in **Bild 4.87** dargestellt.

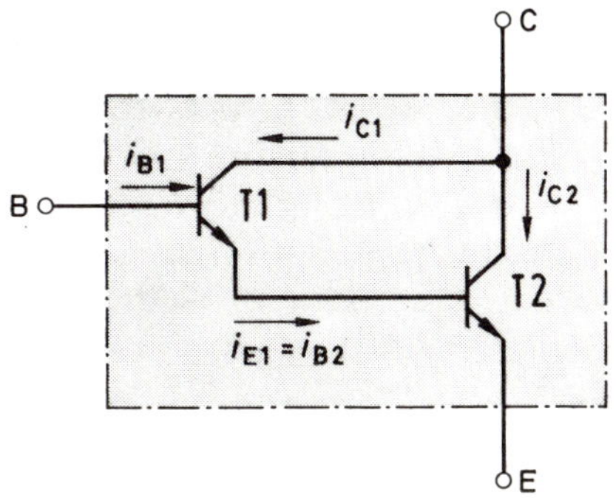

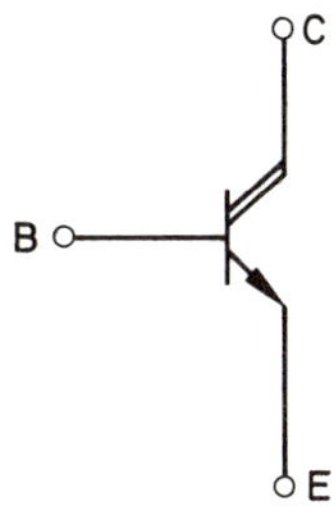

Schaltzeichen nicht genormt

Bild 4.87 Grundprinzip und Schaltzeichen eines Darlington-Transistors

Bei einem Darlington-Transistor werden zwei oder mehrere Transistoren gleicher Zonenfolge so zusammengeschaltet, daß die Kollektoren der Transistoren miteinander verbunden sind. Weiterhin ist der Emitter des vorhergehenden Transistors jeweils an der Basis des nachfolgenden Transistors angeschlossen. Die so entstandene neue Einheit hat wiederum drei Anschlüsse, die ebenfalls als Emitter, Basis und Kollektor bezeichnet werden.

Durch eine derartige Zusammenschaltung von z. B. zwei Transistoren ergeben sich für den Darlington-Transistor folgende Größen:

$$U'_{BE} = U_{BE1} + U_{BE2}$$
$$B' = B_1 \cdot B_2$$
$$\beta' = \beta_1 \cdot \beta_2$$
$$r'_{BE} = r_{BE1} + r_{BE2}$$
$$r'_{CE} = r_{CE2} \parallel \frac{r_{CE1}}{\beta_2}$$

Der besondere Vorteil eines Darlington-Transistors liegt in seiner großen Stromverstärkung, die sich aus dem Produkt der Stromverstärkung der einzelnen Transistoren ergibt. So ist bei diesem Transistor in der Regel die Stromverstärkung $B' > 1000$. Da keine frequenzabhängigen Bauteile einen Einfluß auf die Verstärkung ausüben, gelten die Darlington-Transistoren als Gleichstromverstärker. Wegen ihrer großen Stromverstärkung werden sie insbesondere in Leistungsverstärkern, dagegen weniger in Kleinsignalverstärkerstufen eingesetzt.

Wird ein NPN-Transistor mit einem PNP-Transistor entsprechend **Bild 4.88** zusammengeschaltet, so entsteht ein Komplementär-Darlington-Transistor.

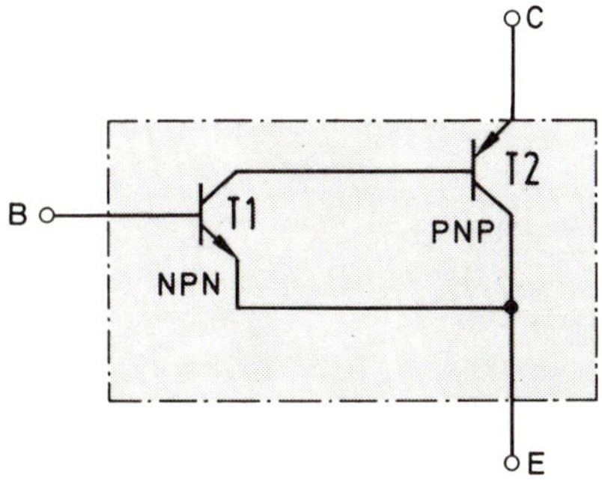

Bild 4.88 Komplementär-Darlington-Transistor

Der Transistortyp, der sich durch diese Zusammenschaltung ergibt, wird durch den Eingangstransistor T1 bestimmt. So zeigt der in Bild 4.88 angegebene Komplementär-Darlington-Transistor das Verhalten eines NPN-Transistors, weil es sich bei dem Eingangstransistor T1 hier um einen NPN-Transistor handelt.
Komplementär-Darlington-Transistoren haben den Vorteil, daß sie nur eine sehr kleine Schleusenspannung besitzen. Als weitere Werte ergeben sich:

$$B' = B_1 \cdot B_2$$
$$\beta' = \beta_1 \cdot \beta_2$$
$$r'_{BE} = r_{BE1}$$
$$r'_{CE} = r_{CE2} \parallel \frac{r_{CE1}}{\beta_2}$$

Mit Komplementär-Darlington-Transistoren lassen sich z. B. Emitterfolger aufbauen, die sehr günstige Werte für den Eingangs- und Ausgangswiderstand haben. Ein derartiger Emitterfolger ist in **Bild 4.89** gezeigt.

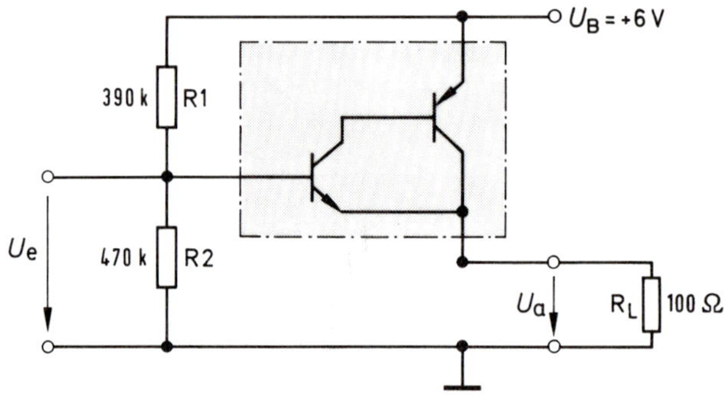

Bild 4.89 Emitterfolger mit Komplementär-Darlington-Transistor

Die in Bild 4.87 und Bild 4.88 angegebenen Darlington-Transistoren bzw. Komplementär-Darlington-Transistoren können durchaus aus einzelnen Transistoren zusammengeschaltet werden. Von den Herstellern wird aber inzwischen eine größere Zahl verschiedener Typen angeboten, bei denen die zwei oder drei Transistoren in einem Gehäuse enthalten sind. Es handelt sich hier dann um die einfachste Form einer integrierten Schaltung.

4.8.2 Wechselspannungsverstärker

Bei den Wechselspannungsverstärkern ist im wesentlichen zwischen Breitbandverstärkern und selektiven Verstärkern zu unterscheiden. Als Breitbandverstärker werden Wechselspannungsverstärker bezeichnet, die einen großen Frequenzbereich übertragen können. So muß z. B. ein Niederfrequenzverstärker Signalspannungen mit Frequenzen zwischen etwa 20 Hz und 20 kHz verstärken können. **Bild 4.90** zeigt die Schaltung eines NF-Verstärkers.

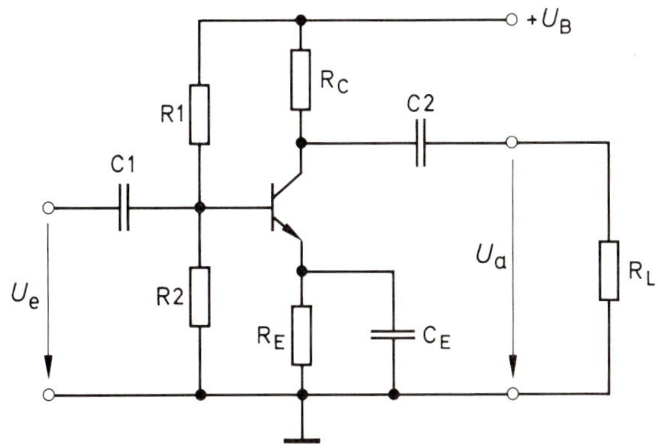

Bild 4.90 Breitbandiger NF-Verstärker

Bei der Schaltung nach Bild 4.90 handelt es sich um eine Emitterschaltung. Die Festlegung des Arbeitspunktes und die Berechnung der Widerstände erfolgt entsprechend. Durch den Kondensator C1 wird die Basisspannung von der Generatorspannung gleichspannungsmäßig abgeblockt und durch den Kondensator C2 der Lastwiderstand von der Kollektorspannung. Für den Eingang ergibt sich eine Ersatzschaltung nach **Bild 4.91**. Sie stellt einen Hochpaß für das Eingangssignal dar.

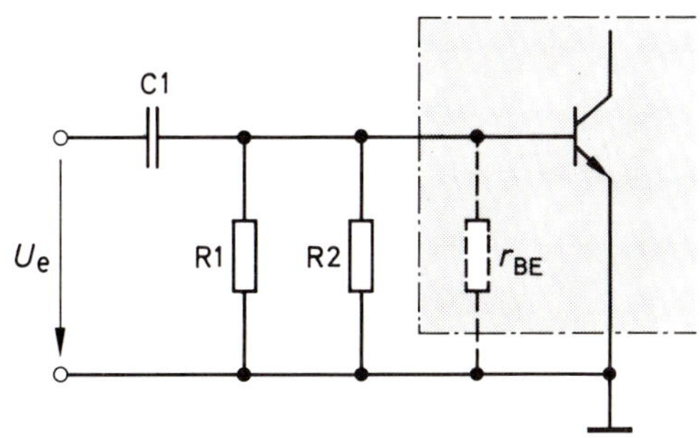

Bild 4.91 Eingangshochpaß

Für die untere Grenzfrequenz eines Hochpasses gilt ganz allgemein

$$f_{gu} = \frac{1}{2\pi \cdot R \cdot C}$$

Damit ergibt sich für den Eingangshochpaß des NF-Verstärkers nach Bild 4.90

$$f_{gu} \approx \frac{1}{2\pi \cdot r_e \cdot C1}$$ (Untere Grenzfrequenz des Eingangshochpasses)

mit $r_e = R1 \parallel R2 \parallel r_{BE}$

Am Ausgang bildet der Kondensator C2 mit den wechselspannungsmäßig parallelliegenden Widerständen R_C, und r_{CE} sowie dem Lastwiderstand R_L ebenfalls einen Hochpaß. Die Ersatzschaltung für den NF-Verstärker-Ausgang ist in **Bild 4.92** angegeben.

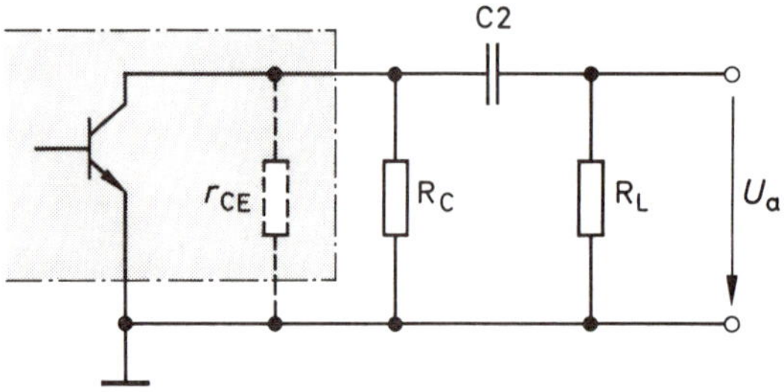

Bild 4.92 Ausgangshochpaß

Auch hier gilt für die untere Grenzfrequenz

$$f_{gu} \approx \frac{1}{2\pi \cdot (r_a + R_L) \cdot C2}$$ (Untere Grenzfrequenz eines Ausgangshochpasses)

mit $r_a = R_C \parallel r_{CE}$

Mit Hilfe der beiden Gleichungen lassen sich bei vorgegebener unterer Grenzfrequenz die erforderlichen Werte für die Kondensatoren C1 und C2 näherungsweise berechnen oder bei vorgegebenen Werten der Kondensatoren die untere Grenzfrequenz des Verstärkers.

Beispiel

Ein NF-Verstärker nach Bild 4.90 ist mit einem Transistor BC107A aufgebaut und soll eine untere Grenzfrequenz $f_{gu} = 20$ Hz haben. Die Widerstände haben die Werte $R1 = 120$ kΩ; $R2 = 27$ kΩ; $r_{BE} = 2{,}7$ kΩ.
Welchen Wert muß der Eingangskondensator haben?

$$C1 \approx \frac{1}{2\pi \cdot f_{gu} \cdot r_e}$$ mit $r_e = R1 \parallel R2 \parallel r_{BE} = 120\,\text{k}\Omega \parallel 27\,\text{k}\Omega \parallel 2{,}7\,\text{k}\Omega = 2{,}4\,\text{k}\Omega$

$$C1 \approx \frac{1}{2\pi \cdot 20\,\text{Hz} \cdot 2{,}4\,\text{k}\Omega} = 3{,}3\,\mu\text{F}$$

Die obere Grenzfrequenz wird bestimmt durch

- die Frequenzabhängigkeit von β,
- die Sperrschichtkapazität C_{CE} des Transistors sowie
- die Schaltkapazität C_{Sch} des Aufbaues.

Die Sperrschichtkapazität und die Schaltkapazität bilden zusammen mit dem Kollektorwiderstand einen Tiefpaß, durch den die obere Grenzfrequenz des Verstärkers bestimmt wird. Die Ersatzschaltung dieses Tiefpasses ist in **Bild 4.93** angegeben.

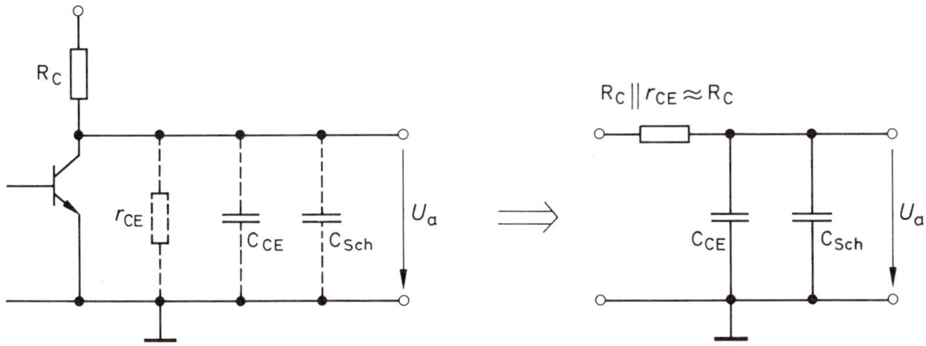

Bild 4.93 Ausgangstiefpaß

Für die obere Grenzfrequenz eines Tiefpasses gilt ganz allgemein

$$f_{go} = \frac{1}{2\pi \cdot R \cdot C}$$

und somit für den Ausgangstiefpaß eines NF-Verstärkers

$$f_{go} \approx \frac{1}{2\pi \cdot R_C \cdot (C_{CE} + C_{Sch})}$$

Beispiel

Wie groß ist die obere Grenzfrequenz eines Wechselspannungsverstärkers, wenn $R_C = 2{,}2\,\text{k}\Omega$; $C_{CE} = 3{,}5\,\text{pF}$ und $C_{Sch} = 100\,\text{pF}$ betragen?

$$f_{go} \approx \frac{1}{2\pi \cdot R_C \cdot (C_{CE} + C_{Sch})} = \frac{1}{2\pi \cdot 2{,}2\,\text{k}\Omega\ (2{,}5\,\text{pF} + 100\,\text{pF})}$$

$$f_{go} \approx 700\,\text{MHz}$$

Bei dieser Rechnung ist der Einfluß der Frequenzabhängigkeit der Stromverstärkung β des Transistors nicht berücksichtigt.

Die Berechnung der oberen und der unteren Grenzfrequenz eines Wechselspannungsverstärkers ist mit den angegebenen Gleichungen nur in grober Näherung möglich. Daher können f_{gu} und f_{go} sowie die Bandbreite b von Wechselspannungsverstärkern mit genügender Genauigkeit nur meßtechnisch ermittelt werden.

Selektive Verstärker werden insbesondere zur Verstärkung von HF-Signalen eingesetzt. Sie sollen nur Signale eines schmalen Frequenzbereiches verstärken. Dieses wird möglich, wenn anstelle eines ohmschen Kollektorwiderstandes ein Parallelschwingkreis eingesetzt wird. Er hat bei Resonanzfrequenz seinen größten Widerstandswert und damit die Stufe auch die größte Verstärkung. **Bild 4.94** zeigt einen selektiven Wechselspannungsverstärker.

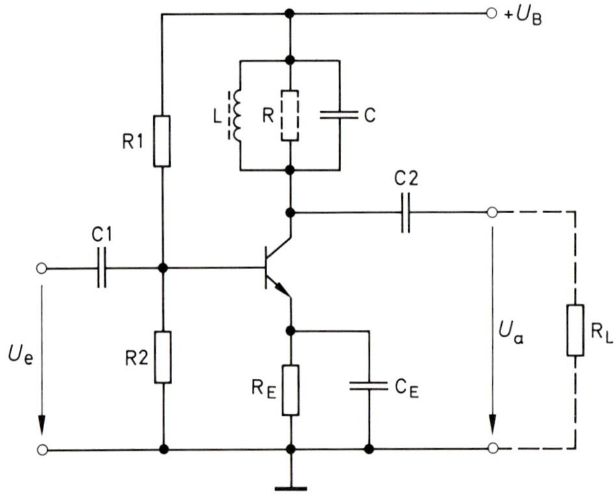

Bild 4.94 Selektiver Wechselspannungsverstärker

Die Resonanzfrequenz eines selektiven Verstärkers nach Bild 4.94 läßt sich mit Hilfe der Thomsonschen Schwingungsgleichung berechnen

$$f_o = \frac{1}{2\pi\sqrt{L \cdot C}}$$

Die Bandbreite hängt von der Güte des Schwingkreises ab. Für die Güte Q eines Parallelschwingkreises gilt ganz allgemein:

$$Q = \frac{R}{X_C} = \frac{R}{X_L} \qquad \text{mit } R = Z_o = \text{Resonanzwiderstand}$$

Für einen selektiven Verstärker ist dem Resonanzwiderstand R noch der Ausgangswiderstand r_{CE} parallelgeschaltet. Damit wird

$$Q = \frac{R \parallel r_{CE}}{X_C} = \frac{R \parallel r_{CE}}{X_L}$$

Somit ergibt sich für die Bandbreite

$$b = \frac{f_o}{Q} = f_o \cdot \frac{X_C}{R \parallel r_{CE}} = f_o \cdot \frac{X_L}{R \parallel r_{CE}}$$

Die Verstärkung eines selektiven Verstärkers bei Resonanzfrequenz läßt sich mit Hilfe der Gleichung

$$V_u = \frac{\beta \cdot (R \parallel r_{CE})}{r_{BE}}$$

berechnen. Da bei HF-Transistoren stets der Wert y_{21} angegeben ist, lautet die Gleichung hiermit

$$V_u = y_{21} \cdot (R \parallel r_{CE}) \qquad \text{(Spannungsverstärkung bei Resonanzfrequenz } f_o\text{)}$$

In **Bild 4.95** ist die Abhängigkeit der Spannungsverstärkung V_u von der Frequenz für einen selektiven Verstärker dargestellt.

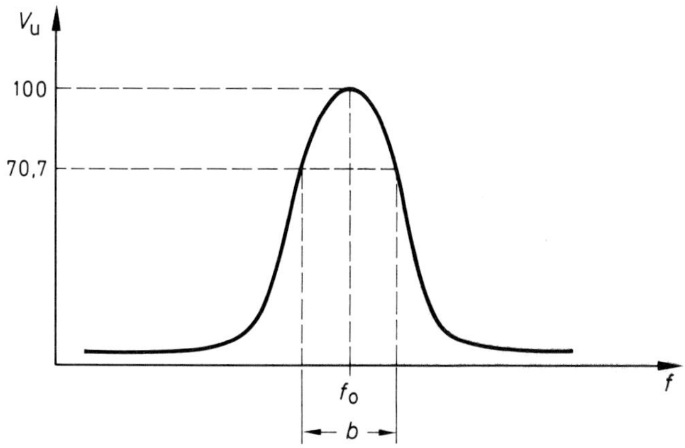

Bild 4.95 Spannungsverstärkung in Abhängigkeit von der Frequenz

Beispiel

Der Transistor BF255 hat bei $f = 450$ kHz die Daten $y_{21} = 36$ mS und $g_{22} = 2{,}7$ µS. Er wird in einem selektiven Verstärker für $f_o = 450$ kHz entsprechend Bild 4.94 eingesetzt. Der Parallelschwingkreis hat eine Spule mit $L = 500$ µH und einen Resonanzwiderstand $R = 200$ kΩ.
Wie groß sind die Schwingkreiskapazität C, die Verstärkung V_u und die Bandbreite b, wenn
a) kein Lastwiderstand R_L und
b) ein Lastwiderstand $R_L = 10$ kΩ
vorhanden ist?

a) $R_L = \infty$

$$f_o = \frac{1}{2\pi \cdot \sqrt{L \cdot C}}$$

$$C = \frac{1}{4\pi^2 \cdot f_o^2 \cdot L} = \frac{1}{4\pi^2 \cdot (450\ \text{kHz})^2 \cdot 500\ \mu\text{H}} = 250\ \text{pF}$$

$$V_u = y_{21} \cdot (R \parallel r_{CE}) \text{ mit } r_{CE} = \frac{1}{g_{22}} = \frac{1}{2{,}7\ \mu\text{S}} = 370\ \text{k}\Omega$$

$$V_u = 36\ \text{mS} \cdot (200\ \text{k}\Omega \parallel 370\ \text{k}\Omega) = 36\ \text{mS} \cdot 130\ \text{k}\Omega = 4680$$

$$b = \frac{f_o}{Q} = \frac{f_o \cdot X_L}{R \parallel r_{CE}} = \frac{f_o \cdot 2\pi f_o \cdot L}{R \parallel r_{CE}} = \frac{(450\ \text{kHz})^2 \cdot 2\pi \cdot 500\ \mu\text{H}}{130\ \text{k}\Omega}$$

$$b \approx 5\ \text{kHz}$$

b) $R_L = 10$ kΩ

$$V_u = y_{21} \cdot (R \parallel r_{CE} \parallel R_L) = 36\ \text{mS} \cdot (200\ \text{k}\Omega \parallel 370\ \text{k}\Omega \parallel 10\ \text{k}\Omega) = 36\ \text{mS} \cdot 9{,}3\ \text{k}\Omega = 334$$

$$b = \frac{f_o}{Q} = \frac{f_o^2 \cdot 2\pi \cdot L}{R \parallel r_{CE} \parallel R_L} = \frac{(450\ \text{kHz})^2 \cdot 2\pi \cdot 500\ \mu\text{H}}{200\ \text{k}\Omega \parallel 370\ \text{k}\Omega \parallel 10\ \text{k}\Omega}$$

$$b \approx 68{,}5\ \text{kHz}$$

In diesem Beispiel ist deutlich zu erkennen, welchen großen Einfluß ein Lastwiderstand R_L auf die Verstärkung und die Bandbreite eines selektiven Verstärkers hat. Auch für selektive Verstärker gilt, daß die Berechnung nur zu Näherungswerten für V_u und b führt und die genauen Werte eines Verstärkers meßtechnisch ermittelt werden müssen.

4.8.3 Leistungsverstärker

Leistungsverstärker sollen eine möglichst große Signalleistung an den Verbraucher abgeben. Derartige Verbraucher können z. B. Lautsprecher, Relais, Magnetventile, Sendeantennen, Schrittmotore oder Infrarot-Sende-Dioden sein. Bei den Leistungsverstärkern handelt es sich daher immer um die Endstufen eines Gesamtverstärkers.

Da große Leistungen auch stets große Spannungen und Ströme erfordern, werden bei Leistungsverstärkern die Transistorkennlinien voll durchgesteuert. Leistungsverstärker sind daher immer auch Großsignalverstärker. Eine nicht völlig lineare Kennlinie führt dabei zu Verzerrungen. Daher ist neben der Signalleistung auch die Verzerrungsfreiheit von großer Bedeutung.

Als Wirkungsgrad des Leistungsverstärkers ist festgelegt:

$$\eta = \frac{P_{ab}}{P_{zu}} = \frac{\text{an den Verbraucher abgegebene Leistung}}{\text{der Gleichstromquelle entnommene Leistung}}$$

Gute Leistungsverstärker erreichen einen Wirkungsgrad von $\eta \approx 0{,}7$, also bis zu 70 %.

Die Verlustleistung berechnet sich zu

$$P_V = P_{zu} - P_{ab}$$

Diese Verlustleistung wird im Transistor in Wärme umgewandelt und muß an die Umgebungsluft abgeführt werden. Wegen ihrer relativ großen Verlustleistung sind die Leistungstransistoren meistens auf Kühlkörper montiert oder mit aufgesteckten Kühlfahnen versehen.

Leistungsverstärker können in unterschiedlichen Arbeitspunkten betrieben werden. Je nach Lage des Arbeitspunktes auf der Arbeitsgeraden wird zwischen einem A-Betrieb, einem AB-Betrieb, einem B-Betrieb und einem C-Betrieb unterschieden. Die Lage des Arbeitspunktes bzw. die entsprechende Bezeichnung gibt auch einen Hinweis auf die Betriebsart eines Leistungsverstärkers. Unterschieden wird hierbei zwischen Eintaktverstärkern und Gegentaktverstärkern.

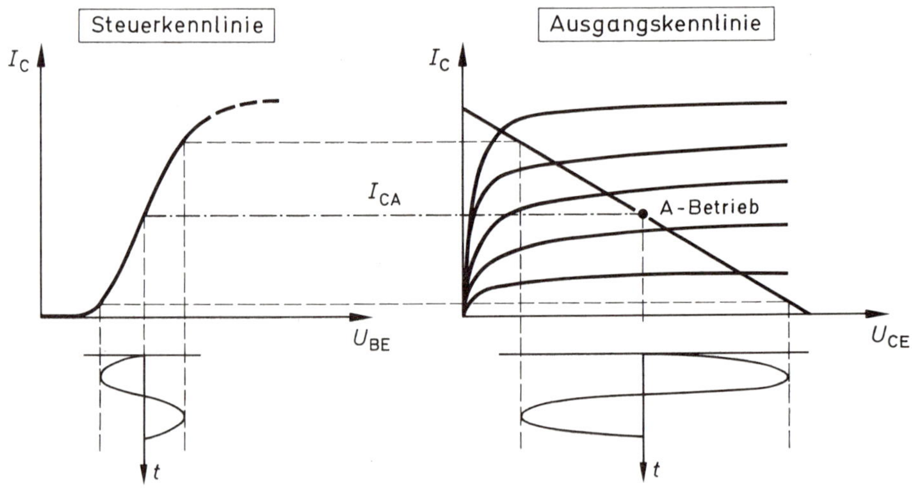

Bild 4.96 Kennlinienfeld für A-Betrieb

Bei *A-Betrieb* eines Leistungsverstärkers liegt der Arbeitspunkt in der Mitte des geradlinigen Kennlinienteiles. Der Transistor wird dabei durch beide Halbwellen des Steuersignals ausgesteuert. Daher wird diese Betriebsart auch als Eintaktverstärker bezeichnet. **Bild 4.96** zeigt das Kennlinienfeld für A-Betrieb.
Wegen des ständig fließenden großen Ruhestromes tritt bei A-Betrieb eines Leistungsverstärkers die größte Verlustleistung $P_{V\,max}$ auf, wenn der Verstärker nicht ausgesteuert wird. Obwohl diese Verlustleistung bei Aussteuerung kleiner wird, kann der Wirkungsgrad η bei A-Betrieb nie größer als 0,5 werden.

$\eta \leqq 0{,}5 \mathrel{\hat{=}} 50\,\%$ (Wirkungsgrad bei A-Betrieb)

Wegen der Kennlinienkrümmungen führt eine größere Aussteuerung stets zu Verzerrungen. Der A-Betrieb eines Leistungsverstärkers hat daher einige wesentliche Nachteile. Es sind:

kleiner linearer Aussteuerbereich,
hoher Ruhestrom,
kleiner Wirkungsgrad.

Eintaktverstärker können sowohl in Emitterschaltung als auch in Kollektorschaltung betrieben werden. Beide Möglichkeiten sind in **Bild 4.97** angegeben.

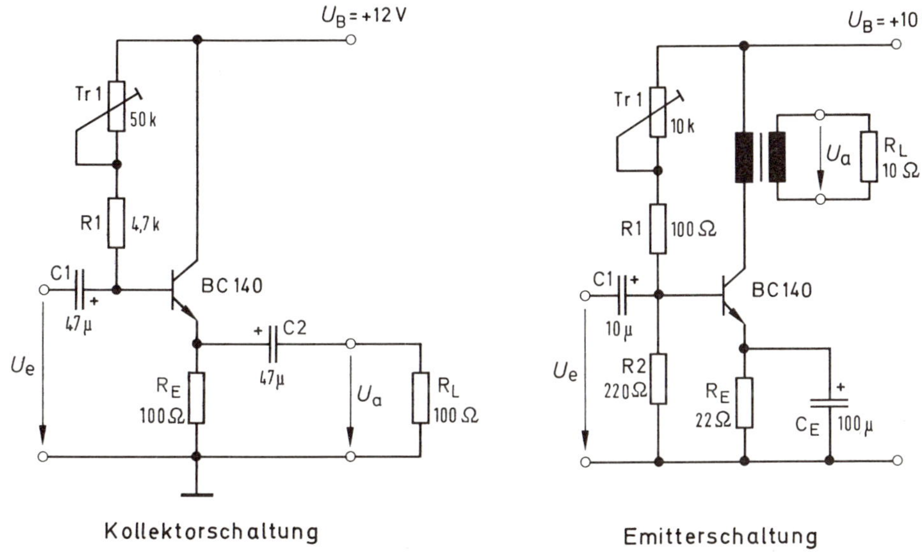

Bild 4.97 Eintakt-A-Verstärker

Die Kollektorschaltung hat zwar gegenüber der Emitterschaltung eine kleinere Leistungsverstärkung, aber dafür den Vorteil, daß der Eingangswiderstand r_e hochohmig ist. Bei der Kollektorschaltung wird daher die Signalquelle nur wenig belastet.
Bei der Emitterschaltung nach Bild 4.97 wird wegen der Leistungsanpassung ($R_L = r_a$) der niederohmige Lastwiderstand R_L mittels eines Transformators auf den erforderlichen Wert des Belastungswiderstandes herauftransformiert. Auf diese Weise kann ein besserer Wirkungsgrad erreicht werden. Die Verwendung eines Transformators bringt

aber nicht nur eine zusätzliche Frequenzabhängigkeit der Verstärkerstufe, sondern auch höhere Kosten. Wegen dieser Nachteile hat der Eintakt-A-Betrieb eines Leistungsverstärkers inzwischen nur noch eine untergeordnete Bedeutung.
Beim AB-Betrieb, B-Betrieb und C-Betrieb liegt der Arbeitspunkt im unteren Kennlinienknick der Steuerkennlinie. Die verschiedenen Arbeitspunkte sind in die Diagramme nach **Bild 4.98** eingetragen.

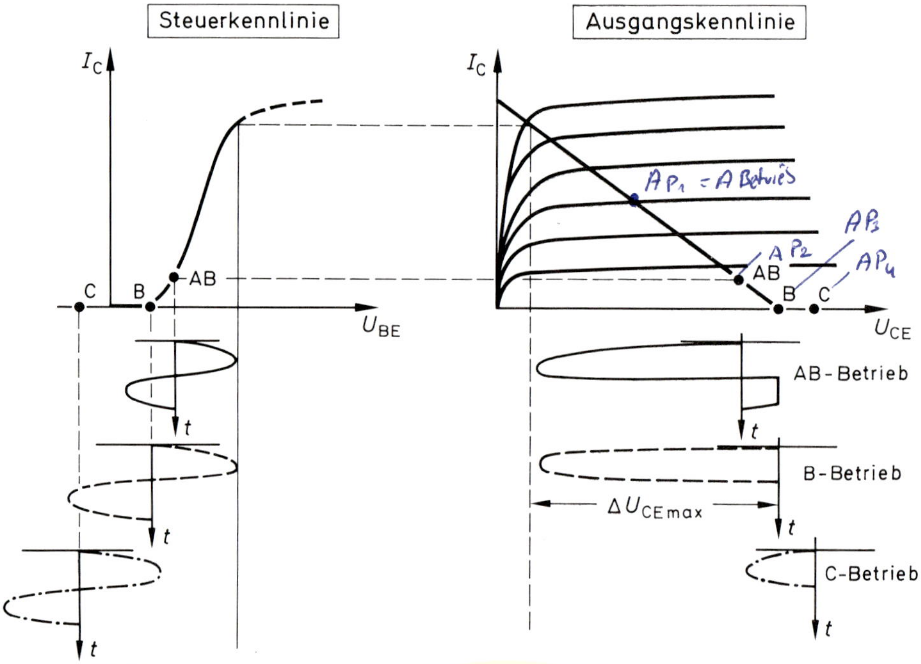

Bild 4.98 Lage der Arbeitspunkte bei AB-, B- und C-Betrieb

Bei *B-Betrieb* hat der Arbeitspunkt seine Lage genau im Kennlinienknick, so daß sich ein sehr kleiner Ruhestrom einstellt. Bei Ansteuerung kann jedoch nur eine Halbwelle der Signalschwingung verstärkt werden. Die Amplitude dieser verstärkten Halbwelle kann am Ausgang etwa die Größe der Betriebsspannung erreichen, so daß $\Delta U_{CE\,max} \approx U_B$ beträgt. Bei Ansteuerung mit kleiner Signalamplitude ergeben sich beim B-Betrieb wegen der Kennlinienkrümmung Verzerrungen.
Beim *AB-Betrieb* ist der Arbeitspunkt etwas in Richtung des A-Arbeitspunktes verschoben. Auch beim AB-Betrieb wird nur eine Halbwelle verstärkt. Diese kann wie beim B-Betrieb eine Amplitude $\Delta U_{CE\,max} \approx U_B$ erreichen. Der Vorteil des AB-Betriebes liegt in der geringeren Verzerrung des Ausgangssignals bei kleiner Aussteuerung.
Beim *C-Betrieb* liegt der Arbeitspunkt im Sperrbereich des Transistors. Es kann daher nur ein Kollektorstrom fließen, wenn die Eingangswechselspannung über den Fußpunkt der Kennlinie hinausgeht. C-Betrieb wird nur bei speziellen Verstärkern, z. B. in Sende-Verstärkern angewendet.
Wegen des sehr kleinen Ruhestromes und der ebenfalls sehr geringen Verlustleistung werden Leistungsverstärker überwiegend im B-Betrieb oder AB-Betrieb betrieben.

Weil aber nur jeweils eine Halbwelle verstärkt werden kann und die andere gesperrt wird, ist ein besonderes Schaltungskonzept erforderlich. Dieses Schaltungskonzept wird als Gegentaktverstärker bezeichnet. Ein Verstärker mit Komplementär-Transistoren in Gegentaktschaltung ist in **Bild 4.99** dargestellt. Beide Transistoren arbeiten hier in Kollektorschaltung.

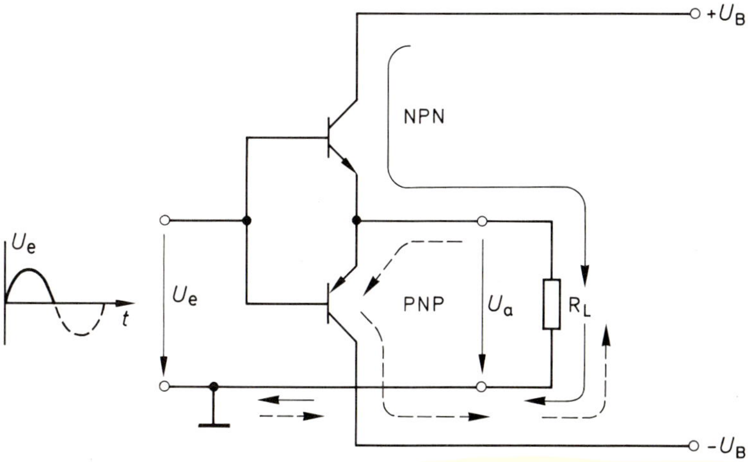

Bild 4.99 Prinzipschaltung eines Gegentaktverstärkers mit Komplementär-Transistoren

Während der positiven Halbwelle des Eingangssignales wird nur der NPN-Transistor in der Gegentaktschaltung nach Bild 4.99 leitend. Es fließt ein Strom durch den Lastwiderstand mit der eingezeichneten Richtung.
Während der negativen Halbwelle des Steuersignals wird dagegen der PNP-Transistor leitend und es fließt ein Strom in umgekehrter Richtung durch den Lastwiderstand R_L. Die beiden einzelnen, verstärkten Halbwellen werden auf diese Weise im Lastwiderstand wieder zu einem Gesamtsignal zusammengefügt. Bei Vollaussteuerung erreicht die Amplitude jeder Halbwelle eine Größe von

$$\Delta U_{CE\,max} \approx U_B$$

Die maximale Ausgangswechselleistung, die mit einem Gegentakt-B-Verstärker erzeugt werden kann, beträgt

$$P_{RL\,max} = \frac{U_B^2}{2 \cdot R_L} \qquad \text{(Ausgangswechselleistung bei Gegentakt-B-Betrieb)}$$

Bei einer Schaltung nach Bild 4.99 muß die Amplitude des Ansteuersignals größer als der Schwellwert der Basis-Emitterdiode der Transistoren werden, bevor ein Emitterstrom fließen kann. Das Ausgangssignal ist daher bei einem Gegentakt-B-Verstärker im Bereich des Nulldurchganges zwangsläufig verzerrt. Bei größerer Amplitude des Ansteuersignals sind diese sogenannten Übernahmeverzerrungen aber nicht mehr von so großer Bedeutung.
Um auch die Übernahmeverzerrungen zu vermeiden, werden die Leistungsverstärker oft im AB-Betrieb betrieben. Hierzu sind aber Schaltungserweiterungen erforderlich, auf die erst im Band III eingegangen werden kann.

Vorteile von Leistungsverstärkern im AB- und B-Betrieb sind:

- kleiner Ruhestrom und kleine Verlustleistung,
- großer Wirkungsgrad ($\eta \leqq 0{,}7$),
- großer Aussteuerbereich,
- große Ausgangswechselleistung.

Nachteilig ist die Notwendigkeit von zwei Transistoren und die gegenüber A-Betrieb größeren Verzerrungen bei kleiner Aussteuerung.

Beispiel

Ein Gegentakt-B-Verstärker wird mit einer Betriebsspannung $U_B = \pm\, 24\,\text{V}$ betrieben. Welche Ausgangsleistung ergibt sich, wenn der Lastwiderstand $R_L = 10\,\Omega$ beträgt?

$$P_{RL\,max} = \frac{U_B^2}{2\,R_L} = \frac{(24\,\text{V})^2}{2 \cdot 10\,\Omega} = 28{,}8\,\text{W}.$$

4.8.4 Schaltverstärker

Bei einem Schaltverstärker befindet sich der Transistor entweder im Zustand »leitend« oder »gesperrt«. Es gibt also zwei sehr unterschiedliche Arbeitspunkte. **Bild 4.100** zeigt das Schaltbild eines Transistorschalters oder Schaltverstärkers.

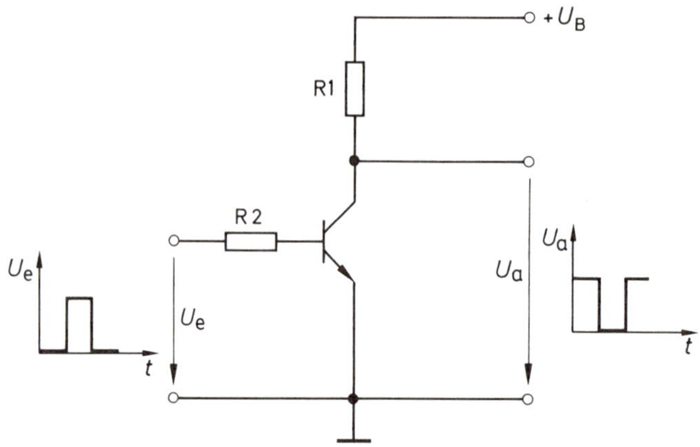

Bild 4.100 Schaltverstärker

Ein fester Arbeitspunkt ergibt sich, wenn der Eingangsstrom $I_B = 0$ A beträgt. Der Transistor ist dann gesperrt und es kann kein Kollektorstrom fließen. Daher ist $U_a \approx U_B$. In **Bild 4.101** ist das Ausgangskennlinienfeld eines Transistorschalters dargestellt und dieser Arbeitspunkt mit A1 gekennzeichnet.

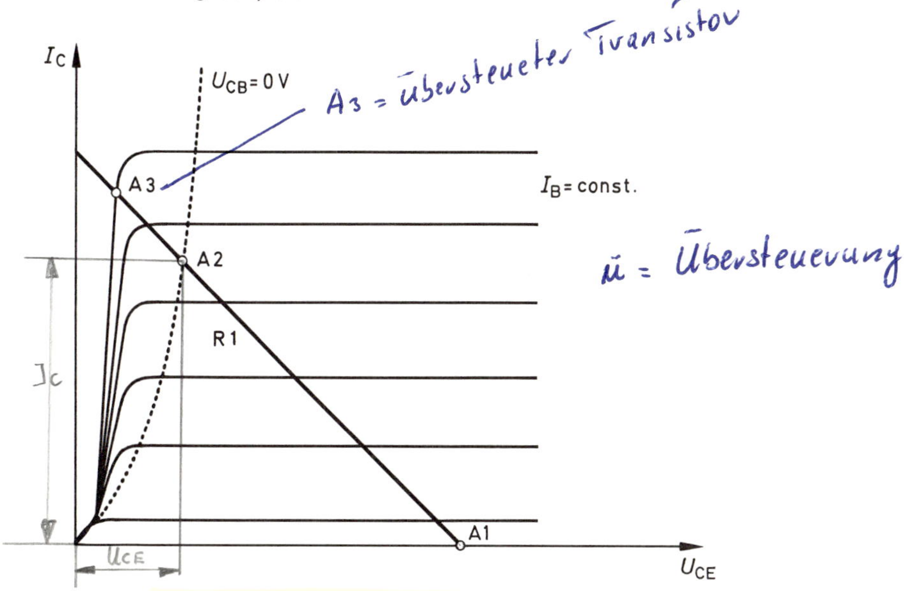

Bild 4.101 Ausgangskennlinienfeld eines Transistorschalters

Der zweite feste Arbeitspunkt liegt im Sättigungs- oder Übersteuerungsbereich. Als Grenze für diesen Bereich gilt die eingezeichnete Kurve für $U_{CB} = 0\,V$. Die Kollektor-Basis-Spannung U_{CB} ist genau 0 V, wenn die Restspannung des Transistors die gleiche Größe wie die Basis-Emitterspannung hat. Dieser Arbeitspunkt ist in Bild 4.101 mit A2 bezeichnet.

Nachteilig bei diesem Arbeitspunkt A2 ist jedoch die noch relativ große Restspannung von $U_{CE\,Rest} \approx 0{,}7\,V$. Sie hat eine unnötig große Verlustleistung P_V zur Folge. Die Restspannung läßt sich aber noch weiter verringern, wenn der Transistor übersteuert wird. Diese Übersteuerung ist ein Betriebszustand, bei dem ein Basisstrom fließt, der größer ist als es eigentlich zum Erreichen des maximalen Kollektorstromes erforderlich wäre. Je größer die Übersteuerung ist, desto mehr wandert der Arbeitspunkt von A2 in Richtung A3. Als Folge davon wird die Kollektor-Restspannung kleiner und erreicht Werte von $U_{CE\,Rest} \approx 0{,}1\,V$. Damit wird auch die Verlustleistung im leitenden Zustand kleiner. Der Grad der Übersteuerung wird mit dem Übersteuerungsfaktor $ü$ angegeben. Er ist das Verhältnis zwischen dem tatsächlich eingespeisten Basisstrom I_B und dem Basisstrom I'_B, der erforderlich wäre, um den Transistor bis zur Grenze $U_{CB} = 0\,V$ durchzusteuern.

$$ü = \frac{I_B}{I'_B}$$

I_B = tatsächlich fließender Basisstrom
I'_B = erforderlicher Basisstrom

Transistoren in Schaltverstärkern werden meistens übersteuert. Je stärker die Übersteuerung ist, desto kleiner wird nämlich die Einschaltzeit t_{ein}, die der Transistor benötigt, um vom gesperrten Zustand in den leitenden Zustand zu gelangen. Nachteilig ist dabei jedoch, daß gleichzeitig die Ausschaltzeit t_{aus} größer wird, weil nach einer Übersteuerung beim Ausschalten wieder mehr Ladungsträger aus der Basis ausgeräumt werden müssen. Es muß daher ein brauchbarer Kompromiß zwischen den Vorteilen und den Nachteilen einer Übersteuerung gefunden werden.

In der Praxis wird daher mit Übersteuerungsfaktoren von

$$ü \approx 2 \text{ bis } 10$$

gearbeitet.
Auch elektronische Schalter sollen schnell schalten. Der Übergang von einem Arbeitspunkt in den anderen muß daher in möglichst kurzer Zeit erfolgen. Dieses läßt sich mit einem rechteckförmigen Steuersignal am Eingang des Transistorschalters erreichen. Dann tritt auch am Ausgang des Schaltverstärkers ein nahezu rechteckförmiges Signal auf. Es ist jedoch in der Phase um $\varphi = 180°$ gegenüber der Eingangsspannung gedreht. In **Bild 4.102** sind die Zusammenhänge zwischen Eingangs- und Ausgangsspannung nochmals dargestellt.

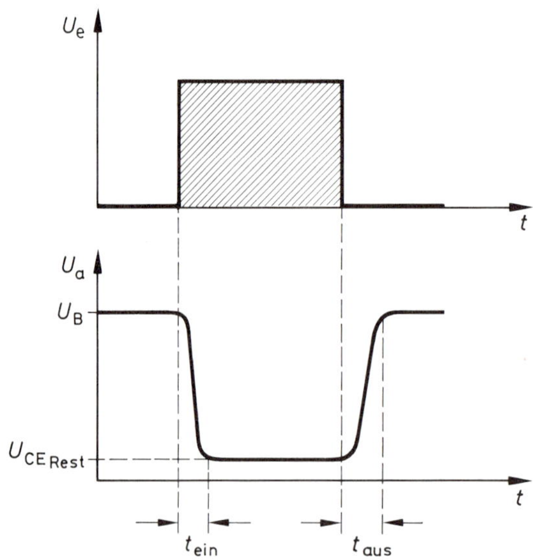

Bild 4.102 Signalverläufe bei einem Schaltverstärker

Nahezu jeder Transistortyp läßt sich als Transistorschalter einsetzen. Müssen aber besonders schnelle Änderungen des Eingangssignals verarbeitet werden, so ist es zweckmäßig, spezielle Schalttransistoren zu verwenden. Diese haben besonders kurze Schaltzeiten und sind stets Epitaxial-Transistoren. Sie haben neben den kurzen Schaltzeiten auch sehr kleine Bahnwiderstände, so daß sich besonders kleine Kollektorrestspannungen erreichen lassen. Damit ist auch die Verlustleistung im leitenden Zustand kleiner.

Beispiel

Es ist ein Schaltverstärker mit einem Transistor BC107A entsprechend **Bild 4.103** zu dimensionieren. Bei $I_C = 10\,mA$ ist $B = 120$. Die Ansteuerung soll mit einem Rechtecksignal erfolgen, dessen Amplitude $+6\,V$ beträgt. Anzusetzen ist ein Übersteuerungsfaktor $ü = 4$.

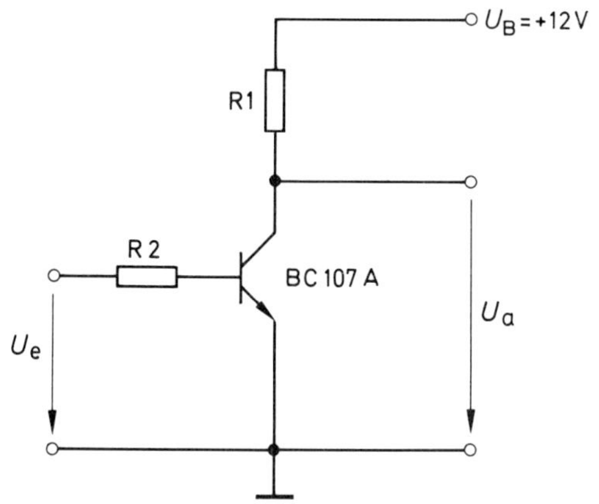

Bild 4.103 Schaltverstärker

$$R1 \approx \frac{U_B}{I_C} = \frac{12\,\text{V}}{10\,\text{mA}} = 1{,}2\,\text{k}\Omega$$

Gewählt: Normwert $R1 = 1{,}2\,\text{k}\Omega$

$$I'_B = \frac{I_C}{B} = \frac{10\,\text{mA}}{120} = 83\,\mu\text{A}$$

$$I_B = \ddot{u} \cdot I'_B = 4 \cdot 83\,\mu\text{A} = 332\,\mu\text{A}$$

$$R2 = \frac{U_e - U_{BE}}{I_B} = \frac{6\,\text{V} - 0{,}7\,\text{V}}{332\,\mu\text{A}} = 15{,}96\,\text{k}\Omega$$

Gewählt: Normwert $R2 = 15\,\text{k}\Omega$

Transistorschalter haben insbesondere durch die Digitaltechnik eine immer größere Bedeutung erlangt. Auch wenn heute in der Digitaltechnik fast nur noch integrierte Schaltkreise eingesetzt werden, so lassen sich doch alle Funktionen dieser Technik auf das Grundprinzip des Transistorschalters zurückführen.

Schaltverstärker mit Transistoren werden aber auch in großem Umfang als Leistungsschalter eingesetzt. Hierbei kann die Last unmittelbar in die Kollektorleitung geschaltet werden. **Bild 4.104** zeigt die Prinzipschaltung eines Leistungsschalters mit ohmschem Lastwiderstand.

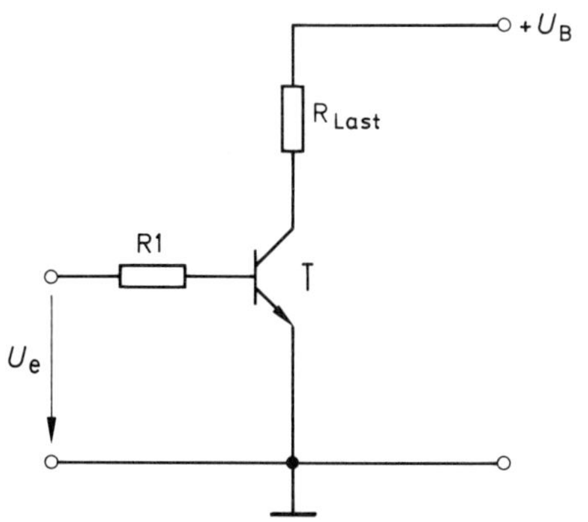

Bild 4.104 Leistungsschalter mit ohmschem Lastwiderstand

In **Bild 4.105** ist das zugehörige, idealisierte Kennlinienfeld dargestellt.

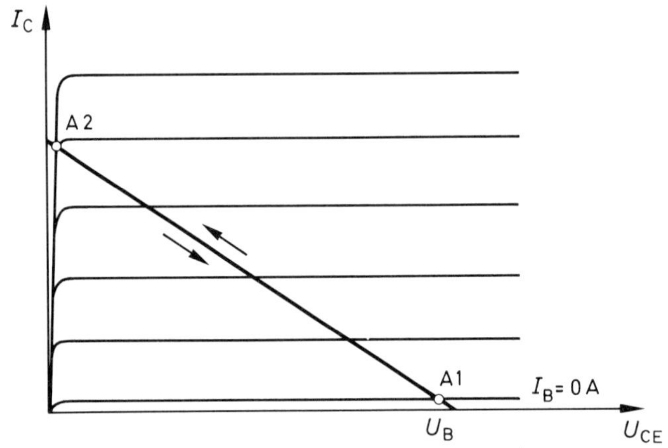

Bild 4.105 Kennlinienfeld zum Leistungsschalter nach Bild 4.104

Die Steigung der in Bild 4.105 eingezeichneten Arbeitsgeraden ist durch die Größe des Lastwiderstandes bestimmt. Im Arbeitspunkt A1 ($I_B = 0$ A) ist der Transistor gesperrt, im Arbeitspunkt A2 dagegen leitend. Weil der Transistor übersteuert wird, ist die Restspannung $U_{CE\,Rest}$ entsprechend klein. Sowohl beim Einschalten als auch beim Ausschalten wandert der Arbeitspunkt des Leistungsschalters zwischen den Arbeitspunkten A1 und A2 stets auf der durch den ohmschen Lastwiderstand festgelegten Arbeitsgeraden entlang.

Als Lastwiderstände treten in der Praxis nicht nur ohmsche Widerstände, sondern insbesondere auch induktive Widerstände auf. Es sind dieses z. B. Relaisspulen oder Spulen von Hubmagneten. Ihre Induktivität behindert dann den direkten und schnellen Übergang von dem einen zum anderen Arbeitspunkt. Beim schnellen Ausschalten dieser Induktivitäten durch einen Transistorschalter können sogar Spannungsspitzen auftreten, die weit über der Betriebsspannung des Transistors liegen. Diese Überspannungen können zur Zerstörung des Schalttransistors führen, so daß Schutzmaßnahmen erforderlich sind. Auf die Besonderheiten von Schaltverstärkern mit kapazitiven und induktiven Lastwiderständen wird aber erst in Band III-Lehrbuch näher eingegangen.

5 Feldeffekt-Transistoren

5.1 Allgemeines

Feldeffekt-Transistoren werden in Kurzform als FETs bezeichnet (*F*eldeffekt-*T*ransistor). Die Steuerung des Stromflusses erfolgt bei ihnen durch ein senkrecht zur Strombahn liegendes elektrisches Feld. Eine solche Möglichkeit war zwar bereits 1928 entdeckt worden, die praktische Ausnutzung konnte aber erst nach der Entwicklung der verschiedenen Halbleitermaterialien erfolgen. **Bild 5.1** zeigt das Grundprinzip der Arbeitsweise von FETs.

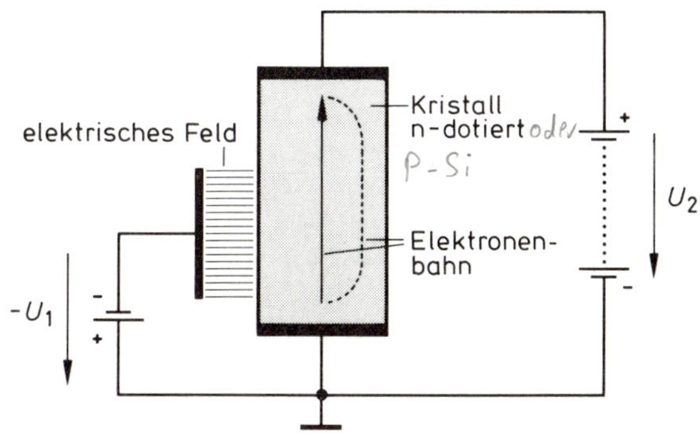

Bild 5.1 Grundprinzip der Arbeitsweise von FETs

Während bei den in Kapitel 4 behandelten bipolaren Transistoren der Hauptstrom immer durch n-dotiertes und p-dotiertes Halbleitermaterial fließt, wandern die Ladungsträger im Feldeffekt-Transistor je nach Ausführung entweder nur durch n-dotiertes oder nur durch p-dotiertes Halbleitermaterial. Besteht der Stromweg aus n-dotiertem Material, wird von einem N-Kanal-Typ gesprochen. Beim P-Kanal-Typ besteht der Stromweg dagegen aus p-dotiertem Material. Dementsprechend erfolgt die Stromleitung beim P-Kanal-Typ nur durch Löcher, beim N-Kanal-Typ nur durch Elektronen. Aus diesen Gründen werden die FETs auch als unipolare Transistoren bezeichnet.

Es gibt heute sehr unterschiedliche Bauarten von Feldeffekt-Transistoren. Grundsätzlich muß zwischen zwei Gruppen unterschieden werden, und zwar zwischen den Sperrschicht-FETs und den MOS-FETs (MOS = *m*etall-*o*xide-*s*emiconductor = Metall-oxid-Halbleiter). Die Sperrschicht-FETs werden oft auch J-FETs oder PN-FETs genannt. Für MOS-FETs ist dagegen auch die Bezeichnung IG-FETs (IG = *I*soliertes *G*ate) zu finden. **Bild 5.2** enthält eine Übersicht über die verschiedenen Bauarten von Feldeffekt-Transistoren.

Die Sperrschicht-FETs sind weiter unterteilt in N-Kanal-Typen und P-Kanal-Typen. Bei den MOS-FETs muß dagegen zwischen den selbstleitenden und den selbstsperrenden MOS-FETs unterschieden werden, bei denen wieder jeweils N-Kanal-Typen und P-Kanal-Typen auftreten. Außerdem gibt es noch einige Sonderbauformen.

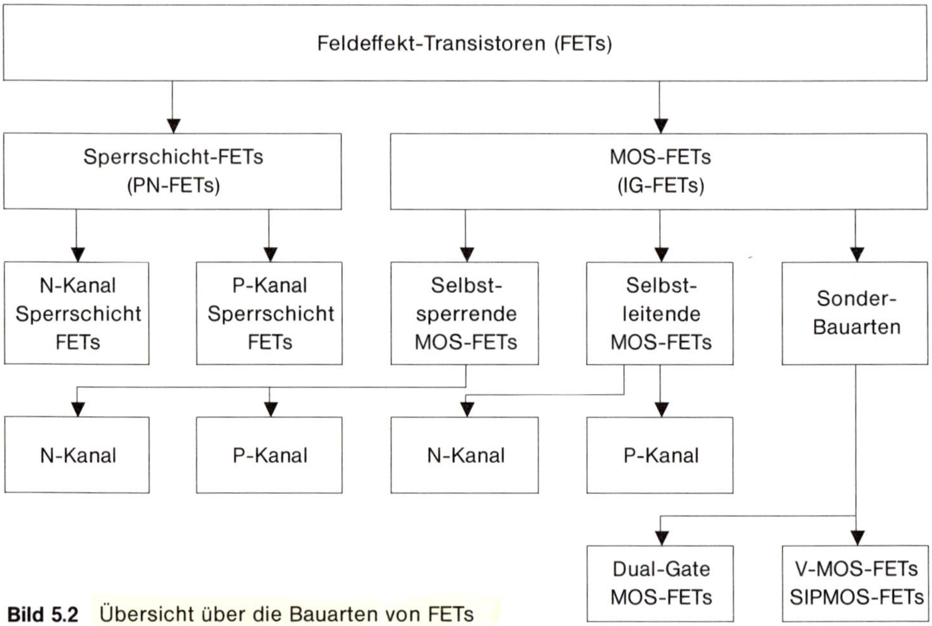

Bild 5.2 Übersicht über die Bauarten von FETs

Ein spezielles Bezeichnungsschema für die verschiedenen Bauarten von FETs gibt es nicht. Auch die Gehäuseformen unterscheiden sich nicht von denen der bipolaren Transistoren.
Bis auf einige Sonderformen haben die Feldeffekt-Transistoren drei Anschlüsse. Sie werden als Source (engl. source = Quelle), Gate (engl. gate = Tor) und Drain (engl. drain = Abfluß, Senke) bezeichnet. Die Source-Elektrode (S) entspricht dem Emitter, die Gate-Elektrode (G) der Basis und die Drain-Elektrode (D) dem Kollektor bei den bipolaren Transistoren.
Jede Bauart der Feldeffekt-Transistoren hat ein eigenes genormtes Schaltzeichen. Sie sind in **Bild 5.3** zusammengefaßt.

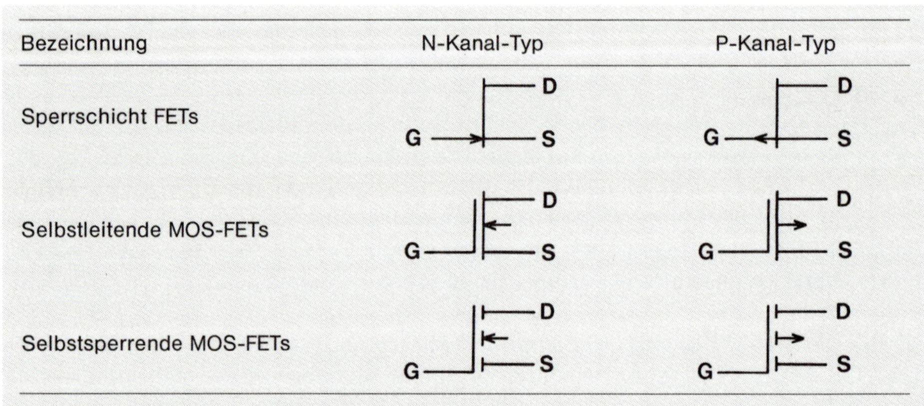

Bild 5.3 Schaltzeichen für Feldeffekt-Transistoren

Eine charakteristische Eigenschaft aller FETs ist ihr sehr hochohmiger Eingangswiderstand. Er beträgt bei den Sperrschicht-FETs etwa $10^9\ \Omega$ und bei den MOS-FETs sogar etwa $10^{15}\ \Omega$. Die Steuerung des Stromflusses erfolgt daher bei den Feldeffekt-Transistoren nahezu leistungslos über ein elektrisches Feld. Dadurch haben sich eine Vielzahl vorteilhafter Einsatzmöglichkeiten ergeben. So wird z. B. bei der Großintegration die MOS-Technik immer mehr angewendet. Hierauf wird jedoch noch in Kapitel 8 näher eingegangen.

Die technischen Eigenschaften von Feldeffekt-Transistoren werden von den Herstellern genau wie bei allen anderen Halbleiter-Bauelementen in Datenblättern näher beschrieben. Diese sind wieder unterteilt in Kennwerte mit den wichtigsten Grenzdaten und Kenndaten sowie in Kennlinien. Wegen der meistens völlig vernachlässigbaren Steuerleistung ist die Zahl der verschiedenen Kennlinien aber geringer als bei den bipolaren Transistoren.

Auch bei den FETs bestehen Temperaturabhängigkeiten der Kennwerte und Kennlinien, die im praktischen Betrieb berücksichtigt werden müssen. Weiterhin tritt eine Verlustleistung auf. Sie wird in Wärme umgewandelt und muß an die Umgebungsluft abgeführt werden. Die Zusammenhänge gleichen denen der bipolaren Transistoren.

Außer den Standardausführungen von Sperrschicht-FETs und MOS-FETs gibt es inzwischen bei den MOS-FETs auch einige Sonderformen als Weiterentwicklungen. Es sind dieses die Dual-Gate-MOS-FETs sowie die V-MOS-FETs und die SIPMOS-FETs. Die Dual-Gate-MOS-FETs besitzen zwei Steueranschlüsse, so daß eine weitgehend voneinader unabhängige Doppelsteuerung möglich ist. Damit können z. B. Verstärker aufgebaut werden, deren Verstärkungsfaktoren in weiten Grenzen regelbar sind. Die V-MOS- und SIPMOS-FETs wurden dagegen speziell zum Verstärken bzw. Schalten größerer Leistungen bis etwa 5 kW entwickelt. Der große Vorteil liegt dabei in der sehr geringen erforderlichen Steuerleistung.

Auch bei den Feldeffekt-Transistoren ist eine Arbeitspunkteinstellung erforderlich. Weiterhin muß für eine Stabilisierung des Arbeitspunktes gesorgt werden.

Da die Feldeffekt-Transistoren ebenfalls drei Anschlüsse haben, ergeben sich auch drei verschiedene Grundschaltungen. Es sind dieses die Sourceschaltung, die Drainschaltung und die Gateschaltung. Sie sind wieder jeweils nach der Elektrode benannt, die gemeinsamer Bezugspunkt für das Eingangs- und Ausgangssignal ist. Die Sourceschaltung entspricht der Emitterschaltung und ist die am häufigsten verwendete FET-Grundschaltung. Die Drainschaltung ist mit der Kollektorschaltung vergleichbar und wird hauptsächlich zur Impedanzwandlung eingesetzt. Bei der Gateschaltung treten ähnliche Eigenschaften wie bei der Basisschaltung auf. Ihr Einsatz ist auf spezielle Fälle beschränkt.

Feldeffekt-Transistoren werden als diskrete Bauelemente vorwiegend in Gleichspannungsverstärkern, in Konstantstromquellen und in Wechselspannungsverstärkern eingesetzt. Der Einsatz in Wechselspannungsverstärkern beschränkt sich dabei fast nur auf die Vorverstärkung im HF-und NF-Bereich, also auf die Eingangsstufen mehrstufiger Verstärker. Das Hauptanwendungsgebiet von Feldeffekt-Transistoren liegt jedoch inzwischen bei den integrierten Schaltungen. Hier setzen sich wegen ihrer sehr hochohmigen Eingangswiderstände die verschiedenen Ausführungen von MOS-FETs sowohl in der Analogtechnik als auch insbesondere in der Digitaltechnik immer mehr durch.

5.2 Sperrschicht-FETs

5.2.1 Aufbau und Wirkungsweise

Sperrschicht-FETs bestehen aus einem stabförmig ausgebildeten Halbleitermaterial, bei dem es sich entweder um ein n-Silizium oder um ein p-Silizium handeln kann. An den beiden Stirnseiten des Stabes sind sperrschichtfreie Kontaktflächen angebracht, die als Source (S) und Drain (D) bezeichnet werden. **Bild 5.4** zeigt das Schnittbild eines N-Kanal-Sperrschicht-FETs.

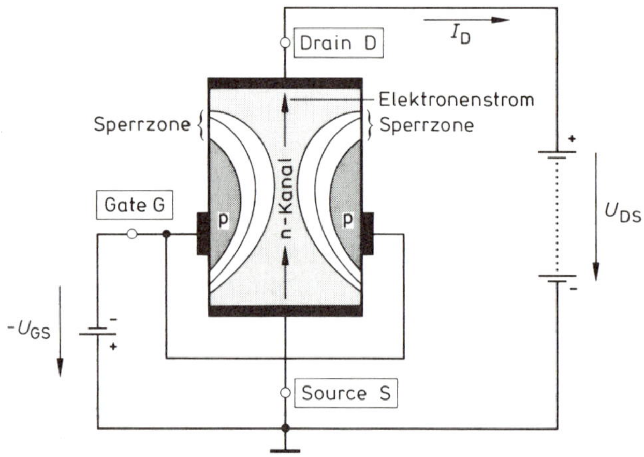

Bild 5.4 Schnittbild eines N-Kanal-Sperrschicht-FETs

Beim N-Kanal-Sperrschicht-FET wird als Ausgangsmaterial n-Silizium verwendet. In die Breitseiten des Stabes sind zusätzliche p-Zonen einlegiert, die leitend miteinander verbunden sind. Dadurch entstehen pn-Übergänge, die einander gegenüber liegen. Der p-Anschluß wird hier als Gate (G) bezeichnet. Wegen dieser pn-Übergänge werden die Sperrschicht-FETs oft auch PN-FETs oder J-FETs (Junction-FETs) genannt.
Wird nun an die Anschlüsse D und S eine Spannung U_{DS} angelegt, so fließt ein Elektronenstrom I_D durch das n-Silizium-Stäbchen. Bei der in Bild 5.4 angegebenen Polarität der Drain-Source-Spannung U_{DS} wandern die Elektronen vom Source-Anschluß zum Drain-Anschluß durch den als N-Kanal bezeichneten Stromweg aus n-Silizium.
Durch Anlegen einer negativen Gate-Source-Spannung $-U_{GS}$ an die Anschlüsse Gate und Source entsprechend Bild 5.4 werden die beiden pn-Übergänge in Sperrichtung betrieben. Im n-Silizium und im p-Silizium bilden sich dabei Sperrzonen aus, so daß kein Strom durch diese in Sperrichtung gepolten pn-Übergänge fließen kann.
Durch die sich im Kanal ausbreitende Sperrzone wird aber auch der stromführende Querschnitt des n-Kanals verringert. Der Verlauf dieser sich ausbildenden Sperrzonen entsteht durch das Spannungsgefälle entlang der Strombahnen im Kanal. In der Nähe der Source-Elektrode ist die Strombahn am breitesten. In Richtung zum Drain wird sie dann schmaler.
Je größer die angelegte, negative Gate-Source-Spannung $-U_{GS}$ ist, desto breiter werden die Sperrzonen im Kanal und als Folge davon wird der stromführende Querschnitt im Kanal kleiner. Die Größe des Bahnwiderstandes R_{DS} zwischen Source und Drain hängt also beim N-Kanal-Sperrschicht-FET von der Größe der negativen Gate-

Spannung $-U_{GS}$ ab. Mit Hilfe einer negativen Gatespannung ist es somit möglich, den Bahnwiderstand in weiten Grenzen zu ändern. Wird $-U_{GS}$ so groß, daß die Sperrzonen im Kanal aneinanderstoßen, ist der Stromweg zwischen Source und Drain vollständig gesperrt und es kann kein Drainstrom I_D mehr fließen. Da bei einem in Sperrichtung betriebenen pn-Übergang nur ein sehr kleiner Reststrom fließt, erfolgt die Steuerung des Drainstromes durch $-U_{GS}$ praktisch leistungslos.

5.2.2 Bezeichnungen und Schaltzeichen

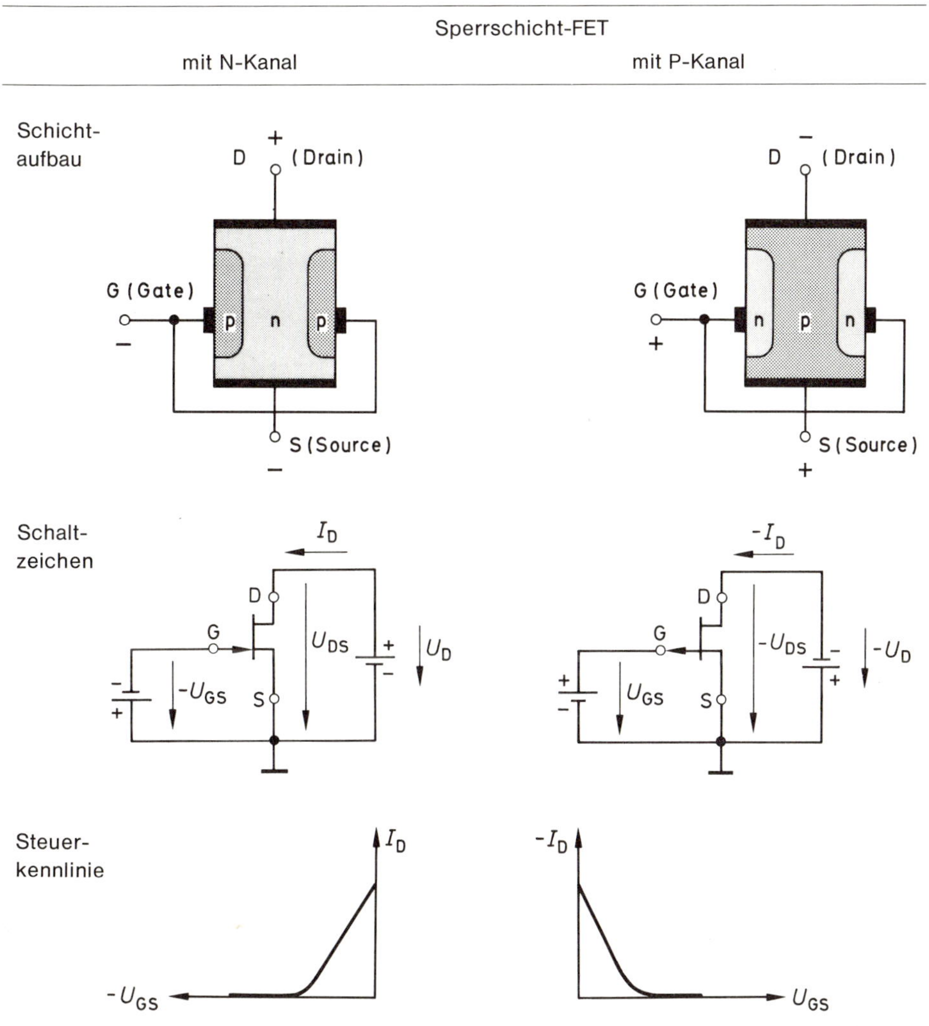

Bild 5.5 Schnittbilder, Schaltzeichen und Steuerkennlinien von N-Kanal-FETs und P-Kanal-FETs

Weil die Feldeffekt-Transistoren sich in ihrem Verhalten und in ihrer Arbeitsweise wesentlich von den bipolaren Transistoren unterscheiden, werden nicht nur andere Schaltzeichen, sondern auch andere Elektrodenbezeichnungen verwendet.
Der mit S bezeichnete Anschluß liefert die Ladungsträger und wird deshalb Source (engl. source = Quelle) genannt. Die mit D bezeichnete Elektrode wirkt als Auffangelektrode und heißt daher Drain (engl. drain = Abfluß, Senke). Über den G-Anschluß wird der Ladungsträgerstrom im Kanal gesteuert. Er trägt die Bezeichnung Gate (engl. gate = Tor).
In **Bild 5.5** sind die Schnittbilder von N-Kanal und P-Kanal-FETs gegenübergestellt. Der N-Kanal-FET wird mit positiver Spannung U_{DS} und mit negativer Steuerspannung $-U_{GS}$ betrieben. Die Stromleitung erfolgt hier durch Elektronen. Beim P-Kanal-FET erfolgt die Stromleitung dagegen durch Löcher und der Betrieb erfolgt mit negativer Spannung $-U_{DS}$ und positiver Steuerspannung U_{GS}.
Bild 5.5 enthält auch die genormten Schaltzeichen der beiden FET-Typen. Der Pfeil am Gateanschluß kennzeichnet jeweils den Übergang von der p-Schicht zur n-Schicht. Zusätzlich angegeben sind die beiden, zum Betrieb von FETs erforderlichen Spannungen U_{DS} und U_{GS}. Ebenfalls dargestellt sind die Steuerkennlinien der beiden FET-Typen. In beiden Fällen wird mit steigender Steuerspannung U_{GS} bzw. $-U_{GS}$ der Drainstrom I_D kleiner.

5.2.3 Kennlinien

5.2.3.1 Steuer- und Übertragungskennlinie

Bei den Sperrschicht-FETs erfolgt die Steuerung des Stromflusses im Kanal durch Änderung der Sperrspannung an den pn-Übergängen. In Bild 5.4 war zu erkennen, daß sich die Sperrzonen im Kanal nicht gleichförmig ausbreiten. In Richtung des Drain-Anschlusses tritt eine keilförmige Verengung auf, weil der Spannungsunterschied zwischen Gate und Drain immer größer wird. Wird die Gate-Source-Spannung $-U_{GS}$ so weit erhöht, daß sich die Sperrzonen berühren, dann ist der Kanal abgeschnürt und damit praktisch gesperrt. Der Spannungswert, bei dem dieser Effekt eintritt, wird als *Abschnürspannung* oder pinch-off-Spannung U_p bezeichnet.
Die Abhängigkeit des Drainstromes I_D von der Gate-Source-Spannung $-U_{GS}$ kann mit der in **Bild 5.6** angegebenen Schaltung ermittelt werden. Bei der Untersuchung eines P-Kanal-Typs müssen lediglich die beiden Spannungsquellen umgepolt werden.

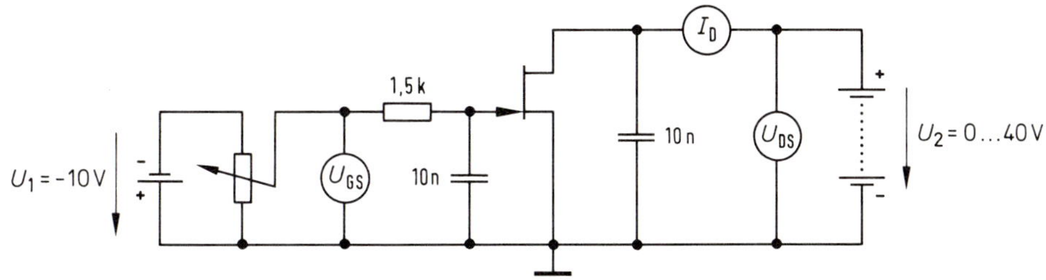

Bild 5.6 Schaltung zur Kennlinienaufnahme

In **Bild 5.7** ist als Beispiel die Steuer- oder Übertragungskennlinie $I_D = f(-U_{GS})$ bei konstanter Spannung $U_{DS} = 15\,V$ wiedergegeben. Sie gilt für einen N-Kanal-Sperrschicht-FET vom Typ BF 245 C.

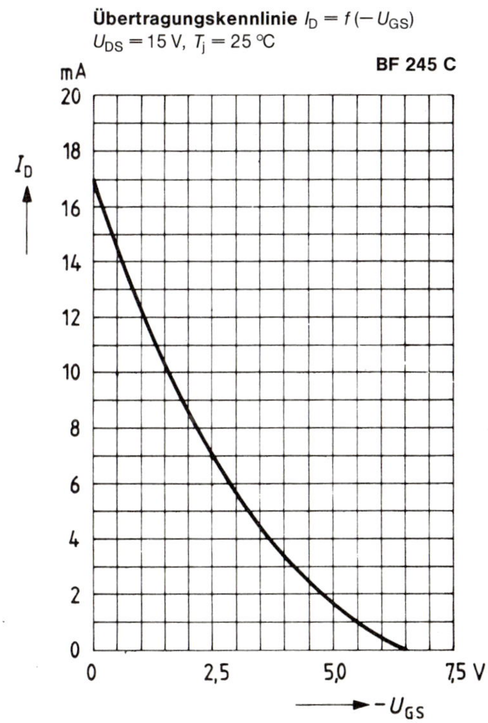

Bild 5.7 Übertragungskennlinie $I_D = f(-U_{GS})$ des Sperrschicht-FETs BF 245 C

In der Kennlinie nach Bild 5.7 ist zu erkennen, daß die Abschnürspannung bei diesem Typ $U_p \approx -6{,}5$ V beträgt, also bei $-U_{GS} \geqq 6{,}5$ V kein Drainstrom mehr fließt. Bei Verkleinerung von $-U_{GS}$ steigt der Drainstrom an und erreicht bei $U_{GS} = 0$ V mit $I_D \approx 17$ mA bei dem genannten Transistortyp seinen Maximalwert.

5.2.3.2 Ausgangskennlinie

Mit der Schaltung nach Bild 5.6 läßt sich auch die Ausgangskennlinie eines Sperrschicht-FETs, also die Abhängigkeit des Drainstromes I_D von der Drain-Source-Spannung bei den verschiedenen Gate-Source-Spannungen ermitteln. Diese Ausgangskennlinien $I_D = f\,(U_{DS})$ bei $-U_{GS} = \text{const.}$ sind in **Bild 5.8** wiedergegeben.

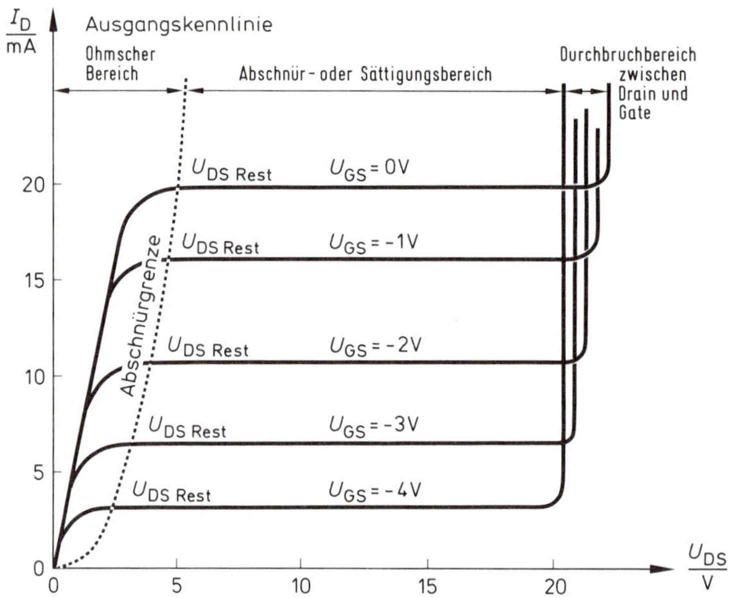

Bild 5.8 Ausgangskennlinienfeld eines Sperrschicht-FETs

Wird bei konstanter Steuerspannung $-U_{GS}$ die Drain-Source-Spannung U_{DS} von Null ausgehend vergrößert, so steigt der Drainstrom zunächst nach dem Ohmschen Gesetz proportional an. Ein Sperrschicht-FET zeigt in diesem Bereich das Verhalten eines ohmschen Widerstandes. Der erste Bereich der Ausgangskennlinie wird daher auch als »Ohmscher Bereich« bezeichnet.

Wird die Spannung U_{DS} weiter erhöht, so knickt die Kennlinie ab und geht in einen nahezu waagerechten Verlauf über. Eine noch weitere Vergrößerung von U_{DS} führt zu keiner nennenswerten Änderung des Drainstromes mehr.

Dies ist auch der Fall, wenn $U_{GS} = 0$ V ist. Hieraus ist zu erkennen, daß auch die Drain-Source-Spannung zu einer Abschnürung des Kanals führen kann. Bei $U_{GS} = 0$ V liegen Gate und Source auf gleichem Potential. Im unteren Teil des Kanals liegt keine oder nur eine sehr geringe Spannung zwischen Gate und Kanal und es bildet sich somit keine verbreiterte Sperr- oder Raumladungszone aus. In Richtung zur Drain-Elektrode wird das Kanal-Potential gegenüber dem Gate-Potential aber immer positiver. In der Nähe des Drain-Anschlusses liegt dann sogar die gesamte Spannung U_{DS} in Sperrichtung zwischen Gate und Kanal. Von einem bestimmten Wert der Drain-Source-Spannung ab berühren sich die Sperrzonen im Kanal und schnüren ihn ab. In **Bild 5.9** ist die Abschnürung des Kanals durch die Drain-Source-Spannung im Schnittbild dargestellt.

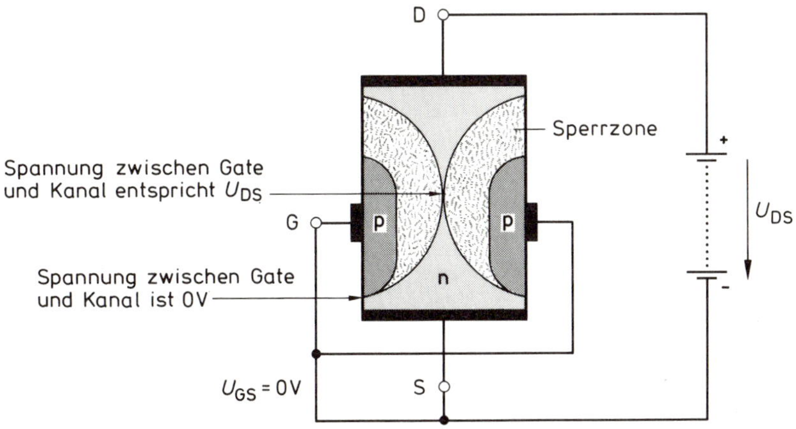

Bild 5.9 Kanalabschnürung durch U_{DS}

In Bild 5.9 beträgt $U_{GS} = 0$ V. Wird an das Gate jedoch eine zusätzliche negative Spannung angelegt, so berühren sich die Raumladungszonen schon bei kleineren Spannungswerten von U_{DS}. Der Spannungswert von U_{DS}, bei dem der Kanal abgeschnürt ist, wird als $U_{DS\,Rest}$ oder $U_{DS\,sat}$ bezeichnet. Dabei ist es gleichgültig, ob der Kanal infolge einer Gate-Source-Spannung $U_{GS} = U_p$ auf der gesamten Kanallänge oder durch eine Drain-Source-Spannung $U_{DS} = U_p$ nur in der Nähe des Drain-Anschlusses abgeschnürt wird.
Aufgrund dieser Zusammenhänge läßt sich die Rest-, Knie- oder Sättigungsspannung $U_{DS\,Rest}$ ermitteln, wenn U_p und U_{GS} bekannt sind. Es gilt:

$$U_{DS\,Rest} = U_{GS} - U_p$$

Beispiel

Der FET vom Typ BF 245 C hat eine Abschnürspannung $-U_p = 6{,}5$ V.
Wie groß ist die Restspannung $U_{DS\,Rest}$, wenn die Gate-Source-Spannung $-U_{GS} = 2$ V beträgt?

$$U_{DS\,Rest} = U_{GS} - U_p$$
$$= -2\,V - (-6{,}5\,V)$$
$$U_{DS\,Rest} = +4{,}5\,V.$$

Der zweite Bereich im Ausgangskennlinienfeld ist gekennzeichnet durch einen nahezu geradlinigen Verlauf der Kennlinien. Ursache hierfür ist die bereits erfolgte Abschnürung des Kanals. Eine Spannungserhöhung der Drain-Source-Spannung über den Wert $U_{DS\ Rest}$ hinaus bewirkt hier nämlich keine nennenswerte Stromänderung mehr. Daher wird dieser zweite Bereich auch Abschnür- oder Sättigungsbereich genannt. Er ist der eigentliche Arbeitsbereich eines FETs, weil der Drainstrom I_D hier im wesentlichen nur noch durch die Gate-Source-Spannung U_{GS}, aber nur wenig durch die Drain-Source-Spannung U_{DS} geändert werden kann.
Im dritten Bereich des Ausgangskennlinienfeldes kommt es aufgrund einer zu hohen Drain-Source-Spannung zu einem Durchbruch zwischen Drain und Gate. Die Sperrschicht wird dabei abgebaut und der Drainstrom steigt sprunghaft an, so daß die Gefahr einer Zerstörung des FETs auftritt. Bei den heute üblichen Sperrschicht-FETs liegt die Durchbruchspannung zwischen 20 V und 30 V. Im Kennlinienfeld nach Bild 5.8 tritt der Durchbruch bei $U_{DS} \approx 20$ V auf.
In **Bild 5.10** ist als Beispiel das Ausgangskennlinienfeld des N-Kanal-Sperrschicht-FETs vom Typ BF 245 C wiedergegeben. Der verbotene dritte Kennlinienbereich wird grundsätzlich nicht mit dargestellt, weil in diesem Durchbruchbereich keine Aussage für den Anwender zu finden ist.

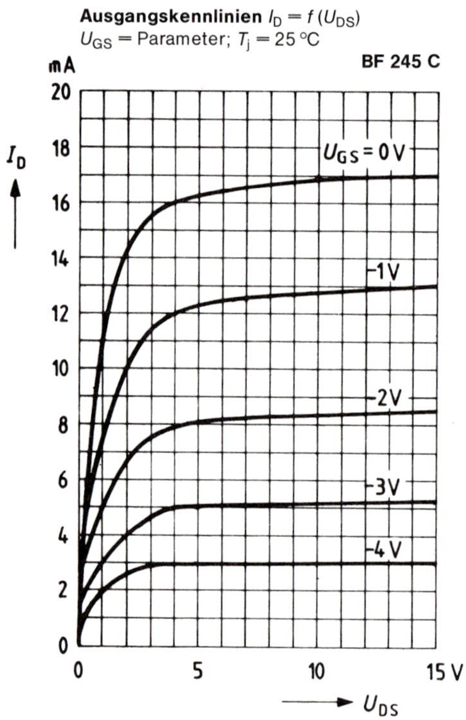

Bild 5.10 Ausgangskennlinienfeld des N-Kanal-Sperrschicht-FETs vom Typ BF 245 C

5.2.3.3 Temperaturabhängigkeit

Wie bei allen Halbleiterbauelementen treten auch beim Sperrschicht-FET Temperaturabhängigkeiten auf. Während jedoch bei den bipolaren Transistoren der Kollektorstrom mit steigender Temperatur ebenfalls ansteigt, wird der Drainstrom beim Sperrschicht-FET mit steigender Temperatur kleiner. In **Bild 5.11** ist diese Temperaturabhängigkeit des Drainstromes für den BF 245 C wiedergegeben.

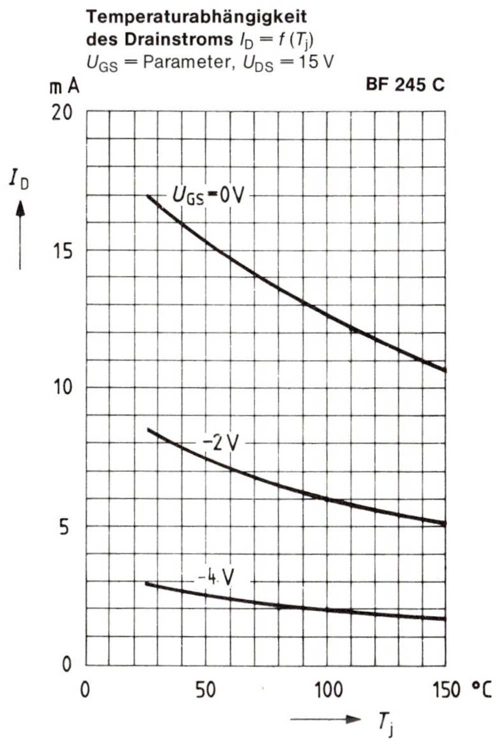

Bild 5.11 Temperaturabhängigkeit des Drainstromes I_D für den FET vom Typ BF 245 C

Die Kennlinien in Bild 5.11 gelten für U_{DS} = const. = 15 V. Der FET wird hier im Abschnür- oder Sättigungsbereich betrieben. Bei einem N-Kanal-Typ wird der Stromfluß im Kanal durch die freien, beweglichen und durch Dotierung entstandenen Ladungsträger hervorgerufen. Bei höheren Drainströmen nimmt die Leitfähigkeit des Drain-Source-Kanales mit steigender Temperatur ab, weil durch die thermische Eigenbewegung der Atome die Beweglichkeit der freien Ladungsträger immer mehr gehemmt wird.
Weiterhin wird aber auch die Abschnürspannung U_p mit steigender Temperatur immer größer. Dieser Effekt beruht darauf, daß bei kleinen Drainströmen sich der Einfluß der thermischen Paarbildung stärker auswirkt als die Abnahme der Kanalleitfähigkeit.
Bild 5.12 zeigt den Temperatureinfluß auf die Übertragungskennlinie.

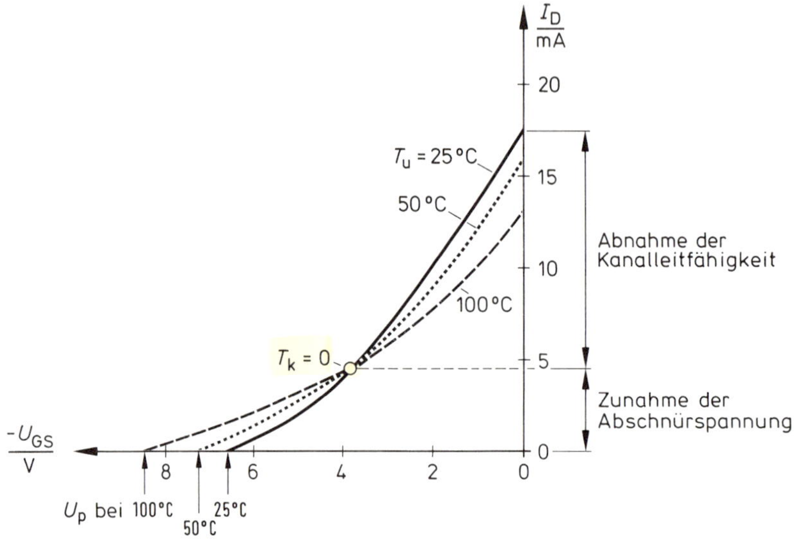

Bild 5.12 Temperatureinfluß auf die Übertragungskennlinie

Im Übergangsbereich zwischen den beiden vorgenannten Effekten tritt ein Punkt auf, in dem der Drainstrom temperaturunabhängig ist. Sofern keine anderen Maßnahmen zur thermischen Arbeitspunktstabilisierung getroffen werden, sollte daher immer eine Steuerspannung gewählt werden, bei der die Temperaturunabhängigkeit des Drainstromes auftritt.

5.2.4 Kennwerte

5.2.4.1 Grenzdaten

Sperrschicht-FETs können auf verschiedene Weise elektrisch überlastet werden, und zwar:

1. durch eine zu hohe Drain-Source-Spannung $U_{DS} > U_{DS\,max}$
2. durch eine zu hohe Drain-Gate-Spannung $U_{DG} > U_{DG\,max}$
3. durch eine zu hohe Gate-Source-Spannung $U_{GS} > U_{GS\,max}$
4. durch einen zu hohen Drainstrom $I_D > I_{D\,max}$
5. durch einen zu hohen Gatestrom $I_G > I_{G\,max}$
6. durch eine zu hohe Verlustleistung $P_V > P_{tot}$
7. durch eine zu hohe Kanaltemperatur $T_K > T_{K\,max}$ 150°C .... 200°C

Grenzwerte für Spannungen

Liegt zwischen dem Kanal- und dem Gate-Anschluß eine zu hohe Spannung, so kann der in Sperrichtung betriebene pn-Übergang zerstört werden. Dieser Fall kann auftreten, wenn die Spannungswerte $U_{DS\,max}$, $U_{DG\,max}$, $U_{GS\,max}$ überschritten werden. Die

Spannungs-Grenzwerte $U_{DS\,max}$, $U_{DG\,max}$ und $U_{GS\,max}$ liegen z. B. bei den heute verwendeten N-Kanal-Sperrschicht-FETs etwa zwischen 20 V und 30 V.

Grenzwerte für Ströme

Der durch den Kanal fließende Strom I_D darf nicht größer als $I_{D\,max}$ werden, weil sonst das Halbleitermaterial überlastet wird. Der Strom durch den in Sperrichtung betriebenen pn-Übergang ist im normalen Betriebszustand so klein, daß er gegenüber dem Drainstrom vernachlässigt werden kann. Bei der Ansteuerung des FET kann aber der Fall eintreten, daß dieser pn-Übergang kurzzeitig auch in Durchlaßrichtung betrieben wird. Der dann fließende Gatestrom darf den Wert $I_{G\,max}$ nicht überschreiten. Der Wert $I_{D\,max}$ hängt stark vom jeweiligen Transistortyp ab, während $I_{G\,max}$ meistens in der Größenordnung von 10 mA liegt.

Grenzwerte für Verlustleistung

Beim Betrieb eines FETs liegt zwischen Drain und Source die Spannung U_{DS} und es fließt ein Strom I_D. Das Produkt aus U_{DS} und I_D ergibt eine elektrische Leistung P_V, die zur Erwärmung des Kristalls führt. Die größte zulässige Leistung wird als totale Verlustleistung P_{tot} bezeichnet. Es gilt:

$$P_V = U_{DS} \cdot I_D \leqq P_{tot}$$

Der N-Kanal-Sperrschicht-FET vom Typ BF 245 C hat z. B. eine totale Verlustleistung $P_{tot} = 300$ mW bei einer Umgebungstemperatur von $T_U = 75\,°C$. Aus dieser Angabe läßt sich ermitteln, daß z. B. bei $U_{DS} = 15$ V ein maximaler Drainstrom von $I_D = 20$ mA fließen darf, sofern $T_U = 75\,°C$ gewährleistet werden kann.

$$I_D = \frac{P_{tot}}{U_{DS}} = \frac{300\,\text{mW}}{15\,\text{V}} = 20\,\text{mA}$$

Grenzwerte für die Kanaltemperatur

Im wesentlichen durch die Verlustleistung im Dauerbetrieb entsteht in der Sperrzone und im Kanal Wärme, durch die sich die Temperatur im Halbleiter erhöht. Diese Temperatur darf bestimmte Werte nicht überschreiten, weil der Kristall seine Halbleitereigenschaften stark ändert und der FET dann nicht mehr einwandfrei arbeitet. Die bei den FETs angegebene Sperrschichttemperatur T_J bezieht sich auf die höchste im Kanal auftretende Kanaltemperatur T_K. Bei den üblichen FETs beträgt $T_{K\,max}$ etwa 150 bis 200 °C.

Grenzwerte für die Umgebungstemperatur

Einige Hersteller geben anstelle der maximalen Kanaltemperatur auch die höchstzulässige Umgebungstemperatur T_U als Grenzwert an. T_U ist stets kleiner als T_J. Neben dieser Angabe ist in den Datenblättern dann auch noch ein Diagramm für die Temperaturabhängigkeit der zulässigen Gesamtverlustleistung zu finden. **Bild 5.13** zeigt als Beispiel ein solches Diagramm für den FET vom Typ BF 245.

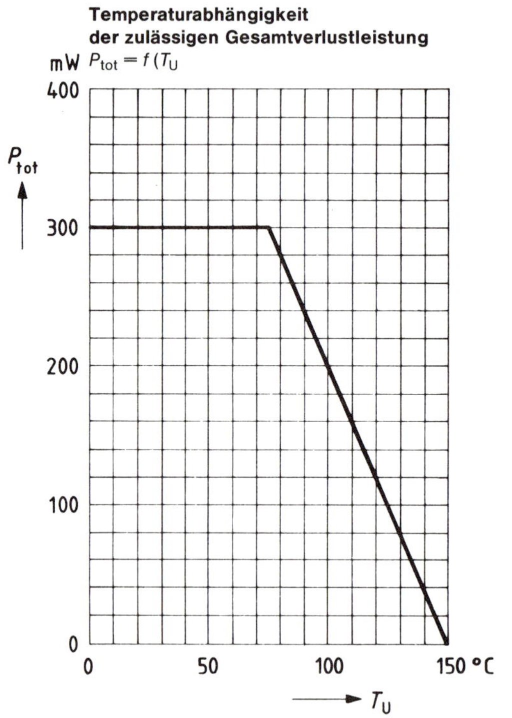

Bild 5.13 Temperaturabhängigkeit der zulässigen Gesamtverlustleistung für den FET vom Typ BF245

Aus dem Diagramm nach Bild 5.13 kann unmittelbar abgelesen werden, wie groß P_{tot} bei einer bestimmten Umgebungstemperatur ist.

5.2.4.2 Kenndaten

STATISCHE KENNDATEN

Mit den statischen Kenndaten wird das Gleichstromverhalten eines FETs beschrieben. So geben die Hersteller stets folgende statische Kenndaten an:

Gate-Reststrom	$-I_{GS\,S}$
Abschnürspannung	U_p

Gate-Reststrom $-I_{GS\,S}$

Der pn-Übergang zwischen Gate und Kanal wird stets in Sperrichtung betrieben. Trotzdem fließt hier, wie bei jedem anderen pn-Übergang, noch ein Gate-Reststrom $-I_{GS\,S}$. Die Größe dieses Reststromes ist sowohl von der Temperatur des Kanalmaterials T_K als auch von der Sperrschichttemperatur T_J abhängig. Der Gate-Reststrom steigt mit zunehmender Temperatur an. In **Bild 5.14** ist die Temperaturabhängigkeit des Sperrstromes für den BF245 als Kennlinie angegeben.

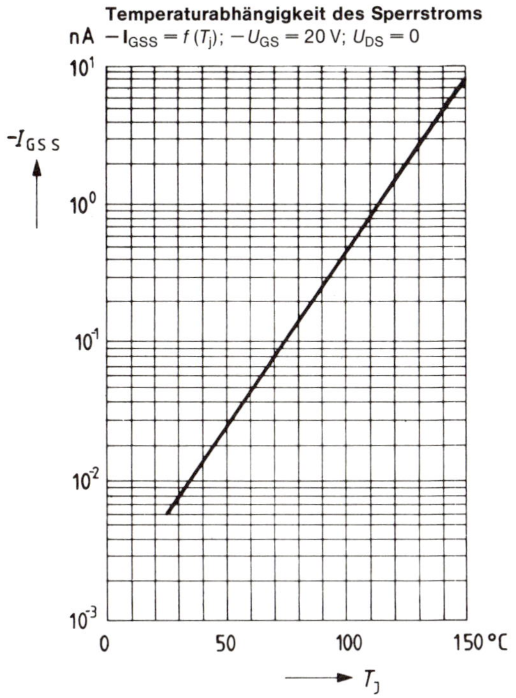

Bild 5.14 Temperaturabhängigkeit des Sperrstromes für den BF245

Weil bei den Sperrschicht-FETs ein Reststrom zwischen Gate und Kanal fließt, tritt auch ein Eingangswiderstand R_{GS} auf. Er ergibt sich zu

$$R_{GS} = \frac{-U_{GS}}{-I_{GS\,S}}$$

Beispiel

Der FET vom Typ BF 245 hat bei einer Sperrschichttemperatur $T_J = 25\,°C$ und einer Gatespannung $-U_{GS} = 20\,V$ einen Reststrom $-I_{GS\,S} = 6\,nA$. Bei $T_J = 125\,°C$ beträgt $-I_{GS\,S} = 2\,\mu A$.
Wie groß sind die Eingangswiderstände bei beiden Temperaturen?

$T_J = 25\,°C$

$$R_{GS} = \frac{-U_{GS}}{-I_{GS\,S}} = \frac{20\,V}{6\,nA} = 3{,}3 \cdot 10^9\,\Omega$$

$R_{GS} = 3{,}3\,G\Omega$

$T_J = 125\,°C$

$$R_{GS} = \frac{U_{GS}}{I_{GS\,S}} = \frac{-20\,V}{-2\,\mu A} = 10 \cdot 10^6\,\Omega$$

$R_{GS} = 10\,M\Omega$

Abschnürspannung U_p

Obwohl die Abschnürspannung auch aus den Steuer- oder Übertragungskennlinien abzulesen ist, geben die Hersteller diesen Wert bei den statischen Kenndaten mit an. Er gilt dann für bestimmte Werte von U_{DS} und I_D. So wird für den BF245 eine Abschnürspannung $U_p = 0{,}4\,V$ bis $7{,}5\,V$ bei $U_{DS} = 15\,V$ und $I_D = 10\,nA$ angegeben. Wegen der sehr großen Streuung der Abschnürspannung bei diesem FET-Typ sind drei Klassen lieferbar.

Danach erfolgt eine Einteilung in:

	$I_{D\,max}$	$-U_{GS} = U_P$
BF245A	2 mA bis 6,5 mA	0,4 V bis 2,2 V
BF245B	6 mA bis 15 mA	1,6 V bis 3,8 V
BF245C	12 mA bis 25 mA	3,2 V bis 7,5 V.

DYNAMISCHE KENNDATEN

Vorwärtssteilheit y_{21}

Aus der Steuer- oder Übertragungskennlinie in **Bild 5.15** läßt sich eine Aussage über die Verstärkung eines FETs herleiten.

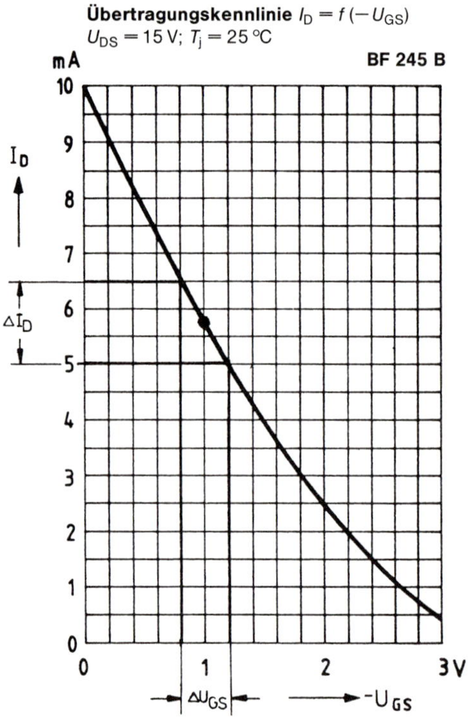

Bild 5.15 Übertragungskennlinie des BF245B

Bei einer Änderung der Gate-Source-Spannung um ΔU_{GS} ändert sich der Drainstrom um ΔI_D. Wird in die Drainleitung eines FETs ein Arbeitswiderstand R_D entsprechend **Bild 5.16** gelegt, dann erzeugt der Drainstrom ΔI_D an diesem Widerstand einen entsprechenden Spannungsabfall, so daß sich auch die Drain-Source-Spannung um ΔU_{DS} ändert.

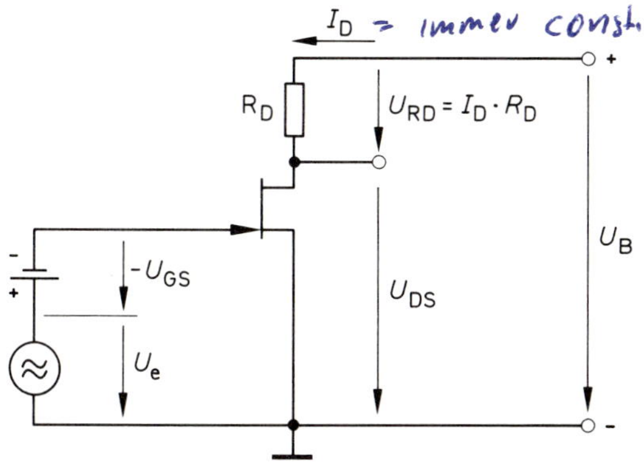

Bild 5.16 Verstärkerschaltung mit FET

Das Verhältnis der Änderung der Drain-Source-Spannung zur Änderung der Gate-Source-Spannung wird als Spannungsverstärkung V_u bezeichnet.

$$V_u = \frac{\Delta U_{DS}}{\Delta U_{GS}}$$

In **Bild 5.17** ist die Verstärkerwirkung in die Übertragungs- und Ausgangskennlinie eines FETs eingetragen.

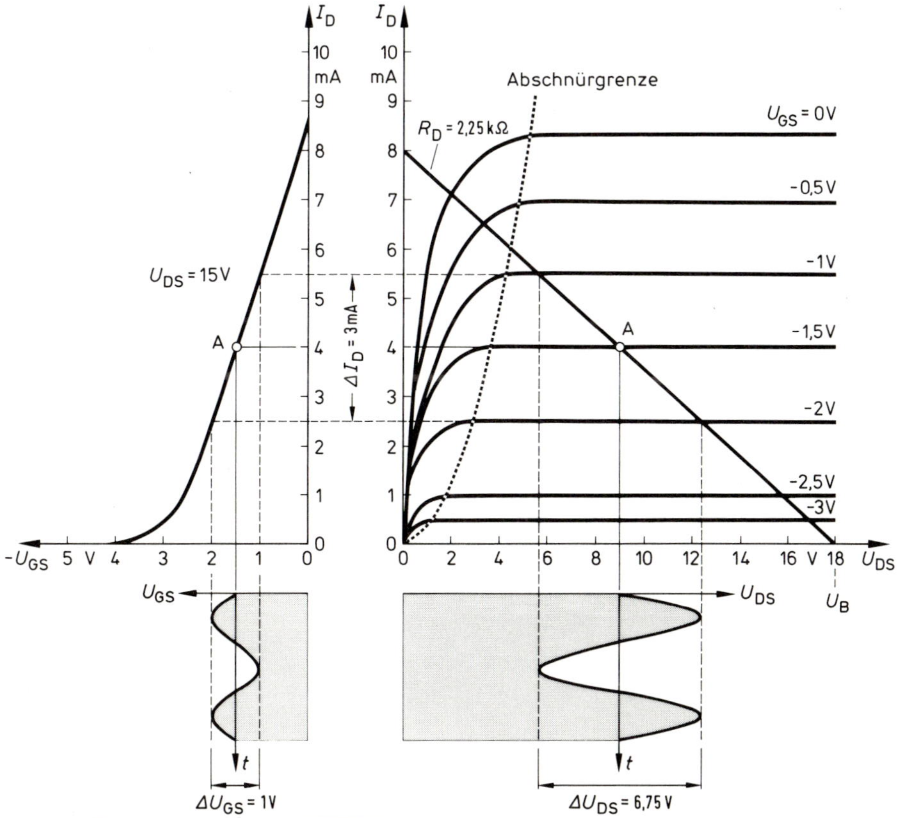

Bild 5.17 Spannungsverstärkung eines FETs

Je steiler die Übertragungskennlinie verläuft, desto größer wird die Stromänderung ΔI_D bei gleicher Änderung der Gate-Source-Spannung ΔU_{GS}. Die Verstärkung ist dann ebenfalls groß.
Die Beziehung zwischen ΔU_{GS} und ΔI_D wird in einer dynamischen Kenngröße zusammengefaßt. Sie wird als Steilheit S oder Vorwärtssteilheit y_{21} bezeichnet.

$$y_{21} = S = \frac{\Delta I_D}{\Delta U_{GS}} \quad \text{bei} \quad U_{DS} = \text{const.}$$

Aus der Kennlinie in Bild 5.15 läßt sich für die Steilheit in dem gewählten Arbeitspunkt folgender Wert ermitteln:

$$y_{21} = S = \frac{\Delta I_D}{\Delta U_{GS}} = \frac{6{,}5\,\text{mA} - 5\,\text{mA}}{1{,}2\,\text{V} - 0{,}8\,\text{V}} = \frac{1{,}5\,\text{mA}}{0{,}4\,\text{V}} = 3{,}75 \cdot 10^{-3}\,\frac{\text{A}}{\text{V}}$$

$$y_{21} = S = 3{,}75\,\text{mS}$$

Wegen der gekrümmten Kennlinie ist die Vorwärtssteilheit nicht konstant, sondern sie hat in jedem Arbeitspunkt einen anderen Wert. In **Bild 5.18** ist die Vorwärtssteilheit y_{21} für die drei schon erwähnten FET-Typen angegeben.

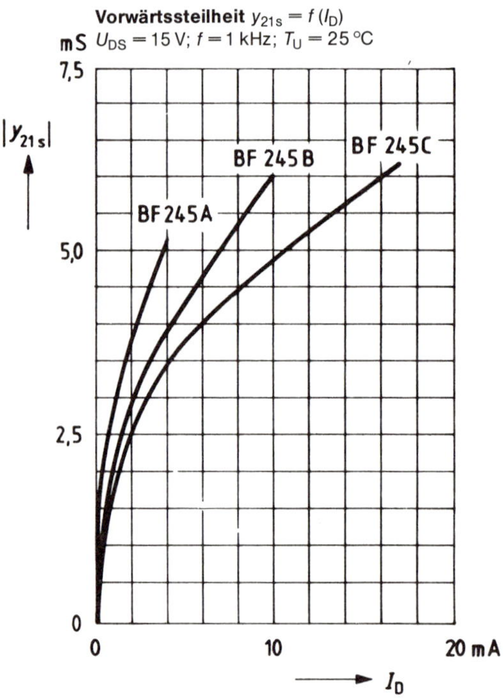

Bild 5.18 Vorwärtssteilheit y_{21} für die FET-Typen BF245 A, BF245 B und BF245 C

Mit diesen dynamischen Kennwerten läßt sich die Spannungsverstärkung unmittelbar berechnen.

$$V_u \approx S \cdot R_D \quad \text{bzw.} \quad V_u \approx y_{21} \cdot R_D$$

Beispiel

Aus den Kennlinien in Bild 5.17 lassen sich für den gewählten Arbeitspunkt folgende Daten ermitteln:

$$R_D = \frac{U_B - U_{DS}}{I_D} = \frac{18\,V - 9\,V}{4\,mA} = 2{,}25\,k\Omega$$

$$y_{21} = S = \frac{\Delta I_D}{\Delta U_{GS}} = \frac{5\,mA - 2\,mA}{2\,V - 1\,V} = \frac{3\,mA}{1\,V} = 3\,mS$$

$$V_u = y_{21} \cdot R_D = 3\,mS \cdot 2{,}25\,k\Omega = 6{,}75$$

Ausgangsleitwert y_{22}

Ein weiterer wichtiger dynamischer Kennwert ist der Ausgangsleitwert y_{22}.

$$y_{22} = \frac{\Delta I_D}{\Delta U_{DS}} \quad \text{bei} \quad U_{GS} = \text{const.}$$

Dieser Ausgangsleitwert kann aus dem Ausgangskennlinienfeld ermittelt werden. In **Bild 5.19** sind die Änderungen ΔI_D und ΔU_{DS} bereits eingetragen.

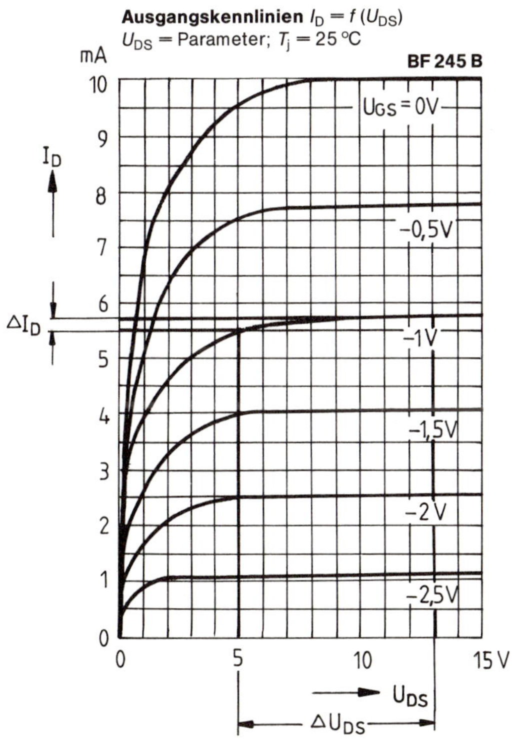

Bild 5.19 Ermittlung des Ausgangsleitwertes y_{22} aus dem Ausgangskennlinienfeld

Aus dem Bild 5.19 läßt sich folgender Wert ermitteln:

$$y_{22} = \frac{\Delta I_D}{\Delta U_{DS}} = \frac{5{,}75\,mA - 5{,}5\,mA}{13\,V - 5\,V} = \frac{0{,}25\,mA}{8\,V} = 3{,}125 \cdot 10^{-5}\,S$$

Der Kehrwert des dynamischen Ausgangsleitwertes y_{22} ist der dynamische Ausgangswiderstand r_{DS}.

$$r_{DS} = \frac{1}{y_{22}}$$

Wegen der Kennlinienkrümmung, insbesondere im ohmschen Bereich der Kennlinie, ändert sich der Ausgangswiderstand sehr stark. In **Bild 5.20** sind die Ausgangswiderstände r_{DS} als Funktion von U_{GS} für die FETs BF 245 aufgetragen.

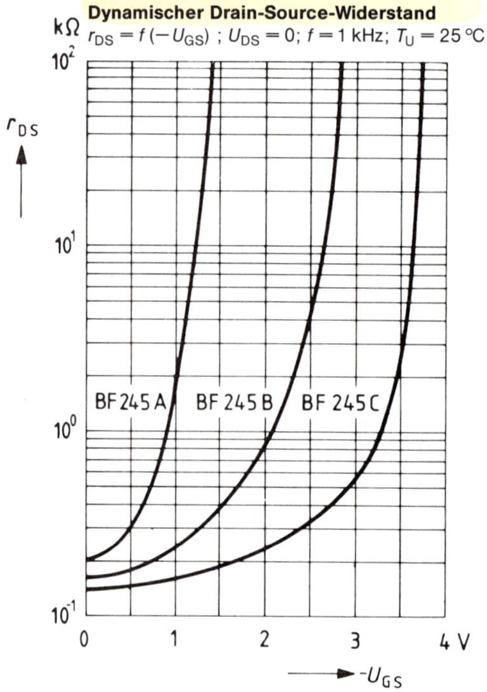

Bild 5.20 Dynamischer Ausgangswiderstand r_{DS} als Funktion von U_{GS}

Dieser dynamische Ausgangswiderstand liegt wechselstrommäßig parallel zum Drainwiderstand R_D, so daß die Spannungsverstärkung einer FET-Verstärkerstufe entsprechend Bild 5.16 mit Hilfe der Gleichung

$$V_u = y_{21} \cdot \frac{r_{DS} \cdot R_D}{r_{DS} + R_D}$$

ermittelt werden kann.

Kapazitäten

Die Steuerung des Drainstromes erfolgt bei den FETs durch elektrische Felder. Daher treten in Feldeffekttransistoren auch Kapazitäten auf, die oft nicht mehr vernachlässigt werden können. Es sind:

Eingangskapazität	C_{11S}	(zwischen Gate und Source)
Rückwirkungskapazität	C_{12S}	(zwischen Drain und Gate)
Ausgangskapazität	C_{22S}	(zwischen Drain und Source).

Insbesondere bei den Eingangs- und Rückwirkungskapazitäten, die durch die Sperrzone entstehen, tritt eine Spannungsabhängigkeit ähnlich wie bei der Kapazitätsdiode auf. Die Zusammenhänge werden von den Herstellern in Diagrammen entsprechend **Bild 5.21** angegeben.

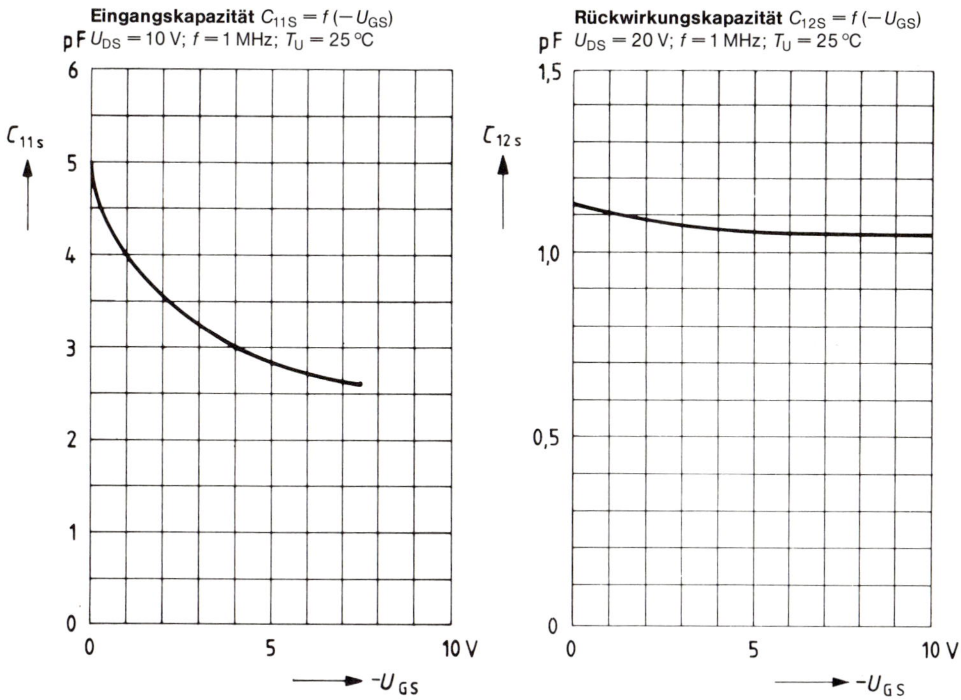

Bild 5.21 Spannungsabhängigkeit der Eingangs- und Rückwirkungskapazität beim BF245

5.2.4.3 Wärmewiderstand

Bei Betrieb eines FETs wird die im Kanal umgesetzte Verlustleistung P_V in Wärme umgewandelt. Sie muß über das den Kristall umschließende Gehäuse aus Metall oder Kunststoff an die Umgebungsluft abgeführt werden. Hierbei treten die gleichen wärmetechnischen Zusammenhänge wie bei den Halbleiterdioden und wie bei den bipolaren Transistoren auf. Daher stimmen auch die Berechnungsmethoden vollständig überein.

Beim FET ist der Wärmewiderstand definiert als:

$$R_{thJU} = \frac{T_J - T_U}{P_V}$$

mit $T_J = T_K$ = Sperrschicht- und Kanaltemperatur
T_U = Umgebungstemperatur
P_V = Elektrische Verlustleistung, die im Kanal in Wärme umgesetzt wird.

Beispiel

Für den BF 245 wird angegeben: $R_{thJU} = 250$ K/W und $T_{J\,max} = 150$ °C.
Wie groß darf der Drainstrom I_D sein, wenn $U_{DS} = 15$ V beträgt und der FET bei $T_U = 75$ °C betrieben werden soll?

$$R_{thJU} = \frac{T_J - T_U}{P_V} \qquad P_V = \frac{T_J - T_U}{R_{thJU}} = U_{DS} \cdot I_D$$

$$I_D = \frac{T_J - T_U}{R_{thJU} \cdot U_{DS}} = \frac{150\,°C - 75\,°C}{250\text{ K/W} \cdot 15\text{ V}} = \frac{75\text{ K}}{250\text{ K/W} \cdot 15\text{ V}} = 20\text{ mA}$$

5.2.5 Original-Datenblatt

Als Beispiel für das Original-Datenblatt eines Sperrschicht-FETs wurden die Unterlagen zum FET vom Typ BF 245 ausgewählt. Je nach FET-Typ und Hersteller können neben den hier angegebenen Hauptdaten noch zahlreiche weitere Grenz- und Kenndaten sowie Kennlinien angegeben sein.

N-Kanal-Sperrschicht-Feldeffekt-Transistoren **BF 245 A**
BF 245 B
BF 245 C

BF 245 A, B und C sind N-Kanal-Sperrschicht-Feldeffekt-Transistoren im Kunststoffgehäuse 10 A 3 DIN 41 868 (~TO-92). Sie sind besonders für Gleichstrom-, NF- und HF-Verstärker geeignet.

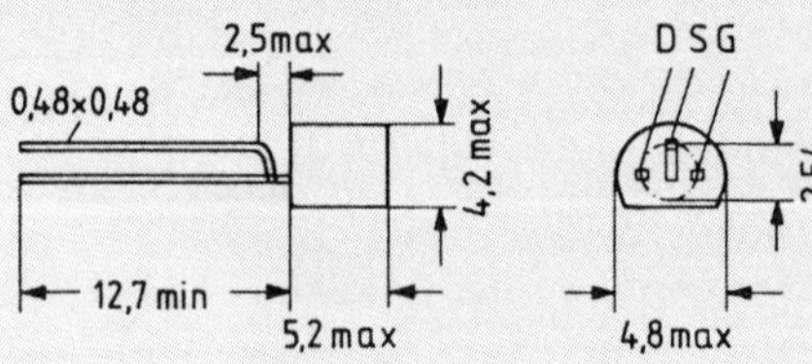

Grenzdaten

Drain-Source-Spannung	$\pm U_{DS}$	30	V
Drain-Gate-Spannung ($I_S = 0$)	$+ U_{DG}$	30	V
Gate-Source-Spannung ($I_D = 0$)	$- U_{GS}$	30	V
Drainstrom	I_D	25	mA
Gatestrom	I_G	10	mA
Sperrschichttemperatur	T_j	150	°C
Lagerungstemperatur	T_s	−65 bis 150	°C
Gesamtverlustleistung ($T_U \leqq 75$ °C) [1]	P_{tot}	300	mW
Wärmewiderstand zwischen Sperrschicht und Umgebung	R_{thJU}	$\leqq 250$	K/W[1]

[1] bei Befestigung auf Leiterplatte mit Kupferfläche 10 mm x 10 mm für den Drain-Anschluß und 3 mm langen Anschlußdrähten ist $R_{thJU} = 2$ K/W, P_{tot} = max. 300 mW gilt dann bis zu $T_U = 90$ °C.

Statische Kenndaten ($T_j = 25\,°C$)

Gate-Reststrom				
($-U_{GS} = 20$ V, $U_{DS} = 0$)		$-I_{GS\,S}$	$\leqq 5$	nA
($-U_{GS} = 20$ V, $U_{DS} = 0$, $T_j = 125\,°C$)		$-I_{GS\,S}$	$\leqq 500$	nA
Gate-Source-Durchbruchspannung				
($-I_G = 1\,\mu A$, $U_{DS} = 0$)		$-U_{(BR)GS\,S}$	$\geqq 30$	V
Drain-Source-Kurzschlußstrom				
($U_{DS} = 15$ V, $U_{GS} = 0$)	BF 245 A:	$I_{DS\,S}$	2,0 bis 6,5	mA[2]
	BF 245 B:	$I_{DS\,S}$	6 bis 15	mA
	BF 245 C:	$I_{DS\,S}$	12 bis 25	mA
Gate-Source-Spannung				
($U_{DS} = 15$ V, $I_D = 200\,\mu A$)	BF 245 A:	$-U_{GS}$	0,4 bis 2,2	V[2]
	BF 245 B:	$-U_{GS}$	1,6 bis 3,8	V
	BF 245 C:	$-U_{GS}$	3,2 bis 7,5	V
Gate-Source-Abschnürspannung				
($U_{DS} = 15$ V, $I_D = 10$ nA)		$-U_P$	0,5 bis 8,0	V

Dynamische Kenndaten ($T_U = 25\,°C$)

Vierpolgrößen			
($U_{DS} = 15$ V, $U_{GS} = 0$, $f = 1$ kHz)	$\lvert y_{21\,s} \rvert$	3,0 bis 6,5	mS
	$\lvert y_{22\,s} \rvert$	25	µS
($U_{DS} = 15$ V, $U_{GS} = 0$, $f = 200$ MHz)	g_{11}	250	µS
	$\lvert y_{21\,s} \rvert$	6	mS
	$g_{22\,s}$	40	µS
($U_{DS} = 20$ V, $-U_{GS} = 1$ V, $f = 1$ MHz)	$C_{11\,s}$	4,0	pF
	$C_{12\,s}$	1,1	pF
	$C_{22\,s}$	1,6	pF
Grenzfrequenz der Vorwärtssteilheit[1]			
($U_{DS} = 15$ V, $U_{GS} = 0$)	$f_{y\,21\,s}$	700	MHz
Rauschzahl			
($U_{DS} = 15$ V, $U_{GS} = 0$, $R_g = 1\,k\Omega$, $f = 100$ MHz, $T_U = 25\,°C$)	F	1,5	dB

1) Frequenz für Abfall der Vorwärtssteilheit auf 70 % des Wertes bei 1 kHz

2) BF 245 A1: $I_{DS\,S} = 2{,}0$ bis 3,0 mA, $-U_{GS} = 0{,}4$ bis 1,0 V
BF 245 A2: $I_{DS\,S} = 3{,}0$ bis 4,5 mA, $-U_{GS} = 0{,}7$ bis 1,4 V
BF 245 A3: $I_{DS\,S} = 4{,}5$ bis 6,5 mA, $-U_{GS} = 1{,}1$ bis 2,2 V

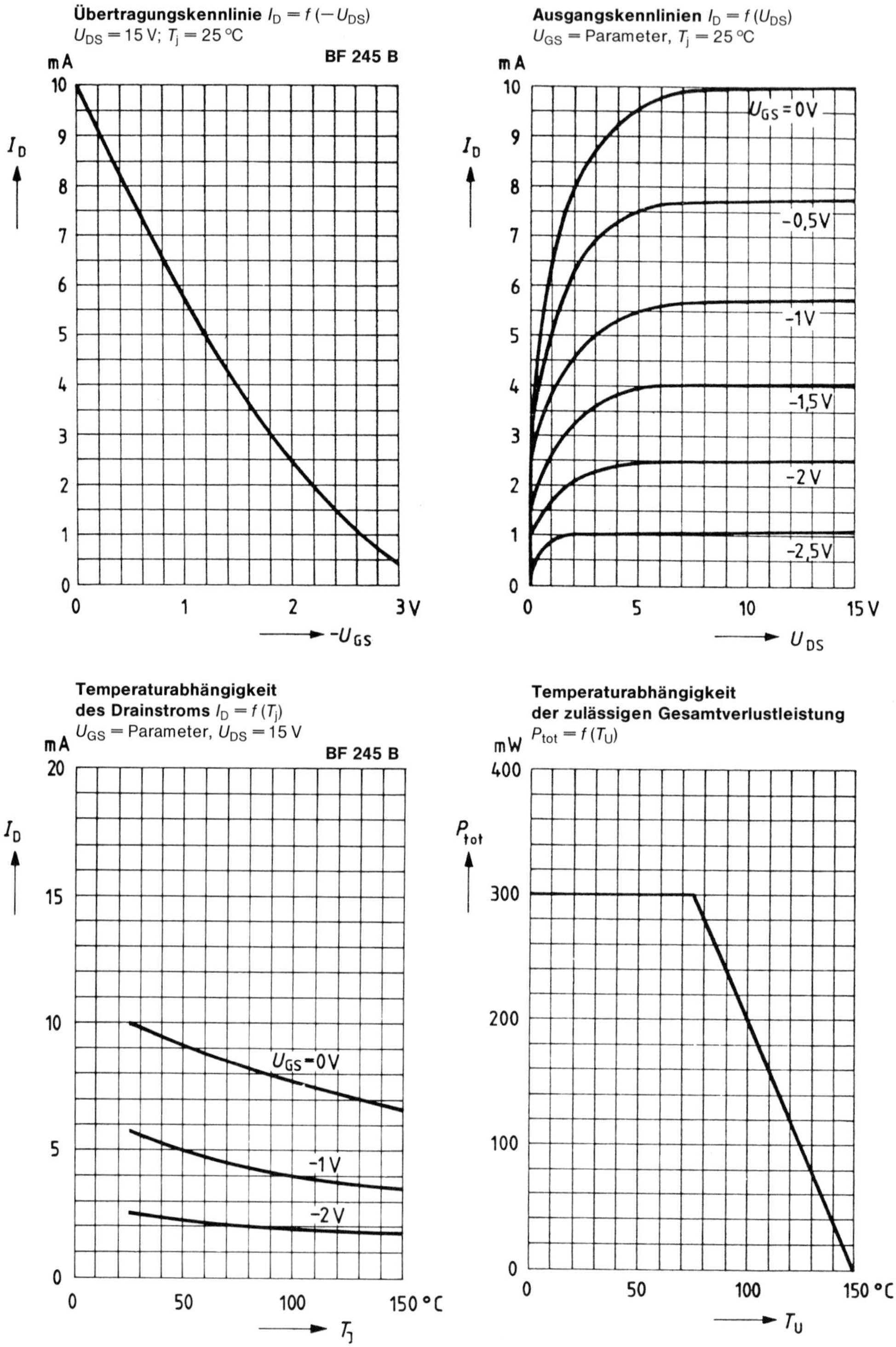

Bild 5.22 Original-Datenblatt des Sperrschicht-FETs BF 245.
(Fortsetzung auf der nächsten Seite)

Vorwärtssteilheit $y_{21s} = f(I_D)$
$U_{DS} = 15$ V; $f = 1$ kHz; $T_U = 25$ °C

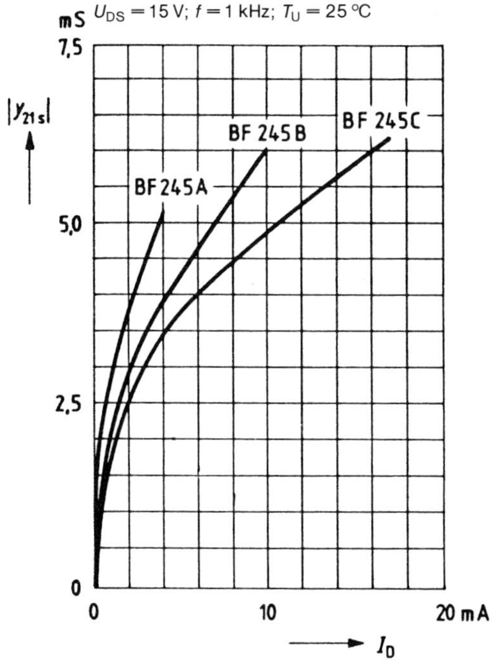

Korelation zwischen U_p und I_{DSS}
$U_{DS} = 15$ V, $I_D = 10$ mA; $T_j = 25$ °C

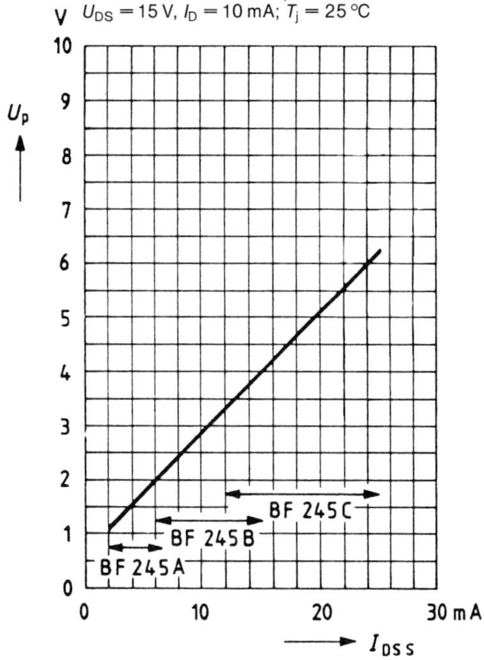

Eingangskapazität $C_{11S} = f(-U_{GS})$
$U_{DS} = 20$ V; $f = 1$ MHz; $T_U = 25$ °C

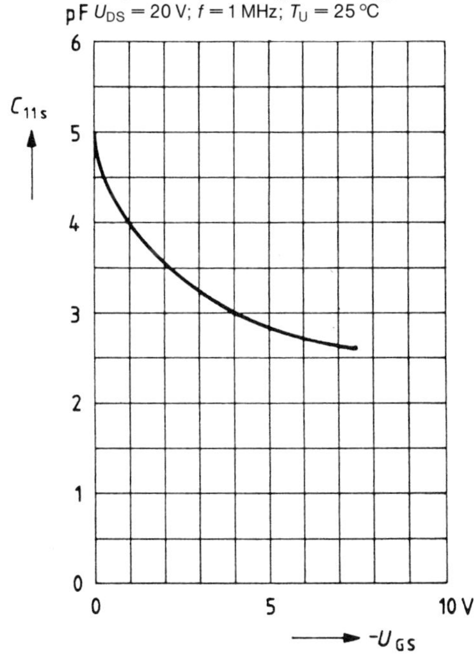

Rückwirkungskapazität $C_{12S} = f(-U_{GS})$
$U_{DS} = 20$ V; $f = 1$ MHz; $T_U = 25$ °C

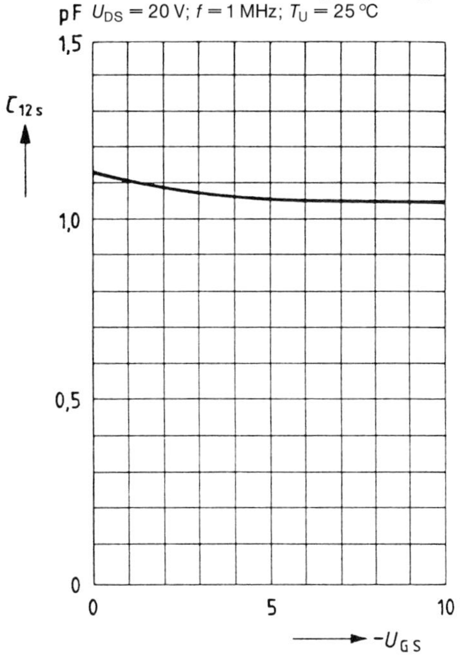

Bild 5.22 Original-Datenblatt des Sperrschicht-FETs BF 245.
(Fortsetzung auf der nächsten Seite)

Rauschzahl $F = f(f)$
$U_{DS} = 15$ V; $U_{GS} = 0$; $R_G = 1$ kΩ, $T_U = 25$ °C

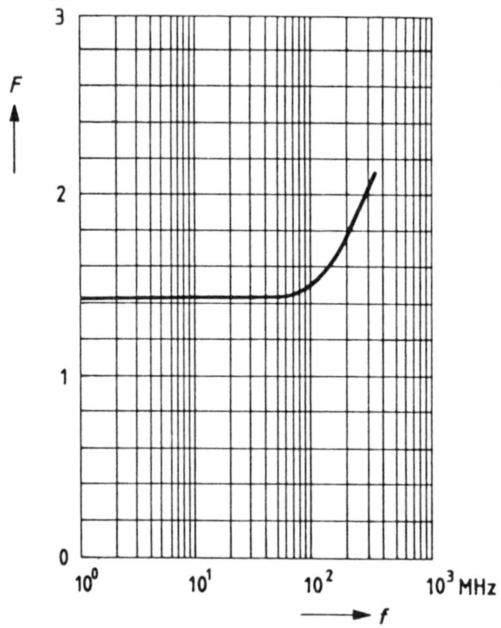

Dynamischer Drain-Source-Widerstand
$r_{DS} = f(-U_{GS}; U_{DS} = 0; f = 1$ kHz; $T_U = 25$ °C$)$

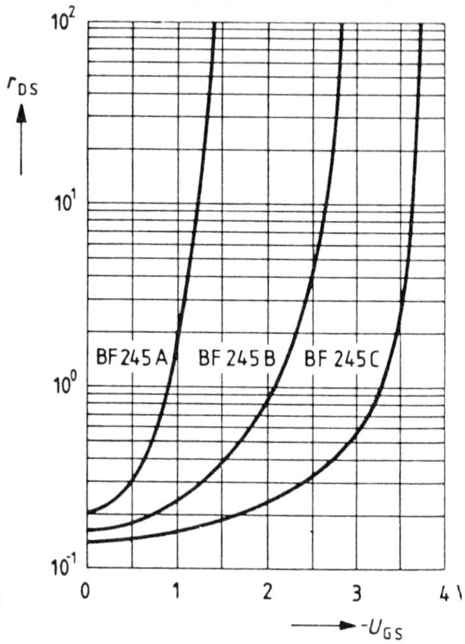

Temperaturabhängigkeit des Sperrstroms
$-I_{GSS} = f(T_j; -U_{GS} = 20$ V; $U_{DS} = 0$

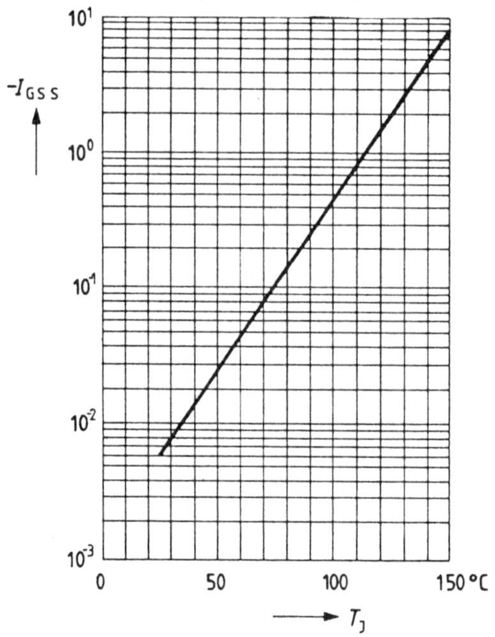

Bild 5.22 Original-Datenblatt des Sperrschicht-FETs BF 245

5.3 MOS-FETs

Bei den MOS-FETs erfolgt die Ansteuerung nicht über eine Sperrschicht, wie bei den im Abschnitt 5.2 behandelten Sperrschicht-FETs, sondern über eine Isolierschicht. Diese Isolierschicht besteht in der Regel aus einer Metalloxidschicht, von der auch der Name MOS-Feldeffekttransistor (*M*etall-*O*xide-*S*emiconductor = Metalloxid-Halbleiter) abgeleitet worden ist. Verwendet wird aber auch die Bezeichnung Isolierschicht-FET, für die dann die Abkürzungen IFET oder IGFET (für *i*soliertes *G*ate) zu finden sind.
Bei den MOS-FETs muß grundsätzlich zwischen den selbstsperrenden Typen und den selbstleitenden Typen unterschieden werden. Die selbstleitenden MOS-FETs besitzen bei $U_{GS} = 0$ V einen leitfähigen Kanal. Sie werden aufgrund ihrer Arbeitsweise auch als Verarmungstyp (engl.: depletion type) bezeichnet. Bei den selbstsperrenden MOS-FETs ist dagegen der Kanal bei $U_{GS} = 0$ V gesperrt, so daß in diesem Fall kein Drainstrom I_D fließen kann. Selbstsperrende MOS-FETs werden auch als Anreicherungstyp (engl.: enhancement type) bezeichnet. Da der als Strombahn erforderliche Kanal sowohl aus n-Silizium als auch aus p-Silizium bestehen kann, ergeben sich bei den MOS-FETs insgesamt vier unterschiedliche Typen. Für jeden dieser vier Typen wird entsprechend Bild 5.3 ein eigenes Schaltzeichen verwendet. Die einzelnen Typen haben aber eine sehr unterschiedliche praktische Bedeutung.

5.3.1 Selbstleitende MOS-FETs

5.3.1.1 Aufbau und Wirkungsweise

Bild 5.23 zeigt den Aufbau eines selbstleitenden MOS-FETs vom N-Kanal-Typ. Hierbei sind in ein p-dotiertes Siliziumplättchen, das als Substrat oder Bulk bezeichnet wird, zwei hochdotierte n-Zonen eindiffundiert und mit sperrschichtfreien Drain- und Sourceanschlüssen versehen. Zwischen den beiden Zonen befindet sich ein dünner, schwach n-dotierter Kanal, der auch ohne äußere Feldeinwirkung eine leitende Verbindung zwischen Source und Drain herstellt. Dieser Kanal ist durch eine Isolierschicht aus Siliziumdioxid abgedeckt, auf die eine Metallelektrode als Gateanschluß aufgebracht ist.

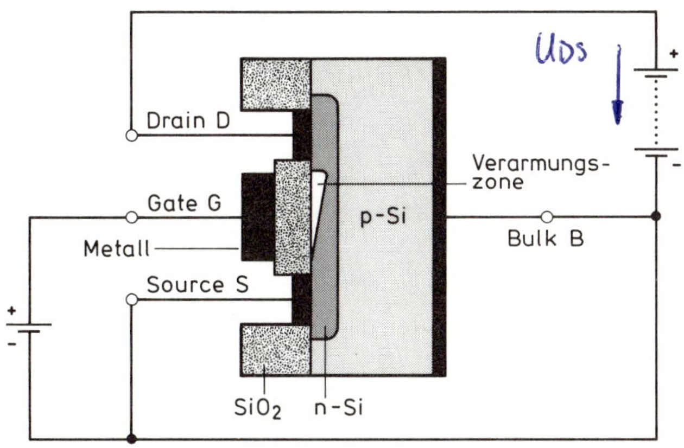

Bild 5.23 Aufbau eines selbstleitenden N-Kanal-MOS-FET

Wird zwischen Source und Drain eine Spannung U_{DS} angelegt, so fließt bei $U_{GS}=0$ V ein Elektronenstrom von der Sourceelektrode über den n-Kanal zur Drainelektrode. Wird aber an die Steuerelektrode G eine negative Spannung angelegt, so werden die im n-Kanal vorhandenen Elektronen aus der Nähe der Gateelektrode abgedrängt, so daß hier eine an Ladungsträgern verarmte Zone entsteht. Sie führt zu einer Einschnürung des n-Kanals und damit auch zu einer Verminderung seiner Leitfähigkeit. Wird die Gatespannung negativer, nimmt die Leitfähigkeit des Kanals und damit auch der Drainstrom I_D ab.
Eine Besonderheit des selbstleitenden MOS-FETs liegt noch darin, daß er auch mit einer positiven Gatespannung angesteuert werden kann. Dadurch werden dann Ladungsträger aus dem p-dotierten Substrat in den n-Kanal hineingezogen und seine Leitfähigkeit gegenüber der Leitfähigkeit bei $U_{GS} = 0$ V noch vergrößert.

5.3.1.2 Bezeichnungen und Schaltzeichen

Für die Anschlüsse des MOS-FETs werden die gleichen Bezeichnungen wie bei den Sperrschicht-FETs verwendet, nämlich Source, Drain und Gate. Es gibt aber bei den MOS-FETs noch eine weitere Elektrode, die als Bulk- oder Substratanschluß bezeichnet wird. Dieses Substrat oder Bulk (Masse) bildet mit dem Halbleitermaterial des Kanals einen pn-Übergang, der als zweite Steuerelektrode dienen kann. Er ist dann wie die anderen Elektroden aus dem Gehäuse herausgeführt. Bei einer Reihe von Ausführungen ist der Substratanschluß aber im Gehäuse direkt mit dem Sourceanschluß verbunden, so daß die zusätzliche Steuermöglichkeit entfällt.
Bild 5.24 zeigt die Schaltzeichen von selbstleitenden N-Kanal-MOS-FETs und P-Kanal-MOS-FETs. Beim N-Kanal-Typ zeigt der Pfeil auf den Kanal-Strich hin, beim P-Kanal-Typ dagegen vom Kanal-Strich weg. Der durchgehende Kanal-Strich weist darauf hin, daß es sich um einen selbstleitenden MOS-FET handelt.

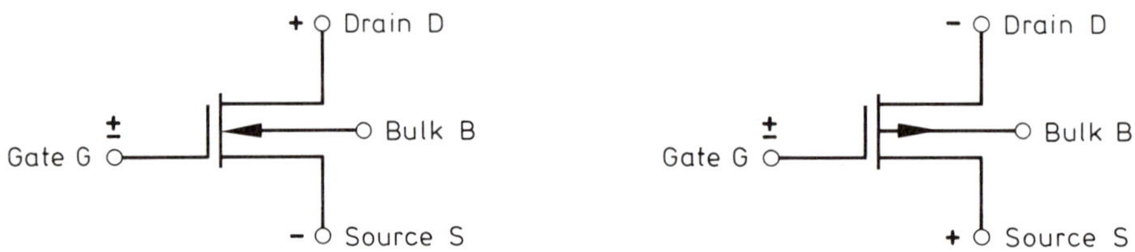

N-Kanal-MOS-FET (Verarmungstyp)

P-Kanal-MOS-FET (Verarmungstyp)

Bild 5.24 Schaltzeichen für selbstleitende MOS-FETs

N-Kanal-MOS-FETs werden mit einer positiven Drain-Source-Spannung betrieben. Sie haben eine wesentlich größere praktische Bedeutung als die P-Kanal-MOS-FETs, die zum Betrieb eine negative Drain-Source-Spannung erfordern.

5.3.1.3 Kennlinien

Beim selbstleitenden N-Kanal-MOS-FET steigt der Drainstrom mit positiver werdender Gatespannung an, während er mit negativer werdender Gatespannung kleiner wird.

Dieser Zusammenhang ist in **Bild 5.25** als Übertragungs- oder Steuerkennlinie dargestellt. Als Parameter ist hier zusätzlich die Bulk-Source-Spannung U_{BS} aufgetragen. Wird der pn-Übergang zwischen Substrat und Kanal in Sperrichtung betrieben, so hängt der Drainstrom I_D mit von der Größe dieser Sperrspannung ab. Daher kann der MOS-FET nicht nur durch die Gate-Source-Spannung U_{GS}, sondern auch durch die Substrat-Source-Spannung U_{BS} gesteuert werden.

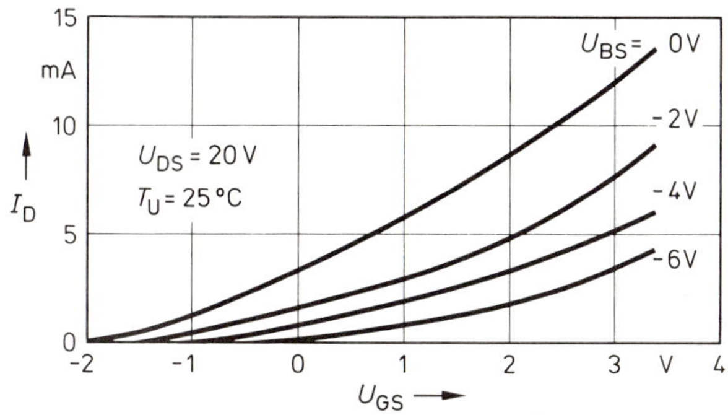

Bild 5.25 Steuer- oder Übertragungskennlinie eines selbstleitenden N-Kanal-MOS-FETs

In **Bild 5.26** ist das Ausgangskennlinienfeld eines selbstleitenden N-Kanal-MOS-FETs dargestellt. Hier wird die Spannung U_{GS} als Parameter verwendet, während die Drain-Source-Spannung U_{DS} verändert wird. Deutlich erkennbar ist die Abhängigkeit des Drainstromes I_D von der Größe der positiven oder negativen Gatespannung U_{GS}. Die Ausgangskennlinien eines selbstleitenden P-Kanal-MOS-FETs haben fast den gleichen Verlauf, jedoch wechseln die Vorzeichen der Gate-Source-Spannung und der Drain-Source-Spannung.

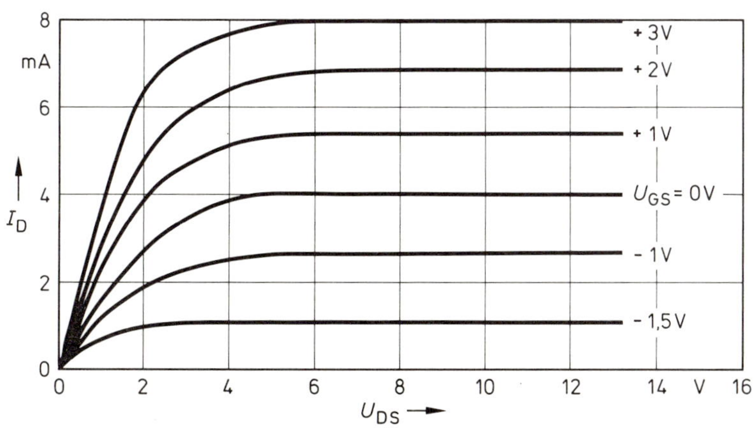

Bild 5.26 Ausgangskennlinienfeld eines selbstleitenden N-Kanal-MOS-FETs

Bei einem selbstleitenden N-Kanal-MOS-FET kann der Drainstrom I_D durch eine positive Gatespannung U_{GS} nicht beliebig weiter erhöht werden, weil von einem bestimmten Spannungswert ab eine Vergrößerung der Leitfähigkeit des Kanals nicht mehr möglich ist. Die gleiche Aussage gilt sinngemäß auch für einen P-Kanal-Typ. In **Bild 5.27** ist der Kanalwiderstand eines selbstleitenden MOS-FETs als Funktion der Gate-Source-Spannung angegeben.

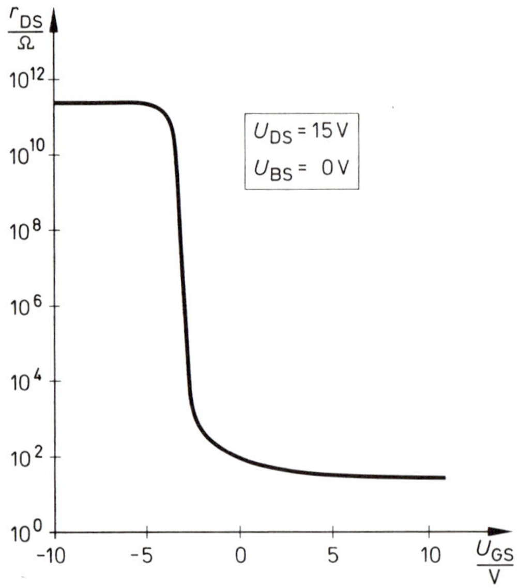

Bild 5.27 Kanalwiderstand eines selbstleitenden MOS-FETs

Einige Hersteller geben auch Steilheitskennlinien für Änderungen von U_{GS} und U_{BS} an. **Bild 5.28** zeigt ein derartiges Kennlinienfeld.

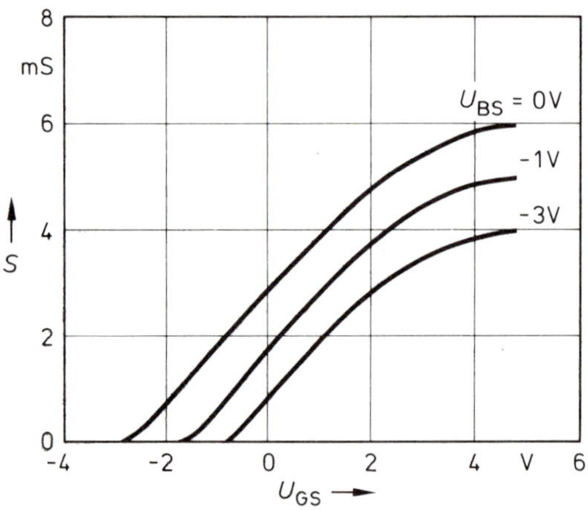

Bild 5.28 Steilheitskennlinienfeld für einen selbstleitenden MOS-FET

MOS-FETs vom Verarmungstyp haben wie die Sperrschicht-FETs einen geringen negativen Temperatur-Koeffizienten. Der Drainstrom I_D wird also mit zunehmender

Temperatur kleiner. Dieser charakteristische Zusammenhang ist in **Bild 5.29** dargestellt.

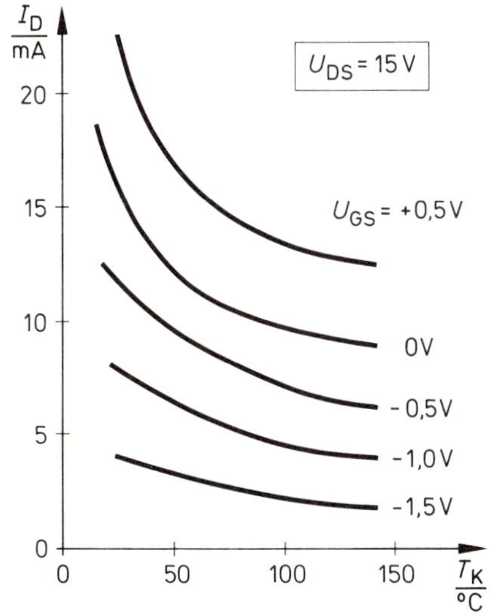

Bild 5.29 Temperaturabhängigkeit des Drainstromes beim selbstleitenden MOS-FET

5.3.2 Selbstsperrende MOS-FETs

5.3.2.1 Aufbau und Wirkungsweise

Selbstsperrende MOS-FETs haben einen ähnlichen technologischen Aufbau wie die selbstleitenden Typen. Ohne äußere Feldeinwirkung ist aber zwischen dem Drain-Anschluß und dem Source-Anschluß kein leitfähiger Kanal vorhanden, so daß bei $U_{GS} = 0$ V auch kein Drainstrom fließen kann. **Bild 5.30** zeigt den Aufbau eines selbstsperrenden N-Kanal-MOS-FETs.

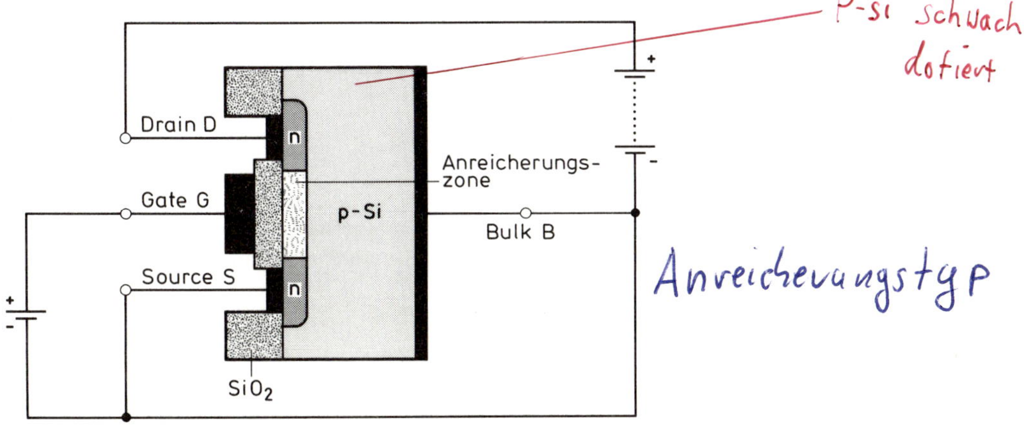

Bild 5.30 Aufbau eines selbstsperrenden N-Kanal-MOS-FETs

Vorhanden sind zunächst nur die beiden stark n-dotierten Inseln um den Drain- und Source-Anschluß herum. Sie befinden sich in dem schwach p-dotierten Substrat, so daß sich zwei pn-Übergänge ausbilden. Diese haben hier jedoch einen so großen Abstand, daß der normale Transistoreffekt keine Rolle spielt.
Wird bei $U_{GS} = 0$ V eine positive Drain-Source-Spannung U_{DS} angelegt, so ist kein Stromfluß zwischen Source und Drain möglich, weil die Sperrschicht um die Draininsel in Sperrichtung betrieben wird und sich verbreitert. Der MOS-FET bleibt gesperrt.
Durch Anlegen einer positiven Spannung $+U_{GS}$ zwischen Gate und Source werden Elektronen aus dem p-dotierten Substrat in Richtung Gate gezogen. Die sich ausbildende Elektronenladung unterhalb des Gate-Anschlusses führt zur Ausbildung eines leitfähigen Kanals zwischen Drain und Source, und es kann ein Strom zwischen beiden Elektroden fließen. Dieser Drainstrom ist umso größer, je größer die positive Gate-Source-Spannung $+U_{GS}$ bei gleicher Spannung U_{DS} wird.
Der selbstsperrende MOS-FET wird auch als Anreicherungstyp bezeichnet, weil ein Drainstrom erst dann fließen kann, wenn sich durch Anreicherung von Elektronen unterhalb der Isolierschicht des Gateanschlusses ein leitfähiger Kanal gebildet hat.

Selbstsperrende P-Kanal-MOS-FETs sind ähnlich wie die N-Kanal-Typen aufgebaut, wobei aber die Leitfähigkeitsart der einzelnen Schichten vertauscht ist. Sie werden daher mit negativer Drain-Source-Spannung $-U_{DS}$ betrieben und bei genügend großer negativer Gate-Source-Spannung bildet sich ein p-leitender Kanal aus, durch den ein Drainstrom als Löcherstrom fließen kann.

5.3.2.2 Bezeichnungsweise und Schaltzeichen

Beim selbstsperrenden MOS-FET werden für die vier Elektroden die gleichen Bezeichnungen wie bei den selbstleitenden Typen verwendet: Drain, Source, Gate und Bulk bzw. Substrat. Unterschiedlich sind aber die verwendeten Schaltzeichen. So ist beim selbstsperrenden MOS-FET der Kanal-Strich im Schaltzeichen unterbrochen. Damit wird gekennzeichnet, daß bei $U_{GS} = 0$ V kein Drainstrom I_D fließt. In **Bild 5.31** sind die Schaltzeichen für die beiden Typen der selbstsperrenden MOS-FETs angegeben.

Bild 5.31 Schaltzeichen für selbstsperrende MOS-FETs

MOS-FETs vom Anreicherungstyp werden als Einzeltransistoren bis heute nur selten gefertigt. Ihr Aufbau und ihr Arbeitsprinzip wird aber inzwischen in großem Umfang in integrierten MOS-Schaltkreisen verwendet.

5.3.2.3 Kennlinien

Ohne Gate-Source-Spannung ist die Drain-Source-Strecke eines selbstsperrenden MOS-FETs gesperrt. Beim N-Kanal-MOS-FET kann daher erst ein Drainstrom I_D fließen, wenn eine ausreichend große positive Gate-Source-Spannung anliegt. Der Zusammenhang zwischen I_D und U_{GS} ist in der Übertragungs- oder Steuerkennlinie nach **Bild 5.32** dargestellt. Da genau wie bei dem Verarmungstyp auch noch eine Steuerungsmöglichkeit durch die Bulk-Source-Spannung U_{BS} besteht, ist U_{BS} als zusätzlicher Parameter aufgetragen.

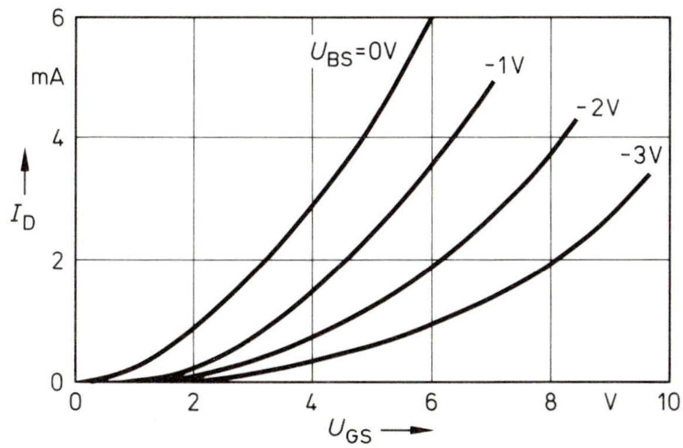

Bild 5.32 Übertragungs- oder Steuerkennlinie eines selbstsperrenden N-Kanal-MOS-FETs

In **Bild 5.33** ist das Ausgangskennlinienfeld aufgetragen. Hier dient U_{GS} als Parameter. Damit ein Drainstrom fließen kann, muß beim N-Kanal-MOS-FET vom Anreicherungstyp die Gate-Source-Spannung grundsätzlich positiv sein.

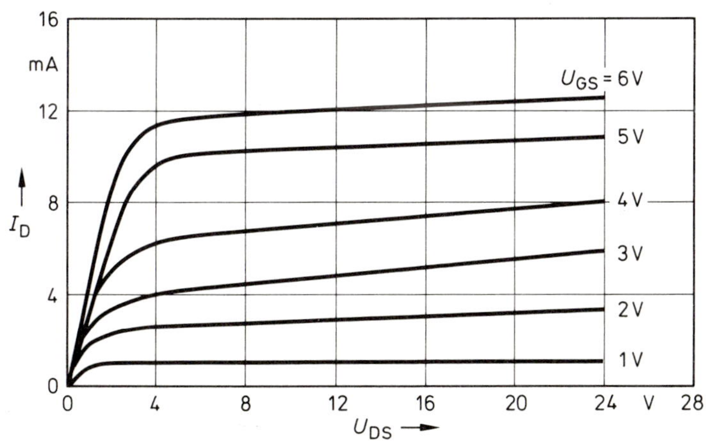

Bild 5.33 Ausgangskennlinienfeld eines selbstsperrenden N-Kanal-MOS-FETs

Selbstsperrende P-Kanal-MOS-FETs haben ein ähnliches Ausgangskennlinienfeld wie in Bild 5.33. Die Spannungen U_{DS} und U_{GS} haben dann aber negative Werte.

5.3.3 Kennwerte

5.3.3.1 Grenzdaten

MOS-FETs können auf verschiedene Arten elektrisch überlastet werden, und zwar:

1. durch eine zu hohe Drain-Bulk-Spannung $U_{DB} > U_{DB\,max}$
2. durch eine zu hohe Source-Bulk-Spannung $U_{SB} > U_{SB\,max}$
3. durch eine zu hohe Gate-Bulk-Spannung $U_{GB} > U_{GB\,max}$
4. durch einen zu hohen Drainstrom $I_D > I_{D\,max}$
5. durch eine zu hohe Verlustleistung $P_V > P_{tot}$
6. durch eine zu hohe Kanaltemperatur $T_K > T_{K\,max}$
7. durch eine zu hohe statische Aufladung des Gates

Weil beim MOS-FET das Gate isoliert zum Kanal aufgebracht ist, sind keine Grenzwerte für U_{DG} und U_{GS} wie beim Sperrschicht-FET erforderlich. Wegen des vorhandenen pn-Überganges zwischen Bulk und den drei anderen Elektroden müssen beim MOS-FET aber unbedingt die Grenzdaten für die zugehörigen Spannungen beachtet werden.
Infolge des isolierten Gates haben MOS-FETs extrem hohe Eingangswiderstände. Sie liegen in der Größenordnung von etwa $10^{15}\ \Omega$. Statische Aufladungen, die in der Verpackung, beim Berühren mit der Hand oder beim Einlöten entstehen können, bilden daher für MOS-FETs eine große Gefahr. Diese Ladungen können nämlich wegen des hohen Eingangswiderstandes nicht abfließen, so daß am Gate hohe Spannungen entstehen. Dadurch tritt dann in der nur wenige µm dicken Oxidschicht zwischen Gate und Bulk eine so hohe Feldstärke auf, daß es zu einem Durchschlag kommen kann, durch den der MOS-FET zerstört wird.
Um diese statischen Aufladungen zu verhindern, werden MOS-FETs mit einem um die Anschlußdrähte gelegten Kurzschlußring geliefert. Dieser Ring darf erst nach Einlöten des MOS-FETs in die Schaltung entfernt werden.

5.3.3.2 Kenndaten

STATISCHE KENNDATEN

Durch die statischen Kenndaten wird auch bei den MOS-FETs das Gleichstromverhalten beschrieben. Von den Herstellern werden hier wieder nur der

Gate-Reststrom $I_{GS\,S}$ und die
Abschnürspannung U_P

als wichtigste Daten angegeben.
So hat z. B. der selbstleitende N-Kanal-MOS-FET vom Typ BFR 29 bei $\pm U_{GS} = 10$ V und $T_K = 25$ °C einen Gate-Reststrom von $\pm I_{GS\,S} = 10$ pA. Daraus läßt sich für diesen Betriebsfall ein statischer Eingangswiderstand

$$R_{GS} = \frac{U_{GS}}{I_{GS\,S}} = \frac{10\ \text{V}}{10\ \text{pA}} = 1 \cdot 10^{12}\ \Omega = 1\ \text{T}\Omega$$

ermitteln.
Die Abschnürspannung U_P gibt genau wie beim Sperrschicht-FET den Wert an, bei dem der Kanal gesperrt ist bzw. nur noch ein sehr kleiner Drainstrom in der Größenordnung von wenigen nA fließt.

DYNAMISCHE KENNDATEN

Als dynamische Kenndaten sind bei den MOS-FETs angegeben:

Die Vorwärtssteilheit	y_{21}
Der Ausgangsleitwert	y_{22}
Die Eingangskapazität	C_{11}
Die Rückwirkungskapazität	C_{12}
Die Ausgangskapazität	C_{22}

Die Definition dieser dynamischen Kenndaten für MOS-FETs stimmt mit den Definitionen für die Sperrschicht-FETs im Abschnitt 5.2.4.2 völlig überein.

$$\text{Vorwärtssteilheit } y_{21} = \frac{\Delta I_D}{\Delta U_{GS}} \text{ bei } U_{DS} = \text{const.}$$

$$\text{Ausgangsleitwert } y_{22} = \frac{\Delta I_D}{\Delta U_{DS}} \text{ bei } U_{GS} = \text{const.}$$

Wird ein MOS-FET in einer Verstärkerstufe entsprechend **Bild 5.34** eingesetzt, so kann die Spannungsverstärkung V_u mit Hilfe der Gleichung

$$V_u = y_{21} \cdot \frac{1/y_{22} \cdot R_D}{1/y_{22} + R_D} \qquad = y_{21} \cdot \frac{r_{DS} \cdot R_D}{r_{DS} + R_D}$$

berechnet werden.

Beispiel

Ein MOS-FET vom Typ BFR 29 wird entsprechend der Schaltung nach Bild 5.34 mit einem Drain-Widerstand $R_D = 2\ \text{k}\Omega$ betrieben. Bei $U_{DS} = 15$ V und $I_D = 5$ mA hat dieser Transistor eine Vorwärtssteilheit $y_{21} = 6$ mS und einen Ausgangsleitwert $y_{22} = 0{,}4$ mS.
Wie groß ist die Spannungsverstärkung V_u dieser Stufe?

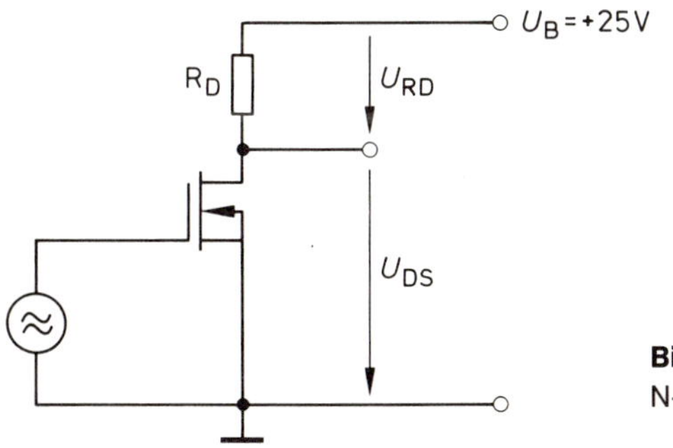

Bild 5.34 Verstärkerstufe mit selbstleitendem N-Kanal-MOS-FET

$$V_u = y_{21} \cdot \frac{1/y_{22} \cdot R_D}{1/y_{22} + R_D} = 6\ \text{mS} \cdot \frac{\frac{1}{0{,}4\ \text{mS}} \cdot 2\ \text{k}\Omega}{\frac{1}{0{,}4\ \text{mS}} + 2\ \text{k}\Omega}$$

$V_u = 6{,}67 \approx 7$

Bei den drei als dynamische Kenndaten genannten Kapazitäten C_{11}, C_{12} und C_{22} handelt es sich ebenfalls um Sperrschichtkapazitäten. Die auftretenden Kapazitätswerte sind vom Aufbau des jeweiligen Typs und von den anliegenden Spannungen abhängig.

5.3.3.3 Wärmewiderstand

Auch beim Betrieb eines MOS-FETs wird die im Kanal umgesetzte Verlustleistung P_V in Wärme umgewandelt. Sie muß daher wie bei allen anderen Halbleitern über das Gehäuse aus Metall oder Kunststoff an die Umgebungsluft abgeführt werden. Dabei treten die gleichen wärmetechnischen Zusammenhänge wie bei den Sperrschicht-FETs und wie bei allen Halbleiterdioden oder bipolaren Transistoren auf. So ist auch bei den MOS-FETs der Wärmewiderstand definiert als

$$R_{th\,JU} = \frac{T_K - T_U}{P_V} \qquad \text{in } \frac{K}{W} \qquad \text{(Kelvin pro Watt)}$$

Beispiel

Der MOS-FET vom Typ BFR 29 hat eine zulässige Kanaltemperatur $T_{K\,max} = 125\,°C$ und einen Wärmewiderstand $R_{th\,JU} = 500$ K/W.
Wie groß darf die Drain-Source-Spannung U_{DS} bei einer Umgebungstemperatur $T_U = 50\,°C$ werden, wenn ein Drainstrom $I_D = 15$ mA fließt?

$$P_V = \frac{T_K - T_U}{R_{th\,JU}} = U_{DS} \cdot I_D$$

$$U_{DS} = \frac{T_K - T_U}{R_{th\,JU} \cdot I_D} = \frac{125\,°C - 50\,°C}{500\text{ K/W} \cdot 15\text{ mA}} = 10\text{ V}$$

5.3.4 Original-Datenblatt

In **Bild 5.35a–b** sind nochmals die vier unterschiedlichen Typen der MOS-FETs mit den zugehörigen Schaltzeichen sowie ihren Steuer- und Ausgangskennlinien übersichtlich zusammengefaßt.

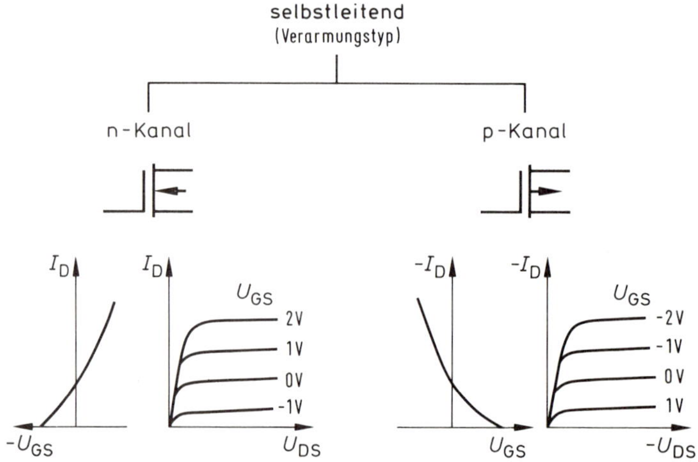

Bild 5.35a Selbstleitende MOS-FESs

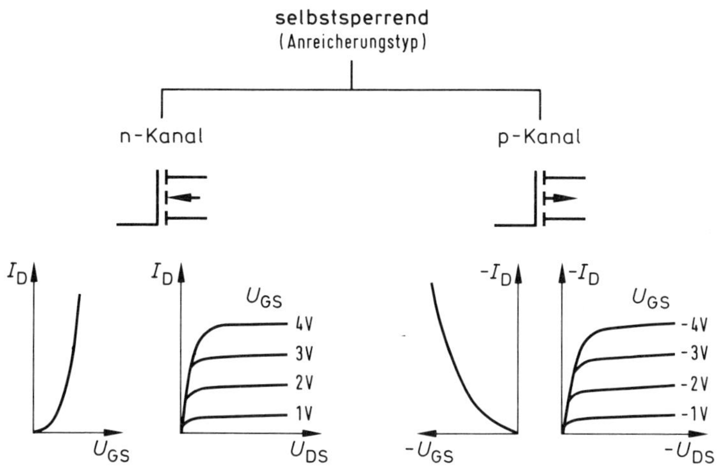

Bild 5.35 b Selbstsperrende MOS-FETs

Im Rahmen dieses Buches ist es nicht möglich, zu jedem dieser vier MOS-FET-Typen ein Original-Datenblatt zu bringen. Weiterhin werden heute als Einzeltransistoren vorzugsweise nur selbstleitende N-Kanal-MOS-FETs gefertigt und eingesetzt. Daher wird hier als Beispiel in **Bild 5.36** nur das Original-Datenblatt eines derartigen MOS-FETs wiedergegeben.

BFR 29

N-KANAL-MOS-FELDEFFEKT-TRANSISTOR

Verarmungstyp (depletion)
für NF- und HF-Verstärker

Mechanische Daten

Gehäuse: Metall, JEDEC 70–72,
18 A 4 DIN 41 876
Das Substrat B ist mit dem Gehäuse leitend verbunden.

Maßangaben in mm.

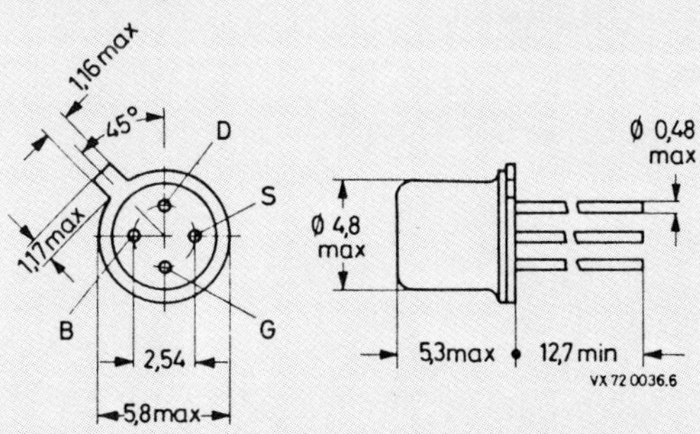

Absolute Grenzwerte (gültig bis $\vartheta_{K\,max}$)

Drain-Substrat-Spannung:	U_{DB}	= max.	30 V
Source-Substrat-Spannung:	U_{SB}	= max.	30 V
Gate-Substrat-Spannung:	$\pm U_{GB}$	= max.	10 V
Gate-Spitzenspannung gegen übrige Elektroden[1]):	$\pm U_{GM}$	= max.	15 V

Drainstrom, Mittelwert:	$I_{D\,AV}$	= max. 20 mA
Drainstrom, Spitzenwert ($V_T = 0{,}1$, $t_p = 20$ ms):	$I_{D\,M}$	= max. 50 mA
Gesamtverlustleistung bei $\vartheta_U \leqq 25\,°C$:	P_{tot}	= max. 200 mW
Kanaltemperatur:	ϑ_K	= max. 125 °C
Lagerungstemperatur:	ϑ_S	= min. −65 °C
	ϑ_S	= max. 125 °C
Wärmewiderstand zwischen Kanal und Umgebung:	$R_{th\,U}$	≦ 0,5 K/mW

1) bei $U_{SB} = U_{DB} = 0$, $f > 100$ Hz

Kennwerte (Source S mit Substrat B verbunden, sofern nicht anders angegeben)

Statische Kenndaten

bei $\vartheta_K = 25\,°C$, sofern nicht anders angegeben

Drain-Substrat-Reststrom bei $U_{DB} = 30$ V, $U_{GB} = 0$, $I_S = 0$:	$I_{DB\,S}$	≦ 10 µA
Source-Substrat-Reststrom bei $U_{SB} = 30$ V, $U_{GB} = 0$, $I_D = 0$:	$I_{SB\,S}$	≦ 10 µA
Gate-Source-Reststrom bei $\pm U_{GS} = 10$ V, $U_{DS} = 0$:	$\pm I_{GS\,S}$	≦ 10 pA
bei $\pm U_{GS} = 10$ V, $U_{DS} = 0$, $\vartheta_K = 125\,°C$:	$\pm I_{GS\,S}$	≦ 200 pA
Drain-Source-Kurzschlußstrom bei $U_{DS} = 15$ V, $U_{GS} = 0$:	$I_{DS\,S}$	= 10 ... 40 mA
Gate-Source-Spannung bei $U_{DS} = 15$ V, $I_D = 5$ mA:	$-U_{GS}$	= 0,5 ... 3,5 V
Gate-Source-Abschnürspannung bei $U_{DS} = 15$ V, $I_D = 100$ nA:	$-U_P$	≦ 4 V

Dynamische Kenndaten

bei $\vartheta_U = 25\,°C$

Vorwärtssteilheit bei $U_{DS} = 15$ V, $I_D = 5$ mA, $f = 1$ kHz:	$\lvert y_{21\,s}\rvert$	≧ 6 mS
Ausgangsleitwert bei $U_{DS} = 15$ V, $I_D = 5$ mA, $f = 1$ kHz:	$\lvert y_{22\,s}\rvert$	≦ 0,4 mS
Eingangskapazität bei $U_{DS} = 15$ V, $I_D = 5$ mA, $f = 1$ MHz:	$C_{11\,s}$	≦ 5 pF
Ausgangskapazität bei $U_{DS} = 15$ V, $I_D = 5$ mA, $f = 1$ MHz:	$C_{22\,s}$	≦ 3 pF
Rückwirkungskapazität bei $U_{DS} = 15$ V, $I_D = 5$ mA, $f = 1$ MHz:	$-C_{12\,s}$	≦ 0,7 pF
Rauschzahl bei $U_{DS} = 15$ V, $I_D = 5$ mA, $f = 200$ MHz, $g_g = 1$ mS, $b_g = b_{g\,opt}$:	F	≦ 5 dB

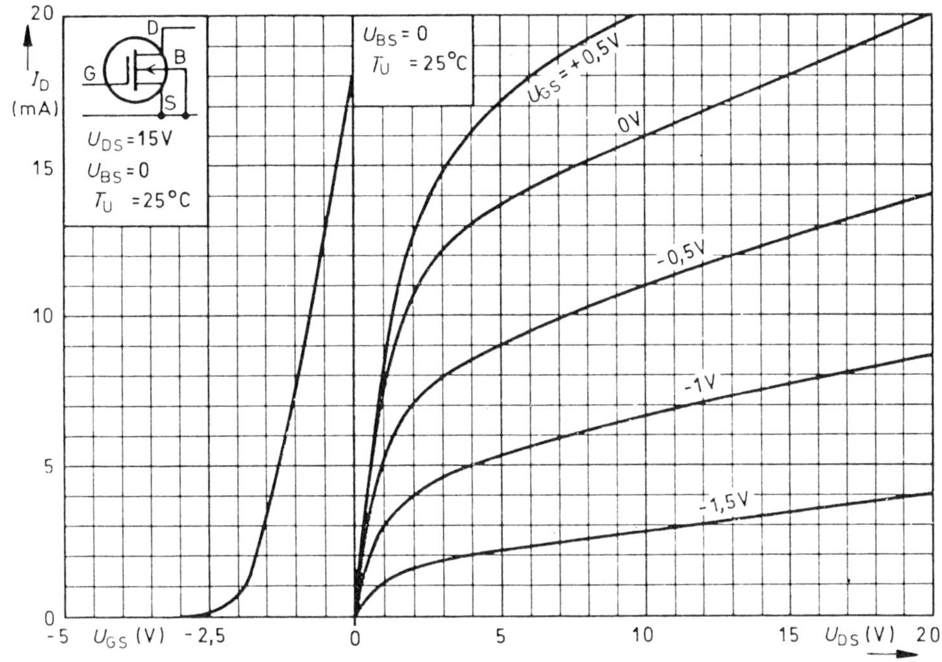

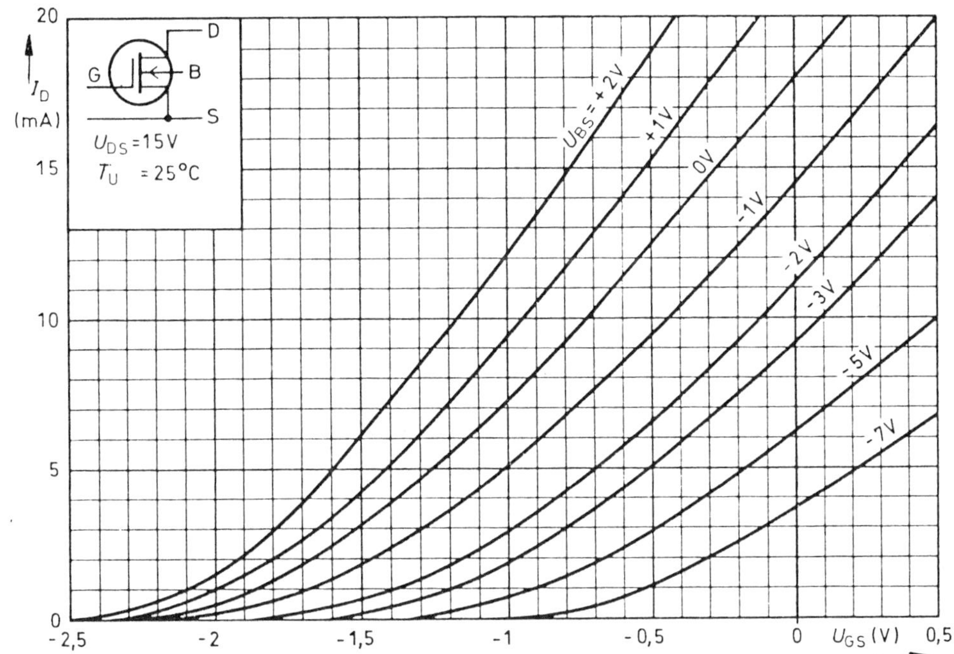

Bild 5.36 Datenblatt eines selbstleitenden N-Kanal-MOS-FETs vom Typ BFR 29. (Fortsetzung auf der nächsten Seite)

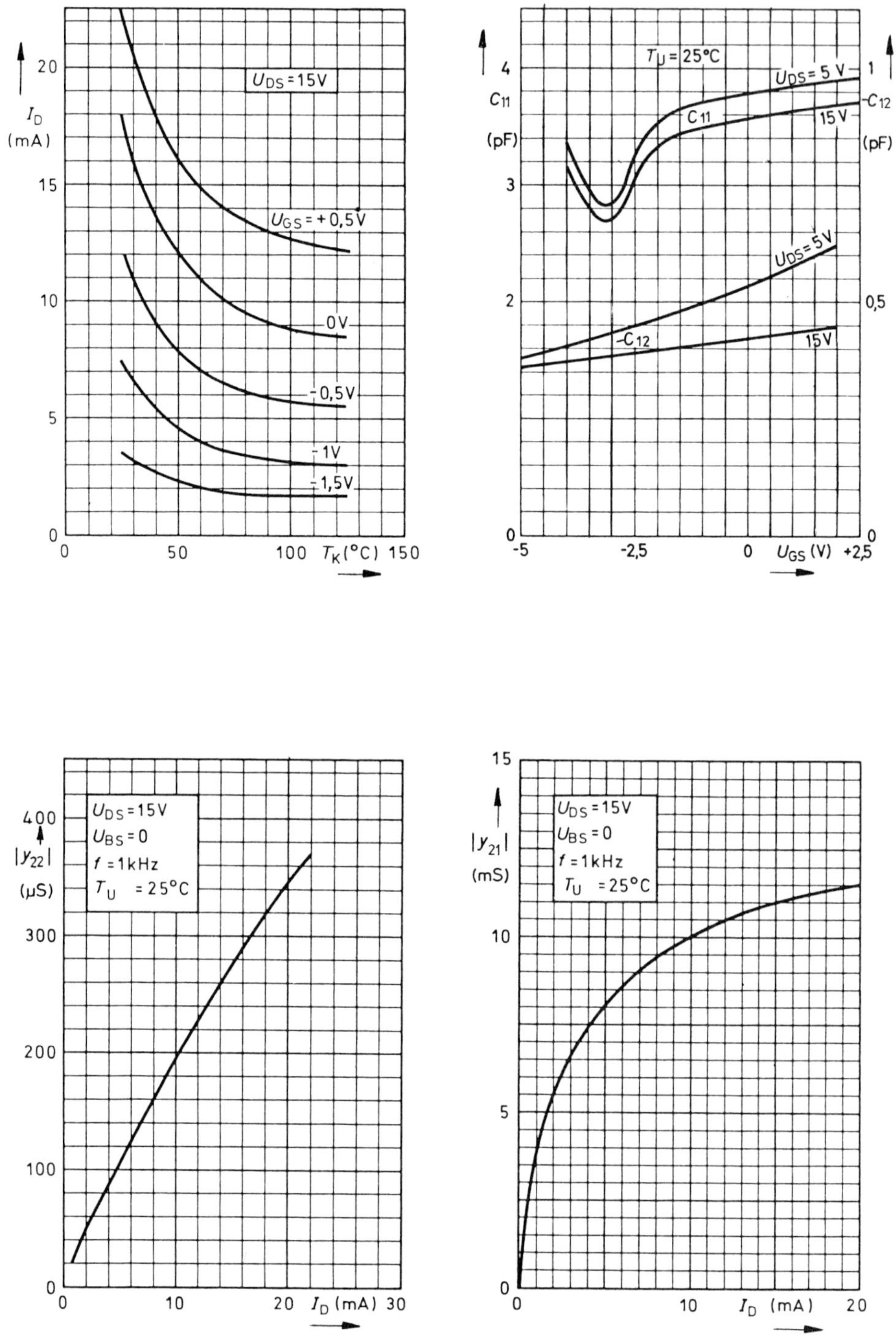

Bild 5.36 Datenblatt eines selbstleitenden N-Kanal-MOS-FETs vom Typ BFR 29. (Fortsetzung auf der nächsten Seite)

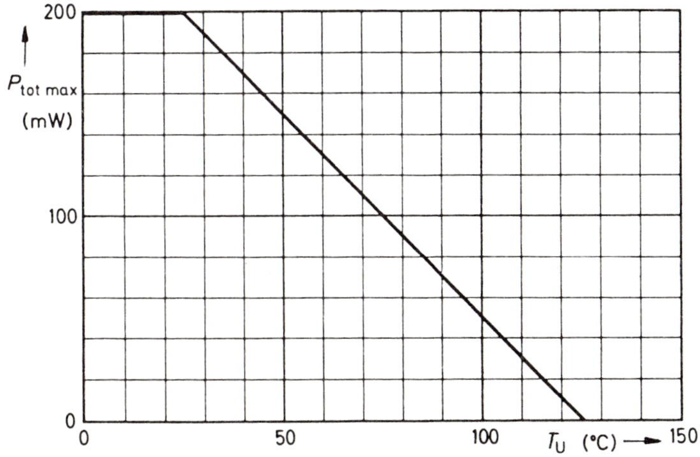

Bild 5.36 Datenblatt eines selbsleitenden N-Kanal-MOS-FETs vom Typ BFR 29

5.4 MOS-FET-Sonderbauformen

5.4.1 Dual-Gate-MOS-FET

Der Dual-Gate-MOS-FET ist die Sonderbauform eines selbstleitenden MOS-FETs. Er besitzt als Strombahn zwei in Reihe geschaltete Kanalbereiche. Jeder dieser beiden Kanalbereiche kann über ein eigenes Gate unabhängig voneinander in seiner Leitfähigkeit beeinflußt werden. In **Bild 5.37** sind der Aufbau und das Schaltzeichen eines selbstleitenden Dual-Gate-MOS-FETs vom N-Kanal-Typ dargestellt. Wegen der vier Anschlüsse wird diese Sonderbauform auch als MOS-FET-Tetrode bezeichnet.

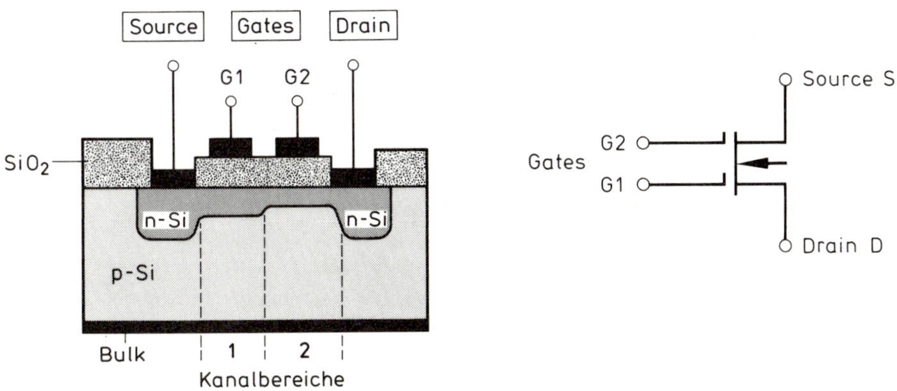

Bild 5.37 Aufbau und Schaltzeichen eines selbstleitenden Dual-Gate-MOS-FETs vom N-Kanal-Typ

Über das Gate G1 kann der Kanalbereich 1 und über das Gate G2 der Kanalbereich 2 beeinflußt werden. Dadurch läßt sich der Drainstrom I_D weitgehend unabhängig voneinander durch zwei verschiedene Gatespannungen U_{GS1} und U_{GS2} steuern. **Bild 5.38** zeigt die Steuerkennlinie eines derartigen Dual-Gate-MOS-FETs. Dargestellt ist hier die Abhängigkeit des Drainstromes I_D von der Steuerspannung U_{GS1} mit U_{GS2} als Parameter.

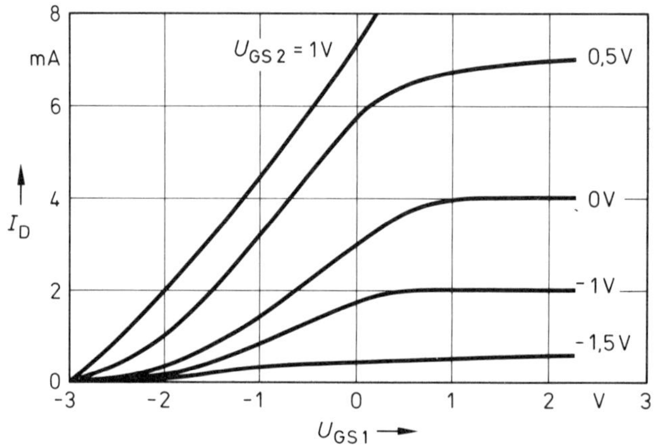

Bild 5.38 Steuerkennlinie eines selbstleitenden Dual-Gate-MOS-FETs

Als weitere wichtige Kennlinie ist in **Bild 5.39** die Steilheit S_{G1}, also die Vorwärtssteilheit y_{12} für das Gate 1 als Funktion der Steuerspannung am Gate 2 aufgetragen.

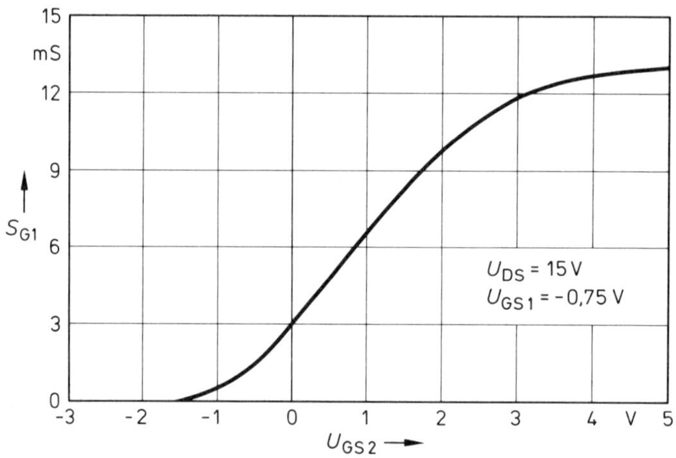

Bild 5.39 Vorwärtssteilheit S_{G1} für das Gate 1 als Funktion der Steuerspannung am Gate 2

In Bild 5.39 ist erkennbar, daß sich aufgrund dieser Kennlinien mit einem Dual-Gate-MOS-FET Verstärkerstufen aufbauen lassen, deren Verstärkungsfaktor in weiten Grenzen veränderbar ist. Auf das Gate G1 kann z. B. das zu verstärkende Signal gegeben werden, während an das Gate G2 eine Regelspannung gelegt wird. Dadurch läßt sich die Steilheit des FETs und damit die Verstärkung der Stufe auf recht einfache Weise in weiten Grenzen verändern. Eine solche Verstärkerstufe wird als Regelverstärker bezeichnet. Weiterhin lassen sich Dual-Gate-MOS-FETs als Mischstufen in UKW- und Fernsehempfängern einsetzen. Dabei werden auf die beiden Gates Signalspannungen mit verschiedenen Frequenzen gegeben. Sie werden durch die doppelte Steuerung »gemischt« und können als Mischfrequenz am Arbeitswiderstand abgegriffen werden.

Obwohl Ausführungen in den vier MOS-FET-Typen möglich sind, werden nur selbstleitende N-Kanal-Typen gefertigt. Sie besitzen meistens eine zusätzliche interne Schutzbeschaltung mit zwei antiparallel geschalteten Z-Dioden an jedem Gate. Auf diese Weise wird der Zerstörungsschutz gegenüber statischen Aufladungen wesentlich verbessert, weil die Ladungen über die Z-Dioden zur Source-Elektrode und zum Substrat abfließen können. Der Substrat-Anschluß ist in der Regel intern mit der Source-Elektrode verbunden. **Bild 5.40** zeigt das interne Schaltbild eines Dual-Gate-MOS-FETs vom Typ BF961.

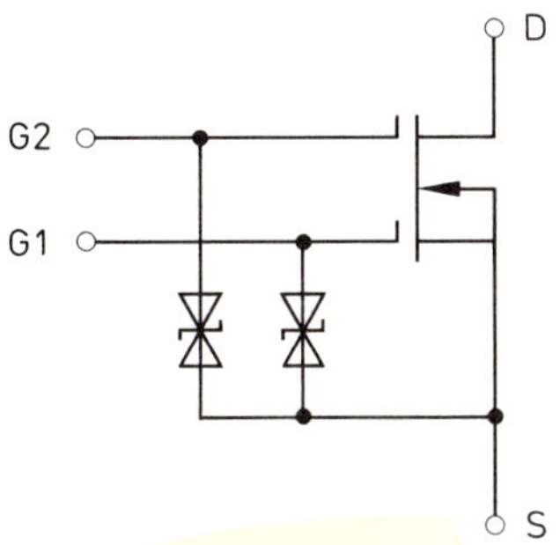

Bild 5.40 Internes Schaltbild eines Dual-Gate-MOS-FETs vom Typ BF961

5.4.2 VMOS-FET

Mit den bisher behandelten Feldeffekt-Transistoren können nur relativ kleine Leistungen verstärkt oder geschaltet werden. Der Grund hierfür liegt in dem relativ langen Kanal von ca. 5 μm mit seinem Durchlaßwiderstand von ca. 1 kΩ bis 10 kΩ. Mit den heutigen Fertigungstechniken ist es möglich, bei den FETs anstelle der üblichen horizontalen Schichtfolgen auch eine Vertikalstruktur herzustellen. Als Folge davon ergeben sich höhere zulässige Ströme und Spannungen, so daß wesentlich größere Leistungen verstärkt oder geschaltet werden können.

Bild 5.41 zeigt den Aufbau eines selbstsperrenden N-Kanal-VMOS-FETs und das zugehörige Schaltzeichen.

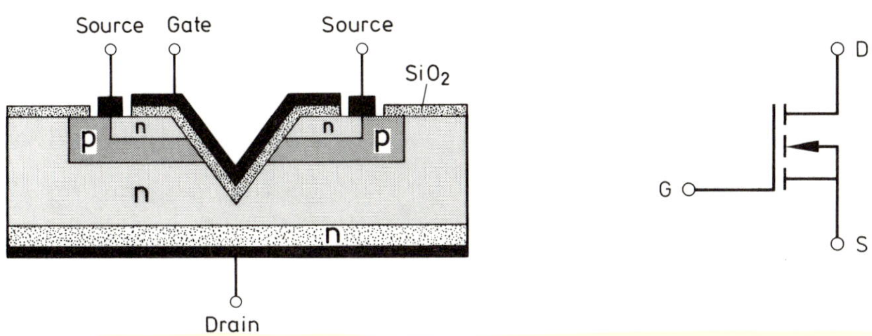

Bild 5.41 Aufbau und Schaltzeichen eines selbstsperrenden N-Kanal-VMOS-FETs

Deutlich erkennbar ist der V-förmig geätzte Graben, von dem auch die Bezeichnung VMOS abgeleitet wurde. Durch diese V-förmige Anordnung der Dotierungsschichten lassen sich Kanallängen von nur ca. 1,5 µm und Durchlaßwiderstände von nur etwa 1 Ω bis 5 Ω erreichen.
Bei den VMOS-FETs sind weiterhin auf einem Halbleiterplättchen mehrere solcher V-förmigen MOS-FET-Elemente parallelgeschaltet. Dadurch läßt sich der zulässige Strom noch wesentlich erhöhen, so daß MOS-FETs für relativ hohe Verlustleistungen entstehen. So werden heute VMOS-FETs für zulässige Ströme bis 10 A und zulässige Drain-Source-Spannung bis etwa 100 V gefertigt. Trotzdem liegen ihre Schaltzeiten im Nanosekundenbereich. Die Anzahl der intern parallelgeschalteten VMOS-Elemente kann nicht beliebig erhöht werden, weil dadurch die Eingangskapazität und damit auch die Schaltzeit größer wird.
In **Bild 5.42** sind die Steuerkennlinie eines VMOS-FETs und die zugehörige Ausgangskennlinie dargestellt. Beide Kennlinien haben ähnliche Verläufe wie bei den normalen selbstsperrenden N-Kanal-MOS-FETs. Bei den VMOS-FETs ist der Drainstrom I_D jedoch wesentlich größer.

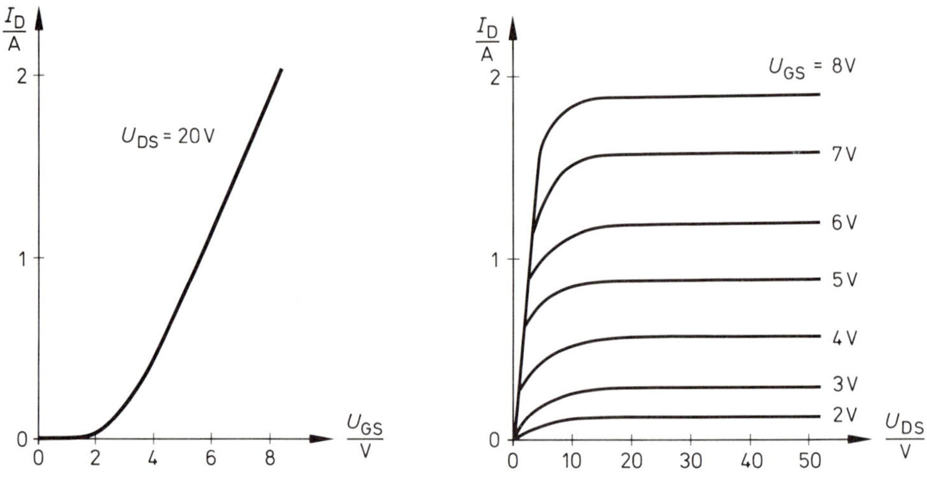

Bild 5.42 Steuerkennlinie und Ausgangskennlinie eines selbstsperrenden N-Kanal-VMOS-FETs

VMOS-FETs werden zunehmend als Verstärker oder Schalter im Kleinleistungsbereich eingesetzt. Der Eingangswiderstand R_{GS} liegt wegen der Isolierschicht in der Größenordnung von etwa 10^{12} Ω, so daß eine große Leistungsverstärkung möglich ist. Von Nachteil für die VMOS-FETs ist heute immer noch der durch die Vertikalstruktur wesentlich schwierigere Fertigungsprozeß.

5.4.3 SIPMOS-FET

Der Name SIPMOS-FET ist eine Abkürzung für die Bezeichnung *Si*emens *P*ower-*MOS-FET*. Auch hier handelt es sich um MOS-FETs für hohe Leistungen. Sie werden durch einen wesentlich anderen Schichtaufbau als bei den VMOS-FETs erreicht. **Bild 5.43** zeigt den Schichtaufbau und das Schaltbild eines SIPMOS-FETs.

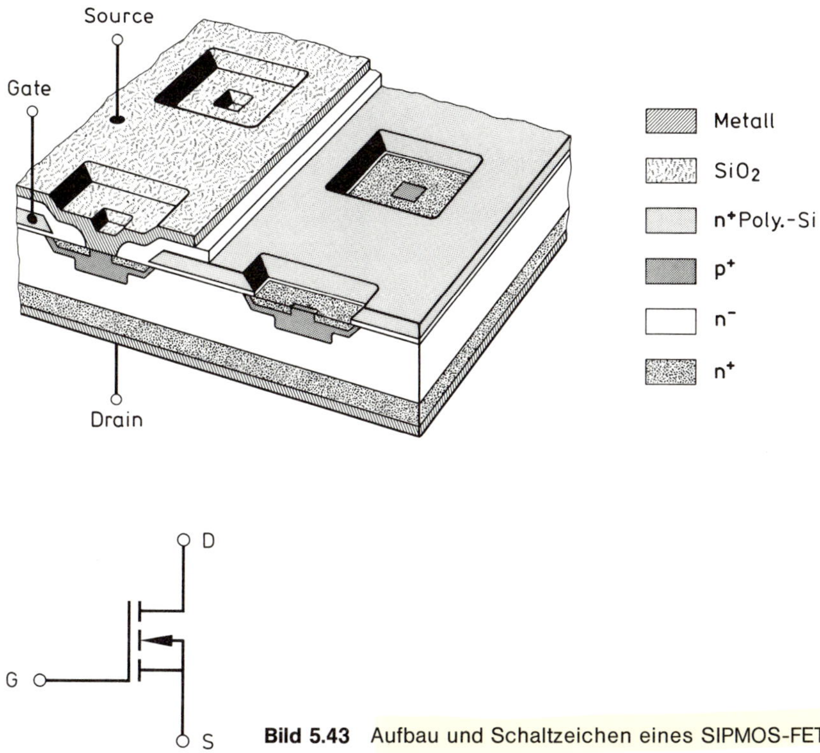

Bild 5.43 Aufbau und Schaltzeichen eines SIPMOS-FETs

Wie in Bild 5.43 zu erkennen ist, ist der SIPMOS-FET in Planartechnik mit horizontaler Schichtfolge aufgebaut. Auf einem niederohmigen n^+-Kristall befindet sich eine schwachleitende n-Schicht. Auf ihrer Oberfläche sind zellenförmige n^+-leitende Sourcegebiete in p-leitenden Wannen angeordnet. Eine in Quarz isoliert eingebettete Gateelektrode bedeckt die Oberfläche zwischen den Sourcezellen. Diese einzelnen Sourcezellen sind durch eine abdeckende Isolierung parallelgeschaltet. Damit besteht ein solcher SIPMOS-FET aus der Parallelschaltung von mehreren Tausend einzelner MOS-Elemente. Auf diese Weise wird eine hohe zulässige Verlustleistung erreicht.

Bei den SIPMOS-FETs handelt es sich um selbstsperrende FETs. Dieses ist auch aus dem Verlauf der Steuer- und Ausgangskennlinie für den Typ BUZ 23 erkennbar, die in **Bild 5.44** dargestellt sind.

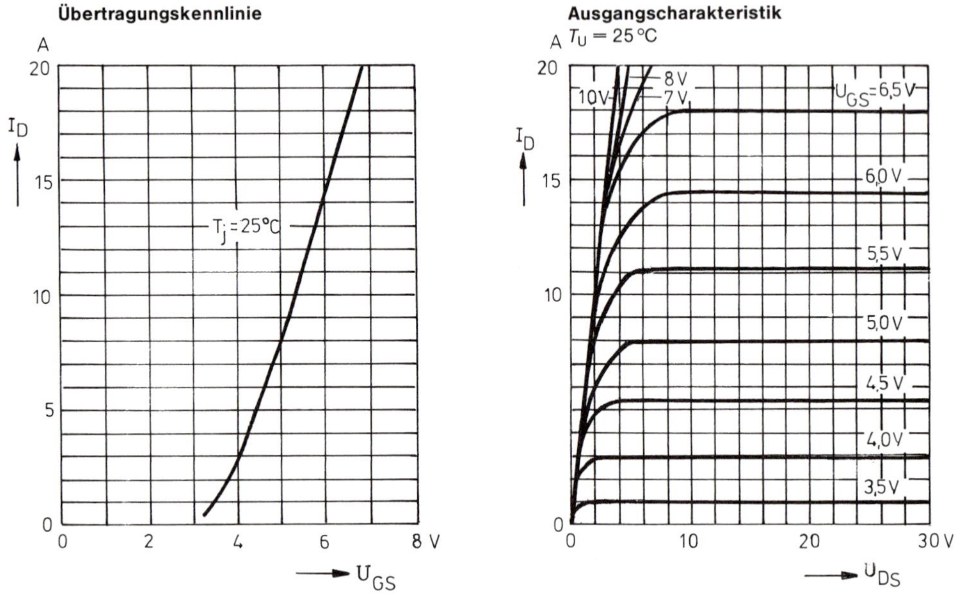

Bild 5.44 Steuer- und Ausgangskennlinie eines SIPMOS-FETs vom Typ BUZ 23

SIPMOS-FETs haben hohe Eingangswiderstände, aber Durchlaßwiderstände in der Größenordnung von nur einigen Milliohm bis einigen Ohm. Ihre Schaltzeit liegt in der Größenordnung von nur wenigen Hundert Nanosekunden. Es gibt keinen zweiten Durchbruch wie bei den bipolaren Transistoren, weil der Durchlaßwiderstand des Kanals einen positiven Temperaturbeiwert hat und der SIPMOS-FET sich dadurch selbst gegen eine thermische Überlastung schützt.

SIPMOS-FETs eignen sich aufgrund ihrer besonderen Eigenschaften für den Einsatz als schnelle Leistungsschalter und finden hier zunehmend Verwendung. Von Vorteil ist hierbei auch, daß die Ansteuerleistung nicht wie bei bipolaren Leistungstransistoren von der geschalteten Leistung abhängt. So kann die gleiche Ansteuerschaltung für eine 10-W-Stufe auch ohne weiteres für eine 100-W-Stufe verwendet werden. In **Bild 5.45** ist die Temperaturabhängigkeit der zulässigen Verlustleistung für den SIPMOS-FET vom Typ BUZ 23 aufgetragen. Die Verlustleistungen liegen ganz wesentlich höher als bei den normalen MOS-FETs.

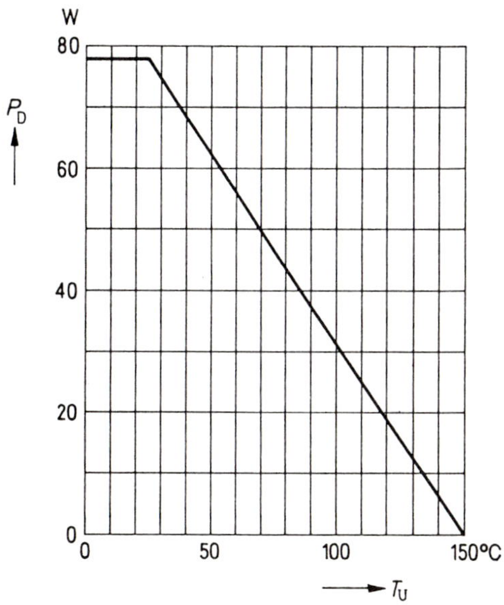

Bild 5.45 Temperaturabhängigkeit der zulässigen Verlustleistung für den SIPMOS-FET vom Typ BUZ 23

5.5 Einstellung des Arbeitspunktes

Bei allen Feldeffekt-Transistoren ist der Eingangsstrom vernachlässigbar klein, so daß lediglich für die erforderliche Gate-Source-Spannung zu sorgen ist. Bedingt durch die verschiedenen FET-Typen müssen bei der Festlegung des Arbeitspunktes mehrere Faktoren beachtet werden und zwar:

Typ des FET (PN-FET oder MOS-FET, P-Kanal oder N-Kanal)
Betrieb als Kleinsignal- oder Großsignalverstärker
Stabilisierung des Arbeitspunktes.

In **Bild 5.46** sind noch einmal die Steuerkennlinien der drei möglichen N-Kanal-Typen

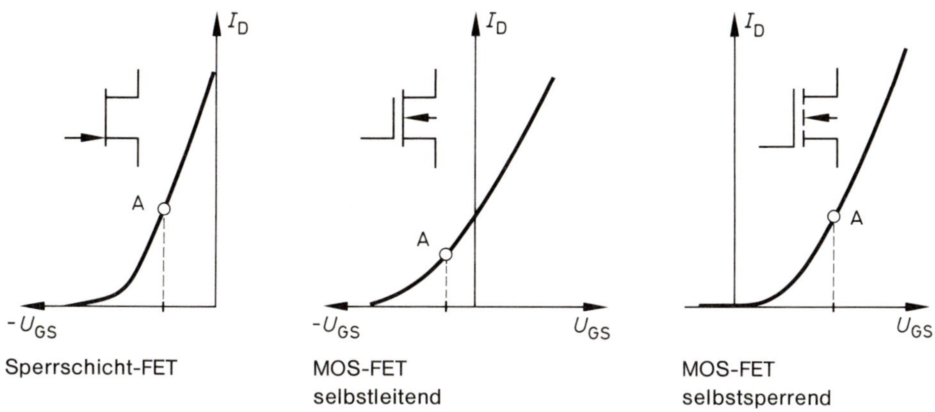

Bild 5.46 Steuerkennlinien für N-Kanal-FETs

gegenübergestellt. Eingetragen ist jeweils der günstige Arbeitspunkt für den Betrieb in einem Wechselspannungsverstärker. Damit eine große Verstärkung bei möglichst geringen Verzerrungen erreicht wird, sollen die Arbeitspunkte jeweils im steilen und linearen Bereich der Steuerkennlinie liegen. Diese Forderung gilt sowohl für Kleinsignalverstärker wie auch für Großsignalverstärker.
Zur Einstellung des Arbeitspunktes muß beim Sperrschicht-FET das Gate eine negative Vorspannung gegenüber der Source haben. Auch bei den selbstleitenden MOS-FETs wird der Arbeitspunkt vorwiegend mit einer negativen Gatespannung eingestellt. Dagegen muß beim selbstsperrenden MOS-FET das Gate positiv gegenüber der Source vorgespannt sein. Werden P-Kanal-Typen verwendet, so gelten die Aussagen jeweils für die entgegengesetzte Polarität der Gate-Source-Spannung.
Bei der Wahl des Arbeitspunktes ist weiterhin zu berücksichtigen, daß er im Sättigungsbereich des Ausgangskennlinienfeldes liegt. **Bild 5.47** zeigt ein Ausgangskennlinienfeld mit eingetragener Arbeitsgerade.

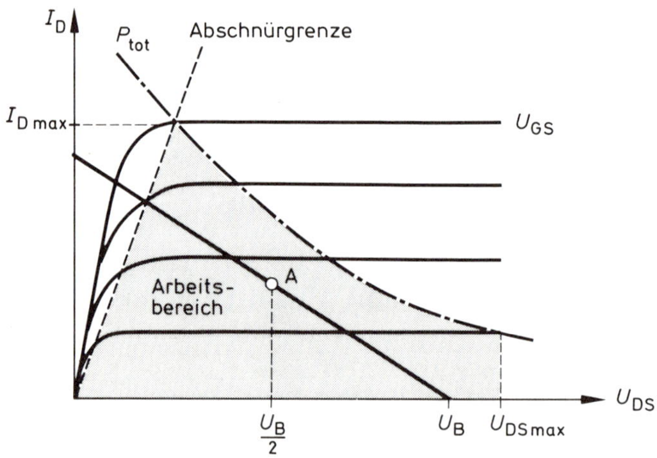

Bild 5.47 Ausgangskennlinienfeld mit Arbeitsgerade

In Bild 5.47 ist der Arbeitspunkt so eingetragen, daß $U_{DS} = \frac{1}{2}\,U_B$ ist. Dieses ist genau wie bei einem Verstärker mit bipolarem Transistor ein günstiger Arbeitspunkt. Bei einer Verschiebung zu einem Randbereich hin werden die Signalverzerrungen größer oder die mögliche verzerrungsfreie Ansteuerung wird kleiner.
Werden FETs in Verstärkerstufen mit höherem Ruhestrom betrieben, so muß auch hier der Arbeitspunkt gegen eine Verschiebung infolge Erwärmung des FETs stabilisiert werden. Diese thermische Arbeitspunktstabilisierung hat aber bei FETs keine so große Bedeutung wie beim bipolaren Transistor, weil die Temperaturabhängigkeit des Drainstromes wesentlich geringer als die des Emitterstromes ist. In **Bild 5.48** ist eine häufig angewandte Schaltung zur Arbeitspunkteinstellung bei einem Sperrschicht-FET angegeben.

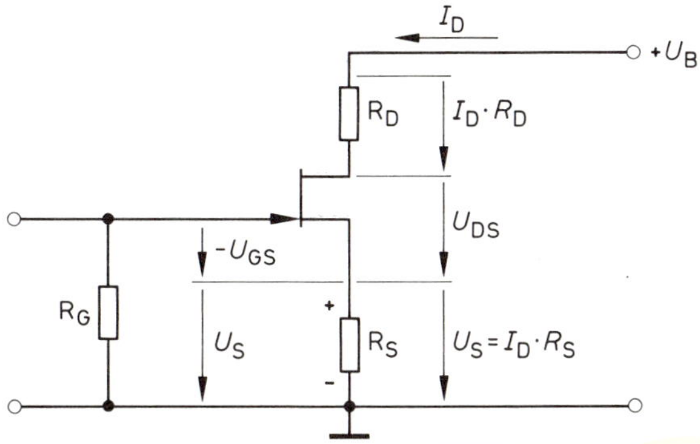

Bild 5.48 Verstärkerschaltung mit Sperrschicht-FET

Sperrschicht-FETs sind selbstleitende Typen. Ohne Gate-Source-Spannung fließt also ein großer Drainstrom. Dieser Drainstrom I_D bewirkt bei der Schaltung nach Bild 5.48 am Source-Widerstand R_S einen Spannungsabfall $U_S = R_S \cdot I_D$. Die Source-Elektrode ist daher um den Wert dieses Spannungsabfalles U_S positiver als das auf Masse liegende Bezugspotential. Da das Gate über den Gatewiderstand R_G an Masse liegt und über R_G kein Gatestrom fließt, ist das Gate um die Spannung U_S negativer als die Source-Elektrode. Weil auf diese Weise stets $-U_{GS} = U_S$ ist, wird dieses Verfahren auch als automatische Arbeitspunkteinstellung bezeichnet. Der Gatewiderstand R_G hat bei dieser Schaltung einen Wert von $R_G = 1\,\text{M}\Omega$ bis etwa $R_G = 4{,}7\,\text{M}\Omega$.

Neben dieser automatischen Gatevorspannungserzeugung wird durch den Sourcewiderstand gleichzeitig auch der Arbeitspunkt stabilisiert. Will z. B. der Drainstrom I_D infolge einer Temperaturerhöhung ansteigen, so steigt auch U_S an. Eine höhere Sourcespannung bewirkt aber eine höhere negative Gatevorspannung. Sie bewirkt, daß der Arbeitspunkt wieder in Richtung kleinerer Drainströme verschoben wird. Der Sourcewiderstand R_S löst also den gleichen Regelvorgang aus wie der Emitterwiderstand beim bipolaren Transistor. Temperaturänderungen und Exemplarstreuungen beeinflussen die Lage des Arbeitspunktes auf der Arbeitsgeraden daher nur noch unwesentlich.

Die Einstellung und Stabilisierung des Arbeitspunktes durch einen Sourcewiderstand kann gegenüber der Schaltung in Bild 5.48 unverändert auch für die selbstleitenden MOS-FETs benutzt werden. Die Methode läßt sich bei Beachtung der umgekehrten Polarität auch für Sperrschicht-FETs und selbstleitende MOS-FETs vom P-Kanal-Typ verwenden.

Beispiel

Der Arbeitspunkt eines Sperrschicht-FETs soll bei $-U_{GS} = 2{,}3\,\text{V}$ und $I_D = 6\,\text{mA}$ liegen. Welchen Wert muß der Sourcewiderstand R_S haben, wenn eine Schaltung nach Bild 5.48 verwendet wird?

$$R_S = \frac{-U_{GS}}{I_D} = \frac{U_S}{I_D} = \frac{2{,}3\,\text{V}}{6\,\text{mA}} = 383{,}3\,\Omega$$

Gewählt: $R_S = 390\,\Omega$ (E12-Reihe)

Kontrolle: $U_S = R_S \cdot I_D = 390\,\Omega \cdot 6\,\text{mA} = 2{,}34\,\text{V}$.

Bei den selbstsperrenden MOS-FETs ist das Prinzip der automatischen Vorspannungserzeugung nicht möglich, weil ein Drainstrom erst dann fließen kann, wenn eine Gate-Source-Spannung ausreichender Größe vorhanden ist. Daher wird bei den selbstsperrenden MOS-FETs die Arbeitspunkteinstellung durch einen Gate-Spannungsteiler vorgenommen. In **Bild 5.49** ist eine Schaltung mit Gate-Spannungsteiler zur Arbeitspunkteinstellung angegeben. Der Spannungsteiler aus R1 und R2 kann hier als unbelasteter Spannungsteiler betrachtet werden, da der Gatestrom stets vernachlässigbar klein ist.

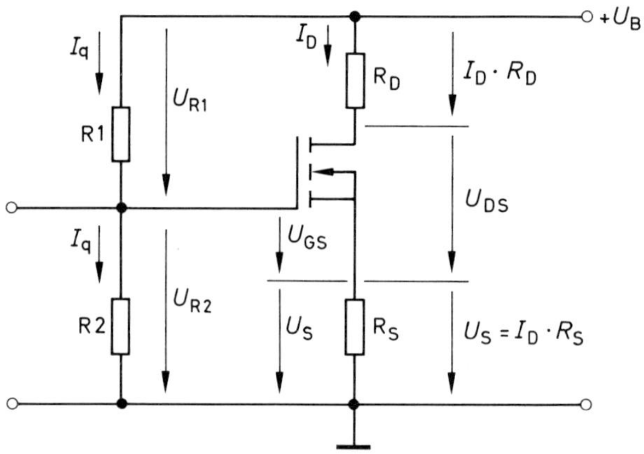

Bild 5.49 Arbeitspunkteinstellung bei einem selbstsperrenden N-Kanal-MOS-FET mit Gate-Spannungsteiler

In der Schaltung nach Bild 5.49 ist außer dem Gate-Spannungsteiler zur Einstellung des Arbeitspunktes noch ein Sourcewiderstand R_S vorhanden. Er dient hier zur Stabilisierung des Arbeitspunktes.

Der Querstrom I_q durch den Spannungsteiler kann sehr klein gewählt werden, weil kein Gatestrom berücksichtigt werden braucht. Weil dadurch die beiden Widerstände sehr hochohmig werden können, ist die Belastung der Betriebsspannungsquelle und eines angeschlossenen Signalgenerators nur sehr gering.

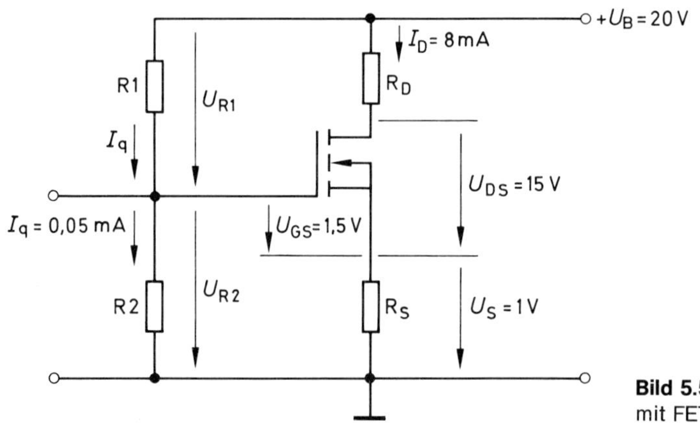

Bild 5.50 Verstärkerschaltung mit FET

Beispiel

Ein selbstsperrender MOS-FET wird mit einer Spannung $U_B = 20\,V$ entsprechend **Bild 5.50** betrieben. Der Arbeitspunkt soll auf $U_{GS} = 1{,}5\,V$; $I_D = 8\,mA$ und $U_{DS} = 15\,V$ eingestellt werden. Weiterhin soll $U_S = 1\,V$ und $I_q = 50\,\mu A$ betragen.
Welche Werte müssen die Widerstände R_D, R_S, R1 und R2 erhalten?

$$R_D = \frac{U_B - U_{DS} - U_S}{I_D} = \frac{20\,V - 15\,V - 1\,V}{8\,mA} = 500\,\Omega$$

Gewählt: $R_D = 470\,\Omega$

$$R_S = \frac{U_S}{I_D} = \frac{1\,V}{8\,mA} = 125\,\Omega$$

Gewählt: $R_S = 120\,\Omega$

$$R2 = \frac{U_S + U_{GS}}{I_q} = \frac{1\,V + 1{,}5\,V}{50\,\mu A} = 50\,k\Omega$$

Gewählt: $R2 = 47\,k\Omega$

$$R1 = \frac{U_B - U_{R2}}{I_q} = \frac{20\,V - 2{,}5\,V}{50\,\mu A} = 350\,k\Omega$$

Gewählt: $R1 = 330\,k\Omega$

5.6 FET-Grundschaltungen

Genau wie bei den bipolaren Transistoren gibt es auch bei den FETs drei verschiedene Grundschaltungen. Sie werden entsprechend den drei Elektroden des FETs als Sourceschaltung, Gateschaltung und Drainschaltung bezeichnet. Jede dieser Schaltungen leitet ihren Namen von der Elektrode ab, die gemeinsamer Bezugspunkt für das Eingangs- und Ausgangssignal ist.
Bild 5.51 zeigt das Prinzip der drei FET-Grundschaltungen.

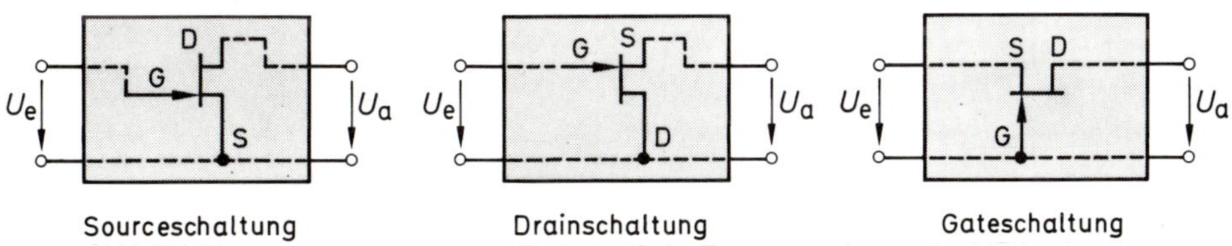

Bild 5.51 Prinzip der drei FET-Grundschaltungen

Jede dieser Grundschaltungen hat ihre speziellen und charakteristischen Eigenschaften. Diese technischen Eigenschaften werden wieder durch eine Reihe von Kenngrößen beschrieben. Die wichtigsten Kenngrößen dieser Grundschaltungen sind:

- Wechselstrom-Eingangswiderstand r_e
- Wechselstrom-Ausgangswiderstand r_a
- Spannungsverstärkung V_u
- Phasendrehung des Signals φ

5.6.1 Sourceschaltung

Bei der Sourceschaltung ist die Source-Elektrode gemeinsamer Bezugspunkt für das Eingangs- und Ausgangssignal. Diese Grundschaltung entspricht somit der Emitterschaltung. **Bild 5.52** zeigt das Prinzip der Sourceschaltung mit Sperrschicht-FET und MOS-FET.

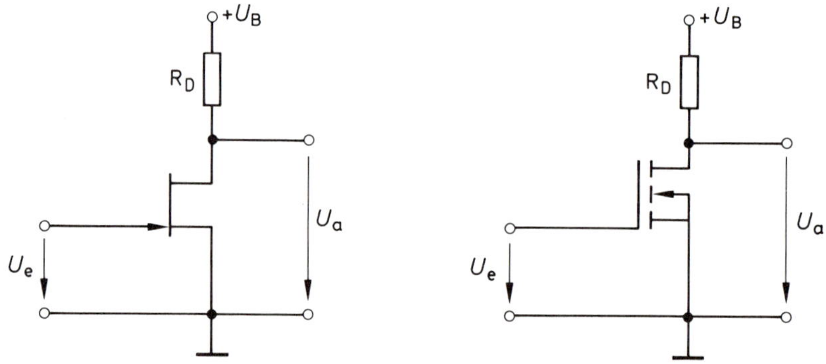

Bild 5.52 Prinzip der Sourceschaltung mit Sperrschicht-FET und MOS-FET

Bei der mathematischen Betrachtung einer Sourceschaltung müssen aber auch der Innenwiderstand des Signalgenerators, der Lastwiderstand, die Widerstände zur Vorspannungserzeugung usw. mit berücksichtigt werden. In **Bild 5.53** ist die vollständige Schaltung eines Verstärkers in Sourceschaltung angegeben.

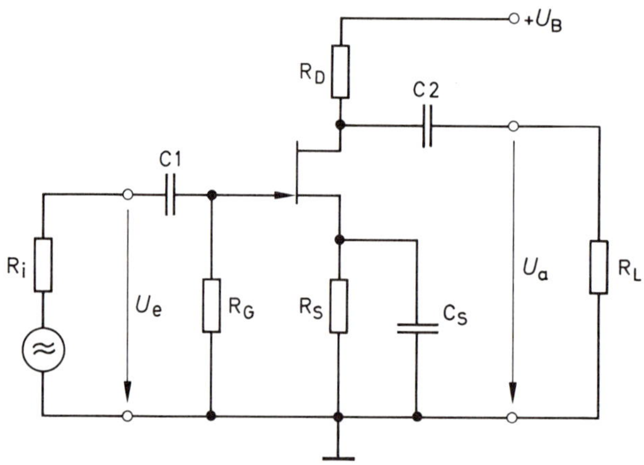

Bild 5.53 Verstärker in Sourceschaltung

Die erforderliche Gate-Source-Spannung $-U_{GS}$ wird für den angegebenen selbstleitenden N-Kanal-FET durch den Sourcewiderstand R_S automatisch erzeugt. Bei Ansteuerung mit einer Wechselspannung fällt an R_S eine Wechselspannung ab, die eine gegenkoppelnde Wirkung hat. Dadurch wird genau wie bei der Emitterschaltung im

Abschnitt 4.7.1 die Wechselspannungsverstärkung herabgesetzt. Durch einen Sourcekondensator C_S mit ausreichender Kapazität wird R_S wechselspannungsmäßig überbrückt und damit die Verringerung der Wechselspannungsverstärkung weitgehend vermieden. Die erforderliche Kapazität des Sourcekondensators kann überschlägig mit Hilfe der Gleichung

$$C_S \approx 0{,}2 \frac{S}{f_{gu}} \qquad \text{mit } S = \text{Steilheit des FETs}, \quad f_{gu} = \text{Untere Grenzfrequenz}$$

berechnet werden.
Haben der Sourcekondensator und die Koppelkondensatoren C1 und C2 ausreichend große Werte, so ergibt sich für die Sourceschaltung ein Ersatzschaltbild entsprechend **Bild 5.54**.

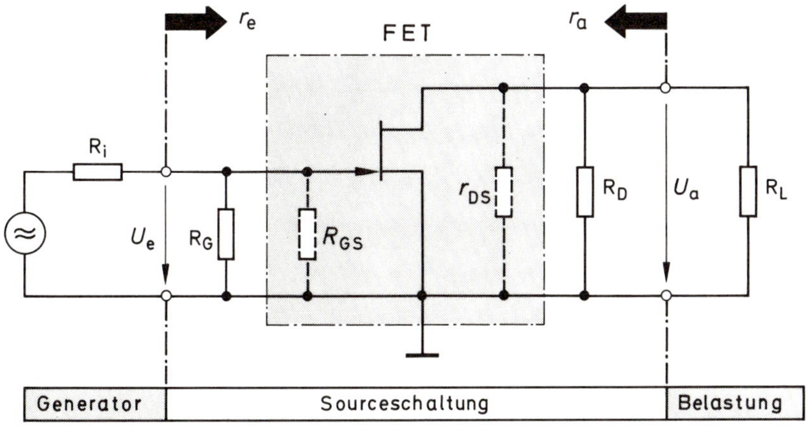

Bild 5.54 Wechselstrom-Ersatzschaltbild der Sourceschaltung

Aus dem Wechselstrom-Ersatzschaltbild lassen sich die wichtigsten Kennwerte für die Sourceschaltung ermitteln.

Wechselstrom-Eingangswiderstand r_e

Der Wechselstrom-Eingangswiderstand ist derjenige Widerstand, mit dem die Verstärkerschaltung die Signalquelle belastet. Er wird gebildet aus der Parallelschaltung der Widerstände R_{GS} und R_G.

$$r_e = R_G \parallel R_{GS} = \frac{R_G \cdot R_{GS}}{R_G + R_{GS}}$$

Da R_{GS} stets viel größer als R_G ist, gilt als Näherung:

$$r_e \approx R_G \quad \text{(Wechselstrom-Eingangswiderstand bei Sourceschaltung)}$$

Der Eingangswiderstand einer Sourceschaltung wird also im wesentlichen durch den Gatewiderstand R_G bestimmt. R_G wird so ausgelegt, daß der höchste Sperrstrom $I_{GS\,S}$ an ihm höchstens einen Spannungsabfall von etwa 0,5 V erzeugt.

$$R_G \approx \frac{0{,}5\,\text{V}}{-I_{GS\,S}}$$

Wechselstrom-Ausgangswiderstand r_a

Der Ausgangswiderstand r_a ist derjenige Widerstand, der als Innenwiderstand der Verstärkerstufe für einen Lastwiderstand wirksam ist. Er setzt sich zusammen aus der Parallelschaltung der Widerstände R_D und r_{DS}.

$$r_a = R_D \parallel r_{DS} \quad = \quad \frac{R_D \cdot r_{DS}}{R_D + r_{DS}}$$

Da in der Regel $r_{DS} = \frac{1}{y_{22}}$ hochohmig gegenüber R_D ist, kann als Näherungsgleichung gesetzt werden:

$r_a \approx R_D$ (Wechselstrom-Ausgangswiderstand bei Sourceschaltung)

Spannungsverstärkung V_u

Die Spannungsverstärkung einer Sourceschaltung ergibt sich aus dem Produkt der Steilheit und dem Wechselstrom-Ausgangswiderstand.

$$V_u = S \cdot r_a \quad = \quad S \cdot \frac{r_{DS} \cdot R_D}{r_{DS} + R_D}$$

Da $r_{DS} > R_D$ kann als Näherungsgleichung angegeben werden

$V_u \approx S \cdot R_D$ (Spannungsverstärkung bei Sourceschaltung ohne Lastwiderstand)

Ist ein Lastwiderstand vorhanden, so tritt er als zusätzlicher Parallelwiderstand auf

$V_u \approx S \cdot r_{DS} \parallel R_D \parallel R_L$ (Spannungsverstärkung bei Sourceschaltung mit Lastwiderstand)

Da Feldeffekt-Transistoren leistungslos gesteuert werden, kann für die Sourceschaltung keine Stromverstärkung V_i und damit auch keine Leistungsverstärkung V_p wie bei bipolaren Transistoren angegeben werden.

Phasendrehung φ des Signals

Wird der FET mit der positiven Halbwelle angesteuert, so erhöht sich die Gatevorspannung. Dadurch fließt ein größerer Drainstrom, der am Drainwiderstand R_D einen höheren Spannungsabfall hervorruft. Er führt zu einer kleineren Drain-Source-Spannung U_{DS}. Am Ausgang tritt eine negative Halbwelle auf. Die Phasendrehung zwischen Eingangs- und Ausgangsspannung beträgt bei der Sourceschaltung daher

$\varphi = 180°$ (Phasendrehung bei Sourceschaltung)

Charakteristische Eigenschaften der Sourceschaltung

Die Sourceschaltung liefert eine hohe Spannungsverstärkung V_u. Sie ist die Standardschaltung für Verstärkerschaltungen im HF- und NF-Bereich.

Beispiel

Ein N-Kanal-Sperrschicht-FET vom Typ BF 245 B soll bei $U_B = 25\,V$ im Arbeitspunkt $U_{DS} = 15\,V$, $I_D = 5\,mA$, $-U_{GS} = 1{,}2\,V$ betrieben werden. Er hat in diesem Arbeitspunkt die Werte: $y_{21} = 3{,}5\,mS$ und $y_{22} = 25\,\mu S$. Der größte Sperrstrom beträgt $-I_{GS\,S} = 500\,nA$ bei $T_J = 125\,°C$. Bei $-U_{GS} = 20\,V$ ist $-I_{GS\,S} = 5\,nA$.
Welche Kennwerte hat eine Sourceschaltung entsprechend **Bild 5.55** mit diesem FET?

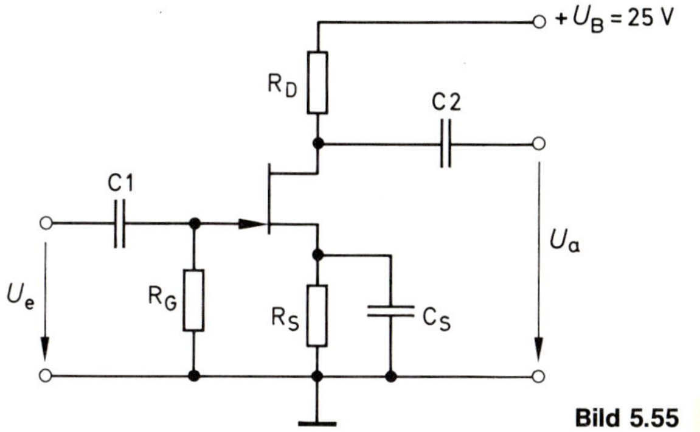

Bild 5.55 Sourceschaltung mit BF 245 B

$$R_D = \frac{U_B - U_{DS} - U_{RS}}{I_D} = \frac{25\,V - 15\,V - 1{,}2\,V}{5\,mA} = 1{,}76\,k\Omega$$

Gewählt: $R_D = 1{,}8\,k\Omega$

$$R_S = \frac{-U_{GS}}{I_D} = \frac{1{,}2\,V}{5\,mA} = 240\,\Omega$$

Gewählt: $R_S = 220\,\Omega$

$$R_G = \frac{0{,}5\,V}{-I_{GS\,S}} = \frac{0{,}5\,V}{500\,nA} = 1\,M\Omega$$

Gewählt: $R_G = 1\,M\Omega$

Wechselstrom-Eingangswiderstand r_e

$$r_e = R_G \parallel R_{GS}$$

$$R_{GS} = \frac{-U_{GS}}{-I_{GS\,S}} = \frac{20\,V}{5\,nA} = 4\,G\Omega$$

$$r_e = 1\,M\Omega \parallel 4\,G\Omega = 999{,}75\,k\Omega \approx 1\,M\Omega$$

Wechselstrom-Ausgangswiderstand r_a

$$r_a = R_D \parallel r_{DS} \qquad r_{DS} = \frac{1}{y_{22}} = \frac{1}{25\,\mu S} = 40\,k\Omega$$

$$r_a = 1{,}8\,k\Omega \parallel 40\,k\Omega$$

$$r_a \approx R_D = 1{,}8\,k\Omega$$

Spannungsverstärkung V_u

$$V_u = S \cdot r_a \approx S \cdot R_D = 3{,}5\,mS \cdot 1{,}8\,k\Omega = 6{,}3$$

5.6.2 Drainschaltung

Bei der Drainschaltung ist die Drain-Elektrode gemeinsamer Bezugspunkt für das Eingangs- und Ausgangssignal. Sie entspricht der Kollektorschaltung bei den bipolaren Transistoren. **Bild 5.56** zeigt das Prinzip der Drainschaltung mit einem Sperrschicht-FET sowie einem selbstsperrenden MOS-FET.

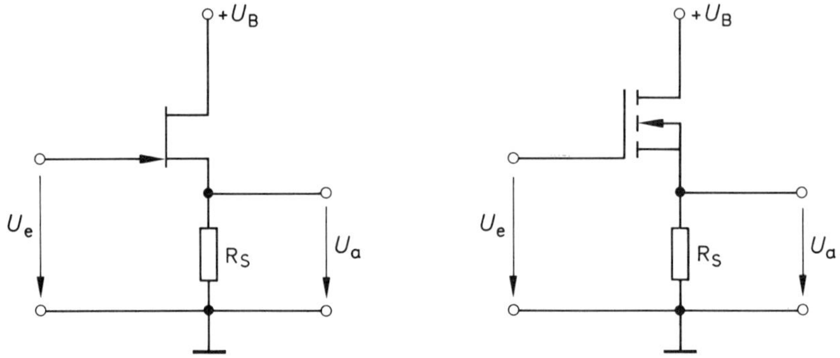

Bild 5.56 Prinzip der Drainschaltung mit Sperrschicht-FET und selbstsperrendem MOS-FET

Bild 5.57 enthält die vollständigen Schaltungen mit Generator, Gatevorspannungserzeugung und Lastwiderstand für eine Drainschaltung mit Sperrschicht-FET sowie für eine Drainschaltung mit selbstsperrendem MOS-FET.

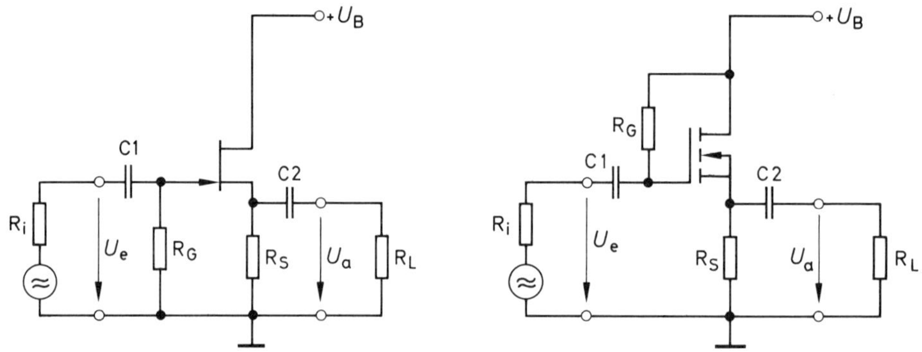

Bild 5.57 Verstärker in Drainschaltung mit Sperrschicht-FET und selbstsperrendem MOS-FET

Bei der Drainschaltung mit Sperrschicht-FET wird die erforderliche Gatevorspannung durch einen Sourcewiderstand R_S erzeugt. Diese Methode ist aber bei den selbstsperrenden MOS-FETs nicht möglich, so daß die Gatevorspannung hier über einen Vorwiderstand R_G vom Pluspol der Betriebsspannung zum Gate gewonnen wird. In beiden Schaltungen darf der Sourcewiderstand nicht durch einen Kondensator überbrückt werden, weil das Ausgangssignal am Sourcewiderstand abgenommen wird. Der Koppelkondensator C1 verhindert, daß ein Kurzschluß der Gatespannung durch den Generator auftritt. Durch den Koppelkondensator C2 wird der Lastwiderstand gleichspannungsmäßig von der Sourcespannung abgetrennt. Beide Kondensatoren müssen auch in dieser Schaltung eine ausreichend große Kapazität haben, damit an ihnen kein nennenswerter Wechselspannungsabfall entsteht.
Zur Ermittlung der Kennwerte ist in **Bild 5.38** das Wechselstrom-Ersatzschaltbild der Drainschaltung angegeben.

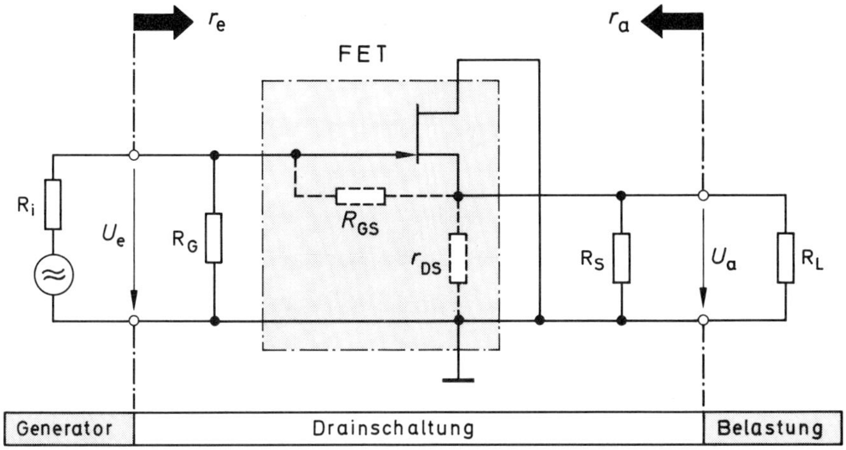

Bild 5.58 Wechselstrom-Ersatzschaltbild der Drainschaltung

Aus dem Wechselstrom-Ersatzschaltbild lassen sich die wichtigsten Kennwerte ableiten.

Wechselstrom-Eingangswiderstand r_e

Der Wechselstrom-Eingangswiderstand r_e einer Drainschaltung setzt sich zusammen aus R_{GS} und dem um den Faktor der Steilheit vergrößerten Sourcewiderstand R_S, denen der Gatewiderstand R_G parallelgeschaltet ist.

$r_e = (1 + S \cdot R_S) \cdot R_{GS} \parallel R_G$ (Wechselstrom-Eingangswiderstand der Drainschaltung)

Wechselstrom-Ausgangswiderstand r_a

Für den Wechselstrom-Ausgangswiderstand einer Drainschaltung gilt:

$$r_a = \frac{1}{S} \parallel R_S$$

In Näherung kann hierfür gesetzt werden

$r_a \approx \frac{1}{S}$ (Wechselstrom-Ausgangswiderstand einer Drainschaltung ohne Lastwiderstand)

Spannungsverstärkung V_u

Bei einer Drainschaltung ist die Spannungsverstärkung stets kleiner 1. Es gilt

$V_u = \frac{S \cdot R_S}{1 + S \cdot R_S}$ (Spannungsverstärkung bei einer Drainschaltung)

Als Näherung kann gesetzt werden

$$V_u \approx 1$$

Phasendehnung φ des Signals

Wird das Gate des FET in einer Drainschaltung mit der positiven Halbwelle angesteuert, so erhöht sich nicht nur die Gatespannung, sondern auch der Drainstrom. Damit steigt aber auch der Spannungsabfall am Sourcewiderstand, so daß als Ausgangssignal ebenfalls die positive Halbwelle auftritt. Die Phasendrehung zwischen Eingangs- und Ausgangsspannung ist daher

$\varphi = 0°$ (Phasendrehung bei Drainschaltung)

Weil bei einer Drainschaltung das Signal an der Source-Elektrode genau dem Steuersignal folgt, wird die Drainschaltung auch als Sourcefolger bezeichnet.

Charakteristische Eigenschaften der Drainschaltung

Charakteristische Eigenschaft der Drainschaltung ist die geringe Eingangskapazität, die gegenüber einer Sourceschaltung um den Faktor $\frac{1}{1 + S \cdot R_S}$ verkleinert wird. Der Eingangswiderstand wird durch R_G bestimmt und unterscheidet sich daher nicht wesentlich von dem der Sourceschaltung.

Beispiel

Ein N-Kanal-Sperrschicht-FET vom Typ BF 245 B soll bei $U_B = 25$ V im Arbeitspunkt $I_D = 5$ mA und $-U_{GS} = 1{,}2$ V betrieben werden. Er hat in diesem Arbeitspunkt die Werte $y_{21} = 3{,}5$ mS und $y_{22} = 25$ µS. Bei $-U_{GS} = 20$ V ist $-I_{GS\,S} = 5$ nA. Der größte Sperrstrom beträgt $-I_{GS\,S} = 500$ nA bei $T_J = 125$ °C.

Welche Kennwerte hat eine Drainschaltung entsprechend **Bild 5.59** mit diesem FET?

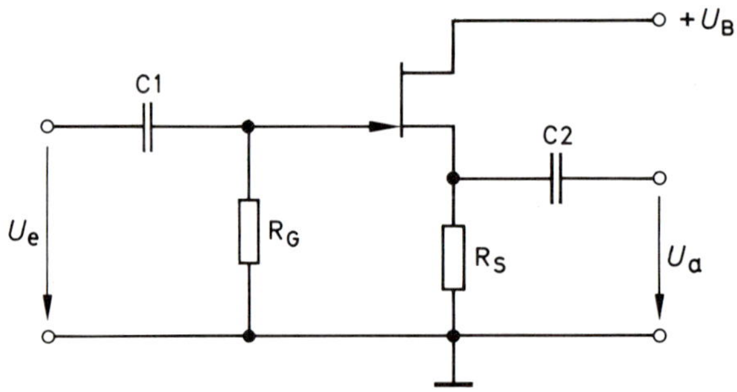

Bild 5.59 Drainschaltung mit BF 245 B

$$R_G = \frac{0{,}5\text{ V}}{-I_{GS\,S}} = \frac{0{,}5\text{ V}}{500\text{ nA}} = 1\text{ M}\Omega$$

Gewählt: $R_G = 1$ MΩ

$$R_S = \frac{U_{RS}}{I_D} = \frac{1{,}2\text{ V}}{5\text{ mA}} = 240\ \Omega$$

Gewählt: $R_S = 270\ \Omega$

$$R_{GS} = \frac{-U_{GS}}{-I_{GS\,S}} = \frac{20\text{ V}}{5\text{ nA}} = 4\text{ G}\Omega$$

Wechselstrom-Eingangswiderstand r_e

$$r_e = (1 + S \cdot R_S) \cdot R_{GS} \parallel R_G = (1 + 3{,}5\ \text{mS} \cdot 270\ \Omega) \cdot 4\ \text{G}\Omega \parallel 1\ \text{M}\Omega$$

$$r_e \approx 1\ \text{M}\Omega$$

Wechselstrom-Ausgangswiderstand r_a

$$r_a = \frac{1}{S} \parallel R_S = \frac{1}{3{,}5\ \text{mS}} \parallel 270\ \Omega$$

$$r_a \approx 139\ \Omega$$

Spannungsverstärkung V_u

$$V_u = \frac{S \cdot R_S}{1 + S \cdot R_S} = \frac{3{,}5\ \text{mS} \cdot 270\ \Omega}{1 + 3{,}5\ \text{mS} \cdot 270\ \Omega} = 0{,}49$$

$$V_u = 0{,}49$$

5.6.3 Gateschaltung

Bei der Gateschaltung ist das Gate gemeinsamer Bezugspunkt für das Eingangs- und Ausgangssignal. **Bild 5.60** zeigt das Prinzip einer Gateschaltung mit einem Sperrschicht-FET sowie mit einem selbstsperrenden MOS-FET.

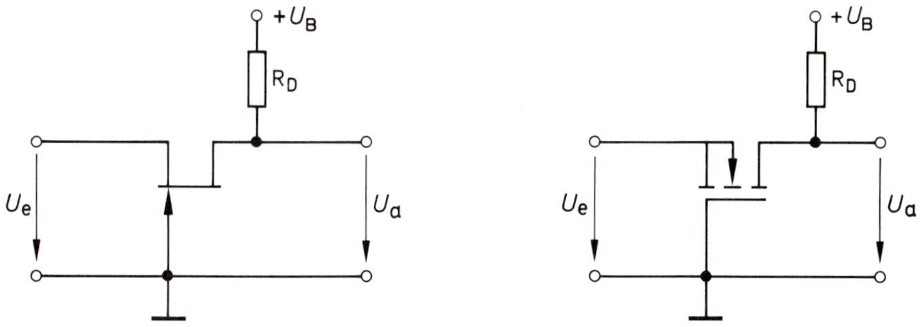

Bild 5.60 Prinzip einer Gateschaltung mit Sperrschicht-FET sowie mit einem selbstsperrenden MOS-FET

In **Bild 5.61** ist die vollständige Schaltung eines Verstärkers mit Generator, Vorspannungserzeugung und Lastwiderstand angegeben, bei der ein Sperrschicht-FET in Gateschaltung betrieben wird.

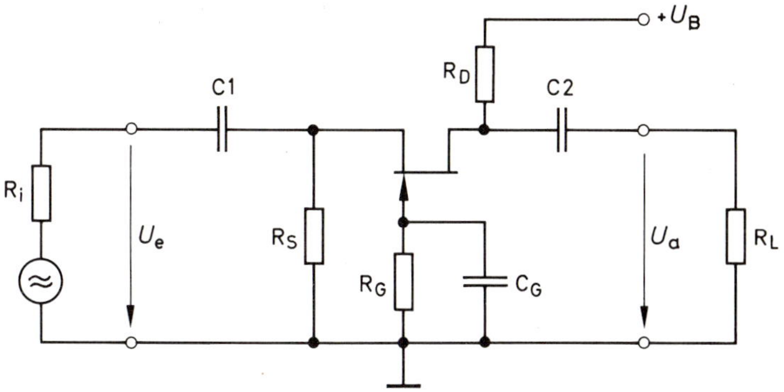

Bild 5.61 Verstärker in Gateschaltung

Die erforderliche Gatevorspannung $-U_{GS}$ wird bei der Schaltung nach Bild 5.61 durch den Spannungsabfall am Sourcewiderstand R_S gewonnen. Der Kondensator C_G sorgt dafür, daß das Gate wechselspannungsmäßig an Masse liegt.
Die Gateschaltung entspricht der im Abschnitt 4.7.3 behandelten Basisschaltung. Die dortigen Angaben für die Kennwerte gelten sinngemäß auch für die Gateschaltung. Weil der hohe Gate-Kanal-Widerstand nicht zur Geltung kommt, wird die Gateschaltung mit FETs nur sehr selten angewendet. Aus diesem Grund wird sie hier nicht weiter behandelt.

5.6.4 Zusammenfassung und Gegenüberstellung

In **Bild 5.62** sind die Berechnungsformeln und die typischen Kennwerte der drei FET-Grundschaltungen zusammengefaßt und gegenübergestellt. Ein Vergleich dieser Werte mit den in Bild 4.85 zusammengefaßten Kennwerten für die bipolaren Transistoren läßt die Gemeinsamkeiten und Unterschiede deutlich erkennen.

		Sourceschaltung	Drainschaltung	Gateschaltung
Schaltung		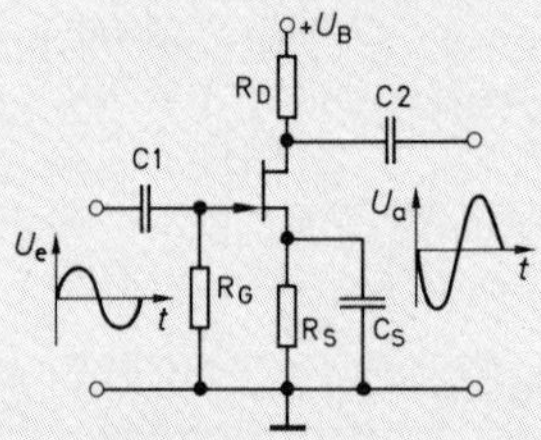	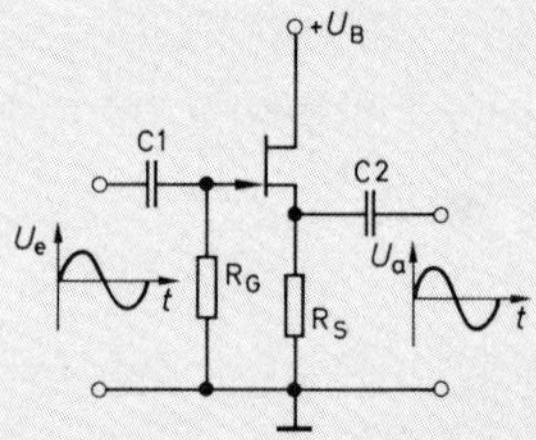	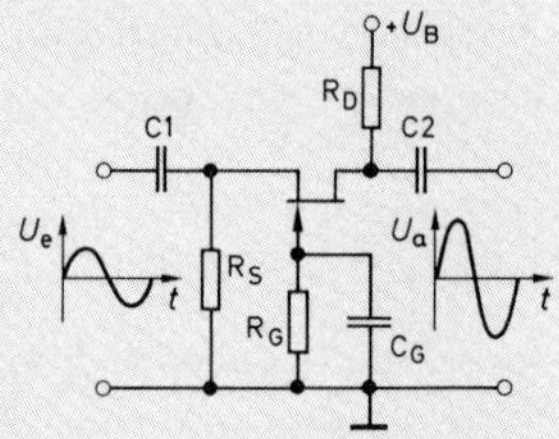
Wechsel-strom-Ein-gangs-widerstand	Glei-chung	$r_e = R_G \parallel R_{GS}$ $r_e \approx R_G$	$r_e = (1 + S \cdot R_S) \cdot R_{GS} \parallel R_G$	
	typ. Wert	1 MΩ ÷ 10 MΩ	1 MΩ . . . 20 MΩ	100 Ω . . . 500 Ω
Wechsel-strom-Aus-gangs-widerstand	Glei-chung	$r_a = R_D \parallel r_{DS}$ $r_a \approx R_D$	$r_a = \frac{1}{S} \parallel R_S$ $r_a \approx \frac{1}{S}$	$r_a \approx R_D$
	typ. Wert	1,5 kΩ ÷ 10 kΩ	100 Ω . . . 500 Ω	2 kΩ . . . 10 kΩ
Spannungs-verstärkung	Glei-chung	$V_u = S \cdot \frac{r_{DS} \cdot R_D}{r_{DS} + R_D}$ $V_u \approx S \cdot R_D$	$V_u = \frac{S \cdot R_S}{1 + S \cdot R_S}$ $V_u \approx 1$	$V_u \approx S \cdot R_D$
	typ. Wert	5 ÷ 20	$V < 1$	5 ÷ 20
Phasen-drehung		$\varphi = 180°$	$\varphi = 0°$	$\varphi = 0°$
Anwendung		Standardschaltung für NF- und HF-Schaltungen	Impedanzwandler	Spezialfälle

Bild 5.62 Zusammenfassung und Gegenüberstellung der wichtigsten Kennwerte der drei FET-Grundschaltungen

5.7 Anwendungsbeispiele

Feldeffekt-Transistoren haben gegenüber den bipolaren Transistoren einige Vorteile. Sofern diese Vorteile in Gleichspannungsverstärkern, Wechselspannungsverstärkern und Konstantstromquellen voll ausnutzbar sind, werden FETs in diesen Schaltungen auch als diskrete Bauelemente eingesetzt. Das Haupteinsatzgebiet der FET-Technologie liegt inzwischen bei den integrierten Schaltungen der Analogtechnik und Digitaltechnik, auf die noch in Kapitel 8 eingegangen wird.
Die folgenden vier Anwendungsbeispiele zeigen den Einsatz von FETs in einfachen Gleich- und Wechselspannungsverstärkern sowie als Konstantstromquelle und steuerbarer Widerstand.

5.7.1 Wechselspannungsverstärker

Als Wechselspannungsverstärker werden Feldeffekt-Transistoren vorwiegend nur in Vorverstärkerstufen eingesetzt. Sie arbeiten dann als Kleinsignalverstärker mit möglichst großer Verstärkung. Um eine hohe Verstärkung zu erreichen, muß der Drainwiderstand R_D möglichst hochohmig sein. Als Folge davon wird der Drainstrom I_D sehr klein.
Die Schaltung in **Bild 5.63** zeigt einen typischen Kleinsignal-Wechselspannungsverstärker.

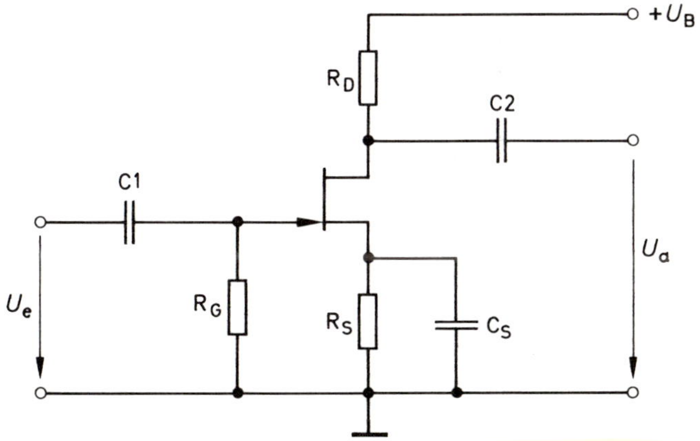

Bild 5.63 Kleinsignal-Wechselspannungsverstärker mit FET

Die Kondensatoren C1 und C2 blocken die Gleichspannungen der Stufe zum Generator und zum Lastwiderstand hin ab. Der Kondensator C1 bildet dabei mit den wechselspannungsmäßig parallelliegenden Widerständen R_G und R_{GS} einen Hochpaß. Für seine untere Grenzfrequenz gilt:

$$f_{gu} = \frac{1}{2\pi \cdot C1 \cdot r_e} \qquad \text{mit } r_e = R_G \parallel R_{GS}$$

Ein weiterer Hochpaß tritt am Ausgang auf. Er wird gebildet aus dem Kondensator $C2$, den wechselspannungsmäßig parallelliegenden Widerständen R_D und r_{DS} sowie dem Lastwiderstand R_L. Hierfür gilt:

$$f_{gu} = \frac{1}{2\pi \cdot C2 \cdot (r_a + R_L)} \qquad \text{mit } r_a = R_D \parallel r_{DS}$$

Die obere Grenzfrequenz des Verstärkers wird dagegen im wesentlichen bestimmt durch

die Grenzfrequenz der Vorwärtssteilheit,
die Ausgangskapazität des FETs C_{22} sowie
die Schaltkapazitäten C_{sch} des Aufbaues.

Die Ausgangskapazität C_{22} und die Schaltkapazität C_{sch} bilden zusammen mit dem Wechselstrom-Ausgangswiderstand r_a einen Tiefpaß, dessen obere Grenzfrequenz sich errechnet zu:

$$f_{go} = \frac{1}{2\pi\,(C_{22} + C_{sch}) \cdot r_a} \qquad \text{mit } r_a = R_D \parallel r_{DS}$$

Insbesondere die auftretenden Schaltkapazitäten lassen sich mathematisch kaum erfassen, so daß eine genauere Berechnung der oberen Grenzfrequenz nicht möglich ist. Sie wird daher meistens nachträglich meßtechnisch ermittelt.

Beispiel

Eine Verstärkerstufe entsprechend Bild 5.63 soll dimensioniert werden. Zur Verfügung steht ein Sperrschicht-FET vom Typ BF 245 B. Der Arbeitspunkt ist so zu wählen, daß bei $U_{DS} = 15$ V und $-U_{GS} = 2$ V ein Drainstrom $I_D = 150$ µA fließt.
Der FET hat in diesem Arbeitspunkt die Daten: $y_{21} = 1$ mS, $y_{22} = 25$ µS; $C_{22} = 1{,}6$ pF. Bei $T_J = 25$ °C und $-U_{GS} = 20$ V hat der Gate-Reststrom den Wert $-I_{GS\,S} = 5$ nA. Er steigt bei $T_J = 125$ °C auf $-I_{GS\,S} = 500$ nA. Für den Schaltungsaufbau wird eine Schaltkapazität $C_{sch} \approx 150$ pF angenommen und der Lastwiderstand hat einen Wert $R_L = 10$ kΩ. Die untere Grenzfrequenz der Verstärkerstufe soll $f_{gu} \approx 30$ Hz betragen.

$$R_D = \frac{U_B - U_{DS} - U_S}{I_D} = \frac{24\text{ V} - 15\text{ V} - 2\text{ V}}{150\ \mu\text{A}} = 46{,}67\text{ k}\Omega$$

Gewählt: $R_D = 47$ kΩ

$$R_S = \frac{-U_{GS}}{I_D} = \frac{2\text{ V}}{150\ \mu\text{A}} = 13{,}3\text{ k}\Omega$$

Gewählt: $R_S = 12$ kΩ

$$R_G = \frac{0{,}5\text{ V}}{-I_{GS\,S}} = \frac{0{,}5\text{ V}}{500\text{ nA}} = 1\text{ M}\Omega$$

Gewählt: $R_G = 1$ MΩ

$$R_{GS} = \frac{-U_{GS}}{-I_{GS\,S}} = \frac{20\text{ V}}{5\text{ nA}} = 4\text{ G}\Omega$$

$$C1 = \frac{1}{2\pi \cdot f_{gu} \cdot r_e}$$

$r_e = R_G \parallel R_{GS} = 1\text{ M}\Omega \parallel 4\text{ G}\Omega$
$r_e \approx 1$ MΩ

$$C1 = \frac{1}{2\pi \cdot 30\text{ Hz} \cdot 1\text{ M}\Omega} = 5{,}3\text{ nF}$$

Gewählt: $C1 = 5{,}6$ nF

$$C2 = \frac{1}{2\pi \cdot f_{gu} \cdot (r_a + R_L)} \qquad r_a = R_D \parallel r_{DS} = 47\ \text{k}\Omega \parallel \frac{1}{25\ \mu\text{S}} \qquad R_L = 10\ \text{k}\Omega$$

$$r_a = 21{,}61\ \text{k}\Omega$$

$$C2 = \frac{1}{2\pi \cdot 30\ \text{Hz} \cdot 31{,}61\ \text{k}\Omega} = 167{,}8\ \text{nF}$$

Gewählt: $C2 = 220\ \text{nF}$

$$C_S \approx 0{,}2 \cdot \frac{S}{f_{gu}} = 0{,}2 \cdot \frac{1\ \text{mS}}{30\ \text{Hz}} = 6{,}67\ \mu\text{F}$$

Gewählt: $C_S = 6{,}8\ \mu\text{F}$

$$V_u \approx S \cdot r_a = 1\ \text{mS} \cdot 21{,}61\ \text{k}\Omega$$

$$V_u \approx 22$$

$$f_{go} \approx \frac{1}{2\pi\,(C_{22} + C_{sch}) \cdot r_a} = \frac{1}{2\pi\,(1{,}6\ \text{pF} + 150\ \text{pF}) \cdot 21{,}61\ \text{k}\Omega}$$

$$f_{go} \approx 48{,}58\ \text{kHz}$$

Die ermittelten Werte für die Widerstände und Kondensatoren sind in die Schaltung nach **Bild 5.64** eingetragen.

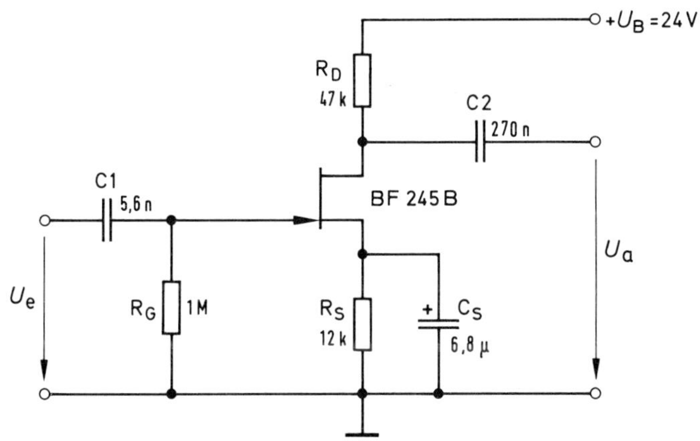

Bild 5.64 Schaltbild des berechneten Wechselspannungsverstärkers

Bei der Schaltung nach Bild 5.64 ist die Verstärkung durch die Dimensionierung festgelegt. Sie läßt sich aber auch in gewissen Grenzen verändern, wenn der Drainwiderstand und der Sourcewiderstand einstellbar gemacht werden. Hierzu können jeweils Trimmer in Reihe geschaltet werden. **Bild 5.65** zeigt eine derartige Versuchsschaltung.

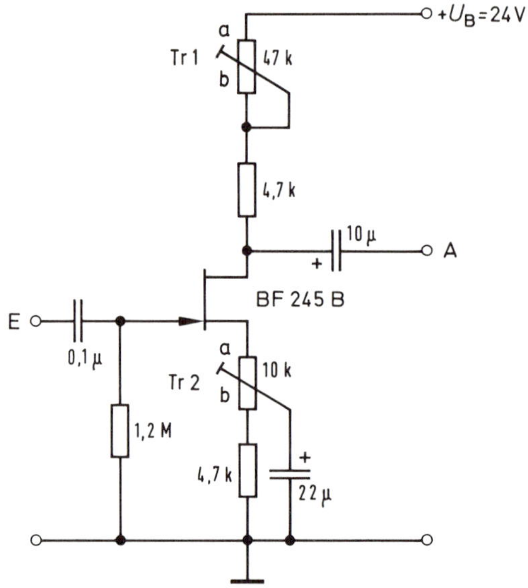

Bild 5.65 Wechselspannungsverstärker mit einstellbarer Verstärkung

Bei der Schaltung nach Bild 5.65 kann der Drainwiderstand durch den Trimmer Tr1 zwischen $R_D = 4{,}7$ kΩ und $R_D = 51{,}7$ kΩ geändert werden. Mit dem Trimmer Tr2 wird der Sourcewiderstand von insgesamt $R_S = 14{,}7$ kΩ wechselspannungsmäßig durch den Sourcekondensator überbrückt. Bei Einstellung des Trimmer Tr2 in Richtung zum Anschlag b entsteht eine Gegenkopplung durch den nicht überbrückten Widerstandsteil, so daß die Verstärkung kleiner wird.
Je nach Einstellung der Trimmer ergeben sich folgende Verstärkungen:

Trimmer Tr1	Trimmer Tr2	V_u
Anschlag a	Anschlag a	≈ 14
Anschlag b	Anschlag a	≈ 155
Anschlag a	Anschlag b	≈ 2,4
Anschlag b	Anschlag b	≈ 24

Bei der Versuchsschaltung nach Bild 5.65 kann die Verstärkung zwischen $V_u \approx 2{,}4$ und $V_u \approx 155$ kontinuierlich auf jeden beliebigen Zwischenwert eingestellt werden. Sie eignet sich daher z. B. sehr gut zur Anpassung der Ausgangsspannung eines Signalgebers an die Eingangsbedingungen einer weiteren Verstärkerstufe.

5.7.2 Gleichspannungsverstärker

Wegen ihres sehr hohen Eingangswiderstandes lassen sich Feldeffekt-Transistoren sehr gut auch als Gleichspannungsverstärker in elektronischen Spannungsmessern einsetzen. **Bild 5.66** zeigt als Beispiel die Schaltung eines elektronischen Spannungsmessers für Gleichspannungen, in der ein Sperrschicht-FET als Gleichspannungsverstärker verwendet wird.

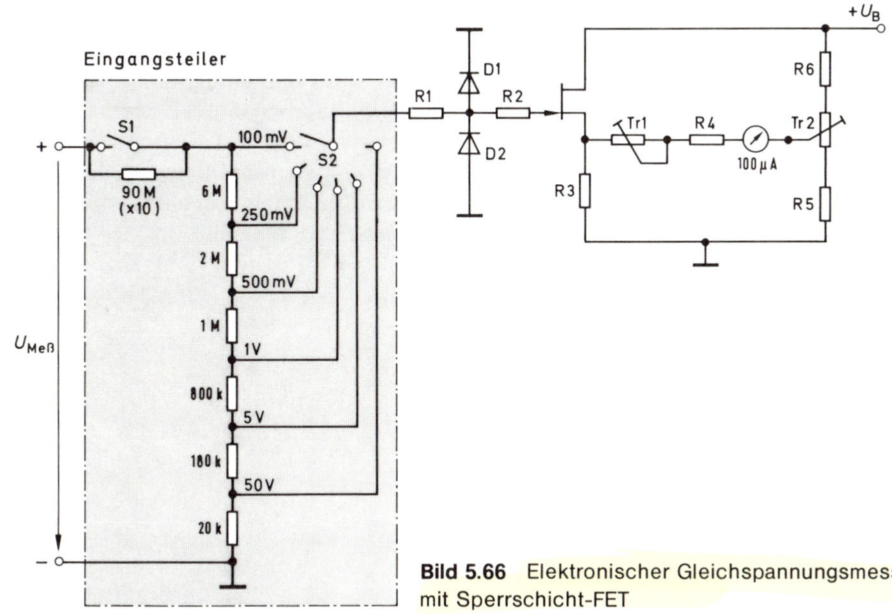

Bild 5.66 Elektronischer Gleichspannungsmesser mit Sperrschicht-FET

Der Sperrschicht-FET wird hier in Drainschaltung betrieben. Er bildet mit seinem Sourcewiderstand einen Zweig einer Brückenschaltung. In der Brückendiagonale liegt das 100-µA-Meßwerk. Der Nullabgleich erfolgt bei kurzgeschlossenem Eingang mit dem Trimmer Tr2, indem der Brückenstrom auf Null eingestellt wird.

Der Vollausschlag des 100-µA-Instrumentes wird bei einer Eingangsspannung von 100 mV vorgenommen. Der Abgleich auf Vollausschlag erfolgt mit Hilfe des Trimmers Tr1. Die Dioden D1 und D2 wirken als Überlastungsschutz. Sie werden leitend, wenn nach dem Eingangswiderstand *R*1 noch eine Spannung größer 0,7 V auftritt. Die Gatevorspannung wird durch den Widerstand R3 erzeugt.

Gelangt ein Gleichspannungs-Meßsignal über den Eingangswiderstand *R*1 auf das Gate des Sperrschicht-FETs, so wird sein Drainstrom größer. Sein Kanalwiderstand R_{DS} wird also niederohmiger und die Brücke kommt aus dem Gleichgewicht. Es fließt ein Strom über das Instrument, dessen Ausschlag proportional der Eingangs-Meßspannung ist.

Durch Vorschalten eines mehrstufigen Spannungsteilers kann der beschriebene elektronische Spannungsmesser zu einem Mehrbereichsinstrument erweitert werden. Bei der angegebenen Dimensionierung des Spannungsteilers ergeben sich Meßbereiche mit Endausschlägen für $U_E = 100$ mV bis $U_E = 50$ V. Die Umschaltung dieser Meßbereiche erfolgt mit dem Schalter S2. Durch Öffnen des Schalters S1 wird ein zusätzlicher Widerstand von 90 MΩ zwischen Eingangsbuchse und Spannungsteiler gelegt. Dadurch werden alle Meßbereiche um den Faktor 10 vergrößert.

Bei geschlossenem Schalter S1 hat der elektronische Spannungsmesser also 6 Meßbereiche mit Endausschlägen bei 100 mV, 250 mV, 500 mV, 1 V, 5 V und 50 V. Der Eingangswiderstand beträgt hierbei 10 MΩ. Bei geöffnetem Schalter S1 ergeben sich 6 Meßbereiche mit den Endausschlägen bei 1 V, 2,5 V, 5 V, 10 V, 50 V und 500 V. Der Eingangswiderstand beträgt dann 100 MΩ.

5.7.3 Konstantstromquelle

Konstantstromquellen sind Schaltungen mit einem sehr hochohmigen Innenwiderstand, die in einem größeren Spannungsbereich nahezu gleichbleibende Ströme liefern. Mit Feldeffekt-Transistoren lassen sich besonders einfach Konstantstromquellen realisieren. Ausgenutzt wird dabei der große Ausgangswiderstand r_{DS} von FETs bei Betrieb im Abschnürbereich. Die Drain-Source-Spannung U_{DS} hat nämlich nur einen sehr kleinen Einfluß auf die Größe des Drainstromes. **Bild 5.67** zeigt eine Konstantstromquelle mit einem Sperrschicht-FET.

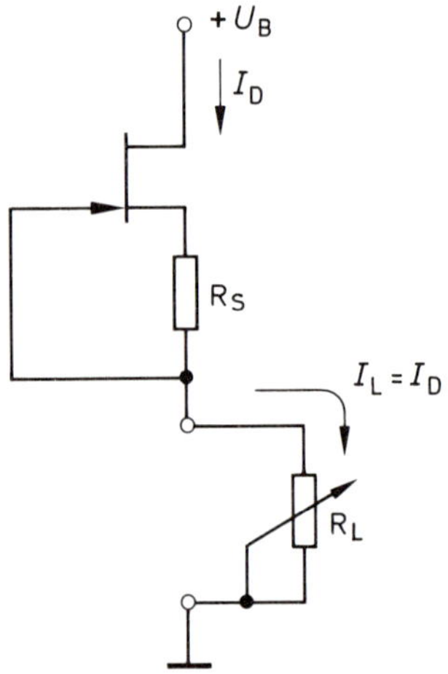

Bild 5.67 Konstantstromquelle mit Sperrschicht-FET

Bei der Schaltung nach Bild 5.67 wird die erforderliche Gatespannung U_{GS} durch den Sourcewiderstand R_S erzeugt.

$$-U_{GS} = I_D \cdot R_S$$

Die Gatespannung wird meistens so gewählt, daß der Arbeitspunkt in der Mitte des Steuerkennlinienfeldes liegt. Aus diesem Kennlinienfeld kann auch ermittelt werden, welche Gate-Source-Spannung für einen bestimmten Laststrom I_L erforderlich ist.

$$I_L = I_D = \frac{-U_{GS}}{R_S}$$

Die Arbeitsweise der Konstantstromquelle beruht auf einem Regelvorgang. Steigt z. B. der konstant zu haltende Laststrom geringfügig an, so steigt auch der Spannungsabfall an R_S an. Dadurch wird aber die Gatevorspannung negativer und sie bewirkt, daß der Drainstrom wieder auf seinen ursprünglichen Wert absinkt. Ein gegensätzlicher Regelvorgang läuft ab, wenn I_L geringfügig kleiner wird.
Der dynamische Innenwiderstand einer Konstantstromquelle mit FET ergibt sich zu:

$$r_i = r_{DS}\,(1 + S \cdot R_S).$$

Soll der Laststrom I_L einstellbar sein, so muß für einen Teil des Widerstandes R_S ein Trimmer verwendet werden. Der zulässige Arbeitsbereich hängt dann vom eingestellten Konstantstrom und von der Wahl des Arbeitspunktes ab.

Beispiel

Eine Konstantstromquelle soll für eine Betriebsspannung $U_B = 12$ V mit einem Sperrschicht-FET vom Typ BF 245 B aufgebaut werden. Die Schaltung ist so zu dimensionieren, daß der Konstantstrom im Bereich von $I_{L\,max} = 10$ mA bis $I_{L\,min} = 2$ mA einstellbar ist.
Aus der Steuerkennlinie lassen sich folgende Werte entnehmen:

$I_D = 10$ mA bei $-U_{GS} = 0{,}1$ V
$I_D = 1$ mA bei $-U_{GS} = 2$ V.

Weiterhin wird für diesen FET-Typ angegeben: $S = 3$ mS, $y_{22} = 25$ µS.

Für $I_{L\,max} = 10$ mA

$$R_S = \frac{-U_{GS}}{I_{D\,max}} = \frac{0{,}1\text{ V}}{10\text{ mA}} = 10\ \Omega$$

$$r_i = r_{DS}\,(1 + S \cdot R_S) = \frac{1}{25\ \mu\text{S}}\,(1 + 3\text{ mS} \cdot 0{,}01\text{ k}\Omega) = 41{,}2\text{ k}\Omega$$

Für $I_{L\,min} = 2$ mA

$$R_S = \frac{-U_{GS}}{I_{D\,min}} = \frac{2\text{ V}}{2\text{ mA}} = 1\text{ k}\Omega$$

$$r_i = r_{DS}\,(1 + S \cdot R_S) = \frac{1}{25\ \mu\text{S}}\,(1 + 3\text{ mS} \cdot 1\text{ k}\Omega) = 160\text{ k}\Omega$$

Die ermittelten Werte für R_S sind in die Schaltung nach **Bild 5.68** eingetragen.

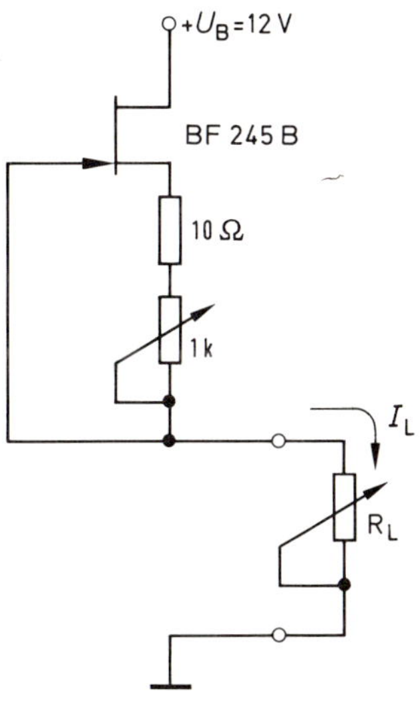

Bild 5.68 Schaltbild der berechneten Konstantstromquelle

Beim Einsatz von Konstantstromquellen mit FETs muß unbedingt darauf geachtet werden, daß die Grenzwerte $U_{DS\,max}$, $I_{D\,max}$ und P_{tot} nicht überschritten werden können.

Konstantstromquellen mit FETs haben den großen Vorteil, daß sie ohne zusätzliche Hilfsspannungen auskommen und sich wie Zweipole behandeln lassen. Sie können daher wie ein beliebiger ohmscher Widerstand in eine Schaltung eingebaut werden.

5.7.4 Steuerbarer Widerstand

FETs verhalten sich annähernd wie ohmsche Widerstände, solange die Drain-Source-Spannung kleiner als die Abschnürspannung ist. In **Bild 5.69** ist dieser ohmsche Bereich im Ausgangskennlinienfeld eines FETs angegeben.

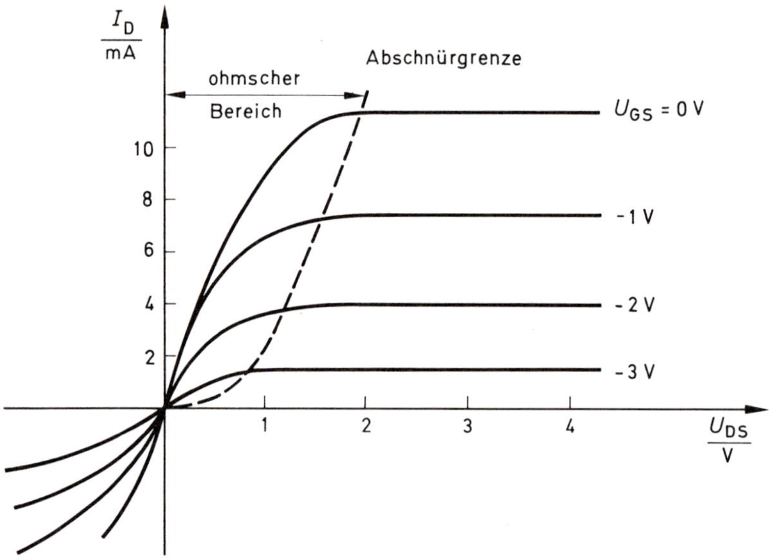

Bild 5.69 Ausgangskennlinienfeld eines FETs mit Angabe des ohmschen Bereichs

Der Kanalwiderstand hat im ohmschen Bereich den Wert

$$R_{DS} = \frac{U_{DS}}{I_D}$$

Dieser Kanalwiderstand hängt stark von der Gate-Source-Spannung ab und läßt sich je nach FET-Typ zwischen etwa $10^1\ \Omega$ bis $10^9\ \Omega$ variieren. Wird ein Festwiderstand R_V entsprechend **Bild 5.70** mit diesem veränderbaren Kanalwiderstand eines FETs in Reihe geschaltet, so entsteht ein Spannungsteiler, dessen Ausgangsspannung sich über U_{GS} leistungslos verändern läßt. Für die Ausgangsspannung ergibt sich dann

$$U_A = U_B \cdot \frac{R_{DS}}{R_V + R_{DS}}$$

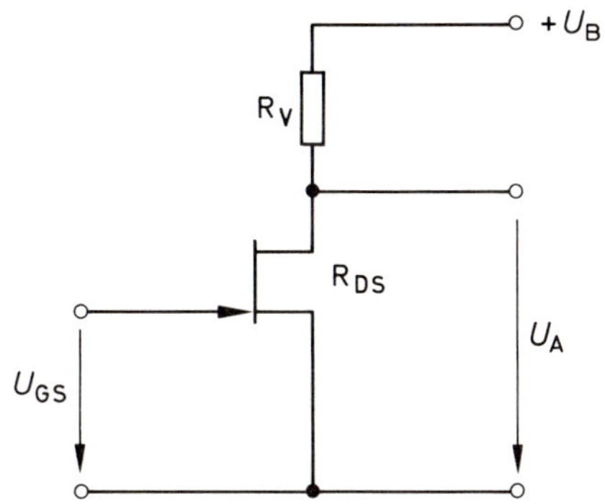

Bild 5.70 FET als steuerbarer Widerstand

Beispiel

Welche Ausgangsspannung U_A stellt sich bei einer Schaltung nach Bild 5.69 ein, wenn $U_B = 6$ V sowie $R_V = 470\ \Omega$ betragen und $R_{DS} = 100\ \Omega$ bei $-U_{GS} = 1$ V ist?

$$U_A = U_B \cdot \frac{R_{DS}}{R_V + R_{DS}} = 6\ \text{V} \cdot \frac{100\ \Omega}{470\ \Omega + 100\ \Omega} = 1{,}05\ \text{V}$$

6 Fotohalbleiter und Anzeigeeinheiten

6.1 Allgemeines

Die Fotohalbleiter lassen sich nach verschiedenen Kriterien unterteilen. So kann eine Grobeinteilung nach lichtempfindlichen und lichtemittierenden Bauelementen vorgenommen werden. Zu den lichtempfindlichen Fotohalbleitern gehören Fotowiderstände, Fotodioden und Fototransistoren. Bei ihnen bewirkt auftreffendes Licht eine Erhöhung der Leitfähigkeit des Halbleitermaterials, die dann auf unterschiedliche Weise ausgenutzt werden kann. Fotowiderstände, Fotodioden und Fototransistoren werden daher auch als »passive Fotohalbleiter« bezeichnet.
Bei den Fotoelementen und Solarzellen handelt es sich dagegen um »aktive Fotohalbleiter«, weil das auftreffende Licht einen elektrischen Strom erzeugt. Fotoelemente und Solarzellen wandeln Lichtenergie in elektrische Energie um.
Die Schaltzeichen aller lichtempfindlichen Fotohalbleiter sind aus den Schaltzeichen der Grund-Bauelemente abgeleitet. Die zusätzliche Eigenschaft der Lichtempfindlichkeit wird jeweils durch zwei parallele, auf das Bauelement gerichtete Pfeile symbolisiert. In **Bild 6.1** sind die Schaltzeichen der lichtempfindlichen Bauelemente dargestellt.

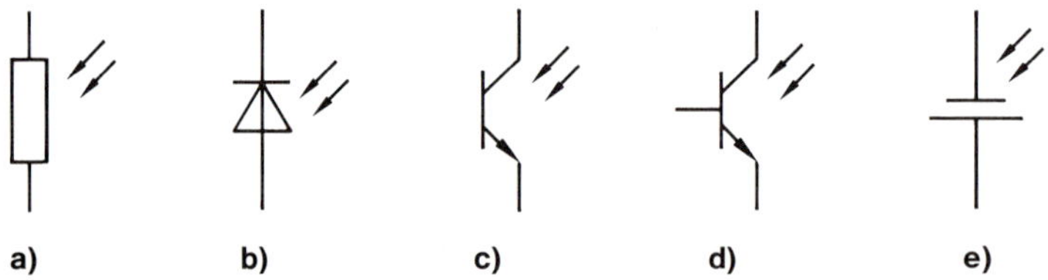

a) Fotowiderstand
b) Fotodiode
c) NPN-Fototransistor ohne Basisanschluß
d) NPN-Fototransistor mit Basisanschluß
e) Fotoelement und Solarzelle

Bild 6.1 Schaltzeichen der lichtempfindlichen Bauelemente

Die lichtemittierenden Fotohalbleiter wandeln elektrische Energie in Lichtenergie um. Wichtigstes Bauelement ist die Leuchtdiode. Sie wird auch als Lumineszenzdiode oder *L*icht-emittierende-*D*iode bezeichnet. Hieraus wurde die Kurzbezeichnung LED abgeleitet (engl.: *l*ight *e*mitting *d*iode). Bei den LEDs hängt die Farbe des abgestrahlten Lichtes von der Art des verwendeten Halbleiterwerkstoffes ab. Hergestellt werden rote, orange, gelbe und grüne Leuchtdioden. Es gibt auch Leuchtdioden, die im Infrarotbereich, also im Bereich des unsichtbaren Lichtes arbeiten. Das Schaltzeichen einer Leuchtdiode ist zusammengesetzt aus dem Schaltzeichen einer Diode sowie zwei parallelen Pfeilen, die von der Diode weggerichtet sind und somit das ausgestrahlte Licht kennzeichnen.
Werden LEDs und lichtempfindliche Fotohalbleiter kombiniert, ist eine Signalübertragung mit Hilfe des Lichtes möglich. Die Leuchtdiode arbeitet dann als Sender und das lichtempfindliche Bauelement als Empfänger, wobei sowohl Fotowiderstände als auch Fotodioden oder Fototransistoren verwendet werden können. Derartige Kombinationen

von LEDs und lichtempfindlichen Fotohalbleitern werden als Optokoppler bezeichnet. **Bild 6.2** zeigt die Schaltzeichen von Leuchtdioden und Optokopplern.

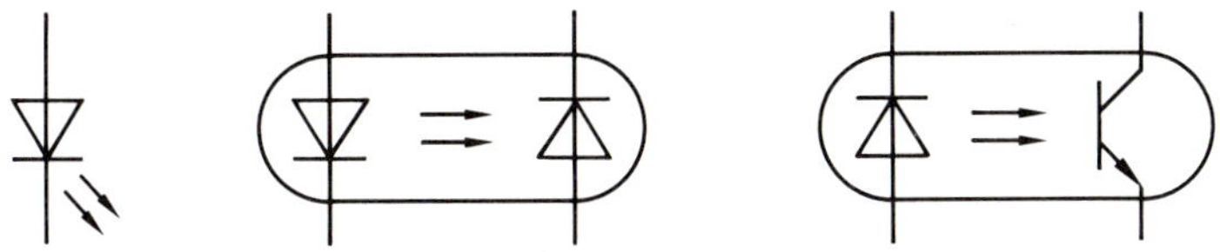

a) b) c)

a) Leuchtdiode
b) Optokoppler mit LED und Fotodiode
c) Optokoppler mit LED und Fototransistor

Bild 6.2 Schaltzeichen von Leuchtdioden und Optokopplern

Leuchtdioden werden in großem Umfang zur Anzeige von Signalen eingesetzt. Dabei erfolgt in der Regel die Zuordnung der gegensätzlichen Signalzustände »LED leuchtet« und »LED leuchtet nicht« zu ähnlich gegensätzlichen elektrischen oder nicht-elektrischen Zuständen.

Mehrere Leuchtdioden können aber auch zu Anzeigeeinheiten zusammengesetzt werden. So lassen sich durch entsprechende Anordnungen von Leuchtdioden Ziffern, Buchstaben oder auch beliebige andere Zeichen darstellen. Dabei wird das punktförmige Licht durch aufgesetzte kleine optische Linsen zu rechteckförmigen Leuchtsegmenten auseinandergezogen. Die bekannteste Anzeigeeinheit dieser Art ist die 7-Segment-Ziffernanzeige, bei der durch Ansteuerung der entsprechenden sieben einzelnen Leuchtdioden die Ziffern 0 bis 9 sowie noch einige andere Zeichen und Buchstaben angezeigt werden können. Zur Anzeige von Ziffern, Buchstaben und Zeichen werden zunehmend aber auch Punkt-Matrix-Anzeigen eingesetzt. Bei diesen Anzeigen sind die Leuchtdioden systematisch in Spalten und Zeilen angeordnet. Eine derartige Anordnung wird als Matrix bezeichnet.

Durch Punkt-Matrix-Anzeigen mit 4×7 Leuchtpunkten oder 5×7 Leuchtpunkten lassen sich mehr Zeichen und Buchstaben in feinerer Struktur als bei den 7-Segment-Anzeigen darstellen. Die Ansteuerung dieser Punkt-Matrix-Anzeigen zur Erzeugung aller möglichen Zeichen erfordert bereits einen erheblichen Aufwand und ist nur noch mit Hilfe integrierter Schaltungen möglich.

In **Bild 6.3** ist das Grundprinzip der 7-Segment-Ziffernanzeige sowie der 4×7-Punkt-Matrix-Anzeige dargestellt. Einheitlich, genormte Schaltzeichen gibt es für Anzeigeeinheiten nicht.

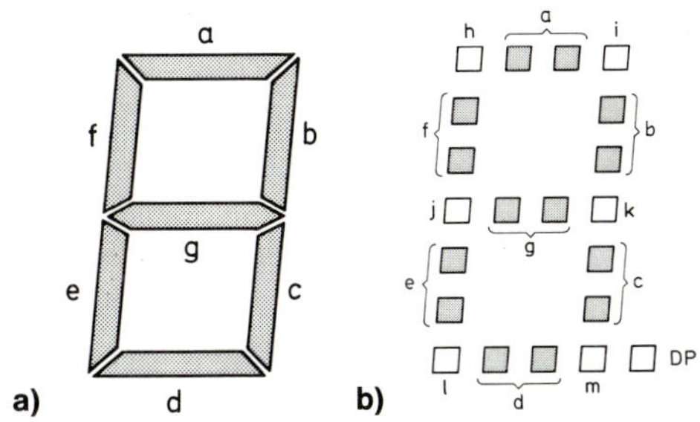

a) 7-Segment-Ziffernanzeige
b) 4×7-Punkt-Matrix-Anzeige

Bild 6.3 Grundprinzip von Anzeigeeinheiten

Ein Nachteil der Anzeigeeinheiten mit LEDs ist die relativ große Leistung, die zur Erzeugung des abgestrahlten Lichtes für jede einzelne Leuchtdiode aufgebracht werden muß. Daher werden zur Anzeige von Ziffern, Buchstaben oder beliebiger anderer Zeichen immer mehr Flüssigkristallanzeigen eingesetzt, die in Kurzform LCDs (engl.: *l*iquid *c*rystal *d*isplay) genannt werden. Sie haben nur einen äußerst kleinen Leistungsbedarf, können allerdings auch nur abgelesen werden, wenn Fremdlicht auf die Anzeige einstrahlt. Bei diesen Flüssigkristallanzeigen werden die Moleküle bestimmter kristallartiger Flüssigkeiten zwischen zwei Elektroden, also durch ein elektrisches Feld ausgerichtet. Dadurch geht zwischen den Elektroden der durchsichtige Zustand des Flüssigkristall-Werkstoffes in einen fast undurchsichtigen Zustand über, so daß an diesen Stellen die der Elektrodenform entsprechenden Zeichen sichtbar werden.

6.2 Lichttechnische Grundgrößen

Um die von den Herstellern angegebenen Daten und Kennlinien von Fotohalbleitern zu verstehen und sie miteinander vergleichen zu können, ist es erforderlich, einige der wichtigsten lichtelektrischen Grundgrößen sowie deren physikalische Zusammenhänge zu kennen. Für den praktisch tätigen Elektroniker ist es aber nicht notwendig, diese Größen selbst zu bestimmen. In vielen Anwendungsfällen tritt sowohl sichtbares als auch unsichtbares Licht gleichzeitig auf, so daß es ohnehin zweckmäßig oder erforderlich ist, die Fotohalbleiter oder die entsprechenden Schaltungen unter Original-Arbeitsbedingungen zu erproben.
Licht ist eine elektromagnetische Schwingung, die auch als elektromagnetische Strahlung bezeichnet wird. Die Sonne ist unsere größte, natürliche Lichtquelle. Glühlampen, Leuchtstoffröhren oder lichtemittierende Fotohalbleiter sind künstliche Lichtquellen, in denen auf verschiedenartige Weise elektrische Energie in Lichtenergie, d. h. in Strahlungsenergie umgesetzt wird. Das sichtbare, also vom menschlichen Auge wahrnehmbare Licht ist nur ein sehr kleiner Ausschnitt aus dem großen Spektrum der elektromagnetischen Wellen. Dieses Spektrum erstreckt sich vom technischen Wechselstrom mit sehr niedriger Frequenz bis hin zur kosmischen Strahlung mit sehr hoher Frequenz. Da die Ausbreitungsgeschwindigkeit der elektromagnetischen Wellen etwa 300 000 km/s $= 3 \cdot 10^8$ m/s beträgt, besteht ein fester Zusammenhang zwischen der Frequenz f und der Wellenlänge λ der elektromagnetischen Schwingungen. Es gilt

$$\lambda = \frac{3 \cdot 10^8}{f} \frac{\text{m/s}}{\text{1/s}} .$$

In **Bild 6.4** ist das Spektrum der elektromagnetischen Schwingungen dargestellt, und zwar bezogen sowohl auf die Frequenz als auch auf die Wellenlänge. Die Übergänge zwischen den angegebenen Bereichen sind stets fließend.

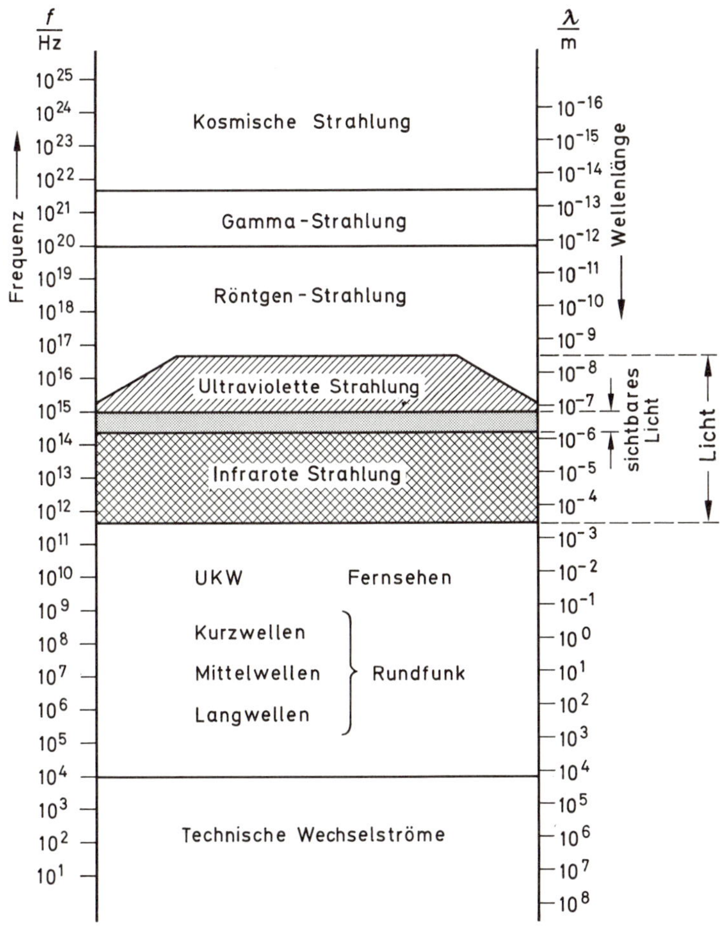

Bild 6.4 Spektrum der elektromagnetischen Schwingungen

Der Bereich des sichtbaren Lichtes ist innerhalb des Gesamtspektrums sehr klein. Dem Licht werden aber auch noch die infrarote Strahlung sowie die ultraviolette Strahlung zugerechnet. Sie werden vom menschlichen Auge nicht mehr wahrgenommen und daher auch als unsichtbares Licht bezeichnet. Die Lichtempfindlichkeit von Fotohalbleitern kann aber durchaus auch im Bereich dieses unsichtbaren Lichtes liegen. **Bild 6.5** zeigt das Lichtspektrum nochmals in einem wesentlich vergrößerten Maßstab. Als Einheit für die Wellenlänge wird meistens das Nanometer (1 nm = $1 \cdot 10^{-9}$ m) verwendet.

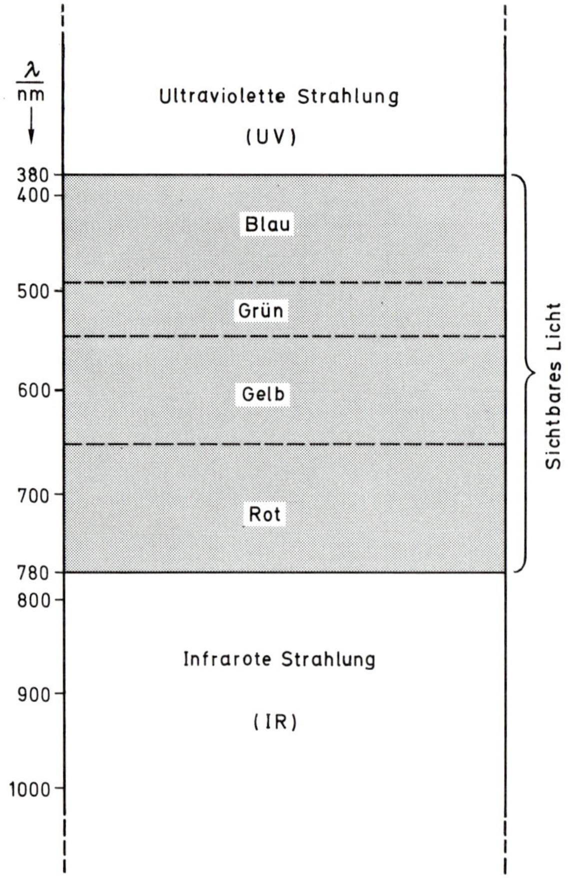

Bild 6.5 Spektrum des Lichtes

In Bild 6.5 ist zu erkennen, daß die Farbe des Lichtes von der Wellenlänge abhängt. Das Infrarotlicht (IR) hat eine Wellenlänge von etwa 780 nm bis 1000 nm. Es schließt sich dann das langwellige, aber schon sichtbare dunkelrote Licht an. Das kurzwelligste sichtbare Licht hat eine violette Farbe und in Richtung kleinerer Wellenlänge folgt dann der Übergang zum unsichtbaren ultravioletten Licht (UV). Diese Reihenfolge der Farben ist z. B. auch bei jedem Regenbogen deutlich zu erkennen. Sie werden als Spektralfarben des Lichtes bezeichnet.
Das natürliche, weiße Sonnenlicht, aber auch das von Glühlampen oder Leuchtstoffröhren erzeugte Licht ist stets eine Mischung von elektromagnetischen Schwingungen der verschiedensten Wellenlängen. So läßt sich das Sonnenlicht mit Hilfe eines Prismas in die in Bild 6.5 angegebenen Spektralfarben zerlegen. Bei den künstlichen Lichtquellen ist es durch unterschiedliche Werkstoffe oder andere physikalische Eigenschaften möglich, den Hauptanteil der Strahlung, z. B. in dem Infrarot-Bereich, dem rot-orange-Bereich oder dem gelb-grün-Bereich zu verlegen.

Für die von einer Lichtquelle ausgesandte Strahlungsenergie wird das Formelzeichen Q_e und die Einheit Wattsekunde Ws verwendet.

Strahlungsenergie: Q_e in Ws

Als Strahlungsleistung oder auch als Strahlungsfluß wird die von einer Lichtquelle pro Zeiteinheit ausgesandte Strahlungsenergie bezeichnet. Sie hat das Formelzeichen Φ_e und die Einheit Watt W.

Strahlungsleistung: Φ_e in W

Ist die ausgesandte Strahlungsenergie konstant, so gilt:

Strahlungsleistung: $\Phi_e = \frac{Q_e}{t}$

Eine weitere wichtige Einheit ist die Strahlstärke oder Strahlungsintensität I_e. Sie ergibt sich aus dem Verhältnis der von einer punktförmigen Lichtquelle ausgehenden Strahlungsleistung zu dem durchstrahlten Raumwinkel Ω. (Der griechische Buchstabe Ω wird hier als physikalische Größe wie z. B. U oder I und nicht als Einheit wie beim elektrischen Widerstand verwendet.) Die Einheit dieses Raumwinkels Ω ist der Steradiant, für den als Abkürzung sr üblich ist. In **Bild 6.6** ist der Zusammenhang zwischen einer punktförmigen Lichtquelle und dem Raumwinkel Ω als Kugelausschnitt dargestellt.

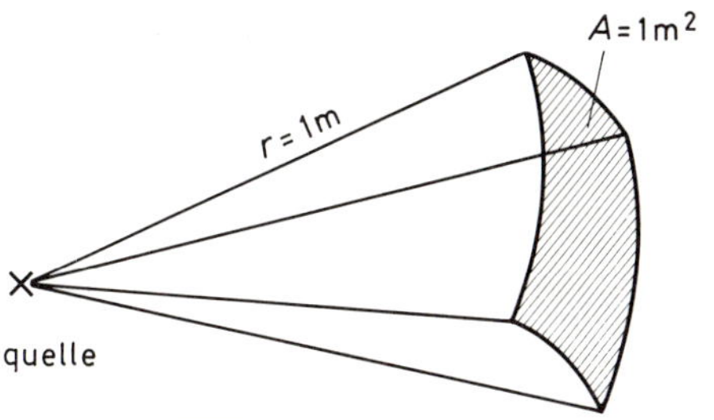

Bild 6.6 Raumwinkel Ω als Kugelausschnitt

Die Grundeinheit Steradiant liegt vor, wenn bei einem Kugelradius von 1 m die Kugelausschnittsfläche 1 m^2 beträgt. Ist die Strahlungsleistung einer punktförmigen Lichtquelle für alle Raumwinkel gleich groß, so kann vereinfacht gesetzt werden:

Strahlstärke: $I_e = \frac{\Phi_e}{\Omega}$ in $\frac{\text{W}}{\text{sr}}$

Die angegebenen strahlungstechnichen Größen Q_e, Φ_e und I_e gelten zwar ganz allgemein, werden aber in Zusammenhang mit Fotohalbleitern nur bei unsichtbarem Licht, also im wesentlichen bei infraroten Lichtquellen verwendet. Im Bereich des sichtbaren Lichtes muß dagegen noch berücksichtigt werden, daß das menschliche Auge für die verschiedenen Farben eine unterschiedliche Wahrnehmungsempfindlichkeit aufweist. In **Bild 6.7** ist der Hellempfindlichkeitsgrad des menschlichen Auges in Abhängigkeit von der Wellenlänge des Lichtes angegeben. Danach liegt die höchste Empfindlichkeit des Auges bei einer Wellenlänge von $\lambda \approx 555$ nm. Sie entspricht etwa dem grün-gelben Licht. Die Hellempfindlichkeit des Auges bei $\lambda = 555$ nm ist in dem Diagramm nach Bild 6.7 gleich 1 gesetzt. Nach kürzeren oder längeren Wellenlängen hin nimmt die Hellempfindlichkeit des Auges ab und erreicht beim Übergang zum IR-Licht oder UV-Licht den Wert 0, d. h. es wird dann keine Lichtstrahlung mehr wahrgenommen.

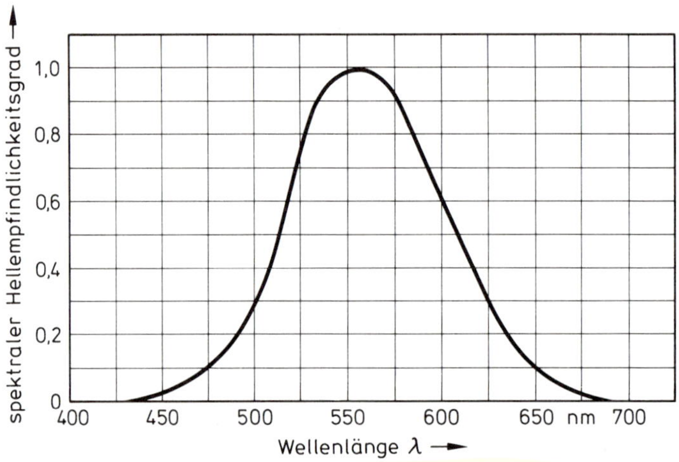

Bild 6.7 Spektraler Hellempfindlichkeitsgrad des Auges

Wird der spektrale Hellempfindlichkeitsgrad des Auges mit berücksichtigt, so ergeben sich andere lichttechnische Größen und Einheiten für den Bereich des sichtbaren Lichtes. So wird anstelle der Strahlungsenergie Q_e die physikalische Größe Lichtmenge oder Lichtenergie Q_V verwendet. Die Einheit dieser Lichtmenge ist die Lumensekunde (lms).

Lichtmenge: Q_V in lms (Lumensekunde)

Der Strahlungsleistung Φ_e entspricht der Lichtstrom oder die Lichtleistung Φ_V mit der Einheit Lumen (lm).

Lichtstrom: Φ_V in lm (lat: Lumen = Licht).

Eine Glühlampe von 40 W/220 V liefert z. B. einen Lichtstrom von etwa 400 bis 450 Lumen, eine Leuchtstoffröhre 40 W/220 V je nach Typ etwa 2.000 bis 3.000 Lumen. Der von einer Leuchtdiode erzeugte Lichtstrom liegt dagegen nur in der Größenordnung von etwa 0,2 Lumen.
Bei ausgesandter konstanter Lichtmenge gilt wiederum

Lichtstrom: $\Phi_V = \frac{Q_V}{t}$

Entsprechend wird bei Berücksichtigung der Empfindlichkeit des Auges anstelle der Strahlstärke I_e in W/sr die daraus abgeleitete Größe Lichtstärke in lm/sr verwendet.

Lichtstärke: $I_V = \frac{\Phi_V}{\Omega}$ in $\frac{\text{lm}}{\text{sr}}$

Die Einheit Lumen pro Steradiant wird als »Candela« (lat: candela = Kerze) bezeichnet, für die die Abkürzung cd benutzt wird.

Lichtstärke: I_V in $\frac{lm}{sr} = cd$ (Candela)

In den technischen Daten und Kennlinien von Leuchtdioden, die sichtbares Licht abstrahlen, werden wegen der erforderlichen Berücksichtigung der Hellempfindlichkeit des Auges stets die lichttechnischen Größen Q_V, Φ_V und I_V angegeben. Bei LEDs, die im Infrarotbereich arbeiten, werden dagegen die strahlungstechnischen Größen Q_e, Φ_e und I_e verwendet.

Die bisher angeführten lichttechnischen Größen gelten nur für die lichtemittierenden Bauelemente. Die lichtempfindlichen Fotohalbleiter reagieren dagegen nur auf einfallendes Licht. Als technische Größe für auffallendes Licht wurde die Bestrahlungs- bzw. Beleuchtungsstärke E festgelegt. Auch hier ist wieder zu unterscheiden zwischen der Bestrahlungsstärke E_e, wenn es sich um unsichtbares Licht handelt und der Beleuchtungstärke E_V, wenn im Bereich des sichtbaren Lichtes die Augenempfindlichkeit mit berücksichtigt werden muß.

Die Bestrahlungsstärke E_e ist das Verhältnis von einfallender Strahlungsleistung zur Fläche, auf die sie auftrifft. Es gilt daher:

Bestrahlungsstärke: $E_e = \frac{\Phi_e}{A}$ in $\frac{W}{m^2}$ (für unsichtbares Licht)

Als Beleuchtungsstärke E_V gilt dann sinngemäß das Verhältnis des auffallenden Lichtstromes zur Fläche, auf die er auftritt. Daher wird:

Beleuchtungsstärke: $E_V = \frac{\Phi_V}{A}$ in $\frac{lm}{m^2}$ (für sichtbares Licht)

Die Einheit Lumen pro m^2 wird als »Lux« (lat: lux = Licht) bezeichnet, für die die Abkürzung lx benutzt wird.

Beleuchtungsstärke: $E_V = \frac{\Phi_V}{A}$ in lx (Lux)

In **Bild 6.8** ist der Zusammenhang zwischen Lichtstrom und Beleuchtungsstärke veranschaulicht.

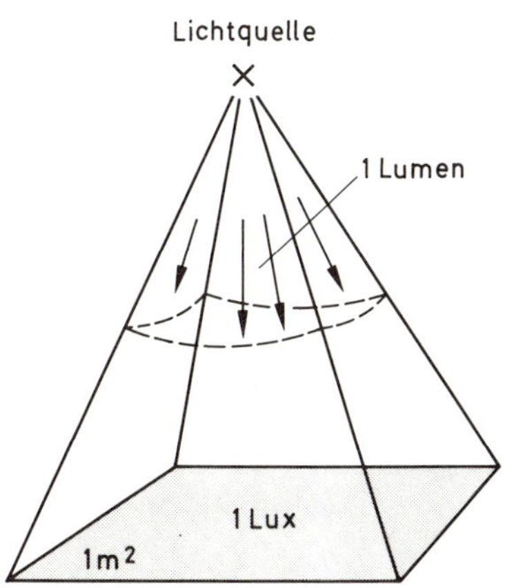

Bild 6.8 Zusammenhang zwischen Lichtstrom und Beleuchtungsstärke

Volles Sonnenlicht liefert eine Beleuchtungsstärke bis zu 100.000 Lux, bei Mondschein tritt dagegen nur noch eine Beleuchtungsstärke von etwa 0,1 Lux auf. Bei der Beleuchtung von Wohnungen und Werkstätten liegen die Beleuchtungsstärken etwa zwischen 150 Lux für Nebenräume und 1.000 Lux, die bereits für Feinarbeit ausreichen.
Von Bedeutung ist noch das fotometrische Entfernungsgesetz. Es besagt, daß die Bestrahlungs- bzw. Beleuchtungsstärke von Flächen umgekehrt proportional zum Quadrat der Entfernungen dieser Fläche von der Lichtquelle ist. In **Bild 6.9** ist dieser Zusammenhang grafisch dargestellt.

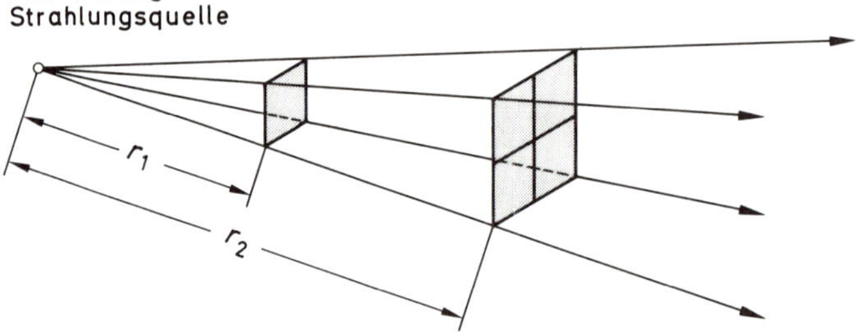

Bild 6.9 Fotometrisches Entfernungsgesetz

Als mathematische Gleichung ausgedrückt gilt daher:

$$E_e = \frac{I_e}{r^2} \quad \text{in } \frac{\text{W/sr}}{\text{m}^2} \quad \text{bzw. } E_V = \frac{I_V}{r^2} \quad \text{in } \frac{\text{cd}}{\text{m}^2}$$

Bei einigen, im sichtbaren Licht arbeitenden lichtempfindlichen Fotohalbleitern, ist die Spektralempfindlichkeit so breitbandig, daß auch die vom Auge nicht wahrnehmbare infrarote Strahlung zu einer Änderung der Leitfähigkeit führt. In diesen Fällen wird dann in den Kennlinien sowohl die Bestrahlungsstärke E_e als auch die Beleuchtungsstärke E_V angegeben.

6.3 Lichtempfindliche Fotohalbleiter

Bei den Fotowiderständen, Fotodioden, Fototransistoren, Fotoelementen und Solarzellen handelt es sich um lichtempfindliche Fotohalbleiter. Ihre Untergliederung ist in **Bild 6.10** aufgezeigt.

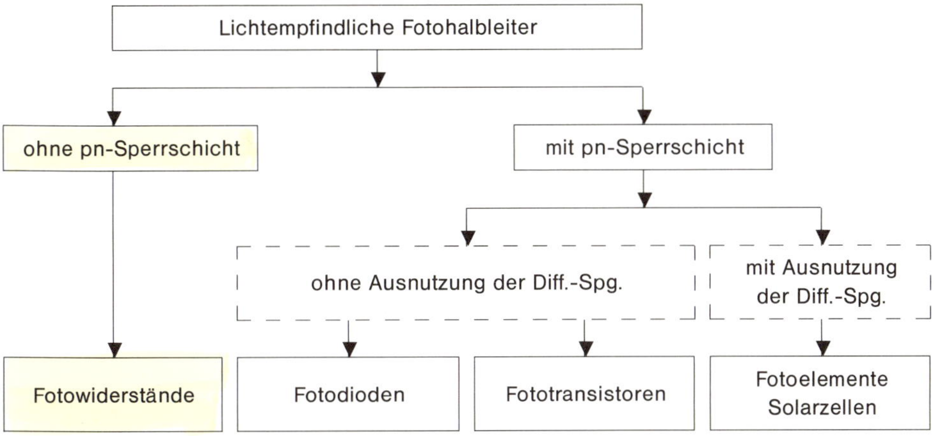

Bild 6.10 Lichtempfindliche Fotohalbleiter

Obwohl sich die verschiedensten Arten der lichtempfindlichen Fotohalbleiter von ihrem Aufbau und ihrer Funktion her durchaus unterscheiden, beruht ihre Wirkungsweise auf einem gleichen physikalischen Effekt. Er wird als »Innerer fotoelektrischer Effekt« bezeichnet.
Jedes Halbleitermaterial hat bei Raumtemperatur eine Eigenleitfähigkeit. Sie wird mit zunehmender Temperatur größer, weil durch die stärkeren Wärmebewegungen der Atome immer mehr Kristallbindungen aufbrechen und somit auch immer mehr frei bewegliche Elektronen entstehen. Dieser Effekt tritt aber nicht nur auf, wenn Wärmeenergie zugeführt wird, sondern auch dann, wenn dem Halbleitermaterial Energie in Form von Licht zugeführt wird. Die Zahl der durch das auftreffende Licht freigesetzten Elektronen wird umso größer, je größer die Bestrahlungs- bzw. Beleuchtungsstärke ist.

Dieser innere fotoelektrische Effekt tritt bei allen Halbleitermaterialien auf. Weil er sich bei den Dioden und Transistoren sehr störend auswirken würde, haben diese Bauelemente lichtundurchlässige Gehäuse. Bei allen lichtempfindlichen Fotohalbleitern sind die Gehäuse dagegen mit einem Fenster versehen, damit das Licht auf das Halbleitermaterial auftreffen kann.

6.3.1 Fotowiderstände

Fotowiderstände bestehen einheitlich aus Halbleiter-Mischkristallen. Da keine pn-Sperrschicht vorhanden ist, liegt auch keine Stromrichtungsabhängigkeit des Widerstandes vor. Fotowiderstände können daher sowohl an Gleichspannung als auch an Wechselspannung betrieben werden. Das auf den Fotowiderstand auftreffende Licht löst Valenzelektronen aus dem Kristallgitter des Halbleitermaterials und macht sie zu frei beweglichen Elektronen, durch die die Eigenleitfähigkeit erhöht wird. Der Widerstandswert von Fotowiderständen wird also mit zunehmender Beleuchtungsstärke kleiner.
Für die Herstellung von Fotowiderständen, deren spektrale Empfindlichkeit im Bereich des sichtbaren Lichtes liegt, werden als Halbleitermaterialien Cadmiumsulfid (CdS) und

Cadmiumselenid (CdSe) verwendet. Die spektrale Empfindlichkeit von Fotowiderständen aus Bleisulfid (PbS) und Indiumantimonid (InSb) liegt dagegen im Infrarotbereich. Diese infrarotempfindlichen Fotowiderstände haben heute jedoch keine besondere Bedeutung mehr.

Bild 6.11 zeigt die relative Empfindlichkeit von Cadmiumsulfid-Fotowiderständen. Deutlich erkennbar ist der sehr breite Spektralbereich, in dem eine große relative Empfindlichkeit auftritt. Zusätzlich eingetragen ist in dem Diagramm auch die mittlere Empfindlichkeit des menschlichen Auges.

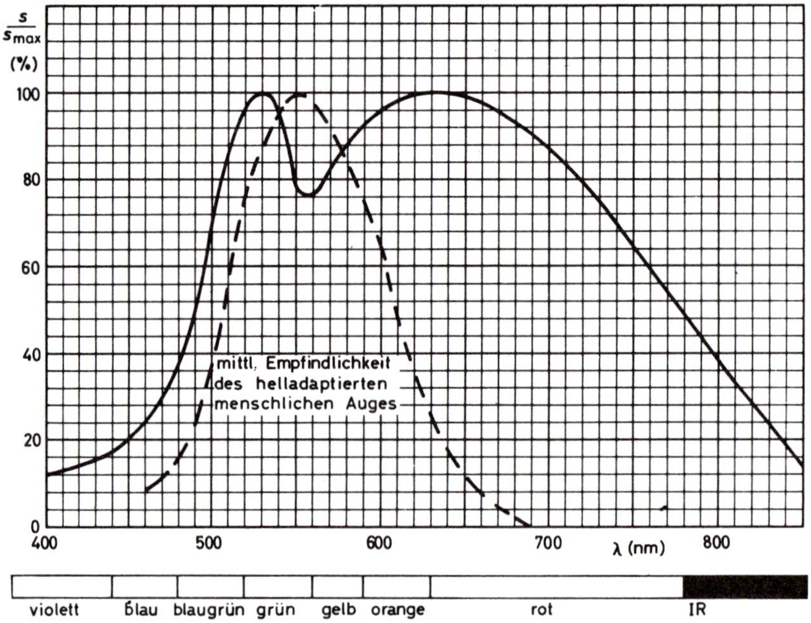

Bild 6.11 Relative Empfindlichkeit von Cadmiumsulfid-Fotowiderständen

Die wichtigsten Kennwerte von Fotowiderständen sind der Dunkelwiderstand R_0 und der Hellwiderstand R_H, der in den Datenblättern meistens für eine Beleuchtungsstärke von $E_V = 100$ Lux angegeben wird. Häufig sind aber zusätzlich auch noch die Hellwiderstände für eine Beleuchtungsstärke $E_V = 1000$ Lux als R_{1000} in den Datenblättern zu finden.

Dunkelwiderstand: R_0 = Widerstandswert 1 Minute nach völliger Abdunkelung
$R_0 > 10\,\text{M}\Omega$

Hellwiderstand: R_H = Widerstandswert bei $E_V = 100$ Lux oder $E_V = 1000$ Lux
$R_{H100} \approx 500\,\Omega$ bis $50\,\text{k}\Omega$ je nach Typ.

Als charakteristische Beispiele sind in **Bild 6.12** die Kennlinie des Fotowiderstandes vom Typ LDR 03 (Valvo) und in **Bild 6.13** die Kennlinie des Fotowiderstandes vom Typ ORP 62 (Valvo) dargestellt. Um die Arbeitsbereiche besser zu erfassen, wurde ein doppelt-logarithmischer Maßstab gewählt. Zu beachten ist bei einer derartigen Darstellung, daß trotz des geradlinigen Verlaufes der Kennlinie kein linearer Zusammenhang zwischen der Beleuchtungsstärke E_V und dem Widerstand R besteht.

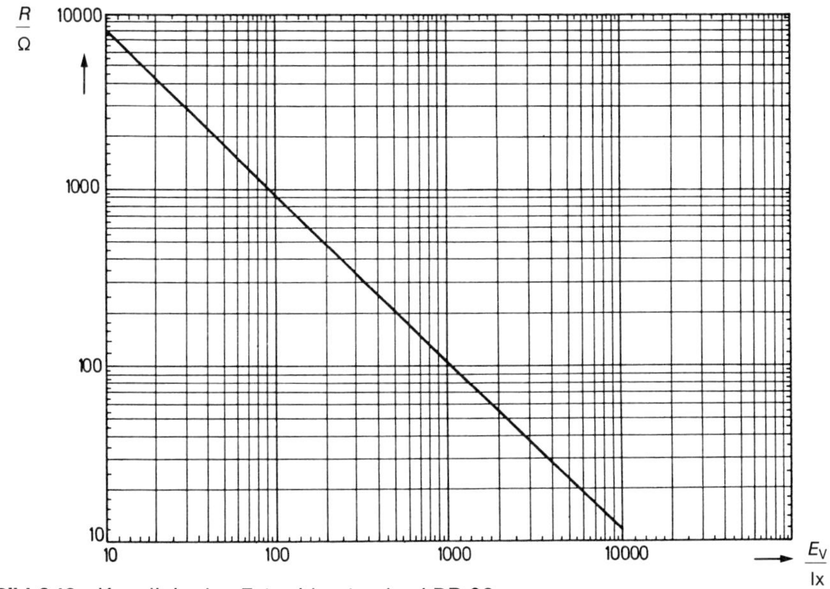

Bild 6.12 Kennlinie des Fotowiderstandes LDR 03

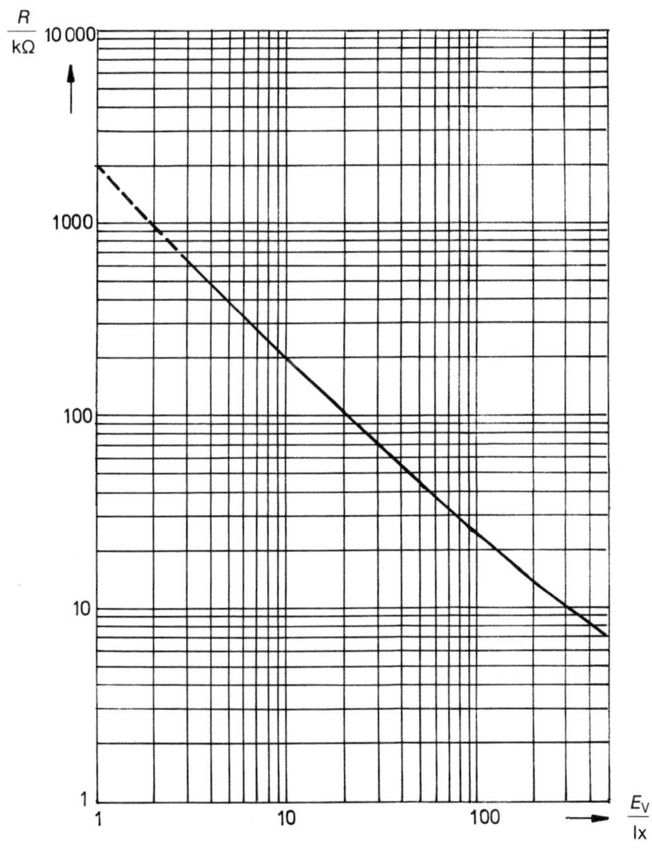

Bild 6.13 Kennlinie des Fotowiderstandes ORP 62

Die beiden Kennlinien nach Bild 6.12 und Bild 6.13 zeigen jeweils die Mittelwerte für die Fotowiderstände vom Typ LDR 03 und ORP 62. Die tatsächlich auftretenden Werte bei den einzelnen Fotowiderständen des gleichen Typs schwanken jedoch innerhalb eines bestimmten Streubereiches.
Aus den beiden Diagrammen ist abzulesen, daß beim Typ LDR 03 der Hellwiderstand $R_{H100} \approx 1\,k\Omega$ beim Typ ORP 62 dagegen $R_{H100} \approx 25\,k\Omega$ beträgt. Die jeweiligen Dunkelwiderstände R_0 können aus den Kennlinien nicht mehr abgelesen werden. Der Hersteller gibt für sie die Werte $R_0 > 10\,M\Omega$ (LDR 03) und $R_0 > 150\,M\Omega$ (ORP 62) an.
Für den praktischen Einsatz und die Schaltungsdimensionierung sind als Grenzwerte noch die maximal zulässige Betriebsspannung $U_{B\,max}$ sowie die maximal zulässige Verlustleistung der Fotowiderstände von Bedeutung. In der Tabelle nach **Bild 6.14** sind die wichtigsten Grenz- und Kennwerte der beiden ausgewählten Fotowiderstände zusammengefaßt.

Typ		LDR 03	ORP 62
$U_{B\,max}$	in V	150	350
P_{max}	in mW	100 ($T_U = 50\,°C$)	30 ($T_U = 70\,°C$)
R_0	in MΩ	>10	>150
R_H	in kΩ	1 ($E_V = 100\,lx$) 0,1–0,3 ($E_V = 1000\,lx$)	25 ($E_V = 100\,lx$)

Bild 6.14 Grenz- und Kennwerte der Fotowiderstände LDR 03 und ORP 62

Der Fotowiderstand vom Typ LDR 03 hat eine kleinere zulässige Betriebsspannung und wird daher überwiegend in Meß- und Überwachungsschaltungen zusammen mit Transistoren eingesetzt. Der Typ ORP 62 findet dagegen wegen seiner hohen zulässigen Betriebsspannung Anwendung in Steuerschaltungen, die direkt am 220-V-Wechselstromnetz arbeiten.
In **Bild 6.15** sind der typische Aufbau sowie zwei unterschiedliche Bauformen von Fotowiderständen dargestellt. Charakteristisch für Fotowiderstände ist der mäanderförmige Verlauf der Widerstandsbahn, die bei vielen Typen von außen deutlich sichtbar ist. Der Typ LDR 03 hat eine breite, flache Form und der ORP 62 eine schmale, lange Form. Auch die Lichteintrittsöffnungen sind sehr unterschiedlich.
Fotowiderstände gibt es inzwischen auch in flachen, rechteckförmigen Ausführungen und mit noch anderen Sondergehäusen, die dann ganz speziellen Forderungen angepaßt sind.
Beim praktischen Einsatz von Fotowiderständen muß noch beachtet werden, daß der Widerstandswert einer Änderung der Beleuchtungsstärke nur mit einer gewissen Trägheit folgt. Diese Trägheit hängt einerseits vom jeweiligen Arbeitspunkt ab und andererseits auch von der Stärke der Helligkeitsänderung. So können z. B. 30 Sekunden bis zu 20 Minuten je nach Typ vergehen, bis nach völliger Abdunkelung ein Dunkelwiderstand $R_0 > 1\,M\Omega$ erreicht wird. Diese Trägheit tritt auf, weil die durch Belichtung erzeugten, frei beweglichen Ladungsträger erst wieder rekombinieren müssen, also wieder in eine feste Bindung innerhalb des Kristallgitters eintreten. Fotowiderstände sind daher nicht besonders gut für einen Einsatz geeignet, bei dem schnelle Änderungen der Beleuchtungsstärke erfaßt werden müssen.

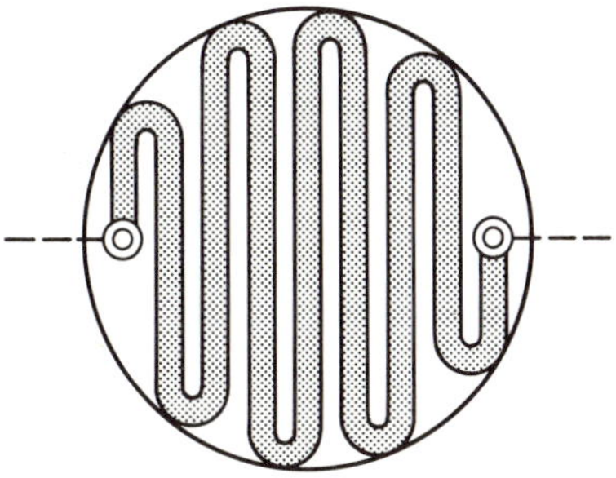

Typischer Aufbau

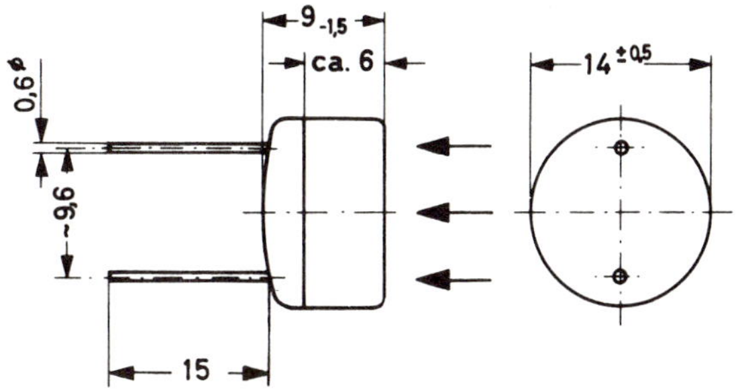

LDR 03

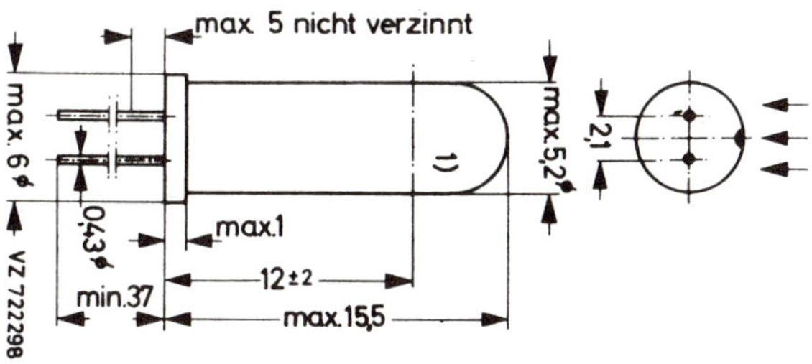

ORP 62

Bild 6.15 Typischer Aufbau und Bauformen von Fotowiderständen

Beispiel

Der Spannungsteiler nach **Bild 6.16** soll so dimensioniert werden, daß $U_A \approx +9\,V$ bei $E_V = 30\,lx$ und $U_A \approx +3\,V$ bei $E_V = 400\,lx$ beträgt.

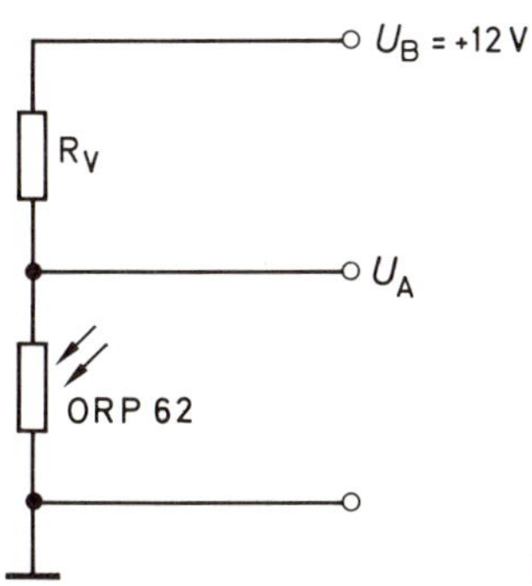

Bild 6.16 Spannungsteiler mit Fotowiderstand

Aus dem Diagramm nach Bild 6.13 kann für den Typ ORP 62 entnommen werden: $R_{H30} \approx 70\,k\Omega$; $R_{H400} \approx 8\,k\Omega$.

Für Beleuchtungsstärke $E_V = 30\,\text{lx}$ gilt:

$$I_{(30)} = \frac{U_{A(30)}}{R_{H30}} = \frac{9\,\text{V}}{70 \cdot 10^3\,\Omega} = 0{,}13\,\text{mA}$$

$$R_{V(30)} = \frac{U_B - U_{A(30)}}{I_{V30}} = \frac{12\,\text{V} - 9\,\text{V}}{0{,}13 \cdot 10^{-3}\,\text{A}} = 23\,\text{k}\Omega$$

Für Beleuchtungsstärke $E_V = 400\,\text{lx}$ gilt:

$$I_{(400)} = \frac{U_{A(400)}}{R_{H400}} = \frac{3\,\text{V}}{8 \cdot 10^3\,\Omega} = 0{,}375\,\text{mA}$$

$$R_{V(400)} = \frac{U_B - U_{A(400)}}{I_{V400}} = \frac{12\,\text{V} - 3\,\text{V}}{0{,}375 \cdot 10^{-3}\,\text{A}} = 24\,\text{k}\Omega$$

Gewählt: $R_V = 22\,\text{k}\Omega$

Kontrolle der Spannungen

$$U_{A(30)} = \frac{U_B}{R_V + R_{H30}} \cdot R_{H30} = \frac{12\,\text{V}}{22 \cdot 10^3\,\Omega + 70 \cdot 10^3\,\Omega} \cdot 70 \cdot 10^3\,\Omega = 9{,}1\,\text{V}$$

$$U_{A(400)} = \frac{U_B}{R_V + R_{H400}} \cdot R_{H400} = \frac{12\,\text{V}}{22 \cdot 10^3\,\Omega + 8 \cdot 10^3\,\Omega} \cdot 8 \cdot 10^3\,\Omega = 3{,}2\,\text{V}$$

Kontrolle der Leistungen

Fotowiderstand:

$$P_{(30)} = U_{A(30)} \cdot \frac{U_B}{R_V + R_{H30}} = 9{,}1\,\text{V} \cdot \frac{12\,\text{V}}{22 \cdot 10^3\,\Omega + 70 \cdot 10^3\,\Omega} = 1{,}2\,\text{mW}$$

$$P_{(400)} = U_{A(400)} \cdot \frac{U_B}{R_V + R_{H400}} = 3{,}2\,\text{V} \cdot \frac{12\,\text{V}}{22 \cdot 10^3\,\Omega + 8 \cdot 10^3\,\Omega} = 4{,}8\,\text{mW}$$

Vorwiderstand:

$$P_{(30)} = (U_B - U_{A(30)}) \cdot \frac{U_B}{R_V + R_{H30}} = 2{,}9\,\text{V} \cdot \frac{12\,\text{V}}{22 \cdot 10^3\,\Omega + 70 \cdot 10^3\,\Omega} = 0{,}38\,\text{mW}$$

$$P_{(400)} = (U_B - U_{A(400)}) \cdot \frac{U_B}{R_V + R_{H400}} = 8{,}8\,\text{V} \cdot \frac{12\,\text{V}}{22 \cdot 10^3\,\Omega + 8 \cdot 10^3\,\Omega} = 3{,}52\,\text{mW}$$

6.3.2 Fotoelemente und Solarzellen

6.3.2.1 Grundprinzip

Fotoelemente und Solarzellen liefern bei Beleuchtung einen Strom, dessen Größe von der Beleuchtungsstärke abhängt. Sie werden daher auch als »aktive Fotohalbleiter« bezeichnet. Beide Bauelemente arbeiten nach dem gleichen Grundprinzip und haben auch einen gleichen technologischen Aufbau.
Das Halbleitermaterial besteht bei den Fotoelementen und Solarzellen aus einem n-leitenden und einem p-leitenden Gebiet. Im Übergangsbereich tritt genau wie bei den Halbleiterdioden infolge von Diffusionsvorgängen eine Diffusionsspannung auf. Sie

wirkt einem weiteren Überwechseln von Elektronen in das p-Gebiet und von Löchern in das n-Gebiet entgegen. Die äußerst dünne Sperrschicht ist nahezu frei von beweglichen Ladungsträgern.
Trifft nun Strahlungsenergie in Form von Licht auf das Sperrschichtgebiet, so werden als Folge der Energiezufuhr Kristallbindungen aufgerissen und es entstehen bewegliche Ladungsträger-Paare. Unter dem Einfluß des elektrischen Feldes, das infolge der Diffusionsspannung an der Sperrschicht besteht, wandern die beweglichen Elektronen in das n-Gebiet und die beweglichen Löcher in das p-Gebiet. Daher tritt im n-Gebiet ein Überschuß an Elektronen und im p-Gebiet ein Überschuß an Löchern auf, wodurch die n-Schicht zum Minuspol und die p-Schicht zum Pluspol einer Spannungsquelle wird. In **Bild 6.17** sind diese Vorgänge vereinfacht und schematisch dargestellt.

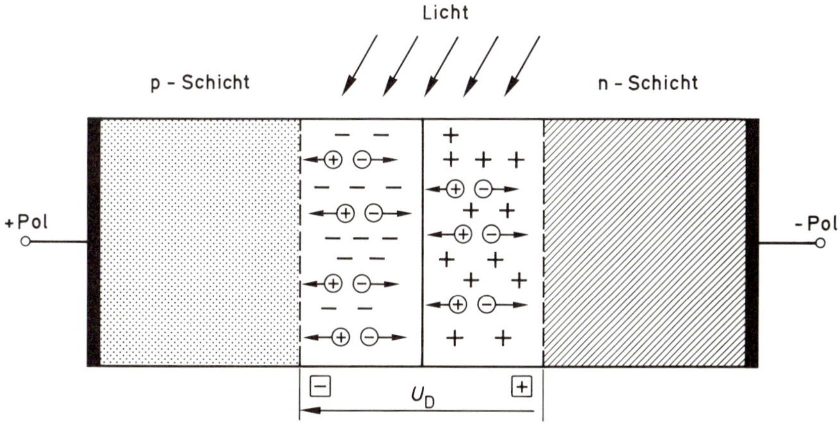

Bild 6.17 Grundprinzip von Fotoelementen und Solarzellen

Wird das Fotoelement belastet, so fließt ein Strom, der von der durch die Beleuchtung entstandenen Spannung durch den Lastwiderstand getrieben wird. Einfachstes Anwendungsbeispiel für ein Fotoelement ist der Belichtungsmesser, bei dem ein empfindliches Drehspulinstrument als Lastwiderstand angeschlossen ist. Der Ausschlag dieses Instrumentes ist dann ein Maß für die Beleuchtungsstärke.
Bild 6.18 zeigt den Prinzipaufbau eines Si-Fotoelementes in Planartechnik.

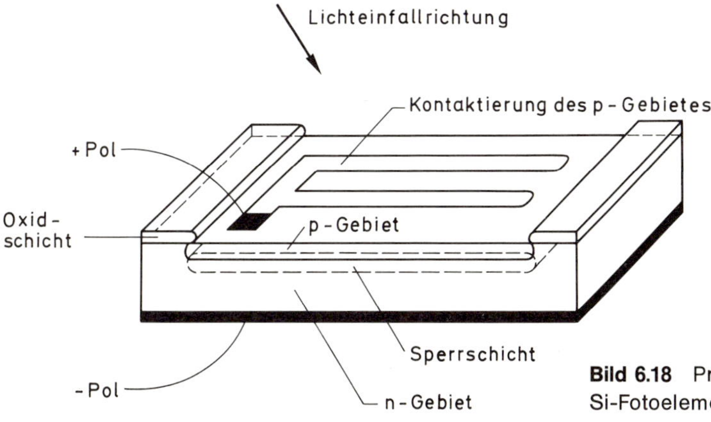

Bild 6.18 Prinzipaufbau eines Si-Fotoelementes in Planartechnik

Bei dem Aufbau nach Bild 6.18 liegt die pn-Sperrschicht dicht unter der Oberfläche, damit das auffallende Licht eine möglichst große Wirkung hat. Die Solarzellen sind gleichartig aufgebaut. Sie sind aber gegenüber den Fotoelementen großflächiger ausgelegt.

6.3.2.2 Kennlinien und Kennwerte von Fotoelementen

In **Bild 6.19** ist die für alle Si-Fotoelemente charakteristische Abhängigkeit der Leerlaufspannung U_L von der Beleuchtungsstärke E_V dargestellt. Dieser Zusammenhang wird als Leerlaufkennlinie der Fotoelemente bezeichnet.

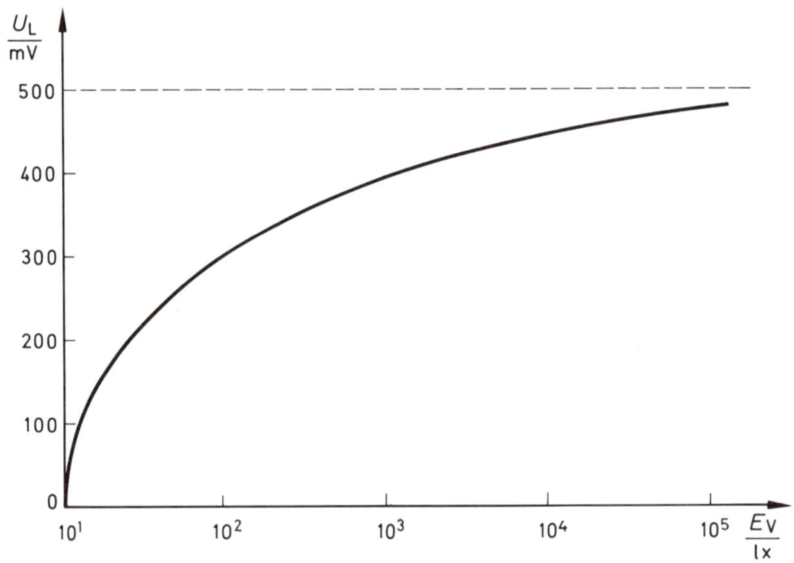

Bild 6.19 Leerlaufspannung U_L als Funktion der Beleuchtungsstärke E_V

Wird bei einem Fotoelement die Beleuchtungsstärke von $E_V = 0$ lx ausgehend erhöht, so steigt die Leerlaufspannung bis $E_V \approx 100$ lx zunächst relativ schnell auf Werte bis $U_L \approx 300$ mV an. Bei weiterer Erhöhung der Beleuchtungsstärke ist der Anstieg von U_L dann aber wesentlich geringer und strebt bei Si-Fotoelementen gegen einen Grenzwert von $U_L \approx 500$ mV bei größter Beleuchtungsstärke. $U_{L\,max}$ ist also stets geringer als die Diffusionsspannung eines pn-Überganges.
Der logarithmische Verlauf der Leerlaufkennlinie gilt für alle Fotoelemente in gleicher Weise. Zusätzlich besteht lediglich noch eine Abhängigkeit der Leerlaufspannung von der Temperatur und den Materialeigenschaften. Die Größe der lichtempfindlichen Fläche des Fotoelementes hat jedoch keinen Einfluß auf die Größe der erzeugten Leerlaufspannung.

Für den praktischen Einsatz von Bedeutung ist auch die Kurzschlußstromkennlinie. Sie gibt die Abhängigkeit des Kurzschlußstromes I_K von der Beleuchtungsstärke E_V an und ist in **Bild 6.20** dargestellt.

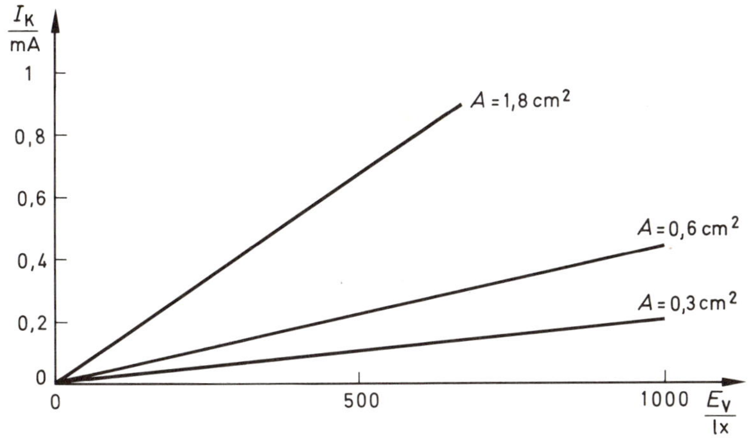

Bild 6.20 Kurzschlußstrom I_K als Funktion der Beleuchtungsstärke E_V

Zwischen dem Kurzschlußstrom I_K und der Beleuchtungsstärke E_V besteht bei den Fotoelementen ein nahezu linearer Zusammenhang. I_K steigt also fast linear mit E_V an. Darüber hinaus besteht noch ein weiterer linearer Zusammenhang zwischen der absoluten Größe von I_K und der Größe der lichtempfindlichen Fläche A des Fotoelementes. Als Beispiele sind in Bild 6.20 die Kennlinien für lichtempfindliche Flächen von $A = 0{,}3\,cm^2$, $A = 0{,}6\,cm^2$ sowie $A = 1{,}8\,cm^2$ eingetragen.
Aus der Steigung der Kurzschlußstromkennlinie läßt sich die Fotoempfindlichkeit S ermitteln. Sie wird meistens in nA/lx angegeben.

$$\text{Fotoempfindlichkeit } S = \frac{\Delta I_K}{\Delta E_V} \quad \text{in } \frac{nA}{lx}$$

Je größer die lichtempfindliche Fläche, desto größer wird der Kurzschlußstrom I_K und damit auch die Fotoempfindlichkeit S.
Als charakteristische Beispiele für Fotoelemente wurden die Typen BPY 11 und BPY 64 ausgewählt. **Bild 6.21** zeigt die Kennlinien $U_L = f\,(E_V)$ und $I_K = f\,(E_V)$ des Typs BPY 11, die hier in ein gemeinsames Diagramm eingetragen sind. Mit den drei I_K-Kennlinien wird zusätzlich eine Gruppensortierung mit $S_I \approx 32$ nA/lx; $S_{II} \approx 38$ nA/lx und $S_{III} \approx 47$ nA/lx angegeben.

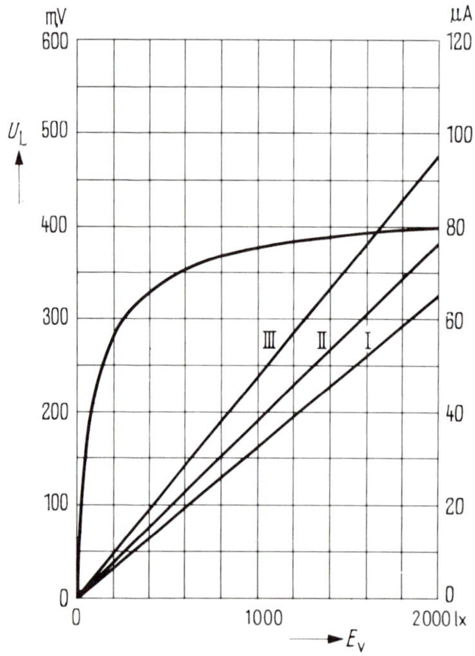

Bild 6.21 Leerlauf- und Kurzschlußkennlinien des Fotoelementes BPY 11

Bild 6.22 zeigt die Kennlinien für den Typ BPY 64. Zu erkennen ist, daß dieses Fotoelement mit $S \approx 230$ nA/lx eine etwa sechsfach höhere Fotoempfindlichkeit als der Typ BPY 11 hat.

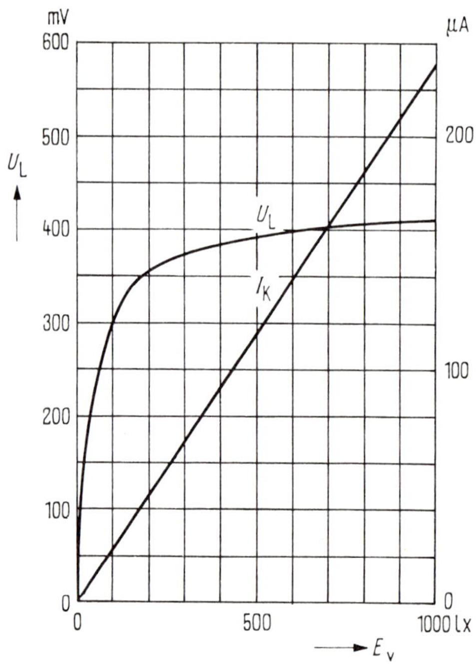

$R_i = \frac{U_L}{J_k}$

Bild 6.22 Leerlauf- und Kurzschlußkennlinien des Fotoelementes BPY 64

Leerlaufspannung und Kurzschlußstrom von Fotoelementen haben eine Temperaturabhängigkeit, die als Temperaturkoeffizienten in Datenbüchern angegeben werden. So gilt für die Typen BPY 11 und BPY 64 etwa $TK_{(U_L)} \approx -2{,}6\,\mathrm{mV/K}$ und $TK_{(I_K)} \approx +0{,}12\,\%/\mathrm{K}$. Für den praktischen Einsatz der Fotoelemente von Bedeutung sind auch ihre spektrale Empfindlichkeit sowie ihre Richtcharakteristik. In **Bild 6.23** ist die relative spektrale Empfindlichkeit für die Typen BPY 11 und BPY 64 angegeben. Das Maximum liegt hier wie bei den meisten anderen Si-Fotoelementen bei $\lambda \approx 850$ nm, also bereits im Infrarotbereich.

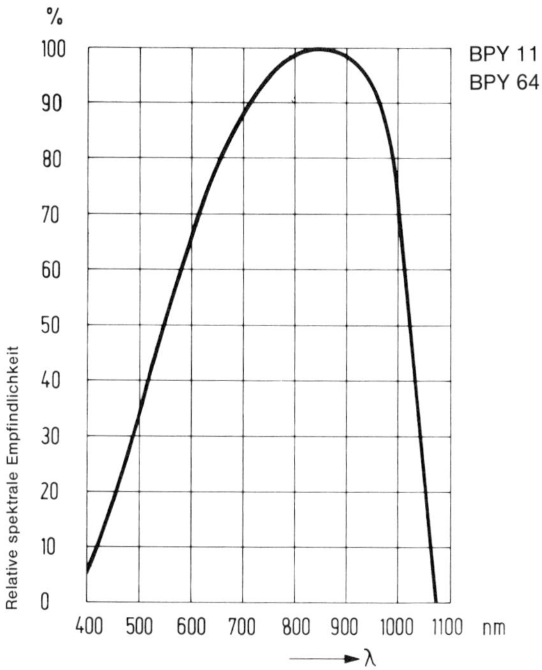

Bild 6.23 Relative spektrale Empfindlichkeit der Fotoelemente BPY 11 und BPY 64

Aus der Richtcharakteristik nach **Bild 6.24** läßt sich der Zusammenhang zwischen der Bestrahlungsrichtung φ und dem Kurzschlußstrom I_K erkennen. Je flacher das Licht auf das Fotoelement auftrifft, desto geringer ist bei gleicher Beleuchtungsstärke der Kurzschlußstrom I_K.

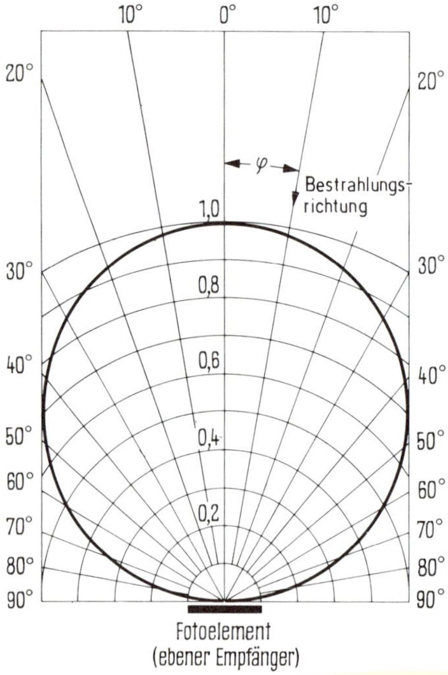

Bild 6.24 Richtcharakteristik $I_K = f\,(\varphi)$ der Fotoelemente BPY 11 und BPY 64

Fotoelemente wandeln Lichtenergie in elektrische Energie um. Soll diese Umwandlung praktisch ausgenutzt werden, so muß ein Lastwiderstand R_L an das Fotoelement angeschlossen werden. Einer Spannungsquelle kann die größte Leistung entnommen werden, wenn $R_L = R_i$, also eine Leistungsanpassung vorliegt.

Der Innenwiderstand R_i eines Fotoelementes kann aus Leerlaufkennlinie und Kurzschlußstromkennlinie ermittelt werden, denn es gilt:

$$R_i = \frac{U_L}{I_K} \qquad \text{für } E_V = \text{const.}$$

Wie sich z. B. auch aus den beiden Kennlinien des Fotoelementes BPY 64 entnehmen läßt, ist der Innenwiderstand nicht konstant, sondern ändert sich in Abhängigkeit von der Beleuchtungsstärke E_V. So beträgt bei dem genannten Typ $R_i \approx 13\,\text{k}\Omega$ bei $E_V = 100\,\text{lx}$, $R_i \approx 3{,}3\,\text{k}\Omega$ bei 500 lx und $R_i \approx 1{,}8\,\text{k}\Omega$ bei 1000 lx. Der Innenwiderstand eines Fotoelementes wird also mit zunehmender Beleuchtungsstärke kleiner.

Fotoelemente werden überwiegend zur Messung von Beleuchtungsstärken eingesetzt. Hier ist es von Vorteil, wenn ein möglichst linearer Zusammenhang zwischen den optischen und den erzeugten elektrischen Größen besteht. Dieses läßt sich weitgehend erreichen, wenn die Fotoelemente mit Stromanpassung des Lastwiderstandes betrieben werden, also R_L viel kleiner als R_i ist. Bei $R_L \ll R_i$ liegt praktisch ein Kurzschlußbetrieb vor. Dabei ergibt sich dann bis zu hohen Beleuchtungsstärken der erwünschte lineare Zusammenhang zwischen Fotostrom und Beleuchtungsstärke.

6.3.2.3 Kennlinien und Kennwerte von Solarzellen

Fotoelemente mit größeren lichtempfindlichen Flächen werden heute als Solarzellen bezeichnet. Die Übergänge bei der Einstufung sind aber fließend. Während die Fotoelemente überwiegend für meßtechnische Aufgaben verwendet werden, liegt das Haupteinsatzgebiet von Solarzellen in der Umwandlung der Energie des Sonnenlichtes in elektrische Energie. Um hierbei einen möglichst hohen Wirkungsgrad zu erreichen, kann die Frage einer optimalen Leistungsanpassung des Lastwiderstandes durchaus von Bedeutung sein. Der Wirkungsgrad von Solarzellen liegt aber auch bei Ausnutzung aller Möglichkeiten mit $\eta \approx 10\,\%$ sehr niedrig.
Technologisch sind die Solarzellen nach dem gleichen Prinzip wie die Si-Fotoelemente aufgebaut. Sie arbeiten auch nach dem gleichen, bereits in Abschnitt 6.3.2.1 beschriebenen Grundprinzip. Daher haben die Leerlaufkennlinien von Solarzellen auch einen gleichartigen Verlauf wie in Bild 6.19. Der Grenzwert liegt mit $U_{L\,max} \approx 550\,mV$ meistens jedoch etwas höher als bei den Fotoelementen. Weil die lichtempfindliche Fläche bei Solarzellen größer ist, ist auch der Kurzschlußstrom I_K größer. Damit haben Solarzellen kleinere Innenwiderstände R_i als Fotoelemente.
Solarzellen werden aus dünnen Scheiben der gezogenen und gereinigten Si-Einkristalle hergestellt. Um das Ausgangsmaterial optimal auszunutzen, haben die Solarzellen oft eine Kreisform oder es handelt sich um Kreisausschnitte. Daneben gibt es aber auch rechteckige oder quadratische Bauformen.
Bild 6.25 zeigt eine runde Solarzelle sowie zwei Bauformen mit Kreissegmenten. Die erforderlichen Kontaktzungen sind gestrichelt dargestellt.

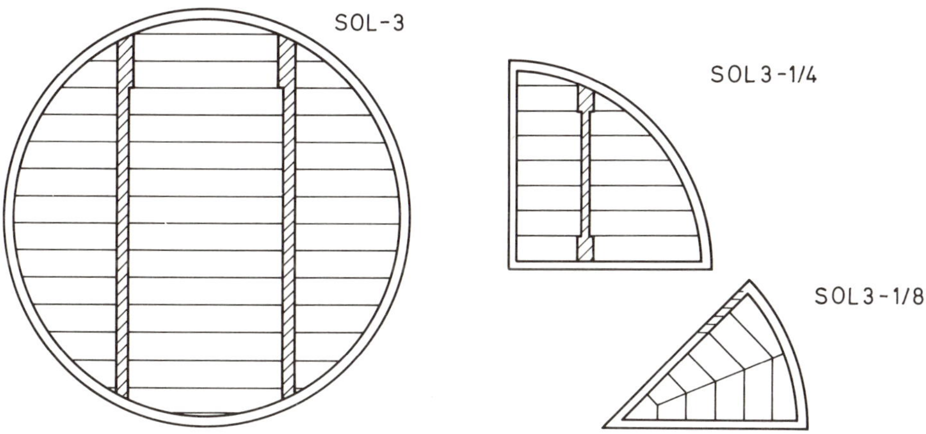

Bild 6.25 Bauformen von Solarzellen

Die maximalen Kurzschlußströme von 2-Zoll-Scheiben (Durchmesser ≈ 50 mm) liegen bei $I_{K\,max} \approx 0{,}5\,A$, von 3-Zoll-Scheiben bei $I_{K\,max} \approx 1{,}2\,A$ und von 4-Zoll-Scheiben bei $I_{K\,max} \approx 2{,}1\,A$. Bei Segmenten läßt sich der maximale Kurzschlußstrom aus den Angaben für die volle Scheibe abschätzen, weil ein linearer Zusammenhang zwischen der Größe der lichtempfindlichen Fläche mit dem Kurzschlußstrom besteht.
Um höhere Spannung zu erreichen, werden Solarzellen in Reihe geschaltet und zu Moduln zusammengefaßt. **Bild 6.26** zeigt den Aufbau derartiger Solarzellen-Moduln.

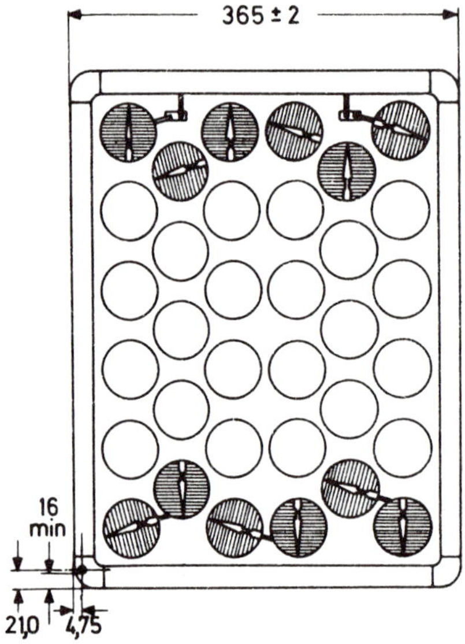

Bild 6.26 Solarzellen-Modul

Die einzelnen Zellen erhalten eine unterschiedliche Ausrichtung, damit die durch unterschiedlich schrägen Lichteinfall auftretenden Einflüsse verringert werden. Wegen der Sonneneinstrahlung können erhebliche Temperaturen in den Solarzellen auftreten. Der Einfluß der Temperatur auf die Leerlaufspannung und den Kurzschlußstrom liegt mit $TK_{(U_L)} \approx -2{,}3\,\text{mV/K}$ und $TK_{(I_K)} \approx +0{,}12\,\%/\text{K}$ in der gleichen Größe wie bei den Fotoelementen. In **Bild 6.27** wird der Temperatureinfluß in Form von Kennlinien dargestellt.

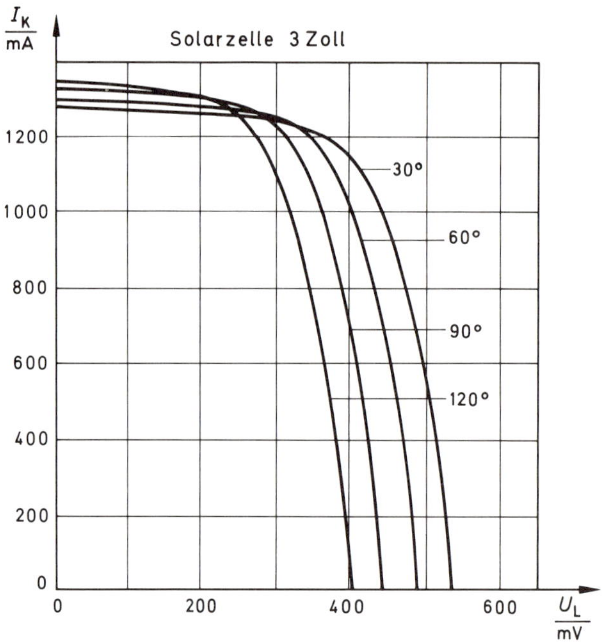

Bild 6.27
Temperatureinfluß auf Leerlaufspannung und Kurzschlußstrom

Als Folge dieser Temperatureinflüsse ergibt sich, daß die maximal abgebbare Leistung mit zunehmender Temperatur der Solarzelle abnimmt.
Solarzellen werden immer mehr zur kabelunabhängigen Stromversorgung von Funkbojen, Leuchtfeuern, Rundfunk- und Fernsehfüllsendern, Notrufsendern usw. eingesetzt. Da diese Anlagen aber auch bei Dunkelheit voll funktionsfähig bleiben müssen, sind Akkus erforderlich, die dann bei Tageslicht mit Hilfe der Solarzellen aufgeladen werden. Solarzellen-Moduln sind daher meistens so ausgelegt, daß sie bei ausreichender Beleuchtung eine Fotospannung liefern, die der Ladespannung von Akkumulatoren entspricht. In der Tabelle nach **Bild 6.28** sind die wichtigsten Daten einiger Solarzellen-Moduln (Fa. Atec) angegeben:

			Im Ladebetrieb für	
Typ	Aufbau	Leistung	Nennspannung	Nennstrom
SOL-LC2	16 × 1/8 · 2″	400 mW	6 V	60 mA
SOL-LC3	16 × 1/4 · 2″	800 mW	6 V	120 mA
SOL-LC4	16 × 1/2 · 2″	1,6 W	6 V	240 mA
SOL-10ALG	36 × 1/2 · 3″	10 W	12 V	620 mA
SOL-35-6	39 × 1/1 · 4″	35 W	12 V	2,15 A

Bild 6.28 Technische Daten von Solar-Moduln

In Abschnitt 6.3.5 wird als Anwendungsbeispiel für Solarzellen eine Ladeschaltung für einen Akku behandelt.

6.3.3 Fotodioden

Fotodioden werden heute nur noch in Si-Technik gefertigt. Zu unterscheiden ist zwischen den pn-Fotodioden und den PIN-Fotodioden. Der technologische Aufbau von pn-Fotodioden entspricht dem Aufbau von Fotoelementen, die eindiffundierte p-Zone ist jedoch etwas dicker ausgebildet. Auf diese Weise wird mit $U_R \approx 7\,V$ bis $10\,V$ eine höhere Sperrspannung erreicht. Diese gegenüber Fotoelementen wesentlich höhere Sperrspannung ist notwendig, weil Fotodioden in Sperrichtung betrieben werden. Zum Betrieb von Fotodioden sind daher eine Betriebsspannung sowie ein Vorwiderstand erforderlich. **Bild 6.29** zeigt die Prinzipschaltung.

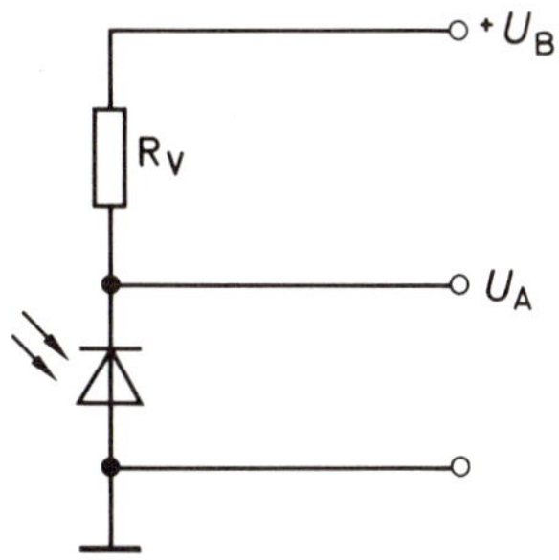

Bild 6.29 Prinzipschaltung für den Betrieb von Fotodioden

Ohne Beleuchtung fließt durch die pn-Sperrschicht wie bei jeder normalen Halbleiterdiode ein Sperrstrom, der bei den Fotodioden meistens als Dunkelstrom I_{Ro} bezeichnet wird. Trifft Licht auf die pn-Sperrschicht, so werden genau wie beim Fotoelement infolge der Energiezufuhr Kristallbindungen aufgerissen. Es entstehen bewegliche Ladungsträger-Paare, die infolge des vorhandenen elektrischen Feldes sofort abfließen. Dabei wandern die Löcher zur p-Schicht und die Elektronen zur n-Schicht. Als Folge der Beleuchtung tritt somit ein zusätzlicher Fotostrom I'_{Fot} auf, der linear mit der Beleuchtungsstärke ansteigt. Dieser Fotostrom überlagert sich als Sperrstrom dem relativ kleinen Dunkelstrom, so daß für den gesamten, bei Beleuchtung auftretenden Fotostrom gilt:

$$I_{Fot} = I_{Ro} + I'_{Fot}$$

Da I_{Ro} sehr viel kleiner als I'_{Fot} ist, gilt:

$$I_{Fot} \approx I'_{Fot}$$

Bild 6.30 zeigt den typischen Zusammenhang zwischen dem Fotostrom I_{Fot} und der Beleuchtungsstärke E_V bei Fotodioden. Die angegebene Kennlinie gehört zur pn-Fotodiode vom Typ BPW 32 (Siemens).

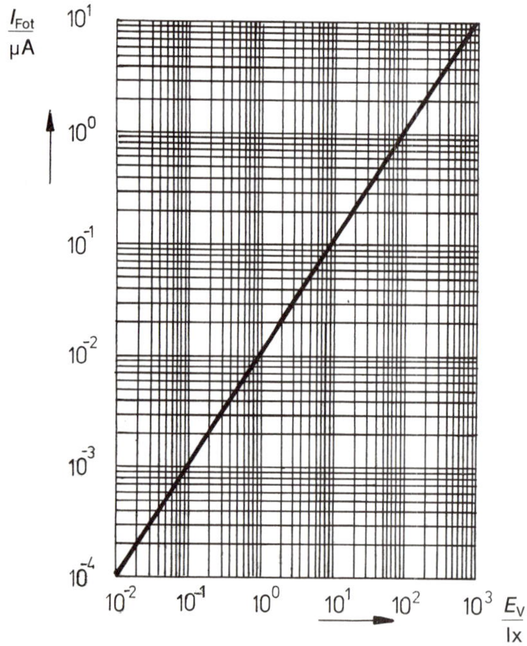

Bild 6.30 Fotostrom als Funktion der Beleuchtungsstärke bei der Fotodiode BPW 32 für $T_U = 25\,°C$

Die Kennlinie in Bild 6.30 ist im doppelt-logarithmischen Maßstab dargestellt. Aus dem konstanten, positiven Anstieg dieser Kennlinie ist zu erkennen, daß eine lineare Abhängigkeit zwischen I_{Fot} und E_V vorliegt. Daher lassen sich Fotodioden auch besonders gut

zur genauen Messung von Beleuchtungsstärken einsetzen.
Nachteilig für den Einsatz als genauer Meßfühler ist jedoch die Abhängigkeit des Dunkelstromes I_{Ro} von der Temperatur. Wie bei jeder normalen Halbleiterdiode ist dieser Temperatureinfluß umso größer, je größer die Sperrschichtfläche ist. In **Bild 6.31** ist die Temperaturabhängigkeit des Dunkelstromes I_{Ro} für die Fotodiode BPW 32 angegeben.

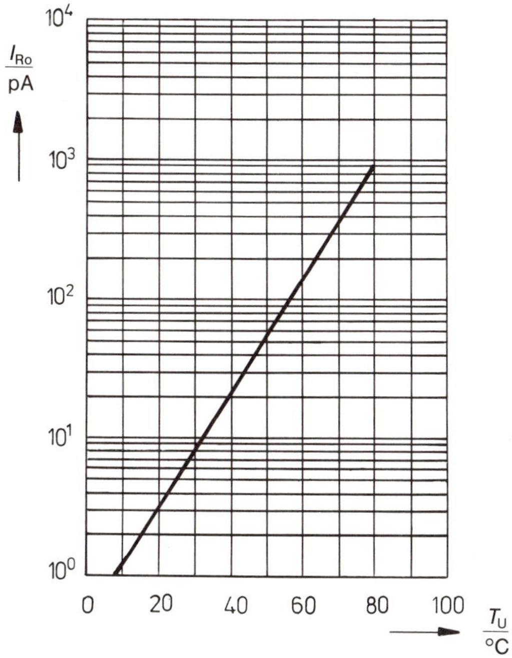

Bild 6.31 Temperaturabhängigkeit des Dunkelstromes bei der Fotodiode BPW 32

Einfacher ist die Ermittlung des Temperatureinflusses mit Hilfe der Kennlinie nach **Bild 6.32**. Hier ist das Verhältnis $I_{Fot}/I_{Fot\,(25\,°C)}$ als Funktion der Temperatur dargestellt.

Aus der Kennlinie nach Bild 6.30 läßt sich der Fotostrom I_{Fot} bei $T_U = 25\,°C$ für eine bestimmte Beleuchtungsstärke E_V entnehmen. Die Änderung dieses Fotostromes im Temperaturbereich von $-30\,°C$ bis $+80\,°C$ kann dann mit Hilfe der Kennlinie nach Bild 6.32 ermittelt werden. Hierzu ist der Fotostrom $I_{Fot\,(25\,°C)}$ mit dem aus Bild 6.32 abgelesenen Faktor zu multiplizieren.

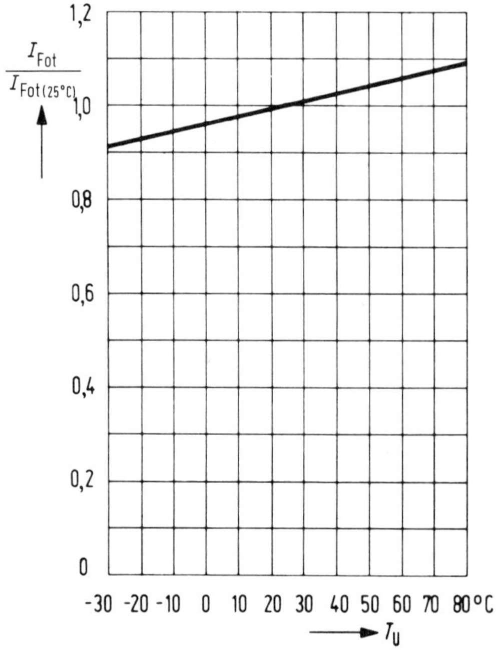

Bild 6.32 $I_{Fot}/I_{Fot\,(25°C)}$ als Funktion der Temperatur für die Fotodiode BPW 32

Wie alle anderen lichtempfindlichen Bauelemente haben auch die Fotodioden eine spektrale Empfindlichkeit. Sie ist für die Fotodiode BPW 32 als relative spektrale Empfindlichkeit S_{rel} in **Bild 6.33** angegeben.

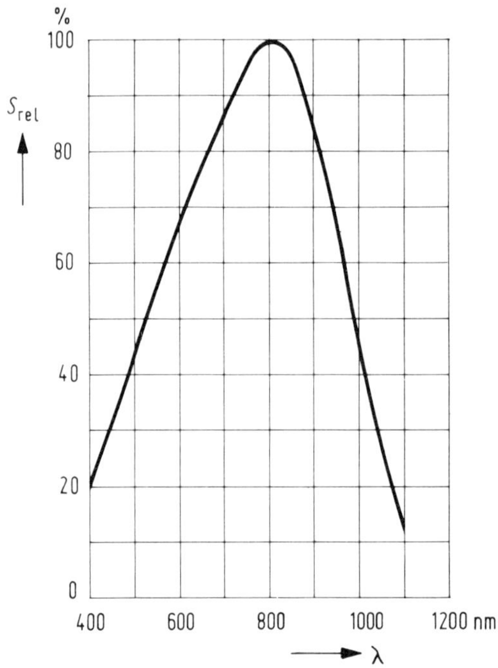

Bild 6.33 Relative spektrale Empfindlichkeit der Fotodiode BPW 32

Die größte Empfindlichkeit dieser Fotodiode liegt bei $\lambda \approx 800$ nm, also etwa im Übergangsgebiet von Dunkelrot zu Infrarot. Dies ist auch bei den meisten anderen Typen von Si-Fotodioden der Fall. Die in Bild 6.24 für ein Fotoelement angegebene Richtcharakteristik gilt auch für die Fotodiode BPW 32, sofern keine besonderen optischen Maßnahmen getroffen werden.
Der relativ großflächige pn-Übergang bei den Fotodioden hat auch eine große Sperrschichtkapazität zur Folge. Sie wirkt sich ungünstig bei schnellen Änderungen der Beleuchtungsstärke aus, weil der Fotostrom diesen schnellen Änderungen nicht mehr linear folgen kann. Daher liegen die Schaltzeiten von pn-Fotodioden im Bereich von Mikrosekunden.
Um diese Nachteile von pn-Fotodioden bei größeren Signaländerungsgeschwindigkeiten zu beseitigen, wurden die PIN-Fotodioden entwickelt. Der Name PIN weist auf die Zonenfolge p-Schicht-Intrinsicschicht-n-Schicht bei diesen Fotodioden hin. **Bild 6.34** zeigt den technologischen Aufbau von PIN-Fotodioden.

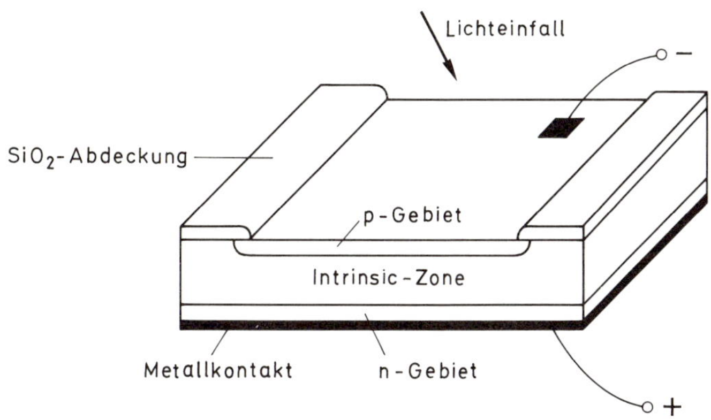

Bild 6.34 Technologischer Aufbau von PIN-Fotodioden

Bei den PIN-Dioden befindet sich zwischen den sehr dünnen p- und n-Schichten noch eine breite Intrinsic-Schicht, d. h. eine nicht dotierte Schicht von eigenleitfähigem Halbleiter-Grundmaterial. Diese I-Schicht ist weitgehend frei von beweglichen Ladungsträgern, so daß an ihr fast die gesamte angelegte Spannung abfällt. Wegen der hohen Feldstärke in der I-Schicht werden die bei Beleuchtung erzeugten Ladungsträger-Paare viel schneller als bei den pn-Fotodioden in die p- bzw. n-Schicht abgesaugt. Diese größere Beweglichkeit der Ladungsträger-Paare wirkt sich günstig auf das Schaltverhalten aus, so daß die Schaltzeiten von PIN-Fotodioden im Nanosekundenbereich liegen und damit etwa um den Faktor 10^3 kleiner als bei pn-Fotodioden sind. PIN-Dioden können also noch bei wesentlich schnelleren Lichtwechseln, d. h. höheren Frequenzen als pn-Dioden eingesetzt werden.
Die Fotoströme als Funktion der Beleuchtungsstärke sind bei den PIN-Fotodioden – bei gleicher lichtempfindlicher Fläche – nur etwa halb so groß wie bei pn-Fotodioden. Bezüglich der spektralen Empfindlichkeit sowie dem Temperaturverhalten bestehen keine wesentlichen Unterschiede zwischen den beiden Arten von Fotodioden. Wegen der relativ breiten I-Schicht haben PIN-Dioden aber wesentlich höhere Sperrspannungen. Sie liegen bei $U_R \approx 50$ V bis 100 V.

In **Bild 6.35** ist als Beispiel die $I_{Fot} = f\ (E_V)$-Kennlinie der PIN-Fotodiode BPW 34 (Fa. Siemens) angegeben.

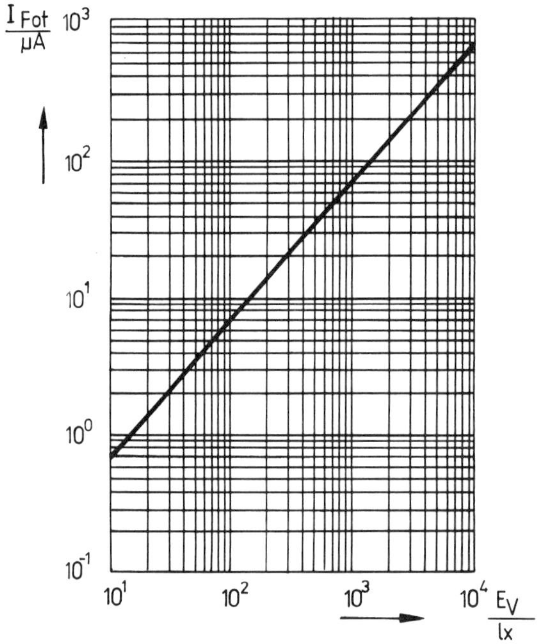

Bild 6.35 Fotostrom als Funktion der Beleuchtungsstärke bei der PIN-Fotodiode BPW 34

Beispiel

Ein Spannungsteiler nach Bild 6.29 soll für $U_B = +\ 24\,V$ so dimensioniert werden, daß bei $E_V = 1000\,lx$ die Ausgangsspannung $U_A \approx +\ 12\,V$ beträgt. Zur Verfügung steht eine PIN-Fotodiode BPW 34.
Wie groß ist U_A bei $E_V = 50\,lx$?
Aus der Kennlinie in Bild 6.35 kann abgelesen werden, daß $I_{Fot} = 70 \cdot 10^{-6}\,A$ bei $E_V = 1000\,lx$ beträgt.

$$R_V = \frac{U_B - U_{A\,(1000)}}{I_{Fot\,(1000)}} = \frac{12\,V}{70 \cdot 10^{-6}\,A} = 171\,k\Omega$$

Gewählt: $R_V = 180\,k\Omega$

Kontrolle

$$U_{A\,(1000)} = U_B - U_{RV\,(1000)} = U_B - R_V \cdot I_{Fot\,(1000)}$$
$$= 24\,V - 180 \cdot 10^3\,\Omega \cdot 70 \cdot 10^{-6}\,A = 24\,V - 12{,}6\,V = 11{,}4\,V$$
$$U_{A\,(50)} = U_B - U_{RV\,(50)} = U_B - R_V \cdot I_{Fot\,(50)}$$
$$= 24\,V - 180 \cdot 10^3\,\Omega \cdot 3 \cdot 10^{-6}\,A = 24\,V - 0{,}54\,V \approx 23{,}4\,V$$

PIN-Fotodioden haben in den vergangenen Jahren eine immer größere Bedeutung erlangt. So werden sie wegen ihrer hohen Empfindlichkeit im Infrarotbereich und ihrer kurzen Schaltzeiten z. B. in großem Umfang bei der Fernsteuerung mit moduliertem Infrarotlicht eingesetzt.

Wegen des gleichartigen technologischen Aufbaues sowie des gleichen Funktionsprinzips können pn-Fotodioden und PIN-Fotodioden auch als Fotoelemente betrieben werden. Sie arbeiten dann ohne äußere Betriebsspannung. Dieser Einsatz von Fotodioden bleibt aber meistens auf Ausnahmefälle beschränkt.

6.3.4 Fototransistoren

Für zahlreiche praktische Einsatzmöglichkeiten sind der Fotostrom oder die zulässige Belastung des Spannungsteilers aus Vorwiderstand und Fotodiode zu gering. Um diese Nachteile zu beseitigen, wurden Fototransistoren entwickelt. **Bild 6.36** zeigt den technologischen Aufbau eines Fototransistors in Planartechnik.

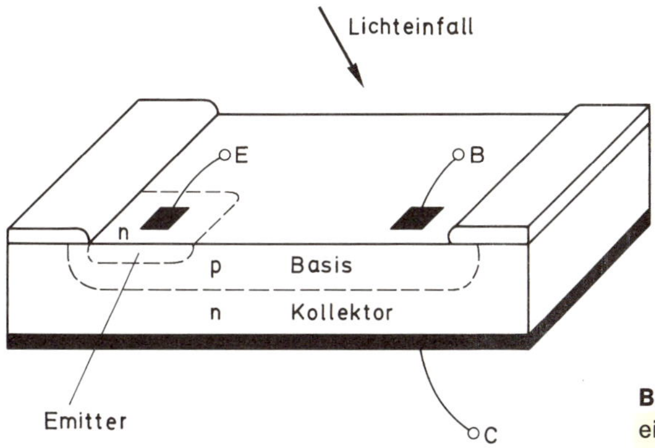

Bild 6.36 Technologischer Aufbau eines Fototransistors in Planartechnik

Durch Eindiffundieren eines weiteren pn-Überganges wird das p-dotierte Gebiet einer pn-Diode zur Basis eines Fototransistors. Fällt Licht auf die relativ große Basisfläche, so entstehen bewegliche Ladungsträger-Paare, die dann als Basisstrom einen 100- bis 700fach größeren Kollektorstrom steuern.
Fototransistoren können sowohl in ihrem Aufbau als auch in ihrer Arbeitsweise als die Zusammenschaltung einer Fotodiode mit einem normalen bipolaren Transistor aufgefaßt werden. In **Bild 6.37** ist das vereinfachte Ersatzschaltbild des Fototransistors angegeben.

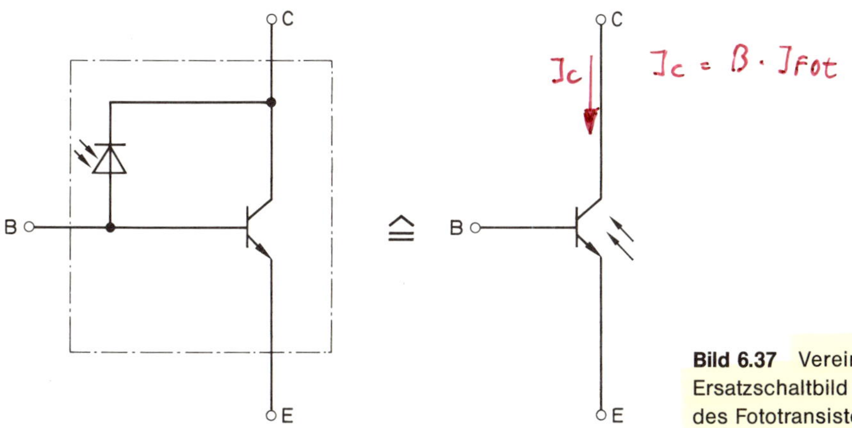

Bild 6.37 Vereinfachtes Ersatzschaltbild des Fototransistors

Ohne Beleuchtung fließt durch die Fotodiode nur der sehr kleine Dunkelstrom I_{Ro}. Er ist gleichzeitig der Basisstrom des Transistors. Für den Dunkelstrom I_{Co} des Transistors ergibt sich dann

$$I_{Co} = B \cdot (I_{CBo} + I_{Ro}),$$

wobei I_{CBo} der Sperrstrom der Kollektor-Basisdiode und B die Stromverstärkung des Transistors ist.
Bei Beleuchtung der Fotodiode fließt ein Fotostrom (I_{Fot}), der um die Stromverstärkung B verstärkt als Kollektorstrom auftritt und sich dem Dunkelstrom überlagert.
Für den Kollektorstrom des Fototransistors gilt daher:

$$I_C = I_{Co} + B \cdot I_{Fot}.$$

Da der Dunkelstrom I_{Co} sehr viel kleiner als $B \cdot I_{Fot}$ ist, kann I_{Co} in der Regel vernachlässigt werden, so daß in der Praxis

$$I_C \approx B \cdot I_{Fot}$$

gesetzt werden kann.
Hauptvorteile der Fototransistoren gegenüber Fotodioden sind ihre wesentlich höhere Empfindlichkeit und der um den Faktor B vergrößerte, von der Beleuchtungsstärke abhängige Kollektorstrom I_C. Infolge der gekrümmten Transistorkennlinien besteht kein so guter linearer Zusammenhang mehr zwischen Kollektorstrom I_C und Beleuchtungsstärke E_V. Durch besondere technologische Maßnahmen ist es aber inzwischen gelungen, in größeren Bereichen der Beleuchtungsstärke ausreichend lineare Zusammenhänge zu erreichen.
Bild 6.38 zeigt das Ausgangskennlinienfeld eines Fototransistors. Es ähnelt sehr stark

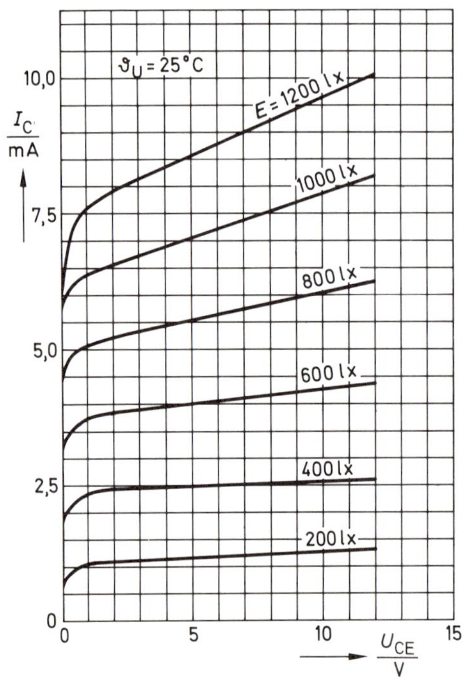

Bild 6.38 Ausgangskennlinienfeld eines Fototransistors

dem eines normalen bipolaren Transistors. Anstelle des Basisstromes oder der Basis-Emitter-Spannung wird hier jedoch die Beleuchtungsstärke E_V als Parameter angegeben.

In dieses Ausgangskennlinienfeld nach Bild 6.38 kann wie üblich die Arbeitsgerade des Kollektorwiderstandes eingetragen werden. Dieser wird genau wie bei einem normalen bipolaren Transistor dimensioniert. Schwierigkeiten treten hier aber oft auf, weil eine ausreichend genaue Abschätzung der beim praktischen Einsatz vorliegenden Beleuchtungsstärken oft nicht möglich ist. Gegebenenfalls ist eine Messung der auftretenden Beleuchtungsstärke erforderlich.

Die Empfindlichkeit von Fototransistoren hängt wie bei Fotoelementen und Fotodioden von der Wellenlänge des auftreffenden Lichtes und von der Einstrahlrichtung ab. Das Maximum der spektralen Empfindlichkeit liegt bei Wellenlängen des Lichtes von $\lambda \approx 800$ nm bis 870 nm und entspricht damit Bild 6.23. Ohne zusätzliche optische Maßnahmen gilt für Fototransistoren auch die Richtcharakteristik nach Bild 6.24. Sie wird aber bei Fototransistoren oft durch eine zusätzlich in das Gehäuse eingebaute Linse verändert und dadurch an bestimmte Aufgaben besser angepaßt.

In **Bild 6.39** sind als Beispiel die Richtcharakteristiken der Fototransistoren BPX 38 und BPX 81 (Fa. Siemens) dargestellt. Der Typ BPX 81 hat einen wesentlich kleineren Öffnungswinkel als der Typ BPX 38.

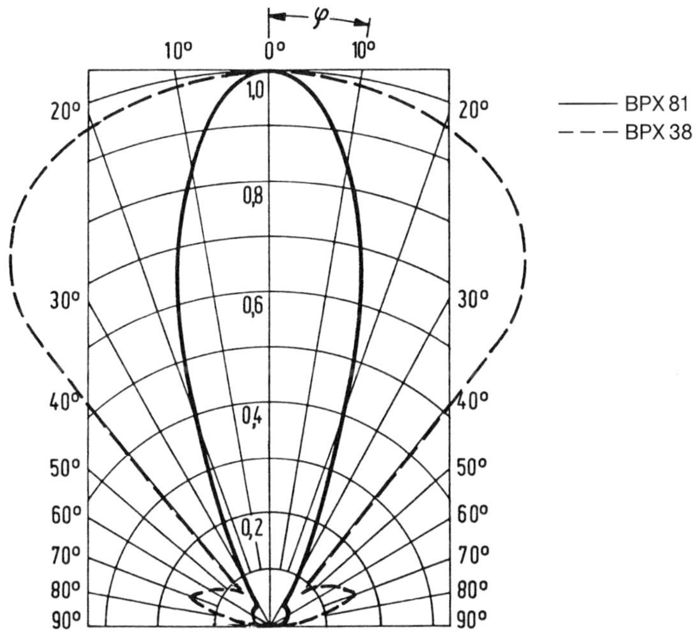

Bild 6.39 Richtcharakteristiken $I_C = f(\varphi)$ der Fototransistoren BPX 38 und BPX 81

Für besondere Einsatzbereiche wird der Typ BPX 81 auch als Fototransistorzeile mit maximal 10 Transistorsystemen im Abstand von jeweils 2,54 mm geliefert. Der kleinere Öffnungswinkel bei dieser Type bewirkt dann, daß keine gegenseitige Lichtbeeinflussung erfolgt.

Fototransistoren werden mit und ohne herausgeführte Basisanschlüsse hergestellt. Ist kein Basisanschluß vorhanden, so erfolgt die Steuerung des Kollektorstromes ausschließlich durch die Änderung der Beleuchtungsstärke. Die Festlegung eines Arbeitspunktes ist dann nicht mehr möglich. Derartige Fototransistoren werden daher meistens nur als lichtempfindliche Schalter betrieben.
Zu den Fototransistoren ohne herausgeführten Basisanschluß gehört z. B. der Typ BPX81, für den folgende Grenzdaten angegeben werden:

$U_{CE\,max} = 32\,V$; $I_{C\,max} = 50\,mA$
$T_{J\,max} = 90\,°C$; $P_{tot} = 100\,mW$
$R_{th\,JU} = 750\,K/W$

Die Kennlinien in **Bild 6.40** zeigen die Abhängigkeit des Kollektorstromes I_C von der Beleuchtungsstärke E_V und der Bestrahlungsstärke E_e, weil der BPX 81 aufgrund seiner spektralen Empfindlichkeit sowohl für sichtbares als auch für Infrarot-Licht eingesetzt wird. Mit den vier parallelen Kennlinien ist die Gruppierung der Fototransistoren nach ihrer Fotoempfindlichkeit angegeben. Diese Gruppierung erfolgt bei $E_V = 1000\,lx$.

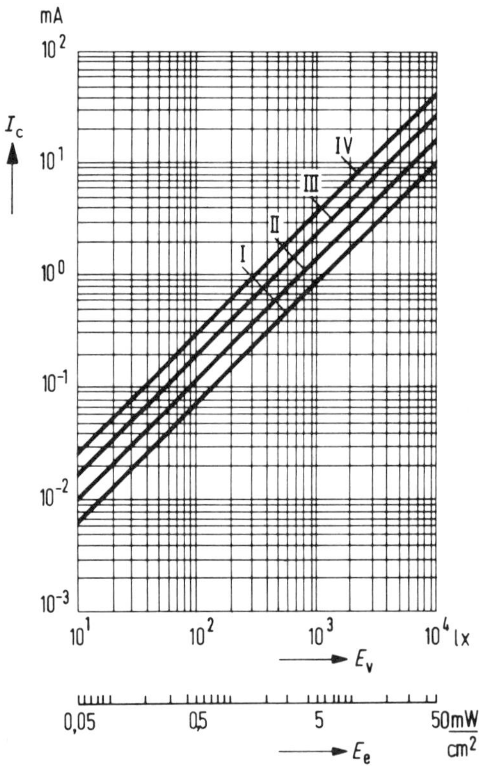

Typische Werte

Streubereiche:

I I_C: 0,63 ·· 1,25 mA
II I_C: 1,00 ·· 2,00 mA
III I_C: 1,60 ·· 3.20 mA
IV I_C: 2,50 ·· 5,00 mA

Bild 6.40 I_C als Funktion von E_V und E_e für Fototransistortyp BPX 81

Beispiel

Der Spannungsteiler nach **Bild 6.41** soll so dimensioniert werden, daß bei $E_V = 500\,\text{lx}$ die Ausgangsspannung $U_A > 10\,\text{V}$ beträgt. Weiterhin ist zu berechnen, welche Ausgangsspannung sich bei $E_V = 10\,\text{lx}$ einstellt.

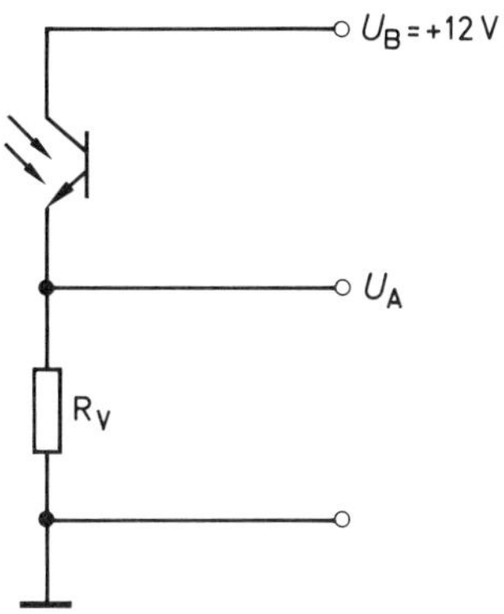

Bild 6.41 Spannungsteiler mit Fototransistor BPX 81 Typ I

Aus der Kennlinie für den BPX 81 Typ I in Bild 6.40 kann entnommen werden:

$I_{C\,(10)} \approx 6 \cdot 10^{-6}\,\text{A}$; $I_{C\,(500)} \approx 400 \cdot 10^{-6}\,\text{A}$

Für die Beleuchtungsstärke $E_V = 500\,\text{lx}$ gilt:

$$U_{A\,(500)} = R_V \cdot I_{C\,(500)}$$

$$R_V > \frac{U_{A\,(500)}}{I_{C\,(500)}} = \frac{10\,\text{V}}{0{,}4 \cdot 10^{-3}\,\text{A}} = 25 \cdot 10^3\,\Omega$$

Gewählt: $R_V = 27\,\text{k}\Omega$

Kontrolle der Ausgangsspannungen

$$U_{A\,(500)} = 27 \cdot 10^3\,\Omega \cdot 0{,}4 \cdot 10^{-3}\,\text{A} = 10{,}8\,\text{V}$$
$$U_{A\,(10)} = 27 \cdot 10^3\,\Omega \cdot 6 \cdot 10^{-6}\,\text{A} = 0{,}16\,\text{V}$$

Kontrolle der Leistungen

Fototransistor:

$$P_{(500)} = U_{CE\,(500)} \cdot I_{C\,(500)} = 1{,}2\,\text{V} \cdot 0{,}4 \cdot 10^{-3}\,\text{A} = 0{,}48\,\text{mW}$$
$$P_{(10)} = U_{CE\,(10)} \cdot I_{C\,(10)} = 11{,}8\,\text{V} \cdot 6 \cdot 10^{-6}\,\text{A} = 0{,}07\,\text{mW}$$

Widerstand R_V:

$$P_{(500)} = U_{RV\,(500)} \cdot I_{C\,(500)} = 10{,}8\,\text{V} \cdot 0{,}4 \cdot 10^{-3}\,\text{A} = 4{,}3\,\text{mW}$$
$$P_{(10)} = U_{RV\,(10)} \cdot I_{C\,(10)} = 0{,}16\,\text{V} \cdot 6 \cdot 10^{-6}\,\text{A} = 0{,}96\,\mu\text{W}$$

Der bereits erwähnte Fototransistor BPX 38 gehört zur Gruppe der Fototransistoren mit herausgeführtem Basisanschluß. Für ihn gelten die Grenzdaten:

$U_{CE\,max} = 50\,\text{V}$; $I_{C\,max} = 50\,\text{mA}$
$T_{J\,max} = 175\,°\text{C}$; $P_{tot} = 330\,\text{mW}$
$R_{th\,JU} = 450\,\text{k/W}$

Auch der BPX 38 wird in vier Empfindlichkeitsgruppen geliefert. Die Daten sind in der Tabelle nach **Bild 6.42** angegeben.

Gruppe	I	II	III	IV
Fotostrom I_{Fot} bei $E_V = 1000\,lx$	1,6 bis 2,6 mA	2,5 bis 5,0 mA	4,5 bis 9,0 mA	7,0 bis 14,0 mA
B	100	160	250	400

Bild 6.42 Kenndaten für den Fototransistor BPX 38

Für Fototransistoren mit herausgeführtem Basisanschluß wird neben der üblichen Kennlinie $I_C = f\,(E_V)$, die in **Bild 6.43** dargestellt ist, auch der Zusammenhang zwischen Kollektorstrom, Kollektor-Emitterspannung und Beleuchtungsstärke in Form eines Ausgangskennlinienfeldes entsprechend **Bild 6.44** angegeben. Beide Kennlinienfelder sind hier so nebeneinander angeordnet, daß die Zusammenhänge für die gewählte Beleuchtungsstärke $E_V = 1000\,lx$ gut erkennbar sind.

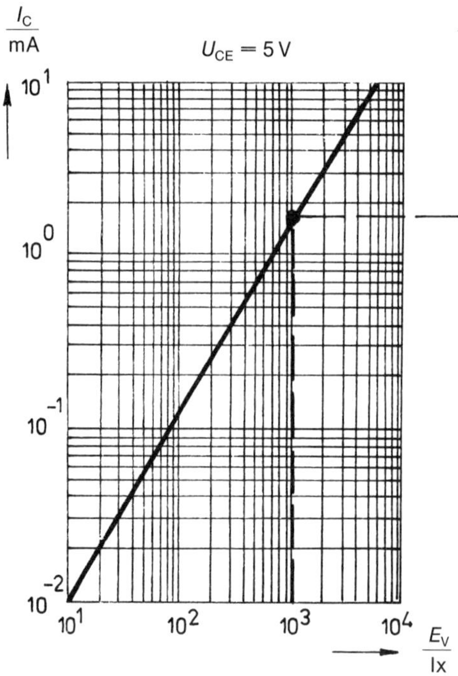

Bild 6.43a $I_C = f\,(E_V)$ für BPX 38

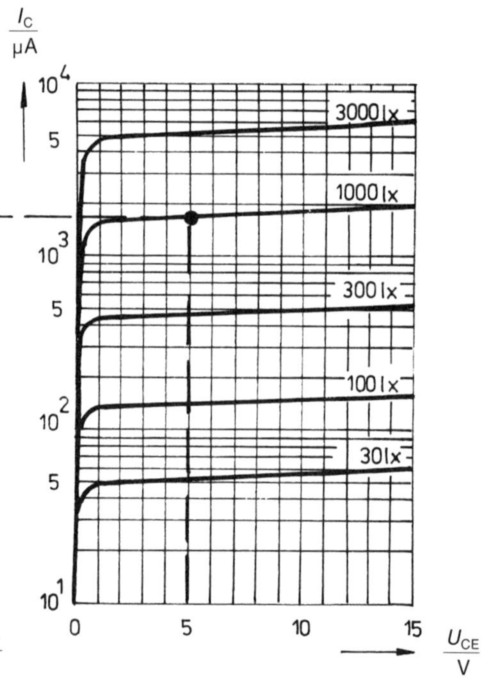

Bild 6.43b Ausgangskennlinienfeld für BPX 38

Durch Verändern der Basisspannung mit Hilfe eines Basisspannungsteilers läßt sich der Arbeitspunkt des Fototransistors in gewissen Grenzen besser den Erfordernissen einer kontinuierlichen Steuerung oder des Schaltbetriebes anpassen.

6.3.5 Anwendungsbeispiele

Von den zahlreichen Einsatzmöglichkeiten für lichtempfindliche Fotohalbleiter wurden vier sehr einfache Schaltungen als Anwendungsbeispiele ausgewählt.

1. Ladeschaltung für Ni-Cd-Akkumulatoren

Bild 6.44 zeigt eine Schaltung zur Ladung von Nickel-Cadmium-Akkus mit Hilfe von Solar-Moduln. Da Ni-Cd-Akkus empfindlich gegenüber zu großen Ladeströmen sind, ist eine Begrenzung des Ladestromes erforderlich. Sie erfolgt durch den Vorwiderstand R_V, der in der angegebenen Schaltung einstellbar ist. Die Diode D hat die Aufgabe, bei fehlender oder nicht ausreichender Beleuchtungsstärke einen Rückstrom vom Akku zu den Solarzellen zu verhindern.

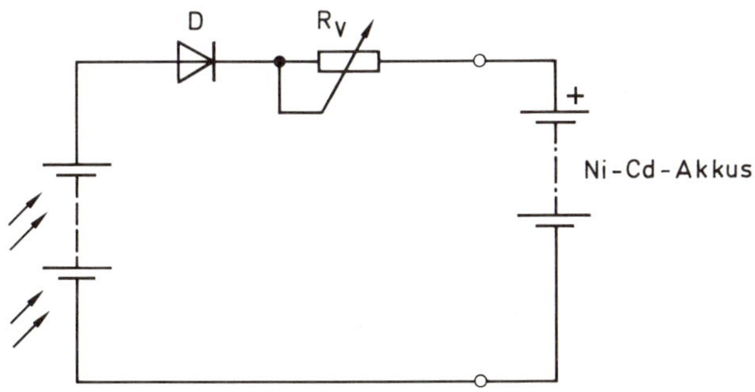

Bild 6.44 Ladeschaltung für Ni-Cd-Akkus

Die Größe des zulässigen Ladestromes wird von den Herstellern angegeben. Zusammen mit den Daten der Solar-Moduln kann daraus dann der Wert für R_V ermittelt werden. Bei größeren Ladeanlagen werden zur Verbesserung des Wirkungsgrades oft spezielle Regler anstelle von Vorwiderständen eingesetzt. Bei Ladeanlagen für einzelne Bleiakkus kann der Vorwiderstand oft entfallen, da diese Sammler weniger empfindlich auf höhere Ladeströme als Ni-Cd-Akkus reagieren.

2. Lichtgesteuerte Verstärkerstufen mit Fotodiode und FET

Wegen des sehr kleinen Fotostromes können Spannungsteiler aus Vorwiderstand und Fotodiode nur sehr geringfügig belastet werden. Die zulässige Belastung reicht für die meisten Einsatzmöglichkeiten von Fotodioden nicht aus. Wesentlich bessere Möglichkeiten ergeben sich, wenn eine Verstärkerstufe nachgeschaltet wird. Wegen des hohen Eingangswiderstandes werden hierfür meistens Verstärkerstufen mit FETs eingesetzt. In **Bild 6.45** ist die Schaltung für eine einfache lichtgesteuerte Verstärkerstufe angegeben.

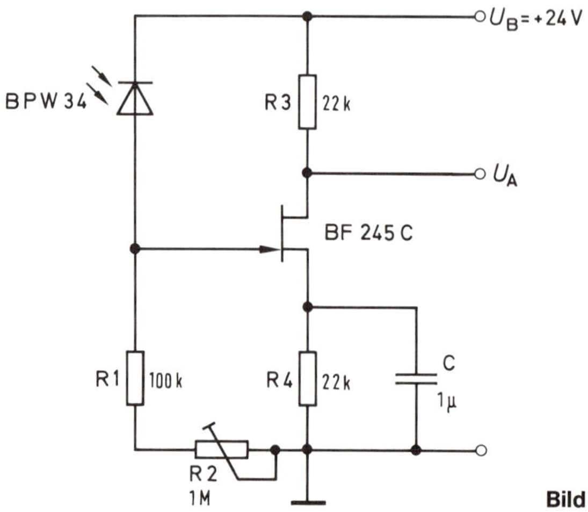

Bild 6.45 Lichtgesteuerte Verstärkerstufe

Mit dem Trimmer R2 läßt sich der Arbeitspunkt des FET einstellen. Bei zunehmender Beleuchtung der Fotodiode wird die negative Gatespannung kleiner, und U_A wird ebenfalls kleiner. Für die Widerstände R4 und R3 wurde der gleiche Wert gewählt, damit bei richtiger Arbeitspunkteinstellung ein linearer Zusammenhang zwischen I_{Fot} und U_A in einem möglichst großen Bereich besteht. Durch den Sourcekondensator *C* wird erreicht, daß die FET-Verstärkerstufe nicht nur bei sehr langsamen Änderungen der Beleuchtungsstärke, sondern auch bei Wechsellicht einwandfrei verstärkt.

3. Lichtgesteuerter Verstärker mit Fototransistor

Die Schaltung nach Bild 6.45 läßt sich erheblich vereinfachen, wenn anstelle von Fotodiode und FET ein Fototransistor verwendet wird. **Bild 6.46** zeigt eine derartige Verstärkerstufe mit einem Fototransistor ohne herausgeführten Basisanschluß.

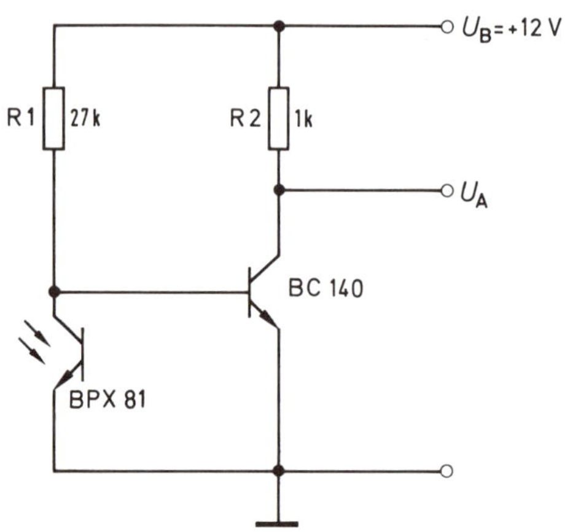

Bild 6.46 Lichtgesteuerter Verstärker mit Fototransistor BPX 81

Der Widerstand R1 bildet zusammen mit dem Fototransistor wieder einen lichtempfindlichen Spannungsteiler. Der Fototransistor wird hier also wie eine Fotodiode, die eine größere Steilheit und einen größeren Fotostrom hat, betrieben. Wegen dieses größeren Fotostromes kann der Widerstand R1 gegenüber dem Vorwiderstand in der Schaltung nach Bild 6.45 einen kleineren Wert haben, so daß der Spannungsteiler wesentlich stärker belastet werden kann. Daher ist es möglich, einen Kleinleistungstransistor, z. B. BC140, direkt vom Kollektor des Fototransistors anzusteuern.

4. Lichtgesteuerter Schalter mit Fototransistor

Bild 6.47 zeigt die Schaltung eines lichtgesteuerten Schalters mit Einrastverhalten. Dieses Einrastverhalten wird durch eine Rückführung der Spannung am Kollektor von T2 auf den herausgeführten Basisanschluß des Fototransistors erreicht.

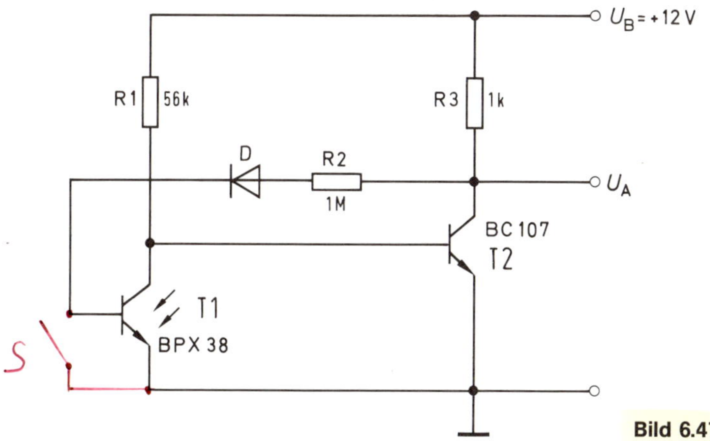

Bild 6.47 Lichtgesteuerter Schalter

Wird Betriebsspannung angelegt und der Fototransistor nicht beleuchtet, so ist er voll gesperrt. Seine Kollektorspannung ist so groß, daß über Widerstand R1 ein ausreichend großer Basisstrom für Transistor T2 fließen kann. T2 ist daher leitend und $U_A = U_{CE\,sat}$, d. h. $U_A \approx 0$ V. Über den Widerstand R2 und die Diode D kann also kein Basisstrom für den Transistor T1 fließen.

Bei Beleuchtung des Fototransistors fließt ein zusätzlicher Fotostrom durch R1 und die Kollektorspannung von T1 wird kleiner. Dadurch sperrt T2 immer mehr und die Kollektorspannung von T2 wird positiver. Dieses führt dazu, daß über die Rückführung, bestehend aus dem Widerstand R2 und der Diode D, ein immer größerer Basisstrom für den Fototransistor fließen kann, der ihn im leitenden Zustand hält. Infolge dieses Basisstromes bleibt der Fototransistor auch dann voll leitend, wenn er nicht mehr beleuchtet wird. Die Schaltung zeigt also das Verhalten eines Schalters, der bei Überschreiten einer bestimmten Beleuchtungsstärke umspringt, aber nicht wieder zurückspringt, wenn danach die Beleuchtungsstärke kleiner bzw. E_V gleich 0 wird.

Dieser lichtgesteuerte Schalter kann wieder in den Ausgangszustand gebracht werden, wenn die Betriebsspannung bei abgedunkeltem Fototransistor kurzzeitig abgeschaltet wird oder die Basis des Fototransistors über einen mechanischen Schalter bzw. Taster kurzzeitig auf Nullpotential gelegt wird. Dann springt der lichtgesteuerte Schalter wieder in seinen Ausgangszustand zurück. Ein derartiges Verhalten einer elektronischen Schaltung wird auch als »Kippen« bezeichnet.

6.4 Lichtemittierende Fotohalbleiter

In den lichtemittierenden Fotohalbleitern wird elektrische Energie in Strahlungsenergie umgewandelt. Der Vorgang vollzieht sich im Einflußbereich einer dünnen pn-Sperrschicht. Wichtigstes Bauelement ist die Leuchtdiode, die auch als Lumineszenzdiode oder in Kurzform LED (*l*ight *e*mitting *d*iode) bezeichnet wird. LEDs werden grundsätzlich in Durchlaßrichtung betrieben.

6.4.1 Grundprinzip

Wie alle anderen Dioden sind auch die Leuchtdioden aus einer p-Schicht und einer n-Schicht aufgebaut, zwischen denen sich eine Sperrschicht ausbildet. Wird eine Diode in Durchlaßrichtung betrieben, so wandern bei gleicher Dotierung der beiden Schichten etwa gleich viele Elektronen von der n-Schicht in die p-Schicht wie Löcher von der p-Schicht in die n-Schicht. Bei LEDs ist die n-Schicht jedoch sehr stark dotiert, die p-Schicht dagegen weniger stark. Auf diese Weise wird erreicht, daß bei Betrieb der Diode in Durchlaßrichtung der Strom durch die Sperrschicht fast vollständig von Elektronen getragen wird. Die in die p-Schicht gelangenden Elektronen rekombinieren mit den dort vorhandenen Löchern. Dabei wird Energie frei, die je nach Ausgangsmaterial zu einem Teil als sichtbares Licht oder als Infrarotstrahlung abgestrahlt wird. Diese Strahlung läßt sich nach außen herausführen. **Bild 6.48** zeigt den technologischen Aufbau einer Leuchtdiode für sichtbares Licht.

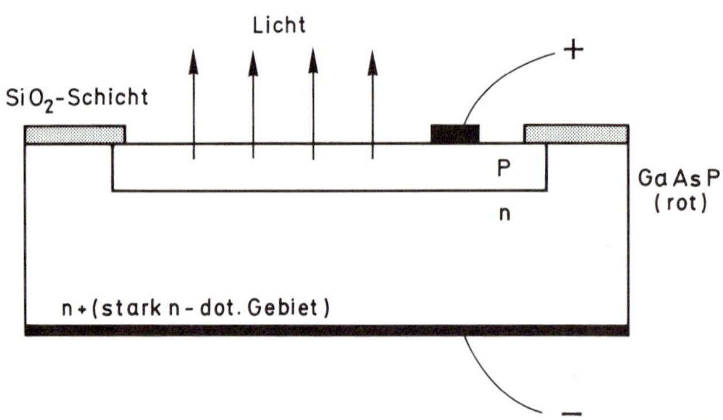

Bild 6.48 Technologischer Aufbau einer LED für sichtbares Licht

Zu erkennen ist in Bild 6.48, daß die p-Schicht sehr viel schmaler als die n-Schicht ist und dadurch die Sperrschicht dicht an der Oberfläche liegt. Das erzeugte Licht kann gut nach außen abstrahlen. Aufgrund optischer Gesetzmäßigkeiten treten an der Übergangsfläche zwischen Halbleitermaterial und Luft Reflektionen auf. Sie bewirken, daß der Anteil des nach außen abgestrahlten Lichtes kleiner wird. Um diese Verluste zu verringern, werden bei LEDs auf die Lichtaustrittsfläche meistens kleine Kunststoffkörper aufgesetzt. Durch eine optisch günstige Form gelingt es dabei, den Anteil der nach außen abgestrahlten Lichtenergie erheblich zu vergrößern. In **Bild 6.49** ist das Aufbauprinzip einer LED mit aufgesetztem Kunststoffkörper dargestellt.

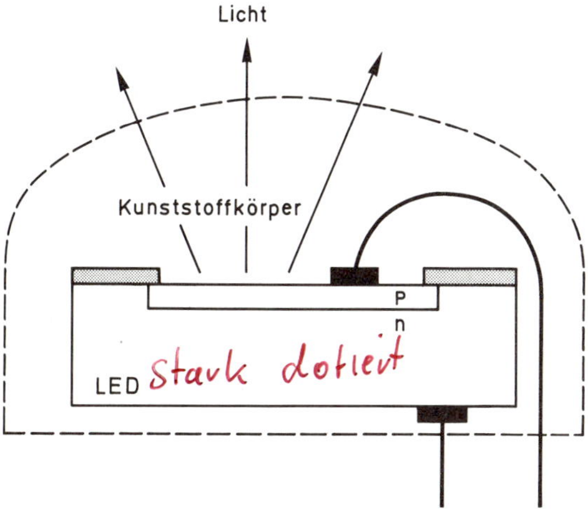

Bild 6.49 Aufbauprinzip einer LED mit Kunststoffkörper

Die Wellenlänge und damit auch die Farbe des abgestrahlten Lichtes hängt von der Art des verwendeten Halbleitermaterials ab. Ausgangsmaterial für Leuchtdioden sind Gallium-Verbindungen.

Für den Bereich des sichtbaren Lichtes werden bisher grün-, gelb-, orange- und rotleuchtende LEDs hergestellt. Lieferbar sind inzwischen aber auch blauleuchtende Typen. In allen Fällen erstreckt sich das erzeugte Lichtspektrum aber jeweils nur über einen schmalen Bereich. Daher werden Leuchtdioden auch als monochromatische Lichtquellen bezeichnet. **Bild 6.50** zeigt die Strahlungsmaxima und die Spektralkennlinien von LEDs für die vier Lichtfarben Grün, Gelb, Orange und Rot. Gallium-Phos-

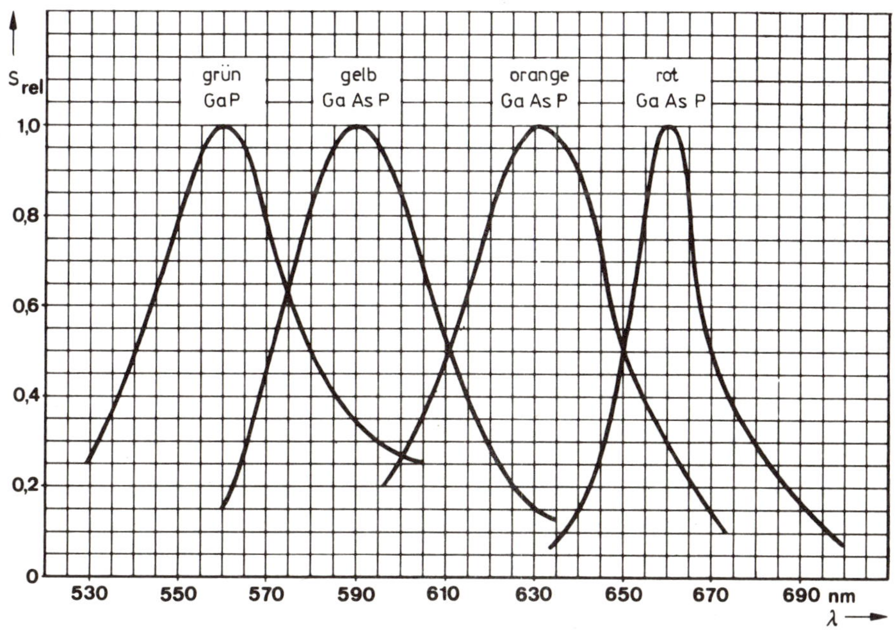

Bild 6.50 Spektralkennlinien von LEDs

phid-Verbindungen (GaP) liefern grünes Licht, Gallium-Arsenid-Phosphid-Verbindungen (GaAsP) dagegen gelbes, oranges und rotes Licht.
Leuchtdioden werden aber nicht nur für sichtbares Licht, sondern auch für infrarote Strahlung gefertigt. Ausgangsmaterial für die IR-Leuchtdioden ist Gallium-Arsenid (GaAs). Ihren etwas anderen technologischen Aufbau zeigt **Bild 6.51**.

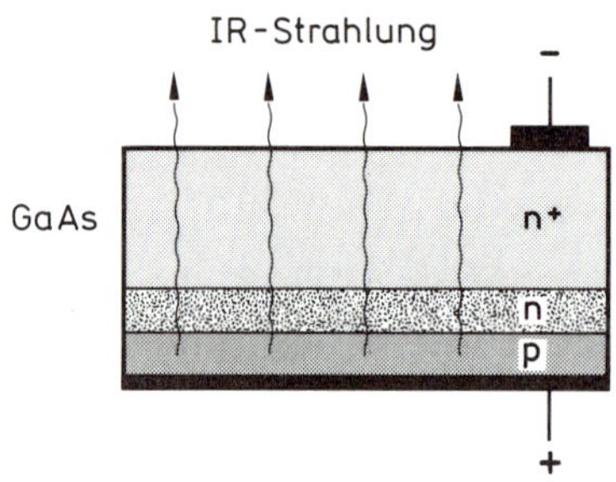

Bild 6.51 Technologischer Aufbau einer LED für IR-Licht

Bei LEDs zur Erzeugung von IR-Licht ist das lichtemittierende Gebiet an der Kristallunterseite angeordnet. Die erzeugte Strahlung muß also noch die beiden n-Schichten durchdringen, ehe sie aus dem Material austreten kann. Weil diese Schichten aber für IR-Strahlung gut durchlässig sind, treten nur geringe Verluste auf. Die Anordnung des lichtemittierenden Gebietes an der Kristallunterseite hat den Vorteil, daß eine wesentlich bessere Wärmeableitung möglich ist. Damit ergeben sich größere zulässige Durchlaßströme und höhere Strahlungsleistungen.
Trotz des unterschiedlichen technologischen Aufbaues besteht aber in der grundsätzlichen Arbeitsweise kein wesentlicher Unterschied zwischen Leuchtdioden für sichtbares Licht und für Infrarotlicht.

6.4.2 Leuchtdioden für sichtbares Licht

Bild 6.52 zeigt die Prinzipschaltung für den Betrieb von Leuchtdioden. Sie werden grundsätzlich in Durchlaßrichtung betrieben. Zur Strombegrenzung ist ein Vorwiderstand R_V erforderlich.

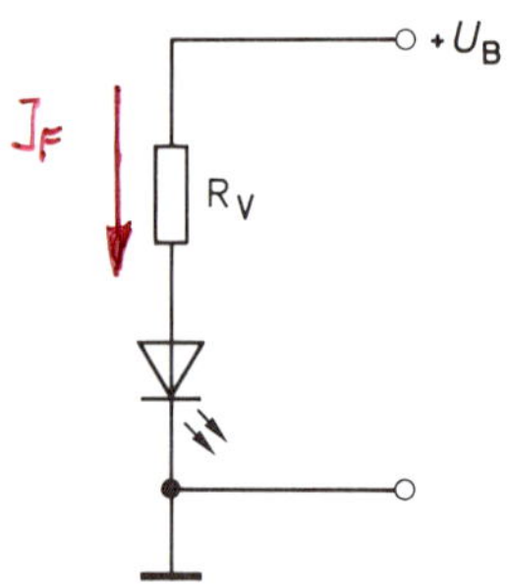

Bild 6.52 Prinzipschaltung für den Betrieb von Leuchtdioden

Die erzeugte Lichtstärke I_V wird bei LEDs meistens in Millicandela (mcd) angegeben. Sie hängt nahezu linear von der Größe des Durchlaßstromes I_F ab.

In **Bild 6.53** ist dieser Zusammenhang für eine grünleuchtende LED vom Typ V 312 P (Fa. AEG-Telefunken) als eine charakteristische Kennlinie dargestellt. Die entsprechenden Kennlinien andersfarbiger LEDs oder von LEDs anderer Hersteller haben einen ähnlichen Verlauf.

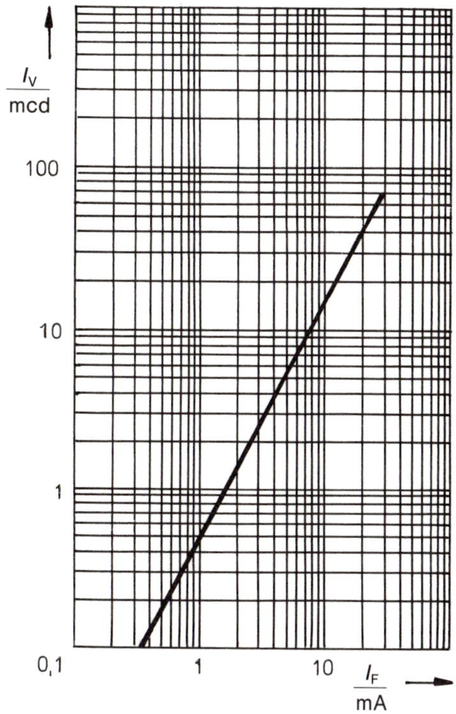

Bild 6.53 Lichtstärke als Funktion des Durchlaßstromes für die Leuchtdiode V 312 P

Für den praktischen Betrieb von Leuchtdioden ist der Zusammenhang zwischen Durchlaßstrom I_F und Durchlaßspannung U_F von Bedeutung. Wegen der anderen Halbleitermaterialien liegen die Durchlaßspannungen bei LEDs wesentlich höher als bei normalen Si-Gleichrichterdioden. Typische Werte bei $I_F = 20\,mA$ sind:

$U_F \approx 1{,}6\,V$ bei rot-leuchtenden LEDs
$U_F \approx 2{,}2\,V$ bei orange-leuchtenden LEDs
$U_F \approx 2{,}4\,V$ bei gelb-leuchtenden LEDs und
$U_F \approx 2{,}7\,V$ bei grün-leuchtenden LEDs

In **Bild 6.54** sind die Kennlinien für die vier Typen V 310 P (rot), V 311 P (orange), V 312 (grün) und V 313 P (gelb) dargestellt. Bei den durchgezogenen Kennlinien handelt es sich jeweils um die typischen Werte. Die gestrichelten Kennlinien geben den Streubereich an.

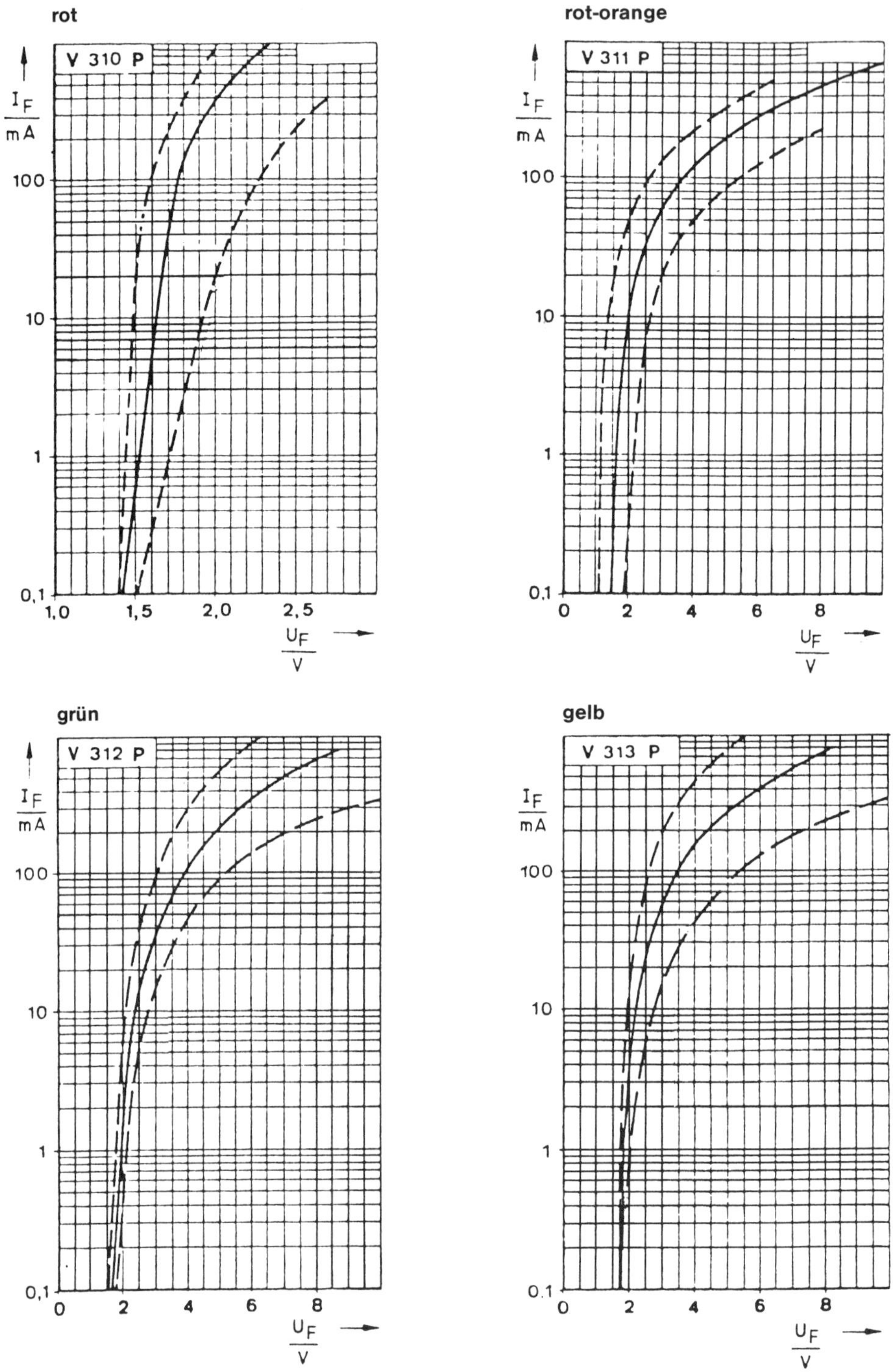

Bild 6.54 Durchlaßkennlinien von LEDs

Die Kennlinien nach Bild 6.54 gelten weitgehend auch für entsprechende Typen anderer Hersteller.
Genau wie bei allen anderen Halbleiterbauelementen müssen auch beim Einsatz von Leuchtdioden wichtige Grenzwerte beachtet werden. Sie sind zusammen mit einigen charakteristischen Kennwerten von LEDs für die schon genannten Typen der Reihe V3XX (5 mm ∅) sowie für die vergleichbaren Typen der Reihe CQYXX (3 mm ∅) in der Tabelle nach **Bild 6.55** zusammengefaßt.

	V310 CQY 85	V311 CQY 41	V313 CQY 87	V312 CQY 86
$U_{R\,max}$	5 V	5 V	5 V	5 V
$I_{F\,max}$	50 mA	50 mA 30 mA	50 mA 30 mA	50 mA 30 mA
$U_{F\,typisch}$	1,6 V	2,2 V	2,4 V	2,7 V
$P_{V\,max}$	100 mW	100 mW	100 mW	100 mW
$T_{J\,max}$	100 °C	100 °C	100 °C	100 °C
λ_{max}	660 nm	630 nm	590 nm	560 nm
	rot	orange	gelb	grün

Bild 6.55 Grenz- und Kennwerte von LEDs

Da sich die Daten für ähnliche Typen nur wenig von den in Bild 6.55 angegebenen Grenz- und Kennwerten unterscheiden, können die Angaben in Bild 6.55 als charakteristische Werte für Leuchtdioden angesehen werden.
Durch eine entsprechende Form der aufgesetzten Kunststoffkörper ist es leicht möglich, den Leuchtdioden unterschiedliche Richtcharakteristiken zu geben. In **Bild 6.56** sind die Richtcharakteristiken für zwei Standardausführungen mit Öffnungswinkeln von 60° (breit) und 25° (gebündelt) angegeben.
Werden Leuchtdioden nur zur optischen Signalanzeige, z. B. Ein – Aus, eingesetzt, so ist ihr Schaltverhalten von untergeordneter Bedeutung. Mit etwa 5 bis 20 Nanosekunden haben LEDs so kleine Ein- und Ausschaltzeiten, daß sie auch zur Abstrahlung von sich sehr schnell ändernden Lichtsignalen verwendet werden können. Hiervon wird z. B. bei den Optokopplern Gebrauch gemacht.

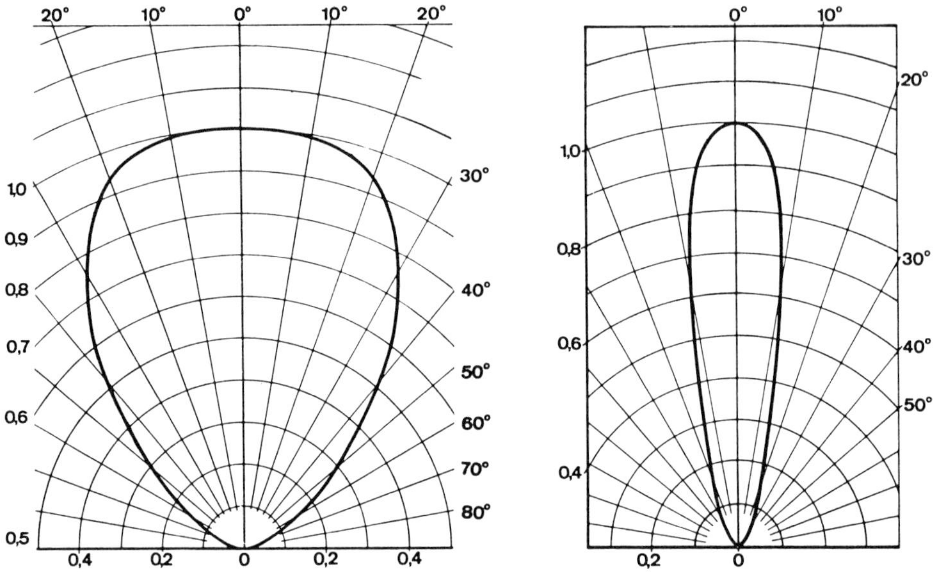

Bild 6.56 Richtcharakteristiken von LEDs

Beispiel

Das Vorhandensein einer Betriebsspannung $U_B = +24\,V$ soll entsprechend Bild 6.52 mit Hilfe einer LED vom Typ V 310 angezeigt werden.
Welchen Wert muß der Vorwiderstand R_V erhalten?

Aus Gründen einer langen Lebensdauer der LED wird ein Strom $I_F \approx 20\,mA$ gewählt. Aus der Kennlinie in Bild 6.54 kann die zugehörige Durchlaßspannung zu $U_F = 1{,}65\,V$ ermittelt werden.

$$R_V = \frac{U_B - U_F}{I_F} = \frac{24\,V - 1{,}65\,V}{20 \cdot 10^{-3}\,A} = 1118\,\Omega$$

Gewählt: $R_V = 1{,}2\,k\Omega$

Kontrolle:

$$I'_F = \frac{U_B - U_F}{R_V} = \frac{24\,V - 1{,}65\,V}{1{,}2 \cdot 10^3\,\Omega} = 18{,}6\,mA$$

$P_{V\,(LED)} = U_F \cdot I'_F = 1{,}65\,V \cdot 18{,}6 \cdot 10^{-3}\,A = 30{,}7\,mW$

$P_{V\,(LED)} < P_{V\,max} = 100\,mW$

$P_{R_V} \quad = (U_B - U_F) \cdot I'_F = 415{,}7\,mW$

Gewählt: $R_V = 1{,}2\,k\Omega/0{,}5\,W$.

6.4.3 Leuchtdioden für Infrarotlicht

Ausgangsmaterial für IR-Leuchtdioden ist Gallium-Arsenid (GaAs). Erreichen läßt sich damit eine spektrale Emission im Bereich von etwa 900 nm bis 1040 nm. **Bild 6.57** zeigt als Beispiel die relative spektrale Emission der IR-LED vom Typ LD 271 (Fa. Siemens) sowie die Abhängigkeit der Strahlstärke I_e und der Durchlaßspannung U_F vom Durchlaßstrom I_F.

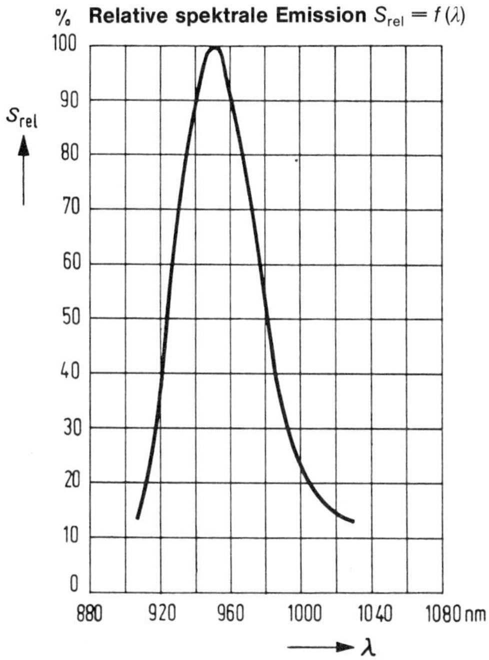

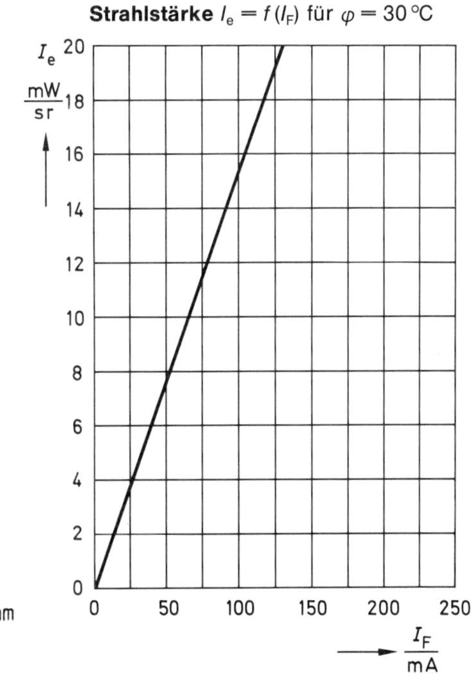

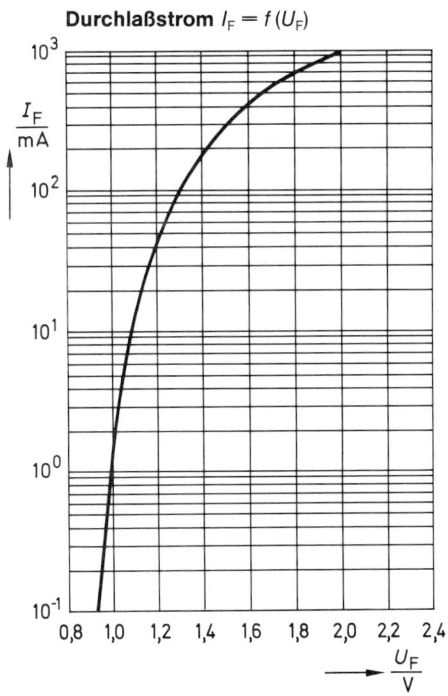

Bild 6.57 Kennlinie der IR-Leuchtdiode LD 271

Da es sich um unsichtbares Licht handelt, werden bei den IR-LEDs immer die strahlungstechnischen Größen angegeben. Die IR-Leuchtdiode LD 271 hat folgende Grenz- und Kennwerte:

$I_{F\,max} = 130\,mA$; $U_{R\,max} = 4\,V$
$P_{V\,max} = 210\,mW$; $R_{th\,JU} = 350\,K/W$.

Wegen des Kunststoffgehäuses ist beim Typ LD 271 eine Vergrößerung der zulässigen Verlustleistung durch Kühlung nicht möglich.
Die Grenz- und Kennwerte der heute lieferbaren Infrarot-LEDs differieren bei den einzelnen Typen und Herstellern weitaus stärker als bei den LEDs für sichtbares Licht. Müssen IR-LEDs ausgetauscht werden, so sollte auf keinen Fall von der gleichen Gehäusegröße auch auf etwa gleiche Grenzwerte geschlossen werden. Es ist daher in jedem Fall notwendig, die genauen Werte aus den Datenbüchern der Hersteller zu entnehmen.
Um höhere Strahlstärken zu erreichen, werden die Infrarot-Leuchtdioden auch in Kühlkörper eingesetzt, die gleichzeitig als Reflektor ausgebildet sind, um die auftretende Strahlung zu bündeln. Reicht die erzielbare Strahlstärke für die vorgesehene Aufgabe nicht aus, so können mehrere IR-Leuchtdioden parallel betrieben werden. Eine derartige Bauart ist in **Bild 6.58** dargestellt.

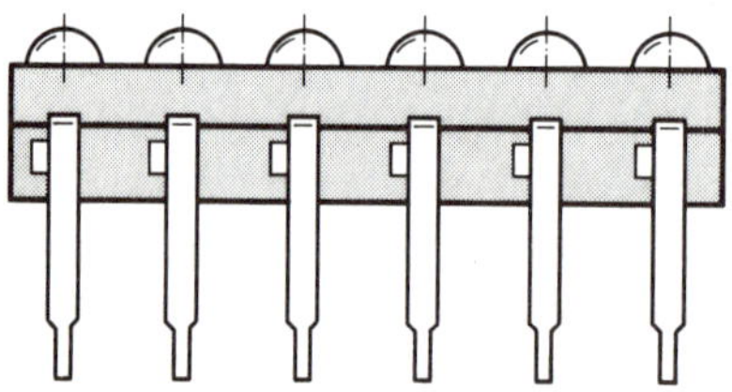

Bild 6.58 Diodenzeile mit Infrarot-LEDs

Die typischen Schaltzeiten von IR-LEDs liegen in der Größenordnung von Mikrosekunden. Sie haben also erheblich größere Schaltzeiten als Leuchtdioden für sichtbares Licht. Infrarot-Leuchtdioden werden gern als Lichtquellen in Lichtschranken eingesetzt, weil auf diese Weise der unerwünschte Einfluß von Tages- oder Kunstlicht verringert werden kann. Aus ähnlichen Gründen werden IR-LEDs bei Fernsteuerungen, z. B. von Fernsehgeräten, eingesetzt. Da sie dabei nur impulsmäßig betrieben werden, sind gegebenenfalls höhere Strahlstärken zulässig.

6.4.4 Anwendungsbeispiele

1. Kontrollanzeige für Betriebsspannung

In Bild 6.52 ist bereits eine einfache Schaltung zur Kontrollanzeige der Betriebsspannung mit einer Leuchtdiode angegeben. Durch Umpolen der LED ist sie für eine negative Betriebsspannung verwendbar. Die Schaltung läßt sich auch zur Anzeige einer Wechselspannung erweitern. Dann muß aber unbedingt sichergestellt sein, daß die zulässige Sperrspannung der LED nicht überschritten wird. **Bild 6.59** zeigt eine für den Betrieb an Wechselspannung erweiterte Schaltung.

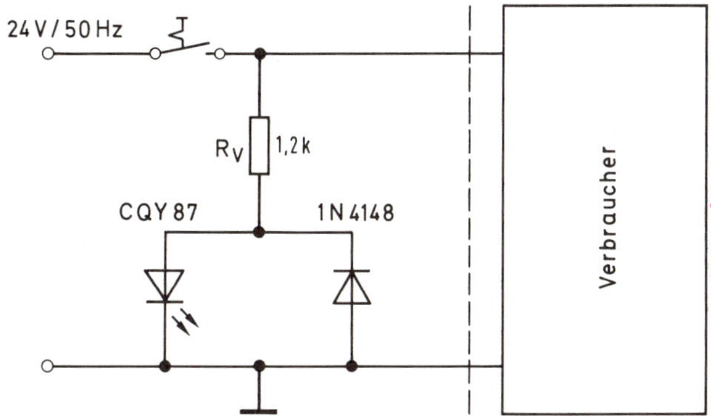

D 1N4148 ist zum Schutz der LED eingebaut, um die Sperrspannung auf 0,7 V zu begrenzen

Bild 6.59 Kontrollanzeige für eine Wechselspannung

Bei der Schaltung nach Bild 6.59 handelt es sich um die Antiparallelschaltung einer LED mit einer normalen Gleichrichterdiode. In der positiven Halbwelle ist die Diode vom Typ 1N4148 gesperrt und die LED wird in Durchlaßrichtung betrieben. Sie leuchtet also in der positiven Halbwelle. In der negativen Halbwelle ist die Diode leitend. Da ihre Durchlaßspannung bei $U_F \approx 0{,}7$ V liegt, kann zwangsläufig auch nur diese Spannung als Sperrspannung an der LED liegen. Daher wird $U_{R\,max} = 5$ V der LED nicht überschritten.
Die Dimensionierung des Vorwiderstandes R_V erfolgt wie beim Berechnungsbeispiel in Abschnitt 6.4.2 angegeben. Wegen der etwas geringeren Durchlaßspannung der Schutzdiode ist der Strom in der negativen Halbwelle geringfügig größer als in der positiven Halbwelle. Da die LED hier nur mit Halbwellen betrieben wird, leuchtet sie nicht so hell wie bei Betrieb an Gleichspannung. Reicht die Helligkeit nicht mehr aus, so kann durch einen Vorwiderstand mit einem kleineren Widerstandswert der Strom I_F größer als etwa 20 mA gewählt werden. Es muß aber dann weiterhin sichergestellt sein, daß die zulässigen Verlustleistungen der Diode und der LED nicht überschritten werden.

2. Kontrollanzeige mit Blinklicht

Eine Serie von Integrierten Schaltungen für die Digitaltechnik hat Betriebsspannungen und Ausgangsspannungen von +5 V. Hierfür wurde eine Sonderbauform von LEDs entwickelt. Sie haben nicht nur einen integrierten Vorwiderstand, sondern zusätzlich noch eine integrierte Blinkschaltung. Eine derartige Ausführung ist der LED-Typ CQX21 (Fa. Telefunken). Sie blinkt nach Anlegen einer Spannung $U_B = +5$ V mit einer Frequenz von etwa 3 Hz und erzielt damit eine größere optische Wirkung.

3. LED-Schaltung zur farblichen Polaritätsanzeige

Mit zwei Leuchtdioden unterschiedlicher Farbe läßt sich eine sehr einfache Schaltung zur Anzeige der Polarität einer Spannung aufbauen. Sie ist in **Bild 6.60** angegeben. Ist die angelegte Spannung U_B positiv, so leuchtet die rote LED vom Typ CQY85, bei negativer Spannung dagegen die grüne LED vom Typ CQY87. Mit ihren Durchlaßspannungen von $U_F \approx 1{,}6$ V bei der rotleuchtenden LED und $U_F \approx 2{,}7$ V bei der grünleuchtenden LED schützen sich die beiden Leuchtdioden gegenseitig gegen eine unzulässig große Sperrspannung.

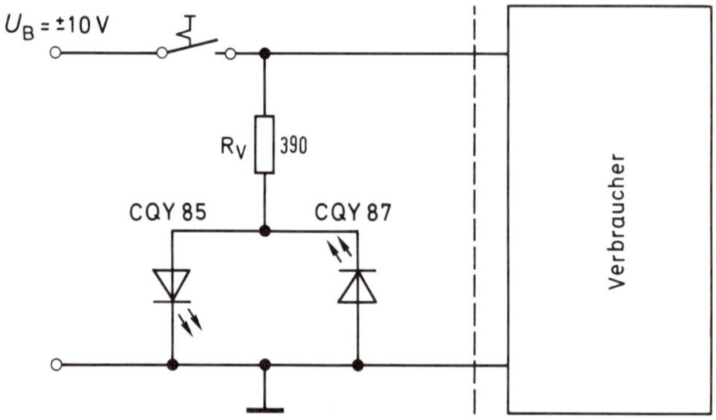

Bild 6.60
Polaritätsanzeige mit 2 LEDs

Die Schaltung nach Bild 6.60 ist für Spannungen von $U_B = \pm 10\,V$ ausgelegt. Wegen der unterschiedlichen Durchlaßspannungen der beiden LEDs sind die Durchlaßströme bei gleichen Vorwiderständen etwas unterschiedlich.

$$I_{CQY85} = \frac{U_B - U_F}{R_V} = \frac{10\,V - 1{,}6\,V}{390\,\Omega} = 21{,}5\,mA$$

$$I_{CQY87} = \frac{U_B - U_F}{R_V} = \frac{10\,V - 2{,}7\,V}{390\,\Omega} = 18{,}7\,mA.$$

4. LED-Schaltung zur Polaritätsanzeige mit Symbolen

Bild 6.61 zeigt eine Schaltung, durch die eine positive Betriebsspannung mit einem rotleuchtenden Pluszeichen und eine negative Betriebsspannung mit einem ebenfalls rotleuchtenden Minuszeichen angezeigt wird. Erforderlich ist hierzu eine entsprechende Anordnung der LEDs.

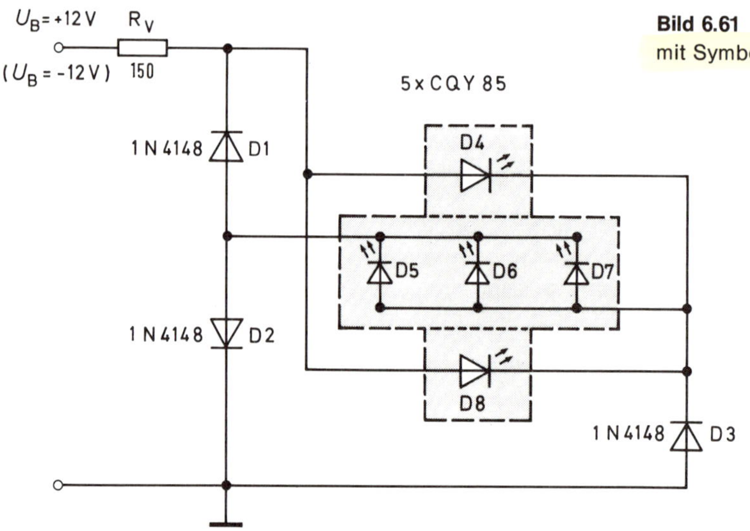

Bild 6.61 Polaritätsanzeige mit Symbolen

Liegt bei der Schaltung nach Bild 6.61 eine negative Betriebsspannung an, so fließt der Strom von Masse über D3, die drei parallelgeschalteten LEDs D5 – D6 – D7 sowie über D1 und R_V nach $-U_B$. Da nur die nebeneinander liegenden LEDs D5, D6 und D7 leuchten, entsteht der Eindruck eines Minuszeichens. Ist U_B dagegen positiv, so fließt der Strom über R_V, die beiden parallelgeschalteten LEDs D4 und D8, die drei parallelgeschalteten LEDs D5, D6 und D7 sowie über D2 nach Masse. Dabei werden alle LEDs in Durchlaßrichtung betrieben und leuchten. Infolge der geometrischen Anordnung der LEDs entsteht ein Pluszeichen. Werden nicht die Standard-LEDs verwendet, sondern Sonderbauformen mit entsprechenden Lichtaustrittsflächen, so kann die Ausführung des Plus- und Minuszeichens optisch noch wesentlich verbessert werden. Bei der Berechnung des Vorwiderstandes R_V sind auf jeden Fall die Stromverzweigungen und die unterschiedlichen Durchlaßspannungen zu berücksichtigen.

6.5 Optokoppler

Wird eine Leuchtdiode mit einem lichtempfindlichen Fotohalbleiter kombiniert, so kann eine Signalübertragung mit Hilfe von Licht erfolgen. Sind dabei Sender und Empfänger in einem gemeinsamen, lichtdichten Gehäuse angeordnet, dann wird ein derartiges Bauelement als Optokoppler bezeichnet. Optokoppler haben den großen Vorteil, daß zwischen dem Eingangskreis und dem Ausgangskreis eine vollkommene galvanische Trennung besteht.
Die meisten Optokoppler arbeiten mit einer IR-Leuchtdiode als Sender und einem Si-Fototransistor als Empfänger. Leuchtdiode und Fototransistor werden auf einem gemeinsamen Träger hergestellt. Zwischen Sender und Empfänger ist ein transparenter Kunststoff angeordnet, der eine bessere Lichtübertragung ermöglicht. **Bild 6.62** zeigt den Prinzipaufbau eines Optokopplers.

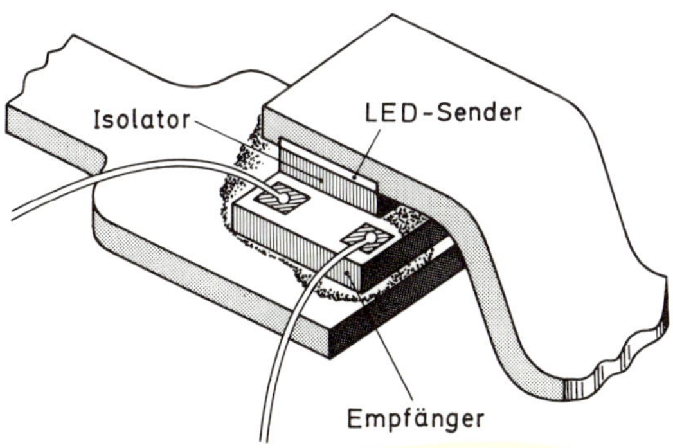

Bild 6.62 Prinzipaufbau eines Optokopplers

Bezüglich des Abstandes zwischen Leuchtdiode und Fototransistor muß ein Kompromiß getroffen werden. Damit möglichst viel der erzeugten Strahlung auf den Fototransistor gelangt, müßte der Abstand gering sein. Andererseits wird aber zur Erweiterung der

Einsatzmöglichkeiten eine hohe Spannungsfestigkeit zwischen Eingangs- und Ausgangskreis gefordert, so daß ein großer Abstand von Vorteil ist. Optokoppler haben heute Spannungsfestigkeiten bis zu 10 kV.
Aus der Vielzahl der lieferbaren Optokoppler wurde der Typ CNY21 (Fa. AEG-Telefunken) als Beispiel ausgewählt. **Bild 6.63** zeigt seine Bauform sowie sein Schaltbild.

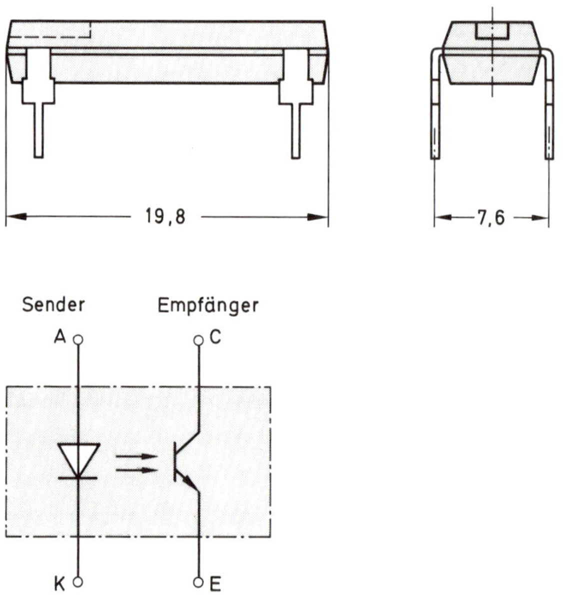

Bild 6.63 Bauform und Schaltbild des Optokopplers CNY21

Ein wichtiger Kennwert des Optokopplers ist sein Stromübertragungsverhältnis V_I, das von einigen Herstellern auch als Koppelfaktor K bezeichnet wird. Mit V_I wird das Verhältnis des Ausgangsstromes zum Eingangsstrom bezeichnet. Daher gilt für einen Optokoppler mit Leuchtdiode und Fototransistor:

$$V_I = \frac{I_C}{I_F}$$

und für einen Optokoppler mit Leuchtdiode und Fotodiode

$$V_I = \frac{I_{Fot}}{I_F}$$

Die Zusammenhänge zwischen Eingangs- und Ausgangsstrom werden meistens in Form einer Übertragungskennlinie angegeben. **Bild 6.64** zeigt die Abhängigkeit des Kollektorstromes I_C vom Durchlaßstrom I_F für den Optokoppler CNY21. Zu erkennen ist, daß V_I nicht konstant ist, sondern sich etwas mit der Größe von I_F ändert. Bei den verschiedenen Typen der heute lieferbaren Optokoppler mit Fototransistor liegen die typischen Stromübertragungsverhältnisse etwa zwischen 0,2 und 1,4. Optokoppler mit Fotodiode haben noch kleinere Werte.

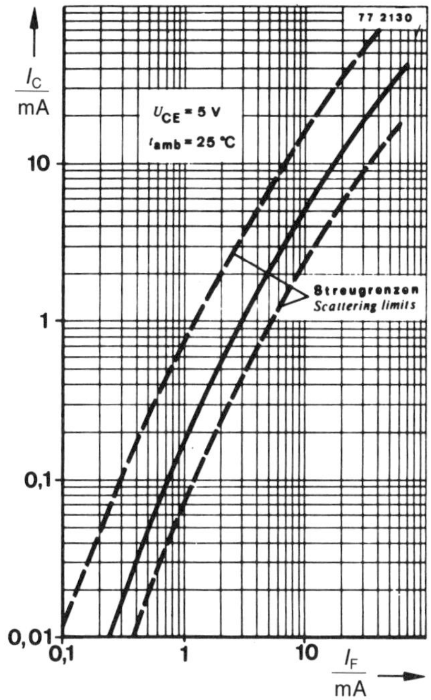

Bild 6.64 Übertragungskennlinie des Optokopplers CNY21

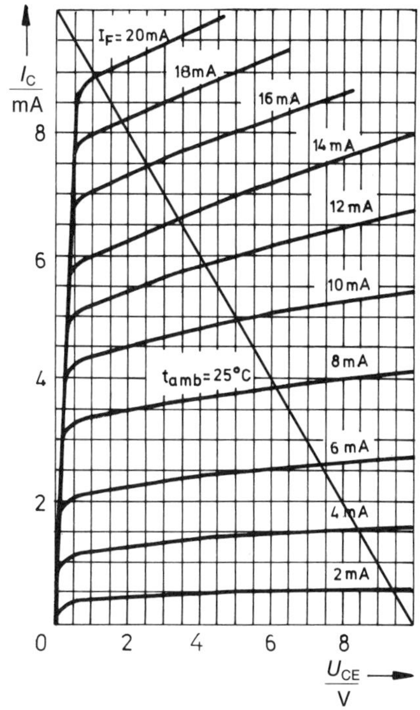

Bild 6.65 Ausgangskennlinienfeld des Optokopplers CNY21

Das Ausgangskennlinienfeld eines Optokopplers gleicht weitgehend dem eines Fototransistors bzw. eines normalen Transistors, jedoch sind die Stromverstärkungsfaktoren *B* der im Optokoppler enthaltenen Fototransistoren meistens etwas niedriger. In **Bild 6.65** ist das Ausgangskennlinienfeld des Optokopplers CNY21 angegeben. Zusätzlich eingetragen ist eine Arbeitsgerade für $R3 = 1$ kΩ, die für das nachfolgende Berechnungsbeispiel zu Bild 6.67 benötigt wird.
Wichtige Kenn- und Grenzwerte für den Optokoppler CNY21 sind in der Tabelle nach **Bild 6.66** angegeben.

Sender		Empfänger	
$U_{R\,max}$	5 V	$U_{CE\,max}$	32 V
$I_{F\,max}$	50 mA	$I_{C\,max}$	50 mA
$P_{V\,tot}$	120 mW	$P_{V\,max}$	130 mW
$T_{J\,max}$	100 °C	$T_{J\,max}$	100 °C
$U_{F\,typisch}$	1,25 V	$U_{CE\,sat}$	0,3 V
$I_{F\,typisch}$	10–20 mA	$I_{C\,typisch}$	5–10 mA
	$V_I \approx 0{,}25 \div 0{,}6$		
	$f_{grenz} \approx 170$ kHz		Isolationsspannung = 10 kV

Bild 6.66 Kenn- und Grenzwerte für den Optokoppler CNY21

Beispiel

In welchen Grenzen ändert sich die Ausgangsspannung U_A, wenn bei der in **Bild 6.67** angegebenen Schaltung eines Optokopplers der Trimmer vom Anschlag a zum Anschlag b verstellt wird?

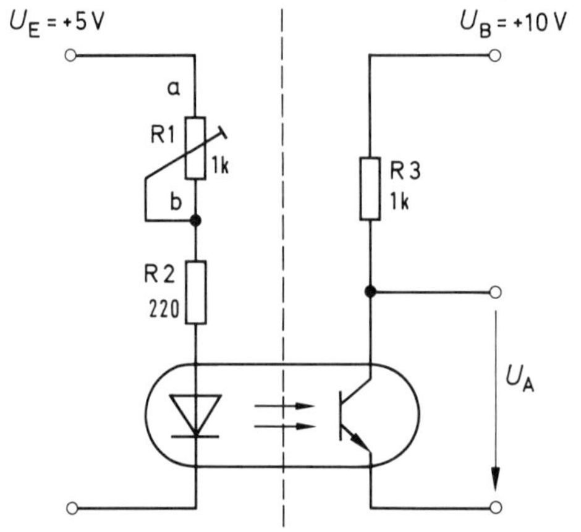

Bild 6.67 Schaltung zum Betrieb eines Optokopplers

Berechnung der Eingangsströme $I_{F(a)}$ und $I_{F(b)}$

$U_F = 1{,}25\,\text{V}$ (aus Tab. 6.66)

$$I_{F(a)} = \frac{U_E - U_F}{R2} = \frac{5\,\text{V} - 1{,}25\,\text{V}}{220\,\Omega} = \frac{3{,}75\,\text{V}}{220\,\Omega} = 17\,\text{mA}$$

$$I_{F(b)} = \frac{U_E - U_F}{R1 + R2} = \frac{5\,\text{V} - 1{,}25\,\text{V}}{1\,\text{k}\Omega + 220\,\Omega} = \frac{3{,}75\,\text{V}}{1220\,\Omega} = 3\,\text{mA}$$

Ermittlung der Ausgangsspannung U_A

In das Ausgangskennlinienfeld (Bild 6.65) ist bereits die Arbeitsgerade für $R3 = 1\,\text{k}\Omega$ eingetragen. Daher können in Näherung die Werte für U_{CE} abgelesen werden.

$$U_{A(a)} = U_{CE(a)} \approx 2{,}2\,\text{V}$$

$$U_{A(b)} = U_{CE(b)} \approx 9\,\text{V}$$

Kontrolle des Stromübertragungsverhältnisses V_I

$$I_{C(a)} \approx \frac{U_B - U_{CE(a)}}{R3} \approx \frac{10\,\text{V} - 2{,}2\,\text{V}}{1 \cdot 10^3\,\Omega} \approx \frac{7{,}8\,\text{V}}{1 \cdot 10^3\,\Omega} \approx 7{,}8\,\text{mA}$$

$$I_{C(b)} \approx \frac{U_B - U_{CE(b)}}{R3} \approx \frac{10\,\text{V} - 9\,\text{V}}{1 \cdot 10^3\,\Omega} \approx \frac{1\,\text{V}}{1 \cdot 10^3\,\Omega} \approx 1\,\text{mA}$$

$$V_{I(a)} \approx \frac{I_{C(a)}}{I_{F(a)}} \approx \frac{7{,}8 \cdot 10^{-3}\,\text{A}}{17 \cdot 10^{-3}\,\text{A}} \approx 0{,}46$$

$$V_{I(b)} \approx \frac{I_{C(b)}}{I_{F(b)}} \approx \frac{1 \cdot 10^{-3}\,\text{A}}{3 \cdot 10^{-3}\,\text{A}} \approx 0{,}33$$

Die Werte $V_{I(a)}$ und $V_{I(b)}$ liegen innerhalb des für den Optokoppler CNY21 typischen Wertebereiches $V_{I(typ)} \approx 0{,}25 \div 0{,}6$

Dem Optokoppler sehr nah verwandte lichtelektrische Koppelelemente sind die Gabellichtschranken, die ebenfalls als komplette Bauelemente geliefert werden. **Bild 6.68** zeigt, wiederum als Beispiel, die Bauform und die Schaltung einer Gabellichtschranke vom Typ CNY36 (Fa. AEG-Telefunken).

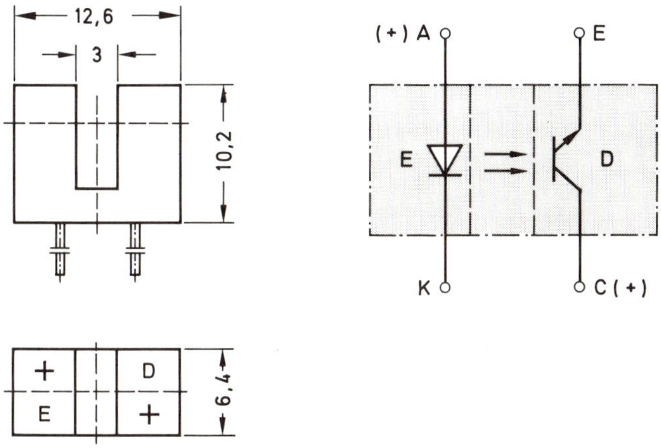

Bild 6.68 Bauform und Schaltung einer Gabellichtschranke CNY36

Auch bei dieser Gabellichtschranke befinden sich eine IR-Leuchtdiode und ein Fototransistor in einem gemeinsamen Gehäuse. Der Lichtweg liegt hier jedoch offen und kann von einer Blende unterbrochen werden. Die technischen Daten der Gabellichtschranke CNY36 entsprechen weitgehend denen des Optokopplers CNY21. Wegen der größeren Lichtstrecke ist das Stromübertragungsverhältnis aber wesentlich geringer und liegt bei $V_I \approx 0{,}01$ bis 0,04. Gabellichtschranken werden in erheblichem Umfang als optoelektronische Schalter und Meßwertaufnehmer in der Steuerungstechnik eingesetzt.

Eine zunehmende Bedeutung – insbesondere in der Fernmelde- und Nachrichtentechnik – gewinnen optoelektronische Koppelelemente in Zusammenhang mit dem Einsatz von Lichtwellenleitern. Diese bestehen aus sehr dünnen Glasfasern, die meistens zu Bündeln zusammengefaßt sind. Sie leiten sichtbares oder IR-Licht in ihrem Innern mit nur geringen Verlusten über weite Strecken, wobei Kurven oder Ecken kein Hindernis darstellen. **Bild 6.69** zeigt das Grundprinzip einer derartigen Übertragungsstrecke.

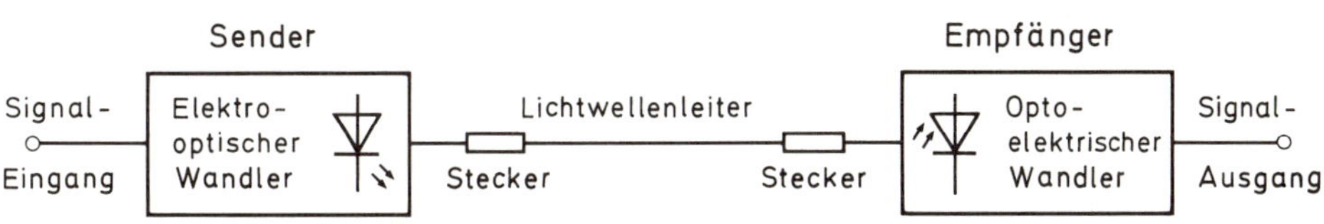

Bild 6.69 Optoelektronische Übertragungsstrecke

Eine optoelektronische Übertragungsstrecke besteht aus einem elektrooptischen Wandler, der aus einem Verstärker mit einer LED als Arbeitswiderstand aufgebaut ist. Die von der LED erzeugte Strahlung wird über eine besonders konstruierte Steckerverbindung in das Glasfaserbündel eingespeist. Über eine weitere Steckerverbindung erfolgt die Übertragung des Lichtes auf den Empfänger, in dessen Eingang eine Si-PIN-Diode als lichtempfindlicher Fotohalbleiter angeordnet ist. Die abgestrahlten und empfangenen Leistungen sind sehr klein und liegen in der Größenordnung von μW.

6.6 Anzeigeeinheiten

Zur Anzeige eines Ein-Aus-Zustandes reicht in der Regel der Einsatz einer Leuchtdiode aus. In elektronischen Geräten und Anlagen müssen aber in großem Umfang auch Ziffern und Buchstaben angezeigt werden. Dies hat zur Entwicklung von teilweise sehr unterschiedlichen Anzeigeeinheiten, die auch als Displays bezeichnet werden, geführt. Zwei heute weitverbreitete und wichtige Gruppen sind die LED-Anzeigen und die LCD-Anzeigen.

Bei den LED-Anzeigen werden mehrere Leuchtdioden in bestimmten geometrischen Anordnungen zusammengefaßt und einzeln so eingeschaltet, daß gewünschte Ziffern oder Buchstaben entstehen. Bei den LCD-Anzeigen wird dagegen die Ausrichtung von Flüssigkristallen in einem elektrischen Feld ausgenutzt. Da die Elektroden zur Erzeugung des elektrischen Feldes sich beliebig ausführen lassen, können mit LCD-Anzeigen nicht nur Ziffern und Buchstaben, sondern auch beliebige andere Zeichen dargestellt werden. Jede der beiden Arten von Anzeigeeinheiten hat ihre Vor- und Nachteile.

6.6.1 LED-Anzeigen

Bei den LED-Anzeigen muß im wesentlichen zwischen dem 7-Segment-System, dem alphanumerischen System und dem Punkt-Matrix-System unterschieden werden. Je größer die Zahl der für eine Einheit verwendeten LEDs ist, desto mehr kann das angezeigte Zeichen dem Schriftbild von Ziffern und Buchstaben angenähert werden. Mit jeder Leuchtdiode wird aber auch die zur Anzeige erforderliche elektrische Leistung größer.

In **Bild 6.70** ist die Erzeugung von Zeichen bei den drei wichtigsten Systemen dargestellt. Beim 7-Segment-System werden die neun Ziffern durch 7 LEDs einwandfrei dargestellt, indem mit Hilfe aufgesetzter Linsen schmale rechteckförmige Leuchtflächen erzeugt werden. Auch einige Buchstaben können mit diesem System angezeigt werden. Erheblich vielseitiger ist das alphanumerische System. Hier sind 16 LEDs zu einer Einheit zusammengefaßt, so daß außer den 10 Ziffern 0 bis 9 auch alle Groß- und Kleinbuchstaben gut lesbar gebildet werden können. Bei dem Punkt-Matrix-System sind die Dioden in Zeilen und Spalten angeordnet. Die meisten Anzeigen dieser Art haben je Spalte 7 und je Zeile 4 oder 5 LEDs, so daß eine Einheit aus 28 bzw. 35 Leuchtdioden aufgebaut ist. Alle drei Anzeigesysteme enthalten oft noch eine zusätzliche Leuchtdiode, durch die ein Dezimalpunkt bzw. ein Komma angezeigt werden kann.

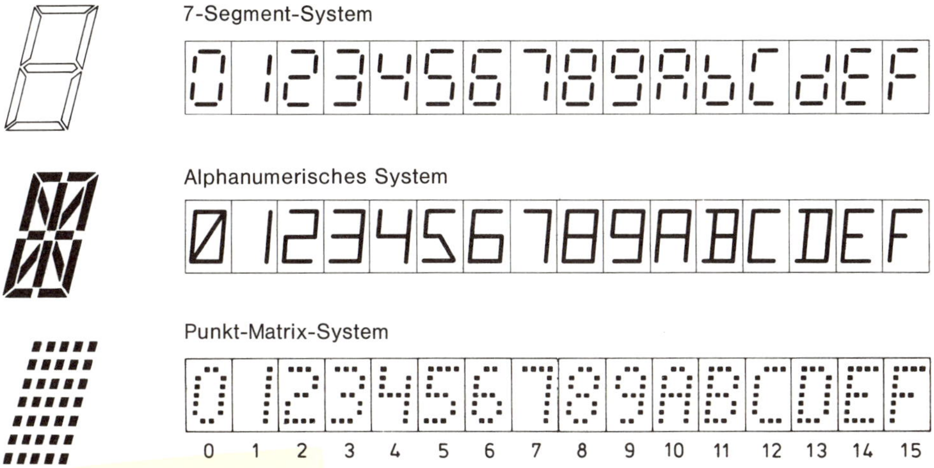

Bild 6.70 LED-Anzeigesysteme

Damit die gewünschten Zeichen erscheinen, müssen alle LEDs, die zur Darstellung dieser Zeichen erforderlich sind, an Spannung gelegt werden. Bei den sieben Leuchtdioden der 7-Segment-Anzeige sind die Zusammenhänge noch leicht überschaubar und die einzelnen LEDs lassen sich gegebenenfalls auch noch mit mechanischen Schaltern einschalten. In **Bild 6.71** ist eine zugehörige Tabelle, die auch als Wahrheitstabelle bezeichnet wird, angegeben. Die Ziffer 0 bedeutet hier, daß das entsprechende Segment zur Darstellung des angegebenen Zeichens nicht leuchten darf. Die Ziffer 1 besagt dagegen, daß das betreffende Segment leuchten muß.

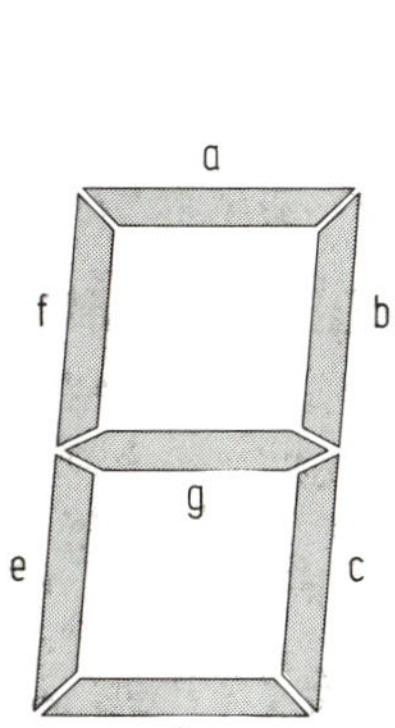

	g	f	e	d	c	b	a
0	0	1	1	1	1	1	1
1	0	0	0	0	1	1	0
2	1	0	1	1	0	1	1
3	1	0	0	1	1	1	1
4	1	1	0	0	1	1	0
5	1	1	0	1	1	0	1
6	1	1	1	1	1	0	1
7	0	0	0	0	1	1	1
8	1	1	1	1	1	1	1
9	1	1	0	1	1	1	1
A	1	1	1	0	1	1	1
B	1	1	1	1	1	0	0
C	0	1	1	1	0	0	1
D	1	0	1	1	1	1	0
E	1	1	1	1	0	0	1
F	1	1	1	0	0	0	1

Bild 6.71 Wahrheitstabelle für 7-Segment-Anzeige

Die Wahrheitstabellen für die alphanumerischen Anzeigen und die Punkt-Matrix-Anzeigen sind ähnlich aufgebaut, aber wegen der größeren Zahl von LEDs und darstellbaren Zeichen wesentlich umfangreicher. Die Ansteuerung aller LED-Anzeigen erfolgt heute nur noch mit integrierten Bausteinen, in denen eine Vielzahl elektronischer Schalter enthalten sind, die über sogenannte »Codewandler« ein- und ausgeschaltet werden. LED-Anzeigen werden mit Symbolhöhen von 7, 10, 13 und 18 mm sowie in den Farben rot, grün und gelb gefertigt. In der Tabelle nach **Bild 6.72** sind für eine Typenreihe von 7-Segment-Anzeigen (Fa. Siemens) einige Kennwerte angegeben.

Typ	Symbolhöhe mm	Symbol	Farbe	$I_{D\,max}$/Seg. mA	I_V/Seg. (I_D = 10 mA) µcd
HA 1075	7	7-Segment	rot	20	300
HA 1105	10	"	rot	25	300
HA 1106	10	±1	rot	25	300
HA 1141 r	13,5	7-Segment	rot	35	300
HA 1141 g	13,5	"	grün	20	260
HA 1141 y	13,5	"	gelb	20	200
HA 1181 r	18	"	rot	35	350
HA 1181 g	18	"	grün	20	540
HA 1181 y	18	"	gelb	20	540

Bild 6.72 Typenreihe von 7-Segment-Anzeigen

In **Bild 6.73** ist der mechanische Aufbau einer 7-Segment-Anzeige dargestellt. Gut erkennbar ist das System der sieben Lichtleitschächte, die das in der LED erzeugte Licht verteilen und an die Frontplatte der Anzeige führen.

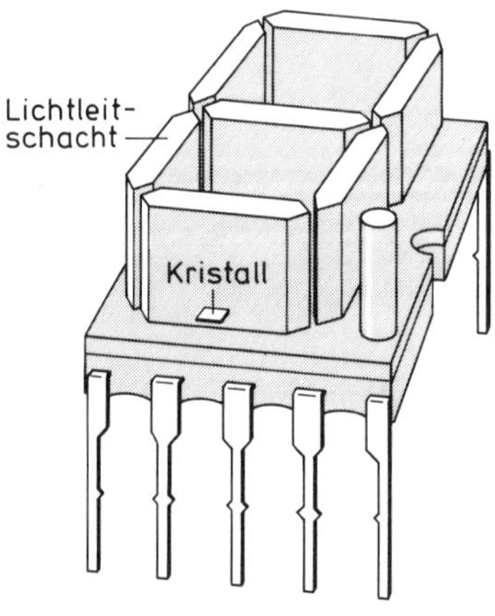

Bild 6.73 Mechanischer Aufbau einer 7-Segment-Anzeige

Durch Aneinanderreihen einzelner Anzeigeeinheiten lassen sich beliebig lange Ziffern- oder Buchstabenfolgen anzeigen. Reicht die Ziffergröße der lieferbaren LED-Anzeigen nicht aus, so können nach dem gleichen Segment-System durch Reihen-

schaltung von jeweils mehreren LEDs größere Anzeigen aufgebaut werden. Selbstverständlich ist es auch möglich, das Matrix-System in den Zeilen und Spalten beliebig zu erweitern.
Die Helligkeit von LED-Anzeigen genügt den meisten Forderungen. Aber selbst wenn je LED auch nur Durchlaßströme von etwa 5 mA bis 20 mA erforderlich sind, so liegen die Betriebsströme für eine Anzeigeeinheit doch schon relativ hoch. Für mehrstellige LED-Anzeigen sind daher Ströme erforderlich, die schon ganz erheblich über dem Strombedarf der eigentlichen elektronischen Schaltungen liegen können, für die die Anzeige vorgesehen ist. Dies ist ein wesentlicher Nachteil aller LED-Anzeigen.

6.6.2 LCD-Anzeigen

Bei den LCD-Anzeigen werden die optischen Eigenschaften von Flüssigkeitskristallen ausgenutzt. Die Abkürzung LCD ist aus der Bezeichnung *L*iquid *C*rystal *D*isplay abgeleitet. Normalerweise sind Kristalle feste Körper mit bestimmten Vorzugsrichtungen. Es gibt aber Flüssigkeiten, die aus beweglichen Kristallen aufgebaut sind. Diese Kristalle lassen sich dann durch ein elektrisches Feld so ausrichten, daß die Flüssigkeit vom durchsichtigen in einen undurchsichtigen Zustand übergeht. **Bild 6.74** zeigt den Prinzipaufbau einer LCD-Anzeige.

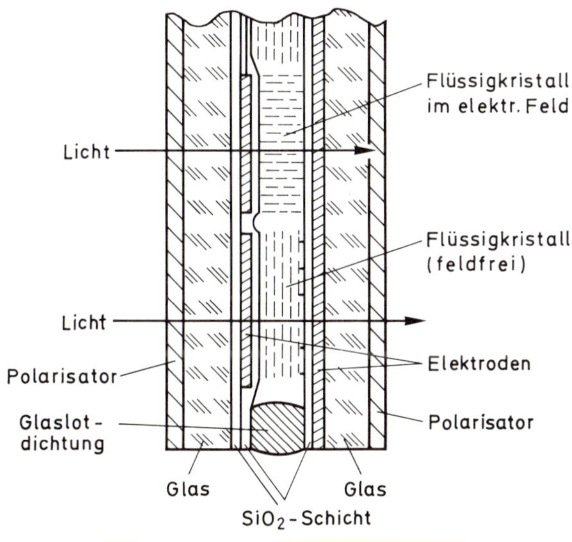

Bild 6.74 Prinzipaufbau einer LCD-Anzeige

Die Flüssigkeit ist zwischen zwei Glasplatten eingeschlossen. Auf der Innenseite der Glasplatten sind Elektroden aufgedampft, die gegenüber dem Flüssigkristall isoliert sind. Außen auf den Glasplatten befinden sich Polarisatoren. Je nach Lage ihrer Polarisationsebene kann auffallendes Licht über die Elektroden durch die Zelle durchtreten oder nicht. Der Polarisationsebene entsprechend erscheint die Zelle ohne Ansteuerung insgesamt hell oder dunkel. Heute werden überwiegend LCD-Anzeigen gefertigt, die ohne Ansteuerung hell erscheinen.

Die Form der einzelnen Anzeigeelemente wird durch die geometrische Form der Elektroden festgelegt. Für die Anzeige von Ziffern und Buchstaben ist, wie bei den LED-Anzeigen, das 7-Segment-System oder das alphanumerische System üblich. Auch Punkt-Matrix-Anzeigen mit einer Vielzahl von Punkten sind lieferbar. Durch eine entsprechende Form der Elektroden lassen sich aber auch beliebige andere Zeichen und Symbole anzeigen.
Wird an die Elektroden eine Spannung gelegt und damit ein elektrisches Feld zwischen den Elektroden erzeugt, so richten sich die Moleküle der Flüssigkristalle aus. Dadurch entstehen bei den lichtdurchlässigen Anzeigen der Elektrodenform entsprechende dunkle Abbildungen, bei den lichtundurchlässigen Anzeigen dagegen helle Abbildungen.
LCD-Anzeigen erzeugen also kein Licht, sondern es ist immer eine äußere Lichtquelle erforderlich. Bezüglich der Beleuchtung der LCD-Anzeigen sind drei verschiedene Bauarten lieferbar, und zwar für reflektierenden Betrieb, für transflektiven Betrieb und für Transmissions-Betrieb. In **Bild 6.75** sind die Unterschiede erkennbar.

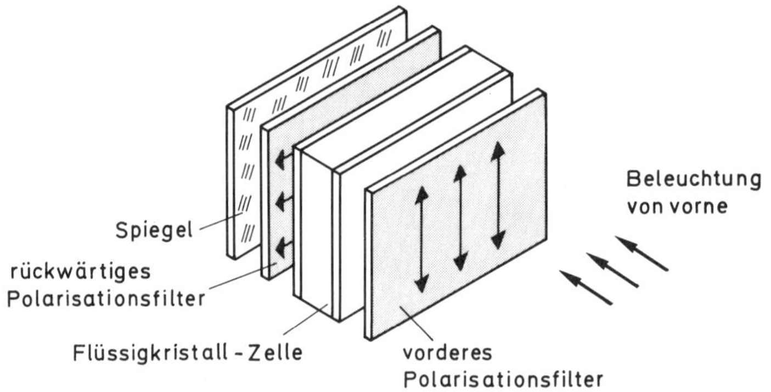

Reflektierender Betrieb

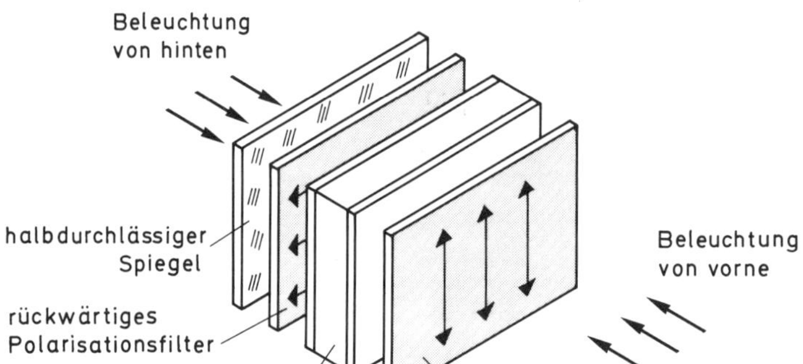

Transflektiver Betrieb

Bild 6.75 Bauarten von LCDs. (Fortsetzung auf der nächsten Seite)

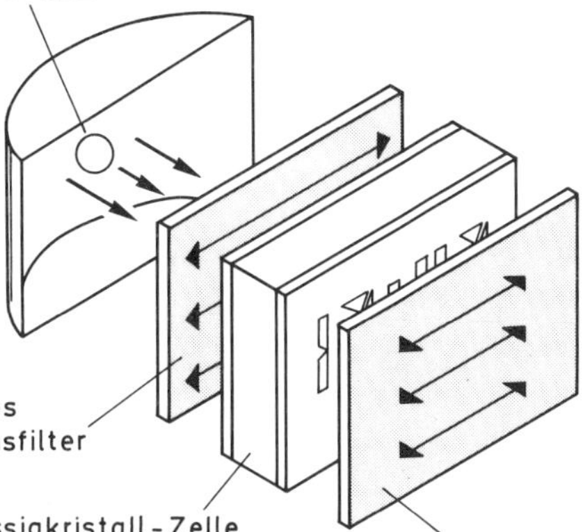

Transmissions-Betrieb

Bild 6.75 Bauarten von LCDs

Beim reflektierenden Betrieb erfolgt die Beleuchtung von vorn. Durch einen hinter der Anzeigezelle angebrachten Spiegel wird das auftreffende Licht reflektiert. Als Lichtquelle reicht hier meistens das Tageslicht oder die übliche Raumbeleuchtung aus. Bei der Ausführung für den transflektiven Betrieb ist hinten ein halbdurchlässiger Spiegel angebracht, so daß auch die Möglichkeit besteht, die Zelle von hinten zu beleuchten. Es reicht aber auch eine Beleuchtung von vorn aus. Bei der Transmissions-Ausführung ist grundsätzlich hinter der Zelle eine Lichtquelle angebracht. Dies kann eine kleine Glühlampe, eine LED oder auch eine spezielle Beleuchtungsfolie sein, mit der eine besonders gleichmäßige Lichtverteilung erreicht wird. Der Helligkeitsunterschied zwischen anzeigender und nicht anzeigender Fläche wird als Kontrastverhältnis bezeichnet. Es liegt etwa bei 20 : 1. Inzwischen werden auch farbige Flüssigkristallanzeigen gefertigt. Lieferbar sind sie bisher in den Farben rot, gelb, grün und blau.
Hauptvorteil der LCD-Anzeigen ist ihr außerordentlich geringer Leistungsverbrauch. So werden zur Erzeugung von 1 cm^2 Trübungsfläche nur etwa 0,1 mW benötigt. Die Betriebsspannungen liegen je nach Hersteller und Typ zwischen 3 und 15 V.
Bei den LCD-Anzeigen sind in der Regel mehrere Ziffern zu einer Einheit zusammengefaßt. Bei entsprechenden Stückzahlen können LCD-Anzeigen mit beliebigen Zeichen, Anordnungen oder Symbolen geliefert werden. Die Ansteuerung von LCD-Anzeigen ist nur noch mit Hilfe integrierter Schaltungen möglich, die nach unterschiedlichen Ansteuerverfahren arbeiten. Geeignete Ansteuer-Bausteine werden von den Herstellern der Anzeigen entweder angegeben oder selbst gefertigt.
In **Bild 6.76** sind drei unterschiedliche LCD-Anzeigen mit ihren Maßen angegeben, und zwar eine fünfstellige 7-Segment-Ziffernanzeige mit zusätzlichen mathematischen Zeichen, eine vierstellige alphanumerische Einheit mit je 16 Segmenten sowie eine Skala als Beispiel für die vielfältigen Gestaltungsmöglichkeiten von LCD-Anzeigen.

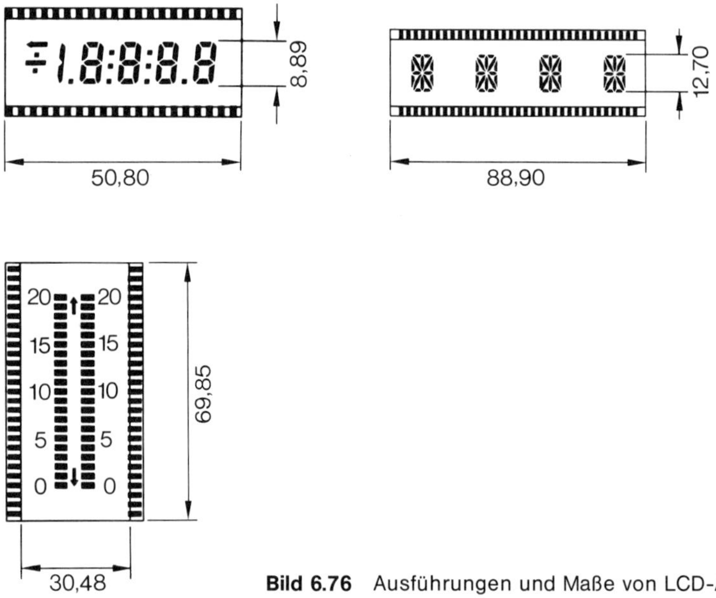

Bild 6.76 Ausführungen und Maße von LCD-Anzeigen

7 Halbleiter mit speziellen Eigenschaften

7.1 Allgemeines

Im Abschnitt 7 sind die wichtigsten spannungsabhängigen, temperaturabhängigen und magnetfeldabhängigen Halbleiter-Bauelemente zusammengefaßt. Die recht unterschiedlichen Eigenschaften dieser Bauelemente werden entweder durch Verwendung verschiedenartiger Halbleitermaterialien oder auch durch stark voneinander abweichende Herstellungsverfahren erreicht. Bei den magnetfeldabhängigen Bauelementen wird zusätzlich noch die Wirkung eines elektrodynamischen Elementargesetzes ausgenutzt. In **Bild 7.1** sind die genannten Bauelemente untergliedert und mit ihren Schaltzeichen angegeben.

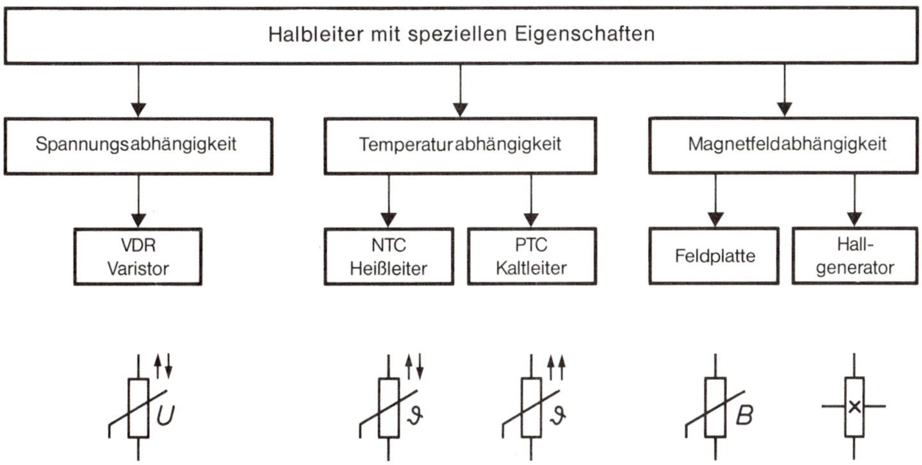

Bild 7.1 Einteilung und Schaltzeichen der Halbleiter mit speziellen Eigenschaften

Aus den Schaltzeichen ist zu erkennen, daß es sich bei den spannungsabhängigen und den temperaturabhängigen Widerständen sowie bei der Feldplatte um nichtlineare Widerstände handelt, deren Widerstandswerte sich in Abhängigkeit von der anliegenden Spannung, von der Temperatur oder von dem vorhandenen Magnetfeld ändern. Das Schaltzeichen des Hallgenerators ähnelt zwar auch dem Widerstandssymbol, die vier Anschlüsse weisen aber auf einen Vierpol hin.
Die spannungsabhängigen Widerstände werden in der Praxis meistens als Varistoren oder VDRs bezeichnet. Das Kunstwort Varistor wurde aus den beiden Wörtern »*Var*ible Res*istor*« (veränderbarer Widerstand) gebildet. Die Abkürzung VDR ist dagegen aus der Bezeichnung »*V*oltage *D*ependent *R*esistor« (spannungsabhängiger Widerstand) abgeleitet. Bei den spannungsabhängigen Widerständen besteht keine Proportionalität zwischen der anliegenden Spannung und dem fließenden Strom. Ihr Widerstandswert wird mit zunehmender Spannung schnell kleiner. Eine Abhängigkeit von der Polarität der Spannung besteht dabei jedoch nicht. Aufgrund ihres charakteristischen

Kennlinienverlaufes werden Varistoren hauptsächlich zum Schutz von elektromechanischen und elektronischen Bauelementen oder Schaltungen vor kurzzeitigen Überspannungen eingesetzt.
Bei den temperaturabhängigen Widerständen muß grundsätzlich zwischen den NTC-Widerständen und den PTC-Widerständen unterschieden werden. Die NTC-Widerstände haben einen stark negativen Temperaturkoeffizienten (*N*egative *T*emperature *C*oefficient). Ihr Widerstandswert nimmt daher mit zunehmender Temperatur stark ab. Da sie bei höheren Temperaturen besser leiten, werden sie auch als Heißleiter bezeichnet. Die Änderung des Widerstandswertes kann sowohl durch Änderung der Umgebungstemperatur als auch durch eine innere Erwärmung infolge elektrischer Belastung hervorgerufen werden. Beide Möglichkeiten bilden die Grundlage für alle praktischen Anwendungen von NTC-Widerständen.
PTC-Widerstände haben jeweils in einem bestimmten Temperaturbereich einen großen positiven Temperaturkoeffizienten (*P*ositive *T*emperature *C*oefficient). In diesem Temperaturbereich nimmt ihr Widerstandswert mit steigender Temperatur stark zu. Da sie also bei niedrigeren Temperaturen besser leiten, werden sie auch als Kaltleiter bezeichnet. PTC-Widerstände lassen sich als temperaturempfindliche Fühler, also als Sensoren für viele meß- und regelungstechnische Aufgaben einsetzen.
Die Wirkungsweise von Feldplatten und Hallgeneratoren beruht auf einem elektrodynamischen Elementargesetz, nach dem sich bewegende Elektronen unter bestimmten Bedingungen durch ein Magnetfeld abgelenkt werden. Die auftretende Kraft wird als Lorentzkraft bezeichnet. Dieser Effekt wird bei der Feldplatte als Widerstandsänderung ausgenutzt. Je stärker das Magnetfeld, desto hochohmiger wird der Widerstand der Feldplatte, wobei aber keine Proportionalität zwischen der magnetischen Flußdichte und dem Widerstandswert besteht.
Infolge der Ablenkung bewegter Elektronen durch die Lorentzkraft tritt in bestimmten Halbleitermaterialien eine nutzbare Spannung, die sogenannte Hallspannung auf. Sie wurde nach dem Entdecker dieses Effektes, dem amerikanischen Physiker Hall, benannt und daraus die Bezeichnung Hallgenerator abgeleitet.
Feldplatten und Hallgeneratoren werden insbesondere zur Messung von Magnetfeldern sowie als magnetfeldabhängige Sensoren in der Steuerungs- und Regelungstechnik eingesetzt.

7.2 Spannungsabhängige Widerstände

7.2.1 Grundprinzip und Kennlinien

Die heute serienmäßig produzierten spannungsabhängigen Widerstände bestehen aus einer Sinterkeramik. Ausgangsmaterial hierfür war zunächst Siliziumkarbid (SiC), eine Verbindung zwischen Silizium und Kohlenstoff. Wegen besserer Eigenschaften werden heute aber überwiegend Metalloxide wie Titandioxid (TiO_2) und Zinkoxid (ZnO) verwendet. Diese mischkristallinen Werkstoffe werden zusammen mit keramischen Bindemitteln zu kleinen Scheiben oder Stäben gepreßt und anschließend bei Temperaturen von 1000 bis 1500 °C gesintert. Dabei entstehen dann die gewünschten elektrischen Eigenschaften. **Bild 7.2** zeigt den Aufbau eines Metalloxidvaristors.

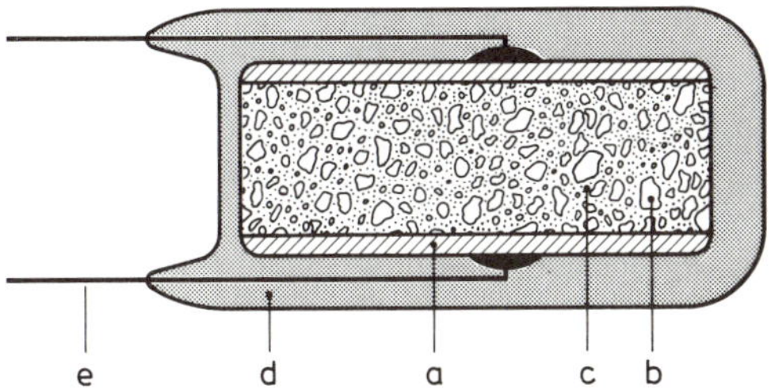

Bild 7.2 Aufbau eines Metalloxidvaristors

Zwischen den beiden Kontaktplatten aus Metall (a) befindet sich eine Schicht aus gesintertem Zinkoxid (b), dem andere Metalloxide (c) beigemischt sind. Ein Überzug aus Kunstharz (d) schützt den aktiven Teil vor mechanischen und chemischen Einflüssen. Er dient gleichzeitig aber auch zur Isolierung. Die Anschlußdrähte (e) sind so ausgeführt, daß unterschiedliche Einbauarten möglich sind. Neben dieser Scheibenausführung von Varistoren gibt es auch noch Blocktypen, bei denen der aktive Teil dann in einem blockförmigen Gehäuse vergossen ist. In **Bild 7.3** sind als Beispiel ein Scheibentyp und ein Blocktyp dargestellt.

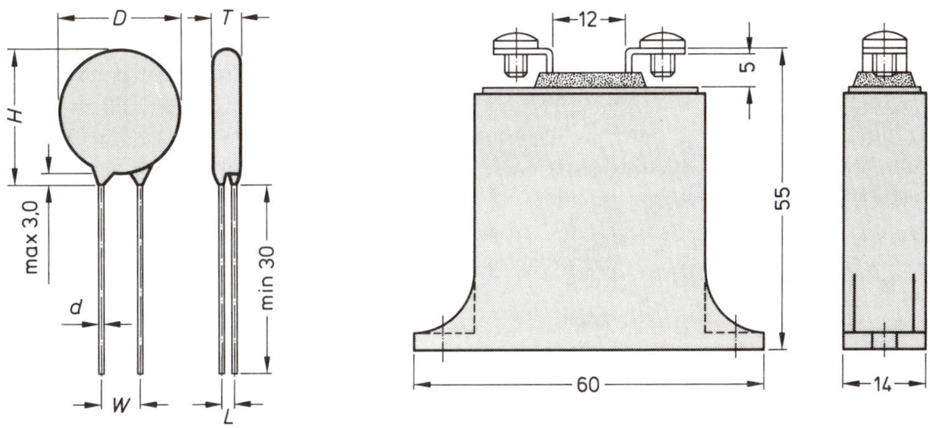

Bild 7.3 Bauformen von Varistoren

Der Leitungsmechanismus des Varistors entsteht während des Sintervorganges. Die Zn- oder TiO_2-Körner selbst sind gut leitend, während die Körner der anderen Mischkristalle hochohmig sind. An den Korngrenzen, wo Zn- oder TiO_2-Körner direkt zusammentreffen, bilden sich beim Sintern Übergangswiderstände, die als Mikrovaristoren bezeichnet werden können. Sie zeigen das Verhalten wie zwei in Antireihenschaltung zusammengeschaltete Z-Dioden, deren Gesamt-Durchbruchspannung bei etwa 3,8 V liegt. Das Gesamtverhalten des Varistors ergibt sich aus einer Vielzahl von Reihen- und Parallelschaltungen solcher Mikrovaristoren. Durch unterschiedliche Korngrößen der Mischkristalle sowie durch unterschiedliche Dicke der Keramikschicht lassen sich die Durchbruchspannungen bzw. Ansprechschwellen von Varistoren in weiten Grenzen variieren.

Bild 7.4 zeigt den charakteristischen Zusammenhang von Strom und Spannung für Siliziumkarbid- und Metalloxidvaristoren im doppelt-linearen Maßstab.

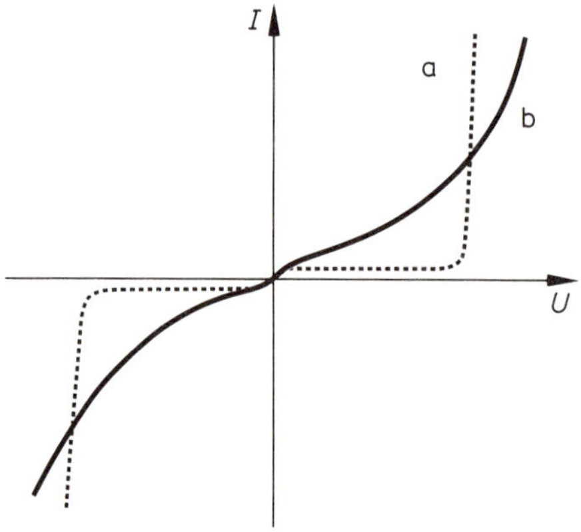

a) Metalloxidvaristor
b) SIC-Varistor

Bild 7.4 Charakteristische Kennlinien von Varistoren und Schaltzeichen

In Bild 7.4 ist zu erkennen, daß die Kennlinien symmetrisch verlaufen, also keine Abhängigkeit von der Polarität der anliegenden Spannung besteht. Aus der Steigung $\Delta U/\Delta I$ läßt sich zu jedem Punkt der Kennlinie der dynamische Widerstand r des Varistors ermitteln. Da die Kennlinien vom Nullpunkt ausgehend zunächst nur eine kleine Steigung haben, sind hier die Widerstandswerte groß. Oberhalb einer Ansprechspannung verlaufen die Kennlinien dann steil und die Widerstandswerte sind klein.
Die Hersteller von Varistoren geben die Kennlinien aber meistens nicht in linearem, sondern in doppelt-logarithmischen Maßstab an. Da keine Abhängigkeit von der Polarität der Spannung vorliegt, reicht die Kennliniendarstellung im ersten Quadranten aus. **Bild 7.5** zeigt als Beispiel die *U/I*-Kennlinie eines Metalloxid-Varistors im doppelt-logarithmischen Maßstab.

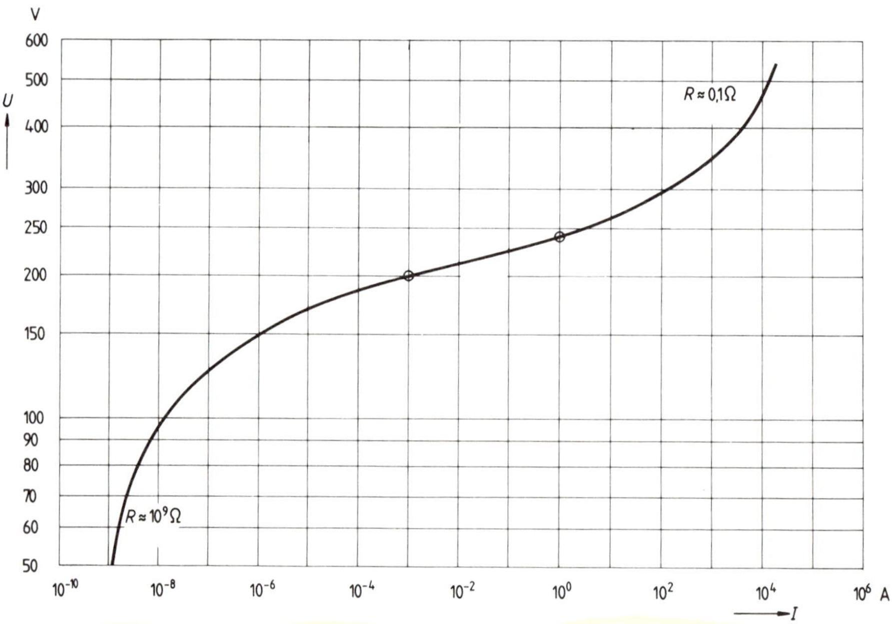

Bild 7.5 *U/I*-Kennlinie eines Metalloxid-Varistors vom Typ SIOB-B32 K 130 (Siemens)

Alle Hersteller von Varistoren bieten Baureihen an, bei denen die einzelnen Typen im wesentlichen nach ihrer höchstzulässigen Betriebsspannung abgestuft sind. Es werden höchstzulässige Werte für Wechsel- und Gleichspannung angegeben. Diese Werte dürfen auch im Überspannungsfall nur kurzzeitig überschritten werden. Varistortypen müssen also immer so ausgewählt werden, daß die vorgesehene Betriebsspannung stets kleiner als die höchstzulässige Betriebsspannung des ausgewählten Typs ist. Lieferbar sind heute Typen für Spannungen von etwa 14 bis 1500 V.
Die Hersteller geben in den Datenbüchern noch weitere Grenzwerte wie z. B. höchstzulässiger Stoßstrom und höchstzulässige Dauerbelastung an. Sie sind für den Praktiker aber ohne wesentlichen Nutzen, weil nur in Ausnahmefällen untersucht werden kann, ob Überspannungen auftreten und welchen Verlauf diese dann haben. Ähnliches gilt auch für eine Reihe von Kennwerten, wie z. B. die Nichtlinearitätskoeffizienten α und β, mit denen sich die Kennlinienverläufe beschreiben lassen oder die Varistorspannung, die die Spannung am Varistor angibt, wenn über ihn ein Strom von 1 mA fließt. Auch dieser Wert hat keine praktische Bedeutung, er wird aber häufig zur Klassifizierung von Varistoren verwendet.

7.2.2 Anwendungsbeispiele

Überspannungen lassen sich unterteilen in äußere und innere Überspannungen. Äußere Überspannungen gelangen in der Regel über das Netz auf die zu schützende Schaltung. Sie entstehen z. B. durch Schalten anderer Verbraucher, durch Blitzeinschlag auf Versorgungsleitungen, durch Kurzschlüsse im Netz. Sie sind in ihrer Art und Häufigkeit nicht vorhersehbar, so daß daraus für die Auswahl eines bestimmten Varistortyps keine speziellen Informationen gewonnen werden können.
Die inneren Überspannungen werden dagegen in dem zu schützenden System selbst verursacht. Sie können beim Schalten von Induktivitäten oder durch statische Aufladungen entstehen. Die Ermittlung von tatsächlich auftretenden Überspannungen ist meistens sehr schwierig und nur mit einigem meßtechnischen Aufwand möglich. **Bild 7.6** zeigt einige Beispiele für den Schutz von elektronischen Schaltungen durch Varistoren gegenüber äußeren Überspannungen.

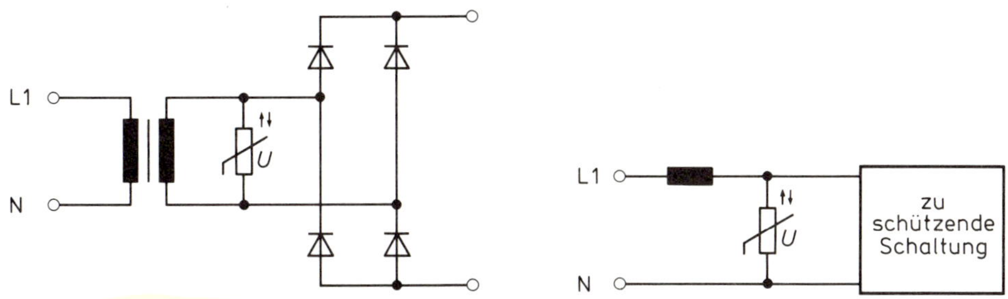

Bild 7.6 Beispiele für den Schutz gegenüber äußeren Überspannungen

In **Bild 7.7** sind zwei Schaltungen angegeben, in denen durch Varistoren das Entstehen von inneren Überspannungen verhindert wird. Es handelt sich in beiden Fällen um das Schalten induktiver Lasten. Die Überspannungen können hier beim Abschalten der Induktivität auftreten.

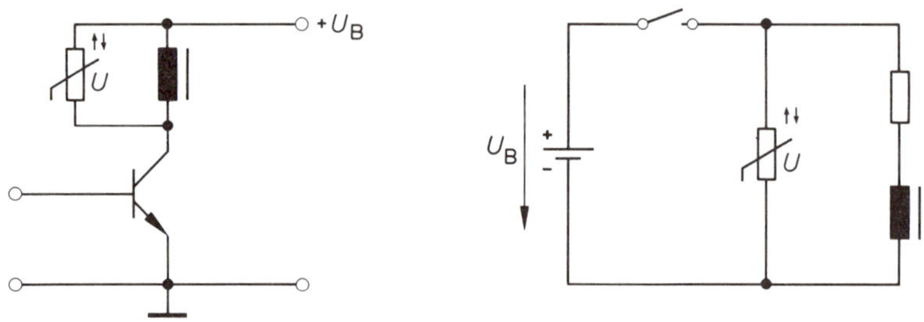

Bild 7.7 Beispiele für den Schutz gegenüber inneren Überspannungen

In der Leistungselektronik haben Varistoren als Schutzelemente eine besondere Bedeutung. Da hier meistens große induktive Lasten geschaltet werden, müssen die verwendeten Halbleiterbauelemente wie Thyristoren und Triac's oft vor den bei den Schaltvorgängen auftretenden Überspannungen durch Varistoren geschützt werden.

7.3 Temperaturabhängige Widerstände

Es gibt zwei in ihrem Verhalten sehr unterschiedliche Arten von temperaturabhängigen Widerständen. Die Heißleiter oder NTC-Widerstände haben einen großen negativen Temperaturkoeffizienten. Ihr Widerstandswert wird also mit zunehmender Temperatur kleiner. Die Kaltleiter oder PTC-Widerstände haben dagegen in einem bestimmten Temperaturbereich einen großen positiven Temperaturkoeffizienten. Innerhalb dieses Arbeitsbereiches wird ihr Widerstandswert mit zunehmender Temperatur größer.
Sowohl die Heißleiter als auch die Kaltleiter bestehen aus einer Sinterkeramik. Ausgangsmaterialien hierfür sind verschiedene Arten von Metalloxiden, die zusammen mit keramischen Zuschlagstoffen in die gewünschte Bauform gepreßt und dann bei hohen Temperaturen gesintert werden. Das unterschiedliche Temperaturverhalten bei NTC- und PTC-Widerständen entsteht durch unterschiedliche Ausgangsmaterialien und Mischungsverhältnisse sowie durch besondere Verfahren beim Sintern.

7.3.1 Heißleiter

7.3.1.1 Kennlinien und Kennwerte

Während der Widerstandswert reiner Metalle mit steigender Temperatur um etwa 0,4 % je Grad Temperaturerhöhung zunimmt, wird der Widerstandswert von Heißleitern um etwa 3 bis 5,5 % je Grad Temperaturerhöhung kleiner. Die Widerstandsänderung ist

also beim Heißleiter etwa sieben- bis vierzehnmal größer als bei einem metallischen Leiter. Diese Eigenschaft entsteht beim Sinterprozeß, weil dabei an den Korngrenzen der Metalloxide Baufehler in dem Kristallgitter erzeugt werden. Sie führen bei Temperaturerhöhung zu einem veränderten Leitungsmechanismus im Halbleitermaterial.
Bild 7.8 zeigt die Kennlinie eines Heißleiters mit der charakteristischen Abhängigkeit des Widerstandes R_{HL} von der Umgebungstemperatur T_U im linear-logarithmischen Maßstab.

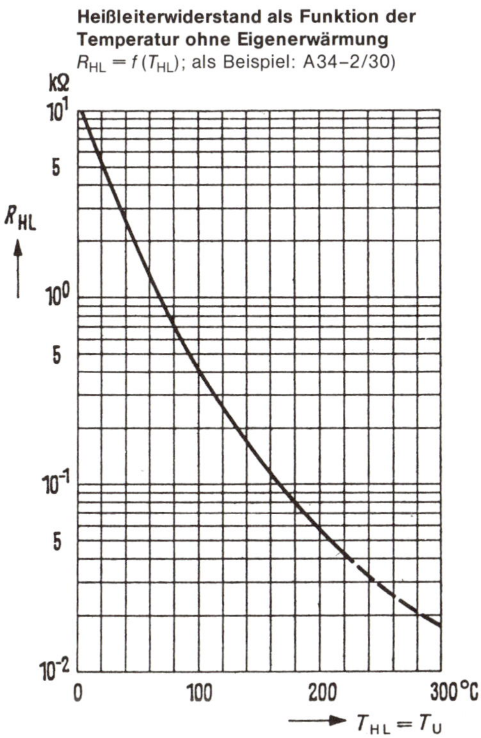

Bild 7.8 Widerstand R_{HL} eines Heißleiters in Abhängigkeit von der Umgebungstemperatur T_U

Solange der Heißleiter elektrisch nur wenig belastet ist, ist seine Eigentemperatur gleich der Umgebungstemperatur. Aus der Kennlinie in Bild 7.8 kann unter dieser Voraussetzung der Widerstand des Heißleiters bei den verschiedenen Temperaturen direkt abgelesen werden. Er ändert sich bei dem angegebenen Typ von $R_{HL} \approx 5{,}5\,\text{k}\Omega$ bei $T_U = 20\,°\text{C}$ auf $R_{HL} \approx 400\,\Omega$ bei $T_U = 100\,°\text{C}$.
Aussagefähiger als die Widerstands-Temperaturkennlinie in Bild 7.8 ist jedoch die Strom-Spannungs-Kennlinie eines Heißleiters. Sie ist auch dann gültig, wenn der NTC-Widerstand von dem ihn durchfließenden Strom auf eine Temperatur aufgeheizt wird, die größer als die Umgebungstemperatur ist. In **Bild 7.9** ist die Strom-Spannungs-Kennlinie eines Heißleiters im doppelt-logarithmischen Maßstab dargestellt.

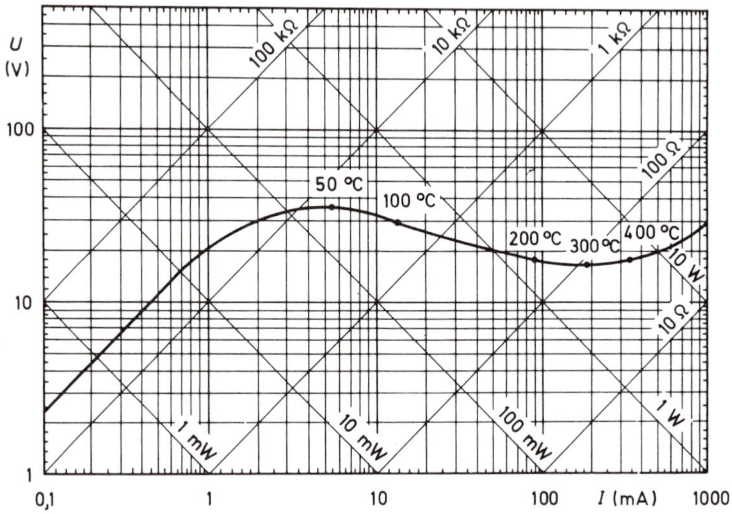

Bild 7.9 Strom-Spannungs-Kennlinie eines Heißleiters

Die in Bild 7.9 angegebene Strom-Spannungs-Kennlinie wird als statische Kennlinie eines Heißleiters bezeichnet. Ihre Ermittlung erfolgt bei konstanter Umgebungstemperatur. Der am NTC-Widerstand auftretende Spannungsabfall wird dabei immer erst dann abgelesen, wenn sich ein Gleichgewichtszustand zwischen der zugeführten elektrischen Energie und der abgegebenen Wärme eingestellt hat.

Die Strom-Spannungs-Kennlinie nach Bild 7.9 hat drei unterschiedliche Bereiche.

1. In dem nahezu geradlinigen Anstiegsteil der Kennlinie ist die zugeführte elektrische Leistung so gering, daß keine merkliche Eigenerwärmung auftritt. Der Widerstandswert des Heißleiters wird in diesem Bereich nur von der Umgebungstemperatur bestimmt. In der angegebenen Kennlinie endet dieser Bereich bei etwa 10 mW. Nur in diesem Bereich ist es sinnvoll, einen NTC-Widerstand als Temperaturfühler einzusetzen.
2. Wird der Strom weiter erhöht, so steigt die Temperatur des Widerstandes über die der Umgebung an. Infolge der Eigenerwärmung sinkt der Widerstand des Heißleiters merklich ab. Bei einem bestimmten Stromwert erreicht die Spannung ein Maximum.
3. Bei weiterer Erhöhung des Stromes wird der Spannungsabfall wieder kleiner. Am Ende der Kennlinie ist der Widerstandswert des Heißleiters fast ausschließlich von der umgesetzten elektrischen Leistung und nur noch in einem geringen Umfang von der Umgebungstemperatur abhängig.

In den Datenblättern der Hersteller werden die Strom-Spannungs-Kennlinien von NTC-Widerständen für eine Umgebungstemperatur von 25 °C bei ruhender Luft angegeben. Diese Kennlinien ändern sich daher, wenn aus irgendeinem Grund eine Änderung der Wärmeabfuhr auftritt. Dieses ist der Fall, wenn der Heißleiter z. B. auf einer Metallplatte aufliegt, Luft an ihm vorbeiströmt oder er in eine Flüssigkeit eingetaucht ist. Ist dadurch die Kühlung besser als in ruhender Luft von 25 °C, so verschiebt sich die gesamte

Kennlinie in Richtung zu größeren Strömen und Spannungen. Maßgebend für die Lage des Maximums der Strom-Spannungs-Kennlinie ist aber auch die Größe der Oberfläche eines Heißleiters. Je größer seine Oberfläche, desto mehr wandert das Maximum nach rechts. Bei den verschiedenen Typen von Heißleitern liegt dieses Maximum je nach Bauform und Oberfläche des Heißleiters jeweils anders. Der charakteristische Verlauf der Kennlinie bleibt aber stets erhalten.
In dem Diagramm nach Bild 7.9 sind außer der eigentlichen Strom-Spannungs-Kennlinie auch noch Kennlinien für fünf verschiedene Leistungen (1 mW bis 10 W) und fünf verschiedene Widerstände (10 Ω bis 100 kΩ) eingetragen. Zwischenwerte können jeweils durch eine Parallelverschiebung der beiden Geraden angegeben werden, wobei aber auch hier der logarithmische Maßstab zu beachten ist. Daher läßt sich bei jeder Belastung des NTC-Widerstandes der zugehörige Widerstandswert ablesen oder umgekehrt.
In den Datenblättern von NTC-Widerständen sind außer den Kennlinien auch noch einige wichtige Kennwerte angegeben:

R_{20} oder R_{25} = Kaltwiderstand oder Nennwiderstand. Er gibt den Widerstandswert des Heißleiters bei 20 oder 25 °C an. Die Toleranzen können aber 5 bis 20 % betragen.

B = B-Wert. Es handelt sich hierbei um eine Materialkonstante, die zur mathematischen Beschreibung der Temperaturabhängigkeit des Heißleiters erforderlich ist. Sie hat für den Praktiker nur eine untergeordnete Bedeutung, weil die erforderlichen Zusammenhänge im Arbeitsbereich wesentlich einfacher und genauer aus den Kennlinien abgelesen werden können.

$T_{U\,min}$; $T_{U\,max}$ = Grenztemperaturen, innerhalb denen der Heißleiter betrieben werden darf. $T_{U\,min}$ liegt häufig bei − 55 °C. Je nach Ausführung und Verwendungszweck kann $T_{U\,max}$ = + 70 bis etwa + 350 °C betragen.

P_{max} = Maximal zulässige Belastung. Da sie von der Temperatur des Heißleiters abhängig ist, wird sie immer für eine bestimmte Temperatur angegeben, z. B. $P_{max} = 0{,}5$ W bei $T_U = +55$ °C.

G_{th} = Wärmeleitwert in mW/K. Er ist der Reziprokwert des Wärmewiderstandes R_{th}.

Wird einem Heißleiter eine konstante elektrische Leistung zugeführt, so steigt seine Temperatur zunächst an. Diese Temperaturzunahme klingt aber infolge Kühlung nach einiger Zeit wieder ab. Es wird dann ein stationärer Zustand erreicht, bei dem die zugeführte elektrische Energie als Wärme voll an die Umgebung abgegeben wird. In diesem Fall gilt:

$$P = I^2 \cdot R_T = \frac{U^2}{R_T} = G_{th} \cdot (T - T_U)$$

mit R_T = Widerstandswert in Ω bei der Temperatur T
G_{th} = Wärmeleitwert in mW/K
T_U = Umgebungstemperatur in K.

7.3.1.2 Anwendungsbereiche und Bauformen

Bezüglich ihrer Anwendungsbereiche lassen sich die Heißleiter unterteilen in
1. Kompensations- und Meßheißleiter sowie
2. Anlaßheißleiter.

Kompensations- und Meßheißleiter

Kompensations- und Meßheißleiter sollen elektrisch so schwach belastet werden, daß keine wesentliche Eigenerwärmung eintritt. Sie arbeiten also im geradlinigen Kennlinienteil des Diagrammes in Bild 7.9. In diesem Bereich wird der Widerstand des Heißleiters nur von der Umgebungstemperatur bestimmt. Wesentliches Anwendungsgebiet dieser Gruppe von NTC-Widerständen ist die Temperaturmessung, -regelung und -überwachung. Sie werden aber auch zur Kompensation der Temperaturabhängigkeit von Widerständen sowie zur Temperaturstabilisierung von Transistorschaltungen eingesetzt. **Bild 7.10** zeigt als Beispiel die Temperatur-Widerstands-Kennlinien von Heißleitern der Baureihe 6101 (Valvo). Die Widerstandswerte an den einzelnen Kennlinien geben die Kaltwiderstände R_{25} dieser Baureihe an.

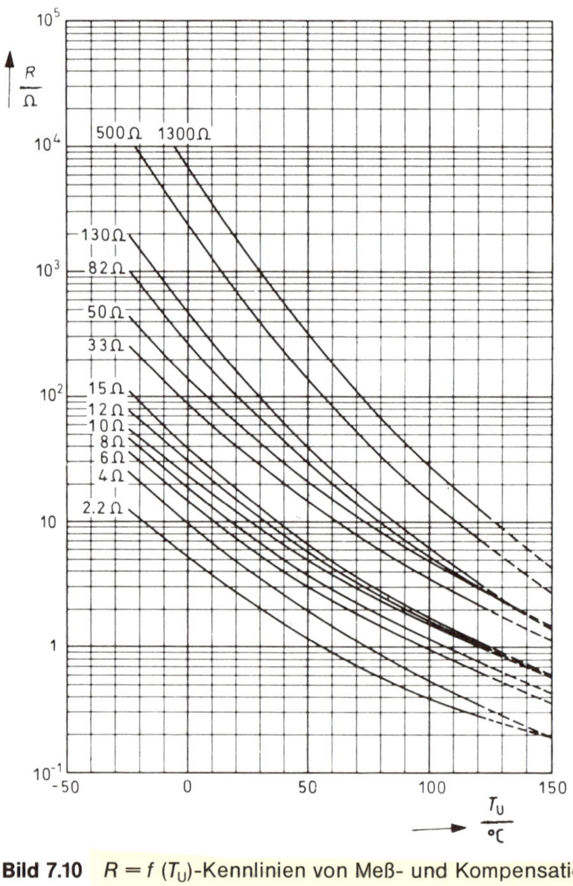

Bild 7.10 $R = f\,(T_U)$-Kennlinien von Meß- und Kompensationsheißleitern der Baureihe 6101

Für die Heißleiter der Baureihe 6101 wird eine maximale Verlustleistung $P_{max} = 1$ W bei $T_U = 55$ °C angegeben. Der Betriebstemperaturbereich bei P_{max} erstreckt sich von $T_{U\,min} = 0$ °C bis $T_{U\,max} = +55$ °C. In **Bild 7.11** sind die Strom-Spannungs-Kennlinien dieser Baureihe mit $R_{25} = 4\,\Omega$ bis $R_{25} = 33\,\Omega$ dargestellt. Die entsprechenden Kennlinien der weiteren Werte mit $R_{25} = 50\,\Omega$ bis $R_{25} = 1300\,\Omega$ schließen sich links oben an.

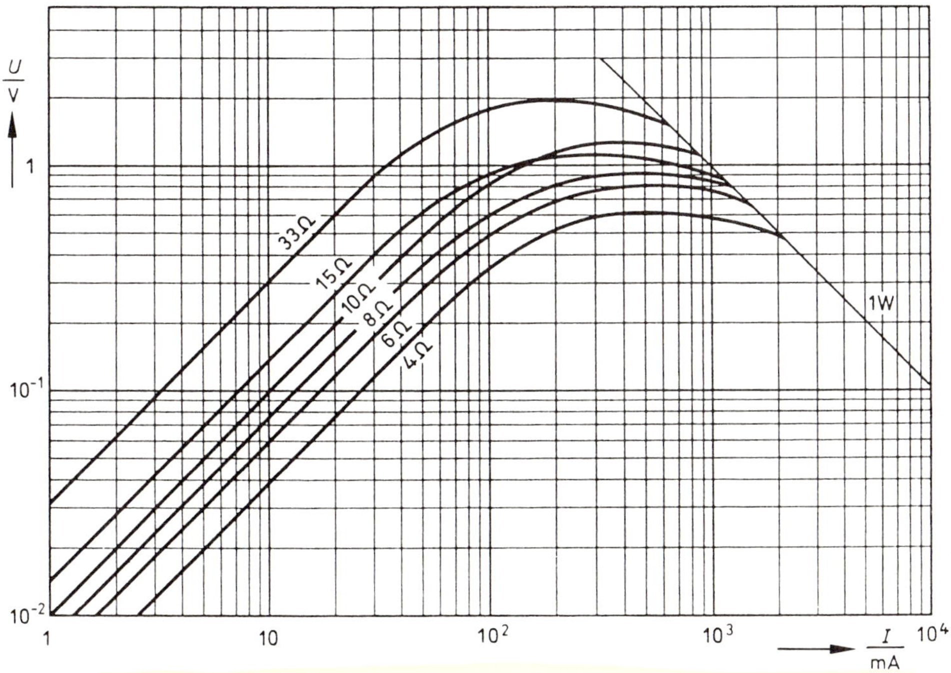

Bild 7.11 Strom-Spannungs-Kennlinien von Meß- und Kompensationsheißleitern der Baureihe 6101

Als Meßheißleiter sollen die einzelnen Typen jeweils nur im geradlinigen Teil der Kennlinien betrieben werden. Nur hier ist sichergestellt, daß die Eigenerwärmung infolge elektrischer Belastung sehr klein gegenüber der Erwärmung durch die Umgebungstemperatur bleibt. Für den Bereich der Temperaturmessung und -regelung werden von mehreren Herstellern besonders spezifizierte Heißleiter mit engen Toleranzen in einem breiteren Temperaturbereich angeboten. Hierfür ist nicht nur ein Kaltwiderstand R_{25} angegeben, sondern noch ein oder zwei weitere Widerstandswerte für andere Temperaturen, z. B. R_{-10} oder R_{100}, je nach Einsatzbereich. Derartige Heißleiter werden als Zweipunkt- oder Dreipunkt-Sensoren bezeichnet und zur genaueren Temperaturmessung und -regelung in Kühlschränken, Tiefkühltruhen oder Waschmaschinen eingesetzt.

Anlaßheißleiter

Die Anlaßheißleiter werden elektrisch so stark belastet, daß ihr Widerstand durch Eigenerwärmung stark abnimmt. Die Geschwindigkeit, mit der der Widerstand niederohmiger wird, ist um so größer, je stärker die elektrische Belastung ist. Anlaßheißleiter sind insbesondere zur Unterdrückung von Stromstößen vorgesehen, die beim Einschalten von Glühlampen, Kleinmotoren, Kondensatoren oder Heizkreisen von Röhren auftreten. Sie werden auch häufig zur Erzielung eines zeitlich definierten Stromanstieges für die Anzugs- und Abfallverzögerung von Relais verwendet. In **Bild 7.12** ist die $R = f\,(T_U)$-Kennlinie eines Anlaßheißleiters vom Typ 90 008 (Valvo) dargestellt. Dieser Typ wird speziell für den Schutz von Halbleiterbauelementen gegen hohe Einschaltstromspitzen empfohlen. Der Kaltwiderstand beträgt $R_{25} = 20\,\Omega \pm 25\,\%$, die maximale Leistung $P_{max} = 4\,W$ bei $T_U = 55\,°C$ und der Betriebstemperaturbereich geht von $T_{U\,min} = 0\,°C$ bis $T_{U\,max} = +55\,°C$ bei P_{max}.

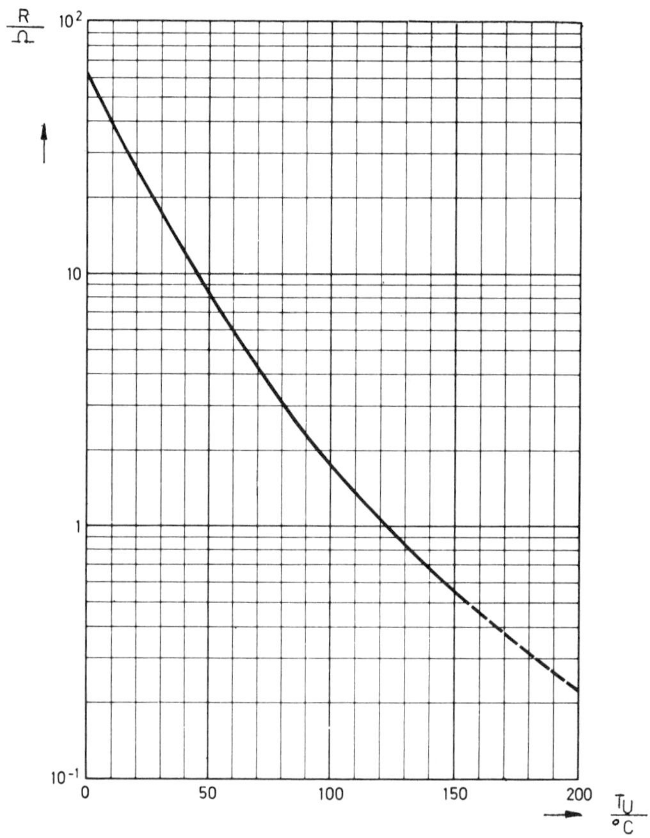

Bild 7.12 $R = f\,(T_U)$-Kennlinie für den Anlaßheißleiter vom Typ 90 008

Die Strom-Spannungs-Kennlinie des Typs 90 008 ist in **Bild 7.13** angegeben. Da Anlaßheißleiter im Bereich des Spannungsmaximums betrieben werden, liegt der Arbeitsbereich für den angegebenen Typ etwa zwischen 0,1 A und 1 A.

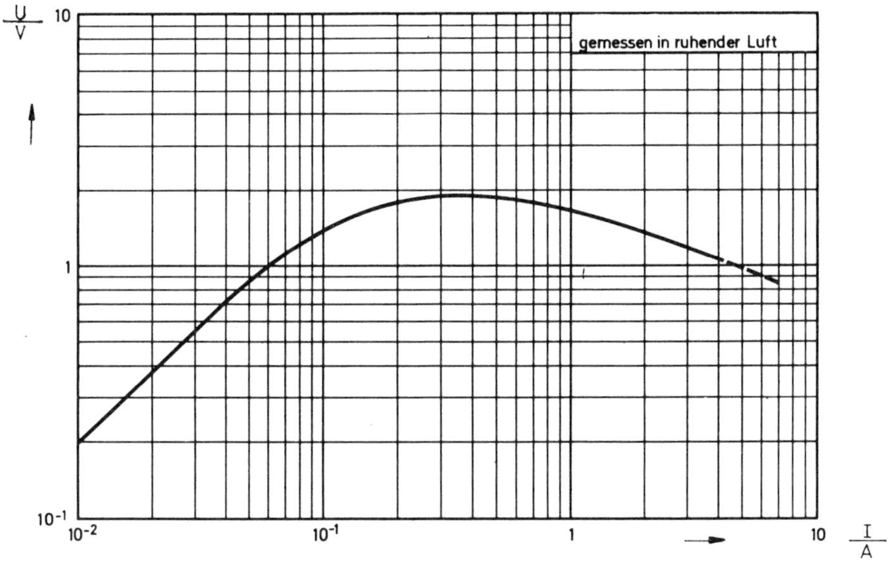

Bild 7.13 Strom-Spannungs-Kennlinie für den Anlaßheißleiter vom Typ 90 008

Bauformen

Heißleiter werden in unterschiedlichen Bauformen gefertigt. Sie sind jeweils dem vorgesehenen Verwendungszweck angepaßt. So kann im wesentlichen unterschieden werden zwischen scheiben-, stab- und perlförmigen Heißleitern sowie Heißleitern mit speziellen Gehäusen.

Scheibenförmige Heißleiter werden aus einem Oxidgemisch gepreßt. An beiden Seiten der Scheiben befindet sich je ein Anschlußdraht. Die scheibenförmigen Heißleiter werden lackiert und unlackiert angeboten.

Stabförmige Heißleiter sind stranggepreßt und an beiden Seiten mit Kappen versehen, an denen sich die Anschlußdrähte befinden. Diese Bauform ist häufig bei den Anlaßheißleitern zu finden.

Perlförmige Heißleiter werden als Tropfen auf zwei parallel gespannten Drähten angebracht. Die Perlen haben sehr geringe Abmessungen von z. B. nur 0,4 mm Durchmesser.

Entsprechend den vorgesehenen Einsatzzwecken sind Heißleiter auch mit besonderen Gehäusen versehen. So bestehen Temperaturfühler oft aus einer Heißleiterperle, die in einem Glasstäbchen eingeschmolzen ist. Heißleitertabletten in Kunststoffbechern mit Steckanschlüssen werden für den Einsatz in Tiefkühltruhen gefertigt. Heißleiter in zylinderförmigen Metallgehäusen sind zur Temperaturüberwachung und -regelung von Flüssigkeiten und Gasen vorgesehen.

Mit Gewinde versehene Heißleiter können an Kühlkörpern oder anderen Metallflächen aufgeschraubt werden und deren Temperatur überwachen. Das Metallgehäuse ist dann vom Heißleiter elektrisch isoliert, steht aber in gutem Wärmekontakt mit der Montagefläche.

Bild 7.14 zeigt die wichtigsten Bauformen von Heißleitern.

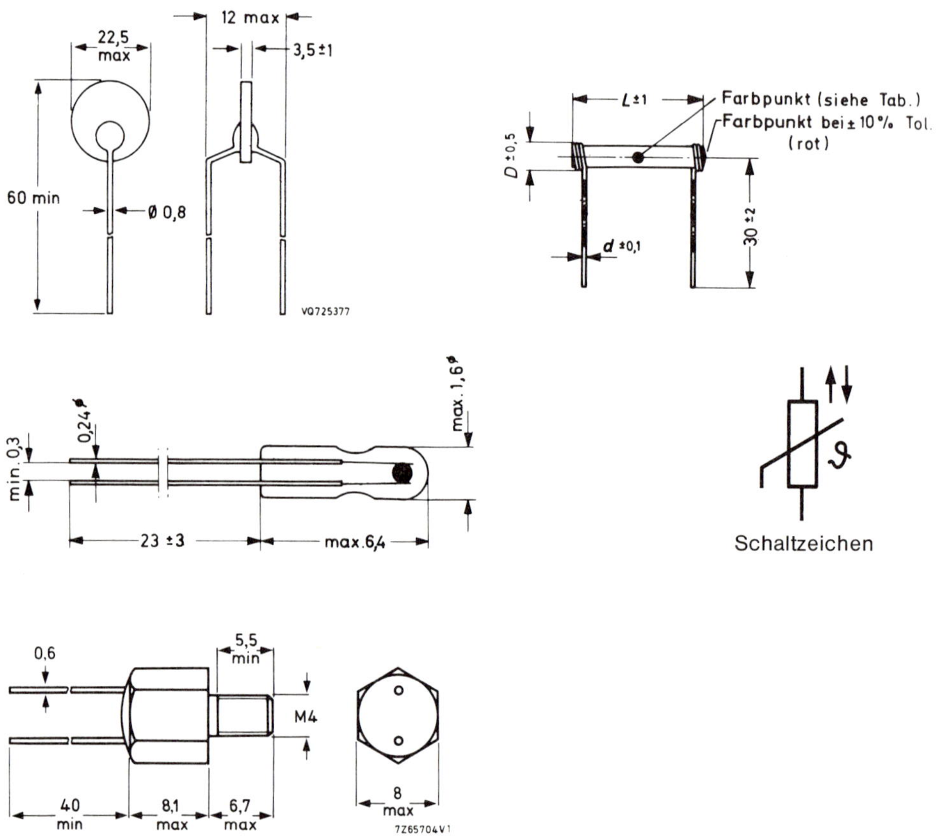

Bild 7.14 Bauformen von Heißleitern und Schaltzeichen

Die Typenbezeichnung von Heißleitern ist leider sehr uneinheitlich. So verwenden einige Hersteller ein firmenspezifisches Bezeichnungsschema aus Buchstaben und Ziffern, aus denen sich Einsatzgebiet, Bauform, Kaltwiderstand, Toleranz des Kaltwiderstandes und Temperaturbeiwert ablesen läßt. Andere Hersteller geben dagegen für ihre Typen und Baureihen nur mehrstellige Kennzahlen oder Bestellnummern an. Auch die verwendeten Farbkennzeichen sind firmenspezifisch.

7.3.1.3 Anwendungsbeispiele

In Geräten und Anlagen zur Messung, Steuerung oder Regelung von Temperaturen sind die Heißleiter als Sensoren nur ein Bestandteil der meist bereits recht umfangreichen elektronischen Schaltungen. Die Arbeitsweise dieser Schaltungen wird dabei den jeweils verwendeten Sensoren angepaßt. Wegen der Vielzahl praktischer Einsatzmöglichkeiten von Heißleitern können hier nur einige Prinzipschaltungen angeführt werden.

1. Elektronisches Thermometer

Bild 7.15 zeigt das Grundprinzip eines sehr einfachen elektronischen Thermometers. Als Temperaturfühler lassen sich beliebige Meßheißleiter verwenden. Die Meßbereiche hängen im wesentlichen von den zulässigen Temperaturbereichen der einzelnen Heißleitertypen ab.

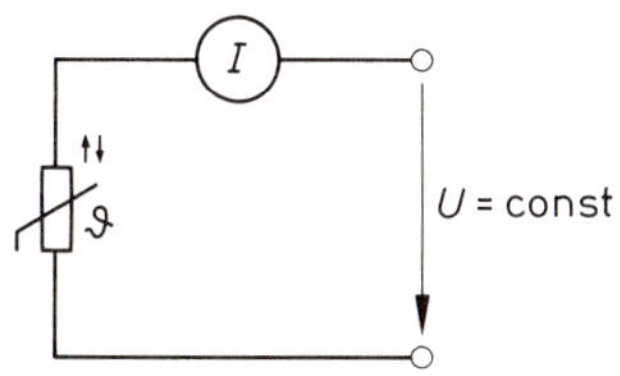

Bild 7.15 Prinzipschaltung eines einfachen elektronischen Thermometers

Die Betriebsspannung muß stets so gewählt werden, daß der Heißleiter auch im oberen Temperaturbereich ohne Eigenerwärmung, also im geradlinigen Kennlinienteil betrieben wird. Steigt die Umgebungstemperatur an, so sinkt der Widerstandswert des Heißleiters und der Strom durch das Anzeigeinstrument wird größer. Die Skala des Strommessers kann direkt in Temperaturwerte umgeeicht werden. Nachteilig bei dieser einfachen Ausführung eines elektronischen Thermometers ist jedoch der starke Einfluß der Betriebsspannung auf die Anzeigegenauigkeit. Jede kleine Änderung der Betriebsspannung führt zu Anzeigefehlern auf der umgeeichten Temperaturskala. Als Betriebsspannung ist daher eine stabilisierte Spannung erforderlich.

2. Spannungsteiler mit Heißleiter

In vielen praktischen Anwendungen wird nicht der Strom durch den Heißleiter, sondern der Spannungsabfall an ihm als veränderliche und von der Temperatur abhängige Größe ausgenutzt. **Bild 7.16** zeigt einen Spannungsteiler mit NTC-Widerstand.

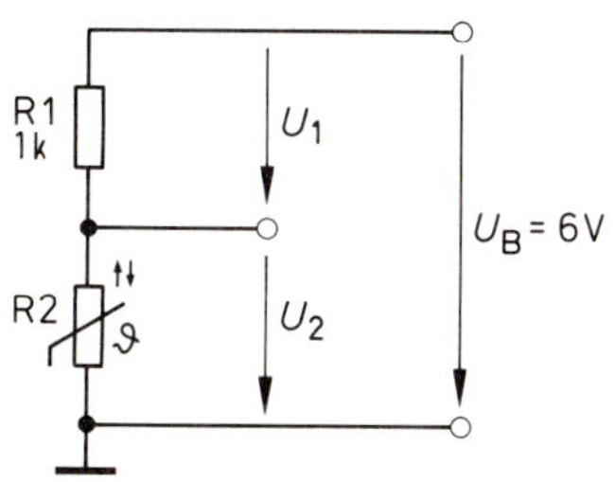

Bild 7.16 Spannungsteiler mit Heißleiter

Beispiel

Wie groß ist U_2 bei $T_U = 20\,°C$ und bei $T_U = 50\,°C$, wenn die Schaltung nach Bild 7.16 ein Heißleiter der Baureihe 6101 mit $R_{25} = 1300\,\Omega$ verwendet wird?

Aus den Kennlinien in Bild 7.10 kann für den angegebenen Heißleitertyp abgelesen werden, daß $R_{20} = 1800\,\Omega$ und $R_{50} = 300\,\Omega$ beträgt.

$$I_{(20)} = \frac{U_B}{R1 + R2_{(20)}} = \frac{6\,V}{1000\,\Omega + 1800\,\Omega} = 2{,}15\,mA$$

$$I_{(50)} = \frac{U}{R1 + R2_{(50)}} = \frac{6\,V}{1000\,\Omega + 300\,\Omega} = 4{,}62\,mA$$

$$U_{2\,(20)} = I_{(20)} \cdot R2_{(20)} = 2{,}15 \cdot 10^{-3}\,A \cdot 1{,}8 \cdot 10^{3}\,\Omega = 3{,}87\,V$$

$$U_{2\,(50)} = I_{(50)} \cdot R2_{(50)} = 4{,}62 \cdot 10^{-3}\,A \cdot 0{,}3 \cdot 10^{3}\,\Omega = 1{,}38\,V$$

Die beiden Spannungswerte gelten nur für den jeweils unbelasteten Spannungsteiler. Bei Belastung des Spannungsteilers muß geprüft werden, in welcher Weise sich die Spannungswerte ändern.

Selbstverständlich kann in der Schaltung nach Bild 7.16 die Anordnung der Widerstände vertauscht oder der Spannungsabfall am ohmschen Widerstand ausgenutzt werden. Weiterhin läßt sich durch Wahl eines anderen Widerstandswertes für R1 oder eines anderen Heißleitertyps die ausnutzbare Spannungsänderung infolge Temperaturänderung in vielfacher Weise variieren und beeinflussen. Meistens wird ein Transistorverstärker oder ein Transistorschalter von dem temperaturabhängigen Spannungsteiler angesteuert. Dann muß der Spannungsteiler selbstverständlich so dimensioniert werden, daß der nachgeschaltete Transistor in der gewünschten Weise einwandfrei arbeiten kann.

3. Temperaturmessung mit Brückenschaltungen

In **Bild 7.17** sind drei verschiedene Möglichkeiten des Einbaues von NTC-Widerständen in eine Brückenschaltung dargestellt.

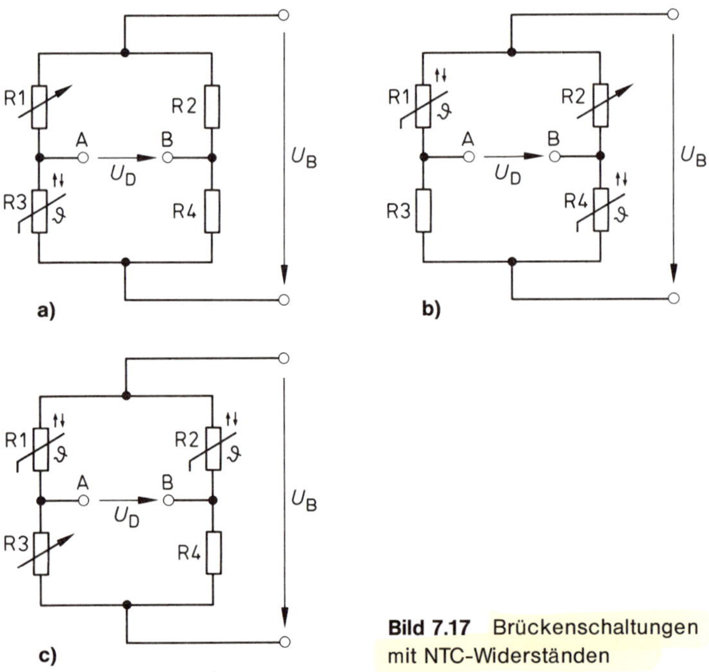

Bild 7.17 Brückenschaltungen mit NTC-Widerständen

Bei der Brückenschaltung a) wird nur ein NTC-Widerstand verwendet. Seine Wahl richtet sich nach der vorgesehenen Aufgabe und dem Temperaturbereich, in dem die Brükkenschaltung arbeiten soll. Aus der Kennlinie des gewählten NTC-Widerstandes lassen sich die Widerstandswerte bei den Grenztemperaturen ermitteln. Mit Hilfe dieser Werte können dann die erforderlichen Werte für die ohmschen Widerstände R2 und R4 berechnet werden.
R1 muß dabei so dimensioniert sein, daß sich die Brücke bei der gewünschten Ausgangstemperatur auf $U_D = 0$ V abgleichen läßt.
Ändert sich nach dem Nullabgleich der Brücke die Umgebungstemperatur des Heißleiters, so tritt eine Brückenspannung U_D auf, die je nach Temperaturänderung und Wahl des Bezugspunktes A oder B positiv oder negativ sein kann. Von dieser Brückenspannung U_D wird meistens ein nachgeschalteter Differenzverstärker angesteuert.
Bei der Brückenschaltung b) werden zwei Heißleiter verwendet. Dadurch kann die Meßempfindlichkeit erheblich vergrößert werden. Damit ein fester Zusammenhang zwischen der Brückenspannung und der zu messenden Temperatur bestehen bleibt, müssen beide Heißleiter stets die gleiche Umgebungstemperatur haben.
Die Brückenschaltung c) kann zur Messung oder Überwachung von Temperaturunterschieden eingesetzt werden. Die beiden Heißleiter werden dazu an den Stellen angeordnet, deren Temperaturdifferenz überwacht werden soll. Der Brückenabgleich auf $U_D = 0$ V erfolgt bei Temperaturgleichheit beider Meßstellen. Eine Brückenspannung tritt auf, sobald ein Temperaturunterschied zwischen beiden Meßstellen besteht.

4. Relaisverzögerungen mit Heißleitern

Relaisverzögerungen lassen sich heute mit RC-Gliedern und elektronischen Schaltern mit großer Genauigkeit erreichen. Ist jedoch keine große Genauigkeit oder Einstellmöglichkeit für die Verzögerungszeiten erforderlich, so können Verzögerungsschaltungen bei geringem schaltungstechnischen Aufwand auch mit NTC-Widerständen verwirklicht werden.
Bild 7.18 zeigt zwei Prinzipschaltungen.

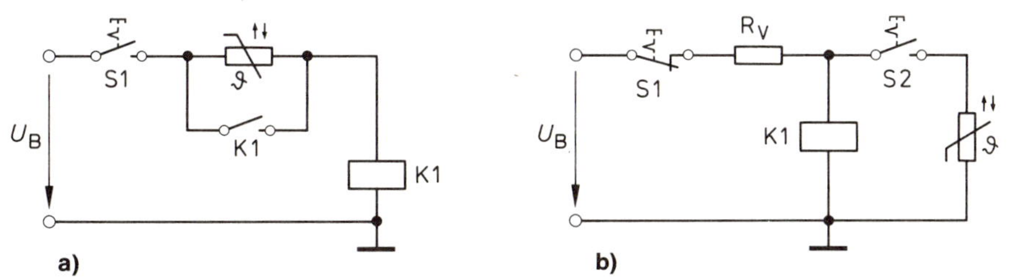

Bild 7.18 Prinzipschaltungen zur Anzugs- und Abfallverzögerung von Relais

Mit der Schaltung a) wird eine Anzugsverzögerung des Relais erreicht. Nach dem Anlegen der Betriebsspannung fließt ein Strom durch die Spule, der wegen des hohen Kaltwiderstandes des Heißleiters zunächst auf einen Bruchteil des Relais-Ansprechstromes begrenzt ist. Durch die Eigenerwärmung des Heißleiters wird sein Wider-

standswert kleiner und der Strom steigt an, bis der Ansprechstrom des Relais überschritten wird. Die gleiche Anzugsverzögerung bei erneutem Einschalten des Relais wird aber nur erreicht, wenn der NTC-Widerstand vorher wieder auf seine ursprüngliche Umgebungstemperatur abgekühlt war. Dieser Vorgang kann je nach Kühlungsverhältnissen mehrere Sekunden betragen. Damit die Abkühlung schnell einsetzen kann, wird der Heißleiter durch einen Relaiskontakt sofort nach dem Anziehen überbrückt.
Liegt der Heißleiter entsprechend Schaltung b) parallel zur Relaisspule, so wird eine Abfallverzögerung erreicht. Sobald S2 geschlossen wird, fließt durch den Heißleiter ein mit seiner Eigenerwärmung steigender Strom. Dadurch steigt der Spannungsabfall am Vorwiderstand R_V und das Relais fällt schließlich ab. Die Verzögerungszeit hängt auch hier wesentlich von den Erwärmungsverhältnissen des Heißleiters ab. Mit dem Schalter S1 wird die gesamte Anordnung ein- und ausgeschaltet.

5. Kennlinienkorrektur

Heißleiter selbst sind nicht abgleichbar. Wird daher zur Temperaturkompensation z. B. einer Kupferwicklung ein ganz bestimmter Kennlinienverlauf verlangt, so kann die Anpassung eines geeigneten Heißleiters durch Reihen- und Parallelschaltung ohmscher Widerstände erreicht werden. Da es aber kein einfaches Rechenverfahren für die Dimensionierung der erforderlichen Widerstandswerte gibt, müssen die passenden Werte durch Versuche ermittelt und durch Abgleich eingestellt werden. **Bild 7.19** zeigt eine Schaltung zur Kennlinienkorrektur von NTC-Widerständen.

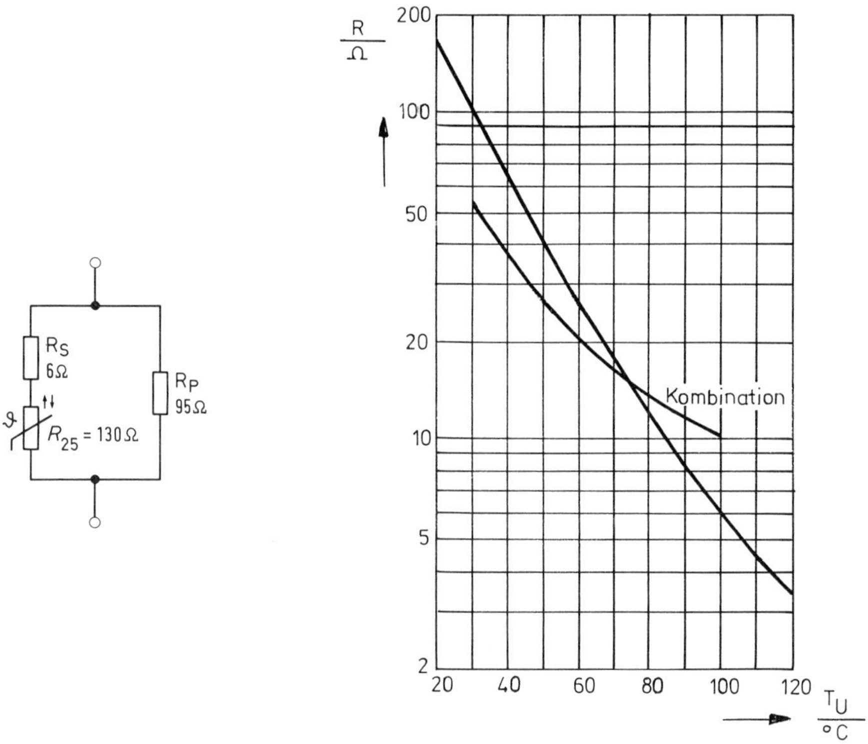

Bild 7.19 Schaltung zur Kennlinienkorrektur von Heißleitern und Kennlinienverläufe

Beim Abgleich der Widerstände ist es zweckmäßig, den Parallelwiderstand im unteren Temperaturbereich und den Reihenwiderstand im oberen Temperaturbereich einzustellen. Die Einstellungen mit Hilfe von Trimmern müssen aber wechselweise wiederholt werden, bis der gewünschte Kurvenverlauf mit genügender Genauigkeit erreicht ist. In Bild 7.19 ist die Kennlinie des Heißleiters sowie die Kennlinie des durch die Kompensationsschaltung erreichten Gesamtwiderstandes eingezeichnet.

7.3.2 Kaltleiter

7.3.2.1 Kennlinien und Kennwerte

Kaltleiter bestehen aus Mischungen von Bariumcarbonat und bestimmten Metalloxiden. Die Ausgangsmaterialien werden wie bei der Herstellung von Heißleitern gemahlen, mit keramischen Zuschlagstoffen gemischt, in Formen gepreßt und bei hohen Temperaturen gesintert. Die Unterschiedlichen elektrischen Eigenschaften lassen sich durch unterschiedliche Zusammensetzungen der Ausgangsmaterialien sowie durch voneinander abweichende Sinterverfahren erreichen. Nach dem Sintern werden die Widerstände kontaktiert und mit Anschlußdrähten versehen. Zum Schutz gegen atmosphärische Einflüsse sind die Kaltleiter meistens mit einer Lackschicht überzogen. Die Bauformen gleichen weitgehend denen von Heißleitern.
Kaltleiter haben jeweils nur in einem bestimmten Temperaturbereich einen positiven Temperaturkoeffizienten. Er kann je nach Typ etwa 6 %/°C bis 60 %/°C betragen und ist damit wesentlich größer als der negative Temperaturkoeffizient von Heißleitern. **Bild 7.20** zeigt die charakteristische $R = f\ (T_U)$-Kennlinie von Kaltleitern.

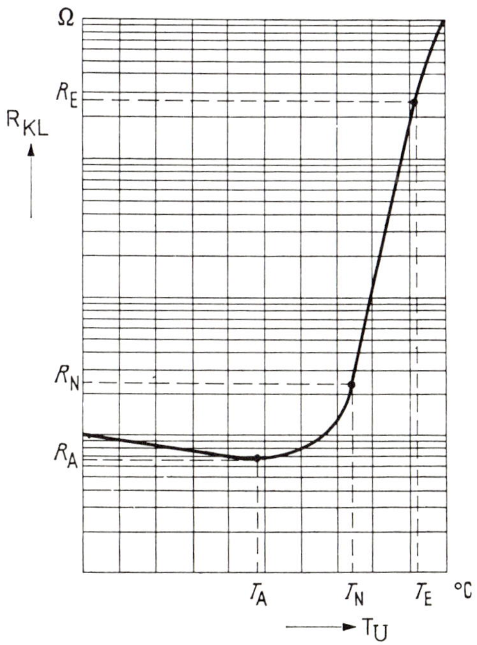

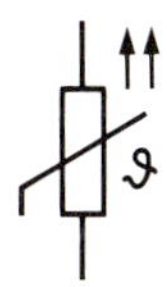

Bild 7.20 Charakteristische $R = f\ (T_U)$-Kennlinie von Kaltleitern und Schaltzeichen

Die Kennlinie nach Bild 7.20 läßt sich in drei Bereiche unterteilen. Bei niedriger Temperatur hat jeder Kaltleiter zunächst einen Bereich mit einem kleinen negativen Temperaturkoeffizienten. Er verhält sich hier also fast wie ein Heißleiter. Nach Erreichen einer bestimmten Temperatur, der Anfangstemperatur T_A, geht der bisher negative *TK* in einen positiven *TK* über. Der Wert des Kaltleiterwiderstandes bei der Anfangstemperatur T_A wird mit Anfangswiderstand R_A bezeichnet. Es ist der kleinste Widerstandswert, den der Kaltleiter überhaupt annehmen kann.
Mit steigender Temperatur wird im weiteren Kennlinienverlauf der positive *TK* immer größer. Nach Erreichen der Nenntemperatur T_N steigt der Widerstandswert des Kaltleiters dann plötzlich sehr steil an, und zwar gleich um mehrere Zehnerpotenzen. Dieser Bereich des starken Widerstandsanstieges ist der Arbeitsbereich von Kaltleitern. Der bei Nenntemperatur T_N vorhandene Widerstand wird meistens als Nennwiderstand R_N bezeichnet.
Der steile Widerstandsanstieg nach Überschreiten der Nenntemperatur beruht auf dem Zusammenwirken von Halbleiterverhalten und Ferroelektrizität. So bilden sich bei den verwendeten Ausgangsmaterialien beim Sintern Sperrschichten an den Korngrenzen der Einzelkristalle aus. Ihre Potentialhöhe hängt dabei stark von der Dielektrizitätskonstanten des diese Sperrschichten umgebenden Materials ab. Unterhalb einer von der Materialzusammensetzung abhängigen, charakteristischen Temperatur, die als Curietemperatur bezeichnet wird, ist die Dielektrizitätskonstante groß und die Sperrschichten sind nur schwach ausgeprägt. Unterhalb der Curietemperatur haben Kaltleiter daher einen kleinen Widerstandswert. Oberhalb dieser Curietemperatur ist die Dielektrizitätskonstante jedoch klein, die Sperrschichtpotentiale werden größer und es tritt ein steiler Widerstandsanstieg bei Temperaturerhöhung auf.
Nach höheren Temperaturen hin wird der Arbeitsbereich von Kaltleitern durch die Endtemperatur T_E mit dem Endwiderstand R_E begrenzt. Bei Überschreiten von T_E wird der Widerstandsanstieg immer geringer, bis schließlich ein Maximum des Widerstandes erreicht ist. Danach tritt dann wieder ein Bereich mit negativem *TK* auf. Dieser Bereich wird in den Kennlinien aber meistens nicht mehr dargestellt, weil er außerhalb des Arbeitsbereiches von Kaltleitern liegt.
Ähnlich wie bei den NTC-Widerständen wird auch für die PTC-Widerstände eine Strom-Spannungs-Kennlinie als charakteristische Kennlinie angegeben. Zu beachten ist dabei jedoch, daß beim PTC-Widerstand die Strom-Spannungsachsen gegenüber den Strom-Spannungsachsen beim NTC-Widerstand meistens vertauscht angegeben werden. In **Bild 7.21** sind die Strom-Spannungs-Kennlinien eines Kaltleiters im doppeltlinearen Maßstab für mehrere Umgebungstemperaturen dargestellt.
In dem Diagramm nach Bild 7.21 läßt sich die strombegrenzende Eigenschaft von Kaltleitern deutlich erkennen. Im Bereich kleinerer Spannungen bis etwa 3 Volt ist die Kennlinie linear und folgt daher dem ohmschen Gesetz. In diesem Bereich wird die Temperatur des PTC-Widerstandes im wesentlichen nur durch die Umgebungstemperatur bestimmt. Innerhalb dieses Gebietes lassen sich Kaltleiter in gleicher Weise wie die Heißleiter als Temperaturfühler einsetzen.
Wird die Spannung jedoch weiter erhöht, so steigt die Temperatur des Widerstandes infolge Eigenerwärmung an und der Strom wird dadurch kleiner. In diesem Bereich werden die Kaltleiter dann als Strombegrenzer und als Überlastschutz betrieben. Mitbestimmend für den Kennlinienverlauf in diesem Gebiet ist wieder der Wärmeübergang vom Bauelement zur Umgebung und somit auch die Umgebungstemperatur.

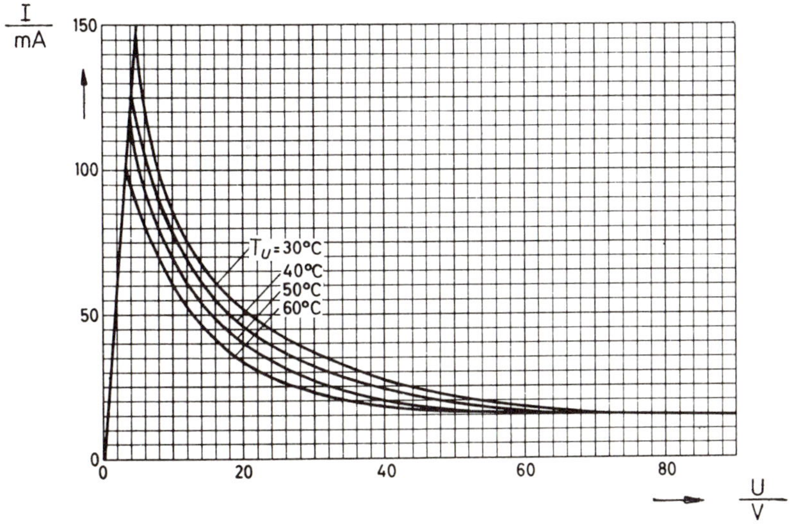

Bild 7.21 Strom-Spannungs-Kennlinien eines Kaltleiters im doppelt-linearen Maßstab

Die Strom-Spannungs-Kennlinien zu den einzelnen Typen werden von den Herstellern meistens jedoch nicht im doppelt-linearen, sondern im doppelt-logarithmischen Maßstab dargestellt. Infolge der Vertauschung der Strom- und Spannungsachsen erhält diese Strom-Spannungs-Kennlinie von Kaltleitern dann einen ähnlichen Verlauf wie die entsprechenden Kennlinien von Heißleitern. **Bild 7.22** zeigt die charakteristischen Strom-Spannungs-Kennlinien von Kaltleitern im doppelt-logarithmischen Maßstab.

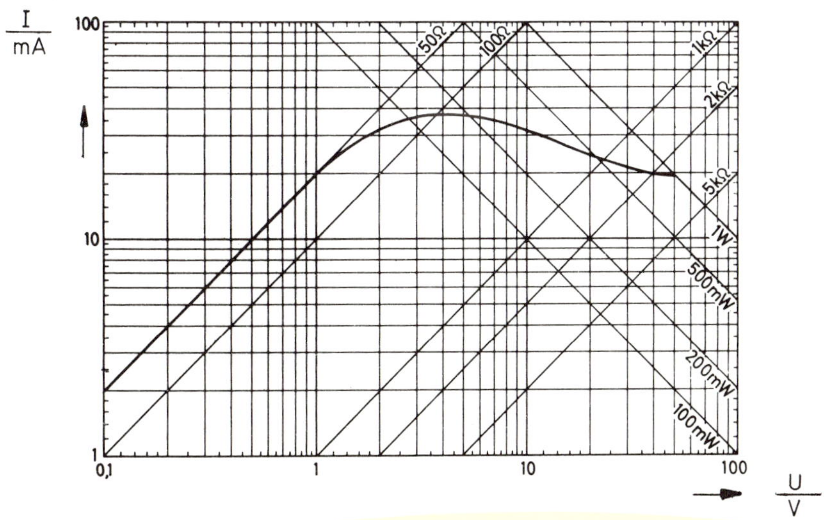

Bild 7.22 Charakteristische Strom-Spannungs-Kennlinien von Kaltleitern im doppelt-logarithmischen Maßstab

In den Datenblättern von PTC-Widerständen werden außer den Kennlinien stets auch noch einige wichtige Kennwerte angegeben. Leider sind hier häufig firmenspezifische Bezeichnungen und Definitionen zu finden.

T_N; ϑ_B = Nenntemperatur oder Bezugstemperatur.
Sie ist dort erreicht, wo sich der Widerstandswert gegenüber dem Minimum (Anfangswiderstand R_A) verdoppelt hat. Hier beginnt der Arbeitsbereich des Kaltleiters.

α_R = Temperaturkoeffizient des Kaltleiters.
Er gilt angenähert für den gesamten steilen Kennlinienverlauf im Arbeitsbereich von Kaltleitern.

T_E; ϑ_{max} = Endtemperatur oder Grenztemperatur.
Sie grenzt den Arbeitsbereich in Richtung höherer Temperaturen ab und gibt das Ende des steilen Widerstandsanstieges an.

R_{25} = Kaltwiderstand bei einer Umgebungstemperatur $T_U = 25\,°C$.

R_{80}; R_{155} = Mit diesen Widerstandswerten werden von manchen Herstellern gleichzeitig auch die Endtemperaturen der einzelnen Typen angegeben.
$R_{125} = 2000\,\Omega$ bedeutet dann z. B., daß die Endtemperatur $T_U = 125\,°C$ beträgt und der Kaltleiter dabei einen Widerstand von $2000\,\Omega$ hat.

G_{th} = Wärmeleitwert in mW/K. Er ist der Reziprokwert des Wärmewiderstandes R_{th}.

Mehrere weitere, in den Datenblättern angegebenen Kennwerte sind für den Praktiker nur von untergeordneter Bedeutung.

7.3.2.2 Anwendungsbereiche

Auch bei den Kaltleitern müssen zwei Anwendungsbereiche unterschieden werden, und zwar:

1. Anwendungen, bei denen die Temperatur des Kaltleiters im wesentlichen durch die Umgebungstemperatur bestimmt wird. PTC-Widerstände arbeiten dann als sehr empfindliche Temperaturfühler.

2. Anwendungen, bei denen die Widerstandserhöhung des Kaltleiters infolge Eigenerwärmung durch die umgesetzte elektrische Leistung ausgenutzt wird. Beispiele hierfür sind der Einsatz als Überlastschutz, als Überfüllsicherung in Öltanks, als Starter von Leuchtstoffröhren, als selbstregelndes Heizelement, in Relaisverzögerungsschaltungen oder in Schaltungen zur Entmagnetisierung von Farbbildröhren.

Kaltleiter als Temperaturfühler

Bild 7.23 zeigt die Temperatur-Widerstandskennlinie eines Kaltleiters vom Typ 91 008 (Valvo). Er wird für den Einsatz als Temperatursensor in der Meß- und Regelungstechnik gefertigt.

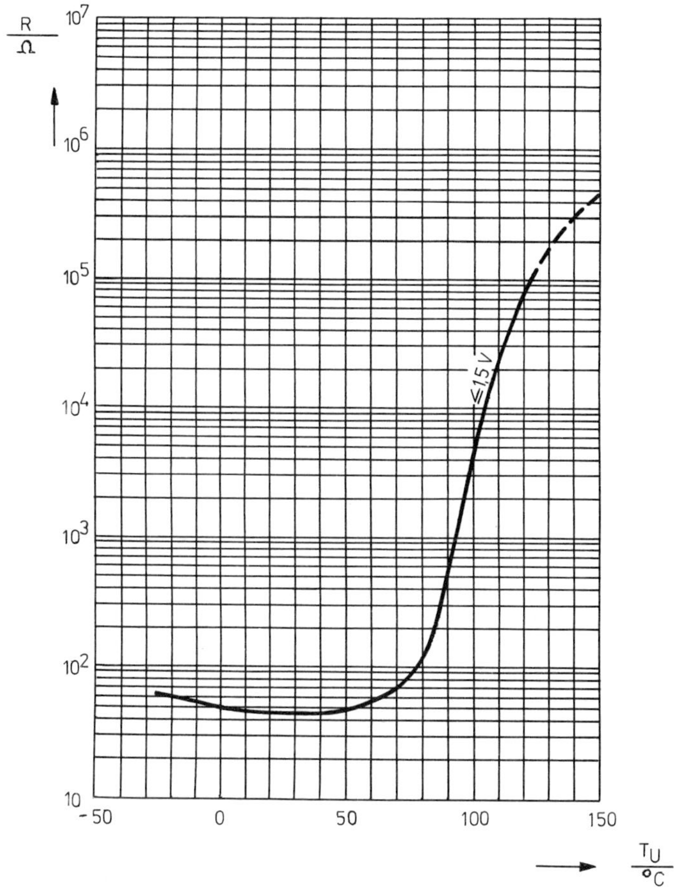

Bild 7.23 $R = f\,(T_U)$-Kennlinie eines Kaltleiters vom Typ 91 008

Der Arbeitsbereich des Typs 91 008 liegt etwa zwischen $T_N \approx 80\,°C$ und $T_E \approx 125\,°C$. In diesem Bereich ändert sich der Widerstand von $R_{80} \approx 100\,\Omega$ auf $R_{125} \approx 150\,k\Omega$. Der Anfangswert liegt mit $R_A \approx 45\,\Omega$ bei $T_U \approx 30\,°C$. Die Werte der einzelnen Kaltleiter des genannten Typs können aber bis zu $\pm 30\,\%$ von den angegebenen Mittelwerten abweichen. Der Maximalwert der Betriebsspannung beträgt $U_{max} = 25\,V$.
In **Bild 7.24** ist die statische Strom-Spannungs-Kennlinie des Typs 91 008 dargestellt, und zwar für zwei verschiedene Umgebungstemperaturen.

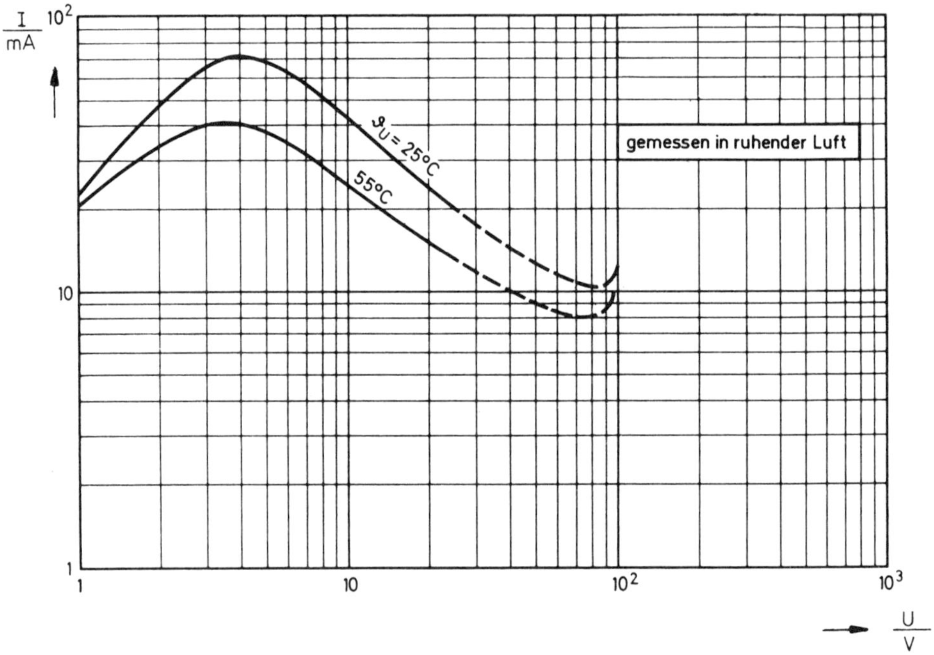

Bild 7.24 Strom-Spannungs-Kennlinie eines Kaltleiters vom Typ 91 008

Als Temperaturfühler darf der Typ 91 008 nur in dem vorderen, geradlinig ansteigenden Teil der Kennlinie betrieben werden, also bis $U \approx 2$ V. Ein Betrieb in der Nähe des Strommaximums oder im fallenden Kennliniengebiet ist aber ebenfalls zulässig, wenn der PTC-Widerstand unter Berücksichtigung der Eigenerwärmung als Strombegrenzer oder als Überlastschutz eingesetzt wird.

Kaltleiter mit Eigenerwärmung

Ein Beispiel für den Betrieb des Kaltleiters mit Ausnutzung der Eigenerwärmung ist sein Einsatz als Überlastschutz. Er wird hierbei in Reihe mit einem Verbraucher geschaltet und so ausgewählt, daß die Nennströme von Verbraucher und Kaltleiter gleich groß sind. Im Normalbetrieb ist der Widerstandswert des Kaltleiters klein. Tritt jedoch ein Kurzschluß im Verbraucher auf, fließt ein höherer Strom durch die Reihenschaltung. Der PTC-Widerstand erwärmt sich dadurch, sein Widerstandswert steigt schnell an und der Strom durch den Verbraucher wird auf einen ungefährlichen Wert begrenzt.
In den **Bildern 7.25** und **7.26** sind die Kennlinien eines niederohmigen Kaltleiters vom Typ 93 012 (Valvo) dargestellt, der speziell zum Schutz von Verbrauchern bei Überlast und Kurzschluß entwickelt wurde. Er ist für eine maximale Betriebsspannung $U_{max} = 245$ V ausgelegt und kann daher auch direkt an Netzspannung betrieben werden.

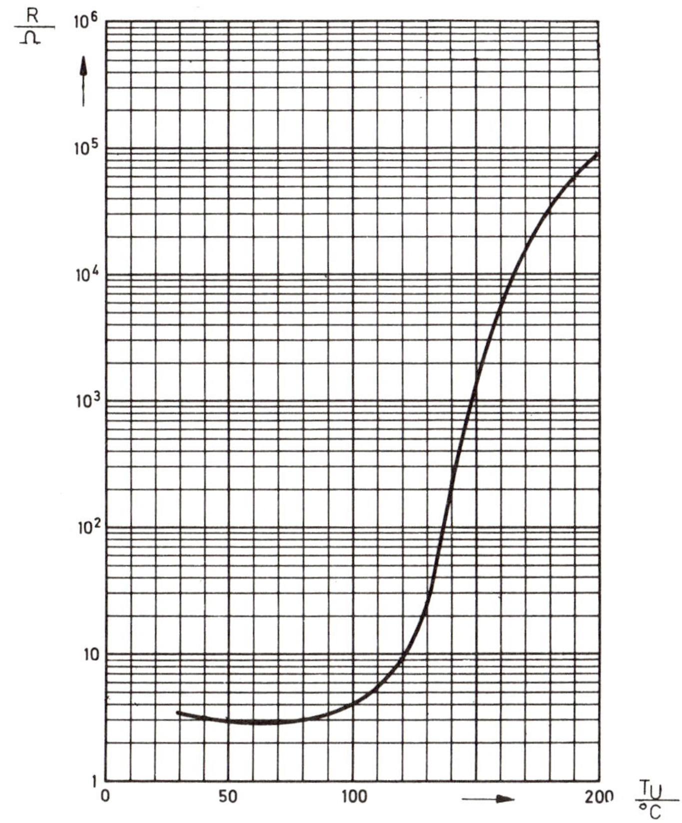

Bild 7.25
$R = f\ (T_U)$-Kennlinie eines Kaltleiters vom Typ 93 012

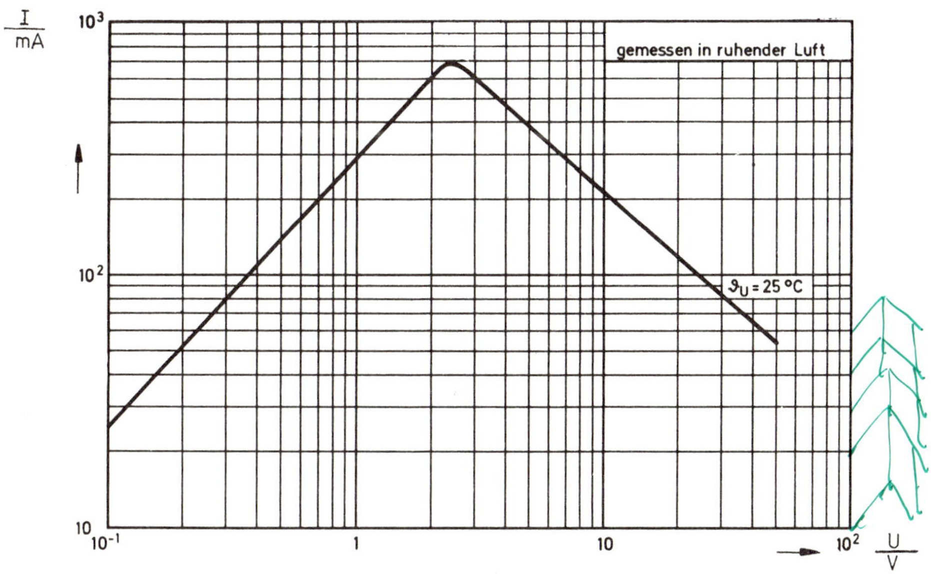

Bild 7.26 Strom-Spannungs-Kennlinie eines Kaltleiters vom Typ 93 012

Bauformen und Typenbezeichnungen

Kaltleiter werden überwiegend in scheibenförmigen Ausführungen gefertigt. Sie entsprechen dann in Form und Größe weitgehend den scheibenförmigen Heißleitern in Bild 7.14. Es gibt aber auch spezielle Bauformen, bei denen die Gehäuseform dem Einsatzzweck weitgehend angepaßt ist.
Leider ist auch die Typenbezeichnung von Kaltleitern bei den verschiedenen Herstellern sehr uneinheitlich. Meistens werden nur Bestellnummern oder mehrstellige Kennzahlen angegeben, so daß lediglich aus dem zugehörigen Datenblatt ermittelt werden kann, für welche Anwendungsbereiche der betreffende Typ vorgesehen ist. Bestimmte Baureihen werden auch mit einem Farbcode gekennzeichnet. Jeder Hersteller hat hier aber seinen eigenen Farbcode.

7.3.2.3 Anwendungsbeispiele

1. Kaltleiter als Temperaturfühler

Als Temperaturfühler werden Kaltleiter meistens in Spannungsteilern eingesetzt. Hierbei muß dann aber auf jeden Fall beachtet werden, daß im gesamten Arbeitsbereich des PTC-Widerstandes die Eigenerwärmung vernachlässigbar klein bleibt. In **Bild 7.27** ist die Grundschaltung eines Spannungsteilers mit Kaltleiter angegeben.

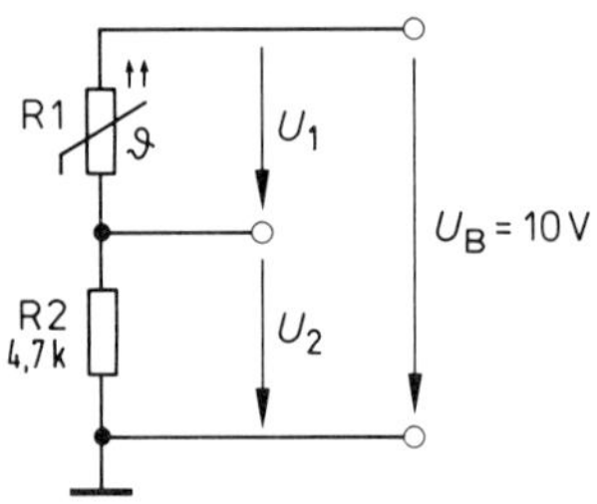

Bild 7.27 Kaltleiter als Temperaturfühler

Beispiel

Wie groß ist die Spannung U_2 bei $T_U = 80\,°C$ und bei $T_U = 100\,°C$, wenn in der Schaltung nach Bild 7.27 ein Kaltleiter vom Typ 91 008 als Temperaturfühler eingesetzt wird?
Aus der Kennlinie in Bild 7.23 kann ermittelt werden, daß für den angegebenen Kaltleiter die Widerstände $R_{80} \approx 100\,\Omega$ und $R_{100} \approx 4\,k\Omega$ betragen.

$$I_{(80)} = \frac{U_B}{R1_{(80)} + R2} = \frac{10\,V}{100\,\Omega + 4700\,\Omega} = \frac{10\,V}{4800\,\Omega} = 2{,}08\,mA$$

$$I_{(100)} = \frac{U_B}{R1_{(100)} + R2} = \frac{10\,V}{4000\,\Omega + 4700\,\Omega} = \frac{10\,V}{8700\,\Omega} = 1{,}15\,mA$$

$$U_{2\,(80)} = I_{(80)} \cdot R2 = 2{,}08 \cdot 10^{-3}\,A \cdot 4{,}7 \cdot 10^3\,\Omega = 9{,}8\,V$$

$$U_{2\,(100)} = I_{(100)} \cdot R2 = 1{,}15 \cdot 10^{-3}\,A \cdot 4{,}7 \cdot 10^3\,\Omega = 5{,}4\,V$$

Die beiden Spannungswerte gelten nur für den unbelasteten Spannungsteiler. Wird der angegebene Temperaturbereich vergrößert, so muß gegebenenfalls ein anderer Wert für den Widerstand R2 gewählt werden. Es ist dann in jedem Fall zu überprüfen, ob der Kaltleiter noch in seinem zulässigen Arbeitsbereich, also ohne Eigenerwärmung betrieben wird.

Kaltleiter können in gleicher Weise wie Heißleiter auch in Brückenschaltungen eingesetzt werden. Bei den drei Brückenschaltungen in Bild 7.16 sind dann jeweils die Heißleiter durch Kaltleiter zu ersetzen. Auch hier muß dann stets überprüft werden, ob die PTC-Widerstände als Temperaturfühler nur im geradlinigen Kennlinienteil betrieben werden. Dieses erfordert oft einen erheblichen Rechenaufwand bei der Dimensionierung der einzelnen Brückenwiderstände.

2. Kaltleiter als Flüssigkeits-Niveaufühler

Mit Hilfe von Kaltleitern lassen sich sehr einfache Flüssigkeits-Niveaufühler aufbauen. Hierbei kommt es nur auf eine Ja/Nein-Aussage an. Ein Beispiel für diese Anwendungen sind z. B. die Überfüllsicherungen von Heizöltanks. Ausgenutzt wird hierbei die Tatsache, daß ein durch Eigenerwärmung aufgeheizter PTC-Widerstand relativ stark auf Änderungen seiner Abkühlbedingungen durch Änderung seiner Leistungsaufnahme reagiert. Bei konstanter Spannung ist daher die Stromaufnahme ein Maß für die jeweils gegebene Wärmeableitung. Besonders stark ist die Stromänderung, wenn ein in Luft aufgeheizter Kaltleiter in eine Flüssigkeit eintaucht, weil dann die Wärmeableitung wesentlich größer ist. **Bild 7.28** zeigt das Grundprinzip eines Flüssigkeits-Niveaufühlers mit Kaltleiter.

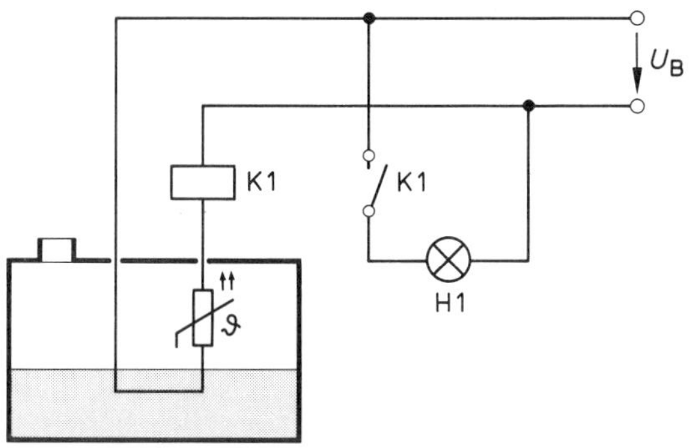

Bild 7.28 Grundprinzip eines Flüssigkeits-Niveaufühlers mit Kaltleiter

Die Reihenschaltung aus Relaiswicklung und Kaltleiter wird so ausgelegt, daß der fließende Strom kleiner als der Anzugsstrom des Relais ist, solange sich der Kaltleiter in Luft befindet. Steigt der Flüssigkeitsspiegel so weit an, daß der PTC-Widerstand von der Flüssigkeit bedeckt wird, so wird er auf die Temperatur der Flüssigkeit abgekühlt. Dadurch sinkt sein Widerstand, der Strom durch die Relaiswicklung wird größer als der Anzugsstrom und das Relais zieht an. Dadurch kann dann entweder eine Signallampe eingeschaltet oder der Pumpenmotor abgeschaltet werden. Die in Bild 7.27 angegebene Prinzipschaltung kann auf vielfache Weise erweitert, ergänzt oder variiert werden.

3. Kaltleiter als Überstromsicherung

Aufgrund ihrer Strom-Spannungs-Kennlinie lassen sich Kaltleiter als Kurzschluß- oder Überstromsicherung einsetzen. Der Kaltleiter wird hierzu entsprechend **Bild 7.29** in Reihe mit dem zu schützenden Verbraucher geschaltet.

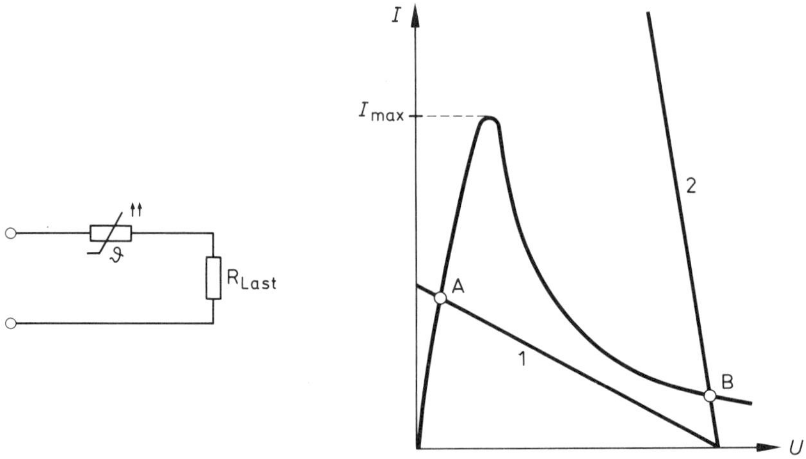

Bild 7.29 Schaltbild und Kennlinienfeld für den Betrieb von Kaltleitern als Überstromsicherung

Das Kennlinienfeld in Bild 7.29 enthält die Strom-Spannungs-Kennlinie eines PTC-Widerstandes. Eingetragen sind weiterhin zwei Arbeitsgeraden für unterschiedlich große Lastwiderstände. Die Arbeitsgerade 1 gilt für den Nennwert des Lastwiderstandes. Durch die Reihenschaltung fließt der Nennstrom des Verbrauchers und der Kaltleiter wird im Arbeitspunkt A betrieben. Seine Eigenerwärmung ist hier vernachlässigbar klein, so daß ein stabiler Zustand vorliegt.

Tritt jedoch infolge eines Kurzschlusses oder eines Teilkurzschlusses eine Überlast auf, so wird der Strom durch die Reihenschaltung größer. Überschreitet er den Wert I_{max} des PTC-Widerstandes, so wird dieser in kurzer Zeit über seine Umgebungstemperatur erwärmt und sein Widerstand steigt stark an. Der Kaltleiter wirkt dann als Schalter, der bei zu starkem Absinken des Verbraucherwiderstandes den Strom auf einen ungefährlichen Wert begrenzt. In Bild 7.29 ist dieser Wert als Arbeitspunkt B angegeben. Er ergibt sich aus dem Schnittpunkt der Kennlinie des PTC-Widerstandes mit der Arbeitsgeraden 2 des durch Teilkurzschluß verringerten Lastwiderstandes. Erst nach Abschalten der Betriebsspannung und anschließendem Abkühlen des Kaltleiters kann der Verbraucher wieder eingeschaltet werden.

Der mit den Kennlinien in den Bildern 7.25 und 7.26 angegebene Kaltleiter vom Typ 93012 ist z. B. für den Einsatz als Überlastschutz konzipiert. Sein maximaler Strom beträgt $I_{max} \approx 700$ mA und er kann in Reihenschaltung mit einem Verbraucher direkt an das 220-V-Netz angeschlossen werden. Um einen thermischen Schock im Einschaltmoment bzw. im Kurzschlußfall zu vermeiden, ist aber noch ein zusätzlicher ohmscher Mindestserienwiderstand $R_{s\,min} = 22\ \Omega$ erforderlich. Ein thermischer Schock kann auftreten, wenn ein PTC-Widerstand durch einen unzulässig hohen Strom zu schnell erwärmt wird. Es treten dann im Inneren des Bauteiles punktuell so große Temperaturdifferenzen auf, daß der Keramikkörper reißt oder platzt. Der PTC-Widerstand ist dann unbrauchbar.

4. Kaltleiter als selbstregelnder Thermostat

Aufgrund ihrer Kennlinie lassen sich Kaltleiter auch als selbstregelnde Thermostate einsetzen. Sie werden hierzu in ein wärmeisoliertes Gehäuse zusammen mit dem auf konstanter Temperatur zu haltenden Bauelement, z. B. einen Schwingquarz, eingebaut. Der Strom durch den Kaltleiter wird so eingestellt, daß er sich selbst und damit auch die Luft in dem Gehäuse auf eine bestimmte Temperatur aufheizt. Steigt z. B. die Temperatur weiter an, wird der Widerstand des Kaltleiters hochohmig und seine Leistungsaufnahme, d. h. auch seine Wärmeabgabe wird kleiner. Sinkt dagegen die Innentemperatur des Thermostatgehäuses, wird der Widerstandswert des Kaltleiters kleiner und seine Leistungsaufnahme sowie Wärmeabgabe wird dadurch größer.
In den letzten Jahren ist das Prinzip des Heiz-Kaltleiters wesentlich weiterentwickelt worden. So werden bereits speziell entwickelte Heiz-Kaltleiter zur Warmwasserbereitung, Erwärmung von Luftströmen, als Heizelement in Frisierstäben, zur Heizölvorwärmung, zur Gemischvorwärmung im Kfz oder zur Außenspiegel- oder Türschloßheizung eingesetzt. Ihr großer Vorteil liegt darin, daß sie einen vollständigen Schutz gegen Überhitzung bieten und alle zusätzlichen mechanischen und elektronischen Regelelemente zur Konstanthaltung der Temperatur entfallen.

7.4 Magnetfeldabhängige Halbleiter

Feldplatten und Hallgeneratoren sind magnetfeldabhängige Halbleiter. Die Feldplatte ändert ihren Widerstand unter dem Einfluß eines Magnetfeldes. Im Hallgenerator wird dagegen durch das Magnetfeld eine Spannung erzeugt. Trotzdem beruht die Arbeitsweise beider Bauelemente auf dem gleichen elektrodynamischen Elementargesetz. Jeder von einem Strom durchflossene elektrische Leiter ist von magnetischen Kraftlinien umgeben. In **Bild 7.30** sind die Zusammenhänge nochmals vereinfacht dargestellt.

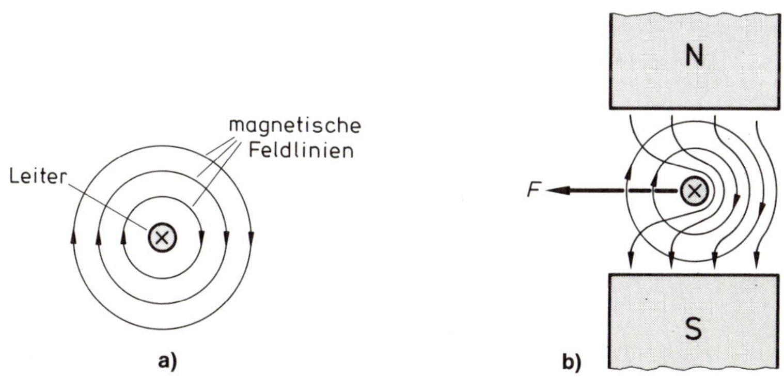

Bild 7.30 Entstehung der Lorentzkraft *F*

Das Kreuz innerhalb des angedeuteten Leiters in Bild 7.30a besagt laut Vereinbarung, daß ein Strom (technische Stromrichtung) in die Bildebene hineinfließt. Das erzeugte magnetische Feld verläuft dann im Uhrzeigersinn in konzentrischen Kreisen um den

Leiter herum. Wird dieser stromdurchflossene Leiter in ein zweites, äußeres Magnetfeld gebracht, so entsteht durch die gegenseitige Beeinflussung der beiden Magnetfelder eine magnetische Kraft *F*. Sie wird als Lorentzkraft bezeichnet.
In Bild 7.30b ist zu erkennen, daß eine Verdichtung der Kraftlinien auftritt, wenn beide Felder gleichgerichtet sind. Sind beide Felder gegeneinandergerichtet, so entsteht eine Feldschwächung. Die auf den Leiter ausgeübte Lorentzkraft *F* ist stets von der Seite der Feldverdichtung zur Seite der Feldschwächung gerichtet. Weil die Ursache des magnetischen Feldes eines stromdurchflossenen Leiters die Bewegung freier Elektronen ist, wirkt die Lorentzkraft allerdings nicht unmittelbar auf den Leiter, sondern auf die darin bewegten Elektronen ein.
Wird anstelle eines runden elektrischen Leiters ein dünnes, elektrisch leitendes Plättchen in das Magnetfeld gebracht, dann werden bei Stromfluß durch das Plättchen die sich bewegenden Elektronen in Richtung der Lorentzkraft aus ihrer Bahn abgelenkt. Die Ablenkung erfolgt dabei immer im rechten Winkel zu den Kraftlinien des äußeren Magnetfeldes. Je stärker dieses Magnetfeld ist, desto größer ist auch die Ablenkung der Elektronen. Auf diesem elektrodynamischen Elementargesetz beruht im wesentlichen die Wirkungsweise von Feldplatte und Hallgenerator.

7.4.1 Feldplatte

7.4.1.1 Grundprinzip und Arbeitsweise

Feldplatten bestehen aus einer rechteckförmigen Trägerplatte, auf die eine dünne Halbleiterschicht aus Indiumantimonid (InSb) aufgebracht ist. In diese Halbleiterschicht sind in sehr geringen Abständen elektrisch gut leitende Metallnadeln aus Nickelantimonid (NiSb) eingebettet. Alle diese winzigen Nadeln sind quer zur Stromrichtung ausgerichtet. In **Bild 7.31** ist das Grundprinzip des Aufbaues dargestellt.

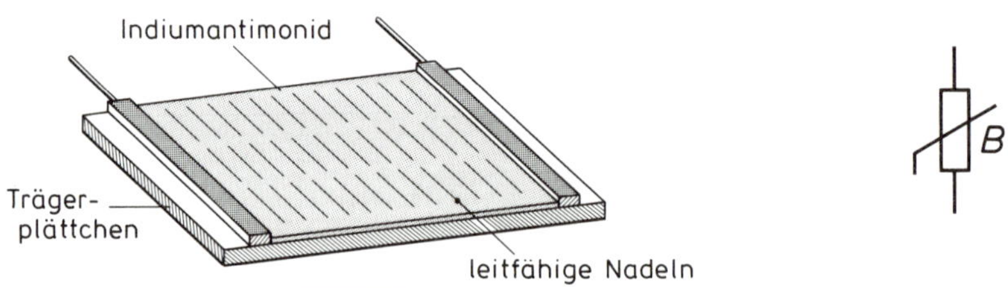

Bild 7.31 Aufbau einer Feldplatte und Schaltzeichen

Wird an die Enden einer nach Bild 7.31 aufgebauten Feldplatte eine elektrische Spannung angelegt, so fließt ein Strom durch das Halbleitermaterial. Die Metallnadeln behindern oder beeinflussen die Bewegungen und die Bewegungsrichtung der Elektronen nicht, da Nickelantimonid gut leitet und alle Nadeln quer zur Ladungsträgerbewegung

liegen. Der Bahnwiderstand der Feldplatte ist in diesem Zustand gering und kann je nach Aufbau und Abmessungen des Halbleitermaterials zwischen einigen Ohm und mehreren Kiloohm liegen.
Wird die Feldplatte aber in ein Magnetfeld gebracht, so werden alle sich infolge des vorhandenen elektrischen Feldes bewegenden Ladungsträger durch die Lorentzkraft nach einer Seite hin abgelenkt. Die Elektronenbahnen verlaufen dann nicht mehr parallel zu Längskante der Feldplatte, sondern in einem von der Größe der magnetischen Flußdichte B abhängigen Winkel dazu. Dieser Winkel wird als Hallwinkel bezeichnet. Bei InSb kann dieser Hallwinkel bis zu 80° betragen. In **Bild 7.32** sind die Zusammenhänge für zwei verschiedene Flußdichten *B* dargestellt.

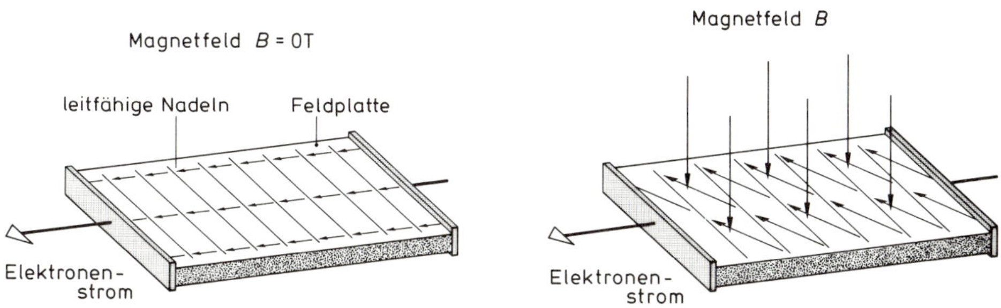

Bild 7.32 Strombahnen in einer Feldplatte unter dem Einfluß verschiedener magnetischer Flußdichten *B*

Die durch die Lorentzkraft abgedrängten Ladungsträger verlaufen in schrägen Bahnen von einer Metallnadel zur anderen. Diese stellen praktisch Kurzschlußbrücken dar, durch die sich die auftretenden unterschiedlichen Ladungsträgerdichten jeweils wieder ausgleichen.
Je größer die magnetische Flußdichte *B*, desto mehr werden die Elektronen abgelenkt. Ihre Bahnen verlaufen dann immer schräger und daher werden auch die Weglängen der einzelnen Elektronen immer größer. Eine Vergrößerung ihrer Weglängen bedeutet aber eine Erhöhung des Bahnwiderstandes der Feldplatte.
Eine Umpolung der Richtung des Magnetfeldes hat keinen Einfluß auf die Größe des Widerstandes der Feldplatte, weil diese nur von der Größe des Bahnwiderstandes abhängt, nicht aber davon, ob die Abdrängung der Elektronen zur rechten oder linken Seite der Feldplatte erfolgt.

7.4.1.2 Kennlinien und Kennwerte

Als Beispiel ist in **Bild 7.33** die Kennlinie einer Feldplatte vom Typ FP30D250E (Siemens) dargestellt. Die beiden gestrichelten Kennlinien geben den möglichen Streubereich an.

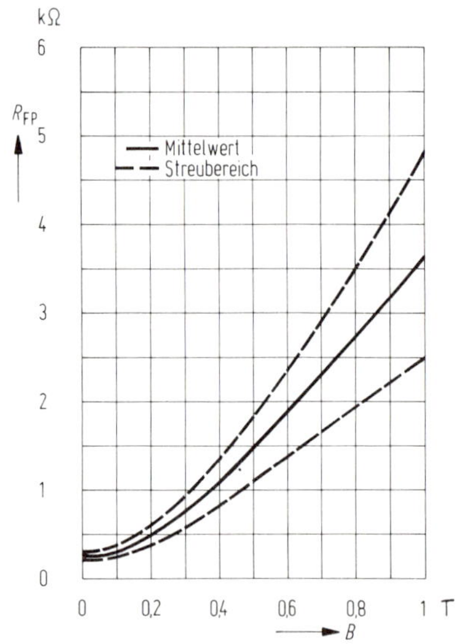

Bild 7.33 $R_{FP} = f(B)$-Kennlinie einer Feldplatte vom Typ FP30D250E

Der Grundwiderstand bei $B = 0$ T liegt bei diesem Typ bei $R_0 \approx 250\ \Omega$. Er steigt bei $B = 1$ T auf $R_B \approx 3{,}6\ \text{k}\Omega$ an. Wird die Richtung des Magnetfeldes umgepolt, so verlaufen die Kennlinien spiegelsymmetrisch zur Y-Achse.

Die Temperaturabhängigkeit des Feldplatten-Widerstandes ist relativ groß. Der Temperaturkoeffizient ist negativ und es besteht eine zusätzliche Abhängigkeit von der Größe des einwirkenden Magnetfeldes. In **Bild 7.34** sind die Zusammenhänge für eine Feldplatte vom Typ FP30D250E dargestellt.

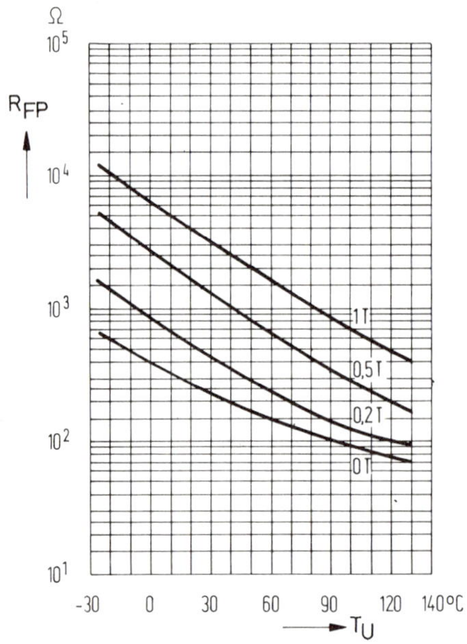

Bild 7.34 $R_{FP} = f(T)$-Kennlinien für verschiedene Flußdichten für den Typ FP30D250E

Die Hersteller geben für die Feldplatte jeweils mehrere wichtige Kennwerte an:

T_{max} = Maximale Betriebstemperatur.
Sie liegt bei den meisten Feldplatten bei etwa 100 °C und darf auf keinen Fall überschritten werden.

P_{tot} = Maximale elektrische Belastung.
Sie wird meistens für eine bestimmte Temperatur angegeben und darf ebenfalls auf keinen Fall überschritten werden. Die totale Verlustleistung liegt bei Feldplatten etwa zwischen 0,5 W und 1 W.

U_I = Isolationsspannung zwischen System und Trägerplatte.
U_I beträgt etwa 100 V.

R_0 = Grundwiderstand bei $B = 0$ T.
Er liegt je nach Typ zwischen einigen Ohm und mehreren Kiloohm.

R_0-Tol = Toleranz des Grundwiderstandes.
Sie beträgt meistens ± 20 %.

R_B; R_{FP} = Widerstand bei einer bestimmten Flußdichte.
Er kann aus der $R_{FP} = f\,(B)$-Kennlinie ermittelt werden.

Einige weiterhin angegebene Kennwerte haben für die Praktiker keine so wesentliche Bedeutung.

7.4.1.3 Bauformen und Anwendungsbereiche

Die Leitfähigkeit des Feldplattenmaterials ist relativ hoch. Sie kann durch unterschiedliche Dotierungen beeinflußt werden. Um möglichst lange Bahnen aus Indiumantimonid zu erhalten, wird das Halbleitermaterial in Mäanderform ausgeätzt. Durch Ändern der Anzahl, Länge, Breite und Dicke der Stege des Mäanders kann der Grundwiderstand R_0 in relativ weiten Grenzen verändert werden. **Bild 7.35** zeigt den Aufbau einer Feldplatte in Mäanderform auf einem Träger.

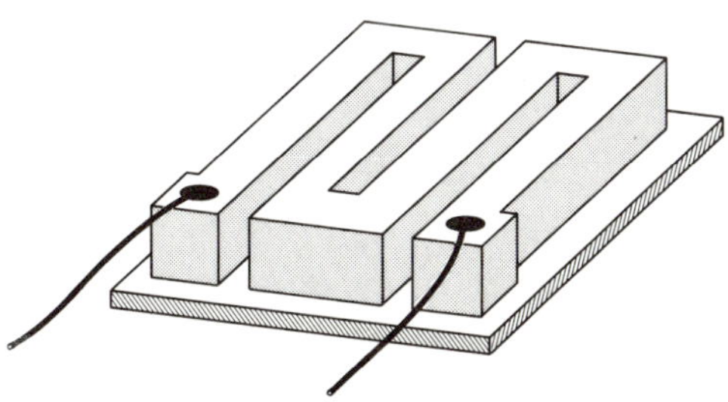

Bild 7.35 Aufbau einer Feldplatte mit Träger

Das Halbleitermaterial ist stets auf einen Träger aufgebracht. Bei den E-Typen besteht dieser Träger aus einem dünnen Plättchen aus ferromagnetischen Werkstoffen mit hoher Permeabilität. Die K-Typen haben dagegen als Träger ein dünnes Kunststoff- oder Keramikplättchen. Die Halbleiteroberfläche ist zum Schutz gegen mechanische

Beschädigungen mit einer Lackschicht abgedeckt. **Bild 7.36** zeigt die Bauformen von Feldplatten der Typen FP17D500E und FP30D250E (Siemens). Feldplatten haben sehr kleine Abmessungen und sind sehr empfindlich gegen mechanische Beanspruchungen. E-Typen müssen in Betrieb immer aufgeklebt sein, weil magnetische Kräfte auf den Träger einwirken. Bei den K-Typen ist dieses nicht der Fall.

FP30D250E

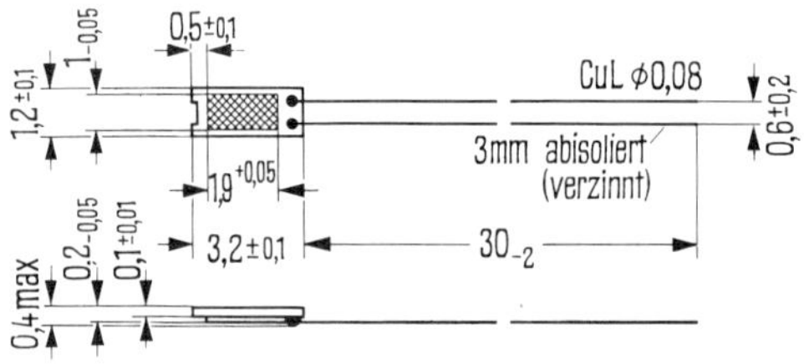

Gewicht etwa 0,017 g

FP17D500E

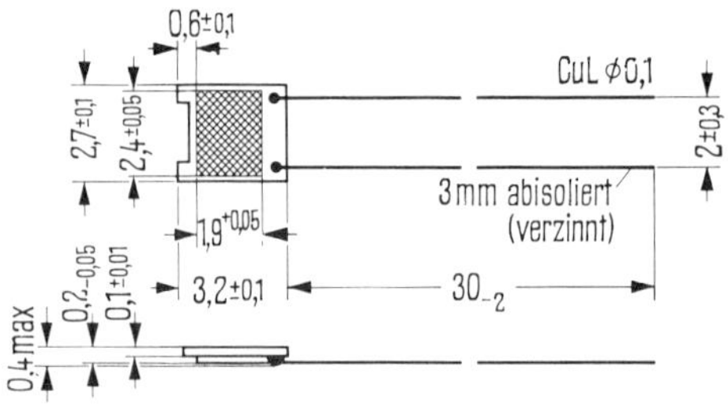

Gewicht etwa 0,02 g

Bild 7.36 Bauformen von Feldplatten

Feldplatten werden als kontakt- und stufenlos steuerbare Widerstände eingesetzt. Die Ansteuerung erfolgt dann mit einem Dauermagneten oder einem Elektromagneten, in dessen Luftspalt sich die Feldplatte befindet. Neben den Einzel-Feldplatten werden auch Differential-Feldplatten gefertigt. Sie haben einen zusätzlichen Mittelanschluß, durch den das System in zwei gleichartige aktive Bereiche aufgeteilt wird. Differential-Feldplatten eignen sich besonders gut zur Erfassung von Bewegungsvorgängen wie Drehzahlerfassung, Drehsinnerfassung, Geschwindigkeitsmessung von linearen Bewegungen usw.

In allen diesen Fällen sind aber spezielle mechanische Einrichtungen wie z. B. Zahnscheiben sowie bereits recht umfangreiche elektronische Schaltungen zum Auswerten der von der Feldplatte gelieferten Signale erforderlich.

Feldplatten eignen sich aber auch als Meßsonden zum Ausmessen und Überwachen von Magnetfeldern. Sie werden dazu in den Luftspalt von Eisenkernen oder Jochen eingebaut und ermöglichen so eine dauernde Überprüfung und Anzeige des magnetischen Flusses.

Mit Feldplatten lassen sich in recht einfacher Weise Transistorschalter ansteuern. Derartige kontaktlose Schalter finden zunehmend Verwendung in der Steuerungs- und Regelungstechnik. **Bild 7.37** zeigt das Grundprinzip eines derartigen Transistorschalters.

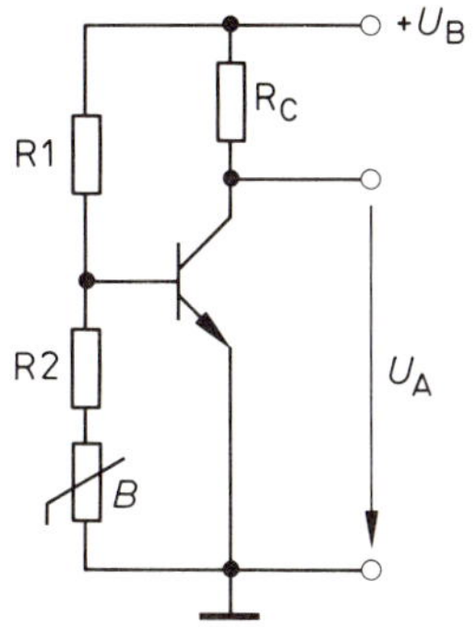

Bild 7.37 Kontaktloser Transistorschalter mit Ansteuerung über Feldplatte

Bei dem Transistorschalter nach Bild 7.37 ist die Feldplatte in einen Spannungsteiler eingesetzt. Diese Anordnung läßt sich auch für viele andere Aufgaben in der Meß- und Regelungstechnik verwenden. In **Bild 7.38** sind drei einfache Möglichkeiten angegeben.

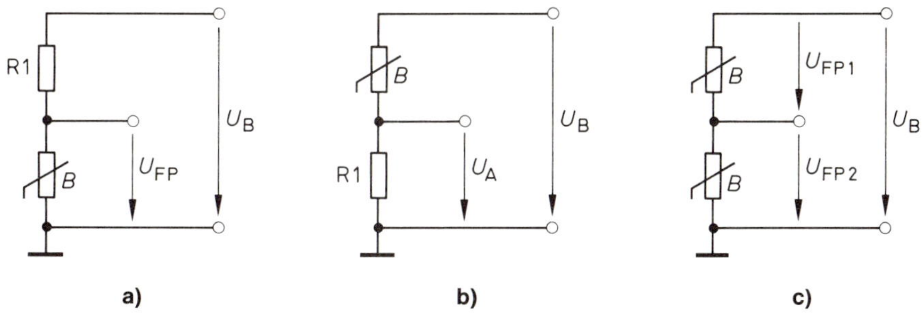

Bild 7.38 Spannungsteiler mit Feldplatten

Bei der Schaltung 7.38a begrenzt *R*1 den Steuerstrom durch die Feldplatte. Der unterschiedliche Spannungsabfall U_{FP} an der Feldplatte wird weiterverarbeitet. Bei der Schaltung nach Bild 7.38b bestimmt die Feldplatte den Strom durch den Widerstand *R*1, dessen Spannungsabfall dann ausgenutzt wird. Für die Schaltung 7.38c sind Differential-Feldplatten besonders gut geeignet. Sie haben hier den Vorteil, daß beide Widerstandshälften die gleiche Widerstandsänderung im Magnetfeld und gleiche Temperaturkoeffizienten haben. Selbstverständlich lassen sich Feldplatten auch entsprechend Bild 7.17 in verschiedenartiger Weise in Brückenschaltungen einsetzen.

7.4.2 Hallgeneratoren

7.4.2.1 Grundprinzip und Arbeitsweise

Auch die Hallgeneratoren bestehen aus einer rechteckförmigen Trägerplatte, auf die eine dünne Halbleiterschicht aus Indiumarsenid (InAs) oder Indiumantimonid (InSb) aufgebracht ist. In dieses Halbleitermaterial sind jedoch keine kleinen Metallnadeln wie bei der Feldplatte eingebettet. Dafür besitzt der Hallgenerator aber in der Mitte der beiden Längsseiten zwei weitere Anschlüsse, die als Hallelektroden bezeichnet werden. Zusammen mit den beiden Steuerelektroden an den Schmalseiten des Halbleiterplättchens hat der Hallgenerator also insgesamt vier Anschlüsse und stellt somit einen Vierpol dar. **Bild 7.39** zeigt das Aufbauprinzip eines Hallgenerators.

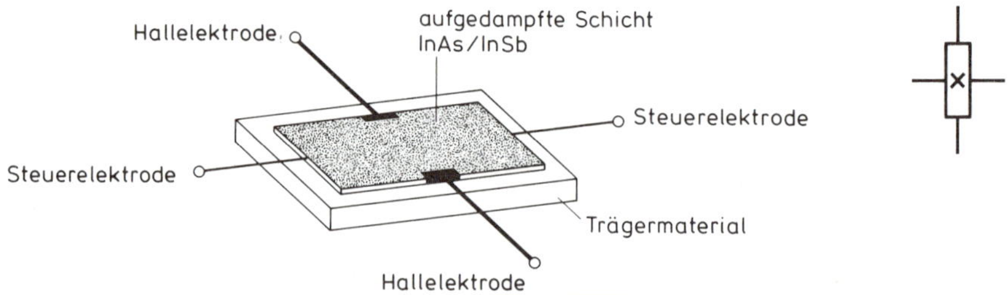

Bild 7.39 Aufbauprinzip eines Hallgenerators und Schaltzeichen

Wird ein stromdurchflossener Hallgenerator von einem Magnetfeld durchsetzt, so werden die sich bewegenden Elektronen wie bei der Feldplatte infolge der Lorentzkraft, die rechtwinklig zum Stromfluß und dem Magnetfeld wirkt, abgelenkt. Dadurch entsteht auf der einen Längsseite des Hallgenerators ein Elektronenmangel, auf der gegenüberliegenden Seite dagegen ein Elektronenüberschuß. Zwischen den beiden Hallanschlüssen tritt daher eine Spannung auf, die als Hallspannung U_H bezeichnet wird. In **Bild 7.40** sind die Zusammenhänge zwischen der Stromrichtung, der Richtung des Magnetfeldes und der Polarität der erzeugten Hallspannung dargestellt.

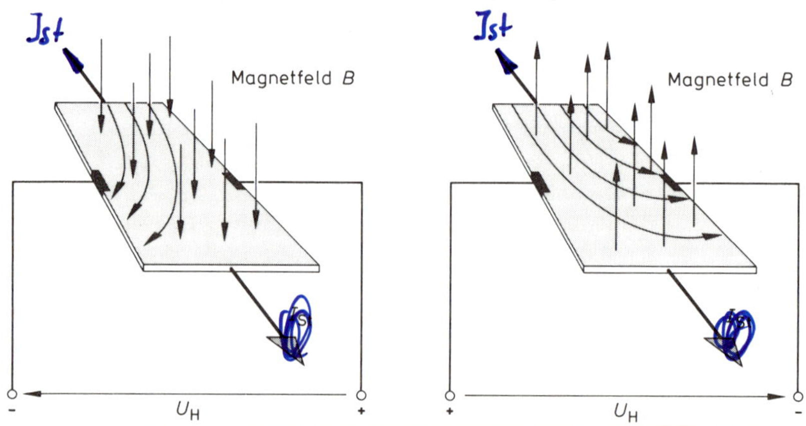

Bild 7.40 Zusammenhänge zwischen Steuerstrom I_{St}, Magnetischer Flußdichte B und Hallspannung U_H

Die Polarität der Hallspannung ist abhängig von der Richtung des Steuerstromes I_{St} und der Richtung der magnetischen Flußdichte B. Die Größe der Hallspannung hängt dagegen von der Größe des Steuerstromes I_{St}, der Größe der magnetischen Flußdichte B, einem Hallfaktor R_H sowie der Dicke des Halbleitermaterials ab. Der Hallfaktor R_H erfaßt die Materialeigenschaften wie Anzahl der freien Elektronen pro Volumeneinheit und die Ladungsträgerbeweglichkeit.
Für die erzeugte Hallspannung gilt:

$$U_H = \frac{R_H}{d} \cdot I_{St} \cdot B$$

mit U_H = Hallspannung in V
R_H = Hallfaktor in m^3/As
I_{St} = Steuerstrom in A
B = Magnetische Flußdichte in T (Vs/m^2)
d = Dicke des Halbleiterplättchens in m

Da bei einem Hallgenerator R_H und d stets vom Hersteller vorgegeben sind, läßt sich die Hallspannung nur durch den Steuerstrom und die magnetische Flußdichte verändern. U_H ist daher proportional dem Produkt aus I_{St} und B

$$U_H \approx I_{St} \cdot B.$$

7.4.2.2 Kennlinien und Kennwerte

Bild 7.41 zeigt die $U_H = f(B)$-Kennlinie eines Hallgenerators. Sie gilt für konstanten Steuerstrom und unbelastete Hallspannung. Es handelt sich hier also um die Leerlaufkennlinie des Hallgenerators.

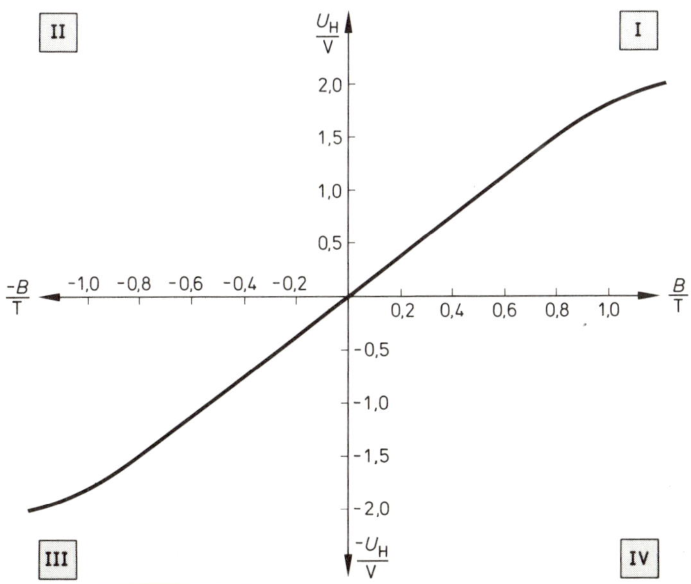

Bild 7.41 Leerlaufkennlinie eines Hallgenerators für I_{St} = const.

Die Kennlinie verläuft im I. und III. Quadranten, weil die Polarität der Hallspannung von der Richtung des Magnetfeldes abhängt. Wegen des gleichartigen Verlaufes in den beiden Quadranten wird in Datenblättern meistens nur der Kennlinienverlauf im I. Quadranten dargestellt.
Die erzeugte Hallspannung ist relativ klein. Sie liegt bei den meisten Typen im Bereich von 50 mV bis etwa 750 mV und ist nur bei wenigen Typen größer 1000 mV.
Der Hallfaktor R_H hat einen negativen Temperaturkoeffizienten. Daher ist auch die Hallspannung U_H temperaturabhängig. Sie wird mit zunehmender Temperatur kleiner.
Die Hersteller geben zu jedem Hallgeneratortyp eine Reihe von Kennwerten an. Die für den Praktiker wichtigsten Angaben sind im Folgenden aufgeführt:

I_M; I_{max} = Maximal zulässiger Steuerstrom.
(Je nach Typ bis etwa 600 mA)
I_N; I_{1n} = Nennwert des Steuerstromes als üblicher Betriebswert.
(Je nach Typ bis etwa 400 mA)
B_N; B_n = Nennwert des magnetischen Flusses.
B_n begrenzt den linearen Bereich der Kennlinie. Bei $B > B_n$ besteht daher keine Proportionalität mehr zwischen U_H und B.
(B_n je nach Typ bis etwa 1 T)
U_{Ho} = Leerlaufhallspannung.
Sie wird angegeben für den unbelasteten Hallgenerator bei I_{1n} und B_n. Bei Belastung nimmt diese Spannung geringfügig ab.
R_{iH}; R_{10} = Innenwiderstand zwischen den Hallelektroden bei $B = 0$.
$R_{i\,st}$; R_{20} = Innenwiderstand zwischen den Steuerelektroden bei $B = 0$.
R_o = Ohmsche Nullkomponente.

Aus fertigungstechnischen Gründen können die beiden Hallelektroden nicht exakt auf der gleichen Potentiallinie angesetzt werden. Daher ist der Hallspannung noch ein kleiner ohmscher Spannungsanteil überlagert. Er tritt auch bei $B = 0$ auf und wird dann als ohmsche Nullspannung $U_{H\,Ro} = R_o \cdot I_{St}$ bezeichnet. Die ohmsche Nullspannung kann je nach Typ und Einzelstück bis etwa 20 mV betragen und muß daher bei genauen Messungen durch einen äußeren Spannungsteiler kompensiert werden.
Auf eine Reihe weiterer Kennwerte des Hallgenerators soll hier nicht mehr näher eingegangen werden.

7.4.2.3 Bauformen und Anwendungsbereiche

Zur Anpassung an die magnetische Steuergröße werden unterschiedliche Bauformen von Hallgeneratoren gefertigt. Bei der offenen Bauweise ist das Hallplättchen auf einem unmagnetischen, sehr dünnen Träger aufgebracht. Das Halbleitermaterial wird dabei nur durch eine Schicht aus Isolierlack oder Epoxidharz geschützt. Bei der Kastenbauweise ist das Hallplättchen von einem kleinen Gehäuse aus Al_2O_3 umgeben und wird dadurch auch vor mechanischen Beschädigungen geschützt.
Die Abmessungen von Hallgeneratoren sind sehr klein. **Bild 7.42** zeigt als Beispiele die Abmessungen der Feldsonde FA 24 (Siemens) sowie der Hallsonde für kleine Luftspalte RHY 19 (Siemens).

FA 24

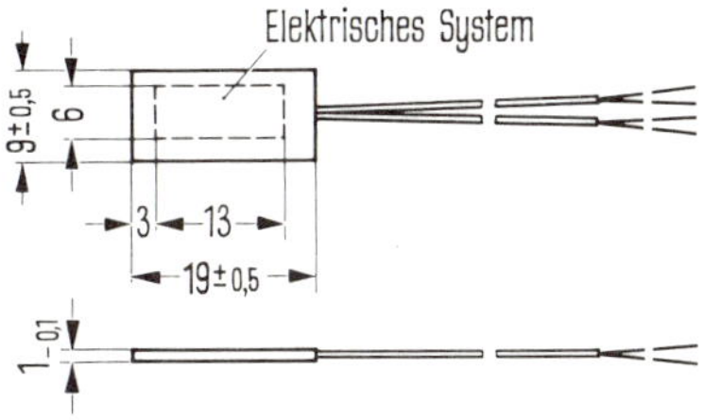

Gewicht etwa 0,7 g
Maße in mm

RHY19

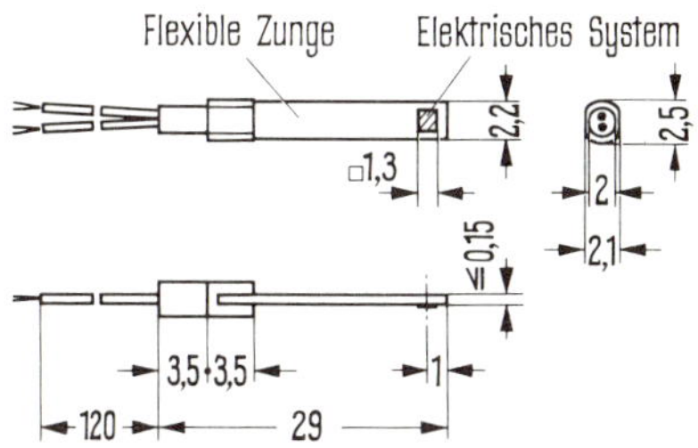

Gewicht etwa 0,3 g
Maße in mm

Bild 7.42 Bauformen von Hallgeneratoren

Hallgeneratoren lassen sich vielseitig einsetzen. Die praktische Ausnutzung der Hallspannung erfordert in der Regel aber nachgeschaltete Verstärker- oder Auswerteschaltungen, die bereits einen erheblichen Umfang haben können. Daher wird hier nur das Grundprinzip von zwei unterschiedlichen Anwendungsbereichen beschrieben.

Messen der magnetischen Flußdichte *B*

Der Steuerstrom I_{St} wird hierbei fest eingestellt und sehr konstant gehalten. Die Hallspannung ist dann nur noch abhängig von der magnetischen Flußdichte B. Solange der Hallgenerator im linearen Bereich seiner Kennlinie betrieben wird, ist U_H proportional B. Je kleiner die Meßsonde ist, desto genauer kann ein Magnetfeld ausgemessen werden.

Häufig wird der Hallgenerator auch fest in den Luftspalt eines Eisenkernes oder Joches eingesetzt. Dann kann die an dieser Stelle vorhandene magnetische Flußdichte über die erzeugte Hallspannung gemessen oder überwacht werden. Dieses Verfahren wird z. B. auch bei der Messung hoher Gleichströme ausgenutzt. Hierbei wird das sich um ein Leiterstück ausbildende, ringförmige Feld mit einem Hallgenerator gemessen. Um eindeutige Verhältnisse zu schaffen, ist der Hallgenerator im Luftspalt eines Eisenjoches angeordnet, das um den Leiter gelegt wird. In **Bild 7.43** ist das Prinzip dieser Meßanordnung dargestellt.

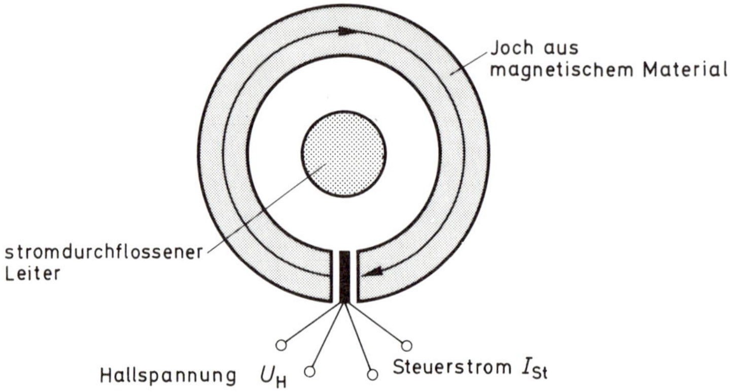

Bild 7.43 Messung hoher Gleichströme

Der große Vorteil dieses Meßverfahrens liegt darin, daß der Leiter zur Strommessung nicht aufgetrennt werden muß. Bei konstant gehaltenem Steuerstrom I_{St} des Hallgenerators ist die Hallspannung U_H proportional dem im Leiter fließenden Strom.

Hallgenerator als Signalgeber

Hallgeneratoren lassen sich zusammen mit kleinen Permanentmagneten als kontaktlose Signalgeber einsetzen. Wird ein solcher Magnet an einem vom Steuerstrom durchflossenen Hallgenerator vorbeigeführt, so entsteht eine Hallspannung, die als Signalspannung ausgenutzt und weiterverarbeitet werden kann.

Dieses Prinzip arbeitet auch dann einwandfrei, wenn der kleine Permanentmagnet auf einer Scheibe oder einem Zahnrad befestigt ist. Dann entsteht bei jeder Umdrehung ein kurzer Impuls der Hallspannung. Diese Impulse können elektronisch gezählt und so weiterverarbeitet werden, daß die Umdrehungszahl in *U*/min oder *U*/s direkt angezeigt wird. **Bild 7.44** zeigt das Grundprinzip einer Drehzahlmessung mit Hallgenerator.

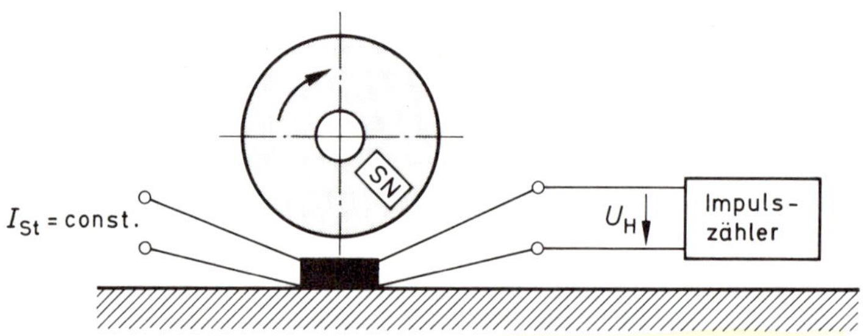

Bild 7.44 Grundprinzip einer Drehzahlmessung mit Hallgenerator

8 Integrierte Schaltkreise

8.1 Allgemeines

Bereits mit der Entwicklung des Transistors im Jahre 1947 hat die Miniaturisierung von elektronischen Schaltungen begonnen. Zunächst wurden nur die früher verwendeten und sehr voluminösen Elektronenröhren und elektromechanischen Bauelemente durch die erheblich kleineren Halbleiter-Bauelemente ersetzt und verdrängt. Im Laufe der Weiterentwicklung entstanden immer kleinere Bauformen auch von Widerständen und Kondensatoren, weil die Verlustleistungen und die Betriebsspannungen in Halbleiter-Schaltungen wesentlich geringer sind. Schließlich ließen sich auf kleinen Platinen mit gedruckten Schaltungen bereits komplette Baustufen und Funktionsgruppen unterbringen.

Aufbauend auf die vielfältigen Erfahrungen bei der Herstellung einzelner Transistorsysteme führte der nächste Schritt zur Herstellung von integrierten Schaltungen, in denen während des Herstellungsprozesses von Transistoren und Dioden gleichzeitig auch ohmsche Widerstände, Kapazitäten und Leiterbahnen mit hergestellt wurden. Auf diese Weise konnten auf einem Chip bereits vollständige und recht umfangreiche elektronische Schaltungen gefertigt werden. Mit immer weiter verbesserten Herstellungsverfahren wurden schließlich so große Integrationsgrade erreicht, daß sich ein fast eigenständiger Elektronikbereich, die Mikroelektronik, entwickelt hat.

Der Integrationsgrad bei den integrierten Schaltungen (ICs = *I*ntegrated *C*ircuits) ist ein Maß für die Anzahl der Bauelemente-Funktionen auf einem Chip. Als Chip (= kleine Scheibe) wird hier in der Regel ein integrierter Schaltkreis ohne sein Gehäuse bezeichnet.

ICs werden heute nach ihrem Integrationsgrad grob in vier Gruppen eingeteilt. Dabei bedeuten:

SSI = (small scale integration) = kleiner Integrationsgrad mit bis zu 100 Bauelementefunktionen/Chip

MSI = (medium scale integration) = mittlerer Integrationsgrad mit bis zu 500 Bauelementefunktionen/Chip

LSI = (large scale integration) = großer Integrationsgrad mit bis zu 10.000 Bauelementefunktionen/Chip

VLSI = (very large scale integration) = sehr großer Integrationsgrad mit über 10.000 Bauelementefunktionen/Chip.

Die Herstellungsprozesse von integrierten Schaltungen wurden fortlaufend verbessert und diese Entwicklung ist noch nicht abgeschlossen. Im wesentlichen wird heute aber zwischen zwei verschiedenen Technologien unterschieden, der Bipolar-Technik und der MOS-Technik. Die Bipolar-Technik basiert auf dem Herstellungsprozeß von bipolaren Transistoren, während die MOS-Technik auf der Herstellungstechnologie von MOS-FETs beruht. Zu jeder dieser beiden Techniken gibt es aber zahlreiche Abwandlungen bei den Fertigungsverfahren. Für den Praktiker reicht es völlig aus, nur das Grundprinzip der Bipolar- und der MOS-Technik zu kennen.

Von ihren Funktionen und Anwendungsbereichen her werden die Integrierten Schaltkreise in lineare ICs und digitale ICs unterteilt. Lineare ICs arbeiten mit sich kontinuierlich ändernden, also analogen Signalspannungen. Sie enthalten meistens umfangreiche Verstärkerschaltungen mit einer Vielzahl von Transistor-, Dioden-, Widerstands-

und Kondensatorfunktionen. Die digitalen ICs werden dagegen mit rechteckförmigen Signalspannungen betrieben. Grundelemente sind Dioden- und Transistorschalter, die in zahlreichen Variationen zu logischen Verknüpfungen, Signalspeichern und weiteren Grundfunktionen der Digitaltechnik zusammengeschaltet sind. Diese digitalen ICs sind die Bausteine der Digitalen Steuerungstechnik, der gesamten Computertechnik und der digitalen Datenübertragung.
Eine Mischform von integrierter Schaltungstechnik und diskreter Schaltungstechnik ist die Hybrid-Technik, bei der noch zwischen Dickschicht-Schaltungen und Dünnschicht-Schaltungen unterschieden wird. In beiden Fällen werden auf ein Trägermaterial nach verschiedenen Verfahren passive Bauelemente und Leiterbahnen in integrierter Form aufgebracht, die anschließend durch Auflöten oder Aufkleben von Halbleiterbauelementen und noch weiteren passiven Bauelementen zur eigentlichen kompletten Schaltung vervollständigt werden. Wesentliche Vorteile dieser Hybrid-Technik sind ihre kurzen Entwicklungszeiten bis zur Serienreife und die kostengünstige Fertigung auch von kundenspezifischen Kleinserien.
Eine sehr wichtige lineare, integrierte Schaltung ist der Operationsverstärker, der in Kurzform mit OpAmp oder OP bezeichnet wird. Obwohl er aus einer Vielzahl von Transistoren, Dioden und Widerständen aufgebaut ist, kann er vom Anwender als ein einziges, kompaktes Verstärker-Bauelement betrachtet werden. Der ganz besondere Vorteil der OPs liegt aber darin, daß sich seine Verstärkereigenschaften durch einfache äußere Beschaltungen sehr stark variieren lassen. Operationsverstärker sind daher in immer größerem Umfang in analogen Schaltungen, aber auch in Schaltungen der Digitaltechnik zu finden.

8.2 Technologische Grundlagen

Die heutigen Verfahrensabläufe bei der Herstellung integrierter Schaltungen sind vielfältig und einer schnellen technischen Weiterentwicklung unterworfen. Bei allen Herstellungstechnologien gibt es aber einige Grund- oder Teilprozesse, die weitgehend einheitlich sind und auf den grundsätzlichen Verfahren zur Herstellung von Halbleitersystemen beruhen. Auf diese grundsätzlichen Herstellungsverfahren wie Diffusionsverfahren, Planartechnik und Epitaxieverfahren wurde bereits im Abschnitt 3.3.6 eingegangen.
Ausgangsmaterial auch für die Herstellung von ICs ist einkristallines Silizium, das bereits n- oder p-dotiert ist. Dieses Substrat wird in Form von Scheiben (Wafern) mit einem Durchmesser von 50 bis 100 mm und einer Dicke von etwa 0,3 mm durch Schleifen, Polieren und Ätzen für den weiteren Aufbau der ICs vorbereitet. Um die einzelnen Bauelementefunktionen zu realisieren, müssen an bestimmten Stellen und in bestimmter Anordnung p- und n-leitende Zonen nacheinander auf das Substrat aufgebracht werden. Der Aufbau erfolgt meistens in Planartechnik und nach dem Verfahren der Epitaxie. Hierbei werden mit Hilfe von Gasen durch Diffusionsvorgänge p- und n-dotierte Zonen aufgebaut, wobei immer wieder andere Bereiche duch SiO_2-Schichten abgedeckt werden.

Ein neueres Verfahren zur Erzeugung der n- und p-leitenden Zonen ist die Ionenimplantation. Bei dieser Methode werden ionisierte Atome der Dotierungsstoffe mit Hilfe eines elektrischen Feldes stark beschleunigt und in das Kristallgitter hineingeschossen. Diese Ionenimplantation ermöglicht eine sehr genaue Steuerung des Dotierungsgrades. Vor allem schwache Dotierungen lassen sich gut durchführen. Damit wird die Bedeutung der Ionenimplantation für die MOS-Technik besonders groß.
Die einzelnen Bauelemente und Systeme eines ICs müssen teilweise leitend miteinander verbunden oder aber gegeneinander isoliert werden. Eine leitende Verbindung kann aus einer stark dotierten Siliziumschicht bestehen. Meistens wird eine solche Verbindung jedoch durch Aufdampfen von Aluminiumbahnen erzeugt.
Da auf einem Wafer eine Vielzahl einzelner Systeme gleichzeitig hergestellt werden, muß auch eine gegenseitige Isolierung der einzelnen Systeme erfolgen. Die Art dieser Isolierung hängt vom jeweiligen Herstellungsverfahren ab. So besteht bei der Diffusion und der Epitaxie die Möglichkeit, durch entsprechend angeordnete p- und n-Zonen zusätzliche pn-Übergänge zu erzeugen. Bei richtig gewählter Polarität wirken diese wie in Sperrichtung betriebene Dioden und damit elektrisch isolierend. Bei einem anderen Verfahren werden dagegen die einzelnen Elemente in Isolationswannen aus nichtleitendem Siliziumoxid eingebettet.
Nach Abschluß des Fertigungsprozesses werden die Wafer elektrisch getestet. Durch Ritzen und Brechen erfolgt dann eine mechanische Trennung der einzelnen Schaltungen. Je nach Umfang können sich bis zu mehreren Tausend einzelner IC-Schaltungen auf einem Wafer befinden. Die getesteten und getrennten Chips werden schließlich in Gehäuse eingesetzt und die elektrischen Anschlüsse der Chips mit den Gehäuseanschlüssen verbunden. Dies erfolgt meistens mit sehr dünnen Golddrähten. Die Verbindungstechnik ähnelt der Punktschweißmethode und wird als »Bonden« bezeichnet. Je nach Verwendungszweck werden für die ICs Gehäuse aus Kunststoff, Metall oder Keramik verwendet.
Der immer größere Einsatzbereich von ICs verlangt von den Herstellern eine spezielle Anpassung der Kenn- und Grenzdaten dieser Bausteine an den jeweiligen Verwendungszweck. Dieses kann durch technologische Unterschiede beim Herstellungsprozeß erreicht werden.
Inzwischen haben sich aber bei der Herstellung von ICs zwei deutlich unterschiedliche Schaltungstechniken entwickelt. Es sind dies die Bipolar-Technik und die MOS-Technik. Jede dieser Techniken hat ihre besonderen Vorzüge.

8.3 Integrierte Schaltkreise in Bipolar-Technik

Die Bipolar-Technik basiert auf der Planartechnik. Sie ähnelt daher bis auf einige Abweichungen der Herstellungstechnik von Dioden und Transistoren als diskrete Bauelemente. Wichtigste Funktionselemente der Bipolar-Technik sind die Transistoren mit ihren npn- oder pnp-Schichtfolgen. Es lassen sich in dieser Technik aber auch andere Bauelemente wie Dioden, Widerstände und Kondensatoren sowie die erforderlichen Leitungsverbindungen auf einem Chip integrieren. Ein derartiges Chip wird dann als monolitisch integrierte Schaltung bezeichnet.

8.3.1 Transistoren

Bild 8.1 zeigt schematisch den Ablauf des Herstellungsprozesses eines integrierten Transistors in Bipolar-Technik.

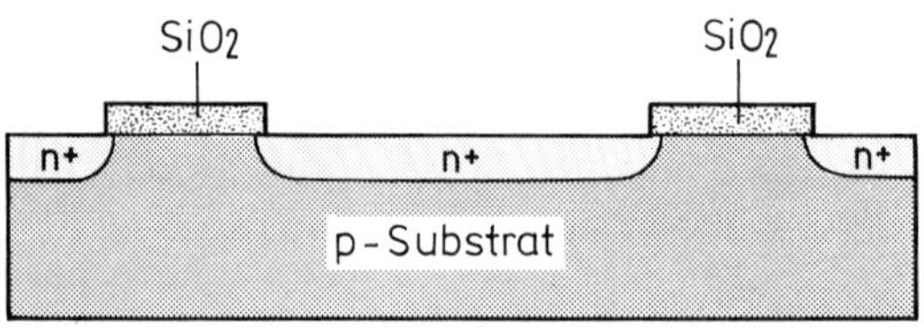

1. In das p-leitende Substrat werden mit Hilfe einer Maske an bestimmten Stellen n^+-Zonen eindiffundiert. Unter den mit SiO_2 abgedeckten Flächen erfolgt keine Dotierung. Diese Zonen werden als »vergrabene Schichten« bezeichnet.

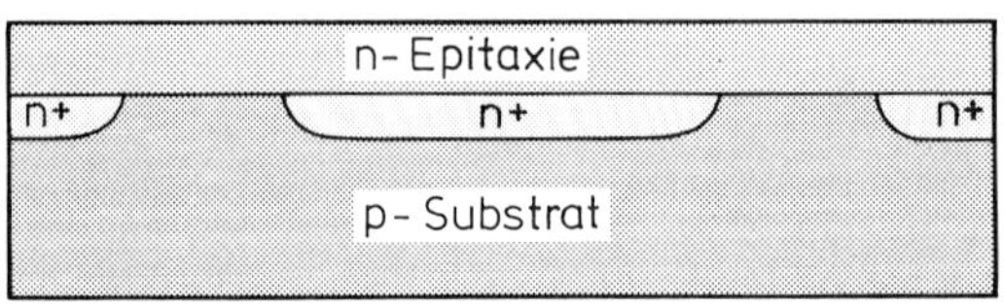

2. Nach Wegätzen der SiO_2-Schichten wird eine n-Epitaxie-Schicht aufgebracht.

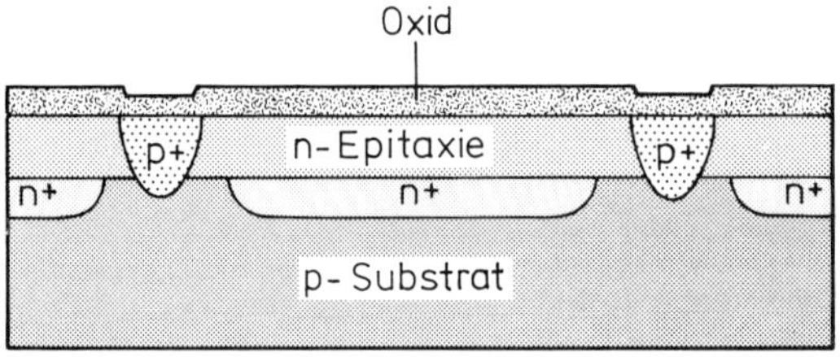

3. Mit Hilfe einer zweiten Maske wird jeder Transistor durch Eindiffundieren einer hochdotierten p^+-Zone gegenüber dem Nachbarsystem isoliert.

Bild 8.1 Herstellungsprozeß eines integrierten NPN-Transistors in Bipolar-Technik. (Fortsetzung auf der nächsten Seite)

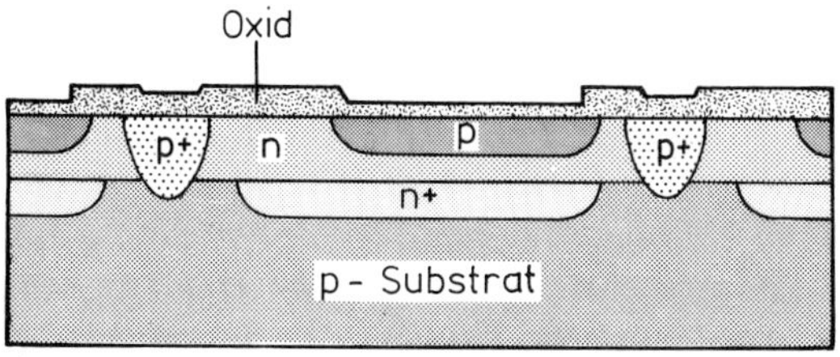

4. Mit einer dritten Maske erfolgt das Eindiffundieren einer p-leitenden Basiszone in die n-Epitaxieschicht.

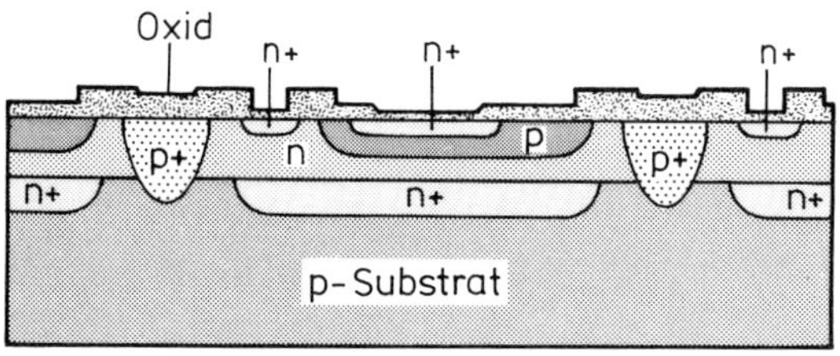

5. In die p-leitende Basisschicht wird mit Hilfe einer vierten Maske eine n^+-Zone für den Emitter eindiffundiert. Gleichzeitig entstehen auch hochdotierte n^+-Zonen in der n-Epitaxieschicht als Kollektoranschlüsse.

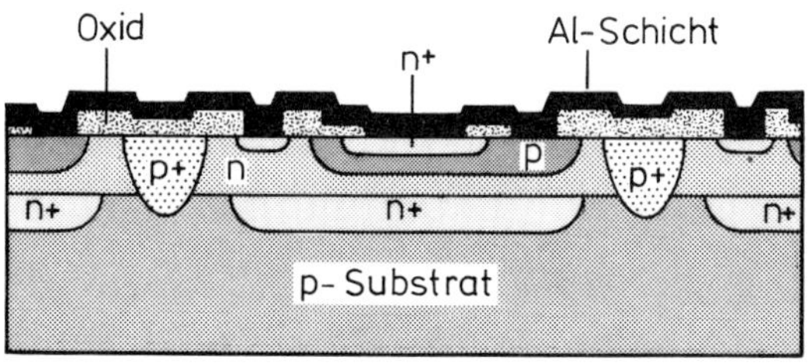

6. Die Oxidschicht wird schließlich mit einer fünften Maske durch Ätzen an den Anschlußstellen der Elektrode geöffnet. Anschließend erfolgt eine Bedampfung der gesamten Oberfläche mit einer leitenden Aluminiumschicht.

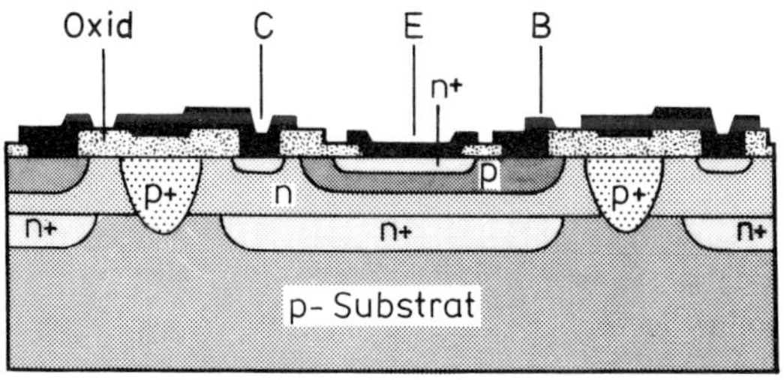

7. In dem letzten Bearbeitungsgang wird die Al-Schicht so weggeätzt, daß gegeneinander isolierte Anschlüsse der Transistorelektroden entstehen. Falls erforderlich, können bei diesem Bearbeitungsschritt auch Leiterbahnen zur Verbindung einzelner Systeme berücksichtigt werden.

Bild 8.1 Herstellungsprozeß eines integrierten NPN-Transistors in Bipolar-Technik

8.3.2 Dioden

Um integrierte Dioden in Bipolar-Technik zu erzeugen, braucht lediglich der Aufbauprozeß eines Transistors um einige Herstellungsschritte verkürzt zu werden. In der Regel werden aber doch zunächst Transistorsysteme entsprechend Abschnitt 8.3.1 erzeugt, von denen jedoch nur ein pn-Übergang ausgenutzt wird. Die dritte, nicht benötigte Elektrode bleibt entweder offen oder wird mit einer der beiden anderen Elektroden kurzgeschlossen. Je nach Verwendung der Kollektor-Basis-Diode oder der Emitter-Basis-Diode ergeben sich unterschiedliche Kenn- und Grenzwerte sowie unterschiedlich große Sperrschichtkapazitäten.

8.3.3 Widerstände

Zur Realisierung ohmscher Widerstände in Bipolar-Technik gibt es mehrere Möglichkeiten. So lassen sich die npn- oder pnp-Schichten von Transistorsystemen als ohmsche Widerstände nutzen oder es werden solche Zonen mit spezieller Dotierung während des normalen Herstellungsprozesses zusätzlich erzeugt. Der Widerstandswert hängt dabei vom Dotierungsgrad und den geometrischen Abmessungen der Schichten ab. **Bild 8.2** zeigt den Prinzipaufbau eines integrierten ohmschen Widerstandes in Bipolar-Technik.

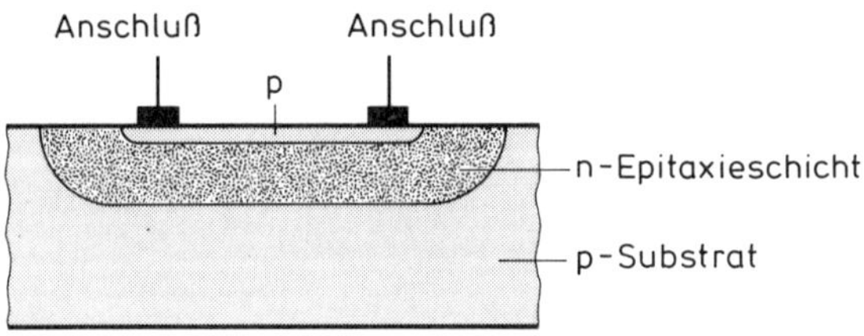

Bild 8.2 Prinzipaufbau eines integrierten ohmschen Widerstandes in Bipolar-Technik

Erhält die n-Epitaxieschicht entsprechend Bild 8.2 zusätzlich positives Potential, so wird der pn-Übergang zur Widerstandsbahn in Sperrichtung betrieben. Dadurch lassen sich eventuelle Einflüsse des vorhandenen Transistorsystems verringern oder vermeiden.

Mit der in Bild 8.2 dargestellten Methode können Widerstände von etwa 100 Ω bis 5 kΩ hergestellt werden. Sind größere Widerstandswerte erforderlich, so muß die Länge der Schicht größer sein. Dieses wird durch eine mäanderförmige Auslegung der Widerstandsbahn entsprechend **Bild 8.3** erreicht.

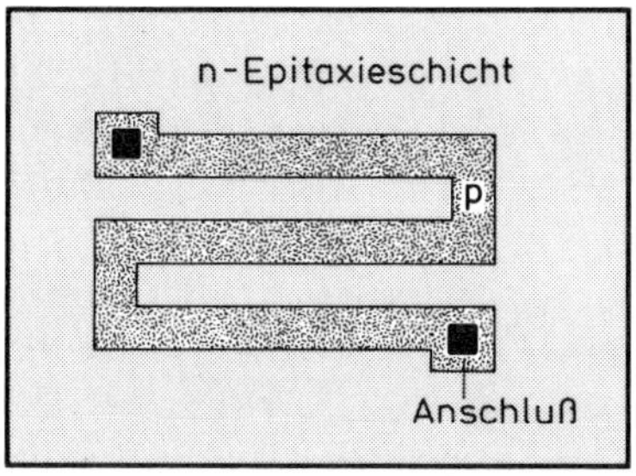

Bild 8.3 Mäanderförmige Auslegung einer integrierten Widerstandsbahn in Bipolar-Technik

Die Toleranzen der mit den Verfahren nach Bild 8.2 und 8.3 hergestellten integrierten Widerstände sind recht groß und liegen bei 30 bis 50 %. Diese Werte lassen sich bis auf unter 10 % verringern, wenn die Widerstandsfläche wesentlich vergrößert wird, weil dann die Ungenauigkeiten der Masken kleiner werden. Bei Betrachtung eines IC-Chips mit einer Lupe sind diese mäanderförmigen Widerstandsbahnen wegen ihrer Form und Größe leicht erkennbar.
Die Herstellung integrierter ohmscher Widerstände mit Hilfe der Ionenimplantation ist ebenfalls möglich. Da dieses Verfahren wesentlich bessere Ergebnisse bezüglich der Toleranz und der Reproduzierbarkeit bietet, findet dieses Verfahren immer häufiger Anwendung.

8.3.4 Kondensatoren

Zur Realisierung integrierter Kondensatoren wird die Sperrschichtkapazität von pn-Übergängen ausgenutzt. Die Kapazität hängt dabei von der Sperrschichtfläche, der angelegten Sperrspannung und dem Dotierungsgrad der beiden Zonen ab. **Bild 8.4** zeigt den Prinzipaufbau eines integrierten Sperrschicht-Kondensators.

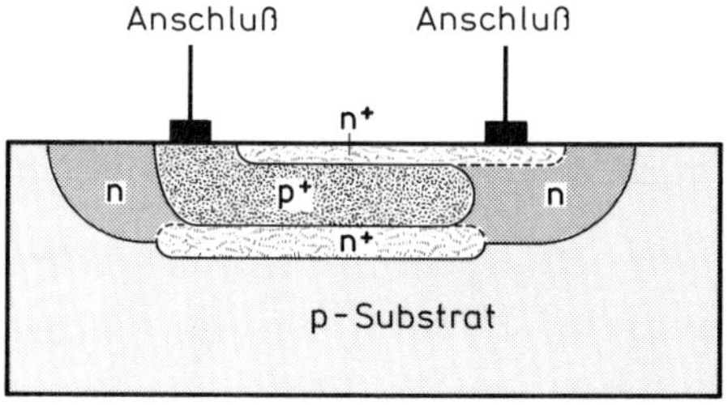

Bild 8.4 Prinzipaufbau eines integrierten Sperrschicht-Kondensators in Bipolar-Technik

In Bild 8.4 ist zu erkennen, daß über die epitaktische n-Schicht zwei Sperrschichten parallel geschaltet sind. Bei den wirksamen Schichten handelt es sich um hochdotierte n^+- und p^+-Zonen, so daß sich große Flächenkapazitäten ergeben. Auf diese Weise sind bei vertretbarem Flächenaufwand Kapazitäten bis etwa 50 pF zu erreichen.

Bei den bipolaren Schaltkreisen werden integrierte Kondensatoren häufig auch in MOS-Technik ausgeführt. Hierbei wird die Kapazität zwischen einer n-Zone und einer Metallschicht ausgenutzt, die durch ein Dielektrikum aus nichtleitendem Oxid getrennt sind. In Bild **Bild 8.5** ist dieses Prinzip dargestellt.

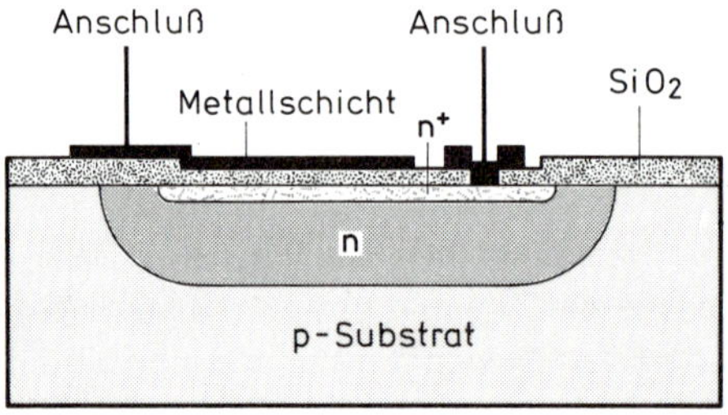

Bild 8.5 Prinzipaufbau eines integrierten Kondensators in Metall-Oxidschicht-Technik

Integrierte Kondensatoren in Metall-Oxidschicht-Technik lassen sich einfacher herstellen. Sie haben aber ebenfalls einen großen Flächenbedarf und können daher sinnvoll nur integriert werden, wenn die benötigten Kapazitätswerte kleiner etwa 1,5 pF sind.
Kondensatoren lassen sich in integrierter Form nur mit relativ kleinen Kapazitätswerten herstellen. Sind größere Kapazitätswerte erforderlich, so müssen entsprechende Kondensatoren extern zugeschaltet oder andere Technologien wie z. B. die in Abschnitt 8.5 behandelte Hybrid-Technik angewandt werden.

8.3.5 Leiterbahnen

Einzelne Systeme eines ICs müssen leitend miteinander verbunden werden. Diese Verbindungen werden beim Herstellungsprozeß eines ICs durch Aufdampfen von Aluminiumschichten hergestellt. Bei hohen Packungsdichten sind häufig auch Kreuzungen von Leiterbahnen erforderlich. Sie lassen sich entsprechend **Bild 8.6** herstellen. Nachteilig ist dabei jedoch, daß wegen der erforderlichen Isolierung der übereinanderliegenden Leiterbahnen zusätzliche Schritte beim Herstellungsprozeß erforderlich sind.

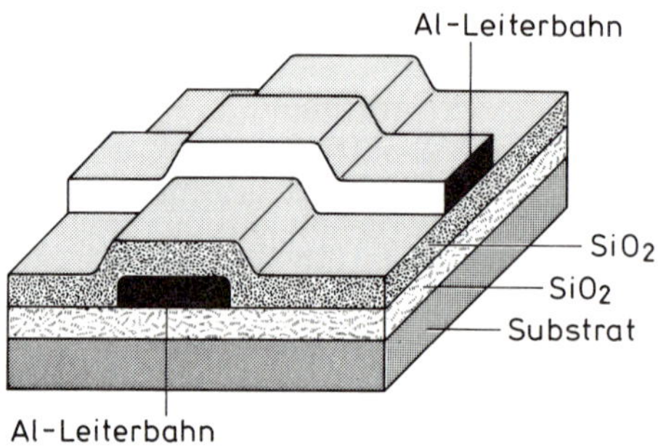

Bild 8.6 Kreuzung von Leiterbahnen auf einem Chip

8.3.6 Anwendungsbeispiele

Integrierte Schaltkreise in Bipolar-Technik werden inzwischen in großem Umfang eingesetzt. Bezüglich ihrer Schaltungstechnik und ihrer Einsatzgebiete werden sie grob in »Linare ICs« und »Digitale ICs« eingeteilt. Lineare ICs arbeiten mit sich kontinuierlich ändernden Signalspannungen, also auch mit sinusförmigen Signalspannungen. Sie enthalten oft komplette Verstärkerschaltungen mit einer Vielzahl von Transistor-, Dioden-, Widerstands- und Kondensatorfunktionen.

Bild 8.7 zeigt als Beispiel für ein lineares IC das Schaltbild und Schaltzeichen eines Operationsverstärkers vom Typ TBA 221, der auch unter den Typenbezeichnung 741 geliefert wird. Er ist aus 20 Transistoren, 11 Widerständen sowie einem Kondensator aufgebaut. Weil eine derartige Schaltung aber als eine einzige Verstärkerstufe betrachtet werden kann, ist für den Praktiker eine genaue Kenntnis des internen Zusammenwirkens der einzelnen Transistoren nicht erforderlich. Auf die Eigenschaften von Operationsverstärkern als Bauelement wird in Abschnitt 8.6 noch näher eingegangen.

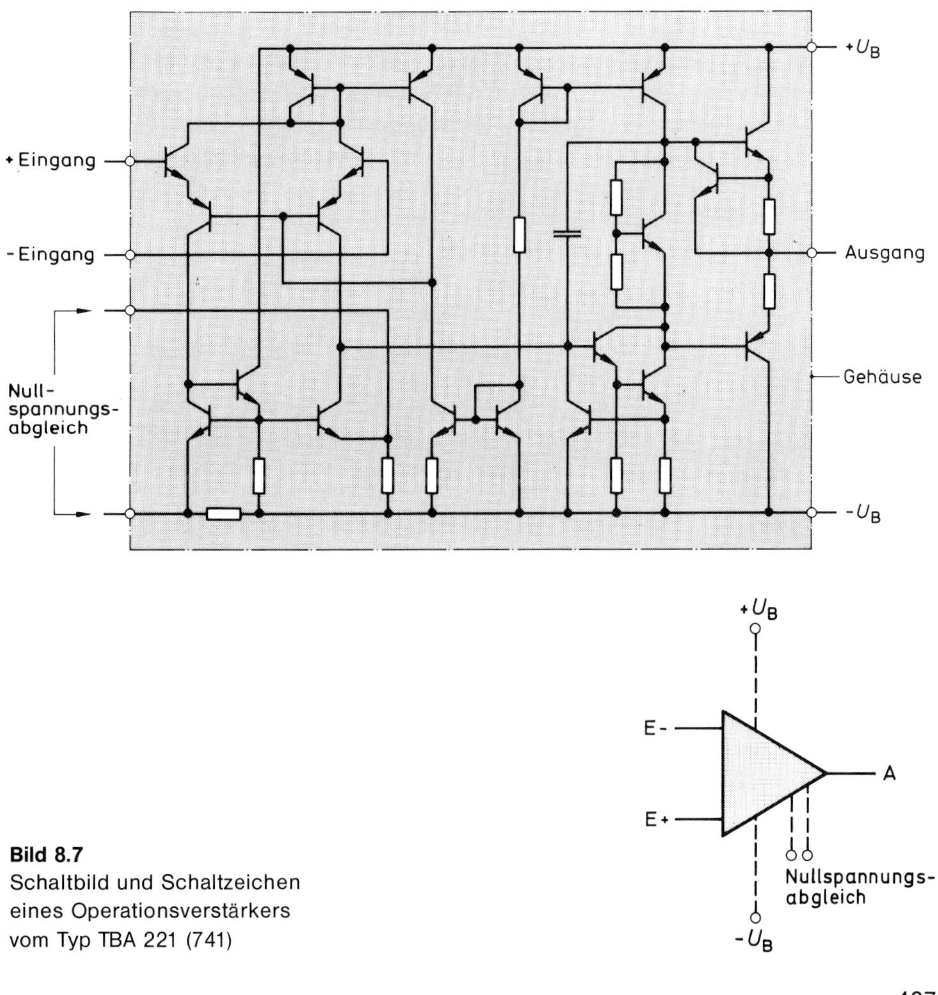

Bild 8.7
Schaltbild und Schaltzeichen eines Operationsverstärkers vom Typ TBA 221 (741)

Digitale ICs arbeiten mit rechteckförmigen Signalspannungen. Sie enthalten daher hauptsächlich Dioden- und Transistorschalter. Weil mit den digitalen ICs äußerst preiswerte, zuverlässige und kompakte Lösungen von Steuerungsproblemen möglich wurden, haben sie ganz wesentlich zum Durchbruch der Digitaltechnik beigetragen.
Grundbausteine der digitalen Steuerungstechnik sind die »Logischen Schaltungen«, die auch als »Gatter« oder »Logische Verknüpfungen« bezeichnet werden. Es gibt insgesamt nur fünf verschiedene Arten von Logischen Verknüpfungen, und zwar die NICHT-Verknüpfung, die UND-Verknüpfung, die ODER-Verknüpfung, die NAND-Verknüpfung (NAND = NICHT-UND) sowie die NOR-Verknüpfung (NOR = NICHT-ODER).
Bei der NICHT-Verknüpfung handelt es sich im Prinzip um einen Transistorschalter, der eine Phasendrehung des Eingangssignals um $\varphi = 180°$ bewirkt. Bei der UND-Verknüpfung tritt nur dann ein Ausgangssignal $U_A \approx U_B$ auf, wenn an allen Eingängen gleichzeitig eine Signalspannung liegt. Die ODER-Verknüpfung liefert dagegen bereits ein Ausgangssignal $U_A \approx U_B$, wenn an einem der Eingänge ein Eingangssignal liegt. Die NAND-Verknüpfung besteht aus einer UND-Verknüpfung, der eine NICHT-Verknüpfung nachgeschaltet ist. Die NOR-Verknüpfung ist dagegen aus einer ODER-Verknüpfung mit nachfolgender NICHT-Verknüpfung aufgebaut.
Durch Zusammenschalten dieser Logischen Verknüpfungen zu Logischen Schaltnetzen lassen sich viele Steuerungsprobleme lösen.
Bild 8.8 zeigt als Beispiel für ein digitales IC das Schaltbild und die Bauform einer NAND-Verknüpfung. Als eigentliche Logische Schaltung wird hier ein »Multi-Emitter-Transistor« verwendet. Er besitzt in diesem Fall zwei Emitteranschlüsse, die als Eingänge I1 und I2 dienen. Der rechte Schaltungsteil aus drei Transistoren, drei Widerständen und einer Diode bildet die nachgeschaltete NICHT-Verknüpfung. Sie wird auch als Inverter (= Umkehrer) bezeichnet.

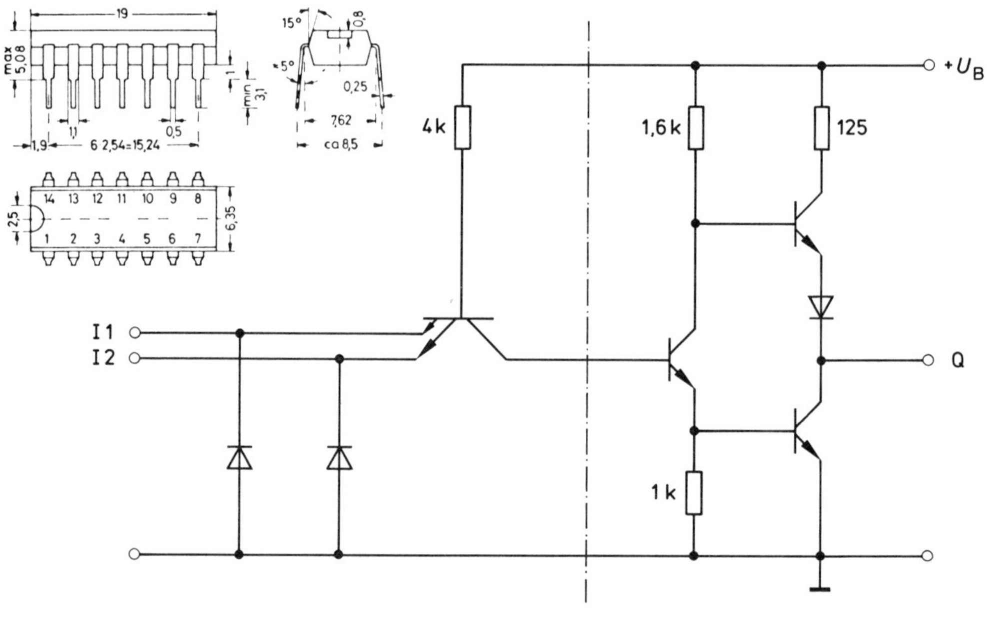

Bild 8.8 Bauform des integrierten Bausteines vom Typ 7400 und Schaltbild einer NAND-Verknüpfung

In dem digitalen IC vom Typ 7400 sind vier NAND-Verknüpfungen zusammengefaßt. Es handelt sich dabei um einen Baustein der TTL-Familie (TTL = Transistor-Transistor-Logik), die in der digitalen Steuerungstechnik sehr verbreitet ist. Digitalbausteine können nämlich nur dann zu Schaltnetzen zusammengeschaltet werden, wenn ihre technischen Daten wie Betriebsspannung, Schaltzeiten, Logikpegel usw. aufeinander abgestimmt sind. Im Verlauf der technischen Entwicklung sind eine Reihe verschiedener Konzeptionen für derartige Logik-Familien entstanden. Einige dieser Familien wie die RTL-Familie, die DCTL-Familie oder die DTL-Familie haben nur noch einen historischen Wert. Die TTL-Familie mit ihren Unterfamilien Standard-TTL, Schottky-TTL und LOW-POWER-Schottky-TTL ist noch in großem Umfang im Einsatz. Sie werden aber zunehmend ersetzt durch Bausteine der MOS-Familien, von denen es auch wieder mehrere Unterfamilien gibt. Auf die verschiedenen Logik-Familien und ihre technischen Eigenschaften kann aber erst in Band III-Grundschaltungen und Band IV D-Digitale Steuerungstechnik näher eingegangen werden.

8.4 Integrierte Schaltkreise in MOS-Technik

Feldeffekt-Transistoren haben gegenüber den Bipolaren Transistoren den großen Vorteil, daß sie nahezu leistungslos angesteuert werden können. Weiterhin haben die einfacheren Herstellungsverfahren von MOS-FETs es ermöglicht, Transistorsysteme auf einem Wafer mit extrem hoher Packungsdichte herzustellen. Dieses hat mit dazu geführt, daß ICs in MOS-Technik eine immer größere Verbreitung gefunden haben.

Bei der Herstellung von integrierten Schaltkreisen in MOS-Technik wird im wesentlichen zwischen drei Verfahren unterschieden, der Standard-MOS-Technik, der Silicon-Gate-Technik und der C-MOS-Technik. Dazu gibt es aber auch noch eine Reihe von Abwandlungen dieser drei Techniken. Jedes dieser Verfahren liefert IC-Systeme mit spezifischen Eigenschaften, die dann beim praktischen Einsatz entsprechend ausgenutzt werden.

8.4.1 Standard-MOS-Technik

Bild 8.9 zeigt die Herstellungsphasen eines p-Kanal-MOS-FETs mit Hilfe der Standard-MOS-Technik.

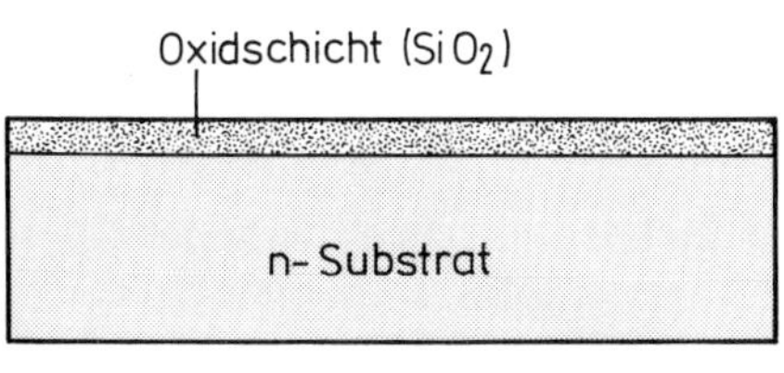

1. Ausgangsmaterial ist ein Wafer aus n-dotiertem Silizium, das mit einer Oxidschicht überzogen wird.

Bild 8.9 Herstellungsprozeß eines integrierten p-Kanal-MOS-FETs in Standard-MOS-Technik. (Fortsetzung auf der nächsten Seite)

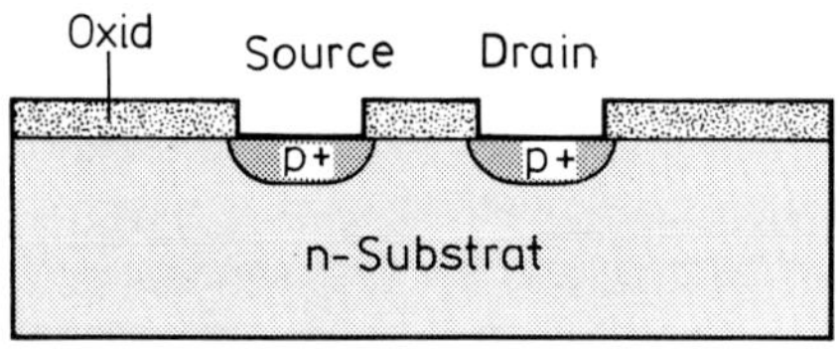

2. Mit Hilfe einer Maske wird nach Wegätzen der SiO_2-Isolierschicht in den entstehenden Fenstern durch Diffusion einer p^+-Zone der Kanal mit den Anschlüssen Drain und Source erzeugt.

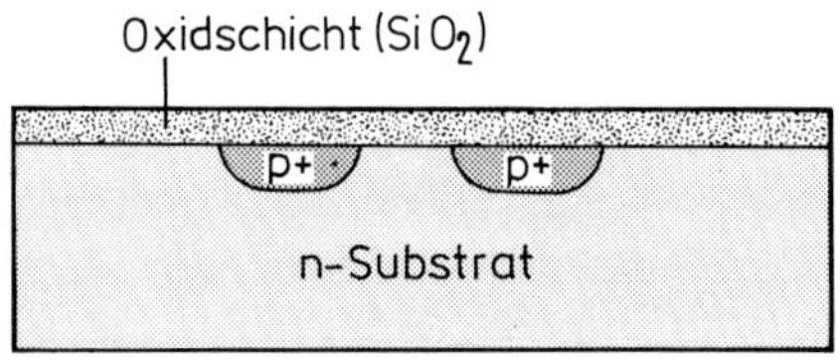

3. Zur Verbesserung der Eigenschaften wird eine dicke SiO_2-Schicht aufgetragen.

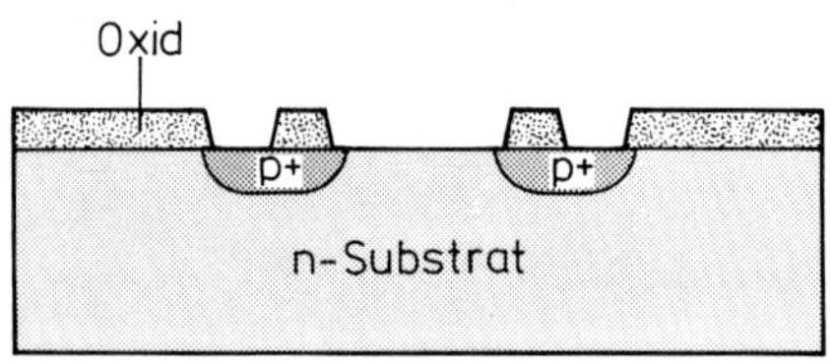

4. Mit einer zweiten Maske werden Fenster für die Gate-Elektrode und die Kontaktierung der Kanalelektroden freigeätzt.

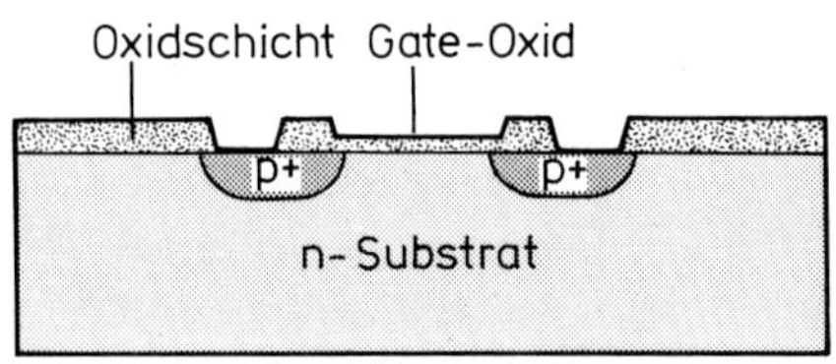

5. Nachdem nochmals eine SiO_2- Schicht zur isolierten Aufbringung des Gates aufgedampft wurde, werden mit Hilfe einer dritten Maske die Kontaktfenster wieder geöffnet.

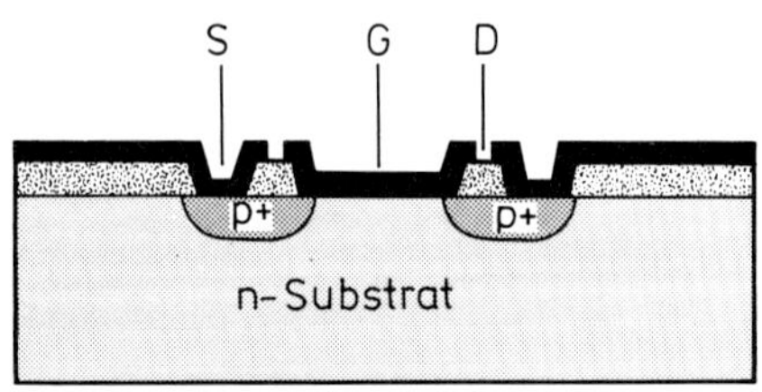

6. Nach Aufdampfen einer leitenden Al-Schicht auf die gesamte Oberfläche werden mit einer vierten Maske die erforderlichen Anschlüsse und Leiterbahnen geätzt.

Bild 8.9 Herstellungsprozeß eines integrierten p-Kanal-MOS-FETs in Standard-MOS-Technik

Das Herstellungsverfahren nach Bild 8.9 erfordert gegenüber der Bipolar-Technik weniger Prozeßschritte. Dadurch ist die Zuverlässigkeit und Ausbeute bei dieser Methode größer und die Kosten sind niedriger.
Die Standard-MOS-Technik wird wegen des metallischen Gates auch als Metall-Gate-Technologie bezeichnet. Die mit diesem Verfahren hergestellten ICs können aber nicht alle heute gestellten Forderungen bezüglich der Kennwerte erfüllen. Insbesondere wegen der Forderungen nach kleineren Streukapazitäten und niedrigeren Schwellwerten wurden noch andere Herstellungsprozesse entwickelt.

8.4.2 Silicon-Gate-Technik

Der Herstellungsprozeß bei der Silicon-Gate-Technik unterscheidet sich in vielen Schritten von der Standard-MOS-Technik. Wie bereits der Name erkennen läßt, wird das Gate hier nicht von einer Metallschicht, sondern von einer Siliziumschicht gebildet. Der Herstellungsprozeß ist in **Bild 8.10** schematisch dargestellt.

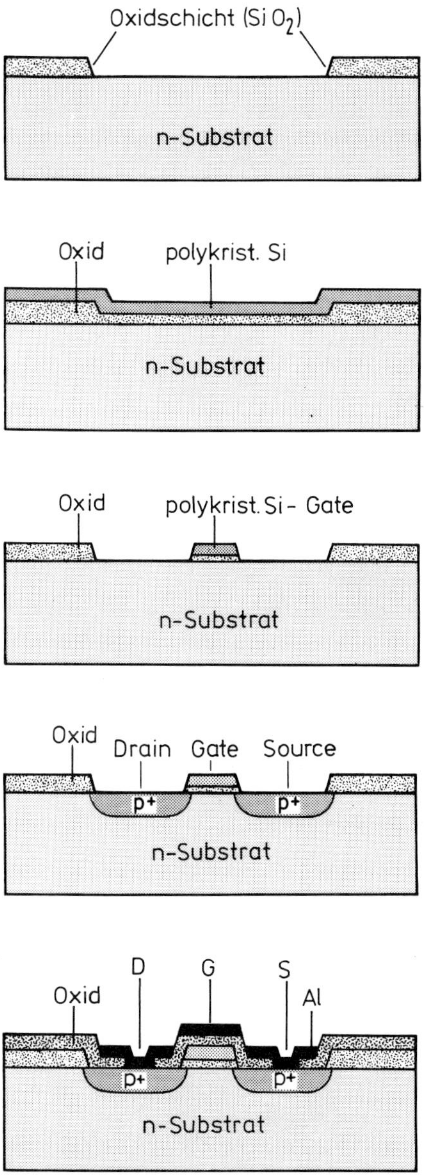

1. Auf dem Wafer wird das Fenster für die Transistorfläche durch Einrahmen mit einer Oxidschicht festgelegt.
2. Zur Gateisolation wird zunächst eine Oxidschicht aufgebracht, auf die dann eine Schicht polykristallines Silizium aufgetragen wird.
3. Mit Hilfe einer Maske wird durch einen Ätzvorgang das Si-Gate erzeugt.
4. Durch Eindiffundieren von p-Zonen wird der Kanal hergestellt.
5. Nach Auftragen einer weiteren Oxidschicht und Herausätzen der Kontaktfenster für die Drain- und Source-anschlüsse werden durch Bedampfen Aluminium die leitenden Verbindungen geschaffen.

Bild 8.10 Herstellungsprozeß eines integrierten p-Kanal-MOS-FETs in Silicon-Gate-Technik

Ein wesentlicher Vorteil der Silicon-Gate-Technik besteht darin, daß sich der Kanal durch das zuerst hergestellte Gate weitgehend selbst justiert. Dadurch werden störende Kapazitäten erheblich verringert. Wegen der kleineren Bauelementestruktur sind noch größere Packungsdichten möglich. Weiterhin ist von Vorteil, daß die Si-Gate-Elektrode mit ihrer guten Leitfähigkeit als Leiterbahnebene zur Verfügung steht, da sie nach allen Seiten durch eine Oxidschicht isoliert ist.

8.4.3 C-MOS-Technik

Die C-MOS-Technik liefert sowohl p-Kanal-MOS-FETs als auch n-Kanal-MOS-FETs auf einem Chip. **Bild 8.11** zeigt den Aufbau eines C-MOS-Transistorsystems.

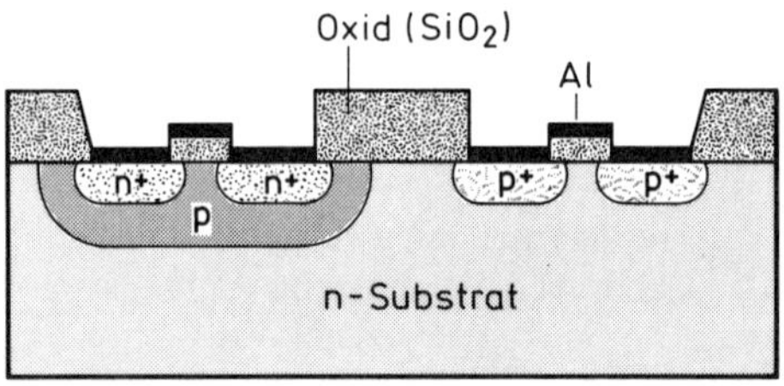

Bild 8.11 Aufbau eines C-MOS-Transistorsystems

Die C-MOS-Technik hat den großen Vorteil, daß sich viele Standard-Bausteine der Digitaltechnik billig und mit günstigen Kenndaten herstellen lassen. So haben die einzelnen in dieser Technik hergestellten Schaltkreise extrem kleine Ruheströme und nur kleine Verlustleistungen. Digital-Bausteine der C-MOS-Familie können mit Versorgungsspannungen von 3 bis 15 V, also in einem weiten Bereich betrieben werden. Alle diese Vorteile führen dazu, daß digitale Bausteine in C-MOS-Technik die digitalen Bausteine in Bipolar-Technik, so z. B. auch die TTL-Familie, immer mehr verdrängen.

8.4.4 Anwendungsbeispiel

Bild 8.12 zeigt als einfachstes Beispiel für einen Digitalbaustein in C-MOS-Technik das Schaltbild eines C-MOS-Inverters vom Typ 4049 und seine Bauform. Es handelt sich um ein 16poliges Dual-in-Line-Gehäuse, das sechs gleichartige Inverter enthält. Der Inverter besteht aus einer Reihenschaltung von zwei selbstsperrenden MOS-FETs, wobei der obere FET T1 eine Ausführung vom p-Kanal-Typ, der untere FET T2 dagegen eine Ausführung vom n-Kanal-Typ ist. Sie sind so zusammengeschaltet, daß an jedem der beiden FETs eine Betriebsspannung mit der richtigen Polarität liegt.

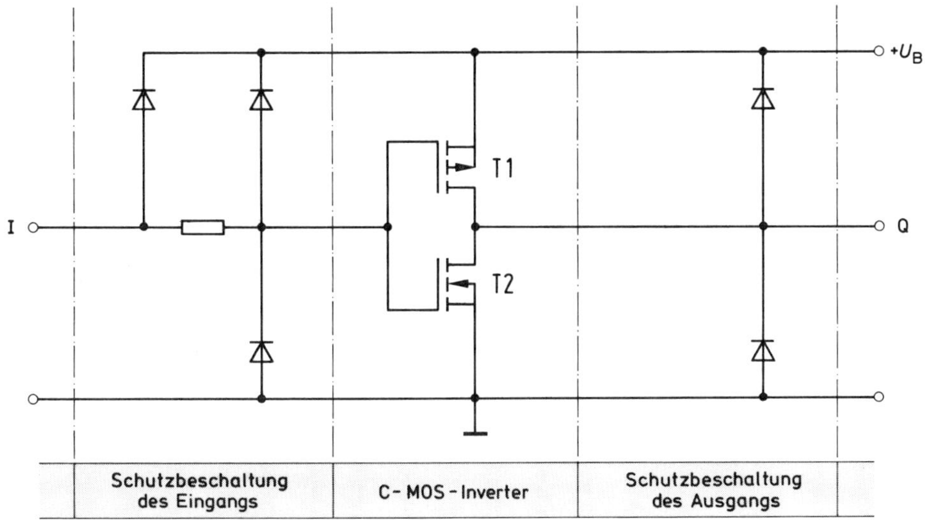

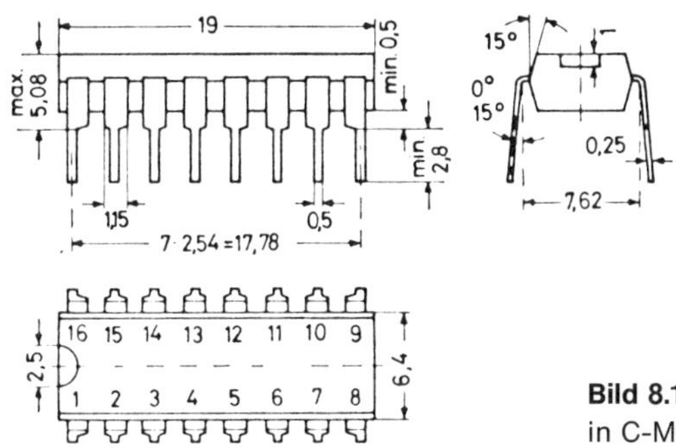

Bild 8.12 Schaltbild und Bauform eines Inverters in C-MOS-Technik vom Typ 4049

Charakteristisch für die C-MOS-Technik ist die Schutzbeschaltung von Eingang und Ausgang. Alle angegebenen Dioden sind integriert und werden beim Herstellungsprozeß mit erzeugt. Sie haben die Aufgabe, die MOS-FETs möglichst weitgehend vor Beschädigungen durch statische Aufladungen zu schützen.
Bei Ansteuerung mit einem Rechtecksignal ausreichender Amplitude ist jeweils einer der beiden FETs voll leitend, während der andere voll gesperrt ist. Ist $U_I = 0$ V, so bedeutet dies für T2 eine Gate-Spannung $U_G = 0$ V, d. h. T2 ist voll gesperrt. Die gleiche Eingangsspannung $U_I = 0$ V bedeutet aber für T1 eine Gate-Spannung $U_G = -U_B$ und T1 ist voll leitend. Daher ist $U_Q \approx +U_B$ bei $U_I = 0$ V. Ist dagegen $U_I = U_B$, so bedeutet dies für T2 eine Gate-Spannung $U_G = +U_B$, d. h. T2 leitet. $U_I = U_B$ bedeutet aber für den T1 eine Gate-Spannung $U_G = 0$ V und damit ist T1 gesperrt. Somit wird $U_Q \approx 0$ V bei $U_I = +U_B$. Zwischen der Ausgangsspannung U_Q und der Eingangsspannung U_I tritt eine Phasenverschiebung von $\varphi = 180°$ auf, wie sie für einen Inverter gefordert ist.

8.5 Integrierte Schaltungen in Hybrid-Technik

Bei der Hybrid-Technik (hybrid = gemischt) handelt es sich um eine Mischform von integrierter und diskreter Schaltungstechnik. Dabei werden zunächst auf einem Trägermaterial passive Bauelemente und Leiterbahnen als Integrierte Schaltung hergestellt. Diese wird dann durch Auflöten zusätzlicher diskreter Bauelemente wie Kondensatoren, Spulen, Dioden und Transistoren zu einer kompletten elektronischen Schaltung erweitert und in ein Gehäuse eingesetzt.
Bezüglich der Herstellung der integrierten Schaltungen wird bei der Hybrid-Technik zwischen einer Dickschicht- und einer Dünnschicht-Technik unterschieden. Integrierte Schaltungen in Hybrid-Technik werden im gesamten Bereich der Elektronik eingesetzt. Besonders bei geringen Stückzahlen für kundenspezifische Schaltungen hat diese Technik Vorteile gegenüber monolithischen ICs.

8.5.1 Dickschicht-Schaltungen

Bei den Dickschicht-Schaltungen bildet ein Keramikplättchen aus Aluminiumoxid das Trägermaterial für die Schaltung. Auf dieses Trägermaterial werden mit Hilfe eines Siebdruckverfahrens Bauelemente wie ohmsche Widerstände, temperaturabhängige Widerstände, Kondensatoren sowie Leiterbahnen aufgebracht. Die dafür erforderlichen 5 bis 80 µm dicken Schichten bestehen aus Metallpulver, Metalloxid und Glaspulver. Durch Sinterprozesse bei verschiedenen Temperaturen erhalten die einzelnen Ausgangsmaterialien ihre endgültige Form als elektronisches Bauelement. Durch eine nachträgliche Bearbeitung der einzelnen Schichten lassen sich auf diese Weise passive Bauelemente mit engen Toleranzen fertigen.

Die weiterhin erforderlichen Bauelemente, die sich nicht in dieser Dickschichttechnik herstellen lassen, werden anschließend als diskrete Bauelemente durch Löten oder mit elektrisch leitendem Kleber in der Schaltung kontaktiert. Einige Hersteller liefern dazu bereits Halbleiter, die von ihrer Bauform und ihren elektrischen Anschlüssen her speziell für den Einbau in Schichtschaltungen vorbereitet wurden.
Die nach diesem Hybrid-Verfahren komplettierte Schaltung wird schließlich als »integrierte Schaltung« in ein Gehäuse aus Kunstharz, Kunststoff oder Metall eingesetzt. Auch hier sind für den Anwender wieder nur das Verhalten und die Kennwerte der gesamten Schaltung von Interesse. **Bild 8.13** zeigt als Beispiel das Schaltbild und die Bauform eines 50-W-NF-Verstärkers vom Typ STK 50 (Sanyo), der in Dickschicht-Hybrid-Technik hergestellt wird.

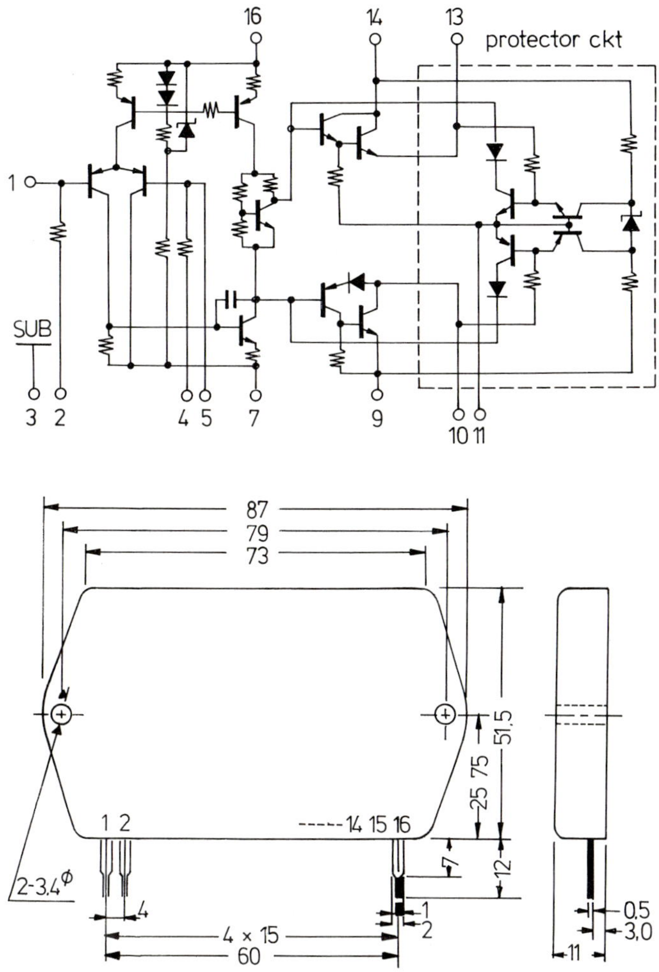

Bild 8.13 Schaltbild und Bauform eines 50-W-NF-Verstärkers vom Typ STK 50 in Dickschicht-Hybrid-Technik

Eine nähere Beschreibung des Bausteines vom Typ STK 50 sowie ein Anwendungsbeispiel folgen im Band III-Grundschaltungen-Lehrbuch.

8.5.2 Dünnschicht-Schaltungen

Die Dünnschicht-Schaltungen unterscheiden sich von den Dickschicht-Schaltungen im wesentlichen durch eine andere Art der Herstellung der passiven Bauelemente. So werden bei der Dünnschicht-Technik die Leiterbahnen, Widerstände und Kondensatoren durch Aufdampfen von sehr dünnen Schichten mit Stärken von nur 0,01 μm bis 0,1 μm erzeugt.

Hierbei sind zwei Verfahren üblich. Bei der Tantal-Fotoätztechnik dient Tantal als Ausgangsmaterial. Es wird auf den Träger aufgedampft. Mit Hilfe von Masken und Fotoätzverfahren werden anschließend die gewünschten Netzwerke hergestellt. Leiterbahnen werden aus Gold oder Nickel-Chrom aufgebracht.
Bei der Nickel-Chrom-Aufdampf-Maskentechnik werden dagegen Nickel-Chrom für Widerstände, Siliziumdioxid für Kondensatoren und Nickel-Chrom-Gold für Leiterbahnen aufgedampft. Für jeden der einzelnen Prozeßschritte müssen jeweils andere Masken eingesetzt werden.
Die Dünnschicht-Technik ermöglicht bei relativ kleinen Bauformen eine recht hohe Genauigkeit bei der Herstellung der integrierten Widerstände und Kondensatoren. Durch Auflöten oder Kleben weiterer aktiver und passiver Bauelemente wird die eigentliche Dünnschicht-Schaltung zu einer kompletten Hybrid-Schaltung erweitert.
Wesentliche Vorteile aller Hybrid-Schaltungen sind die kurzen Entwicklungszeiten bis zur Serienreife und die kostengünstige Fertigung auch von kundenspezifischen Kleinserien.

8.6 Operationsverstärker

Die Bezeichnung »Operationsverstärker« stammt noch aus einem der ersten Anwendungsbereiche dieser integrierten Verstärkerbausteine. So wurden mit ihrer Hilfe in der Rechentechnik und in der Regelungstechnik mathematische Operationen wie z. B. Addieren und Subtrahieren von Spannungswerten durchgeführt. In Kurzform werden die Operationsverstärker als OPs oder als OpAmps (= *Op*erations *Amp*lifier) bezeichnet. Hergestellt werden die Operationsverstärker heute als monolitisch integrierte Schaltungen. Ihr Einsatzbereich ist überwiegend die Analogtechnik.
OPs enthalten komplexe Innenschaltungen mit vielen Transistorfunktionen. Ihre Endstufe ist oft als Leistungsverstärker ausgelegt. Beim Einsatz in elektronische Schaltungen lassen sich OPs als ein kompaktes »elektronisches Bauelement« mit bestimmten Kennwerten betrachten. Eine solche Betrachtungsweise ist möglich, weil die wesentlichen Eigenschaften der mit OPs aufgebauten Verstärkerstufen durch die äußere Beschaltung dieses »Bauelementes« bestimmt werden. Da diese äußere Beschaltung meistens nur aus wenigen passiven Bauelementen besteht, ist eine Berechnung der Verstärkung relativ leicht möglich.

8.6.1 Eigenschaften und Kenndaten

8.6.1.1 Schaltzeichen und Anschlüsse

Bild 8.14 zeigt das Schaltzeichen eines OPs. Es ist aus dem allgemeinen Verstärkersymbol abgeleitet.

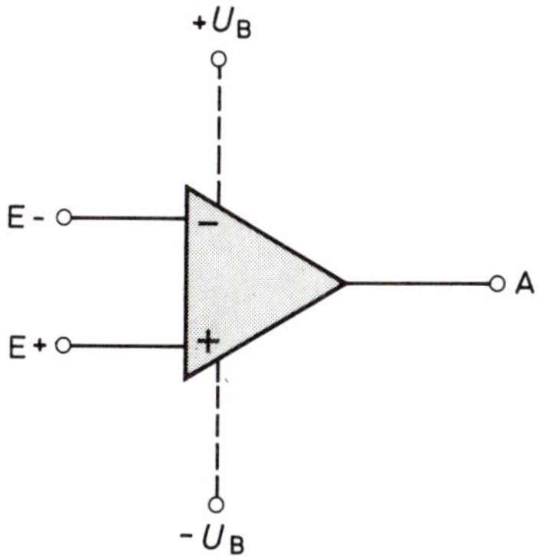

E− = invertierter Eingang

E+ = nicht invertierter Eingang

Bild 8.14 Schaltzeichen eines OPs

Als Beispiel für die interne Schaltung ist das Schaltbild eines OPs vom Typ TBA 221 bereits in Bild 8.7 angegeben. Der interne Schaltungsaufbau eines OPs ist aber für den Anwender nur selten von Bedeutung.

Operationsverstärker werden in der Regel mit zwei symmetrischen Betriebsspannungen $\pm U_B$ betrieben. Diese beiden Anschlüsse der Betriebsspannung sind jedoch in Schaltbildern häufig nicht mit gezeichnet.

Ein Operationsverstärker hat stets zwei Eingänge. Sie werden E+ und E− oder auch P-Eingang (P = positiv) und N-Eingang (N=negativ) genannt. Gebräuchlich ist für den Eingang E+ auch die Bezeichnung »nicht invertierender Eingang« und für E− die Bezeichnung »invertierender Eingang«. Diese Bezeichnungen weisen darauf hin, daß zwischen den Eingängen und dem Ausgang eines OPs bestimmte Phasenbeziehungen bestehen. So erscheint ein Signal am »nicht invertierenden Eingang« E+ ohne Phasendrehung ($\varphi = 0°$) verstärkt am Ausgang. Ein Signal am »invertierenden Eingang« E− wird dagegen mit einer Phasendrehung von $\varphi = 180°$ verstärkt.

Der Ausgang des Operationsverstärkers wird in der Regel mit dem Buchstaben A (=Ausgang) bezeichnet. OPs haben somit mindestens 5 Anschlüsse, und zwar die beiden Eingänge E+ und E−, den Ausgang A sowie die Anschlüsse für die Betriebsspannungen $+U_B$ und $-U_B$. Hinzu kommen bei den meisten Typen aber noch weitere Anschlüsse für die externe Kompensation, auf die noch in Abschnitt 8.6.1.4 eingegangen wird.

8.6.1.2 Leerlaufverstärkung V_0

Der unbeschaltete OP hat eine sehr hohe Leerlaufverstärkung. Sie wird mit V_0 bezeichnet und liegt je nach Typ in der Größenordnung von 10.000 bis 100.000. Diese hohe Leerlaufverstärkung V_0 bedeutet, daß bei einem unbeschalteten Operationsverstärker bereits sehr kleine Eingangssignale zu einer Übersteuerung führen.

8.6.1.3 Eingangs- und Ausgangsspannungen

Die an den Eingängen E+, E− und A liegenden Spannungen werden auf Masse bezogen. In **Bild 8.15** sind alle Spannungen entsprechend eingetragen.

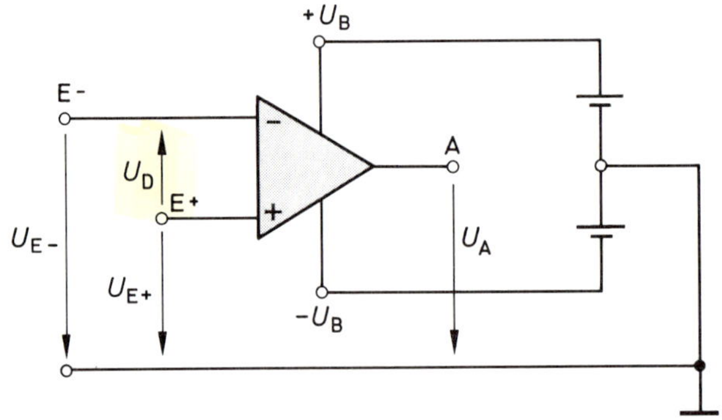

Bild 8.15 Spannungen beim Operationsverstärker

Die Differenz der Spannungen U_{E+} und U_{E-}, jeweils bezogen auf Masse, wird als Differenz-Eingangsspannung U_D bezeichnet. Nur diese Differenzspannung U_D wird vom OP verstärkt. Es gilt:

Differenz-Eingangsspannung $U_D = U_{E+} - U_{E-}$

Beim unbeschalteten Operationsverstärker wird diese Differenz-Eingangsspannung U_D mit der Leerlaufverstärkung V_o zur Ausgangsspannung U_A verstärkt.

Leerlauf-Ausgangsspannung $U_A = V_o \cdot U_D$

Aus der Gleichung für die Differenz-Eingangsspannung U_D läßt sich erkennen, daß für U_D sowohl positive als auch negative Werte möglich sind. Damit kann beim symmetrischen Betrieb eines OPs mit $\pm U_B$ die Ausgangsspannung U_A ebenfalls positiv oder negativ werden. Es müssen daher zwei Fälle unterschieden werden:

a) $U_{E+} > U_{E-}$ → U_D positiv → U_A positiv

b) $U_{E+} < U_{E-}$ → U_D negativ → U_A negativ

Die Phasenlage des Ausgangssignals steht in einem direkten Bezug zu dem größeren der beiden Eingangssignale. Liegt das größere Eingangssignal am nicht-invertierenden Eingang E+, so ist die Phasenverschiebung $\varphi = 0°$. Ist dagegen das Eingangssignal am invertierenden Eingang E− größer, so tritt eine Phasenverschiebung von $\varphi = 180°$ auf.

In einem bestimmten Bereich arbeitet der Operationsverstärker nahezu linear. Die Leerlaufverstärkung V_o ist in diesem Bereich also konstant. **Bild 8.16** zeigt die Übertragungskennlinie eines Operationsverstärkers.

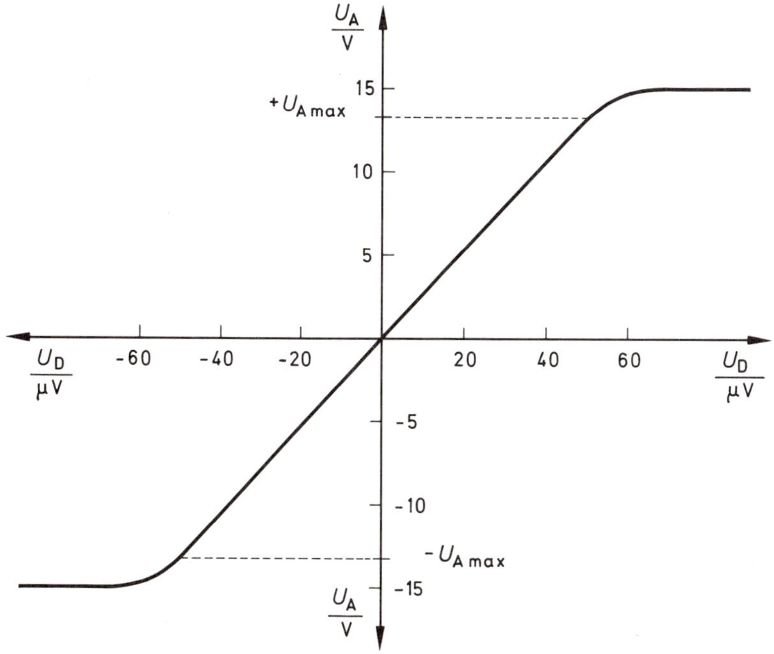

Bild 8.16 Übertragungskennlinie eines Operationsverstärkers

Wegen der hohen Leerlaufverstärkung wird ein unbeschalteter OP bereits bei kleinen Eingangsspannungen in die Sättigung gesteuert. Im Bereich der Übersteuerung ist die Ausgangsspannung $U_A \approx \pm U_B = \text{const}$. Für den Einsatz als Analogverstärker kann nur der lineare Bereich der Übertragungskennlinie ausgenutzt werden. Seine Grenzen $+U_{A\,max}$ und $-U_{A\,max}$ geben die Aussteuerbarkeit eines OPs an.

8.6.1.4 Offsetspannung U_0

In Bild 8.16 ist erkennbar, daß die Übertragungskennlinie durch den Nullpunkt des Koordinatensystems läuft. Danach muß auch $U_A = 0\,V$ betragen, wenn $U_D = 0\,V$ ist. Nur ein idealer Operationsverstärker weist ein derartiges Verhalten auf. Beim realen OP tritt dagegen eine Ausgangsspannung von einigen mV auch bei $U_D = 0\,V$ auf. Da dieser Effekt bei einer Reihe von Anwendungsfällen zu Fehlern führt, müssen zusätzliche Maßnahmen zur Kompensation der Abweichungen vorgenommen werden. Diese Kompensation erfolgt, indem an einen Eingang des OPs eine zusätzliche Spannung gelegt wird, die so groß ist, daß $U_A = 0\,V$ wird. Die zur Kompensation erforderliche Differenz-Eingangsspannung wird als Offsetspannung U_0 bezeichnet.

Bild 8.17 zeigt das Prinzip der Kompensation einer positiven Ausgangsspannung. Ist das Ausgangssignal ohne Ansteuerung des OPs dagegen negativ, so muß die Offsetspannung U_0 am Eingang E− umgepolt werden.

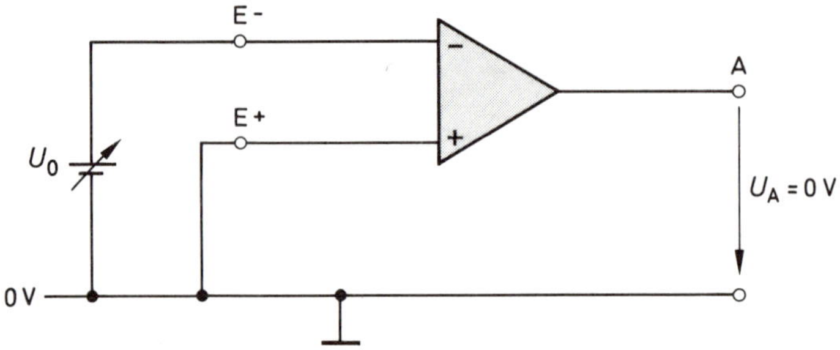

Bild 8.17 Kompensation mit Offsetspannung U_0

Häufig besteht bei den Operationsverstärkern die Möglichkeit, durch eine externe Beschaltung die Offsetspannung über die interne Schaltung zu kompensieren. **Bild 8.18** zeigt eine Schaltung zur Offsetspannungskompensation durch externe Beschaltung eines OPs.

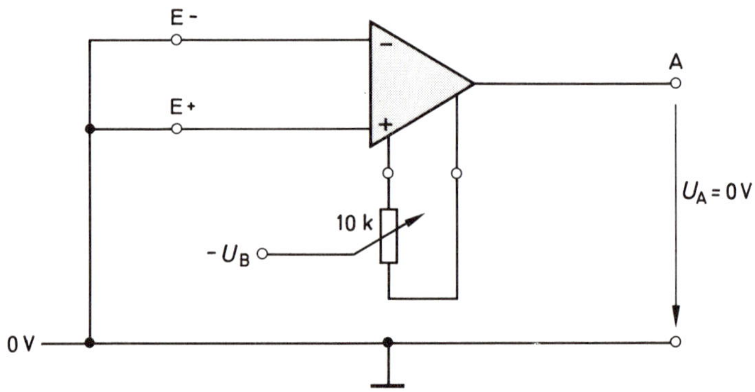

Bild 8.18 Offsetspannungskompensation durch externe Beschaltung

Zur Offsetspannungskompensation werden die beiden Eingänge E+ und E− kurzgeschlossen und an Masse gelegt. Durch Verstellen des Schleifers eines Potentiometers oder Trimmers, dessen Mittenanschluß an $-U_B$ liegt, wird anschließend die Ausgangsspannung auf $U_A = 0\,V$ eingestellt.
Zusätzliche Einflußgrößen auf die Offsetspannung sind Temperatur, Betriebsspannung und Zeit. Der Einfluß der Temperatur wird Temperaturdrift genannt. Sie beträgt einige µV/K. Die Langzeitdrift mit einigen µV/Monat liegt in der gleichen Größenordnung. Kritischer kann der Einfluß einer nicht stabilen Betriebsspannung sein.

8.6.1.5 Gleichtaktverstärkung V_{Gl}

Werden bei einem Operationsverstärker die beiden Eingänge E+ und E− mit der gleichen Spannung U_{Gl} angesteuert, so müßte stets $U_A = 0\,V$ betragen. Dieses ist aber wieder nur beim idealen OP der Fall. Beim realen OP tritt dagegen eine Änderung der

Ausgangsspannung um ΔU_A auf, wenn die an beiden Eingängen liegende Eingangsspannung um ΔU_{Gl} geändert wird.
Das Verhältnis $\Delta U_A/\Delta U_{Gl}$ wird als Gleichtaktverstärkung V_{Gl} bezeichnet. Sie soll als unerwünschte Größe bei einem Operationsverstärker möglichst klein sein.

Gleichtaktverstärkung $$V_{Gl} = \frac{\Delta U_A}{\Delta U_{Gl}}$$

Hervorgerufen wird die Gleichtaktverstärkung durch kleinste Unterschiede in den Kennlinien der internen Transistoren. In **Bild 8.19** ist die Übertragungskennlinie eines OPs bei Gleichtaktbetrieb dargestellt.

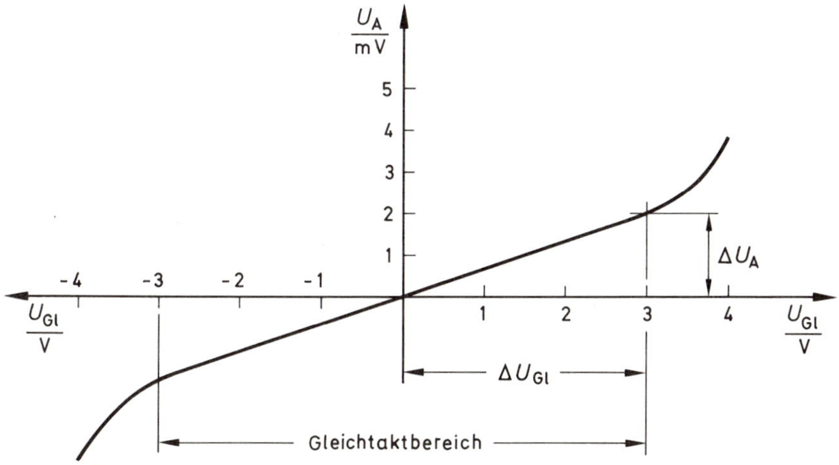

Bild 8.19 Übertragungskennlinie eines OPs bei Gleichtaktbetrieb

In den Datenblättern der Hersteller wird anstelle einer Gleichtaktverstärkung meistens die Gleichtaktunterdrückung G als Maß für die Qualität eines OP im Arbeitsbereich angegeben. Sie ist festgelegt als

Gleichtaktunterdrückung $$G = \frac{V_0}{V_{Gl}}$$

Bei einem idealen OP hat die Gleichtaktunterdrückung den Wert $G = \infty$. Beim realen OP kann die Gleichtaktunterdrückung positive oder negative Werte annehmen. In den Datenblättern wird in der Regel nur ein Betrag von G angegeben, der in der Größenordnung von 10^3 bis 10^5 liegt. Seine Angabe erfolgt oft auch in dB, wobei die Werte dann zwischen 60 dB und 100 dB liegen.

8.6.1.6 Eingangsströme I_{E+} und I_{E-}

Die Größe der Eingangswiderstände von Operationsverstärkern hängt entscheidend davon ab, ob die Transistoren im Eingang in Bipolar-Technik oder in MOS-Technik ausgeführt sind. Bei OPs mit bipolaren Eingangsstufen liegt der dynamische Eingangs-

widerstand r_e in der Größenordnung von 10^5 bis $10^6\,\Omega$, bei OPs mit FET-Eingängen dagegen in der Größenordnung von 10^{12} bis $10^{15}\,\Omega$. Eingangsströme, die über diese dynamischen Eingangswiderstände fließen, haben daher kaum eine Bedeutung.
Beachtet werden müssen aber die Eingangsruheströme I_{E+} und I_{E-}, die infolge der statischen Eingangswiderstände der beiden OP-Eingänge fließen. **Bild 8.20** zeigt die Zusammenhänge.

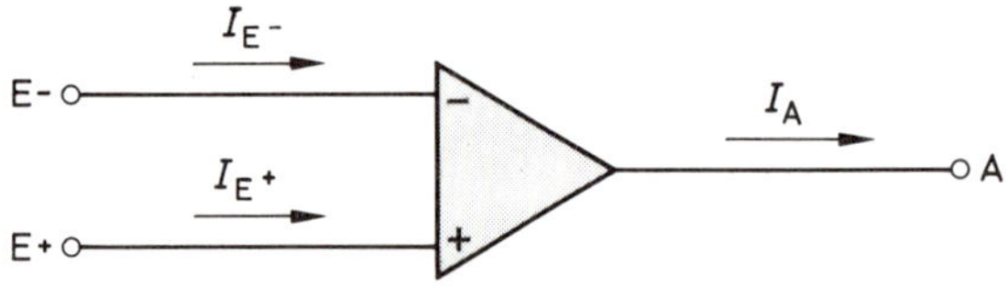

Bild 8.20 Eingangsruheströme I_{E+} und I_{E-} beim Operationsverstärker

Der Eingangsruhestrom eines OPs ist definiert als

Eingangsruhestrom $$I_E = \frac{I_{E+} + I_{E-}}{2}$$

Bei OPs mit bipolaren Eingangstransistoren liegt der Eingangsruhestrom in der Größenordnung von nA, bei FET-Eingangstransistoren nur in der Größenordnung von wenigen pA.
Die zwangsläufigen Unsymmetrien im Aufbau der OPs führen zu einem Eingangs-Offsetstrom I_0 als Differenz zwischen den beiden Eingangsströmen I_{E+} und I_{E-}.

Eingangs-Offsetstrom $$I_0 = I_{E+} - I_{E-}$$

Dieser Eingangs-Offsetstrom I_0 kann als Störgröße auftreten, weil bei den meisten Schaltungen mit OPs noch externe Widerstände an den Eingängen E+ und E− angeschlossen sind. Infolge des Eingangs-Offsetstromes treten an diesen Widerständen dann unterschiedliche Spannungsabfälle auf, die wie eine Offsetspannung wirken. Auf die schaltungstechnischen Möglichkeiten zur Kompensation des Eingangs-Offsetstromes kann jedoch erst in Band III – Grundschaltungen-Lehrbuch eingegangen werden.

8.6.1.7 Ausgangsstrom, Ausgangswiderstand

Operationsverstärker haben im Ausgang häufig Leistungsendstufen, die bei Ausgangswiderständen zwischen 30 Ω und 1 kΩ Ausgangsströme bis etwa 25 mA liefern können. Durch zusätzliche interne Schaltungsmaßnahmen kann der Ausgang auch kurzschlußfest ausgelegt sein.
Beim Operationsverstärker für höhere Ausgangsströme ist der Kollektor des Ausgangstransistors direkt herausgeführt. Eine derartige Ausführung wird dann als OP mit »open collector« oder OP mit »offenem Kollektor« bezeichnet. Bei diesen Typen muß der Lastwiderstand als Arbeitswiderstand noch extern angeschlossen werden. Erreichen lassen sich damit Ausgangsströme bis über 100 mA.

8.6.1.8 Frequenzverhalten

Bei Operationsverstärkern handelt es sich um Gleichspannungsverstärker. Ihre untere Grenzfrequenz liegt daher bei $f_{gu} = 0$ Hz. Die obere Grenzfrequenz f_{go} von OPs liegt im Bereich von etwa 1 kHz, also relativ niedrig. In **Bild 8.21** ist der Frequenzgang eines OPs im doppelt-logarithmischen Maßstab dargestellt.

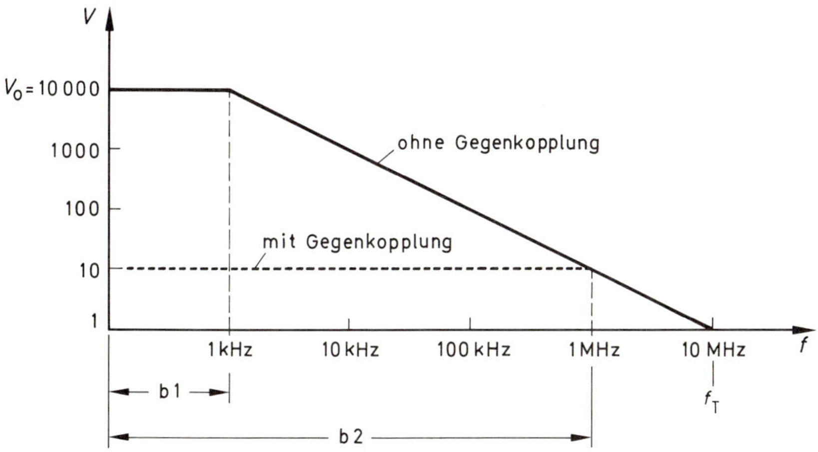

Bild 8.21 Frequenzgang eines Operationsverstärkers

Aufgetragen ist in Bild 8.21 die Abhängigkeit der Verstärkung V von der Frequenz der Eingangsspannung. In den meisten ausgeführten Schaltungen werden die Operationsverstärker aber mit einer externen Gegenkopplung betrieben. Dadurch wird die Verstärkung stark herabgesetzt und als Folge davon wird die Grenzfrequenz f_{go} größer. Damit steigt auch die Bandbreite einer Verstärkerstufe mit OP erheblich an. In Bild 8.21 ist als Beispiel der Frequenzgang einer Verstärkerstufe mit Gegenkopplung zusätzlich punktiert eingezeichnet. Hier tritt bei Herabsetzung der Verstärkung auf $V = 10$ eine Bandbreite $B \approx 1$ MHz auf.

Für jeden Operationsverstärkertyp wird die Transitfrequenz f_T als charakteristische Kenngröße angegeben. Sie ist ähnlich wie bei einem Transistor als die Frequenz definiert, bei der die Signalverstärkung ohne Gegenkopplung $V=1$ ist. Auch hier gilt für den Zusammenhang zwischen Verstärkung und Grenzfrequenz.

$$V \cdot f_{go} = f_T = \text{const.}$$

Wegen f_T = const. ergibt sich, daß die Grenzfrequenz eines OP-Verstärkers umso größer ist, je kleiner die eingestellte Spannungsverstärkung V ist.

Bei realen Operationsverstärkern ist der Verlauf der Leerlaufverstärkung V_o nicht so linear wie in Bild 8.21 dargestellt. So kann in bestimmten Frequenzbereichen eine Abweichung von dem angegebenen linearen Verlauf auftreten. Dieses unerwünschte Verhalten wird durch eine zusätzliche Frequenzkompensation verhindert oder weitgehend beseitigt. Dazu muß bei einigen Typen an zusätzlichen Anschlüssen des OPs extern noch ein Kondensator oder eine RC-Kombination angeschlossen werden. Welche Werte diese zur Frequenzkompensation erforderlichen Kondensatoren und Widerstände haben müssen, wird von den Herstellern im Datenblatt angegeben.

8.6.1.9 Kennwerte und Bauformen

Die Hersteller von Operationsverstärkern bieten heute neben einer Reihe von Standardtypen auch immer mehr Spezialtypen an. Diese haben dann für bestimmte Anwendungsgebiete besonders günstige Kennwerte. Wegen der Vielzahl von OP-Typen ist eine umfassende Darstellung der Eigenschaften, Kennwerte und Bauformen kaum noch möglich. Die Tabelle in **Bild 8.22** soll daher nur einen Überblick über die Grenzwerte und Kenndaten von vier häufig verwendeten Operationsverstärkern geben.

Bezeichnung	Symbol	Bipolare Eingänge TBA 221 - 741	TAA 521 - 709	TAA 761	J-FET-Eingänge LF 355
Grenzwerte					
Betriebsspannung	$U_{B\,max}$	±18 V	±18 V	±18 V	±18 V
Diff.-Eing.-Spg.	$U_{D\,max}$	±30 V	± 5 V	±18 V	±30 V
Kurzschlußdauer	t_z	∞	5 s	o. K.*	∞
Sperrschichttemp.	$T_{J\,max}$	150 °C	150 °C	150 °C	100 °C
Wärmewiderstand (Kunststoff-Geh.)					
System-Umgebung	R_{thSu}	120 K/W	120 K/W	120 K/W	175 K/W
System Gehäuse	R_{thSG}	80 K/W	80 K/W	80 K/W	-
Kenndaten $U_B = \pm 15$ V, $T_u = 25$ °C					
Leerlaufverst.	V_o	100 dB (100.000)	93 dB	85 dB	80 dB
Offsetspg.	U_o	±6 mV	±2 mV	±6 mV	±3 mV
Gleichtaktunterdrückung	G	90 dB	90 dB	79 dB	100 dB
Eingangswiderstand	r_e	2 MΩ	250 kΩ	200 kΩ	10^{12} Ω
Eingangsruhestrom	I_E	80 nA	300 nA	500 nA	30 pA
Ausgangswiderstand	r_a	75 Ω	150 Ω	o. K.*	50 Ω
Ausgangsstrom (max)	I_A	20 mA	10 mA	70 mA	25 mA
Grenzfrequenz (3 dB)	f_g	5 Hz	abhängig von Frequenzkompensation	10 Hz	25 Hz
Transitfrequenz	f_T	500 kHz	5 MHz	200 kHz	2,5 MHz
Ausgangsaussteuerbarkeit	$U_{A\,max}$	±13 V	±13 V	±13 V	±13 V
Gleichtakt-Aussteuerbarkeit	$U_{Gl\,max}$	±13 V	±10 V	±9 V	+15 V −12 V

Die Daten sind Mittelwerte der Angaben verschiedener Hersteller.

* = offener Kollektor

Bild 8.22 Grenzwerte und Kenndaten von vier verschiedenen OP-Typen

In **Bild 8.23** sind einige charakteristische Eigenschaften idealer und realer OPs gegenübergestellt. Bei der Leerlaufverstärkung V_o und dem Eingangswiderstand r_e kommen die Werte des realen OPs denen eines idealen OPs nahe. Bei den Berechnungen können daher die idealen Werte eingesetzt werden.

Charakteristische Eigenschaft	Idealer OP	Realer OP
Leerlaufverstärkung $V_o = \frac{U_A}{U_D}$	$V_o = \infty$	$V_o = 20 \cdot 10^3 \ldots 100 \cdot 10^3$
Eingangswiderstand $r_e = \frac{\Delta U_D}{\Delta I_E}$	$r_e = \infty\,\Omega$	$r_e = 10^5\,\Omega \ldots 10^{15}\,\Omega$
Ausgangswiderstand $r_a = \frac{\Delta U_A}{\Delta I_A}$	$r_a = 0\,\Omega$	$r_a = 30\,\Omega \ldots 1\,k\Omega$
Temperatureinfluß $\Delta U = f\,(T)$	nicht vorhanden	Im Bereich von $-50\,°C \ldots +75\,°C$ vernachlässigbar gering
Übertragungsbandbreite	$B = \infty\,Hz$	Von V abhängig, $10^4 \ldots 10^7$ Hz
Aussteuerbereich $U_A = f\,(U_E)$	$-\infty \ldots +\infty$	$-U_B \ldots +U_B$

Bild 8.23 Charakteristische Eigenschaften von idealen und realen Operationsverstärkern

Die meisten Operationsverstärker werden mit zwei zum Nullpotential symmetrischen Versorgungsspannungen $\pm U_B$ betrieben. Es gibt aber auch Typen, die mit nur einer Betriebsspannung $+U_B$ oder $-U_B$ (jeweils bezogen auf Masse) versorgt werden können.

Die als Grenzwerte angegebene maximale Betriebsspannung $\pm U_B$ und die maximale Differenz-Eingangsspannung U_D dürfen nicht überschritten werden. Damit auch bei einer unbeabsichtigten Überschreitung von U_D keine Zerstörung der Eingangsstufe eintritt, haben eine Reihe von Typen eine interne Schutzbeschaltung der Eingänge. Ist dieses nicht der Fall, so ist auch ein Schutz durch zwei antiparallel geschaltete Dioden zwischen den Eingängen E+ und E− möglich. **Bild 8.24** zeigt eine derartige Schutzbeschaltung.

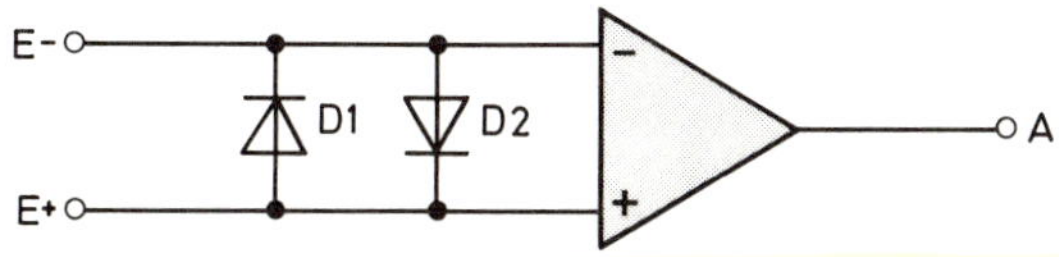

Bild 8.24 Schutzbeschaltung eines OPs gegen zu hohe Differenz-Eingangsspannungen

Bei einer Schutzbeschaltung nach Bild 8.24 bleibt die Differenz-Eingangsspannung stets kleiner als $\approx 0{,}7$ V, weil sonst eine der beiden Dioden leitend wird. Bei der hohen Leerlaufverstärkung von OPs reicht meistens bereits eine Steuerspannung $U_D < 0{,}7$ V zur Ansteuerung voll aus.

Operationsverstärker werden in den verschiedensten Bauformen und Gehäusetypen geliefert. Typisch und weit verbreitet sind die Kunststoff-Steckgehäuse in 6-, 8- und 14poliger Ausführung, Kunststoff-Miniaturgehäuse, Mikropackgehäuse und Metall-Rundgehäuse. Oft wird auch der gleiche OP-Typ mit verschiedenen Gehäuseausführungen angeboten. **Bild 8.25** zeigt die üblichen Gehäuseausführungen sowie die Anschlußbelegungen von Operationsverstärkern der Typen TBA 221/TBA 222.

TBA 221 B

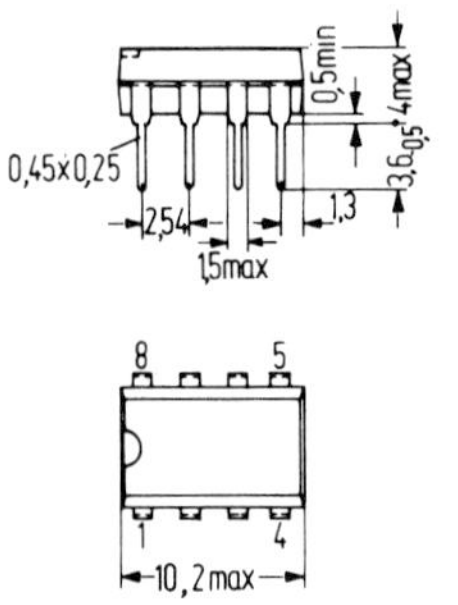

Kunststoff-Steckgehäuse
8 Anschlüsse
20 A 8 DIN 41 866
Gewicht etwa 0,7 g

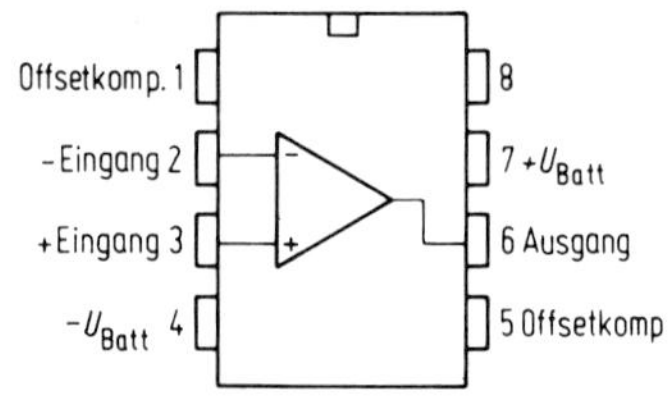

TBA 221 A

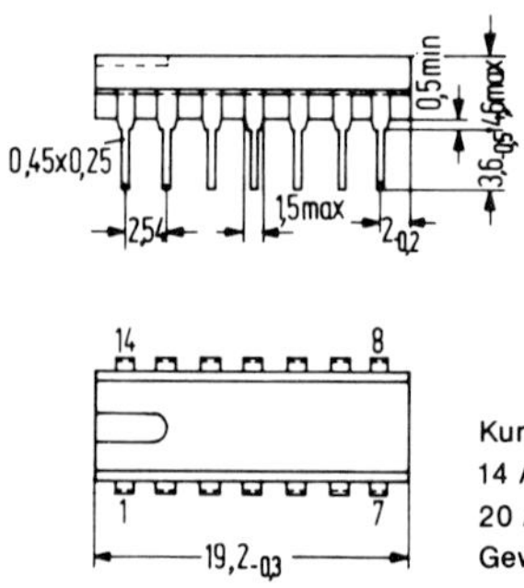

Kunststoff-Steckgehäuse
14 Anschlüsse
20 A 14 DIN 41 866
Gewicht etwa 1,1 g

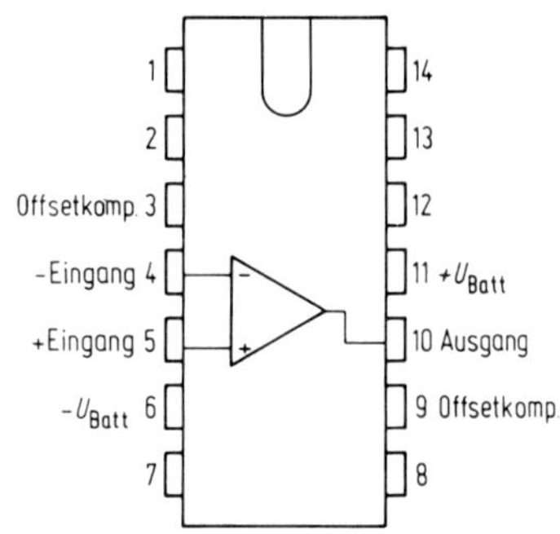

TBA 221, TBA 222, TBA 222 Q1, TBA 222 Q2, TBA 222 S1

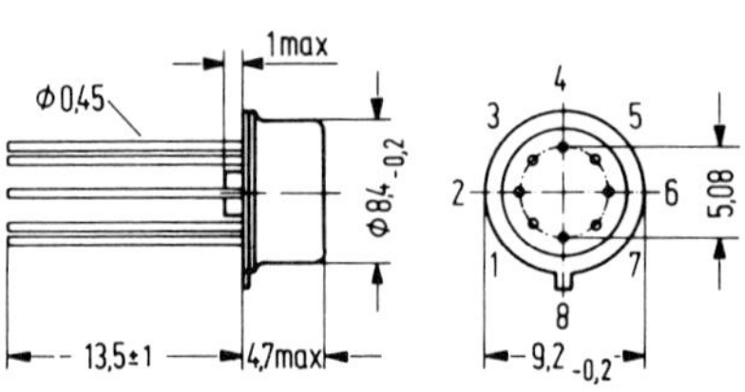

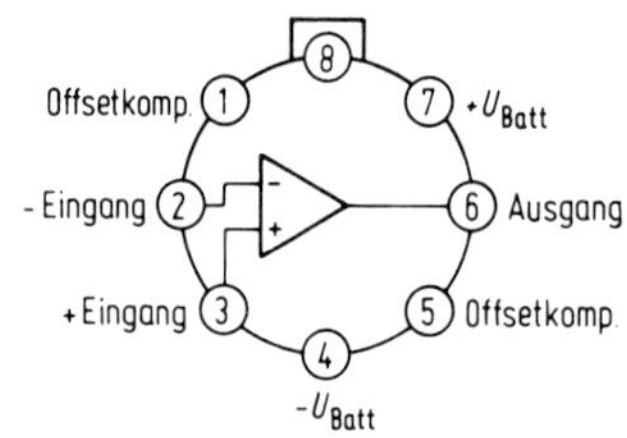

Metallgehäuse ähnl. 5 G 8 DIN 41 873 (TO-99)
Gewicht etwa 1,2 g
Verbindung zwischen Pin 4 und Gehäuse

Bild 8.25 Gehäuseausführungen und Anschlußbelegungen der Operationsverstärker vom Typ TBA 221/TBA 222. (Fortsetzung auf der nächsten Seite)

TBA 221 W

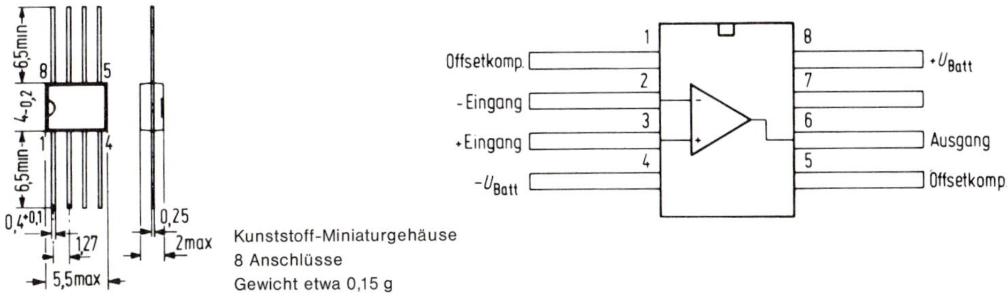

Bild 8.25 Gehäuseausführungen und Anschlußbelegungen der Operationsverstärker vom Typ TBA 221/TBA 222

8.6.2 Anwendungsbeispiele

Durch verschiedenartige Beschaltung der Eingänge E+ und E– lassen sich mit OPs Verstärkerstufen mit sehr unterschiedlichem Verhalten aufbauen. Als einfache Beispiele sind hier drei Schaltungen ausgewählt, in denen ein OP als Komparator, als invertierender Verstärker sowie als nicht-invertierender Verstärker betrieben wird. Auf die zahlreichen weiteren Grundschaltungen und Einsatzmöglichkeiten von OPs kann erst im Band III-Grundschaltungen eingegangen werden.

8.6.2.1 Komparator

Bild 8.26 zeigt die beiden möglichen Grundschaltungen eines Operationsverstärkers als Komparator (= Vergleicher).

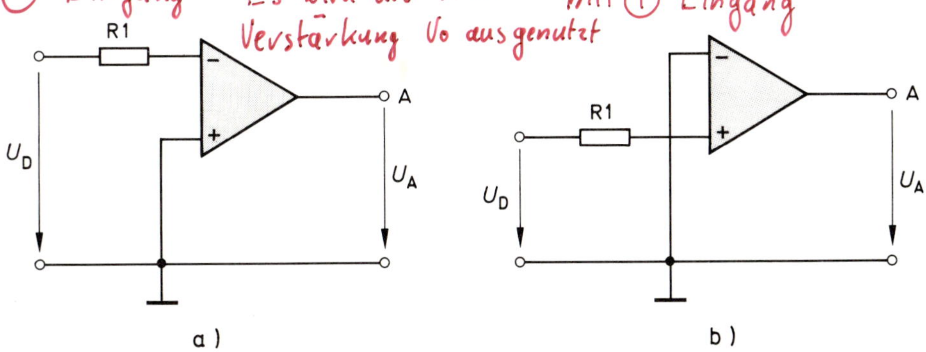

Bild 8.26 Operationsverstärker als Komparator

Wegen der hohen Leerlaufverstärkung des OPs reicht bereits bei beiden Schaltungen eine kleine Eingangsspannung aus, um eine Ausgangsspannung in der Größe der Betriebsspannung zu erhalten. Bei der Schaltung nach Bild 8.26 a erfolgt eine Invertierung des Eingangssignals. Bei einer positiven Eingangsspannung wird daher $U_A \approx -U_B$ und bei einer negativen Eingangsspannung wird $U_A \approx +U_B$.
Bei der Schaltung nach Bild 8.26 b erfolgt die Ansteuerung am nicht-invertierenden Eingang E +, so daß keine Phasenverschiebung zwischen Eingangs- und Ausgangsspannung auftritt. Bei einer kleinen positiven Eingangsspannung wird $U_A \approx +U_B$ und bei einer kleinen negativen Eingangsspannung $U_A \approx -U_B$.
Weil die Leerlaufverstärkung von OPs sehr groß ist, reichen bei beiden Schaltungen schon Eingangsspannungen kleiner etwa 1 mV aus, um den OP vollständig durchzusteuern. Beim Komparator handelt es sich also um einen sehr empfindlichen elektronischen Schalter, dessen Ausgangsspannung entweder $U_A = 0$ V oder je nach Schaltung und Polarität der Eingangsspannung $+U_B$ oder $-U_B$ beträgt.

8.6.2.2 Invertierender Verstärker

Damit ein Operationsverstärker als linearer Verstärker betrieben werden kann, muß die Leerlaufverstärkung V_o wesentlich herabgesetzt werden. Dieses erfolgt beim invertierenden Verstärker durch Rückführung einer Teilspannung vom Ausgang auf den invertierenden Eingang. **Bild 8.27** zeigt das Schaltbild eines invertierenden Verstärkers mit OP.

R2 = Gegenkopplungswiderstand

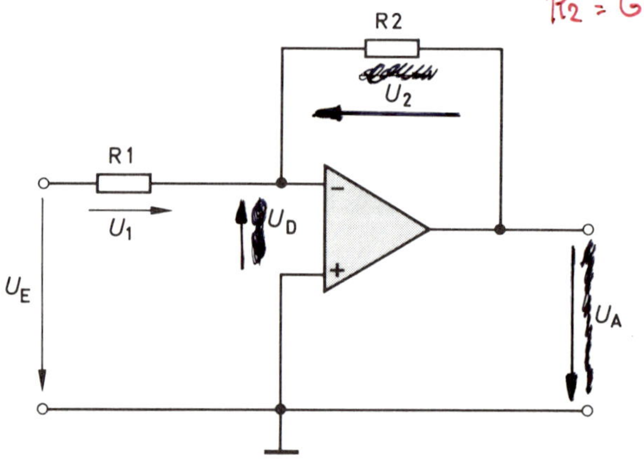

Bild 8.27 Invertierender Verstärker mit OP

Bei der Berechnung der Spannungsverstärkung V der Schaltung nach Bild 8.27 wird davon ausgegangen, daß der OP ein Bauelement mit idealen Eigenschaften ist und er daher eine sehr große Leerlaufverstärkung V_o sowie einen sehr hochohmigen Eingangswiderstand r_e hat.
Die Maschengleichung am Eingang der Schaltung lautet:

$$U_E = U_1 + U_D$$

Da beim realen OP die Differenz-Eingangsspannung U_D sehr klein ist, kann sie vernachlässigt werden. Damit wird auch bei der Betrachtung des idealen Verhaltens $U_D = 0$ V und es gilt:

$$U_E = U_1$$

Auch für den Ausgang läßt sich eine Maschengleichung aufstellen. Hier lautet der Zusammenhang:

$$U_A = U_2 - U_D$$

Bei Vernachlässigung von U_D gilt für den idealen OP

$$U_A = U_2$$

Aus den Gleichungen für U_E und U_A ergibt sich für die Verstärkung V der Schaltung:

$$V = \frac{U_A}{U_E} = \frac{U_2}{U_1}$$

Da sich die Spannungen wie die Widerstände verhalten, gilt:

$$V = \frac{R_2}{R_1} \quad \text{(Invertierender Verstärker)}$$

Aus dieser Gleichung ist zu erkennen, daß die Verstärkung beim invertierenden Verstärker nur von der externen Beschaltung des OPs abhängt. Daher ist die Berechnung der Verstärkung recht einfach.
Bei den im Bild 8.27 eingetragenen Spannungen und den daraus abgeleiteten Gleichungen wurde die Polarität nicht berücksichtigt. Wegen der Ansteuerung des OPs am invertierenden Eingang E − tritt jedoch eine Phasenverschiebung von $\varphi = 180°$ zwischen Ausgangssignal und Eingangssignal auf. Ein positives Eingangssignal führt somit zu einem negativen Ausgangssignal, ein negatives Eingangssignal zu einem positiven Ausgangssignal.
Wegen dieser Signalumkehr wird die in Bild 8.27 angegebene Schaltung als »Invertierender Verstärker mit OP« bezeichnet. Durch entsprechende Wahl von R1 und R2 kann die Verstärkung dieser Schaltung in weiten Grenzen verändert werden.

Beispiel

Ein invertierender Verstärker entsprechend Bild 8.27 soll ein Eingangssignal $U_E = 100$ mV so verstärken, daß am Ausgang U_A eine Spannung $U_A = -2$ V zur Verfügung steht. Für R1 soll ein Wert $R1 = 10\,\text{k}\Omega$ gewählt werden.
Wie groß ist die Verstärkung V der Schaltung und welchen Wert muß der Widerstand R2 haben?

$$V = \frac{U_A}{U_E} = \frac{2\,\text{V}}{100\,\text{mV}} = \frac{2\,\text{V}}{0{,}1\,\text{V}} = 20$$

$$V = \frac{R2}{R1}$$

$$R2 = V \cdot R1 = 20 \cdot 10\,\text{k}\Omega = 200\,\text{k}\Omega$$

8.6.2.3 Nicht-invertierender Verstärker

Bild 8.28 zeigt das Schaltbild eines nicht-invertierenden Verstärkers. Er wird über den nicht-invertierenden Eingang E+ angesteuert. Auch bei dieser Schaltung wird ein Teil der Ausgangsspannung U_A auf den Eingang E− zurückgeführt.

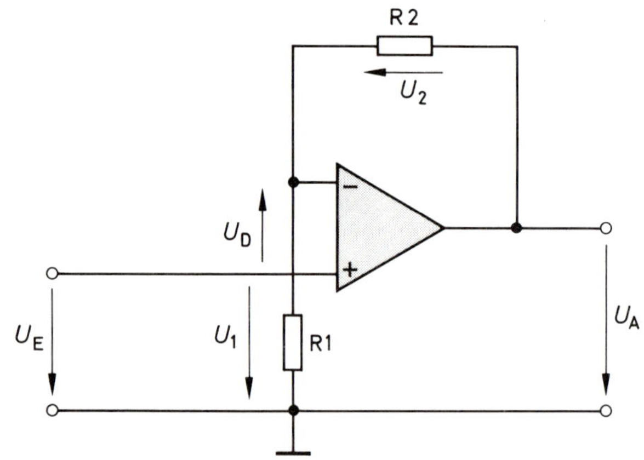

Bild 8.28 Nicht-invertierender Verstärker mit OP

Wie beim invertierenden Verstärker wird auch beim nicht-invertierenden Verstärker vom idealen OP ausgegangen. Die Maschengleichungen für Eingang und Ausgang der Schaltung nach Bild 8.28 lauten:

$$U_E = U_D + U_1$$

$$U_A = U_2 + U_1$$

Für $U_D = 0$ V ergibt sich vereinfacht

$$U_E = U_1$$

$$U_A = U_2 + U_1$$

Die Verstärkung V dieser Schaltung beträgt somit

$$V = \frac{U_A}{U_E} = \frac{U_2 + U_1}{U_1} = 1 + \frac{U_2}{U_1}$$

Wegen der Proportionalität von Spannungen und Widerständen gilt:

$$V = 1 + \frac{R2}{R1} \quad \text{(Nicht-invertierender Verstärker)}$$

Aus dieser Gleichung ist zu ersehen, daß die Verstärkung des nicht-invertierenden Verstärkers ebenfalls nur von der äußeren Beschaltung des OPs abhängt. Da die Ansteuerung am nicht-invertierenden Eingang E+ erfolgt, tritt zwischen Ausgangssignal und Eingangssignal keine Phasenverschiebung auf.

Der besondere Vorteil des nicht-invertierenden Verstärkers mit OP liegt in seinem extrem hohen Eingangswiderstand. Diese Schaltung wird daher oft auch als Elektrometerverstärker bezeichnet.

Beispiel

Ein nicht-invertierender Verstärker entsprechend Bild 8.28 ist mit den Widerständen $R1 = 10\,\mathrm{k\Omega}$ und $R2 = 200\,\mathrm{k\Omega}$ aufgebaut.
Wie groß ist die Verstärkung V und welche Ausgangsspannung tritt auf, wenn $U_E = 100\,\mathrm{mV}$ beträgt?

$$V = 1 + \frac{R2}{R1} = 1 + \frac{200\,\mathrm{k\Omega}}{10\,\mathrm{k\Omega}} = 21$$

$$U_A = V \cdot U_E = 21 \cdot 0{,}1\,\mathrm{V} = 2{,}1\,\mathrm{V}$$

9 Thyristoren

9.1 Allgemeines

Unter dem Oberbegriff Thyristoren werden im Abschnitt 9 die wichtigsten Mehrschicht-Halbleiter zusammengefaßt. Sie sind jeweils aus drei oder mehr pn-Übergängen aufgebaut und haben ein ausgeprägtes Schalt- oder Kippverhalten. Diese Mehrschicht-Halbleiter besitzen daher zwei Schaltzustände, und zwar den Schaltzustand »Ein« ≙ leitend und den Schaltzustand »Aus« ≙ gesperrt. Das Umschalten vom gesperrten in den leitenden Zustand wird als »Zünden« und das Umschalten vom leitenden in den gesperrten Zustand als »Löschen« bezeichnet. Sowohl der Zündvorgang als auch der Löschvorgang laufen in sehr kurzer Zeit ab.
Die Mehrschicht-Halbleiter lassen sich nach verschiedenen Kriterien einteilen. Eine übersichtliche Aufgliederung der verschiedenen Bauarten zeigt **Bild 9.1**.

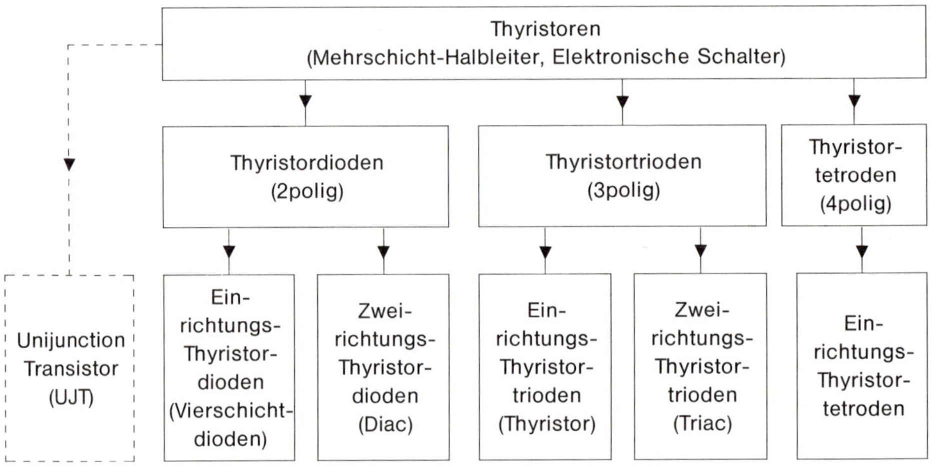

Bild 9.1 Bauarten der wichtigsten Mehrschicht-Halbleiter

In Bild 9.1 erfolgt zunächst eine Gliederung nach der Anzahl der vorhandenen Anschlüsse. Thyristordioden haben nur zwei, Thyristortrioden haben drei und Thyristortetroden haben vier Anschlüsse. Die weitere Aufteilung erfolgt dann in Bauelemente für Einrichtungsbetrieb und Zweirichtungsbetrieb. Bei den Einrichtungs-Thyristordioden und -trioden ist ein Stromfluß durch das Bauelement nur in einer Richtung möglich. Werden zwei gleiche Bauelemente in Antiparallelschaltung betrieben, so kann ein Stromfluß auch in beiden Richtungen erfolgen. Bei den Zweirichtungs-Thyristordioden und -trioden ist eine derartige Antiparallelschaltung bereits im Halbleiterkristall vorgenommen.
Eine Sonderstellung nimmt der Unijunction-Transistor (UJT) ein. Wie bereits sein Name erkennen läßt, muß er von seinem technologischen Aufbau her den Transistoren zugeordnet werden. Er kann aber nicht wie alle anderen Transistoren als linearer Verstärker, sondern nur als elektronischer Schalter verwendet werden. Aus diesem Grund wird der Unijunction-Transistor auch in diesem Kapitel mitbehandelt.

In **Bild 9.2** sind die Schaltzeichen des Unijunction-Transistors und der wichtigsten Mehrschicht-Halbleiter angegeben.

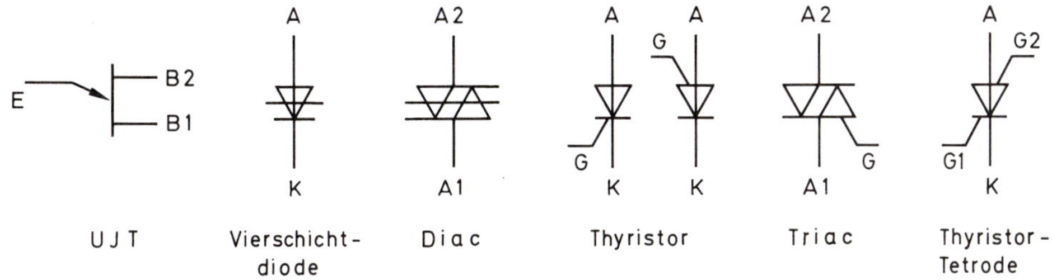

Bild 9.2 Schaltzeichen des Unijunction-Transistors und der wichtigsten Mehrschicht-Halbleiter

Während das Schaltzeichen des UJT von dem Schaltzeichen der eigentlichen Transistoren abgeleitet ist, weisen die Schaltzeichen aller Mehrschicht-Halbleiter auf eine enge Verwandtschaft zu den Dioden hin. Bei allen Bauelementen mit Einrichtungs-Betrieb werden die beiden Hauptanschlüsse wie bei der Diode mit Anode und Katode bezeichnet. Ein Stromfluß ist nur möglich, wenn die Anode positiv gegenüber der Katode ist. Bei den Bauelementen mit Zweirichtungs-Betrieb werden die Hauptanschlüsse dagegen Anode 1 (A1) und Anode 2 (A2) genannt.

Die Zündung von Thyristordioden ist nur durch die am Bauelement liegende Spannung möglich. Dieses Verfahren wird häufig als »Über-Kopf-Zünden« bezeichnet. Thyristortrioden haben jedoch einen Steueranschluß, der wie bei den FETs als Gate (G) bezeichnet wird. Die Zündung über das Gate erfolgt mit einem Steuerstrom. Er löst einen wesentlich größeren Hauptstrom durch das Bauelement aus. Aus diesem Grund werden Thyristortrioden hauptsächlich als Leistungsschalter eingesetzt. Thyristortetroden haben zwei Steueranschlüsse (G1 und G2). Eine Zündung ist über beide Gates möglich.

Im Gegensatz zu den in Bild 9.1 angegebenen Bezeichnungen, die auch in den Normblättern verwendet werden, haben sich in der Praxis folgende einfachere Bezeichnungen eingebürgert:

Einrichtungs-Thyristordiode	= Vierschichtdiode
Zweirichtungs-Thyristordiode	= Diac
Einrichtungs-Thyristortriode	= Thyristor
Zweirichtungs-Thyristortriode	= Triac
Unijunction-Transistor	= UJT.

Thyristortetroden haben keine große praktische Bedeutung erlangt. Es gibt auch keine Kurzbezeichnungen für diese Mehrschicht-Halbleiter.

UJTs und Diacs werden nur für kleine Ströme gefertigt. Haupteinsatzgebiet des UJT ist die Erzeugung einer Zündspannung zur Zündung von Thyristoren. Wegen des Zweirichtungs-Betriebes werden zum Zünden von Triacs dagegen Diacs eingesetzt.

Thyristoren und Triacs werden sowohl für kleine als auch für große Ströme und Betriebsspannungen hergestellt. Von großer Bedeutung ist ihr Einsatz als Leistungsschalter. Insbesondere durch die Anwendung von Thyristoren hat sich inzwischen ein eigenes Fachgebiet der Elektronik, die Leistungselektronik, entwickelt, die im Band IV A ausführlich behandelt wird.

Triacs haben dagegen wegen ihres Zweirichtungs-Betriebes und ihrer recht einfachen Ansteuermöglichkeit über Diacs eine weite Verbreitung in Phasenanschnittschaltungen zur Helligkeitssteuerung von Glühlampen und zur Drehzahlsteuerung von Kleinmotoren gefunden.

9.2 Unijunction-Transistoren

9.2.1 Technologischer Aufbau

Unijunction-Transistoren werden aus einem homogenen, n-dotierten Si-Einkristall als Legierungstyp oder als Planartyp gefertigt. An zwei gegenüberliegenden Seiten sind sperrschichtfreie Anschlüsse angebracht, die als Basis 1 (B1) und Basis 2 (B2) bezeichnet werden. Unsymmetrisch zu diesen Basisanschlüssen ist als Emitter (E) eine p-Zone angeordnet. Dadurch entsteht ein pn-Übergang, der die Funktion einer Diode hat. In **Bild 9.3** ist der technologische Aufbau und das Schaltzeichen von Unijunction-Transistoren dargestellt.

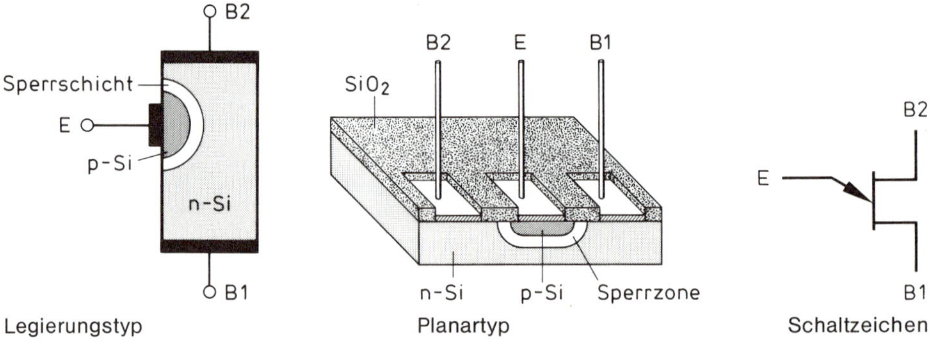

Bild 9.3 Technologischer Aufbau und Schaltzeichen von Unijunction-Transistoren

Die Bezeichnung »Unijunction« ist ein Kunstwort, das aus den Teilen »uni« (lat.) = einfach, einheitlich und »junction« (engl.) = Verbindung, Anschluß, gebildet worden ist. Hieraus ist auch die Kurzform UJT für den *U*ni*j*unction-*T*ransistor entstanden. Wegen seiner beiden Basisanschlüsse wird der UJT aber auch Doppelbasis-Transistor genannt, wobei der Begriff »Basis« hier aber nicht in dem bei Transistoren üblichen Sinn verwendet wird.

9.2.2 Wirkungsweise

Wird bei offenem Emitteranschluß eine Spannung U_{BB} an die beiden Basisanschlüsse gelegt, so fließt ein relativ kleiner Elektronenstrom von B1 über das n-dotierte Si-Material nach B2, wenn B2 positiv gegenüber B1 ist. Die Größe dieses Interbasisstromes hängt von der Größe der Spannung U_{BB} und der Größe des statischen Interbasiswiderstandes R_{BB} ab. Dieser Interbasiswiderstand liegt in der Größenordnung von einigen Kiloohm.

Wird dagegen bei offenem Basisanschluß B2 eine Spannung U_{EB1} zwischen Emitter E und Basis B1 gelegt, so zeigt diese Strecke das Verhalten einer Diode. Ist E negativ gegenüber B1, so liegt ein Betrieb in Sperrichtung vor. Ist dagegen E positiv gegenüber B1, wird die Diode in Durchlaßrichtung betrieben.
Da UJTs aber stets mit den beiden Spannungen U_{BB} und U_{EB1} betrieben werden, überlagern sich die internen Vorgänge. Sie lassen sich aus dem Ersatzschaltbild des UJT ableiten, das in **Bild 9.4** dargestellt ist.

R_{BB} = Interbasiswiderstand
I_{BB} = Interbasisstrom
$R_{BB} = r_{B2} + r_{B1}$

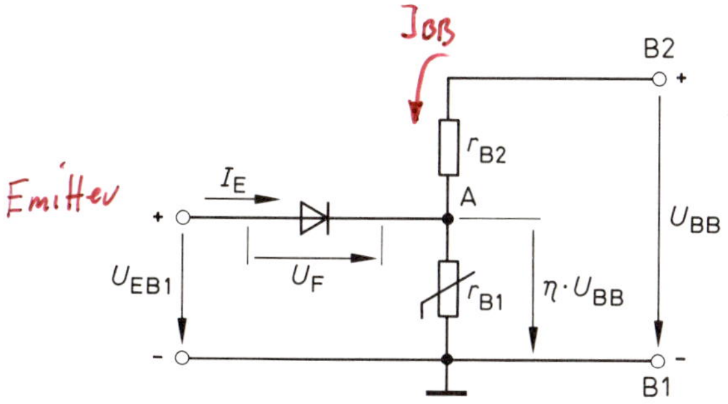

Bild 9.4 Ersatzschaltbild eines Unijunction-Transistors

Für die Betriebsspannung U_{BB} wirkt das n-dotierte Si-Material zwischen den Anschlüssen B2 und B1 wie ein ohmscher Spannungsteiler. Die Spannung U_{BB} wird daher im Verhältnis der Teilwiderstände r_{B2} und r_{B1} aufgeteilt. Dieses Verhältnis hängt mit von der räumlichen Anordnung des Emitters im n-Silizium ab.
Die Teilspannung an r_{B1} ist um den Faktor η kleiner als U_{BB}. Dieser Faktor η wird als das innere Spannungsverhältnis des Unijunction-Transistors bezeichnet und es gilt:

$$\eta = \frac{r_{B1}}{r_{B1} + r_{B2}}$$

Übliche Werte für η liegen bei $\eta \approx 0{,}6$ bis 0,8.
Der in Bild 9.4 mit A gekennzeichnete Anschlußpunkt der Diode liegt also auf einem Potential

$$U_A = \eta \cdot U_{BB} \approx 0{,}6 \text{ bis } 0{,}8 \cdot U_{BB}.$$

Solange die Eingangsspannung U_{EB1} kleiner als $\eta \cdot U_{BB}$ ist, wird die Diode in Sperrichtung betrieben und es fließt lediglich ein sehr kleiner Sperrstrom ($-I_{EB1} \approx 20$ nA).
Wird jedoch

$$U_{EB1} > U_F + \eta \cdot U_{BB} \quad (U_F \approx 0{,}7 \text{ V})$$

so erfolgt ein Betrieb der Diode in Durchlaßrichtung und es fließt ein Emitterstrom I_E.
Die Spannung, bei der der Übergang vom gesperrten in den leitenden Zustand der Diode auftritt, wird als Höckerspannung U_{EP} bezeichnet, wobei das P im Index von peak (engl.) = Spitze abgeleitet ist.
Es gilt:

Höckerspannung $$U_{EP} = U_F + \eta \cdot U_{BB}.$$

Bild 9.5 zeigt die Kennlinie eines UJTs. Als Parameter wurde eine Spannung $U_{BB} = 10$ V gewählt.

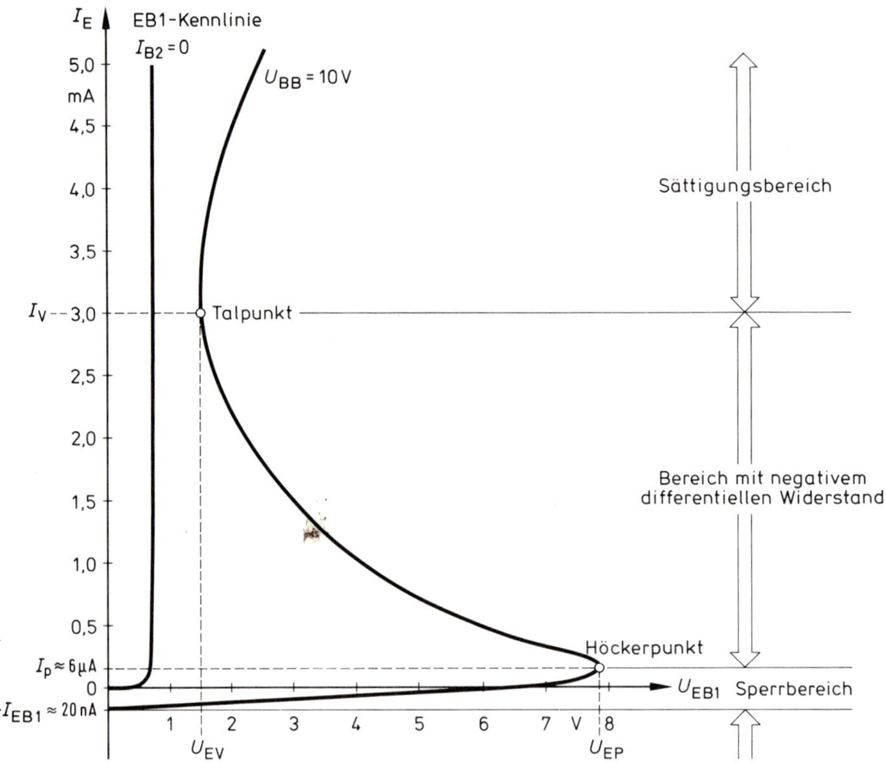

Bild 9.5 Kennlinie eines Unijunction-Transistors

Im unteren Bereich der Kennlinie des UJTs ist die Diode gesperrt und es fließt nur der sehr kleine Sperrstrom $-I_{EB1} \approx 20$ nA. Bei der Darstellung in Bild 9.5 ist zu beachten, daß der Strommaßstab im Sperrbereich gegenüber dem Strommaßstab im Durchlaßbereich stark vergrößert ist.

Wird $U_{EB1} > U_{EP}$, so fließt ein Emitterstrom und es werden Löcher in das n-dotierte Si-Material injiziert. Diese Löcher bewegen sich in Richtung B1 und vergrößern damit die Leitfähigkeit der Strecke zwischen E und B1. Der Teilwiderstand r_{B1} wird damit niederohmiger und das Spannungsteilerverhältnis r_{B2} zu r_{B1} ändert sich. Daher fließt jetzt bei einer geringeren Spannung U_{EB1} ein größerer Strom I_E als vorher bei einer größeren Spannung U_{EB1}. Ein derartiges Verhalten weist auf einen negativen differentiellen Widerstand hin. Der Bereich dieses negativen differentiellen Widerstandes erstreckt sich beim UJT vom Höckerpunkt, der oft auch Zündpunkt genannt wird, bis zum Talpunkt. Die Spannung im Talpunkt wird mit U_{EV} und der Strom mit I_V bezeichnet, wobei das V im Index von valley (engl.) = Tal abgeleitet ist. Vom Talpunkt an beginnt der Sättigungsbereich, weil jetzt eine weitere Verringerung von r_{B1} durch Ladungsträgerinjektion nicht mehr möglich ist. Die UJT-Kennlinie geht daher über in die Kennlinie einer normalen Si-Dioden-Kennlinie und der Strom I_E steigt mit steigender Spannung U_{EB1} wieder an.

Nach Überschreiten des Höckerpunktes durchläuft der Arbeitspunkt des UJT sehr schnell den Bereich des negativen differentiellen Widerstandes. Dieser Vorgang wird auch als »Zünden« des Unijunction-Transistors bezeichnet. Das Umschalten vom hochohmigen Zustand in den niederohmigen Zustand erfolgt beim UJT innerhalb von nur einigen hundert Nanosekunden. Der Unijunction-Transistor kippt aber auch etwa genauso schnell vom niederohmigen Zustand in den hochohmigen Zustand wieder zurück, sobald die Spannung U_{EB1} unter den Wert der Talspannung absinkt, also $U_{EB1} < U_{EV}$ wird.

Wegen dieses Verhaltens werden Unijunction-Transistoren als spannungsgesteuerte elektronische Schalter bezeichnet. Sie »kippen« in den Schaltzustand »Ein«, wenn die Eingangsspannung U_{EB1} größer als die Höckerspannung U_{EP} wird und sie »kippen« wieder in den Schaltzustand »Aus« zurück, wenn $U_{EB1} < U_{EV}$ wird. Aufgrund dieser Eigenschaften werden Unijunction-Transistoren in Schwellwertschaltern und Impulsgeneratoren eingesetzt.

9.2.3 Kennwerte

Die Hersteller geben in ihren Datenblättern für Unijunction-Transistoren in der Regel keine speziellen Kennlinien an. Sie beschränken sich vielmehr auf die Wiedergabe einer charakteristischen Kennlinie, in der die Definitionen der einzelnen Kennwerte angegeben sind. **Bild 9.6** zeigt die charakteristische Kennlinie des UJTs. Im Gegensatz zu den sonst üblichen Darstellungen ist hier die Spannung auf der Y-Achse und der Strom auf der X-Achse aufgetragen.

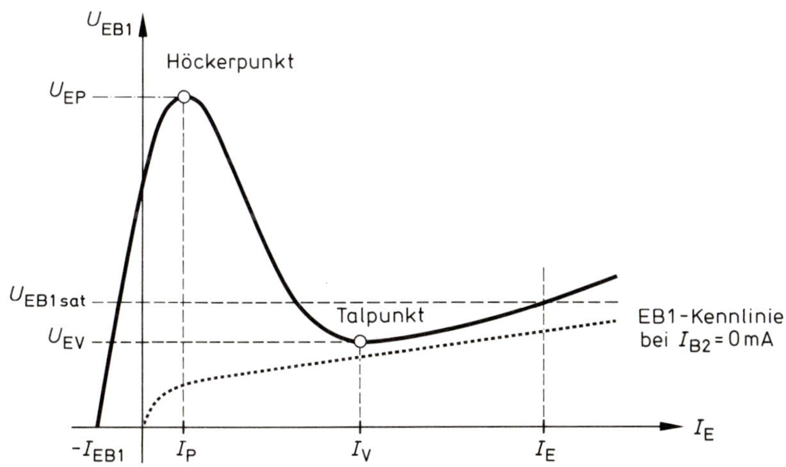

Bild 9.6 Charakteristische Kennlinie von Unijunction-Transistoren

Auch bei den Unijunction-Transistoren wird zwischen Grenzdaten und Kenndaten unterschieden. Als Grenzdaten sind Werte angegeben, die nicht überschritten werden dürfen. Bei den Kenndaten handelt es sich um Werte, die das Verhalten in bestimmten Arbeitspunkten kennzeichnen.

9.2.3.1 Grenzdaten

UJTs können auf verschiedene Weise elektrisch überbeansprucht werden:

1. durch eine zu hohe Interbasisspannung $U_{BB} > U_{BB\,max}$
2. durch eine zu hohe Emitter-Basis 1-Sperrspannung $-U_{EB1} > -U_{EB1\,max}$
3. durch einen zu hohen Emitterstoßstrom $I_E > I_{E\,max}$
4. durch eine zu hohe Gesamtverlustleistung $P_V > P_{tot}$
5. durch eine zu hohe Sperrschichttemperatur $T_J > T_{J\,max}$

9.2.3.2 Kenndaten

Als Kenndaten werden neben den statischen Kenndaten

Interbasiswiderstand R_{BB} und sein
Temperaturkoeffizient TK_{RBB}

alle Werte angegeben, die in der Kennlinie nach Bild 9.6 definiert sind. Es sind dies:

Emitter-Reststrom	$-I_{EB1}$
Emitter-Restspannung	$U_{EB1\,sat}$
Interbasis-Strom	I_{B1B2}
Inneres Spannungsverhältnis (auch Ein-Aus-Verhältnis)	η
Höckerpunkt-Emitterstrom	I_P
Talpunkt-Emitterstrom	I_V
Emitter-Talspannung	U_{EV}

Aus der Kennlinienschar eines UJT entsprechend **Bild 9.7** ist zu erkennen, daß

die Höckerspannung U_{EP}
die Talspannung U_{EV} und
der Talstrom I_V

von der Interbasisspannung U_{BB} abhängig sind.

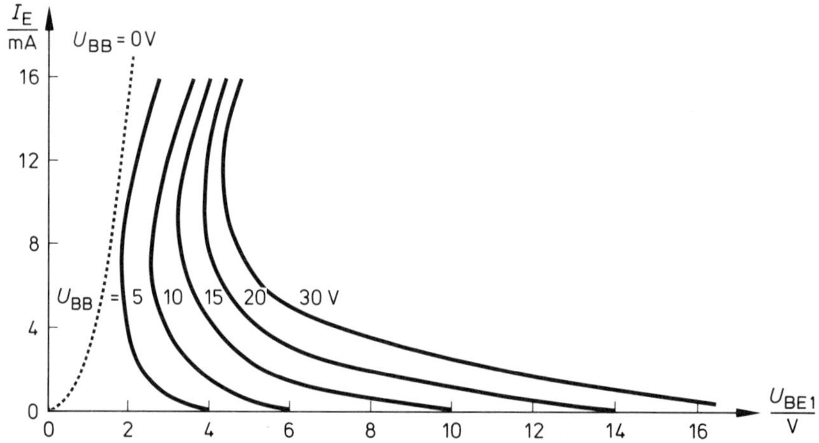

Bild 9.7 Kennlinienfeld eines handelsüblichen UJTs

In das Kennlinienfeld nach Bild 9.7 ist auch die Kennlinie für $U_{BB} = 0$ V eingetragen. Es handelt sich hierbei um die Durchlaßkennlinie der Emitter-Basis 1-Diode bei offenem B2-Anschluß.

9.2.3.3 Original-Datenblatt

In **Bild 9.8** ist als Beispiel das Original-Datenblatt eines Unijunction-Transistors vom Typ 2N2646 wiedergegeben.

Silizium-PN-Unijunction-Transistor 2N2646

für Impulsgeber und Zeitschalter und zur Steuerung von Thyristoren

Mechanische Daten:

Gehäuse: Metall, JEDEC TO-18,
18 A 3 DIN 41 876
Der Anschluß B2 ist mit dem Gehäuse leitend verbunden.
Maßangaben in mm.

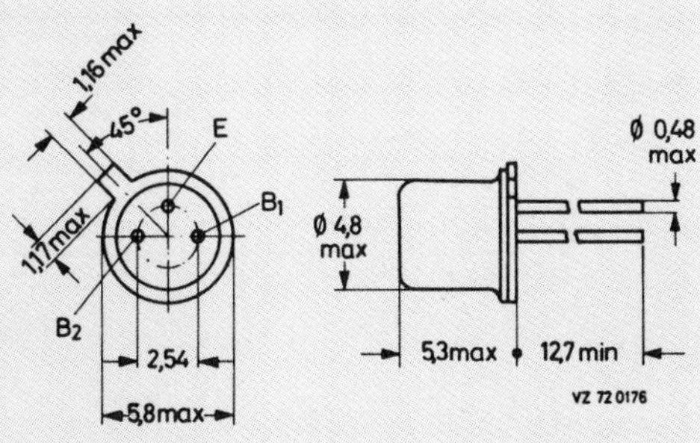

Kurzdaten:

Emitter-Basis 2-Spannung	$-U_{EB2}$	= max. 30 V
Emitterstrom, Spitzenwert	I_{EM}	= max. 2 A
Gesamtverlustleistung	P_{tot}	= max. 300 mW
Sperrschichttemperatur	ϑ_J	= max. 125 °C
Statischer Interbasis-Widerstand bei $U_{BB} = 3$ V, $I_E = 0$	R_{BB}	= 7 kΩ
Emitter-Restspannung bei $U_{BB} = 10$ V, $I_E = 50$ mA	$U_{EB1\,sat}$	= 3,5 V
Talpunkt-Emitterstrom	I_{EV}	= 6 mA
Höckerpunkt-Emitterstrom	I_{EP}	= 1 µA

Absolute Grenzwerte: (gültig bis $\vartheta_{J\,max}$)

Emitter-Basis 1-Sperrspannung	$-U_{EB1}$	= max. 30 V
Interbasis-Spannung	U_{BB}	= max. 35 V
Emitterstrom, Mittelwert	I_{EAV}	= max. 50 mA
Emitterstrom, Spitzenwert[1])	I_{EM}	= max. 2 A
Gesamtverlustleistung bei $\vartheta_U \leqq 25$ °C[2])	P_{tot}	= max. 300 mW
Sperrschichttemperatur	ϑ_J	= max. 125 °C
Lagerungstemperatur	ϑ_S	= min. −65 °C
	ϑ_S	= max. 150 °C

[1]) z. B. Kondensator-Entladung $\leqq 10$ µF bei $\leqq 30$ V
[2]) muß durch die äußere Beschaltung begrenzt werden

Wärmewiderstand:

zwischen Sperrschicht und Umgebung	R_{thU}	$\leqq$ 0,33 K/mW

Kennwerte: bei $\vartheta_U = 25\,°C$, sofern nicht anders angegeben

Statischer Interbasis-Widerstand bei $U_{BB} = 3\,V$, $I_E = 0$	R_{BB}	$= 7{,}0\ (4{,}7 \ldots 9{,}1)\ k\Omega$
Temperaturkoeffizient des stat. Interbasis-Widerstandes bei $U_{BB} = 3\,V$, $I_E = 0$ und $\vartheta_U = -55 \ldots +125\,°C$	TK_{RBB}	$= 0{,}1 \ldots 0{,}9\,\%/K$
Emitter-Reststrom bei $-U_{EB1} = 30\,V$, $I_{B2} = 0$	$-I_{EB2\,0}$	$= 0{,}005\ (\leqq 12)\ \mu A$
Emitter-Restspannung bei $U_{BB} = 10\,V$, $I_E = 50\,mA$	$U_{EB1\,sat}$	$= 3{,}5\,V$
Modulierter Interbasisstrom bei $U_{BB} = 10\,V$, $I_E = 50\,mA$	$I_{B2\,mod}$	$= 15\,mA$
Ein-Aus-Verhältnis[1]) bei $U_{BB} = 10\,V$	η	$= 0{,}56 \ldots 0{,}75$
Höckerpunkt-Emitterstrom bei $U_{BB} = 25\,V$	I_{EP}	$= 1\ (\leqq 5)\ \mu A$
Talpunkt-Emitterstrom bei $U_{BB} = 20\,V$, $R_{B2} = 100\,\Omega$	I_{EV}	$= 6\ (\geqq 4)\ mA$
Basis 1-Impuls-Ausgangsspannung	$U_{0\,B1\,M}$	$= 5\ (\geqq 3)\ V$

---

[1]) $\eta = (U_{EP} - U_{EB1})/U_{BB}$

mit U_P = Höckerpunkt-Emitterspannung

U_{EB1} = Emitter-Basis 1-Durchlaßspannung, ca. 0,5 V bei 10 µA

U_{BB} = Interbasis-Spannung

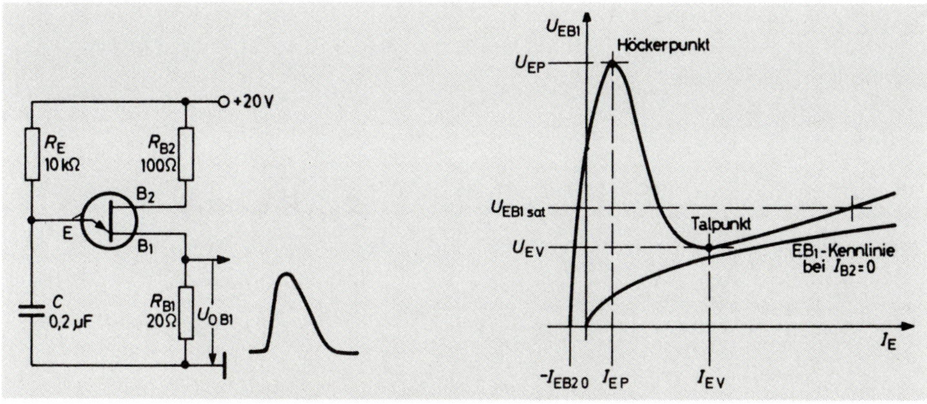

Bild 9.8 Original-Datenblatt des Unijunction-Transistors 2N2646

9.2.4 Anwendungsbeispiel

Wegen ihres Schaltverhaltens werden Unijunction-Transistoren hauptsächlich in Sägezahn- oder Zündgeneratoren für Thyristoren eingesetzt. Da die Größe der Höckerspannung U_{EP} nur von der Größe der Interbasisspannung U_{BB} abhängt und sie sich zeitlich nur sehr wenig verändert, lassen sich mit UJTs relativ frequenzkonstante Kippgeneratoren aufbauen. **Bild 9.9** zeigt einen einfachen Sägezahn- und Impulsgenerator mit UJT.

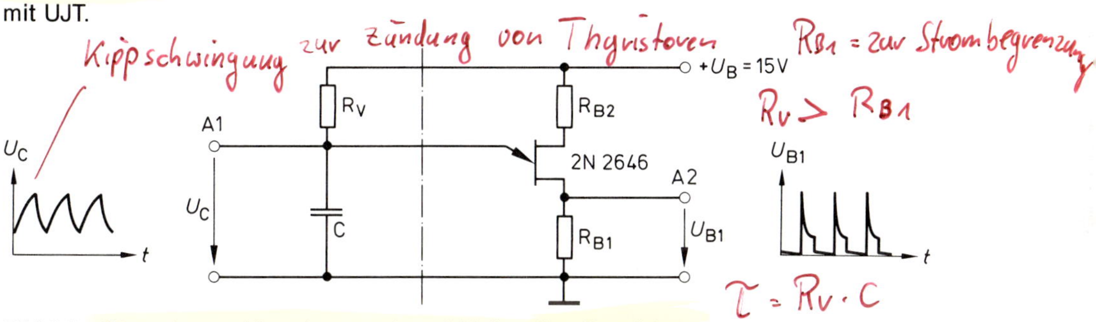

Bild 9.9 Sägezahn- und Impulsgenerator mit Unijunction-Transistor

Wird an die Generatorschaltung nach Bild 9.9 die Betriebsspannung U_B gelegt, so ist zunächst $U_C = 0$ V. Da U_C als Steuerspannung des UJT wirkt, ist dieser zunächst gesperrt und es fließt nur der vernachlässigbar kleine Sperrstrom $-I_{EB1}$. Infolge der Aufladung des Kondensators C steigt seine Spannung nach einer e-Funktion an. Wird U_C größer als die Höckerspannung U_{EP}, wird der UJT schagartig niederohmig und es fließt ein Kondensator-Entladestrom über die Emitter-Basis 1-Strecke. Er wird begrenzt durch den Schutzwiderstand R_{B1}. Da der Widerstand R_{B1} wesentlich niederohmiger als der Ladewiderstand R_V ist, sinkt die Spannung am Kondensator nach der Zündung des UJT sehr schnell ab. Wird dabei U_C kleiner als die Talspannung, so sperrt der UJT wieder und ein neuer Aufladevorgang des Kondensators beginnt. Diese ständigen Auf- und Entladevorgänge wiederholen sich dann fortlaufend.

Der Generator nach Bild 9.9 hat zwei Ausgänge. Am Ausgang A1 liegt die Kondensatorspannung U_C, die näherungsweise als Sägezahnspannung betrachtet werden kann. Am

Ausgang A2 treten dagegen kurzzeitige Nadelimpulse auf, die vom Kondensator-Entladestrom am Widerstand R_{B1} erzeugt werden. In **Bild 9.10** sind die beiden Ausgangsspannungen dargestellt.

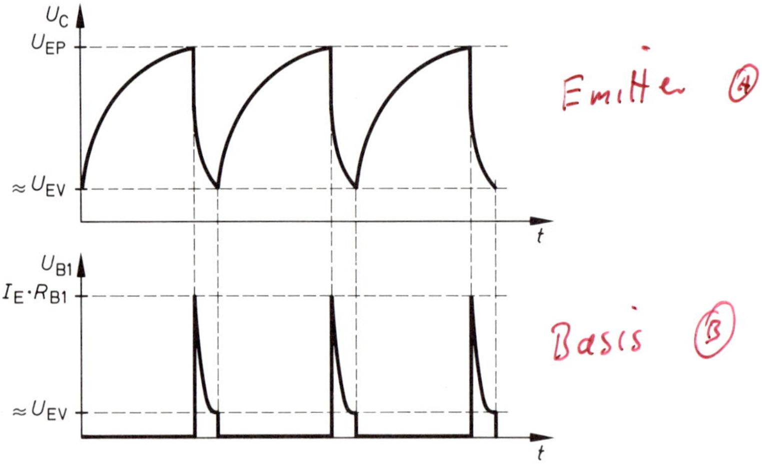

Bild 9.10 Ausgangsspannungen U_{A1} und U_{A2} des Generators nach Bild 9.9

Der Widerstand R_{B1} hat die Aufgabe, diesen Kondensator-Entladestrom zu begrenzen. Sein Wert läßt sich näherungsweise mit der Gleichung

$$R_{B1} \approx 5 \cdot \frac{U_{EP}}{I_{E\,max}}$$

U_{EP} = Höckerspannung
$I_{E\,max}$ = maximaler Emitterstrom

berechnen.

Der Widerstand R_{B2} dient im wesentlichen zur Temperaturkompensation des UJT und zur Begrenzung des Interbasisstromes. Günstige Werte für R_{B2} lassen sich mit Hilfe der Gleichung

$$R_{B2} \approx \frac{0{,}7\,\text{V} \cdot R_{BB}}{\eta \cdot U_B}$$

R_{BB} = Interbasiswiderstand
U_B = Betriebsspannung
η = Inneres Spannungsverhältnis

ermitteln.

Der Kondensator C wird in jeder Periode von $U_C \approx U_{EV}$ auf $U_C \approx U_{EP}$ aufgeladen. Für die Ladezeit t gilt daher angenähert:

$$t \approx R_V \cdot C \cdot \ln \frac{U_B}{U_B - U_{EP}}$$

Da die Entladezeit des Kondensators hier sehr viel kürzer als die Aufladezeit ist, gilt für die Frequenz der Sägezahnspannung und der Impulsspannung angenähert:

$$f \approx \frac{1}{t}$$

Durch Änderung des Vorwiderstandes kann die Frequenz der Generatorspannungen in einfacher Weise verändert werden.

Beispiel

Mit einem UJT vom Typ 2N2646 soll ein Sägezahngenerator entsprechend Schaltbild 9.9 aufgebaut werden. Die Betriebsspannung soll $U_B = 15$ V und die Generatorfrequenz $f \approx 80$ Hz betragen.
Die für die Dimensionierung der Schaltung erforderlichen Kennwerte des UJT lassen sich dem Datenblatt in Bild 9.8 entnehmen:

$\eta = 0{,}56 \ldots 0{,}75$; $R_{BB} = 7\ \text{k}\Omega$; $I_{E\,max} = 2$ A.

$$R_{B2} \approx \frac{0{,}7\ \text{V} \cdot R_{BB}}{\eta \cdot U_B} = \frac{0{,}7\ \text{V} \cdot 7\ \text{k}\Omega}{0{,}7 \cdot 15\ \text{V}} = 466\ \Omega \qquad \text{mit } \eta = 0{,}7$$

Gewählt: Normwert $R_{B2} = 470\ \Omega$

$$R_{B1} \approx 5 \cdot \frac{U_{EP}}{I_{E\,max}} = 5 \cdot \frac{U_F + \eta \cdot U_{BB}}{I_{E\,max}} \approx 5 \cdot \frac{0{,}7\ \text{V} + 0{,}7 \cdot 10\ \text{V}}{2\ \text{A}} = 5 \cdot \frac{7{,}7\ \text{V}}{2\ \text{A}} \approx 19{,}2\ \Omega$$

Gewählt: Normwert $R_{B1} = 22\ \Omega$

$$t \approx \frac{1}{f} = \frac{1}{80\ \text{Hz}} = 12{,}5\ \text{ms}$$

Gewählt: $C = 0{,}15\ \mu\text{F}$

$$t \approx R_V \cdot C \cdot \ln \frac{U_B}{U_B - U_{EP}}$$

$$R_V \approx \frac{t}{C \cdot \ln \dfrac{U_B}{U_B - U_{EP}}} = \frac{12{,}5\ \text{ms} \cdot}{0{,}15\ \mu\text{F} \cdot \ln \dfrac{15\ \text{V}}{15\ \text{V} - 7{,}7\ \text{V}}} = \frac{12{,}5\ \text{ms}}{0{,}15\ \mu\text{F} \cdot 0{,}72} \approx 115{,}7\ \text{k}\Omega$$

Gewählt: Normwert $R_V = 120\ \text{k}\Omega$

Die in diesem Beispiel berechneten Werte können lediglich als Richtwerte angesehen werden. Bei ausgeführten Schaltungen liegt R_{B2} in der Regel zwischen 300 Ω und 500 Ω und R_{B1} zwischen 20 Ω und 60 Ω.

Der Verlauf der Sägezahnspannung am Ausgang A1 des Sägezahngenerators wird erheblich linearer, wenn die Aufladung des Kondensators mit konstantem Strom erfolgt. Eine einfache Möglichkeit bietet eine Konstantstromquelle mit Sperrschicht-FET, wie sie in Abschnitt 5.7.3 beschrieben ist. Sie kann anstelle des Vorwiderstandes R_V zwischen Betriebsspannung und Kondensator angeschlossen werden.

9.3 Thyristordioden

9.3.1 Einrichtungs-Thyristordioden (Vierschichtdioden)

9.3.1.1 Technologischer Aufbau

Einrichtungs-Thyristordioden bestehen aus einem kleinen Plättchen eines Silizium-Einkristalls, bei dem vier Schichten mit wechselnder Leitfähigkeit aufeinander folgen. Daher werden Einrichtungs-Thyristordioden auch als Vierschichtdioden bezeichnet. **Bild 9.11** zeigt den technologischen Aufbau von Vierschichtdioden.

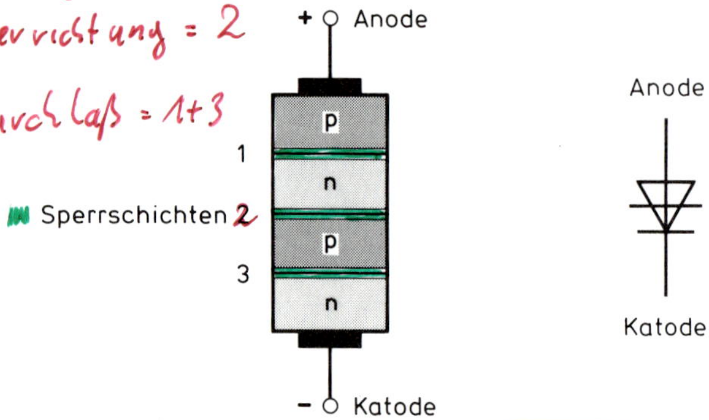

Bild 9.11 Technologischer Aufbau und Schaltzeichen von Einrichtungs-Thyristordioden

Vierschichtdioden haben entsprechend Bild 9.11 die Zonenfolge pnpn. Lediglich an den beiden äußeren Zonen sind zwei Anschlüsse sperrschichtfrei aufgebracht. Der Anschluß, der an der p-Si-Schicht liegt, wird als Anode, der Anschluß an der n-Si-Schicht als Katode bezeichnet. Wegen der vier aufeinanderfolgenden Halbleiterzonen sind in einer Vierschichtdiode drei Sperrschichten vorhanden, die in Bild 9.11 als Sperrschichten 1, 2 oder 3 gekennzeichnet sind.

9.3.1.2 Wirkungsweise

Bild 9.12 zeigt die Grundschaltung für Vierschichtdioden.

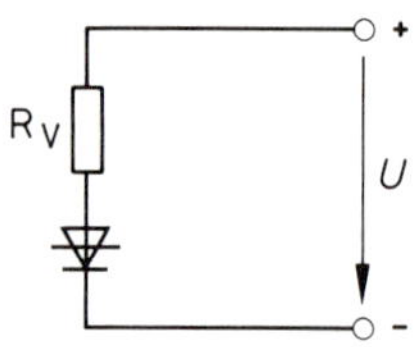

Bild 9.12 Grundschaltung für Vierschichtdioden

Wird über den Vorwiderstand R_V eine kleine Spannung mit der in Bild 9.12 angegebenen Polarität an die Vierschichtdiode gelegt, so werden die Sperrschichten der in Bild 9.11 angegebenen pn-Übergänge 1 und 3 in Durchlaßrichtung betrieben. Es kann aber kein Strom fließen, weil der pn-Übergang 2 in Sperrichtung gepolt ist. Es fällt deshalb auch fast die gesamte anliegende Spannung an dieser Sperrschicht 2 ab. Der pn-Übergang 2 wirkt wie eine in Sperrichtung gepolte Si-Diode. Er sperrt oder blockiert den Strom durch das Bauelement, so daß in diesem Blockierzustand lediglich ein sehr kleiner Sperrstrom durch die Vierschichtdiode fließen kann. Auch bei weiterer Erhöhung der anliegenden Spannung wird ein Stromfluß durch die Sperrschicht 2 noch verhindert. Die Kennlinie der Vierschichtdiode in **Bild 9.13** verläuft in diesem Blockierbereich fast parallel zur Nullinie.

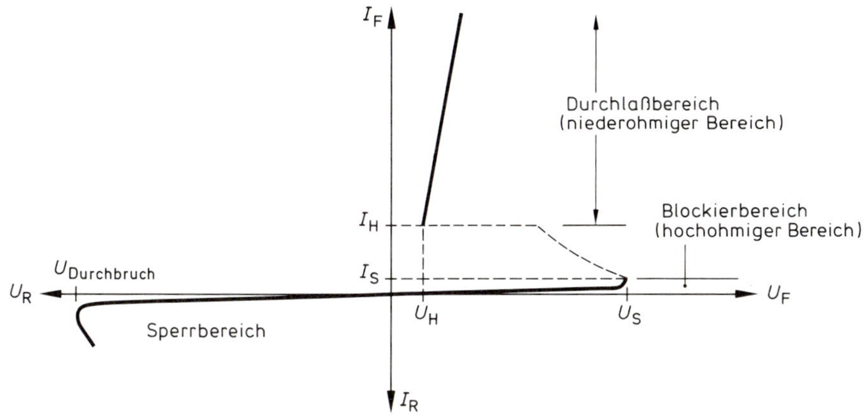

Bild 9.13 Charakteristische Kennlinie von Einrichtungs-Thyristordioden

Wird die angelegte Spannung noch weiter erhöht, so steigt auch die Feldstärke in der Sperrschicht 2 immer mehr an. Bei einem bestimmten Spannungswert wird die Feldstärke dann jedoch so groß, daß ein Durchbruch in den in Sperrichtung gepolten pn-Übergang auftritt. Der zugehörige Spannungswert wird als Schaltspannung U_S bezeichnet.

Infolge des Durchbruchs wird die Sperrschicht 2 niederohmig und es fließt plötzlich ein lawinenartig ansteigender Strom durch die Vierschichtdiode. Er wird nur durch den Vorwiderstand R_V begrenzt. Infolge des an R_V auftretenden Spannungsabfalls sowie der plötzlich niederohmig gewordenen pn-Sperrschicht 2 sinkt die Spannung an der Vierschichtdiode auf einen kleinen Wert ab. Diese Restspannung U_H beträgt etwa 0,5 bis 1,2 V. Die Einrichtungs-Thyristordiode arbeitet jetzt in Durchlaßbetrieb und ihr weiterer Kennlinienverlauf ähnelt dem einer Si-Diode.

Die Vierschichtdiode kippt erst dann wieder in den Sperrzustand zurück, wenn durch eine äußere Schaltungsmaßnahme der Haltestrom I_H unterschritten wird. Eine solche Schaltungsmaßnahme wird als Löschen bezeichnet.

Wird die in Bild 9.12 angegebene Spannung umgepolt, so liegt für die pn-Übergänge 1 und 3 ein Betrieb in Sperrichtung und nur für den pn-Übergang 2 ein Betrieb in Durchlaßrichtung vor. Da jetzt zwei Dioden gesperrt sind, wäre ein Durchbruch erst bei einer Spannung möglich, die wesentlich höher als die Schaltspannung U_S ist.

Eine Vierschichtdiode »zündet« also nur, wenn sie in Vorwärtsrichtung betrieben wird und die anliegende Spannung größer als ihre Schaltspannung U_S wird. Als Vorwärtsrichtung wird die Betriebsart bezeichnet, bei der die Anode positiver als die Katode der Vierschichtdiode ist. Auch bei Verringerung der anliegenden Spannung bleibt die Vierschichtdiode leitend. Sie »löscht« erst wieder, wenn der Haltestrom I_H unterschritten wird.

Einrichtungs-Thyristordioden sind heute lieferbar für Schaltspannungen von $U_S \approx 20$ bis 200 V. Die erforderlichen Halteströme liegen zwischen $I_H \approx 1$ und 45 mA.

Da der Übergang vom gesperrten in den leitenden Zustand und umgekehrt jeweils in nur einigen hundert Nanosekunden erfolgt, lassen sich Vierschichtdioden ähnlich wie UJTs in Sägezahn- und Impulsgeneratoren einsetzen.

9.3.1.3 Kennwerte

Genau wie für andere Halbleiter-Bauelemente geben die Hersteller auch für die Vierschichtdioden Grenz- und Kenndaten an. Die Definitionen für die einzelnen Kenndaten sind in Bild 9.13 ersichtlich. Als Beispiel für die Kennwerte von Vierschichtdioden zeigt das **Bild 9.14** das Datenblatt für die Typenreihe 4 E20-8 … 4 E200-28.

Silizium-Vierschichtdioden **4 E20-8…4 E200-28**

für Kippschaltungen, Impulsverstärker, Zählstufen usw.
Alle Typen sind auch in MIL-Ausführung lieferbar, Zusatz »M« zur Typenbezeichnung.

Glasgehäuse JEDEC DO-7
51 A 2 nach DIN 41 880
Gewicht ca. 0,2 g
Maße in mm

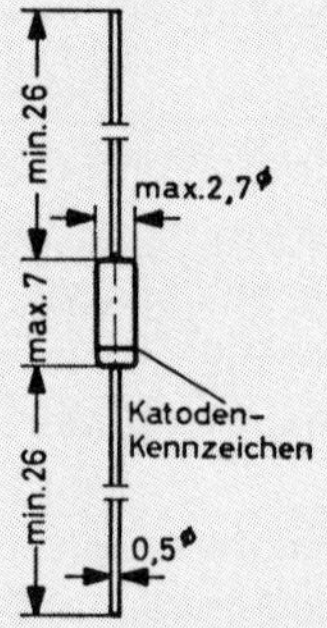

Grenzwerte

Dauergleichstrom	I_F	150	mA
Impulsstrom[1])	I_{FM}	10	A
Verlustleistung bei $T_U < 50\,°C$	P_{tot}	150	mW
Umgebungstemperatur	T_U	−40…+65	°C

Kennwerte bei $T_U = 25\,°C$

Typ	Schaltspannung U_S/V	Haltestrom I_H/mA
4 E20-8	20 ± 4	1 … 15
4 E20-28	20 ± 4	14 … 45
4 E30-8	30 ± 4	1 … 15
4 E30-28	30 ± 4	14 … 45
4 E40-8	40 ± 4	1 … 15
4 E40-28	40 ± 4	14 … 45
4 E50-8	50 ± 4	1 … 15
4 E50-28	50 ± 4	14 … 45
4 E100-8	100 ± 10	1 … 15
4 E100-28	100 ± 10	14 … 45
4 E200-8	200 ± 20	1 … 15
4 E200-28	200 ± 20	14 … 45

[1]) siehe Kurve

Schaltstrom	I_S	< 125	µA
Haltespannung	U_H	0,5 ... 1,2	V
Sperrstrom bei 0,75 U_S	I_D	< 15	µA
Inverse Abbruchspannung	U_{ab}	> 0,75 | U_S |	
Differentieller Durchlaßwiderstand bei $I_F = 70$ mA	r_t	< 2	Ω
Kapazität bei $U_R = 0$, $f = 10$ kHz	C	$\frac{2000}{U_S(V)}$	pF
Durchlaßspannung bei $I_F = 70$ mA	U_F	< 1,5	V
Einschaltzeit	t_{on}	0,1[1])	µs
Sperrverzug	t_{rr}	5[1])	µs
Wärmewiderstand Sperrschicht – umgebende Luft	R_{thU}	0,67	K/W

[1]) schaltungsabhängig

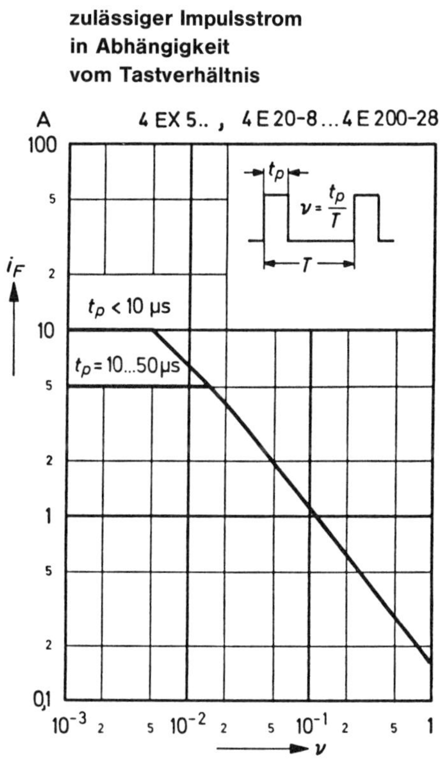

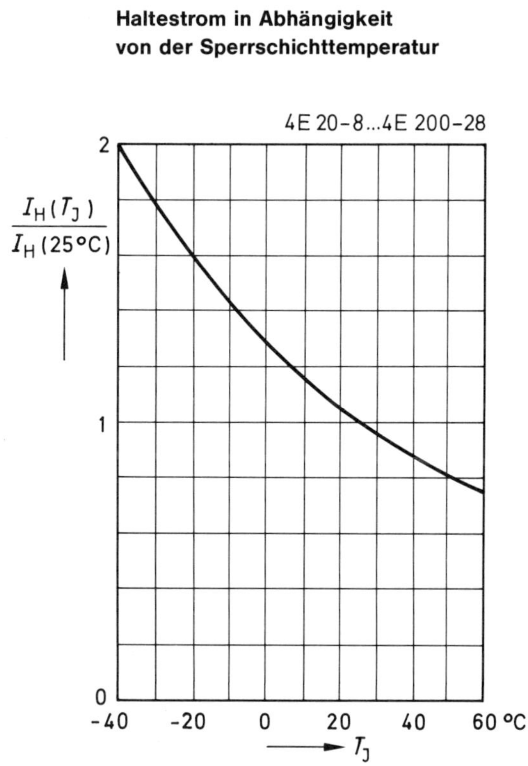

Bild 9.14 Original-Datenblatt für Vierschichtdioden der Typenreihe 4 E 20-8 ... 4 E 200-28

9.3.1.4 Anwendungsbeispiel

In **Bild 9.15** ist das Schaltbild für einen Sägezahngenerator mit Vierschichtdiode angegeben.

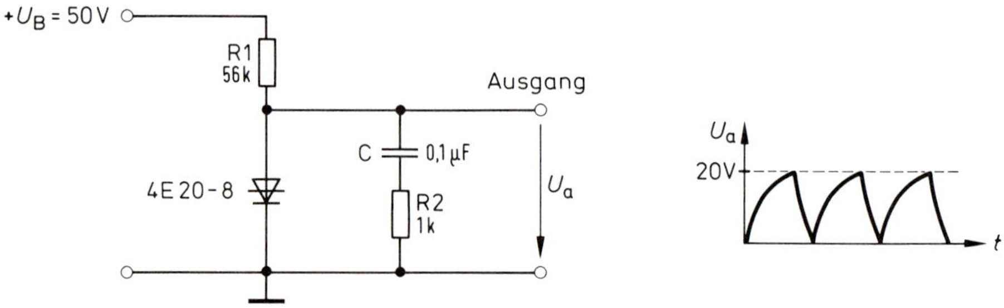

Bild 9.15 Schaltbild eines Sägezahngenerators mit Vierschichtdiode

Bei Anschluß der Schaltung an die Betriebsspannung wird der Kondensator C über die Widerstände R1 und R2 aufgeladen. Erreicht die Kondensatorspannung den Wert der Schaltspannung U_S der Vierschichtdiode, so zündet sie. Die Entladung des Kondensators erfolgt dann sehr schnell über den niederohmigen Durchlaßwiderstand und den Widerstand R2, der den Entladestrom begrenzt. Wird bei der weiteren Entladung der Haltestrom I_H der Vierschichtdiode unterschritten, so kippt sie wieder in den hochohmigen Zustand und es beginnt ein neuer Ladevorgang des Kondensators.
Die sägezahnförmige Ausgangsspannung des Generators ist umso linearer, je größer das Verhältnis der Betriebsspannung U_B zur Schaltspannung U_S ist, weil nur ein kleiner Ausschnitt der nach einer e-Funktion verlaufenden Ladekurve des Kondensators ausgenutzt wird.
Der Ladewiderstand R1 kann als Widerstandsgerade in das Kennlinienfeld der Vierschichtdiode eingetragen werden. Ist R1 zu hochohmig, wird der notwendige Haltestrom I_H nicht erreicht und die Vierschichtdiode kann nicht zünden. In **Bild 9.16** sind in das Kennlinienfeld als Beispiele die Widerstandsgeraden für $R1 = 10\,k\Omega$ und $R1 = 100\,k\Omega$ eingetragen.

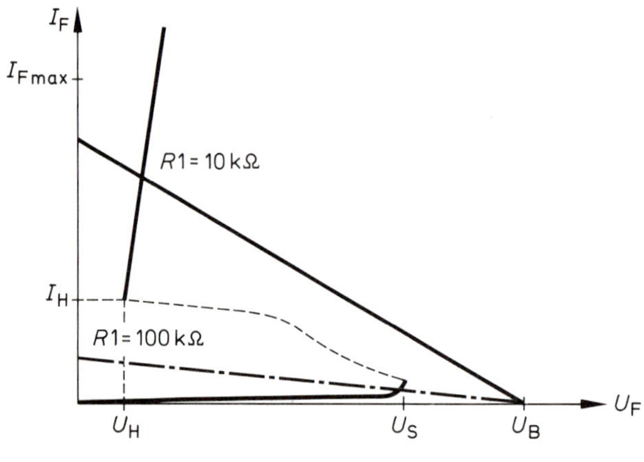

Bild 9.16 Kennlinienfeld einer Vierschichtdiode mit Widerstandsgeraden für zwei verschiedene Ladewiderstände $R1$

Aus Bild 9.16 kann abgeleitet werden, daß der Ladewiderstand im Bereich von

$$\frac{U_B}{I_H} > R1 > \frac{U_B}{I_{F\,max}}$$

liegen muß.

Für die Ladezeit gilt ähnlich wie bei der entsprechenden Generatorschaltung mit UJT:

$$t \approx R1 \cdot C \cdot \ln \frac{U_B}{U_B - U_S} \quad (R2 \text{ vernachlässigt})$$

Beispiel

Ein Sägezahngenerator entsprechend Bild 9.15 soll mit einer Vierschichtdiode vom Typ 4 E 20-8 und für eine Betriebsspannung $U_B = 50\,V$ aufgebaut werden.
Welchen Wert kann $R1$ maximal haben und welche Frequenz hat die Sägezahnspannung, wenn $C = 0{,}1\,\mu F$ und $R2 = 1\,k\Omega$ gewählt werden?

$$R1_{max} = \frac{U_B}{I_H} = \frac{50\,V}{1\,mA} = 50\,k\Omega$$

Gewählt: Normwert $R1 = 47\,k\Omega$

$$t \approx R1 \cdot C \cdot \ln \frac{U_B}{U_B - U_S} = 47\,k\Omega \cdot 0{,}1\,\mu F \cdot \ln \frac{50\,V}{50\,V - 20\,V}$$

$$t \approx 2{,}4\,ms$$

$$f \approx \frac{1}{t} = \frac{1}{2{,}4\,ms}$$

$$f \approx 420\,Hz$$

9.3.2 Zweirichtungs-Thyristordioden (Diacs)

9.3.2.1 Technologischer Aufbau

Einrichtungs-Thyristordioden können nur in Vorwärtsrichtung gezündet werden, also wenn ihre Anode positiver als ihre Katode ist. Zweirichtungs-Thyristordioden lassen sich dagegen in beiden Richtungen zünden, sowohl in Vorwärtsrichtung (Anode positiv gegenüber Katode) als auch in Rückwärtsrichtung (Anode negativ gegenüber Katode). Dieses Verhalten wird durch eine interne Antiparallelschaltung zweier Vierschichtdioden erreicht.

Bild 9.17 zeigt den Prinzipaufbau, den technologischen Aufbau und das Schaltzeichen von Zweirichtungs-Thyristordioden.

Die übliche Handelsbezeichnung von Zweirichtungs-Thyristordioden ist »Diac« (= *di*ode *a*lternating *c*urrent switch = Diodenwechselstromschalter). Verwendet werden aber auch die Bezeichnungen bi-switch, Triggerdiode oder bidirektionale Triggerdiode.

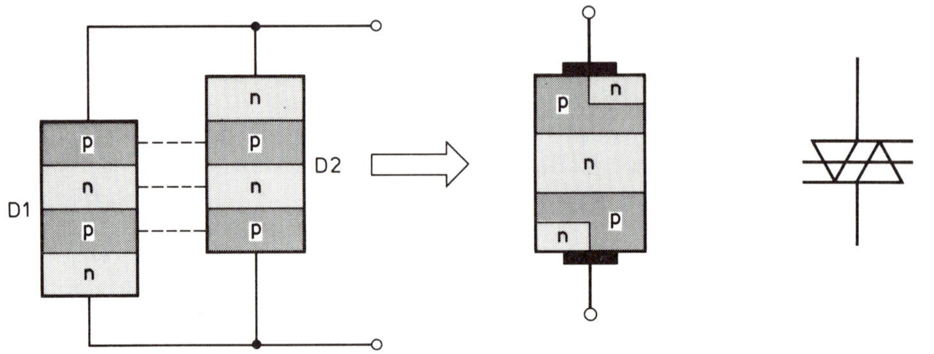

a) Prinzipaufbau b) Technologischer Aufbau c) Schaltzeichen

Bild 9.17 Zweirichtungs-Thyristordioden (Diacs)

9.3.2.2 Wirkungsweise

Bild 9.18 zeigt die charakteristische Kennlinie von Zweirichtungs-Thyristordioden. Sie hat im Vorwärtsbereich einen ähnlichen Verlauf wie die Kennlinie von Vierschichtdioden in Bild 9.13. Von $U_F = 0\,V$ ausgehend ist der Strom zunächst bis zur Durchbruchspannung $U_{(BR)F} \approx 32\,V$ blockiert. Nach Überschreiten der Durchbruchspannung fließt schlagartig ein Strom, der durch einen Vorwiderstand begrenzt werden muß.

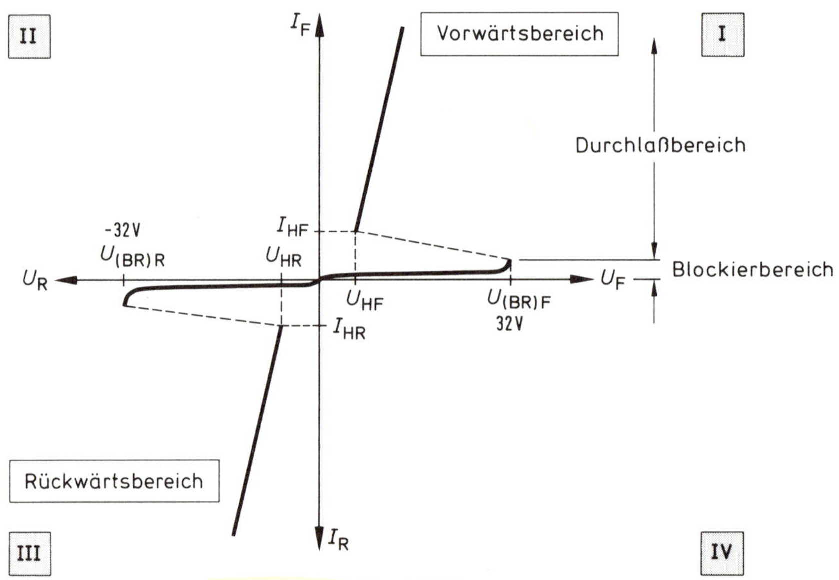

Bild 9.18 Charakteristische Kennlinie von Zweirichtungs-Thyristordioden

Da der Diac wie zwei Vierschichtdioden in Antiparallelschaltung aufgebaut ist, ergibt sich für den Rückwärtsbereich ein spiegelbildlicher Verlauf der Kennlinie. Von $U_R = 0\,V$ ausgehend ist der Strom bis zu Durchbruchspannung $U_{(BR)R}$ blockiert. Nach Überschreiten der Durchbruchspannung fließt ebenfalls schlagartig ein Strom, der durch den Vorwiderstand begrenzt wird.
Sowohl bei Betrieb im Vorwärtsbereich als auch bei Betrieb im Rückwärtsbereich kann der gezündete und damit niederohmige Diac nur durch Unterschreiten seines Haltestromes wieder in den Blockierzustand gebracht werden.
Aufgrund ihrer Kennlinie lassen sich Diacs als elektronische Wechselstromschalter verwenden. Sie werden jedoch nur für relativ kleine Ströme gefertigt und hauptsächlich zur Ansteuerung von Triacs eingesetzt.

9.3.2.3 Kennwerte

Bild 9.19 zeigt einen Kennlinienausschnitt, in dem die von den Herstellern verwendeten Kenndaten von Diacs angegeben sind.

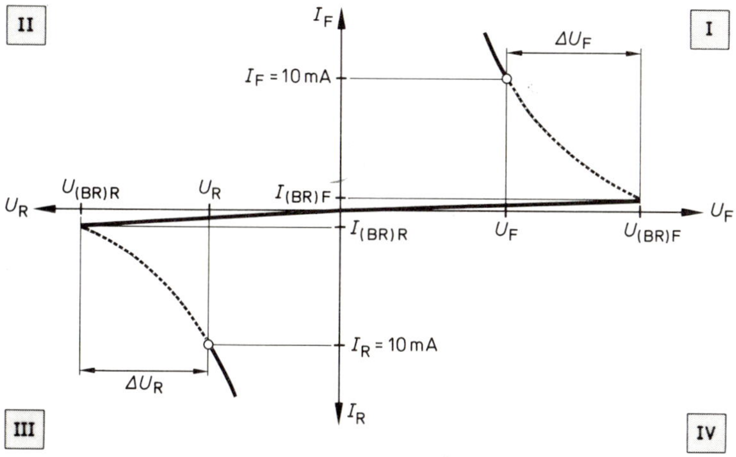

Bild 9.19 Kennlinienausschnitt mit Kenndaten von Diacs

In Bild 9.19 bedeuten:

$U_{(BR)F}$ = Durchbruchspannung in Vorwärtsrichtung
$U_{(BR)R}$ = Durchbruchspannung in Rückwärtsrichtung
(Die Abweichung von $U_{(BR)F}$ und $U_{(BR)R}$ darf nur etwa $\pm 4\,V$ betragen)
$I_{(BR)F}$ = Durchbruchstrom in Vorwärtsrichtung
$I_{(BR)R}$ = Durchbruchstrom in Rückwärtsrichtung
($I_{(BR)F}$ und $I_{(BR)R}$ sind die Ströme, die im Blockierzustand bei der Durchlaßspannung $U_{(BR)F}$ bzw. $U_{(BR)R}$ fließen)
ΔU = Rücklaufspannung = Spannungsdifferenz zwischen der Durchbruchspannung und der Spannung, die sich bei einem bestimmten Strom I_F bzw. I_R einstellt. Typische Werte sind $\Delta U_F \approx 6 \dots 8\,V$.

Neben diesen Werten geben die Hersteller noch eine Reihe weiterer Kennwerte wie Temperaturkoeffizient der Durchbruchspannung, Grenzdaten für die Verlustleistung und den maximalen Spitzenstrom an.

In **Bild 9.20** ist das Original-Datenblatt eines Diacs vom Typ A 9903 wiedergegeben. Auffällig ist auch hier, daß wiederum keine typischen *I*/*U*-Kennlinien wie bei anderen Halbleiter-Bauelementen zu finden sind.

Diac **A 9903**

Der Diac ist geeignet zur Ansteuerung von Triacs und Thyristoren.
Durch die Überschreitung der Durchbruchspannung in jeweils einer Polarität wird ein Triggerimpuls erzeugt.

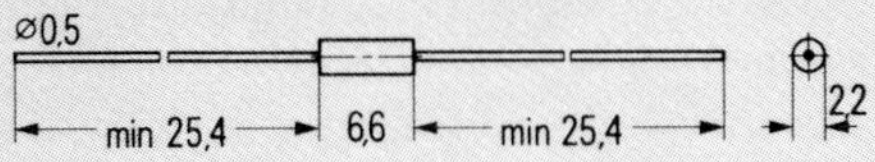

Maximale Werte bei $\vartheta_U = 25\,°C$		
Mittlere Verlustleistung	P_{tot}	150 mW
Maximaler Spitzenstrom für $t = 20\,\mu s$ Einschaltdauer, 0,5 % Tastverhältnis	I_{max}	1 A
Lagertemperaturbereich	ϑ_s	− 50 °C bis 150 °C
Spezifische Werte bei $\vartheta_U = 25\,°C$		
Durchbruchspannung symmetrisch	U_{BR}	32 ± 4 V
Durchbruchstrom	I_{BRF}, I_{BRR}	0,4 mA typ. 1,0 mA max.
Rücklaufspannung symmetrisch	ΔU	8 V typ. 6 V min.
Temperaturkoeffizient der Durchbruchspannung	α_{UBR}	0,1 %/°C

Durchlaßspannungsabfall
in Abhängigkeit von der Umgebungstemperatur

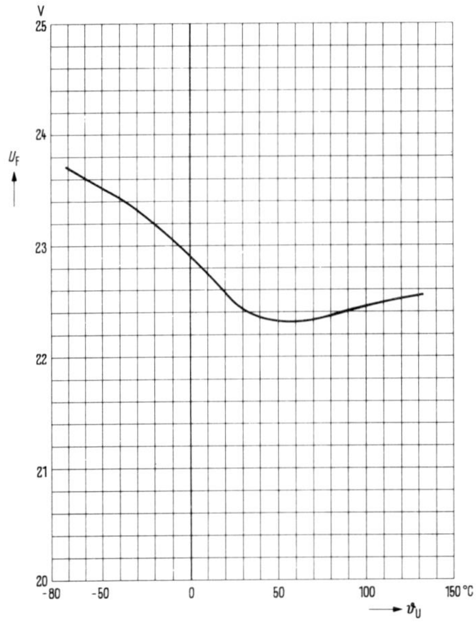

Sperrstrom
in Abhängigkeit von der Umgebungstemperatur

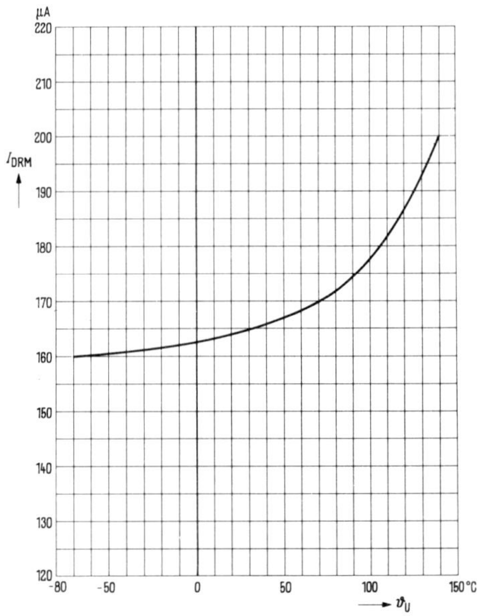

Bild 9.20 Original-Datenblatt eines Diacs vom Typ A 9903.
(Fortsetzung auf der nächsten Seite)

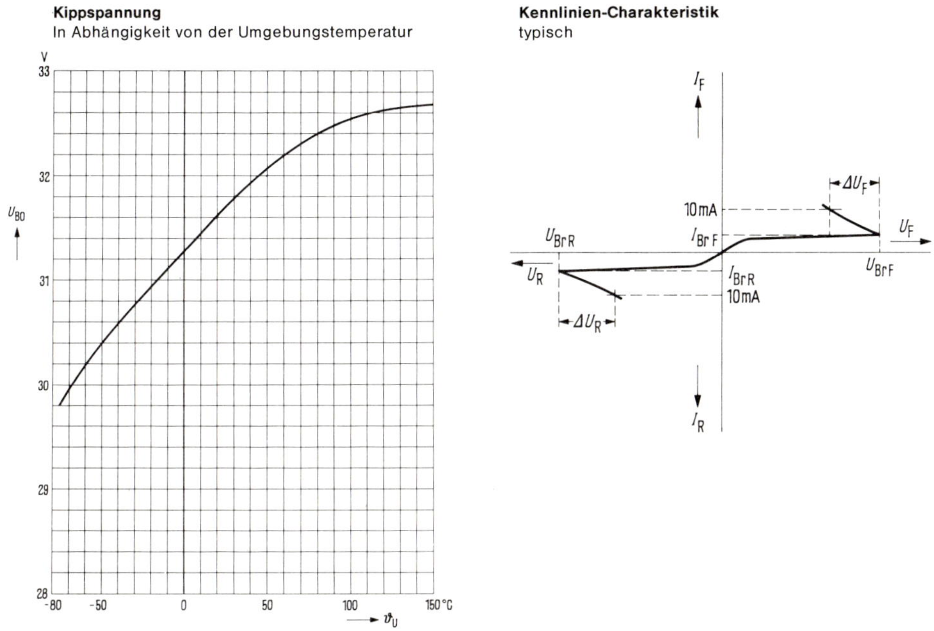

Bild 9.20 Original-Datenblatt eines Diacs vom Typ A 9903

9.3.2.4 Anwendungsbeispiel

Wegen seines Kippverhaltens in Vorwärts- und Rückwärtsrichtung werden Diacs hauptsächlich in Zündschaltungen für Triacs eingesetzt. **Bild 9.21** zeigt eine derartige Zündschaltung.

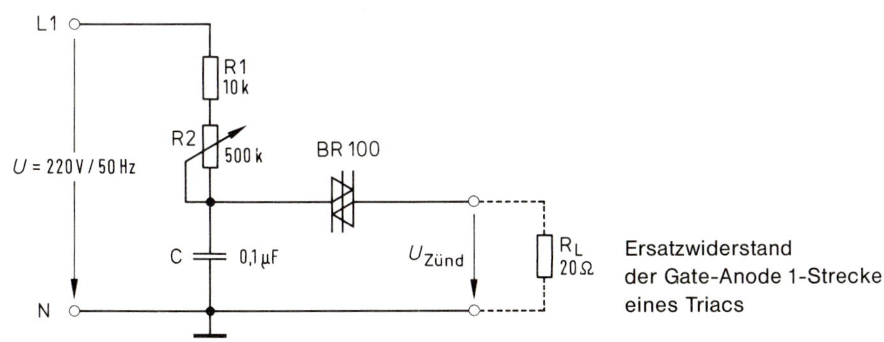

Bild 9.21 Zündschaltung mit einer Zweirichtungs-Thyristordiode

Die Schaltung nach Bild 9.21 ist für einen Betrieb am Wechselstromnetz ausgelegt. Der Kondensator C wird über die Widerstände R1 und R2 daher durch eine Wechselspan-

nung jeweils auf- und umgeladen. Die RC-Kombination muß so ausgelegt sein, daß die Ladespannung am Kondensator in jeder positiven Halbwelle $U_C > U_{(BR)F}$ und in jeder negativen Halbwelle $U_C > U_{(BR)R}$ wird. Hat der Diac in der positiven Halbwelle gezündet, so wird der Kondensator schlagartig über Diac und Lastwiderstand R_L entladen. Durch diesen Entladestrom entsteht an R_L ein kurzer positiver Impuls. Der Diac bleibt solange gezündet, bis sein Haltestrom I_{HF} unterschritten wird. Dies tritt in der Regel erst in der Nähe des nächsten Nulldurchganges der Wechselspannung ein. Der gleiche Vorgang wiederholt sich dann in der negativen Halbwelle.
Auf diese Weise wird in jeder positiven Halbwelle ein positiver Impuls und in jeder negativen Halbwelle ein negativer Impuls am Lastwiderstand R_L des Diacs erzeugt, der jeweils zum Zünden eines nachgeschalteten Triacs verwendet werden kann. Die Spannungshöhe und die Dauer der jeweils erzeugten Impulse hängen im wesentlichen von der Kapazität des Kondensators, dem Durchlaßwiderstand des Diacs und der Spannungsdifferenz ΔU des Diacs ab.
Durch Verstellen des Ladewiderstandes R2 kann der Zündzeitpunkt des Diacs während der Halbwellen verändert werden. Mit Hilfe der Zündschaltung nach Bild 9.21 lassen sich daher recht einfache Phasenanschnittschaltungen wie z. B. Lichtdimmer aufbauen, auf die noch in Abschnitt 9.5.6 eingegangen wird.

9.4 Einrichtungs-Thyristortrioden (Thyristoren)

9.4.1 Technologischer Aufbau und Wirkungsweise

Die Einrichtungs-Thyristortrioden werden allgemein als Thyristoren bezeichnet. Verwendet wird jedoch auch die Kurzform SCR, die von der englischen Bezeichnung *S*ilicon *C*ontrolled *R*ectifier abgeleitet ist. **Bild 9.22** zeigt den technologischen Aufbau von Thyristoren. Auf einem Trägerplättchen sind in der Reihenfolge pnpn vier verschiedene Halbleiterschichten aufgebracht. Die beiden äußeren Schichten sind als Anode (A) und Katode (K) mit sperrschichtfreien Anschlüssen versehen. Der zusätzliche Gateanschluß (G) ist als Steueranschluß ebenfalls sperrschichtfrei herausgeführt.

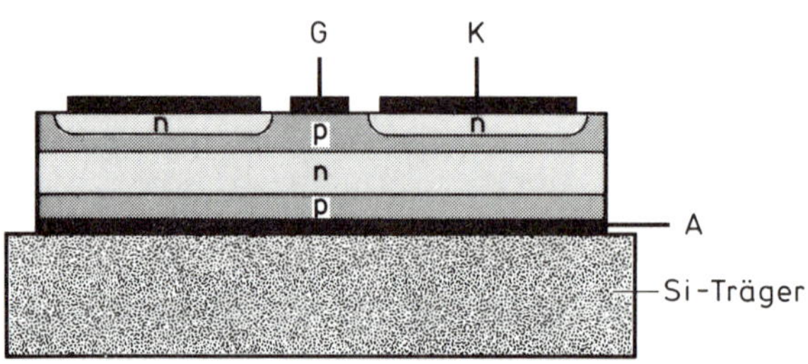

Bild 9.22 Technologischer Aufbau von Thyristoren

Von ihrem Aufbau her haben Thyristoren eine große Ähnlichkeit mit den in Abschnitt 9.3.1 behandelten Vierschichtdioden. Der zusätzliche Anschluß des Gates ist sowohl an der innenliegenden p-Schicht als auch an der innenliegenden n-Schicht möglich. Hieraus ergeben sich Unterscheidungsmerkmale für die Thyristoren.
In **Bild 9.23** sind der schematische Aufbau und die zugehörigen Schaltzeichen der beiden Bauarten von Einrichtungs-Thyristortrioden sowie der Einrichtungs-Thyristortetrode dargestellt.

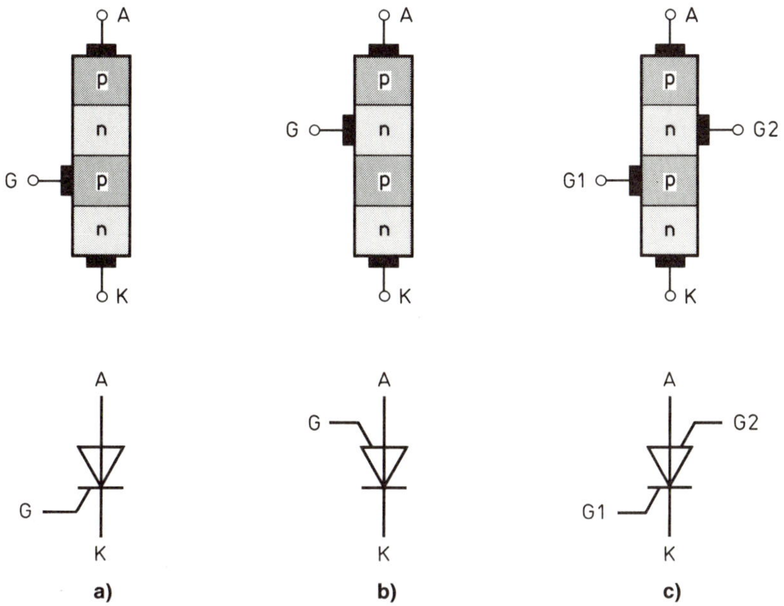

Bild 9.23 Schematischer Aufbau und Schaltzeichen von Einrichtungs-Thyristortrioden und -tetroden
a) Katodenseitig gesteuerte Thyristortriode
b) Anodenseitig gesteuerte Thyristortriode
c) Thyristortetrode

Die katodenseitig gesteuerten Thyristoren sind am weitesten verbreitet. Bei ihnen ist das Gate an der Zone angeschlossen, die der Katode am nächsten liegt, also an einer p-Zone. Bei den anodenseitig gesteuerten Thyristoren ist das Gate dagegen an der der Anode benachbarten n-Schicht angeschlossen. Die Thyristortetrode besitzt an beiden inneren Zonen einen Gateanschluß.
Außer den beiden in Bild 9.23 dargestellten Einrichtungs-Thyristortrioden gibt es noch eine Reihe weiterer Bauarten, die aber nur in besonderen Anwendungen praktische Bedeutung erlangt haben. Aus diesem Grund wird hier auf diese weiteren Bauarten nicht näher eingegangen. Da auch die anodenseitig gesteuerten Einrichtungs-Thyristortrioden sowie die Einrichtungs-Thyristortetrode in der Praxis nur selten zu finden sind, wird im folgenden nur noch der katodenseitig gesteuerte Thyristor behandelt.

Der katodenseitig gesteuerte Thyristor hat vier Zonenfolgen, so daß 3 pn-Übergänge entstehen. Jeder dieser Übergänge kann im Ersatzschaltbild als eine Diode dargestellt werden. **Bild 9.24** zeigt das Ersatzschaltbild eines katodenseitig gesteuerten Thyristors sowie die beiden möglichen Betriebsarten.

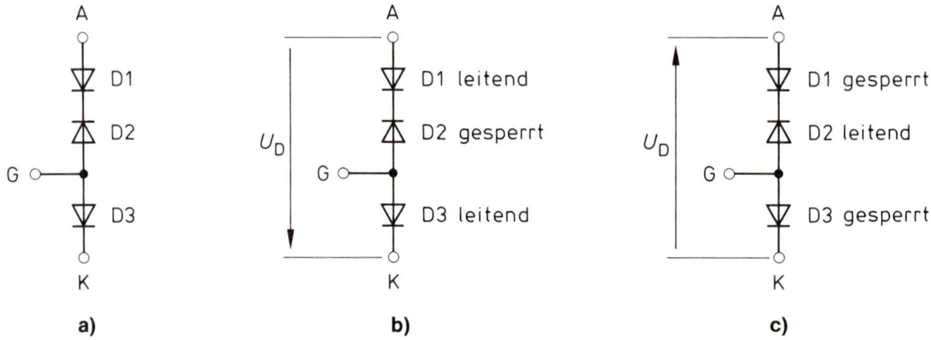

Bild 9.24 Ersatzschaltbild eines katodenseitig gesteuerten Thyristors sowie die beiden Betriebsarten
a) Ersatzschaltbild
b) Anode positiv gegenüber Katode
c) Anode negativ gegenüber Katode

In Bild 9.24 ist zu erkennen, daß das Gate an den Anoden der beiden gegeneinander geschalteten Dioden D2 und D3 liegt. Wird eine Spannung an den Thyristor gelegt, so daß die Anode positiv gegenüber der Katode ist, dann sind die Dioden D1 und D3 in Durchlaßrichtung gepolt. Die Diode D2 wird dagegen in Sperrichtung betrieben. In Bild 9.24c ist die Anode negativ gegenüber der Katode. In diesem Fall sind die Dioden D1 und D3 gesperrt, die Diode D2 ist dagegen leitend.
Unabhängig von der Polarität der zwischen Anode und Katode liegenden Spannung ist mindestens ein pn-Übergang gesperrt. Der Thyristor ist daher sowohl im Vorwärtsbetrieb (Anode positiv gegenüber Katode) als auch im Rückwärtsbetrieb (Anode negativ gegenüber Katode) zunächst gesperrt; es kann kein nennenswerter Strom fließen. Wird bei Vorwärtsbetrieb die Betriebsspannung weiter erhöht, so tritt nach Überschreiten eines bestimmten Spannungswertes ein Durchbruch der gesperrten Diode D2 auf. Dadurch kippt der Thyristor genau wie eine Vierschichtdiode schlagartig in einen leitenden Zustand. Dieser Vorgang wird auch beim Thyristor als »Überkopfzünden« bezeichnet und ist eine zulässige, reversible Betriebsmöglichkeit.
Bild 9.25 zeigt die charakteristische Kennlinie eines Thyristors für offenen Gateanschluß. Sie ähnelt in ihrem Verlauf weitgehend der Kennlinie der Vierschichtdioden in Bild 9.13.

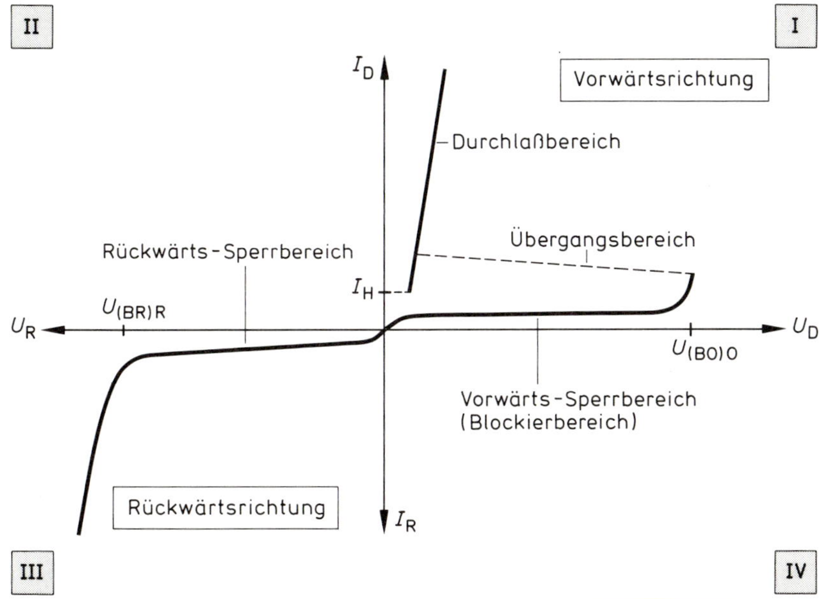

Bild 9.25 Charakteristische Kennlinie eines Thyristors bei offenem Gate

In Rückwärtsrichtung verhält sich der Thyristor ähnlich wie eine Diode. Solange die maximal zulässige Sperrspannung $U_{(BR)R}$ nicht überschritten wird, fließt nur ein sehr kleiner Sperrstrom I_R. Wird $U_{(BR)R}$ jedoch überschritten, kommt es zu einem lawinenartigen Anstieg des Sperrstromes I_R und der Thyristor wird in kürzester Zeit zerstört.

Bei Betrieb in Vorwärtsrichtung müssen drei verschiedene Kennlinienbereiche unterschieden werden. Von $U_D = 0\,V$ ausgehend ist der Thyristor in Vorwärtsrichtung zunächst noch gesperrt, da noch ein pn-Übergang in Sperrichtung gepolt ist. Dieser Bereich wird als Vorwärts-Sperrbereich oder Blockier-Bereich bezeichnet; es fließt nur ein sehr geringer Strom durch das Bauelement.

Wird U_D weiter erhöht, so kommt es bei einem bestimmten Spannungswert, der als Nullkippspannung $U_{(BO)0}$ bezeichnet wird, ohne Zerstörung des Thyristors zu einem Durchbruch in dem bisher gesperrten pn-Übergang. Er wird dadurch leitend und der Thyristor zündet. Infolge der gegenseitigen Beeinflussung der pn-Übergänge wird der Thyristor schlagartig niederohmig und der Durchlaßstrom I_D steigt im Übergangsbereich sehr schnell an, so daß eine Strombegrenzung erforderlich ist. Die am Thyristor abfallende Spannung sinkt im Durchlaßbereich auf etwa 1,5 bis 2 V ab.

Der Verlauf der Kennlinie eines Thyristors im Übergangsbereich hängt von verschiedenen, nicht genau erfaßbaren Einflüssen beim Zünden ab. Da weiterhin ein stationärer Betrieb in diesem Übergangsbereich nicht möglich ist, wird die Kennlinie hier nur gestrichelt gezeichnet.

Im Durchlaßbereich wird der Strom durch den Thyristor nur durch den zum Betrieb erforderlichen Vorwiderstand begrenzt. Die Kennlinie verläuft hier ähnlich wie die Durchlaßkennlinie einer Diode.

Im praktischen Einsatz wird der Zündvorgang beim Thyristor jedoch nicht durch Überkopfzündung, sondern durch eine Ansteuerung des Gates eingeleitet. Eine Überkopfzündung ist in der Regel sogar unerwünscht. Die maximale Betriebsspannung des Thyristors soll daher die Nullkippspannung $U_{(B0)0}$ nicht erreichen oder überschreiten. Eine ausreichende Sicherheit gegen ein unbeabsichtigtes Überkopfzünden ist gegeben, solange $U_{D\,max} < 2/3\; U_{(B0)0}$ ist.

9.4.2 Zündung von Thyristoren

Thyristoren werden durch Ansteuerung des Gates gezündet. Bei den katodenseitig gesteuerten Thyristoren ist eine positive Gatespannung U_G zum Zünden erforderlich. Sie bewirkt, daß ein Gatestrom I_G in den Thyristor hineinfließt. **Bild 9.26** zeigt die Prinzipschaltung.

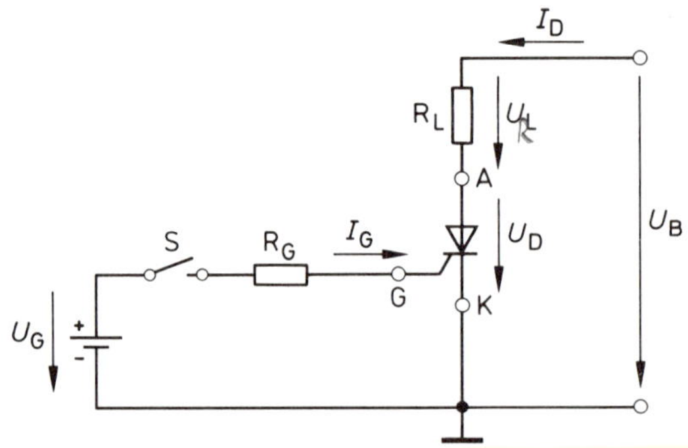

Bild 9.26 Prinzipschaltung zur Ansteuerung des Gates

In Bild 9.26 wird der Thyristor in Vorwärtsrichtung betrieben. Bei offenem Schalter S ist der Thyristor gesperrt. Wird S geschlossen, so liegt am Gate eine positive Spannung und es fließt ein Gatestrom I_G in den Thyristor. Dadurch gelangen Ladungsträger in die Halbleiterzonen und bewirken eine Zündung. Infolge der gegenseitigen Beeinflussung der pn-Übergänge kippt der Thyristor sehr schnell vom gesperrten in den leitenden Zustand. Der Zündvorgang hängt wesentlich von der Größe des Gatestromes I_G ab. **Bild 9.27** zeigt die charakteristische Kennlinie von Thyristoren bei Ansteuerung über das Gate.

In Bild 9.27 ist zu erkennen, daß in Abhängigkeit von der Größe des Gatestromes die Zündung des Thyristors bei unterschiedlichen Spannungswerten erfolgt. Je größer der Gatestrom I_G ist, desto kleiner ist die Spannung U_D, bei der ein Zündvorgang eintritt. Daher gilt:

$$I_{G1} < I_{G2} < I_{G3}$$
$$U_{(B0)1} > U_{(B0)2} > U_{(B0)3}$$

In den Kennlinien werden die Strom- und Spannungswerte bei gezündeten Thyristoren (Durchlaßzustand) häufig als I_T anstelle von I_D und U_T anstelle von U_D angegeben.

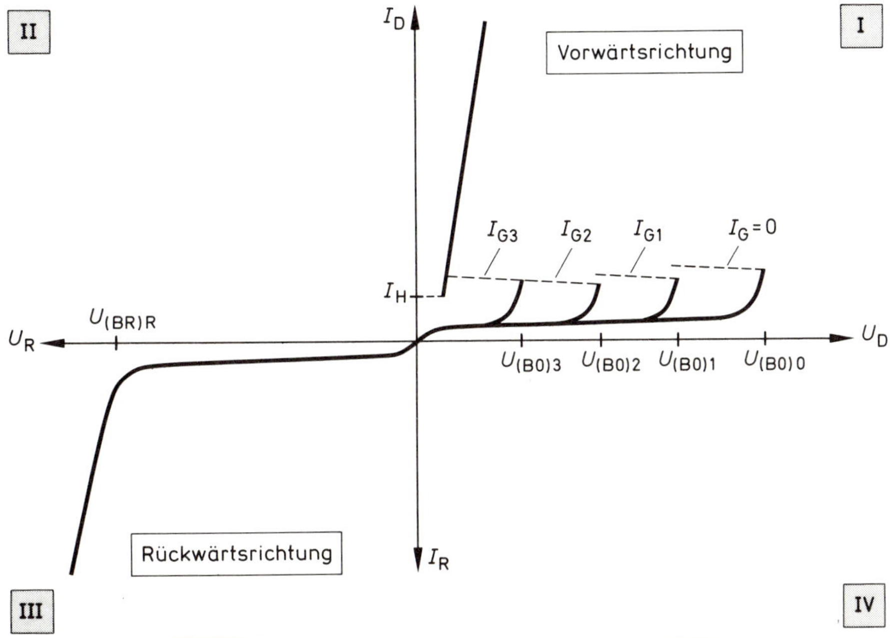

Bild 9.27 Charakteristische Strom-Spannungs-Kennlinie von Thyristoren bei Ansteuerung über das Gate

Einer Kennlinie nach Bild 9.27 sind für den praktischen Einsatz keine ausreichenden Informationen zu entnehmen. Daher geben die Hersteller die Zusammenhänge zwischen U_G und I_G in Zünddiagrammen an. **Bild 9.28** zeigt ein charakteristisches Zünddiagramm für Thyristoren.

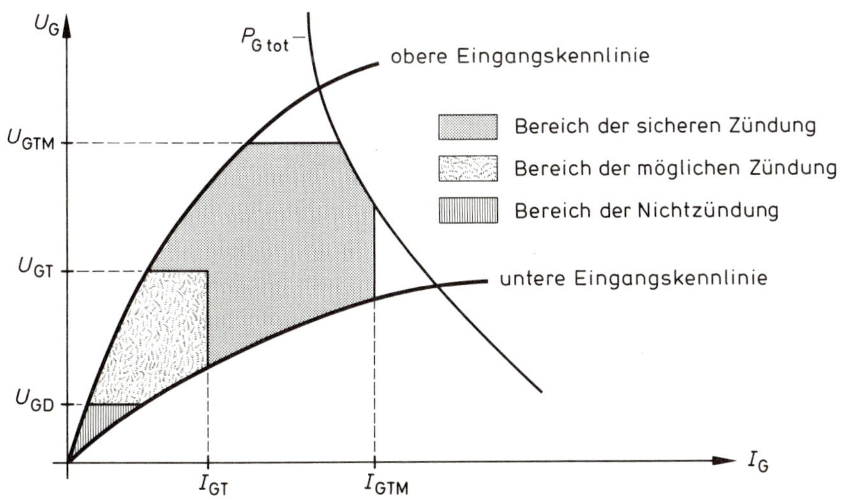

Bild 9.28 Charakteristisches Zünddiagramm für Thyristoren

Da der Thyristor nur im Vorwärtsbereich gezündet werden kann, liegt das Zünddiagramm nach Bild 9.28 nur im 1. Quadranten. Es enthält drei für das Zündverhalten wichtige Zonen.
Unterhalb der Spannung U_{GD} ist der Thyristor gesperrt und eine Zündung nicht möglich, weil die erforderliche Zündenergie nicht zur Verfügung steht.
Oberhalb der Spannung U_{GD} liegt ein Bereich, in dem eine Zündung möglich ist. Er wird begrenzt durch die obere Zündspannung U_{GT} und den oberen Zündstrom I_{GT}. Ob jedoch in diesem Bereich tatsächlich eine Zündung bewirkt werden kann, hängt im wesentlichen vom Einzelexemplar einer Typenreihe ab. Darüber hinaus haben aber auch noch die Durchlaßspannung U_D und die Sperrschichttemperatur einen Einfluß auf die mögliche Zündung.
Eine sichere Zündung des Thyristors ist nur dann gewährleistet, wenn die Werte für die Gatespannung größer als U_{GT} und für den Zündstrom größer als I_{GT} sind. Begrenzt wird dieser Bereich durch die Grenzwerte U_{GTM}, I_{GTM} und die maximal zulässige Gate-Verlustleistung $P_{G\,tot}$.
Weiterhin werden die drei Bereiche jeweils durch die obere und untere Eingangskennlinie begrenzt. Sie haben einen ähnlichen Verlauf wie die Durchlaßkennlinien von Si-Dioden und erfassen als Grenzwerte die Exemplarstreuungen der Bauelemente einer Typenreihe.
Das Zündverhalten und damit auch das Zünddiagramm hängt relativ stark von der Sperrschichttemperatur T_J des Thyristors ab. Je höher die Temperatur, desto kleiner werden die zur sicheren Zündung erforderliche obere Zündspannung U_{GT} und der obere Zündstrom I_{GT}. **Bild 9.29** zeigt als Beispiel diese Temperaturabhängigkeit für einen bestimmten Thyristortyp.

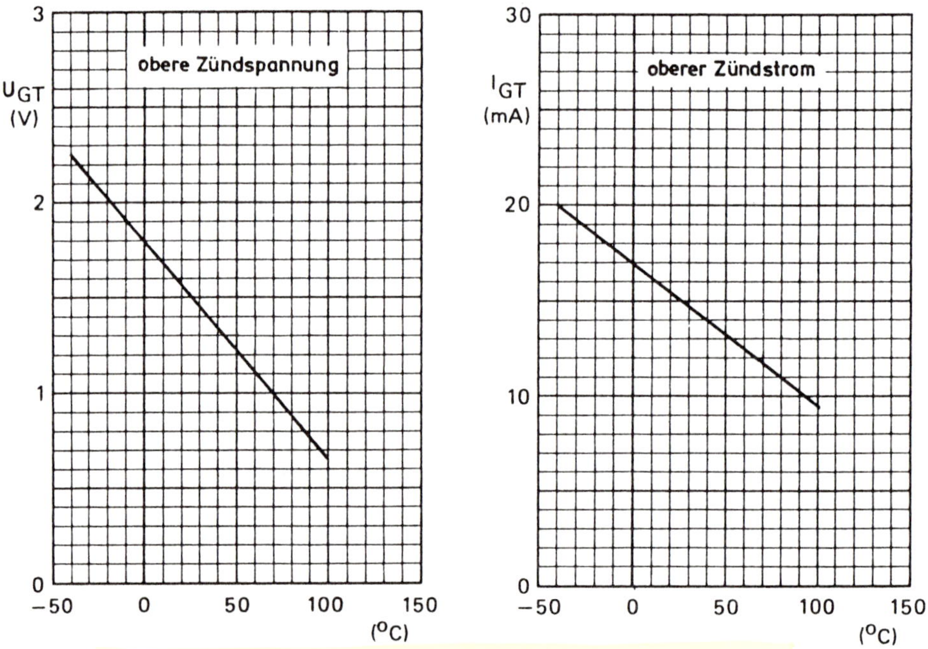

Bild 9.29 Temperaturabhängigkeit der Steuergrößen U_{GT} und I_{GT} für einen bestimmten Thyristortyp

9.4.3 Durchlaßverhalten von Thyristoren

Nach dem Zünden kippt der Thyristor sehr schnell vom Blockierbereich in den Durchlaßbereich. Die Kennlinie in diesem Bereich ähnelt der Durchlaßkennlinie von Si-Dioden, jedoch ist die Durchlaßspannung in der Regel etwas größer. Als Beispiele sind in **Bild 9.30** die Durchlaßkennlinien von zwei verschiedenen Thyristortypen dargestellt. In dem einen Diagramm wird ein doppelt-linearer, im anderen ein linear-logarithmischer Maßstab verwendet.

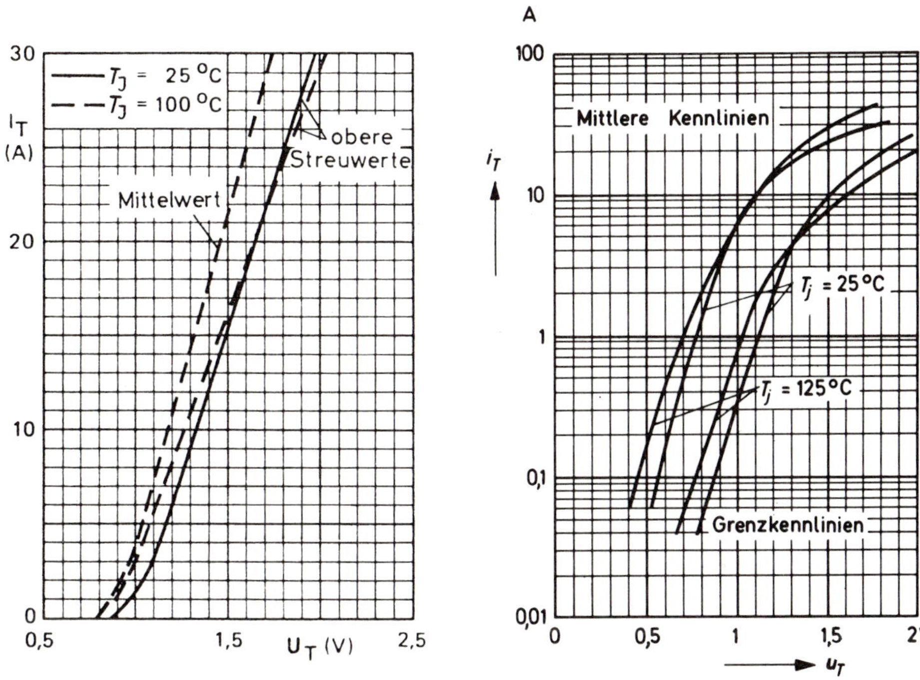

Bild 9.30 Durchlaßkennlinien von Thyristoren

Wegen der nicht unerheblichen Exemplarstreuungen geben einzelne Hersteller neben den Kennlinien für typische Mittelwerte auch Kennlinien für die oberen Streuwerte an. Die Diagramme in Bild 9.30 enthalten außer den Kennlinien für $T_J = 25$ °C auch die Kennlinien für $T_J = 100$ bzw. 125 °C. Erkennbar ist daraus, daß bei konstantem Durchlaßstrom I_T die Durchlaßspannung U_T kleiner wird, wenn die Temperatur ansteigt.

9.4.4 Löschen von Thyristoren

Nach der Zündung ist die Anoden-Katoden-Strecke eines Thyristors niederohmig und es fließt ein großer Durchlaßstrom. Da genügend Ladungsträger vorhanden sind, um die pn-Übergänge in leitfähigem Zustand zu halten, ist ein Löschen über das Gate bei den üblichen Thyristoren nicht mehr möglich.
Um den Thyristor wieder in den Sperrzustand zu bringen, muß der Durchlaßstrom kleiner als der Haltestrom I_H werden. Dieser Haltestrom I_H hängt vom jeweiligen Thyristortyp ab und liegt zwischen einigen mA und etwa 100 mA. Auch der Haltestrom ist stark temperaturabhängig. **Bild 9.31** zeigt als Beispiel die Temperaturabhängigkeit des Haltestromes I_H eines Thyristortyps.

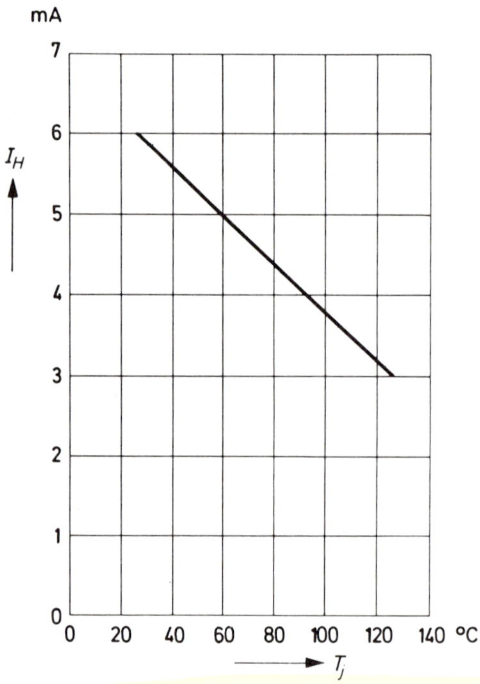

Bild 9.31 Temperaturabhängigkeit des Haltestromes I_H eines Thyristortyps

Wird ein Thyristor mit sinusförmiger Wechselspannung betrieben, so erfolgt ein Löschen bei jedem Nulldurchgang der Betriebsspannung, weil dadurch zwangsläufig der Haltestrom unterschritten wird.
Bei Betrieb mit Gleichspannung muß entweder die Betriebsspannung abgeschaltet oder der Thyristor durch einen parallelliegenden Schalter kurzgeschlossen werden. Üblich ist aber bei Gleichspannungsbetrieb das Löschen durch einen kurzen negativen Spannungsimpuls an der Anode. Dadurch wird der Thyristor kurzzeitig im Rückwärts-Sperrbereich betrieben und somit gelöscht.

9.4.5 Verlustleistung

Bei Betrieb eines Thyristors mit Gleichspannung fließt nach erfolgter Zündung ein konstanter Strom. Die Verlustleistung ergibt sich aus dem Produkt von Durchlaßstrom I_T und Durchlaßspannung U_T, wenn nach dem Zünden das Gate nicht angesteuert wird.

$P_V = I_T \cdot U_T$ (bei Gleichspannungsbetrieb).

Die Verlustleistung des Thyristors bei Betrieb mit Wechselspannung ist aber sehr viel schwieriger zu ermitteln. Sie setzt sich zusammen aus der Verlustleistung P_T während der Durchlaßphase, der Verlustleistung P_R während der Sperrphase, der Gate-Verlustleistung P_G, die sich aus U_G und I_G ergibt sowie aus Verlusten, die während des Zündvorganges auftreten. Da es sich bei Thyristoren um Leistungshalbleiter handelt, liefern die Durchlaßverluste P_T den weitaus größten Anteil. Alle zusätzlich auftretenden Verluste können mit 0,1 P_T berücksichtigt werden. Damit ergibt sich für die Gesamtverlustleistung des Thyristors in Näherung

$P_V \approx P_T + 0{,}1\, P_T$

Diese Gesamtverlustleistung P_V muß stets kleiner sein als die maximal zulässige Verlustleistung P_{tot} eines Thyristors, die vom Hersteller als Grenzwert angegeben wird.

Bei Wechselspannungsbetrieb ist der Thyristor in der negativen Halbwelle stets gesperrt und eine Zündung ist nur in der positiven Halbwelle möglich. Sie kann so gesteuert werden, daß der Zündvorgang jeweils bei einem bestimmten Phasenwinkel der anliegenden Wechselspannung erfolgt. **Bild 9.32** zeigt die Zusammenhänge.

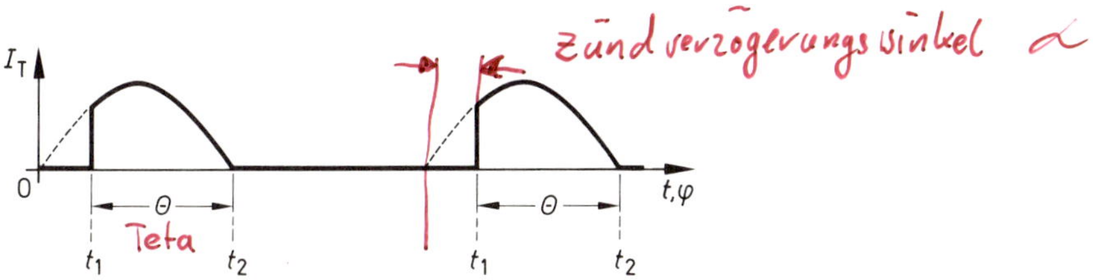

Bild 9.32 Phasenanschnitt für Wechselspannungsbetrieb

Bei dem in Bild 9.32 dargestellten Beispiel wird der Thyristor jeweils zum Zeitpunkt t_1 gezündet und zum Zeitpunkt t_2, also im nächsten Nulldurchgang der Wechselspannung automatisch wieder gelöscht. Nur während dieses Zeitraumes zwischen t_1 und t_2 fließt ein Strom durch den Thyristor. Da die X-Achse auch in Winkeleinheiten eingeteilt werden kann, läßt sich die Zeit, während der ein Strom fließt, auch als Winkel angeben. Er wird als Stromflußwinkel θ bezeichnet.

Dieser Stromflußwinkel θ wird zur Ermittlung des arithmetischen Mittelwertes des Stromes I_{TAV} benötigt. Da die Berechnung sehr schwierig ist, wird der Zusammenhang von Verlustleistung, Stromflußwinkel θ und Strom I_{TAV} in Form von Diagrammen angegeben. **Bild 9.33** zeigt als Beispiel ein derartiges Diagramm für einen bestimmten Thyristortyp.

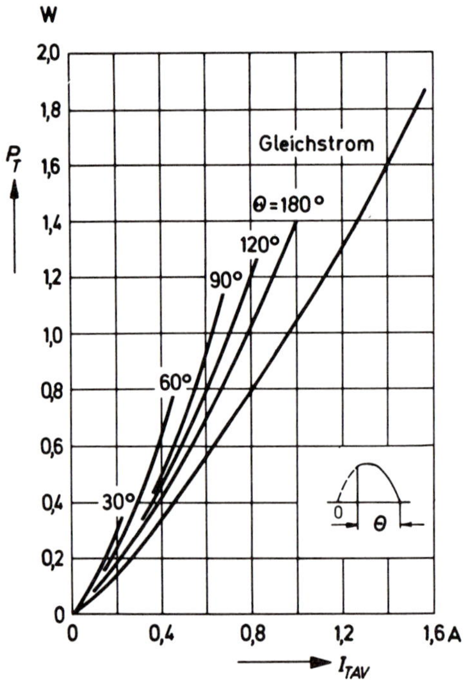

Bild 9.33 Durchlaßverluste als Funktion von I_{TAV} für verschiedene Stromflußwinkel θ

9.4.6 Kennwerte

Von den Herstellern werden für die einzelnen Thyristortypen eine Vielzahl von Kennwerten angegeben. Sie sind wieder untergliedert in Grenzdaten und Kenndaten. Leider werden von den einzelnen Herstellern für diese Daten noch unterschiedliche Bezeichnungen und Definitionen verwendet. Im folgenden sind daher nur die wichtigsten Kennwerte aufgeführt.

9.4.6.1 Kenndaten

In vielen Datenblättern werden die Kenndaten auch als Kennwerte bezeichnet. Die wichtigsten Kenndaten von Thyristoren sind:

Haltestrom I_H

Der Haltestrom I_H ist der kleinste Wert des Durchlaßstromes. Wird I_H unterschritten, kippt der Thyristor sofort in seinen hochohmigen Zustand zurück.

Zündstrom I_{GT}

Als Zündstrom I_{GT} wird der obere Wert des Gatestromes angegeben, der erforderlich ist, um den Thyristor zu zünden.

Sperrströme I_D und I_R

Für die Blockierrichtung wird ein positiver Sperrstrom I_D und für die Sperrichtung ein negativer Sperrstrom I_R angegeben. Beide Sperrströme sind etwa gleich groß.

Durchlaßspannung U_T

Als Durchlaßspannung wird die am Durchlaßwiderstand zwischen den Hauptanschlüssen A und K auftretende Spannung bezeichnet.

Zündspannung U_{GT}

Die Zündspannung U_{GT} ist die Spannung, die beim Fließen des Zündstromes zwischen Gate und Katode auftritt.

Nullkippspannung $U_{(B0)0}$

Als Nullkippspannung $U_{(B0)0}$ wird diejenige Spannung zwischen Anode und Katode bezeichnet, bei der der Thyristor bei offenem Gate zündet. Da ein Überkopfzünden von Thyristoren nicht immer zulässig ist, wird dieser Spannungswert in Datenblättern oft nicht mehr angegeben.

9.4.6.2 Grenzdaten

Sicherheitsfaktor 1,5–3

Aus der großen Zahl von Grenzdaten werden hier nur die wichtigsten aufgeführt.

Periodische Spitzensperrspannung U_{DRM} und U_{RRM}

maximal pos. wie neg.

Die positive Spitzensperrspannung U_{DRM} und die negative Spitzensperrspannung U_{RRM} sind die höchstzulässigen Augenblickswerte von periodischen Sperrspannungen. Beide Werte sind in der Regel gleich groß. Bei der Auswahl der Spannungsklassen von Thyristoren wird meistens noch ein Sicherheitsfaktor von 1,5 bis 3 berücksichtigt.

Höchstzulässige Stoßspitzenspannungen U_{DSM} und U_{RSM}

Die negative Stoßspitzenspannung U_{RSM} ist der höchstzulässige Augenblickswert einer nicht-periodischen Spannungsspitze, die in Sperrichtung anliegen darf. Die positive Stoßspitzenspannung U_{DSM} entspricht der Nullkippspannung $U_{(B0)0}$.

Dauergrenzstrom I_{TAV}

Der Dauergrenzstrom I_{TAV} ist der arithmetische Mittelwert des höchsten, dauernd zulässigen Durchlaßstromes bei einem Stromflußwinkel $\theta = 180°$.

Höchster periodischer Spitzenstrom I_{TRM}

Als I_{TRM} wird der höchstzulässige Spitzenwert des Durchlaßstromes einschließlich aller kurzzeitig auftretenden periodischen Stromspitzen bezeichnet, die dem Betriebsstrom überlagert sind.

Höchstzulässiger Durchlaßstrom I_{TRMS}

Als I_{TRMS} wird der höchstzulässige Effektivwert des Durchlaßstromes während einer vollen Periode angegeben.

Von den einzelnen Herstellern werden noch eine Reihe weiterer Grenzdaten mit teilweise unterschiedlichen Definitionen angegeben. Daher muß im konkreten Fall jeweils auf die Angaben in den zum Thyristor gehörenden Datenblättern zurückgegriffen werden.

9.4.6.3 Thermische Kennwerte

Wie bei allen Halbleiterbauelementen entsteht auch im Thyristor Wärme, wenn Strom durch ihn fließt. Die maximal zulässige Sperrschichttemperatur wird auch beim Thyristor mit T_J bezeichnet. Sie liegt im Bereich von $T_J = 100$ bis 150 °C. Als typischer Wert ist $T_J = 125$ °C anzusehen.

Damit die maximal zulässige Sperrschichttemperatur nicht überschritten wird, sind gegebenenfalls zusätzliche Kühlungsmaßnahmen erforderlich. Sie erfolgen wie bei Dioden und Transistoren durch eine Vergrößerung der Oberfläche mit Hilfe von metallischen Kühlkörpern.

Auch für die Thyristoren werden Wärmewiderstände angegeben, und zwar meistens

R_{thJG} = Wärmewiderstand zwischen Sperrschicht und Gehäuseboden
R_{thGK} = Wärmewiderstand zwischen Gehäuseboden und Kühlkörper
R_{thJU} = Wärmewiderstand zwischen Sperrschicht und Umgebung.

Thermische Berechnungen können im Prinzip wie bei Dioden entsprechend Abschnitt 3.3.2.3 vorgenommen werden. Bei der Ermittlung der Verlustleistung muß aber gegebenenfalls noch der Stromflußwinkel θ berücksichtigt werden. In den Datenblättern sind häufig Angaben zur Wärmebelastung und Kühlung zu finden. **Bild 9.34** zeigt als Beispiel die Zusammenhänge zwischen der zulässigen Umgebungstemperatur T_U und dem arithmetischen Mittelwert des Dauerstromes I_{TAV} für verschiedene Stromflußwinkel θ für einen Thyristortyp.

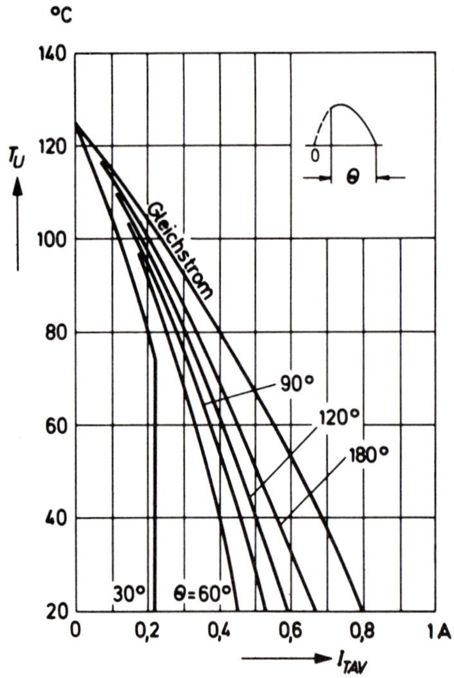

Strom I_{TAV} ist ebenfalls Temperaturabhängig

Bild 9.34 Zulässige Umgebungstemperatur in Abhängigkeit vom Dauerstrom bei einem bestimmten Thyristortyp

Ein weiteres Diagramm für die Zusammenhänge zwischen den Durchlaßverlusten P_T, dem Wärmewiderstand R_{thGK}, der Umgebungstemperatur T_U sowie verschiedener Kühlkörper ist in **Bild 9.35** angegeben.

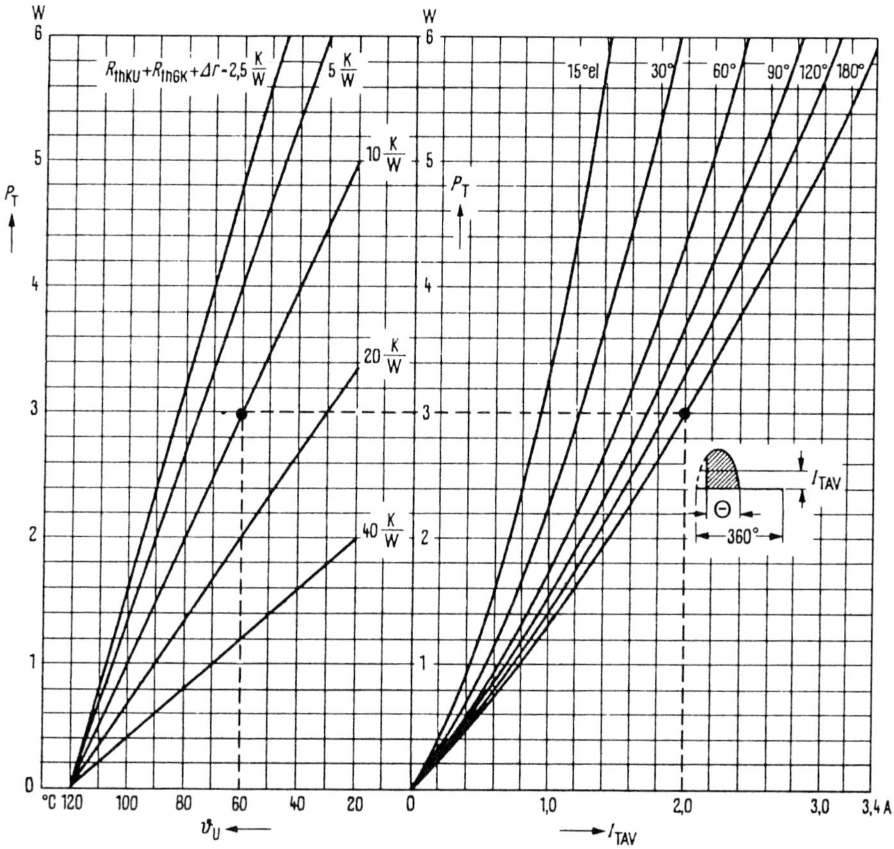

Bild 9.35 Diagramm zur Ermittlung von P_T und I_{TAV} bei verschiedenen Kühlbedingungen und Stromflußwinkeln mit eingezeichnetem Beispiel

In dem Diagramm nach Bild 9.35 ist auf der Y-Achse für beide Kurvenscharen gemeinsam die Durchlaßverlustleistung P_T aufgetragen. Die linke Kennlinienschar gibt den Zusammenhang zwischen P_T und der Umgebungstemperatur T_U für verschiedene Wärmewiderstände $R_{thGK} + R_{thK}$ an. Die rechte Kennlinienschar zeigt dagegen die Abhängigkeit der Verlustleistung P_T vom Dauergrenzstrom I_{TAV} für verschiedene Stromflußwinkel.

Beispiel

Ein Thyristor wird mit sinusförmiger Wechselspannung betrieben. Die Zündung erfolgt so, daß der Stromflußwinkel $\theta = 180\,°$ beträgt. Der arithmetische Mittelwert des Stromes beträgt $I_{TAV} = 2$ A. Welcher Wärmewiderstand zwischen Gehäuse und Umgebung $R_{thGK} + R_{thK}$ darf maximal gewählt werden, damit der Thyristor bei $T_U = 60$ °C betrieben werden kann?
Die Werte dieses Beispiels sind bereits in das Diagramm nach Bild 9.35 eingetragen. Von $I_{TAV} = 2$ A ausgehend ergibt sich ein Schnittpunkt mit der Kennlinie für $\theta = 180\,°$. Dieser Schnittpunkt führt zu $P_T = 3$ W auf der Y-Achse. Ein weiterer Schnittpunkt ergibt sich für $P_T = 3$ W und $T_U = 60$ °C. Er liegt auf der Kennlinie für $R_{thGK} + R_{thK} = 10$ K/W. Für die angegebenen Betriebsbedingungen darf demnach der Wärmewiderstand maximal $R_{thGK} + R_{thK} = 10$ K/W betragen.

9.4.6.4 Dynamische Kennwerte

Für den Betrieb von Thyristoren sind noch einige dynamische Kennwerte von Bedeutung. Die wichtigsten sind:

Kritische Spannungssteilheit $S_{U\,krit}$

Jede Spannungsänderung ΔU, die in einer bestimmten Zeit Δt auftritt, bewirkt einen Verschiebestrom in den Sperrschichtkapazitäten des Thyristors. Wird dieser Verschiebestrom zu groß, so kann eine Zündung des Thyristors eintreten, auch wenn die Nullkippspannung $U_{(B0)0}$ noch nicht erreicht ist. Der Grenzwert dieser Spannungsänderung wird als »Kritische Spannungssteilheit $S_{U\,krit} = \Delta U/\Delta t$« angegeben. Da eine Zündung des Thyristors durch einen zu großen Spannungsanstieg $\Delta U/\Delta t$ nicht erwünscht ist, darf $S_{U\,krit}$ nicht überschritten werden. Typische Werte für $S_{U\,krit}$ liegen etwa zwischen 200 bis 2000 V/µs.

Kritische Stromsteilheit $S_{I\,krit}$

Ein zu schneller Stromanstieg kann im Thyristor zu einer thermischen Zerstörung des Halbleitermaterials führen. Daher darf die vom Hersteller angegebene »Kritische Stromsteilheit $S_{I\,krit} = \Delta I/\Delta t$« nicht überschritten werden. Typische Werte für $S_{I\,krit}$ liegen etwa zwischen 20 und 200 A/µs.

Zündzeit t_{gt}

Der zum Zünden des Thyristors erforderliche Gatestrom I_G muß mindestens solange fließen, bis die Zündung erfolgt ist. Diese Zeit wird als Zündzeit t_{gt} bezeichnet. Die Zusammenhänge sind in **Bild 9.36** dargestellt.

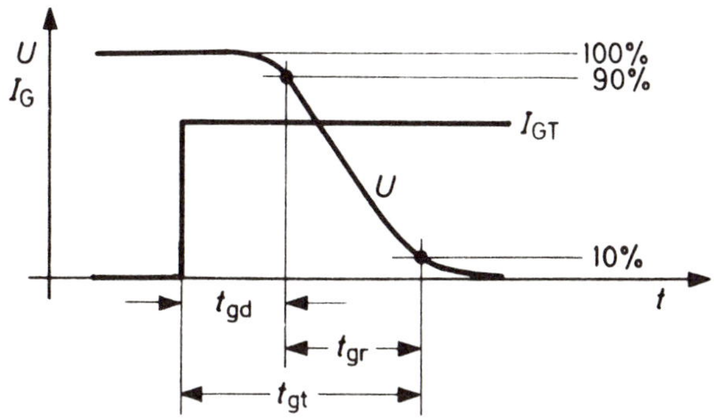

Bild 9.36 Zündzeit t_{gt}

Die Zündzeit t_{gt} setzt sich zusammen aus der Zündverzugszeit t_{gd} und der Durchschaltzeit t_{gr}. Als Zündverzugszeit t_{gd} ist die Zeit definiert, die zwischen dem Eintreffen des Zündimpulses bis zum Absinken der Thyristorspannung auf 90 % vergeht. Die Durchschaltzeit t_{gr} gibt die Zeitdauer des Absinkens der Thyristorspannung von 90 % auf 10 % an.

Die Zündzeit von Thyristoren liegt etwa zwischen 1 und 5 µs. Zum sicheren Zünden eines Thyristors muß die Dauer des Zündimpulses stets größer als die vom Hersteller angegebene Zündzeit sein.

Freiwerdezeit t_q

Die Freiwerdezeit oder Erholzeit t_q ist die Mindestwartezeit, die zwischen dem Löschzeitpunkt im Nulldurchgang des Durchlaßstromes bis zur Wiederkehr einer Spannung in Vorwärtsrichtung vergehen muß. Sie hängt im wesentlichen von der Temperatur, dem vorherfließenden Durchlaßstrom, der Größe der wiederkehrenden Vorwärts-Sperrspannung und noch einigen weiteren Faktoren ab. Die Freiwerdezeit t_q liegt in der Größenordnung von etwa 10 bis 300 µs.

9.4.7 Schutzmaßnahmen

Thyristoren sind im Betrieb vielfältigen elektrischen und thermischen Belastungen ausgesetzt. So können Überspannungen, Überströme und Übertemperaturen auftreten, die kurzfristig zur Zerstörung der Sperrschichten führen. Thyristoren sollten daher nur mit entsprechenden Schutzmaßnahmen betrieben werden.

9.4.7.1 Überstromschutz

Thyristoren können die durch Überströme auftretende zusätzliche Verlustwärme nicht schnell genug abführen. Bei den Überströmen ist zu unterscheiden zwischen einem reinen Kurzschlußstrom im Zeitbereich $t < 10$ ms und einem länger andauernden Überstrom.

Zum Schutz gegen Kurzschlußströme werden superflinke Schmelzsicherungen eingesetzt. Sie sind entsprechend DIN durch einen gelben Ring und die Abkürzung FF gekennzeichnet. Die Auswahl der Kurzschlußsicherung kann durch einen Vergleich der Überlastkennlinie der Sicherung mit der Grenzstromkennlinie des Thyristors, die im Datenblatt angegeben wird, erfolgen. In der Regel reicht es aber aus, eine superflinke Sicherung zu wählen, deren Nennstrom gleich oder etwas kleiner als I_{TAV} des Thyristors ist.
Eine superflinke Sicherung als Kurzschlußschutz schützt den Thyristor in der Regel auch gegen einen länger andauernden Überstrom. Bei Thyristoren für hohe Nennströme werden zusätzlich Schnellschalter sowie thermische oder magnetische Überstromauslöser eingesetzt.

9.4.7.2 Überspannungsschutz

Thyristoren sind sehr empfindlich gegen Überspannungen. Hierunter werden kurzzeitig auftretende Spannungsspitzen verstanden, deren Werte größer als die periodischen Stoßspitzensperrspannungen sind. Überspannungen können entweder durch den Betrieb des Thyristors selbst entstehen oder sie können auch aus dem Netz kommen.

Überspannungen durch den Betrieb des Thyristors entstehen durch den Trägerstaueffekt, der beim Übergang vom leitenden in den sperrenden Zustand auftritt. Hierbei muß der mittlere pn-Übergang von Ladungsträgern geräumt werden. Dies geschieht aufgrund der Trägerlebensdauer jedoch mit einer Verzögerung, so daß der Thyristor unmittelbar nach dem Nulldurchgang des Stromes noch nicht sperren kann. Daher fließt zunächst der Strom noch weiter. Er reißt dann aber schlagartig ab, sobald die mittlere Sperrschicht von Ladungsträgern geräumt ist. Durch diese steile Stromänderung entstehen Spannungsspitzen, die sich der anliegenden Sperrspannung überlagern.
Zur Begrenzung der so erzeugten Überspannungen wird ein RC-Glied parallel zum Thyristor geschaltet. Sie wird als TSE-Beschaltung (*T*räger*s*tau*e*ffekt-Beschaltung) bezeichnet. Übliche Werte für die TSE-Beschaltung sind in der Tabelle nach **Bild 9.37** angegeben.

Anschlußspannung	Widerstand		Kondensator	
U_{eff}/V	R/Ω	P/W	$C/\mu F$	U_{eff}/V
30	3,3	0,5	0,1	70
45	4,7	0,5	0,1	90
60	6,8	0,5	0,1	120
125	15	0,5	0,1	190
220	27	1	0,1	330

Bild 9.37 Werte für die TSE-Beschaltung

Im Netz können Überspannungen durch Schaltvorgänge auftreten. Diese gelegentlich auftretenden Überspannungsspitzen lassen sich durch eine zusätzliche Spannungs-

begrenzung unschädlich machen. Hierzu wird ein Varistor parallel zum Thyristor geschaltet, der die Überspannungsspitzen ohne Zeitverzögerung begrenzt. Beim Betrieb an 220 V und einer Spitzensperrspannung des Thyristors von 600 V soll z. B. eine Begrenzung der Überspannungen auf etwa 340 bis 600 V erfolgen. Es muß dann ein Varistor mit entsprechenden Werten ausgewählt werden.
Bild 9.38 zeigt die Beschaltung eines Thyristors mit den genannten Schutzmaßnahmen gegen Überspannungen und Überströme.

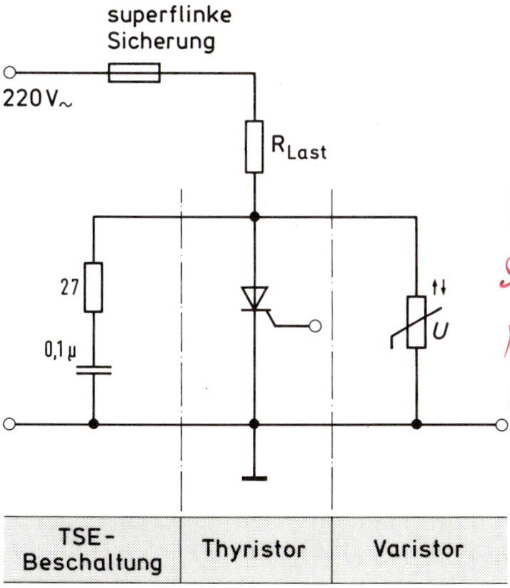

Bild 9.38 Schutzmaßnahmen bei Thyristoren gegen Überspannungen und Überströme

Widerstand u. Kondensator sind sehr wichtig
Varistor kann vernachlässigt werden

9.4.8 Gehäuseformen und Kennzeichnung von Thyristoren

9.4.8.1 Gehäuseformen

Thyristoren werden mit sehr unterschiedlichen Gehäuseformen gefertigt. Die Größe der Gehäuse steht in einem engen Zusammenhang mit den Höchstwerten von Spannung, Strom und Leistung. Kleinleistungsthyristoren sind heute lieferbar für Sperrspannungen ab ca. 30 V und Nennströme ab etwa 500 mA. Angeboten werden inzwischen aber auch Leistungsthyristoren mit Sperrspannungen von ca. 3500 V und Dauergrenzströmen von etwa 1500 A. Dazwischen liegen eine Vielzahl von Zwischenstufen.
Die Gehäuse von Kleinleistungsthyristoren ähneln denen von Kleinleistungstransistoren. Verwendet werden auch Kunststoffgehäuse. Mittlere Leistungsthyristoren haben Metallgehäuse entsprechend TO 66 oder Schraubgehäuse entsprechend TO 83. Zur Kühlung stehen passende Kühlkörper mit Wärmewiderständen bis $R_{thK} \approx 1$ K/W zur Verfügung. Große Leistungsthyristoren werden mit Flachbodengehäuse oder in Scheibenform hergestellt und haben Durchmesser bis zu etwa 60 mm. **Bild 9.39** zeigt eine Auswahl typischer Gehäuseformen von Thyristoren.

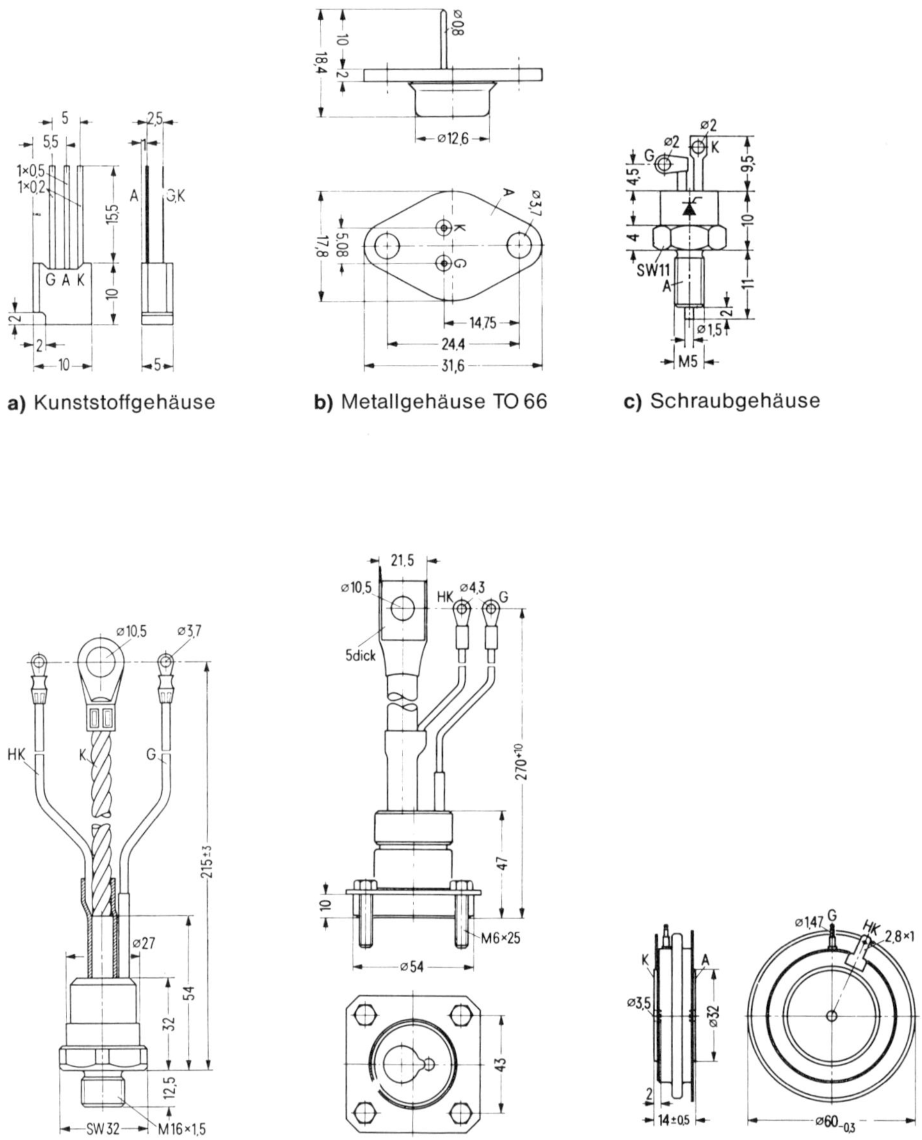

a) Kunststoffgehäuse **b)** Metallgehäuse TO 66 **c)** Schraubgehäuse

d) Schraubgehäuse **e)** Flachbodengehäuse **f)** Scheibengehäuse

Bild 9.39 Gehäuseformen von Thyristoren

Thyristoren mit Flachbodengehäuse werden einseitig über den Anodenanschluß gekühlt. Der Katodenanschluß ist flexibel mit verdrillter Litze und Anschlußöse ausgelegt. Zusätzlich ist der Katodenanschluß noch über eine dünne Litze als Hilfskatode HK als Parallelanschluß herausgeführt. Als ausgesprochene Hochleistungstypen müssen die Thyristoren mit Scheibengehäuse sowohl anodenseitig als auch katodenseitig gekühlt werden.

9.4.8.2 Kennzeichnung

Die Kennzeichnung von Thyristortypen erfolgt teilweise nach »Pro Electron«, bei der der 1. Buchstabe auf das Halbleitermaterial und der zweite Buchstabe auf die Hauptfunktion hinweist. Das Schema ist bereits in Abschnitt 4.5.2 angegeben. Danach beginnt die Typenbezeichnung von Thyristoren grundsätzlich mit den Buchstaben BT.... Weitere Buchstaben und Zahlen geben den Einsatzbereich und weitere spezifische Unterscheidungsmerkmale an. Bei dem Typ BTW 48/200 gibt z. B. die Zahl 200 die maximalen periodischen Spitzensperrspannungen U_{RRM} und U_{DRM} in Volt an.
Die Kennzeichnung von Thyristoren ist leider insgesamt sehr uneinheitlich, da die meisten Hersteller eigene Kennzeichnungsschemen verwenden. So beginnen die Typenkennzeichnungen z. B. mit 2N..., TKE..., TGF..., BSt..., T3N... usw. Daher sind bei der Auswahl von Thyristoren immer auch die Unterlagen und Datenblätter der Hersteller erforderlich.

9.4.9 Datenblatt eines Thyristors

Die von den Herstellern für Thyristoren veröffentlichten Datenblätter sind sehr unterschiedlich. So werden manchmal nur die wichtigsten Grenz- und Kenndaten angegeben. In anderen Fällen enthalten die Datenblätter dagegen eine sehr große Zahl von Kennlinien und Diagrammen, die für den Praktiker weniger Bedeutung haben. Als Beispiel zeigt **Bild 9.40** ein Datenblatt des Thyristortyps BTW 42/... R (Fa. Valvo). Angegeben sind hier aber nur die für den Praktiker wichtigsten Informationen.

Thyristor (Einrichtungs-Thyristortriode)				**BTW 42/... R**
Dauergrenzstrom bei $\vartheta_G \leqq 85\,°C$	$I_{T\,AV}$	=	10	A
Höchstzulässige periodische Vorwärts- bzw. Rückwärts-Spitzensperrspannung	U_{DRM}, U_{RRM}	=	600 ... 1200	V
Kritische Spannungssteilheit	$S_{U\,krit}$	=	200	V/µs
Kritische Stromsteilheit	$S_{I\,krit}$	=	50	A/µs
Freiwerdezeit	t_q	<	200	µs
Empfohlene Kühlkörper	56 349 (K 5) 56 348 (K 3) 56 361 (K 1,1)			

ABMESSUNGEN in mm

Gehäuse: ≈ JEDEC TO-64 mit Gewindestutzen M 5

Die Anode liegt am Gehäuse (Gewindestutzen)

Die Thyristoren werden mit Zahnscheibe und Mutter (SW 9,5) geliefert.

Für isolierten Einbau stehen Zubehörteile 56 262 A zur Verfügung.

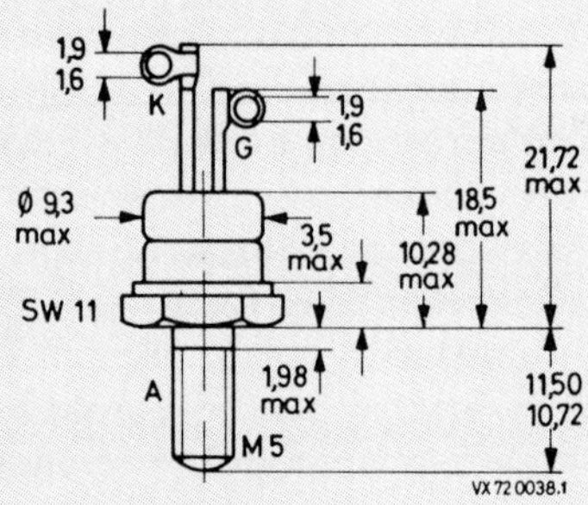

GEWICHT 7,5 g

SPANNUNGSGRENZWERTE[1])

Höchstzulässige periodische Vorwärts- bzw. Rückwärts-Spitzensperrspannung

		Typ:
U_{DRM}, U_{RRM} =	600 V	BTW 42/600 R
	800 V	BTW 42/800 R
	1000 V	BTW 42/1000 R
	1200 V	BTW 42/1200 R

STROMGRENZWERTE

Dauergrenzstrom bei $\vartheta_G < 85\,°C$:	$I_{T\,AV}$ =	10 A
Höchstzulässiger Effektivwert des Durchlaßstromes:	$I_{T\,RMS}$ =	16 A
Höchstzulässiger periodischer Spitzenstrom:	I_{TRM} =	75 A
Stoßstrom, Scheitelwert einer sinusförmigen Stromhalbwelle bei 50 Hz-Betrieb, $\vartheta_J = 125\,°C$:	I_{TSM} =	150 A

STEUERKREIS-GRENZWERTE und -KENNWERTE

Höchstzulässige Steuerverlustleistung, Mittelwert:	$P_{G\,AV}$ =	0,5 W
Höchstzulässige Steuerverlustleistung, Spitzenwert:	P_{GM} =	5 W
Obere Zündspannung bei $U_D = 6\,V$, $\vartheta_J = 25\,°C$:	U_{GT} =	1,5 V
Untere Zündspannung bei $\vartheta_J = 125\,°C$:	U_{GD} =	0,2 V
Oberer Zündstrom bei $U_D = 6\,V$, $\vartheta_J = 25\,°C$:	I_{GT} =	50 mA

STATISCHE EIGENSCHAFTEN

Durchlaßspannung bei $I_T = 20\,A$, $\vartheta_J = 25\,°C$:	U_T <	2 V
Haltestrom bei $\vartheta_J = 25\,°C$:	I_H <	75 mA
Einraststrom bei $\vartheta_J = 25\,°C$:	I_{HT} <	150 mA

[1]) aus Gründen thermischer Stabilität bei $R_{th\,J/U} \leqq 4\,K/W$ (Gleichspannung) bzw. $R_{th\,J/U} \leqq 8\,K/W$ (Wechselspannung):
bei höheren Wärmewiderständen $R_{th\,J/U}$ muß $\vartheta_{J\,max}$ reduziert werden.

DYNAMISCHE EIGENSCHAFTEN

Kritische Spannungssteilheit bei $\vartheta_J = 125\,°C$:	$S_{U\,krit}$	=	200	V/µs
Kritische Stromsteilheit bei $I_T = 25$ A, $I_G = 0{,}25$ A, $dI_G/dt = 0{,}25$ A/µs:	$S_{I\,krit}$	=	50	A/µs
Durchschaltzeit und Zündzeit beim Einschalten auf $I_T = 25$ A mit $I_G = 0{,}25$ A, $dI_G/dt = 0{,}25$ A/µs bei $\vartheta_J = 25\,°C$:	t_{gr}	=	0,2	µs
	t_{gt}	<	1,5	µs
Freiwerdezeit beim Umschalten von $I_T = 9$ A auf $U_R \leqq 50$ V mit $-dI_T/dt = 10$ A/µs, $dU_D/dt = 20$ V/µs bei $\vartheta_J = 125\,°C$:	t_q	<	200	µs
bei $\vartheta_J = 25\,°C$:	t_q	<	100	µs

THERMISCHE und MECHANISCHE EIGENSCHAFTEN

Höchstzulässige Sperrschichttemperatur:	ϑ_J	=	125	°C
Lagerungstemperaturbereich:	ϑ_S	=	− 55 ... + 125	°C
Wärmewiderstand				
zwischen Sperrschicht und Gehäuseboden:	$R_{th\,J/G}$	=	1,8	K/W
zwischen Gehäuseboden und Kühlkörper:	$R_{th\,G/K}$	=	0,5	K/W
zwischen Sperrschicht und Umgebung:	$R_{th\,J/U}$	=	45	K/W
Drehmoment-Bereich bei Befestigung:	M_D	=	0,8 ... 1,7	Nm
			(8 ... 17	kp cm)
Max. Bohrungs-Durchmesser im Kühlblech:	∅	=	5,2	mm

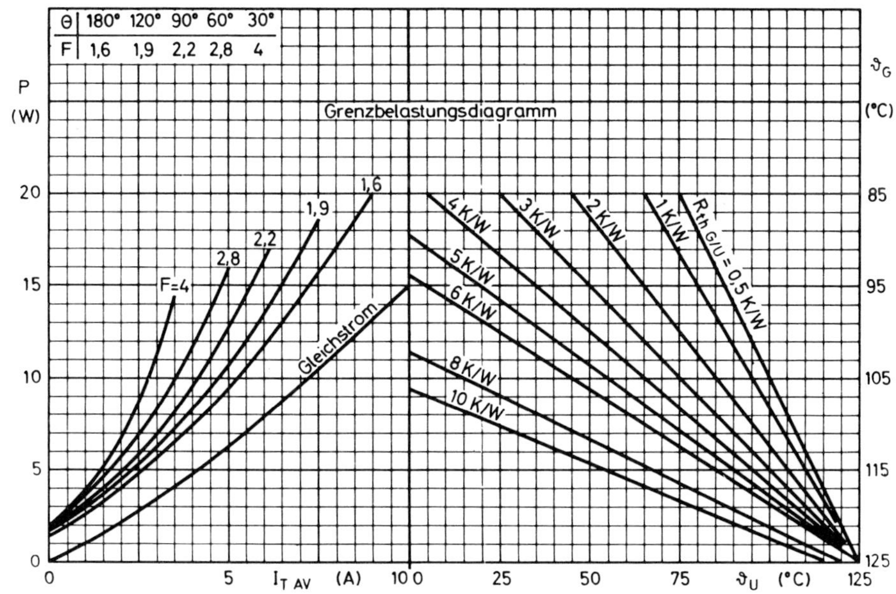

Bild 9.40 Modifiziertes Datenblatt für den Thyristortyp BTW 42/... R (Fa. Valvo). (Fortsetzung auf der nächsten Seite)

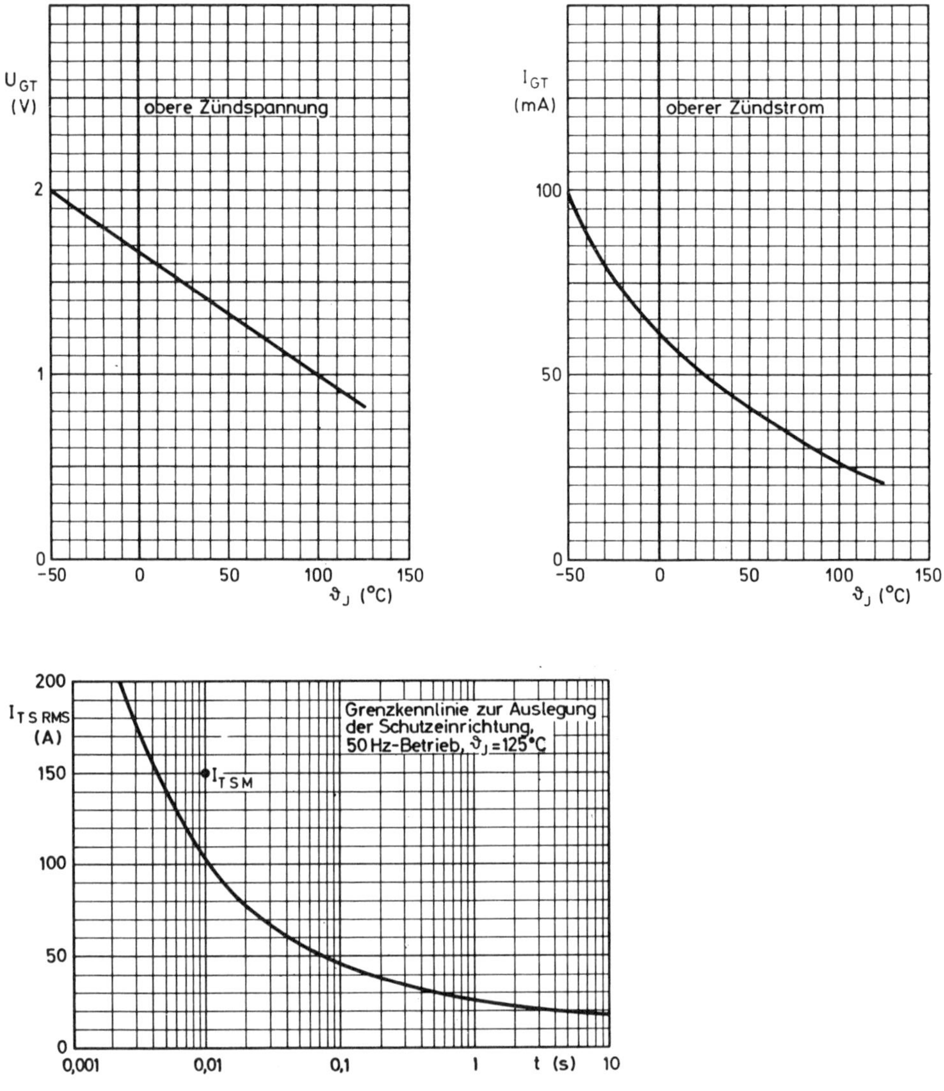

Bild 9.40 Modifiziertes Datenblatt für den Thyristortyp BTW 42/... R (Fa. Valvo).
(Fortsetzung auf der nächsten Seite)

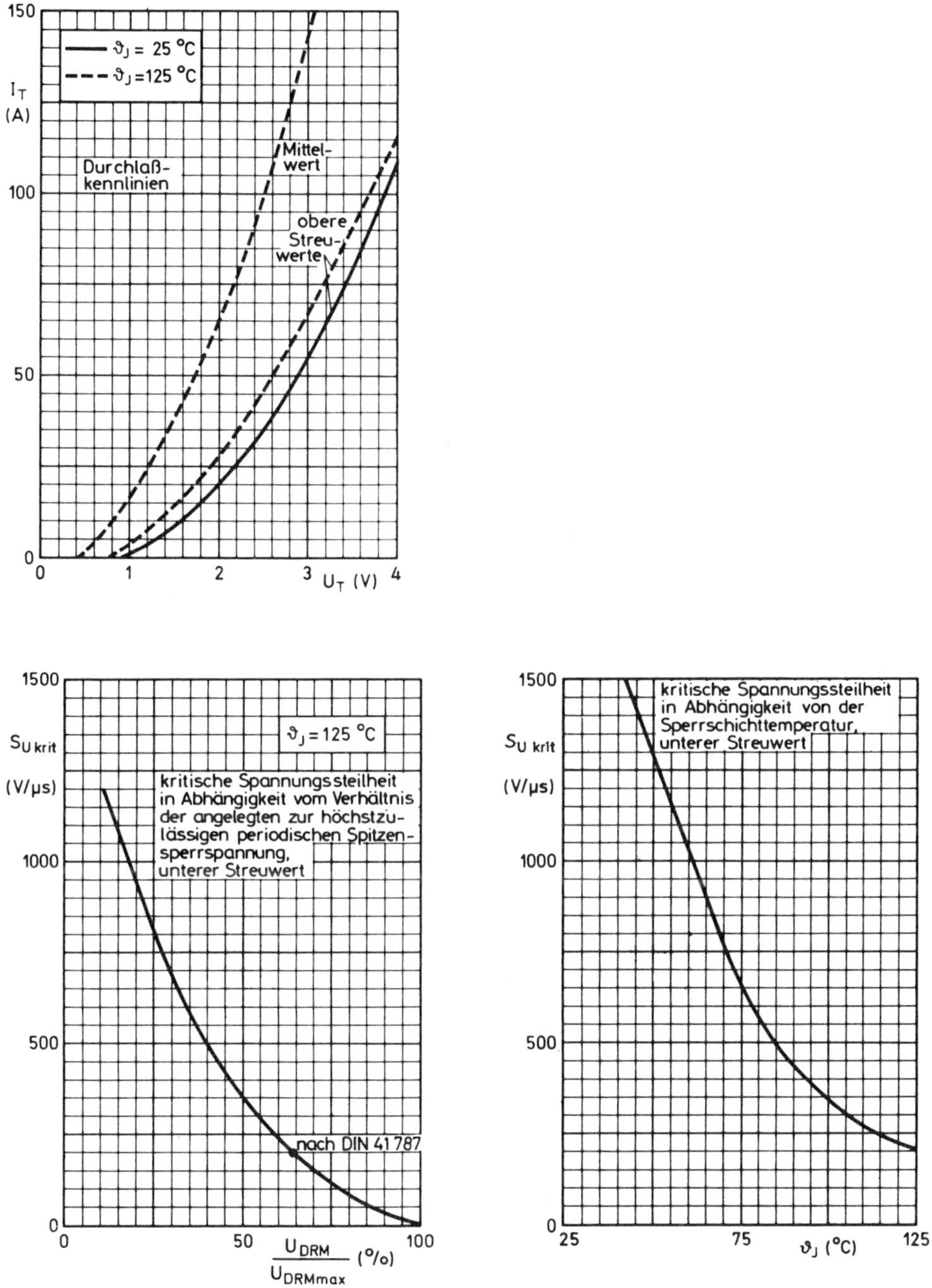

Bild 9.40 Modifiziertes Datenblatt für den Thyristortyp BTW 42/... R (Fa. Valvo).
(Fortsetzung auf der nächsten Seite)

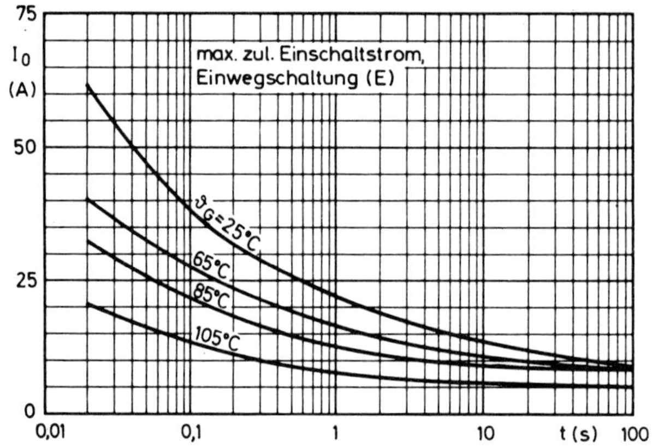

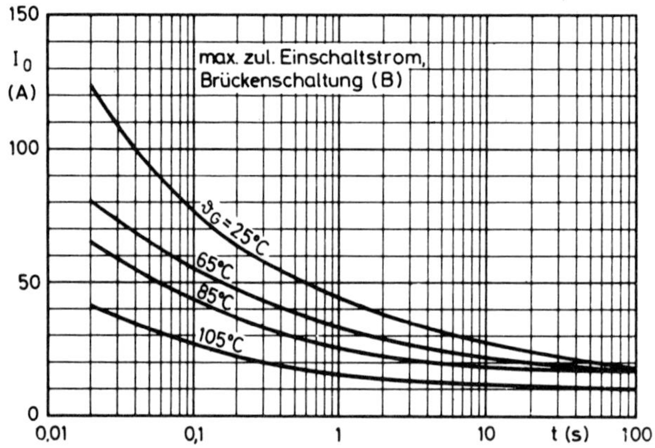

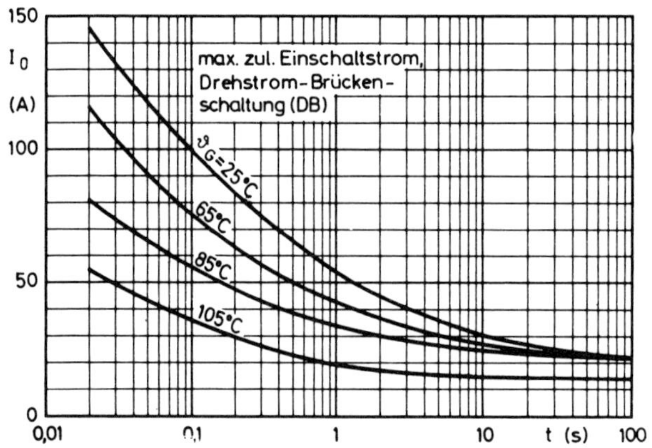

Bild 9.40 Modifiziertes Datenblatt für den Thyristortyp BTW 42/... R (Fa. Valvo)

9.4.10 Anwendungsbeispiele

Thyristoren werden in großem Umfang als Leistungsschalter in Gleich-, Wechsel- und Drehstromkreisen eingesetzt. Aus dem breiten Anwendungsbereich sind hier nur einige sehr einfache Schaltungsbeispiele ausgewählt worden. Im Band III »Grundschaltungen« wird auf einige erweiterte Schaltungen mit Thyristoren und im Band IV A »Leistungselektronik« noch ausführlicher auf den praktischen Einsatz von Thyristoren eingegangen.

9.4.10.1 Thyristorbetrieb mit Gleichspannungszündung

Bei Betrieb mit Gleichspannungszündung wird der Thyristor mit einer positiven Gleichspannung am Gate gezündet. **Bild 9.41** zeigt eine derartige Schaltung. Sie kann sowohl in Gleichstromkreisen als auch in Wechselstromkreisen verwendet werden.

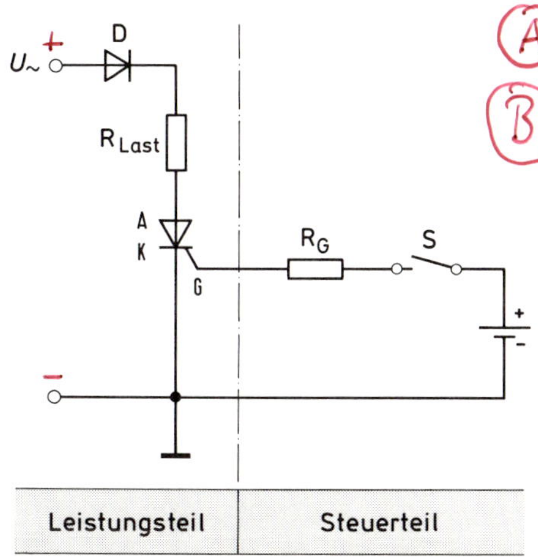

Bild 9.41 Thyristorbetrieb mit Gleichspannungszündung

Bei der Schaltung nach Bild 9.41 liegt der Lastwiderstand R_{Last} in Reihe mit dem Thyristor. Dieser Lastwiderstand begrenzt gleichzeitig den Strom I_T durch den Thyristor.

Ist bei Betrieb mit Gleichspannung der Schalter S geschlossen, liegt am Gate eine positive Gleichspannung, und es fließt ein Gatestrom I_G über den Begrenzungswiderstand R_G in den Thyristor. Bei ausreichender Größe bewirkt er die Zündung. Der Thyristor bleibt gezündet, auch wenn der Schalter S wieder öffnet. Zum Löschen des Thyristors muß daher bei dieser einfachen Schaltung die Betriebsspannung U_B abgeschaltet werden. Durch zusätzliche Löschschaltungen ist auch ein Löschen von Thyristoren im Gleichspannungskreis zu erreichen.

Bei Betrieb der Schaltung nach Bild 9.41 an Wechselspannung zündet der Thyristor bei geschlossenem Schalter S kurz nach Beginn der positiven Halbwelle der Betriebsspannung. Er löscht wieder, wenn kurz vor dem nächsten Nulldurchgang der Wechselspannung sein Haltestrom zwangsläufig unterschritten wird. Die Diode D hat hier die

Aufgabe, einen Betrieb des Thyristors in Rückwärtsrichtung zu verhindern. Dies ist notwendig, weil bei geschlossenem Schalter S ständig eine positive Gatespannung anliegt.
Solange der Schalter S geschlossen ist, fließt in jeder positiven Halbwelle ein Strom durch den Lastwiderstand R_{Last} und den Thyristor. In jeder negativen Halbwelle ist dagegen der Thyristor gesperrt und kein Stromfluß möglich. Die im Lastwiderstand umgesetzte Leistung ist somit nur halb so groß wie bei Vollwellenbetrieb.

9.4.10.2 Thyristorbetrieb mit Wechselspannungszündung

Bei Betrieb mit Wechselspannungszündung wird die zum Zünden erforderliche Gatespannung aus der anliegenden Betriebs-Wechselspannung gewonnen. **Bild 9.42** zeigt zwei derartige Schaltungen. Bei der Schaltung nach Bild 9.42a liegt das Gate über einen Vorwiderstand, eine Diode und einen Schalter direkt an der Betriebsspannung. Bei der Schaltung 9.42b wird die Betriebsspannung durch einen Transformator auf die erforderliche Gatespannung herabgesetzt.

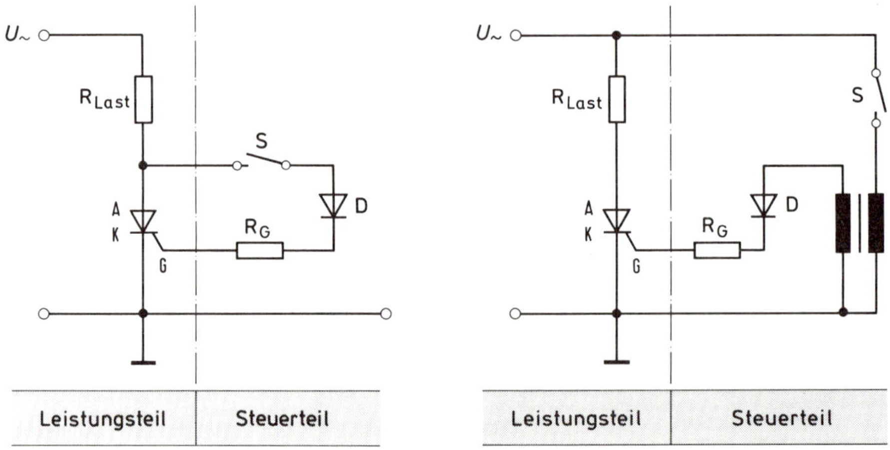

a) b)

Bild 9.42 Thyristorbetrieb mit Wechselspannungszündung

In den beiden Schaltungen nach Bild 9.42 wird bei geschlossenem Schalter der Thyristor jeweils kurz nach dem positiven Nulldurchgang der Betriebsspannung gezündet. Er löscht jeweils wieder kurz vor dem nächsten negativen Nulldurchgang, weil sein Haltestrom unterschritten wird. Die Diode im Gatekreis verhindert eine negative Gatespannung in der negativen Halbwelle der Betriebsspannung. Der Widerstand R_G begrenzt den Gatestrom in der positiven Halbwelle.
Auch bei diesem einfachen Verfahren mit Wechselspannungszündung liegt ein Halbwellenbetrieb vor. Die im Lastwiderstand umgesetzte Leistung ist daher auch hier halb so groß wie bei Vollwellenbetrieb.

9.4.10.3 Phasenanschnittsteuerung mit RC-Glied

Die beiden Schaltungen in **Bild 9.43** zeigen das Grundprinzip einer Phasenanschnittsteuerung mit Thyristor und RC-Glied.

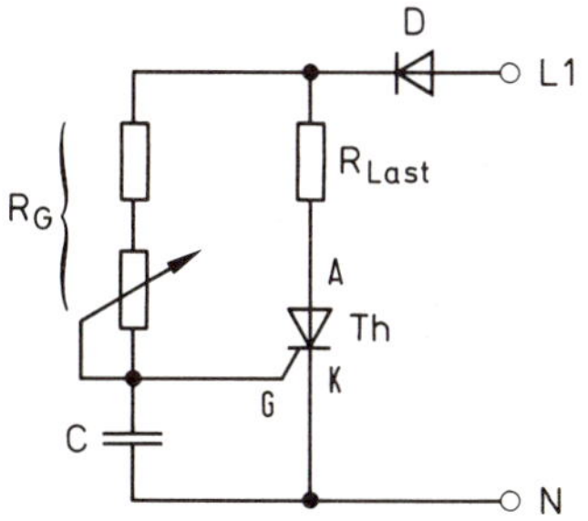

RG + C = Phasenschieber
Verschiebbar von 20° – 160°
Zündzeitpunkt verschiebung

a)

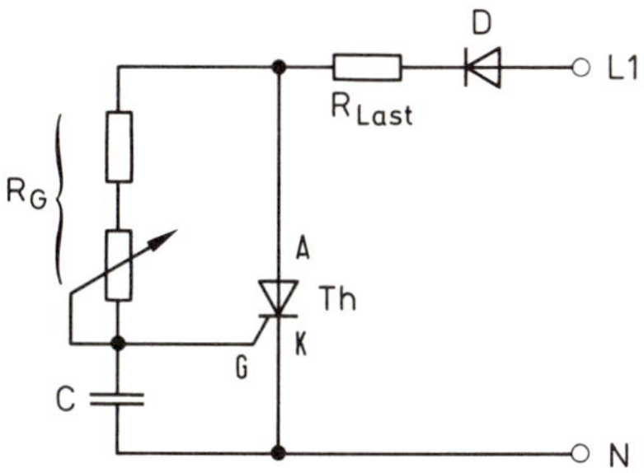

b)

Bild 9.43 Phasenanschnittsteuerung mit RC-Glied

Bei den Schaltungen nach Bild 9.43 wird der Kondensator C in der positiven Halbwelle über den veränderbaren Vorwiderstand R_G aufgeladen. Je nach Widerstandswert von R_G steigt die Spannung am Kondensator schneller oder langsamer an. Dadurch wird die zum Zünden des Thyristors erforderliche Gatespannung erst mit einer einstellbaren Verzögerung gegenüber dem Beginn der positiven Halbwelle der Betriebsspannung erreicht. Als Folge davon fließt der Strom nicht mehr wie bei den vorhergehenden Schaltungen während der gesamten positiven Halbwelle, sondern nur noch während eines kürzeren Zeitabschnittes. In Bild 9.32 wurde dieser Zusammenhang bereits dargestellt. Der Phasenwinkel vom Nulldurchgang bis zum Zünden des Thyristors wird als Zündverzögerungswinkel α bezeichnet. Zündverzögerungswinkel α und Stromflußwinkel θ ergänzen sich stets zu 180°. Daher gilt: $\alpha + \theta = 180°$.
Sobald der Thyristor gezündet hat, wird der Kondensator über die Gate-Katodenstrecke des Thyristors teilweise wieder entladen. Die Schaltung 9.43b hat den Vorteil,

daß nach dem Zünden des Thyristors als Ladespannung des Kondensators nur noch die kleine Durchlaßspannung des Thyristors auftreten kann.
Mit den Schaltungen nach Bild 9.43 lassen sich Stromflußwinkel von etwa $\theta = 20$ bis $160°$ erreichen. Beide Schaltungen haben aber für den praktischen Einsatz eine Reihe von Nachteilen, die nur durch zusätzliche Schaltungsmaßnahmen beseitigt werden können. Verbesserte Schaltungen zur Phasenanschnittsteuerung mit RC-Glied sind erst im Band III »Grundschaltungen« behandelt.

9.4.10.4 Phasenanschnittsteuerung mit Impulszündung

Bei der Gleichspannungs- und Wechselspannungszündung fließt der zum Zünden erforderliche Gatestrom jeweils während einer größeren Zeitdauer durch den Thyristor. Daher muß die Steuerspannungsquelle eine unnötig große Leistung aufbringen. Auch die Verlustleistung im Thyristor ist dadurch größer als notwendig. Diese Nachteile lassen sich vermeiden, wenn die Zündung des Thyristors durch Impulse erfolgt. Weil die Zündimpulse nur kurzzeitig auftreten, darf der Zündstrom die Grenzwerte für Dauerbetrieb übersteigen. Durch eine solche Übersteuerung ist ein sicheres Zünden auch bei sehr kurzen Impulsen zu erreichen.
Bild 9.44 zeigt das Grundprinzip einer Phasenanschnittsteuerung mit Impulszündung.

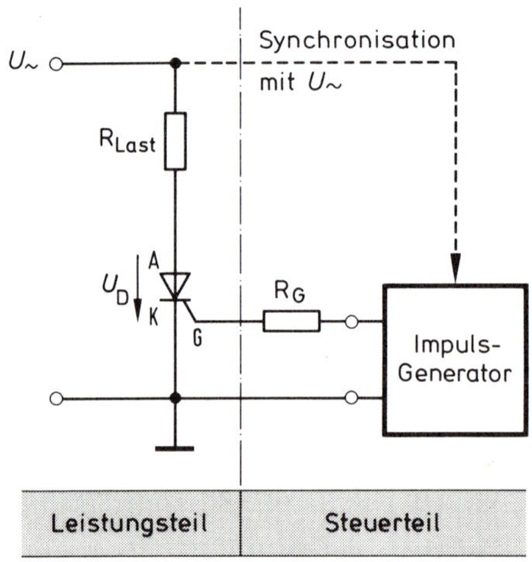

Bild 9.44 Grundprinzip einer Phasenanschnittsteuerung mit Impulszündung

Im Wechselstromkreis kann der Thyristor nur in der positiven Halbwelle gezündet werden. Die Impulsabgabe darf daher nur während der positiven Halbwelle erfolgen. Dies läßt sich durch eine Synchronisierung des Impulsgenerators mit der Netzspannung erreichen. Damit aber überhaupt eine Phasenanschnittsteuerung möglich ist, muß der Zeitpunkt des Impulses während der positiven Halbwelle, also der Zündverzögerungswinkel, veränderbar sein. **Bild 9.45** zeigt die Zusammenhänge der elektrischen Größen bei einem Zündverzögerungswinkel $\alpha = 90°$ für die Schaltung nach Bild 9.44.

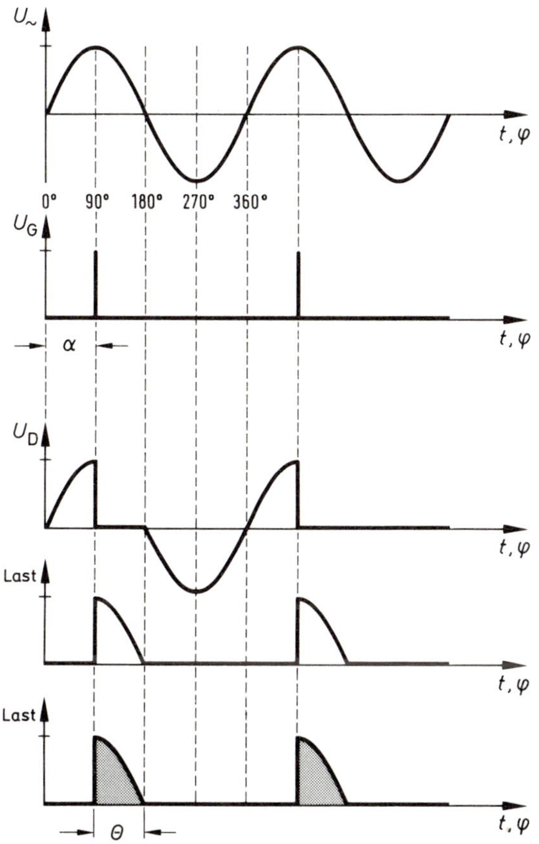

Bild 9.45 Phasenanschnittsteuerung mit Impulszündung für Halbwellenbetrieb

In **Bild 9.46** ist eine Phasenanschnittsteuerung mit Thyristor und UJT-Impulsgenerator angegeben. Sie ist für einen Betrieb mit einer Wechselspannung $U_\sim = 12$ V ausgelegt. Als Impulsgenerator wird eine Schaltung entsprechend Bild 9.9 verwendet.

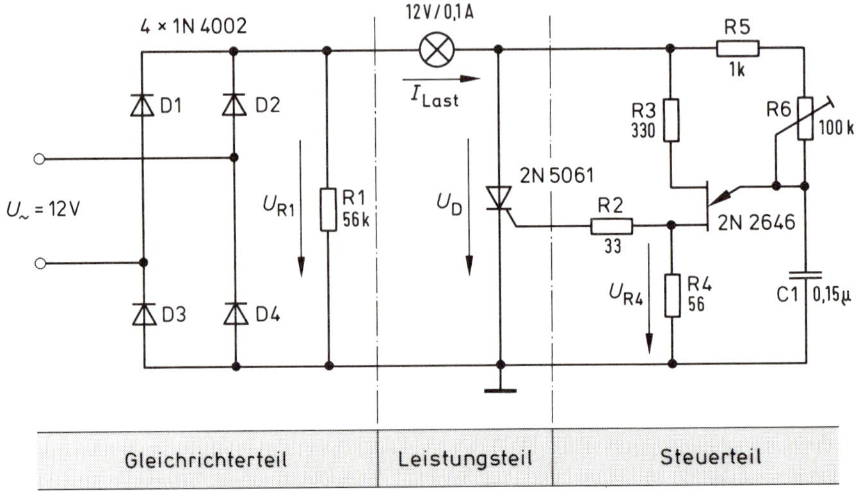

Bild 9.46 Phasenanschnittsteuerung mit Thyristor und UJT-Impulsgenerator

Die Schaltung nach Bild 9.46 läßt sich in einen Gleichrichterteil, einen Leistungsteil und einen Steuerteil einteilen. Am Ausgang des Gleichrichterteiles treten positive Halbwellen mit einer Frequenz von $f = 100$ Hz auf. Sie liegen als Betriebsspannung an der Reihenschaltung aus Lampe und Thyristor. Sobald bei gesperrtem Thyristor die Spannung von Null aus ansteigt, wird der Kondensator C1 über R5 und R6 aufgeladen. Erreicht die Ladespannung des Kondensators die Höckerspannung des UJT, wird seine E-B1-Strecke schlagartig niederohmig und der Kondensator entlädt sich über diese Strecke und den Widerstand R4. Dadurch entsteht an R4 ein kurzer positiver Impuls, der eine Zündung des Thyristors bewirkt. Nach der Zündung fließt ein Strom durch die Lampe als Lastwiderstand und den Thyristor, bis dieser gegen Ende der Halbwelle wieder löscht, weil sein Haltestrom unterschritten wird.
Solange der Thyristor leitend ist, fällt nur die kleine Durchlaßspannung an ihm ab, so daß während dieser Zeit der Kondensator nicht wieder aufgeladen werden kann. Auf diese Weise wird eine Synchronisierung mit der Betriebsspannung erreicht. Das RC-Glied muß dabei so dimensioniert sein, daß in jeder Halbwelle die Ladespannung des Kondensators die Höckerspannung des UJT erreicht. Mit Hilfe von R6 kann die Ladezeit des Kondensators und damit der Zündverzögerungswinkel verändert werden.
Durch den vorgeschalteten Brückengleichrichter wird erreicht, daß auch in der negativen Halbwelle der 12-V-Betriebsspannung an der Reihenschaltung von Lampe und Thyristor eine positive Halbwelle auftritt. Daher kann der Thyristor sowohl in der positiven als auch in der negativen Halbwelle der anliegenden Betriebsspannung gezündet werden. **Bild 9.47** zeigt die Zusammenhänge der wichtigsten elektrischen Größen.

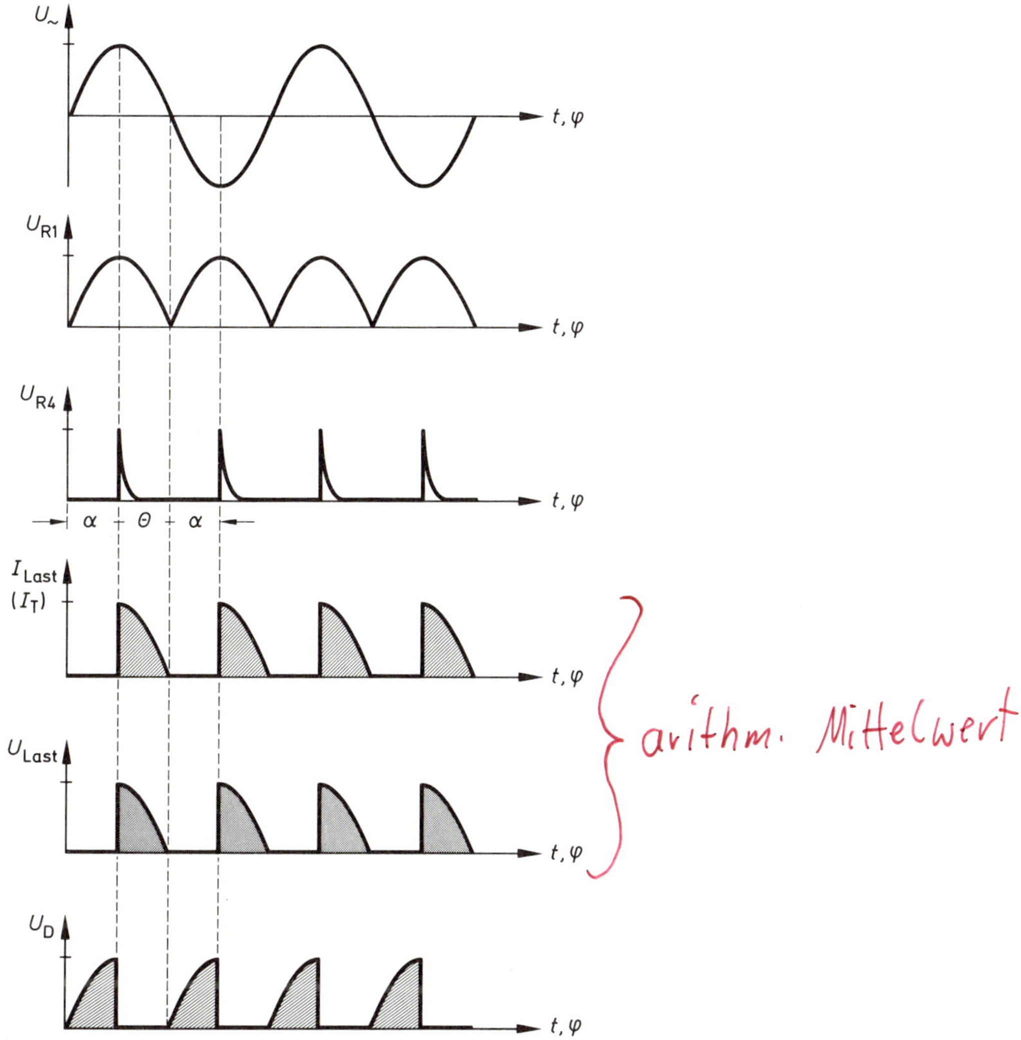

Bild 9.47 Phasenanschnittsteuerung mit Impulszündung bei Vollwellenbetrieb

Durch die vorgeschaltete Brückenschaltung arbeitet die Phasenanschnittsteuerung nach Bild 9.46 im Vollwellenbetrieb. Durch Ändern des Zündverzögerungswinkels von $\alpha = 0°$ bis $\alpha = 180°$ ist es theoretisch möglich, die in der Lampe umgesetzte Leistung von $P_{Last} = 0$ W bis $P_{Last} = P_{Nenn}$ und damit die Helligkeit von 0 % bis 100 % zu steuern. Der Zusammenhang zwischen Zündverzögerungs- bzw. Stromflußwinkel und der Leistung ist nicht linear und läßt sich nur mit Hilfe der höheren Mathematik ermitteln. Daher ist in **Bild 9.48** dieser Zusammenhang in Form eines Diagrammes angegeben. Die Grenzbereiche mit $\alpha < 15°$ und $\alpha > 165°$ lassen sich mit Schaltungen entsprechend Bild 9.46 jedoch kaum erreichen.

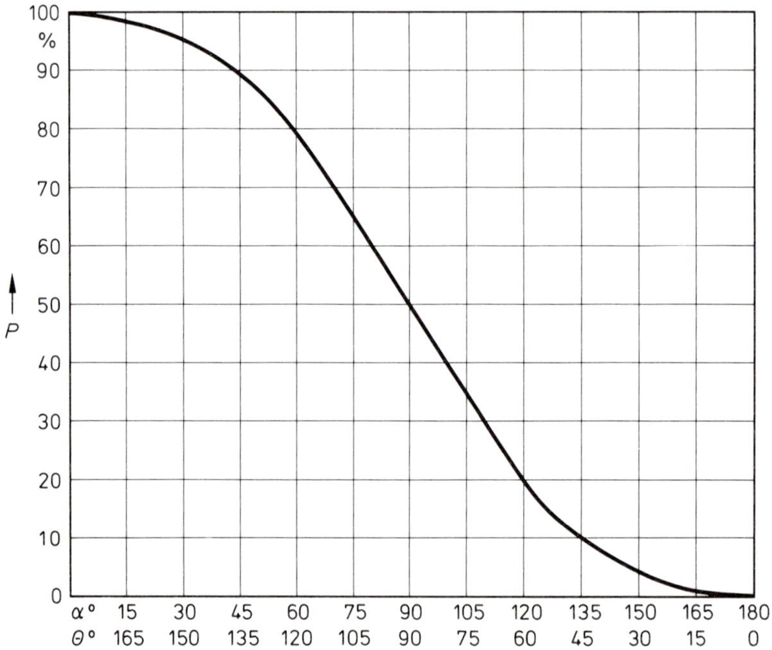

Bild 9.48 Zusammenhang zwischen *P* (%) und *α* bzw. *θ* bei Phasenanschnittsteuerungen mit Vollwellenbetrieb

Die Realisierung eines Vollwellenbetriebes mit vorgeschalteter Gleichrichterbrücke entsprechend Bild 9.46 ist für größere Ströme, vor allem also in der Leistungselektronik, aus Kostengründen meistens nicht mehr vertretbar. Ein Vollwellenbetrieb läßt sich aber auch durch eine Antiparallelschaltung von zwei Thyristoren erreichen. **Bild 9.49** zeigt die Grundschaltung.
Bei der Schaltung nach Bild 9.49 ist zu beachten, daß die beiden Gatespannungen U_{G1} und U_{G2} jeweils potentialfrei zugeführt werden müssen. Dies erfolgt in der Regel durch Impulsübertrager oder zunehmend auch mit Hilfe von Optokopplern.

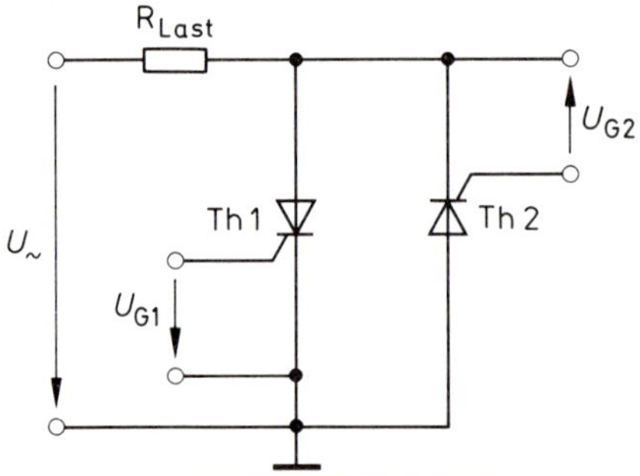

Bild 9.49 Antiparallelschaltung von Thyristoren

In **Bild 9.50** sind die zeitlichen Zusammenhänge zwischen den Steuerimpulsen und dem Laststrom für eine Antiparallelschaltung nach Bild 9.49 dargestellt. Gewählt wurde hierbei ein Zündverzögerungswinkel $\alpha = 90°$.

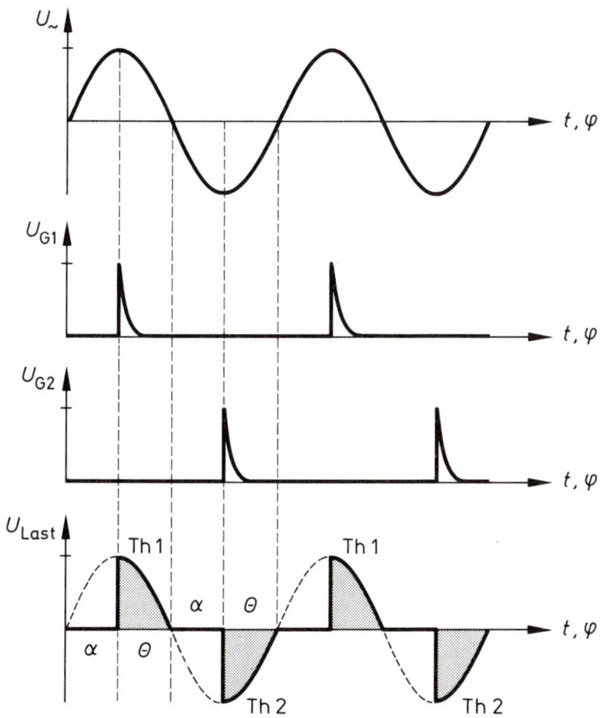

Bild 9.50 Phasenanschnittsteuerung mit antiparallelgeschalteten Thyristoren für einen Zündverzögerungswinkel $\alpha = 90°$

Die Zündimpulse der beiden Thyristoren in der Schaltung nach Bild 9.49 müssen so mit der Betriebsspannung synchronisiert werden, daß jeweils mit dem gleichen Zündverzögerungswinkel der Thyristor Th1 in der positiven und der Thyristor Th2 in der negativen Halbwelle gezündet wird. Es sind Schaltungen mit Wechselspannungszündung und Impulszündung üblich. Da bei der Antiparallelschaltung nach Bild 9.49 Vollwellenbetrieb vorliegt, kann die im Lastwiderstand R_{Last} bei den verschiedenen Stromflußwinkeln θ umgesetzte Verbraucherleistung P_{Last} ebenfalls aus dem Diagramm nach Bild 9.48 ermittelt werden.
Schaltungen zur Helligkeitssteuerung von Lampen (Dimmer) oder zur Drehzahlsteuerung von Kleinmotoren werden für Netzbetrieb aber häufiger mit Triacs und Diacs aufgebaut, weil dabei der erforderliche Schaltungsaufwand geringer ist.

9.5 Zweirichtungs-Thyristortrioden (Triacs)

9.5.1 Technologischer Aufbau und Wirkungsweise

Zweirichtungs-Thyristortrioden werden allgemein als Triacs bezeichnet. Dieser Name ist abgeleitet aus der englischen Bezeichnung »*tr*iode *a*lternating *c*urrent switch« = Triodenwechselstromschalter. **Bild 9.51** zeigt den schematischen Aufbau von Triacs und ihr Schaltzeichen.

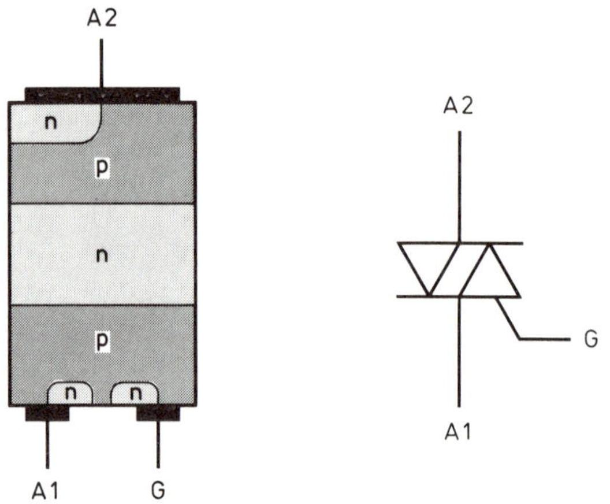

Bild 9.51 Schematischer Aufbau von Triacs und ihr Schaltzeichen

Ein Triac kann von seinem technologischen Aufbau und seiner Funktion her als eine Antiparallelschaltung von zwei Thyristoren betrachtet werden. In **Bild 9.52** ist die Entwicklung eines Triacs aus zwei antiparallelgeschalteten Thyristoren vereinfacht dargestellt.

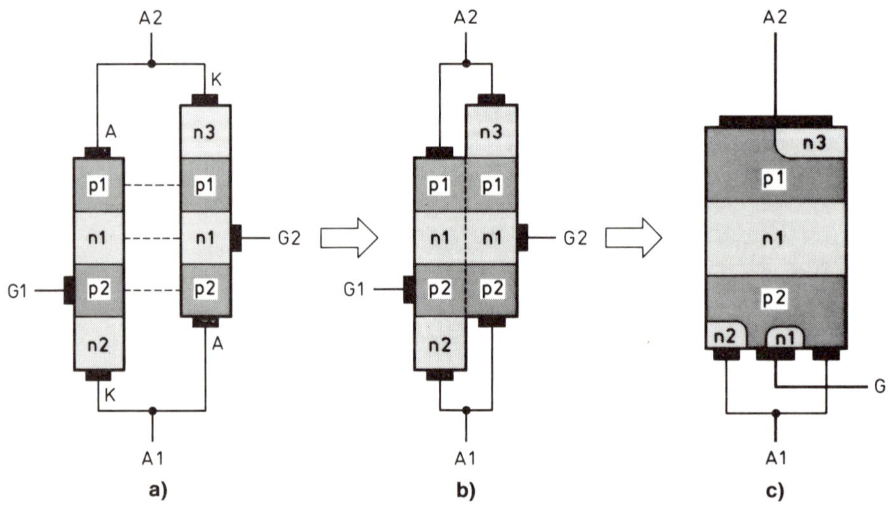

Bild 9.52 Entwicklung des Triacs aus zwei antiparallelgeschalteten Thyristoren

In Bild 9.52a sind die beiden Thyristorkristalle getrennt dargestellt und in Bild 9.52b bereits zu einem einzigen Kristall vereinigt. Ist die Anode A2 positiv gegenüber A1, so fließt nach der Zündung über das Gate G1 der Hauptstrom I_T von A2 über die Zonen p_1-n_1-p_2-n_2 nach A1. Ist dagegen die Anode A1 positiv gegenüber A2, dann fließt nach der Zündung über G2 der Hauptstrom von A1 über die Zonen p_2-n_1-p_1-n_3 nach A2. In Bild 9.52c sind die einzelnen Zonen so angeordnet, daß sich die gleichen Zusammenhänge wie in Bild 9.52b ergeben. Da beim Triac nur ein Gateanschluß vorhanden ist, muß er gleichzeitig auf die Zonen n_1 und p_2 wirken. Dies ist in Bild 9.52c deutlich zu erkennen.
Da aufgrund seines technologischen Aufbaues ein Triac in beiden Richtungen gezündet werden kann, ergibt sich für die Kennlinie eines Triacs ein spiegelbildlicher Verlauf im I. Quadranten und III. Quadranten des Kennlinienfeldes. **Bild 9.53** zeigt den charakteristischen Verlauf der Kennlinie eines Triacs.

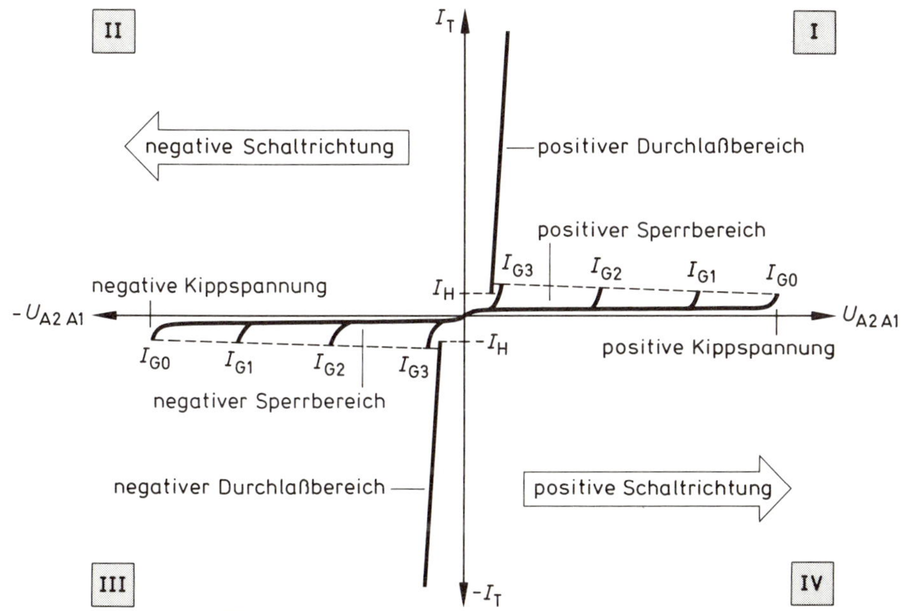

Bild 9.53 Charakteristischer Verlauf der Kennlinie eines Triacs

Da der Triac sich in beiden Polungsrichtungen gleichartig verhält, hat seine Kennlinie einen positiven und einen negativen Sperrbereich, einen positiven und einen negativen Übergangsbereich sowie einen positiven und einen negativen Durchlaßbereich.
Ein gezündeter Triac kippt genau wie ein Thyristor nur dann wieder in seinen hochohmigen Zustand zurück, wenn sein Haltestrom I_H unterschritten wird. Die Zündung eines Triacs ist aber auf vier verschiedene Arten möglich. Diese Steuerungsarten sind in **Bild 9.54** in den Quadranten des U_{A2A1}-I_G-Kennlinienfeldes dargestellt.

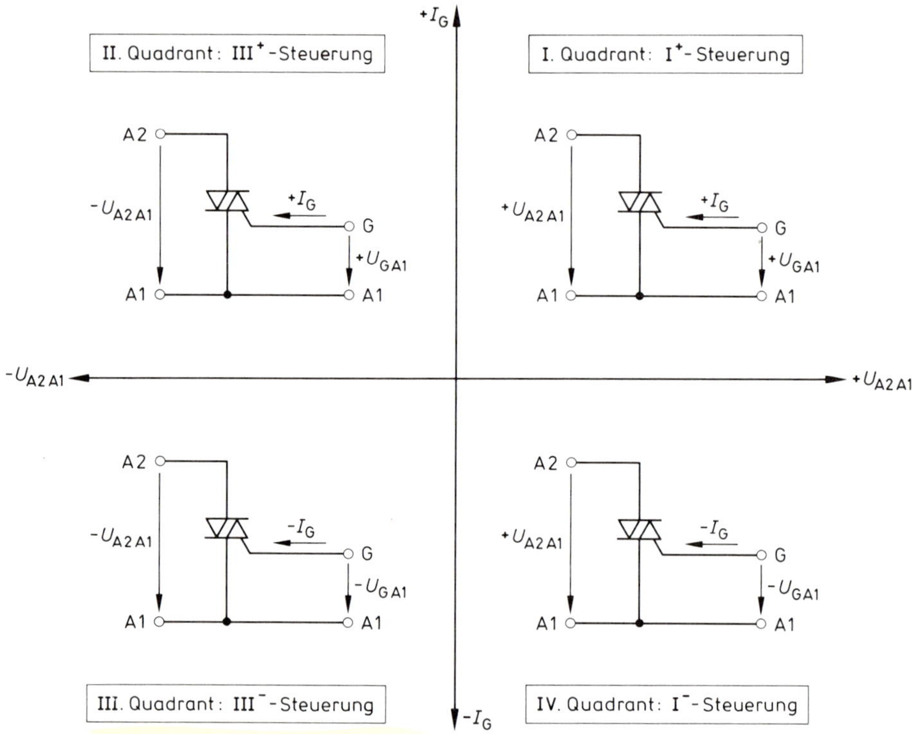

Bild 9.54 Steuerungsarten des Triacs

Im I. Quadranten des Kennlinienfeldes ist A2 positiv gegenüber A1. Der Triac kann hier mit einer positiven Gatespannung ($+U_{GA1}$) gezündet werden. Dabei fließt ein Strom in das Gate hinein ($+I_G$). Im II. Quadranten mit A2 negativ gegenüber A1 ist eine Zündung mit positiver Gatespannung ($+U_{GA1}$) möglich, wobei ebenfalls ein Strom in das Gate hineinfließt ($+I_G$).

Im III. Quadranten ist A2 negativ gegenüber A1. Der Triac wird hier mit einer negativen Gatespannung ($-U_{GA1}$) gezündet. Dabei fließt ein Strom aus dem Gate heraus ($-I_G$). Im IV. Quadranten ist A2 positiv gegenüber A1. Gezündet wird mit einer negativen Gatespannung ($-U_{GA1}$). Dabei fließt ein Strom aus dem Gate heraus ($-I_G$). Die Tabelle in **Bild 9.55** zeigt eine vereinfachte Übersicht über diese vier Steuerungsarten, wobei A1 als Bezugspotential gewählt ist.

Quadrant	Anode A2	Gate G	Steuerungsart
I.	+	+	I^+
II.	–	+	III^+
III.	–	–	III^-
IV.	+	–	I^-

Bild 9.55 Übersicht über die vier Steuerungsarten von Triacs.

Triacs werden in der Regel mit der I^+-Steuerung und der III^--Steuerung betrieben. Eine Zündung durch I^--Steuerung und III^+-Steuerung ist zwar auch möglich, erfordert aber eine größere Steuerleistung.

9.5.2 Kennwerte

Auch bei den Triacs werden als Kennwerte eine Reihe von Grenzdaten und Kenndaten angegeben. Die Kennwerte entsprechen weitgehend denen der Thyristoren in Abschnitt 9.4.6. Wegen der vier möglichen Steuerungsarten werden für die Gateströme in der Regel auch vier zugehörige Werte angegeben.
Die wichtigsten Grenzdaten des Triacs sind:

Periodische Spitzensperrspannung $\pm U_{DRM}$

Da Triacs auch im III. Quadranten betrieben werden, wird für die periodische Spitzensperrspannung $\pm U_{\mathrm{DRM}}$ ein Wert angegeben. Es handelt sich hierbei um die höchstzulässigen Augenblickswerte von periodischen Spannungen.

Höchstzulässige Stoßspitzenspannung $\pm U_{DSM}$

Die höchstzulässige Stoßspitzenspannung $\pm U_{\mathrm{DSM}}$ ist der höchstzulässige Augenblickswert einer nicht-periodischen Spitzenspannung in positiver und negativer Richtung.

Dauergrenzstrom I_{TAV}

Der Dauergrenzstrom I_{TAV} ist der arithmetische Mittelwert des höchsten, dauernd zulässigen Durchlaßstromes bei Halbwellenbetrieb.

Höchstzulässiger Durchlaßstrom I_{TRMS}

Als I_{TRMS} wird der höchstzulässige Effektivwert des Durchlaßstromes angegeben.

Höchster periodischer Spitzenstrom I_{TRM}

Als I_{TRM} wird der höchstzulässige Spitzenwert des Durchlaßstromes während einer Periode angegeben.
Weitere Grenzdaten sind die höchstzulässige Steuerverlustleistung P_{V} sowie die höchstzulässige Sperrschichttemperatur T_{J}. Darüber hinaus sind bei den einzelnen Herstellern in den Datenblättern noch eine Reihe weiterer Grenzdaten und Kenndaten angegeben. Sie haben dann aber zum Teil unterschiedliche Bezeichnungen und sind oft unterschiedlich definiert.

9.5.3 Schutzmaßnahmen

Auch die Triacs müssen gegen Überströme, Überspannungen und Übertemperaturen geschützt werden. Dabei werden die gleichen Schutzmaßnahmen wie bei den Thyristoren entsprechend Abschnitt 9.4.7 angewendet.
Ein zusätzliches Problem ergibt sich jedoch, wenn mit Triacs induktive Lasten geschaltet werden sollen. Hierbei tritt eine Phasenverschiebung zwischen Spannung und Strom auf, so daß bei Nulldurchgang des Stromes am Triac noch eine Spannung in

Schaltrichtung auftritt. Wird jetzt beim Spannungsanstieg die kritische Spannungssteilheit S_U überschritten, zündet der Triac ungewollt. Er wird dadurch zwar nicht zerstört, verliert aber seine Steuerfähigkeit.
Um diesen unerwünschten Effekt zu beseitigen, wird parallel zum Triac ein RC-Glied geschaltet. Es ist etwas anders dimensioniert als die TSE-Beschaltung beim Thyristor in Bild 9.38. Übliche Werte für den Triac sind $R = 100\,\Omega$ und $C = 0{,}1\,\mu F$.

9.5.4 Gehäuseformen und Kennzeichnung von Triacs

Bis auf einige Spezialausführungen werden bei den Triacs die gleichen Gehäuseformen wie bei den Thyristoren verwendet. Größe und Ausführung der Gehäuse stehen auch beim Triac in engem Zusammenhang mit den jeweils höchstzulässigen Strom- und Spannungswerten. Triacs werden heute für Sperrspannungen bis ca. 1500 V und für Durchlaßströme bis ca. 100 A angeboten. In **Bild 9.56** sind drei typische Gehäuseformen von Triacs für kleinere, mittlere und große Dauerströme dargestellt.

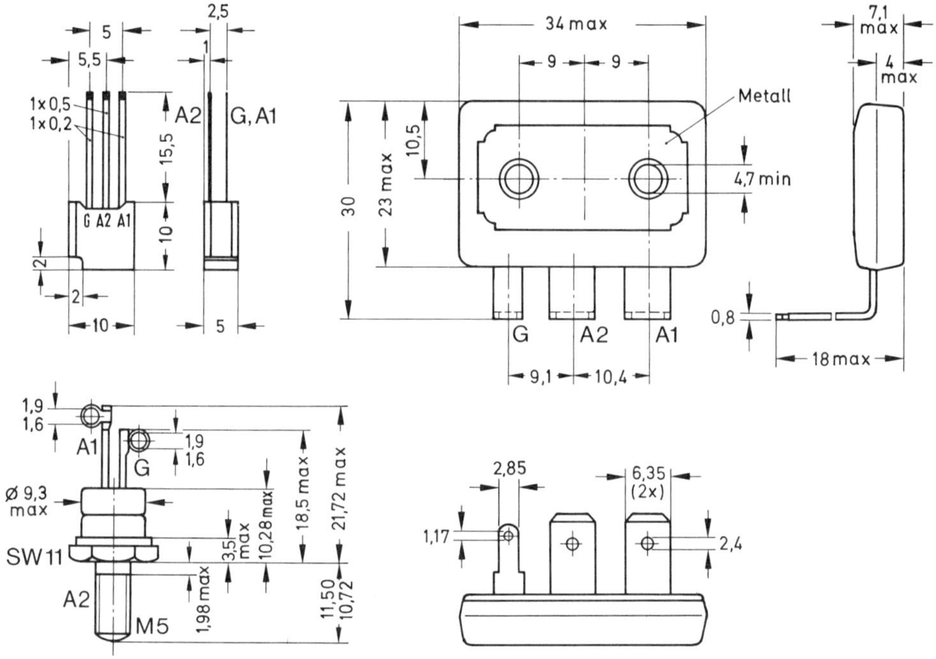

Bild 9.56 Gehäuseformen von Triacs

Die Kennzeichnung von Triacs erfolgt bei den einzelnen Herstellern nach völlig unterschiedlichen Systemen. Daher ist es nicht möglich, ein einheitliches Kennzeichnungsschema anzugeben.

9.5.5 Datenblatt eines Triacs

Bild 9.57 zeigt als Beispiel das Datenblatt von Triacs der Typen BT137/..., BT138/... und BT139/... (Fa. Valvo), die sich im wesentlichen nur durch andere höchstzulässige Durchlaßströme unterscheiden. Aus dem Original-Datenblatt sind auch hier wieder nur die für den Praktiker wichtigsten Informationen für den Triac vom Typ BT138/... ausgewählt.

Triacs **BT137/...**
BT138/...
(Zweirichtungs-Thyristortrioden) **BT139/...**

Höchstzulässiger Durchlaßstrom, Effektivwert	BT137:	$I_{T\,RMS}$	= 6 A
	BT138:	$I_{T\,RMS}$	= 10 A
	BT139:	$I_{T\,RMS}$	= 15 A
Höchstzulässige periodische Spitzensperrspannung		$\pm U_{DRM}$	= 500 V, 600 V

Abmessungen in mm

Gehäuse: Kunststoff,
JEDEC TO-220

Der Anschluß A2 ist mit dem metallischen Montageflansch leitend verbunden.

Gewicht 2 g

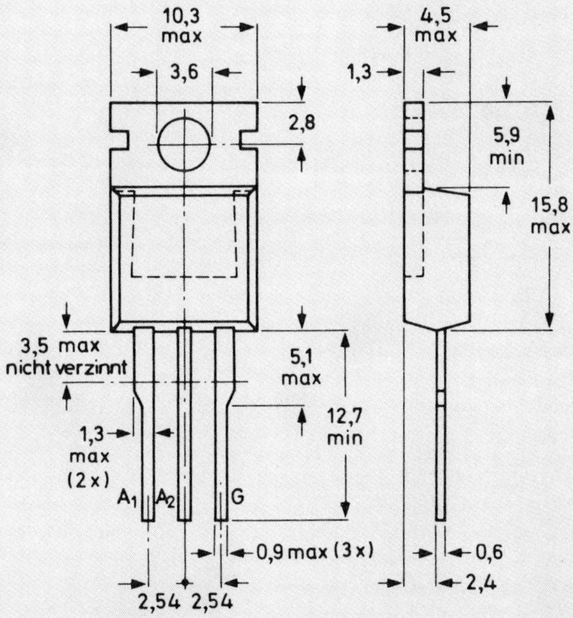

Spannungsgrenzwerte		**BT137/500** **BT138/500** **BT139/500**	**BT137/600** **BT138/600** **BT139/600**
Höchstzulässige periodische Spitzensperrspannung:	$\pm U_{DRM}$ =	500	600 V[1])
Höchstzulässige periodische Scheitelsperrspannung:	$\pm U_{DWM}$ =	400	400 V
Höchstzulässige Stoßspitzenspannung ($t \leqq 10$ ms):	$\pm U_{DSM}$ =	500	600 V

[1]) Bei Spannungsspitzen bis 800 V ($t \leqq 10$ ms) kann der Triac in den leitenden Zustand übergehen, wobei er bei Stromanstiegssteilheiten bis 6 A/µs keinen Schaden nimmt.

Stromgrenzwerte		**BT137/...**	**BT138/...**	**BT139/...**	
Höchstzulässiger Durchlaßstrom, Effektivwert bei $\vartheta_G \leqq 100$ °C:	I_{TRMS} =		10		A
bei $\vartheta_G \leqq 97$ °C:	I_{TRMS} =			15	A
bei $\vartheta_G \leqq 95$ °C:	I_{TRMS} =	6			A
Höchstzulässiger Durchlaßstrom, Mittelwert bei Halbwellenbetrieb ($t_{av} \leqq 20$ ms) bei $\vartheta_G \leqq 88$ °C:	I_{TAV} =		6		A
bei $\vartheta_G \leqq 85$ °C:	I_{TAV} =	3,8			A
bei $\vartheta_G \leqq 82$ °C:	I_{TAV} =			10	A
Höchstzulässiger periodischer Spitzenstrom	I_{TRM} =	55	90	115	A
Höchstzulässiger Stoßstrom: Scheitelwert sinusförmiger Stromhalbwellen einer 50 Hz-Periode bei $\vartheta_J = 110$ °C:	I_{TSM} =	55	90	115	A

Steuerkreis-Grenzwerte und -Kennwerte		**BT137/...**	**BT138/...**	**BT139/...**	
Höchstzulässige Steuerverlustleistung,					
Mittelwert:	P_{GAV} =	500	500	500	mW
Spitzenwert	P_{GM} =	5	5	5	W
Obere Zündspannung bei $U_D = 12$ V, $\vartheta_J = 25$ °C:	$\pm U_{GT}$ =	1,5	1,5	1,5	V
Untere Zündspannung bei $U_D = U_{DRM\,max.}$, $\vartheta_J = 110$ °C:	$\pm U_{GD}$ =	0,25	0,25	0,25	V
Oberer Zündstrom bei $U_D = 12$ V, $\vartheta_J = 25$ °C:					
G positiv, A_2 positiv gegen A_1:	$+I_{GT}$ =	35	35	35	mA
G negativ, A_2 positiv gegen A_1:	$-I_{GT}$ =	35	35	35	mA
G positiv, A_2 negativ gegen A_1:	$+I_{GT}$ =	55	50	50	mA
G negativ, A_2 negativ gegen A_1:	$-I_{GT}$ =	35	35	35	mA

Statische Eigenschaften

Durchlaßspannung						
bei $I_T = 10$ A, $\vartheta_J = 25$ °C:	$\pm U_T$	<	1,65			V
bei $I_T = 15$ A, $\vartheta_J = 25$ °C:	$\pm U_T$	<		1,65		V
bei $I_T = 20$ A, $\vartheta_J = 25$ °C:	$\pm U_T$	<			1,6	V
Sperrstrom						
bei $U_D = U_{DWM\,max.}$, $\vartheta_J = 85$ °C:	$\pm I_D$	<	0,5	0,5	0,5	mA
Einraststrom						
bei $\vartheta_J = 25$ °C,						
G positiv, A_2 positiv od. negativ gegen A_1:	I_{HT}	<	30	60	60	mA
G negativ, A_2 positiv gegen A_1:	I_{HT}	<	45	60	60	mA
G negativ, A_2 negativ gegen A_1:	I_{HT}	<	30	60	60	mA
Haltestrom						
bei $\vartheta_J = 25$ °C:	I_H	<	20	50	50	mA

Dynamische Eigenschaften			BT137/...	BT138/...	BT139/...	
Kritische Spannungssteilheit						
ohne vorangegangene Kommutierung						
bei $\vartheta_J = 110$ °C:	$S_{U\,krit}$	=	± 50	± 50	± 50	V/µs
im Kommutierungspunkt,						
$\vartheta_G = 95$ °C, $U_D = U_{DWM\,max.}$						
bei $-dI_T/dt = 5$ A/ms, $I_{T\,RMS} = 6$ A:	$S_{U\,krit}$	=	± 6			V/µs
bei $-dI_T/dt = 5$ A/ms, $I_{T\,RMS} = 10$ A:	$S_{U\,krit}$	=		± 4		V/µs
bei $-dI_T/dt = 8$ A/ms, $I_{T\,RMS} = 15$ A:	$S_{U\,krit}$	=			± 4	V/µs
Kritische Stromsteilheit,						
$I_G = 0{,}2$ A, $dI_G/dt = 0{,}2$ A/µs						
bei $\pm I_T = 12$ A:	$S_{I\,krit}$	=	± 20			A/µs
bei $\pm I_T = 20$ A:	$S_{I\,krit}$	=		± 30	± 30	A/µs

Thermische Eigenschaften

Höchstzulässige Sperrschichttemperatur						
bei Vollwellenbetrieb:	$\vartheta_{J\,V}$	=	110	110	110	°C
bei Halbwellenbetrieb:	$\vartheta_{J\,H}$	=	100	100	100	°C
Lagerungstemperaturbereich:	ϑ_S	=		− 40 ... + 125		°C
Wärmewiderstand						
zwischen Sperrschicht und Montageflansch, bei Vollwellenbetrieb:	$R_{th\,J/G\,V}$	=	2	0,75	0,75	K/W
bei Halbwellenbetrieb:	$R_{th\,J/G\,H}$	=	2,4	1,1	1,1	K/W
zwischen Sperrschicht und Umgebung:	$R_{th\,J/U}$	=	60	60	60	K/W
zwischen Montageflansch und						
Kühlkörper mit Wärmeleitpaste:	$R_{th\,G/K}$	=	0,3	0,3	0,3	K/W
ohne Wärmeleitpaste:	$R_{th\,G/K}$	=	1,4	1,4	1,4	K/W
mit Wärmeleitpaste und						
0,06 mm Glimmerscheibe:	$R_{th\,G/K}$	=	1,4	1,4	1,4	K/W
0,1 mm Glimmerscheibe (56 369):	$R_{th\,G/K}$	=	2,2	2,2	2,2	K/W
0,25 mm Aluminium-Oxid-Scheibe (56 367):	$R_{th\,G/K}$	=	0,8	0,8	0,8	K/W

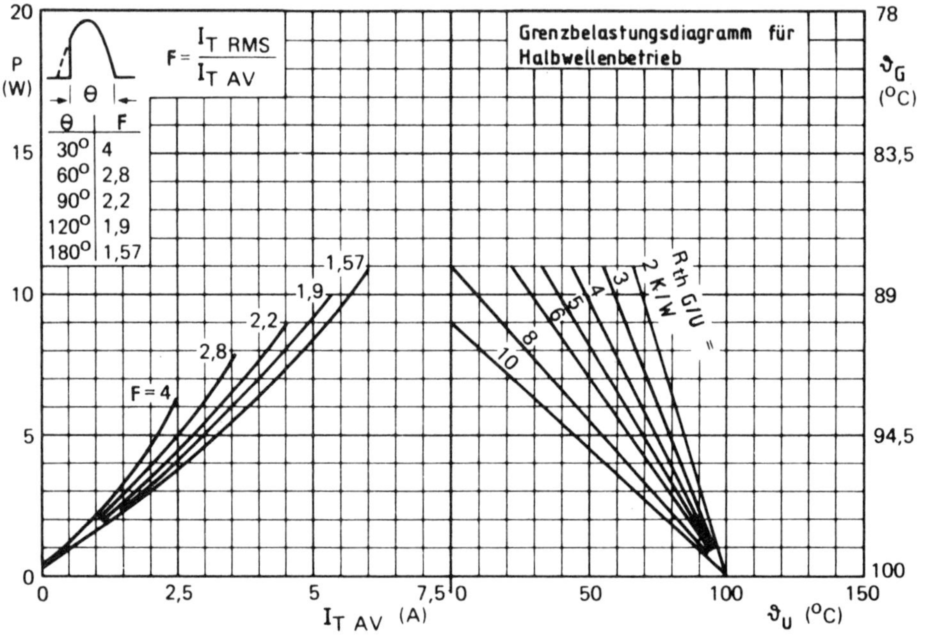

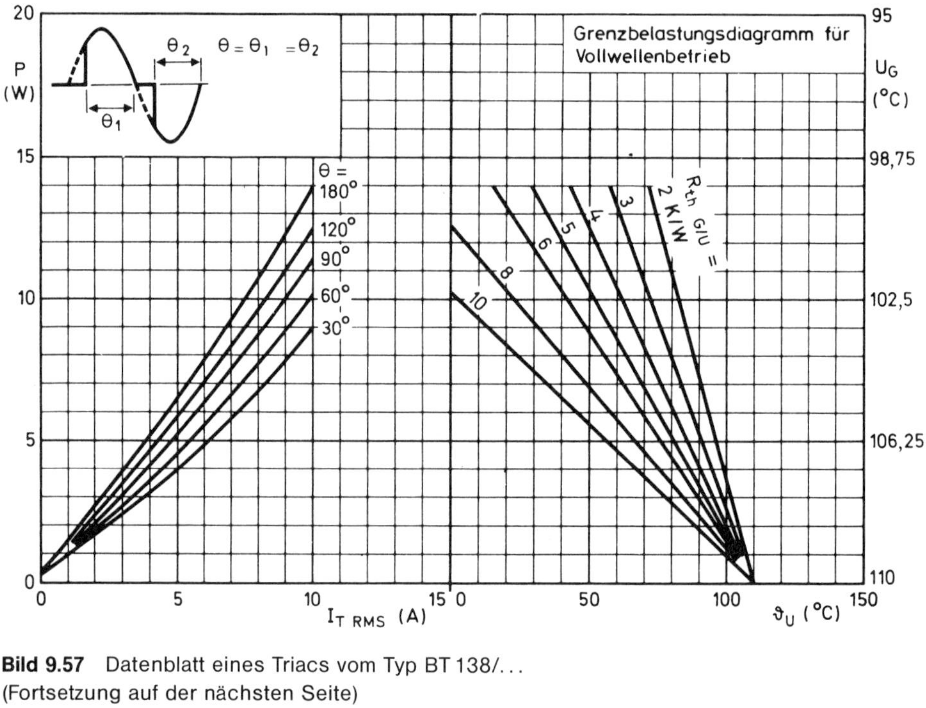

Bild 9.57 Datenblatt eines Triacs vom Typ BT 138/...
(Fortsetzung auf der nächsten Seite)

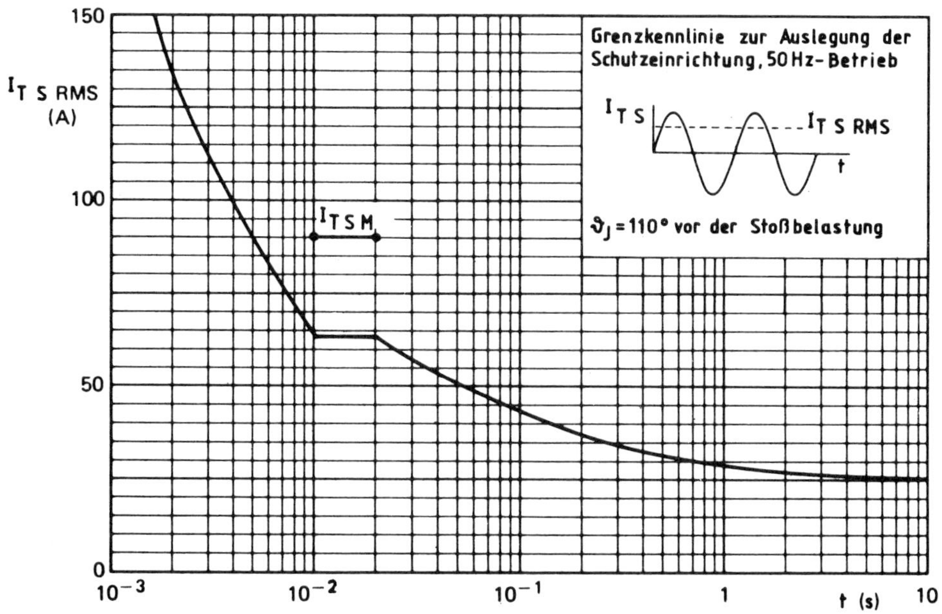

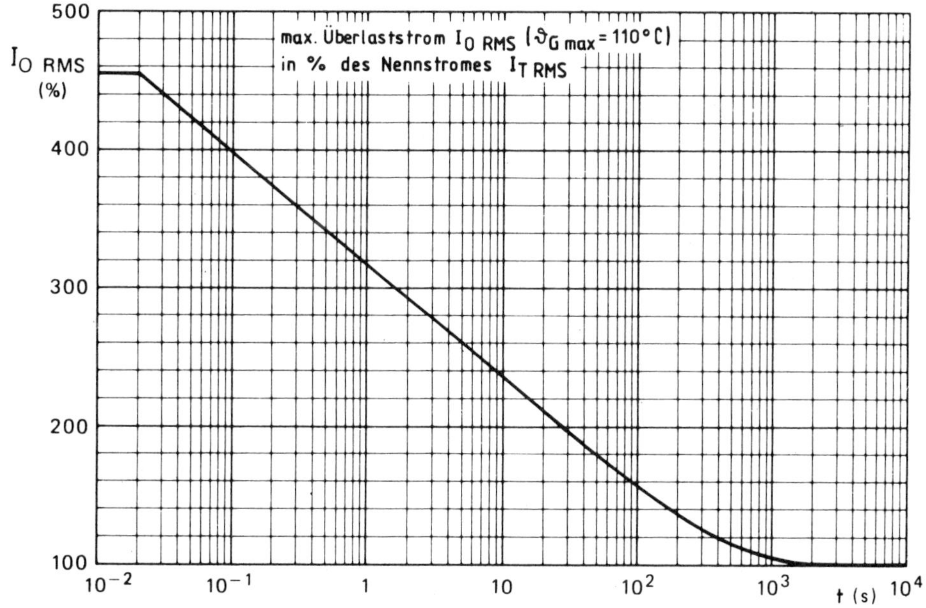

Bild 9.57 Datenblatt eines Triacs vom Typ BT 138/...
(Fortsetzung auf der nächsten Seite)

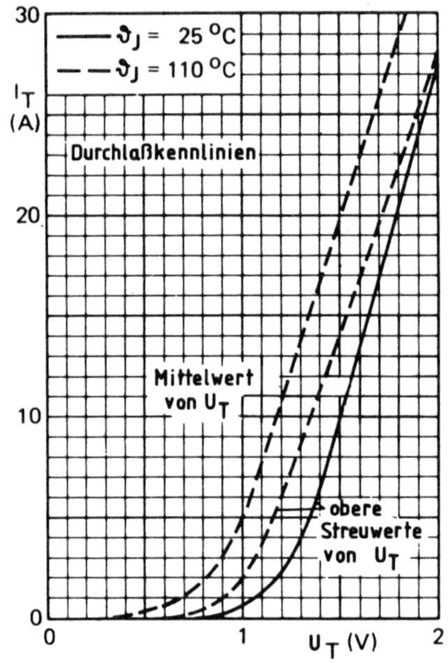

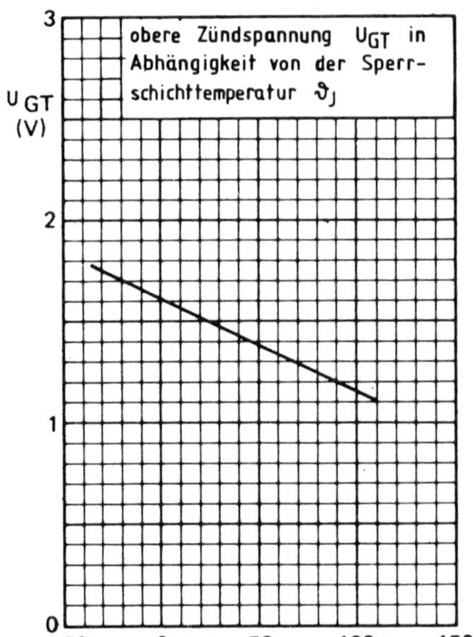

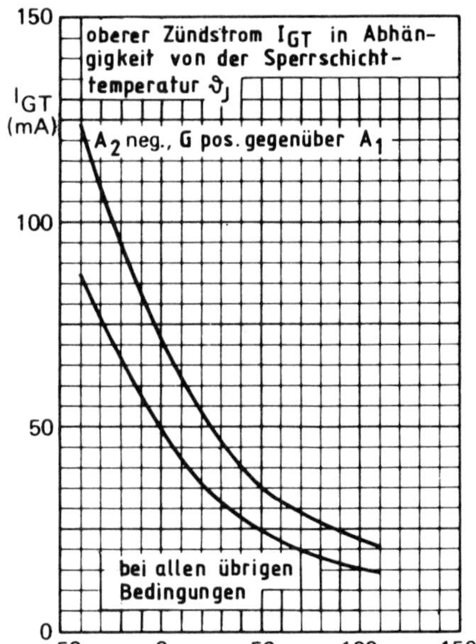

Bild 9.57 Datenblatt eines Triacs vom Typ BT 138/...
(Fortsetzung auf der nächsten Seite)

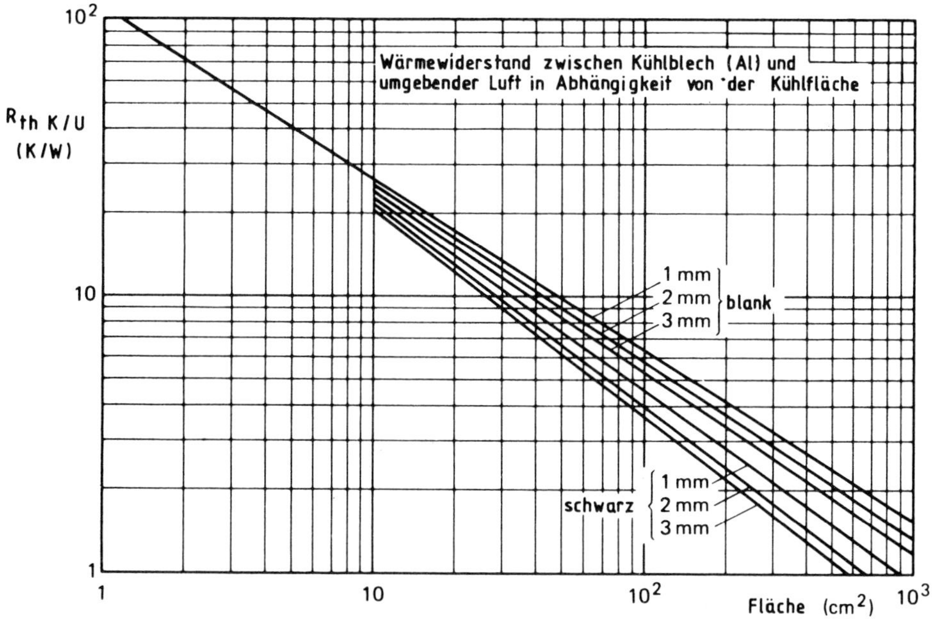

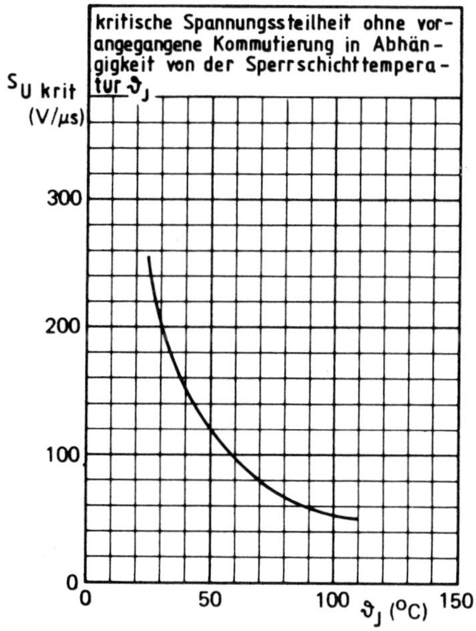

Bild 9.57 Datenblatt eines Triacs vom Typ BT 138/...

9.5.6 Anwendungsbeispiel

Mit Triacs lassen sich in recht einfacher Weise Phasenanschnittsteuerungen für Vollwellenbetrieb aufbauen. Die Zündung erfolgt dabei in der Regel mit Impulsen entsprechend **Bild 9.58**.

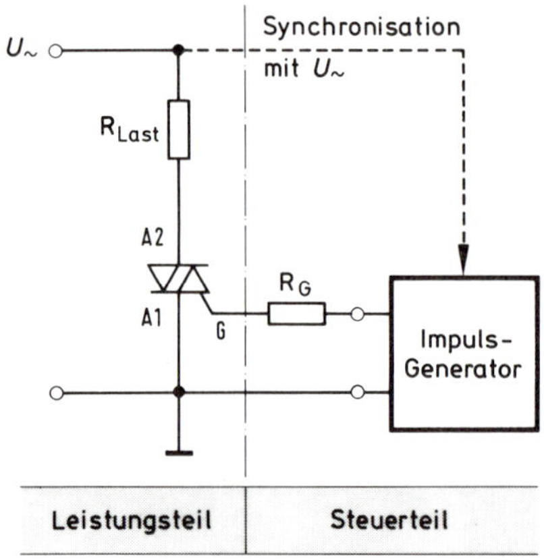

Bild 9.58 Grundprinzip einer Phasenanschnittsteuerung mit Triac und Impulszündung

Wird als Impulsgenerator ein in Abschnitt 9.3.2 beschriebener Diac eingesetzt und in einer Schaltung entsprechend Bild 9.21 betrieben, so läßt sich mit wenigen Bauelementen eine funktionsfähige Phasenanschnittsteuerung für Vollwellenbetrieb aufbauen. **Bild 9.59** zeigt eine derartige Schaltung. Sie ist für den Betrieb mit einer Wechselspannung $U_B = 50\,V$ und einen Lastwiderstand $R_{Last} = 560\,\Omega$ ausgelegt.

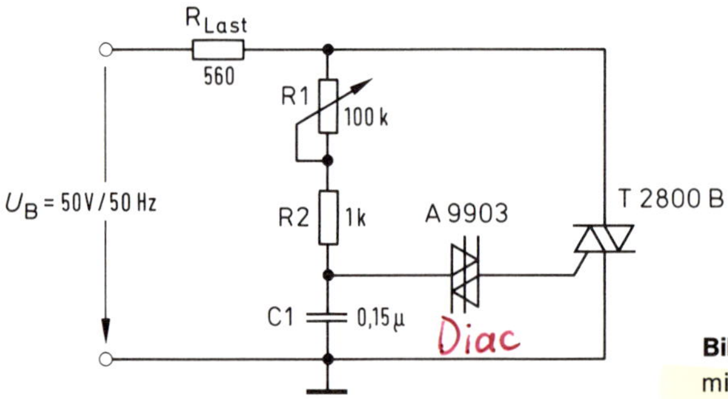

Bild 9.59 Phasenanschnittsteuerung mit Triac und Diac

Bei jedem Nulldurchgang der Wechselspannung sperrt der Triac und wird damit hochohmig. Zu Beginn einer jeden Halbwelle liegt die sinusförmige Betriebsspannung an dem RC-Glied und der Kondensator C1 wird über die Widerstände R1 und R2 aufgeladen. Sobald seine positive oder negative Ladespannung die positive bzw. negative Durchbruchspannung des Diac erreicht, zündet der Diac und es erfolgt eine Entladung des Kondensators über den Diac und das Gate des Triacs. Dadurch wird der Triac gezündet und bleibt bis zum Ende der Halbwelle im leitenden Zustand. Lade- und Zündvorgang wiederholen sich in gleicher Weise in jeder positiven und negativen Halbwelle. Die Ladezeit des Kondensators C1 bis zum Erreichen der Durchbruchspannung des Diacs hängt sowohl von der Größe der Durchbruchspannung des Diacs als auch von der Kapazität des Kondensators ab. Da die Durchbruchspannung mit der Wahl eines Diac-Typs festliegt, kann der Zündverzögerungswinkel nur durch eine Veränderung der Ladezeit beeinflußt werden. Eine genaue Berechnung der erforderlichen Werte ist nur mit Hilfe der höheren Mathematik möglich, weil das RC-Glied nicht an einer Gleichspannung, sondern an einer sinusförmigen Spannung liegt. Daher wird in der Praxis bei der Wahl geeigneter Werte für C1, R1 und R2 auf Erfahrungswerte zurückgegriffen, die dann durch Versuche optimiert werden.

Die Synchronisierung des Impulsgenerators mit der Netzfrequenz erfolgt bei dieser Schaltung, indem die Ladespannung hinter dem Lastwiderstand abgegriffen wird. Solange der Triac leitend ist, ist die Ladespannung gleich der kleinen Durchlaßspannung des Triacs, und es kann keine Aufladung erfolgen. Erst wenn der Triac nach einem Nulldurchgang der Wechselspannung wieder sperrt, beginnt eine neue Aufladung von C1.

Wird in der Schaltung nach Bild 9.59 der Widerstandswert von R1 verringert, so wird C1 schneller aufgeladen und damit der Zündwinkel kleiner. Der umgekehrte Fall tritt ein, wenn der wirksame Widerstandswert von R1 vergrößert wird. In **Bild 9.60** sind die Zusammenhänge für drei verschiedene Zündverzögerungswinkel bzw. Stromflußwinkel dargestellt.

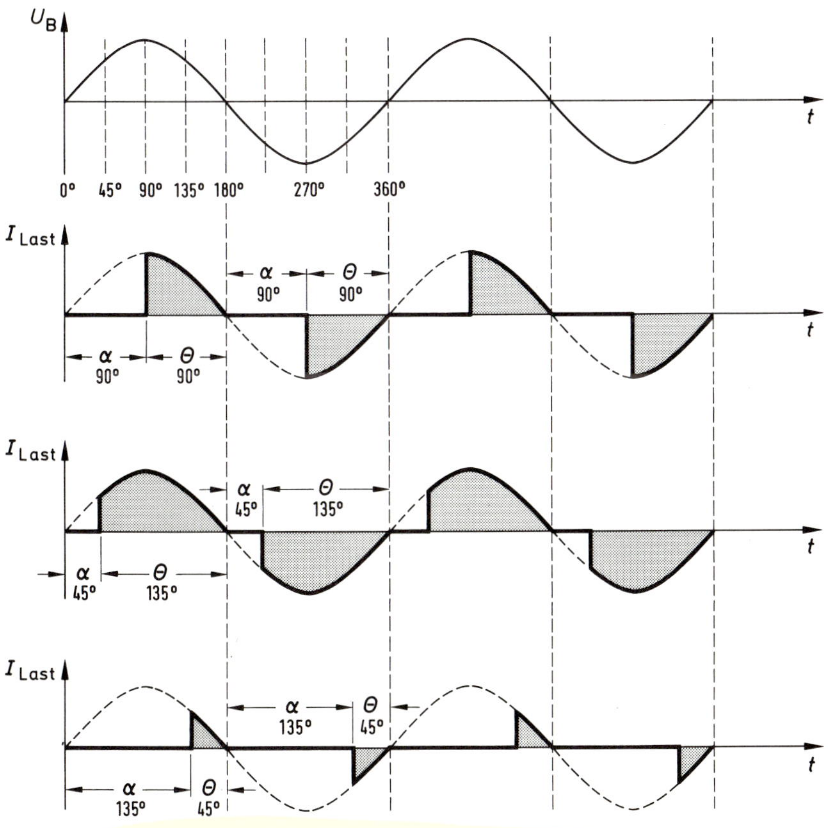

Bild 9.60 Phasenanschnittsteuerung bei der Schaltung nach Bild 9.59

In Bild 9.60 ist zu sehen, daß bei der Schaltung nach Bild 9.59 ein Vollwellenbetrieb mit positiven und negativen Halbwellen vorliegt. Bezüglich der im Lastwiderstand R_{Last} umgesetzten Leistung besteht aber kein Unterschied gegenüber dem Vollwellenbetrieb mit nur positiven Halbwellen entsprechend Bild 9.47. Daher läßt sich die Abhängigkeit der im Lastwiderstand umgesetzten Leistung vom Zündverzögerungswinkel auch für die Phasenanschnittsteuerung mit Triac und Diac aus dem Diagramm in Bild 9.48 entnehmen.

Phasenanschnittsteuerungen mit Triac und Diac werden in großem Umfang zur Helligkeitssteuerung von Glühlampen oder zur Drehzahlsteuerung von Bohrmaschinen und ähnlichen Geräten mit Motoren kleinerer Leistung eingesetzt. Um dabei reproduzierbare, stabile Zustände auch bei kleinen und großen Zündverzögerungswinkeln zu erreichen, werden aber etwas erweiterte Schaltungen verwendet.

Da Triacs und Thyristoren in wenigen Mikrosekunden zünden, muß auch der Strom in sehr kurzer Zeit von $I_T = 0$ A auf jenen Wert ansteigen, den die Last aufgrund der anliegenden Spannung zum Zündzeitpunkt erfordert. Derartig kurze Stromanstiege verursachen jedoch Hochfrequenzstörungen, die sich besonders im Kurz-, Mittel- und Langwellenbereich der Rundfunkwellen bemerkbar machen. Daher sind bei jeder Phasenanschnittsteuerung Entstörmaßnahmen erforderlich, auf die in den Bänden III »Grundschaltungen-Lehrbuch« und IV A »Leistungselektronik-Lehrbuch« noch näher eingegangen wird.

Sachwortverzeichnis

Informationen über die bundeseinheitlichen Elektronik-Lehrgänge

Das bundeseinheitliche Elektronik-Schulungsprogramm des HPI ist stufenweise nach dem Baukastenprinzip aufgebaut. Es besteht aus den 3 Grundlehrgängen:

I. Elektrotechnische Grundlagen der Elektronik
II. Bauelemente der Elektronik
III. Grundschaltungen der Elektronik

sowie den Fachlehrgängen

IV A Leistungselektronik
IV B Meß- und Regelungstechnik
IV C Mikrocomputer
IV D Digitale Steuerungstechnik

Zum Abschluß eines jeden Lehrganges kann der Teilnehmer freiwillig eine Prüfung ablegen. Die Durchführung der Prüfung erfolgt ebenfalls nach einheitlichen Richtlinien. Die bestandene Abschlußprüfung nach dem Lehrgang III ist Voraussetzung für die Teilnahme an den verschiedenen Fachlehrgängen, die sich dann mit den unterschiedlichsten Spezialgebieten befassen.
Mit diesem Schulungsprogramm werden in erster Linie Gesellen, Facharbeiter und Meister aus allen elektronikanwendenden Wirtschaftsbereichen angesprochen. Die Lehrgänge sind also bevorzugt auf den Praktiker ausgerichtet und werden daher praxisnah gestaltet. Es wird keine »Kreide-Elektronik« oder »Demonstrationselektronik« betrieben. Der theoretische Teil ist auf das notwendige Maß beschränkt, und jeder Teilnehmer muß selbständig elektronische Schaltungen meßtechnisch untersuchen und die Meßergebnisse auswerten.
Auf diese Weise werden praktische Erfahrungen auch im Umgang mit dem Oszilloskop und anderen Meß- und Prüfgeräten gesammelt. Die »Anerkannten Elektronik-Schulungsstätten« sind entsprechend ausgestattet.
Nur in diesen »Anerkannten Elektronik-Schulungsstätten« kann der »Elektronik-Teil des Berufsbildungspasses« als Qualifikationsnachweis erworben werden. Er besteht aus einer blauen Umschlaghülle im Format DIN A 6 mit dem Aufdruck »Berufsbildungspaß«, in die eine Stammkarte mit den Personalien des Inhabers eingeschoben wird. In diese Paßhülle können die einzelnen Teilnahme- und Prüfungsbescheinigungen als Maßnahmeblätter eingeheftet werden. Für jeden Lehrgang ist ein eigenes Maßnahmeblatt vorgesehen. Es enthält den Rahmenlehrplan für den jeweiligen Lehrgang, sowie Angaben über dessen Dauer. Auf der Rückseite befindet sich eine vorgedruckte Bescheinigung über die Ablegung der entsprechenden Prüfung.
Das Verzeichnis der »Anerkannten Elektronik-Schulungsstätten« kann bei der Leitstelle, Heinz-Piest-Institut, 3000 Hannover 1, Wilhelm-Busch-Straße 18, Telefon (05 11) 70 28 31, kostenlos angefordert werden.

Aufbau des Schulungsprogramms

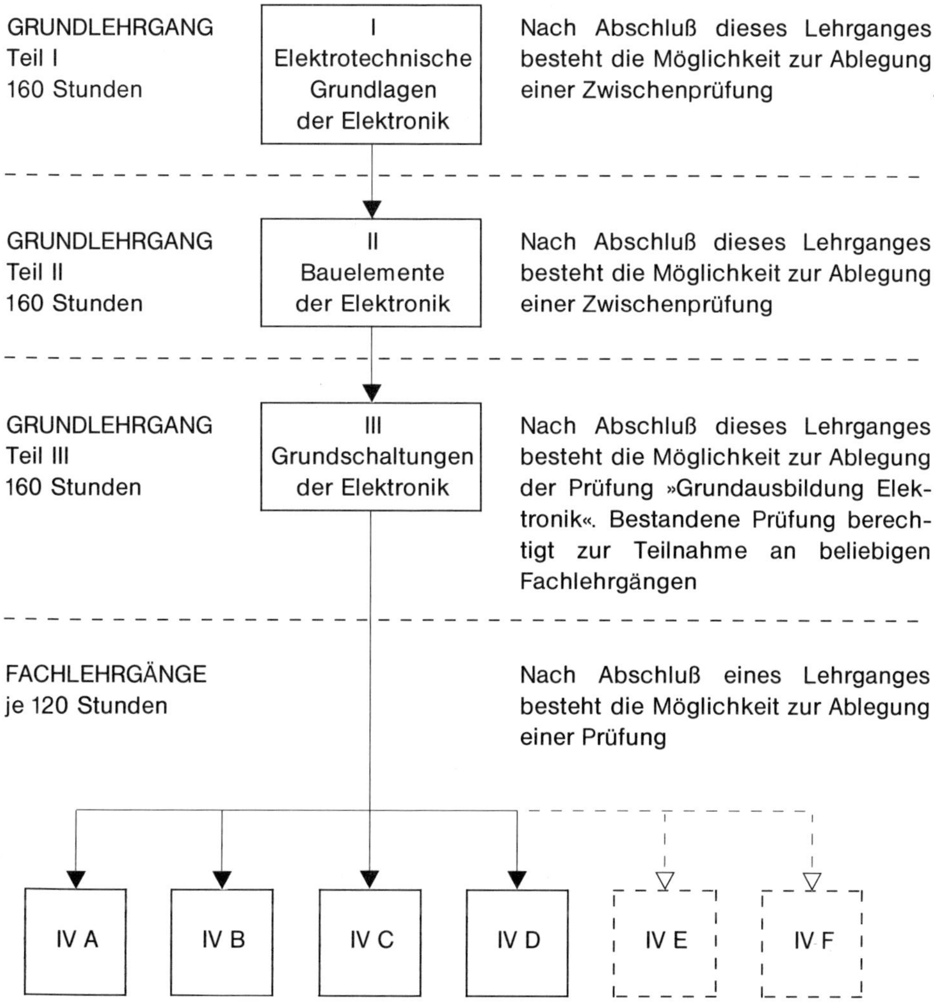

IV A Leistungselektronik
IV B Meß- und Regelungstechnik
IV C Mikrocomputer
IV D Digitale Steuerungstechnik

(Die Reihe der Fachlehrgänge wird noch erweitert und auf andere Gebiete ausgedehnt. Die Lehrgänge laufen parallel.)